国外优秀食品科学与工程专业教材

Springer

食品感官评价原理与技术

（第二版）

主编 ［美］哈里·T.劳利斯
（Harry T. Lawless）
［美］希尔德加德·海曼
（Hildegarde Heymann）

主译 王永华 刘 源 尹文婷

中国轻工业出版社

图书在版编目(CIP)数据

食品感官评价原理与技术 ：第二版 / (美) 哈里 · T. 劳利斯（Harry T. Lawless），(美) 希尔德加德 · 海曼（Hildegarde Heymann）主编 ；王永华,刘源,尹文婷主译. — 北京 ：中国轻工业出版社，2023. 1
ISBN 978-7-5184-2529-7

Ⅰ. ①食… Ⅱ. ①哈… ②希… ③王… Ⅲ. ①食品感官评价 Ⅳ. ①TS207. 3

中国版本图书馆 CIP 数据核字(2019)第 122709 号

责任编辑:钟 雨
策划编辑:伊双双 责任终审:张乃柬 封面设计:锋尚设计
版式设计:砚祥志远 责任校对:朱燕春 责任监印:张 可

出版发行:中国轻工业出版社(北京东长安街 6 号,邮编:100740)
印 刷:三河市万龙印装有限公司
经 销:各地新华书店
版 次:2023 年 1 月第 1 版第 1 次印刷
开 本:787×1092 1/16 印张:40. 5
字 数:911 千字
书 号:ISBN 978-7-5184-2529-7 定价:120. 00 元
邮购电话:010-65241695
发行电话:010-85119835 传真:85113293
网 址:http://www.chlip.com.cn
Email:club@chlip.com.cn
如发现图书残缺请与我社邮购联系调换
180188J1X101ZYW

《食品感官评价原理与技术》（第二版）翻译人员

主　译　王永华（华南理工大学），刘源（上海交通大学），尹文婷（河南工业大学）

副主译　史波林（中国标准化研究院），刘登勇（渤海大学），蓝东明（华南理工大学）

译　者

前　言	王永华（华南理工大学）
第 1 章	冯涛（上海应用技术大学），尹文婷（河南工业大学）
第 2 章	孙金沅（北京工商大学），蓝东明（华南理工大学）
第 3 章	邵平（浙江工商大学），徐献兵（大连工业大学）
第 4 章	史波林（中国标准化研究院），尹文婷（河南工业大学）
第 5 章	倪辉（集美大学），蔡磊（浙江工商大学）
第 6 章	冯云子（华南理工大学），王文利（上海海洋大学）
第 7 章	张璐璐（中国标准化研究院），黄梅桂（南京林业大学）
第 8 章	蔡磊（浙江工商），刘源（上海交通大学）
第 9 章	林松毅（大连工业大学），郭瑜（山西农业大学）
第 10 章	刘登勇（渤海大学），尹文婷（河南工业大学）
第 11 章	甄宗圆（安徽科技学院），尹文婷（河南工业大学）
第 12 章	刘敦华（宁夏大学），尹文婷（河南工业大学）
第 13 章	徐勇全（中国农业科学院茶叶研究所），尹文婷（河南工业大学）
第 14 章	刘源（上海交通大学），胡新中（陕西师范大学），曹锦轩（宁波大学），李蓓（上海交通大学）
第 15 章	曾晓芳（仲恺农业工程学院），陈冬（大连工业大学）
第 16 章	田怀香（上海应用技术大学），于海燕（上海应用技术大学），解万翠（青岛科技大学海洋学院）
第 17 章	郑宇（天津科技大学），尹文婷（河南工业大学）
第 18 章	于海（扬州大学），尹文婷（河南工业大学）
第 19 章	黄明泉（北京工商大学），范刚（华中农业大学）
附录 A	朱丽霞（塔里木大学）
附录 B	朱丽霞（塔里木大学）
附录 C	施文正（上海海洋大学）
附录 D	谷风林（中国热带农业科学院）
附录 E	郑晓吉，魏长庆（石河子大学）

译者序

食品感官评价是依据人的感觉器官对食品各种质量特征进行科学评价和分析的一门科学，对高品质食品生产加工具有重要的支撑作用。食品感官科学在过去 30 年中取得了翻天覆地的发展。例如，关于化学感受的复杂细胞过程及其遗传基础的知识经历了一场革命，2004 年美国科学家 Richard Axel 和 Linda B. Buck 由于发现人体气味受体基因和嗅觉系统的组织方式而获得诺贝尔生理学或医学奖，2021 年美国的科学家 David Julius 和 Ardem Patapoutian，因“发现温度和触觉的感受器”获得该奖。从消费者到科研人员，对食品感官评价科学的了解与需求日益增加，然而，目前国内有关食品感官原理及应用的书籍较多，良莠不齐，仍缺乏系统性、实用性及权威性的相关书籍。

本书译自 Harry T. Lawless 主编的 *Sensory Evaluation of Food*：*Principles and Practices*。这是一本闻名遐迩、专业性极强的感官评价书籍，内容全面，深入浅出，系统性极强，被国际上众多知名院校作为感官评价科学的专业教材或参考书。本书含近 20 年来感官评价科学的先进方法、理论和分析，共 19 章，主要介绍了食品感官分析的基本原理、食品感官评价员的选择与考核方法、培训考核方法、常见的食品感官分析方法以及食品感官分析中统计方法的应用介绍等。本书的内容理论与实践技术相结合，可以作为普通高等学校食品感官评价的教材或参考书，或从事食品科学领域研究的科研院所和科研人员的工具书，也可为食品行业产品研发、生产、管理和营销人员提供理论和技术帮助。

主译者组织了华南理工大学、上海交通大学、河南工业大学等 10 余所高校及研究院的一线专家学者，共同完成了本书全文的翻译，由尹文婷老师统稿。由于本书内容涉及食品感官各类评价方法及应用等多方面内容，知识理论范围广、涉及的技术层次深，译文中难免会出现疏漏和不足之处，敬请读者批评指正。

王永华

2022 年 8 月

前　　言

自从本书第一版出版以来，感官科学领域的研究发生了指数级的进展。*Food Quality and Preference* 在 15 年前还是一本相当新的科学期刊，而现在这本期刊在感官科学方法研究领域（在众多其他研究课题中）占有卓越的地位。数以百计的与感官评价相关的文章出现在这本期刊和其他的（例如 *Journal of Sensory Studies*）期刊中。我们对化学传感的复杂的细胞过程及其遗传基础的了解发生了一场知识革命，直至 2004 年 Buck 和 Axel 因首次发现嗅觉受体超级基因家族而获得诺贝尔奖，数理统计方法论的进展也因此加快了速度。目前，传感分析会议已成为蓬勃发展、参与者众多的年度活动。类似于 Thurstonian 模型的概念在 15 年前尚未得到广泛认可，但是现在成为许多感官科学家每天思考过程的重要部分。

然而，感官评价万变不离其宗，通常都会涉及人类受试者。人们作为不容易控制的“测量仪器”，有着不同程度的敏感性、可培训性、经验、基因条件、感官的能力以及偏好。人类的弱点以及与之相关的误差会继续限制感官评价和产生有实际价值的结果。减少、控制、区分和解释误差的差异性是一个成熟的感官方法和实践的核心部分。理解产品和人的相互联系通常是感官科学的目标。无论多么精心设计的统计策略手段都无法挽救一个糟糕的实验，也不会使其结果变得有用或有效。尽管实验方法不断地演变，对感官科学核心理论的认可是使感官评价方法得到有效应用的关键。

撰写一本既全面又恰当的介绍性教材对编者来说是一项艰巨的挑战。也许有些人会说我们忘记介绍这个或者那个主题，对他们的学生来说要么太浅显要么太深奥。尽管如此，本书第一版的成功证实了感官从业者对一本全面教材的需求。本书作为大学教材被广泛使用，很多老师认为本书适合作为学生的第一本感官评价课程的教材。

本书的拓展和衍生从某种程度上反映了过去 15 年中感官科学的方法、理论和分析的发展及进步。本书的章节被细分，便于老师仅指定某些重要章节给刚入门的学生阅读。主要章节的结构框架以及一些章节的开头都是以这个想法作为主要理念进行撰写，指导老师能得到哪章节是对主题和方法的基础理解的关键的建议。在许多章节中，我们都给出了详细的“建议步骤”。在实验步骤或者分析存在较多选择的情况下，我们通常选择简单的解决方法而不是较为复杂的方法，因为我们是教育工作者，这是恰当的做法。

需要注意的是本书中有两类附录。与第一版相同，附录 A～附录 E 中列举了主要的数理统计分析方法和示例。一些主要章节中也会出现附加材料，我们觉得这些附加材料对于主题信息的理解并没有决定性的作用，但是能引起很多能力较强的学生、统计学者或有经验的实践者的兴趣。我们仍然在每章节的末尾提供了参考文献，而不是在全书最后列出所有的参考文献。数理统计表格，最重要的是差别检验表格，现在都添加在第 4 章和附录中。

一些人可能质疑教材本身是一种过时的信息检索方式。我们强烈地感受到这一点，因为我们认为教材是必要的回顾，也只是一个对可能快速发展的领域的时间快照。学生和从业者也许发现网站或维基百科的资料可以提供额外的信息和新的不同的观点。我们也鼓励类似的调查。教材和其他书籍一样，都存在固有的过时元素，但是应将不同的想法联系起来进行工作。超文本链接的资源如网站或维基百科将会继续被证明是有用的。

我们需要您的耐心和包容，也许我们遗漏了您觉得很重要的实验材料和参考文献。我们认可有关感官评价方法整个领域的不同观点和基本原理的存在。我们根据我们的实践经验，也努力提供一个平衡和公平的观点。任何事实上的错误、印刷上的错误或者引用文献时的错误，都是我们自身的过失。我们希望得到您的谅解和耐心，同时欢迎您批评指正。

本书的成功出版离不开许多人的帮助和支持。首先，我们要感谢 KathyDernago 提供了正式出版前的恰好（JAR）标度版本，以及 ASTM JAR 指南的作者 Lori Rothman 和 Merry Jo Parker。另外，Peryam 和 Kroll 的 Mary Schraidt 也为我们提供了最新的消费者测试筛选的调查问卷样卷和野外调查问卷。在此，向 Mary 致谢。我们也感谢 John Hayes，Jeff Kroll，Tom Carr，Danny Ennis 和 Jian Bi 提供了额外的文献、软件和数理统计的表格。Gernot Hoffmann 欣然为我们提供了第 12 章的图表。在此，由衷地感谢 Hoffmann 博士。我们也对 Wendy Parr 和 James Green 为第 10 章提供的一些图表表示感谢。另外，Greg Hirson 为我们提供 R-图表的支持。非常感谢 Greg。另外，以下所有对本书提出过慷慨的讨论和非常有用建议的参与人表示感谢，Michael Nestrud，Susan Cuppett，Edan Lev-Ari，Armand Cardello，MarjAlbright，David Stevens，Richard Popper 和 Greg Hirson。同样，John Horne 已经对本书上一版做出许多有用的贡献，因此感谢 John。Kathy Chapman，Gene Lovelace，Mike Nestrud 和 Marge Lawless 对本书的校对和编辑提出了宝贵的建议。

尽管，有些专家没有直接参与本书的撰写，但是我们仍然感谢我们的老师和有影响力的导师，如果没有他们，我们可能成为不同的科学家，他们的名字是 Trygg Engen，William S. Cain，Linda Bartoshuk，David Peryam，David Stevens，Herb Meiselman，Elaine Skinner，Howard Schutz，Howard，Moskowitz，Rose Marie Pangborn，Beverley Kroll，W. Frank Shipe，Lawrence E. Marks，Joseph C. Stevens，Arye Dethmers，Barbara Klein，Ann Noble，HaroldHedrick，William C Stringer，Roger Boulton，Kay McMath，Joel van Wyk 和 Roger Mitchell。

Harry T. Lawless
纽约州伊萨卡
Hildegarde Heymann
加利福尼亚州戴维斯

目　录

1　概论 …… 1

1.1　引言 …… 1

1.1.1　定义 …… 1

1.1.2　检验方法 …… 2

1.2　历史的里程碑及三类检验方法 …… 4

1.2.1　差别检验 …… 5

1.2.2　描述性分析 …… 6

1.2.3　喜好检验 …… 8

1.2.4　中心法则——分析性检验与喜好检验的比较 …… 9

1.3　应用：为何收集感官信息 …… 12

1.3.1　与市场调研方法的不同 …… 15

1.3.2　与传统的产品分级系统的不同 …… 16

1.4　结论 …… 17

参考文献 …… 18

2　感觉功能的心理生理学基础 …… 21

2.1　引言 …… 21

2.2　经典的感官评价和心理生理学方法 …… 22

2.2.1　早期心理生理学 …… 22

2.2.2　经典的心理生理学方法 …… 23

2.2.3　标度和量值估计 …… 25

2.2.4　对 Stevens 标度理论的批判 …… 27

2.2.5　经验与理论驱动函数 …… 28

2.2.6　心理生理学和感官评价的相似之处 …… 29

2.3　味觉的解剖学、生理学及功能 …… 29

2.3.1　解剖学和生理学 …… 29

2.3.2　味觉感知：特性 …… 32

2.3.3　味觉感知：适应性和混合相互作用 …… 33

2.3.4 个体差异性和味觉遗传学…… 35
2.4 嗅觉的解剖学、生理学及功能 …… 36
2.4.1 解剖学和细胞功能…… 36
2.4.2 鼻后嗅闻…… 38
2.4.3 嗅觉灵敏性和嗅觉缺失…… 39
2.4.4 气味特性：实用系统…… 40
2.4.5 功能特性：适应、混合抑制和抑制解除…… 43
2.5 化学感觉 …… 45
2.5.1 化学感觉体验的特性…… 45
2.5.2 化学感觉的生理机制…… 45
2.5.3 化学“热” …… 46
2.5.4 其他刺激性感觉和化学清凉感…… 48
2.5.5 涩味…… 49
2.5.6 金属味…… 50
2.6 多模态感官交互作用 …… 51
2.6.1 味觉和嗅觉的相互作用…… 51
2.6.2 刺激感和风味…… 53
2.6.3 颜色和风味的相互作用…… 53
2.7 结论 …… 54
参考文献 …… 54

3 良好实践原则 …… 63
3.1 引言 …… 63
3.2 感官评价环境 …… 64
3.2.1 评价场所…… 65
3.2.2 环境控制…… 68
3.3 评价方案注意事项 …… 69
3.3.1 样品呈送程序…… 69
3.3.2 样品大小…… 70
3.3.3 样品呈送温度…… 70
3.3.4 呈送容器…… 71
3.3.5 载体…… 71
3.3.6 味觉清洗…… 72
3.3.7 吞咽和吐出…… 72
3.3.8 对评价员的指令…… 72
3.3.9 随机化和盲标…… 73
3.4 感官实验设计 …… 75

3.4.1 设计一项研究…… 75
3.4.2 实验设计和处理结构…… 76
3.5 评价员因素 …… 79
3.5.1 激励方法…… 79
3.5.2 人类受试者…… 80
3.5.3 评价员招募…… 81
3.5.4 评价员筛查和选拔…… 81
3.6 制表和分析 …… 83
3.7 结论 …… 83
参考文献 …… 84

4 差别检验 …… 86
4.1 差别检验 …… 86
4.2 差别检验的种类 …… 87
4.2.1 成对比较检验…… 88
4.2.2 三点检验…… 90
4.2.3 二-三点检验 …… 91
4.2.4 *n*-选项必选法（*n*-AFC） …… 93
4.2.5 “A”-非“A”检验 …… 93
4.2.6 分类法…… 95
4.2.7 ABX 差别检验 …… 96
4.2.8 双标准检验…… 96
4.3 差别检验方法的优缺点 …… 97
4.4 数据分析 …… 97
4.4.1 二项分布与表格…… 97
4.4.2 校正的卡方（χ^2）检验…… 100
4.4.3 正态分布和比例 Z 检验 …… 101
4.5 要点 …… 102
4.5.1 统计检验的检验效力 …… 102
4.5.2 重复评价 …… 103
4.5.3 预实验效果 …… 107
4.5.4 差别检验解释中的常见错误 …… 108
参考文献 …… 110

5 相似性、等价性检验和辨别理论 …… 112
5.1 引言 …… 112
5.2 用常识方法判断是否等价 …… 114

5.3 样本量和检验效力的估算 …… 115
5.4 多大的差别是重要的？辨别者理论 …… 116
5.5 显著相似性检验 …… 120
5.6 双单边检验（TOST）和区间检验 …… 123
5.7 声明证实 …… 124
5.8 差别模型：信号检测理论 …… 124
5.8.1 问题 …… 125
5.8.2 实验设置 …… 125
5.8.3 假设和理论 …… 126
5.8.4 案例 …… 128
5.8.5 ROC 曲线和成对比较结果的关联 …… 129
5.9 瑟斯通标度 …… 131
5.9.1 理论和公式 …… 131
5.9.2 瑟斯通模型在其他选择检验中的延伸 …… 132
5.10 瑟斯通模型的延伸，R 指数 …… 134
5.10.1 简捷信号检测方法 …… 134
5.10.2 案例 …… 134
5.11 结论 …… 135
附：标度等同数据的非中心 t 检验 …… 136
参考文献 …… 137

6 感觉阈值的测定 …… 139
6.1 引言：阈值概念 …… 139
6.2 阈值的类型：定义 …… 140
6.3 实践方法：升序强迫选择法 …… 142
6.4 推荐的滋味、气味和风味阈值的测定方法 …… 143
6.4.1 递增强迫选择极值法 …… 143
6.4.2 测定目的 …… 144
6.4.3 初测步骤 …… 144
6.4.4 实验步骤 …… 145
6.4.5 数据分析 …… 146
6.4.6 备选图解法 …… 146
6.4.7 程序选择 …… 148
6.5 案例分析 …… 148
6.6 递增强制选择法 …… 149
6.7 概率单位分析法 …… 151
6.8 感官适应、顺序效应和可变性 …… 151

6.9 其他方法：额定差异法、适应性程序、标度法 …… 153
6.9.1 额定差异法 …… 153
6.9.2 适应性程序 …… 154
6.9.3 标度法——感官灵敏度的另一种测定方法 …… 155
6.10 稀释至阈值 …… 155
6.10.1 气味单位和气相色谱嗅闻 …… 155
6.10.2 斯科维尔单位 …… 157
6.11 结论 …… 158
附：MTBE 阈值数据举例 …… 159
参考文献 …… 161

7 标度 …… 164
7.1 引言 …… 164
7.2 概述 …… 166
7.3 常用标度类型 …… 167
7.3.1 分类标度 …… 167
7.3.2 直线标度 …… 169
7.3.3 量值估计 …… 171
7.4 推荐操作和实践指南 …… 174
7.4.1 规则 1：提供足够的选择 …… 174
7.4.2 规则 2：属性必须被理解 …… 174
7.4.3 规则 3：参比词应该有意义 …… 175
7.4.4 校准与否 …… 175
7.4.5 警告：评级和评分不是标度 …… 175
7.5 相关变化形式——其他标度技术 …… 176
7.5.1 交叉模态匹配与量值估计标度的变化 …… 176
7.5.2 分类-比例（标记量值）标度 …… 178
7.5.3 可调整的评分技术：相对标度 …… 180
7.5.4 排序法 …… 181
7.5.5 间接标度 …… 182
7.6 方法比较：什么是良好的标度？ …… 183
7.7 问题 …… 184
7.7.1 “人们做出相应的判断”是否应该看到以前的评级？ …… 184
7.7.2 分类标度应在数据制表中分配为整数吗？它们是定距标度吗？ …… 184
7.7.3 量值估计是比例标度，还是简单的含有比例指令的标度？ …… 185
7.7.4 什么是“有效”标度？ …… 185
7.8 结论 …… 186

附 1：9 分标度的瑟斯通标度值的推导 …… 187
附 2：带标记的量值标度的构建 …… 189
参考文献 …… 190

8 时间-强度方法 …… 196
8.1 引言 …… 196
8.2 概述 …… 197
8.3 方法的变化 …… 199
8.3.1 离散或间断取样 …… 199
8.3.2 “连续”跟踪 …… 201
8.3.3 瞬时感官主导分析 …… 201
8.4 推荐试验流程 …… 202
8.4.1 时间-强度方法研究步骤 …… 202
8.4.2 方法流程 …… 203
8.4.3 推荐分析流程 …… 204
8.5 数据分析的选择 …… 204
8.5.1 常用方法 …… 204
8.5.2 平均值曲线的构建和描述方法 …… 206
8.5.3 案例分析：简单几何描述 …… 208
8.5.4 主成分分析 …… 210
8.6 应用实例 …… 211
8.6.1 滋味及风味追踪 …… 211
8.6.2 三叉神经和化学/触觉感知 …… 212
8.6.3 味觉和嗅味适应 …… 213
8.6.4 质地和相变 …… 214
8.6.5 风味释放 …… 214
8.6.6 愉悦感的时间属性 …… 215
8.7 问题 …… 216
8.8 结论 …… 217
参考文献 …… 218

9 感官评价中的情境效应和偏差 …… 223
9.1 引言：人类感官评价的相对特点 …… 223
9.2 简单的对比效应 …… 225
9.2.1 原理：适应性水平 …… 226
9.2.2 强度偏移 …… 226
9.2.3 属性偏移 …… 227

9.2.4 喜好偏移 …… 228
9.2.5 对比效应的解释 …… 229
9.3 范围和频率效应 …… 230
9.3.1 Parducci's 范围频率和理论 …… 230
9.3.2 范围效应 …… 230
9.3.3 频率效应 …… 231
9.4 偏差 …… 233
9.4.1 特殊标度使用和数字偏差 …… 233
9.4.2 Poulton 分类 …… 234
9.4.3 响应范围的影响 …… 235
9.4.4 中心偏差 …… 236
9.5 响应相关性和响应限制 …… 237
9.5.1 响应相关性 …… 237
9.5.2 "倾倒"效应：感官剖析中由于响应限制导致的响应放大 …… 238
9.5.3 过度分割 …… 239
9.6 经典心理学误差和其他偏差 …… 240
9.6.1 结构序列中的误差：期望与习惯 …… 240
9.6.2 刺激物误差 …… 240
9.6.3 位置或序列偏差 …… 241
9.7 校正方法 …… 241
9.7.1 避免或减小 …… 241
9.7.2 随机与对称平衡 …… 242
9.7.3 稳定性与校准 …… 242
9.7.4 解释 …… 244
9.8 结论 …… 244
参考文献 …… 245

10 描述性分析 …… 249
10.1 引言 …… 249
10.2 描述性分析的使用 …… 249
10.3 语言和描述性分析 …… 250
10.4 描述性分析技术 …… 254
10.4.1 风味剖析法 …… 254
10.4.2 定量描述分析 …… 257
10.4.3 质地剖析 …… 260
10.4.4 广谱分析法 …… 262
10.5 典型描述性分析 …… 265

10.5.1 通过三个简单的步骤进行描述性分析…… 266
10.5.2 不同传统描述性分析方法的比较研究…… 272
10.6 主题的变化…… 274
10.6.1 利用特征引用频率代替特征强度…… 274
10.6.2 偏离参比法…… 275
10.6.3 强度变化描述法…… 275
10.6.4 描述性分析和时间相关强度组合法…… 276
10.6.5 自由选择剖析法…… 276
10.6.6 闪光（flash）分析 …… 279
参考文献 …… 280

11 质地评价 …… 287
11.1 质地的定义…… 287
11.2 视觉、听觉、触觉质地…… 290
11.2.1 视觉质地…… 290
11.2.2 听觉质地…… 291
11.2.3 触觉质地…… 293
11.2.4 触觉手感…… 297
11.3 感官质地的检验…… 299
11.3.1 质地剖析法…… 300
11.3.2 其他感官质地评价技术…… 304
11.3.3 仪器质地检测与感官的相关性…… 304
11.4 结论…… 306
参考文献 …… 307

12 颜色和外观 …… 314
12.1 颜色和外观…… 314
12.2 什么是颜色？ …… 315
12.3 视觉…… 316
12.3.1 正常的人类色彩视觉变化…… 316
12.3.2 人类色盲…… 317
12.4 外观和颜色属性的测量…… 317
12.4.1 外观…… 317
12.4.2 视觉颜色测量…… 320
12.5 仪器颜色测量…… 324
12.5.1 孟塞尔色立体…… 324
12.5.2 数学颜色系统…… 325

12.6 结论…… 331
参考文献 …… 331

13 偏好检验 …… 334
13.1 引言：消费者感官评价…… 334
13.2 偏好检验：概述…… 336
13.2.1 基本比较…… 336
13.2.2 变异版本…… 336
13.2.3 注意事项…… 337
13.3 简单成对偏好检验…… 338
13.3.1 推荐程序…… 338
13.3.2 统计学基础…… 339
13.3.3 范例…… 341
13.3.4 实用的统计学近似法…… 341
13.3.5 等价检验的特例…… 342
13.4 非强制性偏好检验…… 343
13.5 重复偏好检验…… 345
13.6 重复非强制性偏好检验…… 346
13.7 其他相关方法…… 348
13.7.1 排序…… 348
13.7.2 排序数据的分析…… 350
13.7.3 最好-最坏标度法 …… 351
13.7.4 偏好程度评价和其他选项…… 352
13.8 结论…… 352
附1：包括无偏好选项的重复偏好检验的Ferris k-visit实例 …… 354
附2："无效对照"偏好检验 …… 355
附3：无偏好选项数据的多项式分析法实例 …… 356
参考文献 …… 357

14 接受度检验 …… 360
14.1 引言：喜好标度VS选择法 …… 360
14.2 快感标度：接受度的量化…… 361
14.3 推荐检验程序…… 363
14.3.1 步骤…… 363
14.3.2 数据分析…… 363
14.3.3 重复…… 363
14.4 其他类型的接受度标度…… 365

14.4.1 直线标度……365
14.4.2 量值估计法……365
14.4.3 带标记的量值标度……366
14.4.4 图片标度和儿童测试……368
14.4.5 可调整的标度……369
14.5 恰好标度（JAR 标度）……370
14.5.1 简介……370
14.5.2 局限性……372
14.5.3 恰好标度的变异版本……372
14.5.4 恰好标度数据分析……373
14.5.5 损失分析或“平均下降”……374
14.5.6 恰好标度的其他问题……377
14.6 行为学及情境相关的方法……377
14.6.1 食品行为评分标度（FACT）……378
14.6.2 适宜标度……378
14.6.3 产品接受者规模……379
14.6.4 交易标度……380
14.7 结论……381
参考文献……381

15 消费者现场检验和问卷设计……386
15.1 感官检验与概念检验……386
15.2 检验场景：集中地点、家庭使用……388
15.2.1 检验的目的……388
15.2.2 消费者模型……389
15.2.3 集中地点检验……390
15.2.4 家庭使用检验（HUT）……391
15.3 开展消费者现场检验的实际问题……392
15.3.1 任务和检验设计……392
15.3.2 样本量和分层……393
15.3.3 检验设计……394
15.4 与现场服务机构的互动……395
15.4.1 选择机构，通信和检验规范……395
15.4.2 发生率、成本和招聘……396
15.4.3 一些提示：要与不要……397
15.4.4 与研究供应商进行检验的步骤……398
15.5 问题设计……400

15.5.1 采访的形式……400
15.5.2 问卷流程：提问顺序……401
15.5.3 面谈……401
15.6 构建问题的经验法则……402
15.6.1 总则……402
15.6.2 简洁……403
15.6.3 使用清晰的语言……403
15.6.4 信息的可访问性……403
15.6.5 避免模糊的问题……403
15.6.6 检查重叠和完整性……404
15.6.7 不要引导受调查者……404
15.6.8 避免含糊不清和双重问题……404
15.6.9 谨慎措辞：列出所有的选项……404
15.6.10 注意光环效应和尖角效应……405
15.6.11 预检验……405
15.7 其他有用的问题：满意度、一致性和开放式的问题……405
15.7.1 满意度……405
15.7.2 Likert 标度（同意-不同意）……405
15.7.3 开放式问题……406
15.8 结论……407
参考文献……417

16 定性的消费者研究方法……419
16.1 引言……419
16.1.1 资源、定义和目的……419
16.1.2 定性研究的模式……420
16.1.3 其他定性方法……422
16.2 焦点小组的特征……423
16.2.1 优点……423
16.2.2 关键要求……423
16.2.3 可靠性和有效性……424
16.3 焦点小组在感官评价中的应用……425
16.4 案例分析……427
16.4.1 案例分析 1：在新产品开发中联合测量之前的定性研究……427
16.4.2 案例分析 2：关于盐的营养和健康的看法……428
16.5 实施焦点小组研究……429
16.5.1 概述……429

16.5.2 关键要求：提出好的问题…… 430
16.5.3 讨论指南和小组座谈阶段…… 431
16.5.4 参与者要求、时间、记录…… 432
16.6 主持的问题…… 433
16.6.1 主持技巧…… 433
16.6.2 基本原则：非定向、完全参与并涉及所有问题…… 434
16.6.3 助理主持人和合作主持人…… 435
16.6.4 任务汇报：避免选择性地倾听和过早下结论…… 436
16.7 分析与报告…… 437
16.7.1 总则…… 437
16.7.2 建议方法（“归类/聚类方法”），又称经典转录分析 …… 437
16.7.3 报告格式…… 438
16.8 其他程序和小组座谈的变化形式…… 440
16.8.1 儿童小组，电话访谈，基于互联网的小组…… 440
16.8.2 传统提问的变式…… 441
16.9 结论…… 442
附：报告样本，小组报告 …… 443
参考文献 …… 444

17 质量控制和保质期（稳定性）检验 …… 446
17.1 引言：目标和挑战…… 446
17.2 传统质量控制速览…… 447
17.3 感官质量控制方法…… 449
17.3.1 剪辑：一个不好的例子…… 449
17.3.2 选择-淘汰（合格/不合格）的评判系统 …… 449
17.3.3 与参比评分的差异…… 450
17.3.4 带有诊断的质量评分…… 451
17.3.5 描述性分析…… 452
17.3.6 方法借鉴：带有诊断的质量评分…… 453
17.3.7 多重标准差别检验…… 454
17.4 推荐检验过程：关键感官特性标度的不同评分法…… 455
17.5 良好实践操作的重要性…… 457
17.6 历史脚注：专家评价组和质量评分…… 459
17.6.1 标准化商品…… 459
17.6.2 案例1：乳制品质量评价 …… 459
17.6.3 案例2：酒的评分 …… 461
17.7 质量评价程序的要求和发展…… 463

17.7.1 感官质量控制系统的期望特征…… 463
17.7.2 质量评价的发展和管理问题…… 464
17.7.3 低发生率问题…… 465
17.8 保质期检验…… 466
17.8.1 基本注意事项…… 466
17.8.2 分界点…… 467
17.8.3 实验设计…… 468
17.8.4 生存分析和危险函数…… 468
17.8.5 加速储存实验…… 469
17.9 总结和结论…… 470
附1：感官质量评价筛选检验样本 …… 470
附2：根据已知失效次数的一系列产品批次进行生存/失败分析 …… 471
附3：阿仑尼乌斯方程和 Q_{10} 建模 …… 472
参考文献 …… 473

18 数据关系和多元统计分析的应用 …… 476
18.1 引言…… 476
18.2 多元统计技术综述…… 477
18.2.1 主成分分析…… 477
18.2.2 多元方差分析…… 480
18.2.3 辨别分析（又称经典变量分析） …… 481
18.2.4 广义普鲁克氏分析…… 482
18.3 利用偏好映射联系消费者数据和描述性数据…… 485
18.3.1 内部偏好映射…… 486
18.3.2 外部偏好映射…… 488
18.4 结论…… 490
参考文献 …… 491

19 战略研究 …… 495
19.1 引言…… 495
19.1.1 战略研究的途径…… 495
19.1.2 消费者联络…… 497
19.2 竞争监测…… 497
19.2.1 分类概述…… 497
19.2.2 感知图…… 499
19.2.3 多元方法：主成分分析（PCA） …… 500
19.2.4 多维标度…… 502

19.2.5 高效的数据收集方法：归类法…… 503
19.2.6 向量投影…… 505
19.2.7 高效的数据收集方法：投影映射…… 505
19.3 属性识别和分类…… 507
19.3.1 喜好的驱动力…… 507
19.3.2 卡诺（Kano）模型 …… 508
19.4 偏好映射的重新审视…… 509
19.4.1 偏好映射图的类型…… 509
19.4.2 偏好模型：向量与理想点…… 509
19.5 消费者细分…… 511
19.6 声明证实的重新审核…… 512
19.7 结论…… 513
19.7.1 盲测，新可乐和维也纳爱乐乐团…… 513
19.7.2 感官评价的贡献…… 514
参考文献 …… 514

附录 A 感官评价的基本统计概念 …… 518
附录 B 基于非参数和二项式的统计方法…… 534
附录 C 方差分析 …… 553
附录 D 相关性，回归和相关度量 …… 575
附录 E 统计的检验力和检验的敏感性…… 586
附录 F 统计表…… 604

1 概论

本章谨慎地解析了感官评价的概念，简要地讨论了所收集数据的有效性，并且概述了该领域的早期发展历史。在讨论描述性分析和消费者测试的差异之前，介绍了感官评价中使用的三种主要方法（差别检验、描述性分析和快感检验）。然后简单讨论了人们可能想要收集感官数据的原因。最后强调了感官评价与市场调研之间的异同，以及感官评价与商品分级（例如，其在乳制品行业中的应用）的异同。

感官评价是工业之子，它是伴随着消费产品公司（主要是食品公司）的快速发展，在最近40年中孵化出的。感官评价的进一步发展取决于诸多因素，其中最重要的一条是人员及其准备和培训。

——Elaine Skinner（1989）

1.1 引言

1.1.1 定义

在20世纪下半叶，随着加工食品和消费品工业的发展，感官评价领域迅速发展。感官评价的内容包括一系列精确测量人类对食物的反应的技术方法，和减少品牌识别和其他信息对消费者感觉的潜在偏倚的影响。从严格意义上讲，它试图解析食物本身的感官特性，并为产品研发人员、食品科学家和管理人员提供关于产品感官属性的重要和有价值的信息。Amerine、Pangborn 和 Roessler 于1965年对该领域作了全面的回顾。由 Moskowitz 等（2006）、Stone 和 Sidel（2004）以及 Meilgaard 等（2006）编写的教科书也已于近年出版。这三本书对工业中感官评价研究人员具有很强的实践指导意义，反映了作者的哲学思想。而本书的目的是提供较全面的、基于研究结果的、平衡的概述，供相关专业的学生和从业者使用。

感官评价是用于唤起、测量、分析和解释通过视觉、嗅觉、触觉、味觉和听觉的感知对产品反应的一种科学方法（Stone 和 Sidel，2004）。该定义已被各类专业组织中的感官评价委员会所接受和认可，如食品技术专家协会和美国检验和材料学会。感官评价的原理和实践包括定义中所提及的四种活动。请注意“唤起”一词。感官评价提出了在可控的条件下制备和处理样品的方法指南，从而减小偏差因素。例如，感官评价员通常被安置在独立的检验室做测试，因此他们提供的答案是来自个人的评价，而不会受周围环境中其他人的观点的影响。样品被随机的数字所标记，因此人们得出的评价不受产品本身标签的影响，而是源于对产品的感官体验。另一个例子是应如何将产品以不同的顺序提供给受试者，以帮助测量和平衡依次检验产品的顺序效应。对于样品的温度、体积和间隔时间应建立标准的操作程序，以便控制非研究变量和提高检测的精确度。

接下来是“测量”一词。感官评价是一门定量科学，通过采集数据在产品性质和人的感知之间建立起合理的、确切的联系。感官评价方法主要来自行为学研究中观察和测量人的反应的技术方法。例如，我们可以测量人们能分辨产品细微变化的次数比例，或者一组受试者偏爱某一种产品的比例；又如，可以使人们产生数量化的反应，以表示一组产品所引起的味觉或者嗅觉的强度。行为研究与实验心理学技术为执行各种测量方法以及了解它们潜在的缺点和适用范围提供了指导。

感官评价的第三个过程是分析。恰当的数据分析是感官评价的重要部分。人所产生的数据常常是高度可变的。人的反应变量有很多的来源，这些变量在感官评价中难以完全被控制，例如参与者的情绪和动机、对感官刺激先天的生理敏感性以及过去的经历和对类似产品的熟悉程度。虽然针对这些因素有一些筛选方法，但也可能只是部分地控制了这些因素。从自然特性上来说，人类作为评价员就如产生数据的各种不同的仪器一样。为了评价观察得到的产品性质和感官反应之间的联系是不是真实的，而不仅仅是由不可控制的反应变量造成的，可以采用统计方法来分析评价数据。紧密结合和应用适当的统计分析是一个良好的实验设计应该考虑的问题，使目标变量能被科学地研究，从而得到合理的结论。

感官评价的第四个过程是结果解释。感官评价活动一定是一个实验。在实验中，数据和统计信息只有被放在假设、背景知识以及对决策和行动的意义中解释才有意义。所得到的结论必须是基于数据、分析和实验结果而得到的合理判断。结论需要考虑所采用的方法、实验的局限性以及研究的背景框架。感官评价研究人员不仅只是产生实验结果，还必须对数据给出解释并以此提出合理的措施。为指导进一步的研究，感官研究人员必须与顾客（即实验结果的最终使用者）紧密、全面地合作。感官评价专业人员处于最有利的位置，能够认识到实验结果的合理解释以及可能会被推广到的消费者群体对产品的感知结果的意义。感官评价的研究人员最好能理解实验操作的局限性及其风险和责任。

准备从事研究工作的感官科学家，必须接受以上定义中所提到的四个阶段的培训。他必须了解产品、作为测量仪器的人、统计分析，以及在特定研究目的中数据的解释。正如 Skinner 所指出的，该领域未来的发展取决于所培训的新的感官科学家的广度和深度。

1.1.2 检验方法

感官评价是一门测量科学。正如其他的分析检验过程一样，感官评价应考虑精确度、准确度、灵敏度，并且避免假阳性结果的产生（Meiselman，1993）。精确度与行为科学中的可靠性概念相似。在任何实验操作中，我们希望重复实验能得到相同的结果。在实际观察到的结果附近通常都有一些误差波动，所以重复实验的结果不会总是完全相同的。这对于必须依靠人的感官产生数据的感官评价来说是很常见的。然而，在许多感官实验操作中，还是希望尽可能减少误差波动的，以使实验在重复测量时误差较低。这可以通过几种方式来实现。如前文已经提到的，我们隔离目标变量的感官反应，应尽量减小外界因素的影响，以及控制样品的制备和呈递。此外，必要时可以筛选和培训评价员。

第二个需要考虑的是检验的正确性或有效性。在物理科学中，这被看作是检验仪器得到的测定值接近“真实”值的能力，而“真实”值是由已被适当校准的另一种或一套仪器独立测量得到的。这一原则在行为科学中被称为检验的正确性。这反映了检验程序对于所要测量内容的测量能力。正确性可通过许多方法得到。其中一个实用的标准是预测效度，即检验结果能有效地预测在另一条件或另一测量下的结果。例如在感官评价中，检验结果应该能够反映可能购买产品的消费者的感受和看法。换句话说，感官评价结果也适用于其他更大的人群。检验结果也可能与仪器测量、操作或原料变量、储存因素、货架时间以及其他可能影响感官品质的条件有关。在考虑正确性时，我们也必须注意检验所得信息的最终使用情况。一种感官评价方法可能在有些情况下有效，而在其他情况下却不一定有效（Meiselman，1993）。一项简单的差别检验可以辨别一种产品是否发生了变化，但却不能说明人们是否喜欢这种新产品。

好的感官评价应尽可能地减少测量误差和结论中的错误。在任何检验过程中，都会有不同类型的误差存在。检验结果是否能反映真实的现象是一个重要问题，特别是在误差和不可控制的变量是测量过程中固有的情况下。感官评价需要考虑的最主要的因素是检验能够区分不同产品的灵敏度，也就是说检验不会经常遗漏所存在的重要区别。“遗漏差别”就表明检验程序是不灵敏的。为保持高灵敏性，我们必须通过细致的实验控制以及选择和培训合适的评价员来减小误差变量。检验必须包含足够的测量次数以确保对我们所得的数据进行严密而可靠的统计分析，如对平均值或比率的分析。用统计语言来表述，发现真实的差别就是避免类型Ⅱ误差和减小 β 风险。从统计学的角度分析检验效力和灵敏度将在第 5 章和附录中进行讨论。

在检验中可能产生的另一种误差是得出了一个阳性的结果，但实际上这个结果在更大的人群中或在此感官检测试验之外的产品中是不成立的。再次声明，一个阳性结果通常是指检验到产品之间存在着统计学意义上的显著差别。采用一种避免产生假阳性结果或统计术语中的类型Ⅰ误差的检测方法是很重要的。应用于科学发现的基础统计学的培训和常用的统计检验被用来避免此类误差的产生。在判断检验结果是否反映了真实的差别或者结果是否是由于偶然因素产生时，随机偏离的影响必须被考虑在内。一般的推论统计学过程可确保我们限制了发现一个并不真实存在的差别的可能性。统计过程将这一风险降低到了很低的水平，通常我们所做检验的最高限度为 5%。

注意这种假阳性结果的错误在基础科学研究中有潜在的破坏性：假如结果仅仅是由于随机因素引起的，整套理论和研究计划可能由于虚假的实验结果而偏离了方向。因此，我们在适当应用统计检验时应警惕此类风险。然而在产品开发工作中，第二种统计错误，也就是遗漏一项真实的差别，可能同样具有破坏性。也许是一种重要原材料或工艺的改变使产品在感官品质上变得更好或更糟，而这一感官改变未被发现。因此，感官评价应注意不要遗漏真实的差别，也要避免假阳性结果。与其他科学研究领域的科学家相比，这类额外的统计学问题在感官研究员所做的实验中需要更多地被考虑。

最后，绝大多数的感官评价都是在工业环境中进行的，商业利益和战略决策也在考虑因素之内。感官评价的结果可以被看作是在做决策时减小风险和不确定因素的手段。当一名产品开发经理要求进行感官评价时，通常是因为在人们具体感知该产品的问题上存在一些不确定性。为了解该产品是否区别于或接近于某种标准产品，与竞争者产品相比是否更被喜爱，是否具有特定的令人满意的品质，都需要数据来回答这些问题。有数据在手，终端客户能在较低的不确定性或商业风险的情况下做出明智的选择。在大多数情况下，对于研究者和市场经理来说，感官评价的作用是作为一种减少风险的机制存在的。

感官评价除了对产品开发等有明显的用途外，还可给其他部门提供信息。包装的功能性和便捷性则需要进行产品检验。产品质量的感官标准可以成为质量控制体系的一个必要部分。盲标（blind-labeled）感官消费者检验产生的结果可能需要与相关概念的市场调研结果相对照。感官评价部门甚至可以与相关的法律部门在广告声明方面合作。感官评价也可被用于公司的研究之外。关于食品和材料及其性质和处理的学术研究，经常要求感官评价来评价人们对于产品变化的感受（Lawless 和 Klein，1989）。在学术环境中，感官科学家的一个重要职责是提供咨询和资源，来确保其他研究者和学生能够实施有质量的感官检测，从而理解其所研究变量对感官的影响。在政府服务部门（如食品检验），感官评价起着关键作用（York，1995）。感官原理和适当的培训对于保证检验方法能够反映感官功能和检验设计的当前知识是至关重要的。可参见 Lawless（1993）对于感官科学家教育和培训的概述——这篇文章的大部分内容在 15 年以后将依然适用。

1.2 历史的里程碑及三类检验方法

利用人类的感官来评价食品的质量已经有数个世纪了。每次饮食的时候，我们都会评价我们的食品（“每个人都有他自己的品味法则，无论他走到哪里，都会用它来使自己快乐”——Henry Adams，1918）。这并不意味所有的评价都是有用的，或者任何人都有资格或能力参与一个感官测试。高品质食品的生产通常取决于某一个专家的感官敏锐性，他负责生产或者有权改变生产工艺以确保产品具有令人满意的品质。这是啤酒酿造师、葡萄酒品尝师、乳品检验员和其他食品检验人员作为产品质量的仲裁人员的责任。现代感官评价用参与到特定的检验方法的评价小组，取代了那些单一的权威专家评价员。有几个原因导致了这一变化的发生。首先是认识到评价小组的判断通常比个人的评价更可信，具有更小的风险，因为某个专家评价员可能会生病、旅行、退休、去世或因其他原因不能再做出评价。替代这些专家评价员并不是件容易的事。其次，专家评价员并不一定能反映消费群体或部分消费者对产品的需求。因此，关于产品质量和整体的吸引力的研究，直接面向目标人群是较为安全的（尽管这经常要花费更多的时间和金钱）。虽然由于非正规传统的影响，在一些行业中仍采用像“一刀切”的定性检验，但已逐步被更正规的、定量的和有控制的观测所代替（Stone 和 Sidel，2004）。

当前的感官评价方法包括一系列具有工业和学术研究使用记录的检测技术。我们所认为的许多标准操作是用于总结感官评价研究人员近 70 年的食品和消费产品研究的实践中所遇到的缺陷和问题的，这些经验相当重要。任何感官评价研究人员最关心的是确保检验方法能恰当回答在检验产品中所提出的问题。基于这一原因，检验通常根据其主要目的和适当的用途进行分类。一般采用三种经典的感官评价，每一种都有不同的目标，选择参与者时应采用不同的标准。这三种主要的检验类型见表 1.1。

表 1.1　感官评价检验方法分类

类别	关键问题	检验类型	小组成员特征
差别	产品是否在某些方面存在差异?	“分析的”	根据感官灵敏性筛选，检验方法经指导，有时经过培训
描述	产品在特定的感官特性方面如何不同?	“分析的”	根据感官敏锐性和动机筛选，经培训或高度培训
喜好	对产品的喜爱程度或更喜欢何种产品?	“快感的”	根据产品用途筛选，未经培训

1.2.1 差别检验

最简单的感官评价仅试图回答两种类型产品之间是否存在不同。这属于差别检验法或简单的差别检验程序。其数据分析是基于频率和比率的统计学原理（计算正确和错误的答案数目）。从检验结果中，我们可以根据能够从一系列相似或参比产品中正确地挑选出一个检验产品的受试者的比率来辨别差异。此类检验的一个典型的例子是三点检验法，20 世纪 40 年代曾在嘉士伯（Carlsberg）啤酒厂和 Seagrems 蒸馏酒厂中使用（Helm 和 Trolle，1946；Peryam 和 Swartz，1950）。在该检验中，有两个样品是相同的，第三个样品和它们是不同的。要求评价员从这三个样品中找到不同的那个样品。辨别差异的能力可从超出随机期望水平的正确选择的次数来推知。在啤酒厂，这一检验主要是作为一种筛选啤酒评价员的方法，以确保他们具有足够的辨别能力。另一种旨在进行质量控制的选择性差别检验几乎是与蒸馏酒同时发展起来的（Peryam 和 Swartz，1950）。在二-三点检验法中，先提供一个对照样品，再提供两个检验样品。其中一个检验样品与对照样品一致，而另一个则来自不同的产品、批次或生产工艺。参与者要正确找出与对照样品一致的样品，这有 1/2 的概率。而在三点检验中，超出随机期望值的正确选择的比率是关于产品之间可感知差别的重要依据。第三种常用的差别检验是成对比较法，检验时，要求参与者在两种产品中选择一种在某一特定品质上表现更强烈、更突出的产品。部分是因为小组成员的注意力直接集中在这一特定品质上，这一检验方法对于差别检验非常灵敏。图 1.1 所示为这三种常用的差别检验。

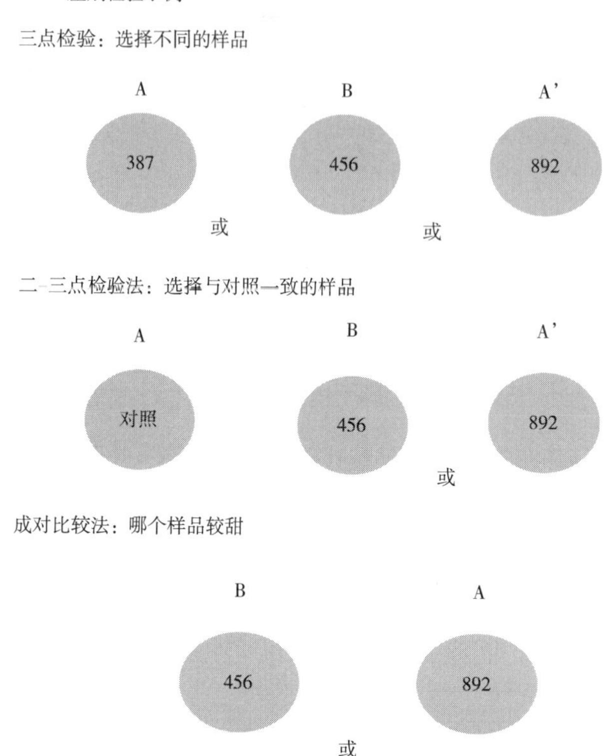

图 1.1　差别检验的常用方法：包括三点检验法、二-三点检验法和成对对比法

它以评价小组代替了对一个评价专家（啤酒酿造师、咖啡品尝师等）的依赖，主要是基于如下的认识：即评价小组的多数意见很可能比个人的判断更可信和准确。其次，它提供了一种方法来表述单一的风味特征，并对一组开发的产品之间的差别提供了一个全面的分析性的描述。

简单的差别检验已被证明在实践应用中非常实用，而且目前已被广泛采用。典型的差别检验一般有 25~40 个参与者，他们均经过筛选，对普通的产品差别有较好的感官灵敏度，而且对于检验程序较为熟悉。一般提供的样品量较为充足，以便于清楚地判断感官差别。当受试者在感官评价场所工作时，常进行重复检验。这些检验比较普遍，部分是出于数据分析简单性的缘故。二项分布的统计表格提供了根据参加人数得出存在显著性差异所需的最少正确反应数。这样，感官技术人员仅需要计算答案数目，借助于表格可以得到一个简单的统计结论，从而就可以简单而迅速地对结果进行报告。

1.2.2　描述性分析

第二大类感官评价方法是对感知到的产品感官特性的强度进行量化的方法。这些方法主要是进行描述性分析。其中一种方法是风味剖面法，主要依靠经过培训的评价小组，这种方法于 20 世纪 40 年代后期被 Arthur D. Little 咨询集团开发（Caul，1957）。该集团致力于开发一种全面而灵活的风味分析工具，以解决营养胶囊中的不良风味和味精在各种加工食品中的感官作用的问题。他们创造了一种方法，包括小组成员的全面培训以使他们能够利用一种简单的类别标尺来表征一种食品所有风味特征及其强度，并记录风味特征出现的顺序。从很多方面来看，这一进步是令人瞩目的。考虑到一个小组的一致意见可能比个人的评价更可靠和准确，它可取代对单个感官评价专家（酿酒专家、咖啡品鉴员，诸如此类）的依赖。其次，它提供了一种描述风味各个属性的方法，并对研发中的一组产品之间的差异提供了全面的分析描述。

现在描述分析技术方法中的一些变化形式和改进不断出现。常规食品技术中心的一个小组在 20 世纪 60 年代早期开发和改进了一种量化食品质地的方法，正如风味剖面法能量化风味特征一样（Brandt 等，1963；Szczesniak 等，1975）。质地剖面法这一技术采用一套固定的与力相关的并与形状相关的属性来描述食品的流变和触觉特性以及其随着咀嚼时间的变化。这些特性与食品的破碎和流动等物理测量值相对应。例如，感知到的硬度与穿透样品所需要的物理力有关。感知到的流体或半固体的黏度与物理学上的流动性（Viscosity）部分相关。利用标准产品或配制的用来校准的模型食品，质地剖面评价小组也可以通过培训来识别不同标尺的特定强度点。

其他用于描述分析的方法也被开发出来。在 20 世纪 70 年代早期，斯坦福研究院（Stanford Research Institute）的一个小组提出了一种描述分析方法以弥补风味剖面法的一些明显缺点，这一方法甚至可以应用于食品的所有感官特性的评价中，不仅是口感和质地（Stone 等，1974）。这一方法称为定量描述分析法（QDA）。QDA 的程序很大程度上借鉴了行为研究的传统，并利用了实验设计和统计分析（如方差分析）。与风味剖面法的小组讨论和集体协商程序（consensus procedures）相比，该方法保证了小组成员的独立评价和统计检验。其他类型的描述方法也被尝试使用并得到一定程度的普及，例如，光谱法（spectrum method），该方法对于小组的强度标尺点有很高的校准程度，比较接近于质地剖面法。还有一些研究者运用了混合技术，包含了各种不同描述方法的特点。鉴于各种方法的优点可能适用于一个特定公司的产品和资源，今天许多产品开发部门采用了混合技术。

描述分析法已被证明是最全面、信息量最大的感官评价手段。它可用于表征各种各样的产品变化和食品开发中的研究问题。利用统计技术（如回归和相关性分析等），描述分析法所得到的信息可以与消费者接受度的信息和仪器测量结果相关联。

例如，饼干的质地描述性评价可参见表 1.2。该产品在不同的时间间隔，按统一的、可控制的方式，通过一种典型的分析性感官评价的程序被评价。例如，第一口可以定义为门牙的切割。进行类似分析的评价小组可以由 10~12 名经过良好培训的人员组成，他们已了解术语的含义并且经过练习。这些技术也给出了标尺上不同强度点的参考样品。请注意本样例中所提供的详细信息，并注意这仅考察了产品的质地。风味分析也可以形成一个同样详细的感官分析，但是也许需要用另外一组经不同培训的评价小组。小组成员的人数相对较少（12 人左右），但是他们的评价水平都经过校准。尽管观测次数较少（每个产品数据点较少），但是他们被培训以相似的方式使用特征标尺，这降低了误差波动，可以保持统计检验力和检验的敏感性。Meilgaard 等提供了质地、风味、香味和触觉分析的类似实例。

表 1.2 饼干的描述性评价——质地特征

阶段	特征	字锚/词语定位
表面	粗糙感	光滑——粗糙
	微粒感	无——多
	干燥性	油腻——干燥
第一口	脆性	松脆——硬脆
	硬度	软——硬
	微粒大小	小——大
初次咀嚼	稠度	稀薄——浓稠
	口感的均匀性	均匀——不均匀
咀嚼	吸湿性	无——强
	黏结性	松散——黏结的
	黏牙性	无——多
	颗粒感	无——强
残留	油腻感	干燥——油腻
	微粒	无——多
	白垩状	无——多

1.2.3 喜好检验

第三大类感官评价方法是试图对产品的好恶程度进行量化的方法，称为快感或喜好检验法。对于这一问题最直接的办法是提供给人们两种产品以供选择，然后从大多数的反馈中查看是否具有一个明显的喜好倾向。选择性检验的问题在于不能从反馈中得到关于好恶程度的信息。20 世纪 40 年代末期，美国陆军军需食品与容器研究所开发的快感标尺成为此类检验的里程碑。该方法提供了一个均衡的 9 分快感标度，其中心点为中性，这个方法尝试用副词标记标尺上的点，这些副词代表了心理上相等的距离或者相等的快感改变。换句话说，它是一个带有标尺性质的标度，其相同的间隔使其可以适用于统计分析。

美国陆军军需部队9分快感标度：

极其喜欢

非常喜爱

一般喜欢

轻微喜爱

不喜欢也不厌恶

轻微厌恶

一般厌恶

非常厌恶

极其厌恶

注：所选择的刻度点代表相同的心理间隔

图 1.2 用于评价喜恶的 9 分快感标度

该刻度最初被美国陆军军需食品与容器研究所（美国陆军军需部队）开发，现已被广泛应用于食品的消费者检验。

9 分快感标度的样例如图 1.2 所示。如今典型的快感检验实验通常需要 75~150 名消费者作为样本，他们是某种产品的常用消费者。该项检验包含多种可供选择的产品，并在集中场所或感官评价中心进行。具有更大的消费者样本量的喜好检验开始出现，因为个体偏好的高度差异性需通过增加总人数来弥补，以确保统计检验力和检验的敏感性。这同时也提供寻找喜爱不同类型产品人群的机会，如喜好不同的颜色或风味等。这也能提供了机会来探究消费者对某种产品喜恶的原因。

9 分快感标度的开发是实验心理学家和食品科学家相互合作的很好的例证。一项被称作塞斯通标度（Thrustonian）（详见第 5 章）的心理学测量技术被用来验证 9 分快感标度的标记副词。这一相互合作在本书著作组上也可以体现。本书一位作者从事食品科学和微生物学，而另一位作者是一名实验心理学家。相互合作的发生没有使我们感到惊奇，也许唯一使人迷惑的是为什么这样的交流没有进一步地持续和扩大。语言、目标和实验着重点的不同可能在一定程度上造成了这种困难。心理学家着重研究的对象是人类个体，而感官评价专业人员则主要研究食品（刺激物）。然而，由于感官评价包含了人与刺激物之间的相互作用，很明显，必然需要类似的检验方法来表征这种人与产品之间的相互作用。

1.2.4 中心法则——分析性检验与喜好检验的比较

对于所有感官评价实验，中心原则是检验方法应该适合检验目。图 1.3 所示为如何从根据检验目选择检验方法的流程。为实现这一目标，感官评价管理人员要和客户或信息的最终用户进行充分的沟通。对话是必要的。重要的问题是产品间是否存在任何差别。如果是，需要进行差别检验。要解决的问题与原产品相比，消费者是否更喜欢新产品？如果是，则需要进行消费者接受度检验。我们需要知道新产品的哪种感官特性发生了改变。这需要应进行描述性分析。有时我们有多个检验目标，就需要有一系列的不同检验方法（Lawless 和 Claassen，1993）。在竞争性产品研发中，如果所有的问题都要求立即或者在非常大的时间压力下被解答，这种形式就会出现问题。食品工业中感官专业人员的最重要工作之一是保证能够理解和说明终端客户需要的是什么类型的信息。实验设计可能需要大量的沟通，采访不同的人，甚至需要书面记录实验要求，其上需要解释收集某些信息的原因以及实验结果将如何被用于制定具体决策的及随后应采取的措施。感官研究人员处于最有利的位置去理解各种检验的用途和局限性，以及从数据中得出的结论哪些是适当的、哪些是不适当的。

对于这一原则有两个重要的推论。感官实验的设计不仅包括适当方法的选择，也包括对合适的参与者和统计方法的选择。三类主要的感官评价方法可以分成两种类型，即分析性感官评价（包括差别检验和描述分析方法）和喜好或快感检验（例如，那些涉及评价消费者喜好或偏好的检验）（Lawless 和 Claas）（Sen，1993）。对于分析性检验，选择评价员的原则是他们对于评价产品的主要特性（例如口味、香气、质地等）具有中等或良好的感官灵敏度。他们熟悉检验程序，根据检验方法的需要可能或多或少要接受一些培训。在进行描述性分析时，在问卷标度的指引下，评价员应采用一种分析性的思维

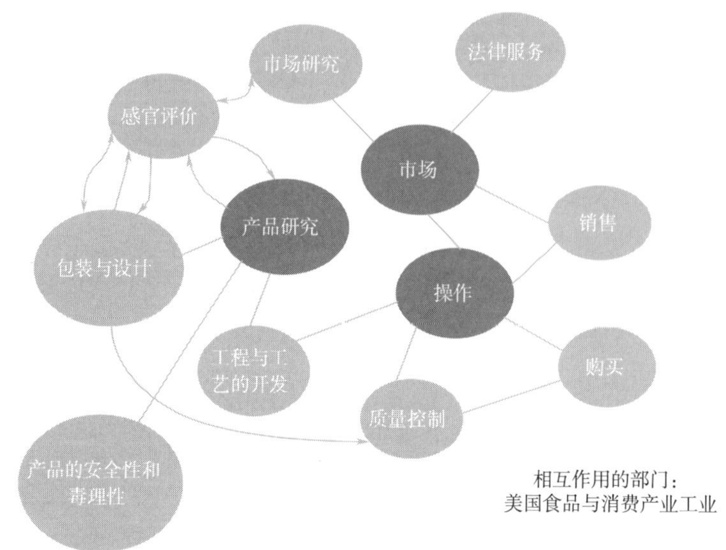

图 1.3　方法选择的流程图

根据主要的目的和研究问题，选择不同的感官评价方法。在评价员的选择、反应标度的选择、实验设计的选择，数据分析，和设计感官评价的任务时，采用相似的决策制定过程（经原作者许可，图片出自 Lawless，1993）。

模式，集中注意力评价产品的一些特定方面的性能。他们被要求将个人倾向和喜好影响排除在外，因为他们的工作仅是详细描述产品具有哪些感官特性以及其感官强度、广度、数量或持续时间。

与这种分析性思维模式相比，消费者在喜好检验中的行为更为综合。他们将产品作为一个整体来感受。虽然他们的注意力有时被产品的某一种特殊方面所吸引（特别是当产品是劣质的、令人失望或不满意时）。他们对于产品的反映通常是直观的，并且是建立在对产品的整体感官刺激的印象上的，表现为对产品的喜恶。这并不需要对产品具体品质特征进行较多的思考和剖析，也就是说，消费者能够有效地根据整合的感知模式表达他们的印象。在这类的消费者检验中，必须仔细地选择参与者，以保证所得的结果能够被推广到目标群体。参与者应该是产品的经常性用户，因为他们最可能代表目标市场，同时也熟悉类似的产品。他们有合理的期望值和一个参考框架，在这个框架内他们对产品形成的看法能够与他们所尝试过的其他类似的产品相关联。

分析和喜好检验的差别，使我们认识到一些十分重要的经验法则并质疑检验方法与响应结果是否相适用。向有经验的评价员询问他们对产品的偏爱或者是否喜欢一种产品都是不明智的做法。他们被要求用一种不同的、更具有分析性的思路模式评价产品，而将个人爱好排除在外。而且，他们不一定会作为产品的经常性用户而被选中，所以，他们不是可以用来推广快感检验结果的目标人群的一部分。一个普通的类比是一种分析仪器。人们不会去问一台气相色谱仪或是一个 pH 计，它是否喜欢一个产品，所以，为什么要去问分析性描述评价小组呢（O’Mahony，1979）。

相反地，问题同样存在于当消费者被要求提供对产品品质非常专业的信息时。消费者不仅会在一个非分析性的思维模式下支配其行为，而且他们对于产品的特定品质经常会有非常模糊的概念，例如混淆了酸味和苦味。每个人对于问卷中感官属性词汇的解释经常会有显著的不同。一个有经验的质地剖面评价小组对于一种产品咀嚼后的黏着程度形成一致观点不会有问题，而我们不能期望消费者也能提供关于这种具体的、技术性的品质的精准信息。总之，我们应避免利用有经验的评价员做喜好检验，也不应要求消费者做具体的、描述性的品质分析。

与分析性/快感性的差异相关的一个问题是，实验的控制和精度是否应该被最大化，还是有效性和在现实世界的推广性更为重要。这两者之间通常有一个权衡，很难同时达到最大化。实验室的分析检验利用经特殊筛选和培训的评价员，与消费者检验相比结果，更可信，随机误差更低。然而，由于使用人造的条件和一组特殊的参与者，我们损失了一些可将此实验推广到现实世界的普遍性。相反，在消费者家中进行的消费者产品检验，我们得到的不仅报货实际的有效性，也引入了许多对数据有干扰的信息。Brinberg 和 McGrath（1985）把精确性与有效性之间的矛盾称为“不可兼得”。O' Mahony（1988）将感官评价类型Ⅰ和类型Ⅱ进行了划分。在第Ⅰ类感官评价中，可靠性和灵敏性是关键因素，参与者更像是一台分析仪器用来检测食品的变化。在第Ⅱ类感官评价中，筛选的参与者代表了消费群体，他们可以在自然条件下评价食品。这里要强调的是预测消费者反应。任何一种感官测试是在可信度与现实推断的关系之间寻找潜在的权衡点。这一因素也必须与数据的终端用户讨论，以便了解他们的重点位于何处，他们可以接受何种水平的权衡。

统计分析的选择也考虑到数据的特性。差别检验包括对正确反馈数据的选择和计数。基于二项式分布或类似卡方检验法的统计方法是适当的。相反，对于大多数比例数据，我们可以利用我们熟悉的适用于正态分布和连续数据的参数统计，如平均数、标准偏差、t 检验、方差分析等。选择一个适当的统计检验并不总是直截了当的，所以，感官专业人员接受详细全面的统计学培训是明知的，并且统计和实验设计专家应在一项复杂项目计划的最早期阶段参与进来。

偶尔这些中心原则也会被违背。它们不应该为了节省开支或成本而在缺少合理的分析的情况下被忽视。一个常见的例子是在进行消费者接受性检验之前，需进行一次差别检验。我们最终关心的是消费者是否喜爱一种新产品，我们可以进行一次简单的差别检验以验证是否存在可被察觉到的变化。这一次序的逻辑如下：如果一个经过筛选的有经验的差别检验评价小组在感官实验室严格的控制条件下不能分辨出差别，那么一个更加不均衡的消费者群体在缺乏控制、变化性更大的条件下是不可能察觉这一差别的。如果没有察觉到差别，逻辑上不可能存在系统上的偏爱。所以，先进行一次比较简单但又比较灵敏的差别检验有时可能避免进行一次耗时更多、花费更大的消费者检验。控制差别检验增加可实验的可靠性，为得到关于消费者感受的正确结论提供了一张“安全网”。当然，这一逻辑也不是没有他的缺陷：一些消费者在家庭试用期间可能会更多地食用产品，其间可能形成一些稳定而重要的看法，而这在短期的实验室检验中无法得到，此外，在实验室中往往存在得到错误的或否定的结果的概率（可能会遗漏某种差别的误差）。MacCrae 和 Geelhoed（1992）描述了一件有趣的事情，在一项三点检验中差别被遗漏，而在成对比较检验中发现两个水样品间出现有一个被明显的偏爱。感官专业人员必须知道这些实验结果中的异常情况有时会发生以及它们发生的一些原因。

1.3 应用：为何收集感官信息

人类对于食品和消费产品的感知是复杂的感官和解释过程的结果。在科学进展的这一阶段，对多方面刺激的感知是由人体神经系统处理和传导的，它是很难或者是不可能被仪器测量所预测的。在许多情况下，仪器缺乏人的感官系统的灵敏度，嗅觉就是一个很好的例子。仪器很难模拟食品在品尝时口腔的机械处理，也不能模拟如唾液和黏液等生物液体对风味物质的化学分配作用。最重要的是，仪器评价得到的值忽视了一个重要的感知过程：人脑在反应之前对感官体验的解释。人脑位于感官输入和反应产生之间，而产生的反应构成了我们所需的数据。大脑是一架巨大的并行分布式处理器和计算引擎，能够快速地识别规律。它以个人经历和体验为参考来完成感官评价。感官体验被在参考框架内被合理的解释，相应于期望值被评价，包含多种同步的或连续的输入信息。最后，评价作为我们的数据输出。因此，这里存在一个“感受链”而不是简单的刺激和反馈（Meilgaard 等，2006）。

只有人的感官数据能提供最好的模型来解释消费者在现实生活中可能对食品产生怎样的感知和反应。我们收集、分析和解释感官数据以预测产品在研发过程中是如何改变的。在食品和消费产品工业中，这些改变的产生来源于三个重要因素：配料、工艺和包装。第四个需要考虑的经常是产品的老化形式，也就是他的保质期，但我们也可以考虑货架稳定性作为一种特殊的加工过程，虽然，通常这是一种非常消极的方式（但也应考虑到产品暴露在温度起伏、光催化氧化、微生物污染以及其他一些不良条件下）。配料的改变有许多原因，它们可能被用于提高产品质量或降低生产成本，或者仅仅是因为某些原料的供应变得困难。工艺的改变同样是为了试图在感官、营养、微生物稳定性等一系列因素方面提高质量，降低成本或者提高生产能力。包装的改变主要是出于产品稳定性或其他质量因素的考虑，如一定量氧的渗透可以保证新鲜牛肉制品保持鲜红的颜色，从而在视觉上提高对消费者的吸引力。包装的作用是产品信息和商标图案的载体，因此，产品的感官特性和期望值都可能随着产品信息在包装材料和印刷图案的展示方式而改变。包装和印刷油墨可能会造成产品从包装中取出时风味和香气的变化，有时异味也会进入产品中。对于氧化反应、潜在的光催化反应的有害影响、微生物污染和其他一些麻烦，包装也是一道重要的屏障。

人们利用感官评价来研究这些对产品的改变是如何引起人的感知变化的。在这样的情况下，感官评价是最传统的心理生理学（最古老的科学心理学的分支），它试图详细解释不同能量水平对感觉器官的冲击（心理生理学的生理学部分）与人的反应（心理学部分）之间的变化。通常，我们不能精确地预测原料、工艺或者包装是改变了哪些感官，或者说是由于食品和消费产品通常是相当复杂的系统，这么做是非常困难的。风味和香气决定于许多挥发性化学物质组成的复杂的混合物。实验室中非正式的检验可能不会给出解决感官问题的可靠或充分的答案。由于一些令人分神和其他气味因素的存在以及非标准的照明条件等，研发实验室中的桌面对于评价现在的感官效应来说不是一个好的地方。最后，产品研发者的鼻子、眼睛和舌头并不能代表其他大多数将购买这种产品的人。所以，关于消费者如何看待一种产品，尤其是在更加接近现实的条件下，存在这一些不确定性。

不确定性是这里的关键。如果感官评价的结果能被很好的理解，是可预见的，就没有必要进行正式的感官评价。不幸的是，在工业环境下，感官评价小组中经常要进行一些无用的检验。无用的常规检验的负担来自过于根深蒂固的产品研发程序、公司传统或者仅是为了在遇到意料之外的失败时能免受责备。然而，感官评价仅在存在的不确定因素被降低的情况下才有价值。如果不存在不确定性，感官评价也就没有必要了。在工业环境中，感官评价提供了一条信息渠道，这对于指导产品开发和产品改进的管理商业决策是非常有用的。一旦得到了感官信息，这些决策的做出就会基于较低的不确定性和较低的风险性。

感官评价也可用做其他目的。质量控制（QC）或品质保证中的感官分析可能是相当有用甚至是必须的。为适应评价小组这一小型团体，改变传统感官实践是必须的。在制造行业中，在线质量控制经常要求快速评价。由于组织评价小组、准备检验样品以及分析报告感官数据需要时间，将感官技术以在线评价方式运用到质量控制中是有挑战性的。对最终产品进行感官评价的质量控制更适合感官评价，并且可以和保质期测评或质量监督的常规程序结合在一起。通常，希望在感官反应和仪器测量之间建立联系。如果能够很好地实现这一愿望，仪器测量有时就有可能代替感官评价，特别是在需要快速转变的条件下。当感官评价可能引起感觉疲劳、是重复性的且重复评价时具有一定风险（如杀虫剂的香气）时，而且在意外的感官问题被遗漏时商业风险也不高的情况下，用仪器来代替感官数据可能是非常有用的。

除了在以产品为中心的检验领域外，感官研究在更广泛的领域也很有价值。感官评价可帮助我们了解消费者认为对产品的可接受度乃至成功有关键影响力的产品属性。当我们注意到消费者使用语言的模糊方式时，消费者感官评价可以提供关于产品优缺点的诊断性信息。消费者感官评价可能会暗含对进一步调查的设想，如发现一个开发新产品的机会。

感官分析科学中有一些重复出现的课题和一直未解决的问题。1989 年，关于材料和产品感官评价的 ASTM 委员会 E-18 出版了感官方法的起源和委员会自身的回顾庆典纪念册（ASTM，1989）。在书中，Joe Kamen 是一个军需食品和容器研究所的早期感官工作者，他简述了 30 年前就已很活跃的感官研究的 9 个领域。在 20 世纪即将结束之际，我们重新认识感官科学的地位，会发现这些领域仍然是研究活动的沃土，当前有许多感官实验室回应这一活动。Kamen（1989）划分了一下以下类别：

（1）感官方法研究　目的在于提高可靠性和效率，包括从科研到步骤细节（例如漂洗等）和不同实验设计的运用。Meiselman（1993）是美国陆军食品实验室近几年的一名感官科学家，他提出了一系列有关感官方法的问题，这些问题在目前的感官评价领域仍未解决。Meiselman 指出，对于诸如可靠性、灵敏度和正确性等测量的质量问题，缺乏对方法的研究。许多感官技术都来源于解决实际问题的需要。方法已经成熟，达到了在工业上可跟踪记录的标准操作水平，而不是和比较不同方法得来的经验数据相联系。在一些期刊如《感官研究》杂志和《食品质量和偏爱》中，实验性研究文章比例增加，增加主要集中在对纯粹的方法比较的研究，这揭示了人们对感官评价方法的知识基础认识的进步，但仍有很多工作要做。

（2）问题解决　Kaman 提出了在批次间建立产品的等价标准的例子，但在工业实践中仍有许多日常的产品有关的问题。要求产品声明（ASTM E1958，2008；Gacula，1991）以及法律和广告的挑战都是例子。另一个普通的例子是识别引起不良风味、“腐败”或其他不令人满意的感官特性的原因，以及对分离和识别造成这些问题的原因的检验工作。

（3）建立检验规范　这对于供应商和卖方是很重要的，特别是在多个车间共同生产的情况下、国际化的产品研发和多个感官评价地点和评价小组的情况下。

（4）环境和生化因素　Kamen 认识到偏爱可能会随情境的不同而改变（当你在户外或饥饿时，食物味道经常会更好一些）。Meiselman（1993）提出是否有足够的感官研究是在真实的进食条件下进行的，从而能更好地预测消费者的反应。近年来，感官科学家也开始探索这个研究领域（例如 Giboreau 和 Fleury，2009；Hein 等，2009；Mielby 和 Frøst，2009）。

（5）解决实验室与实地研究之间的差别　在追求可靠、详细而又精确的分析方法的感官实验室研究中，可能会丧失一些对实地检验结果的预测准确性。如果一套完整的检验程序没有被执行，或者说在新产品上市之前对检验程序作了一些简化，管理人员必须意识到得到假阳性或假阴性结果的可能性。工业中感官评价专业人员不是总有时间来研究实验室和实地检验之间的相关水平，但一个谨慎的感官分析计划应该包括对这一问题的定期检查。

（6）个体差异　自从 Kamen 的时代以来，越来越多的文献阐明了一个事实，即评价员不是相同的、可互换的测量仪器。每个人的生理特点不同，参比框架不同，集中和保持注意力的能力不同，以及动机不同。如生理上的差异，我们不断有文献报道关于对特定化合物的嗅觉缺失症——“嗅盲”，而这些人对其他物质的嗅觉正常（Boyle 等，2006；Plotto 等，2006；Wysocki 和 Labows，1984）。当然，一些嗅觉特征甚至是训练有素的小组成员难以评价和达成一致的（Bett 和 Johnson，1996）。

（7）与产品变化相关的感官差异　这当然是感官科学在工业实践中的实质内容。然而，许多产品开发者并没有将足够的感官专业人员投入这一根本性的研究问题上。他们也可能陷入没完没了的成对检验中，很少或者根本没有有计划的实验设计，也没有基本的物理变化（配料、工艺等）引起动态的感官变化的模型。物理变化对于感官反应的关系是精神物理学思考的精髓。

（8）感官的相互作用　食品和消费产品涉及许多方面。感官科学家对各种感官特性间的相互作用，如增强和掩蔽效应等理解得越多，他们越能更好地解释感官评价结果，提供明智的判断和合理的结论，而不仅是报告数字和统计的显著性。

（9）感官培训 感官数据的终端用户和提出感官评价要求的人员经常希望有一种可以回答所有问题的工具。Kamen 引用了一种简单的二分法来解释分析性检验和快感检验（即差异与偏好）之间的关系。如何解释这一差异是一项持续的工作。由于在感官科学领域缺乏普遍的培训，我们今天仍然要做感官培训的工作，感官研究人员必须能够解释检验方法背后的基本原理，并向非感官科学家和管理人员传达感官技术的重要性和逻辑性。

1.3.1 与市场调研方法的不同

有效沟通感官数据的另一挑战在于感官数据与其他研究方法产生的数据有相似之处。由于一些感官消费检验与市场调研机构所进行的研究有明显的相似性，问题可能会产生。然而，他们之间一些重要的区别还是存在的，如表 1.3 所示。感官评价几乎总是在盲标（blind-labeled）的基础上进行的。也就是说，产品的身份通常是模糊的，除了提供允许产品在适当的品种内（如冷的早餐谷物食品）被评价得最少的、必要的信息。相反，市场研究经常明确传递关于产品的概念：商标、广告图案、营养信息或在混合设计理念中的、使产品在概念上具有吸引力的其他信息（例如，将注意力吸引在制作的方便性因素上）。

表 1.3 感官评价消费者检验与市场调研测试的对比

消费者感官评价	市场调研测试（概念和/或产品检验）
参与者按不同类型产品的用户来筛选	以对概念有积极反应来挑选产品检验阶段的参与者
盲标样品——带有最少概念信息的随机代码	概念的声明、信息和参考框架是清晰的
确定感官特性和整体吸引力是否达到目标	期望来自概念/声明和类似的产品用途确
根据同类别的相似产品确定期望值	不能离开概念和期望来测量感官要求
不对产品概念的反应或喜好进行评价	

在感官评价中，所有这些潜在的偏见性因素都会被除去，以便仅仅在感官特性的基础上进行判断。在科学调查的传统中，我们需要分离出目标变量（配料、工艺及包装的改变），并评价感官特性随着这些变量的函数变化的，而不是随着概念因素的函数变化的。这是为了降低复杂的概念信息中产生认知期待的影响。有许多潜在的反应偏见和工作要求，需要“销售”一个想法，或者销售一个产品。参与者经常喜欢迎合实验人员，给出他们认为实验人员想要的结果。有许多文献是关于一些影响因素的作用的，诸如商标对消费者反应的影响。产品信息以复杂的方式与消费者的态度和期望相互影响（Aaron 等，1994；Barrios 和 Costell，2004；Cardello 和 Sawyer，1992；Costell 等，2009；Deliza 和 MacFie，1996；Giménez 等，2008；Kimura 等，2008；Mielby 和 Frøst，2009；Park 和 Lee，2003；Shepherd 等，1991/1992）。期望可以引起感官反应向着在特定条件下所期望的方向发展，而在另外的条件下则会表现出相反的效应，特别是当期望没有被满足时则差异更大（Siegrist 和 Cousin，2009；Lee 等，2006；Yeomans 等 2008；Zellner 等，2004）。包装

和商标信息也会影响感官判断（Dantas 等，2004；Deliza 等，1999；Enneking 等，2007）。所以，盲标感官评价与完全概念化的市场研究之间在表面上的相似相当程度是一种错觉。公司管理层需要注意这一重要区别。在公司内部，市场研究和感官评价的角色之间仍然存在着紧张的关系。Garbe 等（2003）对 Carello（2003）的论文的反驳是这种紧张关系的最近的实例。

这两种类型的检验提供不同的信息，但都非常重要。感官评价检验可使产品开发者了解他们的产品是否达到了预期的感官性能目标。这一信息只有当检验方法尽可能地脱离概念定位的影响时才能取得。产品开发者有权知道产品是否达到感官目标了，正如市场销售人员需要知道产品是否在整体的概念、定位及广告的综合方面吸引了消费者。如果产品失败，没有这两类信息，那么改进的策略就不会很清楚。

有时，这两类检验也会给出明显的相互矛盾的结果（Oliver，1986）。然而，从来没有发生过这样一种状况，即一种是“对”的另一种是“错”的。它们仅是不同的评价类型，并且分别具有不同的参与者。例如，进行市场研究测验的产品评价可能仅仅是针对那些曾对所涉及的概念表现出积极反应的人群。由于他们很可能是购买者，因此这似乎是合理的。但必须注意到他们对产品的评价是在他们已经表现出一定的积极态度之后得到的，而人们喜欢保持自己前后观点的一致。然而，盲标消费者感官评价选择的是产品的经常性消费者，没有预先根据对消费者的兴趣或态度进行筛选。所以，在两种类型的检验中，他们不一定是相同的样本群，得到不同的结果也不会使任何人惊奇。

1.3.2 与传统的产品分级系统的不同

第二个与感官评价有明显相似性的领域是利用感官作为标准的传统的产品分级系统。农产品的分级对于保证消费者所购买食品的质量标准的在历史上从来都是重要的影响因素。此类技术已广泛地应用于简单产品中，如牛乳和黄油（Bodyfelt 等，1998，2008）。而一种理想的产品应该能被广泛地认同，任何不良操作和处理引起的缺陷会带来众所周知的感官影响。进一步的推动来自这样一个事实，即竞争可以用于考验正在接受培训的新评价员的判断是否与专家的观点相一致。这在牲畜定级的传统中是很常见的：一个年轻人可以在州级展示会上评判一头牛，并因掌握了与专家所采用的相同的标准和批判的眼光而受到奖励。感官评价和质量评价的执行方式有显著的不同，表 1.4 列举了其中的一些方面。

日用品分级和检验的传统在当前深加工食品和市场分割的时代存在严重的局限性。相对于风味、营养水平（如低脂肪）、方便制作和在超市货架上摆放的其他选择的多样性来说，“标准产品”越来越少。一种产品的缺陷也可能会给另一种产品带来市场厚利，就如胶水没有便利贴那样成功。质量评判的方法并不适合于研究支持项目。这些技术受到了许多科学团体的广泛批评（Claassen 和 Lawless，1992；Drake，2007；O’Mahony，1979；Pangborn 和 Dunkley，1964；Sidel 等，1981），虽然在工业和农业中仍有他们的支持者（Bodyfelt 等，1988，2008）。

表 1.4　　感官评价检验与质量检查的对比

感官评价	质量检查
将快感（喜爱/厌恶）与描述信息分离成不同的检验	在生产中用于通过-不通过的在线决策
利用代表性的消费者来评估产品的吸引力（喜爱/厌恶）	提供检验的质量得分和关于缺陷的诊断性信息
利用经培训的评价员来详细说明品质，但并不是喜爱/厌恶	采用极有经验的感官专家的意见
	可能只利用一个或极少的几个专家
适用于研究支撑	强调产品知识、潜在的问题和原因
适用于新的、工程化的、创新的产品	传统的标尺是多方面的，难以适应统计分析
强调基于统计推论的决策制定、适当的实验设计和样品量	决策制定的基础可能是定性的
	适用于标准日用品

质量分级的缺陷鉴别特别强调发生的根本原因（如氧化风味），而描述方法则利用更加基本的单一术语来描述感觉而不是推断原因。对于氧化的风味，描述分析的评价小组可能会运用许多术语（油腻、着色过度、鱼腥味），这是由于氧化作用造成了许多在本质上不同的感官影响。质量评判与主流感官评价的另一个显著的不同是前者将整体的质量标度（大概反映消费者厌恶的）与缺陷的诊断性信息结合起来，作为一种仅仅关注产品负面品质的描述分析。而在主流感官评价中，描述作用和消费者评价被明显区分为两种不同的检验，有不同的反应。单个专家的观点是否能有效地代表消费者的观点在目前是非常不确定的。

1.4　结论

感官评价包含一系列的带有指南的检验方法，并且制定产品的展示技术、明确定义的反馈任务、统计方法以及数据解释的指南。三种主要的感官方法专注于产品间的整体差异（差别检验），品质特性的描述（描述性分析）和对消费者喜恶的评价（喜好或快感检验）。感官技术的正确应用包括为检验目标匹配正确的检验方法，这要求感官研究员与检验结果的终端用户间有很好的交流。合理选择检验参与者和适当的统计分析方法是感官技术的一部分。分析性检验包括差别检验和描述性分析要求实验控制良好并且尽可能搞得精准。另一方面，喜好检验要求有代表性的产品消费者参加，检验条件应该体现出在实际生活中消费者是如何检验产品质量的。

感官评价提供由于配料、工艺、包装或保质期的改变而产生的人对产品感知的变化信息。感官评价部门与新产品开发部门间的相互影响非常大。为质量控制、市场调研和包装，以及间接的对整个公司的其他部门也提供信息（图 1.4）。感官信息降低了产品开发和满足消费者需要的战略决策的风险。一项功能完备的感官评价计划对一个公司在满足消费者期望以及确保更大可能的市场成功方面是很有意义的。所提供信息的效用直接与感官测量的质量有关。

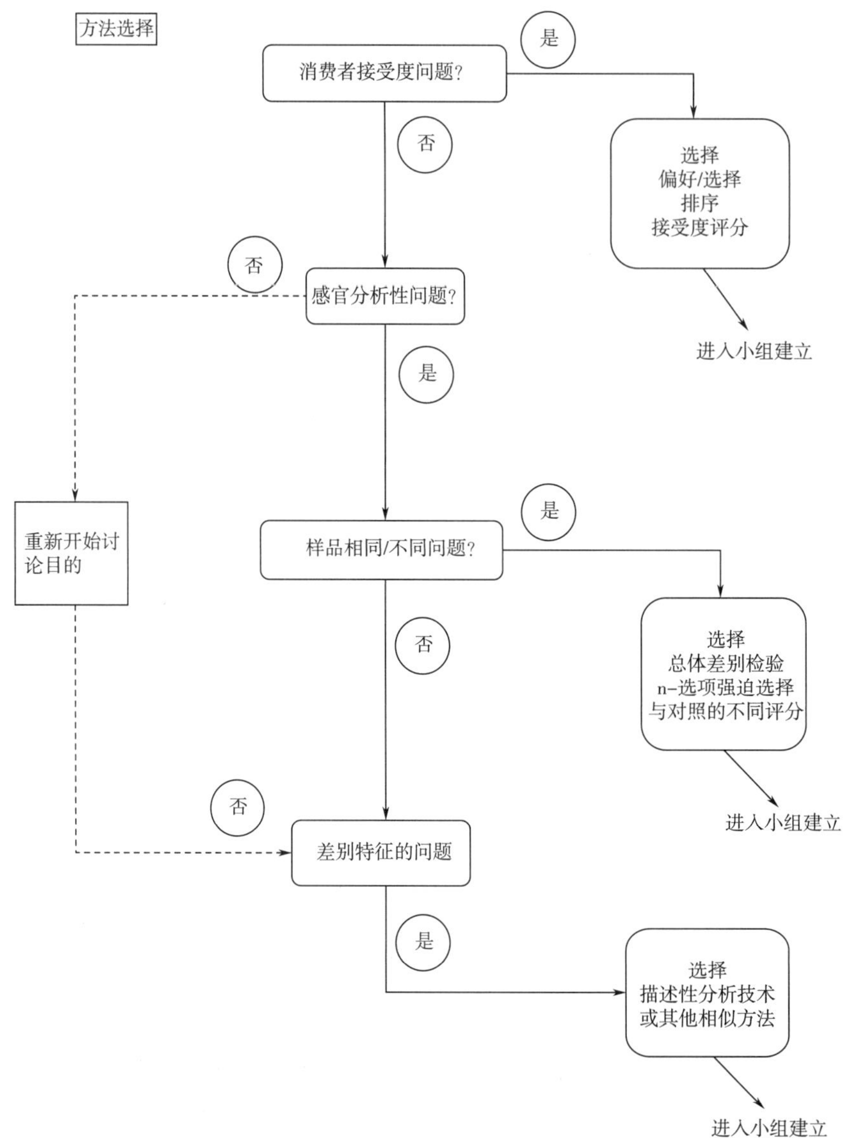

图 1.4　感官评价部门与食品或消费品公司的其他各部门的关系和互动

感官评价部门的主要功能是支持产品研发，就像市场调研支持公司的营销工作一样。然而，他们也可能与质量控制、市场调研、包装和设计部门，甚至法律服务部门在诸如索赔和广告等问题上进行互动。

参考文献

Aaron, J. I., Mela, D. J. and Evans, R. E. 1994. The influence of attitudes, beliefs and label information on perceptions of reduced-fat spread. Appetite, 22(1), 25-38.

Adams, H. 1918. The Education of Henry Adams. The Modern Library, New York.

Amerine, M. A., Pangborn, R. M. and Roessler, E. B. 1965. Principles of Sensory Evaluation of Food. Academic, New York.

ASTM E1958. 2008. Standard guide for sensory claim substantiation. ASTM International, West Conshohocken, PA.

ASTM. 1989. Sensory evaluation. In celebration of our beginnings. Committee E-18 on Sensory Evaluation of Materials and Products. ASTM, Philadelphia.

Barrios, E. X. and Costell, E. 2004. Review: use of methods of research into consumers' opinions and attitudes in food research. Food Science and Technology International, 10, 359-371.

Bett, K. L. and Johnson, P. B. 1996. Challenges of evaluating sensory attributes in the presence of off-flavors. Journal of Sensory Studies, 11, 1-17.

Bodyfelt, F. W., Drake, M. A. and Rankin, S. A. 2008. Developments in dairy foods sensory science and education: from student contests to impact on product quality. International Dairy Journal, 18, 729-734.

Bodyfelt, F. W., Tobias, J. and Trout, G. M. 1988. Sensory Evaluation of Dairy Products. Van Nostrand/AVI Publishing, New York.

Boyle, J. A., Lundström, J. N., Knecht, M., Jones-Gotman, M., Schaal, B. and Hummel, T. 2006. On the trigeminal percept of androstenone and its implications on the rate of specific anosmia. Journal of Neurobiology, 66, 1501-1510.

Brandt, M. A., Skinner, E. Z. and Coleman, J. A. 1963. Texture profile method. Journal of Food Science, 28, 404-409.

Brinberg, D. and McGrath, J. E. 1985. Validity and the Research Process. Sage Publications, Beverly Hills, CA.

Cardello, A. V. 2003. Ideographic sensory testing vs. nomothetic sensory research for marketing guidance: comments on Garber et al. Food Quality and Preference, 14, 27-30.

Cardello, A. V. and Sawyer, F. M. 1992. Effects of disconfirmed consumer expectations on food acceptability. Journal of Sensory Studies, 7, 253-277.

Caul, J. F. 1957. The profile method of flavor analysis. Advances in Food Research, 7, 1-40.

Claassen, M. and Lawless, H. T. 1992. Comparison of descriptive terminology systems for sensory evaluation of fluid milk. Journal of Food Science, 57, 596-600, 621.

Costell, E., Tárrega, A. and Bayarri, S. 2009. Food acceptance: the role of consumer perception and attitudes. Chemosensory Perception. doi: 10. 1007/s12078-009-9057-1.

Dantas, M. I. S., Minim, V. P. R., Deliza, R. and Puschmann, R. 2004. The effect of packaging on the perception of mini-mally processed products. Journal of International Food and Agribusiness Marketing, 2, 71-83.

Deliza, R., Rosenthal, A., Hedderley, D., MacFie, H. J. H. and Frewer, L. J. 1999. The importance of brand, product information and manufacturing process in the development of novel environmentally friendly vegetable oils. Journal of International Food and Agribusiness Marketing, 3, 67-77.

Deliza, R. and MacFie, H. J. H. 1996. The generation of sensory expectation by external cues and its effect on sensory perception and hedonic ratings: A review. Journal of Sensory Studies, 11, 103-128.

Drake, M. A. 2007. Invited Review: sensory analysis of dairy foods. Journal of Dairy Science, 90, 4925-4937.

Einstein, M. A. 1991. Descriptive techniques and their hybridization. In: H. T. Lawless and B. P. Klein (eds.), Sensory Science Theory and Applications in Foods. Marcel Dekker, New York, pp. 317-338.

Enneking, U., Neumann, C. and Henneberg, S. 2007. How important intrinsic and extrinsic product attributes affect purchase decision. Food Quality and Preference, 18, 133-138.

Gacula, M. C., Jr. 1991. Claim substantiation for sensory equivalence and superiority. In: H. T. Lawless and B. P. Klein (eds.), Sensory Science Theory and Applications in Foods. Marcel Dekker, New York, pp. 413-436.

Garber, L. L., Hyatt, E. M. and Starr, R. G. 2003. Measuring consumer response to food products. Food Quality and Preference, 14, 3-15.

Giboreau, A. and Fleury, H. 2009. A new research platform to contribute to the pleasure of eating and healthy food behaviors through academic and applied food and hospitality research. Food Quality and Preference, 20, 533-536.

Giménez, A., Ares, G. and Gámbaro, A. 2008. Consumer attitude toward shelf-life labeling: does it influence acceptance? Journal of Sensory Studies, 23, 871-883.

Hein, K. A., Hamid, N., Jaeger, S. R. and Delahunty, C. M. 2009. Application of a written scenario to evoke a consumption context in a laboratory setting: effects on hedonic ratings. Food Quality and Preference. doi: 10. 1016/j.foodqual.2009.10.003.

Helm, E. and Trolle, B. 1946. Selection of a taste panel. Wallerstein Laboratory Communications, 9, 181-194.

Jones, L. V., Peryam, D. R. and Thurstone, L. L. 1955. Development of a scale for measuring soldier's food preferences. Food Research, 20, 512-520.

Kamen, J. 1989. Observations, reminiscences and chatter. In: Sensory Evaluation. In celebration of our Beginnings. Committee E-18 on Sensory Evaluation of Materials and Products. ASTM, Philadelphia, pp. 118-122.

Kimura, A., Wada, Y., Tsuzuki, D., Goto, S., Cai, D. and Dan, I. 2008. Consumer valuation of packaged foods. Interactive effects of amount and accessibility of information. Appetite, 51, 628-634.

Lawless, H. T. 1993. The education and training of sensory scientists. Food Quality and Preference, 4, 51-63.

Lawless, H. T. and Claassen, M. R. 1993. The central dogma in sensory evaluation. Food Technology, 47 (6), 139-146.

Lawless, H. T. and Klein, B. P. 1989. Academic vs. industrial perspectives on sensory evaluation. Journal of Sensory Studies, 3, 205-216.

Lee, L., Frederick, S. and Ariely, D. 2006. Try it, you'll like it. Psychological Science, 17, 1054-1058.

MacRae, R. W. and Geelhoed, E. N. 1992. Preference can be more powerful than detection of oddity as a test of discriminability. Perception and Psychophysics, 51, 179-181.

Meilgaard, M., Civille, G. V. and Carr, B. T. 2006. Sensory Evaluation Techniques. Fourth Second edition. CRC, Boca Raton.

Meiselman, H. L. 1993. Critical evaluation of sensory techniques. Food Quality and Preference, 4, 33-40.

Mielby, L. H. and Frøst, M. B. 2009. Expectations and surprise in a molecular gastronomic meal. Food Quality and Preference. doi:10.1016/j.foodqual.2009.09.005.

Moskowitz, H. R., Beckley, J. H. and Resurreccion, A. V. A. 2006. Sensory and Consumer Research in Food Product Design and Development. Wiley-Blackwell, New York.

Moskowitz, H. R. 1983. Product Testing and Sensory Evaluation of Foods. Food and Nutrition, Westport, CT.

Oliver, T. 1986. The Real Coke, The Real Story. Random House, New York.

O'Mahony, M. 1988. Sensory difference and preference testing: The use of signal detection measures. Chpater 8 In: H. R. Moskowitz (ed.), Applied Sensory Analysis of Foods. CRC, Boca Raton, FL, pp. 145-175.

O'Mahony, M. 1979. Psychophysical aspects of sensory analysis of dairy products: a critique. Journal of Dairy Science, 62, 1954-1962.

Pangborn, R. M. and Dunkley, W. L. 1964. Laboratory procedures for evaluating the sensory properties of milk. Dairy Science Abstracts, 26, 55-121.

Park, H. S. and Lee, S. Y. 2003. Genetically engineered food labels, information or warning to consumers? Journal of Food Products Marketing, 9, 49-61.

Peryam, D. R. and Swartz, V. W. 1950. Measurement of sensory differences. Food Technology, 4, 390-395.

Plotto, A., Barnes, K. W. and Goodner, K. L. 2006. Specific anosmia observed for β-ionone, but not for α-ionone: Significance for flavor research. Journal of Food Science, 71, S401-S406.

Shepherd, R., Sparks, P., Belleir, S. and Raats, M. M. 1991/1992. The effects of information on sensory ratings and preferences: The importance of attitudes. Food Quality and Preference, 3, 1-9.

Sidel, J. L., Stone, H. and Bloomquist, J. 1981. Use and misuse of sensory evaluation in research and quality control. Journal of Dairy Science, 61, 2296-2302.

Siegrist, M. and Cousin, M-E. 2009. Expectations influence sensory experience in a wine tasting. Appetite, 52, 762-765.

Skinner, E. Z. 1989. (Commentary). Sensory evaluation. In celebration of our beginnings. Committee E-18 on Sensory Evaluation of Materials and Products. ASTM, Philadelphia, pp. 58-65.

Stone, H. and Sidel, J. L. 2004. Sensory Evaluation Practices, Third Edition. Academic, San Deigo.

Stone, H., Sidel, J., Oliver, S., Woolsey, A. and Singleton, R. C. 1974. Sensory evaluation by quantitative descriptive analysis. Food Technology 28(1), 24, 26, 28, 29, 32, 34.

Sun Tzu (Sun Wu) 1963 (trans.), orig. circa 350 B.C.E. The Art of War. S.B. Griffith, trans. Oxford University.

Szczesniak, A. S., Loew, B. J. and Skinner, E. Z. 1975. Consumer texture profile technique. Journal of Food Science, 40, 1253-1257.

Tuorila, H. and Monteleone, E. 2009. Sensory food science in the changing society: opportunities, needs and challenges. Trends in Food Science and Technology, 20, 54-62.

Wysocki, C. J. and Labows, J. 1984. Individual differences in odor perception. Perfumer and Flavorist, 9, 21-24.

Yeomans, M. R., Chambers, L., Blumenthal, H. and Blake, A. 2008. The role of expectation in sensory and hedonic evaluation: The case of salmon smoked ice-cream. Food Quality and Preference, 19, 565-573.

York, R. K. 1995. Quality assessment in a regulatory environment. Food Quality and Preference, 6, 137-141.

Zellner, D. A., Strickhouser, D. and Tornow, C. E. 2004. Disconfirmed hedonic expectations produce perceptual contrast, not assimilation. The American Journal of Psychology, 117, 363-387.

感觉功能的心理生理学基础 2

本章综述了支撑感官科学和感官评价方法的背景材料。同时也综述了基础的和历史经典的心理生理学方法以及解剖学、生理学及化学感官。本章最后对多模态感官交互作用进行了讨论。

最初，人们的心中并不存在概念，它的产生全部或部分是由感觉器官引起的。

——Thomas Hobbes, Leviathan（1651）

2.1 引言

为了设计有效的感官测试并对结果做出合理的解释，感官专业人员必须理解与测试数据相关的感觉系统的功能属性。功能属性指的是如掩盖或者抑制等混合影响的现象。另外一个例子是感觉适应，即在一定时间的经常性刺激下，感觉的响应度常会下降。此外，学习感官功能相关的解剖学和生理学的知识并理解它们功能的极限也是很有必要的。阈值，即能引起感觉的最小刺激量，就是一个很好的功能极限的例子。了解解剖学能够帮助我们理解产品是通过何种途径刺激到顾客和受试者感官的。例如，嗅觉途径分为鼻前和鼻后嗅闻，鼻前嗅闻也就是用鼻子吸气，此时气味分子从鼻孔进入鼻腔；鼻后嗅闻是指气味分子经口腔进入鼻腔或在呼出时经过鼻腔，因此鼻后与鼻前嗅闻相比，气流通道是反向的。

感官专业人员还应当了解另一个基础领域作为背景知识，即历史上有关的感官测试方法以及人体测量的流程，这些是我们今天所做的各种测试的历史前因。感官实验中量化和测量是心理生理学的一部分。心理生理学是一门古老的学科，它构成了早期实验心理学研究的基础。心理生理学和感官评价之间存在相似之处。例如，使用成对比较的差别检验是用于测量差别阈值方法的另一种版本，称为恒定刺激法。在利用培训过的感官评价小组进行描述性分析时，我们着力确保小组成员使用单一的单维标度。这些数字系统通常适用于单一感官，像甜味或气味强度，因此可以基于感知的强度变化来描述。他们不考虑多重属性，将其简化为单一分值，就像老式的质量分级法。因此，在描述性分析中使用的感官属性标度是建立在一定的心理生理学基础之上的。

本章旨在为读者提供心理生理学中有关感官评价方法的一些背景知识。第二个目的是概述味觉、嗅觉的化学感觉的结构和功能以及化学感觉。化学感觉指的是化学诱导产生的感觉，从某种程度上来说化学感觉的本质是触觉，如辣椒热、涩味和化学清凉感。这三种感觉共同构成了我们所谓的“风味”，并且是品尝食物的关键感觉，连同触觉、力量和动力相关体验一起构成食物质地和口感的一部分。质地评价将在第11章中进行讨论，第12章将介绍颜色和外观的评价。虽然在咀嚼或烹制食物时，我们能感觉到很多声音，但是听觉在食物感知中所占的比例并不大。不过它们提供了另一种感官方式来配合和加强我们对质地的感知，就像脆的或易碎的食物发出的嘎吱声，或者是我们从碳酸饮料中听到的嗞嗞声（Vickers，1991）。

一个越来越受到关注的感官领域是关于我们人类的生物多样性，即不同人感官功能的差异。这些差异可能是由于遗传、饮食/营养、生理（如衰老）或环境因素造成的。例如，从本书第一版出版至今，对化学感觉遗传学的研究经历了一个快速的发展阶段。但这个话题太大，且变化太快，无法在本书中得到全面的展示。我们将把个体差异和遗传因素的讨论限定在那些被充分认知的领域中，如苦味敏感性、嗅觉盲症和色觉异常。感官专业人员应该注意到，人们存在于不同的感官世界中。这些差异导致了消费者偏好的多样性，也限制了一个训练有素的小组可以被“校准”到统一的反应方式的程度。个体差异会在很多方面对感官评价造成影响。

2.2 经典的感官评价和心理生理学方法

2.2.1 早期心理生理学

心理生理学是实验心理学最古老的分支学科。该学科主要研究物理刺激和感官体验之间的联系。第一个真正意义上的心理生理学理论家是19世纪德国生理学家E. H. Weber。根据Bernoulli及其他的早期观察结果，Weber指出感觉刺激是相对的，能引起感觉变化的刺激强度升高的量与原始刺激的量是一个恒定比值。因此，人们能够分辨出14.5oz和15oz[①]之间的差别，尽管有很大难度。同样地，人们也可以感知29oz和30oz之间的差别（Boring，1942）。这导出了韦伯定律公式，现在一般写作以下形式：

$$\Delta I/I = k \tag{2.1}$$

式中 ΔI——物理刺激恰好能被感知到差别所需的增量；

I——刺激的初始水平；

$\Delta I/I$——韦伯分数，是评级感官系统识别变化程度的参数。

这一公式通常是有效的，并且提供了第一个感官系统的定量运行特性。测定差别阈值或者是最小可觉差（just-noticeable-difference，j. n. d.）的这些方法成了早期心理学研究人员的惯用手段。

G. T. Fechner于1860年将这些方法整理在《心理生理学基础》（*Elemente der psyphysik*）一书中。Fechner是一位哲学家，同时也是一位科学家；他对东方的宗教、精神的本性以及笛卡尔哲学的精神、肉体两分法表现出了极大的兴趣。在很大程度上，人们已经忽略

---

① 盎司，常衡制的一种质量单位（ounce，oz），英制质量计量单位，为1lb的1/16，等于28.3495g。

了 Fechner 对哲学的广泛兴趣，而他那本有关感官方法的小册子却成为心理学实验的经典教科书。Fechner 的洞察力也是极其敏锐的，他意识到最小可觉差可以作为测量单位，通过统计最小可觉差，人们可以在物理刺激强度和感官强度之间构建起心理生理学联系。这一关系近似于一个对数函数，由于 $1/x\mathrm{d}x$ 的积分与 x 的自然对数成比例，因此，对数关系作为一般心理生理学定律似乎很有用。如式（2.2）所示。

$$S = k\log I \tag{2.2}$$

式中 S——感觉强度；

I——物理刺激强度。

人们把这一关系称为费希纳（Fechner）定律，这条有用的经验法则已经过近 75 年的检验了，直到后来，听觉研究人员对此提出质疑，并用幂法则（Power law）将其取代（详见 2.2.3）。

2.2.2 经典的心理生理学方法

Fechner 的不朽贡献在于他设计出了详细的感官评价方法，并根据这些方法，描述了如何测定感官系统中一些重要的工作特性。其中三种重要的基本方法是指极限法、恒定刺激法（当时称为正误法）和调整法或平均差误法（Boring，1942）。直到今天，这些方法仍然被用在一些研究工作中，而且这些方法的改进方法已成为应用于感官评价必备工具的组成部分。这三种方法中的任何一种都与测量感官系统的反应密切相关。极限法适用于测定绝对或察觉阈值。恒定刺激法可用于测定差别阈值，而调整法则用于建立感官等效性。

在极限法中，物理刺激以相继的离散的步骤改变，直到人们可以感知到响应的变化。例如，当增加刺激强度时，反应会从“无感觉”状态变化到“我觉察到某种刺激”。当刺激强度减弱时，在某一步时反应又会变回到“无感觉”状态。综合多次试验结果，变化点的平均值可作为人的绝对阈值（图 2.1）。这是刺激能被觉察到所需要的最小强度。目前，这一方法的改进版本通常只采用一个上升序列，每一步都要求参与者从供选的无标记样品中选择一个认为的目标样品。每个设定的浓度都要求与背景可区分，例如，测定味觉阈值时用淡水作为背景。必须从刺激的背景水平中区分出每个浓度的目标样品。在第 6 章中将详细讨论测定阈值的强迫选择法。

在恒定刺激法中，总是将待测刺激与恒定的参考值相比较（即标准值），该值通常是一系列物理强度水平的中间值。受试主体的任务是对每一待测项作出反应，判断该待测项是“>”还是“<”标准值。每个强度等级会进行多次重复试验。以响应为“>”标准值的反应次数的百分数作图，如图 2.2 所示。这一 S 形曲线通常称为心理测量函数（Boring，1942）。在该函数中，差别阈值是指 50%和 75%两点之间对应的浓度差别。恒定刺激法与今天的成对比较法有很多的相似之处，但有两点例外。第一个不同之处在于该方法是区间估计的，可对设定的实验点作出判断，而不是检验统计意义上的显著性差异。也就是说，早期的研究人员用该方法在心理测量函数上估计一些实验点时（25%、50%、75%），他们并不去考虑不同测试间的统计学差异。第二点不同在于该方法比较了一系列

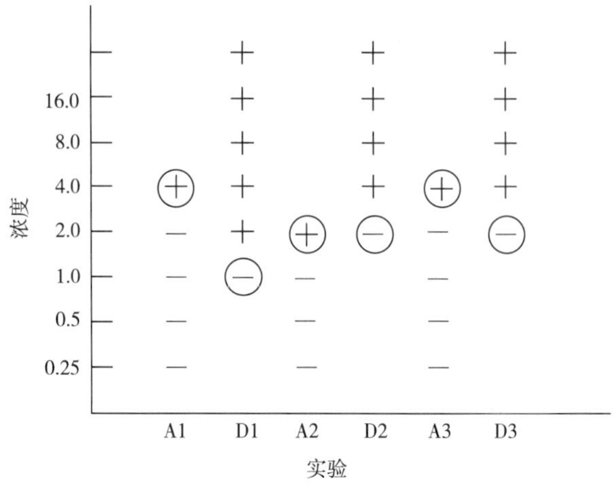

图 2.1　极限法举例

将圆圈标出的转折点取平均值以获得阈值。A：递增系列；D：递减系列。在味觉和嗅觉测试中，通常只使用递增系列以防止出现疲劳、适应，或产生固有感觉。

与标准不同的刺激，而不仅是简单的两个产品的成对比较。

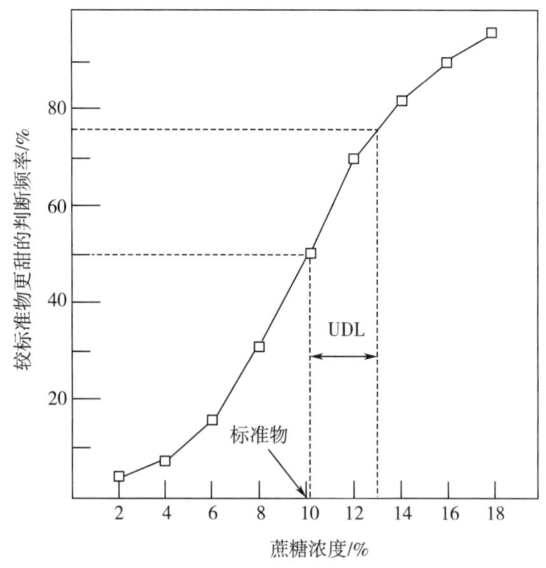

图 2.2　由恒定刺激法得到的心理测量函数

一系列重复的与恒定刺激（此处标准物为浓度 10%的蔗糖）的成对比较。以比标准物更甜的判断频率与浓度作图。以标准物和内插值替换的 75%（或 25%）点之间的浓度差别作为差别阈值。UDL：差别上阈。

经典心理生理学中的第三种方法即调整法或平均误差法。首先向受试主体提供一个可控的刺激变量，如光或声音，并让其回答亮度和响度是否与标准相似。根据受试者对多次判断结果的差异，该方法可用来测定差别阈值，如使用标准偏差作为差别阈值的测量尺度。现代更多的应用是在测定感官变换的关系上。在这类实验中，一个非常短的声调可以被一系列变化的声压相平衡，从而产生持续感知的响度。类似的，调节光闪的强度以产生一个固定的亮度印象时，也可以进行同样的安排。这种短音或光闪，在神经系统中会随时间的延长产生强度的积累，所以延长持续时间可以补偿降低物理强度带来的影响以产生相同的感知强度。这些方法在人们理解不同感觉对刺激的时间特性的生理学反应中被证明是有效的，例如，研究听觉和视觉系统如何随着时间的推移来累积能量。

虽然调整法是可以尝试优化某一因素水平的一种措施，但在用于食品测试时，调整法在评估感官等价性方面并不是那么有效（Hernandez 和 Lawless，1999；Mattes 和 Lawless，1985）。Pangborn 等采用了一种调整法来研究个体偏好（Pangborn，1988；Pangborn 和 Braddock，1989）。在产品中加入风味物质或其他配料进行“品尝”是最初设计产品常用的方法。不管目标是标准的配方还是某一竞争对手成功的产品，改变配方以期得到感官上接近于某一目标的类似产品，也是相当常见的做法。然而，这种方法应用于有关味觉和嗅觉的心理生理学实验中，会遇到很大的困难，因为人们需要精密设备来提供可调节的刺激水平。因此，在食品测试中很少采用等价调整的方法。

2.2.3 标度和量值估计

目前，直接应用评分标度来测量感觉强度是一种非常有效的感官测量技术。历史上将其称为“单一刺激法”，其操作效率很低，因为提供一个刺激后它只产生一个数据点。这点与恒定刺激法形成了对比，恒定刺激法必须给予受试对象许多对的刺激，这样可以得到判断各水平的刺激强于标准值次数的频率。评分标度有许多用处，最常用于确定一个特定的心理生理函数，即刺激的物理强度与感觉的感知强度间的数量关系，这是另一种描述剂量与反应之间曲线关系的方式，换句话说，这是记录感官系统在其动态范围内输入输出函数的方法。

量值估计技术来源于早期的方法，该方法要求受试者对一个可调节的刺激进行分级。例如，要求某一受试者调节光亮或音调直到感觉强度达到对照刺激的一半。这一技术通过调整以使实验者能够保持对刺激的控制，而受试者可以使用数字（无限制的）来反映感觉强度的比例。因此，如果测试的亮度刺激强度是标准的 2 倍，就会被分配一个 2 倍于标准等级的数值，如果亮度强度为标准的三分之一，数值对应的就是标准数值的三分之一。哈佛大学的 S. S. Stevens 实验室曾观察到这样一个重要现象，声音的响度与分贝标度并不成严格的比例关系。如果 Fechner 的对数关系是正确的，那么响度应该与分贝成线性增长，因为相对于参比值，它们是声音压力的对数标度［$db = 20\log(P/P_0)$，P 为声音压力，P_0 为参比声音压力，通常是一个绝对阈值］。然而，人们却观察到了分贝和响度比例之间的差异。

相反，Stevens 借助直接量值估计法发现响度是刺激强度的幂函数，指数大约为 0.6。研究者对其他感官连续统一体的标度也给出了幂函数，各自有其特性指数（Stevens，1957，1962）。因此得到如下关系：

$$S = kI^n \text{ 或 } \log S = n\log I + \log k \tag{2.3}$$

式中　n——特性指数；

　　　k——比例常数，由测量单位决定。

换句话说，该函数在双对数坐标图上是一条直线，指数代表该函数的斜率。这与Fechner的对数函数相反，后者在单对数坐标图上是一条直线（反映与物理强度的对数）。

幂函数更为重要的性质之一是该函数可适用于发散或正向加速的关系，当对数函数不可用时。如果指数<1，幂函数递减，即为了保持感觉水平以一定比例增加，物理量的增加要越来越大。其他的感官连续统一体，如对电击以及一些味觉的响应，则是一个具有>1指数的幂函数（Meiselman，1971；Moskowitz，1971；Stevens，1957）。具有不同指数的幂函数的比较见图2.3。

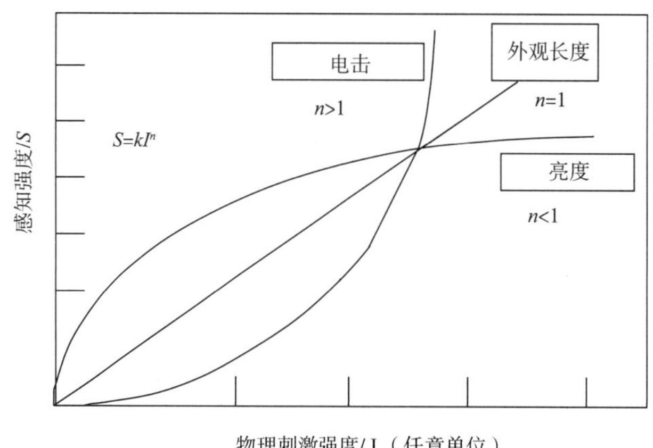

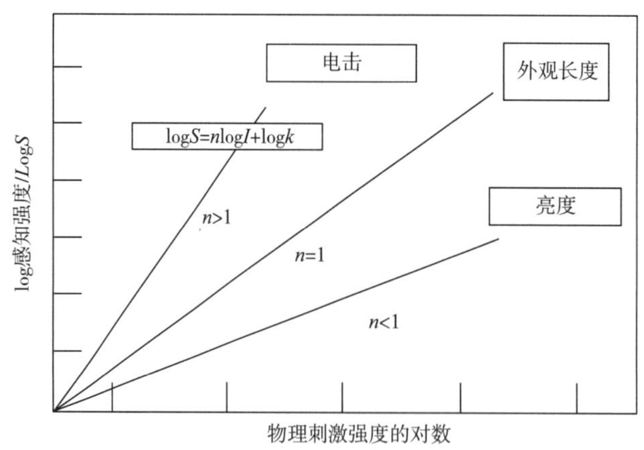

图2.3　指数<1，=1，>1的幂函数产生不同的曲线

在双对数（log-log）坐标图上，指数代表该函数的斜率。

许多感官系统呈现指数<1的幂函数。这表明了一个压缩的能量关系，对于一个对环境中不同范围能量都有反应的生物体来说有一定的适用性。人所能忍受的最大的音量与能听见的最微弱的音量之间的范围超过100dB。这表示声音能量超过10个对数单位，比率为100亿∶1。眼睛对于不同水平光能的视觉反应的动态范围同样也是很广的。这样看

来，指数<1 的幂函数对于调节到广泛的物理能级的感官系统具有生态学意义。

量值估计作为一种测试方法以及幂函数的结果形式在 Stevens 的思想中构成了一个相关联的有效的系统。幂函数指数可从各种实验中预测。例如在一个交叉方式匹配实验中，独立的标度函数用于两个连续统一体（例如，亮度和响度）。其中一个作为另一个的函数进行标度，但不使用数值。例如，受试者被告知调节一束光的亮度以使它与一个声音的响度（由实验者确定）相对应。在两个不同尺度的实验中，可以正确地预测匹配实验的指数。当设定感觉相当时，有如下关系如式（2.4）、式（2.5）、式（2.6）所示。

$$响度 = 亮度 = k\log In_1 = k\log In_2 \tag{2.4}$$

和

$$n_1\log(I_{声音}) + (a_{常数}) = n_2\log(I_{光}) + (a_{常数}) \tag{2.5}$$

和

$$\log(I_{声音}) = n_2/n_2\log(I_{光}) + (a_{常数}) \tag{2.6}$$

所以，将声音强度对数的函数与光强对数的函数作图，会得到斜率均为 n_2/n_1 的一条直线。这一技术非常可靠（Stevens，1959），经常用于大学实验室课堂演示。

2.2.4　对 Stevens 标度理论的批判

其他研究者并不愿意接受 Stevens 这一简单的观点，即代表刺激的数值可以作为感知强度的直接反映。毕竟感觉是受试者的主观体验，并且人们必须决定应用什么数值来量化这一体验。所以，这一简单的刺激-响应观点被另一观点所代替，即存在至少两个独立的过程：一是将刺激强度翻译成受试者主观感受的心理生理关系；另一个是响应输出函数，受试者通过该函数用数值和其他响应分类来代表刺激。很明显，不同的标度技术可能产生不同的响应匹配函数，所以一个类似量值估计的发散的标度工作与另一个类似于分类评价这样的固定范围标度工作，会产生不同的心理生理函数（相应的幂函数与对数函数），也就不足为奇了。

随之而来的是一场广泛的争论，这场争论发生在量值估计法的支持者和其他标度技术（如简单分类标度）的支持者之间（Anderson，1974）。支持量值估计法的人认为该技术具有真正的比例标度测量的能力，就像对自然科学物理量的测量（长度、质量、热量等）一样。与其他仅是排列刺激顺序或带有任意零点的等距标度测量刺激相比，该技术显得较为优越，是一种高水平的测量（详见第 7 章）。持相反观点者并没有被说服。他们指出幂定律的连锁理论及其产生方法是一致的，但是经过自我证明或循环的推理（Birnbaun，1982）。

分类标度得到的数据与 Fechner 的对数函数是一致的，间接标度也一样。所以间接标度和分类标度形成了一个一致的系统（McBride，1983）。大约在 Stevens 时代，其已经广泛应用于实际感官实验的分类标度扩展了比例水平标度和量值估计法学说（Caul，1957）中了。考虑到对于是否只有一种标度是正确或有效地代表了感觉的争论，以及他们是非线性相关的事实（Stevens 和 Galanter，1957），一种“非此即彼”的心态便很快形成了。这对应用型感官工作者来说是很不幸的干扰。对于许多实际应用来说，分类标度和量值标度的数据非常相似，特别是在大多数感官测试中遇到的小范围强度应用（Lawless 和 Malone，1986）。

2.2.5 经验与理论驱动函数

对数函数和幂函数都仅来自经验性的观察。可能有无限的数学关系可以适合这些数据，许多函数在对数图上还接近线性。基于生理学原理，人们曾经提出过另一种心理生理学关系。这是从质量作用定律推导出来的半双曲线函数，在数学上等价于描述酶-底物关系的动力学函数。米氏动力学方程（Michaelis-Menton）表明酶-底物反应速度是底物浓度、分裂常数和最大反应速度的函数（Lehninger，1975；Stryer，1995）。生理学先驱 Beidler 提出了这个方程的另一个版本，用于表述味觉神经和受体细胞的电响应。关系式如下：

$$R = (R_{max}C)/(k + C) \tag{2.7}$$

式中 R——响应；

R_{max}——最大响应；

k——响应为最大值一半时的浓度。

在酶动力学中，k 的数值与酶-底物复合物的解离常数成比例。由于味觉可能涉及分子与蛋白质膜表面受体分子的结合，因此在味觉反应和酶-底物结合关系两者之间具有一定的相似性也许并不奇怪。这一关系已经引起了一些化学感觉研究者的兴趣（Curtis 等，1984；McBride，1987）。在浓度对数图中，函数呈一条 S 形曲线，开始部分较为平缓，随后急剧上升，最后又是一平缓区域，这表示反应在较高水平时可达到饱和（图 2.4）。

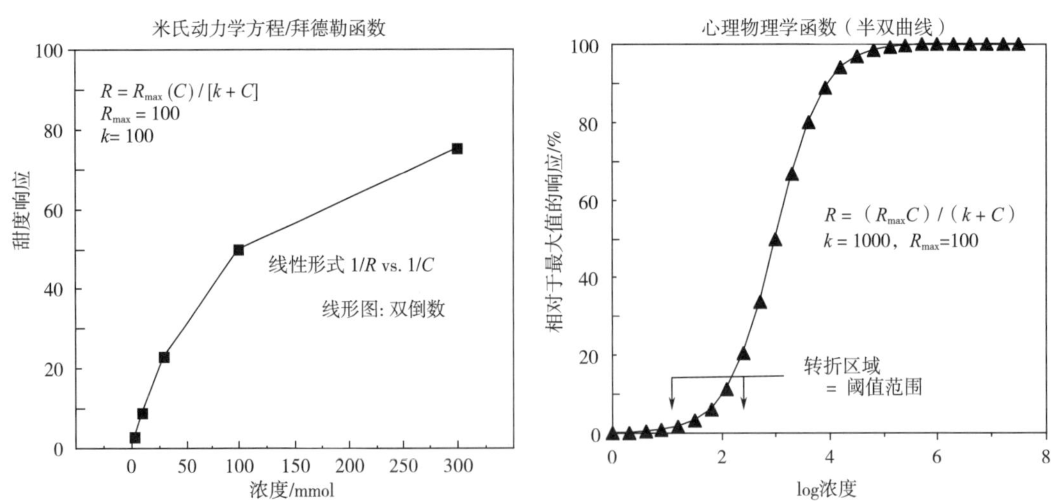

图 2.4 Beidler 提出的半双曲线与米氏动力学方程形式相同

这类函数是化学刺激量效曲线的常见形式，服从 S 形曲线。

这从直观上来看似乎很有意思。因为水平低于阈值时，反应值应在基线水平附近起伏，而后因阈值被突破而较快地上升（Marin 等，1991），在接近最大反应值时变平缓，即随着所有受体位点都被结合或最大数量的感觉神经在其最大速率下进行响应。换句话说，系统最终会在某一点达到饱和。

2.2.6 心理生理学和感官评价的相似之处

本节所提到的每一种心理生理学技术在实际感官评价中都有所应用。感官心理学的重点是将人作为研究对象，而实际感官评价则利用人来研究产品的感官特性。因为任何感官活动都是人与刺激之间的相互作用的结果，技术上难免有相似之处。心理生理学研究的主要问题和方法与感官评价的主要相似之处请见表 2.1。阈值测定已经被用来检测风味化合物可产生影响的最低水平以及污染物或异常风味物可能会出现问题的浓度范围了。无论是采用必选法还是对比法，差别阈值在许多区别检验方法中都是相似的。在心理生理学实验中，可以用标度来测定心理生理学函数，也能用其来描述作为配料水平函数的产品性质的感官变化。所以，存在许多相似点。

表 2.1 心理生理学与感官评价研究的问题与方法

问题	心理生理学研究	感官评价样例
以何种水平检测刺激?	觉察阈或绝对阈值测定	阈值，污染研究，风味效应研究、稀释法
在何种水平下，可分辨出两个刺激间的差别	差别阈值或最小可觉差别测量	区别检验
物理强度与感官反应之间的关系如何?	通过数值响应标度或差别阈值间接标度	在描述分析中标度强度
两个刺激的匹配关系如何?	调整法，交替关系	调节成分配方使其匹配或设计优化

本章的剩余部分主要讲述风味感官的结构和功能的基本情况，因为它们对于食品的可接受性有很大的影响。对于视觉和触觉，因为有独立的章节介绍颜色和视觉感知（详见第 12 章）以及质地评价（详见第 11 章），这里只作简要讨论。有关进一步的信息，读者可参阅诸如 Goldstein（1999）所著的感官基本教材或感知专业手册（Goldstein，2001）。

2.3 味觉的解剖学、生理学及功能

2.3.1 解剖学和生理学

舌头和软腭的专门感觉器官含有味觉受体。味觉受体存在于 30~50 个细胞群的细胞膜中，这些细胞聚集在球形味蕾中。细胞是分化后的上皮细胞（皮肤样细胞）而不是神经元（神经细胞），它们的寿命约为一周。新细胞从周围的上皮细胞分化，迁移到味蕾结构，并与感觉神经接触。味蕾通过结构顶部的孔与口腔内的外界流体环境相接触，风味分子在开口处或其附近与毛状纤毛结合。图 2.5 所示为这种结构。味蕾中的细胞不是独立

运作的受体，而是通过彼此接触，共享细胞之间的连接以发挥共同的信号功能。味觉受体细胞通过间隙或突触连接与原发味觉神经接触。神经递质的囊泡被释放到该间隙中以刺激味觉神经，然后将味道信号传送到大脑的较高处理中心。

通过基因水平的研究，味觉受体蛋白的性质和类型已经被表征。对于甜味、苦味和鲜味，有两个起作用的受体蛋白家族，T1Rs 对应甜味和鲜味，T2Rs 对应苦味。这些受体蛋白具有 7 个由细胞内和细胞外相连接的跨膜片段（因此称为“7TMs”）。图 2.6 所示为 7TMs 的遗传可变片段，这同时也是气味受体家族的结构和视觉受体视紫红质的结构。T1R 蛋白质大概有 850 个氨基酸和一个大的胞外 N 末端，这些受体通过二聚体的形式形成“口袋”，这个“口袋”有时被称为“维纳斯苍蝇陷阱结构域”。T2R 具有 300~330 个

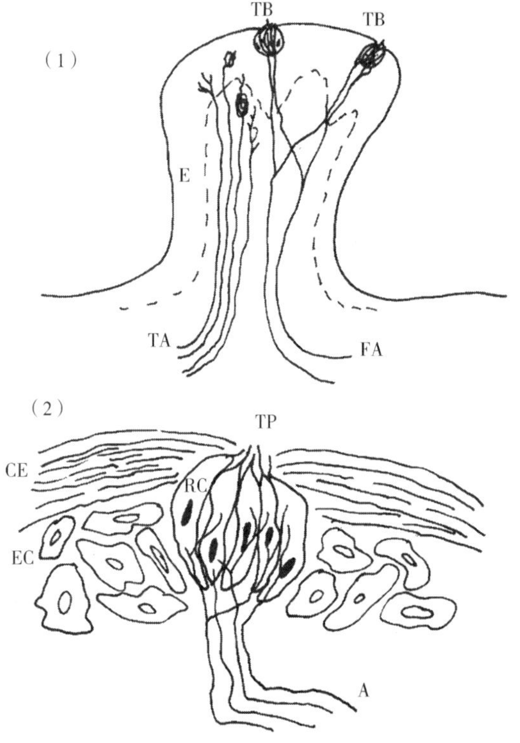

图 2.5 （1）一个菌状乳突的横断面图；（2）味蕾的横截面图

E—上皮　TB—味蕾　TA—三叉传入神经在各分支末端或封装的受体处终止　FA—面神经（鼓索神经）味觉传入在味蕾终止　CE—角质化上皮　EC—能分化成味觉受体细胞的上皮细胞　RC—味觉受体细胞　TP—味觉小孔　A—来自原发味觉神经的轴突与受体细胞发生突触接触

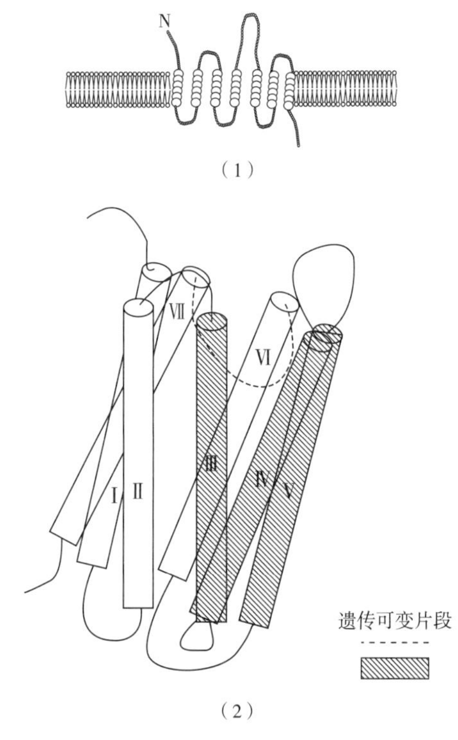

图 2.6 （1）7-跨膜化学受体蛋白（7TMs）平面示意图；（2）7-跨膜嗅觉受体的示意图

7TMs 在膜内具有螺旋片段和几个胞内和胞外肽环。用于感知甜味和鲜味 T1Rs 与具有长 N 末端的二聚体相连；用于感知苦味的 T2Rs 无这种结构。模仿视觉受体蛋白视紫质结构。跨膜片段由圆柱体和由连接它们的粗线表示的细胞外和细胞内环路表征。遗传变异片段包括Ⅱ，Ⅳ和Ⅴ片段以及连接片段Ⅵ和Ⅶ的胞外环，使得这些片段成为受体口袋的候选物。

氨基酸和一个短的胞外 N 末端（Bachmanov 和 Beauchamp，2007）。两个蛋白家族可以在味蕾中并存，但在不同的细胞中表达（Sugita，2006）。T2R 家族含有约 40 种活性人类突变体，目前已知 38 种完整的基因（Bachmanov 和 Beauchamp，2007）。不同的 T2R 可能在同一个细胞中共表达，这可以解释为什么大多数苦味物质在特征上是相似的，并且难以区分。这个家族的数量和可变性可能是哺乳动物对各种苦味物质的分子结构都具有感知能力的原因。hT2R38 突变体已经被鉴定为分子受体，如 PTC（苯基硫代碳酰胺或苯基硫脲）和 PROP（6-正丙基硫氧嘧啶）。由于 hT2R38 的突变导致的遗传不敏感性已经被鉴定（Bufe 等，2005；Kim 等，2003）。

T1Rs 仅包含两种组合的三条肽链，形成异二聚体。一个二聚体是对谷氨酸敏感的 T1R1 / T1R2 组合，因此作为鲜味受体起作用。另一个二聚体是 T1R2 / T1R3 组合，起到甜味受体的作用。鲜味和甜味受体在不同的味觉受体细胞中表达。T1R 和 T2R 都是 G 蛋白偶联受体（GPCR），就像嗅觉和视觉受体一样。G 蛋白是由三个亚基组成的细胞内信使，与细胞膜内的受体相关。味觉受体的刺激（即与 7TM 结合）导致 G 蛋白亚基分离，然后 G 蛋白亚基可激活细胞内的其他酶系统，引起联级放大反应。值得注意的是，G 蛋白亚基可能激活腺苷酸环化酶，产生环 AMP 和磷脂酶 C，最终产生三磷酸肌醇（IP3）（Sugita，2006）。cAMP 和 IP3 都可引起细胞内机制的进一步激活，例如细胞膜中离子通道的激活或失活。这些会引发钙内流或释放，这是将神经递质囊泡（小包）结合到细胞膜上并释放神经递质分子到突触中以刺激相关的味觉神经所需的。

盐和酸味机制似乎更直接地依赖于离子通道，而不是通过 GPCRs。钠离子进入细胞与钙流入产生的细胞膜电位变化有关（离子/电梯度）。人们已经提出可通过各种离子通道来调停咸味。酸味的质子可进入味觉受体细胞，然后刺激离子通道，如酸敏感性离子通道（ASIC）或钾电导通道家族（Bachmanov 和 Beauchamp，2007；Da Conceicao Neta 等，2007；Sugita，2006 ）。有证据表明瞬时受体电位家族参与酸性转导，特别是多囊肾病受体家族（PKD，从其首次被发现的综合征中得名）（Ishimaruetal，2006）。最近的研究也表明了对游离脂肪酸，人体有味觉敏感性，这是因为在味觉受体细胞中存在脂肪酸转运蛋白 CD36（Bachmanov 和 Beauchamp，2007），这可以作为口腔是脂肪的主要信号来源的结构解释。

味蕾被包含在舌头上的凸起和凹槽组成的特殊结构中。舌头不是光滑均匀的表面。舌头表面覆盖着小锥形纤维状乳突，发挥触觉功能，但不包含味蕾。稍大的蘑菇形真菌状乳突，散布在纤维状乳突之间，特别是在舌头的前部和边缘，通常略带红色。这些小纽扣形结构平均含有 2~4 个味蕾（Arvidson，1979），前舌两侧各有一百多个，因此正常成人真菌状乳突平均有数百个味蕾（Miller 和 Bartoshuk，1991）。舌头两侧有几条平行的凹槽，约有三分之二的凹槽从尖端到根部被称为叶状乳突。每个凹槽含有数百个味蕾。其他专门结构大约有 7 个纽扣状的凸起，排列在舌背上呈倒 V 形，为圆形乳突。在外部凹槽或者围绕它们的类似壕沟的裂缝中包含数百个味蕾。味蕾也有位于软腭之后的，刚好位于腭部坚硬或多骨部位消失的地方，这是一个非常重要但却常常被忽视的味觉感受区域。舌根和喉部的上部也对味道很敏感。味觉频率计数显示，味觉敏感度较高的人倾向于拥有更多的味蕾（Bartoshuk 等，1994）。

四对不同的神经支配舌头与这些结构接触，这也解释了为什么味觉对疾病、创伤和衰老具有抵抗力，而嗅觉没有（Weiffenbach，1991）。这种真菌状的乳突受面部神经的鼓索分支支配（脑神经Ⅶ），正如其名字所暗示的那样，经过了耳鼓膜。实际，这种迂回路线使得在中耳手术期间可以监测人类味觉神经冲动（Diamant 等，1965）。舌咽神经（颅神经Ⅸ）分支到舌后部，迷走神经（颅Ⅹ）到达舌根后部。面部神经较大的表面分支到达至腭口区（Miller 和 Spangler，1982；Nejad，1986）。四种经典味觉中的任何一种都可以在舌头的任何区域被感知到，因此以前所认为的舌头上不同区域对应不同味觉“地图”是不准确的。例如，舌头前面的对奎宁的感受阈值比圆形区域的要低（Collings，1974）。

唾液在味觉功能中起着重要的作用，既可作为载体将味道分子运送到受体，又含有能调节味觉反应的物质。唾液中含有钠和其他阳离子、能够缓冲酸的碳氢酸盐以及一系列蛋白质和黏多糖，使其光滑和具有涂层性能。最近有人提出唾液中的谷氨酸盐可能会改变食物的风味感知（Yamaguchi 和 Kobori，1994）。味觉反应是否真的需要唾液，这是一个历史上争论不止的问题。至少在很短的时间内，味觉反应似乎并不需要唾液的存在，因为通过流动系统用去离子水大量冲洗舌头，并不会抑制味觉反应，反而可以使反应更快（McBurney，1966）。

2.3.2 味觉感知：特性

在整个历史过程中，多种感知特性被建议为味觉（Bartoshuk，1978），但一致的是，四种基本味觉便能满足大多数味觉感知要求，分别是经典味觉中的甜、咸、酸、苦。此外，也有其他人提出了另外一些基本类别，其中最引人注目的是金属味、涩味和鲜味。鲜味是由谷氨酸盐或天冬氨酸盐刺激产生的口腔感觉，涩味是化学诱导的触觉复合反应，这些将会在后面讨论到。金属味偶尔会用来描述甜味剂的副味道，如乙酰磺胺酸钾。另外，在某些味觉障碍中也会感觉到金属味（Grushka 和 Sessle，1991；Lawless 和 Zwillinberg，1983）。四种经典的味觉可能不足以描述所有味觉（O'Mahony 和 Ishii，1986），但是，它们可以用来描述许多味觉感受，并有共同的参比物质，使得它们在实际的感官评价中具有很大的用处。

鲜味，是从日文“鲜美的味道”粗略翻译过来，主要由谷氨酸钠（MSG）和核糖核苷贡献，如5′-肌苷单磷酸（IMP）和5′-鸟苷酸（GMP）（Kawamura 和 Kare，1987）。与相等浓度 NaCl 溶液直接对比，这种味觉与咸味的感觉是非常不同的。因与肉汤和汤料的味道相似，这种味觉在英文里有时会用“肉汤”这个词来表达，故而“鲜美的”或“肉味的”这两个词是可替换的（Nagodawithana，1995）。谷氨酸盐和天冬氨酸盐的味道特性在某些种族（尤其是亚洲）的美食中形成了调味法则的基本组成部分，因此不必惊讶于日本人如此自然地使用了这个味觉术语（O'Mahony 和石井，1986）。另一方面，西方的被测试者似乎也能够将味道分为传统的四种特性（Bartoshuk 等，1974），包括人在内的许多动物都具有谷氨酸盐受体（Scott 和 Plata-Salaman，1991；Sugita，2006）。

2.3.3 味觉感知：适应性和混合相互作用

味觉有两个重要的功能特性——味觉适应和味觉相互作用。“味觉适应”可以被定义为在刺激的持续作用下感受性的降低。这是感觉系统的一个属性，用来提醒机体发生的变化。在很大程度上，我们变得可以适应外界环境的刺激，特别是在化学、触觉和热的感觉方面。把脚放在热水浴里，一开始可能会感觉很烫，但皮肤的感觉会逐渐适应。我们的眼睛也会不断适应环境光线的变化，就像我们进入一个黑暗的电影院的情形。我们通常不会感觉到唾液中钠的存在，但如果用去离子水冲洗舌头，该浓度的 NaCl 便会产生一种高于阈值的味道。如果刺激可以在舌头的受控区域上持续作用，那味觉的适应性就很容易被证明。例如，当溶液流过舌头或口腔时（Kroeze，1979；McBurney，1966），这种情况下，大多数的味觉会在 1~2min 消失。然而，当刺激无法持续地控制时，就如进食和脉动刺激一样，适应性就不会那么明显，甚至在一些情况下会消失（Meiselman 和 Halpern，1973）。

味觉适应的实验又有了新的重要发现，当 NaCl 溶液或任何其他促味剂的浓度低于适应水平时，将呈现出其他味道，其中纯水是极端例子。因此，低于盐适应浓度的水可以尝到酸味和苦味，或两种味道之一。在尝过奎宁或酸后，水会呈现甜味，尝过蔗糖后味道则是苦的（McBurney 和 Shick，1971）。图 2.7 所示为不同适应条件下对 NaCl 浓度的响应情况。在适应的浓度之上，有感觉到咸味；在适应的浓度时，味道很淡或几乎没有；在适应浓度以下，会有酸苦的味道。水可以呈现出四种味觉中的任何一种，这取决于喝水前的味道是什么，因此，需要提醒感官评价员要控制或至少考虑到味觉适应的影响。溶剂物质和味道分子本身都可以引起感官刺激的反应。

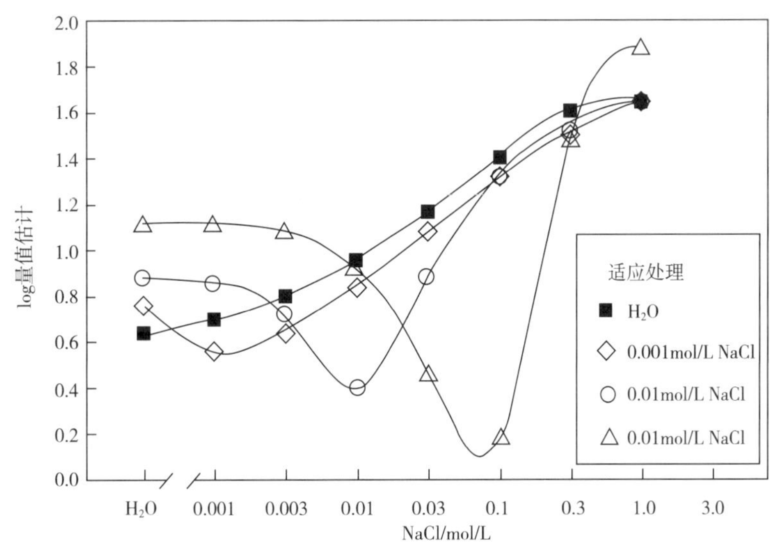

图 2.7 不同适应条件下对 NaCl 浓度的响应情况

关键在于适应（预处理）的浓度。在每个适应水平上，味觉感知达到最低阈值。在适应水平之上，增加了咸味。低于适应水平，出现酸苦味，且水达到最大值。[McBurney（1966），由美国心理学会授权转载]。

味觉功能的第二个特征是不同味道的混合显示为部分抑制或相互掩蔽作用的趋势。因此，奎宁和蔗糖的溶液比单独品尝等量的蔗糖（即当两种溶液中的蔗糖摩尔浓度相等时）的甜度低。类似地，混合物比单独品尝等摩尔的奎宁苦味更淡。一般情况是所有四种经典味觉都表现出这种抑制模式，通常称为混合抑制（McBurney 和 Bartoshuk，1973）。在许多食物中，这些相互作用对于确定口味的总体吸引力以及它们是如何平衡很重要。例如，在水果饮料和酒中，酸味可能部分被糖的甜味所掩盖。因此糖起到了双重作用，既增加了愉快的口感，同时降低了可能令人反感的酸味强度（Lawless，1977）。某些混合抑制作用似乎存在于中枢神经系统中，如甜味抑制苦味（Lawless，1979），但是，其他的混合抑制作用，如食盐抑制苦味，更可能是外周神经机制在自身受体水平上的抑制作用（Kroeze 和 Bartoshuk，1985）。

这种抑制模式有一些特殊情况，称为增强或协同作用，这种协同作用意味着混合物中的味道强度比单纯组分高。然而，如何预测这个结果是有争议的（Ayya 和 Lawless，1992；Frank 等，1989b）。关于协同作用，最为人所知的主张是 MSG 与上述核糖苷的相互作用。根据定义，这显然是超过普通的叠加作用的。在混合物中添加阈值以下的量将产生强烈的味觉感受（Yamaguchi，1967），此外，在味觉受体上存在强烈相互作用的结合，这可能就是该效应的生理原因（Cagan，1981）。第二种增强是在添加低浓度盐的糖溶液中便能尝到甜味。NaCl 具有低水平的内在甜味，通常被较高水平的咸味掩盖（Bartoshuk 等，1978；Murphy 等，1977）。这可以用来解释食物中加少许盐的有益作用。第三种增强作用出现在甜味剂混合物中（Ayya 和 Lawless，1992；Frank 等，1989b）。因为这种发现可能节约食品原料成本，因此寻找甜味剂和其他香料的协同混合物的研究正在进行中。

最后，可能有人会问，当一个或多个组分减少了影响，混合抑制作用会发生什么变化？图 2.8 显示了适应混合物的一个组分后的抑制减弱。当存在于混合物中时，蔗糖的甜味和奎宁的苦味都被部分抑制。在适应蔗糖之后，奎宁和蔗糖的混合物苦味就会回升到

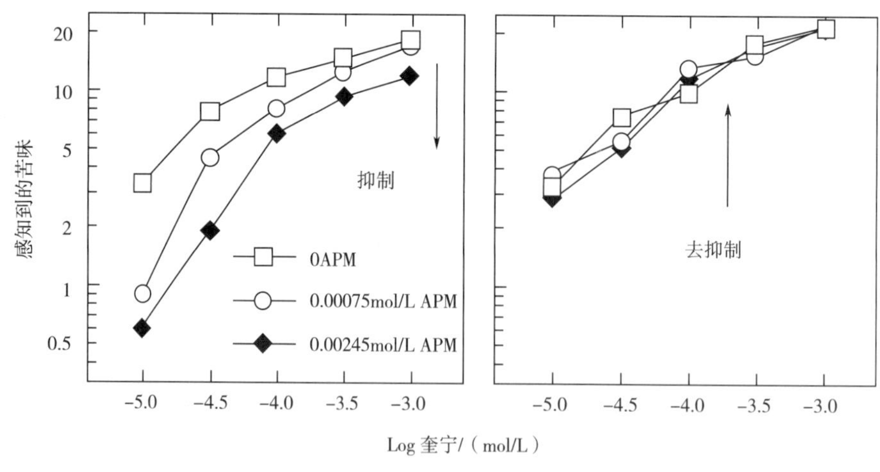

图 2.8　混合抑制和释放

左图显示了在适应水后，奎宁（实心圆）、0.00075mol/L 阿斯巴甜（正方形）和 0.00245mol/L 阿斯巴甜（空心圆）的混合物的苦味感知。当甜味存在时，苦味降低了。右图显示的是适应蔗糖后的相同实验，甜度降低了，苦味也没有受到抑制作用［Lawless（1979），由美国心理学会授权转载］。

等摩尔的奎宁溶液的苦味水平（Lawless，1979）。同样，在适应奎宁后，甜味会反弹到等摩尔的味觉水平。这些反应在日常饮食中普遍存在。由于许多葡萄酒含有糖和酸（甜味/酸味）混合物，因此很容易在品尝葡萄酒的餐点中地证明这个原理。吃了非常甜的甜点后，酒会显得很酸。同样地，吃了带醋的沙拉后品尝葡萄酒会使得葡萄酒显得太甜，而缺少酸味。这仅仅是对葡萄酒成分的适应性影响，通过释放抑制可减少一些味道并增强其他成分。在三种成分的混合物中可以看到类似的效果，特别是与盐的混合物中。例如，在一种苦味和甜味兼具的尿素-蔗糖混合物中，通常会观察到苦味和甜味的抑制现象。但是当将钠盐加入混合物中时，盐的作用会不成比例地抑制苦味，从而增强甜味（Breslin 和 Beauchamp，1997）。这是对加入盐时各种食物中风味增强的另一种解释。

2.3.4 个体差异性和味觉遗传学

味觉敏感性存在广泛的个体差异，特别是苦味化合物。其中最好的例子是遗传性的、对含有—N—C ═S 官能团的化合物的不敏感性，这些化合物是以某些芳香族硫脲化合物为代表的。这种味觉“失明”主要是用苯基硫脲来研究的，这种化合物起初称为苯硫代碳酰胺或 PTC。（Blakeslee，1932；Fox，1932）。由于 PTC 具有潜在毒性，并有散发气味的可能，最近更多的研究是使用与 PTC 反应高度类似的化合物——6-正丙基硫氧嘧啶（PROP）（Lawless，1980）。它们的结构如图 2.9 所示。PTC 和 PROP 这两种化合物的最小可检测浓度（阈值）遵循双峰分布，大约 1/3 的高加索人不能检测到其他大部分人种能检测到的浓度。阈值测试以及高于阈值的苦味等级都可以用来区分“味觉感知者”（敏感）和“非味觉感知者”（不敏感）群体（Lawless，1980）。“非味觉感知者”的 TAS2R38 味觉受体进行了一些修饰，显示出了简单的孟德尔遗传模式。许多其他的苦味物质，如奎宁，也显示出了很大的个体差异性（Yokomukai 等，1993），但没有像 PTC 和 PROP 差异如此之大。

最近的研究已经确定了“味觉超敏感者”的超敏感组，并且鉴定了味觉敏感性和反应性与乳突和味蕾的数量相关（Miller 和 Bartoshuk，1991）。由于在乳突密度较高的个体中三叉神经支配增强，因此 PROP 灵敏度和一些舌头触觉感觉（如对脂肪的敏感性）之间的关系并没有那么明显，包括对咖啡因、糖精的苦味和对辣椒素反应的敏感性（Bartoshuk，1979；Hall 等，1975；Karrer 和 Bartoshuk，1995），也观察到许多与 PROP 灵敏度相关的其他相关因素。然而，这些相关性中的很大一部分相关程度较低，甚至有一些低于传统促味剂之间的相关性（Green 等，2005，Schifferstein 和 Frijters，1991）。因此，目前的观点认为，味觉和化学反应大部分是独立的，因此，感官研究人员在使用类似 PROP 这样的一般性标记作为个体反应的预测指标时，应更为谨慎（Green 等，2005）。一个潜在的重要发现是，对 PTC 等苦味化合物不敏感的人不会对其他口味显示一定的混合抑制作用（因为他们感知不到苦味，也就不会存在抑制作用）（Lawless，1979）。这说明了一个更普遍的规则，即我们在产品中没有感觉到的东西，可能会增强其他的味道，类似于去抑制效果的产生。

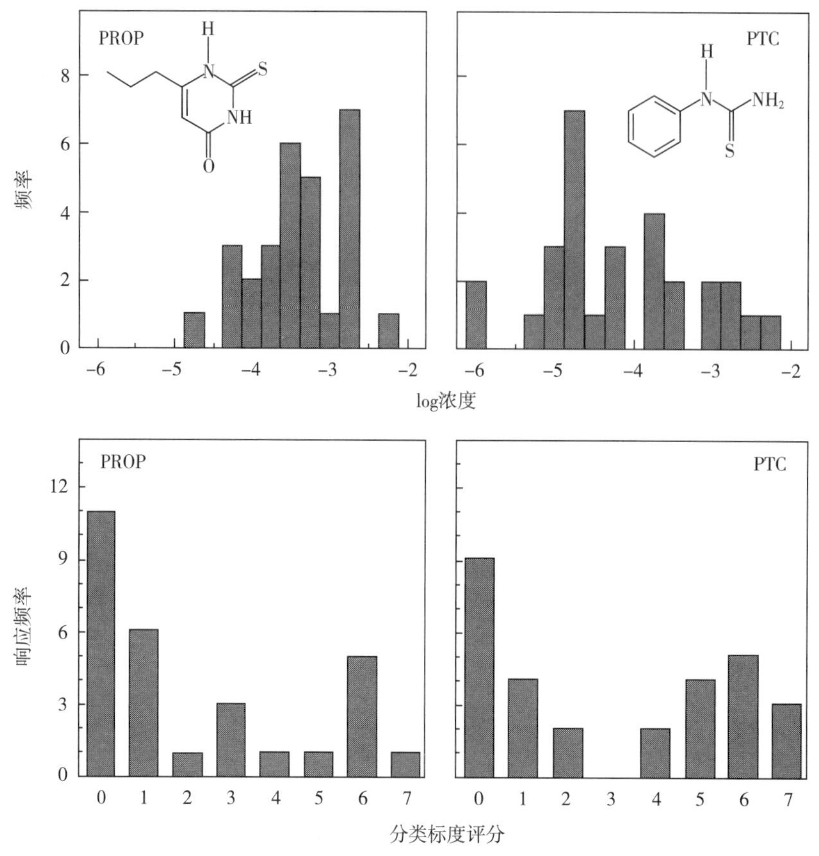

图 2.9 PTC 和 PROP 检测阈值和感知强度

其中，PTC 为 0.0001mol/L，PROP 为 0.00056mol/L［Lawless（1980），由信息检索有限公司（IRL）和牛津大学出版社授权转载］。要注意的是，PTC 可以更好地区分品尝者和非品味者群体，尤其是在感知强度评分的情况下。

2.4 嗅觉的解剖学、生理学及功能

2.4.1 解剖学和细胞功能

嗅觉感受器位于鼻腔深处的上皮细胞，这可对其起到一定的保护作用，使其不容易受损伤，但这也意味着只有一小部分的空气物质能到达此感受器的附近。为了降低此因素带来的影响，嗅觉通过一些特殊的构造来增强其敏感性。鼻子的每一侧都有数百万个受体，它们的末端凸起能够通过 20～30 个十分微细的纤毛伸入黏液层之中（图 2.10）。这些纤毛的功能之一是增加细胞的表面积，使受体暴露于化学刺激物中。而嗅觉受体细胞的主体位于上皮内，它们利用轴突与嗅球相连接。

在解剖学上，另外一个可放大嗅觉信号的功能结构是，当空气物质经过鼻子上端的骨块之后，数百万个受体利用神经纤维与嗅球结构内部数量（也许有 1000）更少的嗅小

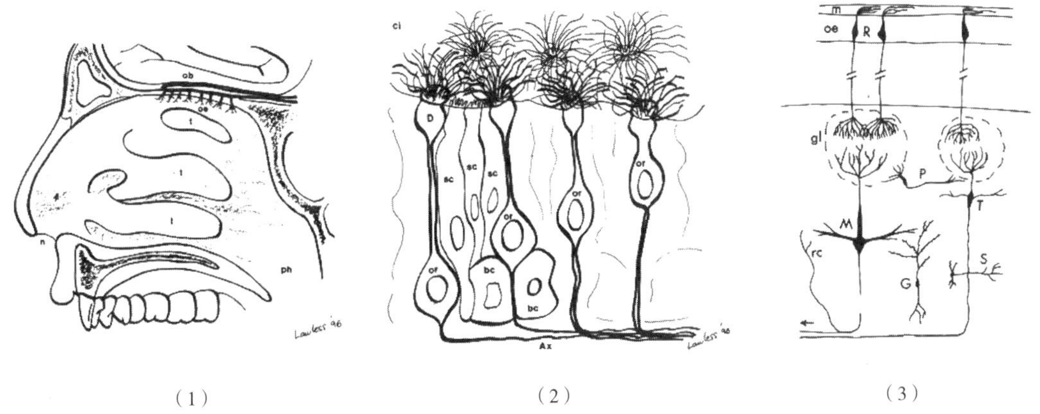

（1）　　（2）　　（3）

图 2.10 （1）鼻子的解剖结构图 （2）嗅觉上皮细胞图 （3）嗅球的基本细胞类型

n—外部鼻孔　t—鼻甲骨或鼻甲　ph—鼻咽部　ob—大脑前部基部的嗅球　oe—嗅觉上皮。离开嗅觉上皮的轴突束通过筛板的小开口进入嗅泡。ci—纤毛　D—嗅觉受体细胞的树突终止或嗅觉受体细胞　sc—支撑细胞　bc—基底细胞　Ax—轴突束。嗅觉受体（R）将轴突发送到嗅小球（gl）以接触二尖瓣（M）和簇状（T）细胞的顶端树突，即从嗅泡到更高结构的输出神经元。外周细胞（P），短轴突细胞（S）和颗粒细胞（G）以及周围并发轴突（rc）形成层内交联（部分抑制）。m—含有嗅觉受体细胞纤毛的黏膜层　oe—嗅觉上皮细胞

球连接而进行的信号传递。嗅小球是将嗅觉信号传递进入嗅觉通路中下一个神经元的嗅觉受体分支和突触接触的密集区域。数千个嗅感觉神经元汇聚到嗅小球中的 5~25 个僧帽细胞（Firestein，2001）中。而僧帽细胞进一步将信号传递到相应的大脑中枢。嗅感神经能够延伸到大脑的不同区域，其中一些区域与人体的情绪、情感、记忆有着十分密切的关系（Greer，1991）。

不同于从上皮细胞分化而来的味觉感受器，嗅觉感受器是真正的神经细胞。嗅觉感受器并不是普通的神经细胞，它们具有一定的寿命周期，约一个月后就会被更新。嗅觉系统在不断更新和替换中维持其不间断的嗅觉功能的能力仍然是神经科学的未解之谜。神经系统的其他部分在受损时不易再生，所以揭示嗅觉神经系统具有更新能力的机制可能会给神经系统受损者的治疗康复带来福音。然而，嗅觉系统受到外力创伤后可能难以修复。感受器神经元纤维是负责将来自骨性筛状板的信号分子传送到嗅球的。当头部受到打击导致神经元纤维切断时，可能会自我修复，但大多数情况下是难以进行修复，这使个体对食物风味的感知能力终生丧失。感官评价小组的负责人应该了解嗅觉失灵人群存在的情况，在感官评价员的筛选过程中需要进行包括气味识别试验等的嗅觉测试（Doty，1991）。

当含有约 1000 个基因组成的哺乳动物嗅觉基因大家族被发现以来时，气味接收机制目前已经被完全揭示，Buck 和 Axel 两名科学因此而获得了 2004 年的诺贝尔奖（Buck 和 Axel，1991）。这可能是人类基因组中唯一最大的基因家族，约有 350 个受体类型被发现在人体内行使生理功能。这些嗅觉受体属于 G 蛋白偶联受体，类似于苦味受体和视觉受体分子。序列分析显示其结构为七个跨膜区并以胞内及胞外环结构进行连接，含有短的 N 端结构，与 T2R 苦味受体家族结构类似。在多肽序列中，在第三、第四和第五跨膜区有

着10%~60%程度不同的序列差异性（图2.6）。这三个“桶”相互面对面排列，可能形成一个进入膜相路径1/3的感受体口袋。由于在模式系统中表达嗅觉感受器存在困难，这导致了确定与这些口袋中结合的分子（配体）的种类具有挑战性。唯一成功的案例是辛醛及其分子类似物与受体特异结合的研究（Zhao等，1998）。

细胞内的嗅觉刺激机制与味觉刺激的G蛋白耦合受体机制类似。刺激物结合到受体上可导致G蛋白亚基的活化，从而激活了腺苷酸环化酶。这使得ATP转变为环化的AMP，进而激活了各种离子通道。Na^{+}和Ca^{2+}离子的涌入导致了细胞内部负电荷量的降低，当膜电位达到20 mV阈值时，就会产生一个动作电位，沿着神经轴突向下移动并导致神经递质的释放。这是一个信号放大的过程，因为酶级联反应每秒钟可以产生约一千个cAMP分子，成百上千的离子可通过打开的离子渠道（Firestein，2001）。钙离子还可以打开一个向外流动的氯离子通道，作为一种细胞内电池来增强膜电位的变化。

不同特质的气味分子在空间模式下可以被观察到（Kauer，1987）。每个气味受体细胞只表达一种受体蛋白。具有相同蛋白表达的受体细胞可与同一系列的嗅小球进行连接。类似的气味也倾向于把信号映射到重叠区域（Firestein，2001）。所以不同的气味是通过激活嗅球的不同节段来进行信号呈现的。然而，这种情况也突显其复杂性，因为受体可面对多种气味分子，反过来说，许多气味分子可以刺激多种类的受体。这导致了气味特性的组合代码的产生（Malnic等，1999）。大脑识别整个神经元阵列的反应模式，以便“决定”气味的质量或类型。从这个角度看，嗅觉似乎是典型的模式识别机制。这种代码可以解释为什么某些气味会随着其浓度增加而改变其特性。气味化合物浓度的提升，会募集额外具有较高阈值的受体参与识别，从而改变阵列的模式。

2.4.2 鼻后嗅闻

可以说，气味多样性的最大贡献来自嗅觉受体感受到的挥发性气味分子。不论是通过外鼻孔正常吸气还是源于口腔中存在的气味，我们所熟知的大多数食物风味的多样性是通过嗅觉来感知的。尽管人们倾向于认为食物中的芳香物质源于口腔，但许多人没有意识到嗅觉才是感知大多数食品风味的主要因素，而非之前介绍的五种简单的味道。很多我们通常所描述的味道实际上指的是气味（Murphy等，1977；Murphy和Cain，1980）。例如，柠檬的柠檬特征不是来自柠檬味道（只有酸、甜、苦等三种味道），而是萜烯类香气化合物在口腔中产生的，并进入鼻腔后方（鼻后），这与吸气的方向是相反的。这凸显了嗅觉的双重角色，既有外部的感官系统和也有内部感官系统（Rozin，1982）。

一个简单的实验，可以让所有人相信这种内部嗅觉或者鼻后嗅觉的重要性。喝一口普通的水果饮料或果汁，同时捏闭鼻子。注意口腔内出现的感觉，主要是酸甜的味道。然后吞咽样本，同时闭上口腔，释放鼻孔并呼气。大约1s，水果味就会出现。捏住鼻子有效阻断香味挥发到嗅觉受体的鼻腔通道（Murphy和Cain，1980）。当此通道在吞咽和呼气的作用下，嗅觉对风味的贡献就变得明显。人倾向于把内部嗅觉认为是味道的这种想法，可能受增强甜味的挥发性风味物质如香草和麦芽糖醇等所影响。这是一种简单的误区和对感觉的错误认知（详见9章）。学会区分真正的味觉，是任何感官分析培训的首要任务之一。值得注意的是，口腔中的挥发性物质也可能有刺激作用，但这些似乎仅限于对三叉神经的刺激，如薄荷醇（Halpern，2008）。在很多方面，鼻前嗅闻与鼻后嗅闻两者的作用机制很相似。

大多数（甚至全部）鼻后嗅闻是在人体吞咽时抽气作用使气体进入鼻子而产生的，这也所谓的吞咽式呼吸（Buettner 等，2002）。然而，一个简单的没有吞咽动作的呼气实验表明，吞咽式呼吸并不是鼻后嗅闻唯一的机制：口含少量液体并在口腔内打转。吐出，不要吞咽！接着捏住鼻子并吸气，然后闭上。放开鼻子，然后呼气。这样会对鼻后嗅觉感知的挥发性香味有一个清晰的印象。通过呼气感知味道（一种气味）常用于鉴赏练习，如品酒时口腔中的香气与酒瓶中酒香的差异。所以吞咽呼吸对于鼻后嗅闻并不是绝对的。在正常的进食过程中，吞咽呼吸可能是感知的重要组成部分，但在进食和正式的感官评价中，它也可能与其他机制共同起作用。

2.4.3 嗅觉灵敏性和嗅觉缺失

人类和其他动物的嗅觉敏感性非常惊人。我们对许多极低浓度的刺激性气味分子的嗅觉感知能力甚至超过了几乎所有的化学分析工具手段的灵敏性。许多重要风味化合物能在 μg/kg 范围内被感知，如含硫化合物：乙硫醇、白菜或臭鼬味的化合物，因其特殊气味特性被用作煤气的气味增强剂。一些食物的风味更为强烈，如在甜椒发现的甲氧基吡嗪类化合物。其他小的有机分子在刺激嗅觉方面没有那么有效。大量柑橘、草本植物、薄荷和松树状香气化合物通常在百万分之几的范围内可被嗅觉感知。相比之下，酒精的组成物质如乙醇，只有在浓度达到千分之几时才能被感知。尽管我们可能认为酒精有种“难闻”的气味，但相对于有刺激性味道的化学品，如吡嗪、乙醇算不上是特别有效的气味分子。

风味研究中一个错误假设是，若一种化学物质从一种产品中被鉴定出来，而该化学物质在瓶中可散发出与天然味道相似气味时，将它认为是该产品天然风味必要的组成成分。例如，柠檬精油常被作为橙汁香气的标志性化合物，但橙汁样品分析表明，它的浓度往往是低于阈值的（Marin 等，1987）。因此，柠檬精油是一种具有误导性的标志性化合物。关键的问题是其在产品中的浓度是否超过阈值或最低可检测浓度。尽管类似的化合物的味道具有可能的叠加性，但是低于阈值的化合物不可能有助于风味的感知。这种阈值分析用于味道影响评价将在第 6 章进一步讨论。这种方法使用“气味单元”——阈值的倍数——作为潜在的感官贡献评价的证据。

阈值在个体内和个体之间是高度可变的（Lawless 等，1995；Stevens 等，1988）。一些嗅觉正常的个体不能识别一类气味相似的复合物，这种情况被称为特异性嗅觉缺失，而不同于一般的嗅觉失灵或嗅觉能力完全丧失。一般将个体的气味阈值超出常人平均浓度的两个标准差以上的情况定义为特异性嗅觉失灵（Amoore 等，1968；Amoore，1971）。常见的特异性嗅觉缺失包括对以下食品中重要性的化合物的不敏感性：雄烯酮——膻味成分（Wysocki 和 Beauchamp，1988）；桉叶素——许多草药中常见的萜类成分（Pelosi 和 Pisanelli，1981）；乳品中几种重要的风味小支链脂肪酸（Amoore 等，1968；Brennand 等，

1989）；二乙酰——乳酸菌的副产物（Lowless 等，1994）；三甲胺——鱼腥恶臭（Amoore 和 Forrester，1976）；异丁醛——麦芽味（Amoore 等，1976）；香芹酮——存在于薄荷和其他草本植物的萜类物质（Pelosi 和 Viti，1978，Lawless，1995）。感官评价小组的负责人必须知道每个小组成员对物质嗅觉的差异性，也不能期望所有的小组成员对所有风味的评价达成统一的意见。另外，特异性嗅觉缺失的小组成员对某些气味难以做出正确的判读，但可能对其他风味鉴别能力特别突出。排除该小组成员参与感官评价是毫无意义的，除非待评价的气味是所有被评价食品的关键组成成分。这种多样性对数据分析中异常值的筛选和检测提出了挑战。

嗅觉辨别强度的能力较差。从几个方面观察到这一点。相比其他感觉模式，测定出的嗅觉阈差往往是相当大的（Cain，1977），而幂函数指数通常很低（Cain 和 Engen，1969）。测试未经训练的人来识别或一致的标签类气味能力的实验表明，人们只能鉴别约三个水平的气味强度（Engen 和 Pfaffmann，1959）。然而不能把所有问题都归因到鼻子上。对微分灵敏度相关研究文献进行查阅 Cain（1977），报道许多气味的 Weber 分数（详见 2.2.1）处于 25%~45%。这大约是区分听觉或视觉刺激水平所需变化的三倍。经过气相色谱实验证实，大部分问题是由于物理刺激变化导致的。嗅瓶的浓度变化与辨别能力高度相关，刺激的变异占辨别方差的 75%。因此，早期对气味差别阈值的估计值可能是过高了。

2.4.4 气味特性：实用系统

相对于区分强度变化的能力的局限性，嗅觉给我们提供了一个非常广泛的气味品种。气味鉴定的实验表明，人可以识别熟悉气味的数量是相当大的，且看似无上限（Desor 和 Beauchamp，1974）。然而，辨识气味本身的过程并不容易。我们通常知道一种气味却不知道其名字，这种现象称之为“鼻尖现象”，类似于“话到嘴边又忘记”（Lawless，1977）。这种言语连接困难是许多临床嗅觉试验使用多项题选择的形式的原因（Cain，1979；Doty，1991），以此将真正的嗅觉问题与语言辨识问题区分开。我们的嗅觉对分析性地识别含有多组分的复杂气味混合物的能力是有限的（Lain 等，1991；Laska 和 Hudson，1992）。我们倾向于将气味视为整体进行识别，而不是个体特性的集合（Engen 和 Ross，1973；Engen，1982）。这种趋势使得气味分析和风味描述成为感官评价员的一项艰巨任务（Lawless，1999）。对气味的反应若是令人愉快或不愉快，似乎会显得更自然。感官分析中气味和味觉感知所需的分析型思维模式显得更为困难。

尽管目前的心理学教材中没有对主要气味进行公认的分类方案，但是风味和香气的专业人士对气味的分类有着很一致的意见（Brud，1986）。香水使用类似的描述语言，这在一定程度上在类别中的感知相似性和材料来源有相似性的基础上发展起来的（Chastrette 等，1988）。然而，这些体系对非专业人士来说通常是陌生的，而且均是技术术语。气味分类具有几个挑战和问题。首先，可区分种类的数目是巨大的。早期气味分类的错误在于过于简单化。一个例子是，Linnaeus 的七大类法：芳香、香、麝香、蒜香、果香、厌恶的、恶心的，后来 Zwaardemaker 增加了乙醚味和燃烧味。对风味和香味范畴之外的气味分类的理解的第二个不足是，许多原始分类源于供应商原材料的成分。因此，他们有一个针对醛的分类（醛类香料作为香水的固定剂、随后是香水重要的成分，如香奈儿 5 号）和一个针对意大利香料的分类。对外人来说，这个术语似乎有点神秘。意大利香料包括松树气味结合甜味，闻起来像香草味。这个例子提出了一个问题，香料种类是否可以分解成更基本的元素。针对该问题的另一种建议的方案是，基于特异性的嗅觉缺失的气味分类，因为他们可能代表了一类相关的化合物特定性受体的缺乏（Amoore，1971）。然而，目前这种尝试已减少到特别小的系统进行使用。

尽管如此，来自不同领域的人员对气味品种分类具有很大的统一性。例如，表 2.2 展示了消费品中香精物质的实际描述系统，数据来源于培训过程中感官评价员凭经验和直觉对香精物质辨别的结果。第二个系统是基于烟草风味分类的数百个气味术语和芳香族化合物的因素分析（Civille 和 Lawless，1986；Jeltema 和 Southwick，1986）。给出了不同的方法和产品领域，结果却是惊人的相似。烟草的工作术语来源于含有 146 个气味特性描述词的 ASTM 列表。此列表包含了一般和具体的术语，为气味描述提供了一个很好的起点（Dravnieks，1982），但仍未够详尽。其他香精材料的多元分析也产生了类似的分类系统（<20）（Zarzo 和 Stanton，2006）。

表 2.2　　　　气味分类系统

功能气味分类①	因子分析组②
辛辣	辛辣
甜（香草、麦芽酚）	褐变（香草、糖浆）
果味的、非柑橘的	果味的、非柑橘的
木质的、坚果的	木质的
	坚果的
青的	青的
花香的	花香的
薄荷的	薄荷的
草本的、樟脑	香菜，茴芹
（其他）	动物的
	焦的
	硫化物
	橡胶

①通过不重叠和适用于消费品的原则导出了描述属性。

②因子分析组由 146 个属性列表中的芳香化合物的评级推导得出。

针对特定行业的香料术语系统也相继被建立。这一定程度上缩小了问题的范围，使开发和气味分类系统的任务更容易管理。图 2.11 展示了一种流行的葡萄酒香气的术语描述，它以轮状格式排列展示分级结构（Noble 等，1987）。啤酒风味术语也有类似圆形排列图（Meilgaard，1982）。外圈的术语给出了相当具体的香气描述。每个外圈术语都有一个相对应风味物质，可作为训练葡萄酒评价员的原型/标准物质。该系统具有嵌入式类结构，便于使用。内部术语作为更为常规的分类包含了更具体的外部术语。更常规的术语具有更大的实用价值。有时某些酒具有果香特性，但这不够独特或特异使评价员将香味判定为是属于特定的浆果、柑橘或其他水果。在这种情况下，风味轮是有参考价值的，评价员将简单地估计一般（整体）水果的强度。风味轮的不同区域可能或多或少地适用于不同品种的葡萄酒，针对不同类型的葡萄酒会有不同形式的风味轮，如起泡酒。

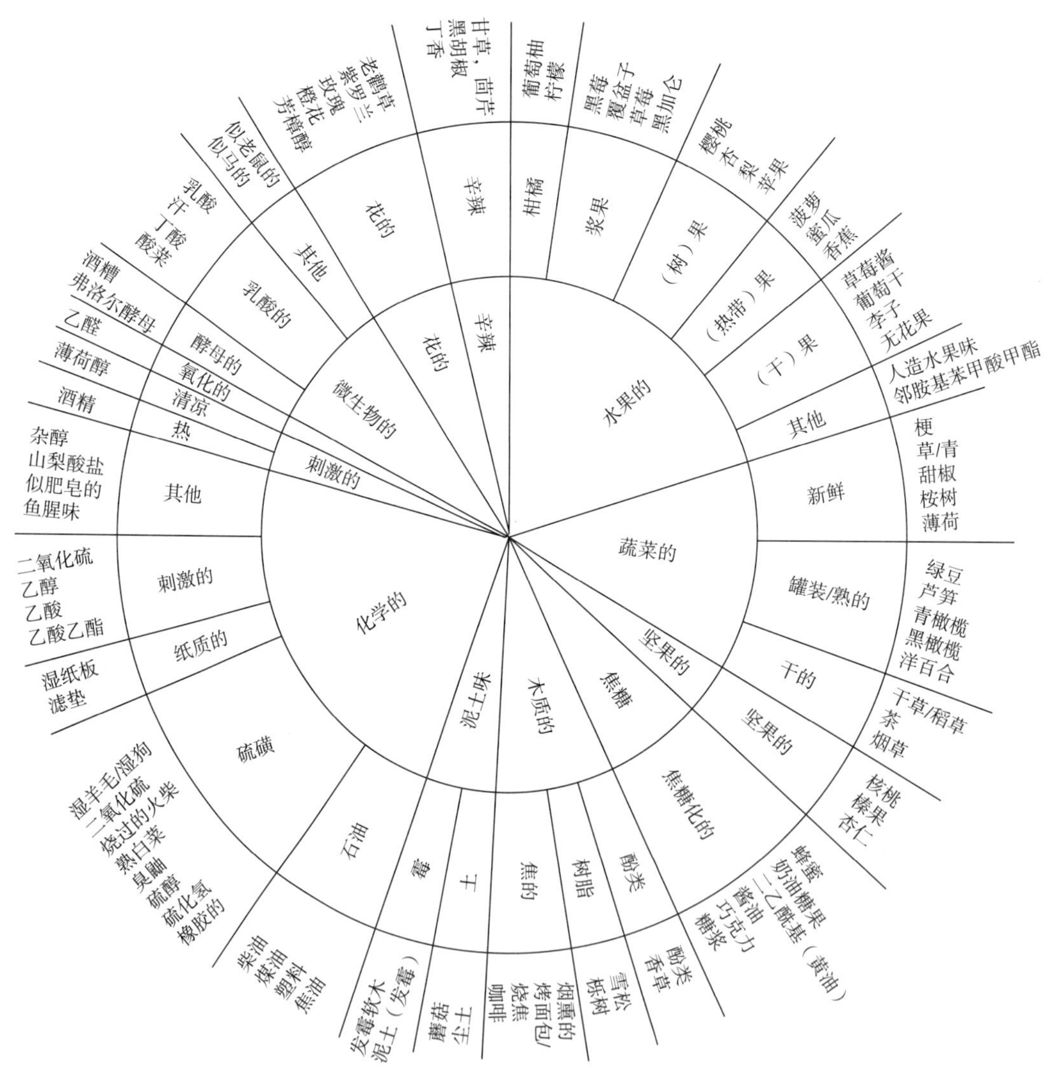

图 2.11　葡萄酒香气“轮”

这是在三类分级系统中用于排列常见葡萄酒香气的一个系统，“轮”的内部更为全面，而外部则更具体。原文有“轮”上外部术语的参考资料。[由 Ann Nobel（1987）授权转载]。

2.4.5　功能特性：适应、混合抑制和抑制解除

风味感官的一个重要的特征是它们对在空间和时间上稳定刺激的反应迟钝，这可能在日常生活中最明显。当人们进入朋友的家时，经常会注意到房子特有的香味——烹饪和清洁的残余气味、婴儿或吸烟者的个人护理产品、宠物或香水的气味。这些气味似乎表征和渗透在房子的地毯和窗帘中，几分钟后，这些香气让客人几乎不再注意到。因为嗅觉已经适应了，而且没有新的信息出现，所以注意力和感觉功能都转向其他方向。气味、味道和热的感觉，适应可以很强烈（Cain 和 Engen，1969）。

嗅觉也表现出混合物间的相互作用。不同品质的气味往往掩盖或抑制彼此，这一点与味道的混合抑制作用非常相似。大多数空气清新剂就是通过对气味强度的抑制而产生作用的。这种效果很容易在两组分混合物中看到，气味非常不同，很容易分离，例如薰衣草油和吡啶（Cain 和 Drexler，1974）。图 2.12 所示为吡啶和薰衣草混合物，对不同水平薰衣草中吡啶成分强度以及不同吡啶水平下薰衣草强度的估计（Lawless，1977）。气味强度可随其他成分浓度的增加而降低，这种强度的相互作用在所有复杂的食物风味中是非常常见的。

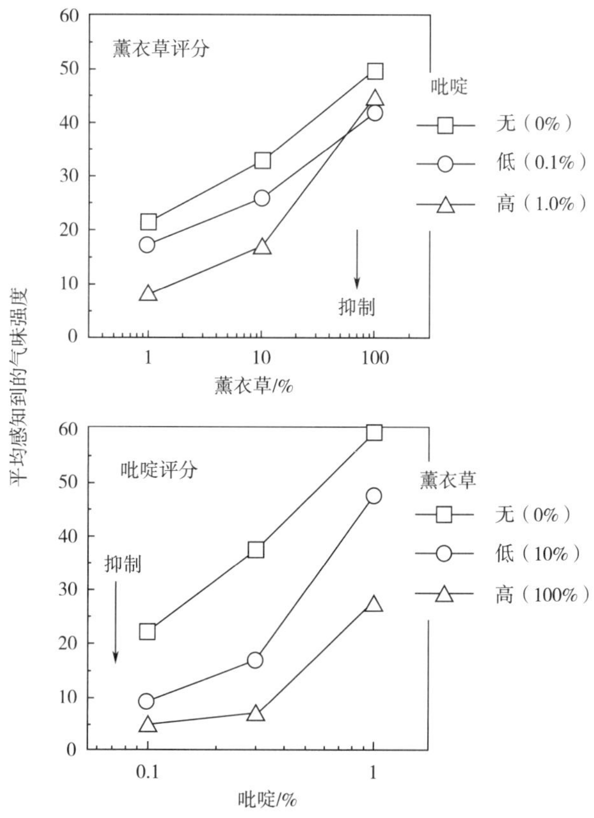

图 2.12　薰衣草油和吡啶混合抑制

薰衣草的强度降低被认为是与吡啶气味混合物的函数（上图），并且伴随着薰衣草的混合，吡啶气味有所降低（下图）［由 Lawless（1977）授权转载］。

混合物抑制的解除现象也发生在嗅觉中。图 2.13 所示为一个香草醛和肉桂醛的双组分气味混合物。这些气味成分是可辨别的，也就是说，它们似乎并没有混合成一种新的或不可分的混合物。使鼻子适应其中一个组分从而使另一个组分更明显（Lawless, 1987）。这是香水制造者使用的一种古老分析策略。当试图分析竞争性香味时，一些成分在复杂的混合物中很容易被分辨出来，而其他成分则可能被遮盖。如果鼻子已经对某个已知的成分产生疲劳，那么其他成分可能出现，从而使得它们更容易被发现。随着时间的加长，对一种最强的成分的适应模式，可以部分解释成为什么一些复杂的食物或饮料，如葡萄酒，在反复品尝几分钟后特征会改变。

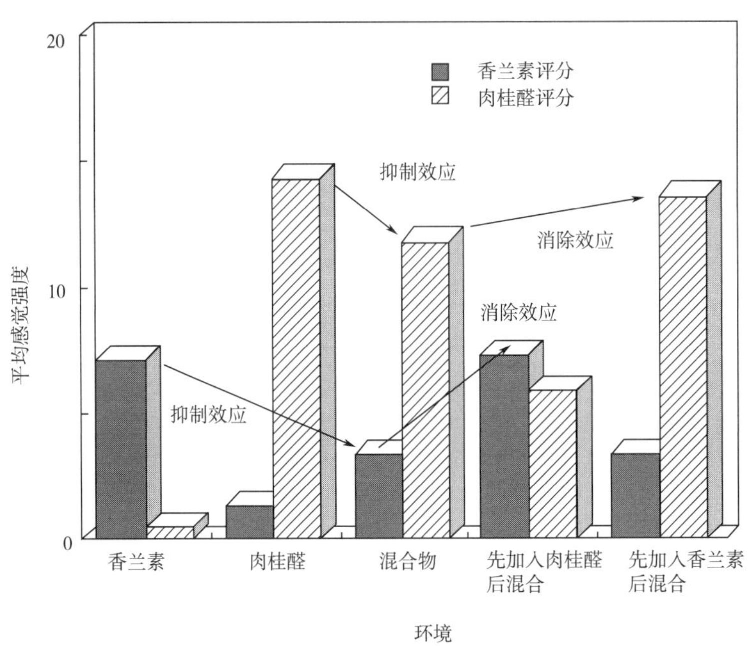

图 2.13　香兰素和肉桂醛混合物的气味混合抑制和适应消除

实心柱，香兰素气味的感觉强度；斜线柱，肉桂气味的感觉强度，对香兰素适应后，肉桂气味恢复到其混合之前的水平，对肉桂醛适应后，香兰素气味恢复到其混合之前的水平［由心理学协会（1984）授权转载］。

适应和抑制解除现象是感官测试中需重点考虑的因素，也是为什么感官测试要在无气味环境中进行的理由。测试环境的气味背景会改变正在测试物体的特征和强度分布。短时间之后，嗅觉系统不再受所处环境中的任何物质影响，而对试验产品中出现的香味物质并不反应，对这些芳烃反应较轻微，对发生抑制解除的其他风味或香味更敏感。这使得在工厂内部进行测试时很困难，除非保证试验区域是无气味的，或者至少其背景气味是中性的。

气味特性的相互作用是很难预测的。有些气味似乎可融为一体，而另一些仍能区分开。一般地，气味混合物与每种气味的本质特征有相似之处。例如，Laing 和 Wilcox（1983）表明，在二组分混合物中，气味分布大体相似，或是可预见的，但是整体上倾向于突出主要成分。这表明，突现的品质或产生一种全新的气味作为混合的功能是罕见的。

然而，在自然气味中多组分混合物都不能以单组分的形式存在。例如，十种成分的混合物或是中链醛类（C6—C16）的混合物产生的气味会让人想起旧蜡笔（Lawless，1996）。此外，天然香料是由多种化学成分混合而成的，没有任何单一的化学物质可以具有这种混合物的气味特性。可可的气味是一种独特的气味，但是很难找到任何能产生这种感觉的化学成分。用气相色谱检测干酪的香气成分分析发现，每个组分的特性没有干酪的香味（Moio，1993）。Burgard 和 Kuznicki（1990）指出合成的规则："咖啡香味是由几百种化合物促成的，其中许多化合物闻起来并不像咖啡"。

2.5　化学感觉

2.5.1　化学感觉体验的特性

口腔、鼻腔以及外部皮肤都可以感知到各种化学刺激所产生的感觉。但这些化学物质诱导产生的感觉并不属于传统意义上的味道或气味，类似于 somesthesis（触觉感觉）或是身体表面感知到的触觉和热觉，化学感觉的英文为 chemesthetic（Green 和 Lawless，1991；Lawless 和 Lee，1994）。许多感觉是通过刺激口腔、鼻子或眼睛中的三叉神经末梢来感知的，其中包括辣椒和其他香料所产生的与热相关的刺激性感觉，辣根、芥末和山葵产生的非热刺激性感觉，洋葱产生的催泪刺激感觉，薄荷醇和其他清凉剂带来的凉爽感觉，以及碳酸饮料中 CO_2 气泡破裂产生的杀口感。其他种类的感觉有时伴随着涩味和所谓的金属味，其中涩味也是一种化学感觉。还有一些感觉由于超出本书的范畴就不再提及。本书中讨论的是在食品和日常消费品中主要的、常见的化学感觉类型。

化学感觉的重要性从解剖学和经济学方面来看是显而易见的。许多化学风味感觉是以三叉神经作为介质来进行传导的，并且三叉神经束的规模相对于其他化学感觉神经是很可观的。一项研究发现，大鼠的蕈状乳突中的三叉神经纤维数量是支配味蕾的面部（味觉）神经纤维数量的 3 倍之多。所以这些乳突不仅仅是味觉器官，甚至可以更准确地归类为可感知辣椒刺激感的器官（Lawless 和 Stevens，1988）。甚至味蕾本身对于三叉神经进入口腔环境也有促进作用。三叉纤维在味蕾周围形成一个类似于杯状的结构（Whitehead 等，1985），可能增强它们进入外部环境的可能性。

在食品和香料工业中，三叉神经风味的经济效应正在增长。如果将 CO_2 所产生的麻刺感也认为是一种三叉神经风味，那么碳酸饮料行业，如汽水、啤酒、发泡葡萄酒等在全世界销售额总计将达到数十亿美元。撇开 CO_2，我们也能看到单独的调味品及其应用于各类产品所产生的经济效益。在美国，由于崇尚辛辣烹饪风格文化的外来移民不断涌入，许多美国人的新奇恐惧症日益减少，以及追求具有更多挑战性的饮食趋势不断增长，所谓民族食品正在进入一个快速发展的时期。从 1992 年以来，Salsa（洋葱调味辣汁品牌）的销售已经超过了番茄酱就可以作为一个证据。新的研究项目中则增加了全新类别的化学感觉香料，如"蜇刺感"化合物等。

2.5.2　化学感觉的生理机制

在皮肤和其他上皮组织中可以观察到来自触觉体感系统的各种特殊神经末梢。对于疼痛感觉的产生过程，尤其是由化学物质引起的疼痛感觉，人们一直认为游离神经末梢是对应的感受器。一般情况下，参与疼痛感觉的神经纤维是直径小，传导速度慢的 C-类神经纤维。许多化学感觉是由一种特殊的受体蛋白家族介导的，称为瞬时受体电位通道（TRP）（Silver 等，2008）。这些蛋白质形成阳离子通道并由四个相关的亚基组成，每个亚基包含一个 6 个肽段的长肽，它们穿过细胞膜并且都包含一个单独的孔区域。该蛋白最初发现于果蝇光感受器中，在不同的器官和许多不同的细胞中发现了各种各样的这些功能通道（Patapoutian 等，2003；Venkatachalam 和 Montell，2007）。第一个被表征的化学感受性色氨酸是 TRPV 1，一种所谓的香草基受体，其对辣椒素、酸性 pH、热和机械刺激敏感。TRPM 家族的一个成员，TRPM 8，对薄荷醇和其他清凉化合物很敏感。TRPP3 通道由于参与了与酸的反应，进而能够将酸味进行传导，并可形成一种功能性的酸受体。TRPA 通道是 TRP 通道的一种，能够对很多种化学刺激进行反应，包括刺激物和辛辣性刺激，如芥末和辣根（Tai 等，2008）。TRP 通道也能与 GPRC 产生协同作用，影响甜味、苦味和鲜味的味觉细胞传导（TRPM5）。在一些味觉受体细胞中发现对辣椒素敏感的 TRPV1 通道和 TRPM5 通道可能参与了复杂的二价盐（铁、锌、铜等）的某些方面的感知（Riera 等，2009）。由于一些 TRP 通道对温度和化学刺激都很敏感，同时或连续性的组合有可能有增强的效果。例如，辣椒素可以增强热刺激引起的热性疼痛，这可能是通过与 TRP1V 通道上的共同作用使疼痛感增加，薄荷醇可以通过与 TRPM 8 通道共同作用来增强凉性疼痛（Albin 等 2008）。关于这些重要的化学感受机制的综述，请参考 Calixto（2005），Silver 等（2008），以及 Venkatachalam 和 Montell（2007）等的文章。

2.5.3 化学“热”

一种被广泛研究的化学感觉类型是利用从辣椒粉中提取的辣椒素、从黑胡椒中提取的刺激物胡椒碱以及从生姜中提取的如姜油酮一类的化合物来产生的。辣椒素的效果是很显著的，其阈值低于 1mg/mL。利用稀释法进行阈值测定，如 Scoville 法（详见第 6 章），辣椒素产生刺激的能力大约是胡椒碱或其他一些刺激物的 100 倍。纯的辣椒素能够产生一种温热或灼烧感的刺激，没有或几乎没有明显的味道或气味（Green 和 Lawless，1991；Lawless，1984）。持续时间长是辣椒类物质刺激最明显的感官特性。辣椒素、胡椒碱或姜油树脂的浓度高于阈值时产生的刺激可持续 10min 甚至更长时间（Lawless，1984）。所以，这些风味类型很适合用于时间强度剖析描述（详见第 8 章）。而其他刺激物（如酒精和盐类）产生的时间持续效应则较弱。

辣椒素的这种时间特性很复杂。当刺激经过短时间的停止之后，口腔组织中就会产生一种不敏感性或麻木性（Green，1989）。将红辣椒中的辣椒素作用于皮肤或口腔上皮，则会产生深度的脱敏效应（Jansco，1960；Lawless 和 Gillette，1985；Szolscanyi，1977）。这与动物实验所显示的注射辣椒素后产生普遍的脱敏效应极其相似（Burks 等，1985；Szolcsanyi，1977）。这种脱敏效应被认为是 P 物质（躯体痛觉系统中的一种神经传导物）损耗的结果。由于 P 物质的作用也与内啡肽的功能有关系（Andersen 等，1978），因此也有一种观点认为某些人对辛辣食品的明显嗜好或成瘾性可能与内啡肽有关。正如心理生理学测试所显示的，高饮食水平的辣椒素也会导致慢性脱敏。图 2.14 所示为一项心理生理学研究中依次观察到的脱敏作用，以及定期食用采用辣椒或辣椒提取物制得的调味料的人身上出现的明显慢性脱敏现象（Prescott 和 Stevenson，1996）。然而，如果省略间隔休息时间，以很快的序列对被试对象施加刺激，也会出现致敏现象，刺激感会一直持续并达到一个更高的水平（Stevens 和 Lawless，1987；Green，1989）。如果每次实验要求重复多次的话，这些致敏和脱敏的趋势可能会使辣椒辣感的感官评价有些困难。因此，对描述性分析的评价小组的表现进行校准是很有用的，他们具有弥合重复观察过程中的时间延迟的能力。

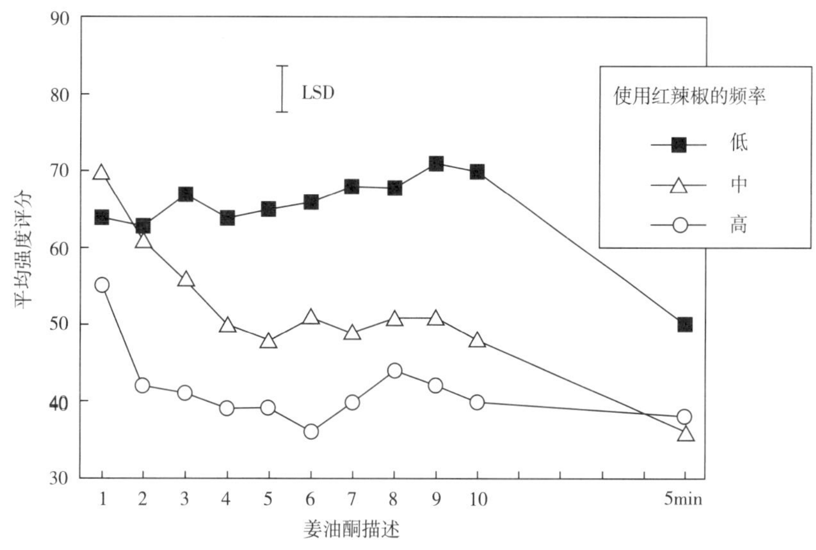

图 2.14 姜油酮脱敏作用随膳食使用、暴露次数和刺激间隔的变化

曲线高低不同展示的是与膳食摄入大量辛辣调味品所对应的慢性脱敏作用。最右边符号展示的是在刺激间歇时产生的脱敏，常见于辣椒素、红辣椒的刺激性组分，后者的效果在低膳食摄入量时更显著［由 Prescoot 和 Stevenson（1996）授权转载］。

除了麻木和致敏作用外，刺激物在口腔和鼻腔中的刺激会引起身体强烈的防御性反射，包括出汗、流泪及唾液分泌。辣椒热强度的感官分级与同时采集的同一受试者被诱发的唾液流量之间存在着强烈的对应关系（Lawless，1984）。这为感官评级不仅被视为“主观的”提供了一个很好的证明，因为它们在“客观的”可测量的生理反射中也有明显的相关性。

在化学刺激领域一个尚未解决的问题是不同的感官特性被诱发的程度（Green 和 Lawless，1991）。研究这一问题比较困难，因为目前缺乏表述辣椒灼烧感、CO_2、芥末等所产生感觉的专业用语，至少在英语中是这样的。对各种调味品的体验表明，存在各种各样的刺激性风味感觉，但并不是所有的刺激都是相同的。基于对于混合物的协同作用和不同刺激物的增效作用的研究，人们提出了对于口腔化学刺激可能存在多重受体机制的假说（Lawless 和 Stevens，1989，1990）。Clifff 和 Heymann（1992）在一项描述性研究中尝试了对许多不同种刺激性风味材料的性质差别进行直接测量，他们发现了被测刺激物之间在滞后时间（开始的早与晚）和灼烧感与麻刺感方面存在差别的证据。Harper 和 McDaniel 建立了对碳酸的化学刺激特性的描述性词汇，包括对清凉、味觉、三叉神经（刺激、灼烧、麻木）和触觉/机械性刺激感受等更为专业的描述。

2.5.4 其他刺激性感觉和化学清凉感

三叉神经风味感觉也可以通过其他的方式影响食品风味。甚至像氯化钠这类中性的物质在高浓度时也具有刺激性（Green 和 Gelhard，1989）。与许多有机化合物一样，CO_2 是能够对鼻腔产生强烈刺激的物质（Cain 和 Murphy，1980；Cometto-Muñiz 和 Cain，1984；Commetto-Muñiz 和 Hernandez，1990）。完全嗅觉缺失症患者也可能察觉到许多气味物质，这大概是由于气味物质能刺激鼻腔中的三叉神经分支（Doty 等，1978），这表明在许多普通的气味和风味化合物中都含有刺激性成分。在其他刺激性香料中已经发现了多种高活性的含硫化合物的原因，例如辣根、芥末中的刺激性化合物，以及洋葱等类似蔬菜中的催泪物质（Renneccius，2006）。乙醇和肉桂醛是其他一些常见具有刺激性的香料中的物质（Prescott 和 Swain-Campbell，2000）。

对碳酸化或溶解的 CO_2 的感知，涉及了真正的多模态刺激。除了机械感受的触觉刺激外，CO_2 还作用于三叉神经受体（Dessirier 等，2000）和味觉受体（Chandrashekar 等，2009）。这两种化学感觉都涉及碳酸酐酶，该酶可以将 CO_2 转化为碳酸。就味觉而言，CO_2 刺激似乎涉及细胞外脱水酶和酸性受体细胞的瞬时感受器电位机制（PDK2L1）（Chandrashekar 等，2009）。这与 CO_2 对酸味的增强和甜度的抑制是一致的（Cowart，1998；Hewson 等，2009）。疼痛感受器在 CO_2 感知中的作用，进一步证实了它在辣椒素中的脱敏性（Dessirier 等，2000）。

利用量值估计的方法，Yau 和 McDaniel（1990）考察了关于碳酸化作用的幂函数指数（详见 2.2.4）。在每单位体积水中含有 1~4 倍体积的 CO_2 范围内，感觉强度呈幂函数增加，指数大约是 2.4，远高于大多数其他形式。该指数符合对碳酸化水平变化的高度敏感性。鉴于 TRP 机制在疼痛感受和温度传感中的作用，碳酸化和温度之间的相互作用是可以预测的。在低温条件下，溶液的碳酸化作用能增强刺激性、触觉性、清凉性和寒冷性疼痛感（Green，1992；Harper 和 McDaniel，1993；Yau 和 McDaniel，1991）。Yau 和 McDaniel（1991）指出在较低的温度下（3~10℃）触觉强度有小幅度增加，这很可能是著名的韦氏幻觉现象的一个实例。Webber 指出一个冷的硬币似乎比一个热的要重一些。这一现象为热觉和触觉之间的交叉机制的存在提供了早期线索。

薄荷醇是一种既有气味特性又能引起清凉感觉的化合物，也是一种三叉神经刺激物，在糖果、口腔保健和烟草产品中具有重要的商业意义（Patel 等，2007）。人们已经发现薄荷醇是以一种复杂的方式与热刺激相互作用，它可以增加凉爽刺激感，但根据刺激条件不同也能增强或抑制温性刺激（Green，1985，1986）。薄荷醇本身有着非常复杂的感官特性，根据异构体、浓度和时间参数的不同，能够得到许多清凉、加温、芳香性不同的感官效应（Gwartney 和 Heymann，1995，1996）。大量的高效清凉化合物已经获得专利生产，其中许多也可以在不加入薄荷醇的情况下产生清凉效果（Leffingwell，2009；Renneccius，2006）。

2.5.5　涩味

食品中的单宁类物质是具有刺激性的化学物质，它们产生的涩味感觉似乎主要是触觉。它们使得口腔感觉粗糙、干燥，并在面颊和脸部肌肉中产生一种拖曳、缩拢或紧绷的感觉（Bate Smith，1954）。目前有两种定义涩味的方法。第一种强调产生涩味感觉的原因是有能够产生涩味的化学物质存在。例如，ASTM（1989）将涩味定义为“由于暴露于明矾或单宁类物质而引起的上皮收缩、拉伸或缩拢的综合感觉”。Lee 和 Lawless（1991）提出的定义更注重于感觉：“包括三个不同方面的综合感觉有口腔的干燥感，口腔组织的粗糙感及脸颊和脸部肌肉所感到的绷紧感。”主成分分析表明这些次级特性是独立的因素，而且可与酸味等味觉分开（Lawless 和 Corrigan，1994）。事实上，在不通过味觉感受器的情况下，涩感可以从嘴唇等部位感觉到，这进一步证实了涩感归类于触觉，而不是味觉（Breslin 等，1993）。

产生涩味的机制中包括单宁与唾液蛋白和黏液素（唾液中起到润滑作用的黏性成分）的结合并产生沉淀的过程，从而使得唾液失去覆盖和润滑口腔组织的能力（Clifford，1986；McManus 等，1981）。所以我们在口腔组织上感到的是粗糙感和干燥感。除此之外，其他一些机制也可能导致涩感（Murrayetal.，1994）。食品中含有的酸也能引起涩味感（Rubico 和 McDaniel，1992；Thomas 和 Lawless，1995）。酸的涩味效果取决于 pH（Lawless 等，1996；Sowalski 和 Noble，1998），这表明对上皮组织的直接攻击或是润滑唾液蛋白因 pH 变化的变性也可能产生涩味。

唾液中黏性蛋白和富含脯氨酸的蛋白（PRPs）与单宁之间的相互作用可能是产生涩味的关键步骤，因为蛋白质的含量对于感官反应有着重要的关联（Kallikathraka 等，2001）。在啤酒和果汁工业中，由于多酚结合到 PRPs 上，会引起混浊，被称为冷藏混浊，这是众所周知的（Siebert，1991）。单宁酸与唾液混合后，可产生相似的混浊反应（Horne 等，2002）。唾液的混浊化程度可进行体外测量，是预测葡萄酒等产品中个体对涩味反应的相关指标，也是筛选和挑选专家进行涩味评价的一种有效的方法（Condelli 等，2006），对于酒类样品的分析也一样。个体之间的差异显示出反向关系：具有高混浊率和唾液流速的小组成员的反应较低（评级较低）。他们唾液中黏蛋白或蛋白质的含量较高，可能会给口腔表面对抗涩味化合物提供更大的“保护”。另外一个重要的个体差异是唾液流量（Fisheretal.，1994）。唾液流量较高的个体在受到涩味刺激后，涩感往往会“消失”得更快。涩味物质的重复刺激会产生触觉效应的积累，这与味觉适应作用或辣椒素脱敏作用中所出现的现象正好相反。图 2.15 所示为在重复刺激下涩感增加的趋势，多次饮用饮料（葡萄酒）会发生同样的效果。请注意，该模式是与单宁浓度及每次饮用之间的刺激间隔呈函数变化的，仅在很小范围内与饮用体积有关。（Guinard 等，1986）。

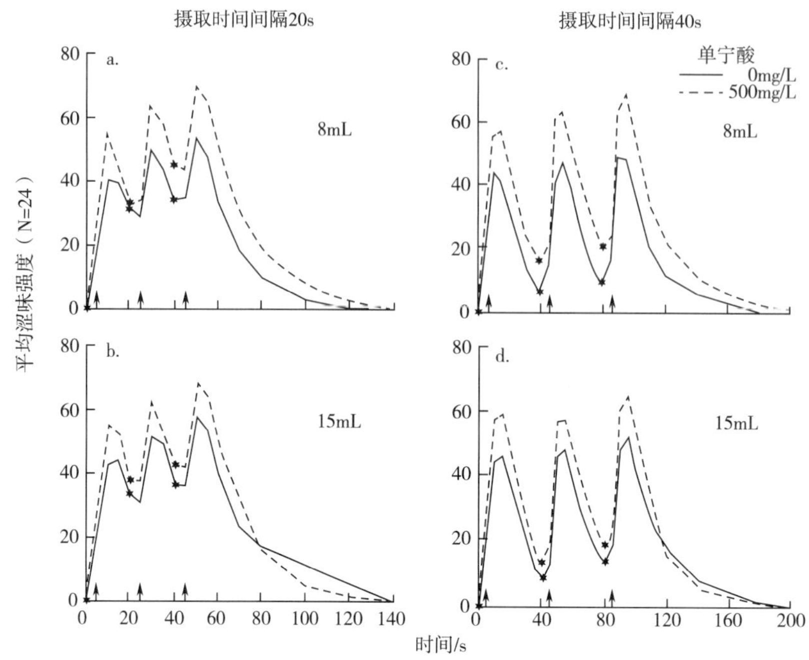

图 2.15　葡萄酒中添加 0mg/L 或 500mg/L 单宁酸后连续三次啜饮的平均时间-涩味强度曲线

样品饮入和吞咽分别由起点和箭头表示［Guinard 等（1986），由美国酿酒与葡萄栽培学会授权转载］。

2.5.6　金属味

有时被称为味觉的另一种化学感觉是由于将不同的金属放入口中或接触到铁或铜盐而产生的金属味。在描述性分析训练中，金属味有两个常见参考标准：①硫酸亚铁漂洗；②干净的铜便士（Civille 和 Lyon，1996）。现在的研究表明，虽然这两种都会被描述为“金属味”，因为它们有可能同时发生，但它们在机制上是完全不同的感觉。

硫酸盐溶液漂洗后的所谓金属味，实际上是一种作用于嗅觉的气味。如果在品尝过程中捏紧鼻子，这种感觉就消失了（Epke 等，2008；Lawless 等，2004，2005）。由于金属盐是不挥发的，这种嗅觉的产生很可能是由于亚铁离子催化口腔中快速的脂质氧化而导致的，在此过程中产生了大家熟知的这种感觉的气味化合物，如 1-辛烯-3-酮（Lubran 等，2005）。

第二种金属感觉是由“干净的铜便士”产生的，如果人们把铜板表面的铜刮掉，露出锌核，金属感就会急剧增加（Lawless 等，2005）。因不同金属具有不同的电位，所以会产生一个小电流，使其成为电味觉刺激的一种情况（McClure 和 Lawless，2007；Stevens 等，2008）。在电味觉刺激用于诊断试验的临床文献中，“金属”一词经常被报道。感官分析人员应该仔细区分这两种感觉。如果由于鼻塞而导致这种感觉丧失或明显减弱，则可能是由于有效的脂质氧化产物而引起鼻后嗅觉感觉。否则，系统中可能存在有金属产生小的电位。也有可能有第三种金属感觉，这可能是一种真正意义上的味道，但对此目前仍然是有争议的。

2.6 多模态感官交互作用

食物是一种多种形式的体验，所以一种感觉形式的感觉可能会影响另一种感觉形式的判断和感知，这一点不足为奇。通过我们的经验，我们了解到颜色和口味，颜色和气味存在一定的搭配机制，我们对什么样的感觉可以相伴随感到好奇。通过反复配对或通过不同口味和口味的自然共同发生，从而建立一个映射集合，然后对这些经验进行整合（Stevenson 等，1999）。额叶皮质区域的大脑成像支持这样的观点：将这些感觉合并为一致的感知是“真实的”感知，而不仅是某种反应偏差（Small 等，2004）。Delwiche（2004），Small 和 Prescott （2004）、Verhagen 和 Engelen （2006）共同的研究结果描述了感觉形态与其可能的神经基质之间的相互作用。接下来的讨论将集中在那些研究最为深入，与食物最相关的相互作用上：味觉/气味，风味/刺激（化学反应）以及颜色/味道。其他模式间的相互作用在上述评论文章中有讨论。

2.6.1 味觉和嗅觉的相互作用

根据心理生理学文献的一个可靠的观察结果，得到味觉和嗅觉的感觉强度表现出协同或者较弱的协同作用（Hornung、Enns，1984，1986；Murphy 等，1977；Murphy、Cain，1980）。这种模式的结果是气味和味道有 90%的可加性。也就是说，当简单把味道强度的总体评价值作为一个关于味觉和嗅觉强度评分总和，几乎没有证据能表明两种方式之间存在相互作用。

然而，还有许多其他的研究表明在气味存在的情况下，能明确提高味道品质，特别是甜度。将一些挥发性的嗅觉感觉错误归因于“味道”是一个重要的趋势，特别是在未受过训练的消费者中感觉到的气味。正面气味局限性差，通常被认为是口腔的味道。墨菲等指出，有气味的化合物，丁酸乙酯和柠檬醛，有助于判断“味道”的大小。这种错觉通过在品尝过程中捏住鼻孔来消除，这阻止了挥发性物质的顺滑通过，并且有效地切断了挥发性风味印象。

另一个观察是，苛刻的口味可以抑制挥发性风味强度的评级，而愉快的口味可以提高挥发性风味强度的评级。冯·西多等（Von Sydow，1974）研究了添加蔗糖果汁中的味道和气味属性的评级。随着蔗糖浓度的增加，人们没有检测到顶空挥发物浓度的变化的前提下，令人愉快的气味属性的等级增加，并且令人不快的气味属性的等级降低。冯·西多等将其解释为与物理交互相反的心理效应的证据。在不同程度的蔗糖和酸度下，黑莓果汁风味也有类似的效果（Perng 和 McDaniel，1989）。蔗糖能增强的水果风味等级，而酸度过高的果汁则等级较低。

当气味允许时，一个普遍的发现是甜味得到增强（Delwiche，2004），气味也得到增强。效果取决于具体的气味/味道配对机制。阿斯巴甜增强了橙汁和草莓汁的果味（蔗糖没有效果），而对于橙子的增强略高于草莓（Wiseman 和 McDaniel，1989）。草莓气味能增加甜度，但花生酱气味不能（Frank、Byram，1988）。还有人认为甜味增强取决于味道和气味的一致性或相似性。这是有道理的，因为许多气味被称为像味道的气味，如蜂蜜的甜味或醋的酸味（Small 和 Prescott，2005）。当消耗食物时，气味和味道的空间和时间连续性对于促进这种效果也是重要的。

小组成员具有的特定组合的文化经历程度似乎很重要，并且后天性习得的经历也具有一定的影响（Stevenson 等，1995）。学习的相关性的模式可以确定如何以及何时观察到诸如甜味增强的效果。例如，共同出现甜味和焦化气味的常见经验可能会促使一些甜味增强效果。联想学习的影响表现为甜味增强是通过气味的初始甜味等级预测的，并且具有甜味的以前中性气味的配对将引起这种增强作用（Prescott，1999；Stevenson 等，1998）。

这种效果是真正意义上的增强，还是仅仅只是因为味道/气味混乱而导致的甜味评级的通货膨胀？这个效果的“现实”的证据来自这样的观察：甜味的气味可以像柠檬味一样抑制柠檬酸溶液的酸味（Stevenson 等，1999）。一些大脑成像研究已经确定了大脑区域如额叶皮层的多模式神经活动（Small 和 Prescott，2005；Verhagen 和 Engelen，2006）。这引起了一个有趣的猜测，即嗅出一种甜味可能引起已经在记忆中编码的口味/气味配对（即风味）的整个体验（Small、Prescott，2005）。Dalton 等（2000）表明，当受试者口中有一致的味道时，检测阈值会降低。然而，在另一项研究中，没有观察到亚阈气味引起的甜味增强（Labbe、Martin，2009）。

这些互动会随着指示和训练的改变而改变。在一项研究中，即对柠檬醛-蔗糖混合物使用直接标度和从三角测试性能得出的“间接”标度值进行评价（Lawless、Schlegel，1984）。根据三角形测试几乎不能区分的一对，但在味道和气味属性被分开且被缩放时，可收到显著不同的甜度等级。注意力集中测评某一属性产生的结果与对产品的整体进行评价的结果不同。当专门小组成员被训练去区分味道和气味时，乙基麦芽酚的甜味增强减弱（Bingham 等，1990）。在另一项研究中，感觉训练似乎没有促进气味/甜味增强所需的联想学习（Labbe、Martin，2009）。沿着这些路线，有科目采取分析法（而不是合成法）对气味/味道混合物进行测试，气味增强甜味的问题得以消除（Prescott 等，2004）。这些结果表明，注意机制或模式特定的训练可以大大改变效果。

进一步的研究表明受试者做出的被指示反应也影响明显的味道-气味相互作用（van der Klaauw、Frank，1996）。草莓味增强了蔗糖-草莓汁的甜味（Frank 等，1989a），这一效应让人联想到 Wiseman、McDaniel（1989）报道的增强效应，以及 Murphy 等观察到的挥发性感觉的错误标记（1977 年）。然而，当受试者被指示进行了总强度评级并将其分配到其组分时，没有观察到甜味的显著增强（Frank 等，1990，1993；Lawless、Clark，1992）。气味味道的增强，在许多情况下，可能仅仅是一个反应转变的情况，而不是真正增加的甜味感觉。

这一发现对于感官评价的方式具有广泛的意义，特别是在对复杂食品的多重属性进行评价的描述性分析时。当评级被限制仅具有很少的属性时，它还提出了一些谨慎的要求，以证明各种协同效应或增强效果。如果他们认为的属性在问卷中是不可用的，被访者可能会选择将他们的某些印象“转储”到最合适的或者唯一可以接受类别中（Lawless 和 Clark，1992）。应该谨慎看待所谓的增强，除非这种反应在标签气味上存在固有的偏差，则可以排除这种气味，如麦芽酚对甜味的影响。这些效果将在第9章详细讨论。

2.6.2 刺激感和风味

另外还有两种模式之间的相互作用在食物中的感官评级中是很重要的。一个是化学刺激与风味的相互作用，另一个是由视觉外观变化引起的风味评级的影响。任何人将未充气的苏打水和充入 CO_2 的苏打水进行比较将认识到 CO_2 赋予的杀口感将改变产品中的风味平衡，当碳酸化不存在时通常是不利的。这就是没有碳酸化苏打通常太甜，去碳酸香槟通常很差的原因。

几个心理生理学研究已经验证了滋味和气味物质与三叉神经刺激之间的相互作用。与大多数实验室心理生理学一样，这些研究集中在单一化学品简单混合物的感知强度变化上。第一批研究化学刺激对嗅觉影响的工作者发现，鼻子中 CO_2 会抑制嗅觉（Cain、Murphy，1980）。即使 CO_2 刺激的产生与嗅觉的产生相比有所延迟。因许多气味也具有刺激性成分（Doty 等，1978；Tucker，1971），所以这种抑制作用可能在日常的味道感中是常见的事件。如果一个人对鼻刺激的敏感度下降，芳香风味的平衡可能会偏向于嗅觉成分。如果刺激减少，则刺激的抑制作用也会降低。

辣椒会灼伤味觉吗？就像 CO_2 会抑制嗅觉一样？在用辣椒素对口腔进行预处理，会抑制味觉，特别是抑制酸味和苦味（Karrer 和 Bartoshuk，1995；Lawless 和 Stevens，1984；Lawless 等，1985；Prescott 等，1993；Prescott 和 Stevenson，，1995 年，Cowart，1987）。请注意，辣椒素脱敏需要几分钟才能起作用，即取决于治疗和试验刺激之间的延迟（Green，1989）。这样的时间差异在用促味剂进行的预处理实验中会有不同程度的发生。而且，因辣椒素抑制对于有时被报道为部分刺激性的物质是最可靠的观察，所以在预处理研究中看到的抑制作用可能是由于对“刺激剂”的刺激性成分的脱敏，而不是直接影响味觉强度本身（例如 Karrer、Bartoshuk，1995）。

口味可以调节或改善辣椒的刺激效果。各种文化中都有民间疗法，如高淀粉玉米、酥油、菠萝、糖和啤酒。尝试用不同的味道冲洗辣椒的系统研究已经显示了一些甜味（最明显），酸味和盐味的影响（Sizer 和 Harris，1985；Stevens 和 Lawless，1986）。寒冷的刺激提供了暂时但有效的抑制胡椒灼烧感的方式，这被许多民族餐馆中的常客所周知。由于辣椒素是脂溶性的，印度的酥油（澄清的黄油）有一定的优点。酸性物质刺激唾液流动，这可能为口腔组织提供一些缓解。脂肪、酸、冷、甜的组合意味着冷冻酸乳是一个不错的选择。烹饪实践发现，凉爽的甜酸辣酱比热咖喱的热度有所降低。

2.6.3 颜色和风味的相互作用

最后，让我们考虑外观对风味感觉评级的影响。关于色彩相互作用的文献是相当广泛的，感兴趣的研究者应当谨慎面对这个问题，它是复杂的，有时是相互矛盾的（例如 Lavin 和 Lawless，1998）。我们在这里不做赘述。

人类是视觉驱动的物种。在许多具有成熟烹饪艺术的社会中，食物的视觉呈现与其味道和质地特性同样重要。当食物颜色更深时，它们将获得更高的风味强度评级，这是一个常识（例如，Dubose等，1980；Zellner、Kautz，1990）。Stillman（1993）讨论了有色食物对风味强度和风味识别的影响。色彩缤纷的食品或风味不能够有效的被鉴别（Dubose等，1980）。然而，在这个文献中，这个模式的结果是混杂的、不一致的（Delwiche，2004）。后天性获得的协同作用可能会再一次推动影响力的模式。Morrot等（2001年）发现，当白葡萄酒被故意着色为红色时，小组成员更多地会将其描述为红葡萄酒。

关于食物感知的视觉影响的例子可以在关于不同脂肪含量的乳的感知的文献中找到。大多数人认为脱脂乳容易从全脂乳或2%低脂乳中通过外观、风味和口感（口感）区分。然而，人们对脂肪含量的认知是由外表驱动的（Pangborn、Dunkley，1964；Tuorila，1986）。受过训练的描述性小组成员根据外观（颜色）等级、口感和风味，较易区分脱脂牛乳和2%的牛乳。然而，当视觉线索被移除时，判断的准确性会明显下降（Philips等，1995）。当在黑暗中对冷牛乳进行检测时，人们基本不能区分脂肪含量为2%牛乳和脱脂牛乳，这个结果让许多脱脂牛乳生产商难以接受。这项研究强调，人类对食物的感官刺激做出了综合反应。即使是“客观的”描述性评价小组成员也可能无法避免视觉偏倚。

2.7 结论

对所有从事感官分析的专业人员来说，一个重要的认知基础是源于我们通过感官功能获得相关的数据。理解感官的生理过程有助于我们对感官功能的不足以及感觉是如何相互作用的思考。感官评价方法的基础在于心理生理学规律、刺激与响应之间关系的系统研究。心理生理学的思想不仅是感官测试的方法，而是一种观察变量间关系的感官功能的看法。这是一种有价值的观点，有助于感官部门对产品开发部门做出贡献。一位我们在企业工作的同行经常要求他的产品研发人员不要送给他产品进行评价。但这种要求似乎不合常理。但重点在于他接下来的要求，“把不同的变量拿给我进行测试”。这种方法是有效的，因为这可更深入地了解成分或过程变量和感官反应之间的关系。它使感官评价员不限于简单的假设检验，而是进入理论构建和建模的领域进行评判。换句话说，这更像是工程学，而不是简单的“是/否”的简单假设检验模式。

参考文献

Albin, K. C., Carstens, M. I. and Carstens, E. 2008. Modulation of oral heat and cold pain by irritant chemicals. Chemical Senses, 33, 3-15.

Amoore, J. E. 1971. Olfactory genetics and anosmia. In: L. M. Beidler (ed.), Handbook of Sensory Physiology. Springer, Berlin, pp. 245-256.

Amoore, J. E. and Forrester, L. J. 1976. The specific anosmia to trimethylamine: The fishy primary odor. Journal of Chemical Ecology, 2, 49-56.

Amoore, J. E., Forrester, L. J. and Pelosi, P. 1976. Specific anosmia to isobutyraldehyde: The malty primary odor. Chemical Senses, 2, 17-25.

Amoore, J. E., Venstrom, D. and Davis, A. R. 1968. Measurement of specific anosmia. Perceptual and Motor Skills, 26, 143-164.

Andersen, R. K., Lund, J. P. and Puil, E. 1978. Enkephalin and substance P effects related to trigeminal pain. Canadian Journal of Physiology and Pharmacology, 56, 216-222.

Anderson, N. 1974. Algebraic models in perception. In: E. C. Carterette and M. P. Friedman (eds.), Handbook of Perception. II. Psychophysical Judgment and Measurement. Academic, New York, pp. 215-298.

Arvidson, K. 1979. Location and variation in number of taste buds in human fungiform papillae. Scand. Journal of Dental Research, 87, 435-442.

ASTM 1989. Standard definitions of terms relating to sensory evaluation of materials and products. In Annual Book of ASTM Standards. American Society for Testing and Materials, Philadelphia, p. 2.

Ayya, N. and Lawless, H. T. 1992. Qualitative and quantitative evaluation of high - intensity sweeteners and sweetener mixtures. Chemical Senses, 17, 245-259.

Bachmanov, A. A. and Beauchamp, G. K. 2007. Taste receptor genes. Annual Review of Nutrition, 27, 389-414.

Bartoshuk, L. M. 1978. History of taste research. In: E. C. Carterette and M. P. Friedman (eds.), Handbook of Perception. IVA, Tasting and Smelling. Academic, New York, pp. 2-18.

Bartoshuk, L. M. 1979. Bitter taste of saccharin related to the genetic ability to taste the bitter substance 6-N-Propylthiouracil. Science, 205, 934-935.

Bartoshuk, L. M., Cain, W. S., Cleveland, C. T., Grossman, L. S., Marks, L. E., Stevens, J. C. and Stolwijk, J. A. 1974. Saltiness of monosodium glutamate and sodium intake. Journal of the American Medical Association, 230, 670.

Bartoshuk, L. M., Duffy, V. B. and Miller, I. J. 1994. PTC/PROP tasting: Anatomy, psychophysics and sex effects. Physiology and Behavior, 56, 1165-1171.

Bartoshuk, L. M., Murphy, C. L. and Cleveland, C. T. 1978. Sweet taste of dilute NaCl. Physiology and Behavior, 21, 609-613.

Bate Smith, E. C. 1954. Astrigency in foods. Food Processing and Packaging, 23, 124-127.

Beidler, L. M. 1961. Biophysical approaches to taste. American Scientist, 49, 421-431.

Bingham, A. F., Birch, G. G., de Graaf, C., Behan, J. M. and Perring, K. D. 1990. Sensory studies with sucrosemaltol mixtures. Chemical Senses, 15, 447-456.

Birnbaum, M. H. 1982. Problems with so called "direct" scaling. In: J. T. Kuznicki, A. F. Rutkiewic and R. A. Johnson (eds.), Problems and Approaches to Measuring Hedonics (ASTM STP 773). American Society for Testing and Materials, Philadelphia, pp. 34-48.

Blakeslee, A. F. 1932. Genetics of sensory thresholds: Taste for phenylthiocarbamide. Proceedings of the National Academy of Science USA, 18, 120-130.

Boring, E. G. 1942. Sensation and Perception in the History of Experimental Psychology. Appleton-Century-Crofts, New York.

Brennand, C. P., Ha, J. K. and Lindsay, R. C. 1989. Aroma properties and thresholds of some branched-chain and other minor volatile fatty acids occurring in milkfat and meat lipids. Journal of Sensory Studies, 4, 105-120.

Breslin, P. A. S. and Beauchamp, G. K. 1997. Salt enhances fiavour by suppressing bitterness. Nature, 387, 563.

Breslin, P. A. S., Gilmore, M. M., Beauchamp, G. K. and Green, B. G. 1993. Psychophysical evidence that oral astringency is a tactile sensation. Chemical Senses, 18, 405-417.

Brud, W. S. 1986. Words versus odors: How perfumers communicate. Perfumer and Flavorist, 11, 27-44.

Buck, L. and Axel, R. 1991. A novel multigene family may encode odorant receptors: A molecular basis for odor recognition. Cell, 65, 175-187.

Buettner, A., Beer, A., Hannig, C., Settles, M. and Schieberle, P. 2002. Physiological and analytical studies on fiavor perception dynamics as induced by the eating and swallowing process. Food Quality and Preference, 13, 497-504.

Bufe, B., Breslin, P. A. S., Kuhn, C., Reed, D. R., Tharp, C. D., Slack, J. P., Kim, U.-K., Drayna, D. and Meyerhof, W. 2005. The molecular basis of individual differences in phenylthiocarbamide and propylthiouracil bitterness perception. Current Biology, 15, 322-327.

Burgard, D. R. and Kuznicki, J. T. 1990. Chemometrics: Chemical and Sensory Data. CRC, Boca Raton.

Burks, T. F., Buck, S. H. and Miller, M. S. 1985. Mechanisms of depletion of substance P by capsaicin. Federation Proceedings, 44, 2531-2534.

Cagan, R. H. 1981. Recognition of taste stimuli at the initial binding interaction. In: R. H. Cagan and M. R. Kare (eds.), Biochemistry of Taste and Olfaction. Academic, New York, pp. 175-204.

Cain, W. S. 1977. Differential sensitivity for smell: "Noise" at the nose. Science, 195 (25 February), 796-798.

Cain, W. S. 1979. To know with the nose: Keys to odor identification. Science, 203, 467-470.

Cain, W. S. and Drexler, M. 1974. Scope and evaluation of odor counteraction and masking. Annals of the New York Academy of Sciences, 237, 427-439.

Cain, W. S. and Engen, T. 1969. Olfactory adaptation and the scaling of odor intensity. In: C. Pfaffmann (ed.), Olfaction and Taste III. Rockefeller University, New York, pp. 127-141.

Cain, W. S. and Murphy, C. L. 1980. Interaction between

chemoreceptive modalities of odor and irritation. Nature, 284, 255-257.

Calixto, J. B., Kassuya, C. A., Andre, E. and Ferreira, J. 2005. Contribution of natural products to the discovery of the transient receptor potential (TRP) channels family and their functions. Pharmacology & Therapeutics, 106, 179-208.

Caul, J. F. 1957. The profile method of fiavor analysis. Advances in Food Research, 7, 1-40.

Chandrashekar, J., Yarmolinksy, D., von Buchholtz, L., Oka, Y., Sly, W., Ryba, N. J. P. and Zuker, C. S. 2009. The taste of carbonation. Science, 326, 443-445.

Chastrette, M., Elmouaffek, E. and Sauvegrain, P. 1988. A multidimensional statistical study of similarities between 74 notes used in perfumery. Chemical Senses, 13, 295-305.

Civille, G. L. and Lawless, H. T. 1986. The importance of language in describing perceptions. Journal of Sensory Studies, 1, 203-215.

Civille, G. V. and Lyon, B. G. 1996. Aroma and Flavor Lexicon for Sensory Evaluation. ASTM DS 66. American Society for Testing and Materials, West Coshohocken, PA.

Cliff, M. and Heymann, H. 1992. Descriptive analysis of oral pungency. Journal of Sensory Studies, 7, 279-290.

Clifford, M. N. 1986. Phenol-protein interactions and their possible significance for astringency. In: Birch, G. G. and M. G. Lindley (eds.), Interactions of Food Components. Elsevier, London, pp. 143-163.

Collings, V. B. 1974. Human taste response as a function of locus on the tongue and soft palate. Perception & Psychophysics, 16, 169-174.

Cometto-Muñiz, J. E. and Cain, W. S. 1984. Temporal integration of pungency. Chemical Senses, 8, 315-327.

Commetto-Muñiz, J. E. and Hernandez, S. M. 1990. Odorous and pungent attributes of mixed and unmixed odorants. Perception & Psychophysics, 47, 391-399.

Condelli, N., Dinnella, C., Cerone, A., Monteleone, E. and Bertucciolo, M. 2006. Prediction of perceived astringency induced by phenolic compounds II: Criteria for panel selection and preliminary application on wine samples. Food Quality and Preference, 17, 96-107.

Cowart, B. J. 1987. Oral chemical irritation: Does it reduce perceived taste intensity? Chemical Senses, 12, 467-479.

Cowart, B. J. 1998. The addition of CO_2 to traditional taste solutions alters taste quality. Chemical Senses, 23, 397-402.

Curtis, D. W., Stevens, D. A. and Lawless, H. T. 1984. Perceived intensity of the taste of sugar mixtures and acid mixtures. Chemical Senses, 9, 107-120.

Da Conceicao Neta, E. R., Johanningsmeier, S. D. and McFeeters, R. F. 2007. The chemistry and physiology of sour taste-A review. Journal of Food Science, 72, R33-R38.

Dalton, P., Doolittle, N., Nagata, H. and Breslin, P. A. S. 2000. The merging of the senses: Integration of subthreshold taste and smell. Nature Neuroscience, 3, 431-432.

Delwiche, J. 2004. The impact of perceptual interactions on perceived fiavor. Food Quality and Preference, 15, 137-146.

Dessirier, J.-M., Simons, C. T., Carstens, M. I., O' Mahony, M. and Carstens, E. 2000. Psychophysical and neurobiological evidence that the oral sensation elicited by carbonated water is of chemogenic origin. Chemical Senses, 25, 277-284.

Desor, J. A. and Beauchamp, G. K. 1974. The human capacity to transmit olfactory information. Perception & Psychophysics, 16, 551-556.

Diamant, H., Oakley, B., Strom, L. and Zotterman, Y. 1965. A comparison of neural and psychophysical responses to taste stimuli in man. Acta Physiological Scandinavica, 64, 67-74.

Doty, R. L. 1991. Psychophysical measurement of odor perception in humans. In: D. G. Laing, R. L. Doty and W. Breipohl (eds.), The Human Sense of Smell. Springer, Berlin, pp. 95-143.

Doty, R. L., Brugger, W. E., Jurs, P. C., Orndorff, M. A., Snyder, P. J. and Lowry, L. D. 1978. Intranasal trigeminal stimulation from odorous volatiles: Psychometric responses from anosmic and normal humans. Physiology and Behavior, 20, 175-185.

Dravnieks, A. 1982. Odor quality: Semantically generated multidimensional profiles are stable. Science, 218, 799-801.

Dubose, C. N., Cardello, A. V. and Maller, O. 1980. Effects of colorants and fiavorants on identification, perceived fiavor intensity and hedonic quality of fruit-fiavored beverages and cake. Journal of Food Science, 45, 1393-1399, 1415.

Engen, T. 1982. The Perception of Odors. Academic, New York. Engen, T. and Pfaffmann, C. 1959. Absolute Judgments of Odor Intensity. Journal of Experimental Psychology, 58, 23-26.

Engen, T. and Ross, B. 1973. Long term memory for odors with and without verbal descriptors. Journal of Experimental Psychology, 100, 221-227.

Epke, E., McClure, S. T. and Lawless, H. T. 2008. Effects of nasal occlusion and oral contact on perception of metallic taste from metal salts. Food Quality and Preference, 20, 133-137.

Farbman, A. I. and Hellekant, G. 1978. Quantitative analyses of fiber population in rat chorda tympani nerves and fungiform papillae. American Journal of Anatomy, 153, 509-521.

Fechner, G. T. 1966 (translation, orig. 1860). Elements of Psychophysics. E. H. Adler (trans.). D. H. Howes and E. G. Boring (eds.), Holt, Rinehart and Winston, New York.

Firestein, S. 2001. How the olfactory system makes senses of scents. Nature, 413, 211-218.

Fisher, U., Boulton, R. B. and Noble, A. C. 1994. Physiological factors contributing to the variability of sensory assessments: Relationship between salivary fiow rate and temporal perception of gustatory stimuli. Food Quality and Preference, 5, 55-64.

Fox, A. L. 1932. The relationship between chemical constitution and taste. Proceedings of the National Academy of Sciences USA, 18, 115-120.

Frank, R. A. and Byram, J. 1988. Taste-smell interactions are tastant and odorant dependent. Chemical Senses, 13, 445.

Frank, R. A., Ducheny, K. and Mize, S. J. S. 1989a. Strawberry odor, but not red color enhances the sweetness of sucrose solutions. Chemical Senses, 14, 371.

Frank, R. A., Mize, S. J. and Carter, R. 1989b. An Assessment of binary mixture interactions for nine sweeteners. Chemical Senses, 14, 621-632.

Frank, R. A., van der Klaauw, N. J. and Schifferstein, H. N. J. 1993. Both perceptual and conceptual factors infiuence taste-odor and taste-taste interactions. Perception and Psychophysics, 54, 343-354.

Frank, R. A., Wessel, N. and Shaffer, G. 1990. The enhancement of sweetness by strawberry odor is instruction dependent. Chemical Senses, 15, 576-577.

Goldstein, E. B. 1999. Sensation & Perception, Fifth Edition. Brooks/Cole Publishing, Pacific Grove, CA.

Goldstein, E. B. (ed.). 2001. Handbook of Perception. Blackwell Publishers, Inc., Malden, MA.

Green, B. G. 1985. Menthol modulates oral sensations of warmth and cold. Physiology and Behavior, 35, 427-434.

Green, B. G. 1986. Menthol inhibits the perception of warmth. Physiology and Behavior, 38, 833-838.

Green, B. G. 1989. Capsaicin sensitization and desensitization on the tongue produced by brief exposures to a low concentration. Neuroscience Letters, 107, 173-178.

Green, B. G. 1992. The effects of temperature and concentration on the perceived intensity and quality of carbonation. Chemical Senses, 17, 435-450.

Green, B. G. and Gelhard, B. 1989. Salt as an oral irritant. Chemical Senses, 14, 259-271.

Green, B. G. and Lawless, H. T. 1991. The psychophysics of somatosensory chemoreception in the nose and mouth. In: T. V. Getchell, L. M. Bartoshuk, R. L. Doty and J. B. Snow (eds.), Smell and Taste in Health and Disease. Raven, New York, NY, pp. 235-253.

Green, B. G., Alvarez-Reeves, M., Pravin, G. and Akirav, C. 2005. Chemesthesis and taste: Evidence of independent processing of sensation intensity. Physiology and Behavior, 86, 526-537.

Greer, C. A. 1991. Structural organization of the olfactory system. In: T. V. Getchell, R. L. Doty, L. M. Bartoshuk and J. B. Snow (eds.), Smell and Taste in Health and Disease. Raven, New York, pp. 65-81.

Grushka, M. and Sessle, B. J. 1991. Burning mouth syndrome. In: T. V. Getchell, R. L. Doty, L. M. Bartoshuk and J. B. Snow (eds.), Smell and Taste in Health and Disease. Raven, New York, NY, pp. 665-682.

Guinard, J.-X., Pangborn, R. M. and Lewis, M. J. 1986. The time course of astringency in wine upon repeated ingestion. American Journal of Enology and Viticulture, 37, 184-189.

Gwartney, E. and Heymann, H. 1995. The temporal perception of menthol. Journal of Sensory Studies, 10, 393-400.

Gwartney, E. and Heymann, H. 1996. Profiling to describe the sensory characteristics of a simple model menthol solution. Journal of Sensory Studies, 11, 39-48.

Hall, M. L., Bartoshuk, L. M., Cain, W. S. and Stevens, J. C. 1975. PTC taste blindness and the taste of caffeine. Nature, 253, 442-443.

Halpern, B. P. 2008. Mechanisms and consequences of retronasal smelling: Computational fiuid dynamic observations and psychophysical observations. Chemosense, 10, 1-8.

Harper, S. J. and McDaniel, M. R. 1993. Carbonated water lex-icon: Temperature and CO_2 level infiuence on descriptive ratings. Journal of Food Science, 58, 893-898.

Hernandez, S. V. and Lawless, H. T. 1999. A method of adjustment for preference levels of capsaicin in liquid and solid food systems among panelists of two ethnic groups. Food Quality and Preference 10, 41-49.

Hewson, L., Hollowood, T., Chandra, S. and Hort, J. 2009. Gustatory, olfactory and trigeminal interactions in a model carbonated beverage. Chemosensory Perception, 2, 94-107.

Hobbes, T. 1651. M. Oakeshott (ed.), Leviathan: Or the Matter, Forme and Power of a Commonwealth Ecclesiastical and Civil. Collier Books, New York, NY, 1962 edition.

Horne, J., Hayes, J. and Lawless, H. T. 2002. Turbidity as a measure of salivary protein reactions with astringent substances. Chemical Senses, 27, 653-659.

Hornung, D. E. and Enns, M.P. 1984. The independence and integration of olfaction and taste. Chemical Senses, 9, 97-106.

Hornung, D. E. and Enns, M. P. 1986. The contributions of smell and taste to overall intensity: A model. Perception and Psychophysics, 39, 385-391.

Ishimaru, Y., Inada, H., Kubota, M., Zhuang, H., Tominaga, M. and Matsunami, H. 2006. Transient receptor potential family members PDK1L3 and PKD2L1 form a candidate sour taste receptor. Proceedings of the National Academy of Science, 103, 12569-12574.

Jansco, N. 1960. Role of the nerve terminals in the mechanism of infiammatory reactions. Bulletin of Millard Fillmore Hospital, Buffalo, 7, 53-77.

Jeltema, M. A. and Southwick, E. W. 1986. Evaluations and application of odor profiling. Journal of Sensory Studies, 1, 123-136.

Kallikathraka, S., Bakker, J., Clifford, M. N. and Vallid, L. 2001. Correlations between saliva composition and some T-I parameters of astringency. Food Quality and Preference, 12, 145-152.

Karrer, T. and Bartoshuk, L. M. 1995. Effects of capsaicin desensitization on taste in humans. Physiology & Behavior, 57, 421-429.

Kauer, J. S. 1987. Coding in the olfactory system. In: T. E. Finger and W. L. Silver (eds.), Neurobiology of Taste and Smell, Wiley, New York, NY, pp. 205-231.

Kawamura, Y. and Kare, M. R. 1987. Umami: A Basic Taste. Marcel Dekker, New York.

Kim, U.-K., Jorgenson, E., Coon, H. Leppert, M. Risch, N. and Drayna, D. 2003. Positional cloning of the human quantitative trait locus underlying taste sensitivity to phenylthiocarbamide. Science, 299, 1221-1225.

Kroeze, J. H. A. 1979. Masking and adaptation of sugar sweetness intensity. Physiology and Behavior, 22, 347-351.

Kroeze, J. H. A. and Bartoshuk, L. M. 1985. Bitterness suppression as revealed by split-tongue taste stimulation in humans. Physiology and Behavior, 35, 779-783.

Labbe, D. and Martin, N. 2009. Impact of novel olfactory stimuli and subthreshold concentrations on the perceived sweetness of sucrose after associative learning. Chemical Senses, 34, 645-651.

Laing, D. G., Livermore, B. A. and Francis, G. W. 1991. The human sense of smell has a limited capacity for identifying odors in mixtures. Chemical Senses, 16, 392.

Laing, D. G. and Willcox, M. E. 1983. perception of components in binary odor mixtures. Chemical Senses, 7, 249-264.

Laska, M. and Hudson, R. 1992. Ability to discriminate between related odor mixtures. Chemical Senses, 17, 403-415.

Lavin, J. and Lawless, H. T. 1998. Effects of color and odor on judgments of sweetness among children and adults, Food Quality and Preference, 9, 283-289.

Lawless, H. 1977. The pleasantness of mixtures in taste and olfaction. Sensory Processes, 1, 227-237.

Lawless, H. T. 1979. Evidence for neural inhibition in bittersweet taste mixtures. Journal of Comparative and Physiological Psychology, 93, 538-547.

Lawless, H. T. 1980. A comparison of different methods for assessing sensitivity to the taste of phenylthiocarbamide PTC. Chemical Senses, 5, 247-256.

Lawless, H. T. 1984. Oral chemical irritation: Psychophysical properties. Chemical Senses, 9, 143-155.

Lawless, H. T. 1987. An olfactory analogy to release from mixture suppression in taste. Bulletin of the Psychonomic Society, 25, 266-268.

Lawless, H. T. 1996. Flavor. In: E. C. Carterrette and M. P. Friedman (eds.), Cognitive Ecology. Academic, San Diego, pp. 325-380.

Lawless, H. T. 1999. Descriptive analysis of complex odors: Reality, model or illusion? Food Quality and Preference, 10, 325-332.

Lawless, H. T. and Clark, C. C. 1992. Psychological biases in time intensity scaling. Food Technology, 46 (11), 81, 84-86, 90.

Lawless, H. T. and Corrigan, C. J. 1994. Semantics of astringency. In: K. Kurihara (ed.), Olfaction and Taste XI. Proceedings of the 11th International Symposium on Olfaction and Taste and 27th Meeting, Japanese Association for Smell and Taste Sciences. Springer, Tokyo, pp. 288-292.

Lawless, H. T. and Gillette, M. 1985. Sensory responses to oral chemical heat. In: D. D. Bills and C. J. Mussinan (eds.), Characterization and Measurement of Flavor Compounds. American Chemical Society, Washington, DC, pp. 27-42.

Lawless, H. T. and Lee, C. B. 1994. The common chemi-cal sense in food fiavor. In: T. E. Acree and R. Teranishi (eds.), Flavor Science, Sensible Principles and Techniques. American Chemical Society, Washington, pp. 23-66.

Lawless, H. T. and Malone, G. J. 1986. Comparisons of rating scales: Sensitivity, replicates and relative measurement. Journal of Sensory Studies, 1, 155-174.

Lawless, H. T. and Schlegel, M. P. 1984. Direct and indirect scaling of taste-odor mixtures. Journal of Food Science, 49, 44-46.

Lawless, H. T. and Stevens, D. A. 1984. Effects of oral chemical irritation on taste. Physiology and Behavior, 32, 995-998.

Lawless, H. T. and Stevens, D. A. 1988. Responses by humans to oral chemical irritants as a function of locus of stimulation. Perception & Psychophysics, 43, 72-78.

Lawless, H. T. and Stevens, D. A. 1989. Mixtures of oral chemical irritants. In: D. G. Laing, W. S. Cain, R. L. McBride and B. W. Ache (eds.), Perception of Complex Smells and Tastes. Academic Press Australia, Sydney, pp. 297-309.

Lawless, H. T. and Stevens, D. A. 1990. Differences between and interactions of oral irritants: Neurophysiological and percep-tual implications. In: B. G. Green and J. R. Mason (eds.), Chemical Irritation in the Nose and Mouth. Marcel Dekker, New York, NY, pp. 197-216.

Lawless, H. T. and Zwillenberg, D. 1983. Clinical methods for testing taste and olfaction. Transactions of the Pennsylvania Academy of Ophthalmology and Otolaryngology, Fall, 1983, 190-196.

Lawless, H. T., Horne, J. and Giasi, P. 1996. Astringency of acids is related to pH. Chemical Senses, 21, 397-403.

Lawless, H. T., Rozin, P. and Shenker, J. 1985. Effects of oral capsaicin on gustatory, olfactory and irritant sensations and fiavor identification in humans who regularly or rarely consumer chili pepper. Chemical Senses, 10, 579-589.

Lawless, H. T., Thomas, C. J. C. and Johnston, M. 1995. Variation in odor thresholds for l-carvone and cineole and correlations with suprathreshold intensity ratings. Chemical Senses, 20, 9-17.

Lawless, H. T., Antinone, M. J., Ledford, R. A. and Johnston, M. 1994. Olfactory responsiveness to diacetyl. Journal of Sensory Studies, 9, 47-56.

Lawless, H. T., Stevens, D. A., Chapman, K. W. and Kurtz, A. 2005. Metallic taste from ferrous sulfate and from electrical stimulation. Chemical Senses, 30, 185-194.

Lawless, H. T., Schlake, S., Smythe, J., Lim, J., Yang, H., Chapman, K. and Bolton, B. 2004. Metallic taste and retronasal smell. Chemical Senses 29, 25-33.

Lee, C. B. and Lawless, H. T. 1991. Time-course of astringent sensations. Chemical Senses, 16, 225-238.

Leffingwell, J. C. 2009. Cool without menthol and cooler than menthol. Leffingwell and Associates. http://www.leffingwell. com/cooler_than_menthol.htmv.

Lehninger, A. L. 1975. Biochemistry, Second Edition. Worth Publishers, New York.

Lubran, M. B., Lawless, H. T., Lavin, E. and Acree, T. E. 2005. Identification of metallic-smelling 1 octen-3-one and 1-nonen-3-one from solutions of ferrous sulfate. Journal of Agricultural and Food Chemistry, 53, 8325-8327.

Malnic, B., Hirono, J., Sato, T. and Buck, L. B. 1999. Combinatorial receptor codes for odors. Cell, 96, 713-723.

Marin, A. B., Acree, T. E. and Hotchkiss, J. 1987. Effects of orange juice packaging on the aroma of orange juice. Paper presented at the 194th ACS National Meeting, New Orleans, LA, 9/87.

Marin, A. B., Barnard, J., Darlington, R. B. and Acree, T. E. 1991. Sensory thresholds: Estimation from dose-response curves. Journal of Sensory Studies, 6(4), 205-225.

Mattes, R. D. and Lawless, H. T. 1985. An adjustment error in optimization of taste intensity. Appetite, 6, 103-114.

McBride, R. L. 1983. A JND-scale/category scale convergence in taste. Perception & Psychophysics, 34, 77-83.

McBride, R. L. 1987. Taste psychophysics and the Beidler equation. Chemical Senses, 12, 323-332.

McBurney, D. H. 1966. Magnitude estimation of the taste of sodium chloride after adaptation to sodium chloride. Journal of Experimental Psychology, 72, 869-873.

McBurney, D. H. and Bartoshuk, L. M. 1973. Interactions between stimuli with different taste qualities. Physiology and Behavior, 10, 1101-1106.

McBurney, D. H. and Shick, T. R. 1971. Taste and water taste of 26 compounds for man. Perception & Psychophysics, 11, 228-232.

McClure, S. T. and Lawless, H. T. 2007. A comparison of two electric taste stimulation devices, metallic taste responses and lateralization of taste. Physiology and Behavior, 92, 658-664.

McManus, J. P., Davis, K. G., Lilley, T. H. and Halsam, E. 1981. Polyphenol interactions. Journal of the Chemical Society, Chemical Communications, 309-311.

Meilgaard, M. C., Reid, D. S. and Wyborski, K. A. 1982. Reference standards for beer fiavor terminology system. Journal of the American Society of Brewing Chemists, 40, 119-128.

Meiselman, H. L. 1971. Effect of presentation procedure on taste intensity functions. Perception and Psychophysics, 10, 15-18.

Meiselman, H. L. and Halpern, B. P. 1973. Enhancement of taste intensity through pulsatile stimulation. Physiology and Behavior, 11, 713-716.

Miller, I. J. and Bartoshuk, L. M. 1991. Taste perception, taste bud distribution and spatial relationships. In: T. V. Getchell, R.L.Doty, L.M.Bartoshuk andJ.B. Snow(eds.), Smelland Taste in Health and Disease. Raven, New York, pp. 205-233.

Miller, I. J. and Spangler, K. M. 1982. Taste bud distribution and innervation on the palate of the rat. Chemical Senses, 7, 99-108.

Moio, L., Langlois, D., Etievant, P. X. and Addeo, F. 1993. Powerful odorants in water buffalo and bovine mozzarella cheese by use of extract dilution sniffing analysis. Italian Journal of Food Science, 3, 227-237.

Morrot, G., Brochet, F. and Dubourdieu, D. 2001. The color of odors. Brain & Language, 79, 309-320.

Moskowitz, H. R. 1971. The sweetness and pleasantness of sugars. American Journal of Psychology, 84, 387-405.

Murray, N. J., Williamson, M. P., Lilley, T. H. and Haslam, E. 1994. Study of the interaction between salivary proline-rich proteins and a polyphenol by 1H-NMR spectroscopy. European Journal of Biochemistry, 219, 923-935.

Murphy, C. and Cain, W. S. 1980. Taste and olfaction: Independence vs. interaction. Physiology and Behavior, 24, 601-605.

Murphy, C., Cain, W. S. and Bartoshuk, L. M. 1977. Mutual action of taste and olfaction. Sensory Processes, 1, 204-211.

Nagodawithana, T. W. 1995. Savory Flavors. Esteekay Associates, Milwaukee, WI.

Nejad, M. S. 1986. The neural activities of the greater superficial petrosal nerve of the rat in response to chemical stimulation of the palate. Chemical Senses, 11, 283-293.

Noble, A. C., Arnold, R. A., Buechsenstein, J., Leach, E. J., Schmidt, J. O. and Stern, P. M. 1987. Modification of a standardized system of wine aroma terminology. American Journal of Enology and Viticulture, 38 (2), 143-146.

O'Mahony, M. and Ishii, R. 1986. Umami taste concept: Implications for the dogma of four basic tastes. In: Y. Kawamura and M. R. Kare (eds.), Umami: A Basic Taste. Marcel Dekker, New York, NY, pp. 75-93.

Pangborn, R. M. 1988. Relationship of personal traits and attitudes to acceptance of food attributes. In: J. Solms, D. A. Booth, R. M. Pangborn and O. Rainhardt (eds.), Food Acceptance and Nutrition. Academic, New York, NY, pp. 353-370.

Pangborn, R. M. and Braddock, K. S. 1989. Ad libitum preferences for salt in chicken broth. Food Quality and Preference, 1, 47-52.

Pangborn, R. M. and Dunkley, W. L. 1964. Laboratory procedures for evaluating the sensory properties of milk. Dairy Science Abstracts, 26, 55-62.

Patapoutian, A., Peier, A. M., Story, G. M. and Viswanath, V. 2003. TermoTRP channels and beyond: Mechanisms of temperature sensation. Nature Reviews/Neuroscience, 4, 529-539.

Patel, T., Ishiuji, Y. and Yosipovitch, G. 2007. Menthol: A refreshing look at this ancient compound. Journal of the American Academy of Dermatology, 57, 873-878.

Pelosi, P. and Pisanelli, A. M. 1981. Specific anosmia to 1,8-cineole: The camphor primary odor. Chemical Senses, 6, 87-93.

Pelosi, P. and Viti, R. 1978. Specific anosima to I-carvone: The minty primary odour. Chemical Senses and Flavour, 3, 331-337.

Perng, C. M. and McDaniel, M. R. 1989. Optimization of a blackberry juice drink using response surface methodology. In: Institute of Food Technologists, Program and Abstracts, Annual Meeting. Institute of Food Technologists, Chicago, IL, p. 216.

Philips, L. G., McGiff, M. L., Barbano, D. M. and Lawless, H. T. 1995. The infiuence of nonfat dry milk on the sensory properties, viscosity and color of lowfat milks. Journal of Dairy Science, 78, 2113-2118.

Prescott, J. 1999. Flavour as a psychological construct: Implications for perceiving and measuring the sensory qualities of foods. Food Quality and Preference, 10, 349-356.

Prescott, J. and Stevenson, R. J. 1995. Effects of oral chemical irritation on tastes and fiavors in frequent and infrequent users of chili. Physiology and Behavior, 58, 1117-1127.

Prescott, J. and Stevenson, R. J. 1996. Psychophysical responses to single and multiple presentations of the oral irritant zingerone: Relationship to frequency of chili consumption. Physiology and Behavior, 60, 617-624.

Prescott, J. and Swain-Campbell, N. 2000. Reponses to repeated oral irritation by capsaicin, cinnamaldehyde and ethanol in PROP tasters and non-tasters. Chemical Senses, 25, 239-246.

Prescott, J., Allen, S. and Stephens, L. 1993. Interactions between oral chemical irritation, taset and temperature. Chemical Senses, 18, 389-404.

Prescott, J., Johnstone, V. and Francis, J. 2004. Odor/taste interactions: Effects of different attentional strategies during exposure. Chemical Senses, 29, 331-340.

Renneccius, G. 2006. Flavor Chemistry and Technology. Taylor and Francis, Boca Raton.

Riera, C. E., Vogel, H., Simon, S. A., Damak, S. and le Coutre, J. 2009. Sensory attributes of complex tasting divalent salts are mediated by TRPM5 and TRPV1 channels. Journal of Neuroscience, 29, 2654-2662.

Rozin, P. 1982. "Taste-smell confusions" and the duality of the olfactory sense. Perception & Psychophysics, 31, 397-401.

Rubico, S. M. and McDaniel, M. R. 1992. Sensory evaluation of acids by free-choice profiling. Chemical Senses, 17, 273-289.

Schifferstein, H. N. J. and Frijters, J. E. R. 1991. The

perception of the taste of KCl, NaCl and quinine HCl is not related to PROP sensitivity. Chemical Senses, 16 (4), 303-317.

Scott, T. R. and Plata-Salaman, C. R. 1991. Coding of taste quality. In: T. V. Getchell, R. L. Doty, L. M. Bartoshuk and J. B. Snow (eds.), Smell and Taste in Health and Disease. Raven, New York, NY, pp. 345-368.

Siebert, K. 1991. Effects of protein-polyphenol interactions on beverage haze, stabilization and analysis. Journal of Agricultural and Food Chemistry, 47, 353-362.

Silver, W. L., Roe, P., Atukorale, V., Li, W. and Xiang, B.-S. 2008. TRP channels and chemosensation. Chemosense, 10, 1, 3-6.

Sizer, F. and Harris, N. 1985. The infiuence of common food additives and temperature on threshold perception of cap-saicin. Chemical Senses, 10, 279-286.

Small, D. M. and Prescott, J. 2005. Odor/taste integration and the perception of fiavor. Experimental Brain Research, 166, 345-357.

Small, D. M., Voss, J., Mak, Y. E., Simmons, K. B., Parrish, T. R. and Gitelman, D. R. 2004. Experience-dependent neural integration of taste and smell in the human brain. Journal of Neurophysiology, 92, 1892-1903.

Sowalski, R. A. and Noble, A. C. 1998. Comparison of the effects of concentration, pH and anion species on astringency and sourness of organic acids. Chemical Senses, 23, 343-349.

Stevens, D. A. and Lawless, H. T. 1986. Putting out the fire: Effects of tastants on oral chemical irritation. Perception & Psychophysics, 39, 346-350.

Stevens, D. A. and Lawless, H. T. 1987. Enhancement of responses to sequential presentation of oral chemical irritants. Physiology and Behavior, 39, 63-65.

Stevens, D. A., Baker, D., Cutroni, E., Frey, A., Pugh, D. and Lawless, H. T. 2008. A direct comparison of the taste of electrical and chemical stimuli. Chemical Senses, 33, 405-413.

Stevens, J. C., Cain, W. S. and Burke, R. J. 1988. Variability of olfactory thresholds. Chemical Senses, 13, 643-653.

Stevens, S. S. 1957. On the psychophysical law. Psychological Review, 64, 153-181.

Stevens, S. S. 1959. Cross-modality validation of subjective scales for loudness, vibration and electric shock. Journal of Experimental Psychology, 57, 201-209.

Stevens, S. S. 1962. The surprising simplicity of sensory metrics. American Psychologist, 17, 29-39.

Stevens, S. S. and Galanter, E. H. 1957. Ratio scales and category scales for a dozen perceptual continua. Journal of Experimental Psychology, 54, 377-411.

Stevenson, R. J., Prescott, J. and Boakes, R. A. 1995. The acquisition of taste properties by odors. Learning and Motivation 26, 433-455.

Stevenson, R. J., Boakes, R. A. and Prescott, J. 1998. Changes in odor sweetness resulting from implicit learning of a simultaneous odor-sweetness association: An example of learned synesthesia. Learning and Motivation, 29, 113-132.

Stevenson, R. J., Prescott, J. and Boakes, R. A. 1999. Confusing tastes and smells: How odors can infiuence the perception of sweet and sour tastes. Chemical Senses, 24, 627-635.

Stillman, J. A. 1993. Color infiuence fiavor identification in fruit-fiavored beverages. Journal of Food Science, 58, 810-812.

Stryer, L., 1995. Biochemistry, Fourth Edition. W. H. Freeman, New York, NY.

Sugita, M. 2006. Review. Taste perception and coding in the periphery. Cellular and Molecular Life Sciences, 63, 2000-2015.

Szolscanyi, J. 1977. A pharmacological approach to elucidation of the role of different nerve fibers and receptor endings in mediation of pain. Journal of Physiology (Paris), 73, 251-259.

Tai, C, Zhu, C. and Zhou, N. 2008. TRPA1: The central molecule for chemical sensing in pain pathway? The Journal of Neuroscience, 28(5):1019-1021

Thomas, C. J. C. and Lawless, H. T. 1995. Astringent subqualities in acids. Chemical Senses, 20, 593-600.

Tucker, D. 1971. Nonolfactory responses from the nasal cavity: Jacobson's Organ and the trigeminal system. In: L. M. Beidler (eds.), Handbook of Sensory Physiology IV(I). Springer, Berlin, pp. 151-181.

Tuorila, H. 1986. Sensory profiles of milks with varying fat contents. Lebensmitter Wissenschaft und Technologie, 19, 344-345.

van der Klaauw, N. J. and Frank, R. A. 1996. Scaling component intensities of complex stimuli: The infiuence of response alternatives. Environment International, 22, 21-31.

Venkatachalam, K. and Montell, C. 2007. TRP channels. Annual Reviews in Biochemistry, 76, 387-414.

Verhagen, J. V. and Engelen, L. 2006. The neurocognitive bases of human food perception: Sensory integration. Neuroscience and Biobehavioral Reviews, 30, 613-650.

von Sydow, E., Moskowitz, H., Jacobs, H. and Meiselman, H.1974. Odor-taste interactions in fruit juices. Lebensmittel Wissenschaft und Technologie, 7, 18-20.

Weiffenbach, J. M. 1991. Chemical senses in aging. In: T. V. Getchell, R. L. Doty, L. M. Bartoshuk and J. B. Snow (eds.), Smell and Taste in Health and Disease. Raven, New York, pp. 369-378.

Whitehead, M. C., Beeman, C. S. and Kinsella, B. A.

1985. Distribution of taste and general sensory nerve endings in fungiform papillae of the hamster. American Journal of Anatomy, 173, 185-201.

Wiseman, J. J. and McDaniel, M. R. 1989. Modification of fruit fiavors by aspartame and sucrose. Institute of Food Technologists, Annual Meeting Abstracts, Chicago, IL.

Vickers, Z. 1991. Sound perception and food quality. Journal of Food Quality, 14, 87-96.

Wysocki, C. J. and Beauchamp, G. K. 1988. Ability to smell androstenone is genetically determined. Proceedings of the National Academy of Sciences USA, 81, 4899-4902.

Yamaguchi, S. 1967. The synergistic taste effect of monosodium glutamate and disodium 5' inosinate. Journal of Food Science, 32, 473-475.

Yamaguchi, S. and Kobori, I. 1994. Humans and appreciation of umami taste. Olfaction and Taste XI. In: K. Kurihara (ed.), Proceedings of the 11th International Symposium on Olfaction and Taste and 27th Meeting, Japanese Association for Smell and Taste Sciences. Springer, Tokyo, pp. 353-356.

Yau, N. J. N. and McDaniel, M. R. 1990. The power function of carbonation. Journal of Sensory Studies, 5, 117-128.

Yau, N. J. N. and McDaniel, M. R. 1991. The effect of temperature on carbonation perception. Chemical Senses, 16, 337-348.

Yokomukai, Y., Cowart, B. J. and Beauchamp, G. K. 1993. Individual differences in sensitivity to bitter-tasting substances. Chemical Senses, 18, 669-681.

Zarzo, M. and Stanton, D. T. 2006. Identification of latent variables in a semantic odor profile database using principal component analysis. Chemical Senses, 31, 713-724.

Zellner, D. A. and Kautz, M. A. 1990. Color affects perceived odor intensity. Journal of Experimental Psychology: Human Perception and Performance, 16, 391-397.

Zhao, H., Ivic, L., Otaki, J. M., Hashimoto, M., Mikoshiba, K. and Firestein, S. 1998. Functional expression of a mammalian odorant receptor. Science, 279, 237-242.

3 良好实践原则

本章概述了进行感官评价研究的良好操作原则。简要介绍感官测试的环境及其要求，如何为评价员呈送样品，制定呈送步骤和计划。这里简短地介绍了实验设计，包括设计和数据处理。随后，本章概述了评价员的筛选、选拔和培训，以及评价员的激励机制。这里还描述了以人作为感官测试对象的法律后果和要求。最后，本章讨论了数据收集和表格制作。

某些实验者在他们的工作中试图抵制“科学的方法”的一些原因是：①没有理由假设会有偏差；②这意味着更多的工作；③事情可能会变得更繁杂。

没有理由假设偏差是不存在的。至于问题②，有人可能会问，“增加了什么?”因为一个有效的实验需要比一个无效的实验做更多的工作，而这个问题对于一个想要得出有效结论的人来说是无关紧要的。关于问题③，有人会表示支持理解，但如果一个实验者不愿意做这样的工作，他为什么不选择其他更简单的手段谋生呢?

——Brownlee（1957）

3.1 引言

在本书的后几章，我们经常会表明要利用标准的感官操作来实施一个特定的方法。本章将描述“标准感官操作”的概念。表 3.1 提供了本章讨论的许多良好操作指南的清单；感官研究员使用这个表格确保实验研究经过了深思熟虑。应该记住的是，一位优秀的感官研究员将永远遵循标准的操作，因为这将有助于确保他/她获得具有一致性的可操作的数据。但是，一位经验丰富的感官科学家偶尔会不遵守标准的操作指南。当有人违反这些规则时，他必须充分意识到后果，以及存在的风险，是否仍然可以从研究中获得有效的数据。

表 3.1　感官评价清单

检验对象	联系方式
检验类型	管理层批准
评价员	筛选
招募	知情同意书

续表

激励	编码
培训	随机化/均衡化
样品	评价间物品
大小和形状	铅笔
体积	餐巾纸
装载工具	吐杯
呈送温度	清扫
最大保持时间	回收安排（安全风险，重要）
检验设置	收据，如果奖励的是货币
评价员报到	评价员的任务报告
味觉清洗	检验区域
指令	评价员的隔离
对于技术人员	温度
对于评价员	湿度
打分表	光线条件
说明	噪声（听觉）
标度类型	背景气味/空气清洁处理/正压
属性词汇	易进入、易接近
参比词汇	安全性

注：这个清单是确保感官研究员考虑了本章讨论的许多良好操作指南的一个快速方法。

3.2 感官评价环境

本节中的大部分信息来自我们在参观、设计和运行工业和大学中的感官设施后的经验。该部分还参考了 Amerine，Pangborn 和 Roessler（1965），Jellinek （1985），Eggert 和 Zook（2008），Stone 和 Sidel（2004）以及 Meilgaard（2006）等的文章。我们认为，任何计划设计或翻新感官设施的人员都应该阅读 Eggert 和 Zook（2008）的书并看附带的 CD，这是一个非常有价值的资源。感官设施应靠近可能的评价员，但不要放在有异味或有噪声的地方。这意味着在一家肉类加工厂里，感官区域不应该靠近熏室，而在酒厂里，感官评价区域应该不能受到装瓶线的噪声干扰。感官评价员必须易于进入感官评价区域，如果该设施将被消费者评价员或距离较远的评价员使用，那么应该有充足且容易停靠的停车位。这通常意味着感官设施应该在建筑物的底层，并且该区域应该靠近建筑物的入口。出于安全的考虑，公司应该将感官实验准备设施位于安全严密的区域内，但评价员的等候室、可能还有感官评价室，应位于易于接近、不严密的区域。

在设计感官评价区域时，应注意评价员常用的交通方式。评价员不应该经过感官设施的准备区域或办公区域。这是为了防止评价员通过物理或视觉方式获取可能会使他们的评价产生偏差的信息。例如，如果评价员碰巧在垃圾桶中看到特定品牌的空瓶子，如果他们认为该品牌为他们要评价的编码样品之一，则可能会使他们的评价产生偏差。另外，出于安全原因，评价员在感官区域游荡，他们可能会收集关于项目或其他小组成员的信息，这并不是一个好主意。

3.2.1 评价场所

最简单的评价场所也需要评价区。这可能简单到一个大房间，里面放置几张桌子，或者将桌子分隔成临时的评价台。记住很重要的一点，如果在安静、不受干扰的环境下进行评价，那么成功的可能性就会增加。重要的是评价员之间不能相互影响。如果没有临时的评价室，感官研究员至少应该在室内安排好桌子，使评价员不要面对面。Kimmel等（1994）安排了一个有桌子房间，在这其中的评价员（此处是儿童）不会相互影响。如果可能的话，将评价员用简易的夹板分隔开（制作说明见图3.1）。这些制作成本较低，并且能够把评价员在检验期间分隔开。

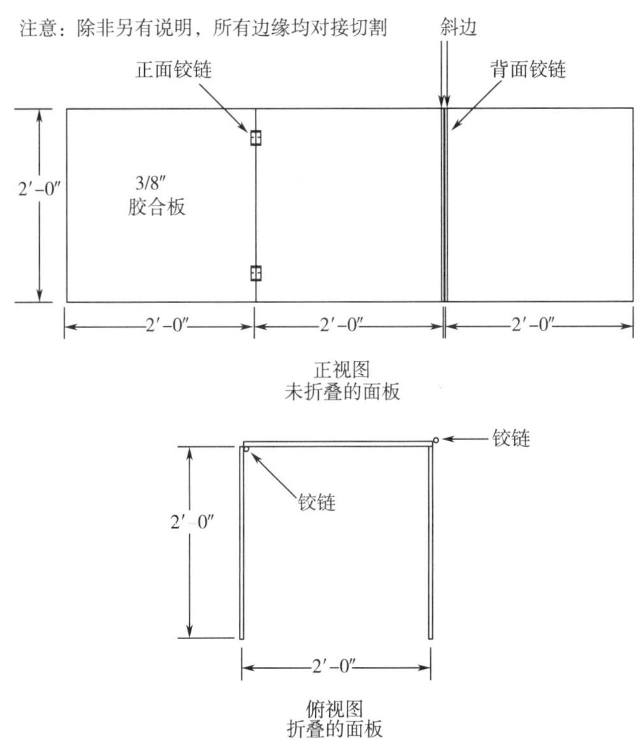

图 3.1 临时感官评价室示意图

2′-0″即为2ft，1ft=60.69cm。

一些消费者检验公司使用教室模式，即每个消费者坐在一张桌子旁边，桌子上有电脑屏幕和一些样品。这种情况的好处是便于转移（评价区域可以设置在酒店，会议室，教堂地下室等），整个团队可以同时接受任何口头指示。如果颜色或外观很重要，需要确保评价区域的光线充足，并配有均衡的日光型荧光灯泡，更多内容请参阅第 12 章的颜色评价。

当感官评价是产品开发和产品质量保证的组成部分时，应该建立一个更加长久的评价区域。在大多数的感官评价场所中，评价区域应该包括讨论区、评价区和评价员的等候室（图 3.2）。

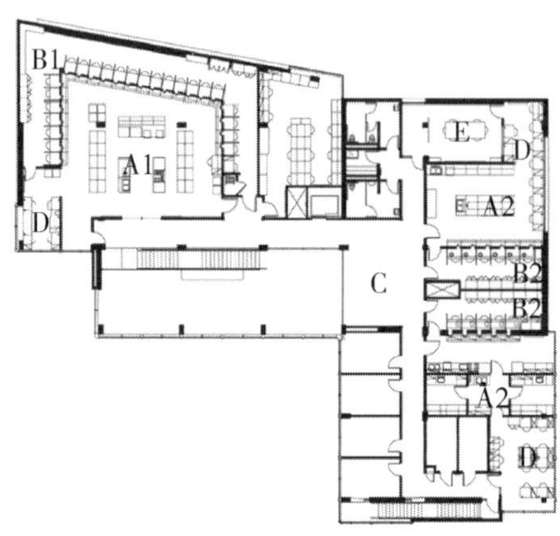

图 3.2　美国加州大学戴维斯分校校园 Robert Mondavi 感官评价楼的三个感官设施平面图

A1—一个准备区域，包括一定区域范围和四个烤箱　A2—没有烹饪设施的准备区域　B1—一个含有 24 个独立评价台的感官评价区　B2—两个独立的感官评价区，每个评价区有六个评价台　C—配有椅子、桌子和沙发的感官等候区　D—员工和学生工作间　E—配有双向玻璃镜的焦点小组讨论室（由俄勒冈州波特兰 ZGF Architects LLP 授权转载）。

等候区应该有舒适的座位，光线充足，并且整洁。这个区域通常带给评价员对评价区域的第一印象，应该让他们感受到评价的实施很专业，并且组织良好。这个区域应该模仿医生的候诊室。感官研究员应该尽量减少评价员的等待时间，但有时，等待不可避免的。为了缓解等待时的乏味，应该配备一些轻松的读物。在一些感官场所中，还可以含有为评价员的孩子设立的儿童保育区。在这种情况下，必须注意在产品评价期间应避免该区域的噪声干扰评价员的注意力。

在一些消费者检验设施中，讲解区可以在等候室附近，或者就在等候室中。如果房间中的椅子排成一排或一个半圆形，则该区域非常有效。然后，在进入评价室或讨论室之前，可以将有关步骤的说明立刻向全体人员传达。评价员可以随即提出问题，有困难的志愿者评价员可以进一步接受指导或被淘汰。

讨论室通常会布置得和会议室相似，但装饰和家具应该简单，并且颜色不能影响评价员的注意力。对于评价员和准备区来说，这里应该比较方便进入。但评价员的视线和身体不应该接近准备区。本节中有关气候控制、照明等内容，同样适用于讨论区。

在许多感官设施中，评价区域是设施的核心。这个区域应该与准备区隔离开来，并且要舒适，但是外观不要太随意。该区域应始终保持清洁，外观要显得专业。再次说明，选择中性的或者不透明的颜色比较适当。房间应保持安静，以便评价员集中注意力。各种类型的评价台可能像感官评价场所一样多。有些类型只是装饰性的，有些类型会影响空间的功能性。在本节中，我们将介绍一些评价台的变化形式，并强调每种变化的优缺点。我们将集中精力于用于食品评价的评价台；然而，经常需要特殊的评价台来评价个人护理产品，如剃须膏、肥皂、除臭剂，以及家居护理产品，如杀虫剂、地板蜡和洗涤剂。雷诺汽车公司的专用感官评价台就是一例由 Eterradossi 等描述的多感官评价台（2009 年）。

我们见过 3~25 个的评价台，这一数量通常受到空间的限制。然而，感官科学家应该尝试建造最大数量的评价台，因为评价台的数量常常成为检验量的瓶颈。如果数量不合适会造成评价的拖延，或者减少可容纳评价员的数量。不同场所的评价台大小差别很大，但理想的评价台大小为 1m×1m。较小的评价台可能会使评价员感到更“狭窄”，这可能会影响他们的注意力。另一方面来说，过大的评价台则浪费空间。评价台应该由不透明隔板相互分隔开，隔板距桌面前缘至少 50cm，高于桌面 1m。这是为了防止相邻评价台的评价员互相影响。评价台后面的走廊应该足够宽，以便评价员舒适地进出评价区域。此外，在美国，如果残疾人需要使用评价台，则应遵循 1990 年美国残疾人法案（42 USC 126 § 12101-12213）的走廊宽度，设施构造和桌面高度的指导要求。

评价台的桌面高度通常是书桌或办公桌的高度（76cm），要么是厨房操作台的高度（92cm）。评价台桌面的高度受送样窗口服务台的限制，样品从较高的厨房操作台传递到较低的评价台时，可能会造成混乱，所以不建议建造这样的评价台。一般来说，也有使用柜台高度的。办公桌高度相同的桌子使得评价员能坐在舒适的椅子上，但需要感官专家弯腰，通过服务窗口传送样品。当桌子高度和厨房操作台一致时，弯腰次数最少，但是应该向评价员提供可调高度的凳子。

服务窗口应该够大以容纳样品盘，计分单，并且要足够小，减少评价员对准备、服务区的观察。窗口一般宽约 45cm，高 40cm；然而，确切的大小是取决于将在设施中使用的样品托盘的尺寸。最常见的服务窗口是推拉门式或面包盒样式的窗口。推拉门式有一扇门，可以向上或向侧面滑动。这些门的优点是不占用评价台内或服务台的空间。这些门的主要缺点是评价员可以直接看到准备区域。如果感官研究员在传送样品时站在开放空间的前方，则由评价员收集的视觉信息量可以最小化。面包箱式的设计有一个金属窗口，可以在评价区域或服务区域打开，但不能同时打开。优点是面包箱式的设计在视觉上将专评价员从服务、准备区域分开，但缺点是无论是在评价台还是在服务台上，窗口占用了桌子空间。服务窗口应该平滑地安装在桌面上，使得感官研究员可以轻松地将样品托盘滑入和移出评价台。

评价台应配备电源插座，用于使用计算机数据输入系统以及评价特定产品所需的仪器。数据输入系统将在本章后面讨论。不鼓励在评价台安装水槽，这些水槽往往是评价台内气味污染的主要来源，而且很难保持完全卫生。最好使用一次性吐杯和水杯而不是水槽。服务窗口关闭时，评价员应该有一些与样品服务人员沟通的方法。理想的沟通方法是一个双向光信号系统。在一些情况下，沟通方法也可以是评价台和准备区域两者之间的内部通信。在其他情况下，使用卡片或简单的彩色塑料片，评价员将信号推动到服务窗口下方的小槽以获得样品服务人员的注意。

根据特定设施中评价的产品类型不同，准备区域会有所不同。例如，专门用于冷冻甜食的设施将不需要烤箱，但需要足够的冷冻空间。另一方面，设计用于肉类评价的设施将需要冷冻保存空间以及烤箱，炉灶和用于烹饪肉类的其他器具。由于这些原因，在准备区所需的器具上定下许多规则是有些困难的，但是也有一些器具和要素几乎所有准备区都需要。

该区域需要大量的存储空间。对于评价员来说，样品、参考标准和食物奖励（奖励品）需要冷藏。需要冷冻的样品需要冷冻储存空间。此外，橱柜的存储空间需要容纳器具、样品碟、服务托盘、吐痰、纸质选票、计算机打印的数据和统计分析报告、文献复印件等。许多准备区域缺乏足够的存储空间。如果你作为感官研究员对感官设施的设计有任何影响力，请坚持留有充足的存储空间。

另一个经常不足的地方是设置感官评价实验所需的空间。桌面空间应该足够大，可以让研究员们使用，并且能够同时设立 1~2 组样品盘。如果食品服务托盘和垂直食品服务推车在呈送样品之前用作存储空间，则可以重复使用该空间。整个区域都应该用易于清洁和维护的材料建造。洗碗机、带有垃圾处理的洗涤槽和垃圾桶应该安装在准备区域。还应该提供足够的洁净水用于清洁以及评价员检验样品间漱口，应提供无味、无臭的水。通常是优选来自信誉良好的经销商提供的双蒸水或瓶装水。另外，根据要评价的产品的类型，其他电器例如电或煤气炉和烤箱、微波炉、油炸锅也可能是需要的。如果安装了烤箱和炉灶，则该区域需要带有活性炭过滤器或外部排气口的通风罩来控制烹饪区域的气味。可能用到的电器是数不完的。在一些设施中，灵活性已经被运用到准备区域的设计，包括可移动的箱子货物，灵活的电气和水管，并有可能涌现新设备并移除特定评价所不需要的设备。同样，在设计设施时，必须考虑专门设备的储存，如电饭锅或茶壶。此外，应该查询当地的餐馆建筑规范，以确保在准备区域内使用洒水装置（用于消防安全）、水质、下水道和其他所有设施。

3.2.2 环境控制

评价台和讨论区应进行气候控制并且保持其中没有气味。在通风系统管道中使用可更换的活性炭过滤器是比较好的。这些地方应该有良好的通风，使用轻微的正气压使得这些区域可以最大限度地减少从准备区域传来的气味。感官研究员应确保在评价台和讨论区使用的任何清洁用品不会添加异味。这些区域应该尽可能没有噪声，以保证不分散注意力。在评价期间在这些区域的走廊上标注需要安静的标志是有帮助的。此外，由附近的机械系统，例如冷冻机、空调机、加工设备增加的噪声应该最小化。

评价台和讨论区的温度应为 20~22℃，相对湿度应为 50%~55%。这些条件将使评价员对环境感到舒适，并防止他们被温度或湿度分散注意力。

在桌面上，在这些区域的照明应该至少 300~500lx。理想情况下，应该是可通过调光开关控制，最大值为 700~800lx，这是办公室通常的照明强度。白炽灯可通过改换灯泡进行变换，通过人们控制光强度和光线颜色来实现多功能。但是，热量累积可能是一个问题，在设计评价台时应该考虑到这个问题。桌子表面的照明应该是均匀的并且没有影子。

对颜色评价有特殊的照明要求的，将在第 12 章讨论。

上述讨论是针对用于食品评价的普通感官设施。但是，对于一些类型的产品，应该建造更专业的设施。例如，如果该设施将用于检验环境气味（气味阈值测定、室内空气除臭剂与家用清洁剂相关的气味等)，则应创建气味室或动态嗅觉检验区域。

动态嗅觉检验区域将包含嗅觉计。在嗅觉计中一个气体样品不断流过试管，样品通过与无味的空气混合而稀释。评价员将使用面罩或特别设计的嗅探口在出口处评价样品(Takagi，1989)。一间气味室可以同时被多个评价员使用。气味评价区由一个前厅和一个检验室组成。前厅将检验室与外部环境隔离开来。气味区域应采用无味、易清洁、不吸水的材料。不锈钢、瓷器、玻璃或环氧涂料可能比较合适。检验室应该设置一个通风系统，可以完全去除有异味的空气，并引入一个可控的无异味的环境。

3.3 评价方案注意事项

3.3.1 样品呈送程序

除了评价要求的变化，感官研究员应该非常小心地使所有呈送程序和样品制备技术变得规范。例如，在一项旨在评价加速成熟对切达干酪风味影响的研究中，我们决定做一个 3 点检验。两名技术员被分配到该项目中，他们将干酪样品切成 1cm^{3}的立方体，每个技术员切割干酪 A 或干酪 B。一名技术员非常精准，她所切割的所有立方体都恰好是 1cm^3。另一位技术人员不够精准，她切的立方体大小略有不同。一旦立方体被放置在容器中，评价员只通过目测就能判断出不同的样品。这些干酪样品被扔掉，更精准的技术人员被安排负责切割所有的立方体。但是，她无法将切割的干酪立即呈送，样品不得不放在冰箱里过夜。技术人员决定将干酪 A 的方块存放在一个冰箱中，而将来自干酪 B 的方块存放在另一个冰箱中。两台冰箱的温度设置稍有不同。第二天早上，样品呈送给评价员，他们通过简单接触样品可以识别不同的样品。然后样品必须再次储存，不过是在相同的冰箱中平衡温差。在另一项涉及利用差别检验进行阈值测定的研究中，样品在呈送前沿长条形放置，使得其更接近空调的样品温度。一些评价员可以根据这种小的温度差异挑选出不同的样品。

如果对产品载体或者组合有要求，这个过程的计时必须标准化。例如，如果牛乳倒在早餐麦片上，所有样品的倾倒和品尝之间的时间必须相同。评价员不按照指令，简单地把容器中的牛乳送入评价台是不明智的。他们从一开始就把牛乳倒在所有的样品上，导致最后评价的样品与第一个样品有着很大的不同。

从这些例子中可以看出，感官研究员在撰写检验方案和进行研究时应该注意以下几个方面：样品的视觉外观、样品大小和形状以及样品的呈送温度。此外，感官研究员应决定该使用哪个容器，是否应该将样品与载体一起呈送，应当在一次实验中供应多少样品，评价员是否应该在样品评价之间冲洗口腔，是否要吐出样品或吞下样品，以及在实验中应该送入多少样品。下面将讨论这些问题，这些部分提出的许多建议都是基于我们在各种感官环境中的经验。

3.3.2 样品大小

如果样品评价按照差别检验的方式进行，并且样品的外观不是评价中的变量，则样品外观应该相同。如果不可能完全使外观标准化，则可以使用 A-非 A 检验（Stone 和 Sidel，2004）。但是，如果评价员有可能记得样品外观的差异，那么差别检验就不适合使用。

Cardello 和 Segars（1989）发现，即使评价员没有意识到样品大小差异，样品大小也会影响评价员参与的评价质地品质的强度分数。De Wijk 等（2003）用不同的产品证实了这些结果。这些结果对于感官研究员确定研究中使用的样品大小和形状非常重要，因为可能不同样品大小导致不同结果。因此，在感官研究员决定样品大小时，应该牢记几个问题，即本研究的目的是什么？该产品的正常尺寸有多大？这款产品一口的产品量有多少？评价员必须评价此产品的哪些属性？是否可以轻松处理产品的尺寸？这些问题的答案应该引导感官研究员在确定样品的大小时做出合理的决定。请记住，在一个较大尺寸上细微的失误比一个较小尺寸上细微的失误要好。在某些情况下，可能需要确定最低食用量。这在消费者检验中可能很重要，因为一些评价员可能对品尝新产品感到胆怯。但是，在有关产品的成本和样品大小的制备与储存上，应保持合理的平衡。

3.3.3 样品呈送温度

产品的呈送温度必须在检验程序中确定下来。一些产品的呈送温度和保持时间可能会造成困难，比如肉类。有一种解决方法是把样品放入可自加热的容器中。在我们的实验室和其他实验室中，使用沙浴在烘箱中加热至恒定温度（通常 50℃）。用作盛放盘的小玻璃烧杯或陶瓷坩埚放置在沙浴中，并且盘子中放有用来检验的样品。即使采用这种安排，也要尽量缩短样品的保存时间，或者至少对所有评价员保持一个固定的时间。在液态乳等乳制品中，如果产品被加热到储存温度以上，感官特性可能会增强。在某些检验中，灵敏度和差别性是主要关注点，但实际意义较小，不过适当的呈送温度对辨别有好处。因此，液态牛乳呈送温度应该在 15℃而不是更常见的 4℃，以增强对挥发性风味的感知。如果冰淇淋温度较低，则冰淇淋应在-15℃～-13℃的温度下保持至少 12h，因为冰淇淋温度较低舀起很困难，在较高的温度下，冰淇淋会融化。通常最好立即从冰箱直接舀冰淇淋，而不是舀出这些部分并将它们存放在冰箱中。在后一种情况下，样品的表面比新鲜挖出的样品的表面变得更加容易结冰。

当样品在环境温度下呈送时，感官研究员应在每个阶段测量并记录环境温度。对于在非环境中呈送样品，应指定呈送温度以及维持该温度的方法，无论是沙浴、保温杯、水浴、保温台、冰箱、冷冻机等。在非环境温度下呈送样品的温度应在呈送时进行检查，以确保达到规定的温度。此外，工作人员应规定样品在指定温度下的保持时间。

如果样品需要长时间保存，检验方案应该包括一个有足够功率的差别检验（详见第 4 章），以确定持续时间是否会导致产品的感官属性发生变化。如果没有发生变化，则样品可以保持较长时间。但是，如果产品要在高温下保持一定时间，感官研究员还应该检测可能会影响评价员安全的微生物的生长。

3.3.4 呈送容器

由于在不同的感官设施中条件不同，很难对容器的选择给出严格的规定。在一些设施中，清洗太多盘子是昂贵且耗时的，所以这些情况下，研究员倾向于使用一次性容器。在其他设施中，可能因为资金问题或环境限制不能使用一次性容器。最好的方法是在决定使用哪些容器时考虑常识。感官研究员应该选择最方便的容器，但容器的选择不应该对产品的感官特性产生负面影响。例如，聚苯乙烯泡沫塑料杯使用起来非常方便，因为它们是一次性的，可以使用记号笔做标记，容易粘贴标签，但我们发现这些容器会对热饮料的风味特征产生不利影响。如果用记号笔标记三位数的代码，则必须小心确保墨水不传递异味。

3.3.5 载体

是否使用载体会给感官研究员带来一些问题，值得仔细考虑。“载体”通常指构成待检验食物的基质或运载工具，但可能更广泛地被认为是伴随着评价的食物同时摄入（或品尝）的任何其他食物。例如，糕点奶油馅料、面包上的黄油、酱料中的香料，以及莴苣叶子上的沙拉酱。

在差别检验中，目标往往是做一个对产品差异非常灵敏的检验。载体可能掩盖差别，或由于其他风味的加入及质地和口感特性的改变，使评价员感受差别的能力降到最低。在某些情况下，载体可能会仅仅提高感官印象的整体复杂度，使得评价员产生混乱。在这些情况下，使用载体可能并不理想，因为它会降低检验感官差异的有效灵敏度。如果由于遗漏差异而产生严重后果（类型Ⅱ误差详见第 4 章），则不建议使用可能掩盖差异的载体。

另一方面，假警报或假阳性差别（类型Ⅰ误差详见第 4 章）会造成严重问题，那么载体产生差异的危害就会降低。载体加入的情况可能会使情况复杂化，但它可能会阻止消费者体会到可能无意义的差异。感官研究员应该与客户讨论检验中的真实程度是否值得关注。尤其是在消费者检验中，对于一种很少单独食用且几乎总是和载体一起食用的食品来说，人为地去掉载体可能严重影响评价员的评价心理。例如，樱桃派馅，几乎都是和馅饼皮一起吃的。

因此，在确定是否应该使用载体时有两个考虑因素：遗漏差异的相对后果与假阳性检验结果的比较，以及认为必要的真实程度。通常使用载体产生的复杂性可能会降低样品的控制程度和均匀性，所以这必须考虑。与客户仔细讨论这些问题有助于得到最佳方法。在某些情况下，如果时间和资源允许，在有载体和没有载体的情况下都进行检验可能比较合适。这可以提供有关可感知差异的大小以及载体与待检验食物之间相互作用非常丰富的信息。

Stone 和 Sidel（2004）给出了以下使用载体的有趣例子，其中食品（比萨酱）受到载体（外皮）的影响时，样品在准备过程而不是检验过程中，不得不包括外皮：“……一般认为，与外皮成分的风味相互作用产生了单独加热比萨酱无法实现的风味。然而，由于同一品牌比萨的外皮会发生变化，应把比萨烤熟后将比萨酱刮下后再进行检验。因此允许化学反应的发生并且受试者的反应不受外皮厚度或其他非检验变量的影响。”

3.3.6 味觉清洗

使用味觉清洗剂的目的是去除之前样品中的残留物质。品酒活动中经常会听到的一则轶事，说使用半熟的烤牛肉片有助于消除红葡萄酒样品中高单宁酸的影响。这主要是化学变化造成的。肉的肉汁和蛋白质可以形成复合物，从酒中去除单宁，从而减少葡萄酒的涩味。现在已经有许多研究是关于去除红酒涩味的味觉清洗剂（Ross 等，2007）。但是，在这些情况下，理想的味觉清洗剂似乎并没有找到。

Lucak 和 Delwiche（2009）评价了各种味觉清洗剂（巧克力、果胶溶液、台式薄脆饼干、温水、水和全脂牛乳）对各种口味和口感效果的食品的影响，如果冻豆（甜味）、咖啡（苦）、熏香肠（脂肪）、茶（涩味）、辛辣玉米片（辛辣）、薄荷（凉）和苹果酱（滑）。他们发现，桌上的饼干是所有代表性食物中唯一有效的味觉清洗剂。

一项关于鱼类异味的研究考察了评价员在清理甲基异冰片时遇到的困难（Bett 和 Johnson，1996），该异味是一种与泥土、土腥或霉味有关的化合物。他们建议在检验样品时可使用未污染的鱼作为味觉清洗剂。这是有意义的，因为鱼肉是一个有效的气味化合物黏合剂。然而，这些研究者确实提出了这样的担忧：这需要花费更多的时间和费用来使额外的鱼类样品作为味觉清洁剂。

3.3.7 吞咽和吐出

在大多数分析感官评价中，会避免样品的吞咽。这是为了减少某一样品的残留对下一样品的影响。同时吞咽高脂肪产品也会给评价员的饮食增加不必要的热量。当然，在测量可接受性的消费者检验中，吞咽和摄入后的效果可能会影响消费者对产品的看法。此外，在消费者检验中能概括普通消费是一件重要的事情，这时让受访者吞咽产品是可以接受的。Kelly 和 Heymann（1989）在芸豆中添加盐并在脱脂乳中加入乳脂，在成对比较法和 3 点检验中研究了吞咽与吐出对阈值和疲劳效应的影响。他们没有发现任何显著影响。但是，应该指出，检验力很低，因此发现差异的可能性很小。Calviño 等进行泡巴拉圭茶的时间-强度评价，（2004）发现吞咽与吐出没有影响茶的苦味强度，但吐出这一过程确实提升了感觉衰退的速率。

在分析感官评价时吞咽的一个优点是刺激喉部的感官受体。这在某些产品和风味体系中可能很重要。例如，辣椒样品中的喉咙灼烧感是很重要的，而“喉咙黏着感”（另一种化学刺激）是巧克力的特征。

3.3.8 对评价员的指令

对评价员的指令应该非常清晰、简洁。这是经常需要的，比如评价员在进入评价室之前以口头形式进行感官评价，或者以书面形式填写表格。这些说明应该让不熟悉感官评价的人进行预先检验，并且尝试遵循它们。令我们惊讶的是，评价员很容易读错或误解我们所认为的简单、清晰的指示。这通常是因为我们对检验方法过于熟悉，因此对真正的指令进行了过度解读，感官研究员应该时刻认识到这个潜在的问题。

对于技术人员和工作人员的指令也应该非常清楚，最好写出来。技术人员向感官研究员重复解释程序是必要的。这将确保感官研究员与进行研究的人之间没有沟通障碍。此外，对于许多检验，制定标准操作程序并将其保存在实验室笔记本中非常有用。

3.3.9　随机化和盲标

样品应使用随机三位数代码进行盲标记以避免偏差，并应将样品顺序随机化以避免由于呈送顺序造成的人为因素。表3.2所示为差别检验和偏好检验的逐步说明；表3.3对于评价、排序和快感检验也做了相同的处理。图3.3，图3.4，图3.5，图3.6和图3.7所示为根据表3.2和表3.3中的指令制备的主控表。

排列顺序　AB = 1　BA = 2

评价员	排列顺序	A	B		
1	2	*169*[2]	*507*[1]		
2	1	*212*[1]	*194*[2]		
3	1	*962*[1]	*644*[2]		
4	2	*273*[2]	693[1]		
…					

图3.3　成对比较检测的主控表样例

排列顺序　$R_AAB=1$　$R_ABA=2$

评价员	排列顺序	R_A	A	B	
1	1	*R*	*557*[1]	*485*[2]	
2	2	*R*	*636*[2]	*684*[1]	
3	1	*R*	*325*[1]	*238*[2]	
4	2	*R*	*401*[2]	*159*[1]	
…					

图3.4　固定对照样品的二–三点检验的主控表样例

排列顺序　$R_AAB=1$　$R_ABA = 2$　$R_BAB = 3$　$R_BBA = 4$

评价员	排列顺序	R_A	R_B	A	B
1	4		*R*[1]	*557*[3]	*485*[2]
2	1	*R*[1]		*636*[2]	*684*[3]
3	2	*R*[1]		*325*[3]	*238*[2]
4	3		*R*[1]	*401*[2]	*159*[3]
…					

图3.5　平衡对照样品的二–三点检验的主控表样例

排列顺序　BAA = 1　BBA = 4　ABA = 2　BAB = 5　AAB = 3　ABB = 6

评价员	排列顺序	A	A	B	B
1	5		*495*[2]	*926*[1]	*183*[3]
2	4	*292*[3]		*899*[1]	*854*[2]
3	2	*797*[1]	*630*[3]	*315*[2]	
4	3	*888*[1]	*566*[2]	*981*[3]	
5	1	*267*[2]	*531*[3]	*469*[1]	
6	6		*201*[1]	*239*[2]	*827*[3]
…					

图3.6　三点检验的主控表样例

评价员	小鳕鱼	鳕鱼	金枪鱼	无须鳕	
1	*909*^{4}	*623*^{3}	*703*^{2}	*903*^{1}	
2	*690*^{1}	*558*^{2}	*578*^{3}	*383*^{4}	
3	*694*^{3}	*373*^{1}	*693*^{4}	*290*^{2}	
4	*890*^{2}	*763*^{4}	787^1	661^3	
…					

图 3.7 特性评分表（喜爱度排列测试）

表 3.2 差别检验和偏好检验的分步说明

1. 准备主控表（参见图 3.3、图 3.4、图 3.5 和图 3.6 中完整的主控表）。
   a. 在顶部填写样品标识。对于成对比较或成对偏好检验，应填写两列（A、B）。对于恒定参照二-三点检验，应标明三列（参考 A、A 和 B）。平衡参照二-三点检验需要四列（参考 A、参考 B、A 和 B）。三点检验也需要四个填写列（A、A、B 和 B）。只有研究人员可以知道 A 和 B 的样品身份。
   b. 填写评价员编号（即 1、2、3…）。为每位评价员分配一个编号，并确保包含这些编号的钥匙在与本研究相关的笔记本上。如果一个特定的评价员在整个研究过程中都保留这个数字，那就更简单了。
   c. 创建示例样品的排列。对于成对比较或成对偏好检验，有两种可能的排列（AB、BA）。对于平衡参照二-三点检验，有四种可能的排列（R_AAB、R_ABA、R_BAB，R_BBA）。恒定参照二-三点检验有两种可能的排列（RA AB，RA BA）。三点检验有六种可能的排列（AAB、ABA、BAA、BBA、BAB、ABB）。应分配一个数字给每个呈送顺序。
   d. 确定样品呈送顺序。使用随机排列表，在一列中从上到下读取数字。仅使用与检验中呈送顺序相对应的数字。在空白栏中写下数字（用红笔，在图 3.3、图 3.4、图 3.5、图 3.6 和图 3.7 中用粗体表示），然后在主表上每个方块的右上角写下样品出现在托盘上的顺序。这表示每个样品呈现给每个评价员的顺序。
   e. 为每位评价员的每个样品分配三位随机码。从随机表上的任意点开始数字，每个数字使用三位数字。不要使用可能对评价员有意义的数字（即 911）. 将随机数写在主表上，每个评价员评价每个样（使用蓝色或黑色笔，如图 3.3、图 3.4、图 3.5、图 3.6 和图 3.7 中所示的斜体）。随机数表上偶尔会出现一个数字的重复，如果是，跳过重复的号码。
2. 在样品容器上写随机数代码。使用写在主表上的随机代码。样品容器上的代码应与主表上的相应代码匹配。样品容器填充参照样品的不应编码为 R_A 或 R_B，而应仅编码为 R。
3. 准备评分表。按照样品评估的顺序（如随机排列所示）填写日期、评价员编号和随机代码编号。
4. 准备样品。
   a. 准备有组织的样品分配安排。一个简单的方法是使用足够的空间将样品容器放置在正方形中。此模板可以由任何大纸或可用的替代品组成。建议每个样品 3 英寸见方，但这取决于样品容器本身。
   b. 在模板上组装样品容器。一旦所有容器放置在模板上，其外观应与主控表相同。
   c. 将样品分装到容器中。
5. 按照待评估的顺序，将每个评价员的样品放在托盘上。此外，将评分表以及用于冲洗上颚的水放在托盘上。仔细检查呈送顺序。
6. 将样品提供给评价员进行评估。
7. 解码主表上的分数表。圈出评价员圈出的代码。（使用钢笔，不要在主控表纸或评分表上使用铅笔）。这样解码简单有序。为了分析数据，必须用数字表示。这可能取决于正确判断的数量（成对比较检验、三点检验和二-三点检验）或判断偏好样品 A 或 B（配对偏好）。确保为此留出一列。
8. 分析数据。

表 3.3 排序检验、评分和快感检验的分步说明

1. 准备主控表（完整的主控表见图 3.7）。
   a. 在顶部填写样品标识。在本例中，如图 3.7 所示，对于鱼类的研究，样品可能是小鳕鱼、鳕鱼、金枪鱼或无须鳕鱼。只有研究人员可以知道产品或样品的身份。
   b. 填写评价员编号（即 1、2、3…）。给每位评价员分配一个数字，并确保将这些数字的钥匙放在本研究的笔记本。如果一个特定的评价员在整个研究过程中都保留这个数字，那就更简单了。
   c. 为每位评价员的每个样品分配三位随机码。从随机表上的任意点开始数字，每个数字使用三位数字。切勿使用对评价员有意义的数字（例如，13666911）。将随机数写在主表上，每个评价员评价每个样品一个（使用蓝色或黑色笔，如图 3.8 中的斜体）。随机数表上偶尔会发现一个数字的重复。如果是，跳过重复数字。
   d. 确定样品呈送顺序。使用随机排列表，从上到下读取数字在一列中。仅使用与测试样品数量相对应的数字（即对于四个样品：仅使用数字 1、2、3 和 4；按照数字出现的顺序读取它们）。写下数字（用红色笔，以粗体表示图 3.7）。这表示每个样品提交给每位评价员的顺序。在该示例中，第一个样品被第四个呈送，第二个样品被第一个呈送，以此类推，以供评价员 1 使用。
2. 在样品容器上写随机码。使用写在主表纸上的随机代码。密码样品容器上的编号应与主表上的相应代码相匹配。如果有足够的人在一起工作时，可以在主表纸上记录随机数。
3. 准备评分表。按照样品评估的顺序填写日期、评价员编号和随机代码（如随机排列所示）。
4. 准备样品。
   a. 准备有组织的样品分配安排。一个简单的方法是使用有足够的空间将样品容器放置在正方形中。此模板可以由任何大纸或可用的替代品组成。建议每个样品 3 英寸见方，但这取决于样品容器本身。
   b. 在模板上组装样品容器。一旦所有容器都放置在模板上，其外观应与主控表相同。
   c. 将样品分装到容器中。
5. 按照待评估的顺序，将每个评价员的样品放在托盘上。此外，将评分表以及用于冲洗上颚的水放在托盘上。仔细检查呈送顺序。
6. 将样品提供给评价员进行评估。
7. 解码主表上的分数表。当要求评价员只对一个属性进行评分时，在两个属性随机代码之间留有空白列。当被要求对一个以上的术语进行评分时，应留下更多的空白列（每个评分的术语一列）。这些列为考试结束后记录评价员的成绩提供了空间（使用钢笔，不要在主控表纸或评分表上使用铅笔）。这样，解码简单有序。
8. 分析数据。

3.4 感官实验设计

对于具体的实验设计知识本章将不展开深入讨论，相关的专业实验设计书籍读者可以参考 Cochran 和 Cox（1957），Gacula 和 Singh（1984），Milliken 和 Johnson（1984），MacFie（1986），Petersen（1985），Hunter（1996）和 Gacula（1997）。

3.4.1 设计一项研究

本节将重点阐明感官研究员在设计感官评价实验时应注意的一些事项。首先，感官研究员和相关参与者应该对感官评价对象有清楚的认识。为了确保所有感官评价参与者能够准确无误的沟通，感官研究员应该反复强调感官任务中出现的所有感官评价对象。这些信息应该发布给所有参与者，随后所有参与者应该将相关信息的理解反馈给感官评价小组。感官研究员在与客户磋商过程中应该确定哪些测试能够完成感官评价任务。在这一点上，感官研究员将得益于经费充足条件下完美的感官实验设计。这样的实验设计有利于感官研究员清

晰地明确理想的感官实验设计所具备的因素。然而，当时间和经费受到限制时，感官研究员将不得不重新设计缩减版实验，前提是对哪些可以放弃的因素须有清晰的认识。在某些情况下，缩减版的感官实验设计不一定满足任务要求。当这种情况发生时，感官研究员和测试人员必须重新协商时间和金钱费用或者重新评估测试对象。相比于降低测试的统计功效（详见附录 E），测试目标数量的减少对于讲究优先级的实验通常是一种更好的解决方案。一个实验如果不能满足测试任务需求，这样的实验设计将是没有任何意义的。如果当前条件不能满足实验设计需求，感官研究员必须寻求更多的资源支持。

接下来，感官研究员应该精心地逐步检查感官评价步骤。初步做法是逐点审查可能出现的最糟糕结果，并且思考如何改进实验设计以减少这些意外情况出现。感官评价实验要比想象中的情况复杂得多，潜在的复杂因素和失误总存在于实验当中。样品丢失、污染或者手误等情况时有发生。感官研究员在完成测试序列之前可能退出。参与者可能没有正确地执行测试行为准则或者他们对实验说明理解存在偏差。相关技术人员在引导实验顺序方面可能产生失误。一些预期外的波动包括样品温度或者其他条件的改变也可能被引入实验过程当中。不过通过周密的实验设计，上述大多数干扰因素可以尽量避免或者将其影响消除到最低。

一旦感官实验设计经过反复地修正，接下来最好对统计分析框架进行很好的规划。这样感官研究员就可以很好决定显著性检验分析相关的自由度。另外这也有助于规划出感官实验结果报告所需要用到的图和表。

3.4.2 实验设计和处理结构

我们参照 Milliken 和 Johnson（1984）所表述的实验设计方案，将实验设计划分成两个基本的设计结构，即处理组和设计组结构。他们将处理组结构定义为样品集或者在一个特定的感官评价项目中客户选定的研究对象。设计组结构定义为感官评价实验单元归组的区块。实验前通过感官研究员随机化处理，两个实验结构相互关联，并且和整个实验设计组合到一起。感官评价小组应该控制处理组的结构，既不是一个病态设计结构也不是一种偏好或者频繁使用的设计组结构，以避免影响处理组的选择。

3.4.2.1 设计结构

完全/完整随机化设计（CRD）

在完全随机化设计中，所有的样品都是随机地呈现给感官评价成员的。大多数感官评价实验都要求避免或者尽量减少由于样品呈送顺序造成的人为干扰。解决这个问题最简单的办法是确保呈递给感官测试人员的样品顺序是完全随机的。完全随机化的操作在样品量少和所有样品都可以被一次评价完的情况下是相当有效的。CRD 对于集中检测地点的消费者检验来说是一种理想的实验设计方案，在这个方案里每个消费者评价了所有产品。例如，在一个产品现场调查中，要求测试人员表达他们对于每四种可乐产品的喜好程度。每个测试人员会按随机顺序收到四种可乐产品。

CRD 实验设计也包括逐个随机分派产品给测试人员。一般出现在消费终端研究领域的被称为消费者单次检验。由于每个产品被不同组的测试者评价，因此也称为组间比较。产品组会形成一个区块。一个实例是一个具有三个不同版本产品的感官研究实验。消费者组被随机划分成三个小组。每个小组测试一个样品，然后填写调查问卷。判断符合单次检验的条件如下：①测试太耗时或太长因而不能使所有测试人员检验所有样品；②一个产品使用完可能会影响下一个产品的选择；③一个产品使用完会影响周围环境、人员或者基质。最后一点如消费者产品（如地板蜡、杀虫剂）和私人护理用品（如护肤霜、护发素）。另外，测试的时间压力也可能调整单次检验实验设计。

在感官分析小组充分训练的条件下，测试样品应该重复检验（一般三次）以确保差异显著分析。如果样品数足够小，使用 CRD 设计测试人员可以通过在一次测试中逐个重复测试所有样品。但是，这种情况经常不可能完成并且感官科学家会采用一种称为随机完全组块设计（RCBD）来完成相应工作。

随机完全组块设计（RCBD）

采用随机完全组块设计，在一次测试任务中每个样品被随机地指派给每个感官测试人员。当经培训的感官分析人员在单次测试任务中不能重复评价所有样品时，经常会采用随机完全组块设计。在这种情况下，最好的解决方案是安排每个测试人员在一次测试任务中评价所有样品，然后召回他们继续接下来的测试任务去重新评价所有样品。例如，6 个脂肪替代物的冰淇淋样品的描述性分析研究。在单个的测试任务中，感官评价小组仅能评价 6 个样品。但是，这些样品需要重复评价三次。评价小组必须开展三次测试任务。在这样的研究中，每次测试任务称为一个区块，6 个样品被随机交叉分派给每个区块里的感官评价成员。

不完全组块设计

在一个组块内，评价小组成员需要去判断多个处理组中的所有样品，经常采用不完全组块设计。这种情况下，感官评价员在多个单独的测试会话中分别评价样品组子集。每个感官评价小组成员需要完全重复评价所有样品，或者也可能是感官评价成员仅评价样品子集。第一类情况的实例是关于 13 种香草样品的描述性分析（Heymann，1994）。感官评价小组在单次测试任务中不可能评价所有 13 种样品。采用不完全组块设计方案，4 样品 1 组块，总共 13 个组块（plan 11. 22，Cochran 和 Cox，1957）。测试任务结束，所有的测试人员已经分别评价 13 个样品 4 次。第二类不完全组块设计经常用在消费者调查研究中，主要是从大量的潜在香料库中筛选风味和香味候选物。例如，一种新型地蜡可能由 28 种香料组成，但是由于消费者的嗅觉疲劳效应使人们在一次测试任务中无法区分 4 种以上香料之间的相互作用。通过选择合适的不完全组块实验设计（plan 11. 38，Cochran 和 Cox，1957），63 组由 9 个成员组成的评测小组可以在一次筛选测试中评价出 4 种香料，从而挑选出最可能的相关香料。

3. 4. 2. 2 处理组结构

单向处理组结构

在单向处理组结构的情况下，一组处理集可以在不假定处理（样品）之间有关联的情况下被选定。在感官评价研究中，当从市场不同品牌中选出一个产品集时就可以采用这种结构。在这些情况下，不必假定由同一个公司生产的产品是与其他公司的产品有关联的。例如，在一个黑茶的感官评价研究当中，感官评价小组可以选择4种黑茶，其中每种由4个全国知名公司生产。除了都是全国知名茶品牌外，单向处理组结构中的4种样品是彼此无关联的。

双向处理组结构

双向处理结构是一组样品集经过两种不同类型的处理结合而成。在感官评价设定中，可以从市场不同品牌中选择一个样品集，然后每一个样品在感官分析前采用两种不同的方式制备。举例来说，回到前面提到的黑茶评价实验，感官评价小组决定将茶叶作为热茶和冰茶这两类不同的方式来评价。对于这个研究的处理组结构是一个总共拥有8个处理的双向处理结构，这也被称作因子处理组结构。

其他处理组结构

在感官分析实验中可能存在和使用其他的处理组结构。例如，包括部分因子结构，对照组结合双向因子排列处理结构的单向结构。裂区和重复测量实验设计是基于不完全区块设计结构和两类或多类处理的因子排列处理结构。一个简单的裂区实验设计包含两种规模的实验单元并且处理组能被随机地应用到不同规模的实验单元。例如，6个马铃薯品种中的每一品种被随机指定成3排生长。每一排马铃薯收割完后被单独分开装到一个容器里。这些马铃薯使用三种不同烹饪技术煮熟。每个容器被分成三批并且应随机指定一种烹饪手段。这些煮熟的马铃薯可通过书本的描述性分析进行感官评价。在这种情况下评价产品种类的实验单元是每排，而评价烹饪技术的实验单元是批次［Milliken 和 Johnson（2004）］。

简单的重复测量实验设计与裂区实验设计相似，也是基于两个规模的实验单元，但是最后一个处理的水平不能随机指定。例如，西蓝花收割后被随机指定4种不同的包装材料包装。在贮藏过程中，描述分析感官评价小组两周内每日对样品进行三次重复评价。这种情况下实验单元是包装种类而另一个实验单元是时间（d）。

3.4.2.3 随机化处理

表3.2和表3.3设定的说明指示了样品顺序如何随机化的。通常情况下也要确保样品顺序是尽可能地对抗平衡。当样品顺序是对抗平衡的，给定顺序下每个样品按相等次数出现。为了测定一个给定的产品检验顺序表是否对抗平衡，必须测量给定顺序下每个样品的出现次数。在一个完全对抗平衡的实验设计中，所有潜在的样品呈递次序以等次数方式呈现。一个指定次序既可以完全符合对抗平衡设计而且样品呈递次序又是完全平衡的，这样的次序是可能存在的。也就是说，每个样品可以等次数先于其他每一个样品出现（MacFie 等，1989；Wakeling 和 MacFie，1995）。当样品间存在着残留效应时，这些设计是特别有用的（Muir 和 Hunter，1991/1992；Schlich 1993；Williams 和 Arnold，1991/1992）。因为这些设计可以事后检验残留效应，所以这些设计在预防残留效应方面也是有帮助的。

样品呈现顺序的随机化是统计有效性的要求，而且由于顺序效应，特别是首位效应的影响，随机化处理也是非常重要的。当样品的感知受到评价呈现次序的影响时，顺序效应就会产生。也就是说，第一个呈现的样品可能与接下来呈现的样品感受不同，仅是由于呈现的位次不同引起的。这种所谓的首位效应影响是相当强烈的（特别是消费者感官分析研究中）并且感官科学家应该试图减少这种效应。随机化处理每一个样品使首位出现的次数一致可以减少这种效应。一个更好的解决方案是首先提供一个虚拟样品，接下来提供一个真实样品，在这种情况下，感官评价小组被告知他们将评价 5 个样品，但是他们不知道第一个样品是虚拟样品而 2 到 5 个样品是真实样品。这里似乎还存在一种轻微的但持久的最末样品效应。

3.5 评价员因素

3.5.1 激励方法

感官评价实验中加入一些激励措施通常是必要的，主要是为了鼓励参与人员自愿参加感官评价实验。当一个人被要求加入一个小组但没有得到切实的利益时，感官研究员不要期望这个人会自动承诺参与感官评价。“这对我有什么好处”对于感官评价实验发起者是一个很现实的问题。在研究机构里可以命令学生参与感官评价的日子已经不存在了。同样地，在工业界，感官评价参与者应该是一个自愿的活动。如果这被要求作为一种雇佣关系（一般不推荐，除非特别要求的情况），那么则需要在面试和雇用过程中充分说明参与者和感官评价测试的自愿性。否则这会侵犯感官评价参与人员的自愿性。

一本关于动员参与者的指南就是一系列奖品激励的定义。通过奖品，意味着这些奖励足够激励人员参与感官评价过程中，但是这不是唯一促使他们参与感官评价的原因。显然，如果给予一个人较高的薪水，他们会自愿做任何需要做的事，但是如果薪水过高，员工对这份评价工作的专注度就会很低或者几乎没有。换句话说，他们做这件事仅为获得报酬。奖品激励、薪水或者回扣的重要性在不同的测试条件下是不同的。在消费市场，这里基本没有忠诚、承诺、长远利益可言，薪酬是首要考虑的问题之一。对于参与到感官测试实验中的雇用者，学生或者学院工作人员，可能有其他原因促使他们参与到感官测试实验中来，比如发自内心的兴趣可能帮助完成测试过程。在一些情况或者文化背景下，社会责任感或者对公共事务的支持也可能促使人们在较少的奖品基础上参与到感官实验中来。

一般奖品激励包括快餐或者糖果。这些可以在社交或者咖啡休息时间提供给雇员或者员工，并且这个社交机会本身也可能成为一种激励条件。重复测试给些小礼物和一些免费的公司产品也是一种激励。对于高层次的感官评价专家，更大回报或者社会活动，例如午餐或者一个假期派对，可能作为一个正式参与人员的回馈。我们所知道的公司都使用抽奖系统诱惑感官评价员参与感官评价实验。每次测试结束后抽奖就开始了。一个人参与的测试越多得到奖品的机会就越大。这个系统运行完美，获奖者是轮流的（你不能在一个回合里长时间获奖）并且感官评价组织者自己不具有抽奖资格。

对于参与者一个最重要的激励措施是管理层认可度。当管理人员认可感官评价小组对于研究结果具有重要贡献，招募感官小组成员将变得相对容易。感官评价实验的长期发展必须提高各个层次管理水平。如果高层管理人员能够支持感官评价的参与，这种支持很快就变成“口头支票”。管理者可以重新确定时间，感官小组雇员可以放下他们目前的手头工作。因此，得到感官小组管理者和更高层次领导的合作和支持是非常重要的。一个好的管理层明白参与感官评价小组的工作能提高其员工的职业技能，提高其积极主动性从而促进项目的成功，感官评价工作还可以利用员工日常工作中的休息时间，以提高整体的工作效率。一个专业的感官服务工作是争取相关利益，赢得管理层支持并确保所有潜在的感官评价员积极主动参与的。

在一些公司里面，描述分析小组成员实际需要额外的兼职成员。这种情况下，这些被雇用人员的唯一工作职责是作为一名感官小组成员。如果一个感官研究员决定雇佣这样描述分析成员，在可持续基础上必须有足够的工作让小组成员保持忙碌。在闲暇的时候，感官评价小组可以做一些训练练习或者让他们待业（对于员工的积极性来说不是一种好的方式）。

3.5.2 人类受试者

感官研究员应该注意小组成员的健康和身体安全。这些评价员属于人类受试者，并且小组成员应该了解和遵守人类受试者指南里面的相关规定和限制。人类受试者相关的指南基本原则符合医药研究的 Nuremberg 伦理规范（United States v. Karl Brandt 等，1949）和 Helsinki 宣言（Morris，1966）。这些基本指导原则如下：

（1）受试对象应该自愿参与；

（2）受试应该具有法律权利给予知情同意书；

（3）受试对象能自由选择参与这项研究；

（4）这项研究应该对良好社会的形成具有促进作用；

（5）研究人员应该保护受试对象的权利和福利；

（6）研究人员应该确保实验给受试对象带来的风险不会超过潜在收益或者对社会的预期的知识价值；

（7）综上所述，研究者必去确保每个参与者在没有过度压力下有充足的权利和信息透明情况下获得同意。

以法律角度讲，大多数感官研究所具有的风险低于一般的日常生活。这包括任何与个体择业相关的固有风险（做宇航员的风险要比大学教授的风险大）。一般来讲，在美国，食品的感官测试经常排除在联邦注册审查的受试者（CFR 56：117 § A7 28102）范围之外。如果研究人员私自修改已经建立好的方法的使用规则，那么受试者面临的风险可能会增加。有时候甚至会存在身体危害。例如，一些食品成分在获得美国 GRAS 批准之前使用，在食品生产过程中可能需要测试这些食品成分或者添加剂。参与这种情况下测试的雇员应该总是被告知所有可能的风险。另外，感官研究员应该理解体谅精神伤害，如当犯错误时的羞耻感。如果评价结果被发表、展示或可以通过其他方式获取，在一些评价员的培训和监测的情况下，应该小心保护受试者的情感并且尽可能保护异常数据人员的身份信息。

在美国学术研究氛围中，所有涉及人类受试者的研究的必须收到特定机构的人类受试者机构审查委员会支持（Belmont Report，1979；Edgar 和 Rothman，1995）。在工业领域，这不是必须的。但是，感官研究员的伦理道德必须符合涉及人类受试者研究责任的相关原则（Sieber，1992）。

3.5.3 评价员招募

感官评价小组必须确保招募人员了解什么是感官研究所需要的能力。最好观察他们在合约关系中对研究的参与度。在参与到项目之前，潜在的评价员应尽可能的被告知工作时间和产品种类的信息。评价员也必须被清楚地告知他们能从这个研究中获得什么，例如糖果、金钱。在大多数情况下，感官研究员必须确保小组成员已经获得他们管理人员批准参与到该项研究中。另外，在美国学术研究领域，依赖于特定机构的人类受试者机构审查委员会，在参与感官实验前，感官研究员必须确保每个小组成员自愿签署同意参与人类受试者实验的知情书。

3.5.4 评价员筛查和选拔

对于某些产品类型，对评价员在参与感官评价实验之前进行医疗筛选是非常有必要的。另外，感官研究员必须筛选出潜在的评价员的感官敏锐度。但是，感官研究员对于一些潜在的评价员的感官缺陷应该留有适当余地。一般来说，一些人可能是非常有鉴别能力的，但是又可能存在一两个其他方面的缺陷。同时，许多普通的评价员在培训后会有显著的提高。因此，在一开始训练没有必要仅留下那些鉴别能力特别强的感官评价员。

为了筛选出评价员，感官科学家应该准备一连串的测试，这些测试适合评价该产品并符合对评价员的一般要求。如果评价员仅进行差别检验，那么筛选测试应该仅涉及差别检验。另外，如果评价员须要完成标度任务，那么筛选测试应该涉及鉴别和标度的任务。但是，筛查的关键不是在进行真实产评价估前过度地测验评价员。太多的筛选测试可能降低评价员在进行真实样评价时的积极性。明智的选择筛查量对于具体的感官研究是非常重要的。

3.5.4.1 筛选测试实例

感官科学家可能创建一系列不同难度的差别检验。换句话说，感官科学家需要创建一系列的产品配方，这些配方是越来越难被区分开。Jellinek（1985）讨论了怎样使用一个特定额外培训课程去筛选评价员。她要求评价员在被允许参加感官研究之前满足一系列严格的最低要求。这些通常适用于大部分的食品测试。如果感官评价程序的研究范围更加局限，一系列测试可以集中在被测试食品的特定属性。

另外，在感官成员筛查过程确定评价员是否能区分产品风味中的关键成分和可能的异味是非常有用的。可以要求评价员对产品中关键风味成分强度进行排序或者按异味强度进行排序。评价员也可能要求通过选择测试去描述香味、风味和产品的口感。感官研究员也可能使用这些数据决定是否延长小组培训。这些测试可能揭示哪些方面需要额外的工作或者明确哪些人员须要特定的考虑和培训。

如果可能，感官研究员应该招募2~3倍多的评价员。然后按照小组成员的能力进行排序，然后挑选排名靠前的评价员参与实际的感官评价。感官研究员应该委婉地告知某些潜在的评价员他们不能参与此项研究。当感官评价小组成员经筛选测试后被告知他们的测试能力时，应该使用含蓄的正面的常规术语。例如，感官评价小组可能被分成嗅觉灵敏者，非常灵敏者和优秀灵敏者，而不是使用“糟糕”或者“坏”这类词。应注意不要造成人格侮辱。所有潜在的评价员必须感到被赏识，即使他们没有参与这次研究，也可能他们会在参与以后的其他研究。

所有筛选测试结果的记录应该保存好，以方便同将来或者新的评价员进行对比。这是非常有可能的，一些评价员的能力可能经过一段时间会有所改善而其他一些评价员可能变弱。感官研究员应该从一开始计划好小组成员的损耗，因为这经常会发生。经过一定时间必须决定哪些成员应该培训或者需要增加成员或者小组成员数目是否要比计划的少。

需要记住最重要的事实是，好的评价员不是天生的，而是通过评价员和研究员的努力产生的。一般感官评价活动的大多数个体可以经过培训拥有高水准、高可靠性、高准确性的感官评价能力。

3.5.4.2　评价员的培训

感官评价培训量取决于感官评价任务和灵敏度的要求。对于大多数描述分析测试，全面的和深度的培训是必要的（详见第10章）。对于大多数差别检验，仅少量的培训就足够了。在这些情况下，感官研究员以任务和培训程度为导向（详见第4章）。

在培训阶段，特别对于描述分析小组，感官研究员必须使小组成员意识到感官评价工作是有难度的并且要求有耐心和细心。在全面的培训任务过程中，这是有益的，如果小组培养了团队精神，则可以在培训过程中有助于使小组成员作为一个团队工作。前面也提到，如果感官小组成员对于感官评价的工作会得到管理层认可，那么他们会更容易培训并且可能会更有积极性。小组的损耗或者人员变更是一个重要因素。感官研究员必须从招募的第一天起就要计划这件事。有时也有可能是，一些新员工与有经验的老员工（例如，受过其他产品类别培训的人员）一起协作。

3.5.4.3　评价员表现评估

经过培训的评价员的表现在长期的实验过程中可能会出现波动，因为评价员在参与的积极性上、任务的专注度上或多或少会有所改变。同样如果评价员由于调动、空缺、离职等一段时间没有参与实验，评价员的能力表现会大打折扣或需要重新培训。许多公司有专门的评价员的评估和报告程序。这些可以简单到给每个小组成员绘制平均分偏离图或者复杂到像Sinesio等（1990），Naes和Solheim（1991），Mangan（1992），以及Schlich

(1996) 所提出的使用多元评价程序。感官评价小组检验程序 (the Panel Check program, 欧洲感官网络 ESN 网站可以免费使用) 在一个简单软件包里加入了大部分上面提到的评价程序 (详见第 10 章)。

3.6 制表和分析

数据输入系统

随着个人电脑成本的降低，许多数据输入系统已经非常容易获得了。这里我们不去对目前可用的系统进行比较，因为这些问题在未来可能会不存在。但是，当感官研究员在探索不同数据输入系统性能时，我们会罗列一些感官研究员应该知道的原则。

(1) 计算机系统的限制不应该支配测试形式。在购买计算机系统之前，感官研究员应该确保他们须要进行的所有检验都可以用这种特定的软件系统编程实现。

(2) 网上购买计算机系统要求仔细评估成本，须要考虑技术操作和数据手动输入时间、回报时间和总的系统投入费用，以及能够熟练使用系统所需时间。

(3) 在大多数情况下检验量是决定自动输入还是直接在线输入的主要因素。在少量的不同类型的检验被实施的情况下，计算机系统也是有用的。

(4) 感官研究员应该意识到存在着比在线数据输入系统更便宜的手段：数字化输入数据或者光学扫描输入。

(5) 使用计算机进行感官评价的优势如下所述。

① 快速获得测试结果。

② 现成的数据输入和统计、画图程序之间的连接。

③ 减少数据输入过程产生的失误 (敲键)。

(6) 劣势包括以下几方面内容。

① 使用者可能对电脑不熟悉或系统使用不方便。使他们的精力转移到相应系统而不是产品上。

② 如果数据采用计算机系统自动分析，没有任何审查机制，一些错误可能无法察觉。

③ 计算程序可能在处理变异的实验设计或者要求使用特殊的数据标度时不是很灵活。

3.7 结论

在许多方面，良好的感官评价操作技巧是建立在常识基础上的。许多编码和设定规则乍看起来比较繁琐，但其总体目标是确保感官研究员在任何时候都可以知道哪个样品在哪个编码容器里面，因为在一个研究中可能不可避免地会有样品的遗漏。感官研究员应该不断地质问自己特定的呈送容器、呈送过程、评价员的招募方法是否合理并符合逻辑。

另外，使用好的实践技巧可以提高检验的执行质量，这样又会反过来增加客户的信心，最终增加管理层对感官评价结果的重视。

参考文献

Amerine, M. A., Pangborn, R. M. and Roessler, E. R. 1965. Principles of Sensory Evaluation of Foods, Academic, New York, Ch. 6.

Belmont Report. 1979. Ethical Principles and Guidelines for the Protection of Human Subjects Research. The National Commission for the Protection of Human Subjects of Biomedical and Behavioral Research. National Institutes of Health. Office for the Protection from Risks Research. Washington, DC.

Bett, K. L. and Johnson, P. B. 1996. Challenges of evaluating sensory attributes in the presence of off-flavors. Journal of Sensory Studies, 11, 1-17.

Brownlee, K. A. 1957. The principles of experimental design. Industrial Quality Control, 13, 1-9.

Calviño, A., González Fraga, S. and Garrido, D. 2004. Effects of sampling conditions on temporal perception of bitterness in Yerba mate (*Ilex paraguariensis*) infusions. Journal of Sensory Studies, 19, 193-210.

Cardello, A. V. and Segars, R. A. 1989. Effects of sample size and prior mastication on texture judgments. Journal of Sensory Studies, 4, 1-18.

Cochran, W. G. and Cox, G. M. 1957. Experimental Designs. Wiley, New York.

de Wijk, R., Engelen, L. Prinz, J. F. and Weenen, H. 2003. The influence of bite size and multiple bites on oral texture sensations. Journal of Sensory Studies, 18, 423-435.

Edgar, H. and Rothman, D. J. 1995. The institutional review board and beyond: Future challenges to the ethics of human experimentation. The Milbank Quarterly, 73, 489-506.

Eggert, J. and Zook K. 2008. Physical Requirement Guidelines for Sensory Evaluation Laboratories, Second Edition. ASTM Special Technical Publication 913. American Society for Testing and Materials, West Conshohocken, PA.

Eterradossi, O., Perquis, S. and Mikec, V. 2009. Using appearance maps drawn from goniocolorimetric profiles to predict sensory appreciation of red and blue paints. Color Research and Appreciation, 34, 68-74.

Gacula, M. C. and Singh, J. 1984. Statistical methods in food and consumer research. Academic, Orlando, FL.

Gacula, M. C. 1997. Descriptive sensory analysis in practice. Food and Nutrition, Trumbull, CT.

Heymann, H. 1994. A comparison of descriptive analysis of vanilla by two independently trained panels. Journal of Sensory Studies, 9, 21-32.

Hunter, E. A. 1996. Experimental design. In: Naes, T. and Risvik, E. (eds.), Multivariate Analysis of Data in Sensory Science. Elsevier Science, Amsterdam, The Netherlands, pp. 37-69.

Jellinek, G. 1985. Sensory Evaluation of Food: Theory and Practice. Ellis Horwood Series in Food Science and Technology, Chichester, England.

Kelly, F. B. and Heymann, H. 1989. Contrasting the effects of ingestion and expectoration in sensory difference tests. Journal of Sensory Studies, 3, 249-255.

Kimmel, S. A., Sigman-Grant, M. and Guinard, J-X. 1994. Sensory testing with young children. Food Technology 48, 92-99.

Lucak, C. L. and Delwiche, J. F. 2009. Efficacy of various palate cleansers with representative foods. Chemosensory Perception, 2, 32-39.

MacFie, H. J. H. 1986. Aspects of experimental design. In: Piggott, J. R. (ed.), Statistical Procedures in Food Research. Elsevier Applied Science, London, pp. 1-18.

MacFie, H. J. H., Greenhoff, K., Bratchell, N. and Vallis, L. 1989. Designs to balance the effect of order of presentation and first-order carry-over effects in hall tests. Journal of Sensory Studies, 4, 129-148.

Mangan P. A. P. 1992. Performance assessment of sensory panelists. Journal of Sensory Studies, 7, 229-252.

Meilgaard, M., Civille, G. V. and Carr, B. T. 2006. Sensory Evaluation Techniques, Fourth Edition. CRC, Taylor & Francis Group, Boca Raton, FL.

Milliken, G. A. and Johnson, D. E. 1984. Analysis of Messy Data: Vol. 1. Van Nostrand Reinhold, New York.

Milliken, G. A. and Johnson, D. E. 2004. Analysis of Messy Data: Vol. 1, Second Edition. Chapman & Hall/CRC, New York.

Morris, C. 1966. Human Testing and the Court Room. Use of Human Subjects in Safety Evaluation of Food Chemicals. Publication 1491. National Academy of Sciences. National Research Council. Washington, DC, pp. 144-146.

Muir, D. D. and Hunter, E. A. 1991/1992. Sensory evaluation of cheddar cheese: Order of tasting and carry-over effects. Food Quality and Preference, 3, 141-145.

Naes, T. and Solheim, S. 1991. Detection and interpretation of variation within and between assessors in sensory profiling. Journal of Sensory Studies, 6, 159-177.

Petersen, R. G. 1985. Design and Analysis of Experiments. Marcel Dekker, New York.

Ross, C. F., Hinken, C. and Weller, K. 2007. Efficacy of palate cleansers for reduction of astringency carryover during repeated ingestions of red wine. Journal of

Sensory Studies, 22, 293-312.

Schlich, P. 1993. Use of change-over designs and repeated measurements in sensory and consumer studies. Food Quality and Preference, 4, 2223-235.

Schlich, P. 1996. Defining and validating assessor compromises about product distances and attribute correlations. In: Naes, T. and Risvik, E. (eds.), Multivariate Analysis If Data in Sensory Science. Elsevier, B. V. Amsterdam, The Netherlands.

Sieber, J. E. 1992. Planning Ethically Responsible Research: A Guide for Students and Internal Review Boards. Applied Social Research Methods Series, Vol. 31. Sage Publications, Inc., Newbury Park, CA.

Sinesio, F., Risvik, E. and Rødbotten, M. 1990. Evaluation of panelist performance in descriptive profiling of rancid sausages: A multivariate study. Journal of Sensory Studies, 5, 33-52.

Stone, H. and Sidel, J. L. 2004. Sensory Evaluation Practices, Third Edition. Elsevier Academic, San Diego, CA.

Takagi, S. F. 1989. Standardization olfactometries in Japan—a review over ten years. Chemical Senses, 14, 24-46.

United States v. Karl Brandt, et al. 1949. The Medical Case: Trials of War Criminals before the Nuremberg Military Tribunals under Control Council Law No. 10. Vol. 2. U.S. Government Printing Office, Washington, DC, pp. 181-183.

Wakeling, I. N. and MacFie, H. J. H. 1995. Designing consumer trials for first and higher orders of carry-over effect when only a subset of k samples from p may be tested. Food Quality and Preference, 6, 299-308.

Williams, A. A. and Arnold, G. M. 1991/1992. The influence of presentation factors on the sensory assessment of beverages. Food Quality and Preference, 3, 101-107.

差别检验

差别检验在通常情况下只能帮助感官分析师确定两个样品之间在感知上是否存在差异。我们将在本章介绍并比较常见的差别检验方法，例如：成对比较检验、二-三点检验、三点检验、双标准检验、A-非A检验；还有不太常用的ABX检验与分类检验。还将详细介绍这些差别检验方法的数据分析技术（二项分布、卡方分布、Z分布、β-二项分布）。另外，我们开始在这章讨论统计检验效力在感官评价实验中的应用，并将在第5章和附录中对其进行进一步的讨论。本章还讨论了感官差别检验中重复评价的必要性及其数据分析方法。最后，我们讨论了在某些情况下对预实验样品的需要，以及差别检验结果解释中的几种常见问题。

机遇只青睐那些知道如何把握它的人。

——Charles Nicolle

4.1 差别检验

感官分析师需要确定两个样品在感知上是否存在差异，就应采用差别检验方法（Amerine等，1965；Meilgaard等，2006；Peryam，1958；Stone和Sidel，2004）。两个样品在化学成分上有所不同，但人们可能感知不到它们之间的差异。利用这种原理，研发人员想通过原料替换重新生产一款产品，而不让消费者觉察到产品的改变。例如，某冰淇淋生产商想用一款较为便宜的香草风味物质代替原来高价的香草风味物质，从而控制该风味冰淇淋的成本，同时不希望消费者能觉察到产品的变化。这就需要采用一种适当的具有足够检验效力的差别检验，来确认消费者确实觉察不到这两种冰淇淋之间的差异，以保证公司在较低的风险下替换原料，这是差别检验的经典应用案例。在生产者不希望因工艺改变而影响产品感官品质变化时，也可以采用差别检验。以上这两种情况的目的是保留（不拒绝）无差异的零（原）假设，这又称为相似检验。

然而当公司开发出一款改良后的新品时，差别检验可用来表明新旧两款产品在感官上是存在差异的。这种情况的差别检验目的是拒绝无差异的原假设。如果实验数据表明这两款产品确实有可察觉的差异，则感官研究人员需要做消费者测试，由此来证明目标消费群体认为新产品品质确实有所提升（详见第13~15章）。

如果样品间的差异非常大，以至于很明显，差别检验就没有必要了。如果预实验中所有评价员都能感知出两种样品有差异，那么就不应采用差别检验。这时采用标度法来量化样品间的差异程度是可取的。也就是说，当样品间差异很微小时，采用差别检验最有用的。但是，这种微小差异更容易产生Ⅱ类型错误（详见本章随后部分及附录Ⅴ）。

差别检验常用来检测两个样品之间是否有感官的差异。为了比较两个以上样品之间是否有差异，也可以采用多重差别检验，但这种方式不是很有效或者说不具有统计说服力。这种情况，采用排序法或标度法更科学（详见第 7 章）。

有许多不同的差别检验方法可供选用，包括三点检验、二-三点检验、成对比较检验、*n*-选项必选检验（*n*-AFC）、四点检验（Frijer，1984），多边及多面检验（Basker，1980）等。第 1 章简要概述了有关三点检验、二-三点检验和成对比较检验的历史。随后章节中，将详细介绍常用的差别检验及其使用方法。

4.2 差别检验的种类

表 4.1 所示为常用差别检验方法的概要，表 4.2 所示为差别检验实验步骤。

表 4.1　　常用差别检验的种类

检验类型	检验方法	参比样	测试样	方法解释	猜对率
差异	三点	无	A，A′，B（或 A，B，B′）	选择不同的样品	1/3
匹配	固定参比二-三点	A	A，B	选择与参比相同的样品	1/2
	平衡参比二-三点	A，B	A，B	选择与参比相同的样品	1/2
	ABX	A，B	A（或 B）	选择与参比相同的样品	1/2
	双标准	A，B	A，B	分别比配两个样品所对应的相同的参比样	1/2
强迫选择	成对比较	无	A，B	选择在某一感官品质上强度最大的样品	1/2
	3-AFC	无	A，A′，B		1/3
	n-AFC	无	$A_1 \sim A_{n-1}$，B		1/n
	配对/配偶	无	A，B 和 A，A′	选择不同配对组	1/2
分类	五中选二	无	A，A′，B，B′，B″	分成两组	1/10
	Harris-Kalmus 法 八中选四	无	$A_1 \sim A_4$，$B_1 \sim B_4$		1/70
是/非（响应选择）	异同	无	A，A′或 A，B	回答“相同”或“不同”	不适用①
	A-非 A	参比-A	A（或 B）	回答是“A”或“非 A”	不适用①

①在是/非检验中，每个评价员内心都有各自的判别准则，因此其猜对率不一定为 1/2。第 5 章进一步讨论是/非检验中的判别准则。

表 4.2　差别检验实验步骤

1	接收样品，并与客户确定实验目的、细节、时间安排表和评价员培训（如：培训步骤）等。
2	与客户明确实验条件（样品大小、体积、温度等）。
3	制作含有评价要求的评价员问卷。
4	招募候选评价员。
5	筛选感官灵敏的评价员。
6	培训如何开展特定感官品质的差别检验（可以利用颜色、形状或加标样品）。
7	建立平衡的呈送顺序。
8	给每个评价杯（盘）分配随机的三位数编码。
9	开展实验。
10	分析结果。
11	与客户或终端结果使用者沟通实验结果。

4.2.1　成对比较检验

该检验有两种，分别为定向成对比较检验（又称 2-选项必选法或 2-点强迫选择法）和差别成对比较检验（又称简单差别或异/同检验）。选择采用哪种成对比较检验取决于研究的目的。如果感官研究人员知道两种样品间只在某一特定感官品质上存在差异，则采用 2-选项必选法（2-AFC）。事实上，与让评价员去判别样品之间在整体上是否有差异相比，采用定向成对比较去判别在某一感官品质上（若事先明确该品质）是否有差异，会显得更有效也更具有检验效力，这方面将在第 5 章进行讨论分析。另一方面，如果感官研究人员不知道样品之间在哪种感官品质上有差异，那只有采用差别成对比较检验，尽管会降低一些检验效力。

这两种成对比较检验，每次随机选择后的猜对率均为 1/2。然而在第 5 章讲到，差别成对比较的猜对率易受每位评价员各自内心判断准则的影响。这两种检验的原假设均为：无论实验重复多少次或有多少评价员参与，当评价员小组分辨不出不同样品之间的差异时，他们选择每个样品的概率是相同的。因此，原假设的概率 $P_{pc}=0.5$。这个 P_{pc} 是基于总体而推断出来的正确比例（而非某一实验的具体正确比例）。这也是假设检验是概率统计的一部分的原因。原假设用数学语言可表示为：当评价员小组不能区分样品之间差异时，则选择样品 A 的概率与（记作 P_A）与选择样品 B 的概率（P_B）是相等的。可用数学公式（4.1）表示

$$H_0: P_A = P_B = \frac{1}{2} \tag{4.1}$$

但是，这两种成对比较检验的备择（对立）假设的表达方式是不同的。

4.2.1.1　定向成对比较检验（又称 2-选项必选法或 2-点强迫选择法）

该方法中，实验者要确定两个样品在某一特定感官品质方面是否存在差异，比如在

甜度、黄色、易碎性等方面。两个样品同时呈送给评价员后，要求评价员辨别在指定的感官品质上，哪个样品的强度更高，图 4.1 为问卷。评价员必须清晰地理解感官分析师所要求检测的特定感官品质含义，因此评价员有必要经训练识别该感官品质。评价员也需要熟悉问卷中所提到的评价要求。定向成对比较检验有两种样品呈送方式（AB、BA），这些方式以随机、交叉的形式呈送给评价员，同时要求每种呈送方式出现的次数是相同的。

日期 ______________

姓名 ______________

实验前，请用清水漱口。两组成对比较实验中各有两个样品需要评价。从第一组开始，请按从左至右的呈送顺序依次品尝各组中的编码样品。将全部样品摄入口中，**请勿再次品尝**。在每一组中圈出较甜样品的代码。在品尝两个样品之间用清水漱口，并吐出所有的样品和水。然后进行下一组实验，并按照前面的品尝要求进行操作。

组次：

第 1 组 ________ ________

第 2 组 ________ ________

图 4.1 定向成对比较检验（2-AFC）问卷样例

2-AFC 法在结果统计上是单侧（单边）检验，因为实验者事先知道哪一个待测样品在特性感官品质上的浓度更高。2-AFC 的备择假设为：若评价员小组整体能在被评价的感官品质上感知样品之间的差异，那么物理浓度更强的样品（比如样品 A）被选择为感官强度更高的概率（P_{pc}）会大于另一个样品（如 B）。可用式（4.2）表示。

$$H_A: P_{pc} > \frac{1}{2} \tag{4.2}$$

这个定向成对比较（2-AFC）检验结果说明两个样品之间在指定的感官品质方向上存在差异。感官分析师必须确保两个样品只在该感官品质上有差异。这是感官差别检验应用于食品中经常遇到的问题，因为一个参数的改变，经常会引起产品其他感官品质的变化。例如，减少海绵蛋糕中糖含量会降低蛋糕的甜感，但也会影响蛋糕的质地和焦糖色。这时，不适合选用差别检验中的定向成对比较检验。

4.2.1.2 差别成对比较检验（也称作简单差别检验或异/同检验）

该方法类似于三点检验和二-三点检验，但不经常使用。当产品有感官残留效应或供应不足而不适合同时呈送三个样品时，最好采用它来代替三点检验或二-三点检验（Meilgaard 等，2006）。这个方法是用来确定两个样品在整体上是否有差异，而不需要明确在哪个感官品质上有差异。例如，两种海绵蛋糕虽然除了含糖量不同，其他成分均相同。但这两种蛋糕不仅甜感不同，而且质地和焦糖色也可能不同。

两个样品同时呈送给评价员，要求评价员回答这两个样品是否相同，图 4.2 为问卷。评价员只需比较两个样品并评价其是否相同或不同。人类很容易做这样的比较，对评价员来讲也相对容易完成。因为评价员只需熟悉问卷中所提到的评价要求，而不必单独进行感官品质的识别训练。差别成对比较检验有四种样品呈送方式（AA、BB、AB、BA），并均以随机、交叉的形式呈送给评价员，同时要求每种呈送方式出现的次数是相同的。

日期 ______________

姓名 ______________

实验前，请用清水漱口。两组成对比较实验中各有两个样品需要评价。从第一组开始，请按从左至右的呈送顺序依次品尝各组中的编码样品。将全部样品摄入口中，**请勿再次品尝**。回答各组中的样品是相同还是不同，并圈出右边相应的结果。在品尝两个样品之间用清水漱口，并吐出所有的样品和水。然后进行下一组实验，并按照前面的品尝要求进行操作。

组次：

第 1 组 ________ ________ 相同 不同

第 2 组 ________ ________ 相同 不同

图 4.2 差别成对比较检验问卷样例

这个方法在结果统计上是单侧（单边）检验的，因为实验者事先知道要求每位评价员所回答问题的标准答案，也就是实验者知道呈送给该评价员的两个样品是相同的还是不同的。差别成对比较检验的备择假设为：若样品之间差异较大，则评价员小组判别样品之间是否存在差异的正确概率经常会超过 50%。式（4.3）可表示为：

$$H_A: P_{pc} > \frac{1}{2} \tag{4.3}$$

备择假设的含义为正确判别（认为 AB、BA 各组的内部样品之间有差异，AA、BB 各组的内部样品间无差异）的回答数超过一半。从差别成对检验的结果中只能判断评价员是否能辨别出两种样品有显著差异，而不能像定向成对比较检验那样，明确揭示在具体的感官品质上有差异。也就是说，感官研究人员只能了解到样品之间有显著差异，而无法得知这种差异来自样品的哪种感官品质。进一步的分析在本章后面的附录部分，其中每位评价员以随机的方式评价相同的样品对（AA 或 BB）和不同的样品对（AB 或 BA）。

4.2.2 三点检验

三点检验中，同时呈送给评价员 3 个样品，其中两个样品相同，另外 1 个样品不同。每位评价员需要在这 3 个样品中寻找其中一个不同于另外两个的样品，或寻找相似的那两个样品。问卷中通常让评价员寻找那个不同的样品。但有些感官分析师要求评价员找出相似的那两个样品。具体采用哪种寻找方式并不重要，但是在多次实验中感官分析师不应改变原有的寻找方式，不然容易使评价员产生困惑，图 4.3 为问卷。类似于差别成对比较检验，评价员须熟悉问卷中所提到的评价要求。

日期 ____________

姓名 ____________

组次 ____________

实验前，请用清水漱口，并将水吐入预先准备的容器中。你会得到3个编码样品，其中两个是相同的，另一个是不同的。请按从左至右的呈送顺序品尝各样品，并圈出不同于另外两个样品的那个样品的编码。在品尝每两个样品之间用清水漱口，并吐出所有的样品和水。

____________ ____________ ____________

图 4.3 三点检验问卷样例

三点检验的原假设为：当样品之间没有感官差异时，评价小组总体做出正确选择的最终概率（P_t）是 1/3（$H_0: P_t = 1/3$）。备择假设为：若样品间差异较大，则评价组总体做出正确选择的正确概率会超过 1/3。如式（4.4）所示

$$H_A: P_t > \frac{1}{3} \tag{4.4}$$

这是单边备择假设，这个方法在结果统计上是单侧（单边）检验。三点检验有六种样品呈送方式（AAB、ABA、BAA、BBA、BAB、ABB），并以交叉平衡的形式呈送给评价员。如差别成对比较检验一样，三点检验可让感官分析师确定两种样品之间是否有显著差异，但不能确定在哪个感官品质上有差异。同样，感官研究人员只能了解到样品之间有显著差异，而无法得知这种差异来自样品的哪种感官品质。

4.2.3 二-三点检验

在二-三点检验中，也同时呈送给评价员 3 个样品。一个样品被标明为“参比样”，并与另外两个编码样品中的一个是相同的。评价员必须选出一个与参比样最相似的样品编码。二-三点检验的原假设为：当样品间没有感官差异时，评价员小组做出正确选择的最终概率（P_{dt}）是 1/2（$H_0: P_{dt} = 1/2$）。备择假设为：若样品之间差异较大，则评价员小组选出与参比样最相似的样品的正确概率会超过 1/2。如式（4.5）所示。

$$H_A: P_{dt} > \frac{1}{2} \tag{4.5}$$

同时，评价员需熟悉并正确执行问卷中所提到的评价要求。二-三检验可以让感官分析师确定两种样品之间是否有显著差异，但不能确定在哪个感官品质上有差异。也就是说，感官研究人员只能了解到样品之间是否有显著差异，而无法得知这种差异来自样品的哪种感官品质。

二-三点检验有两种形式，包括固定参比样二-三点检验和平衡参比样二-三点检验。对评价员的感官评价操作而言，这两种形式的二-三点检验是一样的（见图 4.4a 和图

4.4b）。但对于感官分析师来讲，这两种形式所用的参比样不同。

日期 ________

姓名 ________

实验前，请用清水漱口。两组二-三点检验中各有3个样品需要评价。各组两个编码样品中，有一个与参比样相同。检验每组样品前，先品尝参比样，然后按从左至右的呈送顺序品尝各组中的编码样品。将全部样品摄入口中，**请勿再次品尝**。圈出与参比样最相似的样品编码。不要吞咽任何样品或水，将其吐入预先准备的容器中。在品尝下一组样品前，请用清水漱口。

组次：

第 1 组　参比样　________　________

第 2 组　参比样　________　________

图 4.4a　固定参比样二-三点检验问卷样例

日期 ________

姓名 ________

实验前，请用清水漱口。两组二-三点检验中各有3个样品需要评价。各组两个编码样品中，有一个与参比样相同。检验每组前，先品尝参比样，然后按从左至右的呈送顺序品尝各组中编码的样品。将全部样品摄入口中，**请勿再次品尝**。圈出与参比样最相似的样品编码。不要吞咽任何样品或水，将其吐入预先准备的容器中。在品尝下一组样品前，请用清水漱口。

组次：

第 1 组　参比样　________　________

第 2 组　参比样　________　________

图 4.4b　平衡参比样二-三点检验问卷样例

4.2.3.1　固定参比样二-三点检验

在该情况下，所有评价员得到相同的参比样。固定参比样二-三点检验有两种呈送方式（R_ABA、R_AAB），并以交叉平衡的形式呈送给评价员。当评价员对某一产品已经非常熟悉时，采用固定参比样二-三点检验更为灵敏（Mitchell，1956）。如产品 X 是现有产品（评价员非常熟悉），而产品 Z 是一款新产品，则会选择以产品 X 作为参比样的固定参比样二-三点检验方法。

4.2.3.2　平衡参比样二-三点检验

平衡参比样二-三点检验中，一半的评价员是用某一种样品作为参比样，而另一半评价员是用另一种样品作为参比样。这时，有四种样品呈送方式（R_ABA、R_AAB、R_BBA、R_BAB），并以交叉平衡的形式呈送给评价员。当两种样品都是试制样品（评价员不是很熟悉），或当较为熟悉的样品没有足够数量用于固定参比样二-三点检验时，可以采用平衡参比样二-三点检验方法。

4.2.4 *n*-选项必选法（*n*-AFC）

有关 *n*-AFC 的统计优势、相关假设检验及其应用将在第 5 章中详细讨论。正如所看到的，2-AFC 就是我们熟悉的定向成对比较检验。3-选项必选法（3-AFC）与“定向”三点检验非常相似，同时呈送 3 个样品给评价员，并选出在某一特定感官品质上强度较高或较低的样品（Frijters，1979）。任何 3-AFC 研究中，只有 3 种样品呈送方式（AAB、ABA、BAA 或 BBA、BAB、ABB），并以交叉平衡的形式呈送给评价员。在 2-AFC 中，指定的感官品质必须是两个样品之间存在的唯一感官品质差异。因此，评价员必须训练识别该感官品质。评价员也需要熟悉问卷中所提到的评价要求（图 4.5）。

日期 ______________

姓名 ______________

实验前，请用清水漱口。一组实验中有3个样品需要评价。请按从左至右的呈送顺序品尝各编码样品，将全部样品摄入口中，**请勿再次品尝**。在3个样品中圈出较甜样品的编码。在品尝每两个样品之间用清水漱口，并吐出所有的样品和水。

______________　　______________　　______________

图 4.5　3-AFC 问卷样例

3-选项必选检验可以使感官研究人员得知两个样品在特定感官品质上是否存在差异，以及哪种样品在该特定品质上的感官强度较高。当产品中其他感官品质随着一种感官品质的改变而改变时，采用 *n*-AFC 就非常冒险，并使得被评价的感官品质容易混淆而不好把握。*n*-AFC 的另一种版本是要求评价员选择在整体强度上最弱或最强的样品，而不是评价某一特定的感官品质。对评价员而言，对一种复杂食品系统进行 *n*-AFC 检验，是一项非常困难的任务。

4.2.5 “A”-非“A”检验

文献中提到了两种 A-非 A 检验。第一种也是更常用的一种：有一个包括两个产品的训练阶段，之后是单一评价阶段（Bi 和 Ennis，2001a，b），称之为标准 A-非 A 检验。第二种本质上是一个序贯的差别成对比较检验或简单差别检验（Stone 和 Sidel，2004），我们将其称为备择 A-非 A 检验。备择 A-非 A 检验不经常使用。在下一节中，我们将首先讨论备择 A-非 A 检验，因为它的统计分析类似于差别成对比较检验。多种标准 A-非 A

检验的统计分析基于不同的理论，稍微复杂一些，将稍后讨论。

4.2.5.1 备择 A-非 A 检验

备择 A-非 A 检验是一个序贯的异/同检验，评价员接收并评价第一个样品后移除该样品。随后，评价员接受并评价第二个样品。然后要求评价员指出两个样品是相同的还是不同的。由于没有同时提供给评价员两个样品，他们必须在心理上比较两个样品并做出决定。因此，评价员必须接受培训以理解问卷中描述的任务，但不需要接受特定感官品质评价的培训。像差别成对比较那样，备择 A-非 A 检验有四种样品呈送方式（AA、BB、AB、BA），并均以随机交叉的形式呈送给评价员，同时要求每种呈送方式出现的次数是相同的。因感官分析师清楚问题的正确答案，即两个样品是相同的或是不同的，所以该检验是单边检验。备择 A-非 A 检验的原假设与差别成对比较的原假设相同（H_0：$P_{pc}=0.5$）。这种类型的 A-非 A 检验的备择假设是：若样品间差异较大，则做出正确判断的概率将大于 1/2。其备择假设也与差别成对比较检验（H_A：$P_{pc}>1/2$）的备择假设相同。

备择 A-非 A 检验的结果仅指示当样品不被同时提供时，评价员能否显著地区分样品之间的差异。像差别成对比较检验一样，并不指明差异的方向。也就是说，感官研究人员只知道样品之间有明显的不同，但无法得知在哪种感官品质上存在不同。

这种形式的 A-非 A 检验通常用于当样品的颜色、形状或大小与研究目的无关，但实验人员又无法使两种样品具有完全相同的颜色、形状或大小的情况。但是，颜色、形状或大小的差异必须非常细微，并且只有在样品同时出现时才能被发现。如果差异不足够小，评价员可能会记住这些差异，然后根据这些无关的差异做出的决定会影响最终的感官品质差异评价。

4.2.5.2 标准 A-非 A 检验

在学习阶段，评价员检验多个标有“A”和“非 A”的示例产品。培训结束后，评价员每次接收到一个样品，并回答样品是 A 或非 A。正如 Bi 和 Ennis（2001a）所讨论的那样，标准 A-非 A 检验可能有四种不同的设计。对于单一 A-非 A 检验，评价员在训练结束后获得单个样品（A 或非 A）。在成对 A-非 A 检验中，应按顺序提供一对样品（一个 A 和一个非 A，交叉平衡提供给评价员）。在重复的单一 A-非 A 检验中，评价员可接收到一系列样品，它们是 A 或非 A 的一种，而非两者的混合。这种 A-非 A 检验在实践中很少使用。最后，在重复的混合 A-非 A 检验中，评价员在训练结束后可获得一系列 A 和非 A 样品。不同的检验形式需要不同的统计模型，使用不合适的模型可能会导致错误的结论。正如 Bi 和 Ennis 所描述的那样（2001a），A-非 A 检验的统计模型与其他差别检验方法如 n-AFC、三点检验和二-三点检验方法的统计模型是不同的。

Pearson 卡方检验和 McNemar 卡方检验具有一个自由度，可用于标准 A-非 A 检验，而基于正确回答概率的二项式检验可以用于 n-AFC、三点检验和二-三点检验。两类差异检验的根本区别在于前者涉及两个比例的比较（即对于 A 样品的回答为“A”与回答为

“非 A”的比例）或检验两个变量（样品与响应）的独立性，而后者是比例与固定值的比较（如正确回答率与猜测率的比例）。Bi 和 Ennis 的文章（2001a，b）清楚地描述了这些检验的数据分析方法。此外，Brockhoff 和 Christensen（2009）提到了一个名为 SensR 的 R 软件包，可用于某些标准 A-非 A 检验的数据分析。关于标准 A-非 A 检验的数据分析超出了本教材的范围，但本章附录给出了 McNemar 卡方检验应用于简单的 A-非 A 检验的一个范例，其中每个评价员获得一个标准产品（一个“真正”的 A）和一个测试产品。每个样品单独提供给评价员，然后收集对两种产品的判断。

4.2.6 分类法

分类检验中，呈送给评价员一系列样品，并要求他们将样品分成两类。分类检验容易产生感官疲劳，因此不常用于滋味和气味的感官评价中，但非常适用于触觉或视觉的感官差异分析。分类检验的原假设概率非常低，使得其在统计上非常有效。如五中选二检验的原假设是 1/10（$P_{2/5}=0.1$），Harris-Kalmus 检验的原假设是 1/70（$P_{4/8}=0.0143$）。下面讨论这些检验。

4.2.6.1 五中选二检验

评价员得到 5 个样品，要求将这些样品分为 2 组，其中一组包含 2 个样品，且与另外 3 个样品不同（Amoore 等，1968）。历史上，当测试样品气味较淡、不容易产生感官疲劳时，该方法可用来测试气味阈值（Amoore，1979）。从 5 个样品中随机选择 2 个正确样品的概率等于 0.1。该方法的主要优点是碰巧选对 2 个正确样品的概率很低。但是，该方法的主要缺点是容易引起感官疲劳。该方法须要评价员重复评价，对于需要被嗅闻和品尝的样品极其容易产生感官疲劳，但适合须要接受视觉或触觉检验的样品。最近 Whiting 等（2004）比较了五中选二与三点检验在决定化妆品粉底液颜色是否有差异中的应用，发现三点检验结果与仪器分析结果的相关性较低，而五中选二检验与仪器结果相关性高。

4.2.6.2 Harris-Kalmus 检验

Harris-Kalmus 检验已用于测定苯基硫脲（PTC，又称 PTU）的评价员个体阈值。在这个检验中，呈送给评价员 8 个样品（其中 4 个样品为纯水，另外 4 个样品为含有 PTC 的溶液），要求评价员将这 8 个样品分成 2 组，每组 4 个样品。如果评价员的分类不正确，则提高 PTC 浓度继续进行分类检验，直到该评价员能正确地分出 2 组各 4 个样品。那么，此 PTC 浓度为该评价员的阈值（Harris 和 Kalmus，1949—1950）。该方法与五中选二有同样的缺点，即容易让人产生感官疲劳。但是，一旦评价员正确地分选出样品，研究人员就能得出该评价员对 PTC 的灵敏度。对 PTC 不灵敏的评价员就像“品尝”纯水一样，因此不会产生感官疲劳。Lawless（1980）采用这个方法的简易版“六中选三”检测 PTC 和 PROP（6-正丙基硫氧嘧啶，6-*n*-propyl thiouracil）的阈值。

4.2.7 ABX 差别检验

ABX 差别检验，顾名思义，是一种样品匹配检验。评价员得到 2 个样品（A 和 B），分别为对照样和处理样。正如其他差别检验，食品研究中的“处理”一般是指配方改变、工艺改良或包装引起的变化或保质期中产生的变化。样品“X”与 A、B 两个样品中的其中一个样品是相同的，要求评价员指出与哪个样品相同。该方法正确选择的概率为 50%，而且是单边检验，而备择假设的概率大于 50%。本质上，该检验是反向的二-三点检验（Huang 和 Lawless，1998），提供了 2 个参比样而不是只有 1 个，正如双标准差别检验。理论上，可以让评价员同时评价 2 个不同的样品，并去感受它们之间的差异。完全向评价员“展示”样品之间的差异，使得该检验与双标准检验有共同的优点（O' Mahony 等，1986）：让评价员充分捕捉样品之间的差异在什么地方，并利用这些差异进行后面正确的样品匹配实验。这对 2 个已标注样品的检测起到了预实验的作用。该检验也有一些双标准检验所没有的优点，因为只呈送 1 个而不是 2 个测试样，感官疲劳、感官适应和遗留效应都减少。从另一个角度讲，如果只有 1 个测试样，为正确匹配提供了较少的证据，不好说该检验是否优于双标准检验。像其他整体差别检验（如三点检验、二-三点检验）那样，该方法不指出在哪些感官品质上有差异。这对评价员发现样品之间的感官差异的相关维度是一种挑战，要求评价员不要被明显的、随机的差异所影响。因为食品品质是多维度的，不相关品质的随意变化都可能误导评价员的判断，使得他们去关注与实际差异来源无关的感官品质（Ennis 和 Mullen，1986）。

这种检验方法用来测量强迫选择的差别，已广泛应用于心理学研究中，例如语音差异判别和听觉阈值测量（Macmillan 等，1977；Pierre 和 Gilbert，1958）。一些信号检测模型（见第 5 章）可用来预测该方法的表现（Macmillan 和 Creelman，1991）。虽然一些感官研究人员了解这方法（Frijters 等，1980），但很少用于食品检验。Huang 和 Lawless（1998）认为使用 ABX 差别检验的优点比使用标准差别检验的还要少。

4.2.8 双标准检验

双标准检验首先是被 Peryam 和 Swartz（1950）用于气味样品检测中。其本质上是具有 2 个参比样（一个对照样和一个处理样）的二-三点检验方法。2 个参比样能使评价员建立一个更稳定的判别样品之间潜在差异的标准。这个方法有四种样品呈送方式：$R_{(A)}R_{(B)}$ AB、$R_{(A)}R_{(B)}$ BA、$R_{(B)}R_{(A)}$ AB、$R_{(B)}R_{(A)}$ BA。猜对率为 0.5，并且数据分析方法与二-三点检验相同。Peryam 和 Swartz 认为嗅觉恢复较快，所以本检验非常适用于气味样品；而味觉恢复时间较长，所以此方法不适用于滋味样品。该检验被 Pangborn 和 Dunkley（1966）用于检查牛乳中的添加物，如乳糖、藻胶口香糖、乳盐、蛋白质等。O' Mahony 等（1986）对柠檬进行实验时发现双标准检验优于二-三点检验。但在 2009 年 O' Mahony（通过私人交流）感觉这个实验结果是错误的。因为在评价后面 A 和 B 两个样品前，未引导评价员去评价参比样，可能无意间将二-三点检验方法转换成 2-AFC 方法的评价方式。与 Huang 和 Lawless（1998）在橘子汁中添加蔗糖后开展差别检验研究的结论是一致的，即采用双标准检验、二-三点检验和 ABX 检验三种方法时，未发现哪种方法更有效。

4.3 差别检验方法的优缺点

如果同样品不同批次间的差异与不同样品之间的差异一样大，感官分析师就不应该采用三点检验或二-三点检验（Gacula 和 Singh，1984），这时可采用成对比较差别检验。但是感官分析师首先要问一个问题：在进行任何新产品或不同配方的研究之前，是否不应该再进行批次间的产品差异研究。

所有差别检验的主要弱点是不能明确样品之间感官差异的大小。简单差别检验只是用来判别在感官品质上是否有差异的，不是用来测量感官差异大小的，也就是只能用于确定这种差异是否能被感知到。感官分析师不应试图根据统计分析的显著水平或概率（p 值）得出差异大小的结论。显著水平和 p 值在一定程度上取决于检验中评价员的数量和特定差别检验方法本身的难度。所以这里没有表示差异大小的参数。但是我们发现，与 50%相比，评价员的正确回答率为 95%的差别检验中，对照样与处理样之间的感官差异更大。其前提条件是：有足够数量评价员参与检验，所用差别检验方法均相同，而且所有的检验条件均一致。基于强迫选择检验中差异判别的正确比例，感官差异的等距标度法将在第 5 章中作进一步讨论，例如塞斯通（Thurstonian）标度法，这些方法是对微小差异的间接测量。它们是方法和数学的结合，必须满足一定的假设才能得到有效应用。因此，感官分析师直接根据标度来比较差异大小是更明智的，而不是根据差别检验中正确回答率来间接估计样品间的差异大小。然而，在感官领域，这个意见仅供参考。感兴趣的同行可以阅读 Lee 和 O'Mahony（2007）的文献。

除 2-AFC 和 3-AFC 检验以外，其他差别检验不能表明样品之间的感官差异的本质。差别检验的主要优势是评价员在实验中操作简单、理解直观。但正是因为简单，经常会产生无用的实验数据。感官分析师必须非常清楚与差别检验有关的检验效力、重复实验和平衡设计等问题。这些问题将在本章后面部分讨论。

4.4 数据分析

差别检验得到的数据可以通过后面任何一种统计方法进行分析。这三种数据分析方法分别基于二项式、卡方或正态分布。所有这些分析都假设评价员必须做出判断，因此他们不得不选择这个样品或那个样品，而且不允许他们说不知道答案。换句话说，每位评价员都必须做出判断，这样他们的判断要么正确、要么不正确。

4.4.1 二项分布与表格

二项式分布可帮助感官分析师确定结果是来自随机抽样误差，还是评价员确实感知到了样品间的差异。式（4.6）可使感官研究人员计算成功的概率（即判断正确，p）或失败的概率（即判断错误，q），如式（4.6）所示。

$$p(y) = \frac{n!}{y!\ (n-y)!} \cdot p^y p^{n-y} \tag{4.6}$$

式中　n——判断总数；

y——正确判断的总数；

p——随机做出正确判断的概率。

公式中 $n!$ 表示数学的阶乘函数，其计算方法是 $n\times(n-1)\times(n-2)\cdots\times2\times1$。在计算器和计算机广泛应用之前，二项式公式的计算相当复杂，即使现在它仍然有些令人厌烦。Roessler 等（1978）发表了一系列表格，这些表格利用二项式公式计算正确判断数目及其发生的概率。这些表格能非常容易的在差别检验中确定两样品间是否有统计意义上的差异。感官研究人员可能不方便得到这些表格，因此，他或她应该知道如何利用更容易得到的统计表格来分析差别检验的数据。表 4.3 是节选 Roessler 等（1978）的表格，该表格使用简单。例如，在一个二-三点检验中有 45 名评价员，21 名评价员正确地选出了与参比样一致的样品。表 4.3 二-三点检验一栏中，发现 5%显著水平下 45 名评价员的临界值是 29。该值比 21 大，因此评价员不能觉察出样品间的差异。另一项差异研究采用三点检验，45 名评价员中有 21 名正确地识别出了存在差异的样品。表 4.3 的三点检验一栏，发现 5%显著水平下 45 名评价员的临界值是 21，与正确选择数相同。因此，α 在 5%水平下，评价员能够感知到 2 类样品间是有显著差异的。

表 4.3　在显著水平为 5%和 1%下，对于成对比较和二-三点检验（单边，$p=1/2$）及三点检验（单边，$p=1/3$）证明样品间有显著差异的最小正确判断数[a]

成对比较检验和二-三点检验			三点检验		
实验回答数/n	显著水平		实验回答数/n	显著水平	
	0.05	0.01		0.05	0.01
5	5	—	3	3	—
6	6	—	4	4	—
7	7	7	5	4	5
8	7	8	6	5	6
9	8	9	7	5	6
10	9	10	8	6	7
11	9	10	9	6	7
12	10	11	10	7	8
13	10	12	11	7	8
14	11	12	12	8	9
15	12	13	13	8	9
16	12	14	14	9	10
17	13	14	15	9	10

续表

成对比较检验和二-三点检验			三点检验		
实验回答数/n	显著水平		实验回答数/n	显著水平	
18	13	15	16	9	11
19	14	15	17	10	11
20	15	16	18	10	12
21	15	17	19	11	12
22	16	17	20	11	13
23	16	18	21	12	13
24	17	19	22	12	14
25	18	19	23	12	14
26	18	20	24	13	15
27	19	20	25	13	15
28	19	21	26	14	15
29	20	22	27	14	16
30	20	22	28	15	16
31	21	23	29	15	17
32	22	24	30	15	17
33	22	24	31	16	18
34	23	25	32	16	18
35	23	25	33	17	18
36	24	26	34	17	19
37	24	26	35	17	19
38	25	27	36	18	20
39	26	28	37	18	20
40	26	28	38	19	21
41	27	29	39	19	21
42	27	29	40	19	21
43	28	30	41	20	22
44	28	31	42	20	22
45	29	31	43	20	23
46	30	32	44	21	23
47	30	32	45	21	24
48	31	33	46	22	24

续表

成对比较检验和二-三点检验			三点检验		
实验回答数/n	显著水平		实验回答数/n	显著水平	
49	31	34	47	22	24
50	32	34	48	22	25
60	37	40	49	23	25
70	43	46	50	23	26
80	48	51	60	27	30
90	54	57	70	31	34
100	59	63	80	35	38
110	65	68	90	38	42
120	70	74	100	42	45
130	75	79	110	46	49
140	81	85	120	50	53
150	86	90	130	53	57
160	91	96	140	57	61
170	97	101	150	61	65
180	102	107	160	64	68
190	107	112	170	68	72
200	113	117	180	71	76
			190	75	80
			200	79	83

注：在 Excel 2007 版中，采用 B. T. Carr's 差别检验的分析工具包获得（获使用许可）。

4.4.2 校正的卡方（χ^2）检验

卡方分布可以使感官研究人员将一组观察到的频次与对应的期望（原假设）频次进行比较。卡方统计可按如下公式计算（Amerine 和 Roessler，1983），式中的数字-0.5 作为分布的连续性校正。因为χ^2 分布是连续的，而从差别检验中观察得到的频次是整数，所以需要进行连续性校正。一个人的一半得到正确答案是不可能的，所以统计的近似值最大可以舍去 1/2。如式（4.7）所示。

$$x^2 = \left[\frac{(|O_1 - E_1| - 0.5)^2}{E_1}\right] + \left[\frac{(|O_2 - E_2| - 0.5)^2}{E_2}\right] \tag{4.7}$$

式中 O_1——观察到的正确回答数；

O_2——观察到的不正确回答数；

E_1——期望的正确回答数，等于总观察次数（n）乘以正确选择概率（p），各检验随机做出正确选择的概率 p 为：

$p=0.100$ 五中取二检验，

$p=0.500$ 二-三点检验、差别成对、定向成对、A-非 A 检验，

$p=0.333$ 三点检验；

E_2——期望的不正确回答数，等于总的观察次数（n）乘以不正确选择概率（q）

各检验随机做出正确选择的概率 q（$q=1-p$）为：

$q=0.900$ 五中取二检验，

$q=0.500$ 二-三点检验、差别成对、定向成对、A-非 A 检验、ABX 检验，

$q=0.667$ 三点检验。

利用差别检验可使感官研究人员确定两种产品间在统计意义上是否有感官差异，因此自由度为 1，从而利用 $df=1$ 的 χ^2 表可以查阅到，α 在 5%水平下，χ^2 值为 3.84。其他显著水平下的 χ^2 值参见附录中的卡方表。

4.4.3 正态分布和比例 Z 检验

感官分析师可利用正态分布曲线下的面积来估算差别检验结果的概率。与正态分布曲线相关的表格，表明了在曲线下的特定面积（概率）与正态偏离值（Z）的关系。下列两个公式［式（4.8）和式（4.9）］可用于计算与某一特定差别检验结果相关的 Z 值（Stone 和 Sidel，1978）。

$$Z=\frac{[P_{观察}-P_{随机}]-\frac{1}{2N}}{\sqrt{pq/N}} \tag{4.8}$$

式中 $P_{观察}$——X/N；

$P_{随机}$——随机做出正确判断的概率，如三点检验中 $P_{随机}=1/3$，二-三点检验和成对比较检验中 $P_{随机}=1/2$；

X——正确回答数；

N——实验回答总数。

可以转化成式（4.9），如下所示

$$z=\frac{X-np-0.5}{\sqrt{npq}} \tag{4.9}$$

式中 X——正确回答数；

n——实验回答总数；

p——随机做出正确判断的概率，如三点检验中 $p=1/3$，二-三点检验和成对比较检验中 $p=1/2$；$q=1-p$。

与 χ^2 计算一样，z 值计算需要-0.5 的连续性校正。查阅 z 值表（正态概率曲线下的面积）来确定随机做出这个选择的概率。单边检验中，α 在 5%水平下，z 值为 1.645。其他 z 值见附录中的 z 值表。

4.5 要点

4.5.1 统计检验的检验效力

从统计意义上讲，当感官科研人员使用任何一种感官差别检验方法的原假设（H_0）时，会产生两类误差：Ⅰ类型（α）和Ⅱ类型（β）误差（详见附录Ⅴ）。当感官研究人员否定原假设（H_0）时，会产生Ⅰ类型误差，即在差别检验中，我们可能得出两种产品有可感知的差异，而实际上它们并没有可感知的差异。感官研究人员可通过对 α 大小的选择来控制Ⅰ类型误差。习惯上，α 都选择比较小（0.05，0.01 或是 0.001），意味着产生Ⅰ类型误差的概率分别为 5%、1% 和 1‰。当感官研究人员接受实际上不成立的原异假设（H_0）时，会产生Ⅱ类型误差。Ⅱ类型误差表示没有发现一个确实存在差异的风险。一项检验的检验效力定义为 $1-\beta$。换句话说，检验效力为：一项差异确实存在时发现该差异的概率，或者说正确地判断两个样品有可感知差异的概率。检验的检验效力取决于样品间差异的大小、α 的大小和进行检验的评价回答数。

4.5.1.1 为什么差别检验的检验效力很重要？

某糖果生产商想展示他们的花生糖新产品比老产品更脆。在研究之前，感官研究人员已经确定可以接受多大的Ⅰ类型误差概率（α）。如果感官研究人员确定 α 为 0.01，那么她或他遇到Ⅰ类型误差的概率是 1%。糖果生产商采用 2-选项必选检验（2-AFC），实验数据显示需要否定原假设。此时，感官研究人员面临两种可能性。第一种情况，原假设确实是错误的，应被否定，在这种情况下新产品确实比老产品脆。第二种情况，原假设实际上是成立的，而感官研究人员产生了Ⅰ类型误差。在这类研究中，Ⅰ类型误差通常被最小化，因为感官研究人员希望确定新产品与老产品是不同的。这种情况下，检验的检验效力只是一个形式。

分析第二种情景。某冰淇淋生产商想要用一种较便宜的香草香精，代替原先高价位香草冰淇淋中的昂贵香草香精。但是该生产商不想让消费者感知到产品有所不同，因此进行了一次三点检验，以确定评价小组是否能分辨出样品间的差异。实验数据表明应该接受原差异假设，感官研究人员又面临两种可能。第一种情况，原假设是成立的，两种产品间没有可感知的差异。第二种情况，产品间有可感知差异，但感官研究人员产生了Ⅱ类型误差而未发现差异。在这类研究中，Ⅱ类型误差应被最小化（检验效力应被最大化），以便感官研究人员能够有信心地说样品间没有可感知的差异。

在许多已发表的差别检验研究中，作者声称差别检验结果能表明两个样品没有显著差异。而这些检验的检验效力常常不被报道，但经常事后能够计算出来。不幸的是，这些检验的检验效力通常是非常低的，表明所进行的研究可能没有显示出样品间的差异，即使这种差异可能真实存在。或者用统计学行话讲，Ⅱ类型误差的概率很高。

4.5.1.2 检验效力计算

差别检验的检验效力计算并不容易。但是，这并不能阻止感官研究人员试图确定关于某一特定研究的检验效力，特别是当研究目标是通过原料替换后，仍然保留原假设。一般而言，当需要较大检验效力时，感官专业人员应该考虑采用大样本数（$N=50$ 或更大），这是很有必要的。因为遗漏一个真实差异会产生严重的后果。

感官研究人员经常会在事后计算检验效力，这种计算是在研究完成后进行的。感官研究人员也可以针对某一特定检验效力计算所需要的判断数。这两种情况都必须设立一系列先决条件，而且所有检验力的计算都必须遵守这些先决条件。当研究人员为计算检验力设立需要的先决条件时，他必须非常仔细。许多学者（Amerine 等，1965；Ennis，1993；Gacula 和 Singh，1984；Kraemer 和 Thiemann，1987；MacRae，1995；Schlich，1993）都已研究过差别检验的检验效力的计算，而且绘制了相应表格，用于确定某一特定差别检验的检验效力，或对于一个特定检验效力水平所需要的差别检验判断数。不同表格导出的检验效力结论略有不同（Ennis，1993；Schlich，1993）。产生这些不同的原因是因为这些计算是基于一系列先决条件，先决条件的略微差异会导致检验效力计算的不同。检验效力的计算将在第 5 章和附录 V 中做更详细的讨论。此外，Brockhoff 和 Christensen（2009）编写的名为 SensR 的 R 软件包可用于计算大多数差别检验方法的检验效力。

4.5.2 重复评价

正如前面章节和附录 V 检验效力部分所提到的，差别检验中的判断数量非常重要。通过使用更多的评价员或通过让较少的评价员进行多次重复实验，来增加判断数量。这两种增加判断数量的方法显然不同。理想方法是使用更多的评价员。这是确保所有判断都是独立完成的唯一方式。上面讨论过的所有数据分析方法都假设所有判断是完全独立的（Roessler 等，1978）。在公司，感官研究人员经常只有有限的评价员可用。在这种情况下，每位评价员需要在一轮实验中多次评价样品，从而增加判断的数量。这在操作上很容易完成。评价员收到一组样品进行评价。样品和问卷收回后，评价员再收到第二组样品。有时，评价员甚至可能会收到更多的重复。应该注意的是，如果相同的评价员对相同的样品进行重复评价，那么这些评价可能不是完全独立的。也就是说，某特定个体进行的重复评价可能是相互关联的。虽然可以通过重复实验增加判断的数量来提高差异检验的检验效力；然而，根据重复实验间的相关性假设（见附录 V）以及差异检验的类型，所谓的检验效力增加可能接近甚至小于使用相同数量的独立评价（Brockhoff，2003）。如表 4.4［节选自 Brockhoff（2003）的表 3 和表 4］所示，对于三点检验，假设 α 为 5% 和中度重复相关性（高于 37.5%），则独立评价的检验效力大于重复评价。而对于 α 为 5%和轻度重复相关性（高于 25%）的二-三点检验，其检验效力相似。因此，差别检验的重复性实验及其对检验效力的影响不可忽视。

表 4.4　基于 Monte Carlo 模拟的检验效力限值
［节选自 Brockhoff（2003）的表 3 和表 4］　单位：%

n①	k②=1	k②=2	k②=3	k②=4	k②=5
（1）三点检验，α=5%和中度重复相关（高于 37.5%）					
12	40	70	81	90	91
24	74				
36	88				
48	97				
（2）二-三点检验，α 为 5%和轻度重复相关（高于 25%）					
12	11	28	39	46	58
24	27				
36	37				
48	44				

①评价员数量；
②重复次数。

4.5.2.1　重复差别检验分析

需要特别注意的是感官研究人员不应该简单地将重复数据合并起来计算判断的数量，即用重复次数乘以评价员数量。它们不是独立评价，这种情况需要仔细检查，证明其合理性之后才能进行合并。有一些比较简单的检查方法，还有一个更复杂的检查方法，即 β-二项式模型。

简单检验法

首先，重复评价可以作为独立评价单独进行分析。不管是否有练习、预实验或学习，重复评价都会使正确回答比例随着评价次数的增加而增加。这可以成为有用的信息，因为在实际生活中，消费者通常不是一次品尝，而是有多次接触产品的机会。如果后面的重复评价具有统计意义（而第一次没有），那这通常是得出样品间具有可感知差异结论的依据。当然，疲劳、适应或残留可能会影响后期的重复评价，因此，感官研究人员需要考虑每个特定产品的感官性质和具体情况后做出合理的判断。如果重复带来不同的结果，则可能需要进一步的调查或分析。

重复测试的第二种方法是简单列出两次重复测试都正确的评价小组成员的比例。两次重复测试后，三个样品测试的正确概率是 1/9，对于二-三点检验或成对比较检验，其正确概率是 1/4。z 分数公式同样适用于基于比例的二项式检验［式（4.10）］。

$$z = \frac{(P_{obs} - p) - 1/2n}{\sqrt{pq/n}} = \frac{(X - np) - 1/2}{\sqrt{npq}} \qquad (4.10)$$

式中　P_{obs}——正确比例（X/n）；

X——实际正确回答数；

n——评价次数；

p——正确回答概率，$q=1-p$。

求解 X 作为 n 的函数，对于三点检验或 3-AFC 检验，$p=1/9$，在 $z=1.645$（$p<0.05$，单边检验）时，得到以下结果：

$$X=n/9+0.517\sqrt{n}+0.5 \tag{4.11}$$

成对比较检验或二-三点检验的两次重复测试，$p=1/4$ 时，X 结果如下：

$$X=n/4+0.712\sqrt{n}+0.5 \tag{4.12}$$

这些在 Excel 上很容易计算，但是如果希望计算其他显著水平下的 X 临界值，则应更改相应的 z 值。因为计算的是个体，所以必须将 X 的值取为比它大的下一个整数。这种方法有点保守，因为它只考虑那些在两次测试中都回答正确的人，有可能一个人在第一次测试中判断错误，但是在第二次重复测试中判断正确。这个问题的解决方案（考虑到某些人可能有部分正确的差异判断）可以通过使用卡方检验来比较评价次数和人们期望得到的零次、一次或两次正确判断的概率（例如，重复的三点检验为 4/9，4/9 和 1/9，重复的二-三点检验为 3/8，3/8 和 1/4）。

4.5.2.2　重复实验在统计上是否独立？

另一种方法是测试两次重复是否以某种方式独立，数据是随机变化还是存在系统规律。其中一种方法是 Smith 检验（1981），它可以用于两次重复的情况。这个测试基本上决定了在一次重复中是否明显有更多的正确选择，或者两次重复之间是否显著不同。这个可以通过二项式测试进行检验，针对二-三点检验，采用 $p=1/2$ 的二项式表格；针对三点检验，采用 $p=1/3$ 的二项式表。

把每个重复中的正确回答总数（$C1$，$C2$）加在一起（$M=C1+C2$）。M 表示试验总数（n），$C1$ 和 $C2$ 其中的较大值用于表示研究中的正确回答数。如果该较大值大于显著性所需判断的最小数量，则两次重复之间正确回答比例的差异显著，重复数据不能合并，每个重复必须独立分析。如果 $C1$ 和 $C2$ 中的较大者比显著性所需的最小回答数小，那么两次重复之间正确回答比例的差异不显著，可以合并重复数据，并将每个回答当作由不同评价员做出来的进行分析。

例如，一位感官分析师需要确定两种巧克力曲奇饼干是否有明显不同，其中一种以蔗糖作为甜味剂，另一种是无热量甜味剂。感官分析师决定采用固定参比二-三点检验。一个由 35 名评价员组成的评价小组进行了两次重复评价。在第一次重复中，28 名评价员正确地匹配了参比样；第二次重复中，20 名评价员回答正确。感官分析师必须确定两次重复的数据是否可以合并，以及两种曲奇饼干是否有显著的感官差异。

使用 Smith 检验，他发现 $M=28+20=48$，$C1=28$ 是 $C1$ 和 $C2$ 中较大的一个。表 4.3 为二-三检验，对于 $n=48$，α 为 5%时最小正确判断数为 31。因此，28 小于 31，可合并来自两次重复的数据。合并后，总共 70（2×35）个回答中正确判断数为 48。感官研究人员决定计算 z 找到该结果的确切概率。使用式（4.9），正确回答数为 48，总回答数为 70，p 等于 1/2，$z=2.9881$。根据 z 值表，该值随机发生的确切概率是 0.0028。因此，评价员可以感知两种配方之间的差异。

β-二项式模型

Smith 检验并没有解答一些评价员在不同重复中是否有不同的表现的问题。如果评价员有系统趋势（例如，有些人很容易区分，两次都回答正确，而其他人始终回答错误），通过 Smith 检验仍然会得到一个非显著差异的结果，并且两次重复的数据不独立于彼此。这个问题在 β-二项式模型中得到了解决，该模型考虑了评价员表现的一致性（相对于随机性）。尽管 Smith 检验适用于检测重复检验之间的差异，但如果检验不符合显著性水平，那么就没有足够的证据证明重复是相互独立的。β-二项式模型允许我们合并重复数据，但可以在二项式计算中进行一些调整，以便在数据不完全独立时使标准更加保守。

β-二项式模型假设评价员的表现分布为 β 分布。该分布有两个参数，它们可以用一个简单的统计量 γ 表示。γ 在 0~1 变化过程中，体现了评价员的系统表现（例如总是回答正确或不正确，在这种情况下 γ 接近于 1），或者评价员的表现独立于不同的测试（γ 接近于 0）。可以认为这是对考察独立性的一种测试，但这是从个体表现的角度来看，而不是像 Smith 检验那样从评价小组数据的角度来看的。γ 实际上是对正确回答数与评价小组均值的差异程度的估计。它由式（4.13）表示（Bi，2006，第 110 页）：

$$\gamma = \frac{1}{r-1}\left|\frac{rS}{\mu(1-\mu)n} - 1\right| \tag{4.13}$$

式中 r——重复次数；

S——离散度；

μ——小组内评价员个体的平均正确比例（查看每个人的个人比例，如下所示）；

n——评价员人数。

μ 定义如式（4.14）所示。

$$\mu = \frac{\sum_{i=1}^{n} x_i/r}{n} \tag{4.14}$$

式中 x_i——该评价员在不同重复中正确判断数的总和。

所以 μ 是重复实验后的平均正确次数。

S 定义如式（4.15）所示。

$$S = \sum_{i=1}^{n}\left[(x_i/r) - \mu\right]^2 \tag{4.15}$$

一旦找到 γ，我们有两个选择。我们可以测试 β-二项式是否比简单的二项式具有更好的拟合性。这实际上是测试 γ 是否与 0 不同。另一种方式是直接到 β-二项式表中找不同水平的 γ。在这些表中，查找对应总回答数（评价员人数乘以重复数）下的临界正确判断数，并与所有重复实验下的正确判断总数进行比较。随着 γ 的增加（即评价员们看起来更加系统，随机性更少），调整了这些表格中的二项式模型的必要条件，使之更加保守。

采用以下 Z 检验测试 β-二项式是否具有更好的拟合性（Bi，2006），如式（4.16）所示。

$$Z = \frac{E - nr}{\sqrt{2nr(r - 1)}} \tag{4.16}$$

式中　E——另外一个离散度，定义如式（4.17）所示。

$$E = \sum_{i=1}^{n} \frac{(x_1 - rm)^2}{m(1 - m)} \tag{4.17}$$

m 是平均正确比例，定义如式（4.18）所示。

$$m = \sum_{i=1}^{n} x_i / nr \tag{4.18}$$

进行 Z 检验的好处是，如果你找到一个显著的 Z，那么证明这位评价员不是随机的，但是有可能是位始终可以区分样品差异的评价员，也可能是持续无法区分的评价员。换句话说，一个非 0 的 γ 说明有些评价小组能始终感知到差异。如果 Z 检验不显著，则可以合并重复，然后使用简单的二项式表。请注意，这样已经增加了有效样本量，并为测试提供了更大的检验效力。Liggett 和 Delwiche（2005）中给出了这个方法的一个很好的例子。

4.5.3 预实验效果

很多文献介绍了差别检验前提供预实验样品的潜在优点（例如，Barbary 等，1993；Mata-Garcia 等，2007）。预实验要求重复交替品尝两个不同的样品，并告知评价员它们是不同的。通常（但并非总是）鼓励他们尝试弄清产品间有哪些差异。这类似于在实际测试之前给予熟悉样品或仿制样品，但是 在“预实验”中延长了品尝时间。一个预实验样品实际上就是二-三点检验的原始版本（Peryam 和 Swartz，1950）。

但是，没有很强的证据证明增加预实验的优点。在两份早期报告中，对于葡萄酒样品和水果饮料（O'Mahony 和 Goldstein，1986）以及 NaCl 溶液和橙汁（O'Mahony 等，1988）开展了大量的三点检验，其中就包含预实验部分。在后面的研究中，尚不能清楚地告知这种预实验方式是否有利于差异的判断。后来的研究显示了混合的结果。

Thieme 和 O'Mahony（1990）发现在 A-非 A 检验、成对比较检验中采用预实验后的区分效果较好，但是研究缺乏包含预实验和没有预实验的同类测试的直接比较，因此很难从该研究中得出结论。Dacremont 等（2000）第一次采用初级评价员和经验丰富的评价员进行三点检验重复，均未发现预实验带来影响。但有中等经验的评价员确实表现出预实验的一些好处。Kim 等（2006）报道通过预实验，在三点检验、二-三点检验和异同检验测试中的区分效果增加了，但是在预测试前还进行了 NaCl 样品与水的 2-AFC 检验，使得区分效果增加的原因并不清楚。Angulo 等（2007）报道在 2-AFC 检验中与相对不敏感组的比较，预实验使区分效果有了一个较小但无显著性的增加。Rousseau 等（1999）研究了餐前（一个案例）食品的影响，在差别检验前让评价员熟悉芥末样品，结果发现，餐前食品对结果没有影响，对样品的熟悉程度使区分度出现小幅增加。

总之，这些研究表明，预实验可能有一些好处。如果采用通常在实验室研究中进行的大量预实验（3~10 对），那么感官研究人员应该权衡可能的益处与预实验带给评价员的额外负担。

4.5.4 差别检验解释中的常见错误

如果正确地开展了差别检验，并且具有足够的检验效力，感官研究人员发现这两个样本没有显著差异，那么对这些样品再进行后续的消费者喜好测试就没有意义了。从逻辑上讲，如果两个样品在感知上是相同的，那么一个样品不可能优于另一个样品。然而，如果随后的消费者偏好测试表明其中一个样品优于另一个样品，那么感官研究人员必须仔细审查差别检验的适用性问题，尤其是实验的检验效力。当然，任何测试都是一个抽样实验，始终存在做出一些错误决定的可能性。因此，差别检验不能“证明”没有可感知的差异，而后续偏好测试有时存在显著偏好。

有时，感官分析新手会做一个偏好测试，发现对于两个样品而言，没有显著偏好。这意味着这两个样本被喜欢或被不喜欢的程度相同。但是，这并不意味着样品间没有差异。很可能两个样品在感知上差异很大，但被喜欢的程度相同。例如，美国消费者可能同等程度地喜欢苹果和香蕉，但这并不意味着苹果与香蕉没有区别。

附：处理 A-非 A 和异同检验的简单方法

这两个测试都可能将对照样判别为非对照样。任何一个答案的选择都受到每个评价员所用判别准则的影响。例如，作为评价员，你可能会问自己：我是否想要非常严格并确保这些产品是不同的，或者如果我认为它们只要有一点点模糊的差异，我可以称它们不同吗？这些判别准则显然彼此完全不同，并且会明显影响测试的结果。然而，感官研究人员并不知道（无法发现）每位评价员使用哪个判别准则（有时甚至评价员自己也不知道，因为他们没有明确地根据判别准则做出决定）。

为了解决这个问题，可以在 A-非 A 检验中提供一个 A 样品作为对照样，在异同检验中给出一对完全一样的样品作为对照组。接下来的问题变成，处理样（非对照样）被选择为“非 A”的比例是否大于对照（即真正的 A）样被选择为“非 A”的比例。同样，在异同检验中问题变成，对处理样品组（非对照组）回答为“不同”的比例是否高于对对照组回答为“不同”的比例。所以我们需要一个合理的基准线来进行比较。

到现在为止，简单的比例二项式检验或卡方检验似乎可以做到。但在大多数情况下，我们将真实的 A 和处理样提供给同一个评价员。在异同检验中，我们会提供一个对照组（相同样本）和一个处理组（确实不同但在实际中只是可能被称作“不同”的样品）。二项式检验和卡方检验均假设测试之间是独立的，但现在对同一个评价员有两个测试，这显然不是独立的。因此，由 McNemar 检验提供适当的统计分析。让我们看看 A-非 A 检验的情况。我们将数据按如下方式置于双向表中，每个人的评价结果都计入四个单元格中的一个中（1、2、3 和 4 是实际的频数，而不是百分比）：

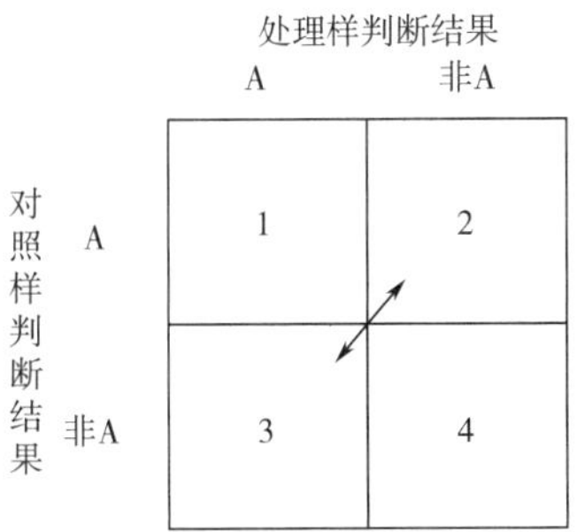

现在，我们对在两次判断中给出相同答案的人都不感兴趣，因为他们没有传达关于产品是否不同的信息。他们被计在单元格 1 和 4 中。关键问题是单元格 2（称处理样为“非 A”和对照样为“A”）中的人数是否显著高于单元格 3（回答相反）中的人数。如果这些单元格的数量完全相同，那么没有足够的证据证明样品间存在差异。但是如果很多人把处理样称为非 A，并且他们意识到对照样就是 A，那么我们可以证明一个重要的变化正在产生，并且这个变化是可感知的。

所以我们需要比较单元格 2 和单元格 3 的大小。McNemar 检验就是做这件事的。令 C_2 为单元格 2 的计数，C_3 为单元格 3 的计数。这是公式：

$$\chi^2 = \frac{(|C_2 - C_3| - 1)^2}{C_2 + C_3}$$

这个χ_2 检验有一个自由度，则在 α 为 5%条件下，卡方临界值是 3.84。

举例：

在 A-非 A 检验中，有一个包含 50 名评价员的评价小组［随机呈送对照样（A）和处理样］。结果如下图所示：

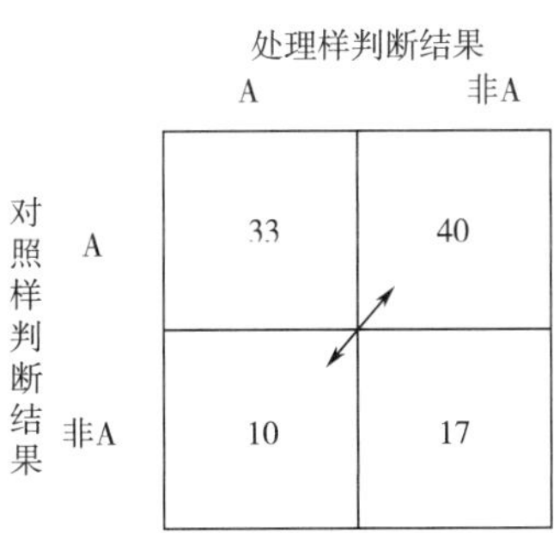

$\chi^2 = \frac{(|40 - 10| - 1)^2}{40 + 10} = 16.82$ 大于 3.84。因此，评价员发现对照样和处理样之间存在显著差异。对于异同检验，可以绘制出一张同样的图表，并进行相同的比较：如果单元格 3 中的人数只是略高于单元格 2，它可能只是随机变化，并没有显著差异。如果单元格 3 比单元格 2 的人数高出很多，并且得到一个显著的卡方值，但是“方向颠倒”，则研究出现了问题（比如，可能颠倒了编码）。另外，如果单元格 1 和单元格 4 中有很多人，这是一个令人担忧的问题，因为这些人没有太多的区分能力，或者他们可能有一些“懒惰”或

采用了宽松的标准。

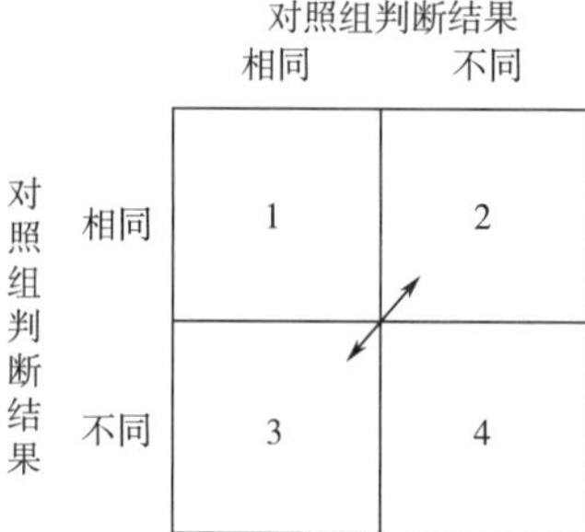

参考文献

Amerine, M. A., Pangborn, R. M. and Roessler, E. B. 1965. Principles of sensory evaluation. Academic, New York, NY.

Amerine, M. A. and Roessler, E. B. 1983. Wines, their sensory evaluation, Second Edition. W.H. Freeman, San Francisco, CA.

Amoore, J. E., Venstrom, D. and Davis, A. R. 1968. Measurement of specific anosmia. Perceptual Motor Skills, 26, 143-164.

Amoore, J. 1979. Directions for preparing aqueous solutions of primary odorants to diagnose eight types of specific anosmias. Chemical Senses and Flavour, 4, 153-161.

Angulo, O., Lee, H.-S. and O'Mahony, M. 2007. Sensory difference tests, over dispersion and warm-up. Food Quality and Preference, 18, 190-195.

Barbary, O., Nonaka, R., Delwiche, J., Chan, J. and O'Mahony, M. 1993. Focused difference testing for the assessment of differences between orange juice made from orange concentrate. Journal of Sensory Studies, 8, 43-67.

Basker, D. 1980. Polygonal and polyhedral taste testing. Journal of Food Quality, 3, 1-10.

Bi, J. and Ennis, D. M. 2001a. Statistical methods for the A-Not A method. Journal of Sensory Studies, 16, 215-237.

Bi, J. and Ennis, D. M. 2001b. The power of the A-Not A method. Journal of Sensory Studies, 16, 343-359.

Bi, J. 2006. Sensory Discrimination Tests and Measurements: Statistical Principles, Procedures and Tables. Blackwell Publishing Professional, Ames, IA.

Brockhoff, P. B. 2003. The statistical power in difference tests. Food Quality and Preference, 14, 405-417.

Brockhoff, P. B. and Christensen, R. H.B. 2009. Thurstonian models for sensory discrimination tests as generalized linear models. Journal of Food Quality and Preference, doi:10.1016/j.foodqual.2009.04.003.

Dacremont, C., Sauvageot, F. and Ha Duyen, T. 2000. Effect of assessors expertise level on efficiency of warm-up for triangle tests. Journal of Sensory Studies, 15, 151-162.

Ennis, D. M. and Mullen, K. 1986. Theoretical aspects of sensory discrimination. Chemical Senses, 11, 513-522.

Ennis, D. M. 1993. The power of sensory discrimination methods. Journal of Sensory Studies, 8, 353-370.

Frijters, J. E. R. 1979. Variations of the triangular method and the relationship of its unidimensional probabilistic model to three-alternative forced choice signal detection theories. British Journal of Mathematical and Statistical Psychology, 32, 229-241.

Frijters, J. E. R. 1984. Sensory difference testing and the measurement of sensory discriminability. In: J. R. Piggott (ed.), Sensory Analysis of Food. Elsevier Applied Science Publications, London, pp.117-140.

Frijters, J. E. R., Kooistra, A. and Vereijken, P. F.G. 1980. Tables of d′ for the triangular method and the 3-AFC signal detection procedure. Perception and Psychophysics, 27, 176-178.

Gacula, M. C. and Singh, J. 1984. Statistical methods in food and consumer research. Academic, Orlando, FL.

Harris, H. and Kalmus, H. 1949. The measurement of taste sensitivity to phenylthiourea. Annals of Eugenics, 15, 24-31.

Huang, Y-T., and Lawless, H. T. 1998. Sensitivity of the ABX discrimination test. Journal of Sensory Studies, 13, 229-239; 8, 229-239.

Kim, H.-J., Jeon, S. Y., Kim, K.-O. and O'Mahony, M. 2006. Thurstonian models and variance I: Experimental confirmation of cognitive strategies for difference tests and effects of perceptual variance. Journal of Sensory Studies, 21, 465-484.

Kraemer, H. C. and Thiemann, S. 1987. How many subjects: Statistical power analysis in research. Sage, Newbury Park, CA.

Lawless, H. T. 1980. A comparison of different methods

used to assess sensitivity to the taste of phenylthiocarbamide (PTC).Chemical Senses, 5, 247–256.

Lee, H–S., and O'Mahony, M. 2007. The evolution of a model: A review of Thurstonian and conditional stimulus effects on difference testing. Food Quality and Preference, 18, 369–383.

Liggett, R. A. and Delwiche, J. F. 2005. The beta–binomial model: Variability in over–dispersion across methods and over time. Journal of Sensory Studies, 20, 48–61.

Macmillan, N. A., Kaplan, H. L. and Creelman, C. D. 1977. The psychophysics of categorical perception. Psychological Review, 452–471.

Macmillan, N. A. and Creelman, C. D. 1991. Detection Theory: A User's Guide. University Press, Cambridge, UK.

Macrae, A. W. 1995. Confidence intervals for the triangle test can give reassurance that products are similar. Food Quality and Preference, 6, 61–67.

Mata–Garcia, M., Angulo, O. and O'Mahony, M. 2007. On warm–up. Journal of Sensory Studies, 22, 187–193.

Meilgaard, M., Civille, C. V., and Carr, B. T. 2006. Sensory Evaluation Techniques, Fourth Edition. CRC, Boca Raton, FL.

Mitchell, J. W. 1956. The effect of assignment of testing materials to the paired and odd position in the duo–trio taste difference test. Journal of Food Technology, 10, 169–171.

Nicolle, C. 1932. Biologie de l" Invention Alcan Paris, quoted in Beveridge, W. I.B. 1957. The Art of Scientific Investigation, Third Edition. Vintage Books, New York. p. 37.

O'Mahony, M. and Goldstein, L. R. 1986. Effectives of sensory difference tests: Sequential sensitivity analysis for liquid food stimuli. Journal of Food Science, 51, 1550–1553.

O'Mahony, M., Wong, S. Y. and Odbert, N. 1986. Sensory difference tests: Some rethinking concerning the general rule that more sensitive tests use fewer stimuli. Lebensmittel Wissenschaft und Technologie, 19, 93–95.

O'Mahony, M., Thieme, U. and Goldstein, L. R. 1988. The warm–up effect as a means of increasing the discriminability of sensory difference tests. Journal of Food Science, 53, 1848–1850.

Pangborn, R. M. and Dunkley, W. L. 1966. Sensory discrimination of milk salts, nondialyzable constituents and algin gum in milk. Journal of Dairy Science, 49, 1–6.

Peryam, D. R. 1958. Sensory difference tests. Journal of Food Technology, 12, 231–236.

Peryam, D. R. and Swartz, V. W. 1950. Measurement of sensory differences. Food Technology, 4, 390–395.

Pierce, J. R. and Gilbert, E. N. 1958. On AX and ABX limens. Journal of the Acoustical Society of America, 30, 593–595.

Roessler, E. B., Pangborn, R. M., Sidel. J. L. and Stone, H. 1978. Expanded statistical tables for estimating significance in paired–preference, paired difference, duo–trio and triangle tests. Journal of Food Science, 43, 940–941.

Rousseau, B., Rogeaux, M. and O'Mahony, M. 1999. Mustard discrimination by same–different and triangle tests: aspects of irritation, memory and tau criteria. Food Quality and Preference, 10, 173–184.

Schlich, P. 1993. Risk tables for discrimination tests. Journal of Food Quality and Preference, 4, 141–151.

Smith, G. L. 1981. Statistical properties of simple sensory difference tests: Confidence limits and significance tests. Journal of the Science of Food and Agriculture, 32, 513–520.

Stone, H. and Sidel, J. L. 1978. Computing exact probabilities in sensory discrimination tests. Journal of Food Science, 43, 1028–1029.

Stone, H. and Sidel, J. L. 2004. Sensory Evaluation Practices, Third Edition. Academic, Elsevier, New York.

Thieme, U. and O'Mahony, M. 1990. Modifications to sensory difference test protocols: The warmed–up paired comparison, the single standard duo–trio and the A, not–A test modified for response bias. Journal of Sensory Studies, 5, 159–176.

Whiting, R., Murray, S., Ciantic, Z. and Ellison, K. 2004. The use of sensory difference tests to investigate perceptible colour–difference in a cosmetic product. Color Research and Application, 29, 299–304.

相似性、等价性检验和辨别理论

本章讨论等价（相似性）检验以及不同检验方法在数据分析中是如何避免Ⅱ类误差（错失一个真的差异）。讨论和阐述检验效力的概念和需要的样本量。另一个与等价检验相似的方法称为定距检验，也将和成对单边检验的概念一起介绍。介绍测量差异大小的两个理论方法：辨别者理论（又称猜测模型）和信号检测或瑟斯通模型。

差别检验方法构成感官评价和消费者测试的主要基础。这些方法试图回答关于刺激和产品相似性的基本问题，甚至在描述分析和喜好检验之前实施。在很多关于产品和过程优化的应用中，差别检验是解答产品可替代性问题的最佳机制。

——D. M. Ennis（1993）

5.1 引言

辨别能力，或者说区分两种刺激的能力，是其他感官反应的基础之一。正如Ennis所说的那样，如果两件物品不能被辨别，就没有任何基础来描述它们之间的差异以及消费者的偏好。前一章讨论了简单的差别检验，通过收集证据证明产品与之前相比发生了改变。我们可能改变产品原料，降低成本，改变加工过程或包装，对一个新的控制点进行保质期的测试，或者对一些标准产品进行质量控制实验。那么，对于产品的差异是否可以感知的问题就出现了，而辨别检验或简单的差别检验可以解决这些问题。当我们有证据证明差异存在时，方法通常很简单，也能很清楚的解释结果。然而，大量的感官实验是在相等或相似的主要结论情况下完成的。也就是说，无差异的结果对于生产、运输和产品销售而言有着重要的意义。保质期测试和质量控制实验就是两个例子。但降低成本和原料替换是另外一回事。

这是一个非常棘手的情况，人们常说，“科学不能证明否定”，而统计学的说法是，不能真正证明零假设是正确的。但在某种程度上，我们正在努力去证明。当我们收集证据证明两种产品是一样的或者完全相似的时候，在没有任何负面后果的情况下，我们可以用一个产品去代替另一个。

这个问题并不像找到“无显著差异”那么容易。不去拒绝零假设其结果始终是模棱两可的。因为两种产品“无显著差异”并不一定意味着它们在感官上是完全一样的。有很多原因可能会导致我们没有发现产品在统计学上的显著差异。相对于我们测量中误差的变异性而言，我们可能没有使用足够多的人进行实验。误差的变异性可能是很高的，造成的原因也有很多，如缺乏样品控制，糟糕的测试环境，不合格的评判，错误的指令或错误的实验方法等，这使得我们很容易从一个不合格的实验中得到一个无显著差异的结果。

学生和感官科学家都应该记住，在任何实验中都存在两种统计学上的错误。如图 5.1 所示，我们可以拒绝零假设，并得出结论：当它们是不同时，产品是有显著差别的。这是我们经常犯的Ⅰ类错误，我们试图保持一个长期的最小值，也就是所谓的 α 水平，通常设定为 5%。那么，我们为什么用 0.05 的概率水平作为统计上显著性检验的临界点呢？这类错误在正常的实验科学中是很危险的，所以这也是我们所担心的第一类错误。如果一个研究生正在研究一种在早期实验中出现的假阳性结果，那么他完全就是在浪费时间和资源。如果一个产品开发者基于先前的错误结果而正在试图改进产品，那么，他再怎么努力也注定失败。一些人把Ⅰ类错误称为“假警报”。而当我们忽略了真正存在的差异时，便产生了第二种错误。Ⅱ类错误是指当备择假设反映了真实状态而我们却并没有拒绝零假设。

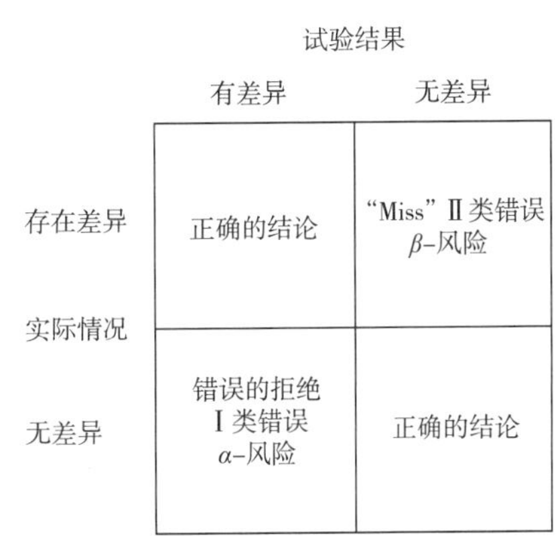

图 5.1　统计决策矩阵显示两种类型的错误

类型Ⅰ，零假设被拒绝但实际上没有差异；类型Ⅱ，实际存在差异但没有被检测到（零假设错误但被接受）。类型Ⅰ的长期风险低于真实风险。β 风险通过实验选择的 N，α 及人们试图检测的差异大小来决定。

Ⅱ类错误对商业有着重要的影响，包括失去机会和特许经营权风险。如果我们没有发现对某些成分或加工过程的显著影响，我们就会错过改进产品的机会。如果我们制造了一种较差的产品并将其投入市场，那么我们就有可能会失去市场份额或“特许经营权”，因为我们没有察觉到负面的变化。因此，这种错误对于食品和消费品行业的感官工作者和管理者来说是至关重要的。

本章的第一部分将讨论从感官角度收集两种产品相似或相当的证据的方法。首先，将阐述一些常识性的方法和测试效力的问题。然后，我们将考虑一种基于人们辨别的比例来估计差异大小的模型进行一些关于相似性或等效性的正式实验。

在讨论了判断样品相似和相当的基本方法之后，本章将研究更复杂的模型来测量识别结果的感官差异。感官专家需要做的不仅仅是简单的“转动曲柄”来进行常规的实验，而是需要产生类似如二进制“是”或“没有”这种具有统计学意义的决定。另外，他们还需要了解不同实验方法的相对敏感性，感官小组成员的决策过程和存在的缺陷，以及决策中的潜在陷阱。基于以上原因，本章介绍的内容包括了信号检测理论及其相关模型（Thurstonian 比例）。在应用研究过程中，简单的差别检验都可能存在许多问题，如接下来的一些例子。

（1）客户可能会问，“好吧，你说你发现了差异，但这有很大区别吗？”

（2）当实验结果只是简单地表示没有足够的正确答案来“拒绝零假设”时，我们怎样才可以得出两种产品在感官上是一样的结论呢？

（3）我能做些什么以确保实验尽可能的灵敏，并且不会遗漏一些重要的差异（避免Ⅱ类错误）呢？

（4）为什么有些实验方法比其他方法更严格或更困难？这方法可以用在该实验吗？

（5）哪些行为和决策过程会影响感官反应？

每一个问题都是难点，并且没有简单的答案。故本章旨在为感官专家提供解决这些问题的方法，使他们更好地理解方法和感官小组成员，以及加强对差别检验的解释。为了进一步的详细说明，我们推荐 Bi（2006 a）关于差别检验的书，Welleck（2003）关于等效性实验的书，以及 Gacula 等（2009）的感官统计手册。

5.2 用常识方法判断是否等价

以往，许多关于产品等效性的决定都是基于一个简单的差别检验无显著差异的结果。只能说这是一个冒险的经营活动。因为如果产品差别很小，就会很容易被错过。例如，实验中，来讨论效果大小的小组成员可能太少。或者，我们可能让意想不到的变异源潜入到实验的环境中，而这些变异源很容易将产品的差异掩盖。另外，由于大多数的常规评价员在某个星期休假或生病了，使得我们可能使用了不合格的小组成员。还有，也许我们的热灯等样品处理设备当天无法工作。任何一个原因都可能导致实验不合格，导致产品存在的差别被遗漏。那么，为什么这种方法在感官实验的早期如此盛行呢？

在通常情况下，人们会把非显著的结果错认为是很重要的。首先，要求实验仪器必须能够重复先前实验所发现的差异。“实验仪器”是指整个场景，包括一个特定的方法，一个已知的评价小组，特定的实验条件和产品的类型等。在一个持续有实验项目的公司中，这种场景的重复可以提供一种合理的保障政策。因为仪器有记录，所以当没有发现显著差异时，可以说明不是仪器的问题。例如，一家大型的咖啡公司可能会持续进行实验，以确保混合和烘焙条件能生产出可靠的、可重现的风味，让忠实的顾客能识别出这是此咖啡的典型的和可接受的风味。其他控制手段也可以被采用以便进一步证明实验方法的有效性。在校准试验中，可以借助已知的存在缺陷的或不同的样品，来证明该方法可以发现人们实际预期发现的差异。相反，可以借助已知相当的或相近的复制品说明该方法不会导致不可接受的错误报警率。最后，评价小组可以由已知的有鉴别能力的成员组成，他们是经过筛选后能够发现差异，并且具有成功检测差异的有经验的人员。这些在相同样品上的差异已被其他实验证实，例如消费者实验或描述性分析。

这些实验控制在一篇关于甜味物质交叉适应的论文中得到了说明（Lawless 和 Stevens，1983）。在交叉适应研究中，接触一种味觉物质可能会产生一种适应效应，即导致另一种物质引发的感觉强度下降。所谓的完全交叉适应是指，减少的强度必须与某种物质本身的感觉暴露的强度大致相同，也就是说，减少的强度应与同物质的重复暴露的强度减少相同。为了证明没有交叉适应的存在，实验物质的味觉强度必须与在纯水中适应后的味道强度相似。这两者基本上是等效性实验。为了接受这些结果，有必要证明另一种物质或测试物质是能够被适应的（例如，它可以自我适应），那么首先被呈现的物质，事实上可以引起与适应有关的降低（也就是它对自身有影响）。考虑到这两种情况，交叉适应（或由此产生的缺乏）作为等效性的证据能变得可信。

简单的逻辑控制在一个持续进行实验程序的工业环境中是有说服力的。这样一个持续进行的实验程序可能存在于质量控制、保质期测试中，或存在于由于原料的变异性常常造成供应商更换或配料替换的情况下。其实，这种逻辑最适用于实验条件不变化的情况。如果在休假期间，样本量突然减少，那么就很难断言“我们有一个好的设备”，从而一个无显著差异的结果也变得很难令人信服。所有的实验条件，包括样本量，都必须保持相当的恒定才能得出这样的结论。

5.3　样本量和检验效力的估算

关于等效性的一个更具有统计学意义的方法是通过管理样本的大小和检验效力，来尽量降低Ⅱ类错误的概率，即降低忽略真正差异的可能。有一个公式，用于计算达到某个检验效力所需的样本大小。乍一看，这似乎相当简单。然而，管理人员（通常是学生）发现差异是逻辑中的一个重要部分。在这些计算中，不仅要指定可接受的 α 和 β 风险的数量，还要指定检测的差异大小。反过来说，两种产品能允许存在多大的差异，使在感官上仍然称为“相当”？实验人员在面对这个问题时，可能会回答说不希望有任何差异。然而，在统计实验的限制下，这是不现实的，也是不可能的。一定程度的差异，无论多小，都必须有一个较低的限度。

计算所需样本量的常用公式（5.1）如下（Amerine，1965）：

$$N = \left[\frac{Z_\alpha\sqrt{p_o q_o} + Z_\beta\sqrt{p_a q_a}}{p_o - p_a}\right] \tag{5.1}$$

式中　Z_α和 Z_β——指 α 和 β 风险水平相关的 Z 分数；

p_o——检验中的随机概率；

p_a——备选假设的概率（$q=1-p$）。

这是决定所需样本大小 N 的方程，也是有关 α 和 β 风险，随机概率水平以及人们不想错过的效应大小的函数。有关标度数据的一个类似方程（见本章结尾的附录），其标准偏差的大小或数量上的差异可以说明差异程度。

在分母上给出效应大小或允许差异大小。管理人员必须选择一定的数量值，以确定达到怎样的程度才能称为“相当的”。从战略上讲，管理人员可能不想冒险，而把这个选择委托给参与实验的统计人员或感官人员，因此感官专家必须做好根据之前的产品经验提出建议的准备。做出这类建议的关键是了解消费者对差异的可接受程度。所以，在没有掌握消费者信息的情况下，这种选择将会非常困难。

在这种情况下，差异的大小是根据高于随机概率的正确选择所占的百分比得出的，如式（5.1）中的p_a。你可以把它看作是与备选假设相关的百分比正确性，或者仅是不想错过检验的百分比正确性。在这个级别以上，有太多人可以检测到我们相应的管理水平上产品的差异变化。在下一节中，我们将介绍一种有用的方法来考虑这一水平，即检测有差异的人占的比例。这一比例与实际得到的百分比是不同的，因为我们必须对随机性进行修正，例如有些人试图通过猜测得到正确答案。更多内容见下文。

现在，让我们来看看两个三点检验的例子。在第一个例子中，我们把α和β的值都设为5%，那么我们的单边Z值都是1.645。这样，我们允许一个相当自由的备选假设的正确百分比就为2/3或66.7%。而经过修正后，真正检测到的人的比例是50%。这样看来结果是存在很大差异的。换句话说，我们预计可能有一半的人能够察觉到这种变化。另一方面，50%的检测率被认为是阈值的一个定义（详见第6章）。因此，从这个角度来看，这又可能是一个可接受的差异。通过数学运算，我们得到了下面的等式和结果：

$$\left[\frac{1.645\sqrt{(0.33)\ (0.67)}+1.645\sqrt{(0.67)\ (0.33)}}{0.33-0.67}\right]^2=21.6$$

因此，对于这种实验，为了寻找一些管理者称之为“显著差异”的东西，我们需要大约22名小组成员。现在让我们看看当我们把差异变小时会发生什么。在这个例子中，我们只允许50%的正确性（也就是说，在修正后只有25%的概率真正检测到差异，或者实际上四分之一的人发现了差异）。新方程为：

$$\left[\frac{1.645\sqrt{(0.33)\ (0.67)}+1.645\sqrt{(0.50)\ (0.50)}}{0.33-0.50}\right]^2=91.9$$

所以现在我们已经降低了允许差异的大小，而使得所需的样本量扩大到92名小组人员。按照最常见的工业标准，三点检验也将需要一个相当大的样本量。不幸的是，如果你想获得感官上相当的证据，并且只允许很小的差异，那么你将需要很多的小组成员！除非采取前一章所讨论的重复措施和β二项式法。如附录V中所讨论的那样，用小样本进行差异实验获得的准确性将非常低。此外，附录中也包括三点检验和二-三点检验的进一步计算方法和表格。在这两个例子中要注意的是，式（5.1）中分母所指定的差异大小，对样本量大小的影响最大。在下一节中，我们将介绍一种简单的传统方法，即根据评价小组成员的估计辨别比例来选择可接受的差异大小。

5.4 多大的差别是重要的？辨别者理论

在调整了随机水平后，我们如何才能实施真正的鉴别措施呢？也就是说，在完全没有辨别力的情况下，单凭猜测也存在一定的正确性。一个古老的历史描述法是对猜测水平进行修正的，即在没有任何辨别情况下的预期水平。修正后的比例公式被称为Abbot公式（Finney，1971），如式（5.2）所示。

$$\text{UpperC. I.}_{95\%}=[1.5\ (X/N)\ -0.5]\ +1.645\ (1.5)\ \sqrt{\frac{(X/N)\ (1-X/N)}{N}} \tag{5.2}$$

$P_{observed(观察)}$是观察到的正确比例，而$P_{chance(随机)}$是猜测的比例。自20世纪20年代以来，这一公式被广泛应用于药理学、毒理学，甚至教育考试等领域。在药理学中，被用来调整安慰效应的大小，即那些没有药物改善的患者。在毒理学中，被用来调整对照组的基线死亡率（那些没有接触到毒素但仍会死亡的人）。这个公式也被应用于教育考试中，选择题是考试中常见的，但仍然需要对猜测进行调整。该公式的另一个版本出现在出版物中，它针对样本中的真正辨别者的问题进行了讨论，并将他们与通过猜测得到正确答案的人按比例分开（例如，Morrison，1978）。该公式运用于下一章中关于阈值测定的强制选择法。在早期的感官文献中（Ferdinandus 等，1970），随机性调整辨别被认为是“识别”，所以我们在这里将继续讨论鉴别和辨别者。“识别”在有关心理学文献中是指与储存在记忆中的东西相匹配，而这并不能真正对样本之间的差异进行区分。

这个模型很简单，但它包含两个假设。第一个假设是，在一个特定的实验中有两种类型的小组成员，一种是发现了真正的差异并做出正确选择的人，另一种是非辨别者即没有发现差异或仅仅靠猜测的人。第二个假设包含了一个逻辑概念，即非辨别者中包括猜对的人和猜错的人。正确猜测比例的最佳估计值是随机表现水平。因此，正确判断的总数有两个来源：发现差异并正确回答的人和猜测正确的人。

在用强制选择法测定阈值中（详见第6章），经过随机性修正后的50%正确性概率被认为是一个在可行的定义（Antinone 等，1994；Lawless，2010；Morrison，1978；Viswanathan 等，1983）。例如，在三点检验或三点强迫选择实验中，随机概率是1/3，所以50%及以上随机概率修正后的正确概率为66.7%。当阈值定义为修正后50%正确率时，如果采用成对检验或二-三点检验，则要求75%的正确率才能达到阈值50%的随机水平。另一种方法是逆向而行，即试着找到在给定目标比例的实验中，辨别者所期望的正确百分比。Abbott 公式调整后如式（5.3）所示：

$$P_{观察} = P_{调整} + P_{随机}(1 - P_{调整}) \tag{5.3}$$

因此，以我们阈值的例子来说，如果我们采用三点强迫选择法，则会要求有50%的辨别者，并希望剩下的1/3（即，$1-P_{调整}$）的非辨别者能够猜对，从而增加1/6（或1/3中的1/2）能发现差异的人，最后使得正确率为66.7%。

这种鉴别的能力应该被看作是暂时的。对于一个特定的评价员来说，这未必是一个稳定的特征。也就是说，一个特定的评价员并不一定“始终”是一个辨别者或非辨别者。而且，我们并不是在试图确定谁是辨别者，而只是在估计这些人给出的结果可能占的比例。这是在感官文献中有时被误解的一个重要概念。一个习惯了对小组成员进行筛选以确定他们是否具有良好的鉴别能力的感官小组领导人，可能会将“辨别者”视为具有或多或少稳定能力的人，并将这些人归为一类。这并不是重点。在猜测模型中，“辨别者”一词不是用来挑选任何个体。事实上，我们没有办法知道谁是辨别者，也没有必要知道如何应用该模型。这个模型只是简单地估计了暂时能够鉴别差异的人所占的比例，即真正正确地回答而非那些碰巧回答正确的人。换句话说，问题在于人们能够发现差异的频率。

如果我们选择正确回答的数量，而不是比例，那我们可以将 Abbott 公式进行简单的转化。如何估计辨别者和非辨别者的数量呢？关于猜测正确的非辨别者的数量的最佳估计值可基于随机表现水平。再者，样本正确选择的总数包括了辨别者的总和加上正确猜测的非辨别者部分。这就引出了下面的方程：N=小组成员数，C=正确回答的数目，D=辨别者的数量。对于三点检验，应该保持以下关系，如式（5.4）所示。

$$C = D + \frac{1}{3}(N - D) \tag{5.4}$$

这只是 Abbott 公式［如式（5.3）］的一个转化，用数字代替比例的表示方法。

这里有一个例子：假设我们用 45 名评价员进行三点检验，有 21 个人选择正确。我们的结论是：$p<0.05$ 有显著差异。但是，这其中有多少人是真正的检测者呢？在本例中：$N=45$，$C=21$。用式（5.4）求解 D：

$$21 = D + \frac{1}{3}(45 - D) = \frac{2}{3}D + 15$$

所以 $D=9$。

换句话说，我们最佳估计值是 45 个人中有 9 个人（样本的 21%）能够发现差异。但注意，这与正确的百分比或 21/45（=47%）是非常不同的。这样，我们可以从一个完全不同的角度来看待感官结果，这可能比原始的正确率更有用。

表 5.1 所示为各种实验所需的辨别者数目是如何随样本量的增加而增加的。当然，随着评价员人数的增加，正确回答所占的比例越来越小，超过了统计学意义上的最低水平。这是因为随着样本量的增加，我们发现到差异的比例的置信区间在缩小。我们只是更容易估计出正确回答的真实人数所占的比例。如表格所示，得到正确答案的评价员人数也需要增加。然而，辨别者的数量却以较慢的速度在增长。对于大样本，我们只需要一小部分的辨别者，就可以确定具有统计学意义的显著性临界比例。对于客户和管理人员来说，另一个重要的信息是，尽管我们发现了显著性差异，但并不是每个人都能察觉得到。

表 5.1　正确辨别的数目和估计辨别者

N	最低正确数目 $p=1/2$	估计辨别者数目	最低正确数目 $p=1/3$	估计辨别者数目
10	9	6	7	4
15	12	7	9	5
20	15	8	11	6
25	18	9	13	7
30	20	10	15	7
35	23	11	17	8
40	26	11	19	8
45	29	12	21	9
50	32	13	23	9
55	35	13	25	9

续表

N	最低正确数目 $p=1/2$	估计辨别者数目	最低正确数目 $p=1/3$	估计辨别者数目
60	37	14	27	10
65	40	14	29	10
70	43	15	31	10
75	46	15	33	11
80	49	16	35	11
85	51	16	36	11
90	54	17	39	12
95	57	17	40	12
100	59	17	42	12

注：最低正确数给出在单边检验中在 $p<0.05$ 显著水平上所需的数目。

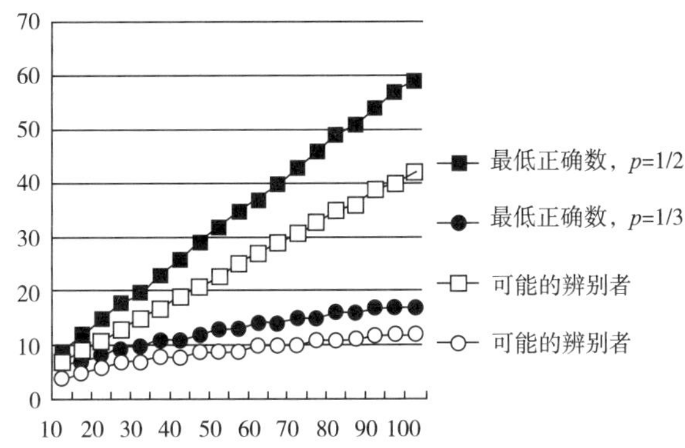

这种看待差别检验的方法虽然有优点，但有一个严重的缺点。其中一个优点是，“辨别者的比例”这个概念为管理人员提供了额外的参考点，可解释差别检验的意义。但统计学意义是一个很差的参考点，因为给定比例的正确性也取决于评价员的数量。随着 N 的增加（评价员人数的增加），统计学意义上所需的最小比例也会变得越来越小，接近于随机水平。因此，在具有统计学意义的同时，还需提供必要的证据来避免随机水平，所以其对商业决策而言是一个不好的标尺，只是二选一。辨别者的估计比例不依赖于样本大小（尽管其周围是置信区间）。

该模型的另一个优点是，它提供了衡量样本大小的标准，以及显著性相似实验的参考点，如下所述。在确定所需样本大小时，实验者必须对备择假设的大小做出决定，如果它是真的，则必须能够检测得到。也就是说，我们想要确定到底存在多大的差异？而对猜测结果的修正为这些计算提供了基准。一旦我们确定了辨别者这一关键比例，我们就可以计算出加入（随机）猜测者正确比例后的结果是多少。这一比例正好成为式(5.1）的备择假设比例。换句话说，备择假设的选择，可以根据发现者的比例，给予一定数量的辨别者。我们只需要根据 Abbott 公式来查看需要多少百分比的正确率。

策略的选择应该基于正常产品变化水平和消费者的期望。在一些情况下，应有品牌忠诚度与产品要求高度一致的消费者。在这种情况下，需要低比例的辨别者，以便进行工艺改变或原料替换。而有一些产品发生的变化可能是消费者可以接受的，如一些水果或蔬菜，或者不同年份的葡萄酒。在这种情况下，差别检验可以允许有更高比例的辨别者存在。正如我们接下来要讨论的那样，在有关显著性相似的统计检验中，为了测试临界水平以下的性能，必须确定辨别者的比例以作为差异太小不具有实际意义的证据。

假设我们有一个由 90 名评价员组成的三点检验，其中 42 个人正确地选择了样品。根据表 L，该结果在 $p<0.01$ 上有显著性差异。根据式（5.2），我们发现辨别者的比例约为 20%，即（42/90-1/3）/（1-1/3）= 0.20。所以，五分之一的实验组是我们在这个比例上的最佳估计。对于一个拥有品牌忠实用户群的产品来说，这可能会被认为是非常危险的。而另一方面，对于具有一定程度预期可变性的产品而言，该结果虽然具有统计学意义，但并不存在令人担忧的实际问题。

5.5 显著相似性检验

Meilgaard 等（2006）提出了另一种证明产品相似性或相当性的方法。它是基于我们不需要对应用二项式检验的随机表现水平进行实验的。相反，我们可以对一些期望有更高水平正确比例的产品进行检验，看看我们的产品是否显著低于这个水平，从而做出关于两种产品感官相似的决定。如图 5.2 所示。差别检验通常涉及对随机表现水平的统计检验，我们寻找一个点，在这个点上我们所观察到的比例的置信区间不再与随机水平重叠。这只是另一种考虑显著差异所需最低水平的方法。当误差线不再与随机水平重叠时，我们在表格中为三点检验、二-三点检验等设置最小数目（根据给定的 N）。正确的比例越高，重叠的可能性就越小，并且较大的样本会缩小误差线。随着 N 的增加，比例的标准误差会减小。因此，正确的比例越高、样本越大就越不会与随机水平重叠，从而有显著性差异。

但是，我们也可以测试看看我们是否低于其他水平。比例的二项式检验也可以应用到其他基准的检验中。那么，我们该如何确定这个基准呢？我们允许的辨别者比例将再一次给我们提供一个检验的数值。可能有一个非常保守的情况，在这个情况下，我们不允许有超过 10%的辨别者；或者我们有一些不那么挑剔或眼光不那么敏锐的群众，能够接受 30%或 50%或更多的辨别者。根据辨别者的比例，使得计算试验中的另一个比例变得很简单，也可以看看我们是否低于这个水平。只是简单地运用 Abbott 公式［方程（5.3）］。

附录Ⅵ中表 F. H1 和表 F. H2 所示为三点检验和二-三点检验中显著相似的临界值。其他表格在 Meilgaard 等（2006）中给出。这里有一个实例。假设我们进行了一个三点检验，72 名专家小组成员中有 28 位选择了正确的（特别的）样品。我们有证据证明具有显著性相似。从表 F. H1 中可以看出，对于不超过 30%的辨别者来说，β 风险为 10%的临界值是 32。因为我们低于这个值，所以我们可以得出产品是显著相似的这一结论。

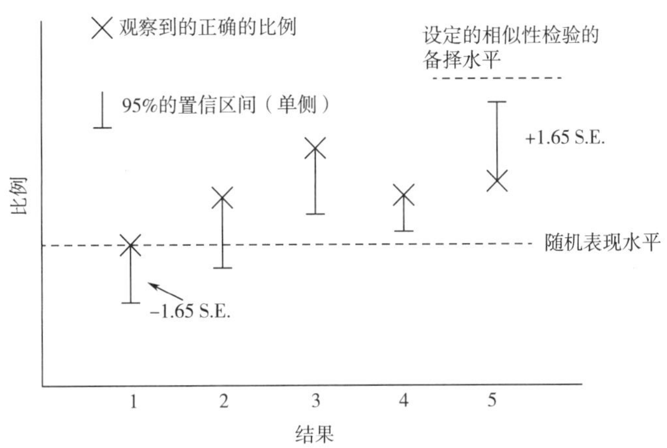

图 5.2 差异实验和相似性实验结果

在第一个结果中，表现处于随机水平，所以没有显著区别。在第二个结果中，表现高于偶然性，但 95%单边置信区间与随机水平重叠，因此没有发现在统计学上具有显著差异。这个水平将低于判断数目的正确答案的关键数量。在第三个结果中，正确水平和相关的置信水平高于随机水平，因此发现在统计学上有显著差异。在第四个结果中，正确率水平低于第三个例子，但由于 N 的增加，标准误差变得更小，所以结果也有显著差异。在第五个例子中，由于结果及其相关的单边置信区间低于可接受的辨别者的最大允许比例，因此具有非常显著的相似性。

如果你仔细检查这些表，你会注意到，这个表格不能完全适用于一些特定比例的辨别者和评价员人数较少的检测中。由于我们需要一个大的样本和低标准的错误（小的置信区间），因此我们的结果和我们的实验比例与随机比例之间的置信区间应有所缩小，所以使得表中有为空的单元格。当然，随机比例形成的是一个下限，因为不一定会有随机水平低于预期水平的情况出现。再一次，正如我们计算的那样，为了防止Ⅱ类错误，可能需要大量的样本，而且可能比我们在大多数差异实验中使用的评价员数量还要多。

让我们更详细地看看这个方法。相似性实验方法是基于辨别者的最大允许比例与发现正确样品的比例和置信区间的比较的。你可以认为这个实验分三个步骤。首先，我们设定了可接受的辨别者比例的上限。请注意，这涉及专业的判断，产品知识以及消费者对产品稳定性预期的了解。这在任何统计学书上都找不到，且与我们在第 5.3 节中讨论的用于选择需要检测的差异大小的过程是相同的。其次，我们通过式（5.3）将其转化为有关正确期望的百分比。然后，实验将推断的比例加上其置信区间的结果与设置的最大允许比例进行了比较。如果计算值小于可接受的极限，那么我们可以得出其在统计学上具有显著性相似的结果。

接下来是有关公式的推导。有两点是我们需要知道的，根据辨别者的比例，我们所期望的比例是正确的，并且根据评价员的数量，我们所观察到的比例的界限也是正确的。根据式（5.3），计算出辨别者的比例和预期正确的比例。一个比例的置信区间是由±Z（标准差）给出，其中 Z=正常偏离我们期望的置信水平。对于 95%的单边置信区间，Z=1.65。式（5.5）所示为比例的标准差，则 SE_p 和 E_q 的置信区间为：

$$\mathrm{SE_p} = \sqrt{\frac{(X/N)(1-X/N)}{N}} = \sqrt{pq/N} \tag{5.5}$$

式中 X——辨别正确的人数；

N——评价员总人数，$p=X/N$，$q=1-p$。

再得式（5.6）如下所示：

$$\mathrm{CI_{95\%}} = (X/N) \pm Z(\mathrm{SE_p}) \tag{5.6}$$

Z 是 95%的置信水平。接下来是重新调整置信区间，包括对辨别者数量的限制，而不是简单的正确百分比。例如，对于三点检验，辨别者的比例 $D \mid N$ 是 1.5（$X \mid N$）−0.5。注意，与辨别者比例相关的标准差也是我们所观察到的比例的标准差的 1.5 倍。所以，现在我们辨别者的置信区间上限变成了如式（5.7）所示：

$$\text{Upper }\mathrm{CI_{95\%}} = [1.5(X/N) - 0.5] + 1.645(1.5)\sqrt{\frac{(X/N)(1-X/N)}{N}} \tag{5.7}$$

这里有一个实例。假设我们用 60 个小组成员做一个三点检验，其中 30 个得到正确答案。那么，我们可以问以下问题：辨别者的最佳估计值是多少？辨别者的比例是多少？在 95%的置信区间内，辨别者数量的上限是多少？辨别者所占比例的置信区间是多少？最后，我们是否可以得出结论，基于 50%的辨别者的最大允许比例，有显著性相似吗？

解决方案如下：令 X=得到正确答案的人数，D=评价员总人数，所以 $X=30$，$N=60$。我们有 $1.5\times30-0.5\times60=D$ 即 15 个辨别者，或我们最好的估计是评价员中有 25%能够检测到差异。

标准差为：$1.5\sqrt{\frac{(30/60)\ [1-(30/60)]}{60}} = 0.097 = 9.7\%$

而置信区间的上限由式（5.7），或 Z（SE）+辨别者占的百分比=1.65（0.097）+0.25=0.41（或 41%）划定。

因此，如果辨别者允许的最大比例是 50%，那么，就有证据证明在 95%的时间里，我们会低于这个可接受的水平。事实上，我们可能只有 41%的辨别者，甚至更少。根据我们所观察到的百分之五十的正确结果，最后得到辨别者的最佳估计值为 25%。通过实例说明了该方法的有效性。出于实际的目的，Meilgaard 等（2006）所示的表格可以作为一个简单的参考而不执行这些计算。

Schlich（1993）也采用了类似的方法。他将差异性和相似性的问题结合在一起，通过计算不同样本量的 α 和 β 风险的同时，并在关键的正确数目上纠正了显著差异。该表包括两个内容，一个是要求的评价员人数，另一个是在临界点处关键的正确数目。如果所观察到的正确数目等于或高于表格中的值，则可以得出有显著差异的结论。如果你在实验中得出的正确数目偏低，那么基于你选择的辨别者允许比例的上限和 β 风险，可以得出显著性相似的结论。这些表可能非常有用，但对所采用的样本大小有要求，样本大小是针对你选择的 β 风险和辨别者比例来规定的。

5.6 双单边检验(TOST)和区间检验

关于等效性可以从非显著性检验中得出结论，即使具有高的检验效力，也会被关注生物等效性的科学团体所拒绝（Bi，2005，2007）。例如，FDA 已经发布了基于区间检验的生物等效性实验的指南（USFDA，2001）。这种实验要求感兴趣的值落在某个区间内，因此有时称为区间测试。一般来说，这种实验是在一定比例的变量上进行的，比如在某个特定时期内输送到血液中的药物量。这样的比例变量与大多数基于比例的差别检验不同，它并不是一些连续变化的检验量。然而，一些标度型感官数据可能属于这一类，例如描述性分析数据或在快感标度上的消费者可接受度评分。差别检验和偏好测试也适合这种方法（Bi，2006a；MacRae，1995）。

从逻辑上来说，区间检验可以分为两部分，一部分是针对可接受的上限的，另一部分是针对可接受的下限的。这类似于为可接受的变化范围找到一些置信区间。在许多差别检验中，只有上限是有价值的。这种情况可以是单边检验的。对于成对比较检验，单边检验由 Bi（2007）详细描述。在本文中，他展示了单边检验估计和传统的双边置信区间方法之间的一些差异。一些作者建议将 100（1-$\alpha/2$）的区间检验与单边检验进行比较，因为 100（1-α）的区间检验过于保守并且缺乏统计效力（Gacula 等，2009）。

对于比例数据，我们希望“证明”我们的测试产品和控制产品的平均值在一定的可接受范围内。这种方法可以采用描述性数据，例如可接受性等级或整体差异等级。Bi（2005）描述了这种情况下的非中心 t 检验。这类似于实验中的 t 组合检验，我们检验可观察到的平均值之间的差异是否在一定的可接受范围内。本章末尾的附录中有关于这个方法的一个例子。为了使用这些模型的等效性，建议感官专家与统计学顾问密切合作。关于形式等价实验的更多信息，可参阅 Welleck（2003）和 Gacula 等（2009）。

Ennis 和 Ennis（2010）给出了单边检验的替代方法，从统计学的角度来看，单边检验有一些优点。适用于非定向 2-AFC（例如，双边 2-AFC 和配对偏好）的单边检验的替代方案已经被提出（Ennis 和 Ennis，2010）。需要注意的是，在这种方法下，建立一个等价或相等的情况通常需要比简单的差异实验更大的样本量（N）。从这个理论中得到的有用的表已在 Ennis（2008）中给出。该理论认为，等价检验的概率值可以从一个精确的二项式或从更简单的正态分布中近似得到式（5.8）所示。

$$p = \phi\left(\frac{|x| - \theta}{\sigma}\right) - \phi\left(\frac{|-x| + \theta}{\sigma}\right) \tag{5.8}$$

式中 ϕ（ϕ）——积分的正态分布面积（将 z 转换为 p 值）；

θ（θ）——等价矫正的半区间，例如±0.05；

σ（σ）——估计比例的标准差（pq/N 的平方根）。

在这种情况下，x 是所观察到的比例与空值之间的差值。(对于 2-AFC，减去 0.5)。

13.3.5 中给出了一个实例。需要注意的是，Ennis（2008）中给出的表是针对 2-AFC 的，不适用于其他检验方法（例如二-三点检验）。

5.7 声明证实

当食品或消费品制造商想要对竞争对手提出等价或对等的要求时，就会出现一种特殊的等价性测试。这样的声明可能会采取诸如“我们的产品和产品 X 一样甜”的陈述形式。由于这种实验的法律后果，以及需要证明其结果适用于一定的范围内，因此通常需要大量的消费者来进行这种实验，建议的样本量最低是 300~400（ASTM，2008a）。这与使用 50~75 名评价员的大多数简单差别检验是不同的。在第 19 章的战略研究中，将进一步讨论证明偏好平等的特殊情况（在偏好实验中选择同样的产品）。

成对比较检验的简单情况（2-AFC）是适合于这种分析的。如上所述，Bi（2007）在实例中讨论了 2-AFC 与单边检验等价的方法。有两种不同的统计方案：一种情况下，我们希望提出一个平等的要求，而在第二种情况下，我们想要声明我们的产品是“无与伦比的”。平等则要求涉及两个实验，因为两个产品都不能具有比另一个更多的所述属性。“无与伦比”的声明是一个简单的单边替代，只要求显示我们的产品没有显著低于其他产品。对于这两个实验，我们需要选择不能跨越的下限。例如，平等声明的一个共同标准是，配对实验中正确人口百分比在 45%~55%。因此，5%的差异被认为是“足够接近”或没有明显的实际意义。

相等的声明要求任何一个产品都不能跨越下限，这可以看作是两个单边检验。我们可以在 ASTM（2008a）中找到这些实验允许的最小值表。对于“无与伦比”的声明，我们只需指出我们的产品在属性上不逊色或不低。为了达到这个目的，实验可采用一种简单的二项式近似 Z 分数的形式，如式（5.9）所示。

$$Z=\frac{(P_{\text{obs}}-0.45)-(1/2N)}{\sqrt{\frac{(0.45)(0.55)}{N}}} \tag{5.9}$$

式中　P_{obs}——试验产品所观察到的比例。

在样本量较大（$N>200$）的情况下，连续性校正值 $1/2N$ 变得可以忽略不计。注意，这是一个单边检验，所以得到的 Z 必须大于或等于 1.645。如果得到的 Z 大于该值，则说明你的产品不低于竞争对手。就甜度声明而言，我们可以说我们的产品是“甜的”。

5.8 差别模型：信号检测理论

在之前的章节中，我们依据有辨别能力的评价员所占的比例，了解了在任何给定的测试中感觉差异的大小。上述计算是基于随机校正猜测的。然而，随机概率水平并不能反映全部，因为即使在相同的随机概率水平下，也有些检验比其他检验更加困难或者具有更多的可变性。例如，三点检验比 3-AFC 检验难度要大，因为相对于简单地选出最强或最弱的样品，三点检验更难从认知水平去找出差异样品（含有更多可变性的样品）。在此章节中，我们将讨论一个更复杂的模型，从而考虑这个问题。从这个理论中，我们可以推导出感觉相似或差异的一类普适指数，同时也考虑到不同差别检测的难度或可变性。

在心理生理学及实验心理学中影响最大的理论就是信号检测理论（signal detection theory，SDT）。该方法是在许多工程师和心理学家的努力下而发展起来的，他们关注人类观察者在非理想条件下做出的判断（Green 和 Swets，1966）。例如，当背景中有额外的视觉“噪声”存在时，会在一个雷达屏幕上检测到一个微弱信号。这些科学家设计了一种方法，可以估算出灵敏性在 Thurstone 早期（1927）有关数学思想上的表现。Thurstone 的思想比信号检测理论专家们的先进，虽然他们以不同的实验方式工作，但荣誉应给予 Thurstone，因为他最先发现可以根据表现和误差的可变性测量标度的差别。尽管信号检测通常用于解决阈值附近的感觉，但任何感官差异的问题都可以用信号检测理论处理。Baird 和 Noma（1978）关于心理生理学的教科书对于信号检测理论做了很好的介绍，更详细的内容推荐读者阅读 Macmillan 和 Creelman（1991）出版的书籍。

5.8.1 问题

在传统阈值实验中，一个微弱刺激的物理强度在逐渐升高，直到人们的反应从“我没有尝（或闻、看、听、感觉）到任何东西”变为“是的，现在我感觉到了”，这个变化点即阈值水平。这是传统的极限测定法的原始程序。反应的平均点就定义为检测力的最低水平。这类实验的困难是：除了人们确实体验到的感觉外，有许多的偏差和影响因素可能会影响他们的反应。例如，人们可能会期望感觉上的某一变化，并预计某事物变得显而易见时的水平。相反，一个人也可能采取一种非常保守的态度，在他或她有反应之前想要非常清楚地确定事物被感觉到了。工业上的事例可能存在于质量控制上，一批产品被错误地否定可能会损失一大笔费用，如果该批产品不得不返工或废弃的话。相反，一个拥有高品牌忠诚度和认可度的消费群体的高利润超标度产品，产品的接受度须要满足较为严格和精密的标准。任何感官问题基本上都可能出现一批产品不合格、返工或者再检验的情况，而且关于不合格的标准会形成一张更大的网，以确保能在一些潜在的问题损害了品牌信用之前，就将它们捕获。

判定过程是层叠在实际的感官体验之上的。无论是保守的还是开放的，一个人就他们需要作出回应的证据而言，往往会设定一个标准。

5.8.2 实验设置

在典型的信号检测实验里，往往需要评价某一刺激的两种水平，例如，背景或者空白刺激称作噪声，一些微弱的但在阈值附近强度水平较高的刺激称为信号。在 Baird 和 Noma（1978）的教科书中可以发现一些例子，比此处所提供的更为详细。在此类实验中，刺激每次只提供一个，而观察者必须作出反应，是“是的，我想这是一个信号”，还是“不，我想这是一个噪声”。有可能会产生很多次的信号和噪声，数据将列表于两两相对的矩阵中，如图 5.3 所示。经过多次提供后，当提供了一个信号时，可以得到一些正确的判断，这些在信号检测术语中被称为“命中数”。由于容易混淆刺激，有时观察者可能也会对噪声试验作出积极的反应，将它们误识为信号。这些被称作“假警报”。也存在这样的情况，提供了信号后，观察者并没有将其辨认为这是信号（一个“遗漏”），而却将噪声试验正确地标记了出来。但是，由于我们已经建立了实验设计，并知道已经提供了多少信号和噪声试验，信号试验的总数应等于命中数加遗漏数，而噪声试验的总数等于假警报数加上正确否定数。换句话说，在该实验中只有两个自由度，我们可以仅通过考察命中数和假警报的比率来说明观察者的行为。

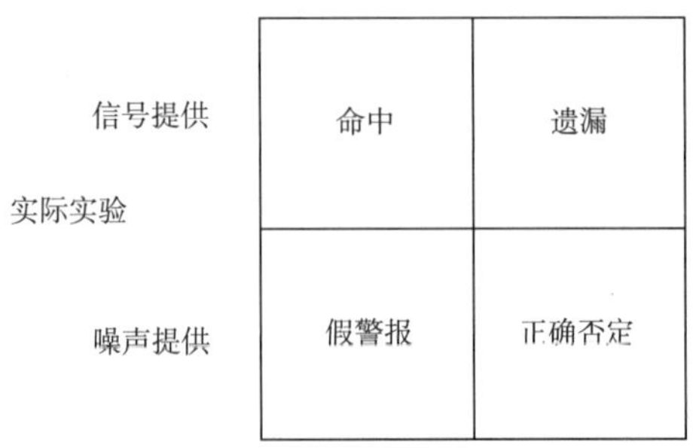

图 5.3　是/非信号检测实验的反应矩阵图

命中率表示当信号实际呈现时，受试者反应“是的”或“是信号”的次数的占比。而假警报表示受试者对噪声信号反应“是的”或“是信号”的占比。这两个结果决定了响应空间，因为遗漏数表示所有信号试验次数（实验已设计）减去命中数，正确否定数则是噪声试验次数减去假警报次数（每一行只有一个自由度）。

5.8.3　假设和理论

在该理论中，进行了一些假设（Baird 和 Noma，1978；Green 和 Swets，1966）。经过多次试验，人们对信号和噪声的感觉一般按相同的变化分布。也就是说，人们有时对信号会有一个较强的感觉，有时则是一个较弱的感觉，而经过许多次试验后，这些体验一般将在某一平均数附近进行分布。与此相类似，噪声试验有时也会由于有足够强的感觉而将其判断为一次信号试验，它们所引起的感觉也会有变化。一旦观察者熟悉了所引起的感觉水平，将会形成一个稳定的标准。当观察者判断感觉强于标准水平时，反应会作为“信号”，而如果弱于这一标准，将会给出一个“噪声”反应。该情况如图 5.4 所示。要注意的是，观察者无法主观区分信号或噪声，他们只是依据自身感觉的强度来做出反应。

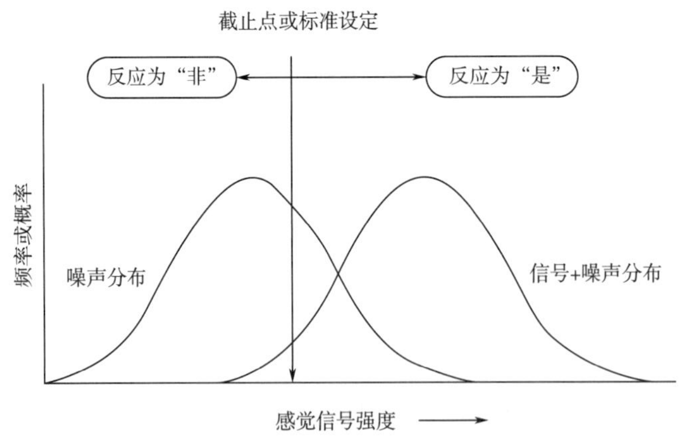

图 5.4　信号检测假设包括信号和噪声感官体验的正态分布

相同变化以及给予不同感知强度刺激的肯定与否定反应标准或截止点水平的建立，高于的反应为是，低于的反应为非。

信号与噪声的可变性是合理的假设。在感官神经活动的背景水平中，有即兴的变量，还有与观察者的适应状态、刺激本身和测试环境相关的变量。信号与噪声分布的重叠越大，就越难分辨两个刺激。这在数据中表现为相对于命中数有更多的假警报发生。当然，在某些情况下，观察者会非常谨慎，在作出“是的，是信号”之前，要求感觉很敏锐。这将使假警报的比率降至最低，但同时也降低了命中率。而在另外的情况下，观察者可能会很轻松，作出许多“是”的反应，产生大量的命中数，但相应的代价是增加了假警报的概率。计数值和假警报率会随评判标准的改变而同时改变。

我们需要将观察者的表现（图 5.3）与图 5.4 中的基本计划相关联，以提出对表现的标度评价，而又与观察者自己设定的特定反应标准相互独立。这两种分布的分离可以是他们平均数间的差别，而测量单位可作为该分布的标准偏差（一个简便的标准）。信号实验中命中的比例要对应于信号分布曲线下标准右边的面积，也就是说，比截止点更强的感觉，对所提供的信号反应为“是”。与此相类似，假警报实验的比例表示为截止点右边噪声分布曲线的尾部，也就是说感觉比标准强，但属于噪声体验。该系统如图 5.5 所示。

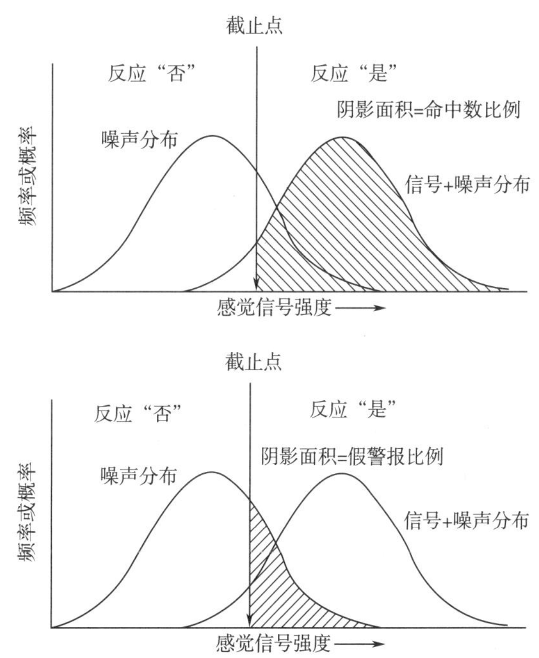

图 5.5　阴影部分的信号和噪声分布分别对应于命中数和假警报比例的假定信号和噪声分布曲线下的面积

这些比例值可以转换为 Z 值。

那么，我们所需要估计的就是从截止点到每一个分布平均数的距离。这些可从以标准偏差为单位表示的、与距离比例有关的 Z 值中发现。因为我们知道：根据比例与 Z 值间的关系，可以估计这两个距离，并计算总数，如图 5.6 所示。由于 Z 值通常采用列表的方法，所以，这是一个减法的过程，感官差别值，以 d' 表示，等于命中数比例的 Z 减去假警报数的 Z 值。

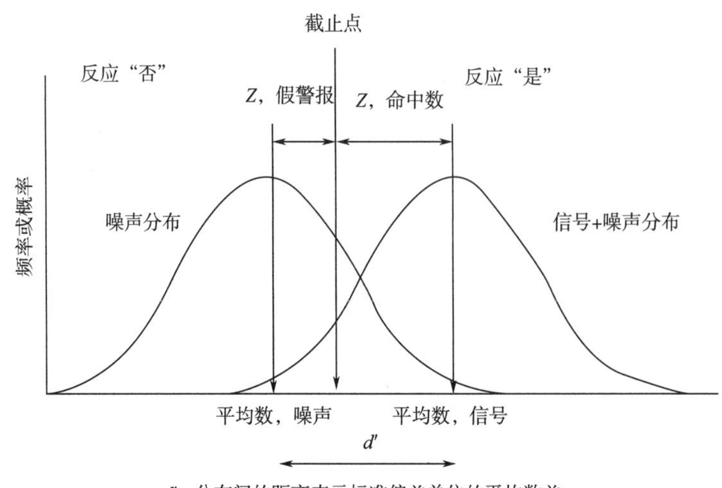

图 5.6 d′的计算基于信号检测方案

利用占比（面积）到 Z 值的转换，感官差别值（d′）由 Z 值得到，即命中数减去假警报数的 Z 值。

5.8.4 案例

该方法最大的好处在于，我们可以估计与观察者所设定的反应标准相对立的感官差别。无论该标准是很不严格还是非常保守，命中数和假警报数的 Z 值都将随之改变，以保持 d′相同。该标准可以在规定范围附近变动，但是对于同一组评价员及同一个给定的商品设置来说，两个分布之间的区别仍然相同。当标准移向右边时，假警报结果较少，而命中数也较少（注意当标准越过信号分布的平均数时，Z 值将改变符号）。如果标准变得非常不严格，那么命中数和假警报的比率都将上升，如果假警报数的比例超过噪声实验的 50%，假警报的 Z 值将改变符号。利用表 5.2 可将命中数和假警报的比率转换成 Z 值。图 5.7 表示两个大致相等辨别力水平的某一标准之间的转换。上图表示一个保守的标准，只有 22%的命中数和 5%的假警报数。查阅表 5.2，如果 d′是-0.77-（-1.64），即 +0.87，这些比例的 Z 分布是-0.77 和-1.64。图 5.7 所示为一个较宽松的反应模式，有 90%的命中数和 66%的假警报数。假如 d′也是 0.87 的话，表 5.2 所示 Z 值是 1.28 和 0.41。

表 5.2　　**计算 d′的比率和 Z 值**

比率	Z 值	比率	Z 值	比率	Z 值	比率	Z 值
0.01	-2.33	0.05	-1.64	0.09	-1.34	0.13	-1.13
0.02	-2.05	0.06	-1.55	0.10	-1.28	0.14	-1.08
0.03	-1.88	0.07	-1.48	0.11	-1.23	0.15	-1.04
0.04	-1.75	0.08	-1.41	0.12	-1.18	0.16	-0.99

续表

比率	*Z* 值	比率	*Z* 值	比率	*Z* 值	比率	*Z* 值
0.17	-0.95	0.38	-0.31	0.59	0.23	0.80	0.84
0.18	-0.92	0.39	-0.28	0.60	0.25	0.81	0.88
0.19	-0.88	0.40	-0.25	0.61	0.28	0.82	0.92
0.20	-0.84	0.41	-0.23	0.62	0.31	0.83	0.95
0.21	-0.81	0.42	-0.20	0.63	0.33	0.84	0.99
0.22	-0.77	0.43	-0.18	0.64	0.36	0.85	1.04
0.23	-0.74	0.44	-0.15	0.65	0.39	0.86	1.08
0.24	-0.71	0.45	-0.13	0.66	0.41	0.87	1.13
0.25	-0.67	0.46	-0.10	0.67	0.44	0.88	1.18
0.26	-0.64	0.47	-0.08	0.68	0.47	0.89	1.23
0.27	-0.61	0.48	-0.05	0.69	0.50	0.90	1.28
0.28	-0.58	0.49	-0.03	0.70	0.52	0.91	1.34
0.29	-0.55	0.50	0.00	0.71	0.55	0.92	1.41
0.30	-0.52	0.51	0.03	0.72	0.58	0.03	1.48
0.31	-0.50	0.52	0.05	0.73	0.61	0.94	1.55
0.32	-0.47	0.53	0.08	0.74	0.64	0.95	1.64
0.33	-0.44	0.54	0.10	0.75	0.67	0.96	1.75
0.34	-0.41	0.55	0.13	0.76	0.71	0.97	1.88
0.35	-0.39	0.56	0.15	0.77	0.74	0.98	2.05
0.36	-0.36	0.57	0.18	0.78	0.77	0.99	2.33
0.37	-0.33	0.58	0.20	0.79	0.81	0.995	2.58

换句话来说，感官差别值（d'）没有变化，虽然标准已发生迁移。无论观察员的偏见或标准是什么，这个理论都能够给予感官差异程度一个确定的评价。在5.9中，我们将研究如何将该理论延伸到包括任何差别的检测中去。

5.8.5 ROC 曲线和成对比较结果的关联

那么如何将 SDT 方法与感官评价中的差别检验相关联呢？其中一种联系方式是考察接收器操作特性或 ROC 曲线。接收器操作特性或 ROC（receiver operating characteristic）曲线定义了一个人在不同标准设定下的检测效力。在 ROC 曲线中，不同情况的命中率被绘制成假警报率的函数。图 5.8 表示在相同刺激和噪声水平的一些实验中，两个观察者的行为表现如何。这可以利用不同的报酬和惩罚的方式引发更为保守或更为宽松的行为。随着标准的迁移，表现沿着观察者和这些特殊刺激的特性曲线会有所移动。如果命中率和假警报率相等，两个水平就没有区别，d'为 0，这由图中的对角虚线表示。高水平区别（d'水平较高）的曲线会向图的左上方有较大的弯曲。观察者 1 有较高的辨别水平，因为

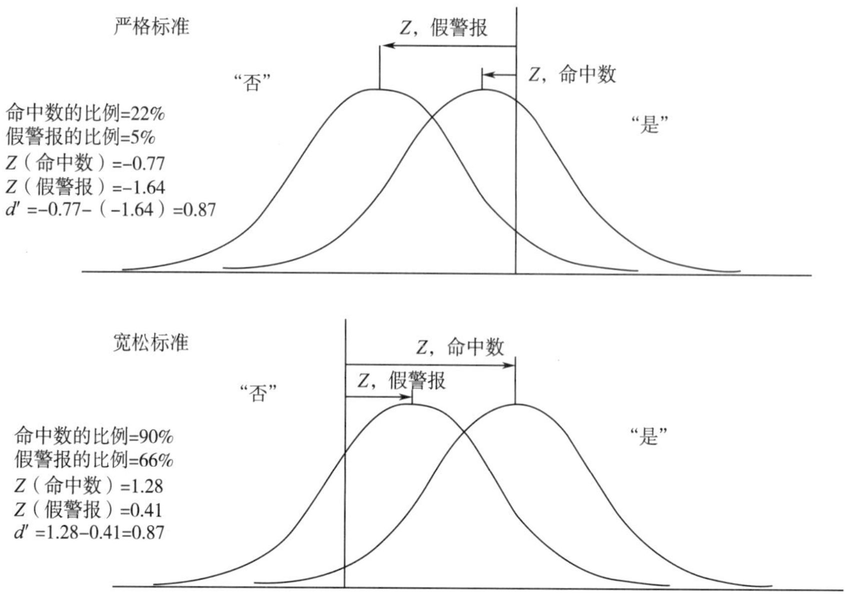

图 5.7　感官差别 d' 的测量与真假警报的判断

即使转换了标准，感官差别 d' 的测量在相同观察员即相同刺激下可保持大致恒定。上图中，标准非常严格，受试者反应"是"前需要有确定的感觉，因此会得到一个低命中数，也同样会有低的假警报数。下图中，受试者被设置了宽松的标准，大多数情况下都反应"是"，同时得到了较高的命中数和假警报数。

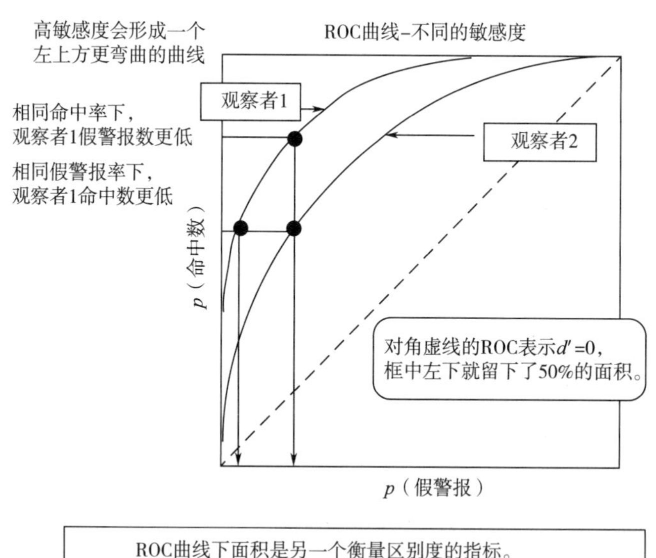

图 5.8　ROC 曲线或接收器操作特性表现了个体在不同标准下的行为，绘制的成命中占比对应于假警报占比图

更好的辨别力（更高的 d'）表现为更靠近左上角的曲线。因此，观察者 1 比观察者 2 拥有更好的辨别力和表现。ROC 曲线下面积（右部下方）是另一种测量方法，并能被转换成 d' 值。注意，虚线表示没有区别，即命中数总是与假警报率相同。同时也要注意，右下部分面积是 50%时，成对检验或 2-AFC 检验中结果没有区别。因此，ROC 曲线下面积被认为与 2-AFC 检验中观察给定观察者和给定刺激的结果成正比。

在任何给定的假警报率下会有更多的命中数，或者在某一给定的命中率下假警报较少。这样，本图中的辨别水平与ROC曲线下的面积成比例，测量值与d'相关。需要注意的是，对角虚线切削了图的一半区域。假如产品间不存在差异，一半（50%）将是成对比较检验的结果。我们能从此看出ROC曲线下的面积（与d'对应）与2-AFC或成对比较检验期望结果间的联系。其他种类的差别检验结果，如三点检验，二-三点检验和3-AFC，可用数学转换为感官差别值d'。

5.9 瑟斯通标度

瑟斯通（Thurstone）致力于解决传统心理生理学问题，如恒定刺激法（详见第2章）。该方法基本上只是与固定参比或刺激变量做一系列成对比较。Thurstone认为假如在成对检验中得到95%正确率，那么样品间的感官差异应大于取得55%正确率时的情况。因此，他通过成对检验中正确百分比的研究，提出了一种方法来衡量差别度，并设立了一套比较判断法则（Thurstone，1927）。

5.9.1 理论和公式

Thurstone比较判断的规则可作如下解释，我们假设受试者要经过几次实验比较两个相似的刺激，A和B，我们记录下判断A强于B的次数。Thurstone提出A和B产生的感官事件是正态分布的。他将这些知觉分配称为“差别的离散性”，而且它们正好类似于在是/非任务中的信号和噪声事件的分配。判断A强于B的次数比例（数据）来自对两种刺激间差别进行比较的心理过程。评价差别和减法处理相似。由于这两项易于混淆，有时差别会是正的（A强于B），而有时差别则是负的（B强于A）。一个仍然存在的问题是这些差别的命中分布是怎么从两个基本的差别离散中产生的，如图5.9所示。统计定律在此处可能有帮助，因为命中数分布的差别（下图的曲线）可能与上图的分布所描述的感官事件有关。该统计结果可由式（5.10）（5.11）得出：

$$S_{\mathrm{diff}} = \sqrt{S_{\mathrm{a}}^2 + S_{\mathrm{a}}^2 + 2rS_{\mathrm{a}}S_{\mathrm{b}}} \tag{5.10}$$

$$M_{\mathrm{difference}} = Z\sqrt{S_{\mathrm{a}}^2 + S_{\mathrm{a}}^2 + 2rS_{\mathrm{a}}S_{\mathrm{b}}} \tag{5.11}$$

式中 M——差别标度值；

Z——与次数比例相应的Z值（A判断强于B）；

S_{a}和S_{b}——最初差别离散的标准偏差。

含r项表示A和B感官的相互关系，在相反情况下可以是负值，在相同情况下可以是正值。如果我们假设S_{a}和S_{b}相等，并且$r = 0$（两种刺激没有结果的相关性），那么等式可简化，如式（5.12）所示。

$$M = Z\sqrt{2}S \tag{5.12}$$

式中 S——通用标准差。

这些简化的假设在统计学文献中被称为“Thurstone示例5”（Thurstone's Case Ⅴ）（Baird和Noma，1978）。差值的平均值在统计学上与两个平均值的差相同。所以要得到d'

（平均差值除以原始标准差），我们要把 z 值乘以 $\sqrt{2}$ 。

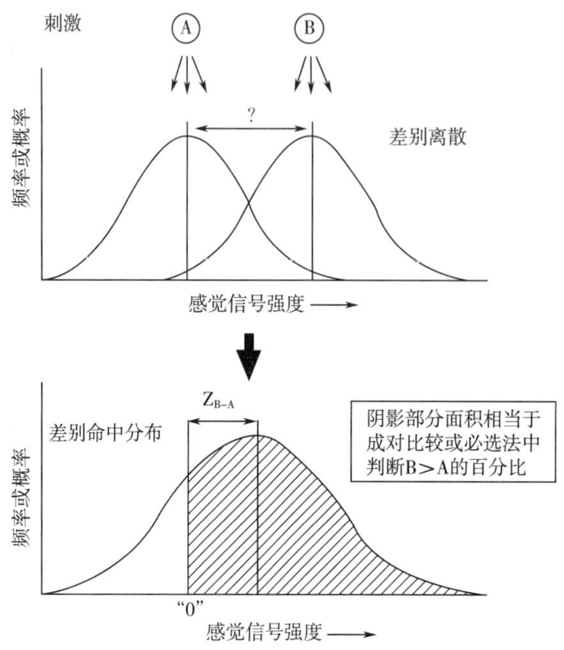

图 5.9 瑟斯通（Thurstone）模型提出判断一个刺激强于另一个刺激的次数比例可由差别命中分布确定，而差别命中分布又源于最初刺激的感官差异及初始刺激的重叠

换句话说，差别标度值<是/非信号检测实验的估算值× $\sqrt{2}$（Macmillan 和 Creelman，1991）。假设差别分布是高斯分布，从任意 0 点（由两种刺激中较弱者分布平均数确定）的平均数距离，可由判断 A 强于 B 的次数比例的 Z 值转换来确定。我们可以方便地将零点认定为两个刺激中较弱者的分布平均值（Baird 和 Noma，1978）。类似 d'，给了我们以标准偏差为单位表示的测量方法。

5.9.2 瑟斯通模型在其他选择检验中的延伸

我们可以将这种标度值延伸到任何选择检验中，也能在发表文献的表格中看到多种由正确百分比变换得到的 d'或 Delta 值（Bi，2006a；Ennis，1993；Frijters 等，1980；Ura，1960）。Delta 有时用于指代一个群体变量（而不是样本统计量 d'），但其意义在描述感官差异时是相同的。其他理论家看到了信号检测模式对必选数据的可应用性。Ura（1960）和 Frijters 等（1980）发表了 3 点检测表现与 d'相关的数学关系，以及其他用于食品科学的方法。

Ennis（1990，1995）将 Thurstone 模型作为一种表示差别检验相对检验力的方法进行了考察，就像 Frijters，他表明对于一个给定的标度差别水平，可以预测与 3-AFC 检验相比，三点检验中正确率水平较低。根据判断差别与强度的可变性，可以预料在 3-AFC 检验中有较高的表现。这就是著名的"具有辨别力的非辨别者的悖论"（Byer 和 Abrams，

1953；弗里吉特斯，1979)。在原始文献中，Byer 和 Abrams 认为许多评价员在三点检验指令下可能会有不正确的判断，但在样品为差异样时，最终仍能选择出其中最强（或最弱）的样品。图 5.10 中展示了一个案例，表明这是如何发生的。在 3-AFC 实验指令下，往往会有更高的正确率。Frijters（1979）说明了来自三点检验与来自 3-AFC 检验的两个不同的正确率最终得到了相同的 d'值。Delwiche 和 O'Mahony（1996）也已证明对于 4 个样品（4 个刺激）可以作相似的预测。

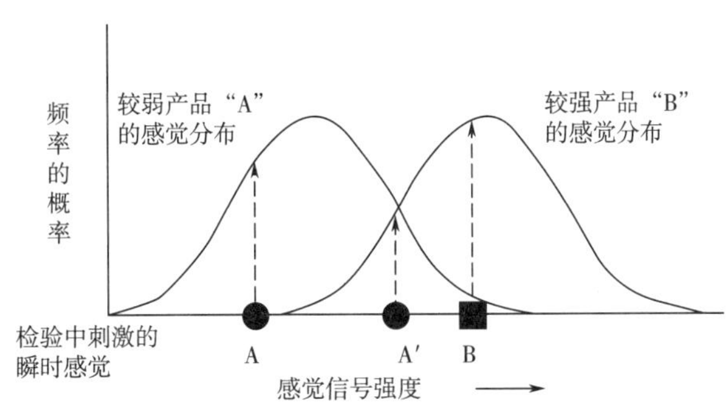

在三点检验中，3个样品（A，A′，B）在上例中被错误判断，因为A和A′的差异并不是最小的（B不是离群值）
在3-AFC检验中，B被正确判断为最强刺激

图 5.10 有辨别力的非辨别者的悖论示例

在一种假想的产品中，差异样品 B 被 3-AFC 检验正确选为是最强的样品。然而，其中一个重复样本 A，被瞬间判定为离群值，这导致了在三点检验中差异样本的错误选择。

协调不同实验方法后得到结果并将它们转换成普通标度的能力，给信号检测和 Thurstone 方法保留了一个主要的点（Ennis，1993)。研究结果不断显示，对任务和方法的 d' 值估计有恒定性（Stillman 和 Irwin，1995；Delwiche 和 O'Mahony，1996)，虽然当其他因素参与进来使得这一情况变得复杂并要求进一步发展模型时，偶然也会有一些例外（Antinone 等，1994)。应用正确的 Thurstone 模型要求你理解评价员的认知策略（O'Mahony 等，1994)。例如，我是否在寻找三对差异中最小的一种（一种寻找差异样品的三点检验策略)，还是我试图分辨出三种强度中最强的一种（一种 3-AFC 的“筛选”策略)？如果对给定的检验方法或任务有不同的策略，那么产生的 d'值将不能反映检验中人们实际在做什么。例如，一些评价员“筛选”最强的样本，但已经被告知使用三点检验，那么从三点检验表中提取 d'值就没有意义了。另一个复杂的因素——顺序效应，往往也存在于多组多个产品中。两个类目的区别不仅取决于信号相对于噪声感觉的相对强度，还取决于所呈现物品的顺序。因此，紧随一个弱刺激（经过噪声实验后的信号）后的强刺激可能会比一个紧随信号实验后的噪声实验能得到更大的感官差异。O'Mahony 和 Odbert（1985）运用一种称为“序列敏感性分析”的理论，来提高检验效力。Ennis 和 O'Mahony（1995）展示了如何将顺序效应合并到 Thurstone 模型中。此外，多数食品涉及多个方面，而简单的信号检测和 Thurstone 模型往往被设计成一维变量。Ennis 和 Mullen（1986）利用多变量模型表明了不同维度的变化将影响检验的效果。

感官评价员可以从这个理论中得到重要的结论：通常针对所有差别指标进行普通检验，如三点检验和二-三点检验，不是十分敏感高效的。对于一个给定的感官差别值（d'），需要一个更大规模的评价小组才能确定这种差异是否能被所用方法检测到。换句话说，对于一定大小的评价组，三点检验很容易忽略 3-AFC 检验中检测到的差异，如 Byer 和 Abrams“悖论”。不幸的是，当复杂食品的一个要素或加工程序发生变化后，对于 AFC 检验而言，简单的单一属性往往不能被预测出来，甚至风味、味道等的整体强度也不能被预测。因此，评价员只能使用不那么敏感高效的检验类型。在具有统计学意义的结果面前，这不是问题。但是，如果等价性判断是基于一个非显著的测试结果，那么得出等价性的判断是非常危险的。

5.10 瑟斯通模型的延伸，*R* 指数

5.10.1 简捷信号检测方法

将信号检测模型应用于差别检验条件下的最后一个方法值得一提。信号检测理论应用于食品的一个现实障碍，是在传统的是/非信号检测实验中必需有的大量试验。对于食品，特别是在应用差别检验时，很少有可能提供给每一个受试者所需要的能恰好估计 d' 值的大量试验数。

O'Mahony（1979）看到了信号检测测量方法的优点，并发表了简捷的评价标度方法以推动信号检测在食品评价中的应用。一种流行的方法是 *R* 指数法。*R* 指数可以提供一个具有辨别能力的指数，这是一个可供选择的测量方法中的一例，但没有 d' 值所需要的条件苛刻的假设，被称为信号和噪声分布的相等和正态分布变化。ROC 曲线下的面积是对差别的测量，不依赖信号和噪声分布的准确形状（图 5.8）。*R* 指数是这样一种测量，将评价标度表现转化成与 ROC 曲线下面积的百分比有关的一个指数，一种对差别的测量。也提供给我们所期望的作为二选一必选任务表现的一种指示，当然这也是与 d' 值有关的。

5.10.2 案例

以下是 *R* 指数法的一个例子。在一项典型的实验中，提供了 10 个信号和 10 个噪声，受试者对信号刺激（称为“A”）和噪声刺激（本例中称为“B”）预先进行了熟悉。受试者被要求对每一个呈送的 A 和 B 给出一个评价标度值，采用的标记如“A，确定”，“A，或许”，“B，或许”以及“B，确定”。

对于某一受试者，20 次实验的表现可能像这样：

	评价			
	A，确定	A，或许	B，或许	B，确定
信号	5	2	2	1
噪声	1	2	3	4

很明显，在这些分布中有一些重叠和混乱的情况。

R 以如下方式计算：将各信号的得分和各噪声的得分组队，就有 10 乘 10 即 100 对比较。那么，有多少次信号“A”被正确地识别或被认为是该样品对中较强的呢？首先，我们考虑信号被评为“A，确定”的 5 种情况。当遇到较低分数（也就是噪声被判断比信号更不像“A”）的 2+3+4=9 个噪声实验组对时，会得到 45 个正确的判断。对于评分为“A，确定”的这 5 个信号与评分为“A，确定”的噪声组对，则得分相同，难以作出判断，所以我们假设如果必选，则有一半实验（2.5）会是正确的，另一半是不正确的。然后，根据我们的矩阵中各因素的频率，我们可继续进行假定的各个 A 分数与 B 分数组对。因此，“A，或许”的信号给出了 2×7=14 个“正确”配对，而“B，或许”信号分数给出了 2×4=8 个“正确”配对，另有 12 个得分相同的配对（作为额外的 6 个正确配对计算）。那么，*R* 指数就是 45+14+8+8.5（对于得分相同的配对）= 75.5。换句话说，在一项二选一任务中（如成对比较检验中），关于正确的总百分比我们最好的猜测是大约 75.5%。

这个结果显示了细微的差别，但在项目中有时会被混淆。很明显，当两个刺激有较少的重叠反应模式时，会有较好的区别度和一个较高的 *R* 值。要注意的是，这对应了该 ROC 曲线下 75.5% 的面积。将 *Z* 值乘以 $\sqrt{2}$ 会得到一个 0.957 的感官差异值（Bi，2006b）。这个接近于 1 的值表明差异在阈值之上，但不十分明确。关于 *R* 指数的统计学检验，包括近似检验的置信区间可以 Bi（2006b）的文章中得到答案。

该评价标度方法的优点之一如下所述。因为在其他信号检测方法中，我们可以从某人为反应所设定的偏差或标准中分离出区别表现来。例如，我们可能会有一个观察者，在本例中他非常保守，对所有刺激都认为是噪声或将它们标记为“B”。如果该观察者将所有的 A 都定为“B，或许”，而将所有的 B 定为“B，确定”，那么也保持了理想的区别，*R* 指数等于 100。换句话说，由于这两种刺激被分为不同的反应类别，我们有证据清晰地将其加以区别，即使观察者对评价标度某一方向上的反应有很大的偏差。评价标度法的另一个优点是与是/非判断法相比所需提供的试验数少得多。

5.11 结论

应用感官评价中的一个普通话题是实验样品是否足够接近于对照或者标准样品，从而判断是否可用它来代替标准样品。从科学的观点来看，这是一个非常困难的问题，因为它似乎依赖于证明一个消极结果，或者用统计学术语来表述，依赖于证明无差异的假设。但是，否定无差异假设的失败可能由许多原因产生。有可能确实没有差别，可能样本量大小不够充分（*N* 太低），或者可能有太多的变异性或误差掩盖了差别（标准偏差太高）。由于这些情况模糊，在实验科学中如果我们没有发现显著效应，我们通常要保留决定。但是在工业检验中，只要我们了解我们检验的敏感性和检验力，不显著的差别在帮助我们判断某样品和对照相似时就可能具有实际意义。例如，如果我们知道某特定评价小组的记录和特殊生产线的检验方法，我们通常可以根据非显著性检验结果得到合理的判断。

另一种方法是选择一些差别度的可接受区间，看看我们是否在这个区间内或低于某个可接受的极限。本章内容已从两方面介绍了差别度问题。首先，基于 Abbott 公式给定的传统猜想校正，由正确判断者百分数转换为矫正后的正确判断者百分数。这让我们可以估计出有实际辨别能力的人的百分比，然后做出一个简单的二分模型（不论差异是看见的或是猜想的）。第二种方法是看差异度的，就像 Thurstone 标度值 delta 或 d'值的作用，或者相反地用检验的检验力测得差异。这个值为感官差异提供了一个更通用的尺度，因为它考虑了检验中的固有难度或变化，以及不同任务中评价员的认知程度。

感官差别值 d'被作为标准也有一个重要的限制条件。d'值的方差是由 B 因子除以 N（评价员或观察员的数量）的值给定的（ASTM，2008b）（B 值可查表 O）。不幸的是，B 因子在 d'值或数值为 2.0 时可达到最小值，并在 d'值趋于 0 时再次开始增加。从任何实际的角度来看，很难在某些 d'值中找到显著差异，包括人们所选择的一个可接受的上限值和一个你在测试中可能会发现的低值 d'。实际用途中，在 d'值极限小于 1.5 的情况下测试一个 d'值是不太有效的，并且证明在多数差别检验评价组数量下（N=50-100），d'值明显低于 1.0 是非常困难的。因此，运用 d'得到相似度的结论需要基于简单的经验法则，例如，将 d'值与之前被认为可以接受的值进行比较［参见 ASTM（2008b）中的深入讨论］。

综上所述，我们为寻找感官对等或相似的证据提供以下指导原则。首先，应用本章开头所讨论的常识原则。确保你有一个灵敏的测试系统，能够检测出不同。如果可能的话，包括一个对照测试，以显示该方法是有效的，或该方法能显示出先前检验结果的记录数据。第二，做检验力和样本量的计算，以确保你有足够的评价组和对测试可能检测到的或错过的评价。第三，指定出有可以接受的差异大小。一个具有长期差异或等价性测试历史的公司可能具有基准 d'、辨别者的比例或其他基准或可接受的差异度。第四，采用一种统计方法，例如相似性检验、区间检验（参见 Ennis 和 Ennis，2010），或 TOST 来证明你在一些可接受的变化范围内（或包含在内）。最后，要意识到检验的检验力，以检测出给定范围内的差异度。选择测试中最佳区别度测量时由 Thurstone delta 或 d'值给出，这些值与特定的测试方法无关。

附：标度等同数据的非中心 *t* 检验

Bi（2007）描述了比较两个均值相似性的检验，可以用于一些例如接受度评分、描述分析或质量控制的标度数据。关键的检验统计量是 T_{AH}，根据原检验作者 Anderson 和 Hauck 命名。如果我们有两个平均值，M_1和 M_2，分别来自两个含有 N 个评价员的评价小组，并且有估计方差 S，检验过程如式（5.13）所示。

$$T_{AH} = \frac{M_1 - M_2}{s\sqrt{2/N}} \tag{5.13}$$

方差 S 的估计是根据两个样品，如式（5.14）所示。

$$S^2 = \frac{S_1^2 + S_2^2}{N} \tag{5.14}$$

此外，我们也估计了非中心参数，δ 如式（5.15）所示。

$$\delta = \frac{\Delta_o}{s\sqrt{2/N}} \tag{5.15}$$

式中 Δ_o——允许的差异间隔。

p 值的计算如式（5.16）所示。

$$p = t_v(|T_{AH}| - \delta) - t_v(-|T_{AH}-| - \delta) \tag{5.16}$$

式中 t_v——来自中心 t-分布值在 $v=2$（$N-1$）自由度下的 p 值。

如果 p 值小于我们设置的临界点，通常是 0.05，那么我们可以推导出我们的差异是在可接受的差异间隔内并且具有等价性。

对于成对数据，情况更加简单，但是为了计算你的临界值，你需要计算非中心 F 分布临界点的计算器，可以在多种统计软件里找到。为了应用，可以实施一个简单的非独立样品（成对数据）t 检验。根据标度差异决定最大允许差异，然后通过规范标准偏差单位把差异统一化。得到的 t 值和下面的临界值比较，如式（5.17）所示。

$$C = \sqrt{F} \tag{5.17}$$

式中 F 值——根据非中心 F-分布在 1，$N-1$ 的自由度下的值，是非中心参数，根据 N（ε）得来；

（ε）——在标准偏差单位下的临界差异的大小。

如果没有非中心 F-分布临界值的计算器，有一个非常有用的表格来自 Gacula 等（2009），T 值可以直接和表中在 $\alpha=0.05$ 时，不同的（ε）下的临界值比较［Gacula 等（2009）书中附录表 A.30，812-813 页］。得到的 t-值的绝对值必须小于临界值 C，以推导出显著相似或等价的结论。

工作实例可以参见 Bi（2005）和 Gacula 等（2009）等文献。

参考文献

ASTM. 2008a. Standard guide for sensory claim substantiation. Designation E-1958-07. Annual Book of Standards, Vol. 15.08. ASTM International, West Conshohocken, PA, pp. 186-212.

ASTM. 2008b. Standard practice for estimating Thurstonian discriminal differences. Designation E-2262-03. Annual Book of Standards, Vol. 15.08. ASTM International, West Conshohocken, PA, pp. 253-299.

Amerine, M. A., Pangborn, R. M. and Roessler, E. B. 1965. Principles of Sensory Evaluation of Food, Academic Press, New York, pp. 437-440.

Antinone, M. A., Lawless, H. T., Ledford, R. A. and Johnston, M. 1994. The importance of diacetyl as a flavor component in full fat cottage cheese. Journal of Food Science, 59, 38-42.

Baird, J. C. and Noma, E. 1978. Fundamentals of Scaling and Psychophysics. Wiley, New York.

Bi, J. 2005. Similarity testing in sensory and consumer research. Food Quality and Preference, 16, 139-149.

Bi, J. 2006a. Sensory Discrimination Tests and Measurements. Blackwell, Ames, IA.

Bi, J. 2006b. Statistical analyses for R-index. Journal of Sensory Studies, 21, 584-600.

Bi, J. 2007. Similarity testing using paired comparison method. Food Quality and Preference, 18, 500-507.

Byer, A. J. and Abrams, D. 1953. A comparison of the triangle and two-sample taste test methods. Food Technology, 7, 183-187.

Delwiche, J. and O'Mahony, M. 1996. Flavour discrimination: An extension of the Thurstonian "paradoxes" to the tetrad method. Food Quality and Preference, 7, 1-5.

Ennis, D. M. 1990. Relative power of difference testing methods in sensory evaluation. Food Technology, 44

(4), 114, 116-117.

Ennis, D. M. 1993. The power of sensory discrimination methods. Journal of Sensory Studies, 8, 353-370.

Ennis, D. M. 2008. Tables for parity testing. Journal of Sensory Studies, 32, 80-91.

Ennis, D. M. and Ennis J. M. 2010. Equivalence hypothesis testing. Food Quality and Preference, 21, 253-256.

Ennis, D.M. and Mullen, K. 1986. Theoretical aspects of sensory discrimination. Chemical Senses, 11, 513-522.

Ennis, D. M. and O' Mahony, M. 1995. Probabilistic models for sequential taste effects in triadic choice. Journal of Experimental Psychology: Human Perception and Performance, 21, 1-10.

Ferdinandus, A., Oosterom-Kleijngeld, I. and Runneboom, A. J. M. 1970. Taste testing. MBAA Technical Quarterly, 7(4), 210-227.

Finney, D. J. 1971. Probit Analysis, Third Edition. Cambridge University, New York.

Frijters, J. E. R. 1979. The paradox of the discriminatory nondiscriminators resolved. Chemical Senses, 4, 355-358.

Frijters, J. E. R., Kooistra, A. and Vereijken, P. F. G. 1980. Tables of d' for the triangular method and the 3-AFC signal detection procedure. Perception and Psychophysics, 27(2), 176-178.

Gacula, M. C., Singh, J., Altan, S. and Bi, J. 2009. Statistical Methods in Food and Consumer Research. Academic and Elsevier, Burlington, MA.

Green, D. M. and Swets, J. A. 1966. Signal Detection Theory and Psychophysics. Wiley, New York.

Lawless, H. T. 2010. A simple alternative analysis for threshold data determined by ascending forced-choice method of limits. Journal of Sensory Studies, 25, 332-346.

Lawless, H. T. and Schlegel, M. P. 1984. Direct and indirect scaling of taste—odor mixtures. Journal of Food Science, 49, 44-46.

Lawless, H. T. and Stevens, D. A. 1983. Cross-adaptation of sucrose and intensive sweeteners. Chemical Senses, 7, 309-315.

Macmillan, N. A. and Creelman, C. D. 1991. Detection Theory: A User's Guide. University Press, Cambridge.

MacRae, A. W. 1995. Confidence intervals for the triangle test can give reassurance that products are similar. Food Quality and Preference, 6, 61-67.

Meilgaard, M., Civille, G. V. and Carr, B. T. 2006. Sensory Evaluation Techniques, Fourth Edition. CRC, Boca Raton.

Morrison, D. G. 1978. A probability model for forced binary choices. American Statistician, 32, 23-25.

O'Mahony, M. A. 1979. Short-cut signal detection measures for sensory analysis. Journal of Food Science, 44 (1), 302-303.

O' Mahony, M. and Odbert, N. 1985. A comparison of sensory difference testing procedures: Sequential sensitivity analysis and aspects of taste adaptation. Journal of Food Science, 50, 1055.

O'Mahony, M., Masuoka, S. and Ishii, R. 1994. A theoretical note on difference tests: Models, paradoxes and cognitive strategies. Journal of Sensory Studies, 9, 247-272.

Schlich, P. 1993. Risk tables for discrimination tests. Food Quality and Preference, 4, 141-151.

Stillman, J. A. and Irwin, R. J. 1995. Advantages of the same-different method over the triangular method for the measurement of taste discrimination. Journal of Sensory Studies, 10, 261-272.

Thurstone, L. L. 1927. A law of comparative judgment. Psychological Review, 34, 273-286.

Ura, S. 1960. Pair, triangle and duo-trio test. Reports of Statistical Application Research. Japanese Union of Scientists and Engineers, 7, 107-119.

USFDA. 2001. Guidance for Industry. Statistical Approaches to Bioequivalence. U.S. Department of Health and Human Services, Food and Drug Administration, Center for Drug Evaluation and Research (CDER). http://www.fda.gov/cder/guidance/index.htm.

Viswanathan, S., Mathur, G. P., Gnyp, A. W. and St. Peirre, C. C. 1983. Application of probability models to threshold determination. Atmospheric Environment, 17, 139-143.

Welleck, S. 2003. Testing Statistical Hypotheses of Equivalence. CRC (Chapman and Hall), Boca Raton, FL.

感觉阈值的测定

6

本章讨论阈值的概念并对比其理论概念与其作为一个统计衍生量的理念。通过实例阐述一个基于 ASTM E-679 的简单阈值的测定方法，并讨论了其他的可以测定阈值的方法。

一束光可能如此的微弱而不能明显地驱散黑暗，一个声音如此的低沉而无法听到，一次触碰是如此的微弱以至于我们无法注意到。也就是说，任何感觉的产生都需要有一定量的外部刺激。Fechner 称其为阈值定律——对象能够进入意识之前必须跨越的某个东西。

——William James（1913）

6.1 引言：阈值概念

最早被测量的人类感官功能的特性之一是绝对阈值。绝对阈值或觉察阈值被看作是一个能量水平，低于这一能量水平的刺激不会使人产生感觉，而高于这一水平的感觉就能够被传达成意识。阈值的概念是 Fechner 心理生理学的核心。他对 Weber 定律的融合建立了最初的心理生理学关系，它依赖于由表达感觉变化的阈值为测量单位的物理强度（Boring，1942）。像 Weber 和 Fechner 这样的早期生理学家利用经典的极限方法来测量这一不连续的点，是心理生理学函数的开端。在极限法中，随能量水平的升高和降低以及观察者从“无感觉”到“是的，我感觉到了”的反应转变的平均点被称作阈值。对感知所需要的最低能量水平的规范是最早被量化的感官功能特性之一。历史上其他被测定的常见特性是差别阈值，或者说是可察觉到的感觉增强所需的最小能量会增加。总之，这两种测量都应用于确定心理生理学函数，对于 Fechner 来说，一旦跨过了绝对阈值，这只是一个增加差别阈值的过程。

在实践中，试图运用这一阈值概念时会出现一些复杂情况。首先，任何试图测量阈值的人都会发现观察者反应转变的水平点会有变化。在多次测量中，即使单一个体自身也会有变异性；在一系列实验中，即使是统一的试验期间，人们转变反应的水平点也会不同。20 世纪心理生理学先驱之一 S. S. Stevens 在哈佛大学的课堂示范：他要求学生们摘下手表并将其戴在手臂上，然后计算他们在 30s 内听到滴答的数量（在发出滴答声的机械表的时代）。假设这些人的手表具有统一的滴答声，结果是一般人只会听到一些而不是全部的滴答声，这说明了听觉灵敏度发生了瞬时变化。当然，个体之间尤其在味觉和嗅觉敏感程度上也存在着差异。这导致了定义阈值的一般经验法则的确立，例如将50%的时间内可以觉察到刺激的浓度水平定义为阈值。

经验阈值（也就是实际所测量到的）对于许多感官评价工作者仍然是一个具有吸引力的有用的概念。例如，判定对一种天然产品的香气特性有贡献的风味化合物。例如一个苹果汁产品，数百种化学物质可以通过化学分析测定。哪些物质可能对感觉到的香气有贡献呢？风味研究中的一种常用方法是假定只有那些以高于其阈值的浓度存在物质才会有贡献。第二个阈值用途的例子是定义产品中污染或者不良风味的阈值。这样的一个值对不良风味成分的可接受水平与不可接受水平有及时的实际暗示。从产品转到感官评价员，阈值的第三个应用是作为对关键风味成分敏感性进行个体筛选的方法。对人敏感性的测量在临床检验中有很长的历史，普通的视觉和听力检查包含一些阈值的测量。在化学感觉中，由于味觉和嗅觉敏感性的个体差异，阈值测定可能特别有用。例如，特殊的嗅觉缺失症，一种选择性的嗅觉缺失的情况在确定谁有资格参加感官评价小组是很重要的（Amoore，1971）。

阈值概念具有吸引力的一个原因是阈值是以物理强度单位表示的，例如产品中的某特定化合物浓度单位 mol/L，因此，许多研究人员对这种说明感到很舒服，因为这种表述避免了评价标度或感官评分的主观单位。然而，阈值测定并不比其他感官技术更可靠和准确，而且测量起来通常劳动强度很大。也许最重要的是，阈值仅代表了剂量反应曲线或心理生理学函数上的一个点，所以，它能够告诉我们的关于作为物理浓度函数的感官反应动力学的性质是非常有限的。超过阈值的感官刺激则需要以其他的测量方式。

本章我们将考察一些阈值的定义和方法以及它们的一些相关问题。然后我们将检验一些实际的阈值测定技术并讨论一些应用。我们将始终特别关注测量中的可变性问题和研究人员所面临的挑战，研究人员将利用阈值作为人们对特定刺激，或是反过来说使感官感觉活动的刺激所产生的力量或生物活性的敏感性的实际测量。所选择的大多数例子来自嗅觉和味觉，因为化学感觉特别容易变化，在感觉适应等因素中容易出现困难。

6.2 阈值的类型：定义

什么是阈值？美国检验和材料协会（ASTM）提出了以下定义，该定义抓住了阈值概念对化学感官的本质：

存在一个浓度范围，低于该值的某物质的气味或味道在任何实际情况下都不会被觉察到；而高于该值任何具有正常嗅觉或味觉的个体会很容易地觉察到该物质的存在。——ASTM 方法 E-679-79（2008a，p. 36）。

在感念上，绝对或觉察阈值是可被感觉的刺激最低物理能量，或者说是在化学刺激情况下的最低浓度，这与阈值的经验定义形成对照。当我们试图测量这一数值时，最终将建立一个实用的规则，在一个描述觉察概率函数的物理强度范围内发现某任意值。1908年，心理学家 Urban 认识到觉察的或然性，并称这一函数为心理测量函数，如图 6.1

所示（Boring，1942）。我们将这个函数描绘成一条平滑的曲线，以表明固定阈值边界的初始概念实际上是如何不可能被测量的。也就是说，不存在这样一个能量水平，低于它不产生察觉而高于它总是能被觉察到。这个函数不是一个突然的函数步骤，有一个概率函数，可通过我们定义某一任意点作为阈值的一个检验测量方法来确定。

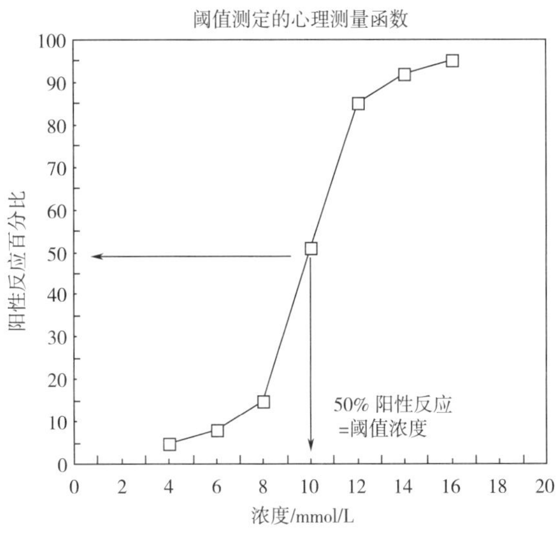

图 6.1　心理测量函数

识别阈值有时也可测定。它们是表现出刺激特有的味觉或嗅觉所需要的最低水平，而且经常比觉察阈值高一点。例如，稀释的 NaCl 并不总是咸的，在略高于觉察阈值的较低浓度下，它感觉是甜的（Bartoshuk 等，1978）。NaCl 呈现出咸味时的浓度要高得多。在食品研究中，很明显食品中某一特定风味的识别阈值是一件必须知道的很有用的事，也许比觉察阈值更为重要，因为知觉的对象和适当的标记都可以有意识地得到并发挥作用。在不良风味或污染的情况下，识别可能与预测消费者的拒绝有强烈的快感上联系。

这种方法唯一的要求是与稀释液相区别。此外，感官试验员必须对刺激给出适当的描述词。然而，很难设定一个强迫选择实验来进行某些特征上的识别。例如在味觉中，你可以让观察者从四种（或五种）味道品质中选择，但不能保证这些标记对于描述所用的呈味物质是否足够（O'Mahony 和 Ishii，1986）。另外，在所有 4 种选择中是否有一个相等的反应偏差还不清楚。因此，对于统计检验或随机反应差别的期望频率或无差异假设尚不清楚。在一项关于苦味的试验中，Lawless（1980）试图利用盐、酸和糖的包埋将被识别的苦味来控制这一偏差。然而，人们不很清楚这种方法的成功之处，而且对于已经提出这一问题的识别阈值，目前也没有现成的方法。

差别阈值一直是经典心理生理学的一部分（详见第 2 章）。它代表了 50%人们在感知到变化时所必需的最低生理变化。传统上，它是一种通过连续刺激（与恒定参比）来测定一系列产品在参比水平附近升高和降低的比较方法。这个部分将要求说出哪一个实验点在 75%（或 25%）更强时被认为是差别阈值或“最小可觉差别水平（JND）。”

可以将感觉差别检验（三点检验等）看作是一种差别阈值的测定。心理生理学阈值测定与感官差别阈值测定二者的主要区别在于心理生理学阈值测定过程中使用一系列易控且比较简单的已知成分刺激物，而感官产品测定过程主要使用两种样品，可基于统计显著性标准来判定这两样品间的异同。这两种阈值测定间又存在一定的联系。当标准对照品恰巧是一些空白或基线刺激物（如纯空气或纯净水）时，绝对阈值就是差别阈值的一种特例。

除了觉察、识别和差别阈值外，第4种有时在文献中也被提及。这就是最大阈值或物理刺激强度增加而反应没有进一步增加所涉及的区域（Brown等，1978）。换句话说，感觉反应达到了某一饱和水平，高于该水平不可能有进一步的刺激感觉了，因为感受器或神经达到了最大反应或某些物理过程限制了刺激物接近感受器。这也是根据神经生理学产生的感觉。因为感受器和神经数量是有限的，而且它们有最大的反应速率。这一观点很符合阈值作为一个心理生理函数中的不连续点或奇点的概念（Marin等，1991）。

然而，实际上该水平很少能达到。很少有食品或其他产品的饱和水平就是普通的感觉水平，虽然一些非常甜的糖果和一些非常辣的辣椒酱可能例外。对于许多连续体，其饱和水平由于一些新感觉的加入，如疼痛刺激而变得模糊（James，1913）。例如，一些气味在心理生理函数的高水平处于一个低迷期，因为三叉神经的刺激开始产生，可能随后对气味强度有抑制作用（Cain，1976；Cain和Murphy，1980）。另一个例子是糖精苦味的副味觉。在高水平时，苦味对某些个体会盖过甜味的感觉，这使得对于其他甜味剂在高水平时很难找到作为糖精的甜味类似物（Ayya和Lawless，1992）。浓度的进一步增加只会增加苦味，这一额外的感觉对于甜味的感觉是一种抑制效应。所以，虽然反应的饱和在生理学上是合理的，但由很强的刺激物所引起的复杂的感觉是无法用单一的测量效果来调节的。

最近，可帮助消费者抵制异味的一种新型的阈值已经被提出。Prescott等（2005）研究了消费者对葡萄酒中因软木瓶塞污染产生的三氯苯甲醚的反感程度。使用成对偏好测定三氯苯甲醚浓度增加情况，他们将对未污染样品具有统计显著偏好的浓度定义为拒绝阈值。这种新的想法可能会在风味科学和特定商品（如水）的研究中得到广泛的应用，这样人们就可以很好地理解污染物的化学成分和来源了（另一个例子，参见Saliba等，2009）。因统计显著性不是一个好的选择，所以对于阈值标准的原始方法需要进行一些改进。正如他们在论文中指出的那样，统计显著性的高低取决于感官评价员的数量，以及对实验者的选择随机点的多少（而不是一个参与者的感官反应函数）。类似于差异阈值的更好的选择，即偏好达到75%的浓度。当然，对于那些统计质量要求较高的情况，可以围绕其水平绘制置信区间。

6.3 实践方法：升序强迫选择法

在早期的心理生理学中，极限法是测定阈值最常用的方法。用这个方法，刺激强度以一个递增序列上升，然后以一个递减序列下降，以发现观察者从阴性到阳性或者从阳性到阴性时的反应变化点。在一些递增和递减序列中，平均变化点可作为阈值的最佳估计值（McBurney 和 Collings，1977）。该方法在图 6.2 中加以说明。

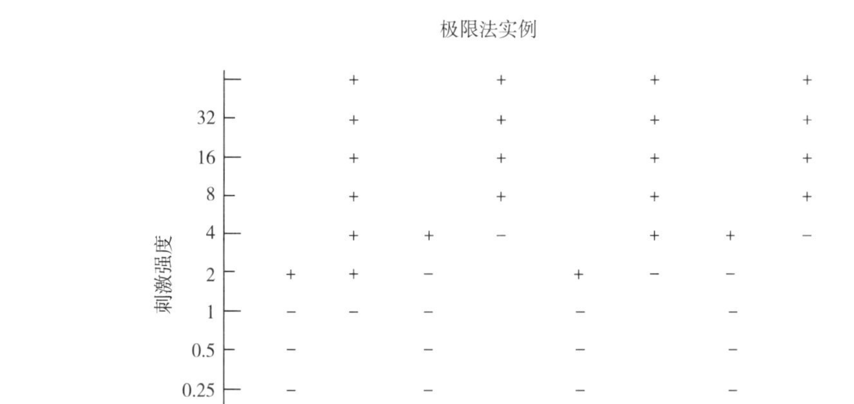

图 6.2　极限法实例

虽然该方法似乎简单易懂，但也有一些问题。首先，递减序列可能会产生疲劳或者是感官适应性，观察者不能觉察到当它们独立存在时，可以明显地被感觉到的刺激。为了避免在味觉和嗅觉中遇到常见的适应性和疲劳问题，该方法通常只按递增序列实施。第二个困难是不同的人可能会在改变他们的反应之前为他们需要多强的感觉设定不同的标准。有些人可能会非常保守，在百分百确认后才做出反应，而其他人在稍有感觉时就会进行暗示性的反应。因此，经典的极限方法会受到小组成员的个体差异或标准的影响，而不是其感知的作用，即实际要被测定的。这是信号检验理论的核心问题（详见第 5 章）。为了避开这一不受控制的问题，以后的研究者在各个强度水平或浓度梯度中将必选要素引入在试验中（例如，Dravnieks 和 Prokop，1975）。这将极限法与差别检验结合起来。它要求观察者通过从背景水平中将目标刺激区分出来，以提供觉察的可信证据。必选技术与信号检测原理是一致的，也是没有偏差的，因为观察者对反应总是选择是或非，对在每个试验中都要求作出反应。

6.4　推荐的滋味、气味和风味阈值的测定方法

6.4.1　递增强迫选择极值法

该方法基于 ASTM E-679 标准方法（ASTM，2008a）。它遵循经典的极限法，就是说刺激物强度（某一味觉或嗅觉的化学物质浓度）以特定步骤升高直至被检测到。该方法增加了一个必选的任务，该任务中在待检测物质中加入了一组不含任何添加物的刺激物，其中含味觉或嗅觉化学物质的刺激物或样品被称为“目标”物质，而其他没有添加化学

物质的样品通常被称为“空白”。它可以使用目标和空白的各种组合，但在 E-679 方法中通常有一个目标和另外两个空白。所以这个任务是三选一的必选法（3-AFC），因为受试者被迫从三个样本中选择不同的那一个。那就是如果他们不确定，他们会被告知要猜测出来。阈值类型见表 6.1。

表 6.1 阈值类型

察觉（绝对）阈值	可以与背景区分的物质的点
识别阈值	可以被正确识别的物质的点
差别阈值	（最小可觉差别，JND）变化发生时浓度的记录点
极限阈值	随着浓度的增加，强度增加不再进一步增加的点
消费者拒绝阈值	对不含该物质样品，消费者偏好发生的点

6.4.2 测定目的

此方法旨在找到同一样品组中被 50%的评价员所检测到的物质的最低水平量（最小浓度）。在实践中，这可通过计算各个估算阈值的几何平均值得到。几何平均值是一个合理的选择，因为它通常非常接近正偏态分布的中位数（第 50 百分位）。阈值数据倾向于显示较高的极端值，即一些不敏感个体引起的正偏差。

6.4.3 初测步骤

在进行测试之前，有几项任务和一些选择必须要做，如表 6.2 所示。首先，必须获得已知纯度物质的样品。其次，必须选择出稀释剂（溶剂，碱）或载体。例如，对于风味物质阈值的检测，通常使用某种纯水，如去离子水或蒸馏水。第三，必须选择浓度值。通常使用两到三个倍数。换句话说，将浓度制备成等比数列，这与对数标度的步骤相同。第四，应设置一些用于初步或“台式筛选”的样品浓度来估计阈值可能存在的范围。这可以通过用 5 或 10 倍的连续稀释来完成，但要注意适应性对后续实验的影响，因为其将降低受试个体的敏感度。在本系列实验中，早期暴露于高浓度的样品中可能会导致后续感觉不到样品有味道或气味，尽管这些样品的味道或气味在单独品尝时可能会感知到。初步测试的结果应该包括可能的浓度范围，以便参加正式实验的大多数人（如果不是全部的话）可找到单独的阈值以估算一系列测定中的某点情况。在初测阶段中通常使用 8~10 个步骤。

接下来，应该招募或选择感官小组。一个样本组应至少有 25 个参与者。如果将组建感官小组人员的目标扩大，那么小组人员应该在年龄、性别等方面有代表性，并建议组成一个大于或等于 100 人的小组。这里最常见的做法是排除那些已知因健康问题影响了味觉或嗅觉的人，以及在测试过程中存在明显感觉缺陷的人。当然，必须完成任何与进行感官测定相关的所有工作设置，例如确保没有气味和使人分心的感官室、安排小组成员、设置问卷或答卷，受试者说明。关于感官测定中实践规范的进一步细节，请参阅第 3 章。

对于阈值工作，使用干净无味的玻璃器皿或塑料杯以确保完全没有任何气味会污染测试样品尤其重要。在气味测试中，通常覆盖样品容器以保持液体上方气体的平衡。每个小组成员在嗅探时取下盖子，然后放回。最后，必须尽量减少或消除外部来源的气味，如参与者使用香水、洗手液或其他芳香化妆品都可能污染样品容器或周围。标记样品时，应避免使用任何可能有气味的标记笔或书写工具。与往常一样，样品杯或容器应标有盲码，如随机选择的三位数字。实验者必须为每个步骤的三个样品设置随机顺序，并对每个测试对象使用不同的随机化法。实验者应将这些记录在显示有随机的三位代码和正确的样本或目标选项的主编码表上。

表 6.2　　阈值测定前的初步任务

1. 获得已知纯度的测定化合物（注释来源和批号）	5. 选择稀释步骤的数量
2. 选择并获得溶剂，载体或食品/饮料系统	6. 招募/筛选感官专家评价员。其中 N≥25
3. 设定浓度/稀释步骤，例如 1/3，1/9，1/27	7. 如果可能，建立程序和辅助的测试
4. 开始评价台检验包含/近似阈值范围	8. 为感官小组成员撰写完整的说明

6.4.4　实验步骤

表 6.3 所示为实验步骤。参与者或受试者一般坐在包含一排三个样品（八排左右）的样品盘前。每排随机摆放一个目标样品和两个空白样品。根据 E-679-04（ASTM，2008a）的说明，与三点检验相同，即挑出与其他两种不同的样品。要求受试者从左到右地对每一排中的三个样本进行一次评价。实验需要记录一系列浓度的所有步骤和样品答案，如果有人不确定也需要强制推测出一个答案。根据 E-679，如果一个人在最高水平发生失误，将重复测定这个水平。如果一个人在整个实验中的答案正确，最低水平也会进行重复确认。如果任一情况下的实验结果发生变化，则重复的实验次数将被计算在内。

表 6.3　　递增强迫选择测定步骤

1. 通过软件程序或随机数发生器获得随机或平衡的顺序号
2. 根据随机顺序号为每位参与者设置测试样品盘或其他阶段安排
3. 指导参与者按照早先开发好实验规范逐一进行操作
4. 列出超阈值示例（可选）
5. 呈现样本并记录结果。参与者如果有不确定之处，则强制选择
6. 记录感官小组一系列正确/不正确答案的实验结果
7. 计算估算的个体阈值：第一个正确答案的几何平均值，所有较高浓度的正确答案和最后一个不正确的答案
8. 取所有个体阈值估算值的几何平均值以获得小组阈值
9. 绘制对数浓度比例正确的图形结果。内插 66.6%的正确点，并将浓度线下降至浓度轴以获得另一个阈值的估计值（可选）
10. 基于±1.96［p（1-p）/N］绘制置信区间的上限和下限。从 66.6%的上限和下限区间中将线条降至浓度轴，以将区间转换为浓度间隔

6.4.5 数据分析

图 6.3 所示为如何分析阈值测定数据的例子。首先，确定每个人的个体阈值估算值。它是两个值的几何平均值（这两个值乘积的平方根）。一个值是第一个判断正确的浓度，并且所有比这个浓度高的浓度都回答正确。另一个值是低于该值的浓度，即最后判断不正确的浓度。这种插值在一定程度上防止了强迫必选程序可能出现高估个体阈值的情况（即他们有 0.5 的可能性感知空白与样品不同时的浓度）。如果测试在序列样品的最高点判断不正确，或者从最低点开始所有判断都正确，则会在序列样品之外推导出一个值。在最高点，它是序列的最高浓度和该序列扩展所提供的下一个浓度的几何平均值；在最低点，它是序列的最低浓度和该序列扩展所提供的下一个较低浓度的几何平均值。这是一个任意的规则，但却不是不合理。小组阈值是通过列出这些最佳个体估计值，然后取几何平均值得到的。几何平均值通过以下方式计算：取个体浓度值的对数，得到它们的平均值，然后取该平均值的反对数（相当于取 N 个观测值乘积的 N 次方根）。

	浓度/(μg/L)									
感官小组成员	2	3.5	6	10	18	30	60	100	BET	Log(BET)
1	+	O	+	+	+	+	+	+	2.6	0.415
2	O	O	O	+	+	+	+	+	7.7	0.886
3	O	+	O	O	O	O	+	+	4.2	1.623
.	.	.	.	.	.	.	.	.	.	.
.	.	.	.	.	.	.	.	.	.	.
.	.	.	.	.	.	.	.	.	.	.
N	O	O	+	+	O	+	O	+	77	1.886
正常选择的比例	0.44	0.49	0.61	0.58	0.65	0.77	0.89	0.86	平均 Log(BET)	1.149
									$10^{1.149}=$	14.093

图 6.3 根据递增的 3-AFC 方法的样本数据分析

正确的选择由+表示，而不正确的由 O 表示。BET 为个体阈值的最佳估值，定义为第一次正确测定和所有后续测定及先前不正确测定结果的几何平均数。小组阈值是根据 BET 值的几何平均值计算得出。在实践中，采用取 BET 值的对数，得到其 $\log(x)$ 的平均值，然后取该值的反对数（或 10^x）来完成。

6.4.6 备选图解法

另一种方法也适用于这种类型的数据。假设已经对其进行 3-AFC 测试，并且在每一步都对组百分比正确计算。Antinone 等，1994 和 Tuorila 等，1981。在图 6.3 中，我们可以从底行开始计算正确选项的数量并将其表示为正确的比例。随着浓度的增加，这个比例的概率水平应该从近（1/3）到几乎 100%正确。这条曲线通常形成一个类似于累积正态分布的 S 曲线。在调整随机数据后概率 50%正确（即一个人可能正确的概率）时作为阈值（Morrison，1978；Tuorila 等，1981；Viswanathan 等，1983）。这是通过 Abbott 公式完成的，它是一个众所周知的猜测校正公式，见式（6.1）和式（6.2）：

$$P_{校正} = (P_{观察} - P_{随机})/(1 - P_{随机}) \tag{6.1}$$

式中 $P_{校正}$——校正的正确比例；

$P_{观察}$——观察到的比例；

$P_{随机}$——随机概率，例如 3-AFC 的 1/3。

另一种形式如式（6.2）所示。

$$P_{要求} = (P_{随机} - P_{校正})/(1 - P_{随机}) \tag{6.2}$$

式中 $P_{要求}$——为了达到一定概率纠正水平所要求的观察比例。

因此，在 3-AFC 测试中如果需要达到 0.5 的概率校正比例（即一个阈值，有 50%检测），则要求有 1/3+0.5（1-1/3）或 2/3（=66.7%）的正确率。

根据这些数据拟合成一条直线或曲线可以确定该小组达到 66.6%正确率的浓度（或者目测数据基本符合线性关系，可以通过目测进行简单的插值替换）。一个很有用的基于逻辑回归的公式，可用于许多数据集分析，见式（6.3）（例如，Walker 等，2003）。

$$\ln\left(\frac{p}{1-p}\right) = b_0 + b_1 \log C \tag{6.3}$$

式中 p——在浓度 C 时的正确比例，b_0和 b_1是截距和斜率，$\frac{p}{1-p}$ 这个数有时称为概率比率，插值如图 6.4 所示。

要注意的是，这也使人们能够用其他概率而不仅仅用任意 50%检测作阈值来评估数量百分比。也就是说，如果感兴趣的话，可以插入 10%或 90%的检测结果。较低的检测百分比可能是有意义的，例如，设定较低的百分比水平可以保护消费者免受异味或污染物的伤害。

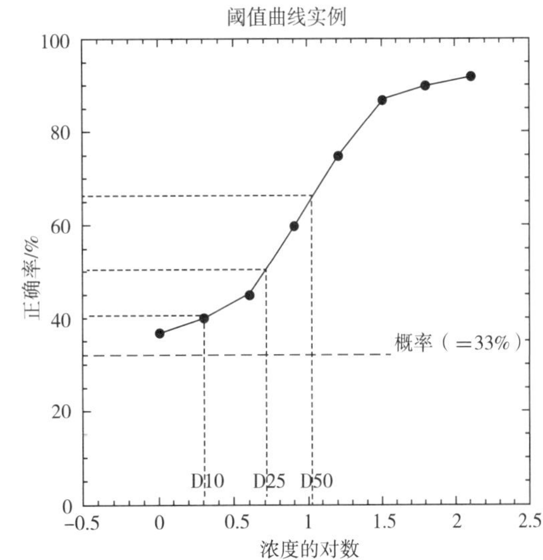

图 6.4 样品阈值曲线和插值

D10，D25 和 D50 分别代表 10%，25% 和 50% 人的插值检测量。

使用者应该知道这种图形方法的假定性和限制。首先，它假定受试者能检测到或仅仅是猜测（Morrison，1978）。实际上，每个人都有一个单独的阈值梯度，或在他们自己阈值附近的检测有递增的可能性。其次，该模型没有阐明给定百分比的小组检测到的次数百分比数是多少。在考察下面的数据集中，ASTM 方法和图形解决方案对 50%的小组成员的 50%的检测概率提供了一个很好的估算。针对这类数据开发了更广泛的统计模型，USEPA（2001）给出了关于替代统计分析的大量论文，下面我们选择数据集作为示例。

6.4.7 程序选择

我们注意到，尽管指令与三点检测中的指令相同，但并没有使用三个样品的所有可能组合，即测试不是完全平衡的三角形，仅采用由两个空白和一个目标样品组成的三种可能的顺序。在完全平衡的三角形中两个目标和一个空白的另外三个组合也将被使用（因此总共六种可能），但这不是按照 E-679 完成的。对于滋味或风味来说，尽管受试者被要求在品尝每排样品（三元组）之间冲洗口腔，但样品之间通常没有口腔冲洗。如果可能的话，给受试者提供一个预制的阈上浓度样品，以便向他们展示将在试验中感知的目标物品。当然，使用这种阈上浓度样本时必须小心，以免该样品给感官带来适应性或疲劳效应。在正式实验中应该使用适当的等待时间和/或冲洗规范以免对后续样品产生任何影响。实验者还应决定是否允许重新品尝。重新品尝可能会混淆目标样品，或者可能帮助他们更好地了解哪个是目标物。我们通常会反对重新品尝，因为这会引入与个体有关的一个变量，因此重新品尝与否因人而异。有些人会选择重新品尝，而有些人则不会。因此，为了保持受试者一致性，在实验过程中通常不建议重新品尝。

另一个重要的选择是“停止规则”。在已发表的 E-679 版本中，每个检测都必须继续到序列的顶部。在这里有一个缺点，由于序列顶部的高水平可能会使感官产生疲惫效应或适应性，特别是对个体阈值低的个体来说。出于这个原因，一些阈值步骤中引入了“停止规则”。例如，小组成员在相邻序列梯度中给出三个正确答案之后，可允许停止品尝（Dravnieks 和 Prokop，1975）。这可以防止敏感个体处于绝对高水平的刺激之中。这样的经历如果是不愉快（如苦味）的，甚至可能导致他们退出实验。“停止规则”不利的一面是会使测定错误率提高。我们可以将假阳性视为仅由猜测产生的个体阈值。在最极端的情况下，它会使一个完全不敏感的人（例如，如果它是气味阈值，指对该化合物产生嗅觉缺失症）找到序列中的阈值。按照 ASTM 标准规则的八步序列（每个人都完成了这个序列测试），对于一个完全缺失嗅觉的人来说，通过猜测在步骤 1 到步骤 8 中找到阈值的概率是 33.3%。对于一排含三个样品的停止规则，嗅觉缺失者靠猜测在一排样品猜对三次的概率高于 50%。专业感官研究人员必须权衡参与者接触强烈刺激可能产生的负面因素，以防止在使用停止规则时错误率的增加，从而出现估算阈值低的现象。

6.5 案例分析

采用一组已发表的香气阈值数据来对递增强迫选择极值法（ASTM E-679）并进行举例说明，原始数据请见本章节附录。数据来源于一项关于甲基叔丁基醚（methyl tertiary butyl ether，MTBE）气味阈值测定的研究，MTBE 是一种有助于暖车和节约燃料的汽油添加剂，但该物质会破坏地下水质并污染井水（Stocking 等，2001；USEPA，2001）。该研究采用 ASTM 标准中的三点检验法，即从三个样品中选出特异样品的方法，来对 8 组浓度递增的样品进行选择，样品的梯度稀释倍数为 1.8 倍。单个受试者的最佳估算值为以下两者的几何平均值：判断错误浓度的终点（前序浓度判断全部错误）和判断正确浓度起始

(后续浓度判断需全部正确)。第一个样品和后续样品全部判断正确的受试者（10/57，即17.5%的小组成员）其最佳阈值估计为以下两者的几何平均值，即第一个样品的浓度值和按照该系列梯度再往下推一个梯度的浓度之间的几何平均值。类似的阈值估计方式也用于在第八个浓度（即最高浓度）依然判断错误的测试人员。

在一个男女比例平衡、年龄分布均匀的测试小组中，57 个测试人员阈值的几何平均值为 14μg/L。如图 6.5 所示，图形分析得到的阈值为 14μg/L，与几何平均值的计算结果一致。阈值为正确率 66.7%的曲线内插值，即 50%检测概率的校正结果。在这个正确率下的置信区间（CI）可以通过围绕拟合曲线的不确定性包络线上限和下限来确定。标准差为［$p(1-p)/N$］的平方根，如本案例中 p 为 1/3、N 为 57，标准差计算为 0.062。

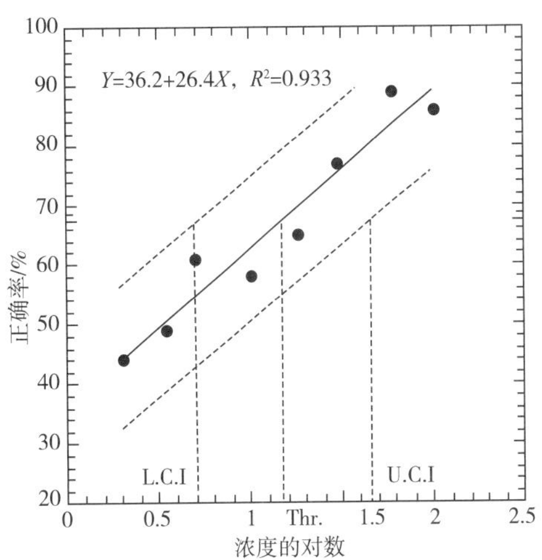

图 6.5 Stocking 等（2001）的阈值插值

95%置信区间是将 0.95 的 Z 值（=1.96）乘标准差得到，在此案例中，为 ±0.062×1.96 或±0.122。基于计算结果，构建高于和低于观察点的曲线，可以在 66.7%正确率与两条曲线的交点上确定置信区间 CI 的浓度范围。这种方法很简单，但它提供了采用其他统计方法，如自举分析（USEPA，2001）得到的置信区间的保守估计。另一种基于标准误差回归线的误差估计方法由 Lawless（2010）给出。

通过作图法可知，10%检测的内插值（通过 Abbott 公式校正 40%）为 1～2μg/L。以此类推，25%检测的内插值（Abbott 公式校正 50%）将在 3～4μg/L。这些数据对于自来水公司设置甲基叔丁基醚（MTBE）的更低限制浓度具有实际应用价值，MTBE 的限制浓度即可通过低于 50%阈值的人口比例计算得到。

6.6 递增强制选择法

递增强制选择法是文献中嗅觉或味觉的阈值测量常用手段。该方法常被应用在苦味化合物苯硫脲（旧称苯基硫代脲/PTC）和 6-正丙基硫氧嘧啶（PROP）的敏感性测定上。结果表明大约三分之一的高加索人对这些化合物的苦味是不敏感的，原因是不敏感个体的苦味感受器发生了一定突变，一般是简单隐性纯合子的表达（Blakeslee，1932；Bufe 等，2005）。早期的研究人员认为阈值测试必须非常严谨，所以在每个浓度梯度中设置四个空白样本（通常为自来水）和四个目标样本（Harris and Kalmus，1949）。正确分类的随机概率只有 0.014，其难度可想而知。一般而言，在 N 个总样本的小组中挑选出 X 个目标样本的概率可通过式（6.4）计算得出。

$$p = X! / [N! / (N - X)!] \tag{6.4}$$

显然，目标和空白样本的数量越多，试验就越严格，最终测定的阈值也越高。然而，随意增加样本数量 X 和 N 的大小可能会使试验过于繁琐从而导致一系列问题的出现，如测试人员疲劳和积极性下降等。因此，必须考虑测试评价的严谨性与实验设计过度复杂而导致无法完成或数据质量下降等问题之间的平衡。

另一个关于嗅觉阈值测定的例子是评价特定嗅觉缺失症的 Amoore 法（Amoore，1979；Amoore 等，1968）。特异性嗅觉缺失症患者即指一般意义上具有正常嗅觉功能的人，对某种特定分子或同类物质嗅觉能力缺失的人。Amoore 认为，对某类物质的嗅觉阈值高于大众平均值两个标准偏差以上的个体，可以被定义为特定嗅觉缺失症（Amoore 等，1968）。这个实验有时也被称为“五中取二”测试，因为在各个浓度上平均设置了 2 个含待测化合物的目标样品和 3 个稀释样品或空白对照。测试人员必须正确地对 5 个样品进行分类，而仅通过猜测获得正确分类的概率为 1/10，该实验将开展到通过后续高浓度水平实验为止（“终止原则”的示例），在两个相邻浓度水平上正确分类的随机概率为 1/100，这使得测试难度较高从而保证了结果的可靠性。

另一种防止偶然性结果的方法，是在任意给定浓度下多次正确分类作为判断标准，这也属于 Guadagni 多重成对检验的基本原理（Brown 等，1978），即在任意浓度水平下设置 4 组（最多 4 组）两点强迫选择法（2-AFC）。Brown 等评价这种方法为用户友好型，如测试人员理解和管理的简单、便捷程度。Stevens 等（1988）在一篇关于嗅觉阈值个体差异的标志性论著中使用了修改后的该方法，即测试人员需要通过 5 次正确配对才能证明其在某一浓度水平可以感知，并且该结果在后续的高浓度水平条件下得到验证。这项研究最引人注目的发现是，在三个测试人员的 20 次测试中，丁醇、吡啶和苯乙醇（玫瑰香气）的个体阈值在 2000 到 10000 倍的浓度范围内变化。个体阈值变化范围与人群阈值的变化范围一样广泛。这令人惊讶的结果表明，个人日常的嗅觉敏感性变化极大，个人阈值并不是非常稳定的（Lawless 等，1995）。近期多项研究针对不同浓度水平的样品做了大量的测试，发现这些变异系数的结果可能偏高。Walker 等（2003）采用简单的是/否试验（如 A/非 A 检测或信号检测）对每个浓度水平下 15 个目标样本和 15 个空白样本进行判断，利用空白和目标样本之间的统计学显著差异模型，通过骤变范围对个体阈值进行估计。

综上所述，递增强制选择法是一个合理、实用的折中方法，既满足了对阈值水平进行精确的测定，也考虑了在大量测定样品时产生的感官适应和疲劳等问题。但是，选用递增强制选择法时也应注意一些对阈值准确性有影响的因素，如目标和空白样本的数量、终止原则或确定阈值所需的正确梯度数，任意浓度水平下正确试验的重复次数，以及阈值的确定规则。例如，个人阈值可以设定为是测试正确的最低浓度水平，或者是测试正确的最低浓度和测试错误的最高浓度的几何平均值。其他影响因素还包括梯度之间的浓度稀释倍数（嗅觉和味觉测试一般稀释倍数为 2 倍或 3 倍），对测试人员个人数据的平均法或重复递增测定结果的合并处理，以及最后对测试小组结果的平均值或合并处理。一般计算几何平均数是后两者的常用方法。

6.7 概率单位分析法

应用线性变换或作图法将数据曲线转化为线性，对确定数据组中 50%的中值点非常有效。在阈值实验中，表示个体行为的心理测量曲线和群体的累积分布都类似于累积正态分布的 S 形函数。在标准 E-1432（ASTM，2008b）中记载了一系列数据图形化的方法，其中一种简单的方法是在“概率坐标纸”中直接绘制累积百分数值，纵坐标以相等的标准差为间距，可以有效地拉伸末端的百分位数间隔，并压缩在中间部分，从而符合正态分布的密度。另一种方法是通过 Z 值将 S 形响应曲线转换成直线，数据统计分析的软件中一般都含有 Z 值分数转换功能。

概率单位分析法（Profit analysis）曾广泛应用于阈值测定（ASTM，2008b；Dravniek & Prokop，1975；Finney，1971）。计算过程中，以单个数据减去数据平均值，除以标准差，然后加上数值 5 将所有结果变为正值以便于分析。如图 6.6 所示，线性拟合函数可以通过插值 5 来估计阈值，这种“Z 值+5”的变换使得 S 形曲线线性效果更好。Brown 等（1978）在研究中也采用了此方法对一组多重成对测试数据进行了分析。首先，采用随机概率对正确率进行校正；其次，将每个浓度水平的校正数据分别进行 Z 值转换并加 5；最后，通过平均值或概率单位 5 进行曲线拟合或插值计算得到结果。在 Meilgaard 等（1991）和 ASTM（2008b）的研究中，研究人员采用此方法分析了 20 名测试人员的阈值估算结果。概率图应用广泛，可以用于任意累积的百分比和排列分析，这与前文所述的 3-AFC 法相比，单个测试成员可以进行更多测试内容。

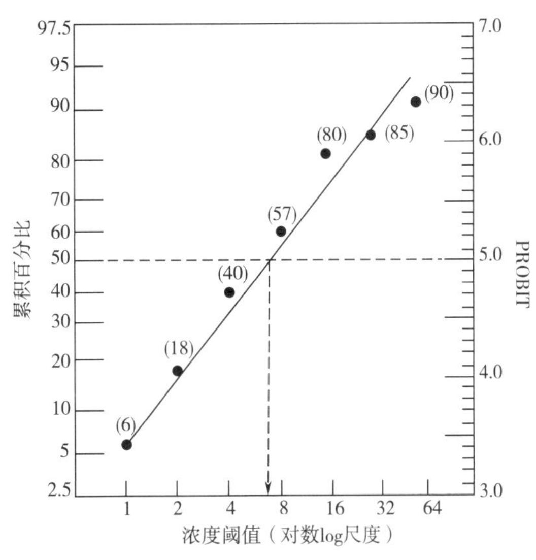

图 6.6 概率单位分析样例

图中括号里的数字为在对应浓度达到阈值的测试人员占比。左列上为不均等的标度，而概率单位按照同等差值进行标注。

6.8 感官适应、顺序效应和可变性

群体或个体在多次测量中表现出的阈值差异对“阈值是一个固定值”这个观点提出了挑战，如个人阈值的重复测定结果与前期测试结果相关性非常低（Punter，1983），可见稳定的个人嗅觉阈值难以测量。通常，个人阈值也会随着练习次数的增多而降低（Engen，1960；Mojet 等，2001；Rabin & Cain，1986），这种练习是一个影响较大的随机变量（Stevens 等，1988）。另外，通过简单的嗅闻练习，个体可能会对之前无法感知的物质变得敏感（Wysocki 等，1989），这类由接触引起的感知增强现象在孕期妇女中普遍存在（Dalton 等，2002；Diamond 等，2005）。

Stevens 等（1988）研究中观测到感官适应性和个体敏感性的瞬间变化，这些可能是导致阈值测量结果不稳定的原因。正如顺序敏感性分析中所预测的一样（Masuoka 等，1995；O'Mahony 和 Odbert，1985），特定的刺激顺序会导致辨别更为困难。在经过两个强刺激后，后续的刺激可能会因为具有一定的适应性而比正常情况下感觉更弱。Stevens 等注意到测试人员在某个浓度可以肯定地连续 5 次区分出目标样品，但在嗅觉恢复前，在下一个浓度水平的实验中却闻不到味道。该研究及其阈值数据体现的波动性，印证了感官适应效应能暂时降低嗅觉敏感性。香气感知在阈值点附近有时会表现为“若隐若现”。

为了避免感官适应现象，部分研究人员选择降低目标刺激次数。例如，Lawless 等（1995）采用 4-AFC 测试法，即一个目标样品配置三个空白样品，该方法在之前的研究中有所应用（如 Engen，1960；Punter，1983），此方法降低了结果的随机性和潜在的感观适应现象。为了避免猜测的影响，阈值的确定为不间断觉察正确的样品最低浓度，即比阈值浓度水平更高的测试结果均正确。为探究感官适应现象的影响，在两天内重复进行两组相同递增序列平行测试。比较四组递增测试结果，阈值的相关性分别为 0.75～0.92（桉树脑）和 0.51～0.92（香芹酮）。对于香芹酮而言，同一天内阈值测试重复性相对更好（r=0.91 和 0.88），而不同天测定结果的 r 值为 0.51～0.70。这表明气味阈值会随着时间的不同而有所改变，这与 Stevens 等（1988）的观察一致，然而这种递增法的结果并不是对所有化合物都可靠。Punter（1983）采用递增法 4-AFC 和复杂的嗅闻仪，发现了 11 个化合物重复测试结果相关性中位数仅为 0.40。相比之下，味觉的稳定性相对更好，在一项采用递增成对检验法测量电刺激味觉阈值的研究中，该测试需要 5 次正确的回答，一组老年人群滋味阈值测量值的重复性达到了 0.95（Murphy 等，1995）。

嗅觉阈值在大量采用强迫选择法的调查中常呈现出较高的可变性。布朗等（1978）指出，群体阈值实验的测试人数超过 25 人时，数据组中将可以看到许多不敏感的个体。在任意一个测试小组中，一些在其他气味上嗅觉正常的测试人员可能具有较高的阈值。这对于感官从业者来说非常重要，因为他们需要筛查专门的感官成员，来鉴定特殊的风味或香气，如产品缺陷和污染等。在支链脂肪酸阈值的普查中，Brennand 等（1989）发现，“即使在高浓度水平，仍有些测试者无法区分成对测试中的目标样品”，“对大多数脂肪酸敏感的测试人员觉得某些酸类物质难以察觉”。嗅觉敏感度的不稳定性在常见香味化合物丁二酮中也被观察到，该物质具有黄油气味，是乳酸菌发酵产物（Lawless 等，1994）。此外，接触某些化学物质，可以改变特定的嗅觉缺失并提高敏感性（Stevens and O'Connell，1995）。

6.9 其他方法：额定差异法、适应性程序、标度法

6.9.1 额定差异法

阈值测定的另一个实用方法是以额定差异为基准进行评价的，其内容包括识别样品与对照或空白的差异（Brown 等，1978；Lundahl 等，1986）。如第 4 章中所讨论的，额定差异可以使用线性或分类标度，范围从“无差异”或“基本一致”到“差异极大”。在这些方法中，对照样品的感官差异评价值将随着目标强度的增强而提高。将差异评分与浓度关系图上的某一点定义为阈值。在该方法的某些变化形式中，一个盲标的对照样品也需要进行评价，这相当于提供了一条预估的基准线或者基于对照样品自身评价（通常非零）的错误警报率。由于不同时刻感官的可变性，同一样品通常会得到非 0 的差异估计。

该技术应用于味觉和嗅觉阈值的测定中，目标物质按不同浓度添加在食物和饮料中，以此来测定其阈值。在每个单独的试验中，三个样品需要与没有添加香气物质的对照样品比较，其中包括两个浓度水平相近的目标样品和一个盲标的对照样品（Lundahl 等，1986）。样品按 9 点标度来评价，从 0（无差异）到 8（差异极大），这种方法既提供对照组的自身比较，也提供在一组样品中有效的三方对比。由于三个待测样品的浓度是随机的，这种方法不是真正意义的递增法，而被称为“半递增配对差异法”。

那这些方法中的阈值是如何定义的？一种方法是对给定浓度的样品与对照样品进行差异评分。然后，当这些差异结果较为离散时，如 t 检验发现样品间有显著性差异，阈值可以基于这些测定进行计算（Brown 等，1978）。另一种方法是简单地将测试样品的差异评分减去盲样与对照样品的差异评分，并将这些调整过的评分数据作为新的数据集处理，Lundahl 等（1986）的研究中应用了此方法和一系列的 t 检验，并用两个值表示了阈值的范围。上限是与 0 之间具有显著性差异（t 检验）的第一个浓度水平，而下限是与第一个水平具有显著差异的最为接近的低浓度水平。该方法对阈值的定义位于这两个浓度区间内。

这种方法的一个缺陷是阈值的结果将取决于测试中的样本数，因阈值的预测是基于 t 检验的显著性（或任何其他显著性检验）。这将导致一种不合理的情况，阈值将随着测试人员的数量增高而降低。Brown（1978）和 Marin（1991）等先后认为，测试人员的数量是一个无关的变量，取决于实验者的选择，而与测试人员的生理敏感性或被测物质的生物学效能无关。Marin 等还指出基于大量观察的群组阈值将比个体阈值的平均值更低，且由于大量的观测次数，此方法奇怪之处在于需要使用统计显著性来确定阈值。

Marin 等确定了将剂量响应曲线上的最大曲率点作为阈值，替代了以统计学显著性作为判断标准。该方法合理地考虑到剂量响应（心理生理学）曲线的一般形式，也适用于大多数滋味和香气物质。图 6.7 是 Beidler 滋味方程的半对数图，这是一个在化学感官研究中广泛应用的剂量响应关系（详见第 2 章）。当浓度取对数绘图时，该函数具有两段曲率（斜率变化，即加速度）。存在这样一个点，其响应值缓慢增强，超出背景噪声，然后

急剧上升进入动态响应范围的中部。该曲率最大的点可以用图形方式来估算，也可以用曲线拟合方程求出（即二阶导数的最大值）（Marin 等，1991）。

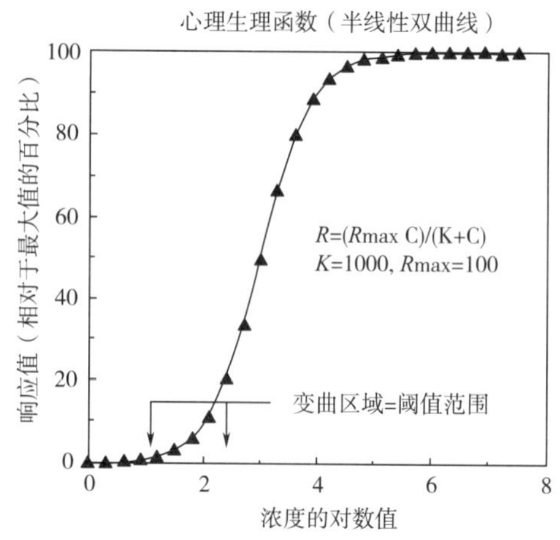

图 6.7　Beidler 曲线

6.9.2　适应性程序

关于视觉和听觉刺激的阈值测定常用方法步骤如下：待测试的下一个刺激强度水平取决于前一区间的强度是否被察觉到。在此方法中，受试者将在阈值水平附近，当结果为不正确（或反应为未察觉）时提高刺激强度，而结果正确（或反应为察觉）时降低刺激强度。该法在自动听力检测中常用到，测试者听不到信号，就会按下一个按钮，当按下按钮时，音调强度增强，松开按钮时，音调强度降低。这种自动化的跟踪程序会产生一系列的高低不一的记录，通常会采用转折点的平均值来确定阈值，因此适应法可能比传统方法更有效，比如极限法。他们专注于阈值附近的关键范围，并不会浪费时间测试离阈值范围比较远的强度水平（McBurney & Collings，1977）。有关该方法的更多信息可以在 Harvey（1986）的文章中找到。

用于味觉和嗅觉模式的方法需要采用不连续的刺激，替代在听觉检验范例中所提供的连续刺激。如图 6.8 所示，递增和递减试验的结果记录在方格纸上，可呈现出一系列的阶段区间，看上去类似于楼梯的阶梯间隔，因此该方法也被称为阶梯法。该方法中各个试验依赖于前一组试验结果，可能会对于部分回答者造成一定期望并进而引起偏差。心理生理学研究人员已经找到了解决这种顺序依赖的办法来消除观察者的期望，如双随机阶梯法（Cornsweet，1962），即两个阶梯序列的试验是随机混合的。其中一组阶梯区间的起点高于阈值而递减，另一组的起点低于阈值而递增，在试验中，测试人员并不知道自己属于哪一个序列。正如简单的阶梯法一样，某一试验的选择水平取决于先前试验中的检测或鉴别结果，而不是某一特定的序列。该方法的进一步改进包括引入强制选择法（Jesteadt，1980）以消除简单的是/否检测中存在的评价偏见因素。

适应法的另一种改进方式是调整递增和递减规则，在改变强度水平之前需要进行一定数量的重复测试结果进行判断，而不是如简单阶梯法那样只进行一次试验（Jesteadt，1980）。如“高低变换响应 UDTR”规则（Wetherill & Levitt，1965），Wetherill 和 Levitt 的研究中采用了该方法，若要降低刺激水平则需要两个阳性判断，而若要升高刺激水平只需一个阴性判断。如图 6.9 所示，其主要趋势集中于峰值和谷值平均值的 71%处，相比传统心理测量函数的 50%处的预估值要更为严谨。必选法也可以添加到适应法中。某些时候，数据分析测试过程中最初部分的数据要去除，因为它来源于测试人员起始状态的调整阶段，并且无法代表最终阈值。更多“高低法”的例子可以在关于 PTC / PROP 品尝的文献中找到（如 Reed 等，1995）。关于适应法的最新进展表明，使用这些方法即可在极少数试验中估计阈值，同时该方法的潜在优势是同样可以应用于味觉和嗅觉测试的（Harvey，1986；Linschoten 等，1996）。

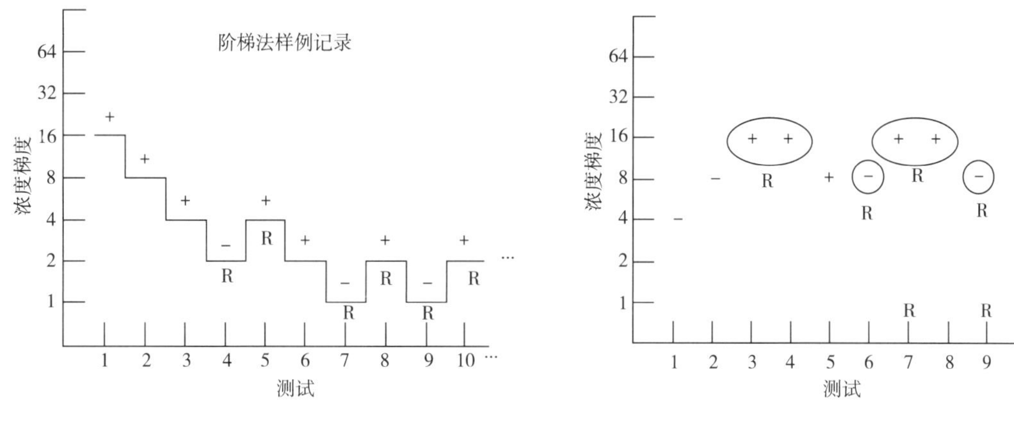

图 6.8　阶梯法样例

图 6.9　阶梯法样例

6.9.3　标度法——感官灵敏度的另一种测定方法

阈值测量不是鉴定个体对某个特定物质（例如苯硫脲 PTC）嗅觉敏锐度或者嗅觉丧失的唯一方法。阈值的大小是否与阈值以上的反应有关系？虽然人们普遍认为阈值敏感性和阈值以上的反应情况之间没有必然的关系（Frijters，1978；Pangborn，1981），但这种阐述过于片面。有一个反例是在 PTC 物质测试的不敏感人群中，上述两者之间存在良好相关性。如当测试浓度接近于非众数或阈值频次分布双峰之间时，PTC 的滋味强度评价结果与阈值之间的相关性为-0.8（Lawless，1980）。因此，经过挑选后的浓度水平可用于快速筛选鉴定 PTC 测试人员的状态（Mela，1989）。

类似的结论在嗅觉领域中也得到了验证。Berglund 和 Högman（1992）报道称阈值以上的嗅觉测试比阈值测定，能在感官敏感性人员的筛选中起到更为可靠的作用。Stevens 和 O'Connell（1991）在针对嗅觉缺失症的阈值测试之前，使用感知强度评价以及定性描述作为风味筛选鉴定的方法。结果表明，阈值和感知强度水平呈负相关，相关系数分别为-0.6（桉树脑）、-0.3（香芹酮）和-0.5（双乙酰），为了校正不同标度使用带来的影响，相关性研究结果是基于除去空白对照的评分所得到的。因此当评价一组高随机变化率的小组，如特殊嗅觉缺失以及 PTC 苦味测试等，敏感性与评分强度之间存在一定的负相关。相关性为负值的原因是较高的阈值表明敏感性更低，评分强度也会因此更低。

6.10　稀释至阈值

6.10.1　气味单位和气相色谱嗅闻

在本节中将介绍几种阈值测定方法，这些方法将利用阈值这个概念确定各种香料和气味物质的感官影响。第一组方法涉及食品或食品成分中挥发性香气化合物的嗅觉效力，它不仅仅测定阈值，而是同时测定食品样品的阈值和实际浓度。实际浓度与阈值浓度的比值有助于表明某一特定风味物质是否有可能对食品的整体感官产生影响，这些比值通常被称为“气味单位”。第二种方法与第一种方法在逻辑上相似，它可以确定胡椒类化合物可以检测到刺激感或灼烧感的最大稀释倍数，即 Scoville 法。这两种方法都是稀释到阈值作为感官影响的衡量标准。

当提取分析像水果这类复杂的天然产品的化学成分时，可能会检测到成百上千种化合物，这些化合物中有许多具有气味特性。产品中潜在风味物质的鉴定数量受到现有分析方法分辨率和灵敏度的限制。随着这些方法的不断改进，潜在香气物质的名单将会越来越长（Piggott，1990）。风味专家需要找到一种方法来缩减名单，或者将对风味最有促进作用的化合物与其他并不重要的化合物分离开。很显然，此类检测感官影响的生物方法需要将基于感官的方法和分析化学的方法相结合（Acree，1993）。

阈值可以用于解决这类问题，因为只有化合物在产品中的浓度高于其阈值，才有可能成为该产品风味的贡献者。下面将讨论这种思想存在的缺陷，让我们先看看如何使用它。假定天然产品中具有浓度 c 的化合物，可以通过将该浓度除以阈值浓度 c_t 来得到一个无量纲的值 c/c_t，该比率可被定义为嗅觉的气味单位（或风味单位）。根据这个逻辑，只有那些气味单位大于 1 的化合物才会有助于提升产品的香气，有时会扩展出一个推论，认为包含的气味单位值越多，潜在风味贡献越大。然而，现阶段人们普遍认识到，气味单位是浓度倍数，而不是主观数值的测量。只有直接标度法才能评价阈值以上物质的实际感官强度以及浓度和气味强度之间的心理生理关系（Frijters，1978）。此外，这个想法忽略了阈值以下的可加性或协同作用（Day 等，1963）。一组相近的化合物浓度都在其阈值之下，然而它们组合起来可以刺激共同的受体，从而产生高于阈值的感觉。因此，气味单位法无法预测这种可加性，这样的化合物组将被稀释分析法忽略。

尽管如此，阈值至少在剂量响应曲线上提供了一个等强度的参考点，因此这是比较不同气味化合物作用强度的有效方法。在食品分析时，我们可以在文献中查找到所有已报道的阈值（如 ASTM，1978；van Gemert，2003）。如果测定了产品浓度，则可通过其与阈值的比值来计算气味的单位值。但必须考虑文献中的阈值测试的方法和介质，只有在使用相同的方法和相同的介质（较少见）的条件下，不同化合物的数值才具备可比性。

第二种方法是测量产品中每种化合物达到阈值时所达到的稀释度，这里必须使用分离技术使得每种化合物可以单独感官评价，气相色谱与嗅闻相结合是一种较为常见的方法（Acree，1993）。在风味文献中，已有各种前沿的方法应用于此项技术了，包括香气提取物稀释分析法（Guth & Grosch，1994；Milo & Grosch，1993；schieberle & Grosch，1988）、CHARM 分析（Acree 等 1984）或其他常见 GC-O 方法。这些技术的原理都是让测试人员在 GC 运行期间对嗅闻口察觉到的风味做出回应。近年来，测试时将冷却、加湿后的空气结合挥发性化合物共同到达嗅闻口，以改善测试人员的舒适度并提高化合物的感官辨别效果。多次稀释后感官响应值最终会消失，香气物质引起嗅觉的能力与稀释倍数可呈现倒数相关。测试人员在嗅闻口的反应可以通过保留指数来确定，最后通过结合质谱和香气特征来确定化合物。这些技术大大缩短了天然产品中风味贡献潜在香气化合物的名单（Cunningham 等，1986）。

该方法也被用来评价小组成员的敏感度，与测定风味化合物感官强度的作用截然不同（Marin 等，1988）。在此方法中，气相色谱结合嗅闻仪用作嗅觉测量，选用已知化合物并准备好稀释梯度，所选化合物需要具有不同的保留时间，因此不会在所选柱子上同时流出，并可用于不同化合物的个人阈值差异评价。GC-O 还可以用于香气评价小组成员的筛选，或者被用于嗅觉障碍的评价（Friedrich & Acree，2000；Kittel & Acree，2008）。

6.10.2 斯科维尔单位

另一种稀释方法是传统的斯科维尔（Scoville）方法，常被用于香料贸易中辣椒的辣度评分，这个方法以 20 世纪初美国药剂师 W. Scoville 的名字命名的，他对采用香料化合物如辣椒提取物作为抗刺激剂的应用感兴趣，因此他构建了能反映其效果的测量单位，测定得到辣度感觉消失所需要的稀释倍数，然后用该稀释倍数评价辣度。也就是说，辣度效果是阈值的倒数。精油协会、英国标准协会、国际标准组织、美国香料贸易协会（ASTA）对该方法进行了修改，并将其作为印度标准方法（Govindarajan，1987）。

Scoville 方法将辣度单位定义为可以察觉到的一定程度的“疼痛”感的最高稀释度，此定义和识别阈值的要求一致，Scoville 单位之前为稀释因子，现在常以单位 mL/g 表示。ASTA 方法 21（ASTA，1968）已被广泛应用，该法是在原 Scoville 方法基础上针对其问题进行了一些修改。简而言之，该方法过程如下：筛选应有敏锐的小组成员，准备好稀释附表以简化最终的结果计算，测试溶剂为 5%蔗糖和少量酒精的溶液。五名小组成员参加测试，在估计的阈值浓度附近设置上升顺序的浓度排序，将五分之三的测试人员作出准确反应的浓度确定为阈值。

该方法在实际操作上存在一定的困难，为了提高该方法的准确度和精密度，已有研究人员进行了大量的修改尝试（Govindarajan，1987）。例如，①用 20~30 个测试人员结果的平均值+标准差，代替五分之三原则；②在每个检测浓度使用三角检验代替简单的是/否回答，③要求识别辣度（Todd 等，1977），④将溶液中的蔗糖浓度降低到 3%，⑤采用从 1（完全不能识别）到 6（完全可识别）的等级标度线，这个最后的修改将识别阈值定义为平均标度值 3.5。由于人体感觉的持久性，几乎所有这些方法都设置了样品间强制性的休息时间。尽管如此，检测仍然比较困难，辣椒素是其中的一个问题，辣椒素为红辣椒中具有灼烧感活性的成分，容易降低测试者在一组试验中的敏感性，而且经常食用辛辣调料的人群也会更不敏感，这些导致小组成员的敏感度普遍存在个体差异（Green，1989；Lawless 等，1985）。另一种方法是基于固定标准品基础上进行的标度评价法（Gillette 等，1984），该方法已经成为 ASTM（2008c）的标准试验方法。标度评估法的结果与仪器的辣椒素含量测量结果具有良好的相关性，并且该结果可以与 Scoville 单位相互参考，受到已适应传统单位的商业人士的偏好（Gillette 等，1984）。

6.11 结论

在感官分析和风味研究中，阈值测定有三种常见用途。第一，可用来比较不同小组成员的敏感度。第二，可作为风味化合物的气味活性指标。第三，可确定对异味或难闻气味的最大容忍水平。在实际的风味工作中，已有多种不同的技术被用来测定阈值，又或者在实际应用中引入阈值概念。表 6.4 举例说明了不同阈值的测定方法，尽管阈值有着广泛的应用，但它在感官评价中的有效性经常受到质疑。有人质疑阈值只是强度函数上的一个点，因此它们无法提供任何阈值以上的信息反馈。有些例子也很好地说明了阈值不能用于预测阈值以上的感官反应，阈值与阈值以上响应相关性并不好。例如，接受辐照的癌症患者可能会暂时失去味觉，在阈值以上的反应恢复之前阈值就会恢复正常（Bartoshuk，1987）。然而，正如我们在 PTC 品尝和嗅觉缺失的情况下所看到的那样，阈值较高的不敏感个体对阈值以上的样品往往也会更不敏感。在比较敏感度完全不同的个体时，这种相关性会更加显著，然而阈上反应并不在所有风味化合物的评价中表现一致。更全面地理解标度研究中剂量-反应的整个动态变化将为研究人员提供更多的信息。

表 6.4　阈值测定

方法	引用/例子	响应	阈值
递增强迫选择法	ASTME-679-79	3-AFC	个人阈值的几何平均值
递增强迫选择法	Stevens 等（1988）	2-AFC，5 组重复	回答正确的最低浓度组
额定差异法	Lundahl 等（1986）	与对照组的差异评分	减去空白对照的测试值与 0 之间的 t 检验显著性差异
高低变换相应法	Reed 等（1995）	2-AFC	一次错误回答后的上升值和两次正确回答后的下降值之间的平均值
双随机阶梯法	Comsweet（1962）	是/否	逆转点平均值
CHARM 分析	Acree 等（1986）	是/否	在不断下降浓度测定中，无响应的浓度水平

那些使用阈值来做产品决策的感官工作人员还需要考虑到阈值方法的其他不足。首先，阈值只是数据的统计结果，信号检测理论表明信号和噪声会以连续的方式发散，感知的不连续性可能是一种理想的模式，其并不现实，也不存在从无到 100%检测到的突变点，现代的阈值概念都必须考虑这是一系列数值，而不是单个值。阈值取决于测量条件，例如，随着稀释液的纯度增加，味觉阈值会下降，所以测量真正的绝对味觉阈值（假设存在）需要极其纯净的水。阈值并不存在于这种抽象的意义之中，而是为我们提供了潜在的有效方法和更多的信息。

最后，由于上述问题，感官专业人员在使用阈值时需要牢记以下原则：首先，不同方法得到不同的阈值，当产品、介质或者测试方法不一致时，相应的参考文献数值就不能再使用。其次，阈值分布不一定总是满足正常的钟形曲线。通常会出现异常值和不敏感情况，如人体存在特异性嗅觉缺失的遗传缺陷（Amoore，1971；Brown 等，1978；Lawless 等，1994），个体阈值也容易出现大的波动和低重复性，个人在某一天测量的阈值也不一定能代表其稳定水平（Lawless 等，1995；Stevens 等，1988）。练习的影响是非常大的，阈值可能在一段时间内都保持稳定（Engen，1960；Rabin & Cain，1986），相对而言，小组阈值的平均值是可靠的（Brown 等，1978；Punter，1983），是可以提供评价刺激物生物活性的有效指标。

附：MTBE 阈值数据举例

评价员	浓度/(μg/L)								BET	log（BET）
	2	3.5	6	10	18	30	60	100		
1	+	o	+	+	+	+	+	+	4.6	0.663
2	o	o	o	+	+	+	+	+	7.7	0.886
3	o	+	o	o	o	o	+	+	42	1.623
4	o	o	o	o	o	o	+	+	42	1.623
5	+	o	+	o	+	+	o	+	77	1.886
6	o	o	+	+	+	+	+	+	4.6	0.663
7	o	+	+	o	+	+	+	+	13	1.114
8	+	+	o	+	+	+	+	+	7.7	0.886
9	o	o	+	o	+	+	+	+	13	1.114
10	o	o	o	o	o	o	o	+	77	1.886
11	+	o	+	+	+	+	+	+	4.6	0.663
12	o	o	o	o	+	o	+	o	132	2.121
13	+	+	+	+	+	+	+	+	1.4	0.146
14	+	+	+	+	+	+	+	+	1.4	0.146
15	o	+	+	o	+	+	+	+	13	1.114
16	o	o	+	o	o	o	+	o	132	2.121
17	+	o	+	+	+	+	+	+	4.6	0.663
18	o	o	+	+	+	+	+	+	4.6	0.663
19	+	+	+	+	+	+	+	+	1.4	0.146
20	+	o	+	+	o	+	o	o	132	2.121
21	+	+	+	+	+	+	+	+	1.4	0.146
22	+	+	+	+	+	+	+	+	1.4	0.146
23	+	+	o	o	+	+	+	+	13	1.114
24	+	+	+	+	+	+	+	+	1.4	0.146
25	o	+	+	+	o	+	+	+	23	1.362

续表

评价员	浓度/(μg/L)								BET	log（BET）
	2	3.5	6	10	18	30	60	100		
26	o	+	+	+	o	+	+	+	23	1.362
27	+	o	o	o	+	o	o	+	77	1.886
28	o	o	+	+	+	+	+	o	132	2.121
29	o	+	o	o	+	+	+	+	13	1.114
30	o	+	+	o	+	+	+	+	13	1.114
31	+	o	o	+	o	o	+	o	132	2.121
32	+	+	+	+	o	o	o	+	77	1.886
33	+	+	+	o	+	o	+	+	42	1.623
34	o	o	o	o	o	o	+	o	132	2.121
35	o	o	o	+	o	+	+	o	132	2.121
36	o	o	o	+	o	+	+	+	23	1.362
37	+	+	+	+	+	+	+	+	1.4	0.146
38	+	o	+	+	+	+	+	+	1.4	0.146
39	+	+	o	o	+	+	+	+	13	1.114
40	o	o	+	o	+	+	+	+	13	1.114
41	+	+	+	+	+	+	+	+	1.4	0.146
42	o	+	o	+	+	+	+	+	7.7	0.886
43	o	o	o	o	o	o	+	+	42	1.623
44	o	+	+	o	+	o	+	+	42	1.623
45	o	+	+	o	+	+	+	+	13	1.114
46	+	+	+	+	+	+	o	+	77	1.886
47	o	+	o	o	o	+	+	o	132	2.121
48	o	+	o	+	o	+	+	+	23	1.362
49	o	o	o	+	o	+	+	+	23	1.362
50	o	o	+	+	+	+	+	+	4.6	0.663
51	o	o	o	+	+	+	+	+	7.7	0.886
52	+	+	+	+	+	+	+	+	1.4	0.146
53	+	+	+	+	+	+	+	+	1.4	0.146
54	+	o	o	o	o	+	+	+	23	1.362
55	o	o	+	+	+	+	+	+	4.6	0.663
56	o	o	o	o	o	+	+	+	23	1.362
57	o	o	+	+	o	+	o	+	77	1.886
正确比例	0.44	0.49	0.61	0.58	0.65	0.77	0.89	0.86	平均值［log（BET）］	1.154
									$10^{1.154}$ =	14.24

参考文献

Acree, T. E. 1993. Bioassays for flavor. In: T. E. Acree and R. Teranishi (eds.), Flavor Science, Sensible Principles and Techniques. American Chemical Society Books, Washington, pp. 1-20.

Acree, T. E., Barnard, J. and Cunningham, D. G. 1984. A procedure for the sensory analysis for gas chromatographic effluents. Food Chemistry, 14, 273-286.

American Spice Trade Association 1968. Pungency of capsicum spices and oleoresins. American Spice Trade Association Official Analytical Methods, 21.0, 43-47.

Amoore, J. E. 1971. Olfactory genetics and anosmia. In: L. M. Beidler (ed.), Handbook of Sensory Physiology. Springer, Berlin, pp. 245-256.

Amoore, J. E. 1979. Directions for preparing aqueous solutions of primary odorants to diagnose eight types of specific anosmia. Chemical Senses and Flavor, 4, 153-161.

Amoore, J. E., Venstrom, D. and Davis, A. R. 1968. Measurement of specific anosmia. Perceptual and Motor Skills, 26, 143-164.

Antinone, M. A., Lawless, H. T., Ledford, R. A. and Johnston, M. 1994. The importance of diacetyl as a flavor component in full fat cottage cheese. Journal of Food Science, 59, 38-42.

ASTM. 1978. Compilation of Odor and Taste Threshold Values Data. American Society for Testing and Materials, Philadelphia.

ASTM. 2008a. Standard practice for determining odor and taste thresholds by a forcedchoice ascending concentration series method of limits, E-679-04. Annual Book of Standards, Vol. 15.08. ASTM International, Conshocken, PA, pp. 36-42.

ASTM. 2008b. Standard practice for defining and calculating individual and group sensory thresholds from forced-choice data sets of intermediate size, E-1432-04. ASTM International Book of Standards, Vol. 15.08. ASTM International, Conshocken, PA, pp.82-89.

ASTM. 2008c. Standard test method for sensory evaluation of red pepper heat, E-1083-00. ASTM International Book of Standards, Vol. 15.08. ASTM International, Conshocken, PA, pp. 49-53.

Ayya, N. and Lawless, H. T. 1992. Qualitative and quantitative evaluation of high - intensity sweeteners and sweetener mixtures. Chemical Senses, 17, 245-259.

Bartoshuk, L. M. 1987. Psychophysics of taste. American Journal of Clinical Nutrition, 31, 1068-1077.

Bartoshuk, L. M., Murphy, C. and Cleveland, C. T. 1978. Sweet taste of dilute NaCl: Psychophysical evidence for a sweet stimulus. Physiology and Behavior, 21, 609-613.

Berglund, B. and Högman, L. 1992. Reliability and validity of odor measurements near the detection threshold. Chemical Senses, 17, 823-824.

Blakeslee, A. F. 1932. Genetics of sensory thresholds: Taste for phenylthiocarbamide. Proceedings of the National Academy of Sciences, 18, 120-130.

Brennand, C. P., Ha, J. K. and Lindsay, R. C. 1989. Aroma properties and thresholds of some branched chain and other minor volatile fatty acids occurring in milkfat and meat lipids. Journal of Sensory Studies, 4, 105-120.

Boring, E. G. 1942. Sensation and Perception in the History of Experimental Psychology. Appleton - Century - Crofts, New York, pp. 41-42.

Brown, D. G. W., Clapperton, J. F., Meilgaard, M. C. and Moll, M. 1978. Flavor thresholds of added substances. American Society of Brewing Chemists Journal, 36, 73-80.

Bufe, B., Breslin, P. A. S., Kuhn, C., Reed, D., Tharp, C. D., Slack, J. P., Kim, U.-K., Drayna, D. and Meyerhof, W. 2005. The molecular basis of individual differences in phenylthiocarbamide and propylthiouracil bitterness perception. Current Biology, 15, 322-327.

Cain, W. S. 1976. Olfaction and the common chemical sense: Some psychophysical contrasts. Sensory Processes, 1, 57-67.

Cain, W. S. and Murphy, C. L. 1980. Interaction between chemoreceptive modalities of odor and irritation. Nature, 284, 255-257.

Cornsweet, T. M. 1962. The staircase method in psychophysics. American Journal of Psychology, 75, 485-491.

Cunningham, D. G., Acree, T. E., Barnard, J., Butts, R. M. and Braell, P. A. 1986. CHARM analysis of apple volatiles. Food Chemistry, 19, 137-147.

Dale, M. S., Moylan, M. S., Koch, B. and Davis, M. K. 1997. Taste and odor threshold determinations using the flavor profile method. Proceedings of the American Water Works Association Water-Quality Technology Conference, Denver, CO.

Dalton, P., Doolittle, N. and Breslin, P. A. S. 2002. Genderspecific induction of enhanced sensitivity to odors. Nature Neuroscience, 5, 199-200.

Day, E. A., Lillard, D. A. and Montgomery, M. W. 1963. Autooxidation of milk lipids. III. Effect on flavor of the additive interactions of carbonyl compounds at subthreshold concentrations. Journal of Dairy Science, 46, 291-294.

Diamond, J., Dalton, P., Doolittle, N. and Breslin, P.

A. S. 2005. Gender-specific olfactory sensitization: Hormonal and cognitive influences. Chemical Senses, 30(suppl 1), i224-i225.

Dravnieks, A. and Prokop, W. H. 1975. Source emission odor measurement by a dynamic forced-choice triangle olfactometer. Journal of the Air Pollution Control Association, 25, 28-35.

Engen, T. E. 1960. Effects of practice and instruction on olfactory thresholds. Perceptual and Motor Skills, 10, 195-198.

Finney, D. J. 1971. Probit Analysis, Third Edition. Cambridge University, London.

Friedrich, J. E. and Acree, T. E. 2000. Design of a standard set of odorants to test individuals for specific anosmia. Frontiers in Flavour Science[Proc. 9th Weurman Flavour Res. Symp.], 230-234.

Frijters, J. E. R. 1978. A critical analysis of the odour unit number and its use. Chemical Senses and Flavour, 3, 227-233.

Gillette, M., Appel, C. E. and Lego, M. C. 1984. A new method for sensory evaluation of red pepper heat. Journal of Food Science, 49, 1028-1033.

Green, B. G. 1989. Capsaicin sensitization and desensitization on the tongue produced by brief exposures to a low concentration. Neuroscience Letters, 107, 173-178.

Govindarajan, V. S. 1987. Capsicum-production, technology, chemistry and quality. Part III. Chemistry of the color, aroma and pungency stimuli. CRC Critical Reviews in Food Science and Nutrition, 24, 245-311.

Guth, H. and Grosch, W. 1994. Identification of the character impact odorants of stewed beef juice by instrumental analysis and sensory studies. Journal of Agricultural and Food Chemistry, 42, 2862-2866.

Harris, H. and Kalmus, H. 1949. The measurement of taste sensitivity to phenylthiourea (P.T.C.). Annals of Eugenics, 15, 24-31.

Harvey, L. O. 1986. Efficient estimation of sensory thresholds. Behavior Research Methods, Instruments and Computers, 18, 623-632.

James, W. 1913. Psychology. Henry Holt and Co., New York.

Jesteadt, W. 1980. An adaptive procedure for subjective judgments. Perception and Psychophysics, 28(1), 85-88.

Kittel, K. M and Acree, T. E. 2008. Investigation of olfactory deficits using gas-chromatography olfactometry. Manuscript submitted, available from the authors.

Lawless, H. T. 1980. A comparison of different methods used to assess sensitivity to the taste of phenylthiocarbamide PTC. Chemical Senses, 5, 247-256.

Lawless, H. T. 2010. A simple alternative analysis for threshold data determined by ascending forced-choice method of limits. Journal of Sensory Studies, 25, 332-346.

Lawless, H. T., Antinone, M. J., Ledford, R. A. and Johnston, M. 1994. Olfactory responsiveness to diacetyl. Journal of Sensory Studies, 9(1), 47-56.

Lawless, H. T., Rozin, P. and Shenker, J. 1985. Effects of oral capsaicin on gustatory, olfactory and irritant sensations and flavor identification in humans who regularly or rarely consumer chili pepper. Chemical Senses, 10, 579-589.

Lawless, H. T., Thomas, C. J. C. and Johnston, M. 1995. Variation in odor thresholds for l-carvone and cineole and correlations with suprathreshold intensity ratings. Chemical Senses, 20, 9-17.

Linschoten, M. R., Harvey, L. O., Eller, P. A. and Jafek, B. W. 1996. Rapid and accurate measurement of taste and smell thresholds using an adaptive maximum-likelihood staircase procedure. Chemical Senses, 21, 633-634.

Lundahl, D. S., Lukes, B. K., McDaniel, M. R. and Henderson, L. A. 1986. A semi-ascending paired difference method for determining the threshold of added substances to background media. Journal of Sensory Studies, 1, 291-306.

Masuoka, S., Hatjopolous, D. and O'Mahony, M. 1995. Beer bitterness detection: Testing Thurstonian and sequential sensitivity analysis models for triad and tetrad methods. Journal of Sensory Studies, 10, 295-306.

Marin, A. B., Acree, T. E. and Barnard, J. 1988. Variation in odor detection thresholds determined by charm analysis. Chemical Senses, 13, 435-444.

Marin, A. B., Barnard, J., Darlington, R. B. and Acree, T. E. 1991. Sensory thresholds: Estimation from dose-response curves. Journal of Sensory Studies, 6(4), 205-225.

McBurney, D. H. and Collings, V. B. 1977. Introduction to Sensation and Perception. Prentice-Hall, Englewood Cliffs, NJ.

Meilgaard, M., Civille, G. V. and Carr, B. T. 1991. Sensory Evaluation Techniques, Second Edition. CRC Press, Boca Raton, FL.

Mela, D. 1989. Bitter taste intensity: The effect of tastant and thiourea taster status. Chemical Senses, 14, 131-135.

Milo, C. and Grosch, W. 1993. Changes in the odorants of boiled trout (Salmo fario) as affected by the storage of the raw material. Journal of Agricultural and Food Chemistry, 41, 2076-2081.

Mojet, J., Christ-Hazelhof, E. and Heidema, J. 2001. Taste perception with age: Generic or specific losses in threshold sensitivity to the five basic tastes. Chemical Senses 26, 854-860.

Morrison, D. G. 1978. A probability model for forced binary choices. American Statistician, 32, 23-25.

Murphy, C., Quiñonez, C. and Nordin, S. 1995. Reliability and validity of electrogustometry and its applicationto young and elderly persons. Chemical Senses, 20(5), 499-515.

O'Mahony, M. and Ishii, R. 1986. Umami taste concept: Implications for the dogma of four basic tastes. In: Y. Kawamura and M. R. Kare (eds.), Umami: A Basic Taste. Marcel Dekker, New York, pp. 75-93.

O'Mahony, M. and Odbert, N. 1985. A comparison of sensory difference testing procedures: Sequential sensitivity analysis and aspects of taste adaptation. Journal of Food Science, 50, 1055-1060.

Pangborn, R. M. 1981. A critical review of threshold, intensity and descriptive analyses in flavor research. In: Flavor'81. Walter de Gruyter, Berlin, pp. 3-32.

Piggott, J. R. 1990. Relating sensory and chemical data to understand flavor. Journal of Sensory Studies, 4, 261-272.

Prescott, J., Norris, L., Kunst, M. and Kim, S. 2005. Estimating a "consumer rejection threshold" for cork taint in white wine. Food Quality and Preference, 18, 345-349.

Punter, P. H. 1983. Measurement of human olfactory thresholds for several groups of structurally related compounds. Chemical Senses, 7, 215-235.

Rabin, M. D. and Cain, W. S. 1986. Determinants of measured olfactory sensitivity. Perception and Psychophysics, 39(4), 281-286.

Reed, D. R., Bartoshuk, L. M., Duffy, V., Marino, S. and Price, R. A. 1995. Propylthiouracil tasting: Determination of underlying threshold distributions using maximum likelihood. Chemical Senses, 20, 529-533.

Saliba, A. J., Bullock, J. and Hardie, W. J. 2009. Consumer rejection threshold for 1,8 cineole (eucalyptol) in Australian red wine. Food Qualithy and Preference, 20, 500-504.

Schieberle, P. and Grosch, W. 1988. Identification of potent flavor compounds formed in an aqueous lemon oil/citric acid emulsion. Journal of Agricultural and Food Chemistry, 36, 797-800.

Stevens, D. A. and O'Connell, R. J. 1991. Individual differences in threshold and quality reports of subjects to various odors. Chemical Senses, 16, 57-67.

Stevens, D. A. and O'Connell, R. J. 1995. Enhanced sensitivity to adrostenone following regular exposure to pemenone. Chemical Senses, 20, 413-419.

Stevens, J. C., Cain, W. S. and Burke, R. J. 1988. Variability of olfactory thresholds. Chemical Senses, 13, 643-653.

Stocking, A. J., Suffet, I. H., McGuire, M. J. and Kavanaugh, M. C. 2001. Implications of an MTBE odor study for setting drinking water standards. Journal AWWA, March 2001, 95-105.

Todd, P. H., Bensinger, M. G. and Biftu, T. 1977. Determination of pungency due to capsicum by gas-liquid chromatography. Journal of Food Science, 42, 660-665.

Tuorila, H., Kurkela, R., Suihko, M. and Suhonen. 1981. The influence of tests and panelists on odour detection thresholds. Lebensmittel Wissenschaft und Technologie, 15, 97-101.

USEPA (U.S. Environmental Protection Agency). 2001. Statistical analysis of MTBE odor detection thresholds in drinking water. National Service Center for Environmental Publications (NSCEP) #815R01024, avail-able from http://nepis.epa.gov.

Van Gemert, L. 2003. Odour Thresholds. Oliemans, Punter & Partners, Utrecht, The Netherlands.

Viswanathan, S., Mathur, G. P., Gnyp, A. W. and St. Peirre, C. C. 1983. Application of probability models to threshold determination. Atmospheric Environment, 17, 139-143.

Walker, J. C., Hall, S. B., Walker, D. B., Kendall-Reed, M. S., Hood, A. F. and Nio, X.-F. 2003. Human odor detectability: New methodology used to determine threshold and variation. Chemical Senses, 28, 817-826.

Wetherill, G. B. and Levitt, H. 1965. Sequential estimation of points on a psychometric function. British Journal of Mathematical and Statistical Psychology, 18(1), 1-10.

Wysocki, C. J., Dorries, K. M. and Beauchamp, G. K. 1989. Ability to perceive androstenone can be acquired by ostensibly anosmic people. Proceedings of the National Academy of Science, USA, 86, 7976-7989.

7 标度

标度描述了对数字的应用或将评价结果转化为数值来描述感官体验的感知强度或对某些体验或产品的好恶程度。标度技术是描述性分析方法的基础。多种标度方法被谨慎使用，而且这些方法均可以较好地区分产品。本章讨论了标度应用过程中的一些理论问题及实践应用情况。

大多数自然科学家都认同熟知测量仪器的特性及其局限性是至关重要的。使用各种不同标度方法进行感官评价在食品科学领域司空见惯，然而，这些方法却极少被证实有效……

——Land 和 Shepard（1984）

7.1 引言

人们总是会基于感官经验改变他们的行为，这常常包括评价某些感觉的强弱程度。当感觉咖啡的甜度不够时，我们会添加更多的糖。感觉太冷或太热时，我们会调整家里的温度调节器。如果衣柜太黑找不到自己的鞋子，你会把灯打开。如果肉不易碎裂以便吞咽，我们会用更大的力量来咀嚼。这些行为看上去是自发的且不需要做出数值响应。这类感觉体验可以用指示感觉强度的反应来表示。将主观或个体感觉体验转变为定量的数据，这就是标度的基础。

标度法是通过数字来量化感官体验的。通过数字化处理，感官评价可成为基于统计分析、模型或预测的定量科学。然而，正如引言中所说，在感官评价方法的实际应用中，根据自己的感官体验分配数字的过程很少被提及。显然，评价员可以用多种方式分配数字给感觉强度：有些只是分类，或者排序或者尝试用数字等方式反应感官体验的强度。本章将阐述这些标度技术并探讨各种不同量化程序的具体应用。

标度法包括感知产品或刺激并产生感觉响应值以反应一个人如何感知这个产品所产生的一种或多种感觉的强度。这一过程的基础是心理生理学模型（详见第 2 章）。心理生理学模型研究表明，物理刺激值的增加（如光强或分贝的增加，化学刺激浓度的增加等）会带来相应的感觉强度值的增加。评价员会根据自身经验对这些变化产生不同感觉响应值。因此，物理量的变化会带来感觉量的变化，可以就这一系统关系建立数学模型。

标度技术是显示产品差异或差别程度的有用工具。使用该方法的前提是产品间的差异要在阈上或差别阈值水平。如果判断两个非常接近的产品有无差异，差别检验方法更适合（Chambers 和 Wolf，1996）。通常在两种情况下需要用到标度法。第一种是未经训练的评价员对感觉强度做出的反应，这里有两个假设：（1）假定他们理解要评价属性的含义，如甜味；（2）没有必要对他们进行标度训练或校准。在确定剂量-效应曲线或心理生理学函数时要用到这种标度法。这种研究适合以学生或消费者群体作为样本来完成。第二种标度方法是由经训练的评价员作为测量仪器来进行标度的，如描述性分析。首先需要训练并对属性有一个统一的理解（如涩味），并用参比标度校准评价员感觉，使其了解强度很低或很高的标准。这种情况具有更普遍的应用，因为使用该标度主要是测试产品而不是确定心理生理学函数。

与类似“强迫选择”法比较，需要注意的是标度法产出的是一些“廉价的数据”（我的研究生导师经常这么说，但称其为“具有成本效益”听起来不那么负面），一个刺激点至少具有一个感觉强度点。许多三点检验法中一次实验只产出一个数据，如正确率。Fechner 和其他研究人员认为标度法属于单一刺激法，与用于测量阈值的强迫选择法相比，它并没有那么可靠。直接标度法的优点在于可以用它进行不受端点限制的量值估计。这些不同类型的标度形式也是进行描述性分析的基础。因为在描述性分析中，评价员往往要使用标度法来对他们的感知强度进行评价。

如图 7.1 所示，标度法包含两个过程。第一个过程是心理生理学过程，将某一能量转换成一种感觉或主观体验上。这一过程是在感受器活动的生理机制和引起大脑活动产生有意识感知的神经活动时发生的，并且可以通过感觉适应和掩蔽等生理过程发生改变。第二个过程是把经验翻译为响应的过程。这一判断函数受到标度任务的影响，如语境效应、对照产品的选择和反应偏差等因素均会影响此过程。数据越能反应感觉的真实响应则说明标度法越可靠。感官研究人员必须注意避免偏差或非感官因素对感觉响应值的影响。例如，虽然要求我用无端点的数值标度来表达我感知的强度，但我习惯使用我喜欢的数字来表达我的感觉强度，由此可见，数字喜好偏差会影响我们做出真实的感觉判断。

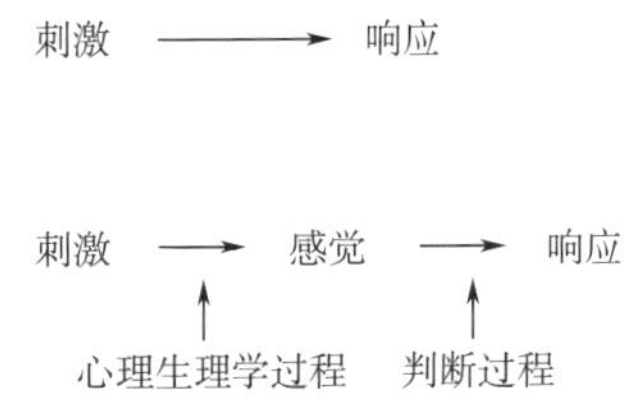

图 7.1 标度法包含的两个过程

第一个过程：心理生理学过程，外部世界能量的心理生理学转变为感觉，如意识经验。第二个过程：经验翻译为感觉响应值。心理生理过程可以通过感觉适应和掩蔽等生理过程发生改变。判断的函数可以通过认知过程改变，如语境效应，数字使用和其他响应偏差。

本章将着重介绍在感官评价和心理生理学标度中常用的各种方法。这些方法的理论，原理及问题将会深入讨论以增加人们对这类方法的理解深度。对于学生来说，想要了解基本原理，可以重点关注 7.3 和 7.4 部分，7.5 介绍了在感官分析文献中提出的现有标度方法的延伸方法，这些方法并没有被广泛使用。作为感官科研人员应该要意识到这些延伸出的标度方法的优势所在。

7.2 概述

量值估计的支持者 S. S. Stevens（1951）提出的测量理论告诉我们，对于事件可以有不同的赋值方式。至少存在四种标度方法：名义标度、顺序标度、定距标度和比例标度。

名义标度中，对事件的赋值仅仅是一种标记。因此，性别可以在统计分析中编码一个虚拟变量，0 代表男性，1 代表女性。但这些数值并不能反映出顺序特征。它们仅是作为一些比较方便的标记。某一食品的进餐时段可以使用数值对分类进行编码，如 1 代表早餐，2 代表午餐，3 代表晚餐，4 代表点心。尽管此处与时间有联系，但请注意数值赋值仅是用于分析的一个标记、分类或种类。适用于这类数据的统计分析方法是对分类进行频率计算并报告结果。对名义数据的概括统计较为常见。对于不同产品或环境的不同反应频率，可通过卡方检验或其他非参数统计方法进行比较（Siegel，1956）。利用这一标度进行比较的可靠性在于说明了这些分类是同一分类还是不同分类（相等或不相等），而无法得到关于顺序、差别程度、比例或数值大小的结果。

顺序标度中，赋值是为了对产品的一些特性、品质或观点（偏爱）标示出排列顺序。该方法中数值的增加代表了产品感觉强度的增加。因此，对于葡萄酒的赋值可根据感觉到的甜度进行排序，或对香气赋值可根据喜爱程度进行排序。排序标度中的数值并不能告诉我们产品间的相对差别程度。如排在第四位的产品感觉强度不一定是排在第一位的产品感觉强度的 1/4，它与排在第三个产品间的差别不一定和排序为二和三的产品之间的差别相同。使用顺序标度既不能对感知的差别程度大小下结论，也不能对差别的比例或数值下结论。类似于人们在钓鱼比赛中的名次一样，我们知道谁是第一、第二、第三等，但这种名次并不能说明选手之间钓鱼水平的差距或他们所消耗时间的差异。通常，顺序标度的数据分析可以报告中位数作为集中趋势的汇总统计，或者报告其他百分数以得到更多信息，而此类标度中使用加法和除法运算并不恰当。就像名义标度一样，非参数统计方法也适用于分析顺序数据（Siegel，1956）。

当感觉响应的主观间距不相等时就会出现下面的标度形式。赋值数据可以表示样品间的实际差别程度。这种差别是可以比较的，称为等距测量。例如物理学中的摄氏度和华氏度，这些标度有任意的零点，但数值之间有相等的间距。例如 20℃ 和 40℃ 的温差与 40℃ 和 60℃ 的温差是相等的。这些标度可以通过直线变换进行相互转换。在感官科学中使用的一些标度很少是等间距的。但用于喜好度测量的 9 分快感标度具有大致相等的间距（Peryam 和 Girardot，1952），如下所示：

极其喜欢
非常喜欢
一般喜欢
稍微喜欢
既不喜欢也不厌恶
稍微不喜欢

一般不喜欢
非常不喜欢
极其不喜欢

这些选项通常从 1~9，或者等间距（-4~+4）赋值进行编码和分析。大量研究针对标度中的语义间距问题展开研究（Jones 和 Thurstone，1955；Jones 等，1955）。确定标度间距的技术是瑟斯通标度理论。根据下面的讨论，原始数据并不完全支持等间距的理论。然而，在实践中，这个标度形式很常用，也都是直接赋值来使用的。关于这个方法在本章末尾的附录 1 部分进行了讨论。瑟斯通理论的讨论请见第五章。

定距标度的测量优点在于是这种数据允许额外的解释。例如，在赛马中，我们知道最终的马匹名次，也知道各马匹间差距是多大。这样就可以运用参数统计方法进行分析了。平均值计算，t 检验，直线回归和方差分析等是很好用的参数分析方法。

最后一种测量方法是比例标度，在这种标度下，0 点不是任意的，而且数值代表感觉的相对比例。这就类似于物理量测量：长度、质量、温度等。确定一种感觉标度方法是否可对不同感觉强度的比例进行赋值是很难的。目前普遍认为量值估计是一种较优的比例标度法。在量值估计中，评价员对反映他们感觉强度的相对比例进行赋值（Stevens，1956）。然而，对比例的指导很容易，但是标度比例能否反映出人的主观感觉这很难确定。

由于不同测量标度类型具有不同的特性，有两点是感官科研人员必须要注意的：第一，名义或顺序标度不能比较数值的差别或比例；第二，对频率数据或顺序数据进行参数估计风险很高（Gaito，1980；Townsend 和 Ashby，1980），对这类数据的分析，非参数估计方法更适用。

7.3 常用标度类型

有许多种标度方法可以对感觉进行赋值，如心理生理学研究中使用的量值估计法，还有分类标度法，在食品领域经常应用已经相当常见。本节举例说明了分类标度、直线标度和量值估计，下一节将讨论一些不常用的标度技术，如分类-比例标度、间接标度及排序法，还对两种感觉响应的测量方法也进行了解释，一个是交叉模态匹配法，感觉通道下的强度匹配是心理生理学的研究技术，另一个是可调整的评分法，在这个方法中评价员可以根据前一样品调整产品位置及评分。

7.3.1 分类标度

也许最古老的标度方法涉及选择离散的反应来表示感官强度或偏爱程度的增加。这种标度形式可能是以垂直线或水平线来表示的，在一系列数值、方框或词语间进行选择。分类标度的示例见图 7.2。

消费者或评价员的任务是从这些标度选项中选出最能代表他们感觉强度的标度值。分类标度中的答案是有限的，最常见的是个数为 7~15 个分类，具体分类的个数取决于实

图 7.2　喜好标度举例

（1）强度评价标度；（2）风味氧化程度的语义标度；（3）用于确定对照或空白样的整体差别程度的语义标度；（4）测量感知强度的方格型强度标度；（5）相对于对照样（R）的方格型强度标度；（6）用于儿童喜好度测量的面部标度。

际需要以及评价员能够区分出来的分类数。随着评价员训练程度的提高，评价员对强度水平可感知差别的分辨能力也会提高，可能会提供给评价员数量更多的分类来进行测试。使用分类标度的一个关键问题是要提供给评价员一个容易理解的词，如甜度，并让评价员来评价此强度。还有一个关键问题是，在各选项上要标有可参比的语义标签，至少在最低点和最高点标有“一点也不甜”和“极其甜”。

这类标度方法被广泛应用。常见的例子是用 9 个分类数，也可以进一步增加点的个数（Lawless 和 Malone，1986a，b）。Winakor 等（1980）用 1～99 的选项来评价织物的手感特征。在感官广谱分析研究中，Meilgaard 等（2006）使用 15 点分类标度，允许每一类再进一步细分，理论上可以分为150点标度。在喜好或情感性测试中，常用两极标度，即在标度上有一个0点或位于中间的中性点（Peryam 和 Girardot，1952）。这种标度法比强度标度简单，例如在对儿童使用的笑脸型标度中，对较年龄稍大的儿童可以采用9点标度法（Chen 等，1996；Kroll，1990），但对年幼的幼儿可以采用3点标度法（Birch 等，1980，1982）。后来，研究人员发现评价员会倾向于选择自己偏爱的数字而使结果存在偏差，为解决这一问题，研究人员就用未标注数字的方格标度来代替数字（图7.2）。

在分类标度的最初应用中，研究者的观点是让受试者把分类看作等间距，他们被要求根据标度范围来做出强度判断，最强的刺激被评为最高分类，最弱的刺激被评为最低分类。研究者偶尔会使用这种明确的指令。有一个例子是在 Anderson's（1974）的实验中，他建议提供给评价员高于和低于期望刺激范围的特定样品来进行评价。在 Gay 和 Mead（1992）提出的相对标度中，让评价员首先将最弱或最强刺激放置在标度的两端。这类标度范围均有使用上限，这便促进了直线区间标度的提出（Banks 和 Coleman，1981）。

还有一个问题是标度上最高点和最低点的参考点如何确定。Muñoz 和 Civille（1998）提出对于描述性分析小组，最高点可以根据属性而定。例如“极甜”这一标度点是否适合所有产品（或者说是不是普遍标度）？极甜对咸味饼干和冰淇淋来说甜度的含义是不同的。或者说是不是标度最高点也表示这个产品在该属性下具有最高强度？这将形成一种产品专用标度，在不同属性之间进行比较。如饼干的甜度强于咸度，但不能与其他类型的产品进行比较。这对于感官分析师来说尤其需要注意。

然而，大多数感官分析师会避免额外的提示，允许评价员在他们认为合适的标度上定值。事实上，大部分人都倾向于在标度范围内给出判断。但他们不喜欢过度使用标度上的某一部分，而是会将他们的判断移到相邻的反应分类上（Parducci，1965）。这将在第9章进一步讨论。

在实践中，简单分类标度对产品区别的敏感性几乎和其他标度技术（直线标度、分类标度）相同（Lawless 和 Malone，1986a，b）。由于标度的简易性，特别适合消费者测试。另外，简单分类标度在快速准确的数据编码和列表方面也有一些优势，因为他们的工作量要小于直线标度或变化更多，可能还包含分数的量值估计法。当然，这是在假定人工处理数据的情况下。如果使用计算机操作，就不存在这一优点了。具有固定标度的许多分类标度形式现在仍在使用，包括用于观点和态度测量的 Likert 类型的标度，它的分类是基于人们对该产品的描述同意与否的程度。这类标度用于消费者测试的例子请见第14章。最近“Likert 标度”（Likert，1932）被其他类型的分类标度所代替，但为了纪念 Likert 对该标度的原创性，我们更愿意将他的名字保留在测量同意/不同意的态度标度中。分类标度使用的灵活性是它具有吸引力的重要原因。

7.3.2 直线标度

第二个广泛应用于某属性强度评价的方法是直线标度，使用时在线上做出标记或画斜线来表示强度。在标度上划线也被称图形评分标度或视觉模拟标度。直线标度与分类标度的不同之处在于人们的选择连续且不受限。事实上，通过数据编码设备采集的这类数据是离散的，如数字化仪的分辨率或可在计算机屏幕上解析的像素数量。该标度法的基本观点是评价员在线上做出标记来评价属性强度或感官特性的总量。通常情况下，人们只在端点做出标示。标度端点也从线段两端缩进一定距离以避免末端效应。因为有的评价员不愿在标度端点做出标记。直线标度上的中间点也会被标记出来。一种常见的变化形式是标出一个中间参考点，代表标准标度值，待测样强度值参考此标准进行评价。部分变化形式见图 7. 3。这种标度形式在经训练的评价员对多属性描述性分析中很常用。

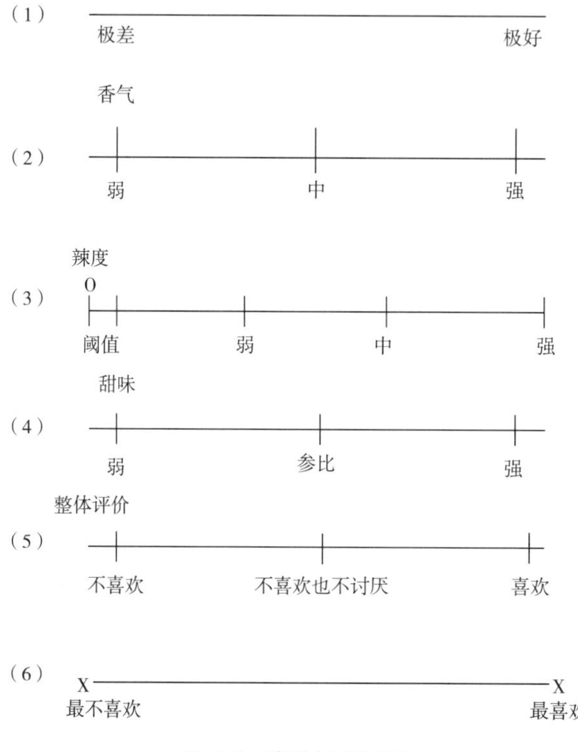

图 7. 3　直线标度示例

感官评价标度起源于第二次世界大战中美国密歇根州农业试验站的一次实验（Baten, 1946）。在他的研究中，通过对苹果的各种储存温度进行测试，对水果的喜好进行了简单分类标度（从很理想到很不理想），然后他又用 6 英寸的直线标度进行研究，线段左边为极差，右边为极好。在线上的反应以英寸为单位评价。评价员的评价结果表明他们更喜欢使用分类标度而不是直线标度。然而，Baten 报道，分类标度结果的 t 值大约是直线标度技术的 2 倍。这表明直线标度对样品的区分程度更大。不足之处是作者并未给出 t 统计量的值，因而很难判断这一优点有多大意义。

注：1 英寸 = 2. 54cm。

在描述性分析中的应用也促进了直线标度的普及。Stone 等（1974）推荐将直线标度用于定量描述性分析中，继而形成一种评价属性强度的新方法。在定量描述性分析方法中，使用一种近似于定距标度的标度方法很重要。因为在描述性分析中方差分析是一种比较产品差异的重要统计分析技术。它在定量描述性分析中的应用是基于前期 Baten 关于方法敏感度研究和 Norman Anderson 功能测量理论提出的（Anderson，1974）。在其研究中，Anderson 使用了直线标度法（见 Weiss，1972）。为了便于评价员使用此标度进行评价并给出可靠的结果，他在实验过程中给评价员不断提供高或低强度的参比刺激让评价员记忆、训练。这是否对感官评价有用备受质疑。

从定量描述性分析技术出现以来，直线标度技术已被广泛应用。例如，Einstein（1976）成功地使用了直线标度组织消费者评价啤酒的风味强度、丰满度、苦味和后味等特征。所谓成功是指在检验实例中获得了统计学上的显著差别。直线标度法并不局限于食品和消费品，在临床上对痛觉的度量也可以用直线标度法来测量（Huskisson，1983；Sriwatanakul 等，1983）。Lawless（1977）用直线标度技术并结合比例标度的指令对滋味和气味强度以及喜好度进行了综合研究。这是一个综合的方法，评价员根据指令使用直线标度进行评价，就如同量值估计一样。例如，一种产品的甜度是前一产品甜度的两倍，就在线上的 2 倍距离中标示出来。在这种情况下，线的端点是一个问题，评价员被告知如果纸不够可以另附，但很少有人这么做。在比较了分类标度、直线标度及量值估计的灵敏度后，可以发现，直线标度对产品差别的区分与其他标度技术同样灵敏（Lawless 和 Malone，1986a，b）。

在线上标点也被广泛应用到时间-强度标度方法中。最简单的方式就是在移动的卷纸上按照标度移动指针，根据卷纸上的标记可以得到感觉时间的连续变化。最初是由评价员手握标记笔进行（Moore 和 Shoemaker，1981）。在一些实例中，评价员也可以转动转盘或其他反应装置（Lawless 和 Clark，1992）。通常时间-强度标度看上去像一个温度计，通过电脑鼠标上下移动进行强度评价，关于时间-强度法将在第 8 章做出全面阐述。

7.3.3 量值估计

7.3.3.1 基本技术

量值估计是一种流行的标度技术，它不受限制地表示感觉的比例。在此基础上，评价员允许使用任意整数并按照指令给感觉定值。因此，数字的比例反映了感觉强度大小的比例。例如，假设样品 A 的甜度是 20，样品 B 的甜度是它的 2 倍，那么 B 甜度评价值就是 40。这个方法的关键是对评价员的指导以及对数据的分析。量值估计有两种基本变化形式，第一种形式是给受试者一个标准刺激作为参考，将标准刺激附上一个数值，如 10。所有其他刺激的评分值会根据与此标准刺激比较得到。这种标准刺激会成为模数（modulus）。若模数定在强度范围中间的话，这种形式的使用很容易。

另一种形式是不给出标准刺激，参与者可以选择任意数字赋予第一个样品，然后所有样品与第一个样品的强度比较得到相应的数字。尽管评价员可能一环套一环地对样品进行评价。由于人们选择任意数字进行量值估计，需要进行额外的数据处理将这些数据纳入相同的数据范围。量值估计的变化形式和数据分析原则见 ASTM 标准检验方法 E1697-95。

在心理生理学实验室，量值估计法得到了初步应用，一般一次只评价一种属性。然而，评价多个特性或剖面分析也被用于味觉研究（McBurney 和 Bartoshuk，1973；McBurney 和 Shick，1971；McBurney 等，1972），这种方法也自然地被沿用到具有多种滋味和芳香特征的食品研究中。量值估计极少被用于描述性分析中，但从原理上来讲量值估计没有理由不能在描述性分析中使用。

评价员应该避免受到类似于分类标度中界限的限制，例如将数据范围限制在 0~10 之间。这个的使用对于以前受过训练使用其他标度方法的评价员困难很大，因为人们总是习惯于坚持使用它们熟悉且感到舒服的数据范围。这种行为的发生是由于评价员没有理解比例的特性决定的。为了避免这一问题，可以让没有经验的评价员进行一些准备活动来帮助他们确切的理解标度指令。准备活动中可以估计不同几何图形的大小和面积（Meilgaard 等，2006）或线段的长度（McBurney 等，1972）。有时要求评价员同时标度多个特性或将整体强度分解为具体特性。如果需要这种剖面，几何图形可以包含不同的阴影区域或颜色线段。强烈推荐评价员积极参与准备活动，以便感官分析师能确认评价员已理解了比例的概念。

在这种方法中允许使用数字 0，因为在评价时有些产品实际上就是没有甜味，或者没有需评价的感官特性。但参比样不能赋值为 0，参比样最好选择在强度范围中间点附近。尽管不含有某特性的产品在此特性上赋值为 0 是符合常识的，但它确实使数据处理变得更复杂了，这在后文中会加以讨论。

7.3.3.2 指令

量值估计中评价表的视觉呈现形式不是最重要的，重要的是评价员对指令和比例特性的理解。有些评价表中也允许评价员去看之前的评价结果。下面这个例子列出了固定模数参比样的量值估计法指令：

请品尝第一个样品并注意其甜度，这是一个参比样，甜度定义为 10，请根据该参比样来评价其他所有样品。例如，如果下一样品是参比样甜度的两倍，赋值 20，如果甜度是参比的一半，赋值 5，如果甜度是 3.5 倍，则赋值 35。换句话说，评价样品甜度时，你所用的数字比例代表样品甜度比例。你可以使用任意正数，包括小数和分数。

量值估计的另一种变化形式是参比样的参比值由评价员自己确定，指令如下：

请品尝第一个样品并对参比样的甜度进行打分。请根据该参比样来评价其他样品，并给这些样品适当数字表示样品间的甜度比例。例如，下一样品甜度是参比的 2 倍，则给该样品赋上的数值应为参比样数值的 2 倍，如果甜度是参比的一半，赋值也为参比值的一半，如果是 3.5 倍，赋值也为 3.5 倍。评价员为参比样自由赋值，同样对于参比样和待测样的评价可以使用任意正数，包括小数和分数。

7.3.3.3 数据处理

在非固定模数的量值估计中，评价员通常会选择他们感觉舒服的数字范围来给参比样赋值。ASTM 中建议第一个样品的赋值范围在 30~100。尽量避免使用太小的数据。如果评价员可以自由选择数据范围，在统计分析之前需要进行标度调整，使每个数据落在一个正常范围内（Lane 等，1961）。这样可以防止评价员因选择的数值太大而对平均值和统计检验产生不良影响。这一标度调整的过程被称为“标准化”，尽管它与标准分布或 *Z* 值无关（ASTM，2008a）。标度调整的常用步骤如下：

（1）计算每个人全部数据的几何平均值；

（2）计算所有人数据的总的几何平均值；

（3）对每个评价员，计算小组总几何平均值与单个评价员平均值的比例，由此可得到各评价员的评分校准因子，构建这一因子也可以不用总几何平均值，而选择任意整数，如数值 100；

（4）对各个评价员，用各自数值与他们各自的校准因子相乘，可得到调整标度后的数据。

经过标准化处理后得到的调整标度数据可以进行数据分析，由于在非固定模式的量值估计中增加了额外的数据处理步骤，因此，使用固定模数的参比样更简便。

量值估计的数据在统计分析之前需要转换成对数数据（Butler 等，1987；Lawless，1989），这主要是由于数据趋向于正偏离或对数正态分布。换言之，在量值估计标度过程中有一些高度偏离值，而大部分标度位于较低的数值范围内。这不奇怪，因为标度低端以 0 为界，而顶端是开放的。然而，数据中包含 0 时，将数据转换为对数和几何平均值会存在一些问题：0 的对数无意义，对含有 0 的 *N* 个数据取几何平均值结果仍为 0。对于这个问题的解决办法：一个是将数据中的 0 赋上一个最小的正数，如最小标度值的一半（ASTM，2008a）。当然结果会受到选择数据的影响；另一种方法是在非固定模数量值估计中计算校正因子时使用中值。在有正偏离数据出现时，中值受到的影响较小比算术平均值要小。

7.3.3.4 应用

在实际应用中，量值估计法可以用于经训练合格的评价员、消费者甚至是儿童（Collins 和 Gescheider，1989）。但与有界限的标度法相比，无界限的量值估计法数据变化更大，特别是未经训练的消费者产出的数据（Lawless 和 Malone，1986b）。由于该标度的无界性，使其特别适用于某些感官特性会受到上限限制的评价。例如，辣椒的辣度刺激或痛感。在分类标度中，可能被评价为接近上限，但在端点开放的量值估计中，评价员可以有更大的自由度来反应极强烈的感觉变化。在喜好或厌恶的喜好标度中，使用量值估计还需要额外的设计。这种标度的应用有两种选择：一种使用单极标度来表示喜爱程度，另一种是双极标度，可以使用正数、负数及中性点（Pearce 等，1986）。在喜爱和厌恶的双极量值标度中，允许使用正数和负数来表示喜爱和厌恶的比例（e. g. Vickers，1983）。对于正数和负数的选择只是代表喜欢还是厌恶（Pearce 等，1986）。在单极量值估计中可以使用正数（有时包括 0）。低端表示厌恶，随着数值的增大，喜爱程度的比例会逐渐升高（Giovanni 和 Pangborn，1983；Moskowitz 和 Sidel，1971）。设计这种标度时，感官分析师需要明确单极标度对评价员是否合适，因为需要注意是否还会存在中性反应的情况（不喜欢也不厌恶），或存在两极反应的情况（喜欢或厌恶）。只有确定结果都在标度的一侧，即都喜欢或都不喜欢，只是程度不同，这时使用单极标度才有意义。然而，在食品或消费品测试中少数情况下量值估计是可以使用的。因为某些参与者可忽略变化或观点改变不明显。因此，使用双极标度更符合常识。

7.4 推荐操作和实践指南

直线标度和分类标度可以有效地用于感官强度测试和消费者的喜好研究。因此，我们不会花费太多精力来推荐这两种常用技术。下面会给出一些实际问题，以帮助学生或实践者避免一些潜在的问题。分类比例或标记量值标度可以促进不同群体之间的比较，该问题将在 7.5.2 中进行讨论。

7.4.1 规则 1：提供足够的选择

主要问题是要提供足够的选择来代表评价员可能存在的区别（Cox，1980）。换句话说，如果评价小组是经过高度训练并且能够区分不同强度水平的刺激的话，一个简单的 3 点标度可能不够用。这可以在风味剖面标度中得到说明，其 5 点标度，依次代表无感觉、刚刚能察觉到（即阈值）、弱、中度和强（Caul，1957）。很快人们会发现，评价员希望有额外的中间标度，尤其是在标度的中间范围内，许多产品定位在该区域。然而，在标度的多少问题上，会存在一种收益递减的法则，即在某个点之前，细化可以使产品更好地被区别，但过了这个点，由于额外的回答仅能捕获随机误差的变化（Bendig 和 Hughes，1953），区分度反而会降低。另一个是倾向性问题，尤其是在消费者研究中通过消除选项或去除端点来简化的标度。这会带来由于回避使用端点而引起的风险。有些受访者可能不愿意使用末端的选项，以防在后续测试中出现更强或更弱的感觉，即存在末端效应。将一个 9 点标度缩短为 7 点标度可能会让评价员在所有实际的用途上只剩下 5 点标度可用。因此，最好避免在实验中出现这种截断标度（或末端效应）的倾向。

7.4.2 规则 2：属性必须被理解

必须在评价员理解的属性上收集强度等级，并在其意义上达成共识。像甜味这样的术语很普通常见，大家都能理解，但像“绿色香气”这样的术语可能需要用不同的方式来进行解释。在描述性小组中，可以使用参比样来说明特定术语的含义。在消费者研究中，由于还没有完成培训，因此如果对任何强度等级进行收集，它们必须是人们通常认可的简单术语。请记住，大多数早期的心理生理学都是在简单属性的基础上完成的，比如声音的响度或重量的强度。在化学意义上，由于它们具有不同的感官品质和模糊的消费者词汇，就不再那么简单明了了。

其他要避免的问题包括混合感觉强度（力度）和喜好（喜欢），除非在恰好标度中，这些概念是明确的。举一个喜好描述语的例子——形容词“新鲜的”。无论这对消费者意味着什么，对于描述性标度来说，这是一个糟糕的选择，因为它既模糊，同时对于大多数人而言，又意味着某种程度的喜爱或愉悦。当给产品开发人员反馈需要调整的参数时，含糊的术语是不可取的。另一个在消费者研究中很流行的含糊术语是“自然的”。尽管消费者可能会使用这个词在某个未知的基础上给产品打分，但这个信息并没有多大用处，因为它不会告诉配方设计师，如果产品得分低应该怎么变化调整。在试图评判“整体品质”时也会出现类似的问题。除非对品质进行了非常严格的定义，否则无法对其进行量化。

7.4.3 规则 3：参比词应该有意义

在建立描述性分析或消费者测试的标度时，评价小组组长应该仔细考虑每个标度末端参比词的性质以及可能需要的参比样。如果标度参比从“非常弱”到“非常强”，还会有感觉属性不存在的情况吗？如果存在，可以用“完全没有”或“没有”等参比词标记在标度相应位置处。例如，甜的标度可以被描述为“一点也不甜”，而且“口腔刺激感”的标度可以用“无”来描述。

7.4.4 校准与否

如果需要在小组成员中进行校准，那么可以给出强度的物理值参考标准。通常这是通过上面讨论的末端例子来完成的，但是在标度上给出中间点的例子也可能有好处。一个校准的例子是 ASTM 评价辣椒辣度的方法，标度上有三个点（弱、中等、较强）（ASTM，2008b）。传统的质地剖面技术（Brandt 等，1963）使用了 9 点标度来评价大多数质地特征，例如硬度，并给出了代表每一个点的普通产品的例子。在感官广谱描述性分析方法中，强度标度需要在所有的属性和所有的产品中具有可比性，所以从不同的感官领域给出了标度范例，代表了强度的 15 点标度（Meilgaard 等，2006）。需要考虑是否需要对特定项目进行强度校准。也可能对评价员稳定使用标度的能力存在限制。将校准的评价员作为测量仪器（Olabi 和 Lawless，2008）是有局限性的，尽管几十年来研究都不断扩大，但这一点还没有得到很好的认识。人们对不同口味和气味的敏感性各不相同，因此在他们的感官反应中可能会有不同的感觉。测试设计者还需决定是否将物理示例分配到中间标度点上。参比样通常显示在末端分类中，在中间分类中这并不常见。其明显的优势是能够达到更高的校准水平，这是训练有素的描述性小组的理想特征。一个潜在的缺点是限制了评价员对标度的使用。研究人员认为相等的距离可能在评价员眼中并非如此。在这种情况下，更明智的做法是允许评价员将其判断分布在标度上，而无需假定中间标度点的范例实际上是等距的。该选择取决于研究人员。这一决定反映了人们对校准工作是否更可取或是否存在更多的潜在偏见或限制反应的担忧。

7.4.5 警告：评级和评分不是标度

在某些情况下，伪数值标度被设定来模仿分类标度，但是这些例子涵盖了不同的感官属性及产品的混合特性。例如，用于烘焙产品的伪标度，数字 10 被指定为完美质地，8

为轻微干燥，6为胶黏，如果非常干燥，则为4（AACC，1986）。胶黏和干燥是两个单独的属性，应按照这样进行标度划分。这也是一个质量评级的例子，而非一个真正的标度过程。当数字在不同感官品质间发生变化时，就违背了单一属性强度的心理生理模型。虽然数字可能会被应用到等级上，但它们不能被统计，因为“非常干燥”（4）和稍干（8）的平均值不是胶黏（6）[Pangborn和Dunkley，1964，在“牛乳分级场”中对此进行的评论]。质量评级方案中的数字并不代表任何单一的心理生理连续体。

7.5 相关变化形式——其他标度技术

标度理论的一个重要思想是人们可以对感觉强弱有一个总体概念，使人们即使是在不同感官模式下，也可以比较产品的相对属性强度。例如，有人可以笃定地说这个产品的咸味比甜味强。也有人可以说，在交响乐中号角在某个音域里是长笛的两倍。如果这个理论是正确的，人们似乎具有感觉强度的一般内部尺度了。这个想法形成了几种其他标度方法。它允许比较不同的感觉交叉来引用他们的数字评分，甚至可以用比较词汇来表示。接下来将讨论这些衍生的方法。

7.5.1 交叉模态匹配与量值估计标度的变化

在早期的工作中量值估计方法已有一定的基础了，如文献报道采用分级法和感觉比率（Boring，1942）。在这些方法里，人们被要求以给定的感觉比例来设置一个刺激，允许用任何数字生成响应值，而不是调整刺激来表示固定数字（Moskowitz，1971；Richardson和Ross，1930；Stevens，1956）。这些研究的一个重要结果是发现由此产生的心理生理作用，通常符合以下形式的幂法则如式（7.1）（7.2）所示。

$$R = kI^n \tag{7.1}$$

或对数转换形式：

$$\log(R) = n\log(I) + \log(k) \tag{7.2}$$

式中 R——响应，如感知的响度（数据的平均或几何平均值）；

I——物理刺激强度，例如声压，并且k'是表示依赖测定单位的偶然性常数。

任何感官系统的重要特征值都是n的值，幂函数的指数或对数图中直线的斜率。量值估计的有效性就决定了幂法则的有效性——方法和结果函数形成了一个内部一致的理论系统。Stevens也认为这种方法提供了感觉量值的直接途径，没有质疑由主体产生的这些数字可能会以何种方式产生偏差。然而，这些响应的产生被认为是两个心理生理学过程的结合，即把能量转换为有意识的感觉，然后把这些感觉的强度数值化。响应的过程并非单一地数值化，而是非直线转换，所以从感觉到比例直接转换的概念就显得过于简单化了。

比例标度已经应用于量值估计等其他技术上了。历史上重要的心理生理学技术是交叉式匹配，其感觉水平或比率与两个连续性感觉（例如，响度和亮度）匹配。一个连续统一体将由实验者进行调整，另一个由主体进行调整。例如，人们会尝试使亮度与声音的响度相同。Stevens（1969）提出这些实验可以验证这种幂法则，因为交互匹配函数的

指数可以从独立的标度实验中进行预测。举个例子，

对于一个感官属性［经对数变换，方程（7.2），得式（7.3）］

$$\log R_1 = n_1 \log I_1 + \log k_1 \tag{7.3}$$

和第二个感官属性如式（7.4）所示：

$$\log R_2 = n_2 \log I_2 + \log k_2 \tag{7.4}$$

在交叉方式匹配中，令 $R_1 = R_2$ 得到式（7.5）：

$$n_1 \log I_1 + \log k_1 = n_2 \log I_2 + \log k \tag{7.5}$$

转化后为式（7.6）：

$$\log I_1 = (n_2/n_1) \log I_2 + \text{常数} \tag{7.6}$$

如果从交叉匹配中对 $\log I_1$ 的 $\log I_2$ 作图，则交叉模态匹配函数的斜率可以根据各个指数的斜率比（也就是 n_2/n_1）进行预测，这一关系与大量的可比较的感官连续统符合性相当好（Steven，1969）。然而，它对幂法则及对量值估计提供真实的确认仍存在疑问。

用于实践目的，它对于人们事实上利用一些感官强度的普通概念，将完全不同的感官连续进行比较具有指导意义。这是在感官广谱描述性分析过程中利用标度的基础之一。在这种方法中，所有特性按照可相互比较的 15 点标度进行评价。换句话说，12 的甜度在感觉强度上是咸度 6 的 2 倍。是否所有的感官连续统都可以用这种方法比较还是一个问题。例如，曲奇中的巧克力薄片数量的评分与对曲奇硬度的评分相比似乎灵敏性低——这些是完全不同的连续统。

交叉模态匹配已由孩子们（最小的 4 岁）成功地利用线段长度和响度进行比较运作（Teghtsoonian，1980）。这可能对那些口头表达能力有限或者理解分类标度或量值所需的数字概念有困难的人具有一定优势。线段长度的利用表明直线标度技术可以考虑作为交互模态匹配标度的一种形式。有些连续统被匹配时似乎更简单、更容易或更“自然”（例如，手握力以感知牙齿疼痛的强度）。King（1986）将音调与苯甲醛浓度进行了匹配，Ward（1986）将持续时间用作为响度和亮度的匹配连续统。交叉模态匹配法的一个优点是有可能以物理单位，也就是作为其他连续统的物理水平来指明一种感觉强度的。例如，甜度可以用分贝数（声压）来替代。在一项关于该问题喜好判断的有趣的变化形式中，Lindvall 和 Svensson 利用匹配法将卫生间气体燃烧后的不愉快感与利用嗅觉计嗅得的 H_2S 气体的水平相对应。这样，幸运的参与者就可以确定与所检测样品同样令人讨厌的感知到的气体浓度。

如果直线标记可以被认为是一种交叉模态匹配，那么为什么不将他们数字化呢？仅通过指令利用一种常用的反应标度，使一个连续统与另一个连续统交叉参比应该是可能的。Stevens 和 Marks（1980）开发了量值匹配技术来这么做。受试者被指示以一种常见的强度来判断响度和亮度，如果声响与光亮度具有相同的感官效应，那么刺激就会被赋予相同的数值。这种技术的交叉引用有助于人们相互之间的比较。例如，如果假定两个人对咸味或者音调的响度有同样的反应，那么其他一些连续统，如苦味、红辣椒的辣椒强度或潜在的嗅觉缺失，可以在量值匹配中通过极限连续统进行交叉参比（Gent 和 Bartoshuk，1983）。

7.5.2 分类-比例（标记量值）标度

一些重新组合的标度技术近年来流行于味觉、嗅觉、喜好测量及其他应用中。量值估计数据的一个问题在于它不能告知感觉太弱或太强的绝对强度，而仅给出一个他们之间的比例。这类标度技术不仅提供比例信息，而且还沿直线标度标记出语义描述词。这类标度技术称为分类-比例标度或最近的新提法——标记量值标度。它们是横向或纵向的线段，上面带有刻度标签，评价员的任务是在线上的某个位置做一个标记，以表明他们的感知强度或他们的喜好度。一般来说，这些标记的直线标度给出的数据与量值估计的数据一致（Green 等 1993）。这些标度的一个不寻常的特征是纵向标度的最顶端标记为"可想象的最高强度"。

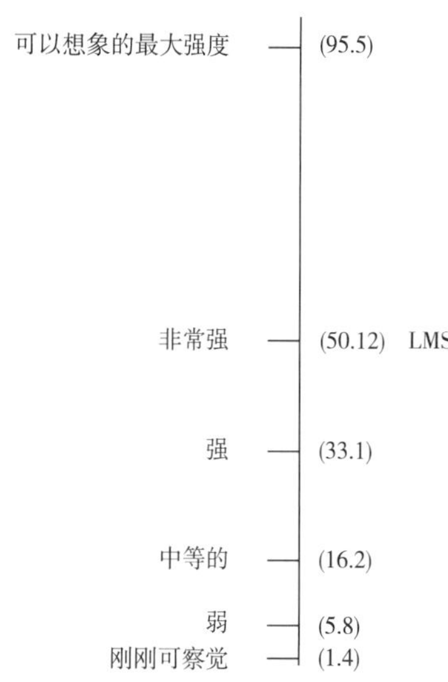

图 7.4 Green 等带标记的量值标度

这项技术是基于 Borg 和他同事的早期研究，主要应用于感知的物理学领域（Borg，1982，1990；Green 等，1993）。在发展这一标度过程中，Borg 假定语义描述符可以作为比例标度，定义了感知强度水平，而且所有个体都经历了相同的感知范围。Borg 认为所有人对该感官特性的最大感觉大致相等（Marks 等，1983）。例如可以想象骑自行车直到体力耗尽对于大多数人会产生相似的感官体验。因此在标度中需要呈现出与可以想象得到的最强感觉相对应的最大标记点。

这促进了带标记的量值标度（LMS）的发展，见图 7.4。它确实是一个复合的方法，因为感觉响应标记是一种垂直的直线标度任务，而语义标记值则根据比例标度指令的刻度分隔开来（Green 等，1993）。为了建立此标度，Green 等首先提供给评价员熟悉的口感（如芹菜的苦味，肉桂树脂的灼烧感）并进行量值估计，然后提供给评价员各种不同语义描述符进行量值估计。结果显示评价员对不同语义的估计值基本和之前的标度描述词汇一致，这即是所谓的语义标度。另有其他研究人员制定的标度只有语义描述符的直接标度，并没有包括日常或共同经历列表（Cardello 等，2003；Gracely 等，1978a，b）。

在介绍了 LMS 以后，大量研究人员尝试将此方法应用于喜好领域（测量食品接受度）。一种广泛应用的喜好标度是由 Schutz 和 Cardello（2001）提出的标记情感量值标度（LAM）。这种标度形式是在 9 点喜好标度上标有语义描述的比例标度，标度的两端与 Borg 提出的标度（LMS）形式类似，分别在最高点和最低点标记有可以想象的最强的喜欢和厌恶，标度形式见图 7.5。这种标度虽然不普遍，但在区分产品方面会呈现出许多优势（El Dine 和 Olabi，2009；Greene 等，2006；Schutz 和 Cardello，2001）。LAM 及其相似的标度形式一直以来被广泛应用于大量不同食品的研究之中（Chung 和 Vickers，2007a，b；

El Dine 和 Olabi, 2009; Forde 和 Delahunty, 2004; Hein 等, 2008; Keskitalo 等, 2007; Lawless 等, 2010a, b, c)。越来越多的类似标度形式被广泛应用于测量口腔愉悦/不愉悦度(the "OPUS" scale, Guest 等, 2007), 饱腹感 (the "SLIM" scale, Cardello 等, 2005), 织物舒适度 (the "CALM" scale, Cardello 等, 2003) 和气味不相似度 (Kurtz 等, 2000) 上。所有这些标度都依靠比例标度任务来确定语义描述符间的间距, 并且几乎所有标度形式都是 LMS 标度的形式。其他标度形式也一定会被提出。

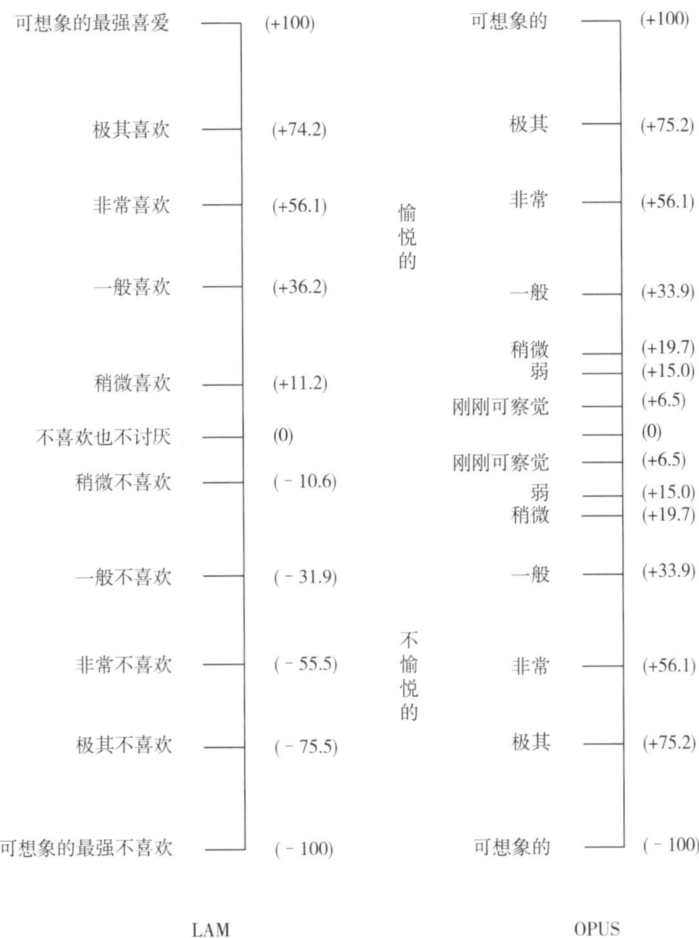

图 7.5 情感标记量值标度, 包括 LAM 和 OPUS 标度

在这些标度的使用中对参与者的指令并不相同。在 LMS 的第一次应用中, Green (1993) 等指示参与者最先选择最适当的语言描述符, 然后通过在该描述符和第二个最适当的描述符之间的线段上再做出标示来微调他们的判断。在目前的实践中, 对于这一考虑或语言标示的标出可能强调较少, 指令可能只是要求在线段上做出适当的标记。在使用这类喜好标度时的一个常见现象是一些评价员会将此类标度当作分类标度来使用, 仅将感觉标记在语义描述词或与描述词非常接近的位置上。具有此类人员的比例取决于标度的物理长度 (而不是指令或示例) (Lawless 等, 2010b)。

研究结果可能部分取决于高端点标记样例的性质和受试者所认为的感官模态的参考框架。Green 等（1996）研究了 LMS 在味觉和嗅觉的应用，利用描述符表述了最强印象的滋味、气味和甜度等的上限。当结果定位于最强印象的滋味和气味属性时，与量值估计具有可比性；但当涉及单个的味觉属性时，则能得到更为陡峭的函数（更小的响应区间）。这是由于标度个体味觉时，在参考框架中忽略了疼痛体验（如辣椒的灼烧感）。对于截去顶端的参考框架，函数变得陡峭，这与受试者扩展了对于单个味觉属性的数值范围的观点一致，这类似于其他标度实验中范围被缩短时所见到的函数变得陡峭一样（Lawless 和 Malone，1986b）。受试者似乎根据指令或参考点调整感知范围，这一现象说明了这类标度的相对性。Cardello 等（2008）的研究表明 LAM 喜好标度能呈现出范围效应。当对于任意类型的体验是可以想象的最喜欢（最不喜欢）就可以得到响应的压缩范围。很明显，标度的压缩不会对 LAM 对产品的区分力产生影响（Cardello 等，2008，but see also Lawless 等，2010a）。

这种方法对于交叉对象比较是一种合适的方法吗？在一定程度上，Borg 对于常见感知范围与人们高端点标记体验的相似性的假设是成立的。这种方法可能提供了一种校验在不同响应之间比较的有效方法。这将有助于比较临床组或具有感觉障碍的患者或基因不同的个体，如厌食症。Bartoshuk 及其同事认为，标记度量应该将他们的终点固定为“任何类型的感知”，因为这样的参考经验将允许不同个体使用类似的标度，这样便于个体之间的比较。具有这种高端点的标度被称为广义标记量值标度（或 gLMS）。然而，评价员应该意识到这种标度可能出现的压缩效应，这可能导致产品之间的差异减小。

7.5.3 可调整的评分技术：相对标度

有极少的方法试图使消费者或评价员改变他们的评分。一个例子是由 O'Mahony，Kim 和他的同事们创立的“等级评价”技术。在这种方法中，消费者在其桌子前面有一个可视化比例尺，在品尝完之后，可将样品放在标度上。其他样品也被同样品尝和放置，其重要的特点是消费者可以根据他们对新样品的感知来改变任何先前的样品的位置。这个操作与排序本身相关性不大（实际上允许将不同样品放在同一位置）。Cordinnier 和 Delwiche 为这种技术选择了“位置相对评分”这个更具描述性的名称。

根据人们对浓度不断增加的盐溶液的排序，O'Mahony 和 Kim 考察了这种技术的有效性，在简单的盐溶液中，重要的数据具有“反转性”，其中较高的浓度的评分低于较低浓度的评分，反之亦然。一个好的标度将减少反转的次数。根据这个标准，等级评价比不可调整的评价可能犯更少的错误。目前还不清楚这种明显的优势是因为人们被允许重新品尝，还是源于被允许重新定位以前尝过的物品。这两个因素可能都很重要。有证据表明，可调整的评分可以产生具有统计学意义的评分和较少的评价次数，但操作过程可能长达正常评分的两倍。这种技术的一个局限性是每次只能评价一个属性。如果需要第二个或第三个属性，程序将重新开始。消费者喜欢/不喜欢的评价可能是可以接受的，但不适用于描述性分析。改变以前的评分的选项是一个有趣的概念。选择是否有利应该是进一步研究的课题。重新品尝是这种方法的一个重要特点，应该单独进行评价，还要考虑到一些可能发生的额外感觉适应、疲劳或过量评价。

Gay 和 Mead 的方法完全是相对的评价程序。在这个任务中，评价员检查整套样品，并将最在意（或最喜欢）的放在刻度的顶端，将最不在意（或最不喜欢的）的放在底部。所有其他样本都是沿着整个标度分布的。这可以提供很好的产品差异化，但显然任何关于弱或强，喜欢或不喜欢的绝对信息都会丢失（就像量值估计一样）。因为所有的评价实际上都是相对的，在这种技术方法中，例如对比效应等情景效应可能会有比较大的影响，但这尚不得而知。

另一种相对标度方法是评价员针对每个样本相对于参比物进行评价，参比物通常标记在响应值中心。Larson-Powers 和 Pangborn 研究了相对参比标度，并与饮料和明胶的传统描述性和标度比较。在所有可能的对比中，利用相对标度（按其术语“锚定”）发现了 22.8%的显著差异，而使用无锚定标度发现了 19.5%的显著差异。然而，评价员先使用了相对标度，并且对此标度的使用有更多的练习。Stoer 和 Lawless 发现了类似的优势，利用相对标度发现了 33%的显著差异，传统标度只发现了 27%的显著差异。然而，多元分析发现这并不具有统计学意义。Land 和 Shepard 也讨论了相对参比标度，指出此标度有利于在一些情况中的比较，但在另一些情况下难以实施。他们还提醒说，标准的选择可能会对标度效果产生影响，但 Land 和 Shepard 坚定地认为这种方法具有“良好的重复性”。该方法是否总是具有超过传统标度法的优势还是不确定的。可能在比较参比物的本质属性或某种试验目的的时候比较有用，例如具有确定的对照样的质量控制或保质期的研究。

7.5.4 排序法

另一种传统标度的替代是排序法。这种方法只是简单地把产品按最弱到最强的顺序排列，或者按最不受消费者喜欢到最受消费者喜欢的顺序排序。排序由于数据按照序号处理具有一些优点，如对受试者的指令简单、数据处理方便以及对测量水平的假设最少。虽然排序检验最常用于喜好的数据中，但它们也适用于感官强度的问题上。当要求对某一特定属性的强度（例如，几种果汁的酸味）进行排序时，排序检验仅是多于两个样品的成对比较法的延伸。由于其简单性，在参与者理解标度指令有困难的情况下，排序法可能是一种合适的选择。在选择文盲、年幼儿童、有文化背景有差异或者有语言障碍的人进行评价时，排序法是值得考虑的。如果判断非常简单，这种方法的效果非常明显，例如两种果汁样品在感觉到的酸味上是否不同。排序法可以区别集中在一组喜好度较为接近的样品。例如，药品，所有的配方在某种程度上可能都令人难以接受。但利用排序法利于选择适合的调味品以便发现最不讨厌的味道。

排序法数据的分析也很简单。序列之和的简单统计法可在 Basker 和 Newell 和 MacFarlane 发表的表格中被找到。另一种对于序列数据差异非常灵敏的检验是 Friedman 检验，也被称为“序数方差分析”。这些测试在附录 B 中都进行了说明。这些检验是快速、简单、易于操作的。比如数据的常态分布存在问题时，也可以将其他数据转换为序数。例如，Pokorny 等使用直线标记数据的排序分析来比较添加阿斯巴甜甜味剂后的不同覆盆子饮料的感官剖析。

7.5.5 间接标度

保守的标度方法是使用数据中的方差作为度量单位，而不是以表面上得到的数值作为度量单位。例如，我们可能会问两个产品的平均值之间相距多少个的标准偏差。这是一种不同的测量方法，不是简单地询问多少标度单位，而是分离反应标度的平均值。按照9点标度，一种产品可能得到的平均分为7分，另一种则为9，这之间有两个标度单位的距离。如果合并标准偏差是两个单位，在一个基于可变性的标度上，则它们只是一个单位距离。举个例子，Conner和Booth使用正确标度的函数的斜率和方差推导出了“容差鉴别率”。这个比值代表了沿着物理连续统计的差异程度。这类似于找到了一个刚刚可识别的差异的大小，但是却被翻译为快感标度。在确定这种容差或喜爱度差别函数的过程中，线段的斜率和围绕这个函数的变量同样重要。

基于可变性的标度是瑟斯通模式中对于可比较判断的标度基础，也是确定分类边界距离的延伸。由于标度值可以从选择试验及评分试验中被发现，该技术也是相当灵活的。如何应用于评价数据，将在随后的9点快感标度的标记词汇的起源中讨论（详见本章附1）。当标度值来源于3点检验或成对比较法这样的选择方法时，有时被称为“间接标度”。在选择性数据的瑟斯通标度中，基本操作是将选择实验中的正确比例（或仅仅是成对偏好这样的双边检验中的比例）转换为Z值。确切的推论取决于测试的类型（例如，三角测试与3-AFC）和受试者使用的认知策略。由Frijters等给出了三角测试的瑟斯通标度值表，塞斯通标度的细节详见第5章。

以这种间接方式得到的感官差异的测量值在感官评价中的应用中出现了一些问题，因此该方法尚未被广泛使用。第一个问题是数据收集的经济问题。各个差别得分来源于独立的差别实验，例如成对比较检验。因此，必须测试许多受试者，以得到对选择比例的良好评价，而这只是得到了一个标度值。在直接标度法中，各评价员可直接给出一个标度值。直接标度法可以在多种产品间进行比较，而差别检验只能一次检验一对样品。间接标度这类方法在花费上效率不高。

第二个问题是如果产品在所讨论的属性上明显不同，那么，正确的比例会达到100%。在这一点上，该标度值并没有定义，因为这是一些不知道标准差距离的数字。所以，该方法只是用在样品的差异很小以及有些混淆时的情况下。然而，在一项多产品的研究中，有时可能只比较相邻或相似的样品，例如某些成分的微小差异。Yamaguchi采用这种方法来检验味精和5′肌苷二钠的协同混合物的滋味时，检验了这两种成分的多个不同的水平，但是因某些水平之间的差异是相当明显的，所以使用了不完全的设计，只比较了三个相邻水平。

其他应用也采用了可变性的概念作为感官差异或感觉强度的衡量标准。Fechner在构建心理生理函数的原始方法时，累积了差别阈值或刚刚可察觉的差异（JND），以便构建心理生理感官强度的对数函数。McBride研究了基于JND的标度是否可以给出与分类标度相似的关于味觉强度的结果。这两种标度类型得到相似的结果也许不令人惊奇，因为他们都符合对数函数。在一项儿童对不同香气的偏好研究中，Engen 采用了一个成对偏好比较的范例，非常适应幼儿在判断任务中的反应能力。然后，他通过 Z 值将成对偏好比例转换为瑟斯通标度值，这样，就能显示儿童的喜好范围比成年人的小了。

另一个可以转换为标度值的例子是最好-最差标度，其中要求消费者从一组三种或更多种样品中选择最喜欢的和最不喜欢的样品。有三种产品，可以被认为是排序法的一种形式。当应用于感官强度时，这有时被称为最大差异或“max-diff”。最好-最坏标度也在13.7 中讨论。根据样本被称为“最好”与“最差”的次数来计算简单差异值，并且这些值应该具有区间属性。如果对数据进行多元回归，则理论上可以得到真实的本质属性。然而，这种方法的一个实际问题是，必须品尝和比较多个样品，对于食品而言操作起来很难。

感官研究者应该注意，间接标度法尽管理论复杂，但它将变异性作为了差异程度的主要决定因素。因此，增加变异性的任何因素都将减小样品之间的测量差异。在恒定的标准条件下，通过不同批次的评价将有助于控制评价员的疲劳感等心理生理因素（其次是样品产品）。但是从不同的日子、批次、评价小组、工厂等得出结论，需要考虑的不是一个纯粹单一的情况。在不同条件下瑟斯通式间接测量是否具有可比性取决于对外部变量的控制。

7.6 方法比较：什么是良好的标度？

大量的研究对不同的标度法进行了比较。因为标度数据通常用于识别产品之间的差异，所以检测差异的能力是衡量标度方法好坏的一个重要实践标准。一个相关的标准是误差方差的程度或类似的测量数据，如标准偏差的大小或变异系数。显然，个体之间差异小的标度方法会产生更敏感的测试、更显著的差异、更低的Ⅱ类错误风险（忽略真实差异）。还有一个相关的问题是操作的可靠性。相似的实验是否能得到可重复的结果。

其他的实际的考虑也是重要的。任务应该是用户友好的，并且使所有参与者容易理解。在理想情况下，该方法应该适用范围广泛的产品和问题，受试者不会被回答表或问卷调查中的反应类型的变化所困惑。如果评价员熟悉一种标度类型，并且正在有效地使用它，那么尝试引入新的或不熟悉的方法可能会有一些问题。一些方法，如分类标度、直线标度和量值估计，可以适用于强度和喜好度（喜欢-不喜欢）的响应。编码、列表和处理信息所需大量时间可能是另一个问题，取决于计算机辅助的数据收集和其他可用资源。

不论哪种方法，有效性或准确性是根本问题。有效性只能通过参考一些外部标准来判断。对于喜好标度，人们可能希望该方法适应于其他选择或消费行为。一个相关的标准是标度识别或揭示不同偏好的消费群体的能力。

鉴于以上原因，我们可能会问，哪种标度方法更好。大多数已发表的研究发现，对于不同的标度方法，只要方法应用合理，就可以获得相同的灵敏度。例如，Lawless 和 Malone（1986a，b）使用不同的感官连续统，包括嗅觉、触觉和视觉形式，在集中地点检验法中利用消费者可进行一系列广泛的研究（超过 20000 个判断）。他们比较了直线标度、量度估计和分类标度。使用产品之间的统计差异程度作为方法效应的标准，所标度的方法都表现很好。Shand 等（1985）利用感官培训小组也得出了类似的结论。与大学生相比，利用消费者得出的量值估计的变异性稍微大一点。随着人们开始了解被评价样评的范围，统计学差异会随着重复而增加。Moskowitz 和 Sidel（1971），Pearce（1986），Shand（1985）等和 Vickers（1983）等发现了类似的关于量度估值标度和分类标度在对样品的区别程度上的差异性，尽管数学关系形式与潜在的物理变量常不同。换句话说，正如 Stevens 和 Galanter（1957）所发现的那样，两种方法的数据之间经常存在曲线关系。然而，这种观点并没有得到普遍的认可，也有人发现了其具有简单的直线关系。Mattes 和 Lawless（1985）发现了分类标度和直线标度的类似结果。

总而言之，关于心理学文献中标度方法有效性的论点，实证研究发现方法之间的同等性比人们可能认为的多得多。由于样本间距合理，对预期范围有一定的了解，受试者在可用范围内评价，并可适当使用标度来区分样本。比较标度方法的文献的合理总结是，鉴于一些合理的预防措施，它们同样能很好地区分产品。

7.7 问题

7.7.1 “人们做出相应的判断”是否应该看到以前的评级？

Baten（1946）提出的直线标度优势的报告阐述了许多前人的研究。他指出，带有标记的分类标度可能有助于一些人的评价，但也可能通过限制标记外的其他响应（即可能属于分类标记之间的判断）来阻碍其他人的评价。直线标度提供了一个连续分级的选择方案，仅受限于数据列表中的测量能力。Baten 还指出，直线标度似乎有助于产品之间的相对比较。这可能是由于他把之前的选择放在了下一个上面的原因，所以评判人员可以同时看到两个标记。为了最大限度地减少这种干扰，现在更常用的是删除以前的产品评分，从而获得对产品更独立的判断。然而，在实践中是否能实现这一点还是有待商榷的。正如第 9 章所讨论的，当被要求评价不同样本时，人们自然而然地会对不同样品进行比较。此外，相对定位技术可能会增加人们的区分能力。人类喜欢判断不同事物差别的自然行为也许对我们更有益，而不应试图通过过度校准来对抗这一趋势。

7.7.2 分类标度应在数据制表中分配为整数吗？它们是定距标度吗？

许多数字标度的方法被质疑可能只能产生顺序数据，因为可选择的间隔不是主观相等的。一个很好的例子是“极好的—非常好—好——一般—差 ”的市场应用标度，这些形容词之间的主观间隔不是等间距的。相比于产品之间被评价为一般和差，两种产品被评价为好和非常好是一个小得多的差异。然而，在分析中，我们经常试图将数字 1~5 分配给这些分类，并取平均值进行统计，仿佛所分配的数字反映的是相等的间距，这只是一个假象。对一个 5 分的优秀至差标度的合理分析就是简单地计算每个分类的响应数量，并比较频率。感官科学家不应该认为任何标度都有相等的间隔属性，尽管将数据作为整数序列非常容易。

7.7.3 量值估计是比例标度，还是简单的含有比例指令的标度?

在量值估计中，受试者被指示使用数字来反映不同刺激体验的强度之间的相对比例。一种饮料的甜味是另一种刺激两倍的响应值。史蒂文斯认为这些数字是经验的准确反映，所以这个数据具有比例性质。这假设了主观刺激强度（感觉或知觉）和数值反应之间的直线关系。然而，大量的信息表明，数字赋值的过程容易出现一系列的上下文和数字使用的偏差，人们强烈质疑这个过程是不是直线的（Poulton，1989）。因此，史蒂文斯认为数字报告具有表面有效性的原始观点似乎是错误的。尽管达到一定程度的评价是有利的，但是对于比例和比率的结论（“这个比这还要多一倍”），在这个时候似乎还不完全合理。区分一种有比率型指令的方法和一种产生真实的感觉强度比例的方法是很重要的，在这种方法中，数字实际上反映了感官体验强度之间的比例。

7.7.4 什么是“有效”标度?

心理生理学中一个持续存在的问题是，什么样的标度真实地反映了主体的真实感受?从这个角度来看，当生成的数字反映了主观强度的直线转换（私人体验）时，标度就是有效的。已经确定的是，当给予相同的刺激时，对分类标度和量级估计标度的数据作图可形成一个曲线（Stevens 和 Galanter，1957）。因为这不是直线关系的，所以一种方法或另一种方法必须由刺激的主观强度的非直线转换产生。因此，按照这个标准，至少一个标度必须是“无效的”。

Anderson（1974，1977）提出了一个函数测量理论来解决这个问题。在经典实验中，他会要求受试者进行某种组合任务，比如判断两个单独呈现的样品的总体组合强度（或者两个灰色样本的平均亮度）。他将建立一个阶乘设计，其中一个刺激的每个级别都与另一个刺激的每个级别相结合（即一个完整的块）。当绘制响应图时，当第一个刺激的连续体形成 X 轴，第二个刺激的连续体形成一系列直线时，将会看到一系列的直线。Anderson 认为，只有当响应组合规则是可加的，并且响应输出函数是直线的时，才能得到平行图（即方差分析中不存在显著的相互作用项）。这个论点如图 7.6 所示。在他的研究中使用简单的直线和分类标度，在许多研究中都达到了平行性，因此根据这个标准他推断量值估计是无效的。如果量值估计是无效的，那么它的衍生版本如 LMS 和 LAM 同样是被质疑的。

其他人支持双耳响度求和研究中量值估计的有效性（Marks，1978）。这个论点仍然存在，并且很难解决。Gescheider（1988）发表了关于此观点的评论。出于感官评价的目的，这个问题的原因有两个。首先，任何产生统计显著差异的样本都是有用的标度。其次，在任何心理生理学研究中，分类标度和量值估计标度产生不同结果的物理范围通常相当大。在大多数产品测试中，差异更加微妙，通常不会跨越如此宽的动态范围。这个问题从任何实际角度讲都可以被解决。

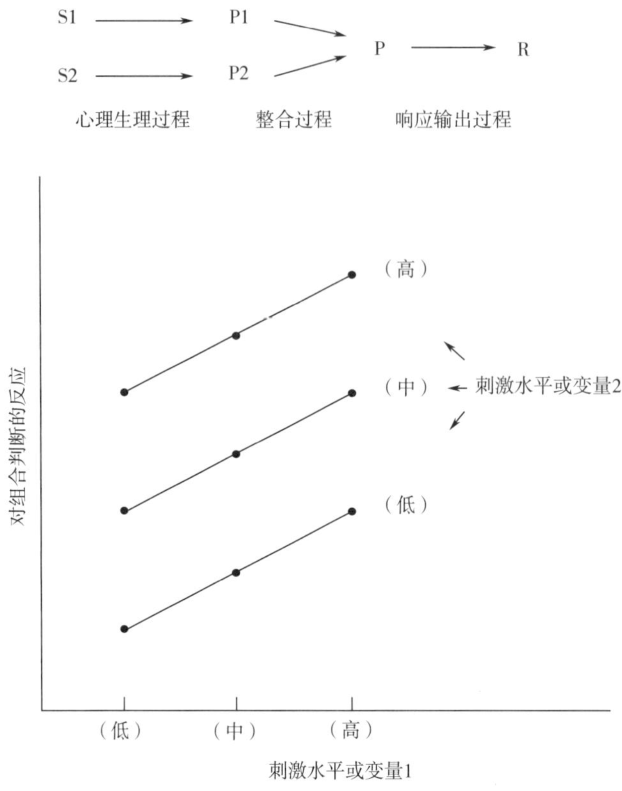

图 7.6　Anderson（1974）的功能测量方案

7.8　结论

多年来关于心理生理学文献中已经对哪种方法产生有效标度提出了大量的质疑。对于感官科研人员来说，这些问题的相关性较差，因为标度值通常没有绝对的含义。它们只是不同产品相对强度或吸引力的便利指标。差异程度可能是一个有用的信息，但是我们通常只关心哪个产品在某些属性上更强或更弱，以及差异是否具有统计显著性和实际意义。

标度提供了一个快速且有用的方式来获得强度或偏爱信息。在描述性分析的情况下，偏爱允许收集多个属性的定量值。系统中的可变性或噪声程度在很大程度上取决于评价员是否有共同的参比物。因此，属性项和强度的参考标准是有用的。当然，通过消费者评价或心理生理学研究，这种校准是不可能的，通常也是不被希望的。消费者反应的可变性应该在消费者标度数据的解释中引起注意。

学生和感官实践者应该用批判的眼光检查他们的标度方法。不是每个任务分配的数字都会有相同的间距。商品分级（质量评分）文献中有很多不好的例子（Pangborn 和 Dunkley，1964）。例如，不同的数字可以被分配到不同的氧化水平上、但是基于来自感官经验的推论，正在对物理条件进行评分。这不是一些体验本身强度的报告。它并不追踪心理生理意义上的单一感知连续统一体的变化。评分也不是标度。

只要没有严重的错误，所有的喜好标度似乎都可以相当有效地衡量他们想衡量的（Peryam，1989，23 页）。

附 1：9 分标度的瑟斯通标度值的推导

9 分快感标度的形容词的选择是如何仔细构建标度的一个很好的例子。该工具的长期记录证明了其在消费者测试中的实用性和广泛适用性。然而，很少有感官实践者真正知道这些形容词是如何找到的，以及是根据何种标准在从较大的候选词语池中选择这些描述词的（轻微，中度，非常，极其喜欢/不喜欢）。本节的目的是提供词汇选择的标准以及说明是利用何种数学方法进行选择的。

一个问题是术语在人群中具有一致性的程度。最严重的问题是，候选词在人口中有含糊不清或双重含义。例如，“一般”这个词对某些人表示的是中等程度的响应，但在 Jones 和 Thurstone（1955 年）的最初研究中，有一群人把它当作“适度”，可能是因为当时的普通产品是人们想要的。这些日子里，人们可以认为“一般”这个词的负面含义就像“他只是一个普通的学生”一样。其他模棱两可的或双峰的术语有“不那么多”和“不太好”。在理想情况下，一个术语应该具有较低的意义变异性，即低标准差，无双峰性而且不偏斜。对一个词的心理反应分布的正态性的考虑是开发者使用塞斯通分类评价模型作为测量词汇的心理标度值的手段。当要标度的目标呈现等方差的正态分布时，该模型是最简单的形式。

这就引出了数值方法。Jones 和 Thurstone 修改了 Edwards 早期使用的程序（1952 年）。关于过程和结果的描述可以在 Jones 等的论文“测量士兵食物偏好的标度的开发”中找到（1955 年）。根据一项试点研究，51 个单词和短语形成候选名单，正如 900 名士兵被选为有代表性的入伍人员样本一样。每个短语都是在一份表格上呈现的，其等级从−4 级～4 级，并带有检查格式。换句话说，每个人读取每个短语，并以从−4～+4 的整数值（包括零作为选项）分配。这种方法似乎使人认为这些整数本身就是心理标度的间隔尺度，这是一个假设，据我们所知，它从来没有受到过质疑。

当然，现在可以简单而直接地分配平均标度值，但塞斯通方法不使用原始数字作为标度，而是将它们进行转换进，进而用标准差作为测量单位的。因此，刻度需要转换为 *Z* 值。具体步骤如下所述。

（1）在−4～4 级范围内对所有被测单词进行累积频率计数。把这些分类想象成一个小的“桶”，把判断扔进桶里。

（2）找出每个值的边界比例，从−4～4（所有测试项目之和）。把从最低到最高的比例加起来，以得到每个桶的累积比例。

（3）将这些比例转换为 *Z* 值，以便重新确定原来−4～4 断口的边界。让我们把这些称为“分类 *Z* 值”，用于每个“桶”。顶部桶的值为 100%，因此没有 *Z* 值（未定义/无限）。

（4）接下来检查每个单独的样本。从各个分类首次使用的地方开始累计其比例，直到累积 100%的答复为止。

（5）将样本的比例转换为 *Z* 值。或者，可以在“累积概率纸”上绘制这些比例，这是一种图形格式，它根据累积正态分布以相等的标准差单位标记纵坐标。这两种方法都会使项目的累积S形曲线变成一条直线。每个点的X轴值是该桶的“分类 Z 值”。

（6）对数据拟合一条线并插入X轴上的50%点（重新缩放的分类边界估计值）。这些插入值在每个样本的中位值为样本的新比例值。

这个插入值的一个例子如图7.7所示。其中三个用于Jones和Thurstone（1955）的原始标度研究中的短语被描绘出来，其中三个实际上并没有被选中，但是我们从它们的数字中得到了近似的比例和 Z 值。X轴上的小垂直箭头显示-4～+3的原始分类的比例值(+4具有100%的累积比例，因此 Z 值是无限的)。表7.1所示为每个短语和原始分类的值和比例。在零 Z 值处（50%点）从交点处下降的虚线垂直线表示在X轴上内插的近似平均值（即大约-1.1“无所谓”和大约+2.1“偏爱的”）。请注意，“偏爱的”和“无所谓”具有线性拟合和陡峭的斜率，表明正态分布和低标准偏差。相反，“高度不喜欢”的斜率和曲线性较低，表明该术语内涵的变异性较大，倾斜和/或分歧较大。

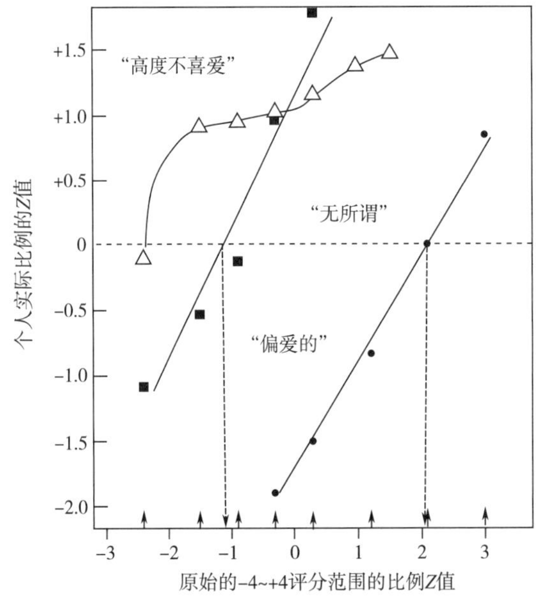

图7.7 运用瑟斯通理论建立9分快感标度的间距和标度值图示

在 x 轴上的箭头代表在完整的-4～+4评分范围的 Z 值标度点。y 轴表示实际的根据响应比例得到的 Z 值。根据Jones等（1995）的数据做图。

表7.1 和图7.7中使用的标度短语的例子

原始的分类	比例	Z 值	“偏爱的”		“无所谓”		“高度不喜爱”	
			比例	Z 值	比例	Z 值	比例	Z 值
4	1.000	未定义	0.80	0.84				
3	0.999	3.0	0.50	0.00			0.96	1.75
2	0.983	2.1	0.20	-0.84			0.93	1.48
1	0.882	1.2	0.07	-1.48			0.92	1.41

续表

原始的分类	比例	Z 值	“偏爱的”		“无所谓”		“高度不喜爱”	
			比例	Z 值	比例	Z 值	比例	Z 值
0	0.616	0.3	0.03	-1.88	0.96	1.75	0.90	1.28
-1	0.383	-0.3			0.83	0.95	0.86	1.08
-2	0.185	-0.9			0.55	0.13	0.84	0.99
-3	0.068	-1.5			0.30	-0.52	0.82	0.92
-4	0.008	-2.4			0.14	-1.08	0.46	-0.10

原始形容词的实际标度值如表 7.2 所示，大约在 1950 年左右的士兵中得到（Jones 等，1955 年）。您可能会注意到，这些单词的间距并不相等，而且“稍微”的值比其他间隔更接近中性点，而“极值”点则更远一些。这与 LAM 标度所发现的区间有很大的相似之处，如列中所示，其中 LAM 值被重新标度到与 9 点塞斯通值相同的范围。

表 7.2　　实际的 9 分标度短语值和与 LAM 值的比较

描述词	标度值（9 分）	间距	LAM 标度值	LAM 标度调整值	间距
极其喜欢	4.16		74.2	4.20	
非常喜欢	2.91	1.26	56.1	3.18	1.02
一般喜欢	1.12	1.79	36.2	2.05	1.13
稍微喜欢	0.69	0.43	11.2	0.63	1.52
不喜欢也不讨厌	0.00	0.69	0.0	0.00	0.63
稍微不喜欢	-0.59	0.59	-10.6	-0.60	0.60
一般不喜欢	-1.20	0.61	-31.9	-1.81	1.21
非常不喜欢	-2.49	1.29	-55.5	-3.14	1.33
极其不喜欢	-4.32	1.83	-75.5	-4.28	1.14

附 2：带标记的量值标度的构建

构建标记的量值标度的两种主要方法是相似的，从参与者到用于直线的标度词汇需要采用量值估计。一种情况是，仅词汇短语被标度，而是另一种方法中词汇短语来自一系列人们所熟知的常用感官词汇。从简单的词语标记的标度中得到的数据取决于词汇的选择，极端的词汇（如最喜爱的）有压缩内部短语的趋势。这些词语的种类是否影响标度尚未可知，但是参考广泛的框架应该可以获得比较稳定的结果。

这里有一个构建标记影响量值标度的例子。在快感测试中，有些具有两面性的词汇对于收集感觉的基调（正负值）和整体强度是必不可少的。

在每个单词标签旁边，响应区域与此类似：

短语：　　音调：　+-0　　多少：

非常喜欢　＿＿＿＿＿　＿＿＿＿＿

词汇或短语以随机顺序呈现。读完一个词语后，人们必须确定这个词语是正面的，负面的还是中性的，并将相应的符号放在第一行。如果喜好度不是中性的（零值），则指示他们应使用无标度量值估计来进行数值估计。以下是 Cardello 等的指示样品（2008年）：

在确定该短语是正面还是负面还是中性并在第一行写入适当的符号（+，-，0）之后，您将评价该短语反映的喜爱或不喜爱的强度或程度。您将通过在第二个空白行上放置一个数字来执行此操作（在"多少"下）。对于你评价的第一句话，你可以在行上写上你想要的任何数字。我们建议你不要在这个词汇/短语中使用太小的数字。其原因是随后的词汇/短语可能反映出的较低的喜爱或不喜爱的程度。除了这个限制，你可以使用你想要的任何数字。对于随后的每个词语/短语，您的数字判断应该按比例进行，并与第一个数字进行比较。也就是说，如果您将数字 800 指定为第一个词汇/短语所表示的喜好/不喜欢的强度，并且第二个词汇/短语所表示的喜爱/不喜爱的强度是两倍，那么您将指定数字 1600 。如果是三倍，那么可以指定数字 2400 等。类似地，如果第二个词汇/短语仅表示喜欢程度 1/10，则将其指定为数字 80 等。如果任何单词/短语被判断为"中性"［第一行为零（0）］，则其量值评分也应该为零。

在 Cardello 等的案例中（2008），分别分析了正面和负面的语义标签。使用 Lane 等的程序对原始量值估计进行均衡（1961 年）。给定主题的所有正面和负面量值估计值都应乘以一个单独的比例系数。该因子等于所有对象的总的几何平均值（所有非零评分的绝对值的比率）除以该对象的几何平均值的比率。然后基于这个量程相等的数据计算每个短语的几何平均量值估计值。这些平均值为在标度上从标记点到零点的距离，通常在该点用短划线进行标记。

参考文献

AACC (American Association of Cereal Chemists). 1986. Approved Methods of the AACC, Eighth Edition. Method 90-10. Baking quality of cake flour, rev. Oct. 1982. The American Association of Cereal Chemists, St. Paul, MN, pp. 1-4.

Anderson, N. H. 1974. Algebraic models in perception. In: E. C. Carterette and M. P. Friedman (eds.), Handbook of Perception. Psychophysical Judgment and Measurement, Vol. 2. Academic, New York, pp. 215-298.

Anderson, N. H. 1977. Note on functional measurement and data analysis. Perception and Psychophysics, 21, 201-215.

ASTM. 2008a. Standard test method for unipolar magnitude estimation of sensory attributes. Designation E 1697-05. In: Annual Book of ASTM Standards, Vol. 15.08, End Use Products. American Society for Testing and Materials, Conshohocken, PA, pp. 122-131.

ASTM. 2008b. Standard test method for sensory evaluation of red pepper heat. Designation E 1083-00. In: Annual Book of ASTM Standards, Vol. 15.08, End Use Products. American Society for Testing and Materials, Conshohocken, PA, pp. 49-53.

Aust, L. B., Gacula, M. C., Beard, S. A. and Washam, R. W., II. 1985. Degree of difference test method in sensory evaluation of heterogeneous product types. Journal of Food Science, 50, 511-513.

Baird, J. C. and Noma, E. 1978. Fundamentals of Scaling and Psychophysics. Wiley, New York.

Banks, W. P. and Coleman, M. J. 1981. Two subjective scales of number. Perception and Psychophysics, 29, 95-105.

Bartoshuk, L. M., Snyder, D. J. and Duffy, V. B. 2006. Hedonic gLMS: Valid comparisons for food liking/disliking across obesity, age, sex and PROP status. Paper presented at the 2006 Annual Meeting, Association for Chemoreception Sciences.

Bartoshuk, L. M., Duffy, V. B., Fast, K., Green, B. G., Prutkin, J. and Snyder, D. J. 2003. Labeled scales (e.g. category, Likert, VAS) and invalid across-group comparisons: What we have learned from genetic variation in taste. Food Quality and Preference, 14, 125-138.

Bartoshuk, L. M., Duffy, V. B., Green, B. G., Hoffman, H. J., Ko, C.-W., Lucchina, L. A., Marks, L. E., Snyder, D. J. and Weiffenbach, J. M. 2004a. Valid across-group comparisons with labeled scales: the gLMS versus magnitude matching. Physiology and Behavior, 82, 109-114.

Bartoshuk, L. M., Duffy, V. B., Chapo, A. K., Fast, K., Yiee, J. H., Hoffman, H. J., Ko, C.-W. and Snyder, D. J. 2004b. From psychophysics to the clinic: Missteps and advances. Food Quality and Preference, 14, 617-632.

Bartoshuk, L. M., Duffy, V. B., Fast, K., Green, B. Kveton, J., Lucchina, L. A., Prutkin, J. M., Snyder, D. J. and Tie, K. 1999. Sensory variability, food preferences and BMI in non-medium and supertasters of PROP. Appetite, 33, 228-229.

Basker, D. 1988. Critical values of differences among rank sums for multiple comparisons. Food Technology, 42 (2), 79, 80-84.

Baten, W. D. 1946. Organoleptic tests pertaining to apples and pears. Food Research, 11, 84-94.

Bendig, A. W. and Hughes, J. B. 1953. Effect of number of verbal anchoring and number of rating scale categories upon transmitted information. Journal of Experimental Psychology, 46(2), 87-90.

Bi, J. 2006. Sensory Discrimination Tests and Measurement. Blackwell, Ames, IA.

Birch, L. L., Zimmerman, S. I. and Hind, H. 1980. The influence of social-affective context on the formation of children's food preferences. Child Development, 51, 865-861.

Birch, L. L., Birch, D., Marlin, D. W. and Kramer, L. 1982. Effects of instrumental consumption on children's food preferences. Appetite, 3, 125-143.

Birnbaum, M. H. 1982. Problems with so-called "direct" scaling. In: J. T. Kuznicki, R. A. Johnson and A. F. Rutkiewic (eds.), Selected Sensory Methods: Problems and Approaches to Hedonics. American Society for Testing and Materials, Philadelphia, pp. 34-48.

Borg, G. 1982. A category scale with ratio properties for intermodal and interindividual comparisons. In: H.-G. Geissler and P. Pextod (Eds.), Psychophysical Judgment and the Process of Perception. VEB Deutscher Verlag der Wissenschaften, Berlin, pp. 25-34.

Borg, G. 1990. Psychophysical scaling with applications in physical work and the perception of exertion. Scandinavian Journal of Work and Environmental Health, 16, 55-58.

Boring, E. G. 1942. Sensation and Perception in the History of Experimental Psychology. Appleton-Century-Crofts, New York.

Brandt, M. A., Skinner, E. Z. and Coleman, J. A. 1963. The texture profile method. Journal of Food Science, 28, 404-409.

Butler, G., Poste, L. M., Wolynetz, M. S., Agar, V. E. and Larmond, E. 1987. Alternative analyses of magnitude estimation data. Journal of Sensory Studies, 2, 243-257.

Cardello, A. V. and Schutz, H. G. 2004. Research note. Numerical scale-point locations for constructing the LAM (Labeled affective magnitude) scale. Journal of Sensory Studies, 19, 341-346.

Cardello, A. V., Lawless, H. T. and Schutz, H. G. 2008. Effects of extreme anchors and interior label spacing on labeled magnitude scales. Food Quality and Preference, 21, 323-334.

Cardello, A. V., Winterhaler, C. and Schutz, H. G. 2003. Predicting the handle and comfort of military clothing fabrics from sensory and instrumental data: Development and application of new psychophysical methods. Textile Research Journal, 73, 221-237.

Cardello, A. V., Schutz, H. G., Lesher, L. L. and Merrill, E. 2005. Development and testing of a labeled magnitude scale of perceived satiety. Appetite, 44, 1-13.

Caul, J. F. 1957. The profile method of flavor analysis. Advances in Food Research, 7, 1-40.

Chambers, E. C. and Wolf, M. B. 1996. Sensory Testing Methods. ASTM Manual Series, MNL 26. ASTM International, West Conshohocken, PA.

Chen, A. W., Resurreccion, A. V. A. and Paguio, L. P. 1996. Age appropriate hedonic scales to measure the food preferences of young children. Journal of Sensory Studies, 11, 141-163.

Chung, S.-J. and Vickers, 2007a. Long-term acceptability and choice of teas differing in sweetness. Food Quality and Preference 18, 963-974.

Chung, S.-J. and Vickers, 2007b. Influence of sweetness on the sensory-specific satiety and long-term acceptability of tea. Food Quality and Preference, 18, 256-267.

Coetzee, H. and Taylor, J. R. N. 1996. The use and adaptation of the paired comparison method in the sensory evaluation of hamburger-type patties by illiterate/semi-literate consumers. Food Quality and Preference,

7, 81-85.

Collins, A. A. and Gescheider, G. A. 1989. The measurement of loudness in individual children and adults by absolute magnitude estimation and cross modality matching. Journal of the Acoustical Society of America, 85, 2012-2021.

Conner, M. T. and Booth, D. A. 1988. Preferred sweetness of a lime drink and preference for sweet over non-sweet foods. Related to sex and reported age and body weight. Appetite, 10, 25-35.

Cordinnier, S. M. and Delwiche, J. F. 2008. An alternative method for assessing liking: Positional relative rating versus the 9-point hedonic scale. Journal of Sensory Studies, 23, 284-292.

Cox, E. P. 1980. The optimal number of response alternatives for a scale: A review. Journal of Marketing Research, 18, 407-422.

Curtis, D. W., Attneave, F. and Harrington, T. L. 1968. A test of a two-stage model of magnitude estimation. Perception and Psychophysics, 3, 25-31.

Edwards, A. L. 1952. The scaling of stimuli by the method of successive intervals. Journal of Applied Psychology, 36, 118-122.

Ekman, G. 1964. Is the power law a special case of Fechner's law? Perceptual and Motor Skills, 19, 730.

Einstein, M. A. 1976. Use of linear rating scales for the evaluation of beer flavor by consumers. Journal of Food Science, 41, 383-385.

El Dine, A. N. and Olabi, A. 2009. Effect of reference foods in repeated acceptability tests: Testing familiar and novel foods using 2 acceptability scales. Journal of Food Science, 74, S97-S105.

Engen, T. 1974. Method and theory in the study of odor preferences. In: A. Turk, J. W. Johnson and D. G. Moulton (Eds.), Human Responses to Environmental Odors. Academic, New York.

Finn, A. and Louviere, J. J. 1992. Determining the appropriate response to evidence of public concern: The case of food safety. Journal of Public Policy and Marketing, 11, 12-25.

Forde, C. G. and Delahunty, C. M. 2004. Understanding the role cross-modal sensory interactions play in food acceptability in younger and older consumers. Food Quality and Preference, 15, 715-727.

Frijters, J. E. R., Kooistra, A. and Vereijken, P. F. G. 1980. Tables of d' for the triangular method and the 3-AFC signal detection procedure. Perception and Psychophysics, 27, 176-178.

Gaito, J. 1980. Measurement scales and statistics: Resurgence of an old misconception. Psychological Bulletin, 87, 564-587.

Gay, C., and Mead, R. 1992 A statistical appraisal of the problem of sensory measurement. Journal of Sensory Studies, 7, 205-228.

Gent, J. F. and Bartoshuk, L. M. 1983. Sweetness of sucrose, neohesperidin dihydrochalcone and sacchar in is related to genetic ability to taste the bitter substance 6-*n*-propylthiouracil. Chemical Senses, 7, 265-272.

Gescheider, G. A. 1988. Psychophysical scaling. Annual Review of Psychology, 39, 169-200.

Giovanni, M. E. and Pangborn, R. M. 1983. Measurement of taste intensity and degree of liking of beverages by graphic scaling and magnitude estimation. Journal of Food Science, 48, 1175-1182.

Gracely, R. H., McGrath, P. and Dubner, R. 1978a. Ratio scales of sensory and affective verbal-pain descriptors. Pain, 5, 5-18.

Gracely, R. H., McGrath, P. and Dubner, R. 1978b. Validity and sensitivity of ratio scales of sensory and affective verbal-pain descriptors: Manipulation of affect by Diazepam. Pain, 5, 19-29.

Green, B. G., Shaffer, G. S. and Gilmore, M. M. 1993. Derivation and evaluation of a semantic scale of oral sensation magnitude with apparent ratio properties. Chemical Senses, 18, 683-702.

Green, B. G., Dalton, P., Cowart, B., Shaffer, G., Rankin, K. and Higgins, J. 1996. Evaluating the "Labeled Magnitude Scale" for measuring sensations of taste and smell. Chemical Senses, 21, 323-334.

Greene, J. L., Bratka, K. J., Drake, M. A. and Sanders, T. H. 2006. Effective of category and line scales to characterize consumer perception of fruity fermented flavors in peanuts. Journal of Sensory Studies, 21, 146-154.

Guest, S., Essick, G., Patel, A., Prajpati, R. and McGlone, F. 2007. Labeled magnitude scales for oral sensations of wetness, dryness, pleasantness and unpleasantness. Food Quality and Preference, 18, 342-352.

Hein, K. A., Jaeger, S. R., Carr, B. T. and Delahunty, C. M. 2008. Comparison of five common acceptance and preference methods. Food Quality and Preference, 19, 651-661.

Huskisson, E. C. 1983. Visual analogue scales. In: R. Melzack (Ed.), Pain Measurement and Assessment. Raven, New York, pp. 34-37.

Jaeger, S. R.; Jørgensen, A. S., AAslying, M. D. and Bredie, W. L. P. 2008. Best-worst scaling: An introduction and initial comparison with monadic rating for preference elicitation with food products. Food Quality and Preference, 19, 579-588.

Jaeger, S. R. and Cardello, A. V. 2009. Direct and indirect hedonic scaling methods: A comparison of the labeled affective magnitude (LAM) scale and best-worst scaling. Food Quality and Preference, 20, 249-258.

Jones, F. N. 1974. History of psychophysics and judgment. In: E. C. Carterette and M. P. Friedman

(Eds.), Handbook of Perception. Psychophysical Judgment and Measurement, Vol. 2. Academic, New York, pp. 11–22.

Jones, L. V. and Thurstone, L. L. 1955. The psychophysics of semantics: An experimental investigation. Journal of Applied Psychology, 39, 31–36.

Jones, L. V., Peryam, D. R. and Thurstone, L. L. 1955. Development of a scale for measuring soldier's food preferences. Food Research, 20, 512–520.

Keskitalo, K. Knaapila, A., Kallela, M., Palotie, A., Wessman, M., Sammalisto, S., Peltonen, L., Tuorila, H. and Perola, M. 2007. Sweet taste preference are partly genetically determined: Identification of a trait locus on Chromosome 16[1-3]. American Journal of Clinical Nutrition, 86, 55–63.

Kim, K.-O. and O'Mahony, M. 1998. A new approach to category scales of intensity I: Traditional versus rank-rating. Journal of Sensory Studies, 13, 241–249.

King, B. M. 1986. Odor intensity measured by an audio method. Journal of Food Science, 51, 1340–1344.

Koo, T.-Y., Kim, K.-O., and O'Mahony, M. 2002. Effects of forgetting on performance on various intensity scaling protocols: Magnitude estimation and labeled magnitude scale (Green scale). Journal of Sensory Studies, 17, 177–192.

Kroll, B. J. 1990. Evaluating rating scales for sensory testing with children. Food Technology, 44(11), 78–80, 82, 84, 86.

Kurtz, D. B., White, T. L. and Hayes, M. 2000. The labeled dissimilarity scale: A metric of perceptual dissimilarity. Perception and Psychophysics, 62, 152–161.

Land, D. G. and Shepard, R. 1984. Scaling and ranking methods. In: J. R. Piggott (ed.), Sensory Analysis of Foods. Elsevier Applied Science, London, pp. 141–177.

Lane, H. L., Catania, A. C. and Stevens, S. S. 1961. Voice level: Autophonic scale, perceived loudness and effect of side tone. Journal of the Acoustical Society of America, 33, 160–167.

Larson-Powers, N. and Pangborn, R. M. 1978. Descriptive analysis of the sensory properties of beverages and gelatins containing sucrose or synthetic sweeteners. Journal of Food Science, 43, 47–51.

Lawless, H. T. 1977. The pleasantness of mixtures in taste and olfaction. Sensory Processes, 1, 227–237.

Lawless, H. T. 1989. Logarithmic transformation of magnitude estimation data and comparisons of scaling methods. Journal of Sensory Studies, 4, 75–86.

Lawless, H. T. and Clark, C. C. 1992. Psychological biases in time intensity scaling. Food Technology, 46, 81, 84–86, 90.

Lawless, H. T. and Malone, J. G. 1986a. The discriminative efficiency of common scaling methods. Journal of Sensory Studies, 1, 85–96.

Lawless, H. T. and Malone, G. J. 1986b. A comparison of scaling methods: Sensitivity, replicates and relative measurement. Journal of Sensory Studies, 1, 155–174.

Lawless, H. T. and Skinner, E. Z. 1979. The duration and perceived intensity of sucrose taste. Perception and Psychophysics, 25, 249–258.

Lawless, H. T., Popper, R. and Kroll, B. J. 2010a. Comparison of the labeled affective magnitude (LAM) scale, an 11-point category scale and the traditional nine-point hedonic scale. Food Quality and Preference, 21, 4–12.

Lawless, H. T., Sinopoli, D. and Chapman, K. W. 2010b. A comparison of the labeled affective magnitude scale and the nine point hedonic scale and examination of categorical behavior. Journal of Sensory Studies, 25, S1, 54–66.

Lawless, H. T., Cardello, A. V., Chapman, K. W., Lesher, L. L., Given, Z. and Schutz, H. G. 2010c. A comparison of the effectiveness of hedonic scales and end-anchor compression effects. Journal of Sensory Studies, 28, S1, 18–34.

Lee, H.-J., Kim, K.-O., and O'Mahony, M. 2001. Effects of forgetting on various protocols for category and line scales of intensity. Journal of Sensory Studies, 327–342.

Likert, R. 1932. Technique for the measurement of attitudes. Archives of Psychology, 140, 1–55.

Lindvall, T. and Svensson, L. T. 1974. Equal unpleasantness matching of malodourous substances in the community. Journal of Applied Psychology, 59, 264–269.

Mahoney, C. H., Stier, H. L. and Crosby, E. A. 1957. Evaluating flavor differences in canned foods. II. Fundamentals of the simplified procedure. Food Technology 11, Supplemental Symposium Proceedings, 37–42.

Marks, L. E. 1978. Binaural summation of the loudness of pure tones. Journal of the Acoustical Society of America, 64, 107–113.

Marks, L. E., Borg, G. and Ljunggren, G. 1983. Individual differences in perceived exertion assessed by two new methods. Perception and Psychophysic, 34, 280–288.

Marks, L. E., Borg, G. and Westerlund, J. 1992. Differences in taste perception assessed by magnitude matching and by category-ratio scaling. Chemical Senses, 17, 493–506.

Mattes, R. D. and Lawless, H. T. 1985. An adjustment error in optimization of taste intensity. Appetite, 6, 103–114.

McBride, R. L. 1983a. A JND-scale/category scale convergence in taste. Perception and Psychophysics, 34, 77–83.

McBride, R. L. 1983b. Taste intensity and the case of exponents greater than 1. Australian Journal of Psychology, 35, 175-184.

McBurney, D. H. and Shick, T. R. 1971. Taste and water taste for 26 compounds in man. Perception and Psychophysics, 10, 249-252.

McBurney, D. H. and Bartoshuk, L. M. 1973. Interactions between stimuli with different taste qualities. Physiology and Behavior, 10, 1101-1106.

McBurney, D. H., Smith, D. V. and Shick, T. R. 1972. Gustatory cross-adaptation: Sourness and bitterness. Perception and Psychophysics, 11, 228-232.

Mead, R. and Gay, C. 1995. Sequential design of sensory trials. Food Quality and Preference, 6, 271-280.

Mecredy, J. M. Sonnemann, J. C. and Lehmann, S. J. 1974. Sensory profiling of beer by a modified QDA method. Food Technology, 28, 36-41.

Meilgaard, M., Civille, G. V. and Carr, B. T. 2006. Sensory Evaluation Techniques, Fourth Edition. CRC, Boca Raton, FL.

Moore, L. J. and Shoemaker, C. F. 1981. Sensory textural properties of stabilized ice cream. Journal of Food Science, 46, 399-402.

Moskowitz, H. R. 1971. The sweetness and pleasantness of sugars. American Journal of Psychology, 84, 387-405.

Moskowitz, H. R. and Sidel, J. L. 1971. Magnitude and hedonic scales of food acceptability. Journal of Food Science, 36, 677-680.

Muñoz, A. M. and Civille, G. V. 1998. Universal, product and attribute specific scaling and the development of common lexicons in descriptive analysis. Journal of Sensory Studies, 13, 57-75.

Newell, G. J. and MacFarlane, J. D. 1987. Expanded tables for multiple comparison procedures in the analysis of ranked data. Journal of Food Science, 52, 1721-1725.

Olabi, A. and Lawless, H. T. 2008. Persistence of context effects with training and reference standards. Journal of Food Science, 73, S185-S189.

O'Mahony, M., Park, H., Park, J. Y. and Kim, K.-O. 2004. Comparison of the statistical analysis of hedonic data using analysis of variance and multiple comparisons versus and R-index analysis of the ranked data. Journal of Sensory Studies, 19, 519-529.

Pangborn, R. M. and Dunkley, W. L. 1964. Laboratory procedures for evaluating the sensory properties of milk. Dairy Science Abstracts, 26-55-62.

Parducci, A. 1965. Category judgment: A range-frequency model. Psychological Review, 72, 407-418.

Park, J.-Y., Jeon, S.-Y., O'Mahony, M. and Kim, K.-O. 2004. Induction of scaling errors. Journal of Sensory Studies, 19, 261-271.

Pearce, J. H., Korth, B. and Warren, C. B. 1986. Evaluation of three scaling methods for hedonics. Journal of Sensory Studies, 1, 27-46.

Peryam. D. 1989. Reflections. In: Sensory Evaluation. In Celebration of our Beginnings. American Society for Testing and Materials, Philadelphia, pp. 21-30.

Peryam, D. R. and Girardot, N. F. 1952. Advanced taste-test method. Food Engineering, 24, 58-61, 194.

Piggot, J. R. and Harper, R. 1975. Ratio scales and category scales for odour intensity. Chemical Senses and Flavour, 1, 307-316.

Pokorny, J., Davídek, J., Prnka, V. and Davídková, E. 1986. Nonparametric evaluation of graphical sensory profiles for the analysis of carbonated beverages. Die Nahrung, 30, 131-139.

Poulton, E. C. 1989. Bias in Quantifying Judgments. Lawrence Erlbaum, Hillsdale, NJ.

Richardson, L. F. and Ross, J. S. 1930. Loudness and telephone current. Journal of General Psychology, 3, 288-306.

Rosenthal, R. 1987. Judgment Studies: Design, Analysis and Meta-Analysis. University Press, Cambridge.

Shand, P. J., Hawrysh, Z. J., Hardin, R. T. and Jeremiah, L. E. 1985. Descriptive sensory analysis of beef steaks by cate-gory scaling, line scaling and magnitude estimation. Journal of Food Science, 50, 495-499.

Schutz, H. G. and Cardello, A. V. 2001. A labeled affective magnitude (LAM) scale for assessing food liking/disliking. Journal of Sensory Studies, 16, 117-159.

Siegel, S. 1956. Nonparametric Statistics for the Behavioral Sciences. McGraw-Hill, New York.

Sriwatanakul, K., Kelvie, W., Lasagna, L., Calimlim, J. F., Wels, O. F. and Mehta, G. 1983. Studies with different types of visual analog scales for measurement of pain. Clinical Pharmacology and Therapeutics, 34, 234-239.

Stevens, J. C. and Marks, L. M. 1980. Cross-modality matching functions generated by magnitude estimation. Perception and Psychophysics, 27, 379-389.

Stevens, S. S. 1951. Mathematics, measurement and psychophysics. In: S. S. Stevens (ed.), Handbook of Experimental Psychology. Wiley, New York, pp. 1-49.

Stevens, S. S. 1956. The direct estimation of sensory magnitudes—loudness. American Journal of Psychology, 69, 1-25.

Stevens, S. S. 1957. On the psychophysical law. Psychological Review, 64, 153-181.

Stevens, S. S. 1969. On predicting exponents for cross-modality matches. Perception and Psychophysics, 6, 251-256.

Stevens, S. S. and Galanter, E. H. 1957. Ratio scales and category scales for a dozen perceptual continua. Journal of Experimental Psychology, 54, 377-411.

Stoer, N. L. and Lawless, H. T. 1993. Comparison of single product scaling and relative-to-reference scaling in sensory evaluation of dairy products. Journal of Sensory Studies, 8, 257-270.

Stone, H., Sidel, J., Oliver, S., Woolsey, A. and Singleton, R. C. 1974. Sensory Evaluation by quantitative descriptive analysis. Food Technology, 28, 24-29, 32, 34.

Teghtsoonian, M. 1980. Children's scales of length and loudness: A developmental application of cross-modal matching. Journal of Experimental Child Psychology, 30, 290-307.

Thurstone, L. L. 1927. A law of comparative judgment. Psychological Review, 34, 273-286.

Townsend, J. T. and Ashby, F. G. 1980. Measurement scales and statistics: The misconception misconceived. Psychological Bulletin, 96, 394-401.

Vickers, Z. M. 1983. Magnitude estimation vs. category scaling of the hedonic quality of food sounds. Journal of Food Science, 48, 1183-1186.

Villanueva, N. D. M. and Da Silva, M. A. A. P. 2009. Performance of the nine-point hedonic, hybrid and selfadjusting scales in the generation of internal preference maps. Food Quality and Preference, 20, 1-12.

Villanueva, N. D. M., Petenate, A. J., and Da Silva, M. A. A. P. 2005. Comparative performance of the hybrid hedonic scale as compared to the traditional hedonic, self-adjusting and ranking scales. Food Quality and Preference, 16, 691-703.

Ward, L. M. 1986. Mixed-modality psychophysical scaling: Double cross-modality matching for "difficult" continua. Perception and Psychophysics, 39, 407-417.

Weiss, D. J. 1972. Averaging: an empirical validity criterion for magnitude estimation. Perception and Psychophysics, 12, 385-388.

Winakor, G., Kim, C. J. and Wolins, L. 1980. Fabric hand: Tactile sensory assessment. Textile Research Journal, 50, 601-610.

Yamaguchi, S. 1967. The synergistic effect of monosodium glutamate and disodium 5′ inosinate. Journal of Food Science 32, 473-477.

8 时间-强度方法

时间-强度方法是一种每隔一小段时间重复或者连续标度的特殊的强度标度法。相对于单次强度评价有一定的优势，能够给出风味和质构随着时间变化的详细信息。这一章回顾了这些方法的历史、多种现代技术、问题以及数据分析方法、并且提供各种各样的应用示例。

通常，人们感知到的味道源于口腔体验的变化，它在有限的时间内存在，随后减弱或转化成不同性质的味觉感知。味觉体验不是在刺激到达口腔的一刹那就开始的，也不是突然以最大强度出现的，而是受味觉刺激模式的影响，而且常常在刺激消除后仍持续存在的。

——Halpern（1991）

请问你的口香糖是否失去味道（粘在床柱上一夜之后）?

-Bloom 和 Brever，歌词（由 Lonnie Donegan 记载于 1961 年五月，米尔斯音乐有限公司）

8.1 引言

食物中香味、滋味、风味和质构的感知是动态的，而非静态的现象。换言之，感知到的感官特性的强度是随时间变化而变化的。食品感官的动态特征产生于咀嚼、呼吸、唾液分泌、舌头的运动以及吞咽过程（Dijksterhuis，1996）。例如，在质构剖析法中，人们早就认识到食物碎裂存在着不同的阶段，可分为咬的第一口、咀嚼和残留阶段等几个独立部分（Brandt 等，1963）。葡萄酒品尝员常常会讨论葡萄酒怎样“在酒杯中被打开”，他们认识到葡萄酒的风味会在酒瓶打开后随着其暴露在空气中的时间的变化而变化。人们普遍认为消费者对于高甜度的甜味剂的可接受程度取决于这些甜味剂与蔗糖的时间-强度剖析的相似性。在口腔中维持时间过长的高甜度甜味剂可能不太受消费者欢迎，相反，具有持久风味的口香糖或持久留香的葡萄酒则是理想的。以上例子证明，食品或饮料的时间剖析是其感官吸引力的重要影响因素。

感官标度的一般方法要求评价小组对感知到的感觉强度进行单次（单点）的评价。这项任务要求评价小组必须能够对变化着的感觉进行时间平均化或融合处理或者只估计一个强度峰值，从而提供所要求的单一强度值。但是，这必然会遗漏一些重要的信息。例如，可能会出现这样的情况，即有两种产品有着相同或相似的时间平均剖析或描述性说明，但不同风味的出现顺序或它们到达各自强度峰值的时间却不一样。

时间-强度（TI）感官评价试图给评价小组提供了一些机会，使评价小组能够标度他们感知的感觉随着时间的变化。当多种感官特性被记录时，一个复杂的食品的风味或质构剖析可显示出在吞咽后产品之间随时间变化的差异。对于大部分感官而言，感知的强度会先增加后减弱，但对某些感官来说，如感知到肉的韧性是随着时间一直减弱的。对于感知到的熔化的感觉，是随着时间增加的，直至完全熔化为止。

对 TI 进行研究时，感官评价小组对于每个样品和各评价者会得到如下的信息：可感知的最大强度，达到最大强度的时间，上升到最大强度的速率和形态，下降到最大强度一半及强度消失点的速率和形态，以及感觉的全过程。一些常见的时间-强度参数如图 8.1 所示。在研究甜味剂或像口香糖、洗手液等有特殊时间剖析的产品时，源于时间-强度方法的额外信息就显得更有价值。

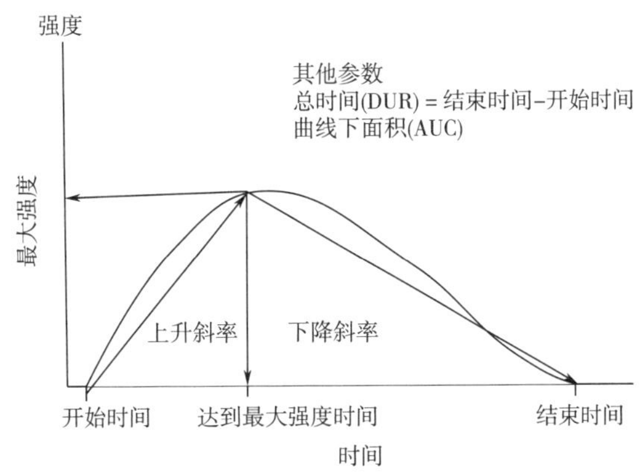

图 8.1　时间-强度曲线示例及从记录中得到的常见曲线参数

本章的其余部分将专门讨论这方面的历史、应用概况、方法，以及建议的程序和分析方法。对于只需要基本信息的学生，以下部分是关键：方法（详见 8.3）、步骤和建议程序（详见 8.4）、数据分析选项（详见 8.5）和结论（详见 8.8）。

8.2　概述

Holway 和 Hurvick（1937）早期发表了一篇追踪味觉强度与时间关系的报道。他们利用一条曲线记录了将一滴 0.5mol/L 或 1.0mol/L 的 NaCl 溶液滴至舌前端 10s 的感觉，提出了一些重要结论，这些结论后来被其他研究所证实。高浓度的溶液会产生更高的峰值，尽管上升的斜率更大，但是峰值出现的却更晚。更为重要的是，他们注意到味觉强度严格来说并不是浓度产生的："当滴至舌上的溶液浓度固定时，强度随时间以一种确定的方式变化，盐的强度取决于时间和浓度"。Halpern（1991）对味觉中的时间因子进行了全面的综述。Cliff 和 Heymann（1993b）对 20 世纪 80 年代和 20 世纪 90 时代初关于 TI 的研究进行了综述。

Sjostrom（1954）和 Jellinek（1964）早期也对感知到的感官强度中时间反应的量化进行了尝试。他们以钟表为基准，让评价小组在一张描述表上描述出每秒钟内对于啤酒苦味的感觉。然后，在图纸上用 X、Y 坐标（时间为 X 轴，感受强度为 Y 轴）描绘出 TI 曲线。一旦评价小组熟悉了这种方式，可以要求他们每隔 1s，同时记录两种不同特性的感受强度。Nielson（1957）尝试了简化 TI 曲线的做法。他要求评价小组在 Y 轴上每隔 2s 直接在图纸上标出感受到的苦味，用时钟来表示时间进程。Nielson 请她的评价小组在 Y 轴上记录感受的苦味强度（使用 0~3 标度），同时，手在 X 轴（时间）上移动。这些评价小组评价了咖啡因、硫酸奎宁、巴比妥酸盐和辛酸乙酯蔗糖溶液的苦味。由于时钟会分散评价小组的注意力，因此，Meiselman（1968）研究了 NaCl/水溶液的味觉适应性。McNulty和 Moskowitz（1974）在评价油水乳浊液时，他们改进了 TI 方法，去除了钟表的应用。这些作者用听得见的提示来告诉评价小组什么时候要记录感受强度，将时间的测量掌握在实验者手中，而不是参与者手中。

Larson-Powers 和 Pangborn（1978）尝试去除钟表和声音暗示对受试者的干扰，他们使用一种活动的条形图记录仪，用一个脚踏装置来启动或结束图纸的移动。评价员通过沿条形图记录仪的切割条，移动记录笔来记录他们对饮料和明胶中蔗糖或合成甜味剂的感受甜度的反映。切割条采用从 0 到无限大的无特定结构直线标度来标记。在活动图纸上放一个硬纸板套，可防受试者看到逐渐形成的曲线，这样可防止他们因见到线条而影响他们的反应。GFTC（通用食品技术中心）从 1977 年就独立运用类似的装置来跟踪甜味强度（Lawless 和 Skinner，1979）。在该装置中，条图记录仪的实际记录笔托架由受试者掌握，使受试者不需定位记录笔，而移动的图纸隐藏在一个带有附在笔托上的指针的直线标度后面。几乎同时，Birch 和 Munton（1981）在另一个实验室中研究了“SMURF”形式（即流动记录感官测定单元的缩写）的 TI 标度法。在 SMURF 装置中，受试者转动一个有 1~10 分级的旋钮，该电位计反馈给受试者看不见的条形图记录仪的记录各种不同的信号。条形图记录仪的运用为人们提供了第一个连续的 TI 数据采集方法，并使受试者不受时钟或声音信号的任何干扰。但是，这种方法要求受试者有相当好的心理和生理配合基础。在 Larson-Powers 的装置中，条图记录仪要求受试者使用脚踏，将样品放到口腔中并移动记录笔来表述感受强度。不是所有的受试者都能协调好，有些人无法进行这样的评价。尽管条图记录仪能对感受到的强度进行连续评价，但是 TI 曲线还得手工进行数据化，这是颇费时费力的。

使用计算机定时采集模拟电压信号可以更自然地在线地收集数据，免除了人工测定 TI 曲线所存在的问题。第一台计算机系统由美国陆军 Natick 食品实验室于 1979 年开发，以用于测定苦味的感官适应。它使用一个电子传感器，放置于受试对象舌头上方的液流中，以便更好地识别刺激的阈值。低浓度的 NaCl 加入刺激物中，随着管口末端的液流从开始的洗脱水变为刺激界面，电导率发生变化。像 Birch 和 Munton 设计的 SMURF 装置一样，受试者调节旋钮可用来控制可变电阻器。电压计移动指针输出在直线标度上可作为视觉反馈，同时给计算机送去一个时间信号。程序用基于 PDP 11 系统（当时流行的实验室计算机）的 FORTRAN 子程序完成。整个系统如图 8.2 所示。

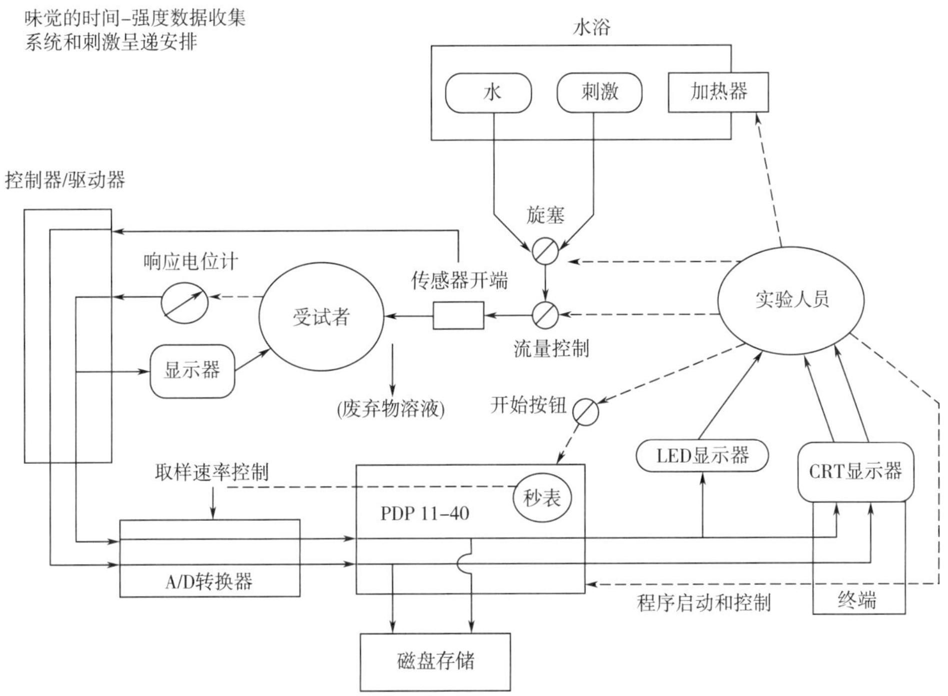

图 8.2　用于时间-强度标度的早期计算机系统

该系统用来跟踪舌前端流动体系对苦味刺激的适应性，虚线表示实验者对于过程的控制。刺激到达舌头由电导传感器监测，此传感器就安装在受试者舌头上方的玻璃管中，受试对象的反应会改变直线标度上的指针位置，而实验者可以在电脑 CRT 显示器上看到电导率和反应的电压输出值。同时，电脑也输出一个数据文件。该系统可用 FORTRAN 子程序来控制时钟取样速率和数模转化程序（摘自 Lawless 和 Clark，1992 经授权后复印）。

桌面计算机的出现使得 TI 技术的运用在 20 世纪 80 年代和 20 世纪 90 年代风靡一时。一系列来自美国加州戴维斯分校的论文研究项目对 TI 的应用做出了示范（Cliff，1987；Dacancy，1990；Rine，1987），也得到了 Pangborn 及合作者们的支持（例如，Lee 和 Pangborn，1986 年）。许多科学家（Barylko-Pikielna 等，1990；Cliff，1987；Guinard 等，1985；Janusz 等，1991；Lawless，1980；Lee，1986；Rine，1987；Yoshida，1986）使用多种硬件和软件产品开发出电脑化的 TI 系统。计算机化 TI 系统也具有商业利润，极大地增强了 TI 数据采集和数据处理的简便性。然而，尽管有这些计算机系统，使用简单的时间-离散间隔提示法的研究（Lee-Lawless，1991；Pionnier 等，2004），以及半手工的条图记录仪法（Ott 等，1991；Robichaud 和 Noble，1990）的研究仍然可见到很多报道。关于 TI 方法的常规应用详见 8.6。

8.3　方法的变化

8.3.1　离散或间断取样

感官科学家有多种采集时间依赖性感官数据的方法可以选择。与时间相关的标度方法可分为四种。最古老的方法是要求小组成员在消费食品的不同阶段指示感觉强度。这特别适用于咬第一口、第一次咀嚼、咀嚼和残留等阶段的质构评价。表 8.1 所示为时间划分的一个例子，说明了烘焙食品在过程中的质构评价。

表 8.1　　描述性分析中不同阶段的质构特征

阶段	特征	描述词
表面	粗糙	光滑-粗糙
	颗粒	无-许多
	干燥程度	油-干
咬第一口	可破碎性	易碎-脆硬
	硬度	软-硬
	颗粒大小	小-大
第一次咀嚼	密度	空-密
	咀嚼一致性	一致-不一致
咀嚼	吸水性	无-很大
	结合力	松-很密
	黏齿程度	无-很大
	磅牙程度	无-很大
残留	油腻性	干-油
	颗粒	无-很多
	粉状	没有粉-很多粉

在使用一个描述性感官小组时，在若干小的时间间隔内（例如，2min 内每 30s）对风味残留或口感的评价，或者对品尝和品尝后吐出的瞬时评价是有效的。辣椒“灼烧感”实验［见 Stevens 和 Lawless（1986）］，是用这种方法的一个例子：将每次测量视为一个单独的变量，很少或没有尝试重建像图 8.1 中所示的 TI 曲线那样的时间相关记录。对于一些感兴趣的研究者，如“苦回味强度”，这种方法可能就足够了。

另一个相关的方法是在重复的小时间间隔内重复评价一个或几个特征，通常由小组组长或实验者提示。这些评分被联系或者绘制在时间轴上。这种方法很简单，可以用来跟踪风味或质构特征的强度变化，除了秒表或其他计时器外，不需要任何特殊设备。小组成员必须接受训练，根据时间提示评价他们的感受，并在图纸上迅速移动。提示可以是口头的或在计算机屏幕上给出。这种方法能够同时评价多少特征还不清楚，但时间提示越快，时间间隔越短，能评价的特征越少。这种方法的可靠度依赖于给定提示的时间与评价特征的时间是否非常接近。小组成员评价的精准性是未知的，但考虑到任何感知判断中存在反应延迟现象，必须在程序中内置一些固有误差或与延迟有关的偏差。在甜味剂的混合剂（例如，Ayya 和 Lawless，1991）和收敛剂（Lee 和 Lawless，1991）的重复研究中可以发现有言语提示及多项特征的离散时间间隔方法。时间记录被视为一个连续的过程，时间作为统计分析中的一个因素（例如，一个独立的变量）。

8.3.2 “连续”跟踪

对于时间–强度模型的第三种和广泛使用的方法是用模拟反应装置如杠杆、旋转旋钮、操纵杆或计算机鼠标连续跟踪风味或质构。反应装置可改变一个变量，并将结果通过数模转换装置定时反馈。以任意速率取样的信号按程序输入记录仪。如上所述，使用图表记录仪也能进行连续记录，但数字化记录可能相当困难。连续跟踪的优点是在记录中能够捕获风味或质构体验中的细节（Lee，1989；Lee 和 Pangborn，1986）。用口头的或离散点法捕捉风味的上升期是很难的，因为许多味觉和气味的呈现是相当迅速的。连续跟踪的方法应用非常广泛，在 8.4 中进行了进一步的讨论。虽然记录是连续的，但这些记录的锯齿表明评价员并没有以连续的方式移动记录设备。

二维响应记录可以同时跟踪两种特征（Duizer 等，1995）。在口香糖甜度和薄荷风味的实验中，小组成员可以同时跟踪两种风味的特性（Duizer 等，1996）。训练小组成员可以对角移动鼠标，包括水平和垂直标度点在内的可见标度，以表示单个特征的强度。像口香糖等缓慢变化的产品，取样时间不需要太频繁（此时是 9~15s），这项技术似乎在人类观察能力的范围内，既可以迅速转移他们的注意力，也可以对综合风味的总体模式作出反应。

然而，为了能得到理想的时间强度特征，现有的大多数 TI 跟踪方法必须进行重复试验。在理想情况下，这样做会形成产品的整体动态风味和质构特征的一个混合剖面，以及说明它们如何随着时间的变化而改变。这样的一种方法是由 DeRovira（1996）提出的，他展示了多项特征描述性分析雷达图，可以延长时间维度，产生一组 TI 曲线，从而对样品的整体特征进行表征。

8.3.3 瞬时感官主导分析

第四种方法，随着时间的变化来限制主要感官性质的情况，称为瞬时主导感觉评价法（temporal dominance techniques，TDS）。这种方法仍在发展，其对过程和分析的描述存在着变化。基本的想法是首先提出一套预定的特征，小组成员在计算机屏幕上对各强度等级进行选择和评分。该方法最重要的是对显著的性质进行选择，因此与 Halpern 的味觉性质跟踪技术相关（Halpern，1991）。评价员在品尝样品且点击开始按钮后，只注意和选择“显著的”感觉。“显著的”被描述为“最明显的感知”（Pineau 等，2009），“最强烈的感觉”（Labbe 等，2009），“吸引注意力的感觉”，或者“在某一时间出现的新感觉”（不一定是最强烈的）（Pineau 等，2009），且没有额外的定义（Le Reverend 等，2008）。在以特征出现的顺序进行评分的基础之上，该方法对原有的风味剖面法有一定的改良。

小口喝或吞咽样品，小组成员被指示点击开始按钮，立即在屏幕上选择显著的特征，通常在 10 点或 10 cm 刻度线上标记其强度。计算机继续记录强度直到发生变化，并选择一个新的显著特征。这个方法的一个版本使多项变化的特征可以在不同的时间间隔下被评分（Le Reverend 等，2008），“直到所有的感觉已取得了时间感知”。其他出版物似乎在暗示，只有一个显著的特征在任何给定的时间内可以被记录（Pineau 等，2009）。

这种技术得到了一个详细的时间-评价员-特征-强度的记录。每条特征曲线可以通过总结各成员和平滑曲线来构建。在另外两个过程中，数据被简化了。Labbe 等用平均强度乘以每次选择的持续时间除以持续时间之和（即加权）来描述总 TDS 分数。这产生了类似于 TI 分数曲线下面积的积分值，或者那些在 Birch 的团队中用 SMURF 法记录（强度乘以持续时间）下来的内容（Birch 和 Munton，1981）。请注意，使用时间信息会丢失分数，即这些衍生的分数不能构建曲线。这些总得分在一系列风味凝胶中与传统的评分有很好的相关性（Labbe 等，2009）。第二个衍生统计指标是在给定时间内小组成员报告某一特征为显著性特征的比例。其忽略了强度，但产生了简单的百分比，它可以随着时间的推移绘制每个特征的（平滑）曲线。一个特征相对比例的“显著性”可用一个简单的单边二项式统计量与其 $1/k$ 基线比例的比值进行评价，其中 k 是特征的个数。所需的显著性水平可以为特征曲线图绘制水平线，以显示哪些特征显著。任何两种产品都可以用简单的二项式检验来比较两种比例的差异（Pineau 等，2009）。通过对产品差异分数的计算可以得到随着时间变化的曲线，提供关于每个显著特征的差异和模式变化的潜在有用信息。

这种方法的优点有以下几方面。①它比每次一个 TI 跟踪法有更多的时间和成本效率，因为多个特征可以在每个试验中被评价。②它操作简单容易，需要很少或根本不需要培训。③它提供了与 TI 记录相关的增强差异图。因评价员被迫每次只回答一个特征，所以时间剖面上的差异可能会增加。然而，在已发布的版本中，似乎没有能达成一致的标准程序。该技术需要专门的软件来收集信息，但至少主要感官软件系统已经实现了 TDS 选项。特征变显著之前被假定为零分，这样有些属性可能永远不会被评价。这必然导致记录不完整。不同的评价员在不同的时间对不同的特征做出了评价，所以使用原始数据比较产品之间差异的统计方法实施起来是困难的。然而，产品可以用简化的总结分数（通过持续试验总结强度，但失去时间信息）比较，或像 Labbe（2009）等一样，比较应答者的比例（失去强度信息）。可以通过检测曲线进行定性比较，例如，这个产品起初是甜的，然后变得很涩，与产品 X 相比，最初是酸的，然后是有水果味的。

TDS 和传统的 TI 跟踪法提供的信息不同吗？一项研究发现，这两种方法的构建时间曲线有很强的相似性，为某些特征提供了不需要的信息（Le Reverend 等，2008）。在另一项研究中，与 TI 参数相关性高的是强度最大值与优势比例最大值的比，因为可以预期大量人员发现的显著特征，其应与 TI 的平均强度有关。与时间相关的其他参数，如时间到 I_{max}（T_{max}）和持续试验时间相关性很低，可能是由于 TDS 收集的不同信息和一次对一种特征的关注有限导致的。

8.4 推荐试验流程

8.4.1 时间-强度方法研究步骤

时间-强度方法的研究步骤与描述性分析过程相似，具体流程如表 8.2 所示。首先要确定 TI 方法是否适用于试验研究目的。产品的一个或几个关键特性是否会随时间有一些重要的变化？这种差异是否会影响消费者对产品的接受度？这些关键属性是什么？然后，由研究小组确定产品检测顺序，这会影响试验设计。要选择合适的 TI 方法，如离散点法，连续跟踪记录法或 TDS。同时感官评价专家应对数据的形式有所了解，以判断在 TI 记录中提取什么参数进行数据统计比较好，如感知的最大强度、达到最大强度的时间、曲线下的面积、持续时间等。很多时间-强度曲线参数是相关的，因此分析因素通常不超过 10 个。评价员必须进行训练，因为评价员不一定了解如何进行时间-强度的评价，也不能确定他是否能舒适地使用鼠标或其他装置。Peyvieux 和 Dijksterhuis（2001）提出了 TI 感官评价员的训练方案，这一方案及其相似版本被广泛采用。实施感官评价小组检查可以确保感官评价员评估数据的可靠性。同时研究员和统计员也需确定如何处理缺失数据及人为导致的不完整记录。在感官评价研究中，详尽的实验设计可以避免大量令人头疼的问题，尤其是在 TI 方法中。

表 8.2　　时间-强度方法研究步骤

1. 确定研究目的：TI 方法是否为正确的感官评价方法？	（1）比较什么参数？
2. 确定需要评价的关键特性	（2）需要多元比较吗？
3. 确定使用产品的顾客/研究员	6. 招募感官评价小组成员
4. 选择数据采集系统和/或 TI 方法	7. 进行人员培训
（1）反映任务是什么？	8. 检查感官评价员感官表现
（2）向感官评价员提供什么视觉反馈？	9. 进行试验
5. 建立统计分析和试验设计	10. 分析数据、完成报告

8.4.2　方法流程

如果仅评价几个特性，连续跟踪记录法能提供大量的信息。这通常需要计算机辅助进行数据收集。很多商业软件包有 TI 数据收集模块。可以设定开始和结束指令、采样速率、试验间隔。鼠标移动会产生视觉反馈，如光标或指示符在简单线性标尺上的移动，外形类似于垂直或水平的温度计，棒状或线状的光标能够清晰地表示上升和下降。计算机记录数据可作为每个感官评价员的原始数据。仅计算平均值的数理分析方法会产生一些问题（详见 8.5）。

一个简单的方法是在记录的数据中选出曲线特征参数进行统计分析，如感知的最大强度（I_{max}），达到最大强度的时间（T_{max}）和曲线下的面积（AUC）。他们有时被称为“框架参数”，因为它们代表了时间记录的基本结构。这些参数的统计分析较能清楚地发现不同产品在风味和质构感知方面的差异，包括感觉的产生、感觉增强和降低的时间进程、持续时间和总的感官印象。如果计算机软件不能按程序化进行，可以用提示/不连续的方法（如使用秒表和口令）。这个方法适用于产品的多个特性标度，以得到全面的感官印象。商用感官数据收集系统被广泛应用于生产大部分食品和消费者产品公司，因此专业感官评价很可能实现连续跟踪。

光标在可见标尺或电脑屏幕上的初始位置需要慎重考虑。大部分强度标度过程中，从低端开始合乎情理，但是对于偏好试验（喜欢/不喜欢），光标初始位置通常在中点。对于肉的嫩度或产品的溶化，趋势通常是单向的，所以光标通常开始在“不柔软”或者“坚硬”处，而溶化试验开始于“未溶化”。如果在单向趋势试验开始时，光标错放在的结束位置，初始位移会导致双向记录错误。

在 Peyvieux 和 Dijksterhuis（2001）的一项研究中说明了 TI 方法中感官评价小组的训练流程。感官评价专家们认为应用这一方法或与之相似的方法可以确保感官评价小组有好的表现。他们应用感官评价小组对复杂肉制品的风味和质构特性进行评价。选定的评价员首次应用 TI 方法时，应进行几次基础味觉溶液的强度训练。基础味觉溶液比复杂产品简单，更适合进行初始训练。检查感官评价小组的一致性时，如果一个评价员进行了三组相同味觉刺激，其中两组时间差异不超过 40%便可认为具有可靠性。应用垂直标尺线，当光标移至零点时为一个重要指标（表示没有风味，或样品吞咽后的质地属性）。一些问题需要引起注意：①非传统的曲线形状，如最终没有回到零点；②感官评价员之间重复性较差；③不可用曲线，如缺乏标记点，如没有 I_{max}。作者在 TI 评价前进行了一个传统的剖面分析（描述性分析），确保了产品待评价的特性合适且能被感官评价员理解。如果 TI 评价小组人员是从确定的描述性评价小组中选择出来的，则不需要进行这一步骤。作者进行了几项统计分析来检验选定特性的稳定性，寻找了曲线的特异点并检验了个体重复性，并提出学习和训练，会提高一致性。

8.4.3 推荐分析流程

对比不同产品最简便的方法是选择曲线参数，如每一记录的 I_{max}、T_{max}、AUC 和持续时间。一些感官分析软件系统能自动获取参数。这些参数可以作为感官评价和统计学对比的数据点。对于三个及以上产品应该使用方差分析，进行均数比较（见附录 3）。每一曲线特性和产品的平均值、显著性差异能通过图或表的形式展示。如果需要绘制时间强度曲线，曲线点可选择为时间方向上的特定时间间隔点的高度平均值。这个平均值方法也有缺陷，大量可选择的方法会在下节叙述。下面会给出一个例子，是关于如何使用阶梯图解法绘制一个简化的平均曲线的（Lallemand，1999）。

8.5 数据分析的选择

8.5.1 常用方法

对 TI 数据进行假设检验有两种常用的统计方法。最常见的方法是在选定的时间间隔内将原始数据直接进行方差分析（ANOVA）（Lee 和 Lawless，1991）。这种方法至少会对三个因素——时间、评价员和感兴趣的处理产生很大的方差。时间和评价员的影响可能不是主要的，但是会表现出很大的 F 比值，这是由于人们的个体差异，而且感觉会随着时间的变化而有所改变。这一问题是可以预期到的。另一种常见的方法是处理时间的相互影响，因为在后来的时间间隔中，所有的曲线都趋向于基线附近收敛。这也在预期中。实际上，有可能从其他的相互影响效应中或时间处理相互影响的其他原因中，获得数据中的精确模型。但是，可能很难判断这种相互作用是由于基线上的最终收敛造成的，还是因为一些更有趣的效应，如更快的启动时间或贯穿始终的衰减曲线造成的。

如上所述，研究人员经常从 TI 曲线选择感兴趣的参数进行分析和比较。曲线上的标志包括感知到感觉的最大强度值，达到最大强度值和持续的时间或回到基线强度所需的时间。借助计算机辅助数据可以很容易获得许多参数，如曲线下面积，感知强度最大值之前和之后曲线下面积，以及从起点到最大值的速率和从最大衰减到终点的速率。另外，参数还包括感知最高强度的持续时间，反应开始前的滞后时间，以及达到最大强度一半所需要的时间。表 8.3 所示为参数列表。

表 8.3　　从时间强度曲线中提取的参数

参数	符号	定义
强度峰值	I_{max}，I_{peak}	TI 记录上最高点的高度
总持续时间	DUR，D_{total}	从开始到回到基线的时间
曲线下面积	AUC，A_{total}	不言自明/顾名思义
平台期	D_{peak}	到达最大值和开始下降之间的时间差
平台期下面积	A_{peak}	不言自明/顾名思义
下降阶段的面积	P_{total}	开始下降与到达基线之间的面积
上升斜率	R_i	上升速率或从开始到强度峰值的斜率
下降斜率	R_f	下降速率或从初始下降点到基线的斜率
消退		曲线在基线上终止的时间
到达强度峰值的时间	T_{max}，T_{peak}	到达强度峰值的时间
到达峰值的一半的时间	半衰期	下降到强度峰值的 1/2 的时间

注：根据 Lundahl 修改（1992）。

其他曲线形状参数在 Lundahl（1992）中给出，根据曲线下相等面积折算成的半圆以及将半圆分为上升阶段和下降阶段。

因此，第二种常见的方法是在每个个体的记录中提取曲线参数，然后从各个方面对 TI 曲线进行方差分析或其他统计比较。例如，Gwartney 和 Heymann（1995）对薄荷醇感官响应的时间变化规律的研究。这种方法的一个优点是捕获一些（但可能不是全部）在时间记录模式中的个体变化。个人判定模式是独特的，在个体中是可重复的（Dijksterhuis，1993；McGowan 和 Lee，2006），这种效应有时被描述为一种独特的个人“标记”。个人标记的例子如图 8.3 所示。这些个体模式的原因是未知的，但可以归因于人体解剖结构的差异、生理上的差异、唾液因子（Fischer 等，1994）、不同类型的口腔处理或咀嚼效率（Brown 等，1994；Zimoch 和 Gullet，1997），以及标度的个人习惯。如果只

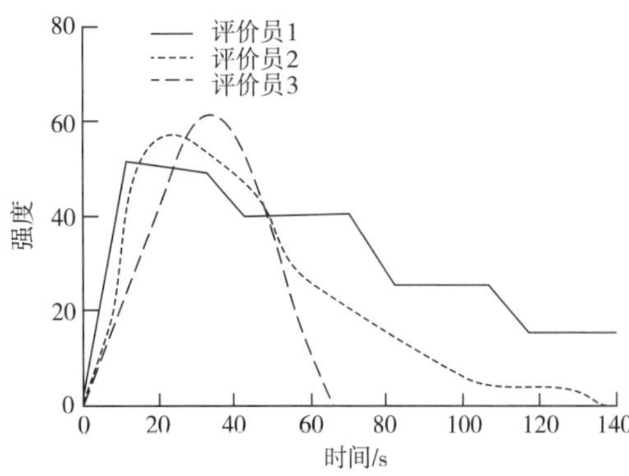

图 8.3　时间强度记录展示特征曲线或形状举例

评价员 1 的评分出现了多个平台期，这是普遍现象。评价员 2 的评分表现为一条平稳连续的曲线。评价员 3 的评分表现为一条急剧上升和下降的曲线。

分析提取的参数，这些信息可能会有所丢失。

第三种方法是以每个单独的记录拟合一些数学模型或一套方程，然后以模型中的常数作为比较不同产品的数据的（Eilers 和 Dijksterhuis，2004；Garrido 等，2001；Ledauphin 等，2005，2006；Wendin 等，2003）。鉴于感官评价领域越来越有活跃性和独创性，很有可能这样的模型将继续得到发展。感官科学家需要知道它们在产品测试和模型拟合中是否有助于区分不同产品。对 TI 曲线进行各种方法建模和数学描述将在下一节中讨论。

8.5.2　平均值曲线的构建和描述方法

感官评价专家对 TI 数据的分析提出了一些曲线拟合的方案，并总结了个人、群体平均 TI 数据的方案。曲线拟合技术包括通过拟合样条曲线方法（Ledauphin 等，2005，2006）以及各种指数回归或多项式方程（Eilers 和 Dijksterhuis，2004；Garrido 等，2001；Wendin 等，2003）。任何人试图用一个方程或一组方程式来模拟 TI 行为的一个重要问题是怎样将小组成员的个人“标记”考虑在内（McGowan 和 Lee，2006）。一个评价员所给出的很平缓的 TI 数据曲线模型，并不一定适用于另一个评价员所给出的阶梯状的数据。目前并不知道有多少这样的方法已应用于工业界或仅用于学术研究中了，这一方法在感官评价实践中的推广度可能取决于它们能否与商业感官评价软件和数据采集系统进行合作。

在最简单的平均方法中，每条曲线会以特定时间间隔上的高度作为原始数据。总结曲线是通过在给定时间内平均强度值并连接均值计算出来的。这具有分析简单的优点，并保留一个固定的时间基础作为信息的一部分。但是，用这种方法，可能对非典型的响应失效。如上所述，这种判断会具有特征性曲线形状，这些特征曲线会在他们的响应中形成一致性的“风格”，而这些风格与其他的判断在形状上有所不同。有些呈上升趋势，有些急剧下降。其他一些形成了光滑圆形的曲线，而另一些则可能显示一个平台。关于一些个体的趋势，简单的平均可能损失一些来自异常值或少数模式的特殊信息。此外，两条不同曲线平均后可能会产生出一条新的曲线形状，但不符合任何一条输入曲线。这个极端（和假设的）的例子如图 8.4 所示，两个不同的强度峰值时间导致了具有两个最大值平均曲线的产生（Lallemand 等，1999）。在所提供的原始数据中，并没有出现一条具有双峰的曲线。

为了避免这些问题的产生，其他平均化方案已经提出。这些方法可能会更好地说明不同判断曲线的形状。为了避免不规则的曲线形状，有必要或比较适合的是在平均化之前，利用相似的反应对评价员进行分组（McGowan 和 Lee，2006）。如果评价员能通过“反应风格”或通过简单的曲线视觉检查，或通过聚类分析，或其他统计方法（van Buuren，1992；Zimoch 和 Gullet，1997）来分类的话，那么就可以分别对这些亚组进行分析。该分析可以使用固定时间曲线高度平均值法或接下来介绍的其他方法。

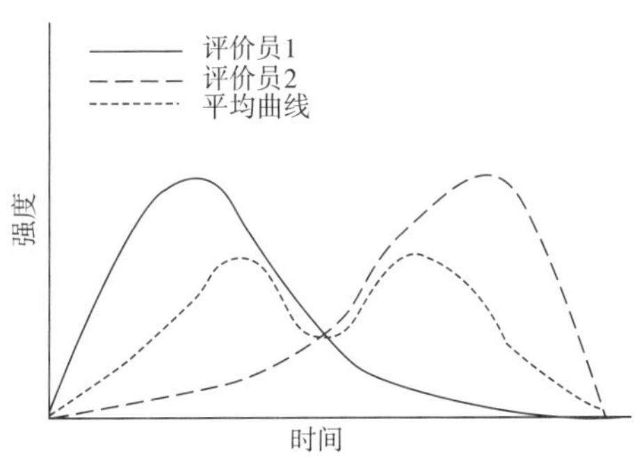

图 8.4　两种不同峰值时间曲线，如果平均化，可能会产生类似于原始数据记录的双峰曲线

另一种方法是对强度和时间方向的平均化，通过设定所有曲线的平均峰值时间的各个最大值，然后找到每条曲线上升和下降阶段达到最大值固定百分数的平均时间。这个程序最初是由 Overbosch 等（1986）提出的，随后由 Liu 和 MacFie（1990）进行了修正。该程序的步骤在图 8.5 中简述，方法进行如下：第一步，找到强度最大值的几何平均值。各条曲线经过倍乘标度得到这个最大值 I_{max}。第二步，计算 I_{max} 的几何平均时间。下一步，对于“切开”每条曲线的固定百分比，也就是在固定的 I_{max} 百分数处，计算几何平均时间。例如，在上升和下降阶段 I_{max} 的 95% 和 I_{max} 的 90% 处“切开”，并且找出到达这些高度的几何平均值时间。

这个程序避免了将两条具有明显不同形状的曲线通过简单的平均化来产生双峰曲线，如图 8.4 所示。该方法有几种吸引人的特性，而这些特性不一定在固定时间内，伴随着简单的平均化而出现。首先，平均曲线的 I_{max} 是各条曲线 I_{max} 的几何平均值。其次，平均曲线的 T_{max} 是各条曲线 T_{max} 的几何平均。第三，终点是所有时间终点的几何平均。第四，所有评价员对该曲线都有部分影响。由于在固定时间上的简单平均化，在曲线尾部可能有许多评价员已经返回零点，因此平均值在这些点上是缺乏代表性数据的。从统计角度来看，在较后时间间隔的反应分布是正交的和偏左的（以零点为界）。解决这个问题的一个办法就是用简单的中线作为中心倾向的测定值（例如，Lawless 和 Skinner，1979）。在这种情况下，当超过半数的判断为 0 时，中心曲线也到达了 0。第二种方法是采用统计的方法，对测定中心偏向和偏左的、正交数据的标准偏差进行评价（Owen 和 DeRouen，1980）。

如果所有的曲线平稳上升和下降，没有平台或多峰，所有的数据都从零点开始和结束，那么 Overbosch 的方法具有可接受性。而实际上，数据并不是这么有规律的。在第一次出现最大值后，有些判断会开始下降，然后又上升到第二个高峰。由于各种常见的误差，数据可能不在零点开始和结束，例如，在允许的采样时间内，记录可能被截断。为了适应这些问题，Liu 和 MacFie（1990）对上述情况做了应对。在他们的程序中，I_{max} 和 4 个“时间界标”都被平均化了，包括开始时间、达到最大值的时间、曲线开始从 I_{max} 下降的时间和结束时间。每条曲线的上升和下降阶段被分成大约 20 个时间间隔段。在各个时间间隔内，可计算平均的 I 值。这种方法允许在曲线中出现多个上升和下降阶段，以及一

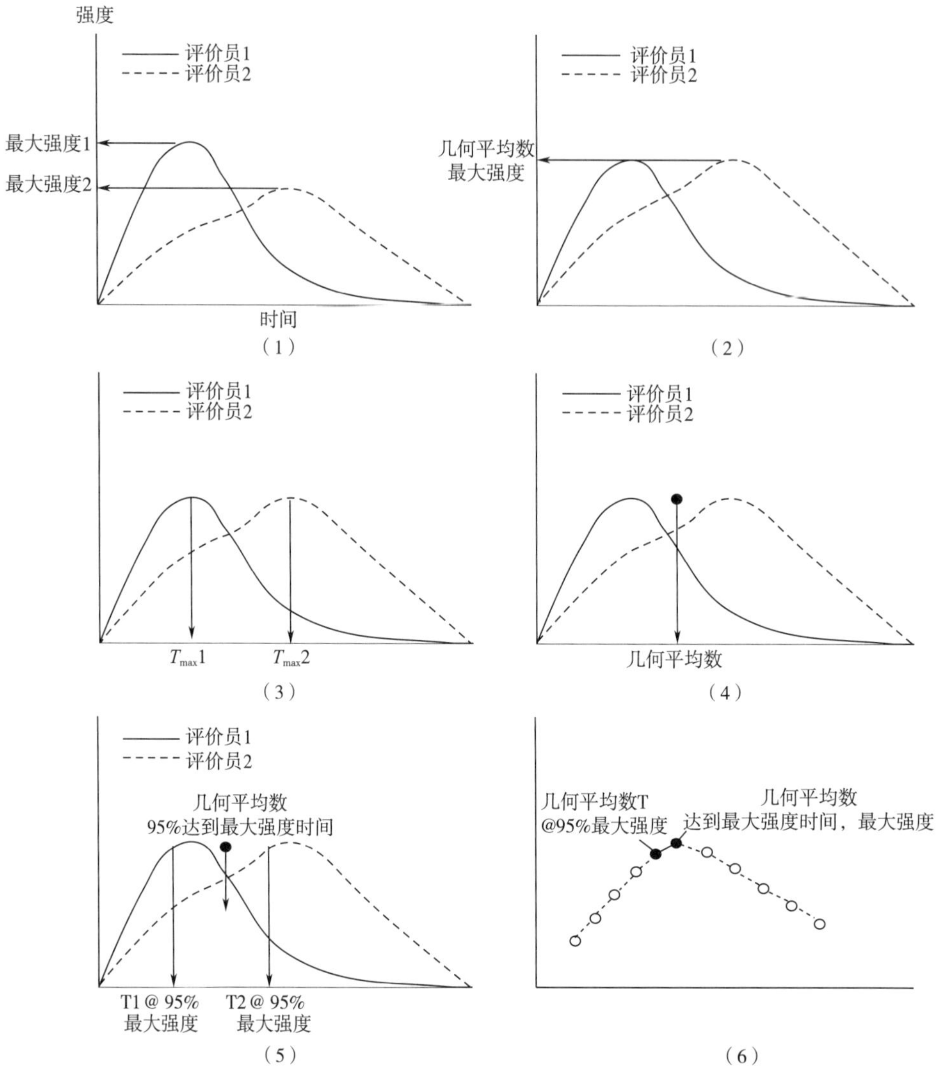

图 8.5　Overbosch 等推荐的数据分析程序步骤（1986）

（1）两名小组成员的两个假设时间-强度记录显示了不同时间得到不同的最大强度。（2）找到强度最大值的几何平均值。各条曲线经倍乘标度得到该 I_{max} 值。（3）两个 T_{max} 值。（4）计算几何平均最大时间（T_{max}）。（5）计算每条曲线的固定百分比"切开"的几何平均时间，即以 I_{max} 固定百分比计算。上升阶段在 I_{max} 的 95%处"切开"并确定时间值。一个类似的值，下降阶段最大值的 95%将被确定。（6）绘制最大值处每个百分比的几何平均时间以生成复合曲线。

个最大强度的平台，而这些情况在一些判断记录中常见。

8.5.3　案例分析：简单几何描述

Lallemand 等（1999）描述了一种用几何近似法比较曲线和提取参数的简单方法。作者利用一个经过训练的质构评价小组来评价不同的冰淇淋配方。TI 研究的劳动密集性表现为 12 个产品在 8 个不同属性上进行三次评价，每个小组成员需要大约 300 条 TI 曲线。

质构小组成员接受了超过 20 次的训练，尽管最后的训练中只有很少一部分是专门用来练习 TI 程序的。显然，这种广泛的研究项目需要投入大量的时间和资源。

数据是通过计算机辅助的评价程序采集的，在这个程序中，鼠标移动与光标在 10cm 或 10 点标度上的位置相关联。作者注意到由于“鼠标”或其他问题导致数据记录有许多问题。其中包括鼠标突然移动导致的错误峰值或评分，鼠标障碍导致无法记录，以及由小组成员偶尔不准确定位导致的数据无法反映他们的实际感知。这种人体工程学的困难在 TI 研究中并不罕见，尽管它们很少被报道或讨论。即使是经验丰富的评价员，由于鼠标移动或记录不准确，也有从 1%～3%的记录需要被丢弃或手工修正。感官专业人员不应该认为因为他们有电脑辅助的 TI 系统，所以在使用鼠标的人为因素和机器的交互作用下，系统仍然将会一直顺利地和按计划进行。反应人为因素产生影响的例子如图 8.6 所示。

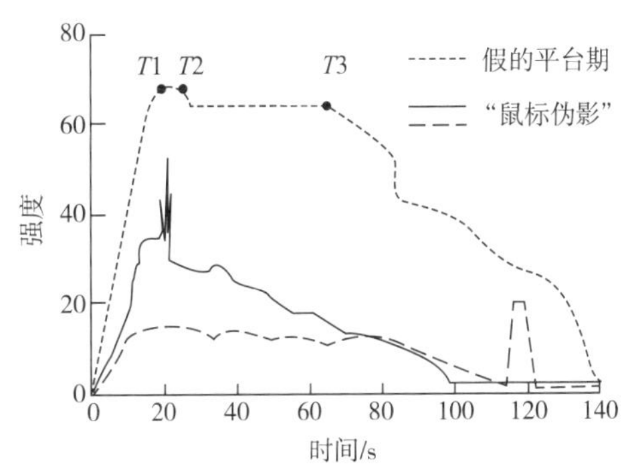

图 8.6　TI 记录中反应的人为因素

实线表示在峰强度值附近可能有一些无意识的鼠标移动（肌肉痉挛?）。虚线显示了在感觉停止后的一个隆起，并恢复到零。虚线说明了强度平台在什么点结束的问题。*T*1 和 *T*2 之间的短暂段落可能只是当小组成员觉得数值超过了标记，在突然上升之后对鼠标进行的调整。平台的实际结束被认为在 *T*3 发生后更合理（Lallemand 等，1999）。

Lallemand 和他的同事们注意到，TI 曲线经常呈现一种在接近峰强度的情况下上升到平台的形状，在此期间强度评分变化非常小，然后下降到基线上。他们认为，用梯形这种简单的几何近似可以满足曲线参数的提取和找到曲线下的面积（不像微积分中用于积分的梯形近似法）。原则上，可以定义 4 点来描述曲线：开始时间，达到最大值的时间或者平台开始时间，平台结束和递减阶段开始时间以及感觉停止时间。这些标记是由 Lui 和 MacFie（1990）提出的。实际上，这些点比预期更难估计，所以做出了一些妥协。例如，有些记录显示，在“平台”期间记录会逐渐减少，且在此部分之前会快速下降。减少多少可以证明下降阶段是合理的，或者相反地，下降的幅度不会被认为仍然是平台的一部分（图 8.6），另外，如果小组成员没有返回到零感觉或者无意中撞到了鼠标，应该怎么做? 为了解决这些问题，在曲线的某些部分选择了 4 点，即梯形起点和终点强度最大值的 5%处的时间以及平台起始和结束强度最大值的 90%处的时间。

这个近似计算得很好，图 8.7 显示了它在假设记录中的应用。在这一项研究中，近 3000 条 TI 曲线，梯形点并不是用手或眼睛来绘制的，而是用一个特殊的程序来提取这些点。然而，对于较小的实验，在任何图表记录上“手工”进行这种分析应该是非常可行的。建立的 4 个梯形垂直线允许提取六种基本 TI 曲线参数进行统计分析（最大强度点的 5%和 90%），这些点之间的 4 个点，以及原始记录的强度最大值和衍生（次要）参数，如上升和下降斜率以及曲线下总面积。请注意，总面积只是两个三角形和平台期矩形的总和。这些显示在图 8.7 的下部图。由平均点可以绘制得到复合梯形。

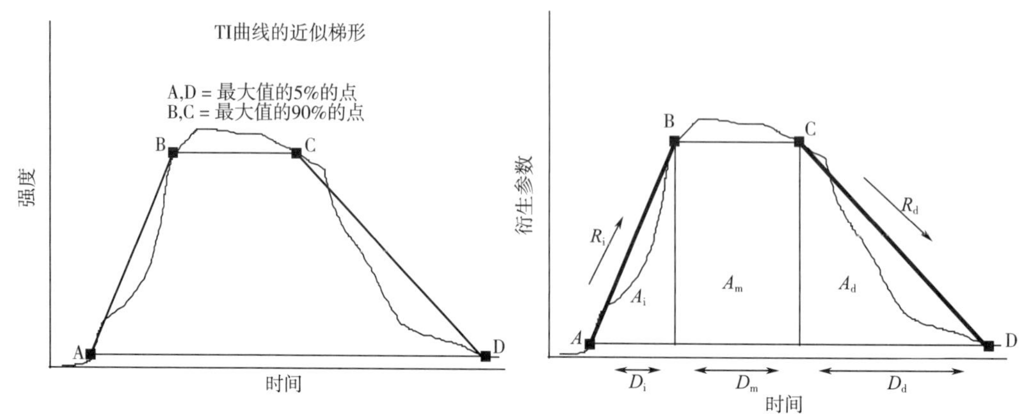

图 8.7 Lallemand 等的梯形方法（1999）评价 TI 记录的曲线参数

上图显示了 4 点，强度最大值（I_{max}）的初始 5%发生，上升阶段首次达到 I_{max} 的 90%，平台在下降阶段 I_{max} 的 90%处结束和在下降阶段 I_{max} 的 5%处结束。下图显示了导出的参数，即 R_i，A_i 和 D_i，表示初始上升阶段的速率（斜率），面积和持续时间；A_m 和 D_m 为平台中部的面积和持续时间；R_d，A_d 和 D_d 表示下降阶段的速率（斜率），面积和持续时间。总持续时间可以从 D_i、D_m 和 D_d 的和中找到。总面积由 A 参数的总和或由梯形面积的公式给出：总面积 = （$I_{90}-I_5$）（$2D_m+D_i+D_d$）/2（高度乘以两个平行段的总和，然后除以 2）。

该方法的实用性和有效性在一个样品复合记录中得到了说明，显示了两种不同脂肪含量的冰淇淋的果味强度。与香味释放的原理相一致，较高的脂肪样本会较慢或延迟上升到峰值（平台期），但持续时间较长。那么这就可以预测，如果有较高的脂肪含量能更好地吸收脂类或非极性化合物，从而延缓释放香味。他们还研究了与传统的质构描述性分析的相关性，发现每个 TI 参数与质构分析平均得分的相关性非常低。如果 TI 参数提供了独特的信息，或者质构分析器在提出单点强度估计值的时候积累了大量的时间相关事件，那么这是可以预测的。与后者的观点一致，通过几个 TI 参数的组合可以更好地模拟得到剖面得分。这种分析方法的简单性和有效性表明它应该在工业环境中得到更广泛的应用。

8.5.4 主成分分析

另一项分析法使用主成分分析（Principle component analysis，PCA，详见第 18 章）（van Buuren，1992）。简单地说，PCA 是一种统计方法，它将相关测量的“组”替换为一个新变量（一个因子或主成分）代替原来的变量。从而简化了图像。在对不同品牌啤酒苦味的时间强度的曲线研究中，van Buuren 注意到个别评价员会再次做出具有他们自己特征“风格”形状的曲线。大多数人都表现出了典型的 TI 曲线形状，但在检验期间，一些受试者表现出了具有延迟峰的“滞后启动”，而另一些则表现出持续的不回到基线的趋势。数据符合 PCA 的话，就能得出一条“主要曲线”，它抓住了主要趋势。这表明 TI 曲线达到顶峰，并逐渐回到基线。第二条曲线抓住了少数倾向的形状，缓慢启动，宽峰，以及未达到基线的缓慢下降。因此，主要曲线能够抓住判断的趋势，并对组合数据的主要形状（Zimoch 和 Gullet，1997）提供了一个清晰的视图。虽然 PCA 程序可以提取一些主要成分，但并不是所有的成分都具有实际意义（Reinbach 等，2009），用户应该检查每个成分。还有一个问题需要考虑，成分是否反映了与简单的 TI 曲线参数相关的重要因素，以及它是否显示出与小组成员之间个体差异有关的模式。

Dijksterhuis 更详细地检验了 PCA 方法（Dijksterhuis，1993；Dijksterhuis 和 van den Broek，1995；Dijksterhuis 等，1994）。Dijksterhuis（1993）指出，van Buuren 采用的 PCA 方法对不同的激烈刺激没有辨别能力。另一种方法是“无中心 PCA”，其中曲线高度信息在数据处理过程中被保留，而不是将曲线归一化到一般的比例。无中心方法作用于原始数据矩阵上。刺激或处理被更好地区分。第一条主要曲线趋向于简单的平均值，而第二条主要曲线包含评价信息，如加速或变异点（Dijksterhuis 等，1994）。这可能是潜在的有价值的信息，用于分辨不同风味 TI 曲线的精细模式。PCA 方法还涉及不同评价员产生权重的可能性，它表示了这些评价员对不同主要曲线的影响程度。对于分辨数据中的外围数，或者具有很不正常 TI 特征的评价员来说，它是一件重要的工具（Peyvieux 和 Dijksterhuis，2001）。

8.6 应用实例

风味及风味释放评价、质构评价、快感检验以及基础性化学感官研究越来越多地采用时间-强度法来进行。在这一部分，简要介绍了时间-强度法在这些方面的应用。这些例子主要是关于时间-强度法在感官研究方面的适用范围。虽然文中列举的例子尚不够充分，但这些内容对这一领域研究的进一步开拓以及新的应用具有一定的帮助。

8.6.1 滋味及风味追踪

连续性的时间-强度标度法（TI）常被应用于追踪重要风味组分的上升和衰退，例如对甜味剂（Swartz，1980）。Jellinek 和 Pangborn 早期的一项研究发现，向蔗糖中添加盐可以延长蔗糖的时间-强度曲线，使蔗糖的味觉“更加圆润”（Jellinek，1964）。许多强化剂或非碳水化合物的甜味剂都具有一个十分突出的特征就是它们的味觉延时性。相当明显的是，这些甜味剂与蔗糖的味道不同。这一事实，加上甜味剂工业的规模，使得这些年对甜味的时间-强度跟踪研究十分活跃（Dubois 和 Lee，1983；Larson-Powers 和 Pangborn，1978；Lawless 和 Skinner，1979；Yoshida，1986）。同样，苦味作为基础味道之一也经常使用时间-强度法来进行标度。其中，啤酒风味和苦味是最早使用时间-强度法来研究的两种特性（Jellinek，1964；Pangborn 等，1983；Sjostrom，1954；van Buuren，1992）。Robichaud 和 Noble（1990）研究了葡萄酒中常见酚类物质的苦味和涩味，结构发现使用传统的标度法和采取时间-强度标度法的最大强度观测值具有相似性。

滋味的特性研究通常在食品基质或者模型系统中进行，要观察它们与食品佐料或者风味调料的变化关系。食品配方中组分的作用可能会改变其甜味和其他风味特性，例如添加增稠剂会改变黏度，或由于使用脂肪替代物而发生的改变（Lawless 等，1996；Pangborn 和 Koyasako，1981）。Barylko-Pikielna 等（1990）测定了面包中的咸味、酸味以及整体风味。其中，TI 参数，如最大强度、整个延迟期及 TI 曲线的面积随着小麦面包中盐添加量的增加而呈现单调上升。Lynch 等（1993）发现在受试者口腔顶部覆盖各种油时，明胶样品的味觉会受到抑制。对于一些味觉来说，特别是苦味，峰值强度的降低、总延迟时间的缩短，这类抑制作用是非常明显的。对于某些口味，尤其是苦味，在峰值强度降低和总持续时间短的情况下，抑制作用明显。近年来，部分感官科学家已经开始利用时间-强度法来测定不同基质中的风味强度，以及不同的嗅觉感知途径。Shamil 等（1992）表明，降低乳酪和沙拉酱的脂肪含量能提高它们的风味持续时间，改变它们的风味释放速率。Kuo 等（1993）在柠檬醛和香草醛的模型体系中添加不同的促味剂或黄原胶，比较了鼻前和鼻后环境下感受到的柠檬醛强度的差异性。在不同分散介质调味剂的时间-强度研究中，Rosin 和 Tuorila（1992）发现在牛肉汤中胡椒味感知比在马铃薯中更明显，而大蒜味在两种介质中感知效力相同。时间相关判断的另一个活跃领域是研究风味的相互作用。Noble 和他的同事利用时间-强度测定法，研究了饮料中的甜味、酸味和果味感觉的相互作用，并得出了简单的模型系统（Bonnans 和 Noble，1993；Cliff 和 Noble，1990；Matysiak 和 Noble，1991）。使用这些技术后发现，果味挥发物能增强甜味，他们还发现不同甜味剂的相互作用也不尽相同。

8.6.2 三叉神经和化学/触觉感知

对其他在口腔产生刺激或触觉效应的化学刺激物质的反应已经成为与时间相关的感官试验中富有成效的领域。如薄荷醇等化合物能够延长风味感觉，而其时间长度取决于其对应的浓度（Dacanay，1990；Gwartney 和 Heymann，1995）。大量关于辣椒灼烧感的研究，使用了时间-强度标度法，虽然通常采用离散时间间隔重复评价法，而不是连续跟踪记录法（Cliff 和 Heymann，1993a；Green，1989；Green 和 Lawless，1991；Lawless 和 Stevens，1988；Stevens 和 Lawless，1986）。鉴于哪怕是单一的含有辣椒的食物样品，也会引起感觉的缓慢启动及其时间过程的延长，这对与时间相关的评判是最为合适的应用。反复摄取模式也被用来研究刺激物的短期和长期脱敏性，例如辣椒素和姜油酮（Prescott 和 Stevenson，1996）。不同刺激感调味品的时间剖面是其性质区别的关键所在（Cliff 和 Heymann，1992）。Reinbach 及其同事利用时间-强度法跟踪了各类肉制品中辣椒素引起的口腔发热（Reinbach 等，2007，2009）以及口腔灼烧感与温度之间的交互作用（见 Baron 和 Penfield，1996）。当检测不同胡椒粉组分的衰退曲线时，可以观察到不同的时间进程，这个过程曲线符合带有不同衰减常数的一个简单的指数曲线形式：

$$R = R_o e^{-kt} \qquad \text{或者} \qquad \ln R = \ln R_o - kt \tag{8.1}$$

式中 R_o——峰值强度；

t——时间；

k——在时间曲线衰退期决定感觉以多快的速度从峰值下降的值（Lawless，1984）。

另一种用 TI 方法研究的口腔中由化学物质引起的感觉因素是涩味。连续跟踪记录法用于研究反复摄入的涩味感觉（Guinard 等，1986）。连续跟踪记录法可以清晰地记录反复摄入时，感觉是如何变化的，以及在现有前提下进行啜饮或品尝来增加更多的感觉时，风味又是如何形成的。类似的例子如图 8.8 所示，其中的锯齿曲线呈上升趋势，并在反复摄入的过程中形成涩味（Guinard 等，1986）。此外，利用重复离散点标度法对涩味也进行了研究，例如 Lawless 和同事们的研究表明，与涩味相关的感官特性，即口腔中的干燥度、粗糙度和皱缩感，其时间轮廓不尽相同（Lawless 等，1994；Lee 和 Lawless，1991）。

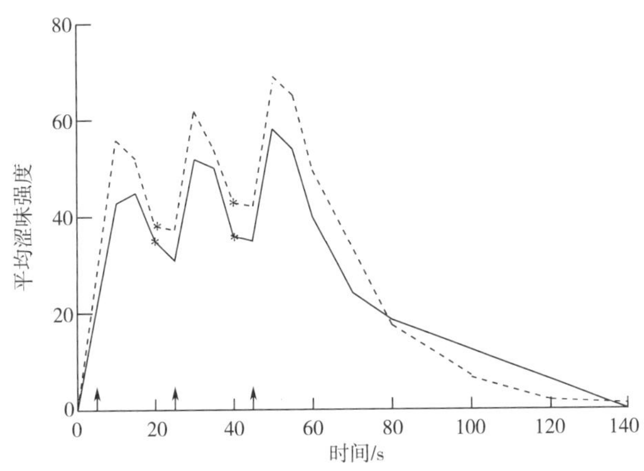

图 8.8　多次摄取试验中的连续跟踪记录

虚线为葡萄酒基中加 500g/L 单宁的结果，实线为不加单宁的葡萄酒基的结果。样品摄入和吐出分别用星号和箭头表示［Guinard 等（1986），由美国酿酒和葡萄栽培学会授权转载）。

8.6.3　味觉和嗅味适应

一项与时间跟踪法测定风味感觉紧密并行的研究是滋味和气味的适应性（Cain，1974；Lawless 和 Skinner，1979；O'Mahony 和 Wong，1989）。适应性可定义为：感官系统对持续刺激条件的响应能力降低，提供了一个变化的“零点”（O'Mahony，1986）。适应性研究中，有时会采用独立的、单一的脉冲刺激（如：Meiselman 和 Halpern，1973）。早期，利用穿过固定在牙齿上的牙印材料导管，通过受试者整个口腔的流动系统来进行适应性研究（Abrahams 等，1937）。对于 5%的食盐溶液，咸味感觉在 30s 后就会消失，而当浓度更高时，随着时间的延长会引起痛感，从而使受试者弄不清主要味道，甚至有时会掩盖味觉。在受试者舌头的一部分区域用流动的连续液体进行冲洗，或用湿滤纸稳定刺激，在几分钟内味觉就会有效地消失（Gent，1979；Gent 和 McBurney，1978；Kroeze，1979；McBurney，1966）。高于适应水平的浓度可以作为该物质的特性口味被感知，例如，NaCl 的咸味。浓度低于这一水平，纯水作为一种极限情况，也会具有其他的味觉，所以，例如加入 NaCl 之后的水会有一些酸苦味（McBurney 和 Shick，1971）。在其他情况下，适应可能是不完整的（Dubose 等，1977；Lawless 和 Skinner，1979；Meiselman 和 Dubose，

1976）。脉冲流动或间歇性刺激会使适应不完全或完全消除（Meiselman 和 Halpern，1973）。

8.6.4 质地和相变

食品和消费品的一些触觉特性也可以使用时间-相关测定法来加以评价。相变是许多食品在食用时溶化过程中的一个重要特征。这些食品包括如冰淇淋和其他乳酪甜点、冷冻食品以及像巧克力等熔点与体温接近的脂类食物。Moore 和 Shoemaker（1981）用条图记录法进行了时间-强度跟踪记录，评价了添加不同含量羧甲基纤维素的冰淇淋，它们的冷度、冰度和感官黏度的差别。加入的碳水化合物改变了冰度的峰值强度，并延长了冰淇淋在舌头上的冷感。Moore 和 Shoemaker 还研究了溶化行为。溶化的 TI 曲线不是达到最大值后再下降的，因为口腔中的食物溶化后，不会再重新固化。这也就是说，它是单向性的，从不溶到完全溶化。对改变了脂肪含量的涂抹食品溶化速率进行研究，结果同样也都具有相似的单调时间曲线（Tuorila 和 Vainio，1993；see also Lawless 等，1996）。

其他应用时间-强度方法进行质构评价的研究也时有报道。Larson-Powers 和 Pangborn（1978）用条图法评价了加有蔗糖或强化甜味剂明胶的许多味觉特征及其硬度。硬度曲线如预期的一样呈现出单向衰减。Rine 使用时间-强度技术研究了花生酱的质构特性（1987）。Pangborn 和 Koyasako（1981）跟踪了使用不同增稠剂的巧克力布丁的黏度差异性。咀嚼过程中肉的质构也已被评价，肉的嫩度也通常被作为单向 TI 曲线的示例（Duizer 等，1995），但 Zimoch 和 Gullett（1997）的结果却为双向的。多汁性是另一种非常适合进行 TI 评价的肉的质构变量（Peyvieux 和 Dijksterhuis，2001；Zimoch 和 Gullett，1997）。早期应用 TI 方法对肉质构进行研究时，Butler 等（1996）发现了 TI 记录中独立“特征”的趋势，而现在这已经是一个普遍的现象（Zimoch 和 Gullett，1997）。Jellinek 举了一个有趣的例子，即质构如何用听觉提示来评判脆度。研究结果表明，两种产品的时间-强度记录在初始和过程中都有一定的差异。一种产品初始时产生较大的声响，但在咀嚼过程中迅速下降。Jellinek 指出，咀嚼过程中脆度的维持是很重要的。时间-强度方法能提供关于食品分解过程中潜在的重要感官信息以及分解过程中的质构变化。

8.6.5 风味释放

吃东西过程中从食品中释放的风味是一个能够应用与时间相关的感官测定的潜在广阔领域。当食物进入口腔后，不仅在咀嚼过程中食物的质构会发生明显变化，同时还有许多因素会导致食物基质中原本存在的风味物质的化学性质发生改变。判别风味化合物是存在于食品基质中还是释放到口腔中进入呼吸道和鼻腔的程度取决于它们的相对溶解性以及食物团块基质和唾液的结合力（McNulty，1987；Overbosch，1987）。唾液是水、盐、蛋白质和糖蛋白的复杂混合物，具有 pH 缓冲能力和酶活性。风味挥发的变化是唾液、pH、酶促反应等影响的综合结果，例如唾液淀粉酶降解淀粉，升温，食物基质的机械破坏，离子强度的变化（Ebeler 等，1988；Haring，1990；Roberts 和 Acree，1996）。温度不仅会影响液相之上风味的气体分压，还会影响风味化合物与食品基质中蛋白质和其他组分的结合程度（O'Keefe 等，1991）。风味的平衡，与其他味道的相互作用，以及释放的时间特性是全然不同的，因为嗅闻（经鼻孔途径到达嗅觉感受器）和啜饮过程中的闻（经鼻咽腔途径到达嗅觉感受器）是截然相反的（Kuo 等，1993）。

已经开发了许多装置来研究模拟口腔加工条件下食物中挥发性风味物质的释放（Roberts 和 Acree，1996）。这通常包括一定程度的机械混合或搅拌、加热和一些能够在一定程度上反映唾液化学组成的介质中的稀释。目前的研究已经集中于模拟口腔混合物上方气相，这一变化的“顶空”化学采样。de Roos（1990）研究了口香糖咀嚼时的风味释放，在口香糖这一基质中不同风味化合物以不同速率被释放，改变了风味特征并转移了消费者的吸引力。对于普通风味物质，例如香草醛，观察到了巨大的个体差异。de Roos 进一步将他的小组划分为有效率的、高效率的和无效率的咀嚼者，他们的差别在于其风味释放的程度和比率各不相同。这提醒我们，不是每个人都以相同的方式进行咀嚼，而且个体间的机械破碎因素也会有所不同。使用离散点 TI 方法研究乳酪模型，发现咀嚼和唾液分泌量在风味释放方面与个体间差异有关（Pionnier 等，2004）。

8.6.6 愉悦感的时间属性

由于感官特征的愉悦性或吸引力主要取决于它的强度水平，因此，人对产品的愉悦感随着时间的推移，由于风味的强度变淡而衰退，这并不奇怪。对食品的喜欢和不喜欢在时间下的转移是众所周知的。在这种感觉变化现象中，我们对食物的喜爱很大程度上取决于我们是饥饿的还是饱腹的（Cabanac，1971）。昨晚令人愉快的龙虾晚餐在第二天午餐时间，成为了残羹冷炙，看上去可能就没有那么吸引人了。酒的品尝可能会谈及这样一种酒，“在杯中没有风味释放，而在上腭中释放，可令人回味无穷”。伴随着这样的描述就会产生隐含的信息，这种特定的酒在感官体验过程中会变得更好。假定在嘴中的风味和质构感知时间更短，我们可能会想到对应于可能观察到的 TI 曲线，喜欢或不喜欢是否随时间会有所漂移。对此，在某种情况下已经进行了尝试。Taylor 和 Pangborn（1990）检验了人们对具有各种牛乳脂肪水平的巧克力牛乳的喜爱程度。对不同浓度牛乳脂肪的喜爱程度存在着个体差异，并随着时间而发生改变。愉悦感 TI 标度的另一个例子是人们对来自红辣椒炽热的口腔感觉的喜爱和不喜爱的研究（Rozin 等，1982）。当炽热感升高和降低时，他们发现了喜爱的不同时间漂移模型。有些受试者在所有时间间隔内，都喜欢这种炽热感；有些则在所有的时间间隔内，都不喜欢这种炽热感；而还有些会随着强烈的灼烧感变得可以忍受，将他们的感觉转移到了中性。Veldhuizen 等（2006）重新研究了这种方法，他们使用一个简单的双极线标度来评价了愉悦程度，并通过计算机控制传送系统让一种柠檬饮料从受试者的舌头上流过，从而让受试者对强度和愉悦感进行了评价（这类设备的早期例子见图 8.2）。值得注意的是，在一个双极的愉悦感线标度中，鼠标和光标位置必须从刻度的中心开始，而不是在强度标度的下端开始。与强度跟踪相比，作者发现了一个延迟的愉悦感反应，虽然达到最大值的时间相似，但愉悦感追踪的响应却出乎意料的快速抵消。一些小组成员产生了双峰的愉悦感响应，但由于感知会在愉悦感中增强，随后愉悦感便会被感知得过于强烈，但随着适应能力的提高和感知强度的降低，愉悦感的感知又会变得更好。

8.7 问题

一些感官科学家想在研究中用时间-强度法进行评价，需要权衡获得可用信息的潜力以及收集这些数据所花费的成本和时间。使用该方法必须进行培训（Peyvieux 和 Dijksterhuis，2001），在一些已发表的研究中，进行了大量培训和练习。例如，Zimoch 和 Gullet（1997）用 12 h 进行肉品质构评价小组训练。感官评价员必须训练如何使用反应设备，并通过充分练习。从而适应对瞬间感知变化保持集中注意力的任务需求。使用在线数据收集时，制表和信息处理通常不需要大量人力；但如果没有计算机化采集，则需要耗费大量时间。即使应用计算机采集数据，也不是万无一失的。在一些记录中，信号可能中途截断或不从零点开始（Liu 和 MacFie，1990；McGowan 和 Lee，2006）导致系统不能自动平均化。

在一项溶化过程研究中（Lawless，1996），当产品完全溶化后，一些受试者错误地将指示光标返回到零，而不是将光标放在最大的位置，这就会产生截断的记录。这些事情提醒我们，不要假定受试者会如你想象的去做。

一个基本问题是信息的获取。使用 TI 法，可以在同等最大强度下观察到变化，而传统的标度可能忽略了重要的感官差异。例如当 TI 曲线交叉的时候可以获取一定信息，以及具有较低强度峰值的产品会持续较长时间（Lallemand. 1999；Lawless，1996）。然而，这种模型并不常见。通常具有较高强度峰值的产品会持续较长时间。一般来说，TI 的参数里有很多冗余信息。Lundahl（1992）研究了 TI 曲线的形状，大小和变化速率相关的 15 个 TI 参数之间的关系。曲线尺寸的参数具有高度相关性，通常占据主成分分析的主要成分，占了大部分的方差（Cliff 和 Noble，1990）。曲线尺寸的参数，包括峰高，与同类饮料的简单类别评价具有相关性。因此，对于感官科学家来说，一个公开的问题是，从记录中提取的 TI 参数是否有独特的信息，以及是否超过了由更为简单和直接的标度所提供的内容。

时间强度方法中一个潜在问题是，人们不知道影响信号反馈的因素。在 TI 测试中，有动态的物理过程（咀嚼，唾液稀释）会导致刺激改变以及感知产生变化（Fisher，1994）。第二个过程在于参与者如何将意识感觉转化为外显反应，包括判定机制和激活作用（Dijksterhuis，1996）。如果认为 TI 方法可以直接连接受试者舌头和移动鼠标的手，是不切实际的。即使在连续跟踪记录实验中，也必须有一些判定过程。在连续过程中，一个评价员对感知产生反应和对于反映装置位置改变的决定，其频率是未知的。即使有些受试者的记录看起来是平滑的曲线，但决定过程可能不是连续的。

当刺激的条件保持恒定、反应任务改变时，作为一种指示表明反应倾向是很重要的。例如，Lawless 和 Skinner（1979）发现使用相同刺激的蔗糖强度，应用图表记录仪的方法比使用重复类的评价法，持续时间的中间值短 15%~35%。为什么不同的评分方法会产生明显不同的持续时间？当追踪的是味觉特性而不是味觉强度时，可以观察到不同的模式。

Halpern（1991）发现，对 2mmol 的糖精溶液进行味觉特性评价时，对比味觉强度评价会有延迟（大约 400 ms）。可将其理解为在跟踪特性的情况下需要一个更复杂的决定过程。但它也提醒我们，一些行为可能会导致实际体验滞后一段时间。Halpern 的数据中更令人惊讶的是，被跟踪品质在被跟踪强度之前也会停止（600 ms）。是否有可能，特性已经消失，而受试员仍能感受到一些被定义了强度的风味。或者在这项任务中，有另一个反应的生成作用？

第三个会引起潜在反应偏差的方面在于环境效应。Clark 和 lawless（1994）表明，与其他标度任务一样，在 TI 方法中会有常见的前后效应，如连续的对比。此外，当受试者进行标度的数量受限时，一些评分值也会提高。例如在单点标度中，只进行甜度评价的时候，水果的甜度值就会增强。当水果的风味被评价时，甜味的增加通常会消失（Frank 等，1989），这种效应有时被称为“光环倾向”或者“倾向”效应。使用离散点的 TI 方法，这样可以对多个特性进行标度，Clark 和 Lawless 也提出了相同的结果。因为他们通常限制受试者一次只对一种特征进行反应，这对于连续跟踪方法来说可能会有问题。这也许可以解释为什么在 TI 研究中，风味引起的甜度增加会如此容易的发生（Matysiak 和 Noble，1991）。

最后一个需要考虑的问题是：在 TI 测量中经常使用的有限反应标度是否会缩小产品之间的差异。在相似的跟踪任务中，控制杆、鼠标、手柄、转盘或其他反馈设备的可移动距离被限制。通过一些训练，评价员了解不要触及界限。然而，自然的跟踪反应会鼓励评价员在宽泛的范围进行反应标度。如果在每次试验中都这样做，会减弱产品间在最大跟踪强度上的差异。例如，Overbosch 等（1986）显示了菜油中戊酮的曲线，浓度增加了一倍，强度差别只有 8%左右。与此文献中的心理数据相比，在 Lawless 和 Skinner（1979）的蔗糖数据中也可以看到类似的收缩作用。

8.8 结论

在大多数情况下，与传统的标度方法相比，TI 参数显示出类似的统计差异，但这并不是普遍的情况（例如 Moore 和 Shoemaker，1981）。

许多感官研究人员支持扩大 TI 方法的应用，进行风味和质构感觉描述。尤其是 Lee 和 Pangborn，他们认为这些方法提供了详细信息，这些信息从单一的感觉强度评价中无法获得（Lee，1989；Lee 和 Pangborn，1986）。TI 方法可以提供传统标度方式不能获得的有关速率、持续时间和强度信息。但是，该方法的应用必须权衡数据收集和分析中所增加的成本。在决定是否应用 TI 方法而不是传统的标度方法时，感官科学家应该考虑以下的标准。

（1）了解被研究的特性或体系是否会随着时间而改变？简单地吃食物可以解决这个问题；在很多情况下这是显而易见的。

（2）作为配料、加工、包装或其他感兴趣的变量函数，产品在感官时间上是否有差异？

（3）时间的变化是否会以这样一种方式发生，使它可能不会被直接单一标度方法所捕获？

（4）某些时间剖面特征是否与消费者的可接受性有关？

（5）该技术所提供的附加信息，其价值是否超过了在感官评价小组培训、数据获取和数据分析方面的额外成本或时间延迟？

显然，若这些问题的答案是大部分是肯定的，就可以从现有的众多感官评价工具中选择 TI 这一有效的方法。

参考文献

Abrahams, H., Krakauer, D. and Dallenbach, K. M. 1937. Gustatory adaptation to salt. American Journal of Psychology, 49, 462-469.

Ayya, N. and Lawless, H. T. 1992. Qualitative and quantitative evaluation of high-intensity sweeteners and sweetener mixtures. Chemical Senses, 17, 245-259.

Baron, R. F. and Penfield, M. P. 1996. Capsaicin heat inten-sity-concentration, carrier, fat level and serving temperature effects. Journal of Sensory Studies, 11, 295-316.

Barylko-Pikielna, N., Mateszewska, I. and Helleman, U. 1990. Effect of salt on time-intensity characteristics of bread. Lebensmittel Wissenschaft und Technologie, 23, 422-426.

Birch, G. G. and Munton, S. L. 1981. Use of the "SMURF" in taste analysis. Chemical Senses, 6, 45-52.

Bloom, K., Duizer, L. M. and Findlay, C. J. 1995. An objective numerical method of assessing the reliability of time-intensity panelists. Journal of Sensory Studies, 10, 285-294.

Bonnans, S. and Noble, A. C. 1993. Effect of sweetener type and of sweetener and acid levels on temporal perception of sweetness, sourness and fruitiness. Chemical Senses, 18, 273-283.

Brandt, M. A., Skinner, E. Z. and Coleman, J. A. 1963. Texture profile method. Journal of Food Science, 28, 404-409.

Brown, W. E., Landgley, K. R., Martin, A. and MacFie, H. J. 1994. Characterisation of patterns of chewing behavior in human subjects and their influence on texture perception. Journal of Texture Studies, 15, 33-48.

Butler, G., Poste, L. M., Mackie, D. A., and Jones, A. 1996. Time-intensity as a tool for the measurement of meat tenderness. Food Quality and Preference, 7, 193-204.

Cabanac, M. 1971. Physiological role of pleasure. Science, 173, 1103-1107.

Cain, W. S. 1974. Perception of odor intensity and time-course of olfactory adaptation. ASHRAE transactions, 80, 53-75.

Clark, C. C. and Lawless, H. T. 1994. Limiting response alternatives in time-intensity scaling: An examination of the Halo-Dumping effect. Chemical Senses, 19, 583-594.

Cliff, M. 1987. Temporal perception of sweetness and fruitiness and their interaction in a model system. MS Thesis, University of California, Davis, USA.

Cliff, M. and Heymann, H. 1992. Descriptive analysis of oral pungency. Journal of Sensory Studies, 7, 279-290.

Cliff, M. and Heymann, H. 1993a. Time-intensity evaluation of oral burn. Journal of Sensory Studies, 8, 201-211.

Cliff, M. and Heymann, 1993b. Development and use of time-intensity methodology for sensory evaluation: A review. Food Research International, 26, 375-385.

Cliff, M. and Noble, A. C. 1990. Time-intensity evaluation of sweetness and fruitiness in a model solution. Journal of Food Science, 55, 450-454.

Dacanay, L. 1990. Thermal and concentration effects on temporal sensory attributes of L-menthol. M.S. Thesis, University of California, Davis, USA.

de Roos, K. B. 1990. Flavor release from chewing gums. In: Y. Bessiere and A. F. Thomas (eds.), Flavour Science and Technology. Wiley, Chichester, pp. 355-362.

DeRovira, D. 1996. The dynamic flavor profile method. Food Technology, 50, 55-60.

Dijksterhuis, G. 1993. Principal component analysis of time-intensity bitterness curves. Journal of Sensory Studies, 8, 317-328.

Dijksterhuis, G. 1996. Time-intensity methodology: Review and preview. Proceedings, COST96 Meeting: Interaction of Food Matrix with Small Ligands Influencing

Flavour and Texture, Dijon, France, November 20, 1995.

Dijksterhuis, G. and van den Broek, E. 1995. Matching the shape of time-intensity curves. Journal of Sensory Studies, 10, 149-161.

Dijksterhuis, G., Flipsen, M. and Punter, P. H. 1994. Principal component analysis of time-intensity data. Food Quality and Preference, 5, 121-127.

DuBois, G. E. and Lee, J. F. 1983. A simple technique for the evaluation of temporal taste properties. Chemical Senses, 7, 237-247.

Dubose, C. N., Meiselman, H. L., Hunt, D. A. and Waterman, D. 1977. Incomplete taste adaptation to different concentrations of salt and sugar solutions. Perception and Psychophysics, 21, 183-186.

Duizer, L. M., Findlay, C. J. and Bloom, K. 1995. Dual-attribute time-intensity sensory evaluation: A new method for temporal measurement of sensory perceptions. Food Quality and Preference, 6, 121-126.

Duizer, L. M., Bloom, K. and Findlay, C. J. 1996. Dual attribute time-intensity measurements of sweetness and peppermint perception of chewing gum. Journal of Food Science, 61, 636-638.

Ebeler, S. E., Pangborn, R. M. and Jennings, W. G. 1988. Influence of dispersion medium on aroma intensity and headspace concentration of menthone and isoamyl acetate. Journal of Agricultural and Food Chemistry, 36, 791-796.

Eilers, P. H. C. and Dijksterhuis, G. B. 2004. A parametric model for time-intensity curves. Food Quality and Preference, 15, 239-245.

Fischer, U., Boulton, R. B. and Noble, A. C. 1994. Physiological factors contributing to the variability of sensory assessments: Relationship between salivary flow rate and temporal per-ception of gustatory stimuli. Food Quality and Preference, 5, 55-64.

Frank, R. A., Ducheny, K. and Mize, S. J. S. 1989. Strawberry odor, but not red color, enhances the sweetness of sucrose solutions. Chemical Senses, 14, 371-377.

Garrido, D., Calviño, A. and Hough, G. 2001. A parametric model to average time-intensity taste data. Food Quality and Preference, 12, 1-8.

Gent, J. F. 1979. An exponential model for adaptation in taste. Sensory Processes, 3, 303-316.

Gent, J. F. and McBurney, D. H. 1978. Time course of gustatory adaptation. Perception and Psychophysics, 23, 171-175.

Green, B. G. 1989. Capsaicin sensitization and desensitization on the tongue produced by brief exposures to a low concentration. Neuroscience Letters, 107, 173-178.

Green, B. G. and Lawless, H. T. 1991. The psychophysics of somatosensory chemoreception in the nose and mouth. In: L. M. B. T. V. Getchell and J. B. Snow (eds.), Smell and Taste in Health and Disease. Raven, New York, pp. 235-253.

Guinard, J.-X., Pangborn, R. M. and Shoemaker, C. F. 1985. Computerized procedure for time-intensity sensory mea-surements. Journal of Food Science, 50, 543-544, 546.

Guinard, J.-X., Pangborn, R. M. and Lewis, M. J. 1986. The time course of astringency in wine upon repeated ingestions, American Journal of Enology and Viticulture, 37, 184-189.

Gwartney, E. and Heymann, H. 1995. The temporal perception of menthol. Journal of Sensory Studies, 10, 393-400.

Haring, P. G. M. 1990. Flavour release: From product to perception. In: Y. Bessiere and A. F. Thomas (eds.), Flavour Science and Technology. Wiley, Chichester, pp. 351-354.

Halpern, B. P. 1991. More than meets the tongue: Temporal characteristics of taste intensity and quality. In: H. T. Lawless and B. P. Klein (eds.), Sensory Science Theory and Applications in Foods. Marcel Dekker, New York, pp. 37-105.

Holway, A. H. and Hurvich, L. M. 1937. Differential gustatory sensitivity to salt. American Journal of Psychology, 49, 37-48.

Janusz, J. M., Young, P. A., Hiler, G. D., Moese, S. A. and Bunger, J. R. 1991. Time-intensity profiles of dipeptide sweeteners. In: D. E. Walters, F. T. Orthoefer and G. E. DuBois (eds.), Sweeteners: Discovery, Molecular Design and Chemoreception. ACS Symposium Series # 450. American Chemical Society, Washington, DC, pp. 277-289.

Jellinek, G. 1964. Introduction to and critical review of modern methods of sensory analysis (odor taste and flavor evaluation) with special emphasis on descriptive analysis. Journal of Nutrition and Dietetics, 1, 219-260.

Jellinek, G. 1985. Sensory Evaluation of Food, Theory and Practice. Ellis Horwood, Chichester, England.

Kroeze, J. H. A. 1979. Masking and adaptation of sugar sweetness intensity. Physiology and Behavior, 22, 347-351.

Kuo, Y.-L., Pangborn, R. M. and Noble, A. C. 1993. Temporal patterns of nasal, oral and retronasal perception of citral and vanillin and interactions of these odorants with selected tastants. International Journal of Food Science and Technology, 28, 127-137.

Labbe, D., Schlich, P., Pineau, N., Gilbert, F. and Martin, N. 2009. Temporal dominance of sensations and sensory profiling: A comparative study. Food Quality and Preference, 20, 216-221.

Lallemand, M., Giboreau, A., Rytz, A. and Colas, B. 1999. Extracting parameters from time-intensity curves using a trapezoid model: The example of some sensory attributes of ice cream. Journal of Sensory Studies, 14, 387-399.

Larson-Powers, N. and Pangborn, R. M. 1978. Paired comparison and time-intensity measurements of the sensory properties of beverages and gelatins containing sucrose or synthetic sweeteners. Journal of Food Science, 43, 41-46.

Lawless, H. T. 1980. A computerized system for assessing taste intensity over time. Paper presented at the Chemical Senses and Intake Society, Hartford, CT, April 9, 1980.

Lawless, H. T. 1984. Oral chemical irritation: Psychophysical properties. Chemical Senses, 9, 143-155.

Lawless, H. T. and Clark, C. C. 1992. Psychological biases in time-intensity scaling. Food Technology, 46 (11), 81, 84-86, 90.

Lawless, H. T. and Skinner, E. Z. 1979. The duration and perceived intensity of sucrose taste. Perception and Psychophysics, 25, 249-258.

Lawless, H. T. and Stevens, D. A. 1988. Responses by humans to oral chemical irritants as a function of locus of stimulation. Perception and Psychophysics, 43, 72-78.

Lawless, H. T., Corrigan, C. L. and Lee, C. L. 1994. Interactions of astringent substances. Chemical Senses, 19, 141-154.

Lawless, H. T., Tuorila, H., Jouppila, K., Virtanen, P. and Horne, J. 1996. Effects of guar gum and microcrystalline cellulose on sensory and thermal properties of a high fat model food system. Journal of Texture Studies 27, 493-516.

Le Reverend, F. M., Hidrio, C., Fernandes, A. and Aubry, V. 2008. Comparison between temporal dominance of sensation and time intensity results. Food Quality and Preference, 19, 174-178.

Leach, E. J. and Noble, A. C. 1986. Comparison of bitterness of caffeine and quinine by a time-intensity procedure. Chemical Senses, 11, 339-345.

Ledauphin, S., Vigneau, E. and Causeur, D. 2005. Functional approach for the analysis of time intensity curves using B-splines. Journal of Sensory Studies, 20, 285-300.

Ledauphin, S., Vigneau, E. and Qannari, E. M. 2006. A procedure for analysis of time intensity curves. Food Quality and Preference, 17, 290-295.

Lee, C. B. and Lawless, H. T. 1991. Time-course of astringent materials. Chemical Senses, 16, 225-238.

Lee, W. E. 1985. Evaluation of time-intensity sensory responses using a personal computer. Journal of Food Science, 50, 1750-1751.

Lee, W. E. 1986. A suggested instrumental technique for studying dynamic flavor release from food products. Journal of Food Science, 51, 249-250.

Lee, W. E. 1989. Single-point vs. time-intensity sensory measurements: An informational entropy analysis. Journal of Sensory Studies, 4, 19-30.

Lee, W. E. and Pangborn, R. M. 1986. Time-intensity: The temporal aspects of sensory perception. Food Technology, 40, 71-78, 82.

Liu, Y. H. and MacFie, H. J. H. 1990. Methods for averaging time-intensity curves. Chemical Senses, 15, 471-484.

Lundahl, D. S. 1992. Comparing time-intensity to category scales in sensory evaluation. Food Technology, 46 (11), 98-103.

Lynch, J., Liu, Y.-H., Mela, D. J. and MacFie, H. J. H. 1993. A time-intensity study of the effect of oil mouthcoatings on taste perception. Chemical Senses, 18, 121-129.

Matysiak, N. L. and Noble, A. C. 1991. Comparison of temporal perception of fruitiness in model systems sweetened with aspartame, aspartame + acesulfame K blend or sucrose. Journal of Food Science, 65, 823-826.

McBurney, D. H. 1966. Magnitude estimation of the taste of sodium chloride after adaptation to sodium chloride. Journal of Experimental Psychology, 72, 869-873.

McBurney, D. H. and Shick, T. R. 1971. Taste and water taste of 26 compounds for man. Perception and Psychophysics, 11, 228-232.

McGowan, B. A. and Lee, S.-Y. 2006. Comparison of methods to analyze time-intensity curves in a corn zein chewing gum study. Food Quality and Preference 17, 296-306.

McNulty, P. B. 1987. Flavour release—elusive and dynamic. In: J. M. V. Blanshard and P. Lillford (eds.), Food Structure and Behavior. Academic, London, pp. 245-258.

McNulty, P. B. and Moskowitz, H. R. 1974. Intensity-time curves for flavored oil-in-water emulsions. Journal of Food Science, 39, 55-57.

Meiselman, H. L. 1968. Magnitude estimation of the time course of gustatory adaptation. Perception and Psychophysics, 4, 193-196.

Meiselman, H. L. and Dubose, C. N. 1976. Failure of instructional set to affect completeness of taste adaptation. Perception and Psychophysics, 19, 226-230.

Meiselman, H. L. and Halpern, B. P. 1973. Enhancement of taste intensity through pulsatile stimulation. Physiology and Behavior, 11, 713-716.

Moore, L. J. and Shoemaker, C. F. 1981. Sensory textural properties of stabilized ice cream. Journal of Food Science, 46, 399-402, 409.

Neilson, A. J. 1957. Time-intensity studies. Drug and Cosmetic Industry, 80, 452-453, 534.

O'Keefe, S. F., Resurreccion, A. P., Wilson, L. A. and Murphy, P. A. 1991. Temperature effect on binding of volatile flavor compounds to soy protein in aqueous model systems. Journal of Food Science, 56, 802-806.

O'Mahony, M. 1986. Sensory adaptation. Journal of Sensory Studies, 1, 237-257.

O'Mahony, M. and Wong, S.-Y. 1989. Time-intensity scaling with judges trained to use a calibrated scale: Adaptation, salty and umami tastes. Journal of Sensory Studies, 3, 217-236.

Ott, D. B., Edwards, C. L. and Palmer, S. J. 1991. Perceived taste intensity and duration of nutritive and non-nutritive sweeteners in water using time-intensity (T-I) evaluations. Journal of Food Science, 56, 535-542.

Overbosch, P. 1987. Flavour release and perception. In: M. Martens, G. A. Dalen and H. Russwurm (eds.), Flavour Science and Technology. Wiley, New York, pp. 291-300.

Overbosch, P., Van den Enden, J. C., and Keur, B. M. 1986. An improved method for measuring perceived intensity/time relationships in human taste and smell. Chemical Senses, 11, 315-338.

Owen, W. J. and DeRouen, T. A. 1980. Estimation of the mean for lognormal data containing zeroes and left-censored values, with application to the measurement of worker exposure to air contaminants. Biometrics, 36, 707-719.

Pangborn, R. M. and Koyasako, A. 1981. Time-course of viscosity, sweetness and flavor in chocolate desserts. Journal of Texture Studies, 12, 141-150.

Pangborn, R. M., Lewis, M. J. and Yamashita, J. F. 1983. Comparison of time-intensity with category scaling of bitterness of iso-alpha-acids in model systems and in beer. Journal of the Institute of Brewing, 89, 349-355.

Peyvieux, C. and Dijksterhuis, G. 2001. Training a sensory panel for TI: A case study. Food Quality and Preference, 12, 19-28.

Pineau, N., Schlich, P., Cordelle, S., Mathonniere, C., Issanchou, S., Imbert, A., Rogeaux, M., Eteviant, P. and Köster, E. 2009. Temporal dominance of sensations: Construction of the TDS curves and comparison with time-intensity. Food Quality and Preference, 20, 450-455.

Pionnier, E., Nicklaus, S., Chabanet, C., Mioche, L., Taylor, A. J., LeQuere, J. L. and Salles, C. 2004. Flavor perception of a model cheese: relationships with oral and physico-chemical parameters. Food Quality and Preference, 15, 843-852.

Prescott, J. and Stevenson, R. J. 1996. Psychophysical responses to single and multiple presentations of the oral irritant zingerone: Relationship to frequency of chili consumption. Physiology and Behavior, 60-617-624.

Reinbach, H. C., Toft, M. and Møller, P. 2009. Relationship between oral burn and temperature in chili spiced pork patties evaluated by time-intensity. Food Quality and Preference, 20, 42-49.

Reinbach, H. C., Meinert, L., Ballabio, D., Aayslyng, M. D., Bredie, W. L. P., Olsen, K. and Møller, P. 2007. Interactions between oral burn, meat flavor and texture in chili spiced pork patties evaluated by time-intensity. Food Quality and Preference, 18, 909-919.

Rine, S. D. 1987. Computerized analysis of the sensory properties of peanut butter. M. S. Thesis, University of California, Davis, USA.

Roberts, D. D. and Acree, T. E. 1996. Simulation of retronasal aroma using a modified headspace technique: Investigating the effects of saliva, temperature, shearing, and oil on flavor release. Journal of Agricultural and Food Chemistry, 43, 2179-2186.

Roberts, D. D., Elmore, J. S., Langley, K. R. and Bakker, J. 1996. Effects of sucrose, guar gum and carboxymethylcellulose on the release of volatile flavor compounds under dynamic conditions. Journal of Agricultural and Food Chemistry, 44, 13221-1326.

Robichaud, J. L. and Noble, A. C. 1990. Astringency and bitterness of selected phenolics in wine. Journal of the Science of Food and Agriculture, 53, 343-353.

Rosin, S. and Tuorila, H. 1992. Flavor potency of garlic, pepper and their combination in different dispersion media. Lebensmittel Wissenschaft und Technologie, 25, 139-142.

Rozin, P., Ebert, L. and Schull, J. 1982. Some like it hot: A tem-poral analysis of hedonic responses to chili pepper. Appetite, 3, 13-22.

Shamil, S., Wyeth, L. J. and Kilcast, D. 1992. Flavour release and perception in reduced-fat foods. Food Quality and Preference, 3, 51-60.

Sjostrom, L. B. 1954. The descriptive analysis of flavor. In: Food Acceptance Testing Methodology, Quartermaster Food and Container Institute, Chicago, pp. 4-20.

Stevens, D. A. and Lawless, H. T. 1986. Putting out the fire: Effects of tastants on oral chemical irritation. Perception and Psychophysics, 39, 346-350.

Swartz, M. 1980. Sensory screening of synthetic sweeteners using time-intensity evaluations. Journal of Food Science, 45, 577-581.

Taylor, D. E. and Pangborn, R. M. 1990. Temporal aspects of hedonic response. Journal of Sensory Studies, 4, 241-247.

Tuorila, H. and Vainio, L. 1993. Perceived saltiness of table spreads of varying fat compositions. Journal of Sensory Studies, 8, 115-120.

time-intensity van Buuren, S. 1992. Analyzing time-intensity responses in sensory evaluation. Food Technology, 46(2), 101-104.

Veldhuizen, M. G., Wuister, M. J. P. and Kroeze, J. H. A. 2006. Temporal aspects of hedonic and intensity responses. Food Quality and Preference, 17, 489-496.

Wendin, K., Janestad, H. and Hall, G. 2003. Modeling and anal-ysis of dynamic sensory data. Food Quality and Preference, 14, 663-671.

Yoshida, M. 1986. A microcomputer (PC9801/MS mouse) system to record and analyze time-intensity curves of sweet-ness. Chemical Senses, 11, 105-118.

Zimoch, J. and Gullett, E. A. 1997. Temporal aspects of perception of juiciness and tenderness of beef. Food Quality and Preference, 8, 203-211.

感官评价中的情境效应和偏差

人类对于某种感觉或产品的评价很大程度上会受到样品所处情境、空间或时间的影响。本章主要介绍产品评价环境如何改变评价，不同类型的情境效应及偏差，以及减少偏差的方案及措施。

根据这些基本原则，相对于其他实际存在的或仅仅可能是想象的事物来说，每件我们所能看到的、感觉到的、闻到的或是听到的事情，可能会在定义了的位置中出现。

——James (1913)

9.1 引言：人类感官评价的相对特点

本章主要讨论影响感官判断的情境效应和偏差。情境效应是指在给定范围内对产品进行判断时，易受多种因素影响，如结论在同一次测试期间易受其他产品的影响。与一些质量较次的产品进行比较时，中等质量的产品似乎非常好。偏差是指判断的倾向，也就是以某种方式受影响而不能准确地响应真实情况的感官分析。例如，在量值估计中，尽管可以使用任何数字或分数，但人们倾向于使用2、5和10倍数的数字。本章结尾处针对以上问题提出了一些解决方案。但感官科学家应该意识到我们不能完全消除这些因素。事实上这些问题很有趣并值得研究，因为它们可以告诉我们人类感觉和认知的过程。

感觉心理学认为人类是非常差的绝对测量仪器，但在比较事物方面非常出色。例如，我们可能难以估计咖啡的确切甜度，但可以判断是否需要添加更多的糖以使其更甜。那么，如果人们倾向于进行比较，那么当没有要求或指定要比较时，该如何给出评分？例如，在对食品硬度进行评价时该如何判断是硬还是软？显然，必须确定硬度参考的范围，或者用明确的参考标准进行培训，从而明确响应标度的高低。换句话说，他们必须将这种感官判断与尝试过的其他产品联系起来。对于日常生活中遇到的众多项目，人们已根据经验建立了参照系。我们很容易形成"大老鼠在小象鼻子上奔跑"的图像，因为我们已经为老鼠和大象构建了参照系。在这种情况下，大小的判断依赖于情境。有些人认为所有的判断都是相对的。

这种依赖于参照系的感官评价表明了情境效应对偏差或改变产品评价方式的影响。我们总是倾向于根据背景或以前的经验来看待事物，并相应地评估它们的。在纽约Ithaca，1月份4.4℃相对于美国东北部的冬季来说似乎非常温和。然而，在同一个地点8

月份的夜晚，4.4℃的温度会让人感觉很凉爽。参比原则是许多视觉错觉的来源，由于其所处的情境不同，相同的物理刺激会产生非常不同的感觉印象。如图9.1所示。

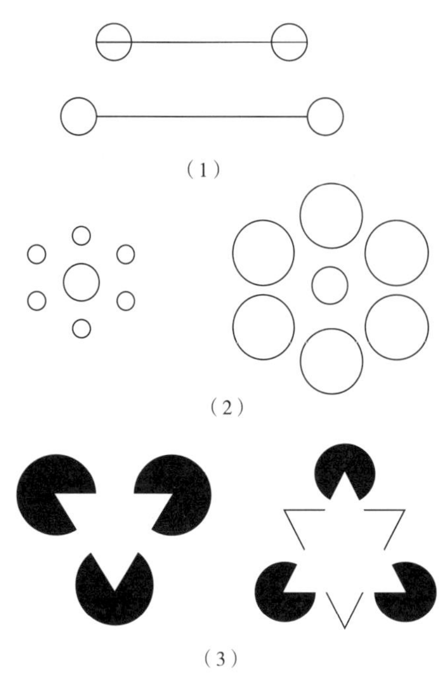

图9.1 情境对视觉错觉影响

（1）Muller-Lyer错觉的哑铃形式；（2）Ebbinghaus错觉；（3）错觉轮廓。在此情况下，情境引发形状的感觉。

情境效应的简单证明就是视觉后象，这促进了Emmert定律（Boring，1942）的形成。1881年Emmert根据以下效果提出了大小恒常性原则：在距离为一米地方注视明亮彩色矩形纸约30s（这有助于产生一个小圆点以帮助固定原点）。然后把目光转移到面前桌子上的一张白纸上，你可以看到互补色的矩形后像，尺寸较原来的彩色矩形较小。接着将目光转移到一段较远距离外的白墙上，后像显得更大，因为大脑在更远的距离处发现了一个固定的区域来呈现更大的实体物。因大脑不能立即认识到后像仅仅是视觉感官系统创造的，所以将它投影到所“看到”的表面距离处。较远距离的参照系就要求较大尺寸的感觉。

感官判断和情境之间的密切联系给任何想要在不同时间、不同评价会或情境中将评价视为绝对的或可比较的人提出了问题。即使两个产品的实际感官印象相同，也可以通过改变参照系及人类的行为而对同一产品产生不同的响应。早期心理学家经常忽视这一问题（或者感觉功能的原理）。在心理学方面，通常采用简单的刺激-响应（S-R）模型，其中响应被认为是感官体验的直接和无偏差的表示。对于某些已发现的偏差，可通过适当的实验控制使其最小化或被消除（Birnbaum，1982；Poulton，1989）。

更为现代的观点认为在评价中存在两到三个独立的过程。首先是心理生理学过程。在这一过程中刺激性的能量会被转化成生理行为，并以此作为他们一些感官强度主观经验的结果。其次，可将主观经验转化为可观察到的响应，即如何按照评价的标度对感知到的知觉进行测定（图9.2）。许多心理学家认为“判断”是从刺激到响应过程中重要的组成部分（Anderson，1974，Birnbaum，1982，McBride和Anderson，1990；Schifferstein和Frijters，1992；Ward，1987）。这一过程也被称为响应输出。第三步是将原始的感官体验转换成某种编码的感觉，在判断之前形成瞬时记忆［图9.2（3）］。

在给定的结构图中，刺激的情境可能会影响感觉过程。首先，实际的感觉本身可能会发生改变。许多感官过程会受到众多项同时或连续因素的影响。一个刺激附近（时间或空间）的其他刺激对其有直接影响，因此导致该样品可能会有不同的感觉。同时的色彩对比是色彩视觉的一个例子，就像某些类型的混合物可通过抑制相互作用掩盖味道和气味一样，存在类似的关系。因钠离子可抑制苦味转导的方式，所以添加盐的奎宁比单独食用奎宁的苦味较小。由于之前的感官经历，感官适应性削弱了对刺激的感知。因此，心理生理学过程本身会受到情境刺激的影响从而发生改变的，有时是按照表面感官机理的方式，由于物理学的影响（如酸缓冲）或生理学影响（如引起混合抑制的神经抑制）而进行改变的。第二点影响是情境可能使响应输出函数的参照系发生偏移。也就是说，在两种条件下，人们认为感觉和知觉在主观强度上是相同的，但由于观察者是将它们放在连续的响应中的（由于不同的情境），所以，对它们的评价不同。许多研究表明情境因素，如沿着物质的连续统一体所分布的刺激，主要（虽然不是完全）影响响应的输出功能（Mellers 和 Birnbaum，1982，1983）。有时会出现第三个过程，在这一过程中感觉本身转换为隐性响应或可能受情境影响的编码图像［图 9.2（3）］。如果情境因素影响编码过程，这将提供另一个影响该过程的机会。

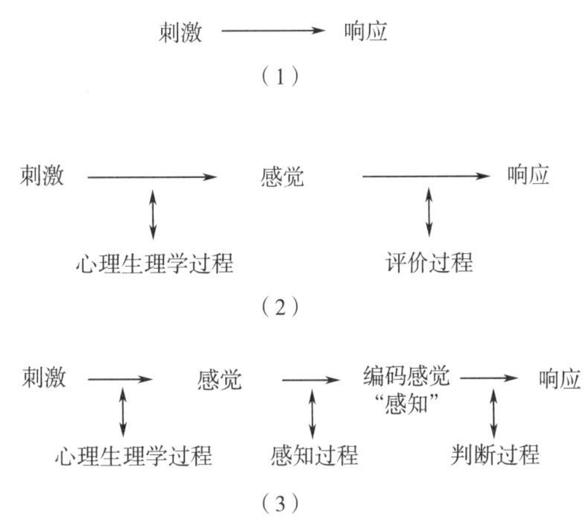

图 9.2　感知-响应模型

（1）20 世纪行为心理学的简单刺激-响应模型；（2）感觉和响应的两个过程：心理生理学过程和响应输出或判断过程，在这一过程中参与者决定对感觉给予怎样的响应；（3）较复杂的模型：在这一模型中，在作出响应前感觉发生改变。与感觉不同，它作为编码感觉存在于短期记忆中。同时或连续刺激的情境效应可以通过几种方式影响刺激-响应过程。外周生理效应，如适应或混合抑制可能会改变转导过程或神经处理的早期阶段。其他刺激可能会导致分离的感觉被整合到最终的响应中。情境因素也可能影响感觉输出的参考标准。在一些模型中，感觉转化为隐性响应，然后被转化为过度响应 R。

情境变化导致偏差产生。从这一点来看偏差是一个转变过程，或者是从响应到恒定感觉的变化。如果将某种情况视为产生真实而准确的回应，那么导致偏离这一准确回应的情境条件就是“偏差”。但是，如果有理由推定一种判断条件比其他条件更准确，那么无需考虑偏差。普遍认为：判断来自观察的条件，因此所有的判断存在偏差。幸运的是，这些偏差和引起偏差的条件是可预测的并且已经研究清楚了的，因此它们可以被消除或最小化。至少，感官实践者需要了解这些影响是如何进行的，从而知道判断和评价何时会发生变化。重要的是几乎没有任何评价具有绝对意义。不能因为产品今天的喜好评分为 7.0，就说比上周评分为 6.5 的产品要好，因为情境可能已经改变了。

9.2　简单的对比效应

目前感官情境最常见的效应是简单对比效应。在其他条件相同的情况下，如果有一个更弱的刺激存在，就会把一个刺激的强度评价得较高；而当有一个更强的刺激存在时，任何一个刺激的强度都会被评价得较低。这种效应较它的反面、收敛或同化更容易被发现和证明。例如，来自 Quartermaster 公司的早期感官工作员 Kamenetsky（1957）注意到了食物的可接受性评价似乎依赖于评价会期间提供的其他食物。如果之前感知了一个好的样品的话，那么差的食品似乎会更差。当有一个差异很大的样品存在时，一组样品中的其他样品看起来似乎非常相似（Zellner 等，2006）。

9.2.1 原理：适应性水平

正如之前所提到的，1 月份（纽约）4.4℃的天气似乎比 8 月份同等温度要暖和得多。根据 Helson 的适应性水平理论可以合理地预测这类效应。Helson（1964）提出将之前评价过的刺激的平均水平作为参照系。与寒冷的冬季气候相比，温和的温度在炎热潮湿的夏季似乎更让人感觉凉爽。因为参比了近期评价物品的感官特性。Helson 进一步阐述了这一理论，包括了当前的和过去的前辈的理论。他认为时间越短，对适应水平的影响作用越强。当然仅参考经验的平均值并不足以产生对比效应——如果平均值集中在响应范围的中间附近，它的影响力更大。如下面将要讨论的中心偏差（Poulton，1989）。

持续刺激会导致响应值下降，这种适应性是感觉过程中主要的问题。在视觉的光/暗适应中，生理适应或环境刺激的调整就是一个明显的例子。热感和触感也显示了重要的适应效应——我们很容易地适应室温（只要不是太极端），但很难感受到来自服装的触觉刺激。所以平均参考水平通常是来自感知，或者变成一条新基线的，根据这条基线就可以感知到环境的变化。一些学者甚至认为这可以提高区别——根据韦伯定律（McBurney，1966），差别阈在适应水平或生理零点附近最小。第 2 章所讨论的有关味觉和嗅觉就是适应性效应的典型例子。适应性在化学、热和触觉方面的影响非常重要。

但是，没必要用以前刺激的神经适应或生理效应来解释所有的对比效应。简单地说，或多或少的极端刺激改变了我们的参照系，或者是更换了一个刺激范围和响应标度。情境的一般原则是人类观察者的行为就像测量仪器一样，不断地根据经验将自己重新校准。我们对小马的看法可能取决于参照系是否包括挽马、设特兰小矮马或小型史前马。下面的例子表明了情境对强度、感官品质和喜好快感或可接受性的影响。所有的例子都可以用同一期间的其他刺激感知对比或评价转移进行解释。

9.2.2 强度偏移

图 9.3 所示为在不同情境下具有不同盐浓度的汤的简单对比效应（Lawless，1983）。该系列中心刺激与两个较低的盐浓度或两个较高的盐浓度添加到一个低盐汤中，或者是两个较高浓度的盐加入低钠含量的汤中之间。采用简单的 9 点类别标度对咸味强度评分。在较低盐浓度的环境中，中等盐度可获得较高的评价；在较高盐浓度的环境中，则评分较低，这与冬季温和的一天（看起来较暖）与夏季温和一天（似乎较凉爽）的感觉有些类似。值得注意的是，这种转变是相当戏剧性的，它在 9 点标度上有两点几乎占了标度范围的 25%。

不同砂砾大小导致砂纸触觉粗糙度的变化，这样简单的课堂演示可以证明是存在相

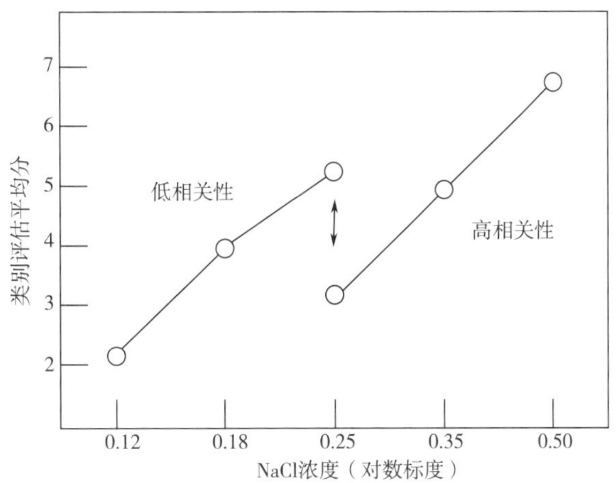

图 9.3 添加 NaCl 后对汤的咸味评价

0.25mol/L 浓度的样品在两种环境下评价，一个加入较高的浓度中，而另一个是加入较低的浓度中。这种偏移是典型的简单对比效应（Lawless，1983）。

似偏移的。在较高粗糙程度样品存在的条件下，中等粗糙样品的评分低于在较平滑的样品存在的条件下的评分。简单对比效应不限于味道和气味。

对比效应并不总是会被观察到。在具有较长系列刺激的心理生理学研究中，人们已发现一些样品之间的相关性。人们已经测量了当前的预测刺激与过去的预测刺激之间的效应，并且发现了该系列中相邻响应之间的正相关性。这就证明了差异的同化或低估的存在（Ward，1979，1987；Schifferstein 和 Frijters，1992）。

9.2.3 属性偏移

早期心理学家如威廉詹姆斯已熟知诸如颜色对比之类的视觉例子："同时，正在输入的信息的心理效应确实依赖于其他可能同时涌入的信息，这是毫无疑问的事实。这个信息带入头脑中的对客体的感知和质量都被其他信息所改变。"。黄色背景上的灰色线条可能会显得偏蓝，而蓝色背景中的相同线条可能看起来更偏黄。著名艺术家 Josef Albers 的画作很好地利用了色彩对比。在化学感觉中，人们也观察到了类似的效应。描述性小组在香味评价的训练期间，发现萜烯类化合物二氢月桂烯醇存在于一系列木质的或像松木的参比物中。评价员抱怨其香气太像柑橘类而不能归入木质参比物中。然而，当相同的气味处于柑橘类植物参比物的情境中时，同样的评价员称其太像木质和松树的气味，而不能归入柑橘类的样品中。图 9.4 表明了这种情境的偏移。在柑橘类物质的情境中该刺激被评价为更具有木质特性。相反，在评价柑橘的强度时，在柑橘的环境中其强度会降低，而在木质的环境中其强度会增加。这一影响十分强烈，并且为了消除潜在的感觉适应效应的休息时间是否存在，人们都可以感受到这种效应。甚至在环境气味跟随目标刺激后出现，并且在完成两者的感知评价后，同样也会出现这种属性的偏移效应（Lawless 等，1991）。这一显著影响将在 9.2.5 中进一步讨论。

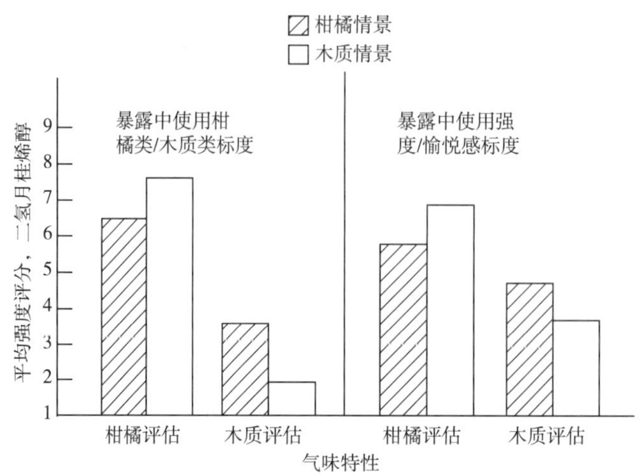

图 9.4　对含糊不清的萜烯香气化合物二氢月桂烯醇的气味质量对比

在柑橘类情境下，木质的评分增加而柑橘特性降低。在木质情境下，木质的评分会降低。评价组在不同的暴露环境中利用不同的标度没有评价柑橘和木质的特性，而只对一个总体的强度和愉悦感进行了评价。（Lawless 等，1991，由牛津大学出版社出版）。

情境效应也可改变识别和表征样品的方式。当人们对语音进行分类时，反复暴露于一种简单语音类型中会改变其对其他语音的范畴边界。人们反复暴露在具有较早嗓音起始时间的语音“bah”可以使人的语音边界发生偏移，使得接近边界的语音更可能被定义为“pah”音（较晚的嗓音起始时间）（Eimas 和 Corbit，1973）。处于边界水平的样品会跨越边界并进入相邻类别，这种偏移类似于一种对比效应。

9.2.4　喜好偏移

食物偏好或接受程度的变化可以被看作是情境的作用。早期研究人员已熟知喜好对比这种效应（Hanson 等，1955；Kamenetzky，1959）。如果在较差的样品评价之后再对一个好的产品进行评价，它看上去似乎更好；如果在较好的样品评价之后再对其进行评价，则看上去似乎较差。Beebe-Center（1932）对这种效应非常了解，认为是 Fechner 于 1898 年发现了这种效应。人们在滋味（Riskey 等，1979；Schifferstein，1995）、气味（Sandusky 和 Parducci，1965 年）及艺术（Dolese 等，2005）中也观察到了这种对比。在这些类型的实验中可观察到另一个效应：对比的样品会产生其他的、通常使评分较低的刺激物变得更相似或难以区别，这称为凝聚效应（Parker 等，2002；Zellner 等，2006）。Zellner 等的研究表明（2006），预先接触滋味较好的果汁会降低人们对较不吸引人的果汁的喜好评分。一般的样品则更糟和更相似。

在利用适用法确定番茄酱的最佳咸度和饮料的最佳甜度中，人们发现存在这种喜好偏移（Mattes 和 Lawless，1985）。在这项研究中当试图对甜味或咸味进行优化时，工作可以朝两个方面进行。在递增系列中，将饮料与含有相同的颜色、芳香物质和其他风味物质，且只有甜度或咸度不同的浓缩物混合，来浓缩这一稀释溶液；在递减系列中，将所得溶液作为起始点，分别稀释到所需水平。如图 9.5 所示。这种差异非常显著，大致浓度范围在 2∶1。这一效应较强——它不能归因于感官适应性或是区别度的缺乏，并且当受试者通过经济的鼓励以试图在递增和递减这两个试验中获得同样的结果时，这种强烈的效应依然存在。这是一种情感对比。相对于一个非常甜或咸的起点，略低一点的起点似乎恰到好处，但对于较酸的水果饮料或较柔和的番茄汁，非常少的一点儿糖或盐就会正好。终点与起点形成对比时，似乎要比单独感知的浓度更易接受。在递增或递减的产品序列中，过早发生的响应变化会被称为“预期错误”。

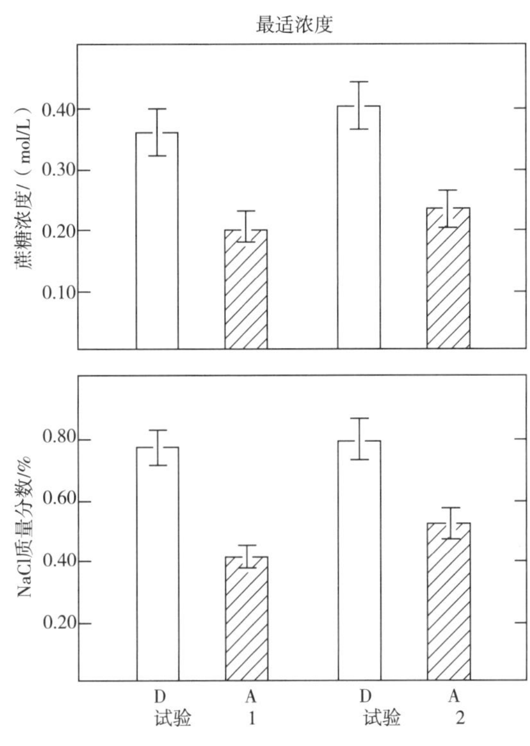

图 9.5　优化番茄汁中盐浓度和果汁饮料中蔗糖浓度

在标记为 D 的试验中，浓度从浓缩的被检样品进行稀释。在标记为 A 的试验中，浓度从被检样品的稀释液开始不断增加。其他成分的浓度保持不变。情境偏移与过早地达到表观最优点一致，就如同表观最优点相对于起始点发生了偏移［由 Mattes 和 Lawless（1985）授权转载］。

9.2.5　对比效应的解释

人们试图寻求对比效应的生理解释，而不是心理学或判断性解释。一系列强烈刺激后产生的感官适应性会降低任何后续测试样品的评分。感官适应在味觉和嗅觉的化学感知中的重要性为这个解释提供了一定的证据。然而，大量研究表明，可以通过足够的清洗或延长刺激之间的间隔时间等方法，来预防感官适应，但情境效应仍然存在（Lawless 等，1991；Mattes 和 Lawless，1985；Riskey，1982）。此外，很难理解低强度刺激的感官适应如何能导致较强刺激评价的增加，因为与无刺激基线相比，适应性必然导致生理响应的降低。

反对简单适应性解释的最好证据是反向成对实验的对比效应，其中情境刺激在所需评价的目标刺激之后，因此对它没有生理适应效应的影响。这种模式要求人们在环境刺激出现后，根据记忆评价目标刺激，这个过程被称为反向成对过程（Diehl 等，1978）。由于顺序相反，情境效应不能归咎于生理适应，因为情境刺激发生在目标刺激之后，而不是发生在之前。对于芳香化合物（如二氢月桂烯醇）的气味品质的变化，人们可以认为其是反向成对效应；反向成对效应在量值上仅次于一般刺激顺序导致的情境偏移（Lawless 等，1991）。反向成对情况也能够在感官强度上产生简单对比效应。当对正常浓度的水果饮料进行品尝和评价时（来自记忆），插入较高或较低的甜味样品时，可观察到甜度偏移（Lawless，1994）。观察图 9.2，似乎更有可能是效应改变响应功能。但是，并非所有的研究人员都对此看法表示赞同。特别是，Marks（1994）认为情境偏移就像一个适应过程，而听觉刺激是一个外围事件。有可能变化的不是感觉/经验，而是感觉编码，或某种隐蔽的响应。一个人在评分时，评价的是一些体验过的记忆痕迹，这一记忆很有可能会改变。

9.3 范围和频率效应

影响评价的两个最常见因素是待评价产品的感官范围以及使用响应选项的频率。这些因素被很好地整合在一起来解释在等级评价时发生的偏移。这些因素会影响评价和响应。

9.3.1 Parducci's 范围频率和理论

Parducci（1965，1974）试图超越 Helson（1964）的观点，即人们在确定判断的参照系时是对他们平均感官体验的响应。然而，他们断言在心理生理实验中刺激的整体分布会影响对特定刺激的判断。如果这种分布集中（聚集）在低的点并且存在很多较弱的刺激，产品的评价会向上偏移。Parducci（1965，1974）认为评价任务中的行为是两个原则的折中。首先是范围原则。受试者用类别对所提供的标度范围进行细分，并将标度分为相等的感知片段。第二是频率原则。在很多评价中，他们倾向于使用相同次数的类别（Parducci，1974）。因此，决定响应标度如何使用的不仅是平均水平，还包括刺激如何按顺序聚集或分开。作为范围和频率原则的权衡结果，可以对分类标度行为进行预测（Parducci 和 Perrett，1971）。

9.3.2 范围效应

人们发现范围效应存于分类评分和包括比率标度在内的其他评价中（Engen 和 Levy，1958；Teghtsoonian 和 Teghtsoonian，1978）。当扩大或缩小产品的整个范围时，受试者会将他们的体验对应到所提供的分类当中（Poulton，1989）。因此，较窄的范围会产生陡峭的心理生理学函数，而较宽的范围会产生平坦的函数。在两个已发表的关于评价标度的研究中，可以看到这样的例子（Lawless 和 Malone，1986a，b）。在这两项研究中，他们采用4 种响应标度以及大量的视觉、触觉和嗅觉来比较消费者对不同产品使用不同标度的能力。在第一项研究中，消费者毫不费力地区分了产品；在第二项研究中，刺激在物理连续性上放置得比较接近，因此区分更具挑战性。然而，当实验人员封闭刺激时，范围原则便会起作用，参与者使用了比预期更大范围的评价标度。图 9.6 表明在宽和窄刺激范围内对感知到的（搅拌的）硅树脂样品稠度的评价。注意响应函数的陡峭性。用于比较物理黏度的一个对数单位范围变化，实际上在窄的刺激范围中响应范围是宽刺激范围的两倍。

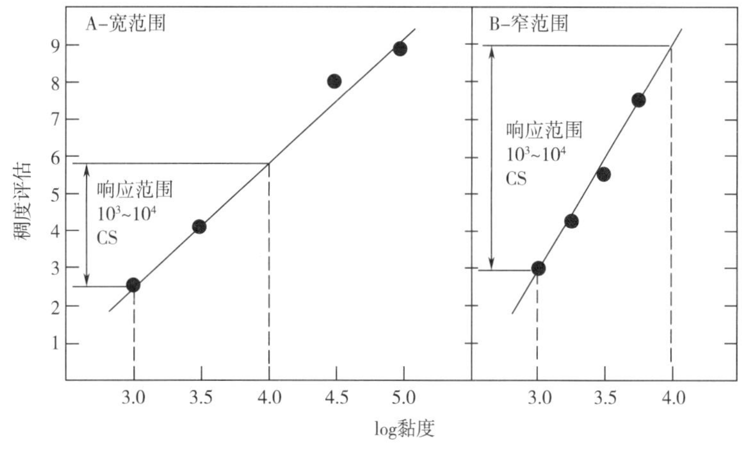

图 9.6　简单范围效应

当样品存在于宽范围时，会发现一个平坦的心理生理学函数。在范围较窄时，就会发现一个较陡峭的心理生理学函数。这是由于受试者倾向于在给定的标度范围中描绘出产品（Lawless 和 Malone，1986）。

另一种刺激范围效应是与参比刺激同时发生的。Sarris（1967）认为参比刺激强烈影响所使用的评价标度，除非参比刺激非常极端可导致它们的影响趋于减弱，此外它们好像与评价的参比系没有相关性。Sarris 和 Parducci（1978）发现一个和多个参比点都有相似效应，通常采用对比效应的形式。例如，不论参比刺激是否被评价，与不存在参比刺激时相比，较低的参比刺激都会产生较强的刺激从而获得较高的评价，除非参比刺激太极端以至于似乎没有相关性。Sarris 和 Parducci（1978）提出了以下类比：如果一个销售员同事的收入比自己的少，那么这个销售员就会认为他的薪水较高。但是，他不会通过了解其他不同收入阶层人的情况，而延伸或转移他的评价标度。在众多不同产品的比较中应该考虑他们之间是否足够相似从而产生相互影响（或者它是否一匹“不同颜色的马”）。

9.3.3　频率效应

频率效应是指人们倾向于在一系列产品或刺激中使用相同次数的可用响应选项。频率效应可能导致偏移，这种偏移看起来像简单对比，并且在刺激紧密间隔的或很多点

（与低密度刺激范围相比）的地方，频率效应可以引起心理生理学函数局部陡峭。频率原则表明：当对多个样品进行评价时，产品很多或者集中在或高或低的点时，产品倾向于延伸到相邻的分类中。图 9.7 通过两个评价小组说明了这个原则。上面的评价小组展示了 4 个假设实验，以及产品如何聚集在该范围内的不同部位。在左上的评价小组中，我们看到了一个正常重复的心理生理学实验，如何利用每个刺激水平的相同出现来进行诱导。使用分类标度研究的一般结果是物理刺激强度对数的简单直线函数。但是，如果刺激在分布的较高端点出现的频率较大，例如负斜率，则上部的分类会被过度使用，于是受试者就会开始将他们的评价向低分类分配。如果样品聚集在较低的端点，则低响应分类将被过度使用，于是受试者可能向高分类分配。如果刺激在中间聚集，那么就会作用相邻的分类来代替一些中间刺激，将极端刺激推向响应范围的末端，正如评价小组显示的为类似的正态分布图。

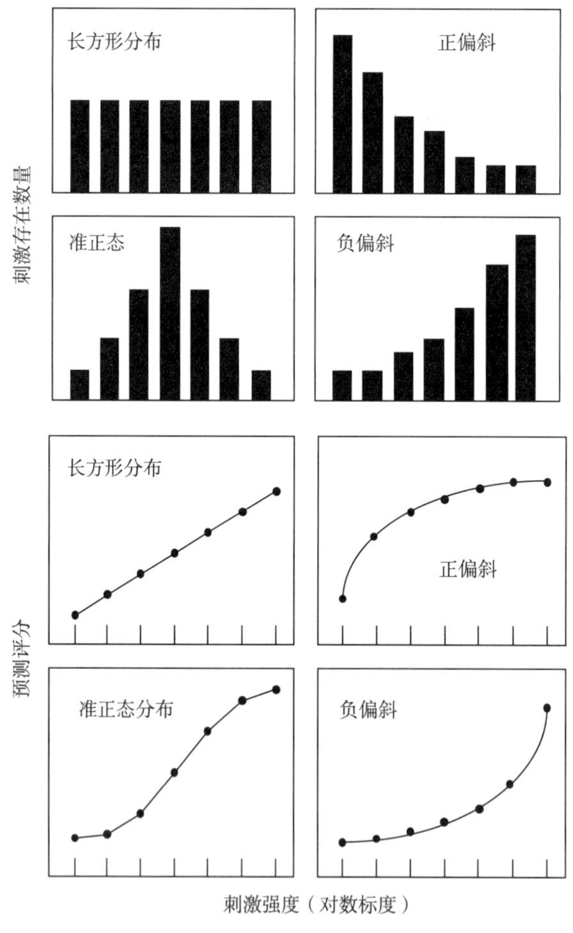

图 9.7　根据 Parducci 范围频率理论的预测

集中在可感知的范围中一部分（上面的 4 组）的刺激分布所引起的局部陡峭的心理生理函数（下面的 4 组）。这是因为受试者倾向于使用相同频率的分类，而导致从过度使用向相邻分类的偏移。

这种行为与所采用的测试情境有关。例如，在对异味或臭味进行评价时，可能只有很少的样品具有较高值而很多样品则感觉较弱（或零）。频率效应可以解释为什么标度的低端点看上去经常比预期的作用要少些，而一些获得的较高的平均值要比实际情况更受欢迎。另一个例子是为新产品筛选风味或香气。大量好的候选样品被送往供应商或风味开发组织进行测试。假设这些样品已经被预先检验过，或者至少从风味学家或香气学家那里获得了好评。为什么测试小组只给出了中等的评价呢？分配的高端点过度出现，所以评价小组倾向于进入低分类。这可能可以部分地解释为什么内部评价小组有时比消费者具有更多的批评意见或负面意见。

尽管绝大多数关于范围和频率效应的实验都是以简单的可视刺激的形式来进行的，但也有来自味觉评价的实例（Lee 等，2001；Riskey 等，1979；Riskey，1982；Schifferstein 和 Frijters，1992；Vollmecke，1987）。Schifferstein 和 Frijters 发现了相似效应，即用线性标记的响应的倾斜分布，类似之前关于分类评价的研究。也许线性标记不像使用的响应标度一样具有无限的分类，但受试者可以将标度细分为离散的子范围，就好像他们在使用有限数量的分类一样。分隔或间隔产品的影响也会得到加强，表现为分布的增加。Lawless（1983）指出，从无到单个展现到三个展现的偏移，是在一个负斜率（在上不得端点聚集）进入低响应分类时发生的，这种低响应分类会得到加强，表现为倾斜分布。因此，情境效应不会突然出现，但会在受试者获得样品体验时影响受试者的行为。

9.4　偏差

9.4.1　特殊标度使用和数字偏差

人们在令他们舒适的响应标度内有他们喜欢使用的范围或数字。Giovanni 和 Pangborn（1983）指出，在量值估计中人们通常使用 2 和 5 的倍数（或者是 10），这种效应在心理生理学文献中已有大量报道（Baird 和 Noma，1978）。对于量值估计，人们在数字的使用上存在着个人的习惯性，这与个人的不同持续指数之间存在着相关性（Jones 和 Marcus，1961；Jones 和 Woskow，1966）。如果人们或多或少地夸大（相对于限制）他们的响应输出函数的话，如在量值估计中，他们如何用数字表达感觉，这就可以解释指数之间的相关性了。在时间-强度标度中也可以看到这种个体的倾向性了，人们常表现出个人“特性”或特征曲线（Dijksterhuis，1993；McGowan 和 Lee，2006）。

在使用直线标度评价中，人们只选择部分标度范围，此时存在一种自我诱导响应限制。在有语言标签的直线标度上，人们选择在语言标签附近做标记，而不是在响应标度内进行分散标记。Eng（1948）首次发现：在喜好直线标度中，喜欢集中在一端，不喜欢集中在另一端，不喜欢也不讨厌处于中间。在 40 位消费者中，24 人只使用了标度的三个标记部分，而 Eng 则从数据分析中删除了它们！Cardello 等（2008）也在军队和学生的带标记的情感量值标度（LAM scale）中观察到这一行为。Lawless 等（2010a）在多城市消费者中采用中心地点测试，发现在带标记的情感标量值标度中，很多人（有时可能超过 80%）在±2mm 范围内进行标记。Lawless 等（2010b）发现，操作指南似乎不会改变这一行为，但在投票时扩大标度的物理范围（从 120～200mm），在一定程度上降低了分类行为。分类评价行为也可以被看作是时间-强度记录中的阶梯函数（而不是平滑的连续曲线）。通过受试者内设计，可以促进在个体响应趋势的背景下发现产品之间的差异。在产品比较中，每个参与者都被当作他或她自己的基线，用于独立的 t 检验或完整的整块设计中的重复方差分析。另一种方法是利用每个人的评价数据，对比较后的产品不同得分进行处理，而不仅仅是计算人们对产品的平均得分以及只分析均值之间的差异。

9.4.2 Poulton 分类

Poulton（1989）提供了评价中偏差的详细分类。Poulton 系统中的偏差超越了 Parducci 理论范畴，但是它在心理生理学文献中有报道。这些包括中心偏差、收缩偏差、用数字评价的对数响应偏差，以及当受试者将之前的评价会或研究中的情境带入新的实验中所产生的一般的转移偏差。中心偏差与恰好标度有关，并在后面的章节中讨论。响应范围偏差也是一种特殊情况，并在之后讨论。

收缩偏差是所有形式的同化，与对比相反。根据 Poulton 的理论，人们可能会根据记忆中的类似感官事件形成参考或均值，从而对一种刺激进行评价。他们倾向于将新刺激与这个参比值靠得非常近后再进行评价，这样可能造成对高值的低估和对低值的高估。当一个刺激跟随一个更强的标准刺激后出现时可能被高估，或当一个刺激跟随一个较弱的标准刺激后出现时则可能被低估，这是一种位置收缩效应。Poulton 将这种朝响应范围中点的移动当做收缩效应的一种，称为响应收缩偏差。当所有这些效应都毫无疑问地发生时问题就产生了：在人类感官评价中，是否对比或同化是一个更普遍和有效的过程。虽然在心理生理学实验中，通过对响应相关性（Ward，1979）的顺序分析，发现了一些响应同化的证据，但对比在品尝刺激（Schifferstein 和 Frijters，1992）和食品（Kamenetzky，1959）中似乎占有更重的地位。尽管在消费期望研究中（如 Cardello 和 Sawyer，1992）确实发现了同化作用，但这类同化效应并不像对比效应那么普遍。在这种情况下，同化不是针对其他实际刺激，而是针对预期水平而言的。

对数响应偏差可以通过使用数字的无边界响应标度来观察到，例如量值估计。对这种偏差存在几种观点。假设一系列的刺激已按量值增加的顺序排列，同时刺激主观地以等梯度间隔分布。随着强度的增加，当受试者进入有更多数字的数值响应的范围时，他们会改变自己的策略。例如，他们可能会用 2、4、6 和 8 等数字来评价这个系列，但是当达到 10 时，他们将以更大的梯度继续，可能是 20、40、60、80。Poulton 认为他们“太快地”进入较大的数值响应了。如果从反方向来看这个问题，那么随着数字的增大，感知的更大量值数字的梯度更小。例如，1 和 2 之间的差异似乎比 91 和 92 之间的差异更大。Poulton 还指出，除了在非常高水平上的刺激量值的收缩外，其反方向也起作用，当使用小于数字 3 的响应时，人们似乎不合逻辑地扩大了他们的主观数字范围。避免数字偏差问题的一个显而易见的方法是，避免使用数字作为响应工具，或用直线标度或交叉方式匹配长度替代数字评价方法，像量值估计那样（Poulton，1989）。

转移偏差是指使用以前的实验条件和凭着记忆中的评价，对后来的任务进行校正的普遍倾向。它可能涉及 Poulton 或 Parducci 理论中的任何偏差。当受试者进行多项试验，或当感官评价小组重复进行评价时，这种情况很常见（Ward，1987）。人们有记忆并会寻求广泛认同。因此，对某一产品的评价可能会受到之前对相似产品评价的影响。我们可以从两方面看待这种倾向。一方面当评价员对产品的感官体验、感知或观点确实发生了变化时，这一评价不会适当地偏移。另一方面，在描述性分析中，评价员培训和校准的主要功能之一就是建立能够稳定感官评价的记忆参比。所以这一趋势也有积极的一面。感官评价中一个未解决的问题是，面对一个连续的感官强度或一种产品时是否会将情境效应转移到另一种感官特征或相关的产品上（Murphy，1982；Parducci 等，1976；Rankin 和 Marks，1991）。如果是这样的话，转移可以延伸多远？

9.4.3　响应范围的影响

"响应范围均衡偏差"是 Poulton 偏差之一，在这一偏差中刺激范围恒定，但响应范围会发生变化，评价也会随之改变。评分范围的扩大或收缩从而利用整个标度范围。这与刺激范围效应中提到的"定位"是一致的（刺激被定位到可用的响应范围）。范围稳定通常隐含在已建立的标度研究中，以及给受试者的指南中。这与在一些描述性分析培训中使用物理参考标准类似（Muñoz 和 Civille，1998），并与 Sarris 在参比刺激方面的研究有关（Sarris 和 Parducci，1978）。在 Anderson 所用的 20 点分类标度和直线标度的研究中，把高和低的样品或者端点提供给受试者，并向他们显示将会遇到的可能的刺激范围。响应的范围是个已知值，因为可以在响应清单上看见它，或者在练习期间已经预先熟悉了（Anderson，1974）。因此，受试者按照很好的分级形式的范围，对他们的响应进行分布就并不令人惊讶了，具体表现为合理地使用直线标度。Anderson 指出了终点效应的存在性，该效应否定使用完全范围（即人们倾向于避免使用终点），但是可以通过为刺激端点的收缩响应标记来避免这些效应，例如，在 20 点的分类标度中的 4 和 16 点。通过提供合适的区域，为在标度端点以外的或极端的刺激留下足够的等级和空间，来移到内部的点上，从而造成对端点效应的心理上的敏感。"合适区域"的观点，是采用描述性分析的早期工作人员在固定短语中使用缩进垂直标记的直线标度的原因之一。

当受试者注意并认真对待标度上的端点短语或词语时，响应范围定位原则出现了例外。Green 有关标记的量值标度的研究就是一个很好的例子：当它被描述为所有感觉在内的"最大可想象的感觉"时，包括痛感，响应范围较窄；而当最大的想象感觉仅仅涉及味觉时，响应范围较宽（Green 等，1996）。这也看起来像是一个对比的例子，至少在参与者的脑海中高的端点参比可以唤起一种刺激情境。如果高的端点短语所引发的图像非常极端，它就像是一种将评分压缩到较小范围内的刺激。相对于如"食物和饮料"等更限定的框架，当它被固定为最大的可想象的"任何类型的感觉"时，响应压缩与 LAM 标度相似（Cardello 等，2008）。感官科学家应该考虑如何解释高的参比短语，特别是在想要避免在响应范围内压缩评分的时候。正如 Muñoz 和 Civille（1998）指出的那样，描述性分析标度的使用也很大程度上取决于高度极端的概念化。"极强"指的是所有感觉和产品中最强烈的味道，这种产品类型中最强烈的感觉，还是这种特殊属性在这种特定产品中的强大程度？该产品中最强的甜度可能比最强的咸度更强烈。评价员组长需要谨慎选择该定义，明确指导小组成员并为他们提供统一的参照系。

9.4.4 中心偏差

当受试者意识到他们在实验中可能遇到刺激强度的一般水平，并倾向于将刺激范围的中心或中点与响应标度的中点进行匹配时，会产生中心偏差。Poulton（1989）将刺激中心偏差和响应中心偏差加以区别，但这种区分主要是依据如何建立实验函数。在这两种情况下，人们倾向于将刺激范围的中点定位为响应标度的中点，否则就忽视了语言标记对响应标度的参比影响。值得注意的是，中心偏差与响应者可以使用任何有效的不平衡标度的观点相反。例如，对消费者进行市场调研时常用的“优秀-非常好-好-一般-差”的标度是不平衡的。不平衡标度的问题在于，在许多试验中，受访者将会把他们的响应集中在中间分类上，而不管其语言标记如何。

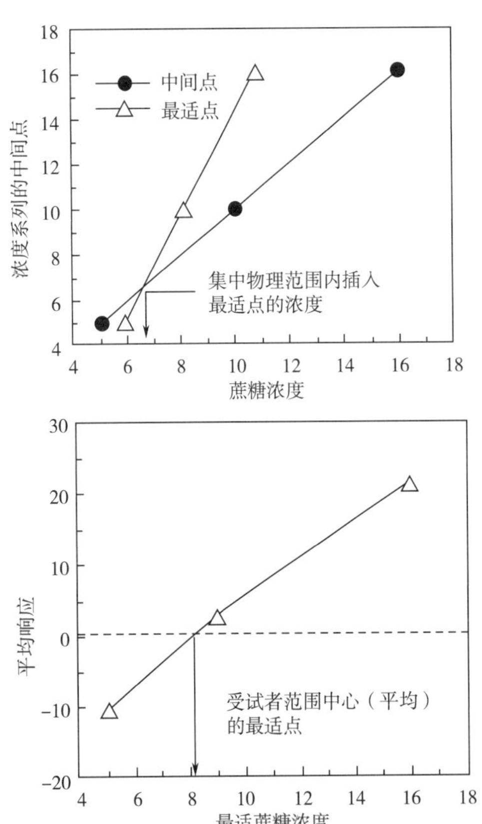

图 9.8 在最恰当评价中调整中心偏差

测试柠檬水中三个不同蔗糖浓度系列：低浓度系列（2%～8%），中浓度系列（6%～14%）和高浓度系列（10%～22%）。在上面的评价小组，使用 Poulton 的方法，从对应于最恰当标度点的一系列中点浓度处，插入一个无偏差的最恰当点。在下面的评价小组中，采用 McBride 方法从对应于恰好标度点的一系列平均响应处，插入一个最恰当点。当平均响应为正好（零在此范围内）时，假设刺激范围则集中在最适水平［Johnson 和 Vickers（1987）授权］。

当需要在心理生理学函数添加一些数值时，或在恰好标度中找到最佳产品时，中心偏差是一个重要的问题。Poulton 举了 McBride 的方法关于在恰好标度（JAR）上考虑偏差的例子（McBride，1982；另见 Johnson 和 Vickers，1987）。在任何需要测试的产品中，如果说甜度恰到好处，那么就存在一种倾向：要集中这些系列以便于中间产品能最接近最适点。函数会根据测试范围而变化。找到真正最恰当点的方法是将实验系列集中在该值上，当然此时不需要做这一实验。McBride 提出通过交叉几个在不同范围的实验结果来添加点，表示非偏差或真实的最恰当水平，在这一点上正好函数与刺激系列的中部相交。这种增添方法如图 9.8 所示。在这种方法中，可以在不同的品尝会中呈现几个产品范围，并绘制 JAR 点表示其如何上下移动。然后，可以通过添加以找出该系列中心产品的恰当点的所在的范围。显然需要大量的工作来多次进行这个测试，但这可以避免错误地估计 JAR 的水平。

9.5 响应相关性和响应限制

Thorndike（1920）等早期的实验心理学家指出，一个人的一种非常正面的品质会影响对其他的、一些看上去与该个体无关的特征评价。在对军官的个人评价中，Thorndike 指出各个评价因素之间存在中度正相关。人们在现实生活中就像这样去评价其他人。如果体育上的成就影响我们对一个人的评价的话，我们可能会认为一位天才运动员对儿童也很友善，对慈善事业非常慷慨等，尽管这些特征之间没有逻辑关系。人们喜欢用认知结构形成一致性整体，并且在其中没有让我们感到不舒服的冲突或矛盾（称为认知失调）。光环效应被描述为从一种已获得肯定的产品向另一种产品的传输过程（Amerine 等，1965），但其常见用法是不相关特征的正相关性参考（Clark 和 Lawless，1994）。当然，也可能存在否定效应或尖角效应，其中一个突出的负面特征会引起其他不相关特征被忽视或出现负面评价。如果产品在微波炉中被弄得乱七八糟，那么它的风味、外观和质感也可能会得到负面评价。

9.5.1 响应相关性

图 9.9 所示为一个简单的光环效应的例子。在这个例子中，少量的香草提取物加入低脂牛乳中，其浓度在感知的阈值附近。然后收集 19 位牛乳消费者对样品和参比牛乳的甜度、稠度、奶油度以及喜爱程度的评价意见。尽管香草香气与甜味之间以及香草与质地特征之间没有关系，但这一证明因素的加入足以引起甜度、奶油度和稠度特征的明显增长。

乙基麦芽酚具有显著的甜味增强作用，它是一种焦糖化产物，具有焦糖香味（Bingham 等，1990）。当把麦芽酚添加到各种产品中时，甜度评价会比没有这种风味的产品有所增加。然而，这种效应似乎只是嗅觉的错误分配，会导致刺激味觉的一个简单例子。Murphy 和 Cain（1980）表明，柠檬醛（柠檬气味）可以增加味觉的评分，但仅在鼻孔张开允许气味扩散进鼻孔并刺激嗅觉受体时才能评价（即鼻后嗅觉）。当鼻孔收缩紧闭时，扩散被有效地消除，这种味觉增加也就消失了。Murphy 和 Cain 根据令人信服的证据解释说：柠檬醛没有真正增加味觉强度，这只是一种介于味觉和嗅觉之间的混淆。对其他气味的研究结果也表明，挥发性风味产生的味觉增强效应可以通过鼻子的收缩（Frank 和 Byram，1988）来消除，麦芽酚也是如此（Bingham 等，1990）。通过培训受试者，让他们学会更有效地从味觉中分离和定位他们对气味的体验来减弱这种效应（Bingham 等，1990）。甜度的增加也可能由于甜味刺激物和一些食品中的气味物质相互作用而产生（Stevenson 等，1995）。

从图 9.9 所示的香草光环效应中可以获得一些经验。首先，未受过训练的消费者不能提供产品特征的准确感官说明。尽管在中心地点法或家庭使用测试中，从消费者那里收集一些诊断特征评价可能是常见的做法，但必须谨慎地看待这类信息。特征（通过主成

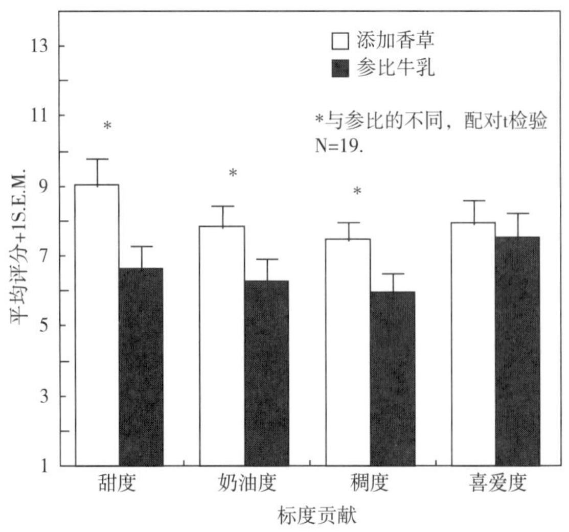

图 9.9　在低脂牛乳中添加正好能感知浓度的香草提取物会导致甜度、稠度、奶油度和喜爱度评分的增加，是光环效应的一个例子。

由 Lawless 和 Clark（1994）授权转载。

分分析可以很容易地看到，参见第 18 章）、光环效应和味觉-嗅觉混淆之间存在相关性，所有这些都可能使获得的评价结果产生偏差。其次，消费者将产品视为格式塔，也就是整体。他们不会在很短的产品试验中进行分析。他们没有学会有效地分离他们的感觉，并且不会关注产品的独立特征。第三，如果消费者没有机会就产品的一个显著特征作出评价的话，他们可能会在问卷中找到其他地方来表达这种感觉，而这可能是在一个并不合适的地方。最后一个倾向以牛乳为例，请注意：这里并没有提供香草风味的标度。以这种方式在问卷中错误使用响应标度的效应被称为响应限制或简单的“倾倒效应”。

9.5.2 “倾倒”效应：感官剖析中由于响应限制导致的响应放大

在消费者测试的传统学说中，如果一个产品有非常负面而又显著的特征，那么它会从反面影响产品的其他特征，这就是尖角效应的例子。当人们要从调查问卷中删除这个显著的负面特征时，这个效应甚至会变得更糟。由于对消费者检验结果的忽视或进行了失误地预测，或者仅是由于在检验预备阶段的实验条件下无法进行观察等原因，就会造成这种删节的现象。在这种情况下，消费者会通过给予其他标度进行负面的评价，或者记录下其他不相关特征的负面评价，来发泻他们因为不能表述不满的态度而带来的挫败感。换言之，限制响应或未能提出相关问题可能会改变人们对其他标度的评价结果。

在甜味增加的例子中，可看到这种限制效应的一种形式。Frank 等（1993）发现，当只对甜度进行限制评价时，水果气味的存在会使甜度的增加更加强烈。如果对甜度和果汁浓度都进行评价的话，那么就观察不到甜度的增加了。在甜度和果汁浓度的评价及甜度和香草香精的评价中，我们可以看到完全相同的效应（Clark 和 Lawless，1994）。因此，向人们提供适当的特征可以校正因错觉产生评价增强的问题。Schifferstein（1996）提出了乙烯醇的例子，乙烯醇具有新鲜的生青气味。当把它添加到草莓风味混合物中时，会引起其他几种标度的平均评价值的增加，这种现象仅仅发生在从选票中删除“生青味”特性的时候。当选票中包含“生青味”这一特征时，该项标度上正确地标记这个响应，并且香气属性中的其他标度没有明显增强。

在这些观察中有好消息也有坏消息。从市场的角度来看，如果调查问卷可以巧妙地删除甜度以外的其他感觉记录的话，那么可以很容易地从消费者中获得甜度明显增加的评价内容。然而，鼻孔收缩状态和完整特性的使用情况向我们展示出了这样一种情况：这些挥发性风味成分如麦芽酚，不是甜味增强剂，但它们是甜度评价增长剂。也就是说，它们不影响甜度强度的实际感知，但却会改变响应的输出函数，或者可能拓展了甜度的概念，使之超出了味觉范围并且包括令人愉悦的香味。实际上，人们并不会单独使用麦芽酚来增加咖啡的甜度。

感官评价中还存在其他的表现倾倒效应的情况吗？在时间-强度标度定标的这个范围内，响应通常被限制为一段时间内具有的一个特征（详见第 8 章）。受试者通过移动指针，鼠标或其他响应设备，为指定特征提供连续的感官强度记录。通常，一次只评价一个特性，因为对一个以上的特征进行连续地观察，或者甚至是快速地转移注意力都是非常困难的事情。这对于因产品错觉的增加而产生的倾倒现象来说似乎是个绝好的机会（如 Bonnans 和 Noble，1993）。交叉时间内重复的分类评价试验，验证了这一想法，而这种交叉时间是指一个允许评价多种特征的时间-强度过程。这些研究表明，当单独评价甜度时，甜味-水果混合物的甜度会增强；但当对甜度和果味强度都进行评价时，甜度则很少或没有增加（Clark 和 Lawless，1994）。这与 Frank 和他的同事们所发现的甜度增加结果完全相同。在单一特征时间-强度评价时工作人员要小心由于响应限制带来的强度的明显增加。

9.5.3　过度分割

根据 van der Klaauw 和 Frank（1996）的数据，可以看出太多特征会导致评分出现收缩。正如在倾倒的例子中，通常对蔗糖溶液与同样浓度并添加了水果风味的蔗糖溶液进行甜度评价并进行了比较。当仅对甜度进行评价时，评分高于对甜度和果味的共同评分，这是普遍倾倒效应。但是当对总强度和六个附加特征进行评价时，其甜度显著低于仅对两种情况中的任何一种评价时的甜度。在另一个例子中，与仅对甜度评价（最高条件），和同时对甜度与果味评价（获得中等甜度）相比，包括苦味评价（除甜度和果味评价外）均可降低甜度的评价。这种效应似乎是由于人们将他们的感觉分配到过多的分类中而产生的收缩。特异性选择可能在这一效应中比较重要。仅添加苦味或苦味和花香的评价几乎没有影响，并且仍然可以观察到倾倒膨胀，可能是因为没有对果味评价。

在 Clark 和 Lawless（1994）的研究中，当同时提供了易挥发特性时，对照条件（仅甜味剂）表现出一些缩减的迹象。更为戏剧的是，为简单混合物提供了大量的响应分类，甜度增加也完全转变为了抑制作用（Frank 等，1993）。

虽然这种影响尚未得到彻底研究，但它警示感官科学家，给未受过训练的消费者提供的选择数量可能会影响结果，太多的选择可能与太少的选择一样危险。这种影响是否也存在于受过训练的评价专家中，依然未知。为了避免倾倒效应，有时很难预先确定正确的特性数量来进行评价。在描述性培训中进行认真的预试验和讨论可能会有所帮助。总结性和详尽性是非常重要的，但也不要在不相关的特性上浪费小组成员的时间。

9.6 经典心理学误差与其他偏差

文献中已经报道了大量评价中的心理误差，并且在感官评价的参考书目中列出了这些心理误差（如 Amerine 等，1965；Mcilgaard 等，2006）。仅仅是列出了一 些主要情形，因为它们主要是进行经验性的行为描述，而没有涉及太多产生的原因或任何理论基础。对描述和解释之间的区分是很重要的，而通过试图解释某样东西出现的机制或理论从而不混淆对它的命名，这同样也很重要。感官评价专业人员需要了解这些误差以及它们可能发生的条件。

9.6.1 结构序列中的误差：期望与习惯

当产品以任意随机序列进行评价时，并且观察者知道将要呈现样品的顺序或特定顺序时，可能会出现两种误差。在感官信息表明这样做是合适的之前，受试者改变了对序列的响应时，此时会出现期望误差（Mattes 和 Lawless，1985）。从阈值极限的方法中发现，在递增序列中，观察者期望在某些点上产生感觉并能“跃过这些点”。相反的效应被认为是习惯误差，也就是说当感官信息表明变化已经过去了时，观察者在以前的响应上坚持或停留的时间过长。显然，对按照任意顺序进行评价的样品将有助于消除引起预期误差在内的期望。坚持的含义有点难以理解，但当部分观察者缺乏注意力或动机时，或者为了改变响应而具有不寻常的严格标准时，就可能需要坚持。可以通过足够的鼓励和避免过长时间的品尝来解决注意力和动机的问题。

9.6.2 刺激物误差

刺激物误差是感官测量中的另一个经典问题。当观察者知道或假定知道刺激物的强度，并因此而作出有关这种味觉、嗅觉或外观的刺激的一些推断时，就会产生这个问题。这种评价偏差是由于对刺激强度的期望值而产生的。在古老的餐厅游戏中，试图鉴别葡萄酒的来源和年份，此时的刺激误差确实帮了大忙。如果你知道主人喜欢喝什么样的酒，或者预先看过厨房里的酒瓶的话，那么就很容易地猜出葡萄酒的情况。在感官评价中，采用盲评和使用随机三位数字编码可以减少刺激产生的误差。然而，评价员并不总是对样品的来源或特性一无所知。评价小组可能对将要进行检验的样品有一定的了解，并且他们可能会作出正确或不正确的推断。例如，在小型工厂的质量保证中，工人可能知道哪天生产了哪些类型的产品，而同样的这些工人可能担任感官评价员。在最糟糕的情况下，从生产中抽取样品的人恰好是品尝样品的人。应尽可能避免这些情况。随意地插入对照样品（阳性对照和有缺陷的样品）中，有可能将评价员的猜测降低到最低水平。

9.6.3 位置或序列偏差

时间顺序误差是适用于序列效应的一个一般术语，在该序列效应中，按一个顺序对两个或更多个产品进行评价的结果，与按另一个顺序进行评价的结果不同（Amerine 等，1965）。用两种方法可以处理这个问题。第一种是以所有可能的顺序——平衡顺序或任意顺序——来提供产品，这样在数据组中就可能使序列效应加以平衡或平均。第二种方法是在实验的影响中考虑序列效应。在这种情况下，对不同顺序的分析是作为实验的一个目的来进行的，并可正式进行讨论。序列效应是否有意义取决于产品评价的情境和目的。如果出于任何原因，在实验设计中不能采用平衡的顺序或随机的顺序，那么，实验者必须考虑产品的差别是由真实的感官差别，还是由刺激顺序的人为结果造成的。通过有目的的实验和对一些常规评价中的顺序效应进行分析，可以知道产品分类何时何地会发生这些效应。

另一个众所周知的顺序效应的例子是，在一系列样品的可接受性测试中，第一个样品总会获得较高的分数（Kofes 等，2009）。平衡顺序当然是合适的，但也可以首先提供一个“虚拟”产品来缓解第一个产品的分数。通过单一产品（一个产品）测试，这种膨胀可能会产生误导（Kofes 等，2009）。在早期的成对检验和三角试验中，位置偏差也引起了人们关注的（Amerine 等，1965）。在三角试验中，在差别检验后询问受试者偏爱问题时，就会产生另一种偏差（Schutz，1954）。在良好的感官评价操作中，一般不推荐采用偏好检验进行差别检验，部分原因是因为这些早期研究显示的样品偏差被认为是三角检验中的偶然偏差。近期研究表明，这种效应可能没有那么强——重复 Schutz 的原始实验，但使用“有差别的”而不是“奇怪的”这个词，并没有发现这种偏差（El Gharby，1995）。也许 20 世纪 50 年代“奇怪”一词的含义本身就有足够的偏差。

9.7 校正方法

9.7.1 避免或减小

避免情境效应的方法似乎只能是把产品作为单一项目提出，换句话说就是进行一元检验。这在一些消费者检验情况下可能是恰当的，因为检验本身非常显著地改变了条件，以至于将来的评价会受到检验过的另一个产品的过度影响。在测试消费品例如杀虫剂或头发柔顺剂时可以发现这种例子。然而，对于分析性感官评价，如描述性分析等来说，一元检验实用性较差。在经济学和统计学方面，经过培训的评价小组仅在一个评价期间只对单个样品进行评价，效率将非常低。更重要的是，一元检验完全没有利用人类观察者固有的对比能力。此外，由于转移偏差（小组成员毕竟具有记忆），这种解决方案对于正在进行的检验程序来说并不可靠。即使在评价中没有给出直接的参照系，人们也会根据他们最近体验过的相似项目的记忆来进行评价。所以如果没有明确提供的参照系，他们自己也会采用一个参照系。

Poulton（1989）断言，在大多数西方文化中，根据试验参与者的可比经验，该基线会相当稳定（可能对消费者而言）并且保持中性。他进一步建议采用一元检验来避免频率和中心偏差。然而，这一观点缺乏实验数据的验证。此外，考虑到食品偏爱和食品习惯中的高度怪异性，在食品感官评价中，让个体之间保持恒定的基线几乎是不可能的。所以，一元检验实际上可能会增加数据噪声。此外，一元检验设计需要采用受试者间的对比，这就失去了统计和定标的优势，而利用受试者自身作为对比参照或基线本是测试固有的内容。

这个问题可表述为感官评价专家如何才能控制情境偏差并将其最小化。有四种方法来处理情境效应：随机选择（包括对称平衡）、稳定、校准和解释。稳定是指使所有评价期间的环境保持相同，这样对全体的观察者来说就是提供了一个恒定的参照系。校准是指对描述性评价小组的训练，通过参比标准的训练使他们对标度的参照系内在化。解释仅是仔细考虑：在提供的设置中的评价是否会受到实验情境的影响，例如在此期间出现的特定项目。以下考虑了每一种方法。

9.7.2 随机与对称平衡

使用不同的随机或平衡顺序长期以来一直是感官评价中的良好操作原则。可以通过使用足够的顺序，抵消任意两个项目之间的简单顺序效应和对比效应，以至于对于一组回答者来说，任何一个产品的直接参照系都是不同的。采用标度范围上不同位置的产品相互混合的顺序，可以帮助避免位置频率偏差的发生。也就是说，如果提供了太多的感官连续的处于较高端点的样品进行评价的话，可能会给受试者产生样品集中在较高端点的印象，即使这一系列产品并不存在这种情况。Poulton（1989）提出“受控平衡顺序”可能有助于避免这种情况的发生。正如在讨论传统时间-顺序效应时一样，这里有两个哲学问题。无论一个人忽视顺序效应而随机地抽取，还是系统地按对称平衡的顺序，把顺序从属分析为实验影响的效应，都依赖于实验的客体、实验者的来源，以及实验结果最终用户所需要的信息。

然而，使用随机或对称平衡顺序，本身并不能完全消除在一个重复评价的实验期间所形成的情境效应。更广泛的参照系依然存在，并且评价员仍然利用这个参照系来设计产品的范围，并将产品定位到已知的标度范围内。因此，当比较两个不同实验期间得出的结果时，顺序的随机选择或对称平衡并不能解决情境变化的问题。

值得注意的是，多种刺激范围的检验与随机选择或对称平衡的情形是类似的。在最恰当标度上避免中心偏差的方法是使用不同的范围，这样可以通过内插法找到集中在真正的最恰当点上的刺激组（Johnson 和 Vickers，1987；McBride，1982）（图 9.8）。多个情境成为实验设计的一部分。目标是有目的地检验范围效应的，而不是通过随机选择来使他们平均化或中性化的。作为一种普遍原理，评价产品的情境数量越多，感官科学家对最终解释的理解和最终的准确性就越高。

9.7.3 稳定性与校准

处理情境效应的第二种方法是，努力保持实验环境的恒定，在这个情境中要进行所有产品的比较。如果产品令人疲倦或有所适应，或者转移效应可能会限制所提供的产品数量时，保持情境的恒定是比较困难的。这一策略的最简单的形式是，将所有检验产品与一个对照样品进行简单比较（Stoer，1992）。于是就可能构成不同的得分并以此作为数据的原始形式。另外，有可能使用参比差别的评价（Larson-Powers 和 Pangborn，1978）或具有恒定参比项目的量值估计。预样品或常规样品的出现可能具有一定的稳定效应，如果该产品不是太令人疲倦的话，则是采用这种“废弃”产品方法的另一个好的理由。另一种方法是试图通过使用刺激的参比标准使终点稳定，而这些刺激在每个期间都会或高或低地出现。此外，可以提供高值和低值样品进行盲标的“捕获实验”，如果捕获到它们具有习惯性的收缩偏差、标度终点回避或在重复检验中常出现简单的朝标度中间移动的情况时，需要对动机进行合理的评价，已扩展它们的标度利用。在量值估计和采用标记的量值标度时，所使用的用于对比的参比标准具有稳定效应，并可降低在所有标度方法中出现的对比效应（Diamond 和 Lawless，2001；Lawless 等，2000 ）。

校准是指在实验中使用的匹配参考标准，或在培训中给出的参考标准。考虑评价过程中的情境是获得良好感官判断的重要部分。例如，Anderson（1974）在讨论分类标度的使用时提出了以下建议：“在函数测量中，采用评价标度标准化多种预防措施。首先，采用初步实践，它有多种函数。一开始受试者并不知道刺激的一般范围，而评价标度是随意的。因此，受试者需要为该刺激形成一个参照系，并将其与给定的响应标度相关联。”Anderson 指出，这种方法的效应是减小了变异。他在采用稳定标度的心理实验中所使用的方法，与对描述性评价员采用被评价产品的样品进行培训的方法相似。Anderson 描述了低强度和高强度标准在 20 分标度上的端点-参比刺激：“端点-参比刺激非常重要。这些额外刺激比要研究的实验刺激更加极端。端点-参比刺激的作用之一是帮助定义参照系。”由此来看，恰当使用评价标度包括对待测样品所处情境的定义。在实践中，可以通过预先接触特殊样品来对感觉范围进行分类，从而实现。Gay 和 Mead（Gay 和 Mead，1992；Mead 和 Gay，1995）的相对标度方法提供了明确的案例，其中样本被检查，然后是最高和最低样品被放置在端点，并且其他样品分布在标度范围内。这就确保了整个标度范围的使用，但是所得数据完全是相对的，并且这些数据只针对这种情境和该批样品。

在描述性分析中，特别是具有强度参考标准的技术中如质构分析和谱方法，观察者校准是较普遍的操作（Meilgaard 等，2006）。Anderson（1974）指出为了实验受试者能线性使用固定标度，端点的校准实际上是分类标度的必须操作。如果通过培训可以在受试者中产生稳定的参照系的话，获得无偏差标度使用时出现的问题可能会转变为一种优势。有证据表明，情境效应并不会马上全部出现，而是会偶然地发生并通过经验得以加强（如 Lawless，1983）。所以就出现了这样一个问题：是否有可能通过充分的训练使一位受过训练的评价员对实验期间日复一日的环境“免疫”。也就是说，是否有可能通过对评价员参照系的校准和稳定，从而使其不受情境影响？在 Poulton（1989）引证的一些转移偏差的例子中，这种方法看上去确实具有合理性。然而，在最近一项有关采用 15 点甜味标度的广泛训练研究中，未能消除简单的对比效应（Olabi 和 Lawless，2008）。参考标准同样无效。或许要求评价员像绝对的测量工具一样是不可能的。

9.7.4 解释

防止环境效应和偏差的最终权宜之计，在于人们能够意识到他们利用合理的谨慎性，对产品差别进行操作并作出结论。除非他们是在相似的情境下对产品进行检验，否则对两个在不同期间评价的产品作出“实际上是不同的”这种结论是不合适的。为了获得准确的结论，感官专家必须关注整个实验情境，而不仅仅是对有问题的产品作出概要统计。在得出关于产品差异的结论时，有必要质疑观察到的差异是否可能是由情境效应引起的，或者它是否可能是真正的基于感觉的差异。当一种风味相对于其他风味有明显增强或协同影响的情况下，必须时常询问数据是如何采集的。是否有足够的和合适的响应分类，或者由于有用的但限制的响应特性组中的“倾倒”效应，是否可能发生明显的增强作用。

9.8 结论

请注意甜味剂的相互作用，并且在协调应用时颜色也是如此。一定量的皮肤浸在热水中会产生一定的热感。尽管水的热度是相同的，但如果浸入热水的皮肤越多，感受到热的强度就会越强烈 James（1913）。

William James 提醒我们，刺激的复杂模式会改变我们对周围事物的感知。看起来像什么，感觉像什么，或者尝起来像什么，依赖于刺激的其他模式，而这些模式在对刺激评价前就存在和出现了。情境效应存在于所有标度方法中，人类行为是作为完全相关的评价系统和一个保留了绝对的或校准性质的系统之间的一个折中分类出现的（Ward，1987）。本章的主要内容是参照系对受试者判断影响的重要性。在同一品尝期间，其他产品可能会产生显著效应，通常是一种对比。标度中参比词或短语影响参照系（问什么和如何问），并且根据“倾倒”效应，发现即使是你没有问的东西也会对响应产生影响。感官评价专家的目标是尽量减少影响结果准确性的不良效应。Poulton（1989）对范围偏差进行了讨论，并指出它们在分类标度中是不可避免的。另一种方法是研究他们吸引人类的现象，从而了解判断的过程。第三种方法是接受人类判断的相对性，并减少所有数据以区分评分或相似的比较。对于参与描述性分析方法的人来说，这将非常困难。

从实践的角度来看，当人们对不同设置或不同实验环节产品进行比较评价时，感官评价存在现实危险。除非两次品尝会的情境和参照系都相同，否则无法说明产品之间的差异是由真实感觉差异产生的，还是由于情境效应而产生的。数据的差异可能仅仅是因为这两个样品在测试中存在于较高或较低的样品中。相反，两个样品分别在两个品尝会中的评分可能很相似，但这种相似性可能是因为范围效应或中心效应。感官专业人员如何知道本周 5.3 分的产品是否优于上周 4.9 分的样品？

除非感官专家意识到情境效应并对其进行防备，否则评价期间可能会得出不合适的结论，特别是在对不同情境中评价的产品进行比较的时候。有时，这种效应可能不明显而且比较隐蔽，需要考虑上述讨论的情境效应来进行优化（Mattes 和 Lawless，1985）。浓度的递增会导致偏爱的感官最佳评价值低于从样品的随机顺序中获得的峰值。添加一个风味组分进行“品尝”是产品开发者经常使用的一个方法，依次提出似乎最佳的组分水平。然而，即使是非正式的品尝也有其自身的情境。我们不能假设这种非正式品尝的结果是准确的——只有适当随机选择或利用可接受评价进行对称平衡的感官评价，或者防止中心偏差的最适标度时，才能提出与适当的风味水平相当的准确结果。

有时很难确定本章讨论的许多偏差中的哪一个可能在实验中产生了作用。例如，对比效应和响应收敛效应可以相互作用，以至于可能没有证据能证明这些倾向存在于评价期间（Schifferstein 和 Frijters，1992）。与测试小组成员进行交流，仔细检查数据以及查看历史记录都可以提供一些线索，提示评价小组重复测试可能发生的情况。有证据表明响应收敛或重心向标度的中心移动吗？如果这些保守的倾向正在缓慢移动，随着时间的流逝，通过数据组的测定，它们会表现出来。收缩效应是隐蔽的，因为这个倾向可能表现为标准偏差的减少，可能会给人们错误的印象，即评价小组获得了校准或一致性的较高水平。然而，减少的误差不会伴随着产品中显著差别的较高比例而出现，因为产品平均值也会朝着标度的中央移动，而平均值之间的差异会变小。这种类型突出了在良好的感官实践所需的分析深度，而且感官专业人员不仅仅是一个只进行测试和报告结果的人。他们必须联系数据集的趋势和细节，以及被调查者的心理倾向，这些倾向可能会随着参照系和其他偏差的变化而变化。连同回答者的心理倾向一起，这种倾向可能作为参照系和其他偏差中变化的函数而出现，因此必须认识到这种趋势，并对数据组进行仔细地分析。

参考文献

Amerine, M. A., Pangborn, R. M. and Roessler, E. B. 1965. Principles of Sensory Evaluation of Food. Academic, New York.

Anderson, N. 1974. Algebraic models in perception. In: E. C. Carterette and M. P. Friedman (eds.), Handbook of Perception. II. Psychophysical Judgment and Measurement. Academic, New York, pp. 215-298.

Baird, J. C. and Noma, E. 1978. Fundamentals of Scaling and Psychophysics. Wiley, New York.

Beebe-Center, J. G. 1932. The Psychology of Pleasantness and Unpleasantness. Russell & Russell, New York.

Bingham, A. F., Birch, G. G., de Graaf, C., Behan, J. M. and Perring, K. D. 1990. Sensory studies with sucrose maltol mixtures. Chemical Senses, 15, 447-456.

Birnbaum, M. H. 1982. Problems with so called “direct” scaling. In: J. T. Kuznicki, A. F. Rutkiewic and R. A. Johnson (eds.), Problems and Approaches to Measuring Hedonics (ASTM STP 773). American Society for Testing and Materials, Philadelphia, pp. 34-48.

Bonnans, S. and Noble, A. C. 1993. Effects of sweetener type and of sweetener and acid levels on temporal perception of sweetness, sourness and fruitiness. Chemical Senses, 18, 273-283.

Boring, E. G. 1942. Sensation and Perception in the History of Experimental Psychology. Appleton-Century-Crofts, New York.

Cardello, A. V. and Sawyer, F. M. 1992. Effects of disconfirmed consumer expectations on food acceptability. Journal of Sensory Studies, 7, 253-277.

Cardello, A. V., Lawless, H. T. and Schutz, H. G. 2008. Effects of extreme anchors and interior label spacing on labeled magnitude scales. Food Quality and Preference, 21, 323-334.

Clark, C. C. and Lawless, H. T. 1994. Limiting response alternatives in time-intensity scaling: An examination of the halo-dumping effect. Chemical Senses, 19, 583-594.

Diamond, J. and Lawless, H. T. 2001. Context effects and reference standards with magnitude estimation and the labeled magnitude scale. Journal of Sensory Studies, 16, 1-10.

Diehl, R. L., Elman, J. L. and McCusker, S. B. 1978. Contrast effects on stop consonant identification. Journal of Experimental Psychology: Human Perception and Performance, 4, 599-609.

Dijksterhuis, G. 1993. Principal component analysis of time-intensity bitterness curves. Journal of Sensory Studies, 8, 317-328.

Dolese, M., Zellner, D., Vasserman, M. and Parker, S. 2005. Categorization affects hedonic contrast in the visual arts. Bulletin of Psychology and the Arts, 5, 21-25.

Eimas, P. D. and Corbit, J. D. 1973. Selective adaptation of linguistic feature detectors. Cognitive Psychology, 4, 99-109.

El Gharby, A. 1995. Effect of Nonsensory Information on Sensory Judgments of No-Fat and Low-Fat Foods: Influences of Attitude, Belief, Eating Restraint and Label Information. M.Sc. Thesis, Cornell University.

Eng, E. W. 1948. An Experimental Study of the Reliabilities of Rating Scale for Food Preference Discrimination. M. S. Thesis, Northwestern University, and US Army Quartermaster Food and Container Institute, Report # 11-50.

Engen, T. and Levy, N. 1958. The influence of context on constant-sum loudness judgments. American Journal of Psychology, 71, 731-736.

Frank, R. A. and Byram, J. 1988. Taste-smell interactions are tastant and odorant dependent. Chemical Senses, 13, 445.

Frank, R. A., van der Klaauw, N. J. and Schifferstein, H. N. J. 1993. Both perceptual and conceptual factors influence taste-odor and taste-taste interactions. Perception & Psychophysics, 54, 343-354.

Gay, C. and Mead, R. 1992 A statistical appraisal of the problem of sensory measurement. Journal of Sensory Studies, 7, 205-228.

Giovanni, M. E. and Pangborn, R. M. 1983. Measurement of taste intensity and degree of liking of beverages by graphic scaling and magnitude estimation. Journal of Food Science, 48, 1175-1182.

Green, B. G., Dalton, P., Cowart, B., Shaffer, G., Rankin, K. and Higgins, J. 1996. Evaluating the 'labeled magnitude scale' for measuring sensations of taste and smell. Chemical Senses, 21, 323-334.

Hanson, H. L., Davis, J. G., Campbell, A. A., Anderson, J. H. and Lineweaver, H. 1955. Sensory test methods II. Effect of previous tests on consumer response to foods. Food Technology, 9, 56-59.

Helson, H. H. 1964. Adaptation-Level Theory. Harper & Rowe, New York.

James, W. 1913. Psychology. Henry Holt and Company, New York.

Johnson, J. and Vickers, Z. 1987. Avoiding the centering bias or range effect when determining an optimum level of sweetness in lemonade. Journal of Sensory Studies, 2, 283-291.

Jones, F. N. and Marcus, M. J. 1961. The subject effect in judgments of subjective magnitude. Journal of Experimental Psychology, 61, 40-44.

Jones, F. N. and Woskow, M. J. 1966. Some effects of context on the slope in magnitude estimation. Journal of Experimental Psychology, 71, 177-180.

Kamenetzky, J. 1959. Contrast and convergence effects in ratings of foods. Journal of Applied Psychology, 43 (1), 47-52.

Kofes, J., Naqvi, S., Cece, A. and Yeh, M. 2009. Understanding Presentation Order Effects and Ways to Control Them in Consumer Testing. Paper presented at the 8th Pangborn Sensory Science Symposium, Florence, Italy.

Larson-Powers, N. and Pangborn, R. M. 1978. Descriptive analysis of the sensory properties of beverages and gelatins containing sucrose or synthetic sweeteners. Journal of Food Science, 43, 47-51.

Lawless, H. T. 1983. Contextual effect in category ratings. Journal of Testing and Evaluation, 11, 346-349.

Lawless, H. T. 1994. Contextual and Measurement Aspects of Acceptability. Final Report #TCN 94178, US Army Research Office.

Lawless, H. T. and Malone, G. J. 1986a. A comparison of scaling methods: Sensitivity, replicates and relative measurement. Journal of Sensory Studies, 1, 155-174.

Lawless, H. T. and Malone, J. G. 1986b. The discriminative efficiency of common scaling methods. Journal of Sensory Studies, 1, 85-96.

Lawless, H. T., Glatter, S. and Hohn, C. 1991. Context dependent changes in the perception of odor quality. Chemical Senses, 16, 349-360.

Lawless, H. T., Horne. J. and Speirs, W. 2000. Contrast and range effects for category, magnitude and labeled magnitude scales. Chemical Senses, 25, 85-92.

Lawless, H. T., Popper, R. and Kroll, B. J. 2010a. Comparison of the labeled affective magnitude (LAM) scale, an 11-point category scale and the traditional nine-point Hedonic scale. Food Quality and Preference, 21, 4-12.

Lawless, H. T., Sinopoli, D. and Chapman, K. W. 2010b. A comparison of the labeled affective magnitude scale and the nine point hedonic scale and examination of categorical behavior. Journal of Sensory Studies, 25, S1, 54-66.

Lee, H.-S., Kim, K.-O. and O'Mahony, M. 2001. How do the signal detection indices react to frequency context bias for intensity scaling? Journal of Sensory Studies, 16, 33-52.

Marks, L. E. 1994. Recalibrating the auditory system: The perception of loudness. Journal of Experimental Psychology: Human Perception & Performance, 20, 382-396.

Mattes, R. D. and Lawless, H. T. 1985. An adjustment

error in optimization of taste intensity. Appetite, 6, 103-114.

McBride, R. L. 1982. Range bias in sensory evaluation. Journal of Food Technology, 17, 405-410.

McBride, R. L. and Anderson, N. H. 1990. Integration psy-chophysics. In R. L. McBride and H. J. H. MacFie (eds.), Psychological Basis of Sensory Evaluation. Elsevier Applied Science, London, pp. 93-115.

McBurney, D. H. 1966. Magnitude estimation of the taste of sodium chloride after adaptation to sodium chloride. Journal of Experimental Psychology, 72, 869-873.

McGowan, B. A. and Lee, S.-Y. 2006. Comparison of methods to analyze time-intensity curves in a corn zein chewing gum study. Food Quality and Preference, 17, 296-306.

Mead, R. and Gay, C. 1995. Sequential design of sensory trials. Food Quality and Preference, 6, 271-280.

Meilgaard, M., Civille, G. V. and Carr, B. T. 2006. Sensory Evaluation Techniques, Third Edition. CRC, Boca Raton, FL.

Mellers, B. A. and Birnbaum, M. H. 1982. Loci of contextual effects in judgment. Journal of Experimental Psychology: Human Perception and Performance, 4, 582-601.

Mellers, B. A. and Birnbaum, M. H. 1983. Contextual effects in social judgment. Journal of Experimental Social Psychology, 19, 157-171.

Muñoz, A. M. and Civille, G. V. 1998. Universal, product and attribute specific scaling and the development of common lexicons in descriptive analysis. Journal of Sensory Studies, 13, 57-75.

Murphy, C. 1982. Effects of exposure and context on hedonics of olfactory-taste mixtures. In: J. T. Kuznicki, R. A. Johnson and A. F. Rutkeiwic (eds.), Selected Sensory Methods: Problems and Applications to Measuring Hedonics. American Society for Testing and Materials, Philadelphia, pp. 60-70.

Murphy, C. and Cain, W. S. 1980. Taste and olfaction: Independence vs. interaction. Physiology and Behavior, 24, 601-605.

Olabi, A. and Lawless, H. T. 2008. Persistence of context effects with training and reference standards. Journal of Food Science, 73, S185-S189.

Parducci, A. 1965. Category judgment: A range-frequency model. Psychological Review, 72, 407-418.

Parducci, A. 1974. Contextual effects: A range-frequency anal-ysis. In: E. C. Carterette and M. P. Friedman (eds.), Handbook of Perception. II. Psychophysical Judgment and Measurement. Academic, New York, pp. 127-141.

Parducci, A. and Perrett, L. F. 1971. Category rating scales: Effects of relative spacing and frequency of stimulus values. Journal of Experimental Psychology (Monograph), 89(2), 427-452.

Parducci, A., Knobel, S. and Thomas, C. 1976. Independent context for category ratings: A range-frequency analysis. Perception & Psychophysics, 20, 360-366.

Parker, S., Murphy, D. R. and Schneider, B. A. 2002. Top-down gain control in the auditory system: Evidence from identification and discrimination experiments. Perception & Psychophysics, 64, 598-615.

Poulton, E. C. 1989. Bias in Quantifying Judgments. Lawrence Erlbaum Associates, Hillsdale, NJ.

Rankin, K. M. and Marks, L. E. 1991. Differential context effects in taste perception. Chemical Senses, 16, 617-629.

Riskey, D. R. 1982. Effects of context and interstimulus procedures in judgments of saltiness and pleasantness. In: J. T. Kuznicki, R. A. Johnson and A. F. Rutkeiwic (eds.), Selected Sensory Methods: Problems and Applications to Measuring Hedonics. American Society for Testing and Materials, Philadelphia, pp. 71-83.

Riskey, D. R., Parducci, A. and Beauchamp, G. K. 1979. Effects of context in judgments of sweetness and pleasantness. Perception & Psychophysics, 26, 171-176.

Sandusky, A. and Parducci, A. 1965. Pleasantness of odors as a function of the immediate stimulus context. Psychonomic Science, 3, 321-322.

Sarris, V. 1967. Adaptation-level theory: Two critical experiments on Helson's weighted-average model. American Journal of Psychology, 80, 331-344.

Sarris, V. and Parducci, A. 1978. Multiple anchoring of category rating scales. Perception & Psychophysics, 24, 35-39.

Schifferstein, H. J. N. 1995. Contextual shifts in hedonic judgment. Journal of Sensory Studies, 10, 381-392.

Schifferstein, H. J. N. 1996. Cognitive factors affecting taste intensity judgments. Food Quality and Preference, 7, 167-175.

Schifferstein, H. N. J. and Frijters, J. E. R. 1992. Contextual and sequential effects on judgments of sweetness intensity. Perception & Psychophysics, 52, 243-255.

Schutz, H. G. 1954. Effect of bias on preference in the difference-preference test. In: D. R. Peryam, J. J. Pilgram and M. S. Peterson (eds.), Food Acceptance Testing Methodology. National Academy of Sciences, Washington, DC, pp. 85-91.

Stevenson, R. J., Prescott, J. and Boakes, R. A. 1995. The acqui-sition of taste properties by odors. Learning and Motivation, 26, 433-455.

Stoer, N. L. 1992. Comparison of Absolute Scaling and Relative-To-Reference Scaling in Sensory Evaluation of Dairy Products. Master's Thesis, Cornell University.

Teghtsoonian, R. and Teghtsoonian, M. 1978. Range and

regression effects in magnitude scaling. Perception & Psychophysics, 24, 305–314.

Thorndike, E. L. 1920. A constant error in psychophysical ratings. Journal of Applied Psychology, 4, 25–29.

van der Klaauw, N. J. and Frank, R. A. 1996. Scaling component intensities of complex stimuli: The influence of response alternatives. Environment International, 22, 21–31.

Vollmecke, T. A. 1987. The Influence of Context on Sweetness and Pleasantness Evaluations of Beverages. Doctoral dissertation, University of Pennsylvania.

Ward, L. M. 1979. Stimulus information and sequential dependencies in magnitude estimation and cross-modality matching. Journal of Experimental Psychology: Human Perception and Performance, 5, 444–459.

Ward, L. M. 1987. Remembrance of sounds past: Memory and psychophysical scaling. Journal of Experimental Psychology: Human Perception and Performance, 13, 216–227.

Zellner, D. A., Allen, D., Henley, M. and Parker, S. 2006. Hedonic contrast and condensation: Good stimuli make mediocre stimuli less good and less different. Psychonomic Bulletin and Review, 13, 235–239.

10 描述性分析

本章介绍了描述性分析在感官评价中的应用。主要讨论语言的使用、概念的形成以及对合适的感官特征术语的要求。然后对第一种描述性分析技术——风味剖面（Flavor Profile）进行了历史回顾。介绍了质地剖面（Texture Profile），以及诸如定量描述性分析（QDA）和谱分析法（Spectrum）等专用的描述方法。引导读者如何逐步地应用协商和问卷培训这类的描述性分析。然后重点讨论了一些对传统描述分析技术进行比较的研究。随后深入讨论描述性分析的变异方法，如自由选择分析和快速剖析。

我想要达到一种感觉浓缩状态，它构成了一幅图画。

——Henri Matisse

10.1 引言

描述性感官分析是感官科学中最精密的工具。这些技术能够帮助感官科学家获得完整的产品感官描述，识别潜在的成分和过程变量以及确定哪些感官特征对接受度是重要的。一般的描述性分析通常会有8~12名专门小组成员参加，他们经过培训，使用参考标准来理解和定义所使用的特征含义。他们通常会使用量化尺度来表示强度，从而对数据进行统计分析。这些专家小组成员不会被要求对产品做出喜好度回应。然而，正如我们在本章中看到的，有几种不同的描述性分析方法，一般而言，这些方法反映了非常不同的感官原理和方法。通常，描述技术根据感知到的感官特征对产品进行客观地描述。取决于所使用的具体技术，描述可以或多或少是客观的，也可以是定性或定量的。

10.2 描述性分析的使用

描述性分析通常适用于任何需要对单个产品的感官属性进行详细描述或对几种产品之间的感官差异进行比较的情况。人们在监测竞争者的产品时，经常使用这些技术。描述分析能够准确地在感官维度上显示竞争者的产品与你的产品存在着怎样的差别。这些技术用来检验保质期是非常理想的，尤其是在评价员受过良好的训练并且持续被训练的情况下。产品开发中经常使用描述性技术来衡量新产品与目标的接近程度，或者评价原型产品的适用性。在质量保证中，当一个问题的感官方面必须被定义时，描述性技术就显得非常有价值了。描述性技术对于日常情况的质量控制来说往往过于昂贵，但是这些方法在解决重大的消费者投诉时是有帮助的。大多数描述方法可以用来定义感官与仪器的关系。描述性分析技术不应该被用于消费者，因为在所有的描述方法中，评价小组成员至少应该接受培训，使得他们的评价具有一致性和可重复性。

10.3 语言和描述性分析

有三种类型的语言，即日常语言、书面语言和科学语言。日常语言用于日常谈话，可能会由于文化群体和地理区域的不同而有差异。书面语言是词典中的语言，这种语言也可以用于日常的谈话。但是，几乎没有人会在谈话中大量使用书面语言。对于我们大多数人来说，在我们的书面材料中，最好用书面语言来表示。科学语言是为了科学的目的而被特别创造的，而且对其术语通常是进行了非常精确的定义的，这经常是与特殊的科学学科有关的“专业术语”。

大多数描述分析技术的培训阶段包括对评价小组成员进行教授，或者让评价小组成员为感兴趣的产品或产品类别创造出属于他们自己的科学语言。关于语言和感知之间的相互关系，心理学家和人类学家已经争论了很多年。Benjamin Whorf（1952）提出了一个极端的观点，他认为语言不仅反映了而且决定了我们感知这个世界的方式。另一方面，心理学家认为感知在很大程度上是由环境中的刺激所提供的信息和结构决定的。语言仅仅是向他人表达我们感知的工具。有证据表明：人类学会的组织相关感官特征的模式来形成类别和概念。形成的概念被标记（以语言描述的方式）以促进交流。

概念的形成主要依赖于以前的经验。因此，对相同的特征，不同的人或文化可能会形成不同的概念。概念是由一个涉及抽象和概括的过程形成的（Muñoz 和 Civille，1998）。许多研究表明，概念的形成可能需要接触许多类似的产品，当然，最终的结果是希望在一群人之间对一个概念进行调整（Ishii 和 O’Mahony，1991）。一个简单的例子可能可以定义概念的原型（在感官研究中，通常称之为描述符），但是没有必要要求评价小组成员对其进行概括、归纳，或者学习概念的边界在哪里。为了概括和学习区分结构薄弱的概念（如脂香），小组成员应接触多种参考标准（Homa 和 Cultics，1984）。

在实践中，这意味着我们培训一个描述评价小组时，必须使评价小组接触尽可能多的标准，来小心地形成有意义的概念。然而，如果概念的界限非常清晰而且很窄时（例如甜度），一个单一的标准可能就足够了。在研究产品的类别时，概念的形成得到了改善。例如，Sulmont 等（1999）用橙汁进行研究发现，接受加了烈酒的橙汁样品作为参考标准的小组比接受每个特征单一参考标准或每个特征三个参考标准的小组更具判别力和同质性。在这种情况下，似乎多个参考标准确实对小组的表现产生了负面影响。但是，Murray 等（2001）警告说，产品类别之外的参考标准也可以在概念形成中发挥作用。重要的是，要注意使用参考标准并不一定会消除对比效应，感官科学家应该牢记这一点。

如果感官评价员要使用精确的感官描述的话，他们必须经过一定的培训。当被要求对一些他们并没有明确概念的产品特征进行评价时，未经培训的小组成员就会意识到培训的重要性。Armstrong 等（1997）引用了一位未经培训的小组成员的话："我宁愿我们坐下来决定某些词语和描述的含义"。目的是让所有小组成员使用相同的概念并能够彼此精确地交流；换句话说，培训过程为评价小组建立了一个"参考框架"（Murray 等，2001）。因此，描述性分析几乎是一个先验假设，需要以精心选择的科学语言阐述精确而具体的概念。消费者用来描述感官特征的语言几乎总是非特定性的并且不太精确的，以至于感官专家无法以一种提供有意义的数据的方式来衡量和理解潜在的概念。

概念的形成和定义可以举例说明如下所述。在美国和大多数西方国家中，我们对颜色日常概念的理解是非常相似的，因为从小我们就被教导把一定的标签和一定的刺激进行联系。换言之，如果一个孩子说橡树的叶子是蓝色的话，他就会被告知这叶子是绿色的。如果小孩坚持说错颜色，那么，这个孩子将接受视觉和/或其他方面的测试。因此，对于大多数成年人来说，颜色是一个结构特征，但风味却不是这样。在我们的文化中，我们几乎很少用准确的术语来描述一种食品的风味。我们通常这样表达"新鲜焙烤的面包，闻起来味道很好"，或者"咳嗽糖浆尝起来很差劲"。有一些图表上有带有编码标记的标准颜色（也就是 Munsell 颜色标准，*Munsell Book of Colors*），但是对于味道、气味和质地而言，没有"Munsell 标准"，因此，当我们想要研究这些概念时，我们需要精确地定义（最好是用参考标准）科学语言，用它们来描述与所研究产品相关的感官感觉。

当我们选择术语（描述词）来描述产品的感官特性时，必须牢记描述词的一些理想的特征（Civille 和 Lawless，1986）。Civille 和 Lawless 及其他人所讨论的描述词的理想特征，按它们大致的重要性顺序列于表 10.1 中。对此，我们将按照顺序，对每个特征进行讨论。选择的描述词应该能区别出不同的样品来；也就是说，它们应该表示出样品之间可感知到的差异。因此，如果我们评价酸果蔓汁样品，而所有的样品具有颜色深浅完全相同的红色时，那么"色泽强度"就不再是一个有用的描述词了。另一方面，如果酸果蔓汁样品的红色不同，例如，由于加工条件的原因，那么"红色强度"就会是一个令人满意的描述语。

表 10.1　在描述性分析研究中选择术语时应记住的理想特征（按重要性的次序）

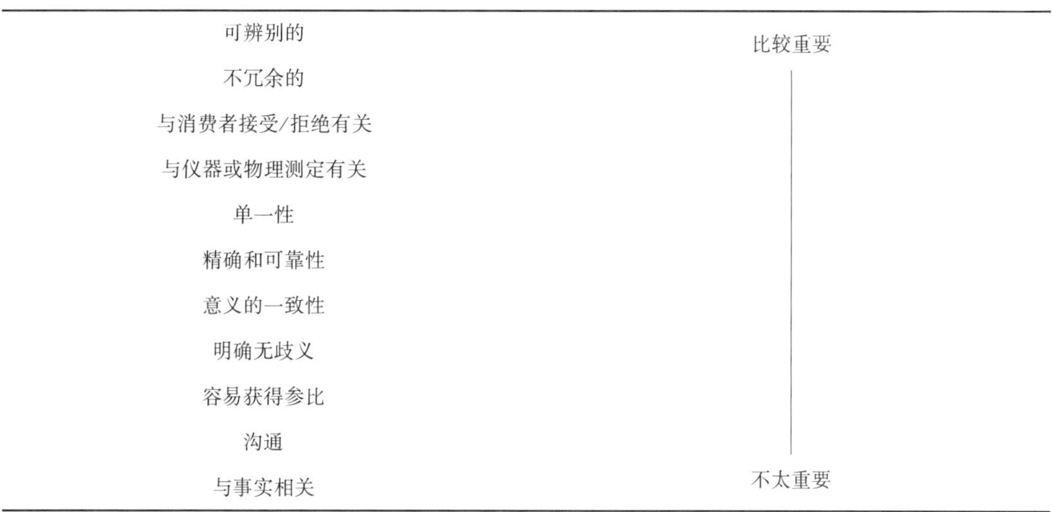

特征	重要性
可辨别的	比较重要
不冗余的	
与消费者接受/拒绝有关	
与仪器或物理测定有关	
单一性	
精确和可靠性	
意义的一致性	
明确无歧义	
容易获得参比	
沟通	
与事实相关	不太重要

所选择的术语对于其他术语来说，应当是不冗余的；一个有关冗余术语的例子就是：当评价小组成员在评价一块牛排时，要求他们同时评价感知到的嫩度和韧度（Raffensperger 等，1956），而它们都表示肉的相同概念，所以在评价肉样品时，“嫩度”或“韧度”只选其一会更好一些。此外，这些术语应该是数据独立的。数据独立描述语彼此不相关。非数据独立描述语有重叠；例如，要求评价小组对黑比诺葡萄酒的“红色果实强度”和“樱桃色强度”进行评分就是要求他们对非独立数据进行评分。当小组成员被要求对冗余和非独立术语进行评分时，他们通常会感到困惑、目标不明确。有时，不可能完全消除术语冗余，并确保所有术语都是独立的。例如，在一项区别香草香精的研究中，Heymann（1994a）培训了一个评价小组，对咸味奶油硬糖的味道和甜牛乳的味道进行评价，这个评价小组确信，这两个术语描述了不同的感觉。然而，在数据分析过程中，从主成分分析可以清楚地看到，这两个术语是冗余的，而且它们有大量的重叠部分。但是，有可能是因为这些术语在这个产品分类中具有相关性，而它们对另一类产品就可能不适用!

评价小组成员对哪些术语有相关性，而哪些术语没有相关性，经常有先入为主概念。在培训期间，经常有必要帮助评价小组成员对术语“消除相关性”（Civille 和 Lawless，1986；Lawless 和 Corrigan，1993）。在质构分析中，由于稠度和硬度这两个术语在许多食品、但不是所有食品中都具有相关性，因此，评价小组成员经常难以掌握这两个术语之间的差异。有些食品很稠但是不硬（冰淇淋乳酪、冷黄油），而另一些食品很硬但不稠（美国麦乳精糖、英国的冷冻“充气巧克力糖”）。让评价小组成员接触这些产品，有助于除去这些术语的相关性，可以让评价小组成员明白这两个术语并非总是一起变化的。

由描述分析得到的数据经常用来解释消费者对相同样品的快感反应。因此，如果用于描述分析的描述词能与导致消费者接受或拒绝这个产品的概念具有相关性的话，那么这是非常有帮助的。在成熟天然乳酪的感官分析中，由 Heisserer 和 Chambers（1993）培训的评价小组使用术语“丁酸”（一种化学名称）来代替评价小组一致认可的感官气味印象术语，即“婴儿呕吐物”。这种情况下，在有关消费者对这个乳酪的可接受性或拒绝过程中，他们所放弃的术语可能要比所选择的更精确的化学术语更有助于消费接受或者拒绝乳酪。此外，理想的描述词可以与产品的底层自然结构（如果已知的话）相关。例如，与质构剖析相关的许多术语，是与流变学原理相联系的（Szczesniak，Brand& Friedman，1963）。也有可以使用一些术语，它们与产品中发现的风味化合物的化学性质相关。例如，Heymann 和 Noble（1987）使用术语“胡椒粉”来描述红葡萄酒中与化合物 2-甲氧基-3-异丁基吡嗪有关的气味感觉。吡嗪气味出现在红葡萄酒中，同时，它也是胡椒粉芳香成分的主要化合物。Heisserer 和 Chambers（1993）用“丁酸”一词描述成熟干酪的特殊气味使其与可能产生这种风味的物质联系起来。

采用单一的描述词要好于一些术语的组合。术语的组合或整体的术语，例如像细腻的、柔软的、干净的、新鲜的这些词，会让评价小组的成员感到十分困惑。整体性术语可能在广告中十分受欢迎，但它并不适用于感官分析。这些术语应当被分成基本的、可分析的和主要的部分。例如，许多科学家已经发现奶油般的感觉是光滑度、黏度、脂肪口感和奶油风味的整合（Frøst 和 Janhøj，2007）。如果测定了这些术语的大部分或全部，涉及奶油的研究可能会更容易解释和理解。此外，“辛辣”一词是香味和触觉的结合（Hegenbart，1994），应该培训小组成员评价辛辣成分，而不是整体术语本身。用于织物的术语“柔软”，是可压缩性、弹性、触摸的柔顺性，与折叠时缺乏明显界限的组合。采用像“滑腻的”复合描述词的最大问题就是：它们不具有实际可操作性。如果数据表明该描述词中存在问题，那么，产品的开发者也不知道要修正什么。他们是要改变黏度？颗粒大小？还是芳香？对这一术语可能并不是所有小组成员都以同样的方式进行权重，一些人可能强调浓稠度概念，而另一些人侧重于经常独立变化的奶油芳香味，从而“混淆”分析。对于描述性分析小组而言，这显然不是一个好事情。

合适的描述词可以被小组成员精确、可靠地使用。评价小组成员应当很容易对某一特定术语的含义达成一致意见，这样，这个术语就不含糊了。他们应该能够对与描述词相关的典型样本达成一致意见，同时，应该对描述词的边界取得共识。我们鼓励采用参考标准来说明这些边界。如果很容易获得这个描述词的物理参考标准，那么会使评价小组领导的工作变得简单。然而，在获取物理参考标准遇到困难时，评价小组长或评价小组成员可以通过其他的方式来使用较为理想的术语。

选择出的描述词应当具有沟通价值，而不仅是专业术语。换言之，在研究中获得信息的使用者应当能够理解这些术语，而不仅是描述的评价小组或他们的组长能够理解。如果这个术语已经被传统地用于这个产品，或者与现有文献相关，也是很有帮助的。找出每个描述词的参比样具有双重目的：一为统一小组成员对基本概念的理解，二为读者解释和翻译研究中获得的信息。Giboreau 等（2007）强调，在定义感官描述词时应避免循环性，例如，“嘈杂的”不应该被定义为“产生噪声的那个”，而应该被定义为“当它被咬时产生声音”。这些作者还强调，参考标准将会增加这些定义的效用，并且定义应该准确的准确替代品。一个例子就是“这块肉非常硬”，替代“硬”这个定义，人们会说“这块肉很难咀嚼”。

Krasner（1995）研究水污染时发现，一些参考标准，例如水中次氯酸盐溶液的氯气味或煮过的橡胶软管的橡胶气味，都具有独特性，并且很大一部分小组成员都会认同这种气味。其他化学品作为参考标准并不成功，例如，己醛，评价小组中大约 24% 的成员以草味这个描述词对其进行了评价，而 41% 的小组成员认为应使用莴苣香味这个描述词，剩下的成员认为的描述词分为芹菜、橄榄、烟草烟雾和陈腐蔬菜。我们认为这种情况在描述单一化合物时发生的频率比较高。

对一个概念使用多种参考标准可促进对概念的学习和使用（Ishii 和 O’Mahony，1991）。另外，具有广泛的感官参考基础的评价小组组长也有助于互相学习。例如，评价小组成员对苦杏仁油气味的反应，可能包括诸如苦杏仁、樱桃、咳嗽药水、酸樱桃和丹麦点心这些描述词在内。所有这些描述词都涉及苯甲醛在这些产品中的基本特征。在另一项研究中，评价小组成员可能会认为，这个产品令他们想起了硬纸板、颜料和亚麻子油。有经验的评价小组组长就会意识到，所有这些术语都是与脂质和脂肪酸氧化相关的感官描述。如果评价小组组长对产品分类的背景知识有所了解的话，这也会是十分有帮助的。

10.4 描述性分析技术

在以下部分中，我们将综述一下描述分析技术的主要方法和原理。其他的综述可以在下列文献中找到，Amerine 等（1965），Powers（1988），Einstein（1991），Heymann 等（1993），Murray 等（2001），Stone 和 Sidel（2004）以及 Meilgaard 等（2006 年）。此外，Muñoz 和 Civille（1998）清楚地解释了不同技术中在小组培训和尺度使用方面的一些原则差异。

10.4.1 风味剖面法

风味剖面法（FP）最初是一种定性的描述检验方法。这个名称和技术是 Arthur D. Little 和曼彻斯特的剑桥公司的商标。这项技术是 20 世纪 40 年代末和 50 年代初，在 Arthur D. Little 公司，由 Loren Sjostrom，Stanley Cairncross 和 Jean Caul 等发展、建立起来的。FP 首先被人们用于描述复杂的风味系统，这个系统测定了谷氨酸钠（味精）对风味感知的影响。多年来，FP 已不断地改进。最新版的 FP 被称为剖面特征分析（Cairncross and Sjöstrom，1950；Caul，1957，1967；Hall，1958；Meilgaard 等，2006；Moskowitz，1988；Murray 等，2001；Powers，1988；Sjöström，1954）。

风味剖面是一种一致性技术，用于描述产品的词汇和产品评价本身，可以通过评价小组成员达成一致意见后获得。FP 考虑了一个食品系统中所有的风味，以及其中个人可检测到的风味成分。这个方法描述了所有的风味和风味待征，并评价了这些描述词的强度和幅度（全部印象）。该项技术提供了一张表格，表格中有感知到的风味，它们的强度，感知到的顺序，它们的余味以及它们的整体印象（幅度）。如果对评价小组成员的培训非常令人满意，这张表格就有重现性了。

使用标准的准备、呈现、评价技术，在 2~3 周的时间内对 4~6 名评价员进行培训，让他们能对产品分类的风味进行精确的定义。对食品样品进行品尝后，把所有能感知到的特征，按芳香、风味、口感和余味分别进行记录。评价小组面对的是食品分类中范围很大的产品。展示结束后，评价小组成员对使用过的描述词进行审查和改进。在培训阶段也会建立每个描述词的参比标准和定义。使用合适的参比标准，可以提高一致性描述的精确度。在培训完成后，评价小组成员已经定义了一个参照系，用以表达所使用的描述词的强度。

样品应该以提供给消费者一样的形式提供给评价小组。因此，如果评价小组成员正在研究樱桃馅饼的馅料，那么馅料应该以馅饼的形式提供给评价小组。

本来，感知到的风味特征的强度是按下列的标度进行评价的（这个标度后来被扩大到 17 点，包括使用箭头或者加、减号）：

评价等级	说明	评价等级	说明
0	不存在	2	中等
) (	阈值或刚好能感觉到	3	强烈
1	轻微		

感知到的风味特征的顺序也显示在表格中。余味被定义为在吞咽后味觉上留下的一到两种味道。评价小组成员在吞咽 1min 后评价余味强度。

幅度是风味的平衡和混合程度。它不代表产品的整体品质，也不包括评价小组成员对产品的快感反应。FP 的支持者承认，评价小组的初学者很难将他们的快感反应与振幅概念分开。然而，通过培训和接触 FP 方法及产品分类，评价小组成员确实获得了对该术语的理解。幅度被定义为对产品的平衡和混合的整体印象。在某种意义上，不是理解了幅度，而只是靠经验的积累来获得。例如，搅拌时，重奶油的幅度很低；而重奶油加入一些糖后再搅拌，就有了一个较高的幅度；加入一些糖和香草香精后搅拌，幅度会更高。通常情况下，FP 评价小组成员在关注产品的个别风味特征之前，事先会测定幅度。但是，在剖面表中幅度可能被放置在最后。下列的标度可以用来对幅度进行评级：

评价等级	说明	评价等级	说明
)(	非常低	2	中等
1	低	3	高

评价小组组长可以根据评价小组的反应，获得一致性的剖面分析。在一个真实的 FP 中，这不是一个求平均分的过程，这个一致性是通过评价小组成员和评价小组组长对产品进行讨论和重新评价之后而获得的。产品的最终描述由一系列符号表示，如上所述，这些描述词是数字与其他符号的组合，评价小组成员将它们组合成可能有意义的模式，不论是作为描述表格（表 10.2）还是作为“太阳图”。

表 10.2　风味剖面分析研究一致性结果的例子：添加了 0.4% 磷酸盐的火鸡小馅饼的复合风味剖面

风味特征	属性	风味特征	属性
	强度①	火鸡	1
蛋白质	2-	肉的部位	1-
肉的特性	1	金属性的（芳香和感觉）	1
血清	1	苦味	)(
［暂停］		余味	强度①
金属性的（芳香和感觉）	1+	金属感觉	2-
（运送途径）	1-	家禽	1-
家禽	1+	其他②	
肉汤	1-	火鸡	)(+
［延迟］		肉的部位	)(+

注：①标度：)(=阈值，1=轻微，2=中等，3=强烈。
②全部评价小组未发现的余味中的“其他”特征。
摘自 Chambers 等，1992。

“太阳图”现在已经不用了，它是 FP 结果的图形表示（Cairncross 和 Sjostrom，1950）。

在每个特性评价后，半圆表示阈值强度，辐射状线的长度表示其一致性强度。样品中“呈现”的各个特征的顺序在图中按顺序（以左到右）注明。虽然能用这些符号来描述产品，但无法用常规的统计方法来分析以这种方式得到的数据，因此，FP 被归类为定性描述技术。

随着引入 1~7 分的数值尺度（Moskowitz，1988），风味剖面（flavor profile）被重新命名为剖面属性分析（profile attribute analysis，PAA）。从 PAA 得出的数据可以进行统计分析，也可以推导出 FP 类型的一致性描述。数值标度的使用，可以让采用 PAA 这种方法的研究人员能够使用统计技术来进行数据分析。PAA 比 FP 更能定量（Hanson 等，1983）。Syarief 和他的合作者（1985）对来自一致意见的风味剖面结果与通过计算平均得分而得到的风味剖析结果进行了比较。平均得分的结果比一致性结果有更小的变化系数，而且平均得分数据的主成分分析（PCA）比一致性结果的 PCA 有更高的差异比例。基于此，作者总结出：使用平均得分比一致性得分具有更好的结果。尽管有这些结果，一些从业者仍然使用 FP 和 PAA 作为一种一致性技术。

FP 的支持者表明：如果评价小组成员接受了良好的培训，那么，这些数据具有准确性和可重复性。不能高估评价小组中词汇标准的必要性。这个方法的反对者抱怨说，获得的一致结果可能实际上是小组中占支配地位的人，或者是评价小组中最具有权威的成员的观点，这个最具有权威的人通常是指评价小组组长。而支持这种技术的人则反驳说，通过正确的培训，评价小组组长会避免这种情况的发生。该方法的拥护者坚持认为一个经过培训的 FP 小组能够快速地得出结果。要想成功地使用了这些技术，正确的培训是关键。

真正的 FP 大多反对尝试对数据进行数学表征。在通常情况下，我们需要利用研究人员的直觉和经验对一系列的符号进行解释。另一方面，人们也可以利用参数技术，诸如方差分析和合适的方法分离程序来分析 PAA。目前，FP 技术被广泛应用于对水的评价中，可能是因为水务公司通常只有 3~4 个人来解决味觉和气味的投诉（AWWA，1993；Bartels 等，1986，1987；Ömür-Özbek 和 Dietrich，2008）。

风味剖面评价员的选择

风味剖面评价员应接受筛选，以确保长期任职。培训一个评价小组，需要花费时间、精力和金钱，而且如果有可能的话，评价小组成员应该承诺可以工作多年。如果人们发现，在同一个评价小组中，有工作了 10 年以上的 FP 评价小组成员的话，不应奇怪。有潜力的评价员应当对产品的分类有强烈的兴趣，而且，如果他们对产品类型的背景知识有所了解的话，这是很有帮助的。这些评价员应该经过筛选以确保有正常的气味和味觉感知能力。可以利用溶液和纯的稀释香剂来筛选有正常感觉敏锐性的评价小组成员（详见第 2 章）。他们应当非常地真诚并善于表达，而且人格健全（既不胆怯，也不过分夸张）。

在研究的术语开发和评价阶段中，评价小组的组长都是活跃的参与者。评价小组的组长必须能协调评价员之间的交流互动，带领整个评价小组达成一致的意见。很清楚的一点是，FP 评价小组中的关键因素是小组的组长。这个人可以协调样品的生产，指导小组的评价，最后发表整个评价小组的一致性结论。评价小组的组长经常会重新提交样品，直到获得重复性的结果。因此，小组组长应该对产品类型特别清楚和了解。他还将负责与小组沟通，并准备样品和参考标准。评价小组组长还应该极具耐心，同时应该具有社交的敏感性和策略性，因为他负责推动整个小组的工作以达成产品的一致性描述。

10.4.2 定量描述分析

定量描述分析（QDA）是在 20 世纪 70 年代发展起来的，目的是纠正与风味剖面有关的一些感知问题（Stone 和 Sidel，2004；Stone 等，1974）。与 FP 和 PAA 相反，其数据不是通过一致性讨论而产生的，评价小组领导者不是一个活跃的参与者，同时可使用非结构化线性结构的标度来描述评价特性的强度。Stone 等（1974）选择了线性图形标度，这条线延伸到了固定语言的终点之外，因为他们发现这种标度可以减少评价员只使用标度的中间部分，以避免出现非常高或非常低分数的倾向。他们的决定部分是基于 Anderson（1970）关于心理判断中的功能测定的研究。像 FP 一样，QDA 有许多拥护者，而且这项技术已经得到了广泛的验证（Einstein，1991；Heymann 等，1993；Meilgaard 等，2006；Murray 等，2001；Powers，1988；Stone 和 Sidel，2004；Stone 等，1980；Zook 和 Wessman，1977）。

在 QDA 培训期间，为了形成准确的概念，10~12 位评价员将面对许多可能类型的产品。样品范围的选择取决于研究的目的，而且与 FP 相似，评价员形成了一套用于描述产品差异的术语。然后通过共识，评价员开发了一个标准化的词汇来描述样品之间的感官差异。评价员还要决定用来固定描述术语的参考标准和/或词语定义。实际参考标准仅用了约 10%的时间；通常，仅使用词语定义（Murray 等，2001）。此外，在培训期间，评价小组成员还要决定每个特征的评价顺序。在培训的后期，要进行一系列的试验评价。这使小组组长能够根据其相对于整个小组的表现的统计分析，对每个组员进行评价。在研究的评价阶段，也可以对小组成员的表现进行评价。

通过这种产生一致性词汇的方式，评价小组成员开始了培训。在早期的这类会议中，小组领导只作为一个推动者来指导讨论，并根据小组的要求提供参考标准和产品样本等材料。小组领导不参加最终的产品评价。

与 FP 不一样的是，QDA 的样品不能像消费者看到的那样。例如，一个风味剖面描述的评价小组在评价馅饼的外皮时，他们将会得到一个填有标准馅的馅饼外皮样品。QDA 理论认为，馅饼的馅料会影响饼皮样品的鉴别。然而，也可能是这样一种情况：不加馅的外皮，与加了馅的外皮可能表现得完全不同。根据这种情况，QDA 评价小组成员将得到两个不同的馅饼外皮样品，一个加馅焙烤，另一个不加馅焙烤，后者在评价员得到外皮样品前除去了馅。

实际的产品评价是由每个评价员单独进行的，他们通常坐在独立的评价小间里。样品评价阶段采用标准的感官实验操作，包括相同的样品编码、评价小间的照明、是否吞咽样品以及评价不同样品之间的口腔清理方法，用于评价阶段。其间使用了评价小组产生的以固定词语所表示的一个 15.24cm 的图形直线标度（图 10.1）。

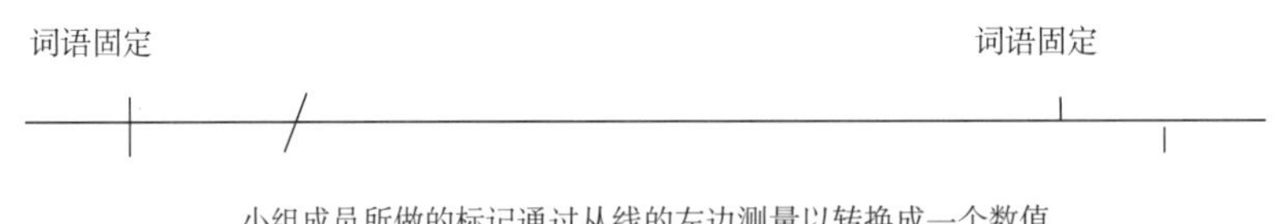

图 10.1　QDA 图形直线标度的一个例子

结果的数据可以用方差分析和多变量统计技术进行统计分析。评价员有必要进行反复评价，有时需要 6 次以上，以便感官科学家可以对单个评价员和整个评价小组的一致性进行检验。结果的重复性也允许在不同的产品之间对每个评价员进行单向的差异分析。这使得感官专家能够确定小组成员是否能够区别出产品或需要更多的培训。重复评价的次数取决于具体所评价的产品，而且它应当在研究开始之前就被确定。应当慎重看待没有进行重复评价的研究结果。

可以使用 QDA 技术来完整地描述与产品有关的感官感受，而这些感官感受包括从初步视觉评价到余味评价，或者评价员可能会被指示只关注一些较窄范围内的特征，如质地描述词。但是，限制评价特征的范围可能会导致“倾倒”效应（详见第 9 章）。如果在投票中遗漏了一个各样品之间不同的显著性感官特征，这种效应就尤为明显。如果发生这种情况，评价员就有可能会下意识地调整研究中使用的一些标度的得分来表达他们的挫折感。正是由于这个原因，对于限制描述分析研究中所要用到的描述词的类型和数字，感官科学家应当予以重视。有时，只要加一个标有“其他”的标度，就能防止这种效应的发生，如果允许评价员描述“其他”特征的话，也可以获得一些有价值的信息。

在培训期间，小组领导面临着一个挑战，就是如何帮助评价员把一个产品的独立的强度特征从质量或喜好的总体印象中挑选出来（Civille 和 Lawless，1986）。所有描述性的评价都应当基于感知到的强度，而非快感反应。

尽管这种方法中使用了广泛的培训。但是大多数研究者认为评价员会使用标度中的不同部分来作出判定。因此，绝对的标度值并不重要。产品的相对差异提供了有价值的信息。例如，评价员 A 对马铃薯片样品 1 的脆度评分为 8，但评价员 B 对相同的样品评分仅为 5；这并不意味着这两个评价员没有使用相同的方法对同一特征进行测定。这可能只是说明了他们使用的是标度中的不同部分（图 10.2）。这两个评价员对第二个不同样品的相对反应结果（假设分别为 6 和 3）表明这两位评价员是着眼于样品间的相对差异进行评价的。对统计程序的明智选择，如依靠 t 检验和方差分析，可使研究者消除使用了标度不同部分后产生的影响。

QDA 培训所花的时间通常比 FP 要少。FP 存在一个潜在的问题是评价员受他人影响而作出统一的判断，但在 QDA 中，由于数据分析使用的是独立的判断，所以不太可能会出现这个问题。此外，QDA 数据很容易用单变量和多变量统计方法进行分析。多元方差分析、主成分分析、因子分析、聚类分析等统计程序已在 QDA 型程序产生的数据分析中得到了应用（Martens 和 Martens，2001；Meullenet 等，2007；Piggott，1986）。数据的图像化表述经常用到“蜘蛛网”图（极坐标图即雷达图，图 10.3）。

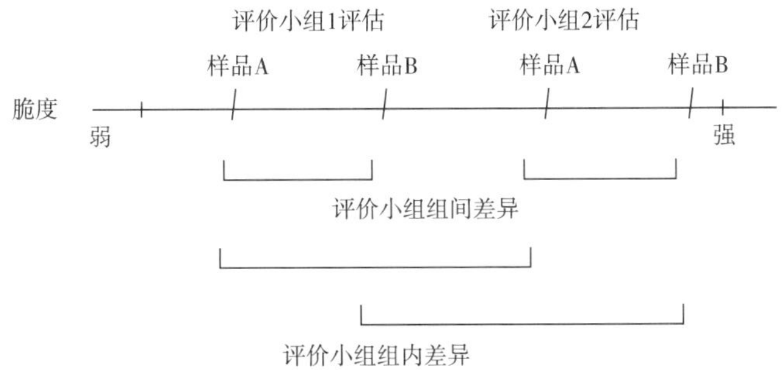

图 10.2 评价小组对直线标度的不同使用，用于相互之间的校正，为了说明起见，所有的评价都以同样的直线标度给出

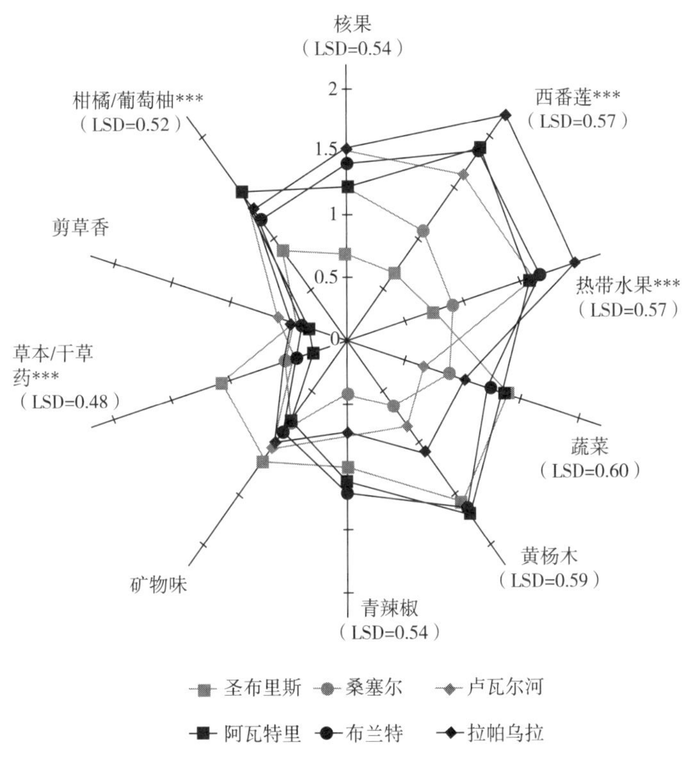

图 10.3 描述性分析数据的蜘蛛网图或雷达图的例子

这些数据以来自长相思葡萄酒的香气描述作为函数，一种原产国（法国或新西兰）和子区域（法国：圣布里斯，桑塞尔，卢瓦尔；新西兰：瓦特埃尔，布兰考特，拉斐尔）。对于每个感官特征，感知的平均强度从中心点向外增加。某个属性的子区域之间的平均值的差异大于 LSD 值，代表在 Fisher's LSD 多重比较测试中具有显著差异［由 Parr 等（2009）授权转载］。

对于数据正态分布的假设以及因此而采用的如方差差异分析、t 试验等参数统计方法存在着一些争议。一些作者认为需要对数据进行非参数统计处理（O'Mahony，1986；Randall，1989），但这只是少数人的观点。

使用QDA进行数据分析的方便性实际上也可以被认为是该技术的一个问题。将标度作为一个特征的绝对测定工具，而不是作为考察样本之间的相对差异的工具，这种倾向是很常见的。回到薯片的例子，我们可能会作出这样一个判定，即在脆度标度上得分低于5的样品不能进行出售。正如我们所看到的，评价员B作出的脆度强度为5的结果，与评价员A作出的脆度强度为5的结论有很大的不同。因此，我们会看到这样的情况：如果整个评价小组采用标度的上端的话，那么将没有样品被认为是可接受的。如果另外一个评价小组，对相同的样品进行分析，只采用标度的下端，那么，同样也没有产品是具有可接受性的。因此，QDA数据必须被看成是相对量，而不是绝对量。应当尽可能把QDA研究设计成包括不止一个样品和/或基准或标准的产品。

QDA已经被广泛使用，但是实验的设计往往不完全按照Stone和Sidel（2004）的描述。这种方法的相对简单性，可以使它能够以许多不同的方式进行调整。然而，这种适应性却会使描述步骤的QDA的使用变得无效。然而，一旦进行了任何调整也就不能使用QDA这个名称来描述这个过程了。

QDA拥护者引证的优点包括：评价员进行独立的判断；结果并不是协商一致得出的；以及数据容易进行统计分析，并能以图形的方式表示。评价小组术语的形成不受评价小组领导者的影响，通常是基于消费者的语言描述词形成的。QDA与FP有同样的缺点，因为两者都要求评价小组必须为特定的产品类别而进行培训。很多美国的食品公司都会为他们的许多产品类别单独地设置评价小组。这样操作的费用很高，正因如此，这可能限制了小公司使用这种技术。与FP不同的是，QDA结果不需要显示感官知觉的顺序，但是，假如研究目的需要的话，研究者也会指示评价小组在投票上按出现顺序列出描述词。此外，如上所述，由于评价小组成员可能会使用不同的标度范围，因此，其结果是相对的，而不是绝对的。

定量描述分析中评价员的挑选

与FP评价员类似，定量描述性分析（QDA）小组成员也应接受筛选，以确保其能长期供职。与FP一样，培训一个小组需要时间、精力和金钱，如果可能的话，小组成员应该做出承诺以供职多年。当小组成员是从公司内部挑选出来的时候，这就是一个管理支持问题了，因为这些雇员可能在他们的主要工作之外还要花费大量的时间。应使用各产品类别当中的实际产品，筛选出有正常嗅觉和味觉的小组成员。合格的小组成员应该具有很强的表达能力并且为人诚恳。

与FP不同，小组组长无论在术语开发还是在研究的评价阶段，其不太参与。小组组长只是作为一个协调者，不领导或指挥小组成员。此人负责与小组进行沟通，并准备样品和参考标准。

10.4.3 质地剖面

质地剖面法是在20世纪60年代由从事普通食品研究的科学家创建的，随后由几位感官专家（Brandt等，1963；Szczesniak，1963；Civille和Liska，1975；Munoz，1986；Szczesniak，1963，1966，1975；Szczcsniak等1963）进行了修改。质地剖面（TP）分析法的

目标是发明一种感官技术，在从咬第一口到完成咀嚼的整个过程中，能够利用工程原理评价一个产品的所有质构特征。质地剖面法是基于风味剖面法开发人员所开创的概念而创建的。Civille 和 liska（1975）将质地剖面分析法定义为：

根据食物的物理特性、几何外观、脂肪和水分等特征、每一种特征所呈现的强度以及在咬第一口到完全咀嚼的过程中它们所出现的顺序，对食物的质构复合体进行感官分析。

质地剖面分析法可使用标准化的术语来描述产品的结构特征。具体特征从它们的物理和感官方面描述。从标准术语中选择将要使用的特定产品的术语来描述特定产品的质地。术语的定义和出现顺序由 TP 小组成员协商一致决定。与质地术语相关的评价标度是标准化的（表 10.3）。

表 10.3　　质地剖面的例子（硬度①标度）

标度值	产品	样品尺寸	温度	组成
1.0	奶油干酪	1.27cm 见方	40~45℃	费城奶油干酪（卡夫）
2.5	蛋清	0.635cm 见方	室温	煮熟，5min
4.5	美国干酪	1.27cm 见方	40~45℃	黄色巴氏杀菌干酪（Land O Lakes 商标）
6.0	橄榄	1 片	室温	用甜椒填充的西班牙嫩橄榄（戈雅食品）
7.0	法兰克福香肠②	1.27cm 薄片	室温	法兰克福小牛肉，沸水中煮 5 min
9.5	花生	1 粒	室温	在真空罐中的鸡尾酒花生（Nabisco 商标）
11.0	杏仁	1 粒	室温	去皮杏仁（Nabisco 商标）
14.5	硬糖果	1 块	室温	Life savers（Nabisco 商标）

注：①硬度被定义为：样品放置在臼齿之间，需要完全咬碎的力量。

②用臼齿压缩的面积与切向是平行的。

摘自 Muñoz，1986。

在每个标度范围内，特定参数的整个范围是由具有特定特征作为主要组成部分的产品来确定的。必须有效地评价参比产品，从而决定它们是否符合特定标度下的强度增加。参比标度确定了每个术语的范围和概念（Szczesinak 等，1963）。例如，硬度标度（表 10.3）测定了对臼齿对产品施加的压力。请注意：在 TP 的硬度标度中，作为参比点的不同食品（乳酪、烹调过的鸡蛋白、干酪、橄榄、花生、生胡萝卜、杏仁和硬糖果），从乳酪到糖果的强度是逐渐增加的。然而，当施加压力时，这些产品就会被交替地切断、压碎或压缩。因此，如果使用硬度参比标度时，品评员必须明白，尽管所有这些产品在特定的和可定义的维度和硬度上有所不同，但它们不一定按照同样的方式对施加的压力作出反应。

所有评价员的参照系必须都是相同的，这对 TP 的成功至关重要。所有评价员必须接受相同的质地原理和 TP 过程的培训。应该严格控制样品的制备、呈送和评价。评价员还应当按照标准的方式，进行咬、咀嚼和吞咽的培训。评价小组培训期间，评价员首先面对的是质地特征的Szczesniak（1963）分类。随后，他们要接触大量不同的食物产品和参比标度。在第三个阶段，评价员要在特定的食品类别当中提高他们的技巧以识别、确认和定量各个质地特征的强度。这些过程通常需要花几个星期的日常培训时间。Otremba 等（2000）对牛肉进行了研究，发现广泛的培训可获得更高的一致性和准确性。

人们已在许多特定的产品分类中使用了质地剖面分析技术，其中包括早餐谷类食品、大米、人造奶油、饼干、肉类、快餐食品和许多其他产品。很多情况下，实验人员会说人们在研究过程中使用了 TP 技术，然而，对他们的方法进行仔细分析后，我们就会发现，他们的研究并没有严格按照 TP 的要求进行。评价员往往没有按照这项技术的最初支持者所建议的程度使用标准化方法进行培训。

10.4.4 广谱分析法

Gail Civille，在 20 世纪 70 年代在大众食品公司工作时，就已经成为质地剖面技术使用领域的专家了。随后，她利用质地剖面的许多思想创造了感官广谱技术。感官广谱分析法（Spectrum）是描述性分析方法的进一步扩展。广谱分析法的独特特征是：评价员不形成专门用于描述产品感官特征的特定词汇，但他们会使用标准的术语词汇（Civille 和 Lyon，1996）。用于描述特定产品的语言是经过预先挑选的，并且对于同一个分类内的所有产品都是相同的。此外，标度是标准化的，并被锚定在多个参比点中。评价员必须用同样的标度进行培训，因此，广谱分析法的支持者认为数据的结果是绝对的。这就意味着设计这样一个实验应该是有可能的：即在这个实验中只包括一个样品，并将该样本的数据与另一项研究中得出的数据进行比较。该原理表明：由于每个评价小组是一个独立的小组，允许评价小组产生他们自己的统一术语，因此，在大众中试图应用这些结论时就会产生误导性的结果。这种方法的拥护者表示：广谱分析法所用的描述词比 QDA 中的描述词更具有技术性。相比于广谱分析法的使用者，QDA 术语产生于评价员自己，它们更可能与消费者的语言相关。Powers（1988），Murray 等（2001），和 Meilgaard（2006）已经对系列法进行了评述。

广谱分析法评价员所进行的培训，比 QDA 培训的范围更广，同时，其评价小组的组长比 QDA 的组长更具有指导作用。与在 QDA 中一样，评价员要面对的是特定产品类别中的多种产品。与在质地剖面中一样，评价小组组长需要就产品的成分提供广泛的信息。评价员要探索潜在的化学、流变学和视觉原理，同时，还要考虑这些原理和产品感知之间的相关性。与质地剖面相似，需要给评价员提供可用于描述和产品相关的感知词汇表（广谱分析法中称为专门词汇）。最终的目的是在给定的范畴内，建立一个“专家评价小组”，用来说明它可以在理解产品特征间的潜在技术差异的基础上，使用一个具体的描述词列表（Meilgaard 等，2006）。此外，还需要给评价员提供参考标准。对于特征，要提供具体的单一参考以及与其他一些特征相结合的标准。例如，香草味与牛乳和/或奶油中的香草味（Muñoz 和 Civille，1998）。

评价员使用数字化的强度标度，通常为 15 点标度（表 10.4；Muñoz 和 Civille，1997）

“绝对的”，也被称为“普遍的”。Civille（1996年4月，个人交流）指出，此标度是一个等强度的标度。换言之，甜味标度上的“5”与咸味标度上的“5”强度相等，甚至与果味标度上的“5”强度相等（表10.5）。Civille（1996年4月，个人交流）认为：在香气、香味和风味标度上已经实现了这一目标，但在质地标度上还没有成功。由于没有已发表的数据能支持这个等强度论点，因此，我们对该观点持一定的怀疑态度。然而，交叉模态匹配（cross-modal matching）的概念可能会使得上述主张对光线和色度、味觉（甜和酸）具有一定的合理性，但对甜度、硬度或果味度及咀嚼度则不太合理（Stevens，1969；Stevens 和 Marks，1980；Ward，1986）。

表 10.4　用于广谱标度的芳香族参考样品示例

描述词	标度值	产品
收敛性	6.5	浸泡了1h的茶叶袋
	6.5	葡萄汁（威尔士的）
焦糖	3.0	褐色的鸡蛋小甜饼（Nabisco）
	4.0	加糖的小甜饼（Kroger）
	4.0	茶小甜饼（Nabisco）
	7.0	波尔多葡萄酒小甜饼（Peppering 农场）
鸡蛋	5.0	蛋黄酱
鸡蛋味	13.5	煮熟的鸡蛋
橙汁复合物	3.0	橙汁饮料
	6.5	重新配制的冰冻浓缩橙汁
	7.5	新鲜榨取的橙汁
	9.5	浓缩橙汁
烘烤	7.0	咖啡（Maxwell）
	14.0	Espresso 咖啡
香草	7.0	加糖的小甜饼（Kroger）

注：上述所有的标度都是0~15。

摘自 Meilgaard 等，2006。

表 10.5　对各类产品中4种基本风味的强度评价值

描述符	标度值①	产品
甜味	2.0	2%的糖水溶液
	4.0	豪华旅馆饼干（Nabisco）
	7.0	柠檬水
	9.0	典型的可口可乐

续表

描述符	标度值[1]	产品
	12.5	波尔多葡萄酒饼干
	15.0	16%的糖水溶液
酸味	2.0	0.05%柠檬酸水溶液
	4.0	天然的苹果酱（Motts）
	5.0	重新配制的冰冻橙汁
	8.0	甜泡菜
	10.0	Kosher 的莳萝泡菜（Vlasic）
	15.0	0.20%柠檬酸水溶液
咸味	2.0	0.2%氯化钠水溶液
	5.0	加盐的苏打饼干
	7.0	美国乳酪（Kraft）
	8.0	蛋黄酱（hellman）
	9.5	加盐的土豆片（Frito-Lay）
	15.0	1.5%氯化钠水溶液
苦味	2.0	瓶装的葡萄汁（Kraft）
	4.0	巧克力（Hershey）
	5.0	0.08%咖啡因水溶液
	7.0	生的苦苣
	9.0	芹菜种子
	10.0	0.15%咖啡因水溶液
	15.0	0.20%咖啡因水溶液

注：上述所有的标度都是0~15。

摘自 Meilgarrd 等，2006。

另外，绝对尺度的稳定性还不清楚。Olabi 和 Lawless（2008）发现，即使经过大量的培训，它们在 15 点标度内也发生了偏移。

与质地剖面法一样，标度是由一系列参比点锚定的。在这一模式中，至少会用到 2 个，最好是 3~5 个参比点。选择参比点以表示标度序列上的不同强度。就像用 pH 缓冲溶液校正 pH 计一样，把参比点用于精确地校准评价员。评价员被“调整”得像真的仪器一样。在培训结束后，所有的评价员必须以相同的方式使用标度。因此，他们应当对在同一强度的一个具体样品的具体特征进行评分，从而得到相同强度。利用典型的感官练习，在隔离的小房间中进行这个试验。

在对 QDA 过程进行讨论之后，广谱分析法的主要优点就比较明显了。在 QDA 中，评价员经常以独特但一致的方式使用所提供的标度。与 QDA 相反的是，广谱分析法培训所有的评价员以相同的方式使用描述词标度。因此，该评分应当具有绝对的意义。这也意味着不管评价小组的位置、历史或其他条件是否相同，平均评分都可以用来确定一个具有特定特征强度的样品是否符合可接受性的标准。对于希望在常规质量保证操作中或在多个地点和设施中使用描述性技术的组织来说，这具有明显的优势。

这个过程的缺点与评价小组的形成和维持有关。培训一个广谱分析法评价小组通常十分耗费时间。评价员必须接触样品，并且理解用来描述产品的词汇。要求他们掌握可能用于产品的基本技术细节，同时也要求他们对感官感知的生理学和心理学有一个基本的了解。除此之外，他们必须大量地彼此互相“调整”，以确定所有的评价员都以相同的方式使用标度。但我们不确定这种校准水平能否在现实中达到。事实上，评价员中与生理差异有关的个体差异，如特定的嗅觉缺失症、对组分的不同敏感性等，会导致评价员们的意见不完全一致。理论上，如果评价员的意见完全一致的话，那么对于任何具体产品的特征组合来说，标准偏差会接近于零。然而，大多数广谱分析法研究具有非零标准偏差的特征，这表明评价小组并没有完全被校准。Civille 指出绝对校准对大多数特征属性来说是可行的，但是对于苦味、辛辣味和某些异气味来说则不可行。

广谱分析法中的数据分析方式与 QDA 中的具有相似性。分析人员对特定属性的平均值偏差带有明确的兴趣，因为这些是与“调整”或与评价小组的精确性直接相关的。

10.5 典型描述性分析

QDA 和广谱分析法已经以多种不同方式进行了改变。然而，值得说明的是，任何改变都不能使用“QDA”和“Sensory Spectrum”的商标。遗憾的是，如果要对从标准方法中得到的大量的偏差对数据有效性的影响进行评价的话，是一件很困难的事情。专业研究人员经常采用这些方法的通用准则对产品进行评价。表 10.6 所示为进行典型描述性分析的步骤；这些步骤将在下一节中详细介绍。此外，在传统的通用描述性分析中已经发生了一些非常有趣的变化，这些变化将在 10.4.7 中讨论。

表 10.6　典型描述性分析的步骤

1	确定项目目的：描述性分析是正确的方法吗？
2	和客户/研究人员确定要使用的产品
3	确定一致性评价培训合适还是问卷培训合适
4	确定实验设计和统计分析 （1）方差分析的主要效应和相互作用 （2）多变量技术？
5	选择（可从屏幕上选择）评价小组 如果选择进行一致性评价培训，请转至步骤 6。如果选择进行选票培训，请转至步骤 7
6	一致性评价培训

续表

	（1）在最初的培训课程中，为评价小组成员提供特定类别的各种产品 （2）评价小组成员产生描述词（和参考标准的想法） （3）在随后的培训中，评价小组组长提供潜在的参考标准以及产品 （4）评价小组成员在属性、参考标准和评分表排序方面达成共识
7	（1）在最初的培训课程中，为评价小组成员提供特定类别的各种产品 （2）为评价小组成员提供单词列表（样本评分表）和参考标准 （3）在随后的培训中，评价小组组长提供参考标准以及产品 （4）评价小组成员指出应在特定研究中使用单词列表中的哪些属性和参考标准。小组成员还可以在评分表上指出属性的顺序
8	（1）样本子集在实际测试时一式两份（一式三份）提供 （2）分析数据，任何问题的可重复性和/或属性导致额外的培训；重新培训后可能再次进行测试
9	进行研究
10	数据分析和报告

10.5.1 通过三个简单的步骤进行描述性分析

任何称职的感官研究员都可以通过三个简单的步骤进行描述性分析研究。这些步骤包括：培训评价员，测定评价员的重复性/一致性以及让评价员评价样品。下面我们将更详细地讨论每一个步骤。

10.5.1.1 培训小组成员

正如我们在QDA和广谱分析法中看到的，评价员的培训有两种方法。第一种方法是为评价员提供特定类别中的广泛产品。这就要求评价员在这个过程中，产生一些可用于描述产品间差异的描述词或参比标准，这些通常是他们自己达成某些一致性后获得的。简单起见，我们将其称为“一致性培训”。第二种方法是在类别内为评价员提供广泛的产品以及一个可用于描述产品的可能的描述词和参比语清单。我们将这种方法称之为“选票培训”。在实际操作中，一致性和选票方法都有各自的应用范围。但是，Sulmont等（1999）发现评价员通过“一致性方法”（通过“做”来培训）的方法进行培训时，会比“问卷方法”（通过“被告知”来培训）表现得更好。然而，常用的是一种组合方法。在组合方法中，评价员通过协商一致的方式形成一些描述词，再通过评价小组组长建议或从词汇表中选取，来增加一些描述词。评价小组组长还可以减少一些多余的术语。在实验室中，一致性方法通常用于除肉类以外的研究。对于肉类的研究，我们倾向于采用选票方法进行，这主要是因为这个领域的大量研究让我们确信，只有有限数量的描述词适用于肉类。在为食品和消费品公司的工作中，我们倾向于采用组合的方法来进行评价，因为客户公司常有他们自己认为重要的特定术语。如果评价员不能自发地使用这些术语，那么就由评价小组的组长建议他们使用。

“一致性培训”过程的典型顺序如下：

首先，评价员会接触到所有的产品。他们被要求对样品之间的感官差异作出评价，并写下描述这些差异的描述词，不得相互讨论。当所有的评价员完成了这部分任务以后，小组的组长要求每位评价员列出用于描述每个样品的词语。在这个培训阶段中，评价小组组长必须注意：不要引导或评价任何评价员的任何描述词，这一点非常重要。但是，如果需要，组长可以要求评价员进行阐述说明。通常情况下，当评价员看到了包含所有描述词的整个列表时，他们将开始逐渐达成初步共识。

接下来，评价小组长应当在初步共识的基础上提供潜在的参比标准。这些参比标准为化学物质、香料和组分或产品，它们能帮助评价员定义和记住这些在样品评价中发现的感官特征（Raincy，1986）。一般而言，评价小组长应当力求使用实际的有形物质作为参比标准，但在有些情况下，会用精确的书面描述来代替实物（表 10.7）。下一次会议中，评价员会再次接触样品，并被要求决定可能的参照标准。如果参比标准不可行，也可以要求评价员口头定义特定的描述词。人们对描述词、参比标准和定义的列表继续进行协商改进，直到评价小组成员认为得到了最好的列表，并且每个人都能完全理解每个术语。Murray 和 Delahunty（2000）让他们的评价小组成员用一个合适的标度对特征进行评分，来确定切达干酪各潜在参考标准的适用性。

表 10.7　香气和风味评价的参比标准组成（这些参考标准被用于来自不同地区的香草香精的描述性研究，Woods，1995）

香气特征	组成
烟熏味的	50.8cm 麻线股，允许燃烧，接着爆裂，产生烟味
苏格兰[①]威士忌	15mL 5%来自 Justerini&Brooks 公司的 J-B 溶液，珍奇的苏格兰威士忌（伦敦，英国）
波旁威士忌酒	15mL 5%Walker 高级威士忌溶液（hiram Walker&Sons 公司）
朗姆酒	15mL 5%Bacardi 高级 Puerto Rican 朗姆酒溶液（bacardi Corp. San Juan，Puerto Rico）
杏仁	15mL 1.25%McCormick®纯杏仁提取物的溶液（McCormick&Co.，Inc.，Hunt Valley，MD）
咖啡酒	15mL 1.25%墨西哥 Kahlua 溶液（Kahlua S. A.，Rio San Joaquin，墨西哥）
药味的	15mL 20%Cepacol®消毒溶液（Merrell Dow Pharmaceuticals，Inc.，Cincinnati，OH）
奶油	一个 Lifesavers®奶油朗姆糖果（Nabisco 食品，Inc.，Winston-Salem。NC）
奶油苏打	15mL 2%Shasta® creme 苏打溶液（Shasta 饮料 Inc.，Hayward，CA）
水果浓缩汁	15mL 30%（5∶1）Welch Orchard®的苹果-葡萄-樱桃汁鸡尾酒冰冻浓缩汁，以及 100%Welch's®的白葡萄汁（不加糖）（Welch Concord，MA）
洋李	一个 Sunsweet®洋李（Sunsweet Growers，Stockton，CA）
香烟	一小撮大尺寸的山毛榉坚果和柔软而且潮湿的烟草（国际烟草局，Louisville，KY）
土味的	来自 Missouri 的 19g 黑土
发霉的	词语定义为“潮湿的地下室”

续表

香气特征	组成
坚果味的	2~3Kroner®加盐的开心果（去壳切成片）（Kroner Co.，Cincinnati，OH）
风味特性②	组成
苦杏酒	15mL 5%Disaronno-Amaretto 初始溶液（Illva Saronno，意大利）
糖溶液	没有给评价小组提供一个参比，但是在培训固定标度时，给了2%和6%的糖水溶液
水果味	15mL 5%（5：1）的Welch Orchard®苹果-葡萄-樱桃冰冻浓缩汁，以及Welch's® 100%白葡萄汁（未加糖）（Welch Concord，MA）
土味的	一个坎贝尔汤料公司新鲜的袋装蘑菇，切成方块（Camden，NJ）

注：对于大多数属性而言，理想的选择是创建非常精确的参比标准。但是对于用粗体字表示的特征并没有给出参比标准，这不是理想的情况。

①所有的溶液都是用Culligan无盐饮用水配制（Culligan水有限公司，MO）。

②所以其他的风味标准都与香气标准一样。

在最后的培训期间，评价员会创建评分表。允许小组成员自己决定要使用的标度。但在我们的实验室中，对于大多数研究，我们通常会使用非结构化直线的标度（类似图10.1）或15点无标记方格标度（图10.4）。

甜味强度

图10.4　15点无标记的方格标度示例

评价员还被要求决定端点标度所需的词语，像“无”到“极端”或“弱”到“极强”等。我们还经常让评价员确定他们想要评价特征的顺序，例如，首先是视觉特征（除非这些特征是在颜色评价室中单独执行的）；然后是香气；其次是味道、口味和口感；最后，在咳嗽或吞咽后的回味。对于一些评价员，这个顺序可能会发生改变。例如，他们可能会选择在香气之前评价滋味、口味和口感。组长应再一次确保评价员对所有使用的术语/参比标准和定义都感到满意。此时组长将开始测定评价员的重复性。

典型的“评价表培训”过程的顺序如下：评价员面对整个范围的产品。要求他们评价样品之间的感官差异，此时也不允许相互讨论。当所有的评价员完成了这部分任务后，评价小组组长为每位评价员提供一个词语列表（或样品评分表）。列表包括词汇和定义。评价小组组长通常也会有合适的参比标准来锚定描述词。有许多已发布的词汇表（词典）可用于各种食品和个人护理产品。本节末尾给出了非详尽的列表。然后，请小组成员以协商一致的方式说明在具体研究中应使用哪些词语、参考标准和定义。讨论小组成员可以通过协商来增加或删除术语，并需要在评价表中排列描述词的顺序。

接下来，评价员再次接触样品，并被要求查看他们前面产生的评价表。然后，他们必须决定这是否真的是他们希望用于评价这些产品的评分单。对评分表、参考标准和定义进行改进，直到评价员认为这是最好的评分表，最佳的顺序，并且每个人都完全理解了每个术语为止。这时，评价小组组长可以测定评价员的重复性。

ASTM 出版社出版过一些可用的词典（词汇表），其涵盖大量的产品类别（Civille 和 Lyon，1996；Rutledge，2004）以及 Drake 和 Civille（2003）创建的风味词典和大量可参比的词汇列表。最近，Cliff 等（2000 年）创建苹果汁的词汇列表，Dooley 等（2009）创建唇膏的词汇列表，Drake 等（2007 年）为两个国家的大豆和乳清蛋白创建了词汇列表，Retiveau 等（2005 年）创建法国乳酪的词汇列表，Lee 和 Chambers（2007 年）创建了绿茶的词汇列表，Krinsky 等（2006）创建了毛豆的词汇列表，Riu-Aumatell 等（2008）创建了干金斯酒的词汇列表。还有一些使用极其本地化术语来完成典型的描述性分析报告。例如 Nindjin 等（2007 年）在象牙海岸培训了一群成年村民，用当地语言来描述“foutou”（一种山药）样本之间的感官差异。

10.5.1.2 确定评价员的重复性

在培训阶段结束之后，立即告诉评价员，研究的评价阶段将开始。但实际上，最初的两三个阶段主要被用来确定判断的一致性。用于真正研究的样品将按一式三份的形式提供给评价员。分析这些阶段的数据；感官科学家将研究与小组成员相关的交互作用的显著性水平。在一个训练有素的评价小组中，这些结果在评价员中不会有显著差异。如果与评价员有关的相互作用效果有显著性差异时，感官科学家将决定哪些评价员在使用哪些描述词上将接受进一步的训练。如果所有的评价员都没有可重复性，则他们都需要重新回到培训阶段。但是，结果通常表明在一两个课题中会有一两个描述词存在问题。这些问题通常可以在几次一对一的培训中解决。Cliff 等（2000）表明随着培训的进行，16 个属性中有 10 个属性的标准偏差会降低。在某些情况下，这种下降的幅度很大（氧化的香气和风味在 10cm 线性标尺上为 0.90），而在其他情况下则小一些（绿色和酸味 < 0.05）。评价小组成员发现，当选定的参比标准明确时，培训的效果最佳。请参阅下面有关评价员表现的更深入讨论。

最近一些关于反馈校准对评价小组培训影响的研究已经发表（Findlay 等，2006，2007）。这些作者发现，在培训期间，对感官隔间内的表现进行即时图形化计算机反馈，可以减少培训时间，同时也能提高小组的出色表现。McDonell 等（2001）还发现，以主成分分析图的形式给予评价员小组反馈，每次描述性分析后向评价员小组展示每一个属性评分的方差可以加快培训过程，并且提高评价小组评分的一致性。Nogueira-Terrones 等（2008）通过互联网培训了一个描述性评价小组来评价香肠。他们的培训过程实质上是对每个阶段的表现进行反馈，并且培训时间的增加提高了网络小组成员相对于传统培训小组成员的表现。但是，Marchisano 等（2000）发现反馈对于认知测试是正面的，对鉴别测试（三角测试）没有影响，并且可能对定标测试是负面的。显然，还需要进一步的研究。感官领域一直在讨论评价小组成员是否应该从公司内部或外部招聘，换句话说，公司员工是否应该担任评价员的职责，或是否应聘用只负责感官评价的评价员有待探讨。在这个讨论中，很少有研究做出过指导。为数不多的研究中有 Lund 等的研究（2009 年），他们调查了新西兰、澳大利亚、西班牙和美国的评价小组成员，发现刺激人们参与感官小组的主要驱动因素普遍是对食物和额外收入的兴趣。此外，外部专家小组成员（公司未聘用的评价成员）比内部专家小组成员（公司聘用的评价成员）更具内在动机。小组成员的经验也改善了他们的内在动机。

10.5.1.3　评价样品

在研究的评价阶段，应当采用标准的感官练习方式，如样品编号、随机的呈现顺序、使用独立的评价间等。样品的制备和呈现过程也要标准化。评价员进行评价时，所有的样品至少要一式两份，如能一式三份则更好。样本通常单独提供，在下一个样品送达之前评价特定样本的所有属性。然而，Mazzucchelli 和 Guinard（1999）和 Hein（2005）表示，当样品单独或同时提供时（所有样品一起提供，特征在不同样本中被一次性评价），结果没有显著差异。然而，在这两项研究中，在同时提供的情况下，进行评价的实际时间增加了。在理想条件下，所有的样品都将在一个单独的阶段呈现，其他不同阶段作为复本。如果不能这样做的话，则应当遵照一种合适的实验方案，如拉丁方（Latin square）、平衡不完全块（balanced incomplete block）等（Cochran 和 Cox，1957；Petetsen，1985）。数据通常用方差分析的方法进行分析。然而，由一种或多种更令人满意的统计方法进行分析，可以获得更多的信息（详见第 18 章）。

10.5.1.4　评价小组表现的监测

如 10.5.1.2 中“确定培训期间评价小组成员的重复性”所述，感官科学家通常会让评价员重复评价产品，然后分析这些数据来确定是否需要进一步的培训。但是，对任期内评价小组成员的表现进行监测也是有必要的。当一个评价小组持续被用于多个项目或供职多年时，也就是说，当有一个“常设小组”时，我们通常会进行监测。例如，堪萨斯州立大学感官分析中心的一些评价小组成员自 1982 年以来一直参加该小组（个人交流，Edgar Chambers，IV，2009 年 10 月）。如果一个“临时小组”专门针对某个特定项目进行培训并随后解散，则对该小组成员的表现监测会显得更为必要。当新成员加入正在工作的评价小组时，人们可能也需要对小组成员的表现进行监测，这种情况在许多商业环境中经常发生。

无论是培训结束后还是上面列出的其他原因，用来测评评价小组表现的技术都是相似的。感官科学家需要的关键信息是①小组成员的识别能力；②小组成员的重现性；③小组成员与整个专家组的协调性；④评价小组的辨别能力；⑤评价小组的重现性。许多统计分析方法都可用来从小组数据中找到这些信息。获取这方面更多的信息可参考 Meullenet 等（2007），Tomic 等（2007）以及 Martin 和 Lengard（2005）等做的研究。Derndorfer 和同事们（2005）在 R 中发布了用来评价小组表现的规则。Pineau 等（2007）使用 SAS（SI，Cary，NC）发表了混合模型和控制图的方法。SensomineR（一种免费的 R 软件包）还包含小组成员表现评价技术以及许多传感数据分析技术（Lê 和 Husson，2008）。此外，Panel Check 是另一个基于 R 的免费软件，可在 http：//www.panelcheck.

com/上下载（Kollár-Hunek 等 2007；Tomic 等，2007）。在本节中，我们将简要讨论其中四种技术。为了简化对评价小组表现监测的讨论，我们假设感官小组的每个成员都对整套产品进行了三次评价。

（1）单变量技术　产品的单向方差分析作为每个评价员和每个特征的主要影响因素，使得感官科学家能够评价每个评价员的辨识能力以及他们的可重复性。假设对于特定特征有良好的辨识能力的评价员具有大的黏-值和小概率（p）值。具有良好可重复性的评价员倾向于具有小的均方误差（MSE）值。由 MSE 值绘制的 p 值图使得感官科学家能够同时评价其辨识能力和可重复性（图 10.5）。

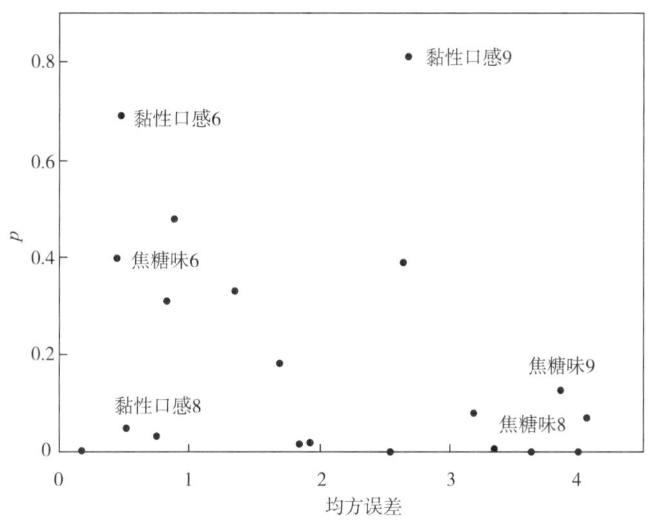

图 10.5　所有评价员（只有一些评价员被命名）通过焦糖香气（焦糖）和黏性口感（viscMF）的 MSE 图得出的 p 值的例子

评价员 8 显示出优异的辨识能力（低 p 值）以及用于黏性口感的优异重复性（低 MSE）。对焦糖而言，尽管有重复性问题，该评价员也具有出色的辨识能力（低 p 值）。评价员 9 有可重复性问题，特别是对于两种特征，但也具有黏性口感的辨识能力问题和焦糖香味程度较小的问题。

主效应（产品、评价员和重复）和交互效应（产品与评价员，重复与评价员以及重复与产品）的三因素方差分析可以很快地显示出评价员相对于组内其他评价员的一些问题点。感官科学家应该通过产品交互作用来寻找有意义的小组成员的特征。这表明至少有一个（也可能更多的评价员）没有对这些特征进行类似的评分。我们应该总是对数据进行绘制。如果一个评价员的结果减少（增加），而小组平均值增加（减少），则称为交互作用，这是一个主要问题。如果一个评价员的结果减少（增加），而小组平均值以不同的速率减少（增加），那么交互作用就不是一个问题。

小组成员相对于小组整体对每个特征的表现也可以用蛋壳图（Hirst 和 Næs，1994）直观地显示出来。在这种情况下，评价员对每个特征的分数被转换成等级。然后，通过找到评价员中每个产品的平均排名，创建每个特征的一致性排序，然后对这些平均值进行排序。然后将每个评价员的累积分数相对于一致性等级来绘制。由此产生的图形看起来与蛋壳相似，其目的是在每个特征的壳体中尽可能少地出现“裂缝”（图 10.6）。

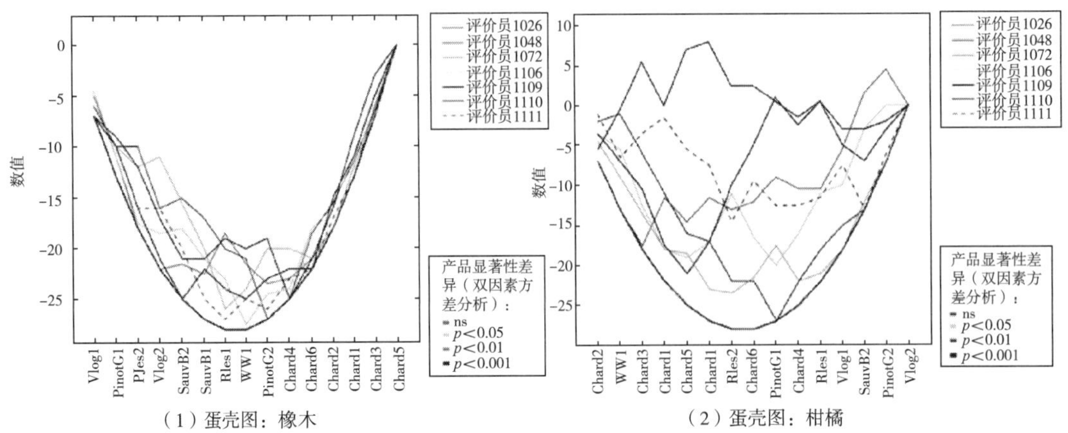

（1）蛋壳图：橡木　　（2）蛋壳图：柑橘

图 10.6　蛋壳图的两个例子

图中底部的平滑线是特定特性的一致性等级。从图中可以看出，评价员在橡木香气特征（1）上比在柑橘香气特征（2）上更加一致。

（2）多变量技术　对于所有评价员的每个特征的主成分分析（PCA）将表明评价员之间对该特征的一致性（Dijksterhuis，1995）。在这种情况下，评价员对于每一个产品的指定特征的评分被用作分析中的变量（列）。如果评价员之间存在基本一致性，则大部分方差应该用第一维来解释。换句话说，如果评价员以相似地方式使用具体的特征词，那么 PCA 应趋向于一维。通常，对于训练有素的小组，在第一维上解释的方差量在 50%～70%（图 10.7）。

Worch 等（2009）发现，对于未受过培训的消费者来说，这些值往往要低得多，一般为 15%～24%。感官科学家还可以根据 PCA 结果计算每个特征的一致性（C）分数。Dijksterhuis（1995）将 C 定义为由第一维解释的方差与剩余方差之和的比率。C 的大值表示小组成员在使用特定术语时可达成一致，因为这些术语的向量“指向”相同的方向。感官科学家必须注意，不要仅盲目计算 C，因为当第一维有较大的负载荷时，C 是大值也是可能的。因此，在第一维度上存在较大的负载荷时，必须小心计算 C。计算 C 时，应始终绘制每个属性的主成分分析（PCA）图。Dellaglio 等（1996）报告用于评价意大利干燥香肠的评价小组 C 值在 0.4～2.3。Carbonel 等（2007）发现，在一个评价西班牙橘子汁的小组中，C 值范围为 0.46～4.6。

10.5.2　不同传统描述性分析方法的比较研究

Risvik 等（1992 年）和海曼（1994 年）发现，训练有素的独立的评价小组（分别在两个不同的国家，挪威和英国，并在同一所大学设置）给出了非常有可比性的结果。Lotong 等（2002）的一项研究是关于由两个独立训练有素的小组对橘汁进行评价（一个小组使用个人判断，另一个小组进行了一致性评价），研究显示不同小组的结果具有可比性。Drake 等（2007 年）对乳清蛋白和大豆蛋白的描述性感官分析进行了两次独立的评

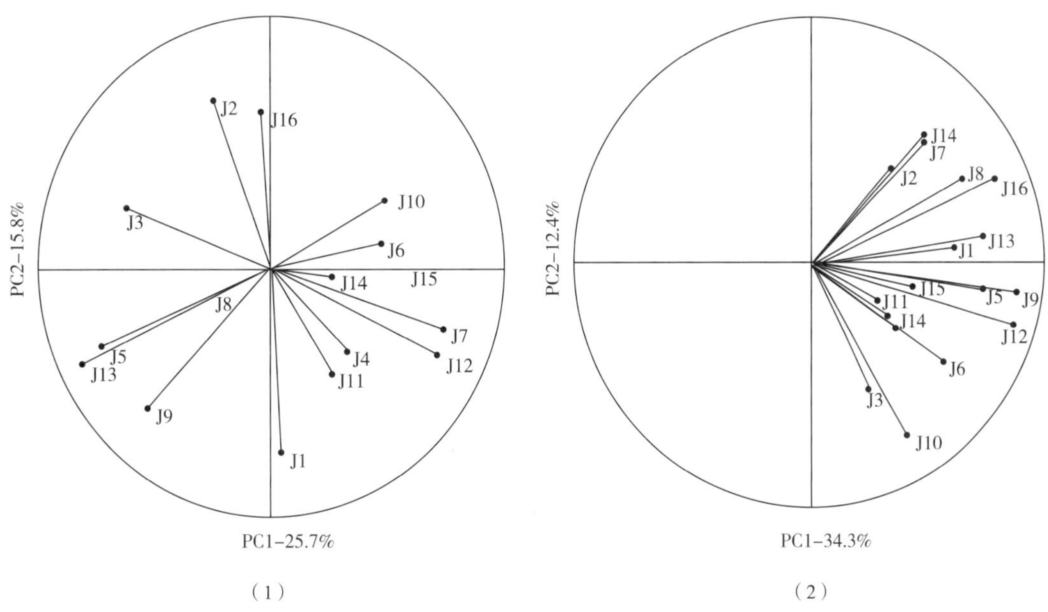

图 10.7　两个 PCA 评价员一致性图形的例子

在图（1）中，评价员在使用特定术语时存在分歧。在图（2）中，评价员在词汇的使用方面达成了更多一致性［由 Le Moigne（2008）等授权转载］。

估，并通过了大量的培训［一组在美国通过谱分析法（Spectrum）培训，一组在新西兰使用一般描述性分析方法培训］。他们发现这两个小组发现了乳清蛋白和大豆蛋白之间有明显的一致差异，并且它们表现也是相似的。正如作者所述“……产品差异相似，但特征使用不是……这项研究的一个关键结果……是使用独立的感官语言，训练有素的评价小组可以产生可比较的结果。”对来自爱尔兰、美国和新西兰的切达干酪描述性分析的比较也表明，使用标准化、具有代表性的语言的受过良好培训的评价小组可以提供可比较的结果（Drake 等，2005）。Bárcenas 等（2007）用五个训练有素的评价小组（两个组在西班牙，意大利、法国和葡萄牙各一个组）评价欧洲母羊干酪，发现虽然他们在特征的使用上有一些差异，但这些小组都显著地区分了干酪的差别。然而，McEwan 等（2002）发现，评价红葡萄酒的 12 个欧洲小组的表现不具可比性，也许，缺乏足够的培训是造成这一结果的原因。类似地，对训练有素的描述性分析小组和未经培训的消费者评价小组进行比较，要求他们对特征强度进行评分，研究往往显示出了不可比的结果（Gou 等，1998）。这项研究再次强调需要充分训练描述性分析小组以确保能得出可靠的、一致的有效结果。还有许多其他来自不同国家的描述性评价小组，使用不同的培训方法、生成不同词汇等的比较研究，这些研究基本上都得出这样的结论：只要小组受到过高度培训，结果就是相似的。

10.6 主题的变化

10.6.1 利用特征引用频率代替特征强度

目前这种方法通常用于葡萄酒，但也适用于其他产品。该技术也包含与普通的一般描述性分析相类似的培训计划，但在引用频率描述性分析的情况下，其目的是要有尽可能多的相关术语以及用于术语的从一致性衍生出来的恰当的参考标准。受过培训的评价小组保留的特征数量从非常低的 10 个特征（McCloskey 等，1996）对应 73 个术语（Campo 等，2008）到 113 个特征（Campo 等，2009）对应 144 个术语（Le Fur 等，2003）。与一般的描述性分析的第二个不同之处在于，引用频率描述性分析评价小组的人数要远远大于一般描述性分析小组的人数（通常 8~12 人）。评价小组人员的人数从非常低的 14（Le Fur 等，2003）到 26（McCloskey 等，1996）到 28（Campo 等，2008）再到 38（Campo 等，2009）。评价员在培训后被要求重复两次或三次地评价葡萄酒，但不同于一般的描述性分析，他们不使用标度。相反，每个评价员被要求列出一定数量的感官描述词，这些词汇最能描述每个产品的特性。McCloskey 等（1996）要求评价员使用 2~5 个术语描述每份霞多丽葡萄酒，Le Fur 使用 5~6 个术语描述每份霞多丽葡萄酒，Campo 等（2009 年，2008 年）分别使用最多五六个术语描述勃艮第黑比诺葡萄酒或西班牙单白葡萄酒。

可以计算平均可重现性指数（Ri），以在重复评价中评价单个小组的表现：

$$R_i = \sum [2 \times \mathrm{des_{com}} / (\mathrm{des_{rep1}} + \mathrm{des_{rep2}}) / n] \tag{10.1}$$

式中 $\mathrm{des_{com}}$——特定评价员在两次重复中使用的常用术语数；

$\mathrm{des_{rep1}}$——特定评价员在重复 1 中使用的术语数；

$\mathrm{des_{rep2}}$——特定评价员在重复 2 中使用的术语数；

n——产品数。

R_i值的范围可以从 0（无重复性）到 1（重复之间完美的一致性）。有人建议 R_i值小于 0.2 的评价员的数据不用于进一步的数据分析。Campo 等（2008）发现平均 R_i为 0.51（在两次重复中，平均 51%的术语被评价员使用），中位数 R_i为 0.32，低 R_i为 0.17。在勃艮第黑比诺葡萄酒研究中，Campo 等（2009）发现 0.69 的平均 R_i和 0.24 的低 R_i。

对于数据分析，术语按其引用频率（C_f）排序以确定最相关的特征。通常情况下，只有 C_f至少为 15%的特征（换句话说，在重复的情况下至少在一种葡萄酒中有至少 15%的评价员使用）用于随后的数据分析。对每个特征和葡萄酒的平均 C_f（重复平均值）进行卡方分析可确定区分特征。然后使用对应分析来创建产品特征空间的二维或三维映射（Greenacre，2007；Murtagh，2005）。对应分析需要列联表。在这种情况下，数据被组织到平均 C_f的列联表中，其中行为产品和列为特征。

目前（2009 年），只有一项已发表的研究将引用频率描述性分析与传统的描述性分析进行了比较。在这项研究中，Campo 等（2009）发现这两种方法之间有一些相似之处，但是引用频率法可能导致更多细微的结果，尽管它有较长的培训要求，并且需要更多的评价员和更多的产品。换句话说，该方法可能会检测比传统的描述性分析更细微的差异。这应该进一步予以研究。

10.6.2　偏离参比法

偏离参比法（Larson-Powers 和 Pangborn，1978）是利用一个参比样品，把其他所有样品都与它对比后进行评价。标度是以参比为中点的差异程度标度。图 10.5 示例为非结构直线标度，但也有使用数字标度的。参比通常被作为一个样品（未被定义为参比），并作为主题可靠性的一种内部度量。根据参比值对结果进行评价。因此，分数低于指定描述词的参比值的样本用负数表示，得分较高的样本用正数表示（图 10.8）。

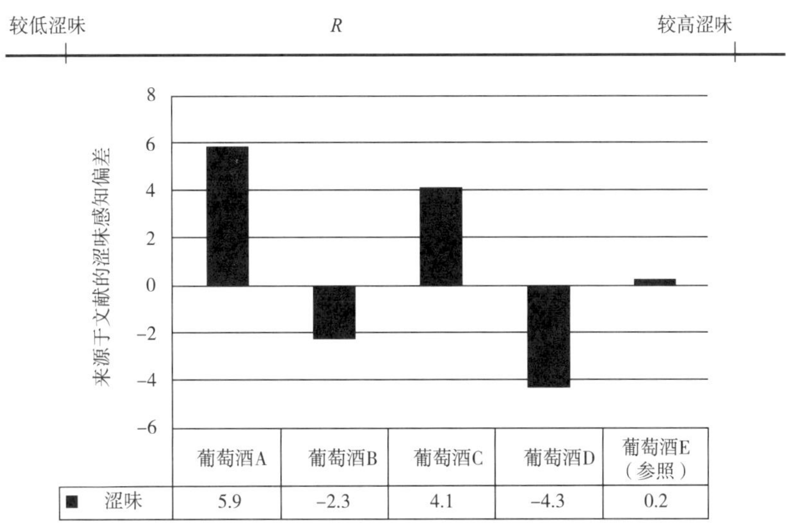

	葡萄酒A	葡萄酒B	葡萄酒C	葡萄酒D	葡萄酒E（参照）
■ 涩味	5.9	-2.3	4.1	-4.3	0.2

图 10.8　（顶部）偏离参比标度的例子和（底部）偏离参比结果的图形表示

Larson-Powers 和 Pangborn（1978）得出的结论是：在描述性分析研究中，偏离参比这个标度提高了反应的精确度和准确度。但是，Stoer 和 Lawless（1993）发现这种方法不一定会提高精度。他们认为这种方法最好用于样品间难以区分的差异，或当研究的目标涉及与有意义的参比进行对比的时候。

一个有意义的参比的例子是一个对照样本，它的储存方式与经历了快速保质期测试的样品相比没有任何变化（Labuza 和 Schmide，1985）。这正是 Boylston 等（2002）在评价辐射对木瓜、红豆和橘子的影响时所使用的协议。评价员可使用偏离参比标度来评价水果，水果的参比是未被辐射的对照样本。

10.6.3　强度变化描述法

Gordin（1987）建立了强度变化描述法，目的是为感官科学家提供可描述性特征强度随样本消耗而发生变化的信息。具体来说，这种方法是用来对香烟燃烧过程中发生的感官特征变化进行定量描述的。传统的时间强度和常规描述技术不适合这种产品，因为吸烟率的易变性不会允许所有的小组成员在同一时间内对同一部分香烟进行评价。强度变化描述法将评价员的评价集中在产品的特定位置内，而不是在特定的时间间隔内。用记号笔在香烟杆上划线，将香烟分成几个部分。通过一致性意见，评价员可得到在香烟的每个标记部分进行评价的特征。评价员的培训、评价表产生和数据分析是一套标准的描述性方法。据我们所知，这种方法只用于香烟，但它可以经调整而适用于其他产品。

10.6.4 描述性分析和时间相关强度组合法

10.6.4.1 动态风味剖面法

动态风味剖面法（DeRovira，1996）是描述性分析和时间相关强度组合法的进一步延伸。如 DeRovira 所描述的，小组成员接受培训以评价 14 种气味和味觉成分（酸、酯类、绿色、萜类、花香、辛辣、棕色、木本、乳胶、硫黄、盐、甜、苦和酸）的感知强度。数据由等容积的三维图像来表达，其中任何特定瞬间在这个图上的横截面都将得到这个瞬间的一个蜘蛛网剖面图。这个方法似乎有一些潜在的用处，然而我们担心这个 14 个特征的规范可能过于严格。如果能允许评价员自己决定他们想用来描述与产品相关的感官特征的描述词会更好。可以想象，评价员会决定一些特征一直不改变，而其他的则会有所改变。然后，他们会对没有变化的特征做描述性分析，同时，对变化的特征做各种动态风味剖面。

10.6.4.2 瞬时主导感觉法（TDS）

该方法在时间-强度章节（详见第 8 章）中已有描述。简单来说，这个方法是在计算机屏幕上呈现一组预定的特征，以供评价员选择和评价每个特征强度的标度。在品尝样品并点击开始按钮之后，评价员被要求在任何时间只注意和选择“主导”感觉。

10.6.4.3 时间-扫描描述性分析

这种方法是由 Seo 等（2009 年）发明的，用来评价热饮料。他们担心评价员可能花费不同的时间进行评价，因此可能会在不同的温度下闻和/或品尝饮料。为了避免这种潜在的可变性，他们采用时间限制来评价每个特征。这确保了评价员所评价的所有特征都要在相同的时间内和相同的饮料温度下进行评价。有人多年前在评价一系列沐浴产品（液体肥皂）方面做了类似的事情。提供给评价员秒表，并要求他们在淋浴和烘干之后，在特定的时间间隔内评价他们的皮肤黏性和光滑度。

10.6.5 自由选择剖析法

在 20 世纪 80 年代，英国感官科学家创造并推广了一种称为自由选择剖析法的描述方法。一些欧洲的研究人员早已采用了该方法（Arnold 和 Williams，1986；Langron，1983；MacFie，1990；Marshall 和 Kirby，1988；Schlich，1989；Williams 和 Langron，1984）。自由选择剖面法与前面讨论的其他方法存在着许多相同之处。但是，这种方法至少有两点与其他方法是根本不同的。

第一，描述风味特征的词汇形成的方法是一种全新的方法。FCP 要求每位评价人创造出自己独特的描述性术语列表，而不是广泛地培训评价员为产品创造出一致性的词汇。评价员可以用不同的方法评价产品。他们可以触摸、品尝或闻。他们可以评价形状、颜色、光泽或者其他令他们感兴趣的刺激。每种感觉都用评价员自己发明的术语，在一个标度上进行评价。这些单独产生的术语只需要特定的评价员能理解就可以了。然而，个体在评价产品时，必须一致地使用这些术语。于是，每个评价员用他或她自己独特的术语列表来评价产品。像 QDA 和 Spectrum 法一样，评价在单独的小房间中、在标准的条件下进行。

FCP 的第二个独特之处在于对评价员评分的统计处理方法。这些数据通过使用一种被称为普鲁克（Procrustes）分析的程序进行数学处理（Gower，1975；Gower 和 Dijksterhuis，2004；Oreskovich 等，1991；Schlich，1989）。普鲁克分析通常在一个二维或三维的空间中，为每个独立的评价员提供一个所得数据的一致性图形。有可能获得一个具有三维以上的普鲁克分析，但这些分析通常并没有什么实际意义。

这种方法最显著的优点是可以避免评价小组的培训。实验可能会更快地完成，成本更低。但是，为每个独立的评价员创造一份不同的评价表存在一个很大的时间负担。评价员使用对他们个人来说有独特意义的单词，会使样品的风味组分分析变得更加完全。另一方面，由于词汇的个人喜好，可能会导致独立的风味特征来源难以解释或不可能解释。例如，一个评价员会用“野营”这个词语来描述一个产品的风味特征。研究人员不得不猜测，这个评价员指的是“野营”的哪个方面：树木的气味、腐烂的树叶、营火的烟等？如果这个描述词和其他评价员的腐烂的、泥土的、脏的这些描述词位于相同的空间，那么，科学家就可以了解到评价员正在评价的风味特征了。

我们可以想象在一项分析中，独立的评价员使用的所有单词中，没有提供它们任何的来源线索。例如，在我们的实验室中进行了一项茶叶评价，一个评价员用描述词“冷料”来标明一个标度。这引起了我们的好奇心，于是我们在实验结束后，向这个评价员询问这个描述词的意思。冷料是一家杂货店的名字，在我们其中一个曾经居住过的小镇里，出售各种各样的产品，其中最引人注目的是走进商店焚香的人。在这个例子中，有可能会得到被评价的潜在的感官特征。但在相同的评价小组中，一个评价员使用描述词“妈妈的味道”，在对特征更传统的感官命名方法中，这似乎永远不会发生。

正如我们所看到的，在 FCP 中，每个独立的评价员用他或她自己个人喜好的描述词来评价产品。一些评价员会使用很少的描述词，而另一些人则会用很多的描述词。此外，评价员评价的术语会很不一致。因此，标准的单变量和多变量统计法，像方差分析、主成分分析、多元线性回归等方法都不能使用。一般使用广义普鲁克分析法来分析 FCP 研究的数据。这种方法允许你去标度、反映和循环多重数据矩阵（每一个评价员的每一次重复对应一个），以获得一致性的空间（Gower，1975）。这种相互作用方法在希腊的神话中被称为普鲁克分析法。普鲁克是 Damastes 或 Palypemon 的绰号，意思是“担架”。他是一个强盗，邀请旅游者住在他的房子里（Kravitz，1975）。如果来访者不适合他的床，他就会拉长他们或砍去他们的腿来让他们适合他的床。于是他的客人们丧失活动能力，普鲁克就可以任意地处置客人的财物了。

在某种意义上，普鲁克分析也适用于单个小组成员的数据矩阵，使其成为一个单一的共识空间。普鲁克分析最重要的方面，在于它允许分析人员测定一些术语，而它们是由独立的评价员所使用的。这些术语像其他评价员的术语一样，也测定相同的感官特征。通过这个方法，每个评价员的数据就可以转变成单个的空间排列。然后，能使得各个评价员的排列数据通过普鲁克分析，匹配为一个一致的排列。这个一致性排列可以根据每个评价员的词汇来解释。同时，科学家也可以测定不同评价员使用的不同术语是如何相互联系的。

例如，如果评价员对香草冰淇淋进行评价，那么就可能产生一个维数，在这一维中，评价员单独的术语会包括"腐烂的""泥土的""脏的""老冰箱"等在内。在这种情况下，感官科学家可以将这些看做是与风味中的香草有关的特征。因此，数据分析就将信息简化成一些维数，其中会失去大量的细节。这是这些研究的主要问题。FCP 研究的结果很少让感官科学家给产品开发者提供可操作的信息。换言之，结果只能显示出样品之间的大概差异，但他们无法表明产品之间的细微差异，而这些细微差异对于产品生产者来说，常是很重要的信息。通过提供一种"非标准"的评价方法，具有创造性的或机敏的评价员可以鉴别一个产品的特征，而在一种更传统的方法中还没有考虑到这些特征。这些新的维度可以为研究人员提供新方法以区分产品。

最近几个使用 FCP 的例子是 Narain 等评价咖啡（2003），Kirkmeyer 和 Tepper（2003）评价乳脂状态，Aparicio 等评价橙汁（2007）。

一些作者发现，无经验的评价员在创造感官术语方面有一定的困难（McEwan 等，1989；Heymann，1994b）。基于汇编栅格法的更加结构化的 FCP 描述词的生成可以改善术语生成过程（Kely，1955；Ryle 和 Lunghi，1970；Stewat 等，1981），并且应该实施。用最简单的术语来说，汇编栅格法是一种通过小组间的一系列对比，使评价员产生多种描述性术语的方法。在这个方法中，物品被排列成三个一组（三元组）（Gains，1994）后呈现给评价员。这种排列使每个物品至少出现在一个三元组中，而且从一个三元组中得到的一个物品要移到下一个三元组中去。每个三元组中的两个物品之间是任意相关的，而且要求评价员对这两个物品（A 和 B）如何相似进行描述；同样，要描述它们与第三个物品如何不同。一旦特定小组中的两个物品中的所有可能相似性和差异都包括在内（第三个物品为不同物品），研究者就提出该三元组中剩下的两种组合（A 和 C 相同而 B 不同，B 和 C 相同而 A 不同），给评价员重复进行努力地描述相似性和差异性。这是对所有三元组的重复。使用的描述词被置于标度上，然后评价员用他们自己的标度来描述研究中的物品。用广义的普鲁克分析法对数据进行分析处理。McEwan 等（1989）以及 Piggott 和 Watson（1992）对传统的 FCP 和通过汇编栅格法生成特征的 FCP 结果进行了比较，他们发现汇编栅格法并不比传统的 FCP 方法有优势。

Heymann（1994b）和 Narain 等（2003）也发现，无经验的评价员和具有混合感觉体验的评价员都没有一直使用各自的词汇表。这导致了不显著的 GPA 结果。Narain 等（2003）实际上使用了个别小组为 FCP 产生的词汇作为培训相同评价员进行一般描述性分析的起点。他们认为这样做可以改进对描述性分析小组的培训。但是，我们认为这是培训描述性小组的一种繁琐的方法。

感官科学家正在详细而彻底地研究 FCP，他们怀疑这种方法的结果不符合研究者预先的推断。Williams 和 Arnold（1984）发表了第一个对 FCP 与其他描述性感官过程的比较。另有作者也已经将 FCP 与更传统的描述性方法进行了对比。例如，用罐装猫粮，Johes 等（1989）将 FCP 和典型描述性分析结果进行了比较。它的研究结果表明，在一定环境下，我们对产品间的差异可以和其他描述性方法一样，得到相似的结论（Oreskovich，Klein 和 Sutherland，1990；Heymann，1944b；Skibba 和 Heymann，1994；Gilbert 和 Heymann，1995）。FCP 的最佳使用之处似乎是在产品空间的感知定位范围内。感知定位经常在市场调查中产生，而我们实验室的研究结果已经表明，FCP 能产生感知图，其感知图与用传统定位方法得到的非常相似，如分类的多维标度法、描述性数据的主成分分析和消费者特征分析的主成分分析（Elmore 和 Heymann，1999；Steenkamp 等，1988，1994；Wright，1994）。它和随后的研究结果表明在一定环境下，对产品间的差异，FCP 可以和其他描述性方法一样，得到相似的结论（Gilbert 和 Heymann，1995；Heymann，1994b；Oreskovich，1990；Skibba 和 Heymann，1994a，b）。有迹象表明，FCP 能够揭示产品之间的巨大差异，但无法表明产品之间的细微差异。使用训练有素的描述性小组可更容易确定这些细微差异（Cristovam，2000；Saint-Eve，2004）。

10.6.6 闪光（flash）分析

闪光（Flash）分析是由 Sieffermann 于 2000 年发明的。该技术通过自由选择分析将单个小组成员的词汇生成组合在一起，然后是对每个特征同时呈现的整个产品集进行排序。该技术的支持者坚持认为，为 Flash 分析法配置的小组成员必须是感官评价专家和/或产品专家（Dairou 和 Sieffermann，2002；Rason 等，2006）。在第一阶段，小组成员收到整个产品集，并被要求单独生成区分产品的感官描述词，同时也被要求避免使用快感术语。在这一阶段，给小组成员看一个合并的特征列表，并被要求更新（添加和/或减去）他们自己的个人列表，如果有必要的话。在接下来的阶段，小组成员要对每个单独的特征列表的整个产品集进行排序。前后排序通常是相关联的。在随后的会议阶段，重复进行排序过程，最好进行至少三次重复（Delarue 和 Sieffermann，2002），但一些作者仅用一次重复排序进行了快速分析（Rason 等，2006）。

所有产品都是同时供应给小组成员的，当样品数量相对较少时，这似乎是合理的。例如，Delarue 和 Sieffermann（2000）为他们的小组提供了 16 罐草莓酸乳；Dairou 和 Sieffermann（2002）提供了 14 罐果酱；Delarue 和 Sieffermann（2004）提供 6 罐草莓酸乳或 5 块杏味新鲜干酪；Rason 等（2006）提供 12 份干猪肉香肠；Blancher 等（2007）提供了 20 个果冻；Lassoued 等（2008）提供了 15 块小麦面包；Jaros 等（2009）提供了 6 杯浑浊的苹果汁。然而，根据要求在 Tarea 等（2007）他们评价 49 种梨和苹果泥的过程中，他们的小组讨论效率被严重影响了。小组实际上完成了任务，尽管他们抱怨任务的单调，结果看起来是有效的。但是，我们会质疑这些数字是否能持续下去，因为它们将会令感官更加疲劳（我不知道这里是描述小组疲惫还是产品不新鲜）。

类似于自由选择分析，数据是通过广义的 Procrustes 分析来评价的，每个小组成员对应一个数据矩阵，并生成一个协商一致的配置。如果感官科学家想要评价小组成员个人的表现，对小组成员的数据进行单向方差分析（主要效应：产品）。请记住，排名数据是非参数数据，理想情况下应通过非参数检验进行分析，例如弗里德曼检验；然而，弗里德曼分析不能处理重复的数据，因此通常通过方差分析来分析每个小组成员单独的数据。应该指出的是，这样做与方差分析的正态假设背道而驰，但 Dairou 和 Sieffermann（2002）认为结果足以评价小组成员的可重复性和属性可区分性。由于 Rason 等（2006）只做了两次重复，他们可以使用 Spearman 的相关系数来确定每个小组成员的可重现性。

根据 Dairou 和 Sieffermann（2002）的报道，Flash 分析的优点有以下几方面。①速度快，因为没有对小组成员进行专门的培训，并且所有产品都是同时评价的，因此三次重复只需要三个阶段；②该技术允许小组成员观点的多样性，因为每个小组成员都使用他/她自己的内化词汇表。但是，这要求小组成员要么是感官描述方面的专家，要么是产品类别的知识或经验方面的专家。根据上述作者的分析可知，该技术的缺点有以下几方面。①所有产品必须同时提供，因此可能不能用于保质期测试；②小组成员必须是专家；③对感官特征的解释是困难的，因为每个小组成员都有自己的特征（这类似于自由选择分析）；④术语不能被不同的小组使用。

Flash 分析和一般描述性分析之间的比较的书籍已经出版。Dairou 和 Sieffermann（2002）发现这两个程序具有类似的窘境。Flash 分析过程较快，但标准的通用描述分析给人们提供了更多解释性描述词。Delarue 和 Sieffermann（2002）发现，对于草莓酸乳，这两种技术提供了非常相似的感官空间，但对于杏味的新鲜干酪而言，空间有所不同。Blancher 等（2007）还发现，传统的描述性分析感官空间与 Flash 分析空间类似，无论 Flash 分析是由法国人还是越南人小组成员完成。我们同意 Delarue 和 Sieffermann（2004）的说法，“我们认为将 Flash 分析作为传统分析法的替代是一种误导，传统分析法是迄今为止最合适且最准确的分析方法。而且，这两种方法不能完全实现相同的目标。我们建议将 Flash 分析视为一种便利的感官映射工具，用于进行彻底的感官研究的初步阶段。在设计大型实验时，也可以利用它作为筛选产品或因素的工具。

参考文献

Anderson, N. H. 1970. Functional measurement and psychological judgment. Psychological Review, 77, 153-170.

Aparicio, J. P., Medina, M. Á. T. and Rosales, V. L. 2007. Descriptive sensory analysis in different classes of orange juice by a robust free-choice profile method. Analytica Chimica Acta, 595, 238-247.

Armstrong, G., McIlveen, H., McDowell, D. and Blair, I. 1997. Sensory analysis and assessor motivation: Can computers make a difference? Food Quality and Preference, 8, 1-7.

Arnold, G. and Williams, A. A. 1986. The use of generalized procrustes technique in sensory analysis. In: J. R. Piggott (ed.), Statistical Procedures in Food Research. Elsevier Applied Science, London, UK, pp. 233-254.

AWWA (American Water Works Association) Manual, 1993. Flavor Profile Analysis: Screening and Training of Panelists. AWWA, Denver, CO.

Amerine, M. A., Pangborn, R. M. and Roessler, E. R.

1965. Principles of Sensory Evaluation of Foods. Academic, New York, NY.

Bárcenas, P., Pérez Elortondo, Albisu, M., Mège, K., Bivar Roseiro, L., Scintu, M. F., Torre, P., Loygorri, S. and Lavanchy, P. 2007. An international ring trial for the sensory evaluation of raw ewes' milk cheese texture. International Dairy Journal, 17, 1139-1147.

Bartels, J. H. M., Burlingame, G. A. and Suffett, I. H. 1986. Flavor profile analysis: Taste and odor control of the future. American Water Works Association Journal, 78, 50-55.

Bartels, J. H. M., Brady, B. M. and Suffet, I. H. 1987. Training panelists for the flavor profile analysis method. American Water Works Association Journal, 79, 26-32.

Blancher, G., Chollet, S., Kesteloot, R., Nguyen Hoang, D., Cuvelier, G. and Sieffermann, J.-M. 2007. French and Vietnamese: How do they describe texture characteristics of the same food? A case study with jellies. Food Quality and Preference, 18, 560-575.

Boylston, T. D., Reitmeier, C. A., Moy, J. H., Mosher, G. A. and Taladriz, L. 2002. Sensory quality and nutrient composition of three Hawaiian fruits treated by X-irradiation. Journal of Food Quality, 25, 419-433.

Brandt, M. A., Skinner E. Z. and Coleman J. A. 1963. The texture profile method. Journal of Food Science, 28, 404-409.

Cairncross, S. E. and Sjöstrom, L. B. 1950. Flavor profiles: A new approach to flavor problems. Food Technology, 4, 308-311.

Campo, E., Do. B. V., Ferreira, V. and Valentin, D. 2008. Aroma properties of young Spanish white wines: A study using sorting task, list of terms and frequency of citation. Australian Journal of Grape and Wine Research, 14, 104-115.

Campo, E., Ballester, J., Langlois, J., Dacremont, C. and Valentin, D. 2009. Comparison of conventional analysis and a citation frequency based descriptive method for odor profiling: An application to Burgundy Pinot noir wines. Food Quality and Preference, doi:10.1016/j.foodqual.2009. 08.001.

Carbonell, L., Izquierdo, L. and Carbonell, I. 2007. Sensory analysis of Spanish mandarin juices. Selection of attributes and panel performance. Food Quality and Preference, 18, 329-341.

Caul, J. F. 1957. The profile method of flavor analysis. Advances in Food Research, 7, 1-40.

Caul, J. F. 1967. The profile method of flavor analysis. Advances in Food Research, 7, 1-40.

Chambers, E. IV, Bowers, J. R. and Smith, E. A. 1992. Flavor of cooked, ground turkey patties with added sodium tripolyphosphate as perceived by sensory panels with differing phosphate sensitivity. Journal of Food Science, 57, 521-523.

Civille, G. V. and Lyon, B. 1996. ASTM Lexicon Vocabulary for Descriptive Analysis. American Society for Testing and Materials, Philadelphia.

Civille, G. V. and Liska, I. H. 1975. Modifications and applications to foods of the general foods sensory texture profile technique. Journal of Texture Studies, 6, 19-31.

Civille, G. V. and Lawless, H. T. 1986. The importance of language in describing perceptions. Journal of Sensory Studies, 1, 217-236.

Cliff, M. A., Wall, K., Edwards, B. J. and King, M. C. 2000. Development of a vocabulary for profiling apple juices. Journal of Food Quality, 23, 73-86.

Cochran, W. G. and Cox, G. M. 1957. Experimental Designs. Wiley, New York.

Cristovam, E., Paterson, A. and Piggott, J. R. 2000. Differentiation of port wines by appearance using a sensory panel: Comparing free choice and conventional proiling. European Food Research and Technology, 211, 65-71.

Dairou, V. and Sieffermann, J.-M. 2002. A comparison of 14 jams characterized by conventional profile and a quick original method, flash profile. Journal of Food Science, 67, 826-834.

Delarue, J. and Sieffermann, J-M. 2000. Use of Flash Profile for a quick sensory characterization of a set of sixteen strawberry yogurts. In: K. C. Persaud and S. van Toller (eds.), 13th International Symposium of Olfaction and Taste/14th European Chemoreception Research Organization Congress. ECRO, Brighton, UK, pp. 225-226.

Dellaglio, S., Casiraghi, E. and Pompei, C. 1996. Chemical, physical and sensory attributes for the characterization of an Italian drycured sausage. Meat Science, 42, 25-35.

DeRovira, D. 1996. The dynamic flavor profile method. Food Technology, 50, 55-60.

Derndorfer, E., Baierl, A., Nimmervoll, E. and Sinkovits, E. 2005. A panel performance procedure implemented in R. Journal of Sensory Studies, 20, 217-227.

Dijksterhuis, G. 1995. Assessing panel consensus. Food Quality and Preference, 6, 7-11.

Dooley, L. M., Adhikari, K. and Chambers, E. 2009. A general lexicon for sensory analysis of texture and appearance of lip products. Journal of Sensory Studies, 24, 581-600.

Drake, M. A. and Civille, G. V. 2003. Flavor lexicons. Comprehensive Reviews of Food Science and Food Safety, 1, 33-40.

Drake, M. A., Yates, M. D., Gerard, P. D., Delahunty, C. M., Sheehan, E. M., Turnbull, R. P. and Dodds, T. M. 2005. Comparison of differences between lexicons for descriptive analysis of Cheddar cheese flavor in Ireland, New Zealand, and the United States of America. International Dairy Journal, 15, 473-483.

Drake, M. A., Jones, V. S., Russell, T., Harding, R. and Gerard, P. D. 2007. Comparison of lexicons for descriptive analysis of whey and soy proteins in New Zealand and the U. S. A. Journal of Sensory Studies, 22, 433-452.

Einstein, M. A. 1991. Descriptive techniques and their hybridization. In: H. T. Lawless and B. P. Klein (eds.), Sensory Science Theory and Applications in Foods. Marcel Dekker, New York, NY, pp. 317-338.

Elmore, J. and Heymann, H. 1999. Perceptual maps of photographs of carbonated beverages created by traditional and free-choice profiling Food Quality and Preference, 10,219-227.

Findlay, C. J., Castura, J. C., Schlich, P. and Lesschaeve, I. 2006. Use of feedback calibration to reduce the training time for wine panels. Food Quality and Preference, 17, 266-276.

Findlay, C. J., Castura, J. C. and Lesschaeve, I. 2007. Feedback calibration: A training method for descriptive panels. Food Quality and Preference, 8, 321-328.

Frøst. M. B. and Janhøj, T. 2007. Understanding creaminess. International Dairy Journal, 17, 1298-1311.

Gains, N. 1994. The repertory grid approach. In: H. J. H. MacFie and D. M. H. Thomson (eds.), Measurement of Food Preferences. Blackie Academic and Professional, Glasgow, pp. 51-76.

Giboreau, A., Dacremont, C., Egoroff, C., Guerrand, S., Urdapilleta, I., Candol, D. and Dubois, D. 2007. Defining sensory descriptors: Towards writing guidelines based on terminology. Food Quality and Preference, 18, 265-274.

Gilbert J. M. and Heymann, H. 1995. Comparison of four sensory methodologies as alternatives to descriptive analysis for the evaluation of apple essence aroma. The Food Technologist (NZIFST), 24, 4, 28-32.

Gordin, H. H. 1987. Intensity variation descriptive methodology: Development and application of a new sensory evaluation technique. Journal of Sensory Studies 2, 187-198.

Gou, P., Guerrero, L. and Romero, A. 1998. The effect of panel selection and training on external preference mapping using a low number of samples. Food Science and Technology International, 4, 85-90.

Gower, J. C. 1975. Generalized procrustes analysis. Psychometrika, 40, 33-50.

Gower, J. C. and Dijksterhuis, G. B. 2004. Procrustes Problems. Oxford University Press, New York.

Greenacre, M. 2007. Correspondence Analysis in Practice, Second Edition. Chapman and Hall/CRC, New York.

Hall, R. L. 1958. Flavor study approaches at McCormick and Company, Inc., In: A. D. Little, Inc. (ed.), Flavor Research and Food Acceptance. Reinhold, New York, NY, pp. 224-240.

Hanson, J. E., Kendall, D. A. and Smith, N. F. 1983. The missing link: Correlation of consumer and professional sensory descriptions. Beverage World, 102, 108-116.

Hegenbart, S. 1994. Learning and speaking the language of flavor. Food Product Design, 8, 33, 34, 39, 40, 43, 44, 46-49.

Hein, K. A. 2005. Perception of Vegetative and Fruity Aromas in Red Wine and Evaluation of a Descriptive Analysis Panel Using Across Product Versus Across Attribute Serving. MS Thesis, University of California, Davis.

Heisserer, D. M. and Chambers, E., IV. 1993. Determination of sensory flavor attributes of aged natural cheese. Journal of Sensory Studies, 8, 121-132.

Heymann, H. 1994a. A comparison of descriptive analysis of vanilla by two independently trained panels. Journal of Sensory Studies, 9, 21-32.

Heymann, H. 1994b. A comparison of free choice profiling and multidimensional scaling of vanilla samples. Journal of Sensory Studies, 9, 445-453.

Heymann, H., Holt, D. L. and Cliff, M. A. 1993. Measurement of flavor by sensory descriptive techniques. In: C.-T. Ho and C. H. Manley (eds.), Flavor Measurement. Proceedings of the Institute of Food Technologists Basic Symposium, New Orleans, LA, Chapter 6, pp. 113-131, June 19-20, 1993.

Heymann, H. and Noble, A. C. 1987. Descriptive analysis of commercial Cabernet sauvignon wines in California. American Journal of Enology and Viticulture, 38, 41-44.

Hirst, D. and Næs, T. 1994. A graphical technique for assessing differences among a set of rankings. Journal of Chemometrics, 8, 81-93.

Homa, D. and Cultice, J. 1984. Role of feedback, category size, and stimulus distortion on the acquisition and utilization of ill-defined categories. Journal of Experimental Psychology, 10, 83-94.

Ishii, R. and O'Mahony, M. 1991. Use of multiple standards to define sensory characteristics for descriptive analysis: Aspects of concept formation. Journal of Food Science, 56, 838-842.

Jaros, D., Thamke, I., Raddatz, H. and Rohm, H. 2009. Single-cultivar cloudy juice from table apples: An attempt to identify the driving force for sensory preference. European Food Research and Technology, 229, 51-61.

Jellinek, G. 1964. Introduction to and critical review of modern methods of sensory analysis (odor, taste and flavor evaluation) with special emphasis on descriptive analysis (flavor profile method). Journal of Nutrition and Dietetics 1, 219-260.

Jones, P. N., MacFie, H. J. H. and Beilken, S. L. 1989. Use of preference mapping to relate consumer preference to the sensory properties of a processed meat product tinned cat food. Journal of the Science of Food and Agriculture, 47, 113-124.

Kelly, G. A. 1955. The Psychology of Personal Constructs. Norton, New York, NY.

Kirkmeyer, S. V. and Tepper, B. 2003. Understanding creaminess perception of dairy products using free-choice profiling and genetic responsivity to 6-n-propylthiouracil. Chemical Senses, 28, 527-536.

Kollár-Hunek, K., Heszberger, J., Kókai, Z., Láng-Lázi, M. and Papp, E. 2007. Testing panel consistency with GCAP method in food profile analysis. Journal of Chemometrics, 22, 218-226.

Krasner, S. W. 1995. The use of reference standards in sensory analysis. Water Science and Technology, 31, 265-272.

Krasner, S. W., McGuire, M. J. and Ferguson, V. B. 1985. Tastes and odors: The flavor profile method. American Water Works Association Journal, 77, 34-39.

Kravitz, D. 1975. Who's Who in Greek and Roman Methodology. Clarkson N. Potter, New York, p. 200.

Krinsky, B.F., Drake, M.A., Civille, G.V., Dean, L.L., Hendrix, K. W. and Sanders, T. H. 2006. The development of a lexicon for frozen vegetable soybeans (edamame). Journal of Sensory Studies, 21, 644-653.

Labuza, T. P. and Schmidl, M. K. 1985. Accelerated shelf-life testing of foods. Food Technology, 39, 57-64, 134.

Langron, S. P. 1983. The application of procrustes statistics to sensory profiling. In: A. A. Williams and R. K. Atkin (eds.), Sensory Quality in Foods and Beverages: Definition, Measurement and Control. Ellis Horwood, Chichester, UK, pp. 89-95.

Larson-Powers, N. M. and Pangborn, R. M. 1978. Descriptive analysis of the sensory properties of beverages and gelatin containing sucrose and synthetic sweeteners. Journal of Food Science, 43, 11, 47-51.

Lassoued, N., Delarue, J., Launay, B. and Michon, C. 2008. Baked product texture: Correlations between instrumental and sensory characterization using flash profile. Journal of Cereal Science, 48, 133-143.

Lawless, H. T. and Corrigan, C. J. 1993. Semantics of astringency. In: K. Kurihara, N. Suzuki, and H. Ogawa (eds.), Olfaction and Taste XI. Proceedings of the 11th International Symposium on Olfaction and Taste and of the 27th Japanese Symposium on Taste and Smell. Springer-Verlag, Tokyo, pp. 288-292.

Leach, E. J. and Noble, A. C. 1986. Comparison of bitterness of caffeine and quinine by a time-intensity procedure. Chemical Senses 11, 339-345.

Lee, J. and Chambers, D. 2007. A lexicon for flavor descriptive analysis of green tea. Journal of Sensory Studies, 22, 421-433.

Lê, S. and Husson, F. 2008. Sensominer: A package for sensory data analysis. Journal of Sensory Studies, 23, 14-25.

Le Fur, Y., Mercurio, V., Moio, L., Blanquet, J. and Meunier, J. M. 2003. A new approach to examine the relationships between sensory and gas chromatography-olfactometry data using generalized procrustes analysis applied to six French Chardonnay wines. Journal of Agriculture and Food Chemistry, 51, 443-452.

Le Moigne, M., Symoneaux, R. and Jourjon, F. 2008. How to follow grape maturity for wine professionals with a seasonal judge training? Food Quality and Preference, 19, 672-681.

Lotong, V., Chambers, D. H., Dus, C., Chambers, E. and Civille, G. V. 2002. Matching results of two independent highly trained sensory panels using different descriptive analysis methods. Journal of Sensory Studies, 17, 429-444.

Lund, C. M., Jones, V. S. and Spanitz, S. 2009. Effects and influences of motivation on trained panelists. Food Quality and Preference, 20, 295-303.

MacFie, H. J. H. 1990. Assessment of the sensory properties of food. Nutrition Reviews, 48, 87-93.

Marchisano, C., Vallis, L. and MacFie, H. J. H. 2000. Effect of feedback on sensory training: A preliminary study. Journal of Sensory Studies, 15, 119-135.

Marshall, R. J. and Kirby, S. P. 1988. Sensory measurement of food texture by free choice profiling. Journal of Sensory Studies, 3, 63-80.

Martens, H. and Martens, M. 2001. Multivariate Analysis of Quality: An Introduction. Wiley, Chichester, UK.

Martin, K. and Lengard, V. 2005. Assessing the performance of a sensory panel: Panelist monitoring and tracking. Journal of Chemometrics, 19, 154-161.

Matisse, H. 1908. In: J. Bartlett (ed.), Familiar Quotations, Fourteenth Edition. Little, Brown and Co., Boston, MA.

Mazzucchelli, R. and Guinard, J-X. 1999. Comparison of monadic and simultaneous sample presentation modes in a descriptive analysis of chocolate milk. Journal of Sensory Studies, 14, 235-248.

McCloskey, L. P., Sylvan, M. and Arrhenius, S. P. 1996. Descriptive analysis for wine quality experts determining appellations by Chardonnay aroma. Journal of Sensory Studies, 11, 49-67.

McDonell, E., Hulin-Bertaud, S., Sheehan, E. M. and Delahunty, C. M. 2001. Development and learning process of a sensory vocabulary for the odor evaluation of selected distilled bever-ages using descriptive analysis. Journal of Sensory Studies, 16, 425-445.

McEwan, J. A., Colwill, J. S. and Thomson, D. M. H. 1989. The application of two free-choice profiling methods to investigate the sensory characteristics of chocolate. Journal of Sensory Studies 3, 271-286.

McEwan, J. A., Hunter, E. A., van Gemert, L. J. and Lea, P. 2002. Proficiency testing for sensory panels: Measuring panel performance. Food Quality and Preference, 13, 181-190.

McTigue, M. C., Koehler, H. H. and Silbernagel, M. J. 1989. Comparison of four sensory evaluation methods for assessing cooked dry bean flavor. Journal of Food Science, 54, 1278-1283.

Meilgaard, M., Civille, C. V. and Carr, B. T. 2006. Sensory Evaluation Techniques, Fourth Edition. CRC, Boca Raton, FL.

Meng, A. K. and Suffet, I. H. 1992. Assessing the quality of flavor profile analysis data. American Water Works Association Journal, 84, 89-96.

Meullenet, J-F., Xiong, R. and Findlay, C. F. 2007. Multivariate and Probabilistic Analyses of Sensory Science Problems. Wiley-Blackwell, New York, NY.

Moore, L. J. and Shoemaker, C. R. 1981. Sensory textural properties of stabilized ice cream. Journal of Food Science, 46, 399-402, 409.

Moskowitz, H. R. 1988. Applied Sensory Analysis of Foods, Vols. I and II. CRC, Boca Raton, FL.

Muñoz, A. M. 1986. Development and application of texture reference scales. Journal of Sensory Studies 1, 55-83.

Muñoz, A. M. and Civille, G. V. 1998. Universal, product and attribute specific scaling and the development of common lexicons in descriptive analysis. Journal of Sensory Studies, 13(1), 57-75.

Murray, J. M. and Delahunty, C. M. 2000. Selection of standards to reference terms in a Cheddar cheese flavor language. Journal of Sensory Studies, 15, 179-199.

Murray, J. M., Delahunty, C. M. and Baxter, I. A. 2001. Descriptive analysis: Past, present and future. Food Research International, 34, 461-471.

Murtagh, F. (2005) Correspondence Analysis and Data Coding with Java and R. Chapman and Hall/CRC, New York, NY.

Narain, C., Paterson, A. and Reid, E. 2003. Free choice and conventional profiling of commercial black filter coffees to explore consumer perceptions of character. Food Quality and Preference, 15, 31-41.

Nindjin, C., Otokoré, D., Hauser, S., Tschannen, A., Farah, Z. and Girardin, O. 2007. Determination of relevant sensory properties of pounded yams (*Dioscorea* spp.) using a locally based descriptive analysis methodology. Food Quality and Preference, 18, 450-459.

Olabi, A. and Lawless, H. T. 2008. Persistence of context effects after training and with intensity references. Journal of Food Science, 73, S185-S189.

Nogueira-Terrones, H., Tinet, C., Curt, C., Trystam, G. and Hossenlop, J. 2008. Using the internet for descriptive sensory analysis: Formation, training and follow-up of a tastetest panel over the web. Journal of Sensory Studies, 21, 180-202.

O'Mahony, M. 1986. Sensory Evaluation of Food. Marcel Dekker, New York, NY.

Ömür-Özbek, P. and Dietrich, A. M. 2008. Developing hexanal as an odor reference standard for sensory analysis of drinking water. Water Research, 42, 2598-2604.

O.P.&P. 1991. Oliemans Punter and Partners. BV Postbus 14167 3508 SG Utrecht, The Netherlands.

Oreskovich, D. C., Klein, B. P. and Sutherland, J. W. 1991. Procrustes analysis and its applications to free-choice and other sensory profiling. In: H. T. Lawless and B. P. Klein (eds.), Sensory Science Theory and Applications in Foods. Marcel Dekker, New York, NY, pp. 317-338.

Oreskovich, D. C., Klein, B. P. and Sutherland, J. W. 1990. Variances associated with descriptive analysis and free-choice profiling of frankfurters. Presented at IFT Annual Meeting, Anaheim, CA, June 16-20, 1990.

Otremba, M. M., Dikeman, M. A., Milliken, G. A., Stroda, S. L., Chambers, E. and Chambers, D. 2000. Interrelationships between descriptive texture profile sensory panel and descriptive attribute sensory panel evaluations of beef *Longissimus* and *Semitendinosus* muscles. Meat Science, 54, 325-332.

Parr, W., Valentin, D., Green, J. A. and Dacremont, C. 2009. Evaluation of French and New Zealand Sauvignon wines by experienced French Assessors. Food Quality and Preference, doi:10.1016/j.foodqual.2009.08.002.

Petersen, R. G. 1985. Design and Analysis of Experiments. Marcel Dekker, New York, NY.

Piggott, J. R. 1986. Statistical Procedures in Food Research. Elsevier Applied Science, London, UK.

Piggott, J. R. and Watson, M. P. 1992. A comparison of free-choice profiling and the repertory grid method in the flavor profiling of cider. Journal of Sensory Studies, 7, 133-146.

Pineau, N., Chabanet, C. and Schlich, P. 2007. Modeling the evolution of the performance of a sensory panel: A mixed-model and control chart approach. Journal of Sensory Studies, 22, 212-241.

Powers, J. J. 1988. Current practices and application of descriptive methods. In: J. R. Piggott (ed.), Sensory Analysis of Foods. Elsevier Applied Science, London, UK.

Raffensperger, E. L., Peryam, D. R. and Wood, K. R.

1956. Development of a scale for grading toughness-tenderness in beef. Food Technology, 10, 627-630.

Rainey, B. 1986. Importance of reference standards in training panelists. Journal of Sensory Studies. 1, 149-154.

Randall, J. H. 1989. The analysis of sensory data by generalized linear models. Biometrics Journal, 3, 781-793.

Rason, J., Léger, L., Dufour, E. and Lebecque, A. 2006. Relations between the know-how of small-scale facilities and the sensory diversity of traditional dry sausages from the Massif Central in France. European Food Research and Technology, 222, 580-589.

Retiveau, A., Chambers, D. H. and Esteve, E. 2005. Developing a lexicon for the flavor description of French cheeses. Food Quality and Preference, 16, 517-527.

Risvik, E., Colwill, J. S., McEwan, J. A. and Lyon, D. H. 1992. Multivariate analysis of conventional profiling data: A comparison of a British and a Norwegian trained panel. Journal of Sensory Studies, 7, 97-118.

Riu-Aumatell, M., Vichi, S., Mora-Pons, M., López-Tamames, E. and Buxaderas, S. 2008. Sensory characterization of dry gins with different volatile profiles. Journal of Food Science, 73, S286-S293.

Rutledge, K. P. 2004. Lexicon for Sensory Attributes Relating to Texture and Appearance. ASTM, CD-ROM, West Conshohocken, PA.

Ryle, A. and Lunghi, M. W. 1970. The dyad grid: A modification of repertory grid technique. British Journal of Psychology, 117, 323-327.

Saint-Eve, A., Paçi Kora, E. and Martin, N. 2004. Impact of the olfactory quality and chemical complexity of the flavouring agent on the texture of low fat stirred yogurts assessed by three different sensory methodologies. Food Quality and Preference, 15, 655-668.

Schlich, P. 1989. A SAS/IML program for generalized procrustes analysis. SEUGI '89. Proceedings of the SAS European Users Group International Conference, Cologne, Germany, May 9-12, 1989.

Seo, H.-S., Lee, M., Jung, Y.-J. and Hwang, I. 2009. A novel method of descriptive analysis on hot brewed coffee: Time scanning descriptive analysis. European Food Research and Technology, 228, 931-938.

Sieffermann, J.-M. 2000. Le profil Flash. Un outil rapide et innovant d'évaluation sensorielle descriptive, AGORAL 2000-XIIèmes rencotres. In: Tec and Doc Paris (eds.), L'innovation: de l'idée au success,. Lavoisier, Paris, France, pp. 335-340.

Sjöström, L. B. 1954. The descriptive analysis of flavor. In: D. Peryam, F. Pilgrim, and M. Peterson (eds.), Food Acceptance Testing Methodology. Quartermaster Food and Container Institute, Chicago, pp. 25-61.

Skibba, E. A. and Heymann, H. 1994a. Creaminess Perception. Presented at ACHEMS Annual Meeting, Sarasota, FL, April 14, 1994.

Skibba, E. A. and Heymann, H. 1994b. The Perception of Creaminess. Presented at the IFT Annual Meeting, Atlanta, GA, June 23-26, 1994.

Steenkamp, J.-B. E. M. and van Trijp, H. C. M. 1988. Free choice profiling in cognitive food acceptance research. In: D. M. H. Thompson (ed.), Food Acceptability. Elsevier Applied Science, London, UK, pp. 363-376.

Steenkamp, J.-B. E. M., van Trijp, H. C. M. and ten Berge, M. F. 1994. Perceptual mapping based on idiosyncratic sets of attributes. Journal of Marketing Research, 31, 15-27.

Stevens, S. S. 1969. On predicting exponents for cross-modality matches. Perception and Psychophysics, 6, 251-256.

Stevens. S. S. and Marks, L. E. 1980. Cross-modality matching functions generated by magnitude estimation. Perception and Psychophysics, 27, 379-389.

Stewart, V., Stewart, A. and Fonda, N. 1981. Business applications of repertory grid. McGraw-Hill, London, UK.

Stoer, N. and Lawless, H. T. 1993. Comparison of single product scaling and relative-to-reference scaling in sensory evaluation of dairy products. Journal of Sensory Studies, 8, 257-270.

Stone, H., Sidel, J. L., Oliver, S., Woolsey, A. and Singleton, R. C. 1974. Sensory evaluation by quantitative descriptive analysis. Food Technology, 28, 24, 26, 28, 29, 32, 34.

Stone, H. and Sidel, J. L. 2004. Sensory Evaluation Practices, Third Edition. Academic, Orlando, FL.

Stone, H., Sidel, J. L. and Bloomquist, J. 1980. Quantitative descriptive analysis. Cereal Foods World, 25, 624-634.

Sulmont, C., Lesschaeve, I., Sauvageot, F. and Issanchou, S. 1999. Comparative training procedures to learn odor descriptors: Effects on profiling performance. Journal of Sensory Studies, 14, 467-490.

Syarief, H., Hamann, D. D., Giesbrecht, F. G., Young, C. T. and Monroe, R. J. 1985. Comparison of mean and consensus scores from flavor and texture profile analyses of selected products. Journal of Food Science, 50, 647-650, 660.

Szczesniak, A. S. 1966. Texture measurements. Food Technology, 20, 1292 1295-1296 1298.

Szczesniak, A. S. 1975. General foods texture profile revisitedten years perspective. Journal of Texture Studies, 6, 5-17.

Szczesniak, A. S. 1963. Classification of textural characteristics. Journal of Food Science, 28, 385-389.

Szczesniak, A. S., Brandt, M. A. and Friedman, H. H.

1963. Development of standard rating scales for mechanical parameters of texture and correlation between the objective and the sensory methods of texture evaluation. Journal of Food Science, 28, 397-403.

Tarea, S., Cuvelier, G. and Sieffermann, J.-M. 2007. Sensory evaluation of the texture of 49 commercial apple and pear purees. Journal of Food Quality, 30, 1121-1131.

Tomic, O., Nilsen, A., Martens, M. and Næs, T. 2007. Visualization of sensory profiling data for performance monitoring. LWT-Food Science and Technology, 40, 262-269.

Ward, L. M. 1986. Mixed-modality psychophysical scaling: Double cross-modality matching for "difficult" continua. Perception and Psychophysics, 39, 407-417.

Whorf, B. L. 1952. Collected Papers on Metalinguistics. Department of State, Foreign Service Institute, Washington, DC, pp. 27-45.

Williams, A. A. and Arnold, G. M. 1984. A new approach to sensory analysis of foods and beverages. In: J. Adda (ed.), Progress in Flavour Research. Proceedings of the 4th Weurman Flavour Research Symposium, Elsevier, Amsterdam, The Netherlands, pp. 35-50.

Williams, A. A. and Langron, S. P. 1984. The use of free choice profiling for the examination of commercial ports. Journal of the Science of Food and Agriculture, 35, 558-568.

Woods, V. 1995. Effect of Geographical Origin and Extraction Method on the Sensory Characteristics of Vanilla Essences. MS Thesis, University of Missouri, Columbia, MO.

Worch, T., Lê, S. and Punter, P. 2009. How reliable are consumers? Comparison of sensory profiles from consumers and experts. Food quality and Preference, doi: 10.1016/j.foodqual.2009.06.001.

Wright, K. 1994. Attribute Discovery and Perceptual Mapping. M. S. Thesis, Cornell University, Ithaca, New York.

Zook, K. and Wessman, C. 1977. The selection and use ofjudges for descriptive panels. Food Technology, 31, 56-61.

11 质地评价

本章讨论质地的感官评价。首先，对质地进行定义，然后对与食品相关的视觉、听觉和触觉质地进行细致的描述。介绍感官质地检测方法，特别是质地剖面法。最后，对仪器和感官质地检测之间的相关性进行了简要讨论。

每当我吃意大利式方饺时，我会迅速地叉起它却会慢慢地咀嚼它。

——《意大利面条》，1992

11.1 质地的定义

AlinaSzczesniak（2002）认为公认的质地定义如下：质地是食品结构、机理和表面特性的感官和功能表现，其可以通过视觉、听觉、触觉和动觉被检测到。并且，她进一步强调以下四方面内容。①“质地是一种感官特性”，即它仅可被人类（和动物）感知和描述，任何仪器检测必须与感官反馈相关联；②“质地是一个多参数的属性”；③“质地源于食品的结构”；④“质地通过几种感知进行检测。”

目前为止，一些有关质地的综述文章和教科书已陆续出版（Bourne，2002；Chen，2007，2009；Christensen，1984；Guinard 和 Mazzuccheli，1996；Kilcast，2004；McKenna，2003；Moskowitz，1987；Rosenthal，1999；Szczesniak，2002；Wilkinson 等，2000；van Vliet 等，2009）。

一个物体的质地可以通过视觉（视觉质地）、触觉（触觉质地）和听觉（听觉质地）来感知。在一些产品中，人们只需利用这些感觉的其中之一来感知产品的质地，而在另一些产品中，则需要通过这些感觉的组合来感知产品的质地。例如，橙子具有视觉和触觉的粗糙感，但苹果的表面却没有。薯片在口中的脆度既是一种触觉的感知，也是一种听觉的感知（Vickers，1987b）。麦乳精奶昔的浓度（黏性）可以在玻璃杯中用视觉进行评价；而在用吸管搅拌时，由可用本体感觉来评价；在口中则可用触觉来测定。

Ball 等（1957）是最早区分“看”（视觉）和“摸”（触觉）质地定义的人。消费者经常利用视觉质地来表示产品的新鲜度；例如，可以认为枯萎的菠菜和皱缩的葡萄是不可接受的产品质量（Szczesniak 和 Kahn，1971）。此外，视觉质地信息可以用来预估产品的口感特征创造了期望。如果产品的视觉和触觉质地特征不一致，这种差异会导致产品接受度下降。

食品质地对消费者来说可能十分重要。但是，不像颜色和风味那样常被消费者用作产品的安全性指标，质地常被用作食品的质量指标。Szczesniak 和 Kahn（1971）发现：社会经济阶层的不同，会影响消费者对质地的认知。社会经济阶层较高的人会把质地视为食品的特征，这种意识要强于社会经济阶层较低的人。同样情况下，大食品公司的雇员作为消费者，相对而言要比普通大众更重视质地（Szczesniak 和 Kleyn，1963）。Szczesniak（2002）认为“人们希望完全掌控放入口中的食品”是消费者对质地有所反应的主要驱动之一。消费者会因为害怕噎食或窒息，而拒绝黏稠的、胶状的或黏滑的食品，或者带有出乎意料的块状物或硬颗粒的食品。表 11.1 所示为基于消费者对各种食品评价的质地与风味的相对重要性。

表 11.1　　大量食品中质地相对于风味的重要性（质地/风味指数①）

项目	美国消费者②	常见食品的消费者③	项目	美国消费者②	常见食品的消费者③
总群体	0.89	1.20	中下层	0.95	
性别			中上层	1.20	
男	0.76	1.10	地理位置		
女	1.02	1.30	芝加哥，IL	0.96	
社会经济阶层			丹佛，CO	0.95	
底层	0.60		夏洛特，NC	0.63	

注：①指数值小于 1 说明消费者更重视风味，大于 1 说明消费者更重视质地。

②149 名消费者（3 个地理区域）使用 29 个食品名称，进行了词语相关性检验（Szczesniak，1971）。

③100 名消费者使用 74 个食品名称，进行了词语相关性检验（Szczesniak 和 Kleyn，1963）。

摘自 Szczesniak 和 Kahn，1971。

在一些食品中，感知到的质地是产品中最重要的感官特征。对这些产品而言，如感知到的质地存在缺陷，会对消费者对产品的愉悦感产生极大的消极影响。例如，潮湿的（不干脆的）薯片、硬的（不嫩的）牛排和枯萎的（不脆的）芹菜秆。在一些其他的食品中，虽然产品质地很重要，但他并不是产品的主要感官特征。例如有糖果、面包和许多蔬菜。Lassoued 等（2008）认为 20%的面包可接受度与团粒质地相关。还有一些食品，感知到的质地在产品的接受度中起的作用很小，如酒和苏打水之类相对低黏度的液体。

对盘中的一种食品或一餐中的所有食品进行质地对比十分重要，包括马铃薯泥、笋瓜浓汤和碎牛肉在内的一顿饭，听上去远不如索尔斯伯利牛肉饼、炸薯条和一大块笋瓜来得美味，然而这两顿饭的区别全是因为质地不同。Szczesniak 和 Kahn（1984）阐述了在单一食品或一餐的食品之间，进行质地对比时应该遵循的一般原则。Hyde 和 Witherly（1993）阐述了动态对比（咀嚼过程中食物在口中的感官质地对比随时间变化）是形成薯片、如米片和冰激凌等食品高度适口性的原因。其他会发生动态对比的食品包括内含糖果的冰激凌和巧克力包裹花生的 M&M 糖果。

Schiffman（1977）论述了质地在食品鉴定识别中的重要性。他将 29 种食品打成糊状，以消除这些产品在质地特征上的差异。然后，评价小组成员品尝并鉴定识别这些食品。总体上，正常体重的大学生能正确识别出大约40%的食品。只有4%的评价小组成员能正确识别出糊状卷心菜，7%的成员正确识别黄瓜泥，41%的成员正确识别出糊状牛排，63%的成员正确识别出胡萝卜泥，81%的成员正确识别出苹果泥。根据这些数据，美国消费者会使用质地信息对食品加以区别和分类。

在一个词语相关性检验中，Szczesniak 和 Kleyn（1963）发现不同食物引起的与质地相关的反馈存在差异。花生黄油、芹菜、天使蛋糕和馅饼皮占质地相关反馈的百分比相当高（>20%）。他们的评价小组成员总共使用了79个质地词语，100个评价员对其中的21个单词使用了25次以上来描述74个食品。使用最频繁的单词描述了硬度（软的、硬的、难嚼的、嫩的）、易碎性、脆度和水分含量（干的、湿的、潮湿的、多汁的）。Yoshikawa 等（1970）以 Szczesniak 和 Kleyn（1963）的研究为基础，研究了日本女性评价小组成员的质地描述符。他们发现：日本人用来描述质地的单词（406）比美国的评价小组（79）多得多。这不太可能是由于两个人群间的基因差异，而更有可能是因为文化差异造成的，因为日本食品与美国食品相比，前者更倾向于具有更多的质地种类。此外，日本语言在细微差异方面也更为丰富，同时，作者还提到年长的回答者可能会使用更多的术语，这是因为他们“比年轻人更了解日语”。后来 Szczesniak（1979a，b）对日本人使用的质地所属的拟声构词特性进行了评论。也就是说，单词听上去与体验过的质地类型相似。Rohm（1990）也以 Szczesniak 和 Kleen（1963）的研究为基础，研究了奥地利人的质地描述词。他们发现维也纳学生（100个男生和108个女生）在与50种食品有关的词语中，使用了105个质地术语。其中18个术语重复使用了25次以上，而有47个术语的使用次数少于5次。当 Rohm（1990）将他的数据与 Szczesniak 和 Kleen（1963）、Szczesniak（1977）以及 Yoshikawa 等（1971）的数据进行比较时，他发现这些研究中10个最常用的术语中有5个是相似的（表11.2）。这些研究结果表明一定的质地术语和感觉在各文化中普遍存在。不过，也有一些重要的例外。如 Roudaut 等（2002）指出，在法国蔬菜和水果不被认为是干脆的，而在美国，这些产品如果是新鲜的，通常被形容为脆的。因此，任何国家、文化或地区的感官专家应当不仅仅注意食品的感知风味、滋味和颜色的量值，还要注意感知到的质地的特征。Drake（1989）以23种语言出版了质地术语表。当培训的评价小组成员为非英语母语的人或者评价小组在不同国家时，这个质地术语表的作用极大。

表11.2　在奥地利①、日本②、美国③④使用频率最高的10个质地术语

奥地利	日本	美国	
		1963	1971
干脆的	坚硬的	干脆的	干脆的
坚硬的	软的	干的	清脆的
软的	多汁的	多汁的	多汁的
清脆的	耐嚼的	软的	光滑的
多汁的	油腻的	奶油的	奶油的

续表

奥地利	日本	美国	
		1963	1971
黏性的	黏稠的	清脆的	软的
奶油的	滑的	咀嚼的	黏性的
脂肪的	奶油的	光滑的	纤维的
水质的	干脆的	纤维的	绒毛的
粗糙的	清脆的	坚硬的	嫩的

注：加粗词语同时出现在 4 个研究中的最常用 10 术语中。

①208 名越南学生使用 50 种食品名称进行了词语相关性检验（Rohm，1990）。

②140 名日本学生使用 97 种食品名称进行了词语相关性检验（Yoshikawa 等，1970）。

③149 名消费者（3 个地区）使用 29 种食品名称进行了词语相关性检验（Szczesniak，1971）。

④100 名消费者使用 74 种食品名称进行了词语相关性检验（Szczesniak 和 Kleyn，1963）。

11.2 视觉、听觉、触觉质地

在这部分，我们将更详尽地讨论质地的听觉、视觉和触觉感，然后讨论感官评价专家是如何测量这些感知到的食品质地的。当食品被食用时，通常会先对质地进行视觉评价，接着是直接（通过手指）和（或者）间接（通过餐具，如刀、叉、勺等）的触觉评价，然后是口腔触觉（通过唇、舌、腭、唾液）评价。应将对清脆、干脆、酥脆等质地的听觉（声音）评价与口腔触觉评价（有时是当食物被餐具割或刺时）同时进行（Kilcast，1999）。

11.2.1 视觉质地

食品的许多表面特性不但影响产品外观，而且对质地也有影响。消费者以过往经验中可以知道，木薯布丁中的块状物，在口中的感觉也是块状的。视觉质地评价与表面特征，如光泽、光滑和反射（详见第 12 章）有一些重叠。在本章中，我们将讨论与这些表面特征无关的视觉质地。这些视觉质地包括粗糙度、均匀度、表面粒度、光泽、油性、油腻度、片状、纤维感、顺滑感、枯萎状和表面润湿感（Chen，2007）。

燕麦片或者饼干的表面粗糙度可以通过视觉或者口腔和手部触觉评价。Bruwer 等（2007）对玉米片的起泡度进行了评价，他发现玉米片的起泡度与口腔感知的稠密度成反比。在一个面包团粒外观研究中，经过培训的评价员评价了精细度（“对气室数量的视觉评价”）、均匀度（“指气孔大小的一致度”）、取向性（“纹理结构的取向度”）（Gonzalez-Barron 和 Butler，2008b）。Lassoued 等（2008）使用了闪光描绘法（详见第 10 章）评价小麦面包的视觉团粒质地。

deWijk 等（2004）使用蛋挞和一个两层杯子进行试验，其中一层蛋挞可以看见，另外一层的蛋挞可被食用但看不见。他发现被食用蛋挞的口感质地评分随可见蛋糊的视觉质地变化而改变。Carson 等（2002）培训描述分析小组使用视觉质地术语对草莓酸乳进行评价。所用术语包括勺子的触压感（“产品的凝胶程度，通过观察未搅拌产品用勺子触压后的表面压力进行评价”）和勺子的覆盖度（“产品覆盖勺子背面的程度，通过从样品杯中取出一勺样品后进行观察评价”）。他们发现勺子的触压感和覆盖度都与口腔感知浓度显著相关。一种液体的浓度可以通过从容器中倒出的视觉效果，或者倾斜容器，或者在水平面扩散的视觉效果来评价（Elejalde 和 Kokini，1992；Kiasseoglou 和 Sherman，1983；Sherman，1977）。Janhøj 等（2006）培训描述性分析小组使用视觉质地属性，如盖子内表面上颗粒度和勺子中的连续流动度等，对低脂酸乳进行评价。Lee 和 Sato（2001）使用配对比较测量技术对纺织物样品实物和摄影图像进行了视觉评价。他们发现两种方法的主成分空间非常相似。

11.2.2 听觉质地

有时，消费者可能发现与食用某种食物相关的声音（听觉质地）会消极地影响我们对这种食品的喜好响应。例如由未洗净的菠菜制作的菠菜糊，食用时牙齿间的砂砾声。另一方面，听觉质地也可以增加消费者的进食享受。例如食用很多早餐麦片时的干脆声或者食用多汁苹果时的清脆声。消费者经常将声音作为食品质量的指标之一。很多人都用过敲击西瓜的方法来判断其成熟度（中空的声音表明是个熟西瓜）或折断一个胡萝卜来测定它的清脆度。

听觉质地很大程度上与食品的干脆、清脆、酥脆同义。此领域的早期研究由 Vickers 和 Bourne（1976）完成。最近，因 Duizer（2001）的综述发表以及 Luyten 和 van Vliet（2006）、Salvador 等（2009）、Varela 等（2009）的研究有进展，这个领域重新获得关注。声音是由机械振荡产生的声波，可在空气或其他介质（如从颌骨通过骨骼传导至中耳）中传播（Dacremont，1995）。

干脆的或清脆的食物分为两类，即湿食和干食。另种类型食物的声音产生的原因不同（Vickers，1979）。湿脆食品，就像新鲜的水果和蔬菜，如果有足够的水的话，它们就是由充满水的活体细胞构成的。换句话说，细胞成分对细胞壁施加了一个向外的压力。其组织结构就像由很多充水小气球粘在一起构成的集合体。当这个结构被打破或咀嚼破坏后，细胞就会破裂从而产生噪声。在一个充气的气球中，爆破的声音是由于气球内的压缩空气爆炸膨胀所引起的。对于膨胀的细胞而言，噪声是由于膨胀压力的突然释放造成的。当液体的表面张力高时，产生的噪声量就会较少。把植物细胞放在足够潮湿的环境中，会增加细胞的膨胀压力以及产品的感知脆度（Vickers，1979）。

另一方面，将干脆的食品，如小甜饼、薄脆饼干、油炸薯片和吐司放在潮湿的环境（湿空气）中，将会减少食品的感知脆度。这些产品中有空气小室或洞，分别被易碎的细胞或洞壁环绕。当这些洞壁破裂时，所有剩下的壁和碎片就会迅速还原成它们原始的形状。壁的弹回过程产生了振动，而振动就会产生声波（类似于音叉]。当干脆食物水分增加时，壁就不那么容易回弹了，产生的音量就会变小。

Vickers（1981）以及 Christensen & Vickers（1981）的研究表明，特定食物的干脆度

和清脆度可以仅基于声音评价，或仅基于口腔触觉评价，或结合声音和口腔触觉两方面信息评价。脆度似乎与食品变形时产生的振动有声学联系（Christensen & Vickers，1981）。然而，Edmister & Vickers（1985）稍后的研究表明听觉脆度与口腔触觉脆度并不重叠。Vickers（1987a）的研究也表明了口腔触觉对评价脆度有很重要的作用。

Vickers 和 Wasserman（1979）研究了与食物声音相关的感官特性。他们让小组成员评价钳子压碎两种食物声音的相似度（表 11.3）。结果表明可能有两个感官特性区分食物的声音，声音的均匀度和音量。当音量增大时，组员对清脆度、干脆度、酥脆度、锐度、易碎度、硬度和柔韧度的感知强度也会增强。当声音连续（均匀）时，组员感知到膨化或有弹性的质地；当声音不连续时，会有撕碎的或磨碎的感觉。Zampini 和 Spence（2004）证明当作者提高与前齿咬薯片相关的总体声音水平时，或者选择性的放大高频声音（2k~20kHz 范围内）时，组员感觉薯片更脆。

表 11.3　　下列食物被包裹橡胶的钳子夹碎发出声音并被记录

食物	描述
硬糖	一整个里兹麦根沙士糖
新鲜芹菜	1cm 茎的垂直切片
漂烫芹菜	1cm 茎的垂直切片
饼干	一整个 Sunshine 牌苏打饼干
生梨	1cm 宽楔形切片
花生	一整个 Fisher's 牌弗吉尼亚花生
姜汁饼干	一整个 Nabisco 牌姜汁饼干
新鲜胡萝卜	横截面，长 1cm、宽 1.5cm
漂烫胡萝卜	横截面，长 1cm、宽 1.5cm，浸入沸水中 1min
薯片	一整个 Pringles 牌薯片
皱褶薯片	一整个 Pringles 牌皱褶薯片
未成熟的金冠苹果	1cm 楔形切片
成熟的金冠苹果	1cm 楔形切片
全麦饼干	一整个（生产商不详）
牛乳巧克力	1 方格 Hershey's 牌牛乳巧克力，低温的
荸荠	一整个 Geisha 牌罐头荸荠
高油曲奇饼干	一整个 Lorna Doone（Nabisco 牌）饼干
小麦片	一整个麦片蛋糕（Nabisco 牌）

注：由 Vickers 和 Wasserman（1979）授权转载。

Dacremont（1995）发现高水平的空气传到高频音（5kHz）是干脆食物的特征；而清脆的食物则是以峰值为 1.25k~2kHz 的低音调（1.25k~2kHz）声音为特征的；清脆食品在声学上则是与大比例频率小于 1.9kHz 的低音调声音相关，而大比例频率高于 1.9kHz 的低音调声音则与干脆质地相关（Seymour 和 Hamann，1988；Vickers，1984a，b，1985）。

通过其他人吃东西时发出的声音很难判断食物的清脆度，因为当食用清脆食物时听到的低音调声音，很多是通过颅骨和颌骨传导至耳部的（Dacremont，1995）。人类的颌骨和颅骨在约160Hz的频率下产生共鸣，在此频率范围的声音会被骨骼放大，因此，评价员自己感知的清脆声音，会比旁边其他人听到的声音更低沉更洪亮（Kapur，1971）。当经培训的评价员对感知清脆度进行评价时，应使他们嘴唇闭合，并用臼齿咀嚼食物。大部分高频声音会被软组织减弱，清脆的声音则通过颅骨和颌骨传导至耳部。同样，当经培训的评价员对干脆度的感知强度进行评价时，应使他们张开嘴唇，并用臼齿咀嚼食物（Lee等，1990）。这种咀嚼的方式在某些文化中是违反礼仪的，不过在培训过程中，大多数评价员可以用这种方式咀嚼。大部分更高频率的声音可以通过空气不经改变地传导至耳部（Dacremont等，1991）。

另一些关于干脆和清脆食物的观点着眼于破坏的时间顺序，以及施加外力时食物的变性和断裂情况（Szczesniak，1991）。干脆食物在单个阶段中破裂，而清脆食物的破裂则分为多个阶段。因此，无论如何施加破坏力，干脆食物总是被感知为干脆的；但是，清脆食物视施加的外力不同，可能被感知为清脆或者干脆的。如果使用臼齿咀嚼芹菜条，感知到的是清脆，因为它的破坏是多个连续的过程。但是，如果用手折断芹菜条，可感知的会是干脆，因为它的破坏是个单一的过程。如表11.3所示。

Vickers（1981）发现仅基于声音即可评价干脆食品的感知硬度。Castro-Prada等（2007）的研究表明，与人类感官方法相关的最佳声谱不同于分析破碎机制的最佳声谱。这也许是因为硬度是这些食品脆度的组成部分。Vickers（1984a，b）也评价了食物酥脆度的声学组成。她发现，和干脆和清脆一样，酥脆也可以使用声音或者触觉进行评价。尖锐、重复噪声的数量和振幅与酥脆感相关。不过，评价大多数食品的硬度时，口腔触觉比听觉更有用。正如Chen（2009）指出的，牙齿的振动触觉感受使人能够容忍噪声，享受干脆或清脆的食品。

11.2.3 触觉质地

触觉质地可分为口部触觉质地、口感特征、口腔中的相变，以及用手操控物体感知到的触觉质地（通常用于纺织物或纸张，并称之为手感）或用器具操控。

11.2.3.1 口部触觉质地

口部触觉质地包括所有在口部内引发的质地感觉。嘴唇、牙齿、口腔黏膜、唾液、舌头和咽喉都与口部质地感觉相关。Chen（2009），Lenfant等（2009），Xu等（2008），van der Bilt等（2006），Bourne（2004）和Lucas等（2002）对食物的口腔内处理、咀嚼以及口部生理学对食品质地感知的影响进行了综述。根据van Vliet等（2009）和其他人的研究，口部触觉感知的顺序包括嘴唇的采食、前牙（门齿）咬合、臼齿对坚硬食物的咀嚼、唾液润湿、酶解、半固体食物在舌与腭之间变形、舌与咽部使食物变成颗粒状。

采食过程中，唇部会发出食物是否粘、滑、硬或颗粒状等的信号。例如，Engelen等（2007）让评价员通过用舌头摩擦嘴唇内侧感知牛乳沙司和蛋黄酱的粗糙度和润滑度。

初次咬合时，对硬度、弹性、黏性、脆度等的感知会发生。初次咬合施加地力与食物本身有关。Mioche 和 Peyron（1995）使用小球状模型研究发现，对弹性食物模型（硅胶弹性模型）来说，咬合力是对称的。食物没有破碎，可感知硬度与恒定咬合力下的可感知形变相关。这样的食物样本可能不存在，不过某些食品性质近似，比如明胶凝胶。对于塑性更强的食物模型（牙蜡），咬合力持续上升，直至到达屈服点，此时食物开始流动，然后破碎。他们发现最大咬合力与可感知硬度高度相关（r=0.96）。塑性食物的一个真实例子是黄油。对于易碎的食物模型（药片），他们发现初次咬合的周期最短，伴随咬合力的突然增大和减小，同时可感知硬度同样与最大咬合力显著相关（r=0.99）。饼干是一种典型的易碎产品。初次咬合的可感知硬度会随食物的稠度增加（Agrawal 和 Lucas，2003）。De Wijk 等（2008）发现通过吸管吸半固体巧克力味乳的咬合量［（5.8±0.3）g］显著少于直接饮用量［（8.7±0.45）g］。不过，当这些作者除去了咬合力（通过使用泵），他们发现这些差异消失了。

咀嚼把固体和半固体食物粉碎成足够小的颗粒，并将这些颗粒与唾液混合成为润滑的团块以便于吞咽。个体和食物间咀嚼的循环数和距离有很大差异（Brown 等，1994，1995；Wintergerst 等，2004，2005，2007）。Engelen 等（2005a）报道过 87 名牙齿正常的实验对象将 9.1cm^3咀嚼至准备吞咽的大小需要的循环数为 17~110 次。通常情况下，当咀嚼一块干吐司至准备吞咽时，唾液分泌较多的个体倾向于需要更少的咀嚼循环（Engelen 等，2005a）。这些研究者还发现，抹黄油可降低吞咽前咀嚼的周期数。食物的硬度也和咀嚼距离、循环数以及与咀嚼相关的肌肉活力成正相关（Foster 等，2006；Hutchings 等，2009；Wintergerst 等，2007）。Blissett 等（2007）发现样品尺寸（他们的研究对象为 1 个、2 个或 4 个英国约克雀巢 Tooty-Frooties 橙味软糖）的增加会导致咀嚼行为的多种变化，部分变化是特异性的。

一些研究显示个体间的唾液流率变化很大。Engelen 等（2005a）报到了无刺激唾液平均流率为（0.45±0.25）mL/min，刺激唾液平均流率为（1.25±0.67）mL/min。唾液有很多功能，不过从口腔质地的角度讲，它主要是起到润滑剂的作用。黏液素（糖蛋白）是唾液中起润滑作用的成分。Prinz 等（2007）的研究显示唾液的润滑作用在高表面速度和增加负重条件下更高效。一些研究显示较硬的肉食样品会导致吞咽前更多唾液将样品合并形成团状（Claude 等，2005；Mioche 等，2003）。唾液 pH 和 α-淀粉酶含量也会影响可感知的质地。Engelen 等（2007）发现 α-淀粉酶活性与牛乳沙司的浓稠口感以及蛋黄酱的刺痛口感呈负相关。

11.2.3.2 大小和形状

Tyle（1993）评价了悬浮颗粒的大小、形状和硬度对糖浆的口腔可感知砂砾度的影响。他发现柔软圆形的或较硬扁平的颗粒，不大于 80μm 时，无沙砾感。但是，有硬角的颗粒大于 11~22μm 时就会造成沙砾感。Richardson 和 Booth（1993）发现他们的部分评价员可以分辨小于 1μm（0.5~3μm，视个体不同）的脂肪球的大小和距离分布。Engelen 等（2005b）发现 2~80μm 的聚苯乙烯球状体降低了牛乳沙司的平滑感和滑爽感，增加了粗糙感。超过 80μm，粗糙感下降。在其他研究中，口腔中可感觉到的最小单个颗粒小于 3μm（Monsanto，1994）。Richardson 和 Booth（1993）研究牛乳和奶油时发现评价员对黏度变化约 1mPa 敏感。Runnebaum（2007）研究红酒时发现评价员可以区分约 0.057mPa 的黏度变化。

根据定义（Peleg，1983），性质为一种物质独立于评价方法的特质。只有当一种性质的量级独立于被使用的特定工具以及样品的数量和大小时，才能被称为客观性质。例如，一个冰淇淋中的脂肪含量，不论从中取样多少，进行分析，都保持不变。不过，感官质地性质会被样品的大小影响。大小不同的样品在口腔中的感觉可能相同也可能不同。一个存在争议的问题是人类的感知是否会自动补偿样品大小的差异，或者人类是否仅对样品大小较大的变化敏感。二者中有且仅有一个会发生，人们也无法确定是哪一个。Cardello 和 Segars（1989）明确地研究了样品大小对质地的影响，这类研究数量很少。他们评价了样品大小对可感知硬度的影响，样品包括奶油干酪、美国干酪和生胡萝卜；以及样品大小对可感知的咀嚼性的影响，样品包括黑面包中心切片、去肠衣的牛肉热狗肠（beef franks）和巧克力糖果（Tootsie roll）。被评价的样品大小（体积）为 0.125cm^3、1.00cm^3 和 8.00cm^3，实验条件为样品按随机顺序或按大小升序，由评价员盲评或非盲评，评价员可以拿取样品或不拿取样品。这些研究发现硬度和咀嚼度均可作为应变量随样品大小增加而增加，且独立于评价员对样品大小的主观意识。因此，质地感知似乎并非与样品大小无关。另外，Dan 等（2008）研究显示硬度感官感知会随咬合过程的特殊规定不同而变化。开始，评测人员被要求用习惯咀嚼的一侧臼齿咬干酪并评价其硬度（约束条件）。然后，他们被要求用任意一侧臼齿咬干酪（H1 条件），或者用全部臼齿咬干酪（H2 条件）。研究者发现 H2 条件可引发高的评价员间差异，而评价员在 H1 条件下则相对一致。不过，两种条件下得到的干酪样品排序结果是一致的。对感官评价专家来说，重要的关键信息是所有样品的条件，比如样品尺寸、大小或体积，都必须格式化，因为这些条件会很大程度上影响结果。

11.2.3.3 口腔感受

口感属于触觉，但是通常没有其他口腔触觉质地特征变化得那么剧烈。比如，红酒在口中操作时，其发涩口感的改变通常不会被觉察到，但是牛排的嚼劲和冰淇淋的浓稠度在口中会发生改变。常被引用的口感特性为涩、粗涩（与收敛性化合物相关的感觉）、麻、痒（与饮料中的碳酸化作用相关）、热、刺痛、灼热（与某些能在口腔中产生痛感的化合物有关，如辣椒素）、凉爽、麻木（与某些能在口腔中产生凉爽感的化合物有关，如薄荷），以及口腔被食物覆盖的感觉。从这个名单里可以清楚地看到，口腔感觉特性并不一定与食物的解离力和流变学性质有关。不过，一些口感特性与食物的流变学和/或解离力有关，比如黏稠、汁性、黏性。其他口腔感觉属性为一些化学物引起的触感，如涩、凉爽等，在第 2 章已经讨论过。

最初的质构剖析法中只有一个与口感相关的属性——黏性（Brandt 等，1963）。Szczesniak（1966）将口感属性分为 9 类：黏性相关（稀、稠）；软质表面相关的感觉（光滑、多汁）；碳酸化作用相关的（刺痛、泡沫感、多泡感）；形体相关的（多水、重、轻）；化合物相关的（涩、麻木、凉爽）；口腔被覆盖感觉相关的（湿淋淋、多脂、油腻）；与舌部运动抵抗力相关的（黏滑、黏性、糊状、糖浆状）；咀嚼后口腔感觉相关的（洁净、滞留）；咀嚼后生理感受相关的（满足、提神、解渴）；温度相关的（热、冷）；以及湿润相关的（湿、干）。Jowitt（1974）定义了很多这类口感术语。Bertino 和 Lawless（1993）使用多维度分类和测量来判定口腔保健产品口感属性相关的潜在维度。他们发现这些维度聚合为三类：涩感、麻木感和痛感。

11.2.3.4　口腔中的相位改变（融化）

食物在口腔中融化的反应还未被广泛研究。很多食物因为口腔中温度的升高，都会发生相变。例如巧克力和冰淇淋。前述 Hyde 和 Witherly（1993）提出了“冰淇淋效果”。他们将此过程陈述为动态差异（口腔中随时间变化的感官质构差异）造成了冰淇淋和其他产品的高度适口性。Hutchings 和 Lillford（1988）重点研究了咀嚼过程中样品在口腔中动态解离过程中的变化，具有突破性，这可以（但尚未）引发对普通生理或心理生理学质构假设的验证。

相当一段时间后，食品市场和产品研发的趋势是尽可能消减食品中的脂肪。但是，脂肪是冰淇淋、巧克力、酸乳等食品在口腔中融化的主要原因（Lucca 和 Tepper，1994）。因此，食品研发人员在尝试用脂肪替代物替换脂肪口感特征时，应仔细评价这些与相变相关的特性。

在早期的研究中，Kokini 和 Cussler（1983，1987）发现冰淇淋在口腔中融化时的可感知的稠度（thickness）符合式（11.1）：

$$\text{稠度} \propto \mu^{\frac{3}{4}} F^{\frac{1}{4}} V \left[\frac{2(1-\phi)\Delta H_i \rho}{3K\Delta T \pi R^4}\right]^{1/4} \tag{11.1}$$

式中　μ——液相黏度；

T——舌头与固相（冻结的冰淇淋）之间的温度差；

ϕ——产品中的体积分数（超过限度）；

H_i——冰融化的热能；

ρ——冰的密度；

V——舌头运动的速度；

F——舌头施加的力；

R——舌头与食物接触的半径（假设为圆形）；

K——融化的冰淇淋的导热率。

正如 Lawless 等（1996）指出的“尽管这个方程可以用于指明不同因素对融化系统的影响，实际操作中评价员能否知道或标准化所有参数依然存疑。”因此，目前关于融化的研究仍然依靠经验进行，应使用评价员和描述性感官评价或时间强度方法。大量关于低脂冰淇淋感官质地和融化速率的研究使用了一般描述性分析（Hyvönen 等，2003；Liou 和 Grün，2007；Roland 等，1999）。Lawless 等（1996）对一种简单的可可脂模型食物系统的融化进行了研究，发现这种系统可以用于研究脂肪替代物的质地和融化性质。根据描述分析和时间强度进行评价，融化反应与脂肪被碳水化合物聚合物替代程度有关。Mela 等（1994）发现评价员无法通过口腔中水包油乳化样品（类似黄油，融化范围 17~41℃）的融化程度判断出其脂肪含量。

11.2.3.5 口腔干脆，酥脆和硬脆

正如在声音质地部分中讨论的，干脆、清脆和酥脆显然有声音成分，不过他们也有口感质地的成分。参见 Roudaut 等（2002）针对酥脆质地评价方法的重要评价综述。Vincent（1998）认为这些感觉与食物在牙齿间解体时，牙齿与颌部肌肉受力突然下降有关。起初，他认为酥脆、干脆、清脆和硬度是分布在一个减载-大小连续体上的描述性指标。后来（Vincent, 2004），他提出硬脆食物中破裂的启动和传递与样品破碎需要的力有关。干脆（crispness）是一个明确且独立的，与玻璃状细胞材质的脆性相关的感觉。干脆度随着产品水分活度（a_w）的升高而降低，在水分活度为 0.4~0.55（视产品而定）时，干脆的感受度会急剧下降（Heidenreich 等，2004）。Primo-Martin 等（2008）发现烤甜面包片在临界水分活度 0.57~0.59 时干脆度下降 50%。

11.2.4 触觉手感

食物的触觉手感通常使用器具检测（切割一片牛排的力、使用刀子抹黄油的容易程度、使用叉子刺穿熟土豆的容易程度等）或用手控制（折断芹菜茎的容易程度、在拇指和食指间挤压一块干酪的困难程度等）。表 11.4 总结了一些触觉手感的属性。Pereira 等（2002）使用了一个经过培训的小组来评价同类型干酪，所有质地属性都通过触觉手感来评价。Ares 等（2006）使用了非口腔质地评价来描述牛乳焦糖。Dooley 等（2009）使用了一些触觉手感属性来评价用于唇部的产品。Darden 和 Schwartz（2009）发现经过培训的描述分析小组能够可重复的通过指尖接触给织物磨损、质地感受、光滑度、毛茸度打分。Lassoued 等（2008）使用闪光描述法（flash profile）评价小麦面包的触觉团粒质地。

表 11.4　　手部触觉属性示例

质地属性	手工处理方法
脆度	使用拇指、食指和中指弯曲一片干酪（厚度 1cm，长度 9cm），直至其两头接触，且不断裂。其最大弯曲的程度即为脆度
坚实度（压缩）	使用拇指和食指按压厚度为 1cm 的干酪切片，直至手指相互接触（须施加破坏干酪结构的力）。对此按压的抵抗力即为坚实度
坚固度（切割）	用刀子切断厚度为 1cm 的干酪所需的力（以一定角度，类似铡刀般，从刀尖下刀，直至按下整个刀身）
凝聚度	使用拇指、食指和中指挤压 7 次后，样品凝聚成块的程度
硬度	舀起一茶匙样品需要的力

续表

质地属性	手工处理方法
黏丝度	将汤匙垂直推入样品，在垂直举起时，落下的线或滴的数量
延展性	产品在小臂表面涂抹的难易程度（凡士林=5、传统的无色唇膏=9、强生24h保湿霜=13）
黏着度	手指黏附在产品上的程度；黏附量（强生婴儿油=0、便利贴=7.5）

纺织物或者纸张的质地评价通常包括触摸或者手指对材料的操作。这个领域很多的成果来自纺织品文献，不过我们认为感官评价的这个方面在食品领域中也有应用潜力。我们将给出如下一些与纺织物或者纸张触觉有关的单词表，用来模拟食品感官专家让他们的评价小组“摆弄食物”以取得恰当的结果。本章的大部分信息取自 Civille 和 Dus（1990）、Meilgaard 等（2006）和 Civille（1996）。

Civille 和 Dus（1990）将与织物和纸张相关的触觉特性描述为机械特性（压缩力、弹性、硬度）、几何特性（毛茸的、沙砾感的）、湿度（油腻的、潮湿的）、热力学特性（温暖）和非触觉特性（声音）。Civille 采用的织物/纸张方法是基于食品质地描述的（在下一章讨论），并且包含一系列标准级别，提供了被评价属性的参考值和精确定义。部分属性见表 11.5。

表 11.5　选用的织物手感特点属性的定义和参考评分标准

属性	定义	标度值	织物类型
压缩力	将聚于掌心的样品压缩所需的力（力由小到大）	1.5	涤纶（polyester）/棉 50/50 圆形针织物
		3.4	棉坯布
		9.3	棉毛巾布
		14.5	棉粗布
弹性	手掌呈杯状握紧样品所承受的反作用力（由起皱到折叠）	1.0	涤纶/棉 50/50 圆形针织物
		7.0	长丝尼龙 6.6 半消光平纹皱丝织物
		14.0	涤纶（Dacron）
硬度	感觉样品尖锐、脊状、破裂的程度，相对于圆形、柔韧、弧形（由柔韧到坚硬）	1.3	涤纶（polyester）/棉 50/50 圆形针织物
		4.7	丝光棉印花布
		8.5	丝光精梳棉府绸
		14.0	棉质玻璃纱
几何特性起毛	样品表面上线头、纤维、绒毛的数量（无毛到毛绒）	0.7	涤纶
		3.6	棉卷纱
		7.0	棉质圆领短袖衫，筒状
		15.0	棉绒纱
沙砾性	样品表面上可感知的颗粒数量（光滑到沙砾感）	1.5	长丝纱罗缎
		6.0	棉本色布
		10.0	棉印花布
		11.5	棉质玻璃纱

日本的纺织品科学家（Kawabata 和 Niwa，1989；Kawabata 等，1992a，b；Matsudaira 和 Kawabata，1988）在一系列研究中将纺织品的感官评价结果与仪器检测相关联起来并将其量化。他们的技术在纺织业中被广泛应用、研究和改进（Bertaux 等，2007；Cardello 等，2003；Chen 等，1992；Kim 等，2005；Koehl 等，2006；Sztandera，2009；Weedall 等，1995）。

其他纺织品感官检测也得到了发展。成对比较辨别检验已被用于检测棉纤维的硬度、光滑度和柔软度（Ukponmwan，1988）。Burns 等（1995）发现受试者观察并触摸织物后描述的感官特性与仅接触织物的受试者不同。他们提出实验室技术仅关注手感，可能无法反应消费者对织物质地的感觉。Bertaux 等（2007）使用一种成对比较法评价针织物的粗糙度和毛刺感。Hu 等（1993）使用 Steven 定理作为织物手感评价的精神物理学描述。在另一项研究中，两级描述标度被用于评价织物的触觉特点（Jacobsen 等，1992）。作者发现小组评价与仪器弯曲和压缩检测之间存在很好的相关性。Philippe 等（2004）和 Cardello 等（2003）叙述了一般描述性分析在评价不同工业抛光方式的棉质织物和军装织物中被应用。

Mahar 等（1990）发现文化差异会影响对男式冬装织物的手感偏好。来自澳大利亚、印度、新西兰、美国和中国香港或台湾地区的评价员显示出一致的偏好，基于对织物手感的评价都使用顺滑、饱满、紧实、悬垂等描述词。来自日本和中国的评价员偏好基本一致，并与前一组有一定不同。Raheel 和 Liu（1991）使用一种被称为模糊集合逻辑的数学方法以整合织物的感官手感与仪器检测。这是模糊逻辑技术在感观数据中最早的应用，而且目前仍在使用（Koehl 等，2006）。

11.3 感官质地的检验

许多质地属性可以使用标准的感官技术测定，如差异检测法、排序法、描述法等。两个样品间的质地差异可以使用二选一法测定。评价员经过培训可根据特定的质地属性区分样品。例如，在培训评价员时，黏度被定义为“将汤匙中的液体吸到舌面上所需的力度”（Szczesniak 等，1963）。然后，评价员被要求判断两个枫树糖浆样品的黏度感觉是否不同。

质地属性也可以使用分类标度或等距标度，如“将……排序”或“对……评分”等。特别是视觉质地，非常适合单一强度或者分类数据，例如可见的表面硬度、尺寸、表面上的凹陷数量或者容器中液体产品里沉淀物的浓稠度和数量等。判定大多数这些的样品和具体的属性几乎不需要训练，而且易于转化为产品的描述性特征。当然，如任何其他描述或标度技术一样，如果设定好高低范围，为参比指标提供框架，稳定标度，测量会更准确，而且评价员也会比较一致。

Szczesniak 等（1975）使用一套用于常见食品质地描述方法的术语（表 11.6），让消费者评价食品。他们发现消费者可以使用这些标度，而且对这些食品质地有足够了解，可以初步和模糊地描述质地的特征。

11.3.1 质地剖面法

质构剖析法由通用食品公司于 20 世纪 60 年代早期开发。通用食品的研究人员以 A. D. Little 开发的风味剖面法为基础，开发了这种质地评价方法。他们希望建立一种明确的定义的、合理的质地评价方法。

Szczesniak（1963）开发了一种质地分类系统来填补消费者使用的质地术语和产品流变特性之间的差异（表 11.6）。她将可感知的产品质地特征分成三类：机械特征、几何特征和其他特征（主要指食品的脂肪和水分含量）。这种分类法构成了质构剖析法的基础（Brandt 等，1963）。这些作者定义这种方法为将咀嚼过程中的机械、几何和其他质地感受与产品相联系的技术。因此，这种技术采用了风味剖面法的“出现顺序”原则，具有时间相关性。时间顺序是“第一次咬入”或初始阶段、“咀嚼”或者第二咀嚼阶段，其后是残余或者第三阶段。质地感官由经过全面培训的评价员按照标准评分进行评价。标准评分原型是由 Szczesniak 等（1963）开发的，用以涵盖在食物中发现的强度感的范围。他们使用特殊的食品标定每个评分点，最早被标准化的质地评分体系包括黏度、脆性、咀嚼性、黏性、硬度和黏稠度。这些研究将感官评价员的评价结果与黏度仪和食品质地检测仪的仪器检测结果相关联并得出有效的标度。下一章节将讨论感官质地与仪器测定质地之间的相关性。

表 11.6　质地分类和消费者质地描述间的联系

初级术语	二级术语	消费者表达
黏着性		黏的、发黏的、胶黏的
黏结性	脆度	酥脆、清脆、干脆的
	咀嚼性	嫩的、耐嚼的、硬的
	胶黏性	短的、粉状的、糊状的、黏糊糊的
弹性		柔软的、弹性的
硬度		软的、坚固的、硬的
黏稠度		稀的、稠的
颗粒形状和方向		多孔的、晶体状、纤维状的
颗粒大小和形状		粗糙的、颗粒感状、沙砾的
脂肪含量	多脂的	油腻的
	油性的	多油的
水分含量		干的、潮的、湿的、多水的

注：由 Szczesniak（1963）授权转载。

质地剖面法在通用食品公司被广泛使用，被标准化的评分体系数目随着时间逐渐扩展，如 Brandt 等（1963）增加了伸缩性，后转变为弹性（Szczesniak，1975），Szczesniak 和 Bourne（1969）增加了坚硬度以及后来将脆度更名为脆性（Civille 和 Szczesniak，1973）。质地剖面原型的不同属性分值各不相同，如咀嚼性为 7 分，胶黏性为 5 点，硬度为9分（Bourne，1982）。Civille 和 Szczesniak（1973）的论文使用了一个 14 点强度分数，而 Muñoz（1986）的论文则描述了一个 15cm 的分数线，上面以强度为刻度。

Civille 和 Szczesniak（1973）简单描述了挑选和培训质地剖面小组的方法。他们建议训练大约 10 名组员，以保证任何时间至少有 6 名可用。评价员应该经过生理筛选，以剔除有假牙的或者无法区分质地差异的候选人。除此之外，评价员还应通过面试来评价其兴趣、可用时间、态度和沟通技巧等。小组培训期间，评价员接触与风味和质地感知以及潜在的质地剖面原理相关的基本概念。他们也被培训以规范和一致的方式使用标准评分。评价小组将练习对一系列食品进行评分。这种练习可能相当广泛，并持续数月。在此过程中，应讨论和解决任何出现在评价员中的不一致情况。

评价小组一旦通过培训，就可以开始评价待测样品。有些时候，这可能意味着两周每天 2~3h 课程，以及随后六个月每周 4~5 次 1h 课程。也有耗时很短的情况，如本书的一个作者参加的鱼肉制品评价员培训，仅用两周。一名培训良好的评价员应该通过测试盲评重现性和定期检查他们的结果来保持水平。在这些检查课程中，任何评价员间的不一致都应被解决。另外，小组组长应该不断尽力保持小组的积极性。

质地剖面法自建立后已经过修改和完善。Civille 和 Liska（1975）综述了当时的修改，包括修改标定标准强度评分点的参考食品、在初始阶段评价中加入产品表面特性的评价、在液体和半固体评价中加入标准评分法。此外，物质黏性标准评分最初是为评价弹性和弹力建立的。

Muñoz（1986）的论文描述了重新选择的食品，用于标定标准标度上的强度点。1963—1986 年，很多产品的配方发生了改变，已不能代表特定质地剖面评分中的某一强度值了，也不再适合描述其他强度值了。她同时修改和更新了一些标度定义。表 11.7 和表 11.8 主要基于 Muñoz（1986）对质地剖面做出的改进。

表 11.7 质地剖面属性定义

质地属性	定义
非口腔	
手感黏着性	将整个标准杯的样品倒在一个盘子上，用汤匙背面将附着在一起的单个部分分开所需要的力度
黏稠度	用汤匙搅动样品时受到的抵抗程度
口腔	
最初接触唇部	
唇部黏着性	产品附着在唇部的程度。将样品摆放在嘴唇间，轻轻挤压一次然后松开，评价唇部黏着性
湿度	产品表面与上唇接触时，可感知的水分量
最初放入口中	
粗糙度	舌头可感知的产品表面的粗糙程度

续表

质地属性	定义
胶黏度	样品放入口中时，用舌头将样品分开所需要的力度
弹性	样品被舌头和下颚部分压缩（未失败）后，样品变回原始尺寸和形状需要的力度
最初咬合的	
黏结性	当使用臼齿彻底咬断产品时，材料能承受的最大形变量
上颚黏附性	使用舌头和上颚挤压样品后，用舌头把样品从上颚完全移走所需的力度
稠密度	用臼齿将样品完全咬断后，横截面的紧实度
脆度	将样品置于臼齿间，快速完全咬下，样品断裂所需的力度
硬度	将样品置于臼齿间，完全咬断样品所需的力度
咀嚼后	
牙齿黏附性	咀嚼样品后，黏附在牙齿上的样品量
团块黏结性	咀嚼样品后，团块保持黏结的程度
水分吸收度	咀嚼样品后，被样品吸收的唾液量

注：由 Muñoz（1986）和 Sherman（1977）授权转载。

表 11.8　质地属性强度标准

质地属性	水平	产品	质地属性	水平	产品
黏附性	低	氢化植物油	稠密度	低	人造稠黄油
	中	棉花软糖配料		中	融化的奶球
	高	花生酱		高	果冻
嘴唇黏附度	低	番茄	脆度	低	玉米松饼
	中	面包棒		中	姜汁脆饼（中间部分）
	高	米糊		高	硬糖
牙齿黏附度	低	蛤肉	硬度	低	奶油干酪
	中	全麦薄脆饼干		中	法兰克福香肠
	高	枣		高	硬糖
黏结性	低	玉米松饼	手感黏附度	低	棉花软糖
	中	水果干		中	生面团
	高	口香糖		高	奶油果仁糖（牛轧糖）
团块黏结性	低	甘草	水分吸收度	低	甘草
	中	法兰克福香肠		中	薯片
	高	生面团		高	薄脆饼干

续表

质地属性	水平	产品	质地属性	水平	产品
粗糙度	低	果冻	弹性	低	奶油干酪
	中	薯片		中	棉花软糖
	高	薄面包片		高	果冻
自黏附性	低	小熊软糖	湿度	低	薄脆饼干
	中	美国乳酪		中	火腿
	高	焦糖（太妃糖）		高	薄脆饼

注：由 Muñoz（1986）和 Meilgaard 等（2006）授权转载。

其他研究者也对标准标度进行了修改，以更适应各自的研究需要。如 Chauvin 等（2008）建立了应用于潮湿和干燥食物属性的新型标度：干脆、清脆和酥脆。这里作者使用了声学参数和感官评价员来决定适用于标准标度的食品。一些研究修改质地剖面标准标度是因为用于标定的美国食品在其他国家没有，比如 Bourne 等（1975），或 Otegbayo 等（2005）的研究；非食品例证参见 Schwartz（1975）。Schwartz 的论文对护肤品和相关个人产品或化妆品的重要肤感特性的研究提供了有用的研究基础。Skinner（1988）的综述是当时非常全面的关于质地剖面研究状况的论述。感官质地剖面法仍在使用，比如 Lee 和 Resurreccion（2001）用此技术研究花生酱、Breuil 和 Meullenet（2001）用此技术研究乳酪。Chauvin 等（2008）建立了新的针对干、湿食物的干脆、酥脆和清脆标准评分（表 11.9）。

表 11.9　　干性食品的干脆度、酥脆度、清脆度标准评分

属性	参比物	生产商	样品大小和单位值
干脆度（干性食品）			
2	米通	Kellogg's、Battle Creek、MI	1/6 根
5	纤维黑麦面包	Wasa、Bannockburn、IL	1/3 片
8	杂粮迷你米糕	Honey Graham、Quaker、Chicago、IL	1 块
10	一口托斯提托斯玉米饼	Frito Lay、Dallas、TX	1 片
15	Kettle 薯片	Frito Lay, Dallas, TX	1 片
酥脆度			
2	俱乐部脆饼	Keebler、Battle Creek、MI	半片
7	杂粮迷你米糕	Honey Graham、Quaker、Chicago、IL	半块
9	Petit Beurre 茶点	Lu、Barcelona Spain	1/8 块
12	全麦纤维脆饼	Nabisco/Kraft Foods、Chicago、IL	1/4 块带谷物
15	姜汁脆饼	Archway、Battle Creek、MI	半块

注：由 Chauvin 等（2008）授权转载。

Cardello 等（1982）使用自由模量级数估算法重新计算黏着性、咀嚼性、硬度、胶黏性和黏稠度等标准质地的剖面评分。他们发现应用相对级数评价分数作图时，传统质地剖面评分的图形是向下凹陷的。这意味着评价员在低强度时对这些属性的区分度较好。这种模式与韦伯定理（详见第 2 章）相符。韦伯定理预测低强度时阈值差异更小。这些数据同时表明分类标度与量值评价标度的分数不同但是近似。

11.3.2 其他感官质地评价技术

感官科学家不必使用感官质地剖面分析技术培训评价小组。使用一般感官描述分析来说明产品质地间的差异是完全可能的。比如，Weenen 等（2003）使用共识法培训一个评估组对蛋黄酱沙拉调料、牛乳沙司、温酱汁进行评价。他们发现评价小组将这些半固体食品归入 6 个组（黏弹性相关属性；表面感觉相关属性；块状均匀性相关属性；黏附/黏结相关属性；干湿相关属性；脂肪相关属性）。这些作者其后使用一般描述分析小组对不同条件下的很多类别半固体食品进行了评价（Engelen 等，2003；Weenen 等，2005）。其他学者也利用一般描述分析法评价了熟马铃薯（Thybo 等，2000）、番茄酱（Varela 等，2003）、燕麦面包（Salmenkallio-Marttila 等，2004）、奶油食物（Tournier 等，2007）、干脆和清脆的干性食物（Dijksterhuis 等，2007）、添加硫酸钡的芒果浓汤（Ekberg 等，2009）、蛋黄酱（Terpstra 等，2009）等的质地。

11.3.3 仪器质地检测与感官的相关性

“质地是一种感官性质”（Szczesniak，2002）。因此，仪器“质地”检测的目的是提供一种可以取代感官评价小组的机械检测，作为质地评价工具。取代感官评价小组通常是因为成本或者效率原因。应该被提出的基本问题是客观机械质地特性意味着什么，以及感官质地特性是否适用于所有食品。比如，乳酪的感官硬度是否等同于饼干的感官硬度，或者葡萄的感官多汁性是否等同于煎牛排的感官多汁性？

文献中有很多作者把相同的词（例如硬度）同时用在检测食品感官和仪器质地参数上的例子。问题是这些检测通常互相之间并非高度相关。这种情况出现时，报告或论文的作者应非常仔细地区分感官和仪器检测。图 11.1 所示为经过修正的麦片条质地剖面检测（TPA）与感官质地属性（样品还原性）之间的线性回归和相关性（Kim 等，2009）。

在这种情况下，作者们在感官和仪器检测时，非常谨慎地使用了不同的术语。最初，许多仪器检测试图找到一个单独参数与感官质地的评价相关，但是“通过一个单一仪器参数预测质构属性通常是很困难的……”（Breuil 和 Meullenet，2001）。因此，最近很多学者已在探索现实中的多变量方法了（Varela 等，2006）。

最早将仪器质地参数与感官质地属性相关联的文献之一是 Friedman 等（1963）。这些作者是开发通用食品质地属性的团队成员。他们设计了新的设备，用以翻译 Szczesniak（1963）在物理检测中定义的质地检测参数。通用食品质构仪利用各种探头刺入食品中两次，穿刺力被记录下来，并从中挑选出了与感官质地评分相关性较好的仪器质地剖面。感官质地评分是由经过培训的质地剖面小组对感官质地参数评分而来的。他们继续优化

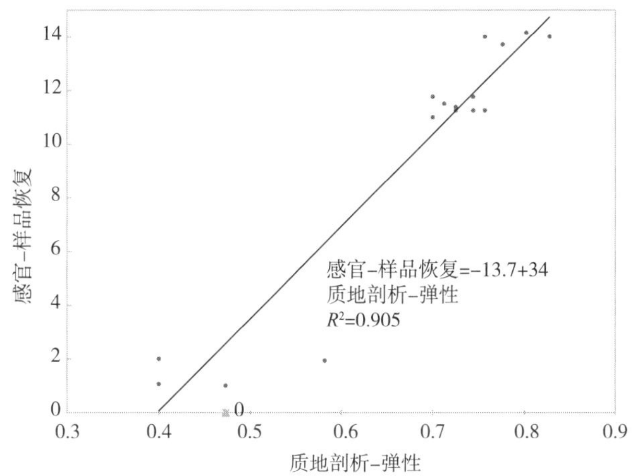

图 11.1　感官质地属性样品恢复和仪器质地参数弹性的线性回归和关系

根据 Kim 等（2009）的数据从不同角度重新制图。

质构检测仪，发表了一些论文将仪器和感官质地相关联（Szczesniak 等，1963）。这种基于质构仪的检测技术演变成为了质地剖面分析（TPA），与感官质地剖析法不同。其后，基于质构仪的 TPA 技术应用于英斯特朗（Instron）万能拉伸强度试验机和其他相关设备（Breene，1975；Finney，1969；Szczesniak，1966，1969；Varela 等，2006）。

Szczesniak（1968，1987）提醒感官专家和食品工程师不要盲目地将感官和仪器属性相关联。她引用了一系列将感官嫩度和 Warner-Bratzler 氏剪切仪所测得剪切力相关联的研究，相关系数从-0.94 到-0.16。她陈述称，假设感官和仪器检测操作都遵循标准良好的规范（并非总是一个合理的假设），那么这些不一致的相关性就是因为其他起作用的条件，如下所述。

（1）相关系数取决于所使用的样品范围和数量。另外，皮尔逊相关系数是基于一种线性关系，因此如果这种关系是曲线的，那么数值需要进行对数变换。

（2）仪器检测应该尽可能地模拟感官属性评价的条件。因此，如果嫩度是通过门齿一次咬断进行评价的，那么剪切力检测更有可能高度相关。另一方面，如果嫩度是通过臼齿咀嚼样品进行评价的，那么剪切力检测可能无法与感官嫩度相关。如果样品是在高于环境温度条件下进行评价的，那么仪器检测应该在同样温度下进行。尽管这个表述非常明确，但是并非总能实现。Hyldig 和 Nielsen（2001）指出，在三文鱼相关的研究中，仪器质地检测通常在生鱼肉上进行，而感官质地通常检测熟鱼肉。这就不难得出两种检测间的相关性很低的结论了。

（3）因为两种检测都会破坏样品，同一样品无法做到两种检测都进行。因此，样品本身可能成为问题的一部分，尤其当同一来源的样品存在相当大质地属性变化时。这是肉类样品常见的问题，在同一块肌肉中嫩度会沿着纤维方向变化（Cavitt 等，2005）。更新的无损方法如近红外光谱（Blazquez 等，2006）允许感官科学家将同一样品用于仪器和质地检测，不过很多这些方法还处于研发中。

（4）评价员天生的差异，如咀嚼周期、牙列、唾液流率等，是一个会影响与仪器质地关系质量的因素。

Brennan 和 Jowitt（1977）将仪器质地检测技术分类为基本型、模拟型、经验型三类。基本技术检测明确的物理特性。当时，作者认为没有检测技术进行的是基本检测。最近，Ross（2009）认为稳态剪切仪和动态黏度计对流体的检测，以及对固体变性的检测可能是质地基本检测。Kim 等（2009）认为用来检测片状食物脆度的三点弯曲实验也是基本检测。这种技术被 Rojo 和 Vincent（2008）成功地用于研究薯片的感官脆度。通过模拟技术，检测尽可能接近地模拟牙齿和咽喉在感官检测中的动作。Hyldig 和 Nielsen（2001）认为通过压缩评价三文鱼的仪器坚实度是模拟方法，模拟用食指按压三文鱼的感官坚实度评价。相似的技术例如穿孔实验，包括食物上穿孔需要的力（剪切力和压缩力的组合）的检测、声音检测的使用（gnathosonics，Duizer，2001；Ross，2009；Kim 等，2009）、肌电图检测（EMG）。Vickers 和同事（Vickers，1987b）的早期工作使用了与咬/嚼干的和湿的干脆/清脆食物相关的声音，来测定感官干脆度和清脆度，现已通过应用快速傅里叶变换（Al-Chakra 等，1996）、分形分析（Barrett 等，1994，Gonzalez-Barron 和 Butler，2008a）被拓展用于分析声波频率中了（de Belie 等，2002）。查阅 González 等（2001）了解 EMG 在食品质地评价中的应用。有关 EMG 的其他信息参见 Foster 等，2006；González 等，2004；Ioannides 等，2007，2009 的文献。

大多数仪器质地检测都是经验型的，并且不一定在食品中通用。这未必是个问题，Drake 等（1999）提出“尽管基本流变学测试揭示（干酪中）网络结构和分子排布的重要信息，经验质地评价工作在预测感官质地特性方面有过之而无不及。”

图像分析和/或显微术也被用于联系视觉，有时用于联系口腔和非口腔触觉质地（Di Monaco 等，2008；Gonzalez-Barron 和 Butler，2008b；Lassoued 等，2008；Martens 和 Thybo，2000；Zheng 等，2006）。Chen（2007）综述了这些仪器技术及其在表面感官质地特性中的应用。

11.4 结论

质地感官评价自 20 世纪中期以来取得了巨大进步。不过在 1991 年，Alina Szczesniak，美国食品质地领域无疑的前辈，依然提出了“在消费者和质地交界面，依然存在很多重要的缺口，无法跟上仪器质地检测的进步”的观点。她认为“在特殊的食品类型中，应开发质地相对重要性的定量测量，并与质地品质水平相联系。”Chen（2009）重申了这个观点，他提出“……必须充分理解食物在口腔中加工相关的原理。没有这些知识，我们关于食品质地的研究可能无法深入。”考虑到食品质地在食品品质和可接受度上的重要性，这个领域里依然有大量的工作需要完成。

参考文献

Agrawal, K. R. and Lucas, P. W. 2003. The mechanics of the first bite. Proceedings of the Royal Society, London, B, Biological Science, 270, 1277-1282.

Al-Chakra, W., Allaf, K. and Jemai, A. B. 1996. Characterization of brittle food products: Application of acoustical emission method. Journal of Texture Studies, 27, 327-348.

Ares, G., Giménez, A. and Gámbaro, A. 2006. Instrumental methods to characterize nonoral texture of dulce de leche. Journal of Texture Studies, 37, 553-567.

Ball, C. O., Clauss, H. E. and Stier, E. F. 1957. Factors affecting quality of prepackaged meat. IB. Loss of weight and study of texture. Food Technology, 11, 281-284.

Barrett, A. H., Cardello, A. V., Lesher, L. L. and Taub, I. A. 1994. Cellularity, mechanical failure and textural perception of corn meal extrudates. Journal of Texture Studies, 25, 77-95.

Bertino, M. and Lawless, H. T. 1993. Understanding mouthfeel attributes: A multidimensional scaling approach. Journal of Sensory Studies, 8, 101-114.

Bertaux, E., Lewandowski, M. and Derler, S. 2007. Relationship between friction and tactile properties for woven and knitted fabrics. Textile Research Journal, 77, 387-396.

Blazquez, C., Downey, G., O'Callaghan, D., Howard, V., Delahunty, C., Sheehan, E., Everard, C. and O'Donnell, C. P. 2006. Modelling of sensory and instrumental texture parameters in processed cheese by near infrared reflectance spectroscopy. Journal of Dairy Research, 73, 58-69.

Blissett, A., Prinz, J. F., Wulfert, F., Taylor, A. J. and Hort, J. 2007. Effect of bolus size on chewing, swallowing, oral soft tissue and tongue movement. Journal of Oral Biology, 34, 572-582.

Bourne, M. 2004. Relation between texture and mastication. Journal of Texture Studies, 35, 125-143.

Bourne, M. C. 2002. Food Texture and Viscosity: Concept and Measurement, Second Edition. Academic, New York.

Bourne, M. C. 1982. Food Texture and Viscosity: Concept and Measurement. Academic, New York, NY.

Bourne, M. C., Sandoval, A. M. R., Villalobos, M. C. and Buckle, T. S. 1975. Training a sensory texture profile panel and development of standard rating scales in Colombia. Journal of Texture Studies, 1, 43-52.

Brandt, M. A., Skinner, E. Z. and Coleman, J. A. 1963. Texture profile method. Journal of Food Science, 28, 404-409.

Breene, W. M. 1975. Application of texture profile analysis to instrumental food texture evaluation. Journal of Texture Studies, 6, 53-82.

Brennan, J. G. and Jowitt, R. 1977. Some factors affecting the objective study of food texture. In: G. G. Birch, J. G. Brennan, and K. J. Parker (eds.), Sensory Properties of Foods. Applied Science, London, pp. 227-248.

Breuil, P. and Meullenet, J.-F. 2001. A comparison of three instrumental tests for predicting sensory texture profiles of cheese. Journal of Texture Studies, 32, 41-55.

Brown, W. E., Dauchel, C. and Wakeling, I. 1996. Influence of chewing efficiency on food texture and flavour perceptions in food. Journal of Texture Studies, 27, 433-450.

Brown, W. E., Langley, K. R., Martin, A. and MacFie, H. J. H. 1994. Characterisation of patterns of chewing behaviour in human subjects and their influence on texture perception. Journal of Food Texture, 25, 455-468.

Bruwer, M.-J., MacGregor, J. F., Bourg, W. M. Jr. 2007. Fusion of sensory and mechanical testing data to define measures of snack food texture. Food Quality and Preference, 18, 890-900.

Burns, L. D., Chandler, J., Brown, D. M., Cameron, B., Dallas, M. J. and Kaiser, S. B. 1995. Sensory interaction and descriptions of fabric hand. Perceptual and Motor Skills, 81, 120-122.

Cardello, A. V., Matas, A. and Sweeney, J. 1982. The standard scales of texture: Rescaling by magnitude estimation. Journal of Food Science, 47, 1738-1740. 1742.

Cardello, A. V. and Segars, R. A. 1989. Effects of sample size and prior mastication on texture judgments. Journal of Sensory Studies, 4, 1-18.

Cardello, A. V., Winterhalter, C. and Schutz, H. G. 2003. Predicting the handle and comfort of military clothing fabrics from sensory and instrumental data: Development and application of new psychophysical methods. Textile Research Journal, 73, 221-237.

Carson, K., Meullenet, J.-F. and Reische, D. W. 2002. Spectral stress strain analysis and partial least squares regres-sion to predict sensory texture of yogurt using a compression/penetration instrumental method. Journal of Food Science, 67, 1224-1228.

Castro-Prada, E. M., Luyten, H., Lichtendonk, W., Hamer, R. J. and van Vliet, T. 2007. An improved instrumental characterization of mechanical and acoustic properties of crispy cellular solid food. Journal of Texture Studies, 38, 698-724.

Cavitt, L. C., Meullenet, J.-F. C., Xiong, R. and Owens, C. M. 2005. The relationship of razor blade shear, Allo-Kramer shear, Warner-Bratzler shear and sensory tests to changes in tenderness of broiler breast fillets. Journal of Muscle Foods, 16, 223-242.

Chauvin, M. A., Younce, F., Ross, C. and Swanson, B. 2008. Standard scales for crispness, crackliness and crunchiness in dry and wet foods: Relationship with acoustical determinations. Journal of Texture Studies, 39, 345-368.

Chen, J. 2007. Surface texture of foods: Perception and charac-terization. Critical reviews in Food Science and Nutrition, 47, 583-598.

Chen, J. 2009. Food oral processing - a review. Food Hydrocolloids, 23, 1-25.

Chen, P.-L., Barker, R. L., Smith, G. W. and Scruggs, B. 1992. Handle of weft knit fabrics. Textile Research Journal, 62, 200-211.

Christensen, C. M. 1984. Food texture perception. In: C. O. Chichester, E. M. Mrak and B. S. Schweigert (eds.), Advances in Food Research. Academic, Orlando, FL, pp. 159-199.

Christensen, C. M. and Vickers, Z. M. 1981 Relationships of chewing sounds to judgements of food crispness. Journal of Food Science, 46, 574-577.

Civille, G. V. and Liska, I. H. 1975. Modifications and applications to foods of the general foods sensory texture profile technique. Journal of Texture Studies, 6, 19-31.

Civille, G. V. Tactile - Fabric Feel Orientation. 1996. Workshop presented by Sensory Spectrum at Natick, November 18-21, 1996.

Civille, G. V. and Szczesniak, A. S. 1973. Guidelines to training a texture profile panel. Journal of Texture Studies, 4, 204-223.

Civille, G. V. and Dus, C. A. 1990. Development of terminology to describe the handfeel properties of paper and fabrics. Journal of Sensory Studies, 5, 19-32.

Claude, Y., Joseph, C. and Mioche, L. 2005. Meat bolus properties in relation with meat texture and chewing context. Meat Science, 70, 365-371.

Dacremont, C. 1995. Structural composition of eating sounds generated by crispy, crunchy and crackly foods. Journal of Texture Studies, 26, 27-43.

Dacremont, C., Colas, B. and Sauvageot, F. 1991. Contribution of air-and bone-conduction to the creation of sounds perceived during sensory evaluation of foods. Journal of Texture Studies, 22, 443-456.

Dan, H., Hayakawa, F. and Kohyama, K. 2008. Modulation of biting procedures induced by the sensory evaluation of cheese hardness with different definitions. Appetite, 50, 158-166.

Darden, M. A. and Schwartz, C. J. 2009. Investigation of skin tribology and its effects on the tactile attributes of polymer fabrics. Wear, 267, 1289-1294.

De Belie, N., Harker, F. R. and de Baerdemaeker, J. 2002. Crispness judgments of Royal gala apples based on chewing sounds. Biosystems Engineering, 81, 297-303.

De Wijk, R. A., Polet, I. A., Engelen, L., van Doorn, R. M. and Prinz, J. F. 2004. Amount ingested custard as affected by its color, odor and texture. Physiology and Behavior, 82, 397-403.

De Wijk, R. A., Zijlstra, N., Mars, M., de Graaf, C. and Prinz, J. F. 2008. The effects of food viscosity on bite size, bite effort and food intake. Physiology and Behavior, 95, 527-532.

Dijksterhuis, G., Luyten, H., de Wijk, R. and Mojet, J. 2007. A new sensory vocabulary for crisp and crunchy dry model foods. Food Quality and Preference, 18, 37-50.

Di Monaco, R., Giancone, T., Cavella, S. and Masi, P. 2008. Predicting texture attributes from microstructural, rheological and thermal properties of hazelnut spreads. Journal of Texture Studies, 39, 460-479.

Dooley, L. M., Adhikari, K. and Chambers, E. 2009. A general lexicon for sensory analysis of texture and appearance of lip products. Journal of Sensory Studies, 24, 581-600.

Drake, B. 1989. Sensory texture/rheological properties: A poly-glot list. Journal of Texture Studies, 20, 1-27.

Drake, M. A., Gerard, P. D., Truong, V. D. and Daubert, C. R. 1999. Relationship between instrumental and sensory mea - surements of cheese texture. Journal of Texture Studies, 30, 451-476.

Duizer, L. M. 2001. A review of acoustical research for studying the sensory perception of crisp, crunchy and crackly texture. Trends in Food Science and Technology, 12, 17-24.

Edmister, J. A. and Vickers, Z. M. 1985. Instrumental acoustical measures of crispness in foods. Journal of Texture Studies, 16, 153-167.

Ekberg, O., Bülow, M., Ekman, S., Hall, G., Stading, M. and Wenden, K. 2009. Effect of barium sulfate contrast medium on rheology and sensory texture attributes in a model food. Acta Radiologica, 50, 131-138.

Elejalde, C. C. and Kokini, J. L. 1992. The psychophysics of pouring, spreading and in-mouth viscosity. Journal of Texture Studies, 23, 315-336.

Engelen, L., de Wijk, R., Prinz, J. F., Janssen, A. M., Weened, H. and Bosman, F. 2003. The effect of oral and product temperature on the perception of flavor and texture attributes of semi-solids. Appetite, 41, 273-281.

Engelen, L., Fontijn-Tekamp, F. A. and van der Bilt, A. 2005a. The influence of product and oral characteristics on swallowing. Archives of Oral Biology, 50, 739-746.

Engelen, L., de Wijk, R. A., van der Bilt, A., Prinz, J. F., Janssen, A. M. and Bosman, F. 2005b. Relating particles and texture perception. Physiology and Behavior, 86, 111-117.

Engelen, L., van den Keybus, P. A. M., de Wijk, R. A., Veerman, E. C. I., Nieuw Amerongen, A. V., Bosman, F., Prinz, J. F. and van der Bilt, A. 2007. The effect of saliva composition on texture perception of semi-solids. Archives of Oral Biology, 52, 518-525.

Finney, E. E. 1969. Objective measurements of texture in foods. Journal of Texture Studies, 1, 19-37.

Foster, K. D., Woda, A. and Peyron, M. A. 2006. Effect of texture of plastic and elastic model foods on the parameters of mastication. Journal of Neurophysiology, 95, 3469-3470.

Friedman, H. H., Whitney, J. E. and Szczesniak, A. S. 1963. The texturometer—a new instrument for objective texture measurement. Journal of Food Science, 28, 390-396.

González, R., Montoya, I. and Cárcel, J. 2001. Review: The use of electromyography on food texture assessment. Food Science and Technology International, 7, 461-471.

González, R., Montoya, I., Benedito, J. and Rey, A. 2004. Variables influencing chewing electromyography response in food texture evaluation. Food Reviews International, 20, 17-32.

Gonzalez-Barron, U. and Butler, F. 2008a. Prediction of panellists' perception of bread crumb appearance using fractal and visual texture features. European Food Research and Technology, 226, 779-785.

Gonzalez-Barron, U. and Butler, F. 2008b. Discrimination of crumb grain visual appearance of organic and non-organic bread loaves by image texture analysis. Journal of Food Engineering, 84, 480-488.

Guinard, J.-X. and Mazzuccheli, R. 1996. The sensory perception of texture and mouthfeel. Trends in Food Science and Technology, 7, 213-219.

Heidenreich, S., Jaros, D., Rohm, H. and Ziems, A. 2004. Relationship between water activity and crispness of extruded rice crisps. Journal of Texture Studies, 35, 621-633.

Hollingsworth, P. 1995. Lean times for U.S. food companies. Food Technology, 49, 1995.

Hu, J., Chen, W. and Newton, A. 1993. Psychophysical model for objective fabric hand evaluation: An application of Steven's law. Journal of the Textile Institute, 84, 354-363.

Hutchings, J. B. and Lillford, P. J. 1988. The perception of food texture—the philosophy of the breakdown path. Journal of Texture Studies, 19, 103-115.

Hutchings, S. C., Bronlund, J. E., Lentle, R. G., Foster, K. D., Jones, J. R. and Morgenstern, M. P. 2009. Variation of bite size with different types of food bars and implications for serving methods in mastication studies. Food Quality and Preference, 20, 456-460.

Hyde, R. J. and Witherly, S. A. 1993. Dynamic contrast: A sensory contribution to palatability. Appetite, 21, 1-16.

Hyldig, G. and Nielsen, D. 2001. A review of sensory and instru-mental methods used to evaluate the texture of fish muscle. Journal of Texture Studies, 32, 219-242.

Hyvönen, L., Linna, M., Tuorila, H. and Dijksterhuis, G. 2003. Perception of melting and flavor release of ice cream containing different types and contents of fat. Journal of Dairy Science, 86, 1130-1138.

Ioannides, Y., Howarth, M. S., Raithatha. C., Deferenez, M., Kemsley, E. K. and Smith, A. C. 2007. Texture analysis of red delicious fruit: Towards multiple measurements on individual fruit. Food Quality and Preference, 18, 825-833.

Ioannides, Y., Seers, J., Raithatha, C., Howarth, M. S., Smith, A. and Kemsley, E. K. 2009. Electromyography of the masticatory muscles can detect variation in the mechanical and sensory properties of apples. Food Quality and Preference, 20, 203-215.

Italian Noodles. 1992. In: L. B. Hopkins (ed.), Pterodactyls and Pizza. The Trumpet Club, New York.

Jacobsen, M., Fritz, A., Dhingra, R. and Postle, R. 1992. Psychophysical evaluation of the tactile qualities of hand knitting yarns. Textile Research Journal, 62, 557-566.

Janhøj, T., Petersen, C. B., Frøst, M. B. and Ipsen, R. 2006. Sensory and rheological characterization of low-fat stirred yogurt. Journal of Texture Studies, 37, 276-299.

Jowitt, R. 1974. The terminology of food texture. Journal of Texture Studies, 351-358.

Kapur, K. 1971. Frequency spectrographic analysis of bone conducted chewing sounds in persons with natural and artificial dentitions. Journal of Texture Studies, 2, 50-61.

Kawabata, S. and Niwa, M. 1989. Fabric performance in clothing and clothing manufacture. Journal of the Textile Institute, 80, 19-51.

Kawabata, S. Inoue, M. and Niwa, M. 1992a. Non-linear theory of biaxial deformation of a triaxial-weave fabric. Journal of the Textile Institute, 83, 104-119.

Kawabata, S., Ito, K. and Niwa, M. 1992b. Tailoring process control. Journal of the Textile Institute, 83, 361-373.

Kiasseoglou, V. D. and Sherman, P. 1983. The rheological conditions associated with judgment of pourability and spreadability of salad dressings. Journal of Texture Studies, 14, 277-282.

Kilcast, D. 1999. Sensory techniques to study food texture.

In：A. J. Rosenthal（ed.），Food Texture：Measurement and Perception. Springer，New York.

Kilcast，D. 2004. Texture in Food：Solid Foods，Vol. 2. CRC，New York.

Kim，J.-J.，Yoo，S. and Kim，E. 2005. Sensorial property eval-uation of scoured silk fabrics using quad analysis. Textile Research Journal，75，418-424.

Kim，E. H.-J.，Corrigan，V. K.，Hedderley，D. I.，Motoi，L.，Wilson，A. J. and Morgenstern，M. P. 2009. Predicting the sensory texture of cereal snack bars using instrumental measurements. Journal of Texture Studies，40，457-481.

Koehl，L.，Zeng，X.，Zhou，B. and Ding，Y. 2006. Subjective and objective evaluations on fabric hand：From manufacturers to consumers. International Nonwovens Technical Conference，INTC 2006，pp. 212-227.

Kokini，J. L. and Cussler，E. L. 1983. Predicting the texture of liquid and melting semi-solid food. Journal of Food Science，48，1221-1224.

Kokini，J. L. and Cussler，E. L. 1987. Psychophysics of fluid food texture. In：H. Moskowitz（ed.），Food Texture：Instrumental and Sensory Measurement. Marcel Dekker，New York，pp. 97-127.

Lassoued，N.，Delarue，J.，Launay，B. and Michon，C. 2008. Baked product texture：Correlations between instrumental and sensory characterization using flash profile. Journal of Cereal Science，48，133-143.

Lawless，H. T.，Tuorila，H.，Jouppila，K.，Viratanen，P. and Horne，J. 1996. Effects of guar gum and microcrystalline cellulose on sensory and thermal properties of a high fat model food system. Journal of Texture Studies，27，493-516.

Lee，W. E.，III，Schweitzer，M. A.，Morgan，G. M. and Shepherd，D. C. 1990. Analysis of food crushing sounds during mastication：Total sound level studies. Journal of Texture Studies，21，165-178.

Lee，C. M. and Resurreccion，A. V. A. 2001. Improved cor-relation between sensory and instrumental measurement of peanut butter texture. Journal of Food Science，67，1939-1949.

Lee，W. and Sato，M. 2001. Visual perception of texture of textiles. Color Research and Application，26，469-477.

Lenfant，F.，Loret，C.，Pineau，N.，Hartmann，C. and Martin，N. 2009. Perception of oral food breakdown. The concept of food trajectory. Appetite，52，659-667.

Liou，B. K. and Grün，I. U. 2007. Effect of fat level on the perception of five flavor chemicals in ice cream with or without fat mimetics using a descriptive test. Journal of Food Science，72，S595-S604.

Lucas，P. W.，Prinz，J. F.，Agrawal，K. R. and Bruce，I. C. 2002. Food physics and oral physiology. Food Quality and Preference，13，203-213.

Lucca，P. A. and Tepper，B. J. 1994. Fat replacers and the functionality of fat in foods. Trends in Food Science and Technology，5，12-19.

Luyten，H. and van Vliet，T. 2006. Acoustic emission，fracture behavior and morphology of dry crispy foods：A discussion article. Journal of Texture Studies，37，221-240.

Mahar，T. J.，Wheelwright，P.，Dhingra，P. and Postle，R. 1990. Measuring and interpreting fabric low stress mechanical and surface properties. Part V. Fabric handle attributes and quality descriptors. Textile Research Journal，60，7-17.

Martens，H. J. and Thybo，A. K. 2000. An integrated microstructural，sensory and instrumental approach to describe potato texture. Lebensmittelwissenschaft und Technologie，33，471-482.

Matsudaira，M. and Kawabata，S. 1988. Study of the mechanical properties of woven silk fabrics. Part I. Fabric mechanical properties and handle characterizing woven silk fabrics. Journal of the Textile Institute，79，458-475.

McKenna，B. M. 2003. Texture in Food：Semi-Solid Foods，Vol. 1. CRC，New York.

Meilgaard，M.，Civille，G. V. and Carr，B. T. 2006. Sensory Evaluation Techniques，Fourth Edition. CRC，Boca Raton，FL.

Mela，D. J.，Langley，K. R. and Martin，A. 1994. No effect of oral or sample temperature on sensory assessment of fat content. Physiology and Behavior，56，655-658.

Mioche，L.，Bourdiol，P. and Monier，S. 2003. Chewing behavior and bolus formation during mastication of meat with different textures. Archives of Oral Biology，48，193-200.

Mioche，L. and Peyron，M. A. 1995. Bite force displayed during assessment of hardness in various texture contexts. Archives of Oral Biology，40，415-423.

Monsanto. 1994. Simplesse Ingredient Overview，SB-5208. The NutraSweet Kelco Company.

Moskowitz，H. 1987. Food Texture：Instrumental and Sensory Measurement. Marcel Dekker，New York.

Muñoz，A. M. 1986. Development and application of texture reference scales. Journal of Sensory Studies，1，55-83.

Otegbayo，B.，Aina，J.，Sakyi-Dawson，E.，Bokanga，M. and Asiedu，R. 2005. Sensory texture profiling and development of standard rating scales for pounded yam. Journal of Texture Studies，36，478-488.

Philippe，F.，Schacher，L.，Adolphe，D. C. and Dacremont，C. 2004. Tactile feeling：Sensory analysis applied to textile goods. Textile Research Journal，74，1066-1072.

Peleg，M. 1983. The semantics of rheology and texture.

Food Technology, November 1983, 54-61.

Pereira, R. B., Bennett, R. J., McMath, K. L. and Luckman, M. S. 2002. In-hand sensory evaluation of textural characteristics in model processed cheese analogues. Journal of Texture Studies, 33, 255-268.

Primo-Martin, C., Castro-Prada, E. M., Meinders, M. B. J., Vereijken, P. F. G. and van Vliet, T. 2008. Effect of structure in the sensory characterization of the crispness of toasted rusk roll. Food Research International, 41, 480-486.

Prinz, J. F., de Wijk, R. A. and Huntjens, L. 2007. Load dependency of the coefficient of friction of oral mucosa. Food Hydrocolloids, 21, 402-408.

Raheel, M. and Liu, J. 1991. Empirical model for fabric hand. Part II. Subjective assessment. Textile Research Journal, 61, 79-82.

Richardson, N. J. and Booth, D. A. 1993. Multiple physical patterns in judgments of the creamy texture of milks and creams. Acta Psychologica, 84, 92-101.

Rohm, H. 1990. Consumer awareness of food texture in Austria. Journal of Texture Studies, 21, 363-373.

Rojo, F. J. and Vincent, J. F. V. 2008. Fracture properties of potato crisps. International Journal of Food Science and Technology, 43, 752-760.

Roland, A. M., Phillips, L. G. and Boor, K. J. 1999. Effects of fat replacers on the sensory properties, color, melting, and hardness of ice cream. Journal of Dairy Science, 82, 2094-2100.

Rosenthal, A. J. 1999. Food Texture: Measurement and Perception. Springer, New York.

Ross, C. F. 2009. Sensory science at the human-machine interface. Trends in Food science and Technology, 20, 63-72.

Roudaut, G., Dacremont, C., Vallès Pàmies, B., Colas B. and Le Meste, M. 2002. Crispness: A critical review on sensory and material science approaches. Trends in Food Science and Technology, 6/7, 217-227.

Runnebaum, R. C. 2007. Key Constituents Affecting Wine Body: An Exploratory Study in White Table Wines. M. S. Thesis, University of California, Davis, USA.

Salmenkallio-Marttila, M., Roininen, K., Lindgren, J. T., Rousu, J., Autio, A. and Lähteenmäki, L. 2004. Applying machine learning methods in studying relationships between mouthfeel and microstructure of oat bread. Journal of Texture Studies, 35, 225-250.

Salvador, A., Varela, P., Sanz, T. and Fiszman, S. M. 2009. Understanding potato chips crispy texture by simultaneous fracture and acoustic measurements. LWT-Food Science and Technology, 42, 763-767.

Schiffman, S. 1977. Food recognition by the elderly. Journal of Gerontology, 32, 586-592.

Schwartz, N. O. 1975. Adaptation of the sensory texture profile method to skin care products. Journal of Texture Studies, 1, 33-41.

Seymour, S. K. and Hamann, D. D. 1988. Crispness and crunchiness of selected low moisture foods. Journal of Texture Studies, 19, 79-95.

Sherman, P. 1977. Sensory properties of foods which flow. In: G. G. Birch, J. G. Brennan and K. J. Parker (eds.), Sensory Properties of Food. Applied Science, London, pp. 303-315.

Szczesniak, A. S. 1987. Correlating sensory with instrumental texture measurements—an overview of recent developments. Journal of Texture Studies, 18, 1-15.

Skinner, E. Z. 1988. The texture profile method. In: H. Moskowitz (ed.), Applied Sensory Analysis of Foods, Vol. I. CRC, Boca Raton, FL, pp. 89-107.

Szczesniak, A. S. 1963. Classification of textural characteristics. Journal of Food Science, 28, 385-389.

Szczesniak, A. S. 1966. Texture measurements. Food Technology, ctober 1966, 52, 55-56, 58.

Szczesniak, A. S. 1968. Correlations between objective and sensory texture measurements. Food Technology, August 1968, 49-51, 53-54.

Szczesniak, A. S. 1969. The whys and whats of objective texture measurements. Canadian Institute of Food Technology Journal, 2, 150-156.

Szczesniak, A. S. 1971. Consumer awareness of texture and of other food attributes, II. Journal of Texture Studies, 2, 196-206.

Szczesniak, A. S. 1975. General Foods texture profile revisited—ten years perspective. Journal of Texture Studies, 1, 5-17.

Szczesniak, A. S. 1979a. Recent developments in solving consumer-oriented texture problems. Food Technology, October 1979, 61-66.

Szczesniak, A. S. 1979b. Classification of mouthfeel characteristics of beverages. In: P. Sherman (ed.), Food Texture and Rheology. Academic, New York, pp. 1-20.

Szczesniak, A. S. 1991. Textural perceptions and food quality. Journal of Food Quality, 14, 75-85.

Szczesniak, A. S. 2002. Texture is a sensory property. Food Quality and Preference, 13, 215-225.

Szczesniak, A. S. and Bourne, M. C. 1969. Sensory evaluation of food firmness. Journal of Texture Studies, 1, 52-69.

Szczesniak, A. S., Brandt, M. A. and Friedman, H. H. 1963. Development of standard rating scales for mechanical parameters of texture and correlation between the objective and the sensory methods of texture evaluation. Journal of Food Science, 28, 397-403.

Szczesniak, A. S. and Kahn, E. L. 1971. Consumer awareness of and attitudes to food texture: Adults. Journal of Texture Studies, 2, 280-295.

Szczesniak, A. S. and Kahn, E. L. 1984. Texture contrasts and combinations: A valued consumer attribute. Journal of Texture Studies, 15, 285-301.

Szczesniak, A. S. and Kleyn, D. H. 1963. Consumer awareness of texture and other food attributes. Food Technology, 17, 74-77.

Szczesniak, A. S., Loew, B. J. and Skinner, E. Z. 1975. Consumer texture profile technique. Journal of Food Science, 40, 1253-1256.

Sztandera, L. M. 2009. Tactile fabric comfort prediction using regression analysis. WSEAS Transactions on Computers, 8, 292-301.

Terpstra, M. E. J., Jellema, R. H., Janssen, A. M., de Wijk, R. A., Prinz, J. F. and van der Linden, E. 2009. Prediction of texture perception of mayonnaises from rheological and novel instrumental measurements. Journal of Texture Studies, 40, 82-108.

Thybo, A., Bechmann, I. E., Martens, M. and Engelsen, S. B. 2000. Prediction of sensory texture of cooked potatoes using uniaxial compression, near infrared spectroscopy and low field 1H NMR spectroscopy. Lebensmittelwissenschaft und Technologie, 33, 103-111.

Tournier, C., Martin, C., Guichard, E., Issanchou, S. and Sulmont-Rossé, C. 2007. Contribution to the understanding of consumers' creaminess concept: A sensory and a verbal approach. International Dairy Journal, 17, 555-564.

Tyle, P. 1993. Effect of size, shape and hardness of parti-cles in suspension on oral texture and palatability. Acta Psychologica, 84, 111-118.

Ukponmwan, J. O. 1988. Assessment of fabric wear and handle caused by increments of accelerator abrasion in dry conditions. Part II. Correlation between objective and subjective methods of assessing fabric handle. Journal of the Textile Institute, 79, 580-587.

Van der Bilt, A., Engelen, L., Pereira, L. J., van der Glas, H. W. and Abbink, J. H. 2006. Oral physiology and mastication. Physiology and Behavior, 89, 22-27.

Van Vliet, T., van Aken, G. A., de Jongh, H. H. J. and Hamer, R. J. 2009. Colloidal aspects of texture perception. Advances in Colloid and Interface Science, 150, 27-40.

Varela, P., Chen, J., Fiszman, S. and Povey, M. J. 2006. Crispness assessment of roasted almonds by an integrated approach to texture description: Texture, acoustics, sensory and structure. Journal of Chemometrics, 20, 311-320.

Varela, P., Gámbaro, A., Giménez, A. M., Durán, I. and Lema. 2003. Sensory and instrumental texture measures on ketchup made with different thickeners. Journal of Texture Studies, 34, 317-330.

Varela, P., Salvador, A. and Fiszman, S. 2009. On the assessment of fracture in brittle foods II. Biting or chewing? Food Research International, doi:10.1016/j.foodres.2009. 08.004.

Vickers, Z. 1987a. Sensory, acoustical and force-deformation measurements of potato chip crispness. Journal of Food Science, 52, 138-140.

Vickers, Z. 1987b. Crispness and crunchiness-textural attributes with auditory components. In: H. R. Moskowitz (ed.), Food Texture: Instrumental and Sensory Measurement. Dekker, New York, pp. 145-166.

Vickers, Z. 1979. Crispness and crunchiness of foods. In: P. Sherman (ed.), Food Texture and Rheology. Academic, London.

Vickers, Z. M. 1981. Relationships of chewing sounds to judge-ments of crispness, crunchiness and hardness. Journal of Food Science, 47, 121-124.

Vickers, Z. M. 1984a. Crackliness: Relationships of auditory judgments to tactile judgments and instrumental acoustical measurements. Journal of Texture Studies, 15, 59-58.

Vickers, Z. M. 1984b. Crispness and crunchiness—a difference in pitch? Journal of Texture Studies, 15, 157-163.

Vickers, Z. M. 1985. The relationship of pitch, loudness and eating technique to judgments of the crispness and crunchiness of food sounds. Journal of Texture Studies, 15, 85-95.

Vickers, Z. and Bourne, M. C. 1976. Crispness in foods—a review. Journal of Food Science, 41, 1153-1157.

Vickers, Z. M. and Wasserman, S. S. 1979. Sensory qualities of food sounds based on individual perceptions. Journal of Texture Studies, 10, 319-332.

Vincent, J. F. V. 1998. The quantification of crispness. Journal of the Science of Food and Agriculture, 78, 162-168.

Vincent, J. F. V. 2004. Application of fracture mechanics to the texture of food. Engineering Failure Analysis, 11, 695-704.

Weedall, P. J., Harwood, R. J. and Shaw, N. 1995. An assessment of the Kawabata transformation equations for primary-hand values. Journal of the Textile Institute, 86, 47-475.

Weenen, H., van Gemert, L. J., van Doorn, J. M., Dijksterhuis, G. B. and de Wijk. 2003. Texture and mouthfeel of semisolid foods: Commercial mayonnaises, dressings, custard dessert and warm sauces. Journal of Texture Studies, 34, 159-179.

Weenen, H., Jellema, R. H. and de Wijk, R. A. 2005. Sensory subqualities of creamy mouthful in commercial mayonnaises, custard desserts and sauces. Food Quality and Preference, 16, 163-170.

Wilkinson, C., Dijksterhuis, G. B. and Minekus, M. 2000. From food structure to texture. Trends in Food

Science and Technology, 11, 442-450.

Wintergerst, A. M., Buschang, P. H., Hutchins, B. and Throckmorton, G. S. 2005. Effect of auditory cue on chewing cycle kinematics. Archives of Oral Biology, 51, 50-57.

Wintergerst, A. M., Buschang, P. H. and Throckmorton, G. S. 2004. Reducing within-subject variation in chewing cycle kinematics-a statistical approach. Archives of Oral Biology, 49, 991-1000.

Wintergerst, A. M., Throckmorton, G. S. and Buschang, P. H. 2007. Effects of bolus size and hardness on the within-subject variability of chewing cycle kinematics. Archives of Oral Biology, 53, 369-375.

Xu, W. L., Bronlund, J. E., Potgieter, J., Foster, K. D., Röhrle, O., Pullan, A. J. and Kieser, J. A. 2008. Review of the human masticatory system and masticatory robotics. Mechanism and Machine Theory, 43, 1353-1375.

Yoshikawa, S., Nishimaru, S., Tashiro, T. and Yoshida, M. 1970. Collection and classification of words for description of food texture. I: Collection of words. Journal of Texture Studies, 1, 437-442.

Zampini, M. and Spence, C. 2004. The role of auditory cues in modulating the perceived crispness and staleness of potato chips. Journal of Sensory Studies, 19, 347-363.

Zheng, C., Sun, D.-W. and Zheng, L. 2006. Recent applications of image texture for the evaluation of food qualities-a review. Trends in Food Science and Technology, 17, 113-128.

12 颜色和外观

在本章中，我们将讨论什么是颜色，接着描述颜色视觉。我们注意到正常颜色视觉的变异是由于颜色受体基因变异以及色盲。然后讨论对外观的测量，包括浑浊度和光泽度。简要介绍了仪器的颜色测量法，特别关注了孟塞尔（Munsell）颜色系统，红绿蓝（RGB）颜色系统和多种国际照明委员会（CIE）颜色系统。

12.1 颜色和外观

在食品中，尤其是肉类、水果和蔬菜，消费者通常会根据其颜色和外观来评价产品的原有质量。这些产品的外观和颜色是感知到的产品质量的主要指标。当我们想到从可口可乐瓶中喝牛乳时，当我们在杂货店选择香蕉时（一个表明成熟度的绿-黄-黑色的连续体），当朋友在圣帕特里克节时为我们提供绿色面包和啤酒时，当有人为我们提供黄色的西瓜而不是更平常的红色西瓜时，颜色和外观的重要性就显现了出来。在食品加工和烹饪中，颜色可以作为食物熟成的线索，它与香气和味道的变化相关。简单的例子包括烘烤和油炸食品的褐变。对于其他食品如金枪鱼，颜色或亮度对其识别和分级非常重要。

科学研究也表明，产品的颜色影响我们对其他属性的感知，如香气、味道和气味。例如，DuBose 等（1980）发现，当饮料被非正常着色时，正确识别果味饮料的次数会显著减少，当饮料正常着色时，正确识别果味饮料的次数会增加。Shankar 等（2009）研究了颜色和标签对棕色和绿色牛乳与黑巧克力 M&M（糖果巧克力豆）的感知强度和喜好度的影响，并发现颜色和标签会影响巧克力的感受强度，而不影响喜好度。另外，他们发现标签和颜色两者之间互不影响。克里斯滕森（1983）发现，当有远见的小组成员，对适当和不适当着色的干酪、大豆培根、人造奶油、覆盆子味明胶和橙汁饮料的香气强度评分时，适当着色产品的感知强度高于不适当着色的产品。有趣的是，培根类似物是一个明显的例外，它对感知风味强度的影响不太明显，并且对产品的感知质地没有影响。

Osterbauer 等（2005）通过受试者大脑的功能磁共振影像（fMRI）显示，随着这些科目色彩气味评分的增加，匹配他们的大脑活动在眶额叶皮层和岛叶皮层的尾部区域对色味一致性的认识也逐步增加。因此，这些色彩气味互动可能是“真实的”。

根据这些研究和其他研究（Demattèet 等，2009；Stevenson 和 Oaten，2008），我们可以得出结论，即食品和产品的颜色和外观不仅对消费者而言是重要的，而且颜色和外观也会影响消费者对该食品或产品中的其他感官形式的看法。因此，感官专家知道如何要求专门小组成员评价产品的外观和颜色，以及如何进行感官测试以使受试者对颜色和外观的偏差最小化，且不影响其他方式的感官结果，这是非常重要的。

12.2 什么是颜色？

色彩是大脑中的感知，它是在光线与物体发生相互作用后被检测到的。感知到的物体的颜色受三个实体的影响：物体的物理和化学组成成分，照亮物体光源的光谱成分，以及观察者眼睛的光谱灵敏度。正如我们在下面的讨论中看到的那样，改变这些实体中的任何一个状态都可以改变对象的感知颜色。

照射物体的光线可能被该物体折射、反射、透射或吸收。如果电磁光谱可见光范围内的几乎所有辐射能量都从不透明的表面反射回来，则该物体将呈现白色。如果电磁光谱的整个可见光范围内的光线被部分吸收，则物体呈灰色。如果来自可见光谱的光几乎完全被吸收，则该物体呈现黑色，而这也取决于周围的条件。来自这本书的黑体字在阳光直射下比在台灯下的白色页面反射的光线更多，但由于它们对光线的相对反射，它们在两种条件下都呈现黑色和白色。

物体的颜色可以在三个维度上变化，即色调，这通常是消费者所称的对象的“颜色”（例如，绿色）；亮度，也被称为物体的光泽度（光与深绿色）；以及饱和度，也被称为颜色的纯度或色度（纯绿色与灰绿色）。物体的感知色调是对物体颜色的感知，并且是由物体在不同波长处吸收辐射能量的差异所引起的。因此，如果物体吸收更多较长的波长并反射更多较短的波长（400~500nm），则物体将被描述为蓝色。在中等波长下具有最大光反射的物体会被描述为黄绿色，而在较长波长（600~700nm）中具有最大光反射的物体将被描述为红色。物体感知颜色的亮度（值）表示反射光与吸收光之间的关系，而不考虑所涉及的特定波长。颜色的色度（饱和度或纯度）表示指定颜色与灰色的差异程度。

颜色的视觉感知来自视网膜中光感受器的刺激，其中一些波长的光强度大于电磁波谱的可见光区（380~770nm；表 12.1）中其他光波长。整个电磁波谱包括 γ 射线（波长 10^{-5}nm）到无线电波（波长 10^{13}nm）。然而，人眼中的光感受器仅能对其中一小部分范围的光作出反应。因此，颜色是可归因于与眼睛中的光感受器相互作用的光的光谱分布外观特性的，并且视觉颜色感知是大脑对光感受器的这种刺激的反应，这种反应是由光在与物体相互作用之后检测到的。换句话说，电磁光谱的可见波长部分没有被物体所吸收，被眼睛看到并且被大脑解释为了颜色。

表 12.1　电磁频谱的可见部分

颜色	波长范围/nm	颜色	波长范围/nm
紫色	380~400	黄色	570~590
蓝色	400~475	橙色	590~700
绿色	500~570	红色	700~770

当然，物体的颜色是由它所反射的色光决定的外观特征。然而，光泽度、透明度、朦胧度和浑浊度则归因于光被反射和透射的几何方式的材料的外观性质。表面光线反射不均匀等可能会使物体看起来阴暗或无光泽。如果反射在特定角度或光束下较强，则由此产生的光泽或光泽感是由镜面反射和/或方向反射引起的。反射是由物体表面引起的。平滑的物体以方向性方式反射，不规则的、有图案的或颗粒状物体是漫反射。物体的外观受到与物体相关的光学特性的影响，即几何光分布、物体表面以及物体内的物体（如果物体不透明）、物体的半透明度、光泽度、大小、形状、黏度（Hutchings，1999）。

12.3 视觉

从物体反射的光或穿过物体的光落在观察者眼睛的角膜上，穿过房水进入晶状体，然后从那里穿过玻璃体液到达视网膜，大多数的光线落在视网膜中央的小凹陷处或附近。视觉感受器、棒体和锥体位于眼睛的视网膜中。这些受体含有光敏颜料，其在被光能量刺激时可改变形状，导致产生沿着视神经传播到大脑的电神经冲动。视网膜中约有1.2亿个棒体，它能够在极低的光强度（小于1Lx）下运作。棒体只产生消色差（黑/白）信息，在弱光条件下人类具有暗视觉，没有色觉。这就是为什么在月光下我们看不到物体的颜色（“所有的猫在黑暗中都是灰色的”），但我们通常可以看到物体的移动。最大棒体的浓度大约位于中心凹区域约20°的位置，这个区域被称为近窝区（parafovea）。因此，在较低的照明水平下，当从侧面略微观看时，物体更可能被感知，被称为避让视觉（Hutchings，2002）。

600万个锥体在更高的光强度（照度水平）下工作，并提供了色彩信息（颜色），从而组成明视觉。锥体集中在中央凹区域上，这是一个位于视网膜上呈黄色斑点（黄斑区）的小（直径为2mm）凹陷，在这儿可有颜色最高分辨率。当观看一个物体时，我们眼睛的无意识运动可以将对象的图像带到中央凹区域。椎体含有三种敏感色素，都对红色最敏感，在（~560nm处两种多态性变体），L-色素也称为ρ-受体；对于绿色（在~530nm），被称为γ-受体的M-色素；或对于蓝色（在~420nm），S-色素也被称为β-受体（Deeb，2006；Hutchings，2002）。在光线逐渐减弱的情况下，人类对蓝绿色变得更加敏感，此时蓝色看起来变得更亮，而红色变得更暗，这种现象称为“普肯耶氏移位（Purkinje shift）”。在非常低的光强度下的“浦肯野”移位，可使得红色几乎显示为黑色，而蓝色显示为灰色。

12.3.1 正常的人类色彩视觉变化

已经表明，正常色觉的变化大部分是由于在第180位氨基酸替代（丙氨酸对丝氨酸）的L-色素和M-色素的多态性导致的（Merbs和Nathans，1992，1993）。在第277位和第285位还有额外的氨基酸替代，但是这些还没有被深入的研究。Deeb（2005）发现，在白人男性中，62%的人在L-色素（Lserine）的第180位上有丝氨酸，38%的人有丙氨酸（Lalanine）。使用颜色匹配测试（瑞利测试），他们要求受试者使用红色（644nm）和绿色（541nm）光混合的标准黄色（590nm）光。他们发现，需要较少红光才能进行匹配的男性（对红光更敏感的男性）更可能在L-色素的第180位置处具有丝氨酸。L-色素与X染色体连接，因此男性有两种变体（约60%表达L-丝氨酸和约40%表达L-丙氨酸），而女性有三种变体（约50%的女性是杂合子并表达L-丝氨酸和L-丙氨酸；另外50%的女性单一表达L-丙氨酸或L-丝氨酸）。帕尔多等（2007）表示，由于上述与性别有关的L-色素的表达，女性平均认为某些颜色与男性明显不同。詹姆森等（2001）特别指出，那些L-或M-色素单一的女性的表现与男性没有不同，但那些与L-和/或M-色素杂合的女性具有相对较丰富的色彩体验。此外，老化、青光眼和白内障会影响色觉。与30岁以下的受试者相比，老年受试者（60～70岁）认为有色表面看到的颜色更浅（Hutchings，2002）。

12.3.2 人类色盲

缺乏一种或多种L-色氨酸，M-和S-色素或在这些色素中具有特定突变的人属于各种色盲类别，包含约8%的男性和0.44%的女性。色盲个体分为不同的群体。第一组是红色盲或红色弱者，不具有或具有降低的识别红色的能力，这是由于ρ-受体（L-色素）不存在或异常，这种情况包含约1/4的色盲群体。第二组分别是绿色盲或绿色弱者，不具有或具有较低的识别绿色的能力，是由于γ-受体缺乏或异常（M-颜料），此情况大约占3/4的色盲人口。最后一组也是迄今为止最小的组是蓝色盲者，是不具有或具有较低的识别蓝色的能力，是由于β-受体缺失或异常（S-色素）。更常见的色盲基因形式是隐性的并且在X染色体上携带的。因此，男性比女性更常见到这种特征。

有可能测试小组成员的色盲情况，所有小组成员应该评价样本的颜色。技术包括假同色图，如1917年创建的石原板，法恩斯沃思二分法色盲测试（Farnsworth Dichotomous Test for Color Blindness）或法恩斯沃斯-孟塞尔110色相测试（Farnsworth-Munsell 110 Hue-test）（Farnsworth，1943）。假同色图和各种法恩斯沃思测试可以从任何知名的视光供应公司获得。

12.4 外观和颜色属性的测量

12.4.1 外观

一些科学家（Hutchings，1999）认为产品外观包括产品颜色和其他外观特性，如物理性状（形状、尺寸和表面纹理）、时间方面（运动等）和光学特性（反射率、透射率、光泽度等）。为了我们的目的，我们将讨论颜色和外观作为单独的实体，同时牢记外观属性明显影响感知的颜色。

通常，物理外观特征可很容易地通过感官技术进行测量。标准描述技术可以使用简单的强度标度来量化大小、形状和视觉表面纹理。一个例子是“饼干表面上可见的巧克力片的数量”。在这种情况下，“数量”可能从零到多数，并且在训练中给出示例来锚定该比例的高端和低端。视觉纹理是另一个例子，它能很好地适用于简单的强度标度，例如，表面的粗糙度，表面压痕的尺寸或数量以及液体产品容器中的沉积物的密度或数量。大多数简单和具体的属性都需要很少的培训，并且可以很容易地作为产品的描述性资料。当然，正如其他任何描述性技术一样，如果显示的范围提供锚定标度的参考框架，那么标度校准程度更高并且小组成员之间能更好地达成一致。

在食物中，即使它们存在，但暂时的外观特征更难以测量。例如糖水从勺子滴下时的黏度，或比萨芝士的拉丝。光学特性（反射率、透射率、光泽度等）被称为“赛西亚（cesia）”（Caivano 等，2004）；然而，这个术语在外观研究领域还没有得到广泛的应用。在下面的章节中，我们将讨论几个与食物相关的外观光学特性，例如，浊度、半透明度和光泽度。

12.4.1.1　浊度（浑浊）

许多饮料的一个重要特征是它们的清澈度和多混浊度。当小的悬浮颗粒将光从直线路径转移穿过材料并将其散射到不同的方向时，会产生浊度（浑浊度）。从物理意义上讲，浊度是在入射光束穿过悬浮液时散射出的全部光线（Carrasco 和 Siebert，1999）。消费者经常期望诸如啤酒、果汁和葡萄酒等饮料清澈。在其他饮料中，例如，苹果酒，预计会出现浑浊，这里颗粒物质又是光散射的原因。饮料加工中的各个步骤可能旨在降低浊度并提高澄清度，例如，在葡萄酒酿造中使用定型剂。在一些产品中，如啤酒、苹果酒和果汁，浑浊的出现是多酚-蛋白质相互作用的结果；另一些产品的浑浊是由于碳水化合物和其他物质的存在导致了微生物的生长（Siebert，2009）。浑浊也可能由沉淀在容器中的胶体或较大的颗粒引起。

浊度的仪器，如浊度计，是使用聚焦光束来测量多个角度的光散射的。将仪器值与人类感知交叉引用总是谨慎的。培训小组评价浊度非常简单。如果感觉到的浊度与仪器浊度之间的关系对产品而言并不为人们所熟知，建议您进行人体测试以了解其对产品的感官反应（Carrasco 和 Siebert，1999）。换句话说，作为物理测量的光散射现象可能不会反映我们需要了解的有关感知浊度的信息。仪器测量光散射和人体感官评分之间的关系已经确定。Malcolmson 等（1989）发现了工业测量的浊度与市售苹果汁的感知透明度之间的线性关系。其他研究发现，在不同媒介中包括咖啡（Pangborn，1982）和啤酒（Hough 等，1982；Leedham 和 Carpenter，1977；Venkatasubramanian 等，1975），浑浊的物理测量和感官评价之间存在关联。Pieczonka 和 Cwiekala（1974 年，卡拉斯科和西伯特引用，1999 年）在果汁中建立了仪器分析-感觉评价数据的相关性，即浊度计所得数值与在 5 分感官标度上-0.81 的评分之间的相关性。由于光散射取决于颗粒大小，因此应该可以测量感官清晰度与产品中悬浮物的大小和分布之间的直接关系。

透明度来自光线的透射，而透射更多光线的流体会显得更加透亮。然而，这种关系可能会因其他因素而变得复杂，如介质的颜色（Siebert，2009）。Carrasco 和 Siebert（1999）在模型系统和饮料中解决了这些问题，将浊度计的结果与人类感官评价小组的结果进行了比较。人们可测量浊度感知阈值，并且它们随着介质的粒度和浓度而变化。人类浊度的感觉阈值处于仪器测量浊度值的狭窄范围内，大约为 0.5 个 Nephelos 浊度单位的仪器浑浊度值的小范围内。这表明人类在低水平上有良好的感官-仪器关系。在阈值以上的范围内，感知强度遵循仪器响应直至达到饱和水平。在这一点之后，仪器确定的值继续增加，但即使允许小组成员使用开放式量值估计标度方法（图 12.1），感觉反应也是如此。应根据颗粒大小、颗粒浓度和悬浮液颜色预测感官响应（比例强度）。

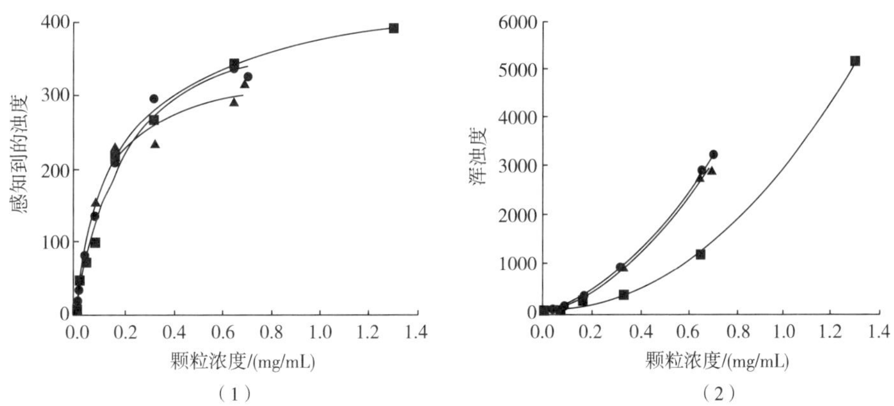

图 12.1 不同液体中，感官评价小组使用非模量量值估计（1）得到的浊度（几何平均值）和仪器测量的浊度（2）与颗粒浓度的关系

由 Carrasco 和 Siebert（1999）授权转载。

感官-仪器相关性破裂时会出现两种情况。最常见的例子是，有人类反应但仪器不响应，如对某些化合物的嗅觉灵敏度超过化学常用分析方法的敏感度。另一种情况是仪器响应，但人不反应。Carrasco 和 Siebert 的研究中的缩放结果提供了一个有趣的例子，机器响应的动态范围比感官判断的范围更广。然而，当感官反应没有改变时，浊度的上限变得不相关了。当达到高水平的浑浊度并且人眼不再看到任何进一步增加时，这显然是人们对浊度计的响应效应设定了上限。

12.4.1.2 光泽度（光泽）

另一个重要的视觉属性是光泽或亮度。再次重申，有各种各样的物理仪器来测量光的反射率，但感官数据对于确定人类在特定情况下会怎样感知仍然很重要。如果表面不均匀，感官测量将变得更加重要，因为大多数仪器对反射的测量都被用来设计测量油漆、蜡等的均匀表面了。许多食品和消费品不符合这些条件。例如，蛋糕或其他烘焙产品上的釉可能不是光滑的表面，或苹果上的光泽可能在水果表面的不同部位有不同变化。没有经参考标准的适当培训就询问小组成员关于整体发光的情况可能会导致不同的小组成员产生不同的解释，因为存在两种主要类型的光反射。镜面反射是指在产品表面出现光源的实际图像时感觉到的镜面光泽（Beck 和 Prazdny，1981）。显然，标准角度和观察条件对于可靠的测试方式是必要的。另一种重要的光反射类型来自漫反射。在这种情况下，光被反射，但它被表面以不同角度散射，因此，人们看不到光源的反射图像。用研磨布碾磨金属表面以产生许多细小的划痕将会产生一个表面漫反射的好例子。表面可能看起来非常有光泽，但没有像镜子一样的图像，只有光源的亮度。这种类型的光泽在食物中也很常见，例如甜甜圈和蛋清面包。光泽度研究的几个例子来自 Obein 等（2004 年）以及肖和布雷纳德（2008 年），其中的对象和图片被用来确定感知的光泽度。Chong 等（2008）创建了一个机器视觉系统来评价茄子果实的表面光泽度。

半透明度被定义为样本的属性，通过该样本可以漫射地透射光线，而不会清楚地看到样本之外的物体（ASTM，1987）。Joshi 和 Brimelow（2002）给出了一个简单的测试来确定样本是否半透明。他们建议在最大照明面积和最大观察孔径下使用反射式分光光度计测量样品。然后使用相同的观察孔重复测量，但照明面积较小。如果明度读数大幅增加（CIELAB 中的 L^*，见下文），则样品是半透明的。

这种性质在橙汁（MacDougall，2002），番茄皮（Hetherington 等，1990），鲜切番茄（Lana 等，2006）和菠萝（Chen 和 Paull，2001）中很重要，其中半透明是在收获期与异味和果实脆性相关的一种缺陷。Hetherington 等（1990）发现番茄感官半透明度增加与不透明度增加有关，而半透明度得分与 L^* 值呈负相关（r=0.774）。标准的感官技术用于半透明度的感官评价，仪器技术应使用反射分光光度计，然后用 Kubelka-Munk 进行数据分析（Talens 等，2002）。

Kubelka-Munk 理论是描述光散射及其对半透明效应的相对简单的模型［参见 Nobbs（1985）以及 Vargas 和 Niklasson（1997）对理论及其适用性的优秀概述］。简单地计算一个“散射”系数（S）和一个“吸附”系数（K），两者的比值（K/S）与物体的半透明度有关。例如，Lana 等（2006）发现，在储藏期间，番茄切片的果皮，而不是完整的番茄，变得更透明了。感官半透明度评分与切片番茄反射光谱的 Kubelka-Munk 分析的 K/S 比率的变化有关。此外，他们发现去除周围的凝胶抑制了果皮中半透明性的发展。

MacDougall（2002）给出了一个例子，它清楚地表明，只有在测量半透明样品时使用仪器测量值才能得出与视觉观测值完全不一致的结果。在他的例子中，将 4 倍浓缩橙汁稀释到浓度为 0.2 和 4。当用顶部照明观察这些有橙汁的玻璃杯时，它们的颜色范围是从淡黄色（浓度小于 1）到深橙色（浓度 4）。在仪器上，最稀的果汁具有最低的 L^*，并且根据该仪器此果汁是最混浊的。另一方面，根据仪器，浓度最高的果汁具有最高的 L^* 并且是最清的。这是由于稀释样品中光散射的损失。他提醒说，人们应该记住，仪器只能看到光线从有限的立体角中反射，而人类“受影响于照明的多向性，使得彩色半透明材料发光。”

可以做一个简单的实验来直观地展示上述效果。将等量的橙汁倒入两个相同的透明玻璃杯中。用白纸完全盖住两杯。覆盖一块玻璃侧面的纸应该切有一角硬币（直径约 1.5cm）大小的一个圆孔。覆盖另一块玻璃侧面的纸应该有一个切成四分之一大小（直径约 2.5cm）的圆孔。然后以 90°观察可见果汁来评价果汁的颜色。玻璃瓶中的果汁覆盖着带有小孔的纸张，看起来更暗，因为大部分散射光被“困”在玻璃瓶内了，观察者看不到。

12.4.2 视觉颜色测量

颜色的感官评价是经常进行的。感官科学家已经使用了全系列的感官测试工具来进行视觉颜色测量。例如，Whiting 等（2004）使用了三点测试和五中选二差异检验来研究液体粉底化妆品中的感知色差；Eterradossi 等（2009）使用描述性分析和消费者满意度标度来评价不同质量水平的红色和蓝色汽车涂料。

在进行感官颜色评价时，很重要的是使所有影响色彩感知的因子标准化。一般来说，进行颜色评价的感官科学家应仔细标准化、控制并报告以下内容：

（1）可视区域的背景色。理想的背景颜色应该是无反光和中性的，通常使用雾灰色，乳白色或灰白色（ASTM 1982）。

（2）Kelvin 中的光源（表 12.2）及其在产品表面的强度（Lx）。Eggert 和 Zook（2008）推荐 750~1200Lx 的光强度。此外，光源（如果它不是标准光源）应选择具有高显色指数的（Ra，见下文）（Hutchings，1999）。

（3）小组成员的观察角度和样品上的光入射角。这些不应该是相同的，因为这会导致入射光的镜面反射以及潜在的由方法产生的人为的光泽。通常情况下，展台区域设置为光源垂直位于样品上方，坐者的观察角度约为样品的 45°，这样可以最大限度地减少镜面反射效应。

（4）光源与产品的距离。这会影响样品上的光线量。应在产品表面测量光强度。

（5）样品是否反射或透射光。

表 12.2　　光源、色温和显色指数[①]

光源	色温/K	环境描述	彩色渲染	
			指数（R_a）	质量
蜡烛	1800	很温暖		
高压钠灯	2100	很温暖	22	较差
40W 白炽灯泡	2770	温暖	接近 100	非常好
100W 白炽灯泡	2870	温暖	接近 100	非常好
CIE 光源 A	2856	温暖	接近 100	非常好
暖白色荧光灯				
Sylvania T5-温暖	3000	温暖	82	很好
金属卤化物灯				
Sylvania MetalArc ProTech	3000	温暖	85+	很好
GroLux 宽谱灯	3400	中等	89	非常好
中性荧光灯				
PureLite	3500	中等	85	很好
凉爽的白色荧光灯				
Sylvania T5-冷	4100	冷	82	很好
钨/卤素灯				
SoLux	4700	冷	99	非常好

续表

光源	色温/K	环境描述	彩色渲染	
			指数（R_a）	质量
CIE 标准光源 B（阳光直射）	4870	冷		
全光谱荧光灯				
DuroTest Vitalite	5500	冷	90	非常好
日光泛光灯				
Sylvania F40D	6300	冷-蓝	76	好
CIE 标准光源 D65	6500	冷-蓝	100	非常好
日光泛光灯				
DuroTest DayLite65	6500	冷-蓝	92	非常好
CIE 标准光源 C（阴天白天）	6774	冷-蓝		
CIE 标准光源 D（日光）	7500	冷-蓝		

注：数值整理自商业文献和 Hutchings（1999）。

通常，在食品或个人护理产品颜色评价的相关文献中，很少或没有上述信息出现。Whiting 等（2004 年）明确指出了感官展台墙壁和桌子的颜色（具有特定颜色系统值的灰色）；样品托盘底部的颜色（具有特定颜色系统值的灰色织物）；光源（1000Lx 的 D_{65}）；观看距离（60cm）和视角（每个样品在 6°处的对向）。

在颜色和外观评价中，光源通常由其色温指定。色温由开氏温度（K）确定，吸收所有能量的黑体需要被加热以发射具有特定光源的光谱分布特性的光（表 12.2）。黑体发出的光随着色温的变化而变化。在较低的温度下（2000K），发出的光更红，在较高的温度下（4000~5000K）光线较白，在高温（8000~10000K）时，光线变得更蓝（1999）。用于食品色彩评价的标准光源往往是光源 A（色温 2856K），C（6774K），D_{65}（6500K）和 D（7500K）。这些光源都来源于钨丝。光源 A 的光谱分布与光源 B 和 C 的光谱分布有很大的不同（图 12.2）。发光体 A 的光谱分布在红-黄波长处高，而在紫-蓝波长处低。光源 C 和 D_{50}到 D_{65}的蓝光波长很高。设计光源 C，D_{65}和其他 D 变体可用来模拟日光的变化。标准荧光灯具有非常不同的光谱分布（它们倾向于更尖锐、光滑度更低，参见图 12.2 中的 F11），比钨灯和白炽灯的光谱分布要差得多。其结果是，在荧光灯和钨灯下观看的物体通常在感知颜色方面存在差异，比在光源 C 下观察同一物体更明显。这些感知颜色的差异是因为颜色取决于产品对光的吸收以及入射光谱的波长。例如，在标准光源下，如果产品吸收红色波长，而不吸收绿色波长的光，则该物体看起来是绿色的。但是，如果入射光只有红色波长，那么物体不会呈现绿色，因为没有绿色波长反射到眼睛里。根据光源的不同，该物体可能会显示为黑色。

显色指数（R_a）是光源对物体感知颜色影响的度量（CIE，1995a）。R_a 是通过评价 8 个孟塞尔颜色样本在参考光［通常是白炽灯（60W 钨灯，2900K）］下的颜色变化的大小来测量的。具有 100R_a 指数的灯正好再现参考光的感知颜色（表 12.2）。

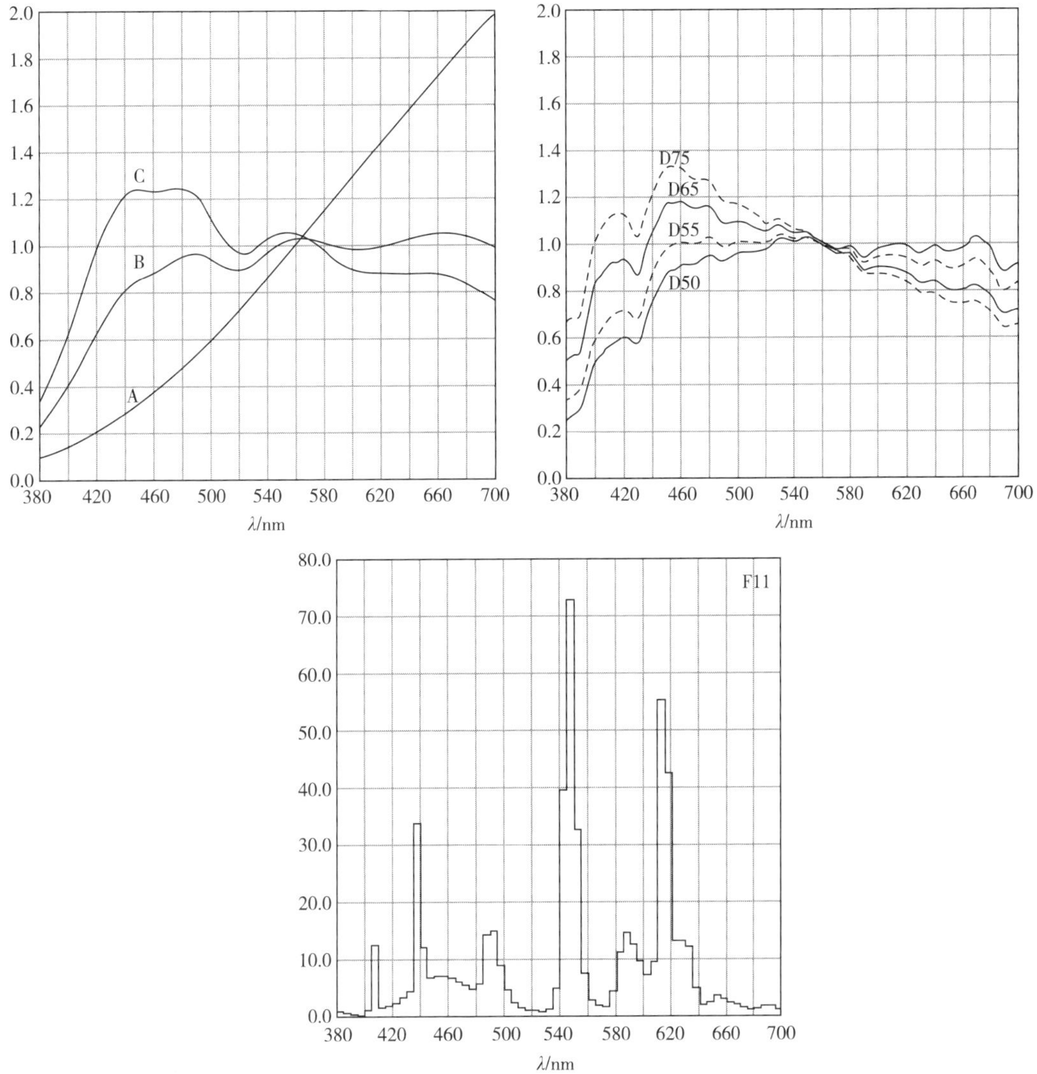

图 12.2 CIE 标准光源 A、B、C、D_{65}和 D 变体和 F11 的相对波长分布

光源 A 具有更多的黄-红波长，光源 D_{65}和 D 变体具有更多的蓝色波长，并且光源 F11（荧光灯）在波长方面具有更尖的分布（由 Gernot Hoffman 授权转载）。

小组成员应进行色盲测试。如果需要参考颜色标准，它们可以是油漆芯片，Munsell 旋转圆盘，模型产品或数字图像（Hernández 等，2004；Kane 等，2003）。但是，在使用这些标准时，感官专家应该牢记一点，即标准和样品的颜色可能只是一个同质异体的匹配。当在一个光源下观看时，同质配对匹配是两个物体颜色的明显匹配，但当在大多数其他光源下观看时，物体的颜色不匹配（MacKinney 和 Little，1962）。当一个观察者观察到两个物体在指定的光源下匹配时，也会发生同质异体匹配，但是当第二个观察者观察时两个物体就会不匹配了（Kuo 和 Luo，1996）。

最近，已经公布了关于使用数字图像作为参考标准的一些研究或使用虚拟产品图像来评价食物中的颜色差异的实验。如果可以获得准确的颜色复制品，并将产品作为图像出现，可能非常有用，然后只要使用相同的参考显示和查看条件查看它们，便可将其显示给小组成员（世界任何地方）。凯恩等（2003）研究了使用数字参考来确定饼干颜色变化的可能性，并发现使用数字参考或物理参考时小组成员的得分导致了饼干配方之间差异的趋势相同，但在某些情况下，小组成员的得分在使用数字参考时比使用物理参考时要低。Hernández 等（2004 年）创建了 Piquillo 辣椒的数字处理彩色图表作为颜色参考标准，他们发现视觉颜色图表分数的可重复性令人满意。用作参考标准的数字图像的示例：Pointer 等（2002 年）成功地使用了香蕉、番茄、橙、豌豆和饼干（饼干）的数字图像，这些食物在三点检验中受到了光线和颜色的干扰；Valous 等（2009）类似地使用火腿切片的数字图像并且使用计算机视觉系统成功地确定了来自数字图像的这些切片的 CIE 颜色表征；Kang 等（2008）成功地做了一些类似的处理，如更复杂的产品——双色芒果果实。

当要求评价员评价颜色时，感官科学家必须记住，当样本并排或者有机会获得颜色标准时，人类非常善于评价颜色差异，但是人类不善于评价记忆中的颜色差异。此外，研究表明，人类在评价色调（见孟塞尔色立体）和亮度（值）变化方面非常出色，但在分辨色度（颜色饱和度）变化方面不太好（Melgosa 等，2000）。此外，Zhang 和 Montag（2006）证实了 Melgosa 及其同事的试验结果，并以下列陈述语结束："……人们不能随时接触较低级别的颜色描述符，例如用于定义颜色空间的常用属性，涉及认知和语言的高层次心理处理可能对很简单的颜色匹配和颜色差异描述的任务是必需的。"

12.5 仪器颜色测量

"在颜色测量领域，食品技术专家可以使用各种令人眼花缭乱的方法和仪器。当人们第一次接触到这个问题时，或者试图在正常体验之外设计一种材料的方法，现有的丰富可能性有时会使得选择困难"（Joshi 和 Brimelow，2002）。在本部分中，我们将努力阐明颜色测量。有关其他信息，建议参考以下内容：Hutchings（1999，2003），MacDougall（2002）和 Lee（2005）。

12.5.1 孟塞尔色立体

在仪器技术出现之前，开发了几种视觉颜色固体来描述颜色；其中一个比较有名的是孟塞尔色立体。孟塞尔色立体由 A. H. Munsell 在 1900 年左右开发的（Clydesdale，1978）。Munsell 系统有三个属性：色相（H）、值（V）和色度（C）。特定的颜色被描述为三维空间色调-色度中的一个点。在孟塞尔色立体（或颜色空间）中，通过相同的视觉步骤，每种颜色的色调值和色度值被排列在由单独的颜色"板"组成的球体中（图 12.3）。色调以十种主要色调（红色、橙色-红色、黄色，黄绿色、绿色、蓝绿色，蓝色，蓝紫色，紫红色-紫色）为中心，每个都有十个色调级别。这些色调步骤应该是相同的，但研究表明，黄-红，黄-绿和蓝色区域的色调间距实际上不是等距排列的（Oleari，2001）。该值在黑度或亮度标度上是绝对黑色（在球体的底部）到绝对白色（在球体的顶部）的。

彩色的颜色位于绝对黑色和绝对白色之间的等距间隔处。色度是给定色调偏离相同值的中性灰度的量。色调的色度被设想为从球体中心到球体边缘以恒定值绘制的恒定色调线。

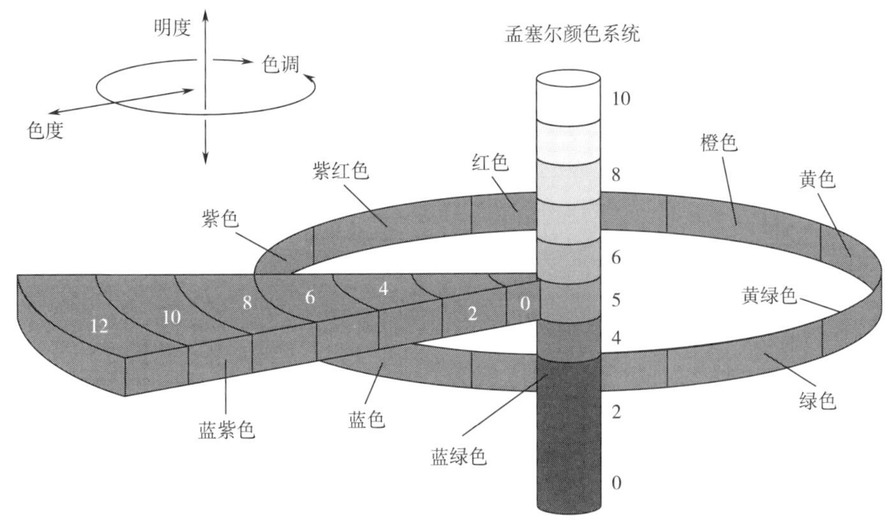

图 12.3 孟塞尔色立体示意图，指示色调、色度和亮度的三个维度

当想要确定某一颜色，总是需要人为地将样本颜色与色立体（通常是彩色芯片）进行匹配时，这时视觉色立体系统非常有用。但是，由于颜色视觉的特殊性质，不可能使用 Munsell 符号中指定的仪器测量颜色。为了开发可以测量颜色的仪器，有必要设计数学关系来描述颜色（所谓的数学颜色实体）。

12.5.2 数学颜色系统

为了开发有意义的数学颜色系统，Munsell 使用的方法必须改变。数学颜色系统基于与光的添加有关的物理定律，并且这些系统基于人眼中 L，M 和 S 受体锥和棒的存在。最常用的数学颜色系统是 CIE 版本。CIE 首字母缩略词是以国际照明委员会或"La Commission Internationale de l'Eclairage"（CIE，1978，1986）的法文名称为基础的。为了解释 CIE 系统，从一个不太复杂的版本开始，即所谓的三光系统更容易解释。三种光系统根据人眼如何感知颜色来简单地指定颜色。

12.5.2.1 R、G、B 数学颜色系统

三个投影仪，一个带有红色过滤器（R），一个带有绿色过滤器（G），另一个带有蓝色过滤器（B），同时设置在屏幕上照射，使它们完全重叠。观察者将所谓的光谱辐射通量的波长总和作为单一颜色。然后，另一台具有未知彩色滤光片的投影机投影到同一屏幕的单独部分。现在可以调整通过前三台投影机上的 R、G 和 B 滤光器投射的能量（辐射通量），直到这些投影仪的组合辐射通量匹配出未知颜色。然后可以将未知颜色指定为

来自 R、G 和 B 的能量组合。匹配先来自三个光中的每一个的未知量所需的能量即所谓的三色值。这些值可以表示为辐射通量（瓦特），发光通量（流明）或更多，通常，在红色、蓝色和绿色的任意心理生理标度上来表达。

实际上，这种方法过于简单，导致出现了一些问题。有些颜色太亮而无法匹配出来，因为没有光源可以投射所需的辐射通量。其他颜色太饱和了。例如，即使消除了蓝色过滤器，也只能使用红色和绿色过滤器来匹配一些黄色。“可匹配的颜色”位于特定数学颜色系统的色域（或可接受的颜色范围）内，而“不可匹配的颜色”位于颜色范围之外。即使在这个简单系统中为三台投影机选择了不同的滤波器仍然无法匹配所有颜色。理论上，三光系统是基于眼睛的三种锥形体生理反应制作的。在实践中，通过分离类似于实际生理反应的反应来进一步简化它。这种简化导致不好的效果，即色域外总是存在一些颜色，因为几乎所有颜色磁谱的部分都在一定程度上激发了多于一个的锥体。如果可以找到仅激发一种锥形的一部分光谱，而对其他两种锥型没有影响，则基于三光系统的色域将包括所有可感知的颜色。尽管有其局限性，但三光系统已被用作其他三色系统的基础。

可以用代数方式表示由三个灯产生的颜色匹配（Clydesdale，1978）。如果我们假设 C 是三维颜色空间中的一种颜色，并且其颜色由具有三刺激值 R、G 和 B 的三个红色、绿色和蓝色光匹配，我们可以用以下等式来描述颜色匹配：

$$C(\mathrm{R},\ \mathrm{G},\ \mathrm{B}) = R + G + B \qquad (12.1)$$

基于亮度可加性的物理定律，三维空间中的颜色 C（也称为亮度 L）的强度可以由下面的等式来描述：

$$L = l_{\mathrm{R}} + l_{\mathrm{G}} + l_{\mathrm{B}} \qquad (12.2)$$

其中，l_{R}，l_{G} 和 l_{B} 是 $R=B=G=1$ 时单位量的相应原色光的亮度（强度）。如果颜色 C 的三刺激值 R、G 和 B 以常数因子“a”改变，则 C 的亮度改变为“aL”。如果具有三刺激值 R_{D}、G_{D} 和 B_{D} 的颜色 D 被添加到具有三刺激值 G_{C}、B_{C} 和 R_{C} 的颜色 C 中，新颜色 E 便具有 R_{E}、G_{E} 和 B_{E} 的三刺激值。这可以用代数表示：

$$E_{(\mathrm{RE},\ \mathrm{GE},\ \mathrm{BE})} = (R_{\mathrm{C}} + R_{\mathrm{D}}) + (G_{\mathrm{C}} + G_{\mathrm{D}}) + (B_{\mathrm{C}} + B_{\mathrm{D}}) \qquad (12.3)$$

因此，混合颜色的三色值等于组成色彩的三色值之和。基于上述说明，如果颜色落入数学色立体的色域内，则可以用三种颜色的光来描述颜色的亮度（l）和三色值 r，g，b。

也可以在三维数学颜色实体内定义一个单位平面，该单位平面内的所有颜色具有相同的亮度。它是三维数学色彩空间中恒定亮度的平面，并且类似于孟塞尔色彩固体中恒定值的平面。该平面内颜色的差异是指定颜色的色调和色度的函数。这个单位平面称为色度图，色度图内的色点不是由任意的三色刺激值 R、G 和 B 指定的，而是由它们的总和的分数确定的：

$$r = R/(R + G + B) \qquad (12.4)$$

$$g = G/(R + G + B) \qquad (12.5)$$

$$b = B/(R + G + B) \qquad (12.6)$$

因此，通过描述亮度（l）和颜色的三个色度坐标中的两个，可以在三维颜色中确定颜色。这将在 12.5.2.2（图 12.4）中对 CIExyz 三色刺激系统进行说明。这种简单的三光系统是所有数学色彩固体如 CIE 三色刺激系统的基础。然而，这个简单的系统在现实中并不奏效，因为①某些颜色在色域之外，需要负数量的辐射通量来匹配这些颜色，②色立体在视觉上不均匀，③需要矢量分析来计算亮度。CIE 系统消除了所有这些问题。

12.5.2.2 CIE 数学颜色系统

在 CIE 数学颜色系统中，为了消除实际光源（R，G 和 B）的缺点，人们开发了理论基色，同时仍保留了简单三光系统的优点。原色是 X、Y 和 Z，它们的色度坐标是 x，y 和 z。研发人员在数学上将亮度包括到其中一个原色（Y）中，从而避免了需要矢量分析来计算亮度的问题。这是可能的，因为眼睛的锥体在光谱的绿色区域对亮度最敏感。仔细的选择允许理论上的原色 X、Y 和 Z，以正值覆盖整个色域，因此马蹄形 CIE 光谱轨迹具有包括所有颜色的色域（图 12.4）。

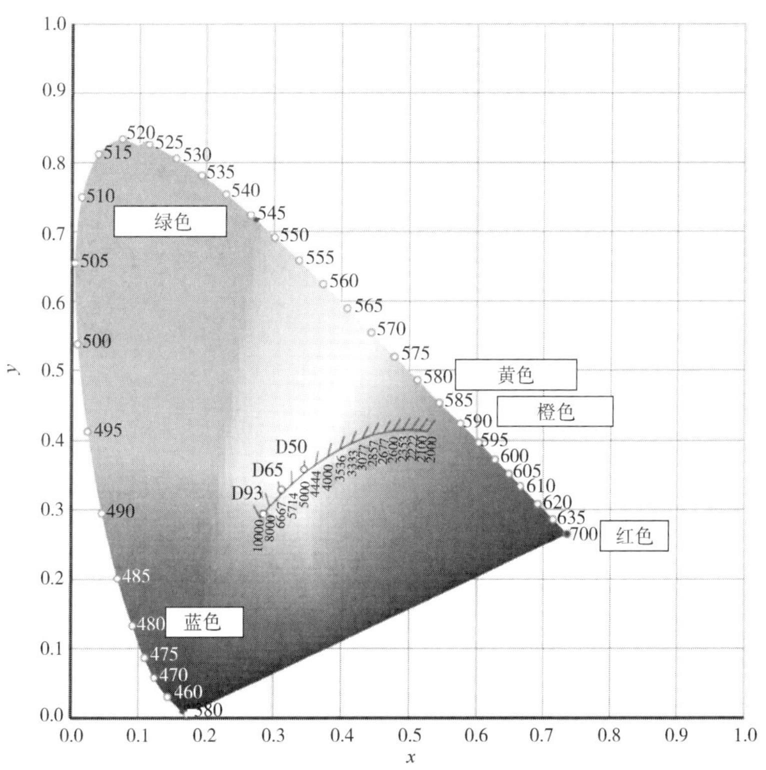

图 12.4 马蹄形色度图

由 Gernot Hoffman（德国埃姆登应用科学大学）授权转载。

在 CIE 系统中，通过指定 Y 和三个可能的色度坐标（x，y 和 z）中的两个，可以在三维颜色空间中定位颜色。色度坐标通过以下等式彼此相关：$x+y+z=1$。因此，三种可能值中的已知两种值将定义一种特定的颜色。

CIE 数据通常表示为三色值（X，Y 和 Z）或色度坐标（x，y 和 z）。x，y 色度坐标通常会被绘制在马蹄形CIE光谱轨迹上，并叠加 *Y*%（图 12.5，请注意并非所有颜色都出现在所有%*Y* 水平）。颜色可以指定为 *x*，*y* 和%*Y*。由于 CIE 光谱轨迹不是基于笛卡尔坐标的，因此难以用数学表达，而且更难以向大多数人解释。一种简化 CIE 系统的尝试将 CIE 谱轨迹绘制为恒定%*Y*。然后，在给定的 *Y* 值处，*x* 和 *y* 色度坐标出现在单位平面上。

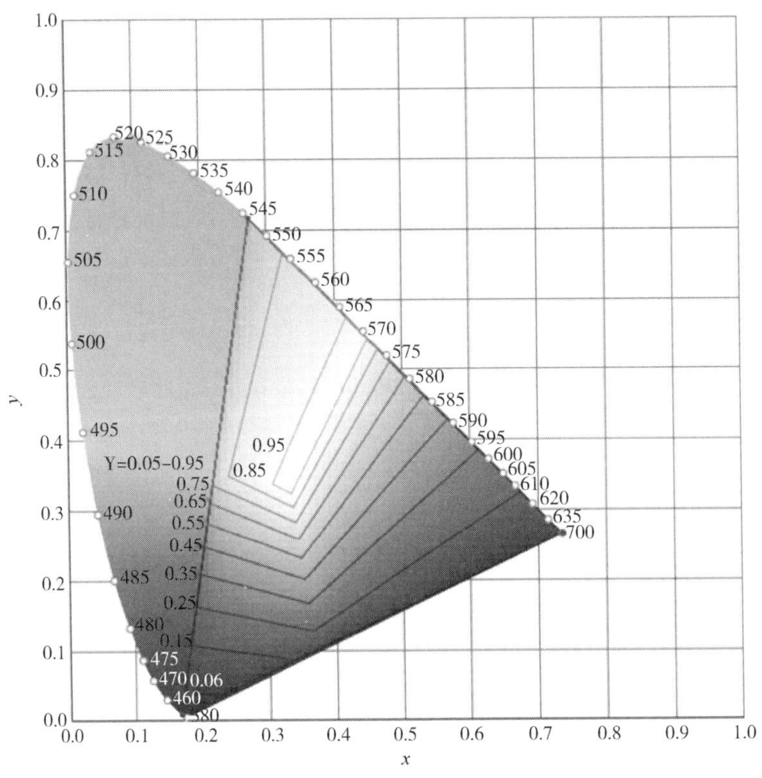

图 12.5　具有第三维（*Y*）的马蹄形色度图

第三维由三色值 *Y* 表示。如前所述，该值表示颜色的亮度。*Y* 的刻度从一个垂直于由 *x* 和 *y* 形成的平面的直线上的白点延伸，使用从 0 到 1 的刻度。颜色的最大范围存在于 0，其中白点等于 CIE 发光体 C。随着 *Y* 值增加并且颜色变浅，颜色或色域的范围减小，使得 1 处的颜色空间仅仅是原区域的一条［由 Gernot Hoffman（德国埃姆登应用科学大学）授权转载）。

x，*y*，*z* 色度系统的问题是从空间看起来像一个马蹄铁，它使得这些值之间的任何线性关系计算和感官标度非常困难。与马蹄形 CIE 空间相比，其他颜色系统的色彩空间图示性更加统一。这些色彩空间的早期版本是加德纳和亨特 L，A，B 空间（它们与特定的乐器相关），其值（又称白度或黑度）由 *L* 表示。颜色空间的彩色部分基于矩形笛卡尔坐标（*a*，*b*），红色表示为+*a*，绿色表示为−*a*，黄色表示为+*b*，蓝色表示为−*b*。这些系统更容易有意义地传达颜色数据。随后其他空间仪器不变，如 CIELAB 和 CIELUV，也分别称为 L ＊ a ＊ b 和 L ＊ u ＊ v，由 CIE 开发，用于改进 CIE 系统的线性度（CIE，1986 年）。L ＊ u ＊ v 系统已应用于食品，但主要是为颜色添加剂混合而设计的，例如电视和照明。L ＊ a ＊ b 空间近似于 Munsell 空间。对于 L ＊ u ＊ v 和 L ＊ a ＊ b 系统而言，三个轴是相互垂直的。+*a* 值增加表示红色增加；一个更大的值−*a* 表示绿色增加。+*b* 增加表示黄色增加，

$-b$增加表示蓝色增加。增加 L^* 值表明增加亮度（或白度）。人们必须小心，不要过分简化空间——这是在作者错误地将 a 描述为红色并且将黄色描述为 b 时发生的。实际上（a，b）是笛卡尔坐标，它们共同描述了空间中的一个点（Hutchings，1999；Wrolstad 等，2005）。

为了使颜色坐标值更直观，设计了 L^* C^* h 色彩空间（Sharma，2003）。该空间使用与 L^* a^*b 颜色空间相同的图表，但使用角度不是 a 和 b 的笛卡尔坐标。L^* C^* h 中的 L^* 与 L^* a^* b 中的 L^* 相同。C^*表示色度（色彩饱和度的指示），在色彩空间的中心等于零，并且根据距离中心的距离而增加。h^* 是色调角度，用度表示。从$+a^*$ 轴开始，0°为$+a$（红色），90°为$+b$（黄色），180°为$-a$（绿色），270°为$-b$（蓝色）。

上述颜色系统在确定颜色方面很有帮助，但在确定颜色之间的差异时并不非常有用。色差可以用 L^*a^*b，L^*u^*v 和 L^*C^*h 系统。对于 L^*a^*b，两个样品之间色差的公式如下：

$$\Delta E^* = 1/2\left[(L_1 - L_2)^2 + (a_1 - a_2)^2\right] + (b_1 - b_2)^2 \tag{12.7}$$

特别要注意，一旦 ΔE 被计算出来，差异的大小是已知的，但不清楚它是否由单独的 L，a，b 还是其某种组合所决定（Sharma，2003）。因为 L，a，b 空间不均匀，所以在色彩空间的某些部分，ΔE 比其他部分更精确。为了改善这种情况，人们已经提出了许多其他色差方程。最受欢迎的是 CIE94（也称为 E94，CIE 1995b）和 CIEDE2000（Luo 等，2001；Sharma 等，2005）。

CIEDE2000 已被广泛研究，似乎是对标准 E 和 CIE94 的改进（Melgosa 等，2008；Xu 等，2002）。还有一些数学色彩系统，北美读者可能不太熟悉，但对其他人来说却很熟悉，例如，瑞典自然色系（NCS，Hard 和 Sivik，1981），DIN99（Cui 等，2002）和 CMC（AATCC，2005）。幸运的是，从任何这些系统派生的值都可以相互转换，只要条件适当。表 12.3 所示为几个颜色转换表和公式的例子。

颜色系统之间的相互转换可能会遇到问题。在食品基质中，当从其他系统转换为 CIE XYZ 系统时，经常存在差异，因为转换计算是基于不透明标准响应的。另一方面，食品系统往往是半透明的，并不像标准所预测的那样。

Angela Little（MacKinney 和 Little，1962）指出："一旦我们接受这种颜色属于感官知觉领域，我们也必须接受，只能在心理方面直接衡量。然而，从物理测量中，我们可以获得表 12.3 所示的常用颜色系统的转换方程和表格。为建立心理生理标度提供基础的数据，我们可以预测视觉颜色的外观。"她建议通常颜色测量的主要关注点是测量眼睛看到的东西。因此有必要产生与人类视觉感知相关的数据。通常情况下，仪器数据（三色值）与小组成员获得的数据不相关，并且可能需要进一步处理仪器数据以改善相关性。

表 12.3　　常用颜色系统的转换方程和表格

将 CIE XYZ 转换为 CIELUV L^* u^* v^*①

$L^* = 116\,(Y/Y_n)^{1/3} - 16$ 对于 $Y/Y_n > 0.008856$，其中 Y_n 是用于参考白色

$L^* = 903.3\,(Y/Y_n)^{1/3}$ 对于 $Y/Y_n \leq 0.008856$，其中 Y_n 是用于参考白色

$u^* = 13L^*\,(u' - u'_n)$ 其中 u'如下所述计算，u'_n 用于参考白色

$v^* = 13L^*\,(v' - v'_n)$ 其中 v'如下所述计算，v'_n 用于参考白色

续表

u'和v'的计算：
$u'=(4X)/(X+15Y+3Z)=(4X)/(-2X+12Y+3)$
$v'=(9Y)/(X+15Y+3Z)=(9y)/(-2x+12y+3)$
将 CIE XYZ 转换为 CIELAB L* a* b*②
$L^*=116(Y/Y_n)^{1/3}$对于 $Y/Y_n>0.008856$，其中 Y_n 是参考白色的值
$a^*=500\{(X/X_n)^{1/3}-(Y/Y_n)^{1/3}\}$，其中 X_n 是用于参考白色
$b^*=200\{(Y/Y_n)^{1/3}-(Z/Z_n)^{1/3}\}$，其中 Z_n 是参考白色的值
将 CIELAB L* a* b* 转换为 CIE XYZ③
如果使用光源 C，$Y^{1/3}=(L^*+16)/24.99$
如果使用光源 C，则 $X\%^{1/3}=(a^*/107.72)+Y^{1/2}$
如果使用光源 C，$Z\%^{1/3}=Y^{1/3}-(b^*/43.09)$
将 CIELAB L* a* b* 转换为 HunterLAB③
如果使用光源 C，$L=10Y^{1/2}$
如果使用光源 C，则 $a=17(X\%-Y)/Y^{1/2}$
如果使用光源 C，则 $b=7.0(Y-Z\%)/Y^{1/2}$
将 CIE XYZ 转换为 HunterLAB④
$L=10Y^{1/2}$
$a=175(1.02X-Y)/(Y^{1/2})$
$b=70(Y-0.847Z)/(Y^{1/2})$
将 Munsell 值转换为 CIE XYZ
使用 Glenn 和 Killian 表格（1940）
将 Munsell 值转换为 CIE xy
使用 Glenn 和 Killian 表格（1940）

①Hutchings，1999.（CIELUV 旨在用于电视和照明行业的色素添加剂混合，但已用于食品颜色测量）。

②ASTM，1991。

③Pattee 等，1991。

④Clydesdale，1978。

当用仪器测量食物的颜色时，科学家应该记住，仪器是设计用来测量理想样品的反射颜色的，即均匀着色、不透明、平坦和均匀光散射的样品的反色颜色（Clydesdale，1975，1978）。食物远非理想样品。几乎所有的食物都有不规则形状和纹理并散射和透射光线的表面特征。另外，大多数食物中的色素分布也不规则。仪器也是设计用于测量理想样品透射颜色的，在这种情况下，理想样品清晰且可适度吸光。真正的液体（通常测量透射颜色的）通常具有浑浊度并且也许很能吸收光线（Clydesdale，1978）。

通过将干粉样品压缩成颗粒，可以获得一个近似理想的测量例如面粉和可可粉表面的反射颜色。其他干燥食品，如速溶咖啡、马铃薯饼干、干燥明胶结晶（干燥的 Jell-O®）可以压制成非常薄的华夫饼。测量半透明液体的颜色时，暴露的区域应该比照明区域大得多。这允许任何光线进入样品并在样品内侧向穿梭，在其可被测量的方向穿出。这可以使改变液体色调的选择性吸收效果最小化（详见 12.4.1.2）。

12.6 结论

感官颜色测量经常被感官专家忽略，或者他们将这种测量作为事后补充。我们希望这一章让读者意识到色彩的测量，无论是通过视觉测量还是使用仪器测量，都不是一件简单的工作。感官专家应该非常小心地规范所有这些与测量相关的可能情况，并仔细报告具体情况以用于测试。此外，重要的是要认识到，大多数（如果不是全部的话）视觉和外观特征可以使用标准的描述性分析技术进行评价。

参考文献

AATCC. 2005. CMC: Calculation of small color differences for acceptability. AATCC Technical Manual, Test Method 173-1998, pp. 311-315.

ASTM. 1982. Committee D1. Standard practice for visual evaluation of color differences of opaque materials. American Society for Testing Materials Standards, Philadelphia, PA, USA.

ASTM. 1987. Color and Appearance Measurement, Second Edition. American Society for Testing Materials Standards, Philadelphia, PA, USA.

ASTM. 1991. Standard test method for computing the colors of objects using the CIE system. E 308-90. Annual Book of ASTM Standards, 14, 244-270.

Beck, J. and Prazdny, S. 1981. Highlights and the perception of glossiness. Perception and Psychophysics, 30, 407-410.

Caivano, J. L., Menghi, I. and Iadisernia, N. 2004. Casie and paints: An atlas of cesia with painted samples. Proceedings of the Interim Meeting of the International Color Association AIC 2004, pp. 113-116.

Carrasco, A. and Siebert, K. J. 1999. Human visual perception of haze and relationships with instrumental measurements of turbidity. Thresholds, magnitude estimation and sensory descriptive analysis of haze in model systems. Food Quality and Preference, 10, 421-436.

Chen, C.-C. and Paull, R. E. 2001. Fruit temperature and crown removal on the occurrence of pineapple fruit translucency. Scientia Horticulturae, 88, 85-95.

Christensen, C. M. 1983. Effect of color on aroma, flavor and texture judgements of foods. Journal of Food Science, 48, 787-790.

Chong, V. K., Nishi, T., Kondo, N., Ninomiya, K., Monta, M., Namba, K., Zhang, Q. and Shimizu, H. 2008. Surface gloss measurement on eggplant fruit. Applied Engineering in Agriculture, 24, 877-883.

CIE. 1978. Recommendations on uniform color spaces, color difference equations, psychometric color terms. Supplement #2 to CIE Publication 15 (E-1.3.1) 1971/(TC-1.3). Bureau Central de la CIE, 27 Kegel Strasse, A-1030 Vienna, Austria.

CIE. 1986. Colorimetry, Second Edition, CIE Publication 15.2. CIE Central Bureau, 27 Kegel Strasse, A-1030 Vienna, Austria.

CIE. 1995a. Method of measuring and specifying colour rendering properties of light sources. CIE Publication # 13.3. CIE Central Bureau, 27 Kegel Strasse, A-1030 Vienna, Austria.

CIE. 1995b. Industrial colour-difference evaluation CIE Publication # 116. CIE Central Bureau, 27 Kegel Strasse, A-1030 Vienna, Austria.

Cui, G., Luo, M. R., Rigg, B., Roesler, G. and Witt, K. 2002. Uniform color spaces based on the DIN99 colour-difference formula. Color Research and Application, 27, 282-290.

Clydesdale, F. J. 1975. Food Colorimetry: Theory and Applications. AVI, Westport, CT.

Clydesdale, F. M. 1978. Colorimetry—methodology and applications. CRC Critical Reviews in Food Science and Nutrition, 243-301.

Deeb, S. S. 2005. The molecular basis of variation in human color vision. Clinical Genetics, 67, 369-377.

Deeb, S. S. 2006. Genetics of variation in human color vision and the retinal cone mosaic. Current Opinion in Genetics and Development, 16, 301-307.

Demattè, M. L., Sanabria, D. and Spence, C. 2009. Olfactory discrimination: When vision matters. Chemical Senses, 34, 103-109.

DuBose, C. N., Cardello, A. V. and Maller, O. (1980). Effects of colorants and flavorants on identification, perceived flavor intensity and hedonic quality of fruit-flavored beverages and cake. Journal of Food Science, 45, 1393-1399, 1415.

Eggert, J. and Zook, K. 2008. Physical Requirement

Guidelines for Sensory Evaluation Laboratories, Second Edition. ASTM Special Technical Publication 913. American Society for Testing and Materials, West Conshohocken, PA.

Eterradossi, O., Perquis, S. and Mikec, V. 2009. Using appearance maps drawn from goniocolorimetric profiles to predict sensory appreciation of red and blue paints. Color Research and Appreciation, 34, 68-74.

Farnsworth, D. (1943). The Farnsworth-Munsell 100-hue and dichotomous tests for color vision. Journal of the Optical Society of America, 33, 568-578.

Glenn, J. J. and Killian, J. T. 1940. Trichromatic analysis of the Munsell book of color. Journal of the Optical Society of America, 30, 609-616.

Hard, A. and Sivik, L. 1981. NCS—natural color system: A Swedish standard for color notation. Color Research and Application, 6, 129-138.

Hernández, B., Sáenz, C., Alberdi, C., Alfonso, S., Berrogui, M. and Diñeiro, J. M. 2004. Design and performance of a color chart based in digitally processed images for sensory evaluation of Piquillo peppers (*Capsicum annuum*). Color Research and Application, 29, 305-311.

Hetherington, M. J., Martin, A., MacDougall, D. B., Langley, K. R. and Bratchell, N. 1990. Comparison of optical and physical measurements with sensory assessment of the ripeness of tomato fruit *Lycopersicon esculenfum*. Food Quality and Preference, 2, 243-253.

Hough, J. S., Briggs, E. D., Stevens, R. and Young, T. W. 1982. Malting and Brewing Science. Chapman and Hall, London.

Hutchings, J. B. 1999. Food Colour and Appearance, Second Edition. Aspen, Gaithersburg, MD.

Hutchings, J. B. 2002. The perception and sensory assess- ment of colour. In: D. B. MacDougall (ed.), Colour in Foods: Improving Quality. Woodhead, Cambridge, England, pp. 9-32.

Hutching, J. B. 2003. Expectations and the Food Industry: The Impact of Color and Appearance. Springer, New York.

Jameson, K. A., Highnote, S. M. and Wasserman, L. M. 2001. Richer color experience in observers with multiple photopigment opsin genes. Psychonomic Bulletin and Review, 8, 244-261.

Joshi, P. and Brimelow, C. J. B. 2002. Colour measurements of foods by colour reflectance. In: D. B. MacDougall (ed.), Colour in Foods: Improving Quality. Woodhead, Cambridge, England, pp. 80-114.

Kane, A. M., Lyon, B. G., Swanson, R. B. and Savage, E. M. 2003. Comparison of two sensory and two instrumental methods to evaluate cookie color. Journal of Food Science, 68, 1831-1837.

Kang, S. P., East, A. R. and Tujillo, F. J. 2008. Colour vision system evaluation of bicolour fruit: A case study with "B74" mango. Postharvest Biology and Technology, 49, 77-85.

Kuo, W. G. and Luo, M. R. 1996. Methods for quantifying metamerism: Part I—Visual assessment. Journal of the Society of Dyers and Colourists, 112, 312-320.

Lana, M. M., Hogenkamp, M and Koehorst, R. B. M. 2006. Application of Kubelka-Munk analysis to the study of translucency in freshcut tomato. Innovative Food Science and Emerging Technologies, 7, 302-308.

Lee, H.-C. 2005. Introduction to Color Imaging Science. Cambridge University Press, England.

Leedham, P. A. and Carpenter, P. M. 1977. Particle size measurement and the control of beer clarity. Proceedings, European Brewery Convention 16th Congress. European Brewery Convention, London, pp. 729-744.

Little, A. 1962. Introduction. In: G. MacKinney and A. C. Little (eds.), Color of Foods. AVI, Westport, CT.

Luo, M. R., Cui, G. and Rigg, B. 2001. The development of the CIE 2000 colour difference formula: CIEDE2000. Color Research and Application, 26, 340-350.

MacDougall, D. B. 2002. Colour measurement of food. In: D. B. MacDougall (ed.), Colour in Foods: Improving Quality. Woodhead, Cambridge, England, pp. 33-63.

MacKinney, G. and Little, A. C. 1962. Color of Foods. AVI, Westport, CT.

Malcolmson, L., Jeffrey, L., Sharma, D. D. and Ng, P. K. W. 1989. Relationship between sensory clarity and turbid-ity values of apple juice. Canadian Institute of Science and Technology Journal, 22, 129-132.

Melgosa, M., Huertas, R. and Berns, R. S. 2008. Performance of recent advanced color-difference formulas using the standardized residual sums of squares index. Journal of the Optical Society of America A, 25, 1828-1834.

Melgosa, M., Rivas, M. J., Hita, E. and Viénot, F. 2000. Are we able to distinguish color attributes? Color Research and Application, 25, 356-367.

Merbs, S. L. and Nathans, J. 1992. Absorption spectra of human cone pigments. Nature (London), 356, 433-435.

Merbs, S. L. and Nathans, J. 1993. Role of hydroxyl-bearing amino acids in differently tuning the absorption spectra of the human red and green cone pigments. Photochemistry and Photobiology, 58, 706-710.

Nobbs, J. H. 1985. Kubelka-Munk Theory and the prediction of reflectance. Reviews in the Progress of Coloration, 15, 66-75.

Obein, G., Knoblauch, K. and Viénot, F. 2004. Difference scaling of gloss: Nonlinearity, binocularity, and constancy. Journal of Vision, 4(9), 4, 711-720.

Oleari, C. 2001. Comparisons between color - space scales, uniform-color-scale atlases, and color-difference formulae. Color Research and Application, 26, 351-361.

Osterbauer, R. A., Matthews, P. M., Jenkinson, M., Beckmann, C. F., Hansen, P. C. and Calvert, G. A. 2005. Color of scents: Chromatic stimuli modulate odor responses in the human brain. Journal of Neurophysiology, 93, 3434-3441.

Pangborn, R. M. 1982. Influence of water composition, extraction procedures and holding time and temperature on quality of coffee beverage. Lebensmittel Wissenschaft und Technologie, 15, 161-168.

Pardo, P. J., Pérez, A. L. and Suero, M. I. 2007. An example of sex-linked color vision differences. Color Research and Application, 32, 433-439.

Pattee, H. E., Giesbrecht, F. G. and Young, C. T. 1991. Comparison of peanut butter color determination by CIELAB $L^*a^*b^*$ and Hunter color-difference methods and the relationship of roasted peanut color to roasted peanut flavor response. Journal of Agriculture and Food Chemistry, 39, 519-523.

Pieczonka, W. C. E. 1974. [Nephelometric method for clarity assessment of beverage apple juice.] Przemysl Spozywczy, 28, 121-124.

Pointer, M. R., Attridge, G. G. and Jacobson, R. E. 2002. Food colour appearance judged using images on a computer display. The Imaging Science Journal, 50, 23-36.

Setser, C. S. 1984. Color: Reflections and transmissions. Journal of Food Quality, 42, 128-135.

Shankar, M. U., Levitan, C. A., Prescott, J. and Spence, C. 2009. The influence of color and label information on flavor perception. Chemosensory Perception, 2, 53-58.

Sharma, A. 2003. Understanding Color Management. Delmar Cengage Learning, Florence, KY.

Sharma, G., Wu, W. and Dalal, E. N. 2005. The CIEDE2000 color-difference formula: Implementation notes, supplementary test data, and mathematical observations. Color Research and Application, 30, 21-30.

Siebert, K. 2009. Haze in beverages. Advances in Food and Nutrition Research, 57, 53-86.

Siebert, K., Carrasco, A. and Lynn, P. Y. 1996. The mechanism of protein - polyphenol haze formation in beverages. Journal of Agricultural and Food Chemistry, 44, 1997-2005.

Stevens, M. A. and Scott, K. E. 1988. Analytical methods of tomato products. In: H. F. Linskens and J. F. Jackson (eds.), Analysis of Nonalcoholic Beverages. Springer, Berlin, pp. 134-165.

Stevenson, R. J. and Oaten, M. 2008. The effect of appropri- ate and inappropriate stimulus color on odor discrimination. Attention, Perception & Psychophysics, 70, 640-646.

Talens, P., Martínez - Navarrette, N., Fito, P. and Chiralt, A. 2002. Changes in optical and mechanical properties during osmod - ehydrofreezing of kiwi fruit. Innovative Food Science and Emerging Technologies, 3, 191-199.

Valous, N. A., Mendoza, F. Sun, D-W. and Allen, P. 2009. Colour calibration of a laboratory computer vision system for quality evaluation of pre-sliced hams. Meat Science, 81, 132-141.

Vargas, W. E. and Niklasson, G. 1997. Applicability conditions of the Kubelka-Munk theory. Applied Optics, 36, 5580-5586.

Venkatasubramanian, K., Saini, R. and Vieth, W. R. 1975. Immobilization of papain on collagen and the use of collagen-papain membranes in beer chill-proofing. Journal of Food Science, 40, 109-113.

Whiting, R., Murray, S., Ciantic, Z. and Ellison, K. 2004. The use of sensory difference tests to investigate perceptible colour - difference in a cosmetic product. Color Research and Application, 29, 299-304.

Wrolstad, R. E., Durst, R. W. and Lee, J. 2005. Tracking color and pigment changes in anthocyanin products. Trends in Food Science and Technology, 16, 423-428.

Xiao, B. and Brainard, D. H. 2008. Surface gloss and color perception of 3D objects. Neuroscience, 25, 371-385.

Xu, H., Yaguchi, H. and Shiori, S. 2002. Correlation between visual and colorimetric scales ranging from threshold to large color difference. Color Research and Application, 27, 349-359.

Zhang, H. and Montag, E. D. 2006. How well can people use different color attributes? Color Research and Application, 31, 445-457.

13 偏好检验

偏好检验，是一种消费者检验，在检验中消费者通常被要求从成对产品中选出自己最喜欢的一个。这些检验虽然看起来简单直接，但在实施过程中还是会遇到一些麻烦，尤其是重复数据的处理和包含以“无偏好”选项为回答的数据的分析。此外，还有些其他方法被讨论，包括多个产品间的排序、从一组产品中选择最优和最劣者以及评价偏好程度等。

一个研究中涉及的评价员数量可能会导致一些无关紧要的差异，而这些差异却受到了过分的重视。在产品偏好检验中很有可能会产生统计学上的显著性差异，但仅通过增加评价员数量来减少这些差异现实意义却并不大。

——H. G. Schutz（1971）

13.1 引言：消费者感官评价

消费者感官评价通常在产品开发或再生产周期结束时进行，此时利用分析性感官评价将可选择的产品原型缩减至一个易控的子范围之内。感官评价之后常常通过市场调研再进行一些其他的检验。消费者感官评价与市场调研检验最大的区别在于前者通常在编码产品而非品牌产品间进行，而后者则主要用于品牌产品的检验（van Trijp 和 Schifferstein，1995）。在消费者感官分析中，调研者在意的是消费者是否喜欢这个产品，较于其他产品是否更中意该产品，或者基于其感官特性找到该产品令人满意之处，而对购买意图、品牌影响力以及成本因子等并不感兴趣。而一个产品如果只有高快感得分（被喜爱）或者较于其他产品更受消费者喜爱，那么该产品在经济上却并不一定会成功。因为市场上的成功还同时受价格、市场形象、包装、市场定位等因素的影响。但是，一个在消费者接受度检验中得分不高的产品即使营销技术再好也会失败。

感官技术已被广泛应用于评价公众对各种刺激的反应了，甚至包括环境干扰因素（Berglund 等，1975）。据史实，消费者对于食品的接受度检验明显有别于早期方法，而这些早期方法主要依赖于专家评价员的意见或评审小组以找寻产品缺陷为目的而进行评价所得的分数（Caul，1957；Jellinek，1964；Sidel 等，1981）。接受度检验的发展推动了分析性感官技术与情感类检验的逻辑分离，进而产生了专家评级和品质检验早期概念中所缺乏的差别。接受度信息尤其有用，例如，它可以与其他感官分析、消费者预期以及确定食用产品最佳设计时产品配方的限制因素等相结合（Caul，1957；Jellinek，1964；Sidel 等，1981）。

对于食品和消费性产品，有两种主要的消费者感官评价方法——偏好和接受度检验（Jellinek，1964）。在偏好检验中，消费者需要在两个或者更多产品间选择一个。在接受度或喜爱度检验中消费者评价小组需要针对某个产品就某个标度评价自己喜欢的程度。接受度检验可以在单个产品上进行，并无需与其他产品进行对比。一个高效的实验程序就是首先在多产品检验中确定消费者的接受度得分，然后根据这些得分再间接确定他们的偏好得分。这两种类型的检验都被称为快感或情感类检验，术语“快感”意即愉悦。此两类检验都旨在评价一个产品的感官品质对消费者的吸引力，去获取消费者对产品色、香、味等基本感官品质的反应。对非食用产品而言，其他感官因素也会像自觉效能或产品性能一样起作用。与产品吸引力有关的其他因素将在下一章进行讨论，如产品预期用途的适宜性和消费者对产品的满意度（性能与预期相关）。这一章将会针对一些简单的偏好选择进行探讨。过去，“偏好检验”一词还被用来指代有关人们对食品名称列表喜欢或不喜欢的研究（Cardello 和 Schutz，2006），所得数据普遍具有不同级别标度，因此可称之为“接受度检验”并作为专用术语在下一章被引用。而在本章，我们将使用术语“偏好检验”来表示在两者或更多选项中做出选择的实验。

成功的消费者检验关键在于找到合适的参与者，他们必须在普罗大众中具有代表性，这样实验结果才具有概括性、全面性，他们应该是产品的使用者并且最好是频繁使用者。感官研究者会与当事人（要求参加检验并需要使用检验结果的人）频繁交涉，了解该人多久使用一次该产品从而确定他是否能成为该检验的合格参与人选。显然，应该任用未经培训的评价员去进行检验，因为他们对产品具有不同于大众消费者的心态。有时，在检验初期阶段会用到雇员，但是这些雇员必须是被检产品的使用者。关于选拔消费者检验参与人员的更多内容请查阅第 15 章，而该章原理的应用则在后三章，分别是关于偏好、接受度程度以及消费者现场检验。

感官评价在某种程度上是一种人为情境，并不总能很好地预测现实世界中购买或消费等的消费者行为（Lucas 和 Bellisle，1987；Sidel 等，1972；Tuorila 等，1994；Vickers 和 Mullan，1997）。因为，购买决定甚至消费量涉及许多其他影响因素，其远远超过单一的产品感官吸引力。尽管有这些缺陷，但是偏好和接受度检验能提供与成组产品相对吸引力有关的重要信息，而这些成组产品在开发过程的某些阶段确实需要盲标的消费者检验。也就是说，消费者检验的目标是基于感官品质在成组产品中找出最有可能成功的那个产品。所以不管这些方法的检验环境被人为施加了局限，它们对感官研究者和要求参加检验的当事人仍然十分有用。

接下来的三章将分别就偏好检验、接受度检验以及之后的消费者现场检验和问卷设计展开讨论。本章将聚焦于简单的成对偏好检验。虽然它的简单特性很具有吸引力，感官和市场研究人员还是引入了其他的变化形式使得检验和分析复杂化，包括重复实验和附加一个“无偏好”（或都偏好）选项这两大主要变化。我们会推荐成对偏好检验的最简版本作为一个不错的实践，但是其他较复杂的版本以及偏好排序也会在本章有所提及，此外章内及附录中也会给出一些实例。

13.2 偏好检验：概述

13.2.1 基本比较

偏好检验是在两个或多个产品之间进行比较而做出选择。两个产品之间进行的选择称为成对偏好检验，这是获取产品对消费者吸引力的最简单（并且最普遍）检验类型，某种程度上也是最原始的感官评价。1952 年一出版物曾描述了一种被 Kroger 公司食品零售商保持了 20 年的固定样本邮寄调查，他们会收到成对产品并在邮件附带的调查问卷中完成产品比较（Garnatz，1952）。成对检验由于其简单性在很大程度上很受欢迎，因为它们模仿消费者在购买时所做的举动（即在可选项目里进行选择），还有些人认为它们比具有不同级别标度的接受度检验更灵敏。我们没有明确的数据去充分证明后者的观点，尽管直观地来说两个产品在同一标度上可能会有同样的得分，但一者较另一者总会略胜一筹。然而，也有可能一个产品在一场选择检验中胜出而其自身却并没有什么吸引力（就像一场只有两个你都不喜欢的候选人的选举，你只能投票给一个你不怎么讨厌的那个人）。这就是偏好检验的劣势所在，它给不了人们一个产品整体吸引力的全面信息，于是具有不同级别标度的接受度检验就应运而生了。

13.2.2 变异版本

从多产品中选择一偏爱者的偏好检验，其变版之一就是“排序”，产品被要求按从最喜欢到最不喜欢的顺序依次排列。它还有一个版本：给定一小组产品（通常 3 个）并让消费者选出最优者和最劣者。该检验结果数据能够标注在一个标尺上，因此被称为最好-最坏标度，虽然该实验任务本身只是做选择而并没有涉及关于标尺的回答。最好-最坏和成对检验都是排序应用的特例，你可将成对检验看成是两产品间的排序。排序和最好-最坏标度都会在本章后续部分进行讨论。

偏好检验的其他重要变版涉及“无偏好”选项的使用以及对相同参与者的重复实验。无偏好选项无疑提供了更多信息，但会使统计学分析复杂化，因此产品研究者通常会尽量避免，但是在广告声称中无偏好选项可能被法律强制要求（ASTM，2008）。而重复实验在偏好检验中并不常见。然而，最近的研究表明接受度检验中的重复实验会增强消费者对于产品的辨别力。是否有喜欢同一产品不同类型的稳定消费者群体存在呢，重复实验也能为此提供证明。偏好检验的初级目标在于找到一个“赢家”，也就是在检验中相对于其他产品对消费者有着显著高吸引力者。

有研究利用文盲和半文盲消费者人群进行成对偏好检验的实例，以此来探索其检验效能（Coetzee，1996；Coetzee 和 Taylor，1996）。这些消费者中的许多人不会读写，但是能通过口头指示和成对符号（一个空心而另一个是实心的相同符号）的使用可靠地完成成对偏好检验，其中，一个作者曾在不同国家测试该方法，结果表明文盲消费者参与下的该方法依旧奏效（Coetzee，1996）。使用颜色代码的成对偏好检验已被成功应用

(Beckman 等, 1984), 并可以在文盲或半文盲消费者参与下使用。由于它任务的简单直接、易于理解, 偏好检验同样适合低龄儿童 (Engen, 1974; Kimmel 等, 1994; Schmidt 和 Beauchamp, 1988; Schraidt, 1991)。

多重成对偏好检验构成新型阈值测试——消费者拒绝阈值的基础。Prescott 等 (2005) 让一组葡萄酒消费者去品尝一系列三氯苯甲醚浓度不断增加的酒, 试图去找一个浓度, 在该浓度下酒无"木塞污染"并获得消费者一致偏好。该技术已在第 6 章讨论过, 应该能在商品中找到大量应用, 通过运用该技术能很好地了解导致多种污染和异味的化学物质源头 (Saliba 等, 2009)。

13.2.3 注意事项

在一些其他种类感官评价结束之后会有想要再加一个偏好检验的冲动, 于是一个普遍的方法论问题就产生了, 这一点要切忌。例如, 在一个差异检验之后进行偏好选择实验是极不明智的行为。其原因有许多, 其一, 两个检验的参与者选拔标准不同。偏好检验中, 参与者是产品的使用者, 而差别检验中的专门评价小组成员则是经过敏感度筛选、完成某一特定检验程序甚至经过基础培训的。因此, 差别检验的小组成员并不能代表消费者总体, 而它通常也不会趋向于这样做。相反, 重点是提供一个灵敏的工具, 作为检测差异的安全网。其二, 差别检验的参与者具有分析性思维框架, 而偏好检验中参与者通常是以一体化思维 (即将产品看成一个整体) 对实验任务作出快感反应的。其三, 在差别检验中, 对于如何处理准确与否的偏好判断这一问题, 一直没有好的解决方法。即使是那些答案正确的评价员, 他们其中有些人也可能是猜对的 (即准确结论也具有偶然性)。因此, 出于任何原因从消费者检验中去除某些评价员的结果显然是欠妥的。我们最初选择这些人是因为他们代表了某个产品的目标消费人群。

在进行一个成对偏好检验时要切记该方法是用来回答一个且仅一个重要问题的。消费者具有整体化思维并可对产品整体做出反应, 通常他们不会去分析产品的个别属性, 尽管驱使他们决定的可能是某一两个突出的产品特征。然而, 这一两个突出的特征也有可能会使他们积极看待其他产品属性, "光环效应" (详见第 9 章) 就是一个很好的例子。因此, 很难让消费者去准确解释他们选择的依据。尽管在一个大型、斥资不菲的多城市消费者现场检验中征求判断信息是一种很普遍的现象, 但是应该意识到这些信息的"失真", 这些"失真"很难去诠释而且也不确定它们在做重要决定时是否会起到作用。

选择检验和排序能指示产品的偏好趋势, 但无法得到多产品间的相对偏好差异。也就是说, 实验结果无法显示偏好的大小。不过, 可以从比例中推导出 Thurstonian 的缩放值, 从而给出一组产品间差异大小的指示。例如, Engen (1974) 在多重成对比较检验中利用间接缩放值对比了成年人和儿童从喜欢到不喜欢的气味偏好范围, 结果表明成年人的偏好范围更广。

13.3 简单成对偏好检验

13.3.1 推荐程序

在成对偏好检验中参与者会领到两份编码样品，这两份样品同时被呈送给所有评价小组成员，并要求他们鉴别出更偏爱的产品。经常为了简化数据分析和诠释，检验主体（即评价员）必须做出选择（强制性选择法），尽管有可能包括无偏好选项（本章后续部分讨论）。图 13.1 所示为是一份不带“无偏好”选项的样品得分表，感官研究者要确保消费者评价员准确地了解了这份得分表所表述的任务。

成对偏好检验有两种可能的呈样顺序（AB 和 BA），这两种顺序应在评价小组成员之间随机分布，先上 A 或先上 B 的人数相等。

成对偏好检验

橙汁饮料

姓名 ______________　　　　日期 ______________

评价者编号 ______________　　　　会话代码 ______________

实验开始前请用清水漱口。

请按呈送顺序品尝两样品，从左至右。

您可随意饮用，但至少必须喝完所呈样品的一半。

有任何问题，请现在就咨询服务人员。

圈出您所偏好的样品的编号（必须做出选择）

387　　　　456

感谢您的参与！

请将问卷交给窗口服务人员。

图 13.1　强迫选择的成对偏好检验问卷样式

进行一场成对偏好检验的步骤如表 13.1 所示，检验结果的最终用户很适合用来确定检验目标，呈样数量、温度以及其他物理设置等方面的检验条件也应该明确。将这些实验条件和步骤作为一个标准操作程序（SOP）记录下来，以便实验助理在进行检验时能清楚地知道该怎么做。当然，还必须要准备无记名选票、给产品随机编码，并为两产品的交替呈放位置建立一个均衡方案。要按检验要求招募并筛选消费者，通常被检产品的常用者就很合适。在该检验中，消费者被强制做出选择，并且不能回答“无偏好”或者同样偏好。

表 13.1 **成对偏好检验的步骤**

1. 取得样品，确定检验目的、细节、流程安排以及当事人的参检资格（根据产品使用的频繁程度）；
2. 确定检验条件（样品数目、呈样量、温度等）；
3. 撰写评价说明与指导，设计选票；
4. 招募潜在消费者；
5. 根据产品使用筛选合格消费者；
6. 确定均衡的呈样顺序（AB/BA）；
7. 分配随机三位数编码并标记于样品杯/盘上；
8. 进行实验；
9. 分析结果；
10. 与当事人或最终使用者交流结果。

13.3.2 统计学基础

对成对偏好检验方法来说，一个具体产品的被选择概率为 50%。原假设为在整场检验（所有可能的样本人群重复实验之间）中，对任一产品都无偏好的潜在人群会等概率地选择每个样品。因此，按照原假设 $P_{pop}=0.5$。要明确的是，我们所推断的 P_{pop} 是指潜在人群中某个产品更受偏爱的概率，而并不是我们数据中样品受偏爱的概率，因此数学表达为：$H_o: P_{(A)} = P_{(B)} = 1/2$。该检验是双边检验，因为在实验之前并不知道哪个样品更受消费者偏爱。答案无关对错，主要是观点问题。成对偏好检验的备择假设为 $H_a: P_{(A)} \neq P_{(B)}$。三个数据分析结果分别基于二项分布、卡方分布和正态分布。

感官研究员可以通过二项分布确定实验结果是纯属偶然还是小组成员对某一样品有所偏爱。下列公式可以计算出具体结果的精确概率（并非假设检验的综合概率），并给出 50%偶然概率下 N 个可能选择中有 y 种（偏爱）评价的概率。如式（13.1）所示。

$$p_y = (1/2)^N \frac{N!}{(N-y)!\ y!} \tag{13.1}$$

式中 N——评价总数；

y——最受偏爱样品被选择偏爱的次数；

p_y——最受偏爱样品被选择偏爱的概率。

在上述公式中，$N!$ 是数学阶乘公式，结果计算为 $N \cdot (N-1) \cdot (N-2) \cdots 2 \cdot 1$。例如，8 个人中有 5 个人更喜欢某个样品，则该样品的偏爱概率为 $(1/2)^8 \cdot (8!)/(3!)(5!)$，计算结果为 56/256 或 0.219。不过别忘了，这仅是一个结果的概率（二项分布中的一项，具体见附录Ⅱ），在显著性偏爱检验中还有另外两个因素需要考虑。其一是显著性检验中检测结果概率这一极值或者更极限处，所以远在分布尾部的其他项也必须加到概率值中去。因此，在本例中，我们也必须分别计算 8 个（评价总数）中有 6 个（偏爱选择）、7 个和 8 个的概率并求其总和。你会发现对于大型消费者检验来说计算非常冗杂，所以尽管使用精确二项式概率的统计表格很完善，这个方法也鲜为人用（Roessler 等，1978）。第二点考虑在于该检验是双边的，所以一旦你加了所有必要项，末项总概率就要翻倍。考虑完这些之后所得的计算值如表 13.2 所示，该表将统计学差异最小值作为被测人群总数的函数。如果所得某商品偏爱数目（两者中的较大者，即大多数的选择结果）大于或等于表中数值，则为显著性偏好。

表 13.2　显著性差异的最小临界值（X）

N	X	N	X	N	X
20	15	60	39	100	61
21	16	61	39	105	64
22	17	62	40	110	66
23	17	63	40	115	69
24	18	64	41	120	72
25	18	65	41	125	74
26	19	66	42	130	77
27	20	67	43	135	80
28	20	68	43	140	83
29	21	69	44	145	85
30	21	70	44	150	88
31	22	71	45	155	91
32	23	72	45	160	93
33	23	73	46	165	96
34	24	74	46	170	99
35	24	75	47	175	101
36	25	76	48	180	104
37	25	77	48	185	107
38	26	78	49	190	110
39	27	79	49	195	112
40	27	80	50	200	115
41	28	81	50	225	128
42	28	82	51	250	142
43	29	83	51	275	155
44	29	84	52	300	168

续表

N	X	N	X	N	X
45	30	85	53	325	181
46	31	86	53	350	194
47	31	87	54	375	207
48	32	88	54	400	221
49	32	89	55	425	234
50	33	90	55	450	247
51	34	91	56	475	260
52	34	92	56	500	273
53	35	93	57	550	299
54	35	94	57	600	325
55	36	95	58	650	351
56	36	96	59	700	377
57	37	97	59	800	429
58	37	98	60	900	480
59	38	99	60	1000	532

注：N 表示消费者总人数；X 表示两部分人群中较大者的最小要求值。选择为强制性。

表中 X 值是通过近似于二项式分布的 Z 值计算所得，表中未显示的 N 和 X 值可通过 $X = 0.98\sqrt{N}+N/2+0.5$ 计算，所得结果四舍五入取整数。

不建议进行 $N<20$ 的检验，但是其临界值可通过参考表 I 中的精确二项式（累积）概率获得。

表中数值基于双边检验 $\alpha=0.05$ 时 1.96 的 Z 值，$\alpha=0.01$ 时的最小临界值请查阅表 M。

13.3.3 范例

在一个有 45 名消费者评价员的成对偏好检验中，24 名评价员更偏爱样品 A。从表 13.2 中我们可以找到在 5%显著水平下 45 名评价员的表值为 30，而该值大于 24，因此较于其他样品，这些消费者评价员对样品 A 并无显著偏好。再让我们做个不同的假设，50 个评价员中有 35 个更偏爱样品 A（较于 B），根据表 13.2，50 个评价员在 5%水平下所对应的值为 33，高于 35，故而可以说消费者显著偏爱样品 A。

13.3.4 实用的统计学近似法

大部分感官研究者可使用简单查询表判断检验结果的显著性。记住，该检验是双边的，单边的成对差异性检验不能使用该表。如果你手头没有表或者想要计算某些表中没有的值的概率，也可以使用 Z 值公式（详见第 4 章和附录Ⅱ中的差别检验）计算概率。在大样本下，二项分布的取值非常接近于正态分布，而大部分消费者检验的样本都很大（$N>100$），因此该方法在数学上几乎是等价的。下列公式能用来计算一个具体成对偏好

检验结果的 Z 值（Stone 和 Sidel，1978），该公式建立在检验中两个比例差值（偏好观测比例与期望值或是样本半数）的基础之上，如式（13.2a）和式（13.2b）所示。

$$z = \frac{(p_{obs} - p) - 1/2N}{\sqrt{pq/N}} = \frac{(X - Np) - 0.5}{\sqrt{Npq}} \tag{13.2a}$$

或

$$z = [(X - N/2) - 0.5]/0.5\sqrt{N} \tag{13.2b}$$

式中 X——最受偏爱样品被选择偏爱的次数；

p_{obs}——X/N；

N——选择总次数（通常等于评价员人数）；

p——最受偏爱样品偶然被选择的概率；

q——$1-p$，且在成对偏好检验中 $p=q=0.5$。

与成对偏好检验相关的概率是双边的，因此，1.96 的 Z 值对于 $\alpha=0.05$ 的双边检验是适合的。所得 Z 值必须大于 1.96，这样结果才具有统计学意义。其他显著水平下的 Z 值见附录表Ⅰ。

另外一个方法是卡方分布，感官研究者可利用它对比一组观测频数和与之匹配的预测（即推断）频数。卡方统计量可通过下述公式计算（Amerine 和 Roessler，1983），其中包括将-0.5 作为连续校正。这个连续校正是很有必要的，因为卡方分布是连续的而且偏好检验中的观测频数是整数，不可能出现有偏好的半个人，因此统计学近似最大可偏离 0.5。任何期望值卡方检验都包括 5 个步骤：①从期望值中减去观测值并取绝对值；②减去连续校正值 0.5；③所得值求平方；④除以期望值；⑤对全部步骤 4 中所得值求和。如式（13.3）所示。

$$\chi^2 = \frac{[|(O_1 - E_1)| - 0.5]^2}{E_1} + \frac{[|(O_2 - E_2)| - 0.5]^2}{E_2} \tag{13.3}$$

式中 O_1——选择样品 1 的观测值；

O_2——选择样品 2 的观测值；

E_1——选择样品 1 的期望值（成对检验中等于 $N/2$）；

E_2——选择样品 2 的期望值。

单自由度卡方检验的临界值为 3.84，因此实验结果所得值必须超过 3.84 才具有统计学意义。需要注意的是，该值是临界 Z 值 1.96 的平方。只要同时使用或同时不使用连续校正，二项式 Z 值和卡方检验在数学上都是等价的（详见附录Ⅱ）。

13.3.5 等价检验的特例

等价证明对某些场合很重要，如广告宣传。优势起见，建立一个等价偏好检验通常需要比简单成对偏好检验大得多的样本量（N）。等价性统计检验的理论基础见 Ennis 和 Ennis（2009），从该理论衍生出的表格参见 Ennis（2008），该理论指出可以从精确二项分布或近似正态分布中得出概率值，如式（13.4）所示：

$$p = \Phi\left(\frac{|x| - \theta}{\sigma}\right) - \Phi\left(\frac{-|x| + \theta}{\sigma}\right) \tag{13.4}$$

式中 Φ——正态分布积分面积（将 Z 值转化成 p 值）；

θ——半区间，此处等于 0.05；

σ——比例的估计标准差（pq/N 的平方根）；

x——观测比例与空白值（减去 0.5）的差值。

下面是一个示例，修改自 Ennis 和 Ennis（2009）。

在一个软饮料成对偏好检验中，600 个消费者中有 295 个更偏爱某一产品，而其他 305 个则选择另外一个产品。使用（0.50±0.05）范围作为“等价”区域（意即真实人群比例在 45%~55%），我们可以根据式（13.4）进行一个简单的检验。

首先，将 295 的比例连续校正到 294.5，得到的比值为 0.4908，减去 0.5 后得到 x 值为-0.0092。然后通过下式估计标准误差：

$$\sigma = \sqrt{\frac{0.45(0.55)}{600}} = 0.02031$$

p 值计算如下：

$$p = \Phi\left(\frac{|0.0092| - 0.05}{0.02031}\right) - \Phi\left(\frac{-|0.0092| + 0.05}{0.02031}\right) = 0.0204$$

所以在我们所得数据基础之上，计算值 0.0204（$p<0.05$）能很好地证明真实人群比例位于（0.5±0.05）的区间之内。关于偏好检验证明实据的更多信息详见第 19 章。

13.4 非强制性偏好检验

成对偏好检验中经常会包含一个无偏好选项，尽管它在很大程度上使分析复杂化是一个公认的事实，并且不少实践老手都质疑它是否值得费心一试。不过，由于有关证明实据的法律规定它可能是必须的（ASTM，2008）。而无偏好回应小组的规模大小是可以自行决定的有用信息。有人指出该法有助于确定是否会由于中立回应产生相同偏好的分歧，或者是否存在大小近似相等并具有强烈偏好的稳定人群（Gridgeman，1959）。换句话说，一个偏好检验中 50/50 的偏好分歧对任何一个产品都不算真正地胜出，这可能是喜欢不同类型产品的两类消费者作用的结果。然而这一局面并不能通过添加无偏好选项来解决。有研究充分证明即使是面对物理性质相同的样品，人们也会避免做出这个选择（Chapman 和 Lawless，2005；Chapman 等，2006；Marchisano 等，2003）。尽管 Gridgeman 关于非偏好选项会提供额外信息这一论断是正确的，但事实上该选项对解决稳定分段的问题没什么作用。虽然如此，非偏好选项还是会被申请参与检验的人所要求或是包含在其他一些法律规定中（ASTM，2008）。带非偏好选项的偏好检验问卷如图 13.2 所示。

成对偏好检验中处理非偏好选项的四个方法：①排除；②按比例分配；③利用置信区间分析；④利用信号检测模型分析。处理回应方法的选择在某种程度上取决于你对非偏好选择根据的推断。例如，如果你假定人们对回答“无偏好”呈无所谓态度，那么按对半比例将其分配到其他每个选项便是合理的。不过，如此推断的充实理论依据（即额外信息或数据资料）却寥寥无几。

成对偏好检验

橙汁饮料

姓名＿＿＿＿＿＿＿ 日期＿＿＿＿＿＿

评价者编号＿＿＿＿＿＿＿ 会话代码＿＿＿＿＿

实验开始前请用清水漱口。

请按呈送顺序品尝两样品，从左至右。

您可随意饮用，但至少必须喝完所呈样品的一半。

有任何问题，请现在就咨询服务人员。

请圈出以下三个选项之一以表明您的偏好。

387 456

无偏好

感谢您的参与！

请将问卷交给窗口服务人员。

图 13.2 非强迫选择的成对偏好检验（含无偏好选项）问卷样式

在第一个方法中，他们只是简单地大打折扣。分析继续利用简单双边二项分布求比例差值。该方法在降低样本容量的同时会削弱显著性偏好检验的功能。如果实际数目足够小，也就是说无偏好回应不超过总人数 10%的情况下，该方法似乎是合理的。但当该比例较高，达到 20%且剩余样本中仍具有显著性结果时，检验结果在报告中应做如下限定说明："在这些表达出的偏好选择中，产品 X 具有显著性偏好"（ASTM，2008）。研究者还应该对该原始百分比包含了非偏好回应人群这一事实加以陈述。

第二个方法——按比例分配非偏好回应。一个简单做法就是将这些无偏好选择按 50/50 平均分配到现存偏好选择群体中。该方法能维持原有样本容量，但会稍微稀释检验结果，因为 50/50 分配纯属随机偶然。另外一个做法就是将无偏好人数按比例划分到那些有明确偏好的人群中去。也就是说，如果这些有明确偏好选择的人群中不同偏好人数比例为 60/40，那么就应按照该比例将无偏好票数分配到相应组中。该方法是基于 Odesky（1967）的发现，当无偏好选项存在时，人们表达自己偏好的比例其实与强制性选择所得比例相似。然而，这一发现已遭受质疑，可能并不是一个合理有效的归纳方案（Angulo 和 O' Mahony，2005）。在对产品优势的广告宣传中，为了给验证显著性偏好设置严格障碍，它们还必须被分配到竞争对手的产品中去（ASTM，2008）。

第三种方法——围绕表达偏好人群的每个比例建立置信区间。如果置信区间没有重叠部分，可以总结出拥有更高比例的产品在显著性偏好检验中胜出。当样本容量足够大（$N>100$）且无偏好选择相对较低（少于 20%）的情况下，该法是合理的。置信区间的计算公式如下 13.5 所示：

$$\mathrm{CI}=\frac{\chi^2+2X\pm\sqrt{\chi^2\left[\frac{\chi^2+4X(N-X)}{N}\right]}}{2(N+\chi^2)} \tag{13.5}$$

式中 X——偏爱两产品中某一者的评价员人数；

N——评价员总人数；

χ^2——卡方值，如自由度 df 为 2 时，$\chi^2=5.99$。实例详见本章附 3。

第四个方法建立在 Thurstonian 模型基础之上，该模型指出对某种样品喜爱的差异程度必须超过一个人的标准，该标准记为 tau（τ），低于这个标准人们就会选择无偏好选项。该方法是对有“同等偏好”选项的成对差异性比较检验的进一步延伸（Braun 等，2004）。偏好或差异性程度记为 d'或 δ。关于 Thurstonian 模型的更多信息详见第 5 章。差异的大小 d' 和标准 tau 可通过公式（13.6a）和式（13.6b）计算：

$$z_1=(-\mathrm{tau}-d')/\sqrt{2} \tag{13.6a}$$

$$z_2=(+\mathrm{tau}-d')/\sqrt{2} \tag{13.6b}$$

式中 z_1——偏爱样品 A 比例的 z 值；

z_2——偏爱 A 和无偏好总比例的 z 值。

上述两个等式具有两个未知数，可联立解出 tau 和 d'。一旦得到 d'，就可以进行 Z 检验，看 d'值是否与 0 有显著差异。标准差（S）可通过$\sqrt{B/N}$求得，然后根据 $Z=d'/S$ 算出 Z，Z 值必须大于 1.96 才能说明具有显著性偏好。不同 d'值所对应的 B 值（Bi，2006）见表 O。

13.5 重复偏好检验

尽管在偏好检验中并不经常用到重复实验，但在感官评价设计中经常会考虑到它。原因在于：首先，招募、筛选进而就地确定消费者人选所耗费的人力物力远远高于进行实际实验所付出的努力，所以趁消费者在场时为什么不多获取一些信息呢？其次，有研究证明许多人会在一次次实验中改变他们的主意，Koster 等（2003）通过对儿童与新型食品的研究数据总结发现，平均只有不到 50%的人会在一次次实验中始终坚持自己最喜欢的食物，成年人的测试结果会稍微高于这一水平。该结论与 Chapman 和 Lawless（2005）不谋而合，他们发现在一个允许无偏好选项的牛乳检验中大约有 45%的比例会改变，尽管偏爱每种牛乳的小比例人群保持稳定。最后，对于偏好检验中 50/50 划分是否代表两种产品吸引力相同（或是偏好缺失），或者是否有偏好各个产品类型大小相等的两个稳定段人群存在，重复检验或许是回答这类问题的唯一途径。换句话说，重复检验会印证稳定段，检验中会进一步就发展、营销来筛选两个产品。

这些数据的分析可以简单也可以复杂。如果人们随机表现（即没有稳定偏好），简单的方法就是考虑重复实验中所得的期望值。例如，在一个双边检验中，期望25%的消费者两次选择样品A，25%的消费者两次选择样品B，另50%的消费者选择每种一次。给出这些期望频率，就可以进行简单卡方检验，看实验结果是否显著不同于偶然期望（Harker等，2008；Meyners，2007）。显然，该方法同样适用于含多个实验的检验。双实验数据可以录入2×2列联表（实验1的偏好置于列，实验2置于行），将每个消费者分类到四个单元格之一，然后对该表格进行卡方检验分析。也可以单独对比例进行二项式检验，将始终偏爱A的人群与始终偏爱B的人群进行比较，然而这样做会降低样本量N（减去了可能会在A和B之间变换选项的人群）。

当然，还有许多其他方法，Cochrane等（2005）中就提到了几个。Bi（2006）探讨了β-二项分布法，该法与重复差异性检验中使用的β-二项分布很相似，能提供很多信息，不仅能给出所有统计学显著性水平还能计算出伽马统计量（表示那些看起来表现得当的小组如何被随机或一致分类）。如果有始终偏爱某个产品的稳定段人群存在，那么就会得到一个非零的显著γ值。关于γ和β-二项分布的信息详见第4章。该分析正式承认两个实验的数据是相关的，个体的稳定或变动只是冰山一角（即“过度离散”）。下一节我们将介绍另一种方法，它结合了重复实验和无偏好选项的使用。

13.6 重复非强制性偏好检验

接下来，我们要介绍的或许是最复杂的情况，它同时涉及重复实验和无偏好选项的使用。1958年，George E. Ferris曾在论文中针对偏好稳定段问题提出了一个简单但有效的方法（Bi，2006中也讨论过）。另一个分析方案就是利用Dirichlet多项式（DM）模型，它是β-二项分布法向多项式情况的推广，Gacula等（2009）中有相关讨论并结合了实例进行阐述说明。DM模型具有相当的吸引力，因为它像β-二项分布中的γ统计量一样，考虑到了消费者群体的不均一性，即不同个体在各重复实验中是否会做出一致回应。

Ferris称这种方法为消费者检验的k-visit法，他给出的例子都是按照优先次序使用带无偏好选项的成对偏好检验的（此处，$k=2$）。换句话说，在A/B产品间做偏好选择时，同一消费者至少要参与两个单独试验。接下来要做几个合理假设：①偏好一致的人会在两个试验中都统一选择A或B；②有时为了让检验人员高兴，消费者即使对两个样品都无偏好或者根本无法区别，也常会选择A或B；③因此双选A或B的也包括无偏好（或者无法区分偏好程度的）人群；④变动选择（不一致）的人数为无偏好人群表达的虚假偏好比例提供了线索。继而，进行相关估计：①始终偏爱A的实际消费者比例；②始终偏爱B的实际消费者比例；③实际剩下人数（包括始终无偏好、无法区分的人以及易变者）的比例。该分析的计算和简单统计学显著性检验如下所示。如果你只是想要检验两个试验间的差异，可以做Stuart-Maxwell检验，不过它既不能判断哪个产品胜出也无法就稳定段给出任何信息。

另外，使用该分析法还有几个次要因素要考虑。其一，有可能一个人在第一次试验中对某产品确有偏好，但在第二次试验中改变了主意（Koster 等，2003）。例如，我或许在试验 1 中喜欢样品 A，之后又厌烦了它，对试验感到疲倦，丧失兴趣等，以至于在试验 2 中我无所谓到底选哪个，因此回答"无偏好"。其二，个人想法也可能确实在一次次试验中因为充分的原因发生转变，如或许刚开始最喜欢很甜的食物，继而难免感觉腻。其三，还有可能偏好这个东西本身不是百分百也不是零（正如该模型所假定的），人们有时候喜欢 A 而有时候喜欢 B，甚至同一个人有时候却又并不在乎这个问题。如果其中任何一个人是这种情况，那么该模型未免太过简单，但是它仍可用于决策。

还有两个实验性问题：是否有显著性偏好存在？即使没有"胜出"那么是否存在一致段呢？检验设计安排 N 位消费者参与每个两两成对检验而且必须针对每个问卷回答"偏爱 A""偏爱 B"或者无偏爱。在每个试验中，样品都有不同盲底编码，所以消费者并不能意识到实验是重复进行的。数据被列成如下所示的 3×3 表格，试验 1 回应呈列、试验 2 呈行显示。计算中，我们保留 Ferris 的原始符号标记（Bi，2006），表格中的 N 指真实频数（而非比例），下标字母 a、b、o 分别表示偏爱样品 A、B 以及无偏爱，例如，N_{ao}表示试验 1 中偏爱样品 A、试验 2 中无偏爱的消费者人数，无下标的 N 则是指检验中消费者总人数（表 13.3）。

表 13.3　　重复的非强制性偏好检验的分析

		试验 1		
		偏爱 A	无偏爱	偏爱 B
试验 2	偏爱 A	N_{aa}	N_{oa}	N_{ba}
	无偏爱	N_{ao}	N_{oo}	N_{bo}
	偏爱 B	N_{ab}	N_{ob}	N_{bb}

计算：

（1）列表中"不一致行为"总计，有助于缩减后续计算。

$N_y = N_{ao} + N_{oa} + N_{bo} + N_{ob}$　（13.7a）（从其他选择转变成无偏好或从无偏好转变成其他选择的人）

$N_x = N_{ab} + N_{ba}$　（13.7b）（改变选择产品的人，从 A 变成 B 或从 B 变成 A）

$M = N - N_{aa} - N_{bb}$　（13.7c）（所有无一致偏好的人）

（2）计算一致性参数——p　如式（13.8）所示。

$$p = \frac{M - \sqrt{[M^2 - (N_{oo} + N_y/2)(2N_x + N_y)]}}{2N_{oo} + N_y} \tag{13.8}$$

（3）计算最大似然估计，拟合比例 π_A、π_B 和 π_O，这是我们试图从分析中获得的人口真实值或估计值。这里指出 π_A不等于 N_{aa}/N。也就是说，有些一致的 N_{aa} 回答者包括了部分只是想要取悦实验员的无偏好消费者，在此基础上我们要调整 p_A 估计值。这展现出了 Ferris 非凡的洞察力，在对相同产品的检验中发现虚假的偏好信息（Chapman 等，2006；Marchisano 等，2003）。这也正是式（13.8）中参数 p 存在的原因。换句话说，通过查看数据组中无偏好选票和变动选择的数量就能很好地估计随机回答或者虚假一致性的数目。如式（13.9a）、式（13.9b）、式（13.9c）所示。

$$\pi_A = \frac{[N_{aa}(1-p^2)] - [(N-N_{bb})p^2]}{N(1-2p^2)} \tag{13.9a}$$

$$\pi_B = \frac{[N_{bb}(1-p^2)] - [(N-N_{aa})p^2]}{N(1-2p^2)} \tag{13.9b}$$

$$\pi_o = 1 - \pi_A - \pi_B \tag{13.9c}$$

我们真正想知道的就是这些调整后的比例 π_A 和 π_B，能给我们提供一致性群体规模的估计信息，而不是简单的 N_{aa}/N 或 N_{bb}/N 这些原始数据中所谓的“一致性”消费者比例。这些原始数据很可能被一些随机回应者或努力取悦实验员的无偏好回应者扭曲。

（4）对这些点的估计，我们为了得到置信区间、做统计学检验，也需要进行稳定性评价。接下来，利用之前计算好的参数算一些方差和协方差估计，如式（13.10a）、式（13.10b）、式（13.10c）所示。

$$\mathrm{Var}(\pi_A) = \frac{\pi_A(1-\pi_A) + (3\pi_o p^2)/2}{N} \tag{13.10a}$$

$$\mathrm{Var}(\pi_B) = \frac{\pi_B(1-\pi_B) + (3\pi_o p^2)/2}{N} \tag{13.10b}$$

$$\mathrm{COV}(\pi_A, \pi_B) = \frac{(\pi_o p^2/2) - (\pi_A \pi_B)}{N} \tag{13.10c}$$

（5）使用 Z 检验测试 π_A 与 π_B 的差异，这样我们就能知道样品 A 还是样品 B 胜出。如式（13.11）所示。

$$Z = \frac{\pi_A - \pi_B}{\sqrt{\mathrm{Var}(\pi_A) + \mathrm{Var}(\pi_B) - 2\mathrm{Cov}\pi_A\pi_B}} \tag{13.11}$$

该公式要求消费者检验样本容量 $N>100$，最好 $N>200$。

（6）必要时需对一致性群体规模和相关标准进行检验。例如，如果我们需要一个高于 45%的真实偏爱样品 A 的比例，以便做广告宣传或者在产品市场采取进一步行动，通常也应在该标准上进行 Z 检验，例如 $\pi_A=0.45$（一个 45%的群体规模）。如式（13.12）所示。

$$Z = \frac{\pi_A - 0.45}{\sqrt{\mathrm{Var}(\pi_A)}} \tag{13.12}$$

我们也通过使用 π_o 和相关标准的 Z 检验，测试无偏好群体是否已经超过了特定规模。例如，可能有一个检验标准，称无偏好群体必须要在 20%或者以下；也或许是含有多个参数限制的标准，例如，如果 π_o 小于 20%，而 π_A 和 π_B 都高于 35%，我们可能要探索双产品市场。

Ferris*k*-visit 法的分析实例详见本章附录 1。

13.7 其他相关方法

13.7.1 排序

在这些检验中，消费者还要求按照偏好或喜爱的降序或升序排列几个样品。参与者通常不允许在排序过程中相互交流，采取的方法往往是强制性选择。成对偏好检验其实是偏好排序的一种特殊形式，参与者被要求在两样品之间进行排序。排序无法给出偏好差异大小的直接估计，虽然可以从比例中推导出 Thurstonian 缩放值。偏好排序对消费者来说直观简单，可快速完成、相对不费力。排序建立在特定产品内部参考框架基础之上，而且消费者无需依赖记忆。偏好排序的一个缺点在于无法比较来自不同产品组的数据，因为排名是建立在这个内部参考框架基础之上的。视觉和触觉上的偏好排序相对比较简单，但是涉及样品风味、口感上排序的多重比较往往就很繁杂了。样品问卷表如图 13.3 所示，消费者感官评价中的排序实例见 Tepper 等（1994）。

偏好检验——排序

水果酸乳

姓名＿＿＿＿＿＿　　　　日期＿＿＿＿＿＿

评价者编号＿＿＿＿＿＿　　　　会话代码＿＿＿＿＿＿

实验开始前请用清水漱口。

如果需要，您可以在实验过程中的任何时候再次漱口。

请按呈送顺序品尝5份样品，从左至右。

尝过所有样品之后您还可以重新品尝。

按从最喜欢到最不喜欢的顺序给这些样品排序，使用下列数字：

1=最喜欢，5=最不喜欢

（有任何问题，请现在就咨询服务人员）

样品	排序（1~5）（不允许并列）
387	＿＿＿＿＿＿
589	＿＿＿＿＿＿
233	＿＿＿＿＿＿
694	＿＿＿＿＿＿
521	＿＿＿＿＿＿

感谢您的参与！

请将问卷交给窗口服务人员。

图 13.3　排序检验的样品问卷

13.7.2 排序数据的分析

偏好排序的数据都是序数并被当作非参数处理，可使用所谓的 Basker 表格（Basker 1988a，b）、Newell 和 MacFarlane（1987）（表 J）或者 Friedman 检验（Gacula 和 Singh，1984）进行分析。这些表格都要求参与者进行强制性选择并且不能有相同名次存在。Friedman 检验允许少数排名并列的情况。

使用 Newell 和 MacFarlane（1987）的表 J 时，首先要给 n 个产品中的每个赋予一个数值（1~n），并从最受偏爱的那个样品开始；然后求整队评价员中该值的总和，得到每个样品的排序总分；接下来查表找排序总数（表 J）。在本例中，6 位消费者使用等级标度（1=最偏好，7=最不偏好）为 7 个样品排序。显然，在现实中我们从来不会仅仅安排 6 个评价员进行消费者排序检验，这只是为阐述与该表格相关计算而举出的一个例子。在该例中，产品 A~G 的排序总计如下表所示：

产品	A	B	C	D	E	F	G
排名总计	18	28	20	10	26	32	34
显著性	ab	ab	ab	a	ab	ab	b

该表格表明 6 位消费者和 7 个样品的临界差异值为 22，排名总计栏下方具有相同字母标记的产品在该次检验中无显著性差异。产品 D 比 G 显著更受偏爱，并在该次比较检验中没有观察到其他显著偏好。

Friedman 检验是与无相互作用的双向方差分析等价的非参数检验。Friedman 检验方程基于卡方分布如式（13.13）所示。

$$\chi^2 = \left\{\frac{12}{[K(J)(J+1)]}\left[\sum_{j=1}^{J} T_j^2\right]\right\} - 3K(J+1) \tag{13.13}$$

式中 J——样品数目；

K——评价员人数；

T_j——排序总数；

χ^2（自由度）——$J-1$。

一旦我们确定卡方检验具有显著性，之后就要进行排序总数的比较以确定哪个样品具有不同于其他样品的偏好。我们称确定偏好排序中显著性差异的值为“最小显著性排序差异”（LSRD），类似于用于方差分析后检验均值差的 LSD 检验。

$$\text{LSRD} = t\sqrt{\frac{JK(J+1)}{6}} \tag{13.14}$$

式中 J——样品数目；

K——评价员人数；

t——a=5%、自由度=1 时的临界 t 值。

回到之前用于解释 Newell 和 MacFarlane 或 Basker 表格使用的例子，我们接下来要在 Friedman 检验中使用这些数据。首先，根据差异性整体检验，χ^2 = 15.43。α=5%、自由度为 6 时的临界χ^2值为 12.59。因此，这一数据组的偏好排序在 $p<5\%$时表现出显著差异。我们需要去确定哪个产品的偏好排序显著高于其他产品。Friedman 检验的最小显著性排序差异（LSRD）根据式（13.14）计算。在上述例子中，LSRD = 14.7，给出了如下的偏好统计学差异表：

产品	A	B	C	D	E	F	G
排名总计	18	28	20	10	26	32	34
显著性	ab	bc	abc	a	bc	bc	c

具有相同显著性字母标记的产品在偏好排序上无差异。该表可做如下总结：产品 D 被显著偏好于产品 B/E/F 和 G，产品 G 的偏好显著低于产品 A 和 D。需要指出的是 Basker 表得出的结果比 Friedman 检验的结果更保守，这两种方法有时会表现出些微小差异。

13.7.3 最好-最坏标度法

最好-最坏标度法（又称最大差值法）是一种在多产品间同时选择出一个最喜欢和最不喜欢产品的方法。尽管数据结果显示为每个产品整体吸引力的缩放值，但这其实是个选择方法，也因此与成对偏好选择和排序属于同一类。该方法在其他领域也很流行，像市场调研等，但最近却由于食品检验而备受关注（Hein 等，2008；Jaeger 和 Cardello，2009；Jaeger 等，2008）。该法所得数据的心理模型表明这些数据可以在一定区间有时甚至是比例标度上产生分值（Finn 和 Louviere，1992）。此法似乎还在易用性上具有一定心理效益，相对于中间产品，人们更易于区别连续样品组末端的产品。然而，对于一些特别容易产生感官疲劳的产品，类似于酒，此法并不能很好起作用（Mueller 等，2009）。

该法应如下运作：将整套产品分成三个或更多一组，并保证每个产品呈样次数相同。例如，现有四个产品，每次按三个一组呈样，这样共有 4 种可能的呈样组合（Jaeger 等，2008）。消费者会随机见到这些所有样品组，每一组都要选出最喜欢和最不喜欢的产品。有两种方法处理这些数据，最简单的是总计一个产品被选择“最喜欢”的次数，然后从总次数中减去该数值得到最不喜欢的次数。根据这一求差步骤每个消费者都可以得到一个分值，该分值可用于方差分析或者其他统计学参数检验。另一种分析是利用多项式逻辑分析来拟合数据，也会产生分值和方差估计，产品或其他变量间的差异性检验也同样如此。本文认为，简单差值法具有区间尺度性质，而多项式逻辑分析法有真实比特性（唯一有合理证据的标度之一）。详见 Finn 和 Louviere（1992）中关于这些说法所依据的心理模型。

考虑到任务的“天然”用户友好性以及从该法获得的具体区间或比例尺数据的可能性，它对食品偏好检验来说具有些许吸引力。唯一的缺陷在于它需要针对所有可能的产品组合进行很多次检验而不是一次更直接的接受度检验，尽管实验的次数相较于在一组多重偏好检验中给出所有可能的配对来说高效地多。随着每个实验中所含产品数的增多，组合数目会逐渐减少（没有禁止使用三个以上产品的相关规定），尽管当消费者有更多选择考虑时任务会变得复杂得多。近来实际食品检验中所得数据表明该任务易于实施，并且在产品间差异性检验中其结果数据与接受度标度［9 点评分表或标记的情感量值估计表（LAM），详见第 14 章］一样好甚至更好（Jaeger 和 Cardello，2009；Jaeger 等，2008）。Hein 等（2008）通过与 9 分表、LAM、非结构化直线标度表以及排序检验比较来确定结果。然而，应当指出，在研究中接受度检验是重复的，为了更好地将产品曝光与判断总数等同起来，随着 9 点评分在第二个实验中被显著改善，评分数据在产品差异化方面也得到了提高。此外，最好-最坏标度法所带来的更好的差异化效果看起来仅只是多产品比较的功劳。

该选择法的前景可观。首先，它很适合食品偏好研究，在该类研究中无需品尝食品（仅展示食品名称即可），疲劳因素也不用考虑。其次，不完全组块设计适合多产品检验场合，能减少完全设计中所需大量实验的负担。Jaeger 等（2008）在最早研究中发现最好-最坏标度相较于接受度直线标度能为偏好绘图提供更多的有用数据。也就是说，这些数据更恰当，人们更易从偏好映射中得到更多信息（Jaeger 等，2008）。此外，投射到偏好映射中的描述性分析属性可以更好地拟合成向量（详见第 18 章，外部偏好映射下方）。

13.7.4 偏好程度评价和其他选项

偏好和排序检验中还可加入其他选项，大部分出自文献之中，在这里我们做简要叙述。一种做法是为偏好程度提供一个评分标度（Filipello，1957）。简单偏好检验不能彰显消费者意见的优势所在，他们对这些供试样品是有点喜欢还是强烈偏爱，这些信息可以通过评分标度（图 13.4）获得。通常在消费者检验中，如果样本容量很大，选项就被改成-3～+3，并通过简单 t 检验对选择 0 的人数进行结果分布检验。正如下一章要讨论的恰好标度（just-right scale）一样，重要的是看每个类别的频数总计而不仅是平均值，以免出现预期以外的答案（例如，存在强烈偏爱不同产品的两组人员）。Scheffe'（1952）则针对此类数据提出了一种方差分析模型。

另外一种做法就是有时使用“同样不喜欢”和“同样喜欢”这样的选项以区别于无偏好选项，这无疑会提供更多额外信息。得到的数据应经检查，然后结合二者并将其当做通常的无偏好选项处理。还有另外一个分类被称作“无所谓”，它能为这些对所有样品既无偏好也无厌恶的个体提供合适答复选项。

13.8 结论

偏好检验主要建立在简单选择基础之上，每个消费者必须从成对产品中选出最喜欢的那个。分析简单直接：在原假设下，对 50/50 均分的二项期望进行双边检验。如果一个产品被偏爱的百分比显著高于预期的 50%，那么该产品会胜出并在产品开发方案中被优先考虑。

然而在公共场合实践时，会出现两个问题。一个是“无偏好”选项的使用。由于监

偏好检验

炖肉

姓名________________ 日期________________

评价者编号________________ 会话代码________________

实验开始前请用清水漱口。

请按呈送顺序品尝两份炖肉样品，从左至右。

您可随意品尝样品，但必须食用掉样品的1/3。

核对答案确定能准确描述您的偏好

________________ 较于589，明显更偏好387

________________ 较于589，更偏好387

________________ 较于589，稍微偏好387

________________ 无偏好

________________ 较于387，稍微更偏爱589

________________ 较于387，更偏爱589

________________ 较于387，明显更偏爱589

感谢您的参与！

请将问卷交给窗口服务人员。

图 13.4 偏好程度评价的样品问卷

管机构的要求，这种非强制性偏好检验任务常被期望用于某些广告宣传的实证场合中。然而，它会使分析复杂化，因此在大部分产品开发阶段并不常用到。如果消费者对于样品没有明确偏好（或者他们只是无所谓选哪个），他们就要在假设前提下做出强制性选择，根据原假设按比例投票。最近有研究表明人们会尽量避免选择无偏好选项，即使是面对物理性质相同的产品，因此该检验的效用性遭到了质疑。

第二个问题来源于重复实验。重复实验其实并没有非强制选择或是无偏好选项那么麻烦，它为检验偏好选择的稳定性提供了可能。在两产品间出现几乎一致的偏好分歧情况下，重复实验能提供一些证据，证明是否存在对产品两个版本之一具有强烈忠诚度的稳定人群，或者是否有大量偏好正在发生转变。重复偏好检验的各种分析方法都是可用的，包括β-二项式分析，类似于在差别检验中使用的一种分析法。感官研究者应该在简单和更复杂的成对偏好检验中进行选择时小心权衡这些产品的优缺点。

附 1：包括无偏好选项的重复偏好检验的 Ferris k-visit 实例

如下是一场有 900 名参与者的消费者检验所得结果。

问题：①更偏好产品 A、产品 B 中的哪一个？②对更偏好的那个产品偏好程度是否超过 45%？［Ferris（1958）和 Bi（2006）中的例子］（N=900）

	偏好 A	无偏好	偏好 B
偏好 A	$N_{aa}=457$	$N_{oa}=12$	$N_{ba}=14$
无偏好	$N_{ao}=14$	$N_{oo}=24$	$N_{bo}=17$
偏好 B	$N_{ab}=8$	$N_{ob}=11$	$N_{bb}=343$

如下是需要用到的公式：

$$N_y = N_{ao} + N_{oa} + N_{bo} + N_{ob}$$

$$N_x = N_{ab} + N_{ba}$$

$$M = N - N_{aa} - N_{bb}$$

$$p = \frac{M - \sqrt{[M^2 - (N_{oo} + N_y/2)(2N_x + N_y)]}}{2N_{oo} + N_y}$$

对该例，则有：

M=100（不包括所有 AA 或 BB 选择，即始终选两产品中其一的行为）

$$N_x = 8+14 = 22$$

$$N_y = 14+12+17+11 = 54$$

$$p = 0.257$$

接下来是各选项比例的最佳估计公式：

$$\pi_A = \frac{[N_{aa}(1 - p^2)] - [(N - N_{bb})p^2]}{N - (1 - 2p^2)}$$

$$\pi_B = \frac{[N_{bb}(1 - p^2)] - [(N - N_{aa})p^2]}{N - (1 - 2p^2)}$$

$$\pi_o = 1 - \pi_A - \pi_B$$

然后就可得到各选项比例大小的估值：

产品 A 的实际偏好比例：π_A=0.497 或 49.7%

产品 B 的实际偏好比例：π_B=0.370 或 37%

实际无偏好比例：π_o=0.133 或 13.3%

接下来，计算方差和协方差估值以供 Z 检验使用：

$$\mathrm{Var}(\pi_A) = \frac{\pi_A(1 - \pi_A) + (3\pi_o p^2)/2}{N}$$

$$\mathrm{Var}(\pi_B) = \frac{\pi_B(1 - \pi_B) + (3\pi_o p^2)/2}{N}$$

$$\mathrm{COV}(\pi_A, \pi_B) = \frac{(\pi_o p^2)/2 - (\pi_A - \pi_B)}{N}$$

Var（π_A）= 0.000296（所以 π_A = 47.9%±1.7%，其中 0.017 = $\sqrt{0.000296}$）

Var（π_B）= 0.000297

COV（π_A，π_B）= −0.000198

然后，进行假设检验：

$$Z = \frac{\pi_A - \pi_B}{\sqrt{\mathrm{Var}(\pi_A) + \mathrm{Var}(\pi_B) - 2\mathrm{Cov}\pi_A\pi_B}}$$

与成对偏好简单二项式检验略有不同。在简例中，我们将两比例中的较大者与空值 0.5 进行检验，而在本例中需实实在在地检验两比例的差异性，因为我们不再期望有 50/50 的无偏好分歧。

所以 A 对 B 的 Z 检验得到 Z=4.067，显然是产品 A 胜出。

最后，再对最低要求比例或标准进行检验：

$$Z = \frac{\pi_A - 0.45}{\sqrt{\mathrm{Var}(\pi_A)}}$$

得到 A 对基准的 Z 检验结果为 0.45。

附 2："无效对照"偏好检验

该法要求在二选一偏好检验中提供一对相同样品（Alfaro-Rodriguez 等，2007；Kim 等，2008）。这些物理性质相同的样品并不期望能被区分开，因此相当于一个无效对照，或者一次没有预期疗效的虚假医疗干预。从理论上讲，这样可以提供一个基准或是控制条件，以检测出偏好检验（带无偏好选项）中的性能。但是，该法中所得的信息量相对较小，分析也再度被复杂化。由此，感官研究者应该考虑必要的潜在成本、额外分析和诠释。该部分后面会给出推荐分析方法。

问题和复杂情况。无偏好选项的使用被认为是偏好检验中 50/50 结果这一问题的解决方法，该问题会导致对每个样品有相当偏好的两个稳定消费者群体的存在。因此，添加一个无偏好选项想法的原因在于如果消费者对样品无偏好就会选择无偏好选项，而不是出现在稳定群体中。而这里给出相同样品又会避免 70%~80%的无偏好选择，正如本章之前所讨论过的。所以，该法也无法得到关于稳定群体问题的解答。稳定群体的证据可从重复检验中找到，或是通过从不同种类检验和问题中汇集。

可能的分析方法。去除这些对相同样品之一表现出偏好的人可能具有相当吸引力，因为这些人存在偏见。但是，这样一来会去除 70%~80%的消费者。一般情况下，以产品消费以外的任何其他理由预选消费者是不可取的，而且这个方法也去除了那些实际上是我们试图将结果推广到代表性群体中的个体。这些人可能并不是有偏好，因为即使是相同的样品偶尔看起来也会感觉不同。再者，这些个体只是对任务要求做出了明确回复（因为是你期望他们在偏好检验中发表自己的偏好）。

如果有关于对相同成对样品回应频数的历史数据，就可如下进行卡方检验了。要注意的是，这种分析方法不能用于相同受试者提供“无效对照”判断的检验中，因为卡方检验需要假定独立样本。

无效对照分析法#1。利用历史数据计算期望频数。

首行单元格中的 A1，NP1 和 B1 是期望频数（期望比例 * N），第二行中的 A2、NP2 和 B2 是所得数据，即偏好比较实际检验样品时不同回答的频数。

	偏好 A	无偏好	偏好 B
相同样品检验的历史数据	A1	NP1	B1
检验样品	A2	NP2	B2

无效对照分析法#2。相同消费者参与无效对照实验并检验成对样品。

如果同一批人参与无效对照实验和一般偏好比较实验，一个做法是将这些数据转录到 2×3 表格中，表格各行表示个体是否在无效对照实验中表达了偏好，各列保留“偏好 A、无偏好以及偏好 B”等。卡方检验通过比较这些对无效对照做出无偏好选择和对相同成对样品表达错误偏好的人，告诉人们偏好比例是否发生了改变。但是，这既不能为任何稳定群体的存在提供证明，也不能仅仅通过这个分析告诉人们是否存在显著性偏好。

如果没有显著的卡方值，你可认为合并这两行是合理的。反之，应分别单独分析这两行。准确分析详见 13. 4 无偏好部分：消除无偏好判断，按比例分配它们，并对 d' 值或满足假设的置信区间进行检验。

将每个判断归类到这六单元格之一，A1、A2、B1、B2、NP1 或者 NP2。第一行的数据来自于在无效对照实验中选择无偏好的人，第二行数据则表示对无效对照组表达偏好。卡方检验会证明这两行之间是否存在显著差异。如果无差异，则合并两行；如果有差异，应利用本章之前讨论过的无偏好选项分析方法对每一行进行独立分析。

	试验 2		
	偏好 A	无偏好	偏好 B
试验 1			
相同样品检验的历史数据	A1	NP1	B1
检验样品	A2	NP2	B2

附 3：无偏好选项数据的多项式分析法实例

这种方法能得到无偏好选项的多项式分布置信区间，要求数据来自大样本（$N>100$），并且无偏好选择的人数较少（<20%）（Quesenberry 和 Hurst，1964）。

按照下式计算置信区间上下限：

$$\mathrm{CI}=\frac{\chi^2+2X\pm\sqrt{\chi^2\left[\frac{\chi^2+4X(N-X)}{N}\right]}}{2(N+\chi^2)}$$

式中 $\chi^2_{临界}$——5.99（$\alpha = 5\%$，自由度为2）；

X——样品的偏好得票数；

N——样本容量。

例如：$N=162$，$X_1=83$，$X_2=65$，无偏好选择=14。

首先计算产品 X_1 的置信区间（选择比例为83/162）：

$$CI = \frac{5.99 + 2(83) \pm \sqrt{5.99\left[\frac{5.99 + 4(83)(162-83)}{162}\right]}}{2(162+5.99)}$$

$$= \frac{171.99 \pm 31.15}{335.98}$$

得到产品 X_1 的置信区间为0.42~0.60。

然后计算产品 X_2 的置信区间（选择比例为65/162）：

$$CI = \frac{5.99 + 2(65) \pm \sqrt{5.99\left[\frac{5.99 + 4(65)(162-65)}{162}\right]}}{2(162+5.99)}$$

$$= \frac{135.99 \pm 30.39}{335.98}$$

得到产品 X_1 的置信区间为0.31~0.50。高比例的区间下限（0.42）与低比例的区间上限（0.50）有所交叠，因此我们总结为没有足够证据证明偏好比例间存在显著性差异。

参考文献

Amerine, M. A. and Roessler, E. B. 1983. Wines: Their Sensory Evaluation. Freeman, San Francisco.

Angulo, O. and O'Mahony, M. 2005. The paired preference test and the no preference option: Was Odesky correct? Food Quality and Preference, 16, 425-434.

ASTM International. 2008. Standard Guide for Sensory Claim Substantiation. Designation E 1958-07. Vol. 15. 08 Annual Book of ASTM Standards. ASTM International, Conshohocken, PA, pp. 186-212.

Basker, D. 1988a. Critical values of differences among rank sums for multiple comparisons. Food Technology, February 1988, 79-84.

Basker, D. 1988b. Critical values of differences among rank sums for multiple comparisons. Food Technology, July 1988, 88-89.

Bech, A. C., Engelund, E., Juhl, H. J., Kristensen, K. and Poulsen, C. S. 1994. Qfood: Optimal design of food products. MAPP Working Paper 19, Aarhus School of Business, Aarhus, Denmark.

Beckman, K. J., Chambers, E. IV and Gragi, M. M. 1984. Color codes for paired preference and hedonic testing. Journal of Food Science, 49, 115-116.

Berglund, B., Berglund, U. and Lindvall, T. 1975. Scaling of annoyance in epidemiological studies. Proceedings, Recent Advances in the Assessments of the Health Effects of Environmental Pollution. Commission of the European Communities, Luxembourg, Vol. 1, pp. 119-137.

Bi, J. 2006. Sensory Discrimination Tests and Measurements. Blackwell, Ames, IA.

Braun, V., Rogeaux, M., Schneid, N., O'Mahony, M. and Rousseau, B. 2004. Corroborating the 2-AFC and 2-AC Thurstonian models using both a model system and sparkling water. Food Quality and Preference, 15, 501-507.

Cardello, A. V. and Schutz, H. G. 2006. Sensory science: Measuring consumer acceptance. In: Handbook of Food Science, Technology and Engineering, CRC Press, Boca Raton, FL. Vol. 2, Ch. 56.

Caul, J. 1957. The profile method of flavor analysis. Advances in Food Research, 7, 1-40.

Chapman, K. W., Grace-Martin, K. and Lawless, H. T. 2006. Expectations and stability of preference choice. Journal of Sensory Studies 21, 441-455.

Chapman, K. W. and Lawless, H. T. 2005. Sources of error and the no-preference option in dairy product testing. Journal of Sensory Studies 20, 454-468.

Cochrane, C. -Y. C., Dubnicka, S. and Loughin, T.

2005. Comparison of methods for analyzing replicated preference tests. Journal of Sensory Studies, 20, 484-502.

Coetzee, H. 1996. The successful use of adapted paired preference, rating and hedonic methods for the evaluation of acceptability of maize meal produced in Malawi. Abstract, 3rd Sensometrics Meeting, June 19 - 21, 1996, Nantes, France, pp. 35.1-35.3.

Coetzee, H. and Taylor, J. R. N. 1996. The use and adaptation of the paired-comparison method in the sensory evaluation of Hamburger-type patties by illiterate/semi-literate consumers. Food Quality and Preference, 7, 81-85.

Ennis, D. M. 2008. Tables for parity testing. Journal of Sensory Studies, 32, 80-91.

Ennis, D. M., and Ennis, J. M. 2009. Equivalence hypothesis testing. Food Quality and Preference, doi:10.1016/ j.foodqual.2009.06.005.

Engen, T. 1974. Method and theory in the study of odor preferences. In: A. Turk, J. W. Johnson, Jr. and D. G. Moulton (Eds.), Human Responses to Environmental Odors. Academic, New York, pp. 121-141.

Ferris, G. E. 1958. The k-visit method of consumer testing. Biometrics, 14, 39-49.

Finn, A. and Louviere, J. J. 1992. Determining the appropriate response to evidence of public concern: The case of food safety. Journal of Public Policy and Marketing, 11, 12-25.

Filipello, F. 1957. Organoleptic wine-quality evaluation. 1. Standards of quality and scoring vs. rating scales. Food Technology, 11, 47-51.

Gacula, M. C. and Singh, J. 1984. Statistical Methods in Food and Consumer Research. Academic, Orlando, FL.

Gacula, M., Singh, J., Bi, J. and Altan, S. 2009. Statistical Methods in Food and Consumer Research. Elsevier/Academic, Amsterdam.

Garnatz, G. 1952. Consumer acceptance testing at the Kroger food foundation. In: Proceeding of the Research Conference of the American Meat Institute, Chicago, IL, pp. 67-72.

Gridgeman, N. T. 1959. Pair comparison, with and without ties. Biometrics, 15, 382-388.

Harker, F. R., Amos, R. L., White, A., Petley, M. B. and Wohlers, M. 2008. Flavor differences in heterogeneous foods can be detected using repeated measures of consumer preferences. Journal of Sensory Studies, 23, 52-64.

Hein, K. A., Jaeger, S. R., Carr, B. T. and Delahunty, C. M. 2008. Comparison of five common acceptance and preference methods. Food Quality and Preference, 19, 651-661.

Jaeger, S. R. and Cardello, A. V. 2009. Direct and indirect hedonic scaling methods: A comparison of the labeled affective magnitude (LAM) scale and best-worst scaling. Food Quality and Preference, 20, 249-258.

Jaeger, S. R., Jørgensen, A. S., AAslying, M. D. and Bredie, W. L. P. 2008. Best-worst scaling: An introduction and initial comparison with monadic rating for preference elicitation with food products. Food Quality and Preference, 19, 579-588.

Jellinek, G. 1964. Introduction to and critical review of modern methods of sensory analysis (odour, taste and flavour evaluation) with special emphasis on descriptive sensory analysis (flavour profile method). Journal of Nutrition and Dietetics, 1, 219-260.

Kim, H. S., Lee, H. S., O'Mahony, M. and Kim, K. O. 2008. Paired preference tests using placebo pairs and different response options for chips, orange juices and cookies. Journal of Sensory Studies, 23, 417-438.

Kimmel, S. A., Sigman-Grant, M. and Guinard, J.-X. 1994. Sensory testing with young children. Food Technology, 48(3), 92-94, 96-99.

Koster, E. P., Couronne, T. Leon, F., Levy, C. and Marcelino, A. S. (2003) Repeatability in hedonic sensory measurement: A conceptual exploration. Food Quality and Preference, 14, 165-176.

Lucas, F. and Bellisle, F. 1987. The measurement of food preferences in humans: Do taste and spit tests predict consumption? Physiology and Behavior, 39, 739-743.

Marchisano, C., Lim, J., Cho, H. S., Suh, D. S., Jeon, S. Y., Kim, K. O. and O'Mahony, M. 2003. Consumers report prefer-ence when they should not: A cross-cultural study. Journal of Sensory Studies, 18, 487-516.

Meyners, M. 2007. Easy and powerful analysis of replicated paired preference tests using the c2 test. Food Quality and Preference, 18, 938-948.

Moskowitz, H. R. 1983. Product Testing and Sensory Evaluation of Foods. Marketing and R&D Approaches. Food and Nutrition, Westport, CT.

Mueller, S., Francis, I. L. and Lockshin, L. 2009. Comparison of best-worst and hedonic scaling for the measurement of consumer wine preferences. Australian Journal of Grape and Wine Research, 15, 1-11.

Newell, G. J. and MacFarlane, J. D. 1987. Expanded tables for multiple comparison procedures in the analysis of ranked data. Journal of Food Science, 52, 1721-1725.

Odesky, S. H. 1967. Handling the neutral vote in paired comparison product testing. Journal of Marketing Research, 4, 199-201.

Prescott, J., Norris, L., Kunst, M. and Kim, S. 2005. Estimating a "consumer rejection threshold" for cork taint in white wine. Food Quality and Preference, 18, 345-349.

Roessler, E. B., Pangborn, R. M., Sidel, J. L. and Stone, H. 1978. Expanded statistical tables for estimating significance in paired-preference, paired difference, duo-trio and triangle tests. Journal of Food Science, 43, 940-941.

Quesenberry, C. P. and Hurst, D. C. 1964. Large sample simul-taneous confidence intervals for multinomial proportions. Technometrics, 6, 191-195.

Saliba, A. J., Bullock, J. and Hardie, W. J. 2009. Consumer rejection threshold for 1,8 cineole (eucalyptol) in Australian red wine. Food Quality and Preference, 20, 500-504.

Scheffe' H. 1952. On analysis of variance for paired comparisons. Journal of the American Statistical Association, 47, 381-400.

Schmidt, H. J. and Beauchamp, G. K. 1988. Adult-like odor preference and aversions in three-year-old children. Child Development, 59, 1136-1143.

Schraidt, M. F. 1991. Testing with children: Getting reliable information from kids. ASTM Standardization News, March 1991, 42-45.

Schutz, H. G. 1971. Sources of invalidity in the sensory evaluation of foods. Food Technology, 25, 53-57.

Sidel, J. L., Stone, H. and Bloomquist, J. 1981. Use and misuse of sensory evaluation in research and quality control. Journal of Dairy Science, 64, 2296-2302.

Sidel, J., Stone, H., Woolsey, A. and Mecredy, J. M. 1972. Correlation between hedonic ratings and consumption of beer. Journal of Food Science, 37, 335.

Stone, H. and Sidel, J. L. 1978. Computing exact probabilities in discrimination tests. Journal of Food Science, 43, 1028-1029.

Tepper, B. J., Shaffer, S. E. and Shearer, C. M. 1994. Sensory perception of fat in common foods using two scaling methods. Food Quality and Preference, 5, 245-252.

Tuorila, H., Hyvonen, L. and Vainio, L. 1994. Pleasantness of cookies, juice and their combinations rated in brief taste tests and following ad libitum consumption. Journal of Sensory Studies, 9, 205-216.

Van Trijp, H. C. M. and Schifferstein, H. N. J. 1995. Sensory analysis in marketing practice: Comparison and integration, Journal of Sensory Studies 10, 127-147.

Vickers, Z. and Mullan, L. 1997. Liking and consumption of fat free and full fat cheese. Food Quality and Preference, 8, 91-95.

14 接受度检验

除了选择法，来评价消费者对食品喜好程度的另一种方法为评分标度法，即利用标度来评价喜爱或不喜爱的程度，又称为接受度检验或接受度标度法。本章将从使用最广泛和最传统的9点标度开始，介绍接受度检验标度。此外也将介绍和讨论其他类型的接受度标度，例如恰好标度（JAR标度）。

大约在1930年，哈佛心理学家Beebe-Center博士在一本书中介绍了他自己对盐和糖稀释溶液喜爱或不喜爱程度的研究结果，他将这种测定方法称为快感检验（Hedonic）。我喜欢这个词，它不但符合一直以来的准确性，而且现在也在很好地使用。同时，在我第一次介绍这种新标度的正式报告中也使用了这个词。

——David Peryam，《反思》（1989）

14.1 引言：喜好标度VS选择法

在上一章中，我们介绍了消费者检验的选择法和替代产品的排序法。在本章中，我们将重点介绍体现出食品不同的接受程度的标度法。需要强调的是标度法不需要在样品中做出选择。从理论上来说，接受度标度可以运用于单一产品的评价，但是单一产品检验通常并不能够提供大量信息，而且缺少不同产品的比较。然而采用标度法来评价产品的感官喜好，比运用简单的选择法具有明显的优势。更重要的是，标度法可以提供一些更有价值的信息，如在某一些特定的感觉上，人们对于产品是喜爱还是不喜爱。在偏好检验中，我有可能会对两个待测样品都不喜爱，然后在两个都不喜爱的样品中选择出一个较为喜爱的样品。显而易见，在这种情况下，生产或者尝试销售其中任何一个样品都不是好主意，因为偏好检验无法向我们提供有用的相关信息。此外，除了喜爱或不喜爱的相关信息，偏好能从接受度评分来推断。基于以上理由，许多感官专业人士认为与偏好检验相比，接受度评分检验是一个更好的选择。当然，在同一实验中也可以同时使用这两种方法，但是这种情况多见于消费者检验中，详见第15章。

采用标度法来采集接受度实验数据，对实现额外的实验目的是非常有用的。例如，可以将喜好标度的结果转化为成对偏好或者排序的实验结果（Rohm和Raaber，1991）。标度法产生的接受度数据能够提供更丰富的信息和价值，因此，可以派生出一些更简单的检测方法，而且接受度评分数据还能够绘制成偏好映射图（preferance mapping）

（Greenhoff 和 MacFie，1994；Helgensen 等，1997；McEwan，1996）。偏好映射图是一种非常重要的手段，能够在空间的模型中将产品的偏好可视化（详见第 19 章）。在多元分析的空间模型中，产品由空间中的点来表示，相似的产品集中在一起。通过产品分布的位置，如根据不同侧边的位置和轴线空间的诠释，都能够推断出这些产品之间的特性和差异的大小。个体消费者的偏好，同样能够采用向量的方式在图中进行诠释，这些向量也显示了产品最优化的方向和趋势。最后，通过观察不同消费者喜好方向的差异，有利于发现具有不同喜好的细分市场或群体。

14.2 快感标度：接受度的量化

9 点标度法是最常用的快感标度方法（图 14.1），也是一种体现喜爱程度的标度。这种标度法，最初起源于 20 世纪 40 年代伊利诺伊州的芝加哥军需食品和容器研究所中，随后，得到了广泛的运用和普及（Peryam 和 Girardot，1952）。David Peryam 用快感标度命名 9 点标度，用于测定人们对食品产品喜爱程度（Peryam 和 Girardot，1952）。喜好标度假定消费者的偏好存在于一个连续集中，并且能够偏好根据喜爱和不喜爱的程度进行分类。军需研究所的科学家们，采用不同区域的士兵（包括在领域中，实验室里和观点调查中）作为研究对象，对这种标度进行了评价（Peryam 和 Pilgrim，1957）。将待测样品逐一呈现给评价员，并且要求这些评价员使用这种标度来表示他们对样品的喜爱程度。军需研究所的研究表明，无论标度按某种特定方式呈现在评分表上，标度是水平呈现还是垂直呈现，首先呈现的喜爱的还是不喜爱的样品，都不会影响最终的结果。1995 年，Jones 等发现最理想的类别数是 9 或者 11。芝加哥大学和军需研究所的研究者决定使用 9 点标度的原因是该标度更适合那个年代的打字纸（Peryam，1989）。

图 14.1 食品接受度检验的 9 点快感标度短语

喜爱响应值通常从 1 到 9，1 代表极度不喜爱，9 代表极度喜爱。

为什么快感标度有 9 个分类标度点，而不是更多或者更少呢？也许和经济有关？初步研究表明使用 11 个分类标度点，食品的区别度和检验的可靠性都呈现出了增加的趋势。但是除了缺乏合适的副词、设备的局限性也是一个技术问题。政府官方的打印纸张只有 8 英寸宽，水平打印 11 个分类标度点是不实际的。因此当时为了提高使用效率，我们使用标度法时牺牲了少量理论上的精确性。

每个标度选项的用词都是以大约相等空间间隔为基础的，这是由 Thurstonian 方法决定的（详见第 7 章）。在心理学上，这个标度具有像尺子一样的特性，这些特性是其他未经仔细构建的喜好标度所不具备的。间隔等距的特性，对于基于响应选择分配数值和数据的参数数理统计分析都是非常重要的。因此，感官科学家在使用该标度时应更加谨慎，应该避免“修改”标度上的词汇。同时，抵抗住来自外界那些非感官专家或者熟悉其他标度的管理者要求修改或者调整标度的压力，也非常重要。

9 点标度使用非常简单，并且非常容易操作。数十年来，它已被广泛地运用于食品、饮料和非食用产品的喜好研究中。美国军队已经就其应用性、有效性和可靠性进行了研究，并且这种标度法的优势已被广泛接受。Peryam 和 Pilgrim（1957）注意到喜好评分可能会受到周围环境的影响（如在野外条件下和餐厅条件下），但是样品偏好的排序通常是不会受到影响的。换句话说，喜好评分的绝对量值可能会增加或减少，但是所有样品都会有相对应地改变。Tepper 等（1994）研究发现，消费者对产品排序和喜好得分是相似的。喜好标度是可靠的并且具有稳定的响应值，在某种程度上不受检验区域或评价小组规模的影响。然而，由于该标度在不同语言环境和文化中的运用没有得到普遍的研究，因此在这些情况下使用该标度仍然要保持谨慎的态度。

9 点标度在某些方面也受到了一些批评。Moskowitz（1980）指出，9 点标度在分类上存在潜在问题，如标记类别并非完全等距，再如中点分类（“既不喜爱也不讨厌”）减少了标度的有效性，因为消费者更倾向于避免极端的标度类别项等。但是，最初的校准工作表明，直接使用标度方法，似乎会使中间点到稍微喜爱/不喜爱的距离减少，但是实际上这类特殊的分类标度，具有近乎相等的间隔（Schutz 和 Cardello，2001）。这个中性的喜好标度非常重要，因为对于一些参与者和一些产品而言，它是一个有效的喜好响应。虽然许多标度表明“避免使用终端标度”，但是对于那些准备截去标度末端来减少 9 点标度的人来说，这是一个很好的警示作用。将标度的两端截去至 7 点或者 5 点，也许会有效地将有用的标度分类减少至 5 个或者 3 个，因为分类标度的末端很多时候也会起到作用。这是一种需要避免的“修补”形式。另一种容易犯的错误是减少负面选项的数量，这通常是由于错误地认为公司不会生产或测试非常不好的产品。由于存在这些担忧，感官研究者已经采用其他的标度法对喜好进行了评分，其中包括不同类型的直线标度和量值估计，这些方法将会在后面进行介绍和讨论。

近来相关研究中，采用量值估计法将不同短语重新安置在一条直线标度上，并在两尾端设置“极度喜爱”和“极度不喜爱”，引起了研究者的兴趣。这种带有标记的喜好量值标度或者 LAM 标度在后面会进行详细阐述（Schutz 和 Cardello，2001）。该标度是根据 Green 和他同事的带标记的量值标度法发展而来的（详见第 7 章）。由于该种标度的发展，一些相类似的方法也得到了发展和运用，特别是用于在口腔中愉悦感和湿度/干度（Guest 等，2007），服装的舒适度（Cardello 等，2003），味道的愉悦感（Keskitalo 等，2007），总体喜好（Bartoshuk 等，2006），以及饱腹感（Cardello 等，2005）等研究中。

14.3 推荐检验程序

14.3.1 步骤

除了需要对每一个样品进行检验而非成对检验外，实施带标度的接受度检验的步骤与简单的成对偏好检验是非常相似的。表 14.1 列举了如何执行一个接受度检验的实验步骤。待测样品可以一个一个地呈现给受试者，每一个样品都需要受试者的反馈，然后检测过的样品返回给厨房或者样品准备区。或者，待测样品也可以统一摆放在一个托盘上，但是评价小组成员需要根据在问卷上的三位数字来选择正确的待测样品，这种呈现样品的方法通常不会出错，但是无法保证绝对不出错。因此，最安全保险的呈样方式是每次只呈现一个待测样品给消费者，每次消费者做出反馈之后，将待测样品收回。图 14.2 为一个接受度检验的问卷样本。

表 14.1　　执行接受度检验的参考实验步骤

1. 准备样品，确认实验步骤、细节、时间表以及和客户确认消费者的资质（如产品使用的频率）
2. 确定实验的条件（如样品大小、体积和温度等）
3. 为感官评价员制定实验事项和指示，并且制定样本问卷或样品评价表
4. 招募潜在的消费者
5. 根据客户产品使用频率的要求对消费者进行筛选
6. 为待测样品制定平衡的呈样顺序
7. 选用随机三位数字进行编码并对待测试的样品杯/盘子进行标记
8. 进行测试
9. 分析测试结果
10. 为客户或者最终使用者传达结果

14.3.2 数据分析

9 点标度的数据是将感官感受从 1 到 9 进行数值化区分，9 通常代表“极度喜爱”这个分类。通常采用的分析方法有参数统计法，两个产品平均值的 t 检验，或者两个或两个以上产品平均值比较的方差分析。尽管 9 点标度并不能够实现真正的等间距测量，但参数统计法的使用通常鉴于消费者检验的大规模样本量而变得正当化。

14.3.3 重复

接受度检验通常不涉及同一个消费者重复尝试同一个待测样品的情况。然而，以下个别情况可以考虑重复性测试。第一，重复性测试也许可以提供一些额外的信息。Byer 和 Saletan（1961）在几天内对啤酒进行重复性实验，来观察一些啤酒样品的喜好性度是

接受度检验

炖肉

姓名：______________ 日期：______________

受试者标号：________ 实验轮次编码：________

在前面的调查中，表明您是一名炖肉的消费者。

请在以下选项中选择最贴近你近期消费这一产品的频率。

在过去的三个月中，您多久食用一次炖肉？（请选择一个答案）

______每个月不到1次

______每个月不止1次，但每个星期不超过1次

______每个星期超过1次，甚至更多

请在开始评价每个样品前用清水漱口。

在测试过程中，如果您需要，可以随时进行漱口。

请根据每页上的数字标号品尝样品

一旦您品尝完毕，请不要再次返回上个样品进行重复性品尝。

如果您有任何疑问，请立刻与实验员联系。

请在以下短语中选择出最能表示您对该产品的总体喜好度。

样品编号# ___387____

______极度喜爱

______非常喜爱

______一般喜爱

______稍微喜爱

______既没有喜爱，也没有不喜爱

______稍微不喜爱

______一般不喜爱

______非常不喜爱

______极度不喜爱

图 14.2 接受度检验样品评价表

待测样品在对称的9点喜好标度上进行喜好评分，每一页都有一个新的3位数字编码和一个新的评价表。待测样品的顺序是由每一页上打印的编号决定的。

否会有系统性地增加或减少。第二，一旦消费者对待测产品有更好的了解，重复性测试可以大幅度提高产品的区分程度。在 Hein 等（2008）的研究中发现，9 点标度的重复性实验提高了产品的区分度。第三，对于消费者来说，第一次的判断通常不能很好地代表和预示着后面的判断行为（Koster 等，2003）。最后，重复性测试可以减少呈样顺序的影响，特别是首先呈现的待测样品（Hottenstein 等，2008；Wakeling 和 MacFie，1995）。

14.4 其他类型的接受度标度

很多其他方法被用来定量消费者的接受度。9 点标度本身已经做了很多改进以提高产品的区分度。例如，Yao 等（2003）发现非结构化的 9 点标度版本（缺少文字标记）在美国和日本（不包括韩国）的消费者中得到了更广泛的运用。在早期不同类型喜好标度的开发和评价阶段，Peryam（1989）发现喜好标度的标尺有扩大的空间，特别是在标度的正向喜好的末端，指出具有更多的“喜爱”和“不喜爱”选项的非平衡的 8 点标度，在某些方面比标准的 9 点标度更好，但这仅限于评价那些备受喜爱的食品（1989，p. 24）。以下部分，我们将会简要地介绍直线标度，量值估计，带标记的量值标度，这些标度结合直线标度和比例标度，也是对以前相关评级方法的调整。

14.4.1 直线标度

在大量研究中，评价小组成员被要求使用非结构化的直线标度来表示他们的喜好响应，有时这些标度也以喜爱和不喜爱作为两个端点（Hough，等，1992；Lawless，1977；Rohm 和 Raaber，1991）。直线标度有时候也被称为直观类比标度（或者 VAS）。直线标度能够应用在喜好研究中一点也不令人意外，因为在 19 世纪 70 年代，它们已经成为描述性分析的标准标度方法了，随后它们在接受度标度的拓展上是符合逻辑的。近来，Villanueva 等对带有数字或者标记的直线标度进行了研究，并且就不同区域消费者对产品区分和鉴别能力而言，发现和 9 点标度相比较，直线标度更有优势（Villanueva 和 Da Silva，2009；Villanueva 等，2005）。但是，根据数理统计，任何优势都显得微不足道（Lawless，2009）。Wright（2007）采用简化版的带标记的喜爱度量值标度（LAM 标度），两个末端采用了“超乎想象的喜爱/不喜爱”来取代通常使用的“极度喜爱或不喜爱”。图 14.3 列举了一些典型的直线标度。

14.4.2 量值估计法

在本书第 7 章中，量值估计是一种人们可以使用任何他们希望的数字来表达产品之间的比值和比例的标度方法。在接受度检验中，如果消费者对产品的喜爱有两倍，他们会被告知从源头开始进行两倍标记。在双极的量值估计中，采用不同的正数和负数来表示喜爱和不喜爱。这是单极量值估计不能实现的，因为在单极量值估计中，仅能标记产品与底端的距离，然而产品可能根本不被喜爱。既然人们可能喜爱和不喜爱产品，那么双极标度能够更加明确表达这层意思。在比较 9 点标度、单极量值估计和双极量值估计的实

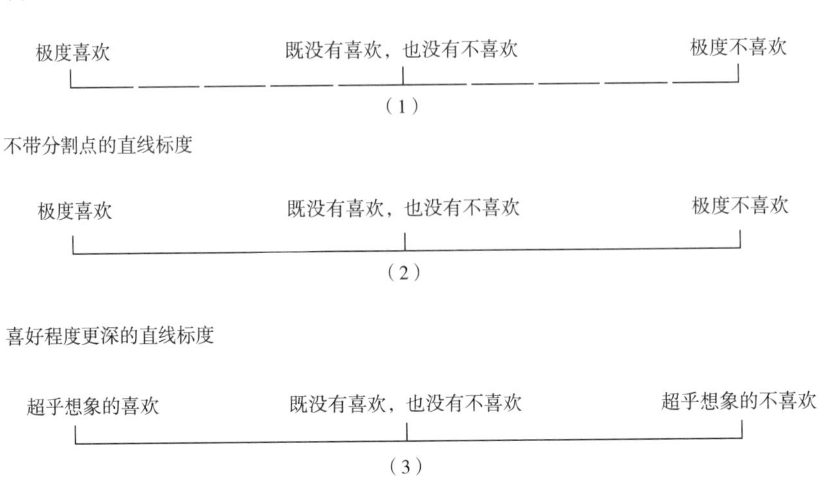

图 14.3　接受度检验的直线标度

（1）带有位置分割点的直线标度（Villanueva 等，2005），（2）非结构化的直线标度，（3）简化的带标记的喜爱度量值标度（SLAM 标度）。

验结果中，Pearce 等（1986）发现这三种标度在可靠性、精确度和区分度这三方面的数据十分相似。但是，这里面的产品是纺织布料，纤维织物是通过触觉来评价的。因此，这些标度如果使用在容易令人产生疲劳的产品，如食物，那么结果可能会有明显的不同。

量值估计法已经被用来评价很多食品产品了（Lavanaka 和 Kamen，1994；McDaniel 和 Sawyer，1981）。Lawless（1977）采用了不常见的带有比例标记的直线标度，在双极直线标度的中间加上了 0 或者中间点，受试者被要求考虑比率，例如，如果下一个待测样品的喜好度是 2 倍，那么请在直线上离 0 点两倍远的位置进行标记。告知受试者，如果需要，他们可以在纸条的末端粘贴额外的刻度，以将刻度延伸到纸条之外，从而规避了有界刻度的弊端。

这些标度并没有在工业实践中表现出优势，一部分原因是因为 9 点标度的普及性，另一部分原因是让消费者来考虑喜爱/不喜爱的比例对他们来说是一个比较复杂的任务。为了使量值估计法的过程更加容易，另外一些方法已经被尝试运用于简化任务过程了。在探讨 LAM 标度端点术语的距离时，具有 2 个步骤的方法已经被运用在评价中了，首先考虑喜好响应的量值，然后标记正极和负极两端引起喜好变化的术语（Cardello 等，2008；Schutz 和 Cardello，2001）。

14.4.3　带标记的量值标度

带标记的情感量值标度（LAM 标度，图 14.4）由 Schutz 和 Cardello（2001）发展完善，作为一种替代 9 点标度的方法来评价食品的接受度（参见 Cardello 和 Schutz，2004）。这种标度是带标记的量值标度法（LMS）的一种延伸，LMS 这种标度方法已经被用于心理生理强度的标记。LMS 标度是由 Green 和他的同事根据早期 Borg 的研究工作发展完善的（Borg，1982；Green 等，1993）。LAM 标度已经被用于消费者对茶喜好的评价中（Chung 和 Vickers，2007a，b），以及年轻人和老年人对不同橙汁喜好的比较（Forde 和 Delahunty，2004）中了。LAM 标度理论上的优势在于以下两点，第一，由于文字术语的距离是由量值估计决定的，采集的实验结果可能呈比例型（“产品 A 被喜爱程度是产品 B 的 2 倍”）。在现有发表的文章中，并没有实际示例可以得出类似的结论。第二，由于末极端的端描述短语（超乎想象的喜爱），人们可能对于极端的强度响应有同样的看法，因此他们会有相同的或者相似的心理连续性。

LAM标度	标注距离	
	−100~+100	0~100
超乎想象地喜爱	100.00	100.00
极度喜爱	74.22	87.11
非常喜爱	56.11	78.06
一般喜爱	36.23	68.12
稍微喜爱	11.24	55.62
既没有喜爱，也没有不喜爱	0.00	50.00
稍微不喜爱	−10.63	44.69
一般不喜爱	−31.88	34.06
非常不喜爱	−55.50	22.25
极度不喜爱	−75.51	12.25
超乎想象地不喜爱	−100.00	0.00

图 14.4　LAM 标度

由 Schutz 和 Cardello（2001）授权转载。

那么，LAM 标度对于传统的 9 点标度有没有实际操作上的优势呢？最重要的优势评判的标准是哪一种标度更适用于发现和辨别不同产品的差异（Lawless 和 Malone，1986）。在最初的研究中，LAM 标度和 9 点标度的表现是相似的（Schutz 和 Cardello，2001）。两种标度被用来直接比较 51 个食品名称和 5 个被品尝的食品。两种标度方法的平均值的相关性为+0.99（51 个食品名称）和+0.98（5 个被品尝的食品）。在这两个样品中，两种方法表现出的统计差异性大致是相同的。以食品名称为例，在 1275 个可能的比较中，LAM 标度能标记出 467 个，而 9 点标度能标记出 459 个，数量上大致相同。对于 LAM 标度来说，在比较都喜爱的食品时占有一点小优势。LAM 标度的两端尾端的情感术语被使用的频率更高，这与 LAM 标度更适用于区别深受喜爱的食品的检验完全符合。

另外一些研究已经比较了这两种标度的直接表现。Greene 等（2006）对有或没有果味发酵风味的花生进行了消费者检验，9 点标度只能鉴别出一对产品具有差异，但是 LAM 标度可以区别出 4 对样品的差异。对于那些深受喜爱的食品，花生待测样品在这两种标度上的评分都接近中点。El Dine 和 Olabi（2009）发现在区分深受喜爱的食物时，LAM 标度和 9 点标度的表现一样好，有时候甚至更好。Lawless 等（2009）发现在某些情况下 LAM 标度的表现远远超过 9 点标度，但在另一些情况下 9 点标度则更胜一筹。当区分和比较那些最受消费者喜爱的和最常购买的产品时，LAM 标度确实表现得很好。

不同标度的表现是相似的，但是 LAM 标度特别适用于喜爱度较高的食品，因此和 9 点标度相比，显得有一定的小优势。对于标度两端的程度描述词应该采用超乎想象的喜爱/不喜爱，还是应该采用更常规的描述词存在一定的争论。标度的末端采用极端的描述词（任何一种可以想象的感官体验）会导致对产品的评价有向中点靠拢，这是一种情境效应（Cardello 等，2008）。由于喜爱度响应的压缩通常不是我们希望的，因此还是鼓励人们更多地、全面地使用整个标度，最好还是避免选用极端的末端描述性词语（例如，超乎想象地喜欢）。

14.4.4 图片标度和儿童测试

喜好的评分也可以通过面部表情标度的方法来获得，通常会使用简单的“微笑脸”（详见第 7 章），但是有时候会采用更加具有代表性的表现方式，包括卡通动物（Moskowitz，1986）或者更多现实主义的成人画像（Meilgaard 等，1991）。这些不同形象化的图片标度最初是由 Resurreccion（1998）为了儿童或者文盲的使用而发明的（Coetzee，1996）。但是，更年幼的儿童也许并没有认知能力去推断这些图片对于产品应该表达的内在含义。而且，孩子们也更加容易被图片吸引导致分心。Kroll（1990）研究表明文字描述符，也被称为 P&K 标度，比起 9 点标度或者面部表情标度，更适合应用在儿童的研究中。图 14.5 所示为这种标度中所使用的专业术语。并且，Kroll 认为 P&K 标度在不被喜爱的待测样品和 5 岁以下儿童的进一步研究和拓展应用（Schraidt，1991）。Chen 等（1996）表示 3 点面部表情喜好标度和 P&K 文字描述符一起，可适用于 36~47 个月大的儿童。5 点面部表情标度的版

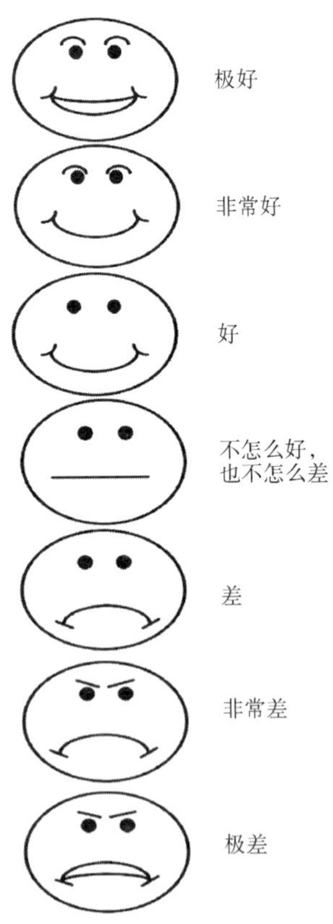

图 14.5 少年儿童使用的标度

列举 Chen 等（1996）构建的面部表情标度示例。

本可适用于47~59个月大的儿童，7点标度版本则更加适用于5岁及5岁以上的儿童。图14.5列举了Chen等使用的面部表情标度。面部表情标度的应用在儿童中的食品偏好和食品习惯的研究中已具有悠久的历史（Birch 1979，Birch 等，1980，1982）。Pagliarini 等（2003，2005）使用意大利语版本的带有文字标记的微笑标度对意大利学龄儿童对学校午餐食物的接受程度进行研究。Head 等（1977）研究发现4~6年级的小学生儿童和10~12年级的中学儿童能够准确和可靠地使用5点标度（非常好、好、可以、差、非常差）。

在受试人群是儿童的时候，简单的成对偏好法可作为面部表情标度的一种替代的方法。Kimmel 等（1994）得出了一个结论，如果采用适当的环境和一对一的文字检验，那么2岁的年幼儿童能够较好地使用成对偏好检验。这些专家还发现7点面部表情喜好标度中两端采用的短语为“超级好”和“超级差”，更适用于4岁的孩子。Schmidt 和 Beauchamp（1988）也对3岁儿童进行了观察，发现他们同样能够较好地使用成对检验的方法对气味的喜好做出判断。Bahn（1989）分析了4~5岁和8~9岁的孩子使用多维标度对谷物产品偏好的评价结果，研究发现品牌名称对孩子们的喜好并没有影响，孩子们大部分的偏好建立在对谷物的感官-喜好反馈上，发现2个不同年龄段的孩子对谷物的感官感知图是非常相似的。

总之，对儿童进行的偏好或者接受度检验，可以根据成年人的检验方法进行一些修改和变化。这些修改变化的内容包括：①在大部分的情况下采用一对一检验的方式能够保证孩子们的服从性，增加对产品的理解以及最大程度减少社会的影响；②孩子们可以对文字标度或者图片标度两者都有响应；③如果更年幼的儿童进行实验，可以将标度缩短；④成对偏好检验非常适合4~5岁的低龄儿童。4~5岁以下的儿童只能通过他们的行为，如在自由状态下口部接触的计数（Engen，1974，1978；Lawlcss 等，1982—1983），或者食品的摄入或吮吸（Engen 等，1974），来推断他们喜爱或不喜爱产品。

14.4.5 可调整的标度

两种可调整的标度已经出现在文献报道中，但是据我们所知，这些方法并没有广泛地在产业中得到实际的应用。Gay 和 Mead 提议一种标度方法，使用这种方法时，消费者将会同时看到所有被评价的样品，并将最好的样品放在标度的底端，然后将其他样品放在标度中部合适的位置，（Gay 和 Mead，1992；Mead 和 Gay，1995），就像排序标度一样。这种方法的好处在于能够消除不同的受试者对于不同标度范围使用的差异性，因为每一个受试者会使用到标度的所有范围。缺点在于标度是完全相对的，例如，无法提供不同程度的喜好信息，只能提供产品标度的相对位置。虽然这种方法应该最适合运用于评价已知感官特性的强度（像甜味），但是毫无疑问，这种方法也能够用来研究喜爱度（Villanueva 和 Da Silva，2009）。

另一种可调整的标度方法是“排序-评分”法（Kim 和 O’Mahony，1998）。使用这种方法时，分类标度以绘画的形式出现在了消费者使用的桌子上。消费者品尝每一个待测样品，然后将杯子或者样品根据最适当的分类摆放在桌上。受试者可以随意改变已经评价过的产品位置。这个实验过程有两个非常重要的因素可以潜在地增加人们对产品的辨别力。第一，消费者可以看到先前评价样品的位置，第二，他们可以随意地改变他们的评价想法。如果第一个待测样品在标度上摆放的位置相对于第二个样品来说太高或者太低，那么这样的情况可以得到及时的纠正。但是这种方式是否真的具有优势，仍然有待研究，因为在这个阶段中这种方法并没有被广泛的记录。使用盐溶液强度等级的初始实验显示，逆转较少，例如高浓度的氯化钠在标度上的评分较低（Kim 和 O'Mahony，1998）。和 9 点标度相比，该方法只表现出一点优势，即排序-评分程序（Cordonnier 和 Delwiche，2008；O'Mahony 等，2004）。像 Gay 和 Mead 的可调整标度一样，排序-评分只能提供一些相对评价程度的信息（和提供产品喜好程度的绝对平均值截然不同）。这两种方法更容易受到情境效应和顺序因素的影响（详见第 9 章）。

14.5 恰好标度（JAR 标度）

14.5.1 简介

恰好标度（JAR 标度）是将强度和喜好判断相结合且得到广泛应用的标度方法（Rothman 和 Parker，2009）。图 14.6 列举了恰好标度，它们的特点是双极，具有相反的两端和一个中心点。尾端是由特定的“太少”和“太多”或者“太甜”和“不够甜”这类短语组成的。中心点被标记为“正好（just right）”，但是由于对部分受试者来说，选择“正好”也许意味着承担过多的责任义务，因此，通常将中心的选择词重新调整为“恰好（just about right）”。恰好标度的设计用于评价测定消费者对于某一种特定特性的反应。

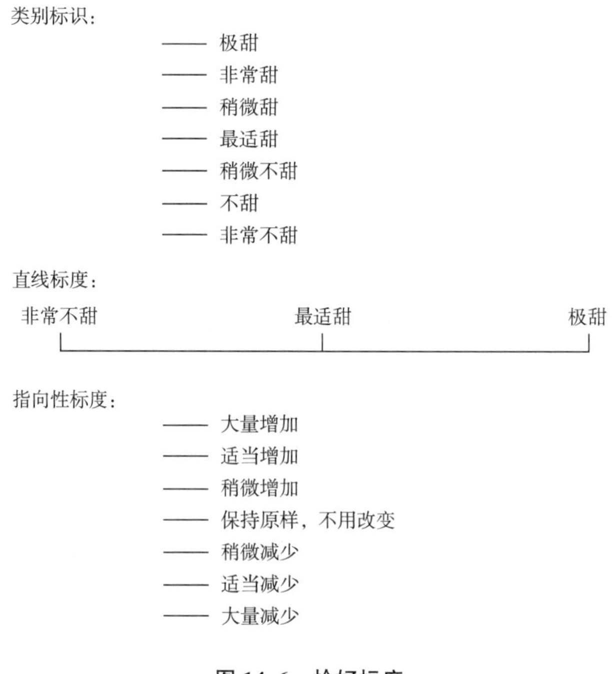

图 14.6 恰好标度

最上方：简单的分类标度，中间：未结构化的直线标度，最下方：指向性调整的标度，更多的示例可以参考 Rothman 和 Parker（2009）。

例如，一种恰好标度，从左边的“不够咸”，到中心点的“恰好”，最后到右边的“太咸”，被 Shepherd 等（1989）用来评价汤的咸味程度。

恰好标度能够获取优化特定感官特性的直接相关信息。产品研发人员和产品经理都喜欢这些信息。当我们对产品做出反应时，恰好标度可以使理想偏离的概念能够很好地融入基本的决定中。例如，人们通常会说咖啡味道太浓烈或者太淡，或者酒的味道太甜或者太酸。通常我们的想法会受到我们的期望值或者我们想从这个产品中获得怎样的感官刺激的影响，无论我们是否能意识到许多感官连续体都有最适化或“满足点”（McBride，1990）。Booth 以食品感官特性在理想程度上的偏差为基础形成了食品品质的定量理论（Booth，1994，1995）。使用常规的喜好标度，“满足点”会以非单调函数最大值的形式出现。然而，图 14.7 所示的“恰好”数据揭示了这一功能。有时，这个函数可能是线性的，但至少是单调的，能够简化模型或者曲线的拟合。

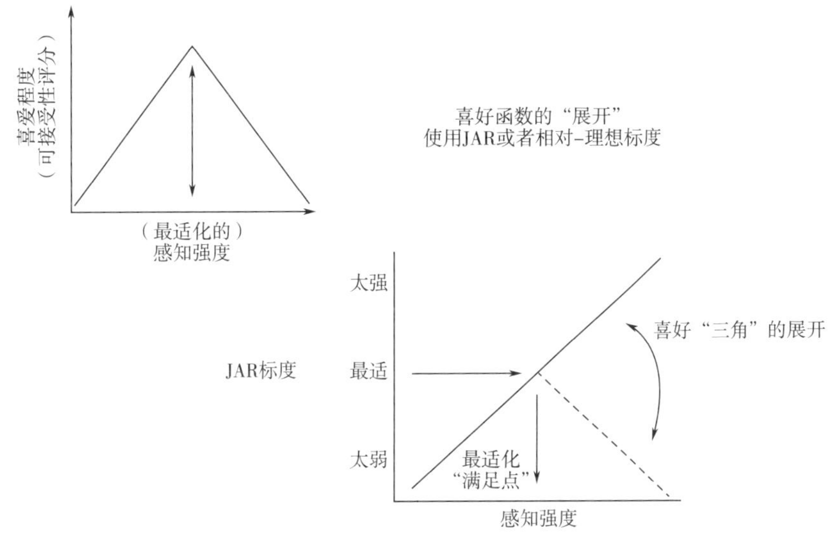

图 14.7　恰好标度喜好函数最大值的“展开”

这可以为恰好评分和感官强度或者原料浓度建立直线关系。这条直线的斜率是消费者可容忍的对于理想程度的偏差。

这些信息最显著的应用就是优化产品的主要感官特性。结合强度和喜好判断来为产品的重新配制提供指向性的信息。在消费者检验中，这可以是最后阶段的实验用来确保在产品的配方中没有重大错误。如果产品整体缺乏吸引力，那么恰好标度也可以提供诊断性或者解释性的信息。在早期的食品研发过程中，这种标度在对比不同版本的产品过程中是十分有优势的。恰好标度能够提供的另一个有用信息是关于不同组群类别消费者的区分和鉴别，这些消费者通常对同一个感官特性有着不同程度的偏好。当与喜好判断结合时，“损失分析（penalty analysis）”可以被用来估计偏离“恰好”这个中间点的潜在影响（下面会详细论述）。恰好标度的另一个优势是能够为产品的改进提供指向性的信息，而且可以在单一产品检验中运用（不需要复杂的实验设计）。恰好标度和其他传统标度方法的表现已经过直接比较了。在目前阶段，人们并没有发现一致性的优势（Bower 和 Boyd，2002；Epler 等，1997；Popper 和 Kroll，2005）。关于这个问题的论述，可以参考 Van Trijp（2007）等的综述。

14.5.2 局限性

在使用恰好标度时，有几个关注点和误区需要明确。恰好标度的使用是建立在所有消费者了解在评分表上列出的感官特性词这一假设之上。换句话说，消费者必须要对问卷中属性的理解达成一致。这就限制了恰好标度只能应用于一些简单的被广泛理解的感官属性，如甜味、咸味。一些更加技术性的描述语则需要培训，并不能很好地适用于消费者检验。当然，在使用恰好标度时，不应该使用培训过的评价小组，因为受试者所需要评价的是对产品的喜恶。

恰好标度的两个端点必须是真实相反的。“太稀”对应“太稠”是一个十分好的示例。而“太酸”与“太甜”并不是完全对立面，尽管它们在产品中存在负相关性。它们应该是独立的 2 个标度。其次，应该避免使用较为复杂的特性，如“奶油的”是多种特性（顺滑、丝滑、口感、黏性和乳品香味）相互。另外，应该避免一些内在的负面属性如苦味，除非这些负面属性真正需要应用在产品中，如啤酒。牛乳中的苦味并没有最适合的条件。最后，需要避免一些含糊的具有积极情绪的术语，如“天然的”。因为在消费者检验中使用的所有标度都需要避免重复和累赘。稠和稀是真正完全对立的属性，将恰好标度拆分使用是没有任何意义的。

在处理恰好标度收集到的信息数据时所采取的处理方法，需要格外注意。当某个属性强度被认为是恰好时，尝试增加或降低这个属性的强度，一定会导致产品的接受度降低。而且，恰好评分并不能在如何改变从而得到更好产品的这个问题上提供有用的信息。最后，食品和饮料都是复杂的系统，改变其中任何一个感官属性都会对其他属性产生影响。也就是说，由于味道混合物之间的互相作用，在一个产品中想要不改变酸味，直接改变产品的甜味是十分困难的。其他问题会在后面做详细讨论。

14.5.3 恰好标度的变异版本

多种不同类型的标度已经被运用于感官特性强度优化的研究中了。Johnson 和 Vickers（1987）以及 Vickers（1988）使用简单的直线标度对甜味的最优化进行了研究。最左端标注着“基本不够甜”，中心点“最适甜”，到最右端“非常非常甜”。Pokorny 和 Davidek（1986）列举了几个“恰好”标度的示例来优化产品最重要属性的例子。评分点的标记用来展现产品应该如何改进是其中一个例子。最左端标注的是“极度强烈”，最右标注的是“极度清淡”，中心点的标注是“不需要任何改变，最合适的”。中间点的标注是“较为强烈（清淡）”“稍微强烈（清淡）”以及“非常强烈（清淡）”。数据以图表的形式呈现，阐明了选择“最适”答案的受试者的百分比，并列举了产品在哪些方面进行了改进。值得注意的是，这种措辞方法和常用的“正好”标度是相反的，描述词语表述的是和最理想状态的差异，然而在 Pokorny 和 Davidek 的示例中，描述词语指的是产品改变的方向，这会将产品带回到原先设定的最理想化的状态。

另外一种变化形式是呈现一个普通的强度标度对产品进行判断，然后要求受试者在标度上进行第二次标记以表示出受试者“理想中”的产品（van Trijp 等，2007）。早在 1975 年，Szczesniak 和 Skinner（1975）对消费者采用过这种改良过的质地剖面，在该研究中人造奶油的最理想化的数据也被要求打分。这种方法有几个优势。第一，采用这种方法可以获得绝对强度的信息，同时消费者对于产品的理想状态也能体现在标度上。第二，个体评分距离理想状态的偏差也可以得以体现，因此也能获得“最适”指向性的信息。最后，若评价小组成员的数据是合理均匀的，可以建立最重要的“理想产品剖面图”。这种方法最主要的限制在于让未接受过培训消费者执行这样一个分析任务，他们是不是能够明白被标度的术语，他们是不是能够表达对于理想产品的细节上最真实的想法和情感。

产品优化最直接的方法是让消费者调整一些原材料的成分含量直到他们认为是最优化的（Pangborn 和 Pecore，1982）。这种方法通常被称为一种“可调整的方法”。然而，这种方法在测试过程中必须从浓缩和稀释两方面同时进行，目的是避免周围环境和/或适应效应导致消费者在系列产品评价中过快地停止（Mattes 和 Lawless，1985）。Hernandez 和 Lawless（1999）在液体和固体食品体系中采用了“可调整的方法”，即通过称量添加量，减去下一次添加前的消耗量，从而估算试验中的给定浓度。

14.5.4 恰好标度数据分析

根据恰好标度数据，应该如何对产品进行改进呢？当“恰好”缺乏足够的比例，数据呈现不对称性时，或者当双峰分布的情况发生时，恰好标度的数据具有很高的可操作性。当下的产品是不是可接受的呢？显而易见，在“恰好”标度上，一组理想的响应应以“最优”为中心，对称分散，并且在标度末端出现的频次较低。因此，数据分析的第一步是检查标度整体的使用频率，通常会通过绘制简单的柱状图或分级图来实现（图 14.8）。仅检验平均值容易造成误导。例如，消费者可能会分为两个群体，一个群体偏好较强程度的感官属性，另一个群体则喜爱强度较弱的感官属性。如果只对平均值进行检验，那么很容易错误地认为产品是最优的，或者接近最优水平。因此，应绘制每一个数据。第二个问题是是否有足够的“恰好”的选择让产品保持现状？通常的判断标准是中心“恰好”的选择率达到 80%（Rothman 和 Parker，2009）。简单的单样本 t 检验是一个偏离恰好点的定量检测，即产品的平均值与标度中心点值的比较。简单的非参数检验用来比较恰好标度上端和下端的使用频率同时忽略恰好标度的中心点频率（Stone 和 Sidel，2004）。这是个简单的对预期值为 0.5（同等比例）的二项式概率检验。对平均值和二项式的 t 检验都能够提供单一产品数据偏离中心点的程度。

下一个问题是如何对比和观察多种产品是否和理想的产品相似或不同。如果每一个消费者已经对所有的产品进行了评价，以交叉表为基础的卡方检验并不是一个合适的检验方法，因为这种方法的假设是建立在数据都来自独立的样品。既然评价是密切相关的，以下有几种可供选择的替换方法。Fritz（2009）对这些方法进行了讨论并在实际产品中应

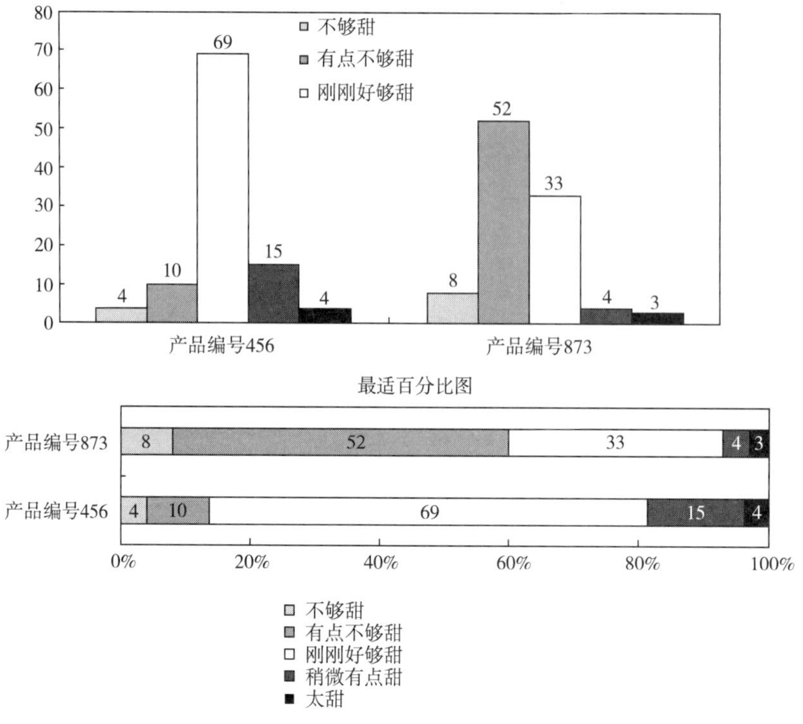

图 14.8　恰好标度数据绘制图

此图为简单的柱状图，产品编号 456 数据对称，并集中在恰好分类，显示可进一步调整数据。产品标号 873 并没有呈现对称分布趋势，并且“有点不够甜”占据了较大的比例，表明增加甜味有助于改进产品，图 14.9 所示为相同数据的不同呈现方式。

用。对于 2 个或者 2 个以上的产品，Cochran-Mantel-Haenszel（“CMH”）的方法可行，但是从计算角度来说，这种方法更加深奥并且需要统计软件来参与计算。在对比任何两个产品时，应将每个产品数据压缩成三个分类（恰好之上，恰好，恰好之下），数据可以根据频率在 3×3 的表格中交叉绘制，见图 14.9。然后，Stuart-Maxwell 检验将会是较为合适的统计方法，详见附录 B（Best 和 Raynor，2001；Fleiss，1981）。如果数据被进一步压缩，简单的 McNemar 检验也可行。例如，假设两个产品的不同之处在于“太甜”这个分类，McNemar 可以应用于 2×2 的表格，让“太甜”与其他类别的组合频率比较。如果标度类似于直线标度或者包含 7 种或 9 种分类的标度，那么可以像其他标度方法一样处理数据，采用参数数理统计，例如用 t 检验、方差分析比较平均值。如果只有较少响应的分类，可以按分类或顺序数据进行处理。

14.5.5　损失分析或“平均下降”

在同一个问卷调查中，总体接受度评分是有价值的信息来源。恰好标度数据可以结合这个信息来评价“非恰好”（偏离恰好）对产品整体接受度的潜在影响。这种方法非常简单，步骤如下（from Schraidt，2009）：

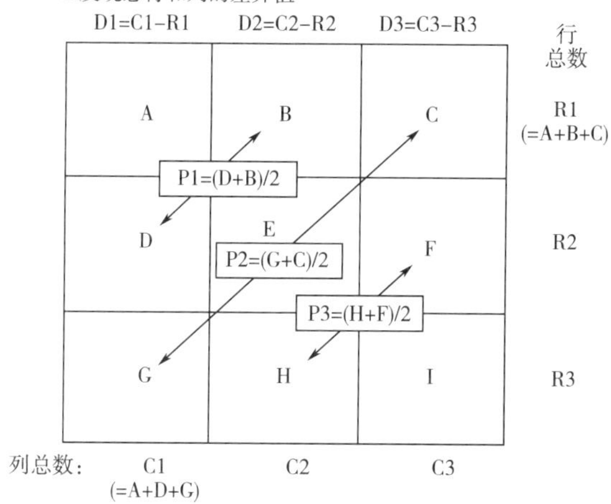

图 14.9 利用 Stuart-Maxwell 检验区分两个使用恰好标度评价的产品

首先，数据将被压缩成 3 个大分类，高于“恰好”分类（如“太强”），低于“正好”的分类（如“太弱”）以及“恰好”或者“恰好”分类。根据产品的评分，输入 A~Ⅰ代表每个大分类被选中的频率。对自由度为 2 的数值进行χ_2 检验，结果是 5.99。这个数值远远超过显著性差异值。发现显著性差以后，将行和列压缩成一个 2×2 的表格，并进一步利用 McNemar 检验来分析是否有特殊的单元格对 Start-Maxwell 检验的结果起决定性的影响，详见附录 B。

（1）将数据分割成不同分类，高于“恰好（最适）”，低于“恰好（最适）”，以及“恰好（最适）”分类；

（2）计算以上三类群体接受度的平均值；

（3）从恰好标度分类中减去高于-恰好分类的平均值，同样的从恰好标度分类中减去低于恰好分类的平均值（注意：恰好分类平均值的使用非常重要，并不是使用所有数据的平均值）；

（4）将所得的差异得分、“平均下降”或惩罚，绘制在平均下降与每个类别的消费者比例的散点图中。

在这样的图表中，一个显示了较大均值下降和较大消费者比例的点需要额外注意，建议产品应在合适的方面进行改进。表 14.2 所示为一个实例，图 14.10 为绘制图。图中我们可以看到有很大一部分人群认为产品太甜，并且有大幅度的均值下降或者产品总体接受性评分中有下降趋势。产品研发团队可能会想要通过增加甜度来改良产品。另外有两个大群体，一个认为产品太浓厚，一个认为产品太稀薄，但是他们的损失值不大，因此，不需要在这两方面对产品加以改进。关于水果风味的强度问题，在左上角有一个小群体，非常不满意水果风味的强度。进一步的实验需要验证具有更温和水果风味的产品是否对这个群体更具吸引力。Rothman 和 Parker（2009）采用不同数量统计检验方法对损失进行模型分析。简单的方法是制作一个 2×2 的分类表格，包括高于/低于恰好值和喜爱/不喜爱，然后进行卡方检验（Templeton，2009）。具有显著性的结果表明一种恰好标度上的响应比另外一种更不利于产品。参数对比检验可以通过比较高于-恰好的消费者和低于-恰好的消费者来检验他们的接受度是否真的不同（例如，独立小组的 t 检验）。

表 14.2　一个假设产品的损失分析和均值下降的数据

	均值	下降幅度	%
特性-甜味			
太甜	6.2	-1.4	15
刚刚好	7.6		50
不够甜	5.2	-2.4	35
稠度			
太稠	6.5	-0.7	28
刚刚好	7.2		37
太稀	6.2	-1.0	35
果味			
太强	5.2	-2.6	17
刚刚好	7.8		63
太弱	6.5	-1.3	20

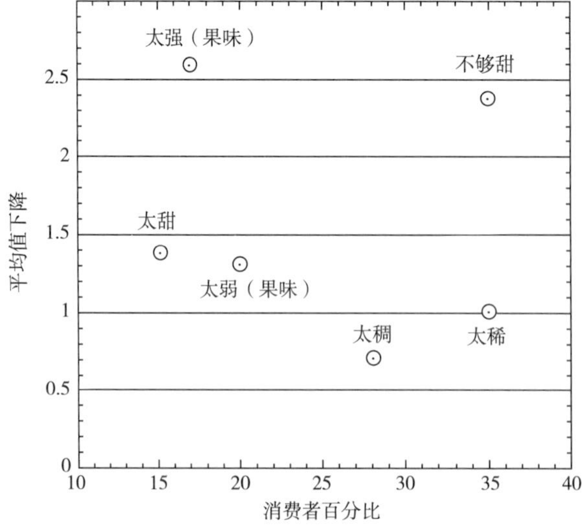

图 14.10　一个假设产品的损失分析和均值下降

14.5.6 恰好标度的其他问题

尽管恰好标度有明显的简易性，但是这些标度会受制于一些其他因素。Rothman 和 Parker（2009）讨论了这些受限因素。需要注意的是恰好标度只能在感官属性具有最优值的情况下才适用。如果一个感官属性是“越多越好”或者“存在即是坏的”，那么恰好标度是不适用的。前面提及，一个潜在的问题是消费者很有可能对感官属性有误解。例如，很多人对于酸味和苦味都有困惑。第二个问题是消费者感知产品时，通常是一个综合的感受，这和分析是截然相反的。恰好标度要求消费者在封闭状态下参加特定感官属性的研究。消费者经常会表现出光环效应，显著的感官属性会影响其他逻辑上没有相关性的感官属性的评分。这样，产品在甜度上的评分有可能比理想状态的甜度少，仅是因为消费者对其他味道或者风味感到厌烦。消费者也可能会带着认知上的偏见，这和他们本身的喜爱和不喜爱没有一点关系。例如，如果消费者相信盐本身对人体有坏处，产品就有可能被认为太咸（即使这个是最适的产品）。一些特性可能相互有关联或者会相互作用。增加甜度的同时可能会降低酸味，在酒或者水果产品中甜/酸的平衡显得格外重要。一些感官特性或者喜好反应会随着时间的推移发生改变。甜味一开始是可接受的，但是食用了食品的很大一部分之后，甜味会让人觉得腻。产品分量尺寸大小都会影响恰好的评分。小分量的食物看上去不错但是大分量的食物看上去不一定诱人。当单独使用恰好标度而不询问任何额外的强度相关问题时，可能会出现其他问题。例如，两个组群的受试者可能会都标记“恰好”，但是一组受试者会认为产品属性太强烈（这是他们喜爱的程度），而另外一组受试者可能会认为产品属性比较温和（这是他们偏爱的程度）。因此，最后的结果可能会误导产品研发人员思考人群的均匀化，但是实际上他们真的是两种不同的消费者人群。感官专家应该考虑在同一消费者问卷调查中同时收集强度和恰好信息。

中心趋势或偏见是恰好标度具有一个特别的问题，特别是在多产品检验中。使用恰好标度时，中心化偏见是一种将中间强度的产品推向“恰好”中心点的趋势。这可能会导致得出错误的结论，中间的产品是最适的产品，但是实际上真实的最优可能会更高或者更低。Johnson 和 Vickers（1988）在 McBride（1982）和 Poulton（1989）的基础上，对比不同方法处理中心化问题。这些方法都涉及根据不同的主要成分检验多种样品来修改恰好点。在本书第 9 章有深入的讨论。有时候通过执行多次感官实验来修改真实的最适条件也不是总能实现的，因此感官科学家应该明白对一系列中间产品的错误解读也是这种方法存在的问题。

14.6 行为学及情境相关的方法

当我们单独品尝某种食物时，很难测量人们对食物的稳定态度。可以肯定的是，我们的喜爱和不喜爱都会随着就餐环境、时间或者近期我们食用的频率的改变而发生改变。对食物和饮品的喜爱度一方面会受到食用温度的影响（Kahkonen 等，1995），另一方面也取决于这个温度是否与消费者的期望一致（Cardello 和 Maller，1982a）。一个人对相似食品历来表现出较高的喜好也是重要的影响因素。有些人更倾向于膳食多样化（van Trijp等，1992），那么他们很容易对食用相似感官特性的食物产生厌烦（Vickers，1988）。从理论上来说，食用牛排或者龙虾看起来是非常吸引人的，但是如果在10天内，连续食用牛排或者龙虾，很显然人们会逐渐改变对龙虾或者牛排的感受。偏好对于食品组合也具有一定的特异性。尽管一般情况下，我们都喜爱番茄酱，但是马铃薯泥上的番茄酱可能引起当事人的喜爱或不喜爱的反应。个人对许多食品的历史偏好可能并不能预测他们在实际品尝该食品时的喜好评分（Cardello 和 aller，1982b）。情境和期望值均会影响简单的喜好判断（Deliza 和 MacFie，1996；eiselman，1992；Schifferstein，1995），因此我们需要理解在真实的食品选择和食用时，情景和期望值可能具有重要的影响。食品食用的环境对食品非常大的影响（Edwards 等，2003；King 等，2007）。在特定环境下，习惯、经历、环境和态度都会对食品摄入有着非常重要的影响。为了解决简单的接受度检验的局限性，我们使用了更多与行为学有关的方法。

14.6.1 食品行为评分标度（FACT）

采用行为导向的方法来标度食品的可接受程度最初是由 Schutz（1965）设计的。他以态度和行动为基础，结合一些消费频率陈述（“我一有机会就想品尝这种食物”）和一些有关动机的陈述（“只有在被强迫时，我才会品尝这个食物”）开发了一种更偏向于以行动为导向的食品的可接受程度的检验。这种标度方法被称为食品行为评分标度或 FACT 标度。表 14.3 所示为完整的描述语句。尽管 Schutz 认为行为也许不能够和传统 9 点标度的接受度评分完全匹配，但是这两种方法呈现出较高的正相关性（在食品喜好的问卷中，$r=+0.97$）。FACT 标度数据的平均值较低，但是和 9 点标度相比，会表现出较少的偏离。尽管有这一相关性存在，但是这些标度也并非可以相互交换使用。

表 14.3 食品行为评分标度（FACT）中的描述语句（Schutz，1965）

我一有机会就想品尝这种食物	我不喜欢这种食物，但偶尔也会品尝一下
我会非常频繁地品尝这种食物	我几乎不品尝这种食物
我会频繁地吃这种食物	只有当没有其他选择的时候，我才会品尝这种食物
我喜欢这种食物，并会偶尔品尝一下	只有当我被强迫时，我才会品尝这种食物
如果可能的话，我会品尝这种食物，但是不会特意去品尝	

14.6.2 适宜标度

在相关研究工作中，Schutz 把情境的主题进行了进一步挖掘。适宜标度评分可以用来评价情境对食品喜好响应的影响（Schutz，1988）。例如，有人真的喜爱比萨，但是如果要求在早上 8 点对比萨的喜好性进行评分，对于大多数人来说，早上 8 点其实不是一个食用比萨的合适时间，比萨也就不会显得那么具有吸引力。因此，对于以纯感官为基础的愉悦感和情境的适宜性通常并不是完全平行的。给定文化下的不恰当情境的影响可能会压倒感官喜好的影响（Lahteenmaki 和 Tuorila，1997）。虽然在不同的情境下，让消费者选择合适的食品是可行的，但是感官科学家应该对检验负责，如对问过多的问题应持有小心谨慎的态度。如果在 20 种适宜的情境下评价 15 种食品，那么每个消费者就必须进行 300 次的喜好评价。

通常对食品和其使用陈述做适宜性的判断，如“早餐用”。标度通常是 7 点标度，范围从“从不”到“总是”。必须要指出的是，这个标度不是从“不合适”到“非常合适”。相当于，该标度将频率这个概念融入在内，陈述是由使用情况组成的。问卷调查通常表现为矩阵或者网格的形式，行为食品，列为使用陈述。适宜判断的问题和实际应用可以参考 Schutz（1994）。一些研究比较适宜判断和 9 点标度，Cardello 和 Schutz（1996）研究发现在不同情况下，具有相同接受度的食品表现出显著不同的适宜性。尽管这个结论并不意外，但是值得注意的是喜好和适宜通常是高度相关的。高度被喜爱的食品在不同情况下都被认为适宜食用。然而，Cardello 和 Schutz 的研究表明喜好和适宜性是不相同的。该研究还指出接受度的评分不会因为询问适宜性问题而受到影响。因此，额外的询问一些其他信息并没有什么坏处，需要牢牢谨记的是问卷调查的长度才会增加受试者的负担。

适宜标度的数据可以利用主成分分析这种数理统计方法来分析，从而确定不同产品和不同情境下潜在的共有特点。Jack 等（1994）使用了储备网格三元组方法推导出干酪的所有潜在使用场合。16 种芝士的食用适宜性通过直线标度进行评分，从合适到不合适。研究发现，芝士的融化和质地特性是影响芝士在不同场景下的食用适宜性的重要因素。在日销品中，芳香剂的添加符合产品的预期是非常重要的。在洗发水中适宜的芳香剂可能对掩盖杀虫剂化学气味来说不是一个很好的选择（Jellinek，1975）。因此，为某特定产品筛选芳香剂时，简单的喜好评分是远远不够的，询问受试者这种气味是否适宜这个特定产品是必须的。水果和花香的芳香剂可能作为空气清新剂是非常受欢迎，但是添加到工业上高强度消毒产品就不是非常适合。在这种情况下，适宜标度建议调整为“不适合”到“非常适合”，而不是 Schutz 使用的频率标度。

14.6.3 产品接受者规模

喜好评分的另一种变版是将食品接受度的评价回归到简单地统计喜爱该产品的人群比例。Norback 等（Beausire 等，1988；LaGrange 和 Norback，1987）检验了产品优化过程中，作为变量的接受者群体的比例。产品接受者规模指的是认为产品可被接受的消费者人群的比例。LaGrange 和 Norback（1987）很有逻辑地推论优化产品感官吸引力的因果链应该考虑感官属性驱动的可接受性度量，如接受者比例。感官特性应该是由食品原料和其他物质的物理性质决定的。这是一个心理生理学模型的直接拓展和衍生，包括多种特性，喜好或者行为结果。他们推断，那些对接受者规模有巨大影响的变量（即造成激增或高变化率的变量）将对产品的优化产生最大的影响。这在很大程度上符合利用关键属性变量建立接受度函数的传统。Beausire 等（1988）在线性模型中，利用这种方法来探讨土耳其香肠种接受者规模、韧性值评分和原料之间的关系，并研究了各种成分组合对韧性属性和最终可接受性函数的影响。

这种方法利用了最少的信息，基本上就是人们是否接受该产品。在 Beausire 等（1988）的研究中，受试者只需要简单地回答“是”或者“不是”，来判断他们是否接受该产品。从积极的角度来说，这种方法能够将潜在食用者的规模融入食品营销者的基础理论。从负面角度看，这种方法是两分的，并不能像 9 点标度一样提供足够有用的信息。可以将这种方法视为偏好检验的一个分支，但是仅只是建立在单一产品和消费者最低期望值的基础上。Stone 和 Sidel（2004）指出偏好通常不能和接受度等同。对产品一点不喜欢的人群应该事先被排除在检验之外，但如果这类人群阴差阳错被包括在实验中，他们可能会表达他们的偏好。根据人们喜欢一种产品而不是另一种产品的比例，也有可以找到被偏爱的产品。然而，持相反观点的少数人可能会给被偏爱的产品较低的接受度评分，结果导致其平均接受度得分与偏好结果相矛盾。举个例子，产品 A 在接受度评分上超过产品 B，但是产品 B 在简单的偏好选择中更被大家喜爱（Stone 和 Sidel，2004）。同样的问题可能出现在接受者的规模。也许很大比例的人群发现产品很容易被接收，但是小部分人群也许因为产品不是他们所喜爱的样式，所以非常非常不喜爱这个产品。接受者规模和简单的偏好/选择很可能不能体现这些事实。审查接受度打分会揭示小规模人群的比例和他们不喜爱的程度。

14.6.4 交易标度

Lawless 开发了一种为预测食物餐组合的检验食品接受度的方法。Lawless（1994）研究了军用野战组合食品餐的配量。非独立的检测是基于士兵愿意用多少条巧克力换取单个食品和组合食品餐。这种检测是基于预包装餐的交易真实发生在军事实战中的观察。巧克力是一种高度被渴望的食品，因此它常常作为交易用的“商品货币”。这里的整体目标是为了开发一种可以预测组合餐的价值或喜爱度的测量方法，然后利用这种方法结合营养成分信息和其他一些因素，通过建立线性优化模型而实现食物配量的改进。产品研发人员的一个顾虑是 9 点标度太有局限性，并不能为预测组合餐的整体喜爱度提供有价值的信息。例如，两种食物也许在喜爱度标度上的评分为 8 和 5，但是因为 9 点标度只有 9 个分类标记，因此标度上并没有相应的 13 或者说缺少这两种食物值的总和。理论假设认为，食物和食物组合的交换价值更可能表现为相加模式和线性模型。

估算了 33 个独立食物的巧克力值，然后将它们组合成两个食物组合餐和五个食物组合餐，这与实际现场食品用餐的包装组合相似或相同。我们感兴趣的问题是单个食品和组合食品的交易值是否可以使用总和或者简单线性关系进行预测。数据显示除了一个显著的例外，其余的都显示出完美的相加性。结果呈现了“a la carte”（点菜）的效应。交易获得一餐的预期值是一条巧克力棒，比所有食物组分的总和要少。这和通常情况下一餐的定价是相似的，单个食物价格的总和远比实际摄入的食物组合餐的价格要高。这种方法的实用性取决于受试者对交易货物价值的正面肯定。

14.7 结论

对盲标产品的接受度的评分是感官评价发展史上的一个里程碑。消费者的接受度对产品研发者和市场人员来说，是最基本的信息。感官科学家可以使用很多有效的方法来评价产品的吸引力和偏好。选择本身就是一种最基本的消费者行为，就像我们面对许多不同种类的食物，我们需要决定购买或烹饪哪些食物一样，这是一个决定的过程。接受度与食品的很多感官特性相关，如产品的描述性剖析、原材料的物理性质及加工和包装的变量。我们可以研究产品在贮藏期间、销售过程和保质期的不同阶段的吸引力是如何下降的。

尽管产品的接受度是十分重要的，但是这里提及的感官方法论仍然容易被误用、误解，并受到来自其他领域的质疑。特别是市场研究专员也许不能很好地理解对屏蔽了商标的产品进行检验的重要性。感官研究的经验法则是只提供足够的信息，能够在正确的参比框架内（通常是在同一产品类别内）对产品进行评价。因此，在感官接受度检验中，随机3位数编码的产品会呈现给受试者品尝，例如他们只知道这是一个炒鸡蛋的测试，但是他们不知道鸡蛋是冷冻的、重组的、微波加热的、低胆固醇的，也不知道其他任何会影响产品的理念的因素。唯一需要回答的问题是，根据鸡蛋的感官特性（味道、质地、外形等），他们是否被整个炒鸡蛋所吸引。

市场专员通常会抱怨，盲测并不现实，因为产品最终在商场的货架上不会没有设置包装、商标和概念（Garber 等，2003）。但是，他们没有抓住重点。感官评价是在不带概念商标偏见下（Gacula 等，1986），评价产品真实的感官吸引力的唯一途径。而且也为产品研发人员提供了必要的反馈，产品是不是真的达到了他们的目标。如果没有盲测，谁也说不准。产品也许会因为各种原因成功或者失败。既然消费者和他们提供的信息可能会存在光环效应和一些其他的偏见，那么你就不能总是相信他们在产品概念测试中陈述的喜爱产品的理由。文中提到，即使产品的接受度很高也并不能够保证产品一定会在市场上取得成功。购买的可能性（更重要的，再购买）往往取决于产品的价格、概念、定位、促销、广告、包装信息、消费者认知、营养特性和其他很多方面（Garber 等，2003）。但是，食品感官的吸引力是最基本的，如果产品不被消费者喜爱，很有可能不会成功。以感官特性为基础的接受度首先为成功的市场营销者提供了基础，然后这些营销者们发挥他们自己的技巧在真实世界中将产品销售给消费者们。

参考文献

Bahn, K. D. 1989. Cognitive and perceptually based judgments in children's brand discriminations and preferences. Journal of Business and Psychology, 4, 183-197.

Bartoshuk, L. M., Snyder, D. J. and Duffy, V. B. 2006. Hedonic gLMS: Valid comparisons for food liking/disliking across obesity, age, sex and PROP status. Paper presented at the 2006 Annual Meeting, Association for Chemoreception Sciences.

Beausire, R. L. W., Norback, J. P. and Maurer, A. J. 1988. Development of an acceptability constraint for a linear programming model in food formulation. Journal of Sensory Studies, 3, 137-149.

Best, D. J. and Rayner, J. C. W. 2001. Application of the Stuart test to sensory evaluation data. Food Quality and Preference, 12, 353-357.

Birch, L. L. 1979. Dimensions of preschool children' s food preferences. Journal of Nutrition Education, 11, 77-80.

Birch, L. L., Birch, D., Marlin, D. W. and Kramer, L. 1982. Effects of instrumental consumption on children' s food preferences. Appetite, 3, 125-143.

Birch, L. L., Zimmerman, S. I. and Hind, H. 1980. The influence of social-affective context on the formation of children' s food preferences. Child Development, 51, 865-861.

Borg, G. 1982. A category scale with ratio properties for intermodal and interindividual comparisons. In: H.-G. Geissler and P. Petzold (eds.), Psychophysical Judgment and the Process of Perception. VEB Deutscherverlag der Wissenschaften, Berlin, pp. 25-34.

Booth, D. A. 1994. Flavour quality as cognitive psychology: The applied science of mental mechanisms relating flavour descriptions to chemical and physical stimulation patterns. Food Quality and Preference, 5, 41-54.

Booth, D. A. 1995. The cognitive basis of quality. Food Quality and Preference, 6, 201-207.

Bower, J. A. and Boyd, R. 2002. Effect of health concern and consumption patterns on measures of sweetness by hedonic and just right scales. Journal of Sensory Studies, 18, 235-248.

Byer, A. J. and Saletan, L. T. 1961. A new approach to flavor evaluation of beer. Wallerstein Laboratory Communications, 24, 289-300.

Cardello, A. V. and Maller, O. 1982a. Acceptability of water, selected beverages and foods as a function of serving temperature. Journal of Food Science, 47, 1549-1552.

Cardello, A. V. and Maller, O. 1982b. Relationships between food preferences and food acceptance ratings. Journal of Food Science, 47, 1553-1557, 1561.

Cardello, A. V. and Schutz, H. G. 1996. Food appropriateness measures as and adjunct to consumer preference/acceptability evaluation. Food Quality and Preference 7, 239-249.

Cardello, A. V. and Schutz, H. G. 2004. Research note. Numerical scale-point locations for constructing the LAM (Labeled affective magnitude) scale. Journal of Sensory Studies, 19, 341-346.

Cardello, A., Lawless, H. T. and Schutz, H. G. 2008. Effects of extreme anchors and interior label spacing on labeled magnitude scales. Food Quality and Preference, 21, 323-334.

Cardello, A. V., Schutz, H. G., Lesher, L. L. and Merrill, E. 2005. Development and testing of a labeled magnitude scale of perceived satiety. Appetite, 44, 1-13.

Cardello, A. V., Winterhaler, C. and Schutz, H. G. 2003. Predicting the handle and comfort of military clothing fabrics from sensory and instrumental data: Development and application of new psychophysical methods. Textile Research Journal, 73, 221-237.

Chen, A. W., Resurreccion, A. V. A. and Paguio, L. P. 1996. Age appropriate hedonic scales to measure food preferences of young children. Journal of Sensory Studies, 11, 141-163.

Chung, S.-J., and Vickers, A. 2007a. Long-term acceptability and choice of teas differing in sweetness. Food Quality and Preference, 18, 963-974.

Chung, S.-J., and Vickers, A. 2007b. Influence of sweetness on the sensory-specific satiety and long-term acceptability of tea. Food Quality and Preference, 18, 256-264.

Coetzee, H. 1996. The successful use of adapted paired pref-erence, rating and hedonic methods for the evaluation of acceptability of maize meal produced in Malawi. Abstract, 3rd Sensometrics Meeting, June 19-21, 1996, Nantes, France, pp. 35.1-35.3.

Cordonnier, S. M. and Delwiche, J. F. 2008. An alternative method for assessing liking: Positional relative rating versus the 9-point hedonic scale. Journal of Sensory Studies, 23, 284-292.

Deliza, R. and MacFie, H. J. H. 1996. The generation of sensory expectation by external cues and its effect on sensory perception and hedonic ratings: A review. Journal of Sensory Studies, 11, 103-128.

Edwards, J. A., Meiselman, H. L., Edwards, A. and Lesher, L. 2003. The influence of eating location on the acceptability of identically prepared foods. Food Quality and Preference, 14, 647-652.

El Dine, A. N. and Olabi, A. 2009. Effect of reference foods in repeated acceptability tests: Testing familiar and novel foods using 2 acceptability scales. Journal of Food Science, 74, S97-S106.

Engen, T. 1974. Method and theory in the study of odor preferences. In: A. Turk, J. W. Johnson, Jr. and D. G. Moulton (eds.), Human Responses to Environmental Odors. Academic, New York, pp. 121-141.

Engen, T. 1978. The origin of preferences in taste and smell. In: J. H. A. Kroeze (ed.), Preference Behaviour and Chemoreception. Information Retrieval, London, pp. 263-273.

Engen, T., Lipsitt, L. P. and Peck, M. 1974. Ability of new-born infants to discriminate sapid substances. Developmental Psychology, 10, 741-744.

Epler, S., Chambers, E. and Kemp, K. E. 1997. Hedonic scales are better predictors than just right scales of optimal sweetness in lemonade. Journal of Sensory Studies, 13, 191-197.

Fleiss, J. L. 1981. Statistical Methods for Rates and Proportions, Second Edition. Wiley, New York.

Forde, C. G. and Delahunty, C. M. 2004. Understanding the role cross-modal sensory interactions play in food acceptability in younger and older consumers. Food Quality and Preference, 15, 715-727.

Fritz, C. 2009. Appendix G: Methods for determining whether JAR distributions are similar among products (Chi-square, Cochran-Mantel-Haenszel (VMH), Stuart-Maxwell, McNemar). In: L. Rothman and M. J. Parker (eds.), Just-About-Right Scales: Design, Usage, Benefits, and Risks. ASTM Manual MNL63, ASTM International, Conshohocken, PA, pp. 29-37.

Gacula, M. C., Rutenbeck, S. K., Campbell, J. F., Giovanni, M. E., Gardze, C. A. and Washam, R. W. 1986. Some sources of bias in consumer testing. Journal of Sensory Studies, 1, 175-182.

Garber, L. L., Hyatt, E. M. and Starr, R. G. 2003. Measuring consumer response to food products. Food Quality and Preference, 13, 3-16.

Gay, C., and Mead, R. 1992 A statistical appraisal of the problem of sensory measurement. Journal of Sensory Studies, 7, 205-228.

Green, B. G., Shaffer, G. S. and Gilmore, M. M. 1993. Derivation and evaluation of a semantic scale of oral sensation magnitude with apparent ratio properties. Chemical Senses, 18, 683-702.

Greene, J. L., Bratka, K. J., Drake, M. A. and Sanders, T. H. 2006. Effective of category and line scales to characterize consumer perception of fruity fermented flavors in peanuts. Journal of Sensory Studies, 21, 146-154.

Greenhoff, K. and MacFie, H. J. H. 1994. Preference map-ping in practice. In: H. J. H. MacFie and D. M. H. Thomson (eds.), Measurement of Food Preferences. Blackie Academics, London, pp. 137-166.

Guest, S., Essick, G., Patel, A., Prajapati, R. and McGlone, F. 2007. Labeled magnitude scales for oral sensations of wetness, dryness, pleasantness and unpleasantness. Food Quality and Preference, 18, 342-352.

Head, M. K., Giesbrecht, F. G. and Johnson, G. N. 1977. Food acceptability research: Comparative utility of three types of data from school children. Journal of Food Science, 42, 246-251.

Hein, K. A., Jaeger, S. R., Carr, B. T. and Delahunty, C. M. 2008. Comparison of five common acceptance and preference methods. Food Quality and Preference, 19, 651-661.

Helgensen, H., Solheim, R. and Naes, T. 1997. Consumer preference mapping of dry fermented lamb sausages. Food Quality and Preference, 8, 97-109.

Hernandez, S. V. and Lawless, H. T. 1999. A method of adjustment for preferred levels of capsaicin in liquid and solid food systems among panelists of two ethnic groups and comparison to hedonic scaling. Food Quality and Preference, 10, 41-49.

Hottenstein, A. W., Taylor, R., and Carr, B. T. 2008. Preference segments: A deeper understanding of consumer acceptance or a serving order effect? Food Quality and Preference, 19, 711-718.

Hough, G., Bratchell, N. and Wakeling, I. 1992. Consumer preference of Dulce de Leche among students in the United Kingdom. Journal of Sensory Studies, 7, 119-132.

Jack, F. R., Piggott, J. R. and Paterson, A. 1994. Use and appropriateness in cheese choice, and an evaluation of attributes influencing appropriateness. Food Quality and Preference, 5, 281-290.

Jellinek, J. S. 1975. The Use of Fragrance in Consumer Products. Wiley, New York.

Johnson, J. and Vickers, Z. 1987. Avoiding the centering bias or range effect when determining an optimum level of sweetness in lemonade. Journal of Sensory Studies, 2, 283-292.

Johnson, J. R. and Vickers, Z. 1988. A hedonic price index for chocolate chip cookies. In: D. M. H. Thomson (ed.), Food Acceptability. Elsevier Applied Science, London, pp. 135-141.

Jones, L. V., Peryam, D. R. and Thurstone, L. L. 1955. Development of a scale for measuring soldiers' food preferences. Food Research, 20, 512-520.

Kahkonen, P., Tuorila, H. and Hyvonen, L. 1995. Dairy fact content and serving temperature as determinants of sensory and hedonic characteristics of cheese soup. Food Quality and Preference, 6, 127-133.

Keskitalo, K., Knaapila, A., Kallela, M., Palotie, A., Wessman, M., Sammalisto, S., Peltonen, L., Tuorila, H. and Perola, M. 2007. American Journal of Clinical Nutrition, 86, 55-63.

Kim, K.-O. and O'Mahony, M. 1998. A new approach to category scales of intensity I: Traditional versus rankrating. Journal of Sensory Studies, 13, 241-249.

Kimmel, S. A., Sigman-Grant, M. and Guinard, J.-X. 1994. Sensory testing with young children. Food Technology, 48(3), 92-94, 96-99.

King, S. C., Meiselman, H. L., Hottenstein, A. W., Work, T. M. and Cronk, V. 2007. The effects of contextual variables on food acceptability: A confirmatory study. Food Quality and Preference, 18, 58-65.

Koster, E. P., Couronne, T. Leon, F. Levy, C. and Marcelino, A. S. 2003. Repeatability in hedonic sensory measurement: A conceptual exploration. Food Quality and Preference, 14, 165-176.

Kroll, B. J. 1990. Evaluating rating scales for sensory testing with children. Food Technology, 44(11), 78-80, 82, 84, 86.

Lagrange, V. and Norback, J. P. 1987. Product optimization and the acceptor set size. Journal of Sensory Studies, 2, 119-136.

Lahteenmaki, L. and Tuorila, H. 1997. Item by use appropriateness of drinks varying in sweetener and fat content. Food Quality and Preference, 8, 85-90.

Lawless, H. T. 1977. The pleasantness of mixtures in taste and olfaction. Sensory Processes, 1, 227-237.

Lawless, H. T. 1994. Contextual and measurement aspects of acceptability. Final Report #TCN 94178, U. S. Army Research Office.

Lawless, H. T. 2010. Commentary on "Comparative performance of the nine-point hedonic hybrid and self-adjusting scales in generation of internal preference maps." Food Quality and Preference, 21, 165-166.

Lawless, H. T. and Malone, G. J. 1986. A comparison of scaling methods: Sensitivity, replicates and relative measurement. Journal of Sensory Studies, 1, 155-174.

Lawless, H. T., Hammer, L. D. and Corina, M. D. 1982-1983. Aversions to bitterness and accidental poisonings among preschool children. Journal of Toxicology: Clinical Toxicology, 19, 951-964.

Lawless, H. T., Popper, R. and Kroll, B. 2010. Comparison of the labeled affective magnitude (LAM) scale, an 11-point category scale and the Traditional nine-point hedonic scale. Food Quality and Preference, 21, 4-12.

Lavanaka, N. and Kamen, J. 1994. Magnitude estimation of food acceptance. Journal of Food Science, 59, 1322-1324.

Mattes, R. D. and Lawless, H. T. 1985. An adjustment error in optimization of taste intensity. Appetite, 6, 103-114.

McBride, R. 1990. The Bliss Point Factor. Macmillan, South Melbourne, NSW (Australia).

McBride, R. L. 1982. Range bias in sensory evaluation. Journal of Food Technology, 17, 405-410.

McDaniel, M. R. and Sawyer, F. M. 1981. Preference testing and sensory evaluation: Magnitude estimation vs. the 9-point hedonic scale. Journal of Food Science, 46, 182-185.

McEwan, J. 1996. Preference mapping for product optimization. In: Multivariate Analysis of Data in Sensory Science. Elsevier Applied Science, London, pp. 71-102.

Mead, R. and Gay, C. 1995. Sequential design of sensory trials. Food Quality and Preference, 6, 271-280.

Meiselman, H. L. 1992. Methodology and theory in human eating research. Appetite, 19, 49-55.

Meilgaard, M., Civille, G. V. and Carr, B. T. 1991. Sensory Evaluation Techniques, Second Edition. CRC, Boca Raton.

Moskowitz, H. R. 1980. Psychometric evaluation of food preferences. Journal of Foodservice Systems, 1, 149-167.

Moskowitz, H. R. 1986. New Directions for Product Testing and Sensory Analysis of Foods. Food and Nutrition, Westport, CT.

Moskowitz, H. R. and Krieger, B. 1995. The contribution of sensory liking to overall liking: An analysis of six food categories. Food Quality and Preference, 6, 83-90.

O'Mahony, M., Park, H., Park, J. Y. and Kim, K.-O. 2004. Comparison of the statistical analysis of hedonic data using analysis of variance and multiple comparisons versus and R-index analysis of the ranked data. Journal of Sensory Studies, 19, 519-529.

Pagliarini, E., Gabbiadini, N. and Ratti, S. 2005. Consumer testing with children on food combinations for school lunch. Food Quality and Preference, 16, 131-138.

Pagliarini, E., Ratti, S., Balzaretti, C. and Dragoni, I. 2003. Evaluation of a hedonic method for measuring the acceptability of school lunches by children. Italian Journal of Food Science, 15, 215-224.

Pangborn, R. M. and Pecore, S. D. 1982. Taste perception of sodium chloride in relation to dietary intake of salt. American Journal of Clinical Nutrition, 35, 510-520.

Pearce, J. H., Korth, B. and Warren, C. B. 1986. Evaluation of three scaling methods for hedonics. Journal of Sensory Studies, 1, 27-46.

Peryam, D. R. 1989. Reflections. In: Sensory Evaluation. Celebration of our Beginnings. ASTM, Committee E-18 on Sensory Evaluation of Materials and Products, Philadelphia, pp. 21-30.

Peryam, D. R. and Girardot, N. F. 1952. Advanced taste test method. Food Engineering, 24, 58-61, 194.

Peryam, D. R. and Pilgrim, F. J. 1957. Hedonic scale method of measuring food preferences. Food Technology, September 1957, 9-14.

Pokorny, J. and Davidek, J. 1986. Application of hedonic sensory profiles for the characterization of food quality. Die Nahrung, 8, 757-763.

Popper, R. and Kroll, B. R. 2005. Just-about-right scales in consumer research. Chemo Sense, 7, 1-6.

Poulton, E. C. 1989. Bias in Quantifying Judgments. Lawrence Erlbaum Associates, Hillsdale, NJ.

Resurreccion, A. V. A. 1998. Consumer Sensory Testing for Product Development. Aspen, Gaithersburg, MD.

Rohm, H. and Raaber, S. 1991. Hedonic spreadability optima of selected edible fats. Journal of Sensory Studies, 6, 81-88.

Rothman, L. and Parker, M. J. 2009. Just-About-Right Scales: Design, Usage, Benefits, and Risks. ASTM

Manual MNL63, ASTM International, Conshohocken, PA.

Schifferstein, H. J. N. 1995. Contextual shifts in hedonic judgment. Journal of Sensory Studies, 10, 381-392.

Schmidt, H. J. and Beauchamp, G. K. 1988. Adult-like odor preference and aversions in three-year-old children. Child Development, 59, 1136-1143.

Schraidt, M. F. 1991. Testing with children: Getting reliable information from kids. ASTM Standardization News, March 1991, 42-45.

Schraidt, M. 2009. Appendix L: Penalty analysis or mean drop analysis. In: L. Rothman and M. J. Parker (Eds.), Just-About-Right Scales: Design, Usage, Benefits, and Risks. ASTM Manual MNL63, ASTM International, Conshohocken, PA, pp. 50-47.

Schutz, H. G. 1965. A food action rating scale for measuring food acceptance. Journal of Food Science, 30, 365-374.

Schutz, H. G. 1988. Beyond preference: Appropriateness as a measure of contextual acceptance. In: D. M. H. Thomson (ed.), Food Acceptability. Elsevier, London, pp. 115-134.

Schutz, H. G. 1994. Appropriateness as a measure of the cognitive-contextual aspects of food acceptance. In: H. J. H. MacFie and D. M. H. Thomson (eds.), Measurement of Food Preferences. Chapman and Hall, pp. 25-50.

Schutz, H. G. and Cardello, A. V. (2001). A labeled affective magnitude (LAM) scale for assessing food liking/disliking. Journal of Sensory Studies, 16, 117-159.

Shepherd, R., Smith, K., and Farleigh, C. A. 1989. The relationship between intensity, hedonic and relative-to-ideal ratings. Food Quality and Preference 1, 75-80.

Stone, H. and Sidel, J. 2004. Sensory Evaluation Practices, Third Edition. Elsevier Academic, San Diego.

Szczesniak, A. S. and Skinner, E. Z. 1975. Consumer texture profile method. Journal of Food Science, 40, 1253-1256.

Templeton, L. 2009. Appendix R: Chi-square. In: L. Rothman and M. J. Parker (eds.), Just-About-Right Scales: Design, Usage, Benefits, and Risks. ASTM Manual MNL63, ASTM International, Conshohocken, PA, pp. 75-81.

Tepper, B. J., Shaffer, S. E. and Shearer, C. M. 1994. Sensory perception of fat in common foods using two scaling methods. Food Quality and Preference, 5, 245-252.

van Trijp, H. C. M., Lahtennmaki, L. and Tuorila, H. 1992. Variety seeking in the consumption of spread and cheese. Appetite, 18, 155-164.

van Trijp, H. C. M., Punter, P. H., Mickartz, F. and Kruithof, L. 2007. The quest for the ideal product: Comparing different methods and approaches. Food Quality and Preference, 18, 729-740.

Vickers, A. 1988. Sensory specific satiety in lemonade using a just right scale for sweetness. Journal of Sensory Studies, 3, 1-8.

Villanueva, N. D. M. and Da Silva, M. A. A. P. 2009. Performance of the nine-point hedonic, hybrid and self-adjusting scales in the generation of internal preference maps. Food Quality and Preference, 20, 1-12.

Villanueva, N. D. M., Petenate, A. J. and Da Silva, M. A. A. P. 2005. Comparative performance of the hybrid hedonic scale as compared to the traditional hedonic, self-adjusting and ranking scales. Food Quality and Preference, 16, 691-703.

Wakeling, I. N. and MacFie, H. J. H. 1995. Designing consumer trials balanced for first and higher orders of carryover effect when only a subset of k samples from t may be tested. Food Quality and Preference, 6, 299-308.

Wright, A. O. 2007. Comparison of Hedonic, LAM, and other scaling methods to determine Warfighter visual liking of MRE packaging labels, includes web-based challenges, experiences and data. Presentation at the 7th Pangborn Sensory Science Symposium, Minneapolis, MN, 8/12/07. Supplement to Abstract Book/Delegate Manual.

Yao, E., Lim, J., Tamaki, K., Ishii, R., Kim, K.-O. and O'Mahony, M. 2003. Structured and unstructured 9-point hedonic scales: A cross cultural study with American, Japanese and Korean consumers. Journal of Sensory Studies, 18, 115-139.

15 消费者现场检验和问卷设计

本章介绍了在不同场景中的消费者检验，包括集中地点检验和家庭使用检验。构建一个有用的消费者问卷同时需要技能和经验。提出了问卷设计和问题构建的一般规则。讨论了各种问题形式，如同意/不同意标度和开放式问题。

研发产品容易，但研发能吸引消费者的产品却没那么容易，研发能吸引众多消费者喜爱并在特定商业标准下取得商业成功的产品则更是难上加难。

——Stone 和 Sidel（2007）

15.1 感官检验与概念检验

为什么许多产品经不起激烈的市场竞争而失败？为了降低新产品的失败率，其中一种策略就是通过感官检验和反复体验，而确保消费者能够感知到此公司的产品特性优于竞争者的产品以便更吸引人。进一步说，公司必须保持产品的这些感官特性才能建立消费者对品牌的忠诚度并且保证消费者能再次购买。一种新产品的广告宣传能激发消费者最初的购买欲望；但维持这种兴趣，消费者对产品质量的持续认同就显得更加重要。本章的主要目的是在此领域内讨论消费者产品检验技术（在盲标的基础上），从而确保人们对产品良好特性的持续感知。

新产品消费者现场检验能给产品生产商提供各种有用的信息。在进行大量的市场研究现场检验或者在产品投放市场之前，使用隐藏商标的感官消费者检验是重要的步骤。它能使公司获得相关信息，从而确认消费者对产品感官偏好的接受度，这种接受度不是建立在广告或包装宣传上的。感官消费者检验也可以促进消费者对问题的调查，而避免进行更昂贵的市场研究检验。这样能避免代价昂贵的错误，并且从中可以发现在实验室检验或更严格控制的集中场所检验出没有被发现的问题。如果需要的话，它能指导人们进行再次阐述。另一个适当的应用就是在隐含商标行为的基础上，筛选多项式公示或选择最有前途的候选人。最后，因为是由目标消费者进行检验的，因此，公司可以获得一些用于宣传证明的数据。在以后与竞争者的挑战过程中，这些资料极具价值。

消费者感官评价现场检验与在市场研究中所做的消费者检验很相似，但值得再次重申的是这两者中一些重要区别。消费者产品制造商更趋向于合并感官部门，因为这两者都要进行消费者现场检验，所以，在市场研究中可以与相关部门一起进行现场检验。由于市场研究部门通常要向市场功能部门报告，所以，当它被剥夺了对食品企业具有重要技术支持的研究权力时，这就是一个不幸的趋向。如果感官现场检验没有用，那些有关的方向就不会得到根本的确认，同时，根据感官因素和消费者对产品情况的感知，可能并不能确定所要达到的目标。感官消费者检验和典型的市场研究消费者检验这两者之间存在着重要的差别。其中一部分内容列于表 15.1 中。在两个检验中，可由消费者放置产品，在实验进行后对他们的意见进行评述。然而，对于产品及它们的概念性质来说，不同的消费者所给予的信息量是不同的。

表 15.1　　感官检验与产品概念检验

检验特征	感官检验	产品概念检验
开展部门	感官评价部	市场研究部
信息的主要最终用户	研发	市场
产品商标	盲评-最简概念	全概念的提出
参与者的选择	产品分类的用户	对概念的积极响应用户

市场研究的“产品概念”检验通常按如下的步骤进行：经过口述或录像等实体模型的方式，市场销售人员会向参与者展示产品的概念，而这些内容经常与初期的广告策划意见有些类似。接着，他们就会向参与者询问他们的感受，而这些参与者在产品概念展示的基础上，则会期待这些产品的出现。请注意：这些内容对于市场销售人员来说是个重要的策略信息。接下来，销售人员要求那些对产品感觉其实并不好的人带些产品回家，在他们使用后然后再次评价产品的感官特性、吸引力和与期望相关的性能。这种选择可能会有些偏颇，但它基于这样的观点：不喜欢你的理念的人可能不是目标市场的一部分。在感官定向消费者检验中，应把概念信息维持在最低水平。经验性的做法是只给出足够的信息以确保产品的合理使用，以及与适当的产品分类相关的评价。例如，简单标以“冷冻比萨”或“比萨”产品，在市场检验研究测试中，只有提供更加全面的特性才能进行，如“新研发的-改良的-低脂的-高纤维-全麦-有填料-硬壳的-微波处理的比萨”。关于如何进行这些检验，存在着两种重要的分歧。消费者感官检验就像一个科学实验。从广告宣传中独立进行感官特征和吸引力的检验，不受产品任何概念的影响，而产品对感官也没有明显影响。消费者把产品看做一个整体，他们并不擅于对预期的感官性质进行独立的评价，而是把预期值建立为概念表述与产品想法的一个函数。他们对特征的评价意见及对产品的接受能力受到其他因素的影响。所以，感官产品检验在试图除去其他影响的同时，可确保他们对于感官性质的洞察力。

在感官导向的消费者检验中，概念性信息保持在最简化。经验法则告诉我们只需提供足够的信息以确保同类产品的正确使用和评价方法。例如，该产品可以简单地贴上：比萨饼”或“冰冻比萨”的标签。在市场调查检验中，产品可能会在提供了一些基本的功能和概念后被评价，这些概念可能包括“新改进的-低脂肪高纤维-全麦-填充-方便-米-比萨”等。属性的评价和产品接受度检验结果可能会受到多余信息的干扰，也可能被过于具体的产品信息所产生的消费预期所影响。感官产品检验试图确定他们对感官特性的看法及其他影响。这些其他影响可能是相当深刻的。例如，引入品牌标记或其他信息等会产生明显的可接受性，这是在随机检验中无明显区别的依据（Allison 和 Uhl，1964；El Gharby，1995；Gacula 等，1986）。

感官消费检验和营销产品概念检验在参与者的选择上也有所不同。只有那些对产品概念表现出兴趣并做出积极反应的人，才会在市场调研场景的实际产品检验中包含这些内容。因这些参与者表现出了最初的积极偏见，所以产品在检验中获得好成绩也许并不奇怪。另一方面，感官消费者检验只筛选参与者为产品类别的用户。鉴于这些差异，这两种类型的检验可以对产品的消费者吸引力进行不同的评价。这些检验提供了不同类型的信息，从消费者的不同参考框架来看，他们使用了不同的应答池。在概念检验中，产品感知可能偏向于对其期望的同化方向（Cardello 和 Sawyer，1992）。这两种检验的结果可能同样“正确”，它们只是寻求了不同类型信息的不同技术。这两种信息都应在管理决策中进行权衡，以继续或寻求进一步的改进来优化产品。

感官方法的批评者经常说，永远不会在商店的货架上看到产品通用的描述和一个三位数的代码，那么为什么要费心评价它的随机标记、无概念的形式呢。答案很简单。假设产品在市场上失败了呢？如果只执行产品概念检验，那么如何知道发生了什么错误？也许是因为它没有良好的感官属性，也许是市场没有对产品预期的市场营销概念有回应。没有感官检验，情况是模棱两可的，并且产品的方向是不明确的。研究小组可能设计了一个糟糕的产品，且只是一个朗朗上口的概念。然而，在延长使用后，消费者可能察觉到产品并未满足他们的期望，从而停止购买它。另一方面，营销团队可能只是设计了一个糟糕的概念，这个概念在匆忙中被推进，来迎合开发新产品的最初热情（Oliver，1986）。研究和开发团队有必要知道他们在满足感官和性能目标方面的努力是否通过了盲检验并获得了成功的证实。

以下专门介绍如何进行消费者检验，强调检验和问卷设计。虽然有大量文献的调查技术和问卷设计的营销研究和民意调查，但很少有发表的消费者感官检验的研究。产品配置和面试是一个复杂、昂贵、耗时的事情。培训通常是通过“跟踪”行业中一位经验丰富的研究员获得的。然而，有一些消费者感官检验的一般指南（Schaefer，1979；Sorensen，1984）。如 Resurreccion 主编的 *Consumer Sensory Tests for Product Development*，它包含了指导方针和许多实际的建议。它提供了相关主题的详细信息，如执行各类消费检验的清单、抽样调查表、项目管理指南以及维护检验参与者的用户数据库以进行招聘。另一个有关特别问题和声明证实方法的文献资源是 ASTM 标准 E-1958（ASTM，2008）。

15.2 检验场景：集中地点、家庭使用

15.2.1 检验的目的

消费者现场检验的主要目的是评价一个产品或产品组的可接受性，或者确定产品是否优于其他产品。评价消费者的现场检验的一些经典情况是：①一种新产品进入市场；

②一种重新生产的产品，即主要的成分、过程或包装的变化；③首次进入竞争者的产品类别；④有目的地监管，作为种类的回顾（详见第 19 章）。这也是一个收集关于消费者喜欢和不喜欢的原因诊断信息的机会。与感官性质的标签声明（如“较脆”）一样，评价消费者的期望和消费者对产品的满意度都可以通过问卷和访谈进行调查。

消费者感官检验的四大类型通常是有区别的。首先通常是通过使用内部评价组与员工现场检验检查来进行验收的。第二个是使用当地常设消费者小组。这些人有些来自社会团体，他们在一段时间内被招募参加多项检验。我们把这两种类型的评价组称为“消费者模型”。第三种是集中地点检验或 CLT，第四种是家庭检验或 HUT。

15. 2. 2　消费者模型

消费者检验的各种各样情况被用来评价产品的吸引力和总体可接受性。由于时间，资金或安全方面的资源限制，有几种类型的接受度检验使用了可以称为“消费者模型”的方法。有几种接受度检验利用“消费者模型”。这样的“消费者”群体可能由雇员或当地居民组成，但通常很少或根本没有办法试图确保该群体是广大消费者的代表。当然，这个群体是产品类别的用户是至关重要的。如果他们从来都不吃膨化早餐麦片，向他们询问几种膨化早餐麦片的吸引力是没有意义的。内部消费者检验是在他们公司或研究部门内利用雇员进行感官检验的。员工小组的主要缺陷是，他们可能对产品的品牌有一定预判，他们可能对正在检验的产品有偏见和猜测（Resurreccion，1998）。技术人员对产品的看法可能与消费者完全不同，关注的产品属性是完全不同的。这样的内部消费者小组得出的结论应该经常与非雇员消费者的外部样本进行校准，两小组通过相同产品进行检验。Stone 和 Sidel（2004）描述了使用 split-plot ANOVA 分析与内部和外部小组成员评价相同的产品的相似程度。不过，这在产品开发过程中很少被执行，因为将内部评价小组的初期检验的诊断信息用于调整或优化后续昂贵的现场检验了。因此产品在开发过程中发生了变化。

使用消费者模型的另一种节省成本的方法是使用当地固定的消费者模型。我们可以找到的一个当地常设小组的最古老的记录是在俄亥俄州立大学和俄亥俄州农业实验站。在 20 世纪 50 年代，俄亥俄州哥伦布市将 300 个家庭（Gouldet. Al.，1957）通过人口普查记录的租赁成本来划分社会等级，并参与了简单的偏好检验。这个小组与 20 世纪 40 年代的 Kroger 公司的邮件小组相似，Garnatz（1952 年）描述了一个更广泛的不同的状况。检验产品被送到他们的家里，问卷通过邮件返回。另一种方式是通过招募和设立社区团体常设小组。这些团体可能附属于学校、教堂、兄弟会或兴趣俱乐部（如唱歌团体）或几乎任何其他在附近地点举行有规律的见面会。社会群体可用于集中地点检验，有时可利用这个群体自己的设施（Schaefer，1979）或派发到每个人的住宅。他们可以通过专家组或者协调员的联系进行产品和调查问卷的分发，以便节省时间。这样的群体在一段时间内被重复使用，就像员工消费者模型一样，他们在招聘受访者和定期检验产品时获得了便利并节省了时间。可以让组织团体本身去分发奖励品，以此施加一些社会压力，这有力地鼓励了人们去参与感官检验。

然而，在当地招聘的消费小组有几个缺点。首先，这些人不一定代表在俱乐部或集团有限的地理区域之外的意见。第二，参与者可以相互了解并定期交流，所以不能保证他们的观点是完全独立的。采用多种产品随机码可以减少这种不确定性，但不能严格保证他们自己的判断是不受他人影响的。最后，除非一个外部机构或一个变相的检验实验室用于联系和分配，否则参与者可能知道公司在进行什么检验。对公司产品的看法或预先存在的态度可能会导致结果的偏差。如果他们看好公司，他们可能更好地评价产品。在任何消费者接受度检验中，参与者都应该仔细检查产品类别的正常使用情况。也就是说，即使会让那些期待参加检验的人感到失望。必须排除那些不是普通用户的群体中的成员，这个可能性必须在招募小组后的入职培训中进行阐述。

尽管检验的招聘和完成时间明显节省，但是当地正在进行的消费者小组的建立和维护工作可能需要感官部门相当大的努力。如果该计划足够大，并与十个或更多的消费者群体联系，则可能需要一名专职工作人员来监督这一计划。必须安排收集和回收产品和问卷，并仔细检查回收的调查问卷是否有任何作弊的情况。人们可以在没有实际试用产品的情况下，填写并返还调查问卷。其中有一些含有不合逻辑的答案或每一个问题只使用一个标度点的调查问卷，几乎需要全部返还（Resurreccion，1998）。这些受访者应该从数据集中删除，并标注为日后排除或监测的对象。保持良好的关系和密切沟通并与作为当地联系人的小组成员保持密切联系是关键。这些团体协调员或联络人有许多监督的责任，但请记住，这不是他们的职业。培养这个重要联络人，引导他们实施过程和提供的动力也需要时间，需要相当大的一部分感官专家的社会影响力。这样一个地方小组的计划还应该考虑每个小组的周期休假和积极参与周期的轮换，因为对检验的厌倦和不感兴趣可能会随着时间的推移而产生。每 18 个月到 2 年内进行为期 6 个月的活跃的检验周期是合理的。尽管不能代表外部消费者，但员工小组和当地消费者小组可以提供有价值的信息，以节省成本。几十年来，美国陆军一直在马萨诸塞州的纳蒂克（Natick）实验室使用员工小组来评价军粮和其他食品。这些小组已经可以很好地预测士兵对相同食物的看法了（Meiselman 和 Schutz，2003；Peryam 和 Haynes，1957）。然而，最近的研究表明，休闲食品的相关性高于主食和膳食成分，而且当实验室检测涉及一个选择因素时更具预测性（de Graaf 等，2005）。在食品公司中，使用内部平行检验的风险可能会高一些。对于要投入数百万美元广告的新产品的大规模推广来说，进行真实的消费者现场检验，并在多个位置的家庭使用场景中进行检验，则要安全得多。

15.2.3 集中地点检验

最受欢迎的食品检验可能是在集中地点进行产品试验。集中地点检验（CLT）通常是在一个现场检验机构（服务提供者）的设施中进行的，例如，在购物中心中。集中地点的变化形式很多，包括零售商店，娱乐设施和学校等（Resurreccion，1998；索伦森，1984 年）。图 15.1 中所示为一个 CLT 设置教室样式的图片。消费者可以来到企业的感官检验实验室来表现，尽管这违背了无品牌信息的盲测的性质，因为公司身份被知晓了。让消费者来到企业可能会带来一些安全风险。如果检验项目广泛，那么可通过公司自己的感官程序，而不是外包到外部检验服务，建立一个变相的检验设施，这在经济上是正当的。感官小组可以使用移动检验实验室来改变位置。Georgia 大学保留了这样一个由卡车搬运的移动检验实验室（Resurreccion，1998）。这为接触消费者提供了巨大的灵活性。例如，针对夏季野餐或户外烹饪的食物可以在露营地或公园附近进行检验。这样的现场检验可以在检验人员的参考框架中引入一个现实的元素。针对儿童的产品可以带到学校，移动检验实验室可以提供适当的产品准备和控制演示的场所。对于一些食物，特殊准备的考虑是很小的，进而可以在人数众多且时间灵活的任何地点进行检验。例如，感官检验可以在州博览会或其他娱乐活动中进行。

图 15.1 课堂风格的消费者集中地点检验

图片由 Peryam 和 Kroll 研究提供。

集中地点检验为产品制备提供了合理良好的控制条件，因为员工可以接受产品制备和处理方面的培训。遵守指示、检查样品的方式和反应方式可被监测和控制（Resurreccion，1998；Schaefer，1979）。在检验棚里或单独的区域隔离被调查者，可减少外部影响，比在家庭场所中更有保障。需要权衡的是针对必然有限的产品使用，如参与者在产品上的接触时间比在家庭中要短得多，而且通常只有少量的产品被品尝或消费（Schaefer，1979）。当然，在 CLT 中有限量的产品的接触可能会导致错误的结果或结论（Oliver，1986）。

15.2.4 家庭使用检验（HUT）

最昂贵但最现实的情况是，消费者将产品带回家并在几次正常情况下尝试使用。家庭使用检验需要耗费大量的时间对产品进行设置和管理，尤其是如果外部检验服务被雇佣来完成大部分工作的话。但是，HUT 在数据的表面效度方面提供了巨大的优势。在广告声明支持中很重要。另外，其他家庭成员的意见也可以像日常使用购买的产品一样进入画面。主要优点是消费者在一段时间内使用该产品，并且可以在形成总体意见之前对其性能进行多次检查。对于食物来说，这不是一个大的问题，因为滋味、外观和质地能迅速被鉴赏，而一个人的对食品的享受体验也几乎是立即产生的。对于像洗发水或地板蜡这样的消费品，很有必要在实际的家庭中使用一段时间观察使用后的物品（在这种情况下，头发或地板）的持久效果。家庭场景提供了一个在各种环境下查看产品的机会（Anon，1974）。另一个重要的机会是检验产品和包装的互动。一些产品可能很好或不适合他们的包装设计（Gacula 等，1986），家庭使用检验提供了一个很好的机会来探讨这一点。最后，家庭使用检验可以促进消费者对产品产生更关键的评价。

在检验产品香味的情况下，在集中地点短时间暴露可能会高估非常甜或香水般香味的吸引力。当在家中使用较长时间时，这种香味可能会变得很无趣，而且一种快感的疲劳可能会随即发生，即使他们在简单的实验室嗅闻检验中得分很好。一般来说，在实验室嗅闻检验中筛选香水候选物，特别是功能性产品，可能是危险的。一瓶非常吸引人的香水闻起来可能与工业清洁产品或杀虫剂的功效无关。功能性产品，必须选择适合的香味来支持人们对产品功效的感知。在口味上也可能出现错配，例如，牙膏存在对糖果样味道的一些抗性（Jellinek，1975）。同样，非常甜的食品在集中地点可能得分很好，但在长时间使用时效果不佳。

综上所述，消费者检验主要有四大类——员工消费模式、当地常规消费模式、集中地点检验和家庭设置检验。本章的其余部分将着重于现场检验和问卷设计。表 15.2 所示为这些层次的消费者检验的特征以及它们的变化情况。员工检验是最快、最便宜、最安全的检验，但在潜在偏差、缺乏有代表性的样本以及检验情境缺乏真实性方面具有一定缺陷。在任何特定情况下选择检验通常代表时间和费用之间的折中，另一方面需要最有效的信息。在不太有效的检验环境下，主要决策的商业风险应该与更大规模的检验成本相权衡。

表 15.2　消费者检验的种类

类型	优点	缺点
内部雇员平行检验	安全	没有代表性
	低成本	
	快速结果	
当地常规模式检验	合理安全	不是一个随机样本
	成本低	小组成员可能会讨论产品
	易分销	
集中地点检验	具有代表性的样品	要求检验机构
	控制产品准备	价值低、效果差
家庭使用检验	具有代表性的样品	要求检验机构
	现实的检验	行为慢，花费大
	全家参与	缺乏产品控制
	可以检验使用方向	存在安全风险

15.3　开展消费者现场检验的实际问题

15.3.1　任务和检验设计

家庭使用检验的设计需要考虑许多因素，其中许多需要与信息的客户或最终用户以及任何收集数据的现场检验服务机构进行协商。感官专业人员的一些主要决定将包括样本量、实验设计、参与者的资格、地点和机构的选择，以及面试或问卷的结构。在建立和进行现场检验时，有几十个活动和决策点，这使得这种检验成为感官专家可能执行的最复杂的项目之一。影响实验设计的最重要决定包括所需消费者的数量，产品的数量以及产品是如何进行比较的。统计顾问，如有需要，应在现阶段提出。下面讨论进行消费现场检验所涉及的具体任务。Resurreccion（1998）为各种类型的消费者检验，家庭使用，集中地点等提供了选择。这些对于消费者现场检验经验少的感官专家来说可能是非常有用的，他们不一定能意识到与简单的室内的接受度/偏好检验相比所增加的复杂性。现场检验成本高昂，需要对细节高度关注。如果检验必须重复，则错误可能导致检验结果无效（Schutz，1971 年），花费可能很大。

15.3.2 样本量和分层

在这种情况下，样本量是指消费者参与者的数量，而不是所服务产品的份额或数量的大小。有多少人应该参加检验？更有效的检验不太可能错过真正的差异或重要的影响，并且具有足够的样本量是检验设计中首先要关注的问题。统计顾问可以帮助估计检验效力，但是最终还是会需要做一些主观的决定，关于可能会错过差异的大小，或者反过来说，必须要发现的差异的大小。这个决定类似于确定差异的实际意义有多大，或者可以忽略哪些小的差异。一旦规定了效应大小，也必须选择检测概率（1-β 风险）。这被称为检验的效力（见附录 E）。除非经过广泛的统计培训和丰富的实践经验，否则管理层可能很难理解这些概念。变量水平也影响检验效力，但它可以作为一种标准。检测到的差异大小可以用标准偏差来表示。对于消费者检验中误差水平的合理规则是，标准偏差将处于标度的 20%~30%的范围内（或者在 9 点标度上仅有 8 点间隔的两点）。强度标度的变化范围可能略低于快感标度。对于“简单”的属性，可变性也会更低，比如那些与外观或者一些简单的纹理属性相关的属性，而不是口味特征或嗅觉或芳香属性，这是最困难的。根据这个经验法则，在 75~150 人（每个产品）范围内的样本大小对于最可耐受的水平的风险。这里显示了一个基于比例数据评价所需样本量的常用方程（如 9 点喜好程度）：

$$N = \frac{(Z_\alpha + Z_\beta)^2 S^2}{(\mu_1 - \mu_2)^2} \tag{15.1}$$

式中　N——检验中所需的消费者数量；

Z_α和 Z_β——与你选择的 α 和 β 风险水平相关的 Z 值数；

S——分数的预期标准偏差（或合并估计）；

μ_1-μ_2——平均值之间的差异或确保检测的标度差异。

一个检验可能过大？虽然有些营销组织倾向于对数百甚至数千的受访者进行检验，但这是基于数字上对于安全感的错误感觉（Stone 和 Sidel，2004）。有一个随着样本量和统计效力的递减规律，就像一般的面试一样。从最初的几次采访中获得的信息量最大，随后额外的一些检验获得的信息越来越少（Sorensen，1984）。人们也可以进行过于敏感的检验，即在对消费者没有实际影响的区域显示统计学上显著的结果（Hays，1973；Schutz，1971）。Stone 和 Sidel（2004）在检验中讨论了“N 的诅咒”，因为人们对大量样本的信心过度。所以，必须对统计显著性与实际意义进行权衡。不幸的是，统计显著性的技术含义是指信心和可能性的问题，而常见的日常意义与“重要”同义（Sorensen，1984）。管理层必须警惕这些用法的差异，以防止过度解释的统计显著性，特别是在大量检验人群中。最后，最好进行设计良好的高质量小型检验，同时仔细关注细节并密切监测现场机构，而不是采用大量消费者来弥补增加了变异性的马虎检验。

当然，抽样策略可能不是来自单个组的。有时需要查看不同的地理位置，不同的人口统计阶层（如年龄、性别、收入）或具有不同产品使用习惯的群体（Schaefer，1979）。样本组分层有两个原因。首先是确保群体中有一定的多样性，以便反映目标人群。因此，男性，女性，不同年龄段可能会有配额。这种配额抽样在集中地点检验中非常重要，其中参与者可以通过购物中心拦截参与（现场招聘）。分层的第二个原因是研究这些群体之间的差异可能是研究计划的一部分。如果检验组以这种方式分层，则有必要增加总池数以维持 50~100 名受访者范围内的最小分组大小。显然，这样的变量应该非常仔细地选择并且有充分的理由，因为它们可以显著增加检验的规模和成本。

15.3.3 检验设计

在消费者检验中有三种主要设计。有时会进行并行检验，其中两种产品会同时放置。这些通常多在集中地点检验进行，而不是在家中进行检验。在受控制的情况下，平行检验将具有很高的敏感性，因为同一个人会对这两种产品都有看法。可以使用差异分数（如在依赖性或配对 t 检验中）或完整区组（重复测量）方差分析来分析数据。比较既是统计学上的，也是直接感知上的。然而，同时在家中放置不止一种产品会导致参与者发生混淆。产品使用方向错误，评价顺序以及自我管理问卷使用错误的机会很多。并排评价更适合于可以控制和监控产品—人员互动的情况。

现场检验中更常见的设计是一元和一元顺序布置。在一次性检验中，只有一个产品与一个人一起放置。这通常是一个更快的检验场景，并且有更少的中断，可以更快地完成。但是，它需要更多的参与者，每个产品都有一个组。如果产品使用率很低或参与者很难被找到和被招募，这可能是不切实际的。产品之间的统计比较必然是“组间比较”。当比较不同的群体时，不能利用消费者作为他们自己的比较基准的机会。因此，由于个体间差异较大，设计中可能会失去灵敏度。相反，一元顺序设计允许个人作为自己的基准。规模使用习惯或其他个人特性对于这两种产品都是相同的，并且可以从分析中统计出来。这通常会形成更为敏感的检验（在附录 A 的配对 t 检验部分讨论）。

在一元顺序设计中，产品依次放置。问卷通常在每个产品的使用期结束时进行收集，因此感官特征和表现在人们的记忆中是新鲜的。当然，小组之间的顺序必须小心平衡。请记住，在单次序列检验中使用的第一个产品将具有与简单的一元设计（Sorensen，1984）相同的参照系（或缺乏）。因此，如果对第二产品或第三产品的次序偏差或任何顺序效应有所顾虑，那么对每个人所使用的第一个产品的分析可能是具有较大的信息量。一元检验会导致较高的流失率（未完成）。在完成第二个产品放置后，它确实会允许一个偏好性问题的存在。

一些一元顺序检测不适用的情况会出现。当基材或评价过程由于最初的产品使用而不可修复或严重改变时，第二次放置会变得不可行。例如，对于制药、护发产品或家庭杀虫剂等个人护理产品来说，使用该产品可能会在基质中产生这样的变化，以至于无法清楚地了解第二产品的产品性能。当然，多种产品可以在“洗出”或恢复期之后进行检验，正如有时在药物检验中所做的那样。对于以时间为本质的市场驱动的新产品检验来说，这可能并不实用。

包含的产品数量也是检验设计中的考虑因素。有可能依次检验两种以上产品，或者使用不完全采样设计（如Cochran 和 Cox，1957；Gacula 和 Singh，1984；Gacula 等，2009）来检验多种可能的替代方案。由于实施家庭安置或集中地点现场检验的费用和努力，通过早期的检验阶段，替代方案的数量应该已经减少到只有少数非常有希望的候选者。一个设计要避免的是单产品一元检验，这根本不是检验，而是一个确认项目主管直觉的练习。一个单一的产品“检验”对所得分值的原始价值抱有太大的信心。由于人类是很差的绝对测量工具（详见第 9 章），而且容易被语境影响，所以得分的绝对值几乎是毫无意义的。与具有类似产品的历史数据相比，这是由于情境的潜在变化引发的变化。包含基准产品进行的比较要安全得多，科学有效得多。用于比较的有用基线的例子是替代配方，即当前产品或竞争对手最成功配方的重新包装样本。

检验设计中的最后一个需要考虑的问题是是否包含成对偏好的问题。在一元顺序检验中，如果在序列中使用最后一个产品之后询问偏好问题，则可能对参与者的记忆有相当大的挑战。由于序列效应的可能性，查看每个单独的呈现顺序的偏好比率是明智的。成对偏好可能仍然是（比例）对接受度分数比较的确认，因此它可以作为开发检验和记分卡所告知的“故事”的额外信息来源。也有可能从某些人的接受和偏好问题中得到相互矛盾的结果。如果他们在两个问题之间改变决策的原则，就会发生这种情况。例如，接受度问题可以用味觉或质感等感官特性来回答，而偏好问题可以考虑准备时间或一些便利因素。产品也有可能在偏好性比较中获胜，但由于少数人的不满意程度较高，胜出产品的接受度分数较低（Stone 和 Sidel，2004 中给出了一个例子）。人们普遍认为成对偏好问题比接受度评分更敏感，但这个概念缺乏经验支持。尽管如此，来自客户的相当大的压力可能要求进行成对偏好检验。实际的考虑包括诸如产品使用期限的长短，预先检验的结果以及声明证实信息的需求，（诸如高于，未超越，同样优选的声明）这些因素可以决定是否包括成对偏好问题。

15.4 与现场服务机构的互动

15.4.1 选择机构，通信和检验规范

现场服务被称为机构、供应商、供货商和现场服务。这方面的一些工作者更喜欢“供应商”这个词，因为他们提供了研究信息。选择一个好的现场服务或检验机构在很大程度上是经验的问题。对于正在进行产品检验计划的公司来说，记录那些提供及时合作服务的机构的记录是合理的，以便在面试时展示质量并在处理产品和问卷时注意细节。服务质量不一定与成本成正比，高价者可能并不总是提供最好的服务（Schaefer，1979）。现场服务的成本将取决于他们的参与程度。在某些情况下，可能会有两个级别的合同，一个负责管理检验的主要代理机构，以及在不同城市转包现场检验代理的实际主要承包

商。区分全面服务的供应商和基本的现场检验场地非常重要。全方位服务的供应商可以为筛选和产品问卷、设计、执行、分析和结果报告提供宝贵意见。他们要充当你的专业团队的延伸。在其他情况下，分包商只能提供检验服务，即产品安置和面试，并根据你的特定方向采取行动。

在每个机构中，重要的是要确定一个单独的人员，有时这个人员被称为现场服务主管或项目经理，他们最终负责检验的执行和质量。向这个人汇报时，往往有许多兼职员工在面试技巧方面可能有不同程度的培训。面试的本质是它吸引了很多自由职业者或兼职人员。他们应该具有良好的人际交往能力，遵循方向的能力，以及对工作质量的关怀和诚信感（Schaefer，1979）。现场服务主管应该走访每一个分包站点，并尽可能参与或观察检验过程。站点必须有良好的沟通，书面的检验规范表，以及现场网站简介（在实际检验之前）以回答相关的问题。良好的代理机构将为面试人员提供培训，并为每个检验做一个简要介绍，以回顾受访者的资格，抽样说明，安置和问卷结构。此外面试官的监督在质量控制方面中也很重要。实践访谈可以预测现场行为，可以用作筛选装置（Blair，1980）。问题包括欺骗筛选和不适当答复者的资格以及伪造部分或全部访谈（Boyd 等，1981）。现场主管应完成一定比例已完成的调查问卷（通常通过电话）的检查和确认工作。

在使用现场服务进行集中地点检验时，设施非常重要。他们必须允许适当的实验控制，产品服务和准备工作，并提供一个没有分心和有利于感官检验的环境（Schaefer，1979）。如果涉及集中地点检验，可能需要雇用一个有产品准备设施的机构。如果机构的大部分业务都是为营销调研检验和/或焦点小组提供服务，他们可能不会成立食品准备和服务部门。因此，确认设施最好通过人员访问，这是一个重要的细节。应能够隔离受访者使其最大限度地减少相互作用并避免由此导致的失去独立性的判断。在家庭安置中，机构检验设施不那么重要。如果后续小组是项目计划的一部分，有一个焦点小组进行后续讨论是一个可以考虑的因素。由于大多数检验公司都在维护网站，因此可以通过网站上的图片资料来进行评价。

在该机构被聘用后，确保所有的检验细节和说明书都能以书面形式进行沟通是非常重要的。大多数一般事实已经被传达，以便该机构能进行成本估算。进一步的细节对于成功的检验至关重要。通常应将检验规格表发送给代理机构，尽可能多地提供有关检验设计，受访者资格、配额、期限和待交付服务的详细信息，包括数据列表和分析（如果有）。对安全性，保密性和访问员专业行为的期望也可以被阐明。可以指定产品检索和处置的安排，以及运送已完成的问卷。附录 1 所示为一个样本检验规格表。

15.4.2 发生率、成本和招聘

感官专业人员在咨询客户的情况下，也许还需要现场主管的意见，以确定参加者的筛选资格。当然，参与者应该是产品类别的使用者，通常也是实际上喜欢产品的人，两者往往重叠，但不完全是同个概念。另外，还需要根据产品的使用程度确定参与者的参与资格。筛选问卷通常包括几个使用频率分类，以便消除那些极不经常使用产品

的消费者，因为他们其实并不在目标市场内。附录 2 所示为一份样本筛选问卷。确定该检验成本的主要考虑因素是该产品类别用户的偶然性（Sorensen，1984）。普通人群中有多少比例消费者使用这种产品或此类类别？当雇用一个代理机构或要求费用估计时，偶然数据对于所需时间以及招聘成本的估计是必要的。营销数据可以在这方面提供一定的帮助。

另一个考虑是否通过电话、拦截或利用产品使用信息数据库从现有的受试者池中招募参与者。一些招聘可以通过互联网完成。从国家数据库中招聘，然后将产品运送到消费者的家中已经变得越来越普遍。电子邮件或互联网招聘可能适合年轻的消费者。通过电话招募可能会耗费大量时间，但可能会提供与该地区随机样本最接近的近似值。遗憾的是，可能会遗漏具有不公开号码的人或没有地面线路（仅限手机/移动电话）的人，这些人代表人口统计学上不同的人群细分市场（Brunner 和 Brunner，1971）。当场地代理商在商场内设有检验设施时，在购物中心等场所对个人进行检测受到了人们的欢迎。但是，由于抽样购物者固有的偏差，样本的本质必须经仔细检查。有年龄和性别等级别配额显得非常重要。一些较大的检测机构可能会维护一些本地消费者的数据库，这些消费者在多次检验中被招募完成普通的服务。他们可能已经回答了产品使用问题，因此我们可以节省大量的时间来定位产品的常规用户。然而，由于习惯和情况的变化（例如，健康，饮食限制，家庭成员居住地位的改变），有必要通过正常的筛查问卷来确定他们目前的适用性。此外，防止过度使用现有数据库或重新检验的受试者池是非常重要的。他们可能会疲惫不堪或具有专业检验人员的特征。应该筛选参与者的检验频率或没有在规定的时间范围内参与，通常是几个月。检验之间的三个月间隔是一个通常的要求，虽然 Resurreccion（1998）建议检验间隔为 6 个月。

其他一些要求和选择将会影响实地机构的活动。例如，考虑产品相对于招聘期间可能遇到的保留时间的稳定性。如果用户发生率低，这一点尤为重要。招聘时间可能很长，但不应超过产品的新鲜度时间限制。分销或运输也可能是一个影响因素。其中一位作者监督了一项检验，在这项检验中，冷冻比萨饼从欧洲运到美国，但由于美国海关通关的突然延误会导致比萨在到达检验地点时被破坏并无法食用。产品分销的方法也是一个影响因素。两个主要选择是个人收取或邮寄。送货到家也是可能的，但可能是昂贵的。如果个人在代理机构提取产品，可能需要额外支付费用，应将他们的时间和差旅费用纳入整体参与的费用中。邮寄产品可能会导致处理不当，有误导或延迟，以及温度无法预知的可能性，但如果产品稳定性良好，则这是一种低成本的选择。

15.4.3 一些提示：要与不要

感官研究者和检验机构之间的成功和有用的关系，需要通过良好的沟通和良好的工作关系来建立。以下是在处理现场服务时应避免的一些建议：首先，抵制最后一刻改变学习设计的诱惑。不要指望在检验前一天更改你的设计、问卷、产品数量或招聘标准。检验服务已根据你的规格安排设施并设置检验了。这可能使你无法做出更改并保持相同的时间表，添加或更改一个或两个问题可能很简单，但也可能不会很简单。其次，在要求保质期检验时，不要期望检验机构有时间机器。如果你需要保质期数据，你必须等待。如果你需要6个月的数据，请不要等到产品发布前3周再申请检验。即使加速检验和阿列纽斯方程也会无能为力。第三，不要假设现场服务部门会按照你期望的方式进行详细说明。在检验要求或规格表（书面）中详细列出所有检验细节，并在代理机构简报（口头）期间重新访问它们可解决模糊等问题。在实际检验中访问一些检验点也是一个好主意。最后，如果结果不是你所期望的，不要责怪现场服务机构。

15.4.4 与研究供应商进行检验的步骤

表15.3列出了使用分包现场服务进行检验的步骤。大多数项目都是可自我解释的，有些是任何感官检验（例如问题识别）正常检验过程的一部分。这里提出了一些意见以供感官专业检验参考。需记住，检验的确切性质因产品而异，在各公司之间可作为包括安全问题在内的策略的功能。电子数据收集手段将继续取代纸质问卷。

表15.3　　使用现场服务进行家庭使用检验的步骤（“机构”）

阶段1：检验之前

- 确定问题和目标，并与客户协商检验设计
- 撰写提案，包括预算
- 必要时与统计顾问协商（样本量等）
- 获得批准
- 获得投标和聘请代理
- 发送有关参与者、产品、时间问卷等的检验说明书
- 准备问卷
- 与客户，市场营销等进行沟通，确保所有问题都包含在内
- 预先检验，如有必要进行修改
- 获取样品，向中试工厂或其他供应商提出要求
- 必要时获得有竞争力的产品
- 设计商标
- 选择编码系统
- 与开发人员商议使用说明书
- 获取商标打印并贴到样品上
- 准备运输订单并将产品发送给代理商
- 打印问卷，与说明书一起送至代理人处
- 向调查机构发送调查问卷
- 在检验之前访问代理机构，或者持有电话机构来检查检验细节并提出任何问题

阶段2：数据收集期间和之后

- 访问机构观察检验和/或参与“回拨电话”
- 如有必要，安排键入和数据分析与统计顾问协商
- 编写开放式问题的编码表
- 收到问卷（如果是纸），打开包装并检查完整性，剔除错误，不完整的数据
- 如果是纸张的要安排数据录入

续表

如果需要，组织后续讨论组
进行统计分析
写报告
介绍进度表
准备视觉辅助工具进行演示
呈现结果
修改，打印和分发报告
处理来自机构的账单
存档问卷和数据
处置未使用或退回的产品

调查问卷的设置需要付出相当大的努力，并涉及与客户进行谈判以及草稿的发行。机构中的联系人可能在某种程度上将涉及他们的专业水平和任务委派给外勤人员。他们也可以协助对问卷进行一些预检验。面试官应该得到明确的指示。这些通常包括以下内容：①完全按照措辞阅读问题；②不评论意义；③不提出任何可接受的答案；④回答每个问题，即使记录为“不知道”但也需要；⑤不偏离序列或跳过模式。尽管有这些指示，但监测显示许多采访者仍不遵守这些规则（Boyd 等，1981）。

目前，需要安排一些有关待测物理产品的细节。如果检验规模足够大，则在实验室中制造产品可能是不实际的，并且可能需要安排试点工厂或实验产品制造时间。储存条件也可以用来模拟正常分配系统中遇到的情况（Schaefer，1979）。如果有竞争力的产品要进行评价，则可能需要将其伪装或重新包装以确保检验的随机性和无品牌特征。获得有代表性的材料和避免滥用或有缺陷的样品是非常重要的（Sorensen，1984）。样品必须标有代码和产品的通用名字。标签使用说明应作为检验设计的一部分被仔细考虑。最后安排产品发货和问卷调查。对于热敏或冷敏产品，交货、搬运、包装和拆包是主要考虑因素。周末交付有时难以协调。如我们的冷冻比萨饼例子，延迟交货可能导致温度的不可控。

在开始检验之前，联系现场代理机构非常重要。问卷应该由其工作人员进行审查，任何有关检验、程序、指示，受访者资格或记分卡的问题都应该清除。亲自处理这些事情的考前访问被称为简报。如果产品已经被放置和使用，对实体进行实际访问并观察正在进行的检验并参与一些访谈或“回调”可能是适当的。个人访问可确保对数据收集的质量进行检查，并可提供有关该机构专业人员和访调员对细节的关注程度的宝贵见解。

在检验之后，感官专业人士有义务指导和监督数据的输入和分析，即使这也是被分包的。这并不意味着实际存在总是必要的，但是对问卷进行审核、筛选潜在的假问卷并消除不合时宜的采访是检验过程质量控制的一部分。负责检验的人员还应该制定一个解决开放式问题的编码方案，以指导数据的录入过程。第二个参与领域是问卷确认。这通常是通过现场主管对一部分受访者的一些电话回访来实现的，通常是 10%或 15%，以验证他们的意见是否被正确记录以及面谈是否被伪造（Schaefer，1979）。感官项目负责人将设置这些配额进行验证，当然他们将进入现场代理的成本分析。采访者没有遵循抽样计划或筛选标准，会使人们陷入实际上不平等的境地，这会造成共同困难的局面。应验证受访者的资格以及参与和回应。现场主管对采访者的密切关注可能有助于减少许多这些问题。很大一部分错误可能集中在几个采访者中（Case，1971）。

在分析了部分或全部数据之后，最后一个与现场服务互动的机会出现了。对于一些问题，尤其是开放式问题，可能会提出需要跟进的其他问题。大多数机构已经或可以提供焦点小组访谈设施。招募一些参与者进行小组访谈以探究其他问题可能是有利的。例如，你可以回访非常积极或非常消极的消费者（可能在不同的讨论组中）以进一步调查他们喜欢或不喜欢产品的原因。调查问卷结果的回顾可能表明潜在的替代配方或生产线延伸机会或需要添加的功能可满足消费者的期望。

15.5 问题设计

15.5.1 采访的形式

研究手段的确切形式和性质取决于检验对象、资金或时间和其他资源的限制及面试形式的适用性。面试可能是个人自助在纸上或者通过网页和手机完成的。这些方法各有利弊（Schaefer，1979）。自助调查显然是最便宜的方法，但这种方法无法探究开放式的问题，它容易使调查对象产生困惑和错误，并且不适用于需要解释的复杂问题。我们无法保证人们在回答问题之前不会提前阅读或者扫描整个问卷。他们可能不会按照问卷的顺序进行回答。自助调查的合作率和成功率都很低（Schaefer，1979）。另外，文盲也是一个可能使得自助问卷调查无法进行的原因。许多人为了掩饰自己是文盲，会假装去阅读填写。

电话采访可能是一个折中的方法，但是这种方法可能不适合复杂的多标度问题，而适合简短、直接的问题。被调查者为了减少手机话费支出，可能会用更简短的答案来回答问题（Groves，1978）。电话采访有时容易被调查者提前终止。面试是最灵活的方法，因为采访者能对问卷内容进行解释说明，所以它能够提出不同标度的复杂问题（Boyed 等，1981）。当采访者给调查对象看问卷时，使用视觉辅助工具可以替代进行范围说明。这种方法的优点在于可能会花费高费用进行补偿（Boyed 等，1981）。

调查的时长需要仔细考虑，一个优秀的顾客调查时长通常在 15~20min，这也是大多数成年人注意力的持续时间。重点不在于调查问题的数量，而是时间的控制。如果调查时间太久，无聊和外界因素的干扰将会对问卷的质量产生负面影响（Schaefer，1979）。长时间的问卷调查容易激怒被调查者，使得他们产生消极的反应，从而改变调查者的态度。一份调查是否优秀取决于每一个问题的必要性，即给出的问题是需要知道还是简单了解即可。检验程序不应向参与者支付任何费用，就像邮寄问卷一样。预付激励措施可以降低未响应率（Armstrong，1975；Furse 等，1981）。

15.5.2 问卷流程：提问顺序

设计一份问卷时，附上讨论的流程图是十分有必要的。流程图可以非常详细的包括所有的模型，或者只是简单地说明主要的问题。这会帮助客户和一些在实际检验前审阅过内容的人，因为它能让人看到调查的整体计划。问卷的主要规则就是从一般到具体。如食品和消费品的检验，这就需要个人对产品的总体看法。在关于整体的观点问题中，通常推荐使用9点对称的快感标度。随后，就会以适当的跳跃模式开始探索人们喜欢或者不喜欢的理由。如果认为被调查者是积极的，那么这个跳跃模式就会调查他喜欢的理由，然后再去调查不喜欢的理由。相反地，如果在跳跃模式下，这个人是消极的，那么他就会对不喜欢的原因进行调查，然后再观察是否有任何积极的特征。开放式的问题有一定的缺点，因此在进行其他问题讨论之前，要提供一个重要的时段，让被调查者在回答问题之前先想一下自己喜欢或不喜欢的原因。其次，具体的属性要通过适当的使用强度或者喜好的程度来研究（如味道吸引，外观，质地）。最后，总体满意度或者其他相关的喜好指数可以在最后一个偏好问题提出时，问消费者该产品是否有超过前面检验过的某种产品。

这里很重要的原则是，在具体问题出来之前，人们首先要对产品整体有可接受性。如果在人们脑中还没有全盘接受的时候提出问题，可能会产生严重的错误。被调查者会尝试找出问题的正确答案来取悦调查者（Orne，1986；Orne 和 whitehouse，2000）。由于面试是一种社会互动，被调查者会根据自己的感受来调整自己的答案（Boyed 等，1981）。他们会开始使用你在特殊问题中引入的术语（Sorensen，1984）。此外，消费者在思考产品的时候会自然而然地联想到一个整体的框架（Lawless，1994）。有关独立属性的问题可能会使得被调查者的分析变得不切实际。

除了筛选参与者是否合格的筛选问题外，其他的个人信息可以在最后采访的时候收集。不同性质的人口信息如年龄和收入、家庭成员数量、住宅和职业等都可以收集。而这些材料包含了一些敏感的信息。例如，参与者可能不愿意透漏自己的收入水平。因此，在采访之前，向他们保证最终数据的用途和保密性是很重要的。最好是最后问让人敏感的私人问题，因为此时被调查者可能会感觉舒适并且和调查者已经熟悉了。因为他们已经承诺在调查阶段回答问题，简单地继续回答一些关于他们个人情况的问题似乎也是很自然的事情。

总之，在大多数情况下，调查都应该遵循以下流程（Sorensen，1984）：①应根据被调查者的条件对调查问题进行筛选；②总体可接受性；③喜欢或不喜欢的开放式理由；④特殊性质的问题；⑤主张、意见和问题；⑥多样本调查可以通过满意度或其他标度获得认可；⑦敏感的私人问题。优秀的调查问卷设计见附件3。

15.5.3 面谈

参加几次面谈是一项很有价值的练习，它可以让你了解调查问卷是如何实际进行的，同时也提供给了参与者互动的机会，让人先了解自己的观点和关注内容，而不是只关注数据摘要。当然，这是一个耗时的过程，其潜在价值需要同专业时间的其他用途来衡量。如果感官评价专家参加了调查，请记住以下几个指导方针。第一，一定要记得进行自我介绍，与被调查者建立融洽的关系，这有助于让他们自愿提出更多意见，适度的社交距离可以提供最公正的结果（Dohrenwend 等，1968）。第二，对调查时间的控制要敏感，不要超过预期的时间，如果被问到，请告知被调查者调查时间的长短（Singer 和 Frankel，1982）。这可能会对整体成功率有损害（Sobel，1982），但这可以减少调查中断的数量。第三，若进行面对面调查，肢体语言很重要，不要有不合适的行为。第四，不要被问卷调查的内容所左右。这是你回应的工具。即使代理人员被告知偏离流程了，但项目负责人具有更大的灵活性。

参与者可能对一些回答标度不熟悉，可以使用“温度计”或“梯子”之类的例子来解释标度；等级顺序可被表述成类似赛马的结果顺序或者是奥林匹克奖牌的顺序；区间标度可以被比作表示完成一场比赛的马之间的距离（Schaefer，1979）；比例标度可以比作半满的水、两倍满的水等。毕竟对消费者而言，比例和规模评价的概念通常是有点困难的（Lawless 和 Malone，1986）。

在调查结束时，要给参与者一个机会去加上他刚刚想到或者在调查中漏掉的想法。例如“你还有什么想告诉我的吗?”成功的调查，像中等规模的焦点群体，往往需要相当的敏感性和人际交往技巧。做一个好的倾听者，记住调查是一种社会交流。调查者不应该用高人一等的语气与被调查者说话，或让他们觉得自己是下属。而要通过积极的口头表达和态度，让被调查者觉得他们的观点十分重要，这样才能获得诚信互赢的答案（Dillman，1978）。而在涉及隐私的问题上，容易引起尴尬的问题应该被最小化。

15.6 构建问题的经验法则

15.6.1 总则

在构建问题和建立问卷时，要记住几个一般原则（表 15.4）。不应该假定被调查者会知道你在说什么，被调查者会理解一个问题，或者会从给定的参考框架中理解这个问题（Schaefer，1979）。对仪器进行预检验可能会暴露出错误的假设。下面介绍相关的规则。Resurreccion（1998）指出，保持各个标度的方向是一致的，可避免混淆。目前民意调查的趋势是改变问题的方向（例如，从好到坏，然后从坏到好），以防止被调查者过于机械地回答而没有彻底地阅读和思考问题。我们认为，如果反其道而行，会降低调查的意义。

表 15.4　　10 个问卷设计指导原则

1. 简短	6. 不要引导被访者
2. 使用通俗的语言	7. 避免含糊不清
3. 不要问他们不知道什么	8. 谨防措辞的影响
4. 具体	9. 注意心理效应的影响
5. 选择题应该是相互排斥的	10. 预检验通常是必要的

15.6.2 简洁

保持尽可能短的问题，是否简洁会影响受访者对调查动机的理解，简洁也适用于整个问卷。良好的视觉布局，有很多“白色空间”可以帮助避免问题。目前，在态度调查中，通常会采用含有“重要性”标度的一系列调查问题或陈述意见。在随后的分析和建模中，态度应该被重视，这虽然听起来很明智，但提出几十条评价（协议和重要性）的态度陈述，可能会引起被访者很大的疑虑。如果产品的评分太多，也会出现单调的格式。如果需要填写响应者的矩阵框，矩阵格式可能会为重复问题节省空间，但也可能导致不答复和不完整的问卷（Rucker 和 Arbaugh，1979）。

15.6.3 使用清晰的语言

设计用于支持新产品开发或工艺优化的消费者检验的一个常见问题是研究人员知道技术性语言，并且用缩略语（例如 UHT 牛乳）来完成。定性探讨和预检验能反应消费者是否理解了技术问题和术语，如果不这样做，那么这样的情况最好避免，即使这意味着某些问题被屏蔽了。

15.6.4 信息的可访问性

不要问他们不知道什么。只要求提供一个在记忆中可用或可访问的信息。干预事件可能导致事实具有“欺骗性”。受访者可能选择性地回忆不同的因素，并不是所有的回忆都以相同的速度衰退。最初的感知行为本身是有选择性的，人们通常会注意到他们期望看到的东西（Boyd 等，1981）。因记忆和感知对面试过程的有效性提出了挑战，所以不要把不合理的要求放在被访者身上。常识可以作为一个有用的指导，也可以通过预检验，看问题的设置是否合理。如果要求被调查者回忆准确的数额或者时间，那么就会给被调查者带来困扰。考虑这样一个问题，你去年买了多少次牛乳？询问每周或每月的产品使用情况，可能会让你更轻松地找到答案。Resurreccion（1998）给出了“准备食物时使用多少盐”的例子。这个问题难以估计，因为它是模糊的，可能与具体食物相关，还有一个额外的问题，如下一个准则。

15.6.5 避免模糊的问题

一个普遍存在的错误是假定的参照系。设计采访的人可能是在处理一个问题，或者项目负责人可能会采取一些划定的参比框架，但消费者可能会朝另一个方向前进，或者可能在更广泛的范围内进行解释。另一个常见的问题是英文代名词 you，它既用于单数也用于复数。对于单数意义，最好是说“你自己”，所以这个人不会把它解释为“你和/或你的家人”。这样，有关产品使用的问题很容易被误解。例如，“你上次吃比萨饼是什么时候？”这包括冷藏比萨饼、冷冻比萨饼、热卖比萨饼以及餐馆消费的比萨饼吗？提供备选清单以便提供信息，特别是如果留下一个空白的“其他”类别，应列出你可能已经排除的内容。关于“惯常”习惯的问题也可能是模糊的。例如，“你买什么牌子的冰淇淋？”

这个问题的答案含糊不清。更具体的措词是："你最近买了什么牌子的冰淇淋？"

15.6.6 检查重叠和完整性

选择题应该是相互排斥和详尽的。一般在人口统计调查和筛选调查中容易出现问题，例如，婚姻状况或受教育程度调查等。如果不小心，关于年龄和收入水平的问题可能会有重叠的类别，这也可以通过仔细的预先检验和同事对问卷草案的审查来避免。请记住允许出现"不知道"或"无回答"类别，特别是在人口统计学和态度问题上。如果可能有多个替代组合，请确保列出或以其他方式显示，或者使用"检查所有适用的"清单。

15.6.7 不要引导受调查者

在向被调查者提问题时，应避免引导被调查者给出正确的或合意的答案。考虑一下这些问题："考虑到准备工作的简易性，你对产品的整体意见是什么？"，"我们应该提高价格以保持干酪的质量，还是应该保持一致？"这两个问题都表明了面试官正在寻找一个答案。为了取悦面试官（Orne，1962；Orne 和 Whitehouse，2000），消费者给出恰当的答案总是有很强的社会压力的。例如，"你有多喜欢这个产品？"可能看起来相对无害。但是，使用"喜欢"这个词表示可以接受的答案。一个平衡的问题是"你喜欢或不喜欢这个产品？""你对这个产品的总体看法是什么？"会是一个更加中立的措辞。

15.6.8 避免含糊不清和双重问题

避免模棱两可的问题听起来比较容易。但一个常见的问题是，英语动词有多重含义，我们经常根据上下文来确定哪些含义是恰当的。考虑一个典型的例子"检查你的性别"。"检查"的意思是标记、限制或验证？另一个常见问题是用多个主题或谓词来构建问题。"你认为冰冻酸乳和冰淇淋是否有营养？"这个问题就是一个典型的双管问题。逻辑规定，使用连词"和"要求这两个部分都是积极的。然而，消费者并不总是合乎逻辑的，即使他们认为只有一个是有营养的，也可能对这个问题作出积极的回应，产品开发商也很容易为感官特性设置双重问题，他们认为这两个问题总是相互关联的。例如，如果饼干通常是柔软耐嚼的，但随着时间的延长变得硬而脆，将这些形容词组合成一个单一的问题或一个单一的标度是很有诱惑力的。但是，这忽略了某些产品可能实际上既硬又耐嚼的可能性。

15.6.9 谨慎措辞：列出所有的选项

提问的时候，正面或负面的用词都会对受访者产生影响。有关民意调查的文献显示，二元问题会根据是否提到两种选项而做出不同的答案。如果在问题中只提到了一种替代方法，则可根据问题中提到的替代方法，找到不同的答复频率（Payne，1951；Rugg，1941）。受教育程度较低的受访者更倾向于赞同/不赞同（Bishop 等，1982）。应试着在提出意见问题时给出所有明确的选项。例如，"你打算今后再购买一台微波炉吗？"如果可以的话，平衡各选项的顺序，可保证选项的顺序不会影响调查结果。

15.6.10 注意光环效应和尖角效应

心理成见是一种偏见，主要是指，因某一个积极的印象从而影响一个不相关的指标评价。有人可能会喜欢产品的外观，并因此评价其味道或质地更具吸引力。只提出质量好的问题可能会使整体评价朝着积极的方向产生偏差。相反，仅仅提出关于缺陷的问题可能会向负面的方向产生偏差。如上所述，在探讨更具体的问题之前，最好先收集整体意见。否则会提出一些给予更多重视的问题。

15.6.11 预检验

预先检验问卷是必要的（Shaefer，1979）。至少有几位工作人员应该对草案中的潜在问题进行审阅。如果调查问卷由一组调查员进行管理，他们也应该查看草稿，看是否存在潜在的流程问题，跳过模式或解释。如果可能的话，一小部分有代表性的消费者应该通过这些项目，即使这是一个没有实际产品使用的“模拟”检验。与消费者进行预先检验也将提供机会，看看项目和问题是否实际上适用于所有潜在的受访者。例如，在过去的一个月中，对有关饮食习惯的问题进行筛选可能不适合那些与小孩子一起度假并且吃了大量方便食品的人。

15.7 其他有用的问题：满意度、一致性和开放式的问题

15.7.1 满意度

消费者现场检验问卷可以包括一些其他对于客户可能有用的问题类型。一个常见的问题是对产品感官性能的满意程度。这通常与整体接受程度高度相关，但有时可能更与期望相关，而不是与可接受程度相关。一个典型的说法就是“所有的事情都要考虑到，你对这个产品有多满意或者多不满意?”通常，使用5分短标度，如表15.5所示。对这样一个的短的标度的合适分析方法是计算按频率的，有时会把两个最高的选项折叠，称为“最高盒子得分”。不要为响应选项指定整数值，并假设数字具有等间距属性，应进行参数统计分析，例如取均值和执行 t 检验，频率计数。

满意度标度的变化形式包括购买意图和持续使用问题。购买意图是很难利用遮盖商标的感官评价来评估的，因为有关产品相对于竞争产品的定价和定位没有给出，标签声明和广告声明也没有被呈现。这就如同在没有任何信息的情况下去测量购买意图，这是不被推荐的。一种更容易被接受的变化形式是持续使用的测量：“如果产品有一个合理的价格，你有多大可能性继续使用它?”。一个3或5点的简单标度依据“非常喜欢”或者“非常不喜欢”构建，非参数频率分析法可以用来分析这种短的满意度标度数据。

15.7.2 Likert 标度（同意-不同意）

在消费者检验期间，人们的态度也可以被测量。这通常是通过评价对产品的陈述意见的同意或不同意程度来完成的。对第一个研究它们的人来说，同意/不同意的标度有时被称为

李克特标度。下面是一个例子。请在一个方格内打钩，以表明你对以下陈述的感觉：产品 X 解决皮肤干燥的问题，刻度点如表 15.5 所示。这类信息对于在后续的广告中有关产品感官性能的声明和标签信息，以及对竞争对手任何法律挑战的辩护都是非常重要的。通过它也可以研究更广泛的问题，比如产品使用情况，“我会让我的孩子们在微波炉里准备这种零食”。

表 15.5　　满意度和李克特标度

总体满意度调查（选择一个答案）	你是否同意以下说法：这种产品能改善皮肤干燥（选择一个答案）
—非常满意	—非常同意
—基本满意	—同意
—不满意	—有点同意
—基本不满意	—有点不同意
—非常不满意	—不同意
	—非常不同意

15.7.3　开放式问题

一个开放式问题的例子是你为什么喜欢这个产品？没有答案，也没有任何可供选择的答案。被调查者可以用他自己的语言回答。如果调查是面对面的，或者是通过电话的，答案通常是可以调查的。也就是说，当这个人回答完后，面试官说了一些类似“还有其他的吗？”的话。这样的调查一般都是在问卷上记录下来的，代码为 w/e（what else？ -还有其他的吗？）

开放式问题中关于有用性有不同的看法（Stone 和 Sidel，2004）。

开放式问题有其优点和缺点（Resurreccion，1998）。表 15.6 所示为这些内容的摘要。专业人士依据经验和感觉必须决定这样的麻烦是否值得，从而获得它们的有用性。它们可以为调查表中其他地方的意见提供确凿的证据，有时还能提供一些见解，这些问题是在调查中没有预料到的。他们还可以让被调查者有机会发泄不满情绪，如果不进行调查，可能会导致其他逻辑上不相关的问题（详见第 9 章），我们的一位同事称这是在发泄他们的不满。聚合响应或只报告频率计数可能隐藏一些有洞察力的应答的重要信息。如果时间允许，项目负责人应该逐字逐句地阅读。

表 15.6　　开放性问题的优势与劣势

优势	劣势
容易写出	不易编码计分和整合答案
参与者可使用自己的语言	适合理解力强的消费者
可以发现新的问题	莫名其妙或模棱两可的答案
可以确认其他结果	统计分析困难
允许固执己见的受访者“发泄”	
适合探测、跟踪	

开放式问题有几个好处，容易书写，没有偏见，因为这些问题没有提出具体的回答、问题或特征，对那些有意见想法的人很友好，他们可能会因为一个更结构化的问题而感到沮丧或受到限制。开放式问题允许潜在问题的浮现，这可能在结构化的评分标度和要固定回答的问题中被忽略。开放式问题很好地征求建议，例如，产品改进的机会，增加的特性或产品主题的变化。

开放式问题的缺点与定性研究方法的缺点相似。首先，它们很难编码和制表。如果一个人说产品是乳脂状的，另一个人说是光滑的，他们可能不会对相同的感觉特征做出反应。项目负责人必须决定如何将答案分组，并将其作为相同的响应一起计算。显然，在编码中可能存在实验者偏见，对不同类别的反应会有不同的聚合。如果问卷是自我完成的，那么有时很难读懂受访者的笔迹。答案可能是模棱两可的，或者具有误导性。例如不喜欢巧克力，这个说法是指味道还是质地？被调查者可能忽略了明显的问题，即认为问题是不需要评论的。开放性的问题更容易被更坦率或更有素质的受访者回答。与固定替代问题相比，开放式问题将会有更高的非回应率。最后，对反应频率的统计分析并不简单（Sorensen，1984）。同一个人可以做出多种反应，因此不能将其视为独立观察的计数。

一般情况下，相反情境适用于封闭式问题。对主题和可能的回应有严格的控制。它们很容易量化，而且统计分析很简单。但他们会给人一种虚假的安全感。记住，人们会回答任何问题，即使是不重要的、被误解的、荒谬的，甚至是一个虚构的问题。这在民意调查中是众所周知的。市场研究的经典例子是“Metallic Metals Act”的高水平反应，这是一个虚构的民意测验者的想象（Boyd 等，1981）。固定选项的问题并不总是能经得起进一步的探索。

15.8 结论

进行熟练的消费者现场检验是一项复杂的活动。对于专业人士来说，他们习惯了分析世界的培训小组和实验室控制数据，提出的问题数量，决定了检验设计、时间和成本的折中，以及所需的新技能可能会让人望而生畏。

市场研究教材（如 Boyd 等，1981）可以提供指导。Resurreccion（1998）包含了许多指导消费者现场检验循序渐进的指导方针。一种方法是将从设计到执行、分析和报告的整个现场检验分包给一个全面服务的代理机构。这是一个昂贵的解决方案，但它可以节省很多时间，避免常见的错误。在公司内部或在规划和设计的调查问卷中列出经验丰富的专业人员的指导意见是非常有价值的。专业人士必须愿意接受批评和建议，并愿意在检验计划和问卷中做出改变。也要记住，消费者调查是社会过程，数据的质量部分取决于现场面试官的社交技能。这说明调查过程需要有经验丰富的管理人员和面试官。

消费者现场检验的报告结果与其他感官的检验非常相似，只是数值结果的数量和细节差距往往更大。方法和筛选标准（通常放在附录中）应该足够详细，如果是相同的产品和调查问卷，那么，另一个研究者也会得到相同的结果（Sorensen，1984）。重点是要提取出重要的结果模式，而不是把读者埋在无休止的频率统计和描述性统计的总结中。项目负责人应该了解关键问题，并提取重要性报告结论和建议。

正如本章开头所指出的，在实际检验中有时会出现与公司政策相关的有争议的问题，有时是因为消费者检验与市场研究小组的活动有明显的相似性造成的。重要的是将盲标感感检验的价值反映给上层管理人员。感感检验可以为产品开发人员提供重要的信息，使他们能够获得期望的产品特性和成功的潜力。有时，管理层可能会决定放弃感官（盲标）的现场检验。跳过步骤的常见理由包括：①其他明确产品优势的证据，②产品具有高预期盈利能力，③该产品相对于其他竞争产品的独特属性，④竞争对手推出类似产品的且具有潜力（Schaefer，1979）。研究的价值可以通过它对商业决策的影响来衡量。时机可能至关重要。如果进行这项研究花费的时间太长，决策者可能会在报告结果之前做出决定（Sorensen，1984）。对于感官项目的领导者来说，这可能是一个不幸且令人沮丧的事。提前规划并与能够提供及时结果的现场机构合作，可以帮助避免人们做仅仅作为验证性的检验，或者在最糟糕的情况下，甚至根本不被考虑的检验。

附 1　检验规范表样本

客户____________________　　现场服务____________________

联系人信息________________　　________________________

________________________　　________________________

需要检验的产品数量：3

位置：一元序列，抵消订单

编码：随机，3 位，由客户提供

目标位置：12/24/96

检验完成目标：12/25/96

实习时间：每产品一周

面试程序：每个使用阶段完成后的电话回访

最小数量的受访者：150

受试者资质：

女性，户主年龄在 21~65 岁。

气雾空气清新剂的使用者，每年购买 2 罐以上。

取消资格：如有任何家庭成员是消费品公司的员工，或市场调研、营销或广告公司的员工。

取消资格：在过去六个月参加过任何产品检验或焦点小组。

特殊处理要求：没有

未使用/返回产品：到客户端

客户提供：

问卷（筛选和回访），标签产品，放置说明。

数据表的编码方案，包括开放式问题。

机构提供：

放置，面试（筛选和回访），产品检索。

数据的列表和输入。

不需要统计分析保证机密性，遵守 MRA 标准，及时完成和配额说明。

附 2 筛选问卷样本

Thomas Richard 和 Harry 研究服务中心

伊利诺伊州美国芝加哥市

筛选者

姓名	家庭电话
地址	工作电话
省/城市/邮编	性别：男性 女性 年龄： 1 2 3 4
日期/学习日期：天数： 日期：	入组时间：
日期/招募时间：	最初访谈时间：
种族：	使用者 1 使用者 2 使用者 3

注：用户 1 重度用户-每周一次或以上。

用户 2 轻度用户-至少每月一次，但不超过每周一次。

你好，我是__________________。我们正在进行一项调查，想问你一些问题。

1. 你是你家里的男/女户主吗？

是	---继续
不是	---结束
不知道	---电话回访

男性	20%
女性	80%

2a. 去杂货店购物时，你会……？

你可以为你的家庭购买所有或大部分的食品杂货	（继续）-跳过问题 2b
你和其他人共同承担购物责任	（继续）-跳过问题 2b
大部分购物由家里的其他人完成	（继续）-询问问题 2b
所有购物都是由家里的其他人完成	（继续）-询问问题 2b

2b. 下面哪个陈述最好地描述你

虽然我家里的其他人做大部分的杂货店购物，我会要求他们购买一些特定的产品和品牌	（继续）
虽然我要求购买特定的产品，但在我的家庭中，做大部分的杂货店购物的人通常会决定购买哪些品牌的产品	（结束）
在我的家庭里，负责食品杂货购买的人几乎做出了所有购买产品和品牌的决定	（结束）

3. 下列哪一组包括你的年龄？　年龄：__________生日：__________

21 岁以下	结束
21~29 岁	
30~39 岁	
40~49 岁	
50~65 岁	
66 岁以上	结束
拒绝	结束

4. 在过去的 3 个月中，你有没有参加过食物或饮料的调查？（如果 3 个月或更短，终止）
5. 你或你的直系亲属或密友的工作符合以下情况吗？

在一家广告公司工作	
在市场营销机构工作	
为广播或印刷媒体工作	
为公关公司工作	
为市场研究公司工作或者是市场研究部门公司	
为食物或饮料工作，生产商、处理商或批发商	
在销售食品或饮料公司有管理职位	
如果是的话，结束	

6. 现在，想想一些特定的公司，你或你的家庭成员，亲戚或亲密的朋友是否在其中任职？（一次读一条信息）

Con Agra	是	否
Clorox	是	否
Unilever	是	否
Nabisco	是	否
Altria	是	否
Borden	是	否
Sara Lee	是	否
Kraft Foods	是	否
Hellmann's	是	否
Ken's	是	否
Lipton	是	否
Procter & Gamble	是	否
Hunt's	是	否
Heinz	是	否
Reckitt Benckiser	是	否

（如果回答“是”，则询问结束）

7a. 告诉我是否下列任何一条符合你的情况。你有……吗？（如果有任何数字被圈起来，感谢和终止，包括不知道）

任何医疗相关的饮食限制	谢谢　结束
糖尿病	谢谢　结束
不知道	谢谢　结束

7b. 你对食物/食品配料过敏吗？（不要读列表）。

是	---谢谢　结束
不是	---继续
不知道	---谢谢　结束

7c. 你做过胃旁路术吗？

是	---谢谢　结束
不是	---继续

7d. 问女性：你目前处于怀孕或哺乳期吗？

是	---谢谢　结束
不是	---继续

8. 在过去的一个月里，你购买和食用了以下哪种产品？（读列表）

蛋黄酱		
番茄酱		
牛肉/鸡肉		
瓶装沙拉/沙拉酱		
意大利面		必须检查，如果没有，结束
烧烤酱		
无（不用阅读）		结束

9. 你提到你购买并且食用意大利面。在过去的一个月里，你个人购买和食用了下列哪一种意大利面？（读下面的列表和记录）

	过去月份
Finistrini	
Dopodomani	
Orecchini	
Stitichezza	
Fazzoletti	
Pantaloni	
Francoboli	

如果全部没有，终止

10. 你经常亲自购买和食用意大利面产品吗？

一周三次以上　　——有资格作为用户 1

至少一周一次　　——有资格作为用户 2

每隔 2~3 周一次　　——有资格作为用户 3

至少一个月一次　　——有资格作为用户 4

一个月少于一次　　——结束

11. 在我们的研究中，我们需要和不同种族背景的人交谈。你认为自己是哪一种族背景？（阅读列表）

白人/高加索人

非洲裔美国人

西班牙/拉丁

亚洲裔美国人

其他__________

（非强制性的）

12. 你是否有兴趣尝试一些意大利面产品的酱料？

是	---继续
不是	---谢谢　结束

谢谢你！我们正在进行一项检验。检验将在______进行，并将进行______。将为你所花费的时间支付______美元。你会感兴趣吗？

（如果不，结束）

（如果是，继续邀请）

请阅读以下内容

因为你将参与一项关于食品产品的研究，所以你必须遵循以下的指导方针：

带一个能证明你的姓名和年龄的身份证明。

在研究之前不要吃大餐。

在研究前至少 30min 不要吸烟或喝咖啡。

在这一天不要使用任何香水。（那些使用香水的人会被要求无任何补偿地离开）

至少提前 10~15min 办理登记手续。

迟到的人不能保证允许进入或赔偿。如果你需要眼镜阅读，请戴上眼镜，因为你将阅读和回答问卷。

为了消除干扰，因为我们不能提供监管，12 岁以下的儿童不允许单独在设施中等待。

你对这些指南有什么问题吗？（如果“是”，终止）

附 3　产品问卷样本

美国伊利诺伊州芝加哥市

玛丽和贝弗利研究服务中心

序号#__________

用户#__________

手帕（fazzoletti）意大利面

姓名____

州：______________　城市：______________　邮政编码：______________

地址____

电话号码____

城市——在下面圈出城市编号

达拉斯-1	城市-2	弗雷明汉-3
西雅图-4	坦帕-5	圣地亚哥-6

在你品尝每一种产品之前，先喝一小口水，然后咬一口饼干，这样你就能去除嘴里的余味。然后，你将得到一份 fazzoletti 意大利面。请确保品尝至少一半的产品，以便你能形成意见。一旦你完成了整个问卷，你将会有 5 分钟的休息时间，然后你将继续下一个产品。第二个产品将遵循同样的程序。

圈出你正在品尝的样品号码

样品# 387　　426　　系列#__________

请品尝产品并回答以下问题。请至少吃一半的产品，这样你就能形成意见。

1. 考虑到所有因素，整体上你喜欢或不喜欢这个产品？（选中在□打“×”）

超级喜欢 ………………………………………… □

非常喜欢 ………………………………………… □

喜欢 ……………………………………………… □

有点喜欢 ………………………………………… □

既不喜欢也不讨厌 ……………………………… □

有点不喜欢 ……………………………………… □

不喜欢 …………………………………………… □

很不喜欢 ………………………………………… □

非常不喜欢 ……………………………………… □

2a. 如果喜欢，你喜欢这个产品的哪些方面？（写在下面）

（面试官对这一问题进行整合，问卷上不展示整合意见）

2b. 如果不喜欢，你不喜欢这个产品的哪些方面？（写在下面）

（面试官对这一问题进行整合，问卷上不展示整合意见）

我们希望你对产品的一些特性进行评价，请使用每一个问题下面的标度。

具体地考虑一下意大利面产品的外观。

3. 你到底有多喜欢或多不喜欢这个产品的整体外观？（选中在□打“×”）

非常喜欢 ………………………………………… □

喜欢 ……………………………………………… □

一般喜欢 ………………………………………… □

有点喜欢 ………………………………………… □

既不喜欢也不讨厌 ……………………………… □

有点不喜欢 ……………………………………… □

不喜欢 …………………………………………… □

很不喜欢 ………………………………………… □

非常不喜欢 ……………………………………… □

4. 你会如何描述法 fazzoletti 的颜色呢？（选中在□打“×”）

太淡 ……………………………………………… □

有点淡 …………………………………………… □

正好 ……………………………………………… □

有点深 …………………………………………… □

太深 ……………………………………………… □

具体考虑这个意大利面产品的质地。

5. 你到底多喜欢或多不喜欢这个意大利面的整体质地？（选中在□打“×”）

非常喜欢 ………………………………………… □

喜欢 ………………………………………………… □

一般喜欢 …………………………………………… □

有点喜欢 …………………………………………… □

既不喜欢也不讨厌 ……………………………… □

有点不喜欢 ………………………………………… □

不喜欢 ……………………………………………… □

很不喜欢 …………………………………………… □

非常不喜欢 ………………………………………… □

6. 描述一下这个意大利面的软硬口感。(选中在□打“×”)

太软 ………………………………………………… □

有点软 ……………………………………………… □

正好 ………………………………………………… □

有点硬 ……………………………………………… □

太硬 ………………………………………………… □

7. 考虑到意大利面的黏度,你会认为?(选中在□打“×”)

一点都也不黏 ……………………………………… □

有点黏 ……………………………………………… □

黏 …………………………………………………… □

非常黏 ……………………………………………… □

很黏 ………………………………………………… □

8. 描述一下意大利面的湿度和干度?(选中在□打“×”)

很湿 ………………………………………………… □

有点湿 ……………………………………………… □

有点干 ……………………………………………… □

很干 ………………………………………………… □

具体考虑意大利面的滋味

9. 对这个意大利面风味/滋味的整体喜欢程度?(选中在□打“×”)

非常喜欢 …………………………………………… □

喜欢 ………………………………………………… □

一般喜欢 …………………………………………… □

有点喜欢 …………………………………………… □

既不喜欢也不讨厌 ……………………………… □

有点不喜欢 ………………………………………… □

不喜欢 ……………………………………………… □

很不喜欢 …………………………………………… □

非常不喜欢 ………………………………………… □

10. 描述一下产品的整体咸度。

完全不咸 ………………………………………… □

不是很咸 ………………………………………… □

正好 ……………………………………………… □

有点咸 …………………………………………… □

很咸 ……………………………………………… □

11. 你品尝到了后味（回味）吗？

是　　　---继续

不是　　---结束-不回答问题 12~13

12. 后味的感觉是什么？

愉快……

不愉快……

13. 怎样评价意大利面后味的强度？

非常愉快……

有点愉快……

既不愉快也不别不愉快……

有点不愉快……

非常不愉快……

结束—举手告诉我们你已经完成

Peryam 和 Kroll 研究合作中心

样本#__________　　　　　　　　序列#__________

意大利面

偏好

1. 现在你尝试了所有意大利面，整体上你更偏好哪一个样品—样品 1 或者样品 2？

选择第一个产品

选择第二个产品

没有偏好/都喜欢　　（跳过 2）

2. 为什么你更喜欢你选择的样品？（写下来）

____

____

____

参考文献

Allison, R. L. and Uhl, K. P. 1964. Influence of beer brand identification on taste perception. Journal of Marketing Research, 1, 36-39.

Anon. 1974. Testing in the "real" world. The Johnson Magazine. S.C. Johnson Wax, Racine, WI.

Armstrong, J. S. 1975. Monetary incentives in mail surveys. Public Opinion Quarterly, 39, 111-116.

ASTM. 2008. Standard guide for sensory claim substantiation. Designation E-1958-07. Vol.15.08 2008. Annual Book of ASTM Standards. ASTM International, Conshohocken, PA, pp. 186-212.

Bishop, G. F., Oldendick, R. W. and Tuchfarber, A. J. 1982. Effects of presenting one vs. two sides of an issue in survey questions. Public Opinion Quarterly, 46, 69-85.

Blair, E. 1980. Using practice interviews to predict interviewer behaviors. Public Opinion Quarterly, 44, 257-260.

Boyd, H. W., Westfall, R. and Stasch, S. F. 1981. Marketing Research. Richard D. Irwin, Homewood, IL.

Brunner, J. A. and Brunner, G. A. 1971. Are voluntarily unlisted telephone subscribers really different? Journal of Marketing Research, 8, 121-124.

Cardello, A. V. and Sawyer, F. M. 1992. Effects of disconfirmed consumer expectations on food acceptability. Journal of Sensory Studies, 7(4), 253-277.

Case, P. B. 1971. How to catch interviewer errors. Journal of Marketing Research, 11, 39-43.

Cochran, W. G. and Cox, G. M. 1957. Experimental Designs. Wiley, New York.

De Graaf, C., Cardello, A. V., Kramer, F. M., Lesher, L. L., Meiselmand, H. L. and Schutz, H. G. 2005. A comparison between liking ratings obtained under laboratory and field conditions. Appetite, 44, 15-22.

Dillman, D. A. 1978. Mail and Telephone Surveys: The Total Design Method. Wiley, New York.

Dohrenwend, B. S., Colombos, J. and Dohrenwend, B. P. 1968. Social distance and interviewer effects. Public Opinion Quarterly, 3, 410-422.

El Gharby, A. E. 1995. Effects of nonsensory information on sensory judgments of no-fat and low-fat foods: Influences of attitude, belief, eating restraint and lavel information. M.Sc. Thesis, Cornell University.

Furse, D. H., Stewart, D. W. and Rados, D. L. 1981. Effects of foot-in-the-door, cash incentives and follow-ups on survey response, Journal of Marketing Research, 18, 473-478.

Gacula, M. C., Jr. and Singh, J. 1984. Statistical Methods in Food and Consumer Research. Academic, Orlando, FL.

Gacula, M., Singh, J., Bi, J. and Altan, S. 2009. Statistical Methods in Food and Consumer Research. Elsevier/Academic, Amsterdam.

Gacula, M. C. Rutenbeck, S. K. Campbell, J. F. Giovanni, M. E., Gardze, C. A. and Washam, R. W. 1986. Some sources of bias in consumer testing. Journal of Sensory Studies, 1, 175-182.

Garnatz, G. 1952. Consumer acceptance testing at the Kroger food foundation. In: Proceeding of the Research Conference of the American Meat Institute, Chicago, IL, pp. 67-72.

Gould, W. A., Stephens, J. A., DuVernay, G., Feil, J., Geisman, J. R., Prudent, I. and Sherman, R. 1957. Establishment and use of a consumer panel for the evaluation of quality of foods. Research Circular 40, January 1957, Ohio State Agricultural Experiment Station, Wooster, OH.

Groves, R. M. 1978. On the mode of administering a questionnaire and responses to open-end items. Social Science Research, 7, 257-271.

Hays, W. L. 1973. Statistics for the Social Sciences. Holt, Rinehart and Winston, New York.

Jellinek, J. S. 1975. The Use of Fragrance in Consumer Products. Wiley, New York.

Lawless, H. T. 1994. Getting results you can trust from sensory evaluation. Cereal Foods World, 39 (11), 809-814.

Lawless, H. T. and Malone, G. J. 1986. A comparison of scaling methods: Sensitivity, replicates and relative measurement. Journal of Sensory Studies, 1, 155-174.

Meiselman, H. .L. and Schutz, H. G. 2003. History of food acceptance research in the US army. Appetite, 40, 199-216.

Oliver, T. 1986. The Real Coke, the Real Story. Random House, New York.

Orne, M. T. 1962. On the social psychology of the psychological experiment: With particular reference to demand characteristics and their implications. American Psychologist, 17, 776-783.

Orne, M. T. and Whitehouse, W. G. 2000. Demand characteristics. In: A. E. Kazdin (ed.), Encyclopedia of Psychology. American Psychological Association and Oxford, Washington, DC, pp. 469-470.

Payne, S. L. 1951. The Art of Asking Questions. Princeton University, Princeton, NJ.

Peryam, D. R. and Haynes, J. G. 1957. Prediction of soldiers' food preferences by laboratory methods. Journal of Applied Psychology, 41, 1-6.

Resurreccion, A. V. 1998. Consumer Sensory Testing for Product Development. Aspen, Gaithersburg, MD.

Rucker, M. H. and Arbaugh, J. E. 1979. A comparison of matrix questionnaires with standard questionnaires. Educational and Psychological Measurement, 39, 637-643.

Rugg, D. 1941. Experiments in wording questions: II. Public Opinion Quarterly, 5, 91-92.

Schaefer, E. E. 1979. ASTM Manual on Consumer Sensory Evaluation. STP 682. American Society for Testing and Materials, ASTM International, Conshohocken, PA.

Schutz, H. G. 1971. Sources of invalidity in the sensory evaluation of foods. Food Technology, 25, 53-57.

Singer, E. and Frankel, M. R. 1982. Informed consent procedures in telephone interviews. American Sociological Review, 47, 416-427.

Sobal, J. 1982. Disclosing information in interview introductions: Methodological consequences of informed consent. Sociological and Social Research, 66, 348-361.

Sorensen, H. 1984. Consumer Taste Test Surveys. A Manual. Sorensen Associates, Corbett, OR.

Stone, H. and Sidel, J. L. 2004. Sensory Evaluation Practices, Third Edition. Elsevier Academic, San Diego.

Stone, H. and Sidel, J. L. 2007. Sensory research and consumerled food product development. In: H. Macfie (ed.). Consumer - Led Food Product Development. CRC, Boca Raton, FL.

16 定性的消费者研究方法

定性方法应用于消费者小组的深入探讨。他们能够对产品的概念和外形提供有价值的信息。本章描述了定性方法，特别是焦点小组的应用。焦点小组的建立、实施、分析和报告将和会议主持人的技巧和方法一并讨论。

一定程度上，讨论消费者对于食品质量的感知类似于探索新的未知领域——我们不能立刻清楚从哪里开始或者用什么方法行进，而且几乎不可能预知从哪里结束。

——Schutz 和 Judge（1984）

16.1 引言

16.1.1 资源、定义和目的

除了使用调查问卷和大型统计样品的传统模式之外，有很多用于探讨消费者对新产品反应的方法。探索性研究方法通常使用少量参与者，但允许更多的互动和更深入的有关态度和观点的探讨（Chambers 和 Smith，1991）。区别于强调大量数据统计处理和代表性目标样品的定量研究工作，这种方法被称为定性技术。本章综述了定性研究方法的规则和应用。我们可以从 Casey 和 Krueger（1994），Krueger（1994），Chambers 和 Smith（1991），Stewart 和 Shamdasani（1990），和 Goldman 和 McDonald（1987）的概述中获取作者的经验，而且读者可以从中查阅进一步的信息。特别是 Krueger 和 Casey（2009）进一步更新和详述的关于焦点小组的指南对于计划进行定性分析更加有用。Cooper（2007）的文章综述了定性研究的历史，以及它与最近几十年流行的心理学之间的关系。

定性研究方法是一种包含访谈和观察的技术，不像在实验室进行实验一样有严格的组织。这一方法也不如基于问卷调查的研究有组织性。这一方法更加灵活，更能有新的信息出现，调查的流程和内容也可能改变。这也是这一方法的优点之一。定性的消费者研究最适用于探索和开发与成功产品的研发紧密联系的新概念。尽管本章聚焦于感官研究，但读者需要记住、发现和优化感官属性可能只是任何研究中完成定性研究的一个部分。概念的开发过程使定性研究在市场研究中比感官研究中更加普遍。然而，感官科学家经常是寻找完整感官概念产品团队中的一部分。

在新产品开发中有很多方法用于与消费者建立联系。现在很多研究者将消费者看作产品的“相关设计师”（Bogue 等，2009；Moskowitz 等，2006）。常用方法包括组座谈（焦点小组）、一对一的访谈（又称“深入访谈”）、观察法（人种学）、焦点评价员反复评价，以及消费者沉浸技术。在这些方法中，消费者的创意和/或意见可以促进产品开发者后期按配方制造和修正产品原型。这些有创新精神的消费者有时被称为“领先使用者”，有强烈需要的人们迟早会在市场中引领产品革新（von Hippel，1986）。让消费者成为设计团队一部分的方法与观察法研究相反，该方法不是使研究人员成为消费者的一部分，而是使消费者成为研究者和设计者的一部分。有时使用这些方法的组合，例如，虚拟观察与深度访谈相结合，可以深入了解消费者所做的事情以及他们所说的内容，并提供引人注目的真人视频片段来说明其要点和结论。定性技术有助于项目的良好开端，并避免“零误差类型”，即一开始就问错了问题。一些研究人员把这种探索性研究称为“模糊前端”。公司形成了越来越多的消费者中心，当然这也存在对“普通消费者”过度信赖的风险，但不会或减少错过一些真正有灵感的、企业家的和/或创造性的机会（Cooper，2007；von Hippel，1986）。新的方法和技术在不断发展中。互联网已经为挖掘产品创意打开了一个新的领域，人们可通过博客和网站搜索创新的观点、期望和/或意见，这些能够给新的产品机会提供建议。

16.1.2 定性研究的模式

定性研究最常见的形式是小组深入座谈或焦点小组讨论，它们通常被定义为“焦点小组”。典型的情形就是大约 10 个消费者围坐在一张桌子旁，针对专业主持人提出的看似宽泛的主题，一起讨论产品或想法。座谈会集中讨论一些列入议事日程的问题，所以，这一讨论的方向不是完全无组织的，而是集中在某个产品、广告、概念或有望推出的材料上的。该研究方法已经被社会科学研究者、政府的政策制定人和商业决策人士广泛使用了 50 多年。在 2007 年，Cooper 估计每年建立约五十万个焦点小组，约有一半在美国。当然，并不是所有的焦点小组都关注新产品的开发，他们也会涉及其他方面，如研究广告、评价政治观点以及发展选举策略等。

历史上，焦点小组讨论源于 19 世纪 40 年代 R. K. Merton 所使用的小组座谈，起初用于评价听众对广播节目的反应，随后，他用同样的方法分析了军队训练胶片的情况（Stewart 和 Shamdasani，1990）。近些年来，该方法被广泛用于市场研究、产品概念的探查以及关于产品代表性和推销状况的广告研究中。感官评价部门也在他们的目录中加入了这些技巧。1987 年，Marlow 指出许多工业的感官评价小组已经使用了这些技巧，用以支持新产品的开发；同时，专业组织如 ASTM 也对这些方法产生了兴趣。这种兴趣源于这样一个认识，即可以在新产品开发早期，利用这些方法来洞悉和指明感官评价中的问题。这种行为主要是为产品开发的委托人服务，就像市场研究部门会探查消费者对产品概念及为市场投放的广告或推销的反应一样。这两种方法的主要区别在于感官评价小组更可能着重对于产品的属性、功能性的消费需求以及对产品性能的感知，而以概念研究为主的市场研究则会提出更多的关于新产品的基本想法，即其效益、情感内涵和品牌形象。很明显，这两种概念经常有重叠。例如，两种方法经常在实验和期望的基础上包含消费者对产品种类态度的探查。由于早期的定性工作由新加入者完成，因此接下来会有越来越多的感官专家受邀“坐在桌子旁”，来完善产品概念。

总体而言，定性方法最适用于阐明问题和消费者观点、确认机会以及产生想法和假说（Stewart 和 Shamdasani，1990）。例如，近年来，消费者对受辐射家禽的态度的定性研究，此研究表明应对消费者进行宣传教育以及应精心设计商标的指导思想（Hashim 等，1996）。这个方法很适用于研发新产品，以及调查其他工作中出现的问题，例如在消费者调查研究中出现的难以理解的结论。小组研究也有风险查验的功能，它能确保研发产品的概念和意识没有忽视对消费者来说极其重要的东西。有时，产品研究中技术上的突破可能会产生高涨的热情，但对消费者而言可能恰恰相反。这些消费者小组进行新产品开发的研究，可能会提供相对冷静情绪下的客观实际的检验结果（Marlowe，1987）。定性研究适用于假说的产生，但很少能独立验证任何事物。它有利于探究而非验证，它有利于激发创造力，增加方向和深化理解。这一技术适用于探查消费者对产品类别的意见、检查原型、探索新产品机会、设计问卷以及检测关于产品的动机和态度的研究（Marlowe，1987）。

需要通过对评论的仔细探查来确定座谈的类型为小组形式还是一对一形式。探查引起对评论背后的理由的更深理解。一个经典的问题是“为什么这个对你很重要?”这一技术通常被称为“梯式递进”，因为它一步步地得到了一个态度、信仰或选择的深层次的理由。Krystallis 等（2008）和 Ares 等（2008）在研究消费者购买功能性食品的动机时给出了梯式递进方法的例子。梯式递进可能既“硬”又“软”。硬的梯式递进指的是一个固定的问题顺序，比如在“为什么这个对你很重要?”和“接下来对你来说重要的是什么?”之后，问出“你为什么选择这种酸乳?”（Ares 等，2008）。软的梯式递进是指相同种类的问题，但是具有更多的选择范围，针对特定的评论或消费者应选取相应的探究问题。Bystedt 等（2003）给出了一整章关于消费者座谈中的梯式递进技术。他们强调，这是表面上的，有渴望的属性的集合。在这些功能的特性之下有一组客观的效益。在客观的效益之下是一组情感的效益。在情感的效益之下是需要理解的基本值（自尊、健康、对异性的吸引）。梯式递进降低了这个束缚。

因为这项研究建立在少量消费者反应的基础上，所以他们与产品的相互干扰会有所限制，因此需要更谨慎地向群众推广这一发现。即使是在定期使用这一产品种类的人群中挑选的回答者，也不可能在所有的相关人员统计变化中确信其一定具有代表性。这与大规模的消费者家庭使用检验成为对比，该测试可以在几个地区由数百名参与者进行。这种方法中还有其他的限制因素，即占主导的成员可能影响表达意见和讨论的方向。这经常是剖析产品的唯一限制或它可能不能用于所有的参与者的原因。座谈方向和结论的解释都包括了主持人和分析者的一些主观意见。定性访谈方法舍弃了一定的客观性和结构，提升了灵活性。表 16.1 所示为定性和定量研究方法的一些差别。Chambers 和 Smith（1991）指出，定性研究可能优于或逊于定量研究，但是，如果人们把这两种方法结合起来对某个问题进行研究时，这两种类型的研究方法都很有效。

表 16.1 定性和定量的消费者研究的区别

定性研究	定量研究
很适合于产生想法和探查问题	很不适合于探查想法和探查问题
少量的回答者（N<12 每组）	大量的有计划人群（N>100 每组）
组成员之间有相互作用	独立判断
座谈方式灵活，可作修改的内容	座谈方式固定，首尾一致的问题
分析带有主观性，没有统计意义	非常适合于数字分析
非常不适合数字分析	适合统计分析
很难评价可靠性	很容易评价可靠性

Furst 等（1996）在进行食品选择的研究中，对取样和估算中理解的深度和知识的限度之间的交叉应用进行了很好的叙述。该研究采用访谈的方法揭示了影响因素、个人食品选择系统中有价值的方面，以及购买意向中使用的策略。重要的个人系统价值观念包括感官属性、质量、便利性、健康和营养关注点、花费以及人际关系。这一研究揭示了食物选择行为，行为与行为之间以及行为与环境因素的相互作用。结合众多的样本和深入的相互作用，所得基本原理总结如下所述。

开发概念模型时，理解的深度要远远优于取样的宽度，在进行特殊食品的选择之后，要求一组人清晰地表达出他们对食品选择的想法和反应。该样本不具有代表性，但可以利用它来检查不同人群食品选择中所包括的因素范围。模型代表的组成和过程阐明了许多方面的重要变化，比如个人的生活经历、个人系统范围、社会背景和食品环境，甚至包括具体环境中进行操作的人数相对较少（Furst 等，1996）。

16.1.3 其他定性方法

除了流行的焦点小组方法外，研究人员有时也使用其他的方法。在有些例子中，一个接一个的访谈很适合收集有关兴趣的信息。如果该主题非常私人化、情感强烈或包括那些能更好地独立调查的专家时，那就最好采用这一方式。专家包括这样一些人，如烹调专家、营养学家、内科医生、法学家，当然，这取决于所研究的问题。有时，在某些主题上对具有高度自我主义的人进行单独访谈，可能要比一个小组更能得到完整的信息。有时相比之下，主题本身更适合于个人的访谈。人们也可能会发现这样一些消费者（Furst 等，1996），较年长的人（Falk 等，1996）和心脏病患者（Janas 等，1996）一起进行食品选择研究。小组座谈也要冒一些风险，如社会竞争或压倒性的，或仅仅导致无建设性的争论。逐个访谈也适用于小组研究，因为他们对社会压力非常敏感。一个例子就是青少年，他们很容易受社会影响而摇摆不定（Marlowe，1987）。逐个访谈的缺陷是参与者之间缺乏协作讨论的机会，当然，早期采访的观点可以提供给后来的参与者参考。这种计划本身就是一个动态的行为，能从研究过程中收集到信息，并进一步地加以使用（Furst 等，1996；Janas 等，1996）。这一灵活性是固定的定量问卷方法的重点，也是定性方法中的一个优点。

定性研究的第三种类型是自然主义观察，也称为人种学研究（Bystedt 等，2003；Eriksson 和 Kovalainen，2008；Moskowitz 等，2006）。这是一个观察并记录消费者对于产品的非指导性行为的过程，很多内容可通过仿照生态学家在隐蔽地点研究动物行为的方式而进行。例如，可能是通过单面玻璃观察和录像，或直接和一家人共同生活来研究他们的饮食习惯。当然，一定要报告观察的结果，也一定要尽可能地使目标不至于感到唐突。这样的方法适用于这样的话题，包括产品的处理，例如，烹调和准备，调味酱、调味品或其他添加剂的使用，香料的使用，包装的开启和再关闭，时间和温度因素，是否阅读了指示，食品实际上是如何供应与消费的，器皿废弃物以及剩余物的储存或使用等。由于实际行为是观察到的而不是依赖于文字报告的，因此数据有高的表面效度。但是，数据的收集可能非常慢，且较昂贵。观察法很适合研究消费者对产品发挥积极影响的行为（即可能不只是吃掉它们）。Bystedt 等（2003）给出了一个观察女人在百货商店化妆品柜台的例子。假设你的公司为烧烤架制造了一款不粘喷雾产品。观察在烤架上喷好产品后，烤架的实际使用情况，如产品用量多少和频率等。

16.2 焦点小组的特征

16.2.1 优点

定性研究有一些优点。第一个优点是可能与有相互影响的会议主持人（指导者）进行有深度的调查。主持人可能会提出问题，探查态度，揭示潜在的动机和情感。而在更加具有结构性和导向性的问卷调查中，消费者不容易表达出这些想法。由于主持人在座谈现场（通常一些委托人不露面），且座谈的过程是十分灵活的，因而一些不能预知的问题能在问题点上被深入地探讨。第二个优点是参与者之间可能会发生相互作用。一个人的评论可能会把一个论点带给另一个人，而后者在问卷调查中可能不会考虑这个问题。通常，一个小组自己掌握讨论的方向，参与者讨论相反的意见，甚至争论产品的问题、性质和产品试验等。在一个成功的小组座谈中，主持人对此的指导作用应该是很小的。

这些方法的一个明显优点在于它们的速度快捷和费用低廉。这种感觉是一种错觉（Krueger 和 Casey，2009）。实际上，往往多个小组在几个地域同时进行，所以，主持人和观察者经常要在旅行上花费几天。补充和筛选参与者也需要花费时间。同时，如果回过头来观看座谈录像带或者听录音带进行数据分析也是很费时间的。因而完成报告的时间不会比其他类型的消费研究更短，所包括的专业时间也要充分地计入成本中。对于小组中的数据用户来说，此程序还有一些明显的功效。在 1h 时间内，可以直接与 12 人的消费者接触，并且可以通过预约获得更多参与者。所以，一旦进行小组座谈的话，信息的传播速度非常迅速，这与在家中的单独访谈或等待邮寄中的调查表返回、制表分析等做法截然不同。

16.2.2 关键要求

座谈环境设计为非恐吓性的，而且鼓励自我发挥。其原则为“火车上的陌生人现象”。由于人们感觉到很可能相互之间不会再见面，所以彼此都感觉很自在，也能自由而客观地表达他们各自的意见，而不必摆出平素在彼此熟悉的小组中的“伪装的面目”来。当然，在每个小组中都会有这样一些可能，即人们会通过以前的邻居或团体产生联系，但是这不是一个大问题。近来，有一个公认的问题，即通常认为当参与者都是陌生人时，往往能获得较好的数据（Stewart 和 Shamdasani，1990）。那种倾向于促进人与人之间的了解和彼此间的安慰而常用的有准备的方法，与上述的为获得良好的数据而采取的匿名的做法是矛盾的。

Casey 和 Krueger，1994；Chambers 和 Smith，1991；Krueger，2009 总结了多产的焦点小组研究的关键要求。它们包括仔细的设计、深思熟虑的问题、合理的补充人员、熟练的主持能力、有准备的观察者以及合适的、有洞察力的分析等。如同其他的感官评价步骤一样，选择与委托人问题相适应的研究方法是关键。例如，如果数据的最终使用人认为55%的人偏爱这个产品而不是竞争者的产品的话，就需要定量检验而不能使用焦点小组。感官专业人员也一定要考虑得到的信息的总体质量，而且要从总体上考虑他们在研究计划和项目中付诸实施的方法的可靠性和有效性。Stewart 和 Shamdasani（1990）将进行焦点小组研究的步骤总结如下：设定问题，详细说明参与者的性质和补充的方式，选择主持人，提出并预查讨论指南，补充参与者，进行研究，分析并解释数据和报告结果（下面会给出更加详细的清单）。从上述目录中能够十分明显地发现，认为定性研究具有快速、方便的特点是完全错误的。要进行一个好的焦点小组，一定要尽量包括其他的行为研究或感官评价，同时需要制定详细的计划。

16.2.3　可靠性和有效性

就像其他的信息收集步骤或分析工具一样，可靠性和有效性是定性研究的主题。人们常常担心，如果由不同的主持人主持或者由不同的人进行分析，这个过程会产生不同的结果（Casey 和 Krueger，1994）。由多个主持人或多人进行分析时，会有更多保障。尽管通过数学方式很难计算，但却很容易判断普通感觉的可靠性。当进行一些焦点小组座谈时，开始会形成共同的主题，并在后来的小组中会有所重复。过一阵子后，进行其他小组座谈时的回应就会逐渐减少，这是因为在重复进行同一件事情。这个常规的研究结果告诉我们：来自于一个小组的结论是不完全的，但是，因其他的小组会得出相似的信息，所以，在感觉上有一种重复检验的可靠性。Janas 等（1996）按照数据的“确实性”提出了这一论点，并引用了在长期的单独访谈中能用于增加确实性的三条指导性步骤：①当合作者询问、讨论出现的问题时要同等地听取报告；②通过回访的形式评价主题的一致性；③检查参与者的结论和重要发现。前后一致的主题也应成为数据编码的一部分，并能为分类策略和相似概念的分组提供基础。这些指导过程的基础可在“接地理论”步骤中找到（Eriksson 和 Kovalainen，2008）。

Galvez 和 Resurreccion（1992）在描写东方面条品质的研究中，考查了小组座谈信息的可靠性。请 5 个消费者焦点小组，提出关于面条感官方面的重要术语，并把他们分成积极和不积极的两种小组。5 个小组都产生了非常相似的明细表，他们认同那些受欢迎或不受欢迎的术语。由消费者小组产生的这些术语明细表中，包括由受过训练的描述小组使用的 14 条术语中的 12 条（其中很明显的有 2 个品质对于消费者来说并不重要）。在某些例子中，产生的一些词语并不完全相同，但它们是近义词，如“光亮的”和“光泽的”。至少对于一般的感官评价应用来说，上述方法看起来非常具有可靠性。Galvez 和 Resurreccion 仔细筛选了熟悉产品的参与者，这会使得结论前后相互一致。

正确性更加难以判断。在一系列的 20 个焦点小组的结论和定量邮寄调查的结论之间，在消费者态度和自我报告行为的研究之间有较好的一致性（Reynolds 和 Johnson，1978）。正确性也能通过研究过程感觉到。如果定性特征的发现过程是完整的，那么，在接下来的消费者问卷中增加任何新的主题，自由回答的人将会很少。如果定性的产品原型调查工作进行得很好，同时，人们在产品性质或甚至是概念方面意识到了一些变化，那么，就要在以后的定量消费者检验中实现消费的需求和期望。正如以上特别提到的，定性调查、定量检验和重复定性研究的协调，会增加来自两种研究的结论和说明的准确性（应强调这是双向的）（Chambers 和 Smith，1991；Moskowitz 等，2006）。因为大量的小组提供相似的信息，将这种信息推及附加的消费人群是有效的。但是，我们需要谨慎地决定是否放弃任何定量统计的推断，这些信息一定要能代表广大消费群众，否则它将没有作用。最后，一个人可以以信息为基础，检查进行冒险决定的正确性。从实践的角度看，问题的关键在于数据的最终使用者是否会做出错误的决定，或者是否采取无根据的行为。感官专业人员能够帮助产品管理者避免忽略或错误理解重要信息。

指导焦点小组的过程或者任何形式的灵活访谈可以认为是一种交流环节（Krueger 和 Casey，2009）。对于这一步骤至少有 5 种假设或关键要求。第一，调查对象必须理解问题；第二，环境有利于开放的诚实的回答；第三，调查对象知道一些答案，也就是说，他们能够提供信息；第四，调查对象能够明确有力地表达他们的知识和信仰；最后，研究者需要理解调查对象的评论。如果这些交流环节很弱或者运行不良会导致结果缺乏准确度或正确性。当提出好的问题和好的讨论指南时这些关注点是很关键的。

16.3 焦点小组在感官评价中的应用

如何使用定性方法回答感官评价专家提出的问题？以下是一些常见应用。

定性方法能用于探究新产品原型。当市场研究小组经常探查产品概念时，最常见的感官评价服务的最初委托人往往是产品开发小组，他们需要找到消费者的消费意向，以及新开发产品的优缺点。消费者的观点和关注点能作为改进和优化过程的一部分进行探索，而不犯那些从实验室角度无法发现的错误（Marlowe，1987；Moskowitz 等，2006）。可以在组会上评价原型，或者在组会之后带回家使用。这对于测定食品产品是如何准备、服务和消费的可能非常有帮助，同时，试验了是否有任何的滥用或意外的使用以及变化（Chambers 和 Smith，1991）。这些访谈中可能会提出方向的改变和额外的机会，这些信息需要与营销经理分享。如果他们在开发过程中是合作伙伴，他们将使这些信息成为公司的优势。探索消费者的需求和期望以及产品是否在它的初级阶段向实现这些需求和满足这些期望的方向发展是一个关键策略。

消费者的意见也有助于感官小组关注那些关键特征，这些会用于评价以后的描述性分析和定量的消费者调查。组座谈的一个常见应用是鉴定和探究特定的感官品质。尝试定义强烈影响消费者可接受度的属性是个难点（Chambers 和 Smith，1991）。描述性分析（QDA）的初始过程（Stone 和 Sidel，1993）涉及似在消费者焦点小组中使用的非定向方法以确定描述性词汇。也可以同时在消费者或技术人员的指导下进行属性的发现，如技术销售支持和质量保证人员（Chambers 和 Smith，1991）。这有助于确信每个人都使用同一种语言，或者不同的语言能与另外一种有所关联，或者最起码能预期到有什么差别。在这样一个应用中，Ellmore 等（1999）使用定性访谈的方法，在进一步描述分析和消费者检验之前，来探究与产品“奶油般的”相关属性维度。这个阶段对于鉴定光滑度、稠度、溶化速度和黏着力等特性具有重要意义，而这些特性能够潜在地影响消费者对奶油布丁的感知。

在消费者问卷研究之前，“问卷设计”就显得十分有用。研究人员可能会认为他们的问卷已经涉及了所有的重要品质，但是也可能有一些其他消费者的反馈信息会指出一些遗漏。消费者没有必要和研究人员想法相似。Chambers 和 Smith（1991）建议，通过定性访谈预筛选问卷的项目能按以下几个方面提出：对问题理解了吗？他们可能产生有偏见的答案吗？问题模糊不清吗？他们有多于一个的解释吗？他们会从预期的上下文中得出看法吗？有未陈述的假说吗？

人们可以得到这样一个印象，即不同的产品性质在决定产品所具有的吸引力时，有着潜在的重要性和力度。定性方法的一个经典应用是探究消费者发现感兴趣的（或者没有兴趣的）属性的变化。利用较大的消费群体，在严格的实验设计中，研究这些不同的变量及其组合对食品的“快感”品质的影响（Moskowitz 等，2006）。后面将会给出一个焦点小组与后来的消费者定量测试相联系的案例。当然，正如上面所提到过的，人们将很容易地将该行为与获得消费者对早期原型反馈信息这一目标统一起来，这对新产品的洞察力也会非常自然地增加。例如，对于风味性质的讨论可能很容易地发现以前没有考虑到的风味变化的新方向。

另一个实用的应用是在消费者检验后进行小组座谈来作为后续检验。在分析数据后，或者分析部分数据后，即可召集参与检验的小组，也许这个小组中的部分人员对产品抱着积极的态度，而有些人则是抱着不积极的态度。座谈能深入探查某个问题，也许来自定量问卷调查结果的某个问题并不十分清晰，或者结论令人迷惑或出乎预料，这时就需要作进一步解释。Chambers 和 Smith（1991）列举了一例，在一项调查中，人们对一种烧烤调料的香味强度评价很低，实际上问题就在于这种风味是非典型的。座谈有助于对问卷结果的确认或充分表达。对于在一个项目上需要与消费者面对面接触的感官专家来说，召集一些焦点小组要比那些面对面、逐个的公司职员访谈经济效率更高。一个下午就能获得来自 20 或 30 个消费者的反馈、探查和解释意见。组座谈比单独访谈更加有效率，而且能够产生在其他定性研究中不具备的交互、协作影响下所产生的一些性质。

如果公司在当地拥有规律性检验产品的固定的当地消费者评价小组，也许有可能向他们提出几点可供讨论的产品性质。这是由 Chambers 和 Smith（1991）用“焦点评价小组”这一术语提出的焦点小组研究的特殊例子，这种类型的设置失去了大部分小组座谈中有益的匿名因素。但是，在人们不习惯在陌生人面前讲话的地区，这种检验就能很好的发挥作用。当地固定的消费者评价小组是非常经济有效的（详见第 15 章），如同给团体捐款就要好于付款给参与的个人一样（Casey 和 Krueger，1994）。

16.4　案例分析

接下来的两个案例分析给出了定性方法的两个合理应用。

16.4.1　案例分析 1：在新产品开发中联合测量之前的定性研究

Raz 等（2008）出版了一个关于在几个阶段使用定性的消费者信息和定量数据的新产品开发草案。基于共同的分析规则，焦点小组被用于鉴定后面用于大型消费者研究的感官因素。这是定性研究的一个经典应用，能用于指导进一步的定性研究。组合分析是一种消费者在不同水平或选项下评价属性的不同组合与其整体吸引力比率的方法。这一方法力图寻找出关键属性在不同水平的最优组合，并能评价每个属性对产品整体吸引力的单独贡献（称为“实用工具”）。Moskowitz 等（2006）给出了采用组合分析方法研究揭示产品效益的几个例子。在更具条理的概念开发（也使用组合测试）之前使用定性座谈的另一个例子可以在 Bogue 等（2009）的论文中找到，他们研究了可能具有治疗或药理功能的食品和饮料。为了掌握产品有意义的变化，定性研究必须在产品原型（或概念上的原型）构建之前进行。

本案例中的产品是一种主要针对女性的健康橙汁。在初级阶段使用了两个分别由 9 名消费者构成的焦点小组。根据该市场的社会人口特征选择消费者，并且他们是该品牌的使用者或者是同类型其他品牌的使用者。团体由一个心理学家主持，持续 2.5~3h，是一个漫长的课程。座谈由 3 个阶段组成：唤起阶段包括自由联想、拼贴、产品和消费者轮廓；第二阶段涉及概念的展示；接下来是对产品的感官因素、使用性能以及对包装的象征内容进行探讨。理想的结果是一组分别具有 2~4 个水平或变量的关键属性和适合这一概念的潜在产品的评价（也就是适当性）。

小组访谈的流程如下运行：介绍后，对品牌形象和该品牌所属的构想的产品类别有一个探究。接下来这一概念将在没有任何附加刺激的情况下进行开发和轮廓描述。接下来，实际样品的味道、香气和口感“体验”用于观察其如何配合这一概念。提供视觉影响唤起概念，提供各种各样的最终包装来探究触觉体验。接下来，从使用一种拼贴技术（视觉影响的拼凑）探究产品特性来看，其是否与品牌形象（作为这些消费者的期望）和目标印象一致。

使用这些结果建立产品原型来评价联合的设计，其中有更大一组消费者对各种各样的属性组合会产生喜好分数。“重要”分数会反映一个属性的不同水平之间的变化程度。也就是说，喜好分数随着属性水平的变化而改变较大属性的“重要性”高。最终分析的一个关键部分是评价潜在的消费者小组，他们可能喜欢不同风格的产品，而不是假定一组属性组合中只有一个整体最佳的产品。他们使用聚类分析探索了潜在的细分市场。

16.4.2 案例分析2：关于盐的营养和健康的看法

定性研究非常适于探究和理解消费者的态度，看法和知识体系，并理解他们用于讨论食品和营养议题的词汇。这一研究（Smith 等，2006）调查了美国南部农村的“中风带”的老年危险人群关于食盐和高含盐食品的看法和态度。他们指挥了针对少数派和社区住宅的60~90岁的老年人的深入的（一对一）访谈和焦点小组座谈。一对一的访谈包含60~90min的半结构式访谈，以发现他们的知识、信仰和民间用语。在这些访谈中发现的主题用于随后建立焦点小组的座谈指南，指导7个包含8~9个参与者的小组。一些小组的人种组成是同种的（非裔美国人，印第安人或白种人），其他的是混合的。

在讨论之前进行一个简短的人口学问卷。主持人和记录人员参加，讨论用磁带（音频）记录。磁带会逐字地进行转录。从转录和记录中建立包含核心概念和特征点关键短语的码系统。多重研究人员检查码系统的准确性。转录和码系统的组合提交到人种学软件分析文本中。使用编码提取文本的片段做进一步研究。接下来研究者给“主题”评价抽象的文字样品。根据一致的水平、长度和概念的深度和频率来建立主题。在分析和报告中，通过说明和引用来支撑对主题的解释。

结果表示参与者认为加入食盐是他们饮食和地区烹饪习惯（那些食品实际描述为“南方人”）中的一个重要成分，而且食盐在弥补新鲜食品的清淡味道方面十分重要。参与者意识到精制食盐（生盐）的摄入量和高血压之间有一定关系，但是对于烹饪中使用的盐和血压之间的联系了解较少。民间词汇“高血压”也与糖的摄入和糖尿病有一定关系。作者将这些民间系统和文化信仰与医学知识和普通医疗实践做了对比。读者可以参考完成的报告来得到更加详细的描述。表16.2描绘了这一结果的概念图。

表16.2　进行焦点小组研究的步骤

进行焦点小组研究的步骤
1. 与委托方和研究团队见面：确定项目目标和宗旨
2. 决定实现宗旨的最好工具
3. 确定、联系和雇用主持人
4. 建立参与者的筛查标准
5. 建立问题，讨论指南和顺序
6. 安排房间、设施、录音设备
7. 筛选和补充参与者；给出方位/地图
8. 向参与者给出提醒事项，时间/地点/方位/停车
9. 如果采用的话，确认和概要助理主持人
10. 安排奖励费、茶点
11. 录音设备预检
12. 进行分组
a. 在每组后进行任务报告
b. 每组后写总结

续表

13. 如果使用的话，安排将声音转换为文本，
14. 修改讨论指南作为新产生的信息
15. 分析信息
a. 检查总结
b. 阅读录音文本或者回顾录音带或录像带
c. 选择主题；逐字引用以说明
d. 与其他团队成员交换意见，以核对主题和结论
16. 撰写报告和当前结果

16.5 实施焦点小组研究

16.5.1 概述

一个典型的焦点小组座谈步骤可以做以下描述。首先，由 8~12 个人围坐在桌子旁，座谈组织者提出要讨论的问题。对焦点小组座谈的房间设置如图 16.1 所示。尽管一些小群体的协作回答的概率下降，同时，不回答的参与者使得困难的可能性上升，但是，较小的或“小群体”仍十分流行。提问的一般方式是自由回答型的，它避免了简单地是或不是的回答。例如，主持人很可能不会问“这很容易准备吗?”，而是会问“你在烹调这个产品时的感觉如何?”另一个有用的提问方式是在用产品种类探查以前的经验时采用回想的方法（Casey 和 Krueger，1994）。可以举例、澄清或简单地承认你所不知道的内容来进行调查。总之，在焦点小组中可见的行为与有结构的座谈中自由回答的问题相似，但允许做更深的探查，也可以对回答中值得深思的相互作用做进一步调研。

常见的经验法则是至少建立 3 个小组（Casey 和 Krueger，1994）。万一其中两个小组的意见与另一个小组冲突了，我们可以感觉到哪个组的意见更加不寻常。然而，由于这一方法不是基于定量规划需求的，这一规则是否可用仍存在疑问。不同观点的发现就其本身而言是一个重要的可报道的结果。这暗示接下来能够细分市场或者需要给不同的消费群体设计不同的产品。大型的市场研究项目经常需要不同城市中不同人群的参与，以确保在美国取样时地理上的多样性。产品原型开发的调查项目或由感官服务部门指导的语言调查一般无需这样广泛。但是，如果在试验设计中有一个非常重要的部分（如年龄、种族人群、性别、是否使用本产品等），那么，可能有必要从每个部分中进行三个群体的检验（Krueger 和 Casey，2009）。如上所述，在群体数量的增加中有一个边缘效应，而且会出现重复的主题（Chambers 和 Smith，1991）。

进行焦点小组研究的步骤和其他消费者研究的步骤类似。表 16.2 所示为这些步骤，我们还可以从 Resurreccion（1998）中找到其他列表。焦点小组研究在设置和程序细节的多个方面，都类似于集中地点消费者的研究，除了需要一个主持人和经过训练的座谈者，这些行为几乎需要被记录下来。项目团队需要仔细地确保设施的正确建立，而且所有的记录设备应通过预检并正常运行，而不是把这一预检工作留给设备所有人。研究人员也

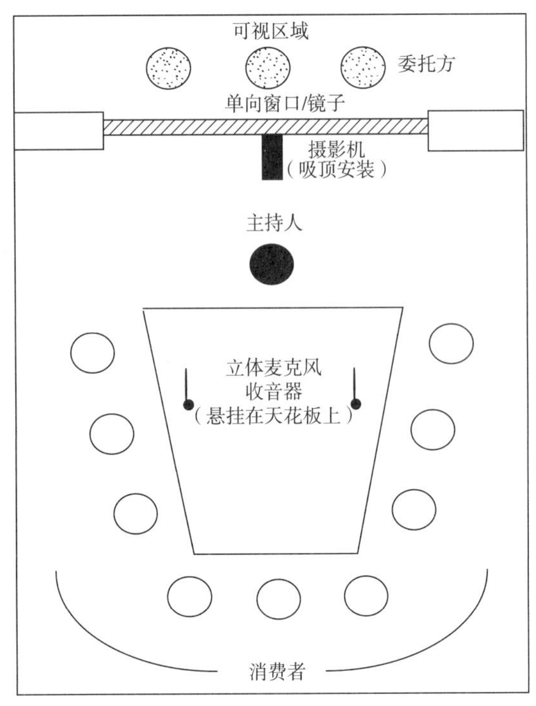

图 16.1　典型的焦点小组房间布置

参与者以如图方式落座，从单面玻璃后委托人可以看见他们的面部表情和动作语言，并能用录像带捕捉下来。注意梯形的桌子有助于观察。立体声麦克风在音频轨道上重现声音的空间分布是很重要的，如果两个人同时说话，单声道麦克风可能会丢失这些信息，并给意见的分离制造困难。

需要安排口头记录的录音文本。将录音带给录音打字员是十分明智的，因为即便是专业人员可能也需要一天或者更多的时间来完成每组 90min 的工作。

16.5.2　关键要求：提出好的问题

焦点小组的问题和探究，与定量调查问卷中存在的结构性问题不同。Bystedt 等（2003）给出了指导问题的探究方法的举例和替代方法。Krueger 和 Casey（2009）列举了小组座谈中好的问题具有的特征：好的问题能和单一响应一样引起交谈。它是用通用语言表达的（非专业术语）。它短且容易表达和阅读，没有双关意义（“你认为冰淇淋和冷冻酸乳是健康有营养的吗?”就是有两个双关意义）。通常，焦点小组问题也考虑感觉和情绪。也就是说，他们不总是关于知识或者真实的问题。甚至在梯级探究中（研究潜在的益处、情感、价值），焦点小组的主持人更倾向于避免简单的问题，因为这可能被视为一种批评或者挑战。这些经常重新措辞为“什么使你买了 X?”或者“产品的什么方面引发你购买了 X?”主持人需要避免给出任何答案的举例，因为这会告诉参与者如何回答，使小组答案千篇一律。如果直接指向一种行为，方向就是详细和特定的，如下：“拿着这些杂志，裁剪出所有与这个概念相联系的图像。并将它们堆在你面前的桌子上”（Bystedt 等，2003）。

建立问题和讨论指南（序列）不是一个单独的活动。我们需要和委托人（要求展开这一研究的人）讨论重要的问题，包括所有的细节、使用的产品原型、可能作为“补充”使用的其他感官刺激、概念，并且需要讨论基本的研究目标。问题需要至少 5~6 个其他研究者集思广益。我们应当寻找恰当的措辞（例如，有无限多的，“回想”）。然后对这些问题和话题排序。有一些常用规则：从常见话题出发，再到更多特定的问题。探究积极的方面通常优先于消极的方面。研究者需要估计每个话题或问题的时间。然后就设计问题指南或者讨论连贯指南。最后，需要全体人员和委托者评议。这时，委托人和研究管理人员需要考虑是否有各种其他问题被涵盖进来。这可能导致时长问题，研究者需要提醒人们这是一个 90min 的座谈。决定性试验就是从你真正需要知道的事情中分离出简单的值得知道的事情。

16.5.3 讨论指南和小组座谈阶段

最常见的是脚本化的问题序列，但是一些高技能的主持人可能仅仅根据一张问题列表进行工作。小组常常有大约 5 个不同时期，而且这些将在讨论指南中组织建立。主持人将灵活处理指南，因为可能出现新的或者意外的见解需要探索。

小组从热身阶段开始。人们可能是轮流或按照一定顺序走到桌子旁，并作自我介绍。一个方法是“介绍与你相邻的人”选项。如用 5min 向你旁边的人介绍自己，并找到旁边人的一个或两个有趣的事实。参与者四处走动，向小组成员介绍自己旁边的人。准备阶段的目的是使每个参与者参加，并让他或她把所想的和所说的联系起来。对于许多人来说，必须要进行这个简单的说话行为，这能在之后起作用。另外有一种强烈的倾向，即人们往往会思考那些并没有提出讨论的问题。准备阶段也有助于群体中每个成员彼此更加放松一些，让成员更加了解对方而不是完全陌生，这能够防止一些参与者感到约束。介绍环节需要尽量避免状态指标。例如，最后让他们讨论爱好而不是让他们自己或者他们在哪里工作。

接下来从介绍转移到主题上。有时他们被要求讲出关于当天讨论的同类型产品中他们使用过什么产品。一个常用方法是要求他们“回想”，即告诉我们你对这个产品最后的或者最近的体验。一些问题可以在这点上提出，例如，探究：“当你听到×××关于这类产品时你会想到什么?”从概括到具体是座谈的通常趋势，并产生自然的谈话。Stewart 和 Shamdasani（1990）将其称为“漏斗”方法。第三个阶段是一个面向关键问题的过渡阶段，会问出更加特定的问题，或介绍一个产品的概念或产品开发的样品原型。

第四个阶段是出现关键的问题。现在我们得到他们对产品、概念或问题的整体反应，以及所有人的和个人的反应、想法、问题、关注点和期望。大部分的座谈将发生在这一阶段，且人们必须花费大量的时间来探究问题和讨论问题。更多特定的问题被提出来，最后特意聚焦在产品开发者感兴趣的方面。例如，在可微波加热的冰冻比萨饼中你喜欢的性质是什么（颜色？营养？方便？保质期?）。通常，在自然谈话过程中会出现关键的问题。但是，主持人有一个讨论指南，这一指南通常能够指引谈话的方向，并能确保涉及了所有的问题。

最后是收尾问题阶段。主持人会回顾问题并陈述初步结论。由他或她再次提出整体意见："给出你听到的……？"此时，可以询问小组对主持人的总结的评论或纠正意见。例如，还有没陈述或包括进来的不同意见吗？有什么需要包含在下一小组里面的或者需要用不同方式完成的吗？当然，这一阶段后需要感谢小组成员，给他们报酬并解散小组。

讨论指南需要在集体讨论会后建立，这一会议由项目中的关键人员参与来确保包含了所有可能的问题。主持人可以同时起草讨论指南并提交做进一步修正。讨论指南的举例见表16.3、Chambers和Smith（1991）和Resurreccion（1998）。这里的关键词是"指南"，当意外的但又可能重要的问题出现的时候，更需要灵活性。如果主持人意识到这样的一个机会，他或她会忽略当前拟定的指南而改变谈话方向。小组随后会回到主题上，但是主持人一定要注意这一点。如果讨论的话题偏离到完全不相关的方向（天气、政治、运动、电视节目都比较常见），主持人应该把小组带回到讨论的主线上来。

表16.3　讨论指南样本：高纤维可微波加热比萨饼

1. 自我介绍，注意基本规则，提到磁带录音。
2. 热身——沿桌子走，并说出你最近购买比萨饼的名称和类型（简要地）。
3. 讨论比萨饼的种类。市场现有哪些种类？什么最受欢迎？在近五年中你的比萨饼食用习惯有什么变化吗？
4. 在家烹饪比萨饼时，你使用哪一种（冷冻、冷藏、焙烤、微波等）？有其他相关产品吗？
5. 当前概念。全麦和麸皮、高膳食纤维中有较好的营养成分。高度的便利是由于其可微波加热。有竞争性的价格。一些能达到的风味。进行反馈。

   探查：膳食纤维是重点吗？对于一些消费者来说是目标机会吗？

   探查：微波制备有吸引力吗？关注褐变、浸水或脆度吗？
6. 品尝并讨论代表性的原型。正面和反面讨论。探查重要的感官属性。喜欢或不喜欢的理由。
7. 回顾概念和问题。要求澄清。
8. 请小组成员提出新产品建议或主题上的变化。

   建议的最后机会。错误的结束（走到镜子后面征求委托方意见）。
9. 如果委托方要求进一步地讨论或探查，理清思路并重新开始讨论。
10. 结束，感谢，分发奖励，解散。

16.5.4　参与者要求、时间、记录

在大部分消费检验中，参与者是该类型产品的频繁使用者，并经过仔细地预选。但有一个例外就是目标是非使用者时，例如，在了解何种产品、种类或品牌取代原有种类时，便是如此。在建立这一研究时，项目领导人应该仔细地考虑目标消费者的人口统计学性质，以诸如性别、年龄、种族背景、家庭类型和居住地的变化等为基础，安排筛选机构进行人员补充。一般情况下，参与者不应互相认识。尽管在同一地区，人们也不会在同一群体中碰到熟人。群体的关键不在于必须是同类人，而是要有相容性（Stewart和Shamdasani，1990）。通常应多选择一些参与者以防有人不能如约出席（Resurreccion，1998）。可以通过发送地图、方位，并且在小组讨论的前一天跟进提醒，从而最大程度地

减少不能如约出席的人数。

大部分小组所必需的时间大约是90min，对此一定要通知到每一位参与者。调动人们的积极性来参与（加上旅程的时间）是不太容易的。通常参与者应得到报酬，而且应尽可能地给他们提供点心和周到的照顾。一定要仔细考虑报酬，数量不能太高也不能太低，但是要让人们觉得值得去花费这个时间（Casey 和 Krueger，1994）。有时，很有必要筛选出那些非常喜欢参与该活动，以致成为不同测试服务的补充人员库中的专业参与者。另一方面，有时很值得筛选出那些更擅长表达的人。例如，人们有可能会问这样一个筛选性的问题，“你喜欢关于__________的话题么？”

讨论绝大多数情况下被录像带和/或录音磁带记录下来。在市场研究中，一些或全部的委托举办方会从单面镜子后面观察整个过程。这种不寻常的装备并非必需。Casey 和 Krueger（1994）指出，如果没有这一设备的话，座谈环境看上去会更自然一些，同时如果你不使用它的话，装备的选择范围就更为广泛。当然，让委托人与参与者坐在同一个房间中的做法会让人分心，因此另一种方法就是跳过直接观察，但必须保证座谈的主持人有足够的技巧和报告能力。如果是这样的话，当然一定要告诉参与者他们被录了像。但很少有理由相信录像行为会影响讨论（Stewart 和 Shamdasani，1990）。在总的研究目的的座谈结束以后，情况汇报会受到参与者的青睐，正如至少一些参与者总是想知道一样。所透露的信息量要兼顾委托人的安全和机密的考虑。

由于录像的影响很小，因此有时候人们会提出录像是否必需的问题。使用这种设备的优势是能够捕捉到参与者的面部表情、姿势和肢体语言。只用手抄方法进行分析时会丢失这些有用的信息（Stewart 和 Shamdasani，1990）。这些非语言信息是否有用则要依赖于人们观察和解释录像的能力。一个或者更多的人会负责提交一个根据上述信息所提示的参与者态度和意见的总结报告。通常这种责任会落在主持人身上，但有时也由其他观察者承担。至少两个独立的人观看录像或者会议记录可能更有好处，可检验判断之间的可靠性，纠正观察者的主观偏见。录像带可被转录，用以帮助说明报告中的观点和结论（见下面报告结果部分）。通常，推荐备份录像，以防设备出问题（Chambers 和 Smith，1991）。

16.6　主持的问题

16.6.1　主持技巧

就像描述小组的领导能力一样，良好的主持技巧会伴随着实践与训练发展起来。首先，最重要的是，好的主持人是一个好的听众（Chambers 和 Smith，1991）。喜欢说话的人可能会忍不住要表达他们自己的意见。这时便需要一些技巧，包括使人轻松的能力，如果必要的话，要自信及熟练（Casey 和 Krueger，1994）。不是每个人都具备高水平的交流技巧，能让回答者感觉舒适并能表达出公正的个人意见。大部分主持人能够与和他们相似的消费者愉快合作。对于一组家庭妇女和一组男性渔民来说，同一个主持人可能并不适合。减肥产品的目标是肥胖的女人，就不能让专业的自行车比赛选手作为主持人。

训练和实践对于提高主持技能来说很重要。观看和聆听有经验专家的录像和批评是十分有益的。

具备一些特定的个人特点是也非常必要。一个成功的主持人应当具有幽默感，对其他人的意见感兴趣，有表现力且活泼，能意识到他或她自己的偏见，并且对人有洞察力（Stewart 和 Shamdasani，1990）。他们也会很大程度地显示出灵活性，能迅速地改变一个小组的讨论方向。建议观察不同的讨论组（特别是不同产品的讨论组）中受过训练的主持人，以便深入了解在讨论中可能发生的各种问题和情况。最好是指导或合作指导一个讨论部分，让有经验的主持人观察录像并提出批评意见。

当主持工作到位时，焦点在于参与者，他们和彼此讨论问题，而不是单向地回答主持人的问题，即问题又回到主持人那里。Krueger 和 Casey（2009）列举了好的主持人的如下特征：一个好的主持人理解项目的目标。主持人至少对该产品或产品类别精通一些。好的主持人能清晰地交流，关心参与者并能表现出来，而且愿意接受新观点。当然，主持人要善于激发信息，让人们讨论并详细说明他们的评论。好的主持有以下三个关键点：无方向性、完全的参与并涉及所有问题。

16.6.2 基本原则：非定向、完全参与并涉及所有问题

主持人的首要目标是在没有暗示答案或指引讨论向一个具体结论发展的情况下指导讨论。在这方面，主持人就像一个概念上的助产士，在没有透露他或她自己意见的前提下，从群体中得到想法、感知、意见、态度和信仰。这项技术可以从心理学家 Carl Rogers 主张的以委托人为中心的座谈技术中总结出来。无论何时，参与者看到主持人想寻求答案或意见时，要把问题扔回给他们，可以改变措辞，如“我听到了你所问的问题，为什么对于你来说这个问题很重要呢？”为了避免敏感方面话题的诱惑，许多焦点小组信息的使用者宁愿要这样一个主持人，即他未被告知问题所在，同时，也没有预先形成意见。但当这种有助于确保无偏见的讨论和报告的方式运行了一段时间后，他有时会错过一些探查出现的重要技术问题的机会，而这个只有事先知情的主持人才会意识到。

主持人的大部分提问会表现为进一步思考的探查形式。有时，沉默是很有用的探查方式，这是因为近来的参与者可能要用进一步的精心设计来填充间隙。一般而言，经验丰富的主持人会使用精心设计的沉默来获益（Stewart 和 Shamdasani，1990）。沉默本身的性质就是无方向性。其他有用的探查方式是询问情感后的理由，或通过询问是否有其他人“持同种观点”的方式来拓展与其他参与者的讨论。但是，避免情绪化的词组如“其他人同意（或不同意）这个观点吗？”是很重要的。

主持人的偏见很容易蔓延。这可能是由于需要使委托人满意、个人对问题的偏见或认为需要与主持人自己的想法保持一致（Stewart 和 Shamdasani，1990）。通过大量不同的方式，给予你认同其观点的参与者以过多的支持是相对简单的事情：给予更多注视、口头确认、点头、更有耐心或首先询问他们等（Kennedy，1976）。相反，通过回避探查、总结或重申对比、少数的或反对的意见，可以使不想要的意见很容易地被忽视。一个好的主持人会意识到这些行为并加以避免，并且当观看录音记录时，他们能识别到这些问题。

主持人也应该对由于社会因素产生的答案敏感。通常回答者会努力给出他们认为主持人期望的回答来取悦主持人。Chambers 和 Smith（1991）给出了一个褐色面包的讨论例子，参与者可能会宣称喜欢食用它，但事实上他们也许更喜欢白面包。

一个好的主持人应试图鼓励所有参与者，以确保提出并公开讨论主题的所有方面。取决于文化的不同，主持人应使用各种技巧来达到这个目的。在一些主题讨论后，一个好的想法就是探查多数意见的不足，通过询问是否有人不同意已有的意见，从而鼓励一些新观念的提出。过于健谈的或太安静的参与者都是常见的问题。主导的回答者可能是专家，无论是真正的或者是自以为是的。真正的专家可能会破坏这个小组讨论，因为知识不多的参与者会向他们寻求答案。这些人通常会在招募过程中被筛选出来。自以为是的专家更加麻烦，应对他们加以控制，否则他们会对讨论产生不良的影响。有支配欲望的参与者需要由主持人以微妙的否定加以限制。一些非语言的暗示，例如缺乏眼神交流（看着天花板或地板）、敲击手指、阅读讨论指南、在记录上乱涂、站起来在房间做其他事情甚至站在某个人后面——所有这些都会提供一个负面的反馈信息（Wells，1974）。通常，有对抗性的或好斗的人会选择一个直接面对主持人的位置。如果方便的话，位置的变化（如在 5min 休息时移动名牌）可能有所帮助。相反地，一个害羞的人可能会选择坐在旁边或角落，或与主持人在同一个方向的地方以避免眼神的直接接触。让这样的人说出实情需要额外的策略。主持人在他们说话或表示出兴趣时点头、微笑会加强他们的参与意识。Casey 和 Krueger（1994）建议通过眼神接触来获得沉默的参与者的回答。哪怕 5s 的安静都会让人们感觉有一点不舒服，并会想办法去填补这个空隙。

每一位主持人的另一个目标就是确保能够涉及所有的问题，这就要求小组座谈的委托者应仔细地准备讨论指南。采访委托者的重要性不亚于采访实际的消费者小组。除了主要的时间限制以外，还应该包括所有的问题。掌握时间是主持人的一项重要技能，如果超过规定的时间，小组中的人就会变得不耐烦（Stewart 和 Shamdasani，1990）。如果出现了一些问题，且超出了讨论指南的范围，主持人就应该灵活地转回到话题。在一些非常好的小组中，参与者会自己引出下一个主题，几乎不需要主持人的推动和探查就能顺利地进行讨论。使用单向观察的座谈房间时，主持人可能想走出去几分钟，和观察者一道看看是否有他们喜欢的新的问题或需进一步探查的东西。这也可能提供了“错误关闭”的机会，当讨论结束时，主持人离开房间，由于他或她的缺席，可出现瞬间爆发的讨论。人们可能会说出在主持人面前他们不便谈的意见（Chambers 和 Smith，1991）。这可能会触发一些后续讨论，因为它清楚地表明在人们心中还有其他问题需要探讨。多种场合下数据的收集也是一个学习的过程，不仅是一个重复实验（例如，Falk 等，1996；Furst 等，1996，Janas 等，1996）。

16.6.3　助理主持人和合作主持人

一些文章中建议使用助理主持人（Krueger 和 Casey，2009）。这在市场研究中并不常见，但很实用。助理可以检查仪器、准备食物和奖励费，登记参与者，以及照看所有需要填写的表格。助理可以从单面镜子后面或在房间外面做笔记，尽量注意做到不引人注目，不吸引参与者的任何注意。如果没有专业的主持人，助理可以选自研究团队。如果这样，其他团队成员或委托人需意识到他们不应和小组坐在同一间屋子里。助理主持人的笔记对于最终的报告是一个重要的数据来源，连同主持人的总结和所有记录以及转录的记录应一并提交。需要这一研究行为的人也可以作为主持人的助理。这确保了他或她能够看到许多有代表性的小组，而不是仅根据第一个小组匆匆地得到早期结论。

小组座谈的另一个变化形式就是使用多位主持人。这对小组可能是有帮助的，因为如果有合作的主持人，就可以从座谈的不同观点讨论以进行各方面的探查。如果第二位主持人能按照性别和其他社会变化的情况，对人们有更好的认同，他们也可能使人们感觉到更自在。像助理主持人一样，合作主持人的一个重要作用是帮助生成报告和即时总结。合作主持人也可能是有技术经验的人（Marlowe，1987）。这些人能够阐明一些观点和技术问题，也可能会产生并意识到未来项目的讨论中形成的意想不到的内容和潜在的重要性。不是所有的焦点小组专家都推荐这种方法。例如，Casey 和 Krueger（1994）认为如果存在两个同等地位的主持人的话，回答者可能会觉得迷惑不解。他们推荐使用助理主持人，他们会照顾新手、制备录像带、准备点心及小道具和其他的细节。

16.6.4 任务汇报：避免选择性地倾听和过早下结论

座谈焦点小组的一个优点在于能获取消费者用自己的语言、语调、姿势和身体语言作出实际评述。观察可能是引人注目的。但是，观察小组的行为也附带重大责任。可能会有选择地倾听，人们经常会记住那些与他们对问题的预先想法一致的评论。小组讨论时，即时性的和个人主观的观察是无可避免的，这些是多于定量调查的书面报告或数字摘要的。一些观察者在他们看到这个报告之前就会形成他们自己的观点，有时没有从后继的小组中获得信息，这可能是矛盾的。为了证实委托人所喜爱的假说，也很有可能断章取义地提炼出曲解了的评论报告。正如 Stewart 和 Shamdasani 所说，“几乎所有的论点都能从没有代表性的意见中断章取义地找到支持点”。感官管理者的工作之一就应该阻止选择性地倾听及断章取义式的报告，防止分析员在把数据转化为信息之前，过早地下结论和向管理者报告。

有几种方式可以避免这一点。如果一个观察者是一个项目、概念或原型的最大支持者，就可以给这个人这样的工作，写下每一个负面的评论或消费者所关心的问题。把写出积极信息的工作交给最大的怀疑论者。如何将任务分配给观察者没有规则，尽管你以后可以选择是否使用这些信息。当然，习惯于被动地倾听焦点小组意见的人（或者还更差，作出评论或甚至与参与者开玩笑）可能不接受这样一个想法，即这个过程需要他们全部的注意力（手机关机）。Marlowe（1987）建议在玻璃后倾听的人必须守纪律、专心、自我控制好、客观，特别是对难以接受的持不积极态度者。在小组座谈刚下结论后就进行任务报告会议，可以促进会议记录的平衡观点（Bystedt 等，2003；Chambers 和 Smith，1991；Marlowe，1987）。针对关键点询问“我听到的你也听到了吗？”也能让评述的人记起他们可能遗忘的内容，因为人们的注意力在观察过程中最终会有偏颇。同组人的任务汇报，对增加结论的可信度非常重要（Janas 等，1996）。

16.7 分析与报告

16.7.1 总则

分析的类型和风格需要由研究的目的推动。项目的目标再一次成为重点关注点。分析必须是系统的、可证实的、连续的以及进行中的（Krueger 和 Casey，2009）。系统的分析意味着根据规定的计划进行，这一计划是有证明文件且被理解的。可证实的意思是对如何得出结论有足够的证据线索和证明文件。其他的研究员将得到相同的或非常相似的结论。

按照顺序分析；其阶段包括做记录、任务报告和写总结记录以及转录评价。由于设计和提问可能随着团队的进展而修改，分析应该是不间断的。这种灵活性是一个优点。Eriksson 和 Kovalainen（2008）讨论了各种各样的内容分析方法，包括各种各样的商业运作应用在其中，使用软件程序进行文本分析。Dransfield 等（2004）给出了一个关于系统的和定量的文本分析的详细案例。

数据由多种形式获得，包括完整的逐字转录，删减的转录，基于记录的分析和基于记忆的分析。完整的逐字记录是最昂贵和最慢的，但是对于研究人员是最简单的。转录能够逐字引用到说明点上。Stewart 和 Shamdasani（1990）建议转录作为分析的第一步。这使分析员能够剪贴（无论人工还是文字处理器）较为自然的小组评论。转录的删减必须由熟悉这个项目和其目标的人完成（他们可能不是一个熟练的转录员）。删掉介绍材料和不相干的或离题的评论。基于记录的分析取决于记录者的能力。如果记录是主要来源，那么同时有用于回顾的声音记录是十分重要的。数据将也由助理主持人的记录，主持人总结记录和任何任务报告记录组成。基于记忆的分析需要的技巧最多。这可能由经验丰富的主持人完成，他们给那些在单面镜子后面观察的人提供现场的总结。

16.7.2 建议方法（“归类/聚类方法”），又称经典转录分析

逐字转录的系统分析可能是一种处理大量的消费者讨论的详细和客观的方法。但是，这个方法费时，而且对于一些市场调查需求来说是有点慢的。在这部分我们描述了一个不需要专业软件的简单且直截了当的方法，但这需要花费大量的时间。这基于小组的相似意见，在新产品设计中有时候将其称为“结合性分析”。转录分析按照如下进行（Krueger 和 Casey，2009）：

（1）设置　获得两份逐字转录，内有一张大桌子的一间大房间（或相似的功能），海报纸（或相似的，至少大约 45cm×60cm），每个上面写 8～10 个关键问题或者主题领域、剪刀和磁带。在每张写有关键问题或来自讨论指南中的主题的大纸上贴好标签。使用文字处理软件在转录文本中按顺序添加行号，可以参考到他们的出处。如果有多个小组具有多个转录文本：对每个转录文本使用不同颜色的纸以便区分。

（2）提取引用　取出一份转录文本，删掉介绍材料。从第一个实质性评论开始。其是否提供了一些信息？如果这样，将它剪切出来，并在合适的关键问题或主题下面录音（或弄成一堆）。舍弃不相干的和与内容无关的文本。如果不确定，请留待后面检查。

（3）组织　继续提取和分类有用的、信息量大的语录。随着分主题出现，通过把每

张大纸分割成含有一个或者两个描述词的矩阵将词汇分类。如果一个引用属于两个区域，应将它复制一遍放到每个区域。注意：不要担心一个子类别只能有一处引用。一个富有洞察力的主意可能非常有价值，即使只有一个人能想到它。

（4）你在完成所有的转录后，回顾这些类和子类别来确保把相似的意见放到了一起。按照需要整理并制作进一步的子类别。一定要早一点回顾和对比提取的语句来确保它们是相关联的，可利用“常量比较”的方法（Eriksson 和 Kovalainen，2008）。

（5）如果可能，让第二个研究人员检查你的工作是否有含糊不清、分歧点或者完全不同的解释与分组。

这个简单的剪辑，粘贴和组织任务形成了基本信息矩阵，你可以从建设主题开始。接下来，进行分析并写总结，并按照如下步骤分析指定的问题和主题。

①在分专题或类别下，写一个对每个问题的响应的描述性的总结。

②如果有小组差异就在组间进行对比（人口统计的、使用者与非使用者、性别等）。

③使用如下标准衡量每个主题的重要性　频率和程度：重要的主题会重复出现。频率是指某事被提及的次数，程度是表达这一观点或评论的人数。不同群体中出现的相似结论比一个人的漫漫而谈更重要。专一性：详细的、明确的以及可行动的评论比概括性的评论更有用。情感：强烈表达的观点可能更加重要。潜在的深刻见解：意料之外的、突破性进展、典范转移、创新的、可行动的。

④使用衡量过的主题建立转录文本总结，组织问题或主题，然后是副主题，并选择能最好地阐明每个总结点的 3 个引用。使用这个转录文本总结作为你写报告的中心。

这里有许多可供选择的分析，这些分析能够在逐字转录中完成。使用文字处理软件是一种可以取代人工剪贴的方法。研究人员必须小心的“连接”提取的语句，以便记录他们来自哪个群体以及这个评论中引起了什么问题或话题。越来越常见的技术是使用专业的软件进行文本和内容分析（Dransfield 等，2004；Eriksson 和 Kovalainen，2008）。许多商业软件对这一目的有效。他们包括编码各种反应类型、类别或子类别，以便能够搜索该文本。这可能需要软件程序技能，还有开发编码的技能。也应使用程序分析声音文件。在这个的简单版本中，研究人员可能在声音录音中标记评论以供后续的分析和整理。

一旦分析了转录文本，在最初引导小组之后，人们必须返回到主持人或者助理写的总结中。

一个好的主持人会在每个小组座谈结束后立即写出关键内容的摘要（Casey 和 Krueger，1994）。这些原始的总结需要和转录文本的总结进行对比，经过结合和修正然后开始撰写报告。每次都应该总结出一点，通常按照讨论指南中出现的问题的先后顺序来进行。换言之，阅读所有关于该单一问题的摘要，接着在这个印象的基础上写出首要的结论。

16.7.3　报告格式

通常，对于工业报告，推荐使用分项风格。这包括一个封面页、目标、总结、关键发现、解释（如果需要的话）和建议。附加方法的细节、小组、位置、日期等，也可能附上讨论指南中。本章的附录中给出了一个工业报告样本。下面有一些指南。

首先，限定你的观点数量。从最重要的发现出发到最不重要的。在每个类别中从一般的观点出发到更加具体的项目（Casey 和 Krueger，1994）。在有需要的情况下，大的意见可以形成执行摘要的基础。有时人们会在不同的环境或者不同的语言中提出争论点，而且这些可能会受到一些常见的主题，如包装、准备的便利、对营养含量的关注和风味的影响等。一个好的分析者要识别首要的问题，围绕它们组织报告。与观点或引用混乱的列表截然相反，这样的组织将会使报告更加易于理解、可执行以及使读者难忘。对每个要点使用逐字引用（限制三个）。这样能提高效率，能够向读者举例说明报告中的消费者对这一产品或概念的实际讨论。在书面报告中通常需要总结讨论后得到的关键点和新的问题。如果报告是口头报告或者电子格式的报告，可以用视频剪辑来说明，这会更加引人注目。

避免“点人数”的诱惑。在报告结果时使用类似于“大部分参与者”“大部分消费者同意”或“少量的意见是……”的词组是很自然的倾向。防止这些无意识的定量评论词语，因为这听起来似乎在向读者投射更大的消费者群体的意见。

具有关联结构的概念图或者形象化的地图是有价值的，能够从个人的不同群体中举例说明不同的结果。例如，可以让某一产品的专家和初学者，或者是烹调专家和消费者，或者是日常使用者和不经常购买者，对产品进行比较。概念作图是一个方法，即将想法（通常是名词）以节点表示（图中画框或圈），它们的关系（动词语句）可以通过与节点相连的有标记的线画出来（Novak 和 Gowin，1984）。关于海产品的质量，在消费者与渔业专家中做比较，是一个采用该方法的极好的例子（Bisogni 等，1986）。专家更加关注技术问题和加工因素的分析，而消费者更注意感官属性。另一个例子是 Grebitus 和 Bruhn（2008）调查消费者对猪肉质量的概念。对各个地图进行定量分析，以提供 15 个关键概念间的关系程度。讨论的复杂性、得出的信息以及基本的概念等之间的关系能迅速地在这种类型图示中清楚地表达出来。图 16.2 给出了一个前面关于食盐和健康的个案研究概念例图。

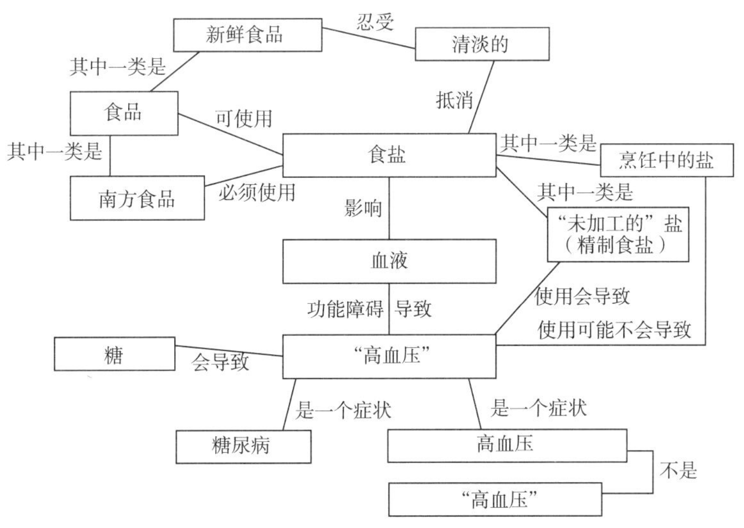

图 16.2 食盐研究中消费者的关键发现总结的概念图（案例分析 2，Smith 等，2006）

关键理念用框（节点）表示，这些框由动词短语连接来表明它们之间的关系。这类图根据焦点小组实践中的一部分个体消费者创建，它被称为“思维导图”（Bysted 等，2003）。

16.8 其他程序和小组座谈的变化形式

16.8.1 儿童小组，电话访谈，基于互联网的小组

Krueger 和 Casey（2009）讨论了焦点小组的一些其他变式。在感官评价和新产品开发中有 3 个领域可能有用：儿童的焦点小组、电话焦点小组和网络建立的“讨论”小组。每一个都需要对传统的小组讨论程序进行灵活修改。像往常一样，确保工具适合于这一项目是关键。后续的描述和指南在 Krueger 和 Casey（2009）中总结。

在有儿童或者青少年的焦点小组中，需要组合更小的群体，大约 6 个孩子是一个好的数目。小组的时间必须更短，通常不能超过 1h。需要让孩子们在舒适的状态下与新认识的人讨论，因此一个能与孩子们沟通的主持人很重要。孩子们必须年龄相仿，小组内年龄差不能超过两岁。避免招募互相了解的亲密的朋友。如果可能，可预筛出愿意大声表达的孩子。食物是一个好主意。小组需要在一个友好的和可能熟悉的环境中组织起来，而且如果可能的话，尽量在没有权威成年人的地点比如学校进行访谈。问题需要适合孩子们年龄，而且要避免回答是否的问题。通常需要花费一个愉快的 15min 进行关于流行话题比如音乐或电视游戏的热身讨论。

电话访谈更多的应考虑到小组内地理的差异性，但是仍有限制条件和特殊要求。因为不涉及旅行，奖励可以小一些或者是非货币的。缺点是没有任何的肢体语言和面部表情的。电话访谈应组织得像一个电话会议，参与者呼入一个预先准备好的服务。参与者需要从一个私人的舒适的空间呼入，在这个空间中他们的通话过程不会受影响可处理多个任务或做其他事情。人们加入通话连接的清晰程度需要仔细评价。小组必须更小（4~5 个参与者），且时长更短（约 1h）。人们需要在评论前说出自己的名字，至少起初要说知道能通过声音清楚地知道是谁在说话。当沉默发生的时候准备好刺激讨论，并且要在对话似乎停滞于上一个话题的时候进行干涉。

互联网提供了能替代传统讨论小组的一些选择。必须有一个安全的、受密码保护的系统。像电话访谈一样，可以有地理差异性但是没有表情或肢体语言的视觉观察。由于响应可能会延迟，不假思索的协同交互作用可能会较少。在小组讨论之前或者进行中，图像、声音、复杂的概念等可以张贴在另一个网站上以供浏览。网络交互作用会避免一些社会优势或阶层的问题，这些问题会在面对面小组中显现。

互联网访谈可以选择建立在一个有特定准入时间的交互聊天室中进行。典型的聊天室可以有 6~8 个参与者并持续 90min。常常提前贴出一系列问题以供思考。用于检验和评论的信息可在小组讨论之前贴在另一个网站上。聊天室倾向于得到更多的即时评论，这些可能不是深思熟虑后的回答。这个形式适合直爽的人，而且这些人可能支配交流的节奏。主持人需要小心地鉴定他们自己的评论、问题和探查，比如，通过使用所有的大写字母。当一个话题快结束的时候需要提醒参与者，以便等着回答的人可以完成这个话题。聊天室的一个明显的优点是它可以给所有的评论提供书面记录。

另一个选择是互联网公告栏。这个功能像时间延长了的聊天室，可以发评论。参与

者必须同意在项目持续期间，每天花费 15~30min 阅读和发送回复，而且在持续期间需要保持消息畅通。延长的时间表可能会因为个人行程变动或紧急事件而造成一些人员的流失。公告栏可以比聊天室引起更多深入反思的评论。参与者会被激励发关于当天的一般话题的评论，并响应其他人的评论。主持人可能总结前一天的发现，为进一步的评论或修正积攒内容。

16.8.2 传统提问的变式

在传统的焦点小组里，能完成许多包含比“讲话”更多“做”的特殊活动。没有限制使用任务或与样品和感官体验有关的消费者互动的规则。Bystedt 等（2003）列举了各种各样的技术作为传统提问和回答的替代选择。这些包括自由联想（当我说 X 的时候你首先想到了什么?），思维导图（绘制你与前面讨论的概念图相似的观点图），根据预先准备好的视觉图像进行产品图像拼贴（这些图片中的哪一个与产品概念相关?）以及各种梯式递进技术和一些其他刺激影像和探查关系的方法。

有时，品尝或使用一种产品可能有助于弄清产品的优点及消费者所关心的内容。为了促进讨论，可以要求参与者带来一个相似的或他们经常使用的某一种类的产品。在已有的想法和原型存在的情况下，可以要求他们写下对于这个产品三个积极方面的和三个消极方面的意见。向他们提供一定的时间，让其思考，如果之后能收集到想要表达的东西，要看一看他们是否说出了想要表达的内容。这样的信息可提供给后继的小组进行评述。Merton 的传统的正面或负面的记录是非常多的，他最初把他的焦点小组讨论集中地记录在收音机节目中的正面或负面的评述上（Stewart 和 Shamdasani，1990）。索引卡片上写下要传递给主持人的评述，允许对公开匿名的意见进行讨论。

与产品的相互作用可包括其他有组织的任务。例如，可以要求参与者把一组项目分类成串或对，并给出他们分类的理由。这可以单独进行，或者作为小组练习。可以向他们提供三件物品（McEwan 和 Thomson，1988），他们描述为什么三件物品中的两件很相似，而另一件不同的理由。作为一种选择，他们会成对给出，并要求描述相似和不同。另一个探究的方法是产品的植入或映像任务，参与者在桌子上放置物品代表它们的相似之处、差异、差异程度和大概的分类关系（Bystedt 等，2003；Light 等，1992；Risvik 等，1994）。人们还可以执行按顺序划分小组的相反任务。要求参与者把产品首先分成两类，来讨论这个分割的理由，接下来如果可能的话，可对前面两类进一步分类（举例参见 Ellmore 和 Heymann，1999 和 Olson，1981）。

探查基本态度和动机中的信息也能从一些特殊的技术中获得利益，也可以从心理分析的投影技术中借用另外的工具（Stewart 和 Shamdasani，1990）。这些被称为弗洛伊德学说感觉中的投影，其中，受访者不需要按照他们自己的感觉来表达他们的回答，而是把自己的感觉说成是属于其他人的。例如，参与者可能会描述所使用产品的住宅或家庭的类型。关于这个产品“编一个故事”是另一种方法（Bystedt 等，2003）。看起来不相关的方面也能提供一些有关产品是如何被感知的信息。这个人开的车是什么类型的？谁会买这辆车？他们喜欢什么样的运动？他们看的电视节目是什么？提问的路线可以包括关于产品潜在使用者完整情节的构建。参与者可能被要求画一个关于该产品可能的使用者的简笔人物画，并标注/描述他们。另一个普通的投影技术是“填充泡泡”。其描写了部分黑暗或含糊不清的图片，例如一个消费者的思考，一个“泡泡”像卡通或连环漫画一样出现在她的上面。这样，参与者就会在图片中体现超出他们自身以外的一些想法。许多关于这些技术的变化形式是可获得的，而且可以继续开发更多的技术形式。

16.9 结论

一些人认为观察的或定性的方法是“软”科学或甚至不是科学的，也就是说，对这种研究形式的一个不成功的和不适当的贬义观点，是系统的和可证实的（参见 Eriksson 和 Kovalainen，2008 关于“扎根理论”的讨论）。在过去的 150 年里，科学研究的支配模型已经成为可控制的实验和逻辑假设测试了。这个“实证主义者”模型能很好地为我们服务，但是它不是收集有用信息的唯一方法。几乎所有的科学是从对一些现象的观察开始的，为了建立一个给后续的实验和理论检验的框架。野生生物学使用观察方法来研究动物行为是其中的一个例子，而且原则上，它不像本章讨论的方法一样（或许除了观察模式和观察者有更多的相互作用）。像往常一样，关键是找到正确的工具来处理该研究或调查项目的目标。

使用焦点小组或一些其他的调查工具的决定，必须基于获取特定研究问题答案的方法的适当性。需要注意的是，在有锤子的人面前，所有的东西都是钉子……焦点小组对于详细的目的和特定的情况是有用的——例如用于探究某个特殊群体对于一个现象的想法和说法，或者用于产生创意和产生特征信息。对于这些目的，焦点小组代表一个严谨的科学探究方法（Stewart 和 Shamdasani，1990，pp. 140）。

对于焦点小组的使用有许多讹传（Krueger 和 Casey，1994）。一个常见的误解就是他们是便宜的。如果三个小组在各自的地理位置下被组织或者三个小组有各自的人口区隔，预算将会立即大幅增加。第二个讹传就是他们能迅速反馈。如果考虑到补充、雇佣测试代理或主持人、组织研究和分析的所有步骤，就要至少花费 6 周才能得到需要的信息。另一个普通观念是需要单面镜子。在有视频传输的情况下这几乎是不必要的，而且不使用它的情况下可能看起来更加自然。放弃单面镜子提高了灵活性，因为各种位置都可以用于这一研究。最后，有一个问题，关于是否需要一个专家引导者（或者相反地，可以管理焦点小组的人）。当然需要一些技巧，特别是好的倾听者。

定性研究方法已经成为感官专家可获得的消费者研究方法中的重要工具，用于探究重要感官属性和有关功能产品特性的问题（包装、使用说明、便利等），是十分有价值的。在产品开发过程中，更多的感官专家要成为跨职能团队的一部分，他们将接触越来越多的以消费者为中心的定性和定量方法的队伍，其中很多被用于概念优化（Moskowitz 等，2006）。对于感官专业人员很重要的是理解这些工具以及他们如何使用，以便使信息得到最好的利用。从某种程度上说，指挥定性研究像是驾船或者乘坐热气球。一些事情在你的控制下，很多其他的事情不受控制，而且每次经历都有惊喜。这在学习经验中是有价值的。

附：报告样本，小组报告

速食方便面项目随访小组

摘要

跟踪速食面条产品的家庭使用检验，指导进行 3 个讨论小组。可能需要提高的方面是验证包装的强度、调料的配方以及设施的使用。产品的便利是吸引消费的主要方面，人们期望低能量产品。

目标

为了在深入的小组座谈中评价消费者对速食面条产品的反应，允许进一步探查在正式的家庭测试和定量问卷中所发现的问题。

方法

[这里会描述或附加合适的方法。]

结果

1. 消费者感知的主要优点是产品的方便性

“我真的喜欢这个产品，你只要把东西放进沸水中，5min 后取出袋子，就能得到一个完全做好的有调料和各种各样的东西构成的菜。你只要把袋子扔掉就很容易地清洁好了。”

“我喜欢制备的速度。当我结束工作回到家，我的孩子们会尖叫着要吃晚饭，好了，你知道，我的丈夫是不会伸出一根指头帮忙的，所以我需要做好这个来防止孩子们闹事。”

2. 问题是调味料的风味，特别是关于盐的水平

“面条好吃而且结实，但是我认为调料，你知道，太咸了。我的丈夫由于高血压需要低盐饮食，而且他的高血压刚刚从顶峰降下来。”

“药草调料太强烈了。对我来说它不是一个可信的意大利菜。我母亲的感觉是非常敏感的。”

3. 包装强度的问题

“我试验了这两种产品，包装都破了。即使这种情况只发生一次，我也永远不会再买这样的产品了。它造成了严重的混乱，除此以外，这是对金钱的浪费。

4. 使用说明不清楚，特别是关于煮熟的程度

“它说煮到硬。但是，你知道，当它在袋中和沸水中时，我怎么才能知道它是硬的?”

5. 产品营养的导向意见中有一些兴趣

“我喜欢这个风味，但是当我阅读营养信息时，我对产品的脂肪和盐的水平表示震惊。我的意思是，如果今天我们有低盐的啤酒和其他低盐的东西，我们需要对这些产品设立一个上限，这对你也是有好处的。”

结论

[合适的结论应该出现在这里。]

建议

[合适的建议应该出现在这里。]

[在一些公司中，这部分内容会出现在报告的顶部。]

[摘要可能会被“执行摘要”替代。]

免责声明

“定性研究为阐明存在的理论、创造性的假说提供了丰富的信息，并为进一步研究提供了指导。这项研究是建立在有限的、非随机参与者的基础上的。这样的定性研究不是有计划的。不需要从这些结果中得出统计推断。没有定量证实时，任何结论都应该作为试验性的总结。”

参考文献

Ares, G., Gimenez, A. and Gambaro, A. 2008. Understanding consumers' perception of conventional and functional yogurts using word association and hard laddering. Food Quality and Preference, 19, 636-643.

Bisogni, C. A., Ryan, G. J. and Regenstein, J.M. 1986. What is fish quality? Can we incorporate consumer perceptions? In: D. E. Kramer and J. Liston (eds.), Seafood Quality Determination. Elsevier Applied Science, Amsterdam, pp. 547-563.

Bogue, J., Sorenson, D. and O'Keeffe, M. 2009. Cross-category innovativeness as a source of new product ideas: Consumers' perceptions of overthe-counter pharmacological beverages. Food Quality and Preference, 20, 363-371.

Bystedt, J., Lynn, S. and Potts, D. 2003. Moderating to the MAX. Paramount Market, Ithaca, NY.

Casey, M. A. and Krueger, R. A. 1994. Focus group interviewing. In: H. J. H. MacFie and D. M. H. Thomson (eds.), Measurement of Food Preferences. Blackie Academic and Professional, London, pp. 77-96.

Chambers, E., IV and Smith, E. A. 1991. The uses of qualitative research in product research and development. In: H. T. Lawless and B. P. Klein (eds.), Sensory Science Theory and Applications in Foods. Marcel Dekker, New York, pp. 395-412.

Cooper, P. 2007. In search of excellence. The evolution and future of qualitative research. ESOMAR World Research Paper.

Dransfield, E., Morrot, G., Martin, J.-F. and Ngapo, T. M. 2004. The application of a text clustering statistical analysis to aid the interpretation of focus group interviews. Food Quality and Preference, 15, 477-488.

Ellmore, J. R. and Heymann, H. 1999. Perceptual maps of photographs of carbonated beverages created by traditional and free-choice profiling. Food Quality and Preference, 10, 219-227.

Ellmore, J. R., Heymann, H., Johnson, J., and Hewett, J. E. 1999. Preference mapping: Relating acceptance of "creaminess" to a descriptive sensory map of a semi-solid. Food Quality and Preference, 10, 465-475.

Eriksson, P. and Kovalainen, A. 2008. Qualitative Methods in Business Research. Sage, London.

Falk, L. W., Bisogni, C. A. and Sobal, J. 1996. Food choice of older adults: A qualitative investigation. Journal of Nutrition Education, 28, 257-265.

Furst, T., Connors, M., Bisogni, C. A., Sobal, J. and Falk, L. W. 1996. Food choice: A conceptual model of the process. Appetite, 36, 247-266.

Galvez, F. C. F. and Resurreccion, A. N. A. 1992. Reliability of the focus group technique in determining the quality characteristics of mungbean [Vigna Radiata (L.) Wilzec] noodles. Journal of Sensory Studies 7, 315-326.

Goldman, A. E. and McDonald, S. S. 1987. The Group Depth Interview, Principles and Practice. Prentice-Hall, New York.

Grebitus, C. and Bruhn, M. 2008. Analyzing semantic networks of pork quality by means of concept mapping. Food Quality and Preference, 19, 86-96.

Hashim, I. B., Resurreccion, A. V. A. and McWatters, K. H. 1996. Consumer attitudes toward irradiated poultry. Food Technology 50(3), 77-80.

Janas, B. G., Bisogni, C. A. and Sobal, J. 1996. Cardiac patients' mental representations of diet. Journal of Nutrition Education, 28, 223-229.

Kennedy, F. 1976. The focused group interview and moderator bias. Marketing Review, 31, 19-21.

Krippendorf, K. 1980. Content Analysis: An Introduction to Its Methodology. Sage, Beverly Hills.

Krueger, R. A. 1994. Focus Groups: A Practical Guide for Applied Research, Second Edition. Sage, Newbury Park, CA.

Krueger, R. A. and Casey, M. A. 2009. Focus Groups, Fourth Edition. Sage, Thousand Oaks, CA.

Krystallis, A., Maglaras, G. and Mamalis, S. 2008. Motivations and cognitive structures of consumers in their purchasing of functional foods. Food Quality and Preference, 19, 525-538.

Light, A., Heymann, H. and Holt. D. 1992. Hedonic responses to dairy products: Effects of fat levels, label information and risk perception. Food Technology 46 (7), 54-57.

Marlowe, P. 1987. Qualitative research as a tool for product development. Food Technology, 41(11), 74, 76, 78.

McEwan, J. A. and Thomson, D. M. H. 1988. An investigation of factors influencing consumer acceptance of chocolate confectionary using the repertory grid method. In: D. M. H. Thomson (ed.), Food Acceptability. Elsevier Applied Science, London, pp. 347-361.

Moskowitz, H. R., Beckley, J. H. and Resurreccion, A. V. 2006. Sensory and Consumer Research in Food Product Design and Development. Blackwell, Ames, IO (IFT).

Novak, J. D. and Gowin, D. B. 1984. Learning How to Learn. University Press, Cambridge.

Olson, J. C. 1981. The importance of cognitive processes and existing knowledge structures for understanding food accep-tance. In: J. Solms and R. L. Hall (eds.), Criteria of Food Acceptance. Foster, Zurich, pp. 69-81.

Raz, C., Piper, D., Haller, R., Nicod, H., Dusart, N. and Giboreau, A. 2008. From sensory marketing to sensory design: How to drive formulation using consumers' input. Food Quality and Preference, 19, 719-726.

Resurreccion, A. V. 1998. Consumer Sensory Testing for Product Development. Aspen, Gaithersburg, MD.

Reynolds, F. D. and Johnson, D. K. 1978. Validity of focus group findings. Journal of Advertising Research, 18 (3), 21-24.

Risvik, E., McEwan, J. A., Colwill, J. S., Rogers, R. and Lyon, D. H. 1994. Projective mapping: A tool for sensory analysis and consumer research. Food Quality and Preference 5, 263-269.

Schutz, H. G. and Judge, D. S. 1984. Consumer perceptions of food quality. In: J. V. McLoughlin and B. M. McKenna (eds.), Research in Food Science and Nutrition, Vol. 4. Food Science and Human Welfare. Boole, Dublin, pp. 229-242.

Smith, S. L., Quandt, S. A., Arcury, T. A., Wetmore, L. K., Bell, R. A. and Vitolins, M. Z. 2006. Aging and eating in the rural, southern United States: Beliefs about salt and its effect on health. Social Science and Medicine, 62, 189-198.

Stewart, D. W. and Shamdasani, P. N. 1990. Focus Groups: Theory and Practice. Applied Social Research Methods, Series Vol. 20. Sage, Newbury Park, CA.

Stone, H. and Sidel, J. L. 1993. Sensory Evaluation Practices. Academic, New York.

von Hippel, E. 1986. Lead users: A source of novel product concepts. Management Science 32, 791-805.

Wells, W. D. 1974. Group interviewing. In: R. Ferber (ed.), Handbook of Marketing Research. McGraw-Hill, New York.

17 质量控制和保质期（稳定性）检验

感官部门日常的两项重要职能包括了质量控制检验和产品稳定性或保质期检验。这些职能活动涉及了3种主要的感官评价方法及其修订方法。然而，不同类型的分析方法和特定的数据模型成为这些检验方法中的独特的限制。本章对感官质量控制的不同程序进行了讨论，提出了推荐的程序，并概述了建立和维持感官质量控制（QC）职责的一些纲领性要求。本章第二部分介绍了保质期检验及其中的特别注意事项和一些稳定性检验的数据模型。

消费者研究人员充分意识到产品质量的重要性。食品行业持续面临着保证质量和盈利的需求。然而，质量却是一个很难描述的概念，并且一定要得以运作和测定，以便维持。

——H. R. Moskowitz（1995）

17.1 引言：目标和挑战

产品质量以各种不同的形式被定义（Lawless，1995）。尽管产品质量的评价传统上会运用专家评价员、商品分级专家或政府检查员（Bodyfelt 等，1988；York，1995），但大多数感官研究人员关注于消费者的满意度，并把其作为产品质量的衡量标准（Cardello，1995；Moskowitz，1995）。传统方式的产品质量评价依赖于应用感官来检验产品的已知缺陷或预期问题。感官评价的方式非常适用于标准商品，运用这种方式，最低的产品质量标准得以保证，但是却很少适用于更高的质量标准。另一个重要的传统是对符合规范的强调（Muñoz 等，1992），这对于属性和性能可以通过仪器或客观方法测定的耐用品的制造是非常有用的。产品质量的另一个广泛流行的定义是产品的适用性（Lawless，1995）。这个概念指出产品质量不是凭空存在的，而只存在于消费者可以参比的环境或框架中。在感官和性能的检验中，一个产品的可靠性或一致性被认为是产品质量的重要特性。总的来说，消费者的期望源于经验，并且维持这种经验的稳定对建立消费者信任有重要作用。

在提供用于质量控制（QC）的感官信息时，感官评价程序存在许多的挑战和难题。感官评价在生产过程中存在着一些困难。在线的感官质量检验往往是在严格的时间限制之下进行的，例如，当产品冷却时和在灌装或者包装之前。不管是在午夜还是其他时间，优秀的评价员需要出现在生产一线做出必要的决定。在生产过程中，时间是非常宝贵的，并且由于时间和资源的限制，一个详细的描述性评价和统计分析也许是不可能做到的。所以，这就需要一个灵活的综合性系统，以适用于原料、终产品、包装材料和保质期检验（Reece，1979）。这种约束和要求常在感官评价中做出妥协。

任何感官质量控制系统的基本要求是在感官评价的基础上对产品标准或忍耐限度进行定义。这需要校准研究。如果感官控制程序是全新的，那么在质量控制人员培训和上岗之前需要提前做一些研究。有时，对标准产品和忍耐限度的界定要比质控部分的运行成本更高，尤其是在由消费者对可接受误差进行定义的时候。为标准质量的产品维持参考标准可能也会存在困难。即使在最佳的储存条件下，食品和消费品可能保质期也很短，这就需要对标准进行不断更新。随着时间的推移，很难防止产品自身发生变化。这时就需要参考多个方面，包括产品的最佳储藏和新鲜产品的衡量标准等（Wolfe，1979）。某些产品发生的变化如火腿中蛋白质的水解或者干酪的成熟，仅随着时间而发生的变化，这是一个理想的特性（Dethmers，1979）。此外，评价小组的参考标准可能会慢慢变化或季节性地变化。这使得难以确保标准产品的感官规格实际上与最后的标准一致。

与传统质量控制不同，感官评价的不同方式也会影响产品接受度。大多数感官评价只是用来检验部分或有限数量的产品。对同一批次的同质产品来说，有时甚至认为这些产品是相同的，如混合好的灌装饮料。而主要的变量来自感官评价中使用的仪器和感官评价员的不同。统计检验旨在用来计算因感官评价员的不同而引起的变量存在的背景下的平均得分。而在通常的质量控制操作中，产品的许多样品只能在仪器上进行一次或几次测量，这与统计检验有很大不同。在质量控制图中通过传统质量控制检验的变量是产品之间的变量，而非仪器引起的变量。感官质量控制必须处理这两种来源的变量。在仪器测定中，可以对数百种产品进行抽样，并对每种产品进行一次测量。在感官质量控制中，每个产品可能只有一个样本，但是整个感官评价小组之间会有多个测量。

17.2　传统质量控制速览

传统的质量控制包括了三个主要的要求：规范的确定，忍耐限度的确定和适合于正在生产的产品或正在监控的系统的抽样方案。通过规范的确定，我们能够得到理想均一化的产品。而要确定忍耐限度，就必须权衡第一类错误（拒绝世界可接受的产品并因此造成不必要的损失）和第二类错误（使不合格产品流向市场从而对消费者造成不良影响）的危害。这是一个管理层的决定，会影响设定的忍耐限度的本质。这些忍耐限度是变量水平和/或被认为是可接受的（符合规范）与不可接受的（不符合规范）的范围。

历史上，这种分析产生于统计质量控制出现之时。20 世纪初 Shewhart W. A. 在贝尔实验室工作时发现，一些信号传输部件的功能是可变的，并且由于这些部件经常被包埋着，所以将它们取出和修复是一个难题。在系统中，故障或严重问题需要与正常的预期的变化区分开来。为了解决这个问题，Shewhart 提出了可归结原因变量与偶然原因变量的观点。这个观点认为，一些变量是可以预料的，当观察结果在正常范围之外时，很可能表明其他的一些原因在起作用，这个程序需要被替换、修复或以其他方式处理。因此，这种方法是统计学的，并涉及许多图表或图片，描述了这种变量以及可归结原因可能存在的范围。Shewhart 的这种统计质量控制的观点之后被 W. E. Deming 用于支持战争时期的努力，之后被用在日本工业的重建实践之中。

在统计质量控制中有几种常见的图表类型，感官评价专家对此非常熟悉，因为它们是传统质量控制部门常使用的。常见的有三种类型的控制图表：X 条形图、R 控制图、I 控制图。在警示水平和干预水平上，这些图表在使用上存在各种规则。警示水平通常意味着该程序需要调查，但不需要更改。如果超出了干预水平，那么有充分的证据表明这是一种失控情况或不可忽视的原因，此程序必须被改变。

X 形图绘制的是一段时间内不同检验批次的平均数。这通常需要抽取三到五个产品进行评价（Muñoz 等，1992）。上限和下限置信区间（UCL 和 LCL）通常设定为±3 个标准误差（有时称为 3-σ），如图 17.1 所示。失控状态能够通过许多标准来判断，例如通过观察是否有哪些点超过 3-σ 上限或下限置信区间判断，或者通过一些点的趋势判断，如连

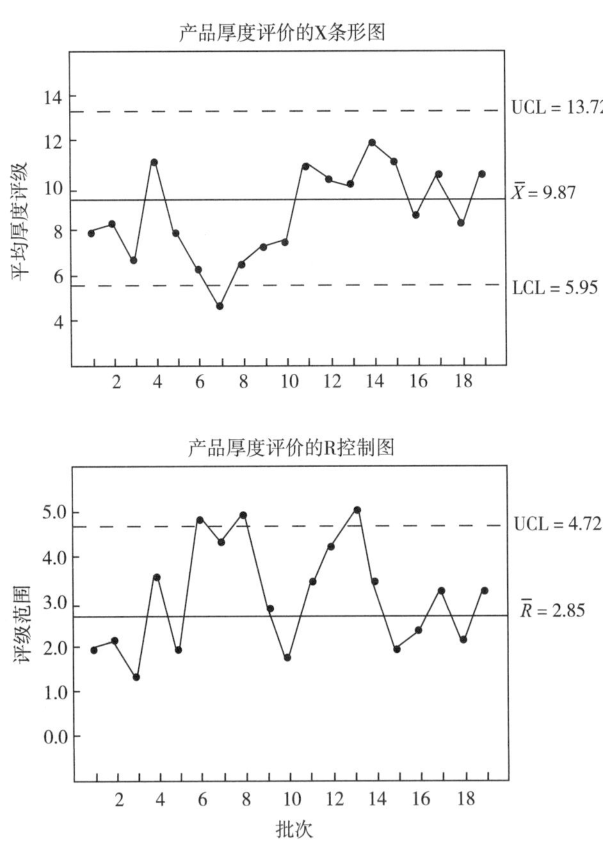

图 17.1 产品稠度分级中的用到的 X 条形图和 R 控制图

X 形图显示了以往的产品平均值以及控制线范围（往往为平均值上下 3 个标准偏差）；X 形图显示其中一个批次平均值低于最低控制线，数个批次超过评级范围。这位质量控制人员提供了产品质量信息。第 13 批次的产品同样也高于评级范围，表明生产过程中出现了不正常的现象。第 5～10 批次的产品评级出现在平均值的同一侧，这是一种警示。

续的九个点都在平均值的同一侧或连续的六个点在一排表现出增加或减小的趋势（Nelson，1984）。R 控制图表达的是任何批次的产品的观测值的范围。在 X 形图中，2-σ（95%置信水平）被设定为警示水平的上限和下限，3-σ（99%置信水平）被设定为干预水平的上限和下限。有时 X 形图和 R 值图可以结合起来，给出更全面的图片。如果每批仅评价一个样本，则不能使用平均值和范围，只能使用观测值本身。这时可以使用 I 图（Muñoz 等，1992）。如同 X 和 R 图一样，可以设置平均值和置信度限制，以及警示水平和干预水平。

17.3 感官质量控制方法

17.3.1 剪辑：一个不好的例子

Muñoz 等（1992 年）给出了一些应用感官质量控制程序的好和不好的例子。以下是一个区分产品合格/不合格过程的坏例子。

感官评价小组成员包括了很少几个（4 或 5 人）来自管理层的公司职员。评价小组在没有参考标准和规范的情况下，每次对大量的产品样本（20 或 40 个）进行评价。评价小组对每个产品进行了评价，决定其是否为合格/不合格产品。在这个评价过程中，没有明确的产品评价规范或指导方针，也没有进行人员培训或产品定位。因此，每个小组成员都是根据自己的个人经验和对产品的熟悉程度，或者根据其他人，如小组内排名最高级别的人员的意见而做出决定。

这个例子强调了评价产品合格或不合格过程的一些隐患。类似于常见的日常检查，往往是通过召集技术人员和管理人员组成的一个不完整的临时感官评价小组对产品进行评价。这时并没有感官评价专家的指导，某些做法就会是错误的，如通过公开讨论给产品做最终打分，以达成共识。

17.3.2 选择-淘汰（合格/不合格）的评判系统

Muñoz 等（1992）对感官质量评价的四种方法进行了讨论，并在他们的《质量控制中的感官评价》一书中做了详细介绍。其中一个方法是选择/淘汰（in/out）程序或者通过/不通过（pass-fail）评判程序。这种方法的思想是将正常的产品和认为是不同于正常或不符合规格的产品区分开。这是工厂里非常流行的程序，并被用于一些双向决策的情境，如加拿大的类检验（York，1995）。

评判小组应当接受培训，以掌握符合和不符合规格的产品的特征（Nakayama 和 Wessman，1979）。这样能够增强评价小组成员打分标准的统一性。和任何“是/否（yes/no）”程序一样，偏差和标准的设置可能与实际感官体验一样有影响力（详见 5.8）。在评判感官差异程度上，感官评价小组成员之间可能或多或少有些保守，以至于把符合规范的产品认定为不符合规范。

在质量控制上，标准的设定非常重要，因为通过把不符合规范的产品冲抵符合规范的产品来维持生产力是极具风险的。显然，在估计错误率（假阳性）上，未知对照样本的选择是必须的，并且有意引入缺陷样本可以用于估计假阴性率（失误率）。Muñoz 等指出，制定样本处理、评价和独立判断的标准规范是必须的，而不是通过讨论达成共识。York（1995 年）曾描述了政府鱼类检验员如何参与标准制定的培训。培训包括界定有益健康、污染和腐败变质的感官特征，以及如何对不同程度的这些特征做出接受或拒绝的双向决策。

“选择/淘汰”的评判程序的主要优点是其突出的简单性并能够作为决策工具。它特别适用于简单的产品或具有某些可变属性的产品。其缺点就是前文提到的标准设置问题。此外，这种方法不提供拒绝或淘汰的评判原因，因此并不指明解决问题的方向。同样地，将这些数据与其他的测定结果联系起来可能也很困难，如食品质量中有关微生物或仪器的分析。这些数据必定是仅包括了判断不符合规范的产品的评价小组人员的频率计数。所以，这最终可能使得评价小组人员很难科学地做出决策或者很难分析和寻找出具体的问题和缺陷，同时很难提供有关产品质量的整体全面的判断。

17.3.3 与参比评分的差异

感官质量控制的第二个主要方法是使用评分来评价产品与标准产品或对照产品的整体差异程度。如果能够与一个恒定的“黄金标准”参比产品进行比较，这个方法是很有效果的（Muñoz 等，1992）。它也非常适用于只存在单一的或者仅只有某些感官特性变化的产品。这个方法运用的是单一的模型，正如 Aust 等（1985）在论文中描述的一样，如下所示：

与标准产品显著不同（0 分）　　　　　　　　　　与标准产品完全相同（10 分）

如上，产品的等级评分可以从零（最右边的点）到十（最左边的点）。为了快速分析，可以使用简单的 10 点分类标度。在分类标度中，也会存在有时以口头进行描述的附加点。

用一系列参比进行培训，以及确定能够用于复制对照样本的条件是至关重要的。必须采用能够代表标度上不同描述点的参比样本对评价小组成员进行培训。这些样本可以参比消费者的观点或者由管理人员来选择（Muñoz 等，1992）。最好是在产品开发的早期阶段，有一些消费者参与的评价标准的校正。在 Muñoz 等的一项具体的实例中，他们对片状早餐麦片样品与对照组之间的某几个独特属性的差异进行了评价。这个更详细的过程能够提供造成产品差异的更多属性的信息。如果只使用一个单一的标度，感官评价小组可能会在决定产品整体差异程度的时候对产品的同一属性的评价不同。具体的产品特征或多或少会受到一个特定的评价小组成员的影响。

管理人员应当选择某种程度的差异作为区分产品的切入点。标度能够提供一系列可接受的差异，在这一点上它是有用的。在某种程度上，产品的常规使用者会注意到并排斥差异，这应该成为产品评价的基准。如果可能的话，不应该让评价小组成员知道标度中的决策点在哪里。如果他们知道管理人员在哪里设置分界点，他们可能会变得过于谨慎，往往会给出可能接近但不超过分界点的分数（Rutenbeck，1985）。

同样地，在通过/不通过评判程序中，引入盲标对照样是很重要的。在每个检验过程中，盲标的参比样应该被分配到检验样品中，并与有标的参比样自身进行对比。这可以帮助建立变量的基线，因为两个样本很少会有相同的评分。另外，通过这种方式还能提供一个误判率或对安慰剂效应的估计（Muñoz 等，1992）。在 Aust 等（1985）的原始研究论文中，一个附加的参比样来自于不同批次的同一类产品。因此，检验产品的变量可以根据响应偏差或盲标的参比样与有标参比样之间的评分差异，以及批次之间的差异来测定。这种方法也能够用于比较不同制造商的产品。Aust 等提出了一个用于这种方法的方差分析模型。如果在对照比较中，仅是盲标参比样与有标参比样自身进行对比，那么配对或依赖性 t 检验就能够区别比较产品的平均分数，并比较有标参比样与盲标参比样的平均分。这样的前提是要有足够的样品检验以保证其统计意义。在评价小组人数比较少时，需要制定更多的评价标准，例如要求 5 人评价的小组仅有 3 人低于标准要求。再者，在制定评价标准时要考虑到误判水平。与有标参比样比较，当盲标参比样的评分相对于检验样品得分低时，才能够淘汰这个批次的产品。

和“选择/淘汰”程序一样，如果只使用单一的评分标准，这种评分方法的主要缺点是其不一定能够提供关于差异原因的任何信息。当然，这种方法可以给出造成差异的开放性原因，也可以为常见问题属性或显示常见差异的属性提供额外的问题、标度或检查表。

17.3.4 带有诊断的质量评分

类似于第二种方法中使用整体差异的思想，产品感官质量控制的第三种方法是用质量评分。这使得感官评级小组成员的评价程序更为复杂，因为这不仅与产品差异有关，而且也与小组成员在评价中如何权衡差异有关。这个综合质量评分的概念是食品商品评价传统的一部分（详见 17.6）。

为了使用质量评价系统，经过培训的感官评价小组或评价专家需要具备三个主要的能力。评价专家需要对理想产品的感官特征有一个稳定的标准印象。其次，评价员必须能够预测和识别由于成分不佳、操作或生产不当、微生物问题、储藏不当等原因而出现的常见产品缺陷。再者，评价员需要知道不同程度的每种缺陷的分量或影响，以及它们如何降低产品整体质量。评价过程中通常采用扣分的方式。例如，在海产品质量评价中，由老化和不正确处理引起的品质退化，表现为风味的一系列变化并带有感感官腐败属性。感官特征的这些变化可以转变在海产品质量标度上（Regenstein，1983）。

质量评分的共同特征包括：质量标度直接代表产品的质量判断，而不仅是感官差异，并且可以使用从差到优这样的词汇来描述。这些词语本身可以是一个激励因素，因为它给评价小组成员们一个直接参与决策的印象。当管理层或行业对什么是好的达成共识时，质量分级效果最佳。除了整体质量之外，在某些情况下，还可以评价具体的产品特征，如质构、风味和外观质量等。例如在葡萄酒的评价中，将单个感官特征的质量得分加起来可以得到整体得分（Amerine 和 Roessler，1981）。然而，质量评分的方法总是被滥用，用少数未经严格培训的评价员以他们自己的个人标准来评价大量的产品，而用集体讨论的方法来做出决策。Muñoz 等列举了一个很好的例子：

在这个例子中，感官评价小组由8~12人组成，这些人都经受了一定的培训以评价特定产品的质量。这些感官评价小组成员学习了公司的质量标准，这个质量标准建立在消费者信息和公司管理人员要求的基础上。通过给感官评价小组呈送各种质量水平的产品，可以使他们更加形象地了解这一质量标准。感官专业人员应用合理的方法和大量的检验控制来设定评价程序。在常规质量评价中，小组成员运用评分标准（从非常差到优）来评价产品的整体质量以及某个指定指标的质量。评价结果被处理为等间距数据，并使用评价小组数据来总结评价的结果。结果提供给管理人员，由管理者决定生产批次的处置情况。

虽然这种这个方法有明显的时间和成本优势，但也有缺点。感官评价员获得识别所有的产品缺陷并将其整合到质量评分中的能力可能需要漫长的培训过程。在评价过程中，个人主观的好恶可能会影响到评价员的判断。用于描述技术缺陷的特定词汇可能对于非技术型的管理者来说比较晦涩难懂。而且，对于人数较少的评价小组，统计差别检验很难应用于这些数据，因此这里主要是用于定性。

17.3.5 描述性分析

如第10章所述，感官质量控制的第四种方法是描述性分析。目标是由经过培训的评价小组对产品的每个感官特征进行评分。关注点是对单个感官特征的感知强度，而非质量和整体差异。单个感官特性的强度评分需要有分析思维，并且努力将感官体验分解为感官组分。Muñoz等将这种方法称为“综合描述方法”，但是这种方法确实允许将记分卡限制在一少部分感官特征上。对于质量控制目的，可能需要注意一些重要的感官特征。

和其他方法一样，这种方法必须进行校正。描述性分析的细则必须通过消费者检验和/或管理者决策而制定。这包括了一系列关键感官特征的强度得分。表17.1所示为马铃薯片样品的描述性评价和由消费者和/或管理层制定的感官细则（Muñoz等，1992）。这个样品的颜色均匀度低于可接受规范限值，并且其纸板味过高，这是脂质氧化问题的一个特征。

表17.1　马铃薯片样品的描述性评价 FromMuñoz等（1992）

	小组平均打分	可接受得分范围
外观		
色度	4.7	3.5~6.0
颜色均匀	4.8	6.0~12.0
粒度均匀	4.1	4.0~8.5
风味		
油炸马铃薯	3.6	3.0~5.0
纸板味	5.0	0.0~1.5
颜料味	0.0	0.0~1.0
咸味	12.3	8.0~12.5

续表

	小组平均打分	可接受得分范围
质构		
硬度	7.5	6.0~9.5
脆感	13.1	10.0~15.0
稠度	7.4	7.4~10.0

描述性分析需要大量的评价小组培训。小组成员应该知道参比标准以了解关键的感官特征。之后，他们还应该知道强度标准来确定强度等级的定量评级。然而，不必向评价小组展示标有例如“符合规格”或“不符合规格”的产品，因为这个决定应该是基于产品的整体情况，并由感官评价小组负责人或质量控制管理人员做出的决定。有缺陷的样本可以用于感官评价小组人员的培训，但是产品的实际分界点最好应由管理人员私下决定（Muñoz 等，1992）。这将避免小组成员倾向于给出在可接受范围内的分数。

优点。描述性分析细则的详细性和定量属性可以使其很好地与其他方法如仪器分析相关联。第二个好处是，一旦他们采纳了分析性思维，小组成员就不会承担沉重的认知任务。他们不需要将各种感官体验整合到一个总分中，而只需要报告他们对关键属性的强烈的感受。而且，因为特定的感官特征被评分，所以比较容易推断缺陷和纠正措施的原因。与产品整体质量得分相比，这些可能与产品组成成分和过程因素更加密切相关。

局限。由于这种方法依赖于良好的强度等级划分，与其他方法相比，这种方法在评价小组人员培训时更加费力。由于需要进行数据处理和统计分析，并且需要有足够数量的经过培训评价员，因此这种方法更合适终产品的质量评价。对正在生产的产品，进行描述性评价可能是困难的，特别是在生产结束前晚班交换时。培训方案的建立是困难和耗时的，因为在评价中必须找到每个感官属性的强度范围的参比。这可能会需要大量的技术人员制备样品。另一个问题是一些感官特征没有包括在记分卡和/或培训样品集之内。因此，该方法适用于潜在问题已知的情况，并且可以生产和产品原料可以被复制以组成培训样品集。

17.3.6 方法借鉴：带有诊断的质量评分

在 1992 年的食品技术学会会议上，Gillette 和 Beckley 在产品质量评价和全面描述性方法之间提出了一个合理的方案（Beckley 和 Kroll，1996）。这个程序的核心是整体质量标度。这个质量标度包括了一系列单一感官特征的评判标准。这些感官特征是生产中熟知会发生变化的关键的感官成分。为了涵盖关键感官特征的描述信息，Muñoz 等（1992）提出了对整体质量评价方法的接近修改方法。在 Gillette 和 Beckley 的方法中，主要评价标度采用如下形式：

<table>
<tr><td>1</td><td>2</td><td>3</td><td>4</td><td>5</td><td>6</td><td>7</td><td>8</td><td>9</td><td>10</td></tr>
<tr><td colspan="2">不符合要求</td><td colspan="3">不可接受</td><td colspan="3">可接受</td><td colspan="2">符合要求</td></tr>
</table>

在这个标度中，具有明显缺陷并需要直接处理的产品得分为 1 或 2。不能直接出厂但是可以在重新加工或调配之后出厂的得分范围在 3~5。如果是生产过程中进行在线评价，这些批次的产品不会被零售包装，但是可以进行重新加工或调配。如果样本与参比样有所不同但在可接受的范围内，则分数为 6~8，而与参比样接近或相同的样本分别获得 9 或 10 分。Muñoz 等（1992）表示，这里使用“可接受”和“不可接受”这两个术语是不太恰当的，因为它给了评价小组成员一个印象，即产品通过或不通过的评价标准由他们决定，并使他们觉得他们要对产品分级负责。这就产生了一种使用标度上中间到较高部分的倾向，以避免将产品分级定为不可接受（Rutenbeck，1985）。

这个方法的优势是明显的简便性，体现在利用整体评价结合感官特征标度，可以提供拒绝产品的原因。这个方法还指出，有些情况下产品不能完全符合黄金标准，但仍可接受并出厂。与其他程序一样，不合格产品的边界和黄金标准的确定必须在培训之前进行，最好在开展消费者研究之前进行，但至少需要管理人员的意见。这些被定义的参比样必须展示给评价小组以建立概念界限。换句话说，必须向评价小组成员展示其忍耐范围（Nakayama 和 Wessman，1979）。

17.3.7　多重标准差别检验

Amerine 等（1975）指出一个简单的差别检验的变量可能包含非均匀性或变量标准。这被称之为多重标准差别检验。虽然有关检验过程的文献不足，多重标准差别检验仍然被广泛使用。其理念是提供一个强迫选择检验，在检验过程中，参与者从几个备选产品中挑选出与其他产品最不同的那一个产品。最简单的多重标准差别检验版本拥有一个检验产品和 K 个参比样。所选择的标准代表生产变化内的可接受范围，而非提供一个单一的黄金标准。选择的标准能代表接受度变化的范围是此方法成功的关键。历史上，该方法类似于托格森的“三元组方法”，其中三点检验为此方法的一种特殊情况（Ennis 等，1988）。Pecore 等（2006）和 Young 等（2008）采用了相似的方法，其不同之处在于差异评分的总体程度（见下文）。可接受的参比样集的选择是关键。如果所选择产品不能合理包含允许的浮动范围，那么对坏样本的检验就会变得太敏感（若范围太小）或者不敏感（若范围太大）。

假如感官评价员很多（$N=25$ 或更多），随着辨别过程的进行，近似二项式分布的 Z 值可用于假设检验。近似值为：

$$Z = \frac{(P - 1/k) - (1/2N)}{\sqrt{(1/k)(1 - 1/k)/N}} \tag{17.1}$$

式中　k——备选样品的总数（检验产品加多元标准）；

P——选择检验产品为异常值（区别最大的样本）的比例；

N——评价员的数量。

该式与三角检验和其他强迫选择过程的公式一样，除了 k 值可能为 4 或更大。k 值取决于参比样的数量。

虽然该方法看上去简单，在实际应用过程中却存在着一些考量和潜在危险。首先，在许多质量控制情况中，拥有足够数量的评价员，充分运用显著性统计检验的差别检验也许是不可行的。其次，无法拒绝零假设（无法获得显著性结果）并不一定意味着感官上的相同。从统计的角度来看，很难获得“无差异”的结果，除非检验效力很强。只有在根据适当的替代假设估计 β 风险后，才能获得等效决策的统计置信度（详见附录 E 测试电源）。其中一种方法是利用第五章介绍的显著相似性分析。这必定会需要许多评价员参与（N=80 左右）。最后，总体差别检验如三角检验的过程拥有较高的固有变异性，因此通过运用多重标准引入更多的变量很难得到显著性的差异并淘汰产品，因而造成高的 β-风险，可能会遗漏真实的差异。

Pecore 等（2006）和 Young 等（2008）利用差异程度评分，而非选择实验描述了一种与多重标准选择检验类似的方法。该方法是 Aust 等（1985）提出的差异程度检验的一部分。在这种方法中，一个检验批次分别与两个参比检验批次相比较。这两个参比检验批次互相比较。基于这三部分数据可以进行如下对比：检验组-对照组的平均值差异与对照-对照组的平均值差异的比较；检验组-对照组的平均值与同一个基线值的比较，从而能够在比较中考虑对照组内的变量。如果发现检验批次不同（从而能够进行检验），这种对照组内的变量肯定严重超标。当然，此类检验需要足够的评价小组人员规模，以获得有意义的统计检验。随后，Young 等（2008）对模型和检验流程进行扩展，纳入两个检验批次和两个对照批次，并且运用一个不完全区组设计将每个评价员的 6 组对比限制在 3 组对比。在这种情况下，关键的比较是 4 个检验组-对照均值与对照-对照组均值和检验批次之间均值的比较。因此，基线成为对照批次内和检验批次内的平均差异。

17.4 推荐检验过程：关键感官特性标度的不同评分法

该方法与 Gillette 和 Beckley 的混合检验过程相似，除了用总体差异标度代替质量标度。这可以避免专题讨论小组成员对一些词汇，如“拒绝”作出反应。因此，该方法与 17.3.6 中的方法类似。一些差异的分类标度或直线标度可以被使用如下：

1	2	3	4	5	6	7	8	9	10
完全不同		非常不同			有些不同			相匹配	

评价表还应该包含关键感官特性的诊断信息。这些关键特性在生产中会变化，并且有可能遭到消费者的拒绝。对于过强或过弱的感官特性，适合采用正好（just-right）标度。有些缺陷在高水平上可能会影响检验结果，而且强度标度对这些感官特性都是有用的。其他因素也许可以保证任何水平上的产品拒收率，并且可以提供一份更严重错误的清单。图 17.2 为苹果汁的评价结果。

在这里，关键在于根据感觉灵敏度筛选评价员以及建立良好的培训规则，就像设立其他质量控制评价组一样。筛选过程中应使用最终评价的产品类型，并确保这些产品能够与一些普通成分如醋或酸含量区分开来，能够对一些变量如加热时间或加热温度进行

苹果汁的质量控制评价表

样本____589_________ 评价员_____14 (MK)____

日期：___12/25/09____ 厂址：__敦刻尔克______

总体差异等级：

1	2	3	4	5	6	7	8√	9	10
完全不同			一般不同			稍微不同		相匹配	

感官特性：

	太低		刚刚好		太高
甜	___	_X_	___	___	___
酸	___	___	___	_X_	___
颜色	___	___	_X_	___	___

	太酸		刚刚好		太甜
甜/酸比	___	_X__	___	___	___

强度：

	无/低				很强
甜	___	_X__	___	___	___
酸	___	___	_X_	___	___
苹果香气	___	___	_X_	___	___
苹果香味	___	___	_X_	___	___
异味（列表/描述）__________	_X_	___	___	___	___
异味（列表/描述）__________	_X_	___	___	___	___

清单：（圈出缺陷）

醋酸 酪酸 乳酸 油漆味/溶剂味 杂醇油

泡菜味 其他发酵味 苦的 涩的 发霉的

其他（列出）____

评论 ____

图 17.2　苹果汁评价表样例

运用了差异程度标度和诊断性感官特性评分的推荐检验程序。注意，有些感官特性使用了恰好（JAR）标度评价，而其他感官特性则更适合利用简单的强度标度评价。提供一份简单的清单对于异味或缺陷等在任何水平上能够引发异议的特性的识别是有帮助的。注意该方法需要一个训练有素的评价小组。

处理。苹果汁评价小组筛选过程如本章附 1 所示。筛选应涉及许多感官特性，并且如果有可能，需包含任务或检验（Bressan 和 Behling，1977）。可邀请优秀员工参加评价小组的培训，而其他得分佳的员工需备档，以防部分评价员的缺席（自第一天起便开始计划）。理想上，志愿者池应为所述评价小组规模的 2~3 倍。监管审批是保证出席率和参与率的关键。

筛选过后，可能会进行 6~10 期的培训，具体培训时间取决于产品的复杂性。主要差异在培训过程的早期便进行阐明，小的差异则在培训进程中说明，以巩固评价小组的概念结构，使评价员了解质量评分的分类边界以及感官性状的预期水平。评价员还需将异味、差的质地或品相等问题因素纳入总体评分中。

小规模的评价小组无法进行统计分析，但是必须建立经验法则。很难采用低于8名评价员的平均分。因为个人的感官能力是有差别的，仅几个人的低评分可能具有潜在的问题。因此，采取行动的标准应考虑少数否定票，并且赋予其比异常值更重要的关注，或者考虑一些认为产品与标准相匹配的评价员（可能忽略了一些重要的差异）的意见。例如，若两位评价员对某个样本的评分为2，而其他评价员评分在6、7甚至8，排除两位发现潜在重要问题的评价员的评分，平均分数可能会落在允许误差范围内。评价管理员应注意两个低值，并至少需要重新检验有问题的样本。当然，评价员之间的不同意见的持续模式暗示进一步培训的需求。

17.5　良好实践操作的重要性

在所有小规模的感官评价中，由于不属于标准感官评价实践的评价过程经常运用一些捷径，良好检验的总则变得越来越重要。尤其是当评价小组规模较小，质量评价可能不需要任何统计分析。鉴于随机变化或遗漏重要差异的错误，统计方法可确保防止假警报。没有统计分析的帮助，其他信息质量的保障措施的作用更加重要。

一个关于猪肉检疫的案例是值得思考的，因为该猪肉检疫阐明了许多涉及小规模评价实验的陷阱。该案例研究野猪肉污染或源自雄甾烯酮的性气味，这是成年雄性猪肉脂肪组织的一个气味问题。其目的是将该污染问题的感官评价分数与雄甾烯酮含量的仪器测量相联系（Thompson 和 Pearson，1977）。进行了两次感官分析。在第一次感官分析中，3~5位评价员利用铁水技术从屠宰加工厂抽取公猪异味，以抽出气味，并且一致同意运用6点标度对气味浓度评价。将样本送至实验室进行仪器分析之后，进行第二次感官分析。在这种情况下，筛选出3位评价员对雄甾烯酮敏感度进行分析，运用9点标度对气味浓度均值进行计算。两次评价都在实验室的排气室内完成，准备过程标准化。第一次评价与仪器测量的相关性为+0.27（与零相关无显著差异），第二次评价与仪器测量的相关性为+0.40（具有统计显著性）。提高的相关性与第二次评价中改进的许多气候因素有关。这些因素包括：①更佳的评价位置（通风橱 vs 屠宰加工厂）；②评价员的筛选；③固定的评价员，而非流动的评价员；④平均分数与统一意见程序；⑤更标准的样品制备方法。各个捷径可能已经在一些实践中进行介绍，但是所有捷径的综合效应会增加数据的误差水平，从而引起统计显著性与仪器-感官相关性研究结论之间的差异。

质量评价中的良好感官实践指南如表17.2所示，评价指南（Nelson 和 Trout，1964）如表17.3所示。与其他任何感官评价一样，产品样本应采用盲标，随机呈送给各个评价员。若筛选了部分了解检验样品的生产人员参与评价，那么其他技术人员必须对产品进行盲标，并且在检验产品中插入盲标对照样。负责抽样的人不应参与样本评价，因为他们无法做到客观并忽视其对产品的了解。产品的使用环境温度、质感以及制备的所有细节和品尝方法都应该标准化并被控制。所有设备都必须无气味和无干扰。评价应在一个具有展台或分离器的干净感官评价环境中完成，而不能在分析仪器实验室的检验台或生产场地进行（Nakayama 和 Wessman，1979）。预热样品是有益的。可以引入盲标重复来检查评价结果的一致性。评价员应品尝一部分具有代表性的产品（而非产品批次的末端产品或生产异常部分）。

表 17.2　感官质量检验的 10 个指南

1. 建立最优质量（“黄金标准”）标准和一系列可接受和不可接受的产品
2. 如果可以，需根据消费者检验对标准进行校正。或者，利用有经验的员工设立标准，但这些标准需经过消费者（产品用户）的观点确认
3. 评价员需经过培训，如熟悉标准和允许误差的范围
4. 产品淘汰标准应包含材料、加工或包装可能引起的所有缺陷类型以及偏差
5. 若产品缺陷可以通过现有标准识别，评价员经过培训可以提供一些关于产品缺陷的诊断信息。可运用强度标度响应或清单进行诊断
6. 数据应采集自最少几个评价员。理论上，应采集具有统计意义的数据（每个样本 10 个或以上响应数据）
7. 检验流程应遵循良好感官评价的准则：盲标测试、恰当的环境、检验控制和随机顺序
8. 在各个检验中的盲标应该用于检查评价结果的准确性。此外，还需引入一个（盲标）黄金标准作为参考
9. 评价结果的可靠性可用重复盲标进行检验
10. 评价小组的商讨一致是必要的。一旦出现不可接受的变化或不同意见，需对评价员进行重新培训

表 17.3　评价员的指南

1. 保持身心健康
2. 了解记分卡
3. 了解产品缺陷以及可能强度范围
4. 对于一些食物和饮料，需在打开容器时立即观察香气
5. 品尝足量的产品（专业——不拘谨！）
6. 注意风味评价的顺序
7. 根据情况和产品类型偶尔对产品进行冲洗
8. 集中注意力在感官上，避免其他任何干扰
9. 不要太过极端。当然，也不能仅使用标度的中间部分
10. 不要改变观点。通常第一印象是很有价值的，尤其是对香气的印象
11. 评价过后需检查自己的分数，收集针对自己行为的反馈意见
12. 对自己诚实。面对其他不同观点的时候，“坚持自己的想法”
13. 实践、经验和专业知识都是慢慢积累的，需要耐心
14. 专业。避免在实验室随意开玩笑和追求个人的满足。坚持恰当的实验控制：桌面“试验”时要小心谨慎
15. 在评价前至少 30min 内禁止吸烟、饮酒或进食
16. 禁止带香袋、喷香水和须后水等。避免使用有香味的肥皂和护手霜

注：由 Nelson 和 Trout 修正（1964）。

其他适用于评价员的经验法则。评价员需经筛选、合格并且给予合适的奖励。严禁超额招收或被要求一天检验过多的样品。定期轮换评价员可改善工作积极性和缓解厌烦感。评价员应保持良好的身体状态，比如没有可以分散注意力的感冒或过敏类的疾病。而且评价员在到达检验场所时不应有其他工作问题的烦恼，而应该尽量放松和集中注意力在手头任务。评价员应接受一定的培训以识别产品特性、得分水平，并了解记分卡。评价结果应独立，无协商。然后，可针对随后的校正进行一定的讨论或反馈意见。当对生产过程具有盲目信任的生产员工被筛选为评价员时，会带来一种特殊的偏见。这些评价员可能不愿意“破坏良好的现状”而不去关注有问题的区域。当他们接受缺陷样本时，对不合格样本（或称之为缺陷）进行盲标检验，并展开其他伴有反馈意见的“尝试性检验”，有助于清除这种对产品过于“正面”的态度。

数据应尽可能与等距标度测量保持一致。若使用大规模的评价小组（10 个或以上评价员），适用于统计分析，数据可用均值和标准误差进行总结。若使用小规模的评价小组，应采用定性数据分析。措施标准中应报道和考虑个人得分的频率计数。应考虑删除异常值，但是少数低值（如少数人的观点）可能反映出上述的一个重要问题。若各评价员之间存在较大的争议或检验样本的结果具有较大的差别，则需要进行重新评价。

17.6 历史脚注：专家评价组和质量评分

17.6.1 标准化商品

食品行业受益于原材料微加工食品和非多组分单源食品的等级标准化，并且与单一的农业商品紧密联系。此类“食物商品”包含牛乳、干酪和黄油等乳制品，橄榄等水果，各种肉类和酒。各个行业和政府已经为食物商品或体系建立质量等级，对两个主要因素进行评价：与理想产品的相似性和无缺陷。质量等级数值、得分或监测是向消费者保证他们购买的产品具有所期望的感官特性。

有时，为了提供食物商品的识别标准，一些国际组织对这些体系进行定义。其中一个例子就是国际橄榄油理事会（COI）。COI 为感官评价提供了书面标准，包含感官特性和缺陷词汇的定义、标准化记分卡、分级或分类的分数制度、小组培训方法、实验室橄榄油评价证书、甚至评价过程中所采用的玻璃品尝杯的规格。COI 网站提供各个语言版本的橄榄油生产国的信息（国际橄榄油理事会，2007）。

下文进一步介绍了培训小组的或专家小组的商品评价体系。感官专家若被指派去开发食物商品的检验方法，应搜索相关专业组织和技术参数。这些方法不适用于那些标准化商品之外的加工食物，但是却能为开发相似产品的质量监测体系提供一个有益的起点。感官专家应谨慎，不能将标准化的分级方案强加到本质上不同的产品上。举个例子，香草冰淇淋分级的质量评价方案只适用于冰冻酸乳制品的感官评价。

17.6.2 案例 1：乳制品质量评价

评价产品缺陷和总体质量分数的质量分级方案是乳制品领域长期保持的一个传统。美国乳业协会继续沿用数十年来的学生评价竞争制度。在该制度中，学生和学生小组尝试复制既定专家的质量分数。美国乳业协会提供各种残次品，学生必须识别出产品缺陷，根据问题类型和严重程度适当进行处罚，并且得出产品总分（Bodyfelt 等，1988）。然而，对乳制品质量评价的支持不是全球性的。一些地方的研究，如新西兰，运用特定关键感官特性的等级代替总体质量评价方法对乳制品进行分析。

但是，这些方法是存在的，并且在小规模质量控制和政府检验中具有一定的实用性（Bodyfelt 等，1988；York，1995）。松软干酪的质量评价方案如表 17.4 所示，列出了产品缺陷和感官强度分数减少的幅度。Bodyfelt 等（1988）报道的“乳制品感官评价”也进一步讨论了乳制品质量评价方案。

表 17.4　　松软干酪质量分级的评分标准（松软干酪评分指南）

	轻微	明显	显著
外观（最高 5 分）			
缺乏奶油	4	3	2
碎裂	4	3	2
无奶油	4	2	1
无乳清	4	2	1
质地（最高 5 分）			
柔软	4	3	2
坚固/有弹性的	4	2	1
粉状/粒状	4	2	1
膏体	3	2	1
凝胶状	3	2	1
风味（最高 10 分）			
高酸度	9	7	5
高盐度	9	8	7
扁平	9	8	7
苦的	7	4	1
二乙酰/粗糙的	9	7	6
饲料	9	7	5
乙醛/绿色	9	7	5
不新鲜度	8	5	1
麦芽香	6	3	1
氧化	5	3	1
有果味的	5	3	1
发霉的	5	3	1
酵母的	4	2	1
腐臭的	4	2	1

注：各项缺陷指标分为轻微、明显和显著三个等级。在表中对外观、质量和风味进行打分。
其他问题可能还包含变色、无光泽、凝乳、黏糊的质地、异味、杂味（描述的）以及发酵味。
对 Bodyfelt 等（1988）的修正。

此类方法很难适用于研究加工食品、非标准食物商品以及/或变化不可预测的感官缺陷。在新食品开发中，无需了解消费者的偏好，因此基于神秘的或传统专家的知识进行质量评价是无用的。由于乳制品评价方法不适用于研究问题，违反感官评价原则，并且存在比例缩放和统计分析方面的问题，因此颇受争议（Hammond 等，1986；McBride 和 Hall，1979；O'Mahony，1981；Pangborn 和 Dunkley，1964；Sidel 等，1981）。此外，专家评价员的意见和标准扣分方案可能与图 17.3 所示的消费者意见不一致。消费者针对牛乳的氧化问题的平均分数低于美国乳业协会所建议的分数。当然，比消费者意见更严格的扣分方案可以提供更大安全保障，保障最注重质量的消费者的权益。一个严格的“保障措施”的不利因素在于合格产品批次也可能会被拒绝。

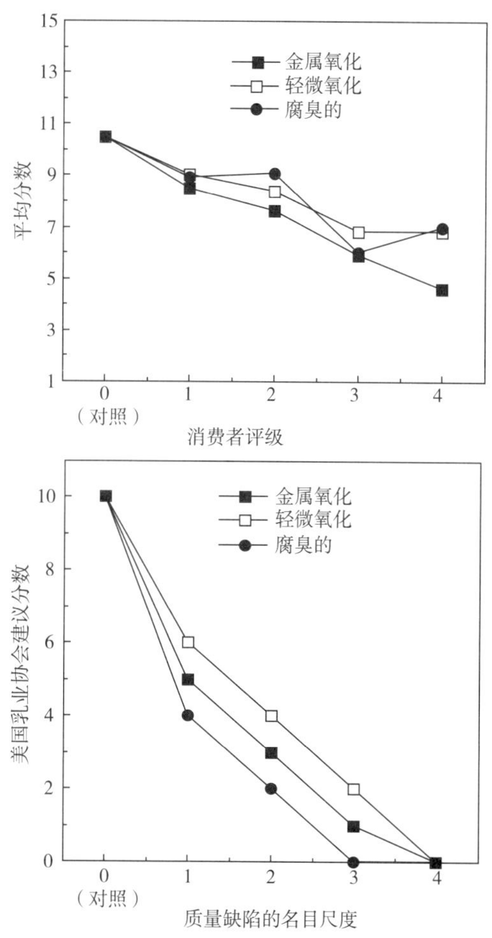

图 17.3 基于 Bodyfelt 等（1988）的配方和评级系统，有缺陷的牛乳产品的消费者评分与美国乳业协会推荐分数的比较

由 Lawless 和 Claassen（1993）授权转载。

17.6.3 案例 2：酒的评分

除了生产控制和政府检验之外，还有其他一些消费大众要求产品质量信息的情况。

不是根据普遍认可的标准进行质量评分，有些产品甚至被要求具有高品质，而非仅只是达标。Garvin（1987）表明质量评价应考虑产品的消费者娱乐能力，而不仅是保护消费者远离烦恼。这种观点将在第19章的Kano模型中进一步扩展。一些产品提出超越标准的宽浮动范围。酒就是一个很好的例子。那么有哪一个品质鉴定体系可以超越质量缺陷扣分方案，提供积极质量的差异程度？

戴维斯的加利福尼亚大学所开发的总分为20的评分体系是较早的酒产品质量评价方法（Amerine 和 Roessler，1981；Ough 和 Baker，1961）。该方法是进行整体质量评分的一个附加方案，是基于感官品质种类，如外观、质感、风味和回味以及一些如甜、苦和酸的特性的分析之上的。如表17.5所示，不同的感官品质种类具有不同的分数。例如，权重不等，据推测可能是由于各个种类对整体质量的贡献不同。注意该方法仅提供一个质量评分，而不是心理生理学上的标度。

表17.5　　酒的20分制评分方案

特性	评分指南	最高分数
品相	浑浊0；清晰1；超清2	2
颜色	明显淡色0；轻微淡色1；正确色2	2
酒香	明显0；轻微1；无2	4
酸味	浓郁0；轻微1；无2	2
总酸度	过高或过低0；较高或较低1；正常2	2
甜味	过高或过低0；正常1	1
质感	过高或过低0；正常1	1
风味	明显异常0；轻微异常1；正常2	2
苦味	很苦0；较苦1；正常2	2
总体质量	缺乏0；轻微1；影响深刻2	2
总分		20

注：由 Amerine 和 Roessler（1981）授权转载。

正如其他质量分级方案一样，该方法在许多方面颇受非议。首先，权重系统具有一定的任意性，拥有不同的版本。而且该权重系统是建立在发起人的鉴定意见之上的，而不是依据消费者的意见。其次，作为一个附加方案是否真的能捕捉酒产品质量还是值得探讨的。有些质量缺陷指标，如苦味，是比较严重的缺陷，因此其对总分产生较大的负面影响，即使其他属性的评分很积极也无法抵消此负面影响。有些版本通过提供一些整体质量点，即整体容差系数，抵消该方法的上述不足之处。并且，有趣的是一些对该方法具有一定经验的评价员会先对整体质量水平进行评分，这样可以避免对各个类别进行细致评分。他们宁愿采用反向评分方法，即一开始就给出一个整体的分数，然后将分数再分配给各个类别。

利用有经验的好的品酒师进行感官评价法是一种简单的替代评价程序（Goldwyn 和 Lawless，1991）。这里的假设是小规模的品酒师可以根据自己的个人喜好区别好酒与优等酒。来自文化和语言社区（Solomon，1990）的、了解某个地理区域内的最低品尝标准的好的品酒师适合应用该方法。该方法采用一个平衡的 14 分制的快感评价标度（从极度喜欢到极度不喜欢），没有中间中性分数。酒类产品被品尝两次，记录第二次品尝的最终分数。该评价法遵循最佳实践原则，比如随机顺序、盲标、独立评价（无协商）、标准描述、味觉清洁剂和合理的品尝速度。每次品尝 7 种酒，品尝速度限制在每次 30min，包括了味觉的恢复时间。定期采用盲标记录，以检查评价结果的可靠性。

这些方法表现了对州公平竞赛评委会的非正式协商品酒的改善。这些评价几乎没有科学价值，如他们的价值就跟影评人一样。加利福尼亚州酒审评会的 3 年盲标重复品酒数据的分析指出，对于无缺陷的酒产品，在不同的竞赛上都能获得任何等级或奖牌，而且 90%的评价员无法对同一种产品给出两次一样的分数（Hodgson，2008）。

17.7 质量评价程序的要求和发展

17.7.1 感官质量控制系统的期望特征

Rutenbeck（1985）和 Mastrian（1985）通过特定的任务概述了感官质量控制系统的发展历程，包括研究评价员的能力和专业知识、参考材料的可用性以及时间限制。必须针对具体目的，如“高碱度”而不是模糊词汇如“质量差”来选择、筛选和培训评价员。必须建立适应参比样加工和储藏的抽样方案。数据处理、报告格式、历史档案、追踪和评价监督都是重要的任务。尤其重要的是，需要指派具有较强技术背景的感官评价协调者来执行这些任务（Mastrian，1985）。除了这些实际操作的考虑外，感官质量控制系统还需具备维持质量评价程序的一些特征。比如，应具备测量系统整体有效度的方法（Rutenbeck，1985）。定期的外部审查可能有一定的意义（Bauman 和 Taubert，1984）。

Gillette 和 Beckley（1992）列出了良好在线感官质量控制程序的要求以及其他 10 项必备特征。原料供应商及大部分食物生产商需要考虑这些要求和特征，但是这些要求和特征可以根据特定的生产情况进行更改。感官质量控制程序必须涉及人们对产品的评价，必须同时被供应商和消费者接受。为了明确拒绝的理由和应采取的措施，评价结果必须是易于沟通交流的。需考虑允许的误差范围，这有助于识别那些不符合黄金标准但消费者仍然可以接受的产品。当然，该感官质量控制程序必须可以检验出不良样品。

其他期望特征包括以下方面：若评价具有良好的重复性，那么检验随时间转移至仪器测量是一个较好的目标，因为仪器不会疲惫，也不会对检验方案产生厌倦。这是建立在严格的感官-仪器相关性的假设之上的。理论上，感官质量控制工程应该能够提供快速的在线检验校正服务。检验信息应该是定量的，并且与其他质量控制方法相连接。

由于质量控制和保质期检验经常很相似，转换成保质期监测的质量控制方法会更有用。储存产品随时间而发生的变化也属于质量问题，比如质地退化、褐变、氧化、脱水收缩、失去光泽、老化和产生异味（Dethmers，1979）。感官评价可能包含原料检验以及加工过程和成品的检验。一个良好的感官质量控制程序会形成实际的劣质产品的跟踪记录，以防止进一步在生产线上产生问题或在销售市场中引起客户不满。

鉴于这些期望的特征，在无法简单运用到厂内质量控制工作的主流感官评价中存在一些传统的检验方法。如果检验没有足量生产样品，检验就会遇到问题。分析转变慢，并且只报道结果的检验法不适用于生产环境中的在线校正。举个例子，如果在三班制工作模式下，需要在深夜时做出决策，就很难执行质量控制的描述性分析，也无法通过自动系统进行数据统计分析。乍一看，利用一个简单的差别检验，将残次品和标准品进行比较，是一个很好的鉴别残次品的方法。但是，大多数感官差别检验采用强迫选择的方式，比如三角检验程序。本质上，三角检验对差别检验是很有效的，但是却不适用于接受度有一定变化范围的情况下。这是因为样品和标准产品的不同并不意味着样品不可接受。

17.7.2　质量评价的发展和管理问题

管理感官质量控制中所涉及的成本和实践问题需要培训。Rutenbeck（1985）描述了感官质量控制程序的“卖点”，建议计算可测量的数据结果，包括消费者投诉减少的幅度、避免返工或废料所产生的成本的降低幅度以及对销售额的潜在影响。生产管理者若不了解感官评价，就很容易低估感官评价的复杂度、给技术员一定时间的必要性、评价小组的创建和评价员筛选的成本、技术员和评价小组长的培训成本以及评价小组的激励程序（Stouffer，1985）。若选择员工为评价员，就会面临一个难题：感官评价时间（空闲时间还是上班时间）以及相关成本。然而，员工认为参与感官评价可以让自己休息一下，能提高他们参与企业质量管理的意识，能扩展他们的工作技能和生产观念，并且也不一定会造成生产力的损失。从加工生产员工中，根据其空闲时间和兴趣，筛选评价员具有许多优点。（Mastrian，1985）。安排感官评价场所也可能涉及一些启动成本。其中一个需要重点关注的问题就是保障感官评价的顺利进行。因此，必须对感官评价设备进行管理，包括维修、校准和替换。需注意的事项有评价员之间的摩擦和培训、更新或参考标准的替换（Wolfe，1979）。

标准的定义和切分点或规格界限的定义是早期感官质量评价程序开发过程的一个问题（Stevenson 等，1984）。具有管理或海外经验的技术员工可以完成评价工作，创建标准限值。该方法具有快速、简单的特点，但是由于消费者不参与，因此也具有一定的风险（McNutt，1988）。最安全的但是最慢的和最贵的方法是提供一些具有代表性生产变量的产品，让消费者对其进行评价。这种校正样品集应包含有可能产生的已知缺陷以及所有加工和原料变量的范围。只有一小部分消费者总是对所有感官差异不敏感，应该基于少数评价员的否决或不合格分数设置问题领域的保守估算值。

第三个问题就是管理所需抽样的彻底性与检验成本的比较。理想的质量控制程序会沿着生产阶段在各个批次和各个班次收集材料样品（Stouffer，1985）。这对于感官评价基本没有实践性。从批次或生产运行中对多个产品进行取样，或使用感官评价小组重复检验，可以确保不遗漏不合格产品，但会增加检验时间和成本。

报告的结构、多检验场所和尝试用仪器替换感官评价员会带来额外的困难。当质量控制部门直接向生产部门报告检验的结果时，会引起内在的利益冲突，这是因为生产行为经常会得到生产力的报酬。质量控制可能需要单独的报告结构，这样负责企业质量控制的管理层可以将质量控制部门隔离开来，免受通过不合格产品的压力。在跨越多个厂房时，需要对感官质量控制程序和协调活动进行标准化（Carlton，1985；Stouffer，1985）。这包括保持生产样本与可送往其他厂房进行比较的参比样一致。在不同国家和文化环境中，设立相似的感官质量控制体系是感官评价协调者所面对的挑战。Carlton（1985）介绍了在其他文化环境中创建评价小组所需要考虑的事情。最后，对于许多重要产品特征的测量，仪器是无法取代感官评价的（Nakayama 和 Wessman，1979）。气味分析就是一个很好的例子。在其他情况下，仪器-感官的关系可能非线性，或者仪器根本无法对感官的变化做出反应（Rutenbeck，1985；Trant 等，1981）。

17.7.3 低发生率问题

质量控制检验和保质期研究的一个特殊问题是大多数评价结果是正面的（有利于生产的决定）。这是检验场景的本质所在。好产品的检验频率经常高于残次品，并且负面结果的发生率低于实验室检测。这是对感官评价程序可信度的一种特殊挑战。

表 17.6 显示了较高问题产品率（在这种情况下为 10%）的发生图（如果有较低的缺陷产品率，可信度问题会变得更糟）。在 1000 多次检验中，100 次检验有客观的缺陷，而其余 900 多个检验没有发现客观的问题。若所有检验都按照规定完成，为了避免Ⅰ型和Ⅱ型误差进行了统计分析，在某些情况下仍然会发生一定的误差。为了便于计算，设定长期 α 风险值和 β 风险值为 10%。换言之，在随机误差的影响下，10%的残次品会无法被检出，也有 10%的合格产品会被误测为不合格产品。从而造成 810 正确的“合格”决策和 90 个感官问题的正确检验。但是鉴于合格产品的高比例，10%的误差也会造成 90 个实际上没有感官问题的产品被误测为不合格产品。注意，该结果假设具有良好的感官评价和恰当的结果统计处理。当感官质量评价主任打电话给生产主管“拉响警报”时，问题就出现了。考虑到这种情况，正确的概率只有 50%，换句话说，不比掷硬币好！即使 α 值降低至平常的 5%，仍然有 1/3 的误报概率。

表 17.6　　贝叶斯概率表

	评价结果		
	有问题	没问题	发生率（行数据的总和）
有问题（描述）	90（“命中率”）	10（Ⅱ型误差）	100
没问题	90（“假警报”）	810（正确接受）	900
总数	180	820	1000

注：设 α = 0.10，β = 0.10

假设共进行了 1000 次检验，残次品的发生率为 10%。

表格中的数字是基于 α 和 β 值为 10%时，记录的或没记录的问题的估算值。

在已知一个问题的情况下，做出错误决策的概率为 50%（90/180）！

若感官评价顺利完成并且采用合理的统计处理时，这个问题是怎么产生的？答案是我们的正常推论统计习惯于注重表 17.6 中的行数据，而忽略了列数据。感官质量控制程序中的问题是在已知低问题发生率的情况下，会造成与正确检验相关的高误报率。当生产主管认为感官质检部门倾向于“发假警报”时，就会对感官质量控制程序的可信度造成影响。因此，明智的做法是系统内置不合格产品的额外或重复检验程序，在采取措施前应保证边际产品是真的残次品。

17.8 保质期检验

17.8.1 基本注意事项

对于许多食品来说，保质期或稳定性检验是质量维护的一个重要部分，是包装研究的一个内在部分，这是因为食品包装的一个主要功能就是保护食品的结构、化学成分、微生物和感官特征的完整。Robertson（2006）指出包装标签上可以找到保质期，读者可以从包装内容上找出更多关于建模和加速储存检验的信息。对许多食品而言，微生物的完整决定其保质期，可以通过标准实验室检验进行估算。但是 Robertson 并没有获得感官数据。某种食品，如烘烤食品的感官方面是保质期的决定性因素，但要保证其没有受到微生物变化相关的影响。食品的感官评价总是破坏性试验，因此需要储备足量的样本，尤其是在检验易变质的食品（Gacula，1975）。

保质期检验可采用三种主要感官评价方法——辨别、描述或喜爱度中的任何一种。具体的选择取决于具体的项目目标（Kilcast，2000）。因此，人们可以将保质期检验视为感官评价的非特别形式，采用公认方法进行重复检验的一个简单程序。本文的目的在于描述哪些方法最适合回答研究问题（Dethmers，1979）。评价新包装膜效果，可以采用简单的辨别检验，检验该新包装膜相对于现有包装材料的不同之处。为了建立一个开放的标注包装日期系统，可采用消费者接受度检验标注产品保质期。如果产品是新的，则需要一份关于新鲜产品味道的描述性分析报告。如果产品没有通过消费者评价，通常建议将样本进行描述性检验，找出具体原因和变质因素（Dethmers，1979）。如果是为了创建一个合适的稳定度，如果故障时间超过了消费者的典型分配和使用时间，则两种测试的组合结合是合适的。在这种情况下，应先从新鲜参比或标准产品中辨别过期产品，若发现过期产品，再进行消费者接受度检验。这种做法是最具节约成本的。

Peryam（1964）和 Dethmers（1979）指出保质期检验涉及以下步骤：①制定目标；②获取代表性样本；③决定检验产品的物理和化学组成；④确定检验设计；⑤选择合适的感官评价方法；⑥选择储存条件；⑦建立对照产品以及与储存产品相比较的产品；⑧进行定期检验；⑨根据结果确定保质期。

重要的战略选择包括对照产品的本质和储存条件。除了专门的加速储存条件，储藏条件应模仿运输条件和仓储条件。理想的储存条件通常是比较差的选择。对照产品显示特殊问题。如果在不同的时间间隔下仍然能获得新鲜产品，人们如何知道下一批次没有积压或从出厂后就没有被更换过？如果新鲜产品自初始批次就一直保存在理想的条件下，人们如何知道它没有被更换过？这些问题没有完美的解决方案。有时，一份研究会涉及不止一个标准。参考标准包括日期、批号、生产地址等。可能会进行一个单独的检验，以保证参考标准的完整性和一致性。描述性评价有助于实现该目标。参考选项包括以下方面：通过质检的现有工厂内的产品、现有试验工厂原型、历史产品、最佳储存产品、书面描述性资料和精神参考（Wolfe，1979）。

产品失效标准主要有两个选项：关键描述属性的分界点和消费者淘汰产品的数据。下文讨论了包含方程式如风险函数或生存分析的统计建模过程。请注意，产品失效是一种全有或全无的现象，感官指标的下降，如接受度下降或消费者拒绝率增加，在本质上更为持续。这为其他种类的模型提供了机会，如拒绝率的逻辑回归分析（Giminez 等，2007）。

17.8.2 分界点

分界点的选择有两层隐含含义。第一，分界点本身作为行动标准。当产品到达该分界点，我们即认为产品到了使用期限的终点，不再适于销售。为标注包装日期或“保存期”，可以估算产品的保质期，并在包装上标记开封日期和“使用”日期。第二，当某个产品到达分界点时，该产品被定义为“失效”，该分界点作为生存分析等统计建模的一个数据点。

确定一个分界点需要仔细考虑。有多种选择，包括：①辨别试验中发现的显著差异；②某个属性或整体差异与参比的差异；③消费者的反应。消费者数据可能包含与参比相比具有显著的接受度评分差异，在接受度评分上有一个明显的转折点，或者消费者拒绝的百分比（如 50%或 25%）。Giminez 等（2007 年）发现，第一个显著的差异是过于保守的估计，即接受度分数在 9 分制标度上高于 6 分。这一点有道理的，因为两个产品可能会有差别，但是这种差别仍然可以接受（Kilcast，2000）。一种选择是使用 9 分标度上低于 6 分的数值（6=较轻，如仅中等以上）（Muñoz 等，1992）。另一种选择是使用消费者的拒绝（“我不愿购买/吃这个产品”）（Hough 等，2003）。这两种措施并不一定是等价的。Giminez 等（2008）发现虽然消费者不喜欢某些烘焙食品，但是如果已经购买了话，他们仍然会吃这些食品。这表明消费者的拒绝可能不是完全保守的，比如，即使还没有达到拒绝的点，消费者仍然可能不喜欢这些产品，甚至对其进行投诉。Giminez 等（2007）提出了接受度评分与拒绝百分比的逻辑回归分析相关。针对某个烘焙产品，两个不同国家（西班牙和乌拉圭）具有不同的逻辑方程式，这是文化差异和/或民族差异的警示。对 S-型曲线上累计的比例数据来说，逻辑回归是一种有用的通用的方法。其通用式为：

$$\ln \frac{p}{1-p} = b_o + b_1 X \tag{17.2}$$

式中 p——拒绝比例；

X——预测变量，如时间，或在这种情况下是接受度的分值；

b——常数。

17.8.3 实验设计

根据样本的储存方式和检验时间，有多种保质期检验方法。最简单的就是制造一大批产品，将其储存在常规条件下，对其进行不同时间间隔的检验。但是，这种检验方法具有效率低、耗时久，并且感官评价小组的评价标准可能会随时间变化。另一个选择是错开生产时间，这样不同日期的所有产品都可以在同一天进行测试。另一种方法是在基本上停止所有老化过程的条件下储存产品，例如，在非常低的温度下。然后，在不同的时间点在最佳储存条件下取出产品，使其在正常温度下老化。这个过程的另一个变量就是产品的老化时间长短。老化一定时间后，将产品储存至最佳条件下，在检验日取出所有样品进行检验。

17.8.4 生存分析和危险函数

关于生存分析的文献非常多，因为许多不同领域都使用这种统计模型，例如保险业的精算学。有些统计模型与运用于化学动力学的模型类似。当产品具有同时发生的单个过程或一组过程时，这些函数就有用。然而，有些产品表现为“浴缸”型函数，包含两个产品失效期（Robertson，2006）。在早期阶段，由于错误包装或不恰当的加工处理引起产品失效（图 17.4）。因此，该批次剩余产品进入产品稳定期。一定时间（X）之后，产品再次因为变质而失效。Gacula 和 Kubala（1975）建议保质期建模不应只考虑 X_2期后的失效。

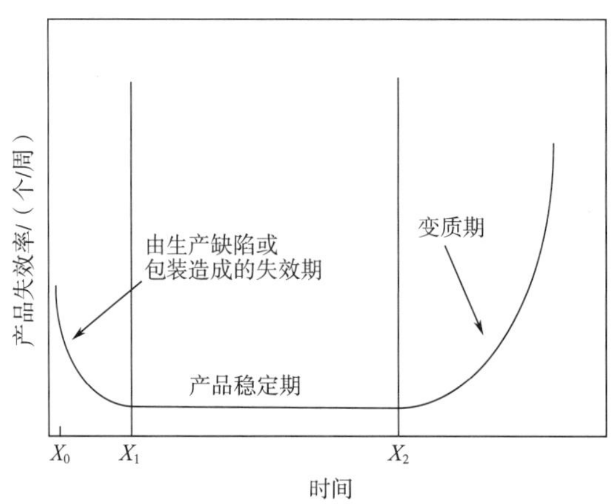

图 17.4 在保质期研究中，“浴缸”型函数表明失效率的常规模式随抽样时间而变化

从 X_0到 X_1，有些产品因不恰当加工或错误包装而失效。随后，有一个相对低失效率时间段，在该时期，产品比较稳定或在规定界限内。在 X_2阶段，失效率开始大幅度上升。研究人员将风险函数进行拟合，进行生存分析，以估算保质期。由于产品失效是随时间变质而造成的，保质期的估算应考虑 X_2后的时间段。

在感官数据应用中，生存分析有两个主要任务：数据风险函数拟合和插入某个点作为保质期的标准（如 25%或 50%的客户拒绝率）。失效数据（失效百分比）函数随时间的拟合采用了多种函数形式。生存百分比（1-失效百分比）经常采用指数衰减函数形式。

模型的一个重要选择包括失效百分比拟合所采用的分布。许多分布形式都被尝试了（Gacula 和 Kubala，1975），对数-正态分布（log-normal distribution）（存活是一个正偏态分布，极少数人活到 100 岁）和威布尔分布是两个常用的模型。威布尔分布可以有效拟合不同数据集，包含形状参数和尺度参数。当形状参数大于 2，分型大致呈钟形，并且是堆成的。失效方程式如下表示：

$$F(t) = \phi\left[\frac{\ln(t) - \mu}{\sigma}\right] \text{（对数 - 正态分布）} \tag{17.3}$$

式中 ϕ ——累积正态分布函数；

t ——时间；

$F(t)$ ——时刻 t 的失效比例；

μ ——平均失效时间；

σ ——标准偏差。

$$F(t) = 1 - \exp\left[-\exp\left(\frac{\ln(t) - \mu}{\sigma}\right)\right] \text{（威布尔分布）} \tag{17.4}$$

式中 $\exp(x)$ ——e^x的符号。

若进行两次替换，确定失效时间的平均值 μ 和标准偏差 σ，通过一个简单的模型可以帮助我们得出在拟合威布尔方程中已知失效比例的情况下的失效时间。设 $\rho = \exp(-\mu)$，下述关系适用于任何比例函数 $F(t)$：

$$t = \frac{-\ln[1 - F(t)]^{\sigma}}{\rho} \tag{17.5}$$

$F(t)$ 采用对数正态模型，这是一个用于搜索 50%差值失效水平的简单图示法。负责以下操作：针对 N 个随时间失效时间为 T_i 的食物样本，将所有批次进行排序，i 是失效时间（i = 1，……N）。计算中位数排名和 MR 值。中位数排名可在统计表中找到或者根据下式进行估计：

$$\text{MR} = (i - 0.3)/(N + 0.4)$$

对中位数排名的对数概率针对 T_i 和 50%插值作图。若得到一条直线，50%插值点可以从线性方程式估算出，标准偏差可以从概率纸上估算出。本质上，这是 MRs 到 Z 值的对数拟合。当然，其余百分比也可能被插入，因为在设立有效限度时，50%的失效率对许多产品来说太高了。本章附 2 中给出了一个等价的数学解法。

Hough 等（2003）指出常规感官试验产生截尾数据。即对任何没有通过检验的产品批次，我们只知道失效时间在最后检验和当前检验的间隔。同样地，若一个产品没有通过最后的间隔，我们只知道失效时间在最终检验之后。因此，删除数据，可以利用最大似然法估算生存函数。

17.8.5 加速储存实验

产品设计师迟早会明白感官质量监测专家没有时间机器，没有长期研究就无法估算产品保质期。因此他们会要求加速储存检验以缩短检验时间。这些加速储存检验是建立在以下理念上的：在高温情况下，根据简单的动力学模型，许多化学反应会通过可预测的方式进行，因此长时间间隔的保质期可以根据高温下的短间隔模拟得到（Mizrahi，2000）。动力学模型通常是基于阿仑尼乌斯方程，并且速度常数可从不同温度下的实验中获得。本章的附3介绍了一些模型。

当温度造成的产品变化与常温下储存时间造成的变化不同时，加速检验就会产生问题（Robertson，2006）。显然，在高温下尝试衡量冷冻食品的保质期就变得不那么有意义了。其他食品可能与简单的预测模型不相符，因为会有不同的速率的变化产生。例如，高温下可能会产生相变化，从固态到液态。非晶质状态的糖类可能会晶态化。干态食物的水活动会随温度的升高而提升，从而加速反应，将常温条件下的真实的保质期估算过高。若两个具有不同动力常数的反应在不同温度下的变化速率不同，变化速率较快的反应占据主导地位。感官专家应熟悉该检验逻辑、常规建模操作以及陷阱。

17.9 总结和结论

保障产品基于感官标准的质量是在竞争环境下一个重要的企业目标。消费者具有固定的期望，一旦遭遇次品，就会对该品牌失去忠诚度。然而，除了感官质量控制的需要外，设立和维持工厂内质量控制程序是困难重重的，也需要耗费巨资。对企业来说，该程序所需投入相当于吃饭和锻炼。人人都承认这是一个好主意。但是，维持感官质量控制程序的完整性、避免捷径程序、处理评价员规模减小都具有挑战性。任何程序的成功都需要强大的管理承诺。没有管理支持，尤其是生产管理支持，感官质量控制程序就注定会失败。在典型案例中，程序只会是监督意见的“橡皮图章”，即支持以生产不合格产品为代价的生产力最大化的管理政策。这样的质量管理摇摆不定。当不合格产品冲击零售货架和引发消费者投诉时，就会吸引紧急关注（Rutenbeck，1985）。经过一定时期的生产改善，会自鸣得意，丧失对感官质量评价工作的兴趣（直到出现下一个危机）。

感官质量控制系统的实行涉及四个技术任务。首先，需要准备一批产品来建立质量标准和界限。在研究中需要利用消费者或管理或专家意见在抽样后建立质量标准。这些产品当然还可以用于评价员培训。第二，招聘、筛选和培训。换言之，建立评价小组。第三，制定关于产品抽样、处理、储存、使用、盲标和参考标准维持的标准协议。第四，流程系统化（Mastrian，1985），包括设立标准报告格式和数据处理过程、建议及行动准则。该任务还应包括结果归档机制、产品和评价员表现的时间追踪记录。

附1：感官质量评价筛选检验样本

第一部分：甜度平行比较

调整样本的甜度为三个水平，如10%，11%和12%蔗糖

已知4对平衡顺序，如

10%vs11%，11%vs10%（很难区分）

10%vs12%，12%vs10%（容易区分）

不同评价员采用不同的顺序。用三位数标签对产品进行随机盲标。

表现佳：四个都正确

表现一般：三个产品检验正确，一个错误。

第二部分：在加盖广口瓶中运用吸墨纸完成气味识别的多重选择。

在纸上将正确答案圈出。将各个形式组建成不同的顺序。

利用三位数标签对瓶子进行随机编码。气味代表产品的普通标签。

四个指标：果香、烟熏味的、醋味的和洋葱味的。

①稀释乙酸乙酯（或类似酯类）

②稀释 2 -甲基丁酸乙酯

③稀释醋

④稀释苯基乙醇

⑤反-2-乙烯醇（稀释直至产生绿色或叶子味道）

表现佳：4/5 正确率

表现一般：3/5 正确率

第三部分：气味辨别检验

用基础果汁和基础果汁+1%醋进行三角检验。

用基础果汁+0. 1%丁酸进行三角检验。

被试者应先嗅一嗅，然后尝一尝。

提供味觉清洁剂（水和咸饼干）

重复检验。

表现佳：3/4 正确率

表现一般：2/4 正确率

第四部分：酸度检验

相对于 1%的滴定酸度，将 pH 调整至 0. 5。

利用上述甜度检验中的四个平行比较。

表现佳：3/4 正确率

表现一般：2/4 正确率

评分之后，从高到低将被测样本进行排序。

每次检验取前 50%进行培训。

寄感谢卡给所有参与试验的人。

剩余的如果表现可接受，“备档”，以备可能的人员替换。

附 2：根据已知失效次数的一系列产品批次进行生存/失败分析

该流程遵循 17. 8. 3 中的图示法，但是该流程通过最小二程回归允许更严格的拟合。

1. 针对已知失效时间 T_i 的 N 个食品样本，对各个批次进行排名，i 为失效时间（i = 1……N）。

2. 计算中位数排名和 MR 值。中位数排名可以从统计表中获得，也可以从下式中计算所得：

$$MR = (i - 0.3)/(N + 0.4)$$

3. 将各 T_i 转换成 $\ln(T_i)$，称之为 Y_i。这允许 MR 与对数正态模型的拟合。

4. 在各 T_i 为各个 MR 计算 Z 值，称之为 X_i。

5. 利用最小二乘法的对 Y 与 X 进行回归，获得线性方程式：$Y=a+bX$。该方程式发现直线与 17.8 中的概率图的对数相拟合。

6. 当 $Y=0$（Z 值为 50%，即 $X=-a/b$）时，求解该方程式，得到第 50 百分位数。

7. 利用幂函数回归到原始单位：50%失效时间 $=e^X=e^{-a/b}$.

附 3：阿仑尼乌斯方程和 Q_{10} 建模

产品失效的反应时间可能是线性的（零阶）或指数衰减（一阶）。两者都允许确定一个速率常数 K。在某个标度上试想一个分界点 R，时间被模拟为时间函数 t。R 也可能是信号产品失效的任何事件。零阶方程式为：

$$R = R_0 - kt \tag{17.6}$$

一阶关系式为：

$$R = R_0 e^{-kt} \tag{17.7}$$

式中　R_0 为 $t=0$ 时的失效分数。

$$\ln \frac{R}{R_0} = -kt \tag{17.8}$$

反应速率取决于温度，因此在加速储存研究中，阿仑尼乌斯方程可以提供一个出发点或一般的有用近似：

$$k = k_0 e^{\left(\frac{-E_A}{RT}\right)} \tag{17.9}$$

而且

$$\ln k = \ln k_0 - \frac{E_A}{R}\left(\frac{1}{T}\right) \tag{17.10}$$

式中　k——需要估算的速率常数；

k_0——与温度无关的常数（又称阿仑尼乌斯常数、预指数或频率指数）；

E_A——活化能（J/mol）；

R——理想的气体常数；

T——温度（绝对值，K）。

因此相对 $1/T$ 的 $\ln(k)$ 图示可用于计算活化能（E_A）。有时，还会采取派生形式：

$$\frac{d(\ln k)}{dT} = \frac{E_A}{RT^2} \tag{17.11}$$

从某种方式上来说，活化能是虚构的，因为在食品老化过程中没有发生任何化学反应，但是却有一系列同时发生的过程。尽管如此，这些过程都是有用的，这有两个原因。首先，它暗示了食品的脆弱性（较低的活化能意味着较快的变质速率）。第二，E_A 值可以预测不同温度下发生的事情。在高温加速储存研究中预测常温条件下所发生的事情需特别关注。在不同温度（10℃间隔）下进行实验，生成所谓的 Q_{10} 系数。

$$Q_{10} = \frac{kT + 10}{kT} = \frac{S_T}{S_T + 10} \tag{17.12}$$

式中 $kT+10$ 和 kT——在温度 T 和 $T+10$ 下的速率常数；

S_T 和 S_T+10——预测的相对应的保质期。

注意速率常数比为保质期比的倒数。这会产生一些有用的关系，例如，估算活化能 E_A：

$$\ln Q_{10} = \frac{10E_A}{RT^2} \tag{17.13}$$

再次，E_A 可以表明产品对变质的敏感性。一旦某个产品的 Q_{10} 系数已经确定，时间-温度关系可从加速检验中进行预测。需要确定的一个有用系数就是加速度系数 AF。这有助于我们将加速温度转换成使用温度或常规储存条件的温度（20℃）。以异味评分（OF）为时间和温度的函数，Hough（2010）给出了以下案例：

$$OF_{T,\ temp} = OF_0 + (AF)\, k_u(T_{temp}) \tag{17.14}$$

式中 OF_0——零时刻的异味；

k_u——使用温度的速率常数；

T_{temp}——加速检验温度。已知 EA，我们可以从下式估算 AF：

$$AF = \exp\left[\frac{E_A}{R}\left(\frac{1}{T_u} - \frac{1}{T_{test}}\right)\right] \tag{17.15}$$

式中 $\exp(X)$——e^X；

T_u——使用温度；

T_{test}——加速检验温度。

例如，如果我们确定 E_A 为 6500cal/mol，便可以基于检验温度 40℃ 和使用温度 20℃ 计算出加速度系数：

$$AF = \exp\left[6500\left(\frac{1}{293} - \frac{1}{313}\right)\right] = 4.13$$

假设在加速温度 40℃ 下，失效时间为 35 天。然后，我们发现在使用温度 Tu 下的失效时间 FT_u。我们仅只是乘以加速度系数：

$$FT_u = FT_{test}(AF) = 35(4.13) = 145$$

因此，本文的加速检验预测储存在常温条件（20℃）下的（平均）失效时间为 145 天。

参考文献

Amerine, M. R. and Roessler, E. B. 1981. Wines, Their Sensory Evaluation, Second Edition. W.H. Freeman, San Francisco, CA.

Amerine, M. R., Pangborn, R. M. and Roessler, E. B. 1965. Principles of Sensory Evaluation of Foods. Academic, New York, NY.

Aust, L. B., Gacula, M. C., Beard, S. A. and Washam, R. W. 1985. Degree of difference test method in sensory evaluation of heterogeneous product types. Journal of Food Science, 50, 511-513.

Bauman, H. E. and Taubert, C. 1984. Why quality assur-ance is necessary and important to plant management. Food Technology, 38(4), 101-102.

Beckley, J. P. and Kroll, D. R. 1996. Searching for sensory research excellence. Food Technology, 50(2), 61-63.

Bodyfelt, F. W., Tobias, J. and Trout, G. M. 1988. Sensory Evaluation of Dairy Products. Van Nostrand/AVI, New York, NY.

Bressan, L. P. and Behling, R. W. 1977. The selection and training of judges for discrimination testing. Food Technology, 31, 62-67.

Cardello, A. V. 1995. Food quality: Relativity, context and consumer expectations. Food Quality and Preference, 6, 163-170.

Carlton, D. K. 1985. Plant sensory evaluation within a multi-plant international organization. Food Technology, 39(11), 130-133, 142.

Dethmers, A. E. 1979. Utilizing sensory evaluation to determine product shelf life. Food Technology, 33(9), 40-43.

Ennis, D. M., Mullen, K. and Frijters, J. E. R. 1988. Variations of the method of triads: Unidimensional Thurstonian models. British Journal of Mathematical and Statistical Psychology, 41, 25-36.

Gacula, M. C. 1975. The design of experiments for shelf life study. Journal of Food Science, 40, 399-403.

Gacula, M. C. and Kubala, J. J. 1975. Statistical models for shelf life failures. Journal of Food Science, 40, 404-409.

Garvin, D. A. 1987. Competing on the eight dimensions of quality. Harvard Business Review, 65(6), 101-109.

Gillette, M. H. and Beckley, J. H. 1992. In-Plant Sensory Quality Assurance. Paper presented at the Annual Meeting, Institute of Food Technologists, New Orleans, LA, June, 1992.

Giminez, A., Ares, G. and Gambaro, A. 2008. Survival analysis to estimate sensory shelf life using acceptability scores. Journal of Sensory Studies, 23, 571-582.

Giminez, A., Varela, P., Salvador, A., Ares, G., Fiszman, S. and Garitta, L. 2007. Shelf life estimation of brown pan bread: A consumer approach. Food Quality and Preference, 18, 196-204.

Goldwyn, C. and Lawless, H. 1991. How to taste wine. ASTM Standardization News, 19(3), 32-27.

Hammond, E., Dunkley, W., Bodyfelt, F., Larmond, E, and Lindsay, R. 1986. Report of the committee on sensory data to the journal management committee. Journal of Dairy Science, 69, 298.

Hodgson, R. T. 2008. An examination of judge reliability at a major U.S. wine competition. Journal of Wine Economics, 3, 105-113.

Hough, G. 2010. Sensory Shelf Life Estimation of Food Products. CRC Press, Boca Raton, FL.

Hough, G., Langohr, K., Gomez, G. and Curia, A. 2003. Survival analysis applied to sensory shelf life of foods. Journal of Food Science, 68, 359-362.

International Olive Oil Council. 2007. Sensory analysis of olive oil. Method for the organoleptic assessment of virgin olive oil. http://www.internationaloliveoil.org/.

Kilcast, D. 2000. Sensory evaluation methods for shelf-life assessment. In: D. Kilcast and P. Subramaniam (eds.), The Stability and Shelf-Life of Food. CRC/Woodhead, Boca Raton, FL, pp. 79-105.

Lawless, H. T. 1995. Dimensions of quality: A critique. Food Quality and Preference, 6, 191-196.

Lawless, H. T. and Claassen, M. R. 1993. Validity of descriptive and defect-oriented terminology systems for sensory analysis of fluid milk. Journal of Food Science, 58, 108-112, 119.

Mastrian, L. K. 1985. The sensory evaluation program within a small processing operation. Food Technology, 39(11), 127-129.

McBride, R. L. and Hall, C. 1979. Cheese grading versus consumer acceptability: An inevitable discrepancy. Australian Journal of Dairy Technology, June, 66-68.

McNutt, K. 1988. Consumer attitudes and the quality control function. Food Technology, 42(12), 97, 98, 108.

Mizrahi, S. 2000. Accelerated shelf-life tests. In: D. Kilcast and P. Subramaniam (eds.), The Stability and Shelf-life of Foods. CRC /Woodhead, Boca Raton, FL, pp. 107-142.

Moskowitz, H. R. 1995.Food Quality: conceptual and sensory aspects. Food Quality and Preference, 6, 157-162.

Muñoz, A. M., Civille, G. V. and Carr, B. T. 1992. Sensory Evaluation in Quality Control. Van Nostrand Reinhold, New York, NY.

Nakayama, M. and Wessman, C. 1979. Application of sensory evaluation to the routine maintenance of product quality. Food Technology, 33(9), 38, 39 ,44.

Nelson, L. 1984. The Shewart control chart-tests for special causes. Journal of Quality Technology, 16, 237-239.

Nelson, J. and Trout, G. M. 1964. Judging Dairy Products. AVI, Westport, CT.

O'Mahony, M. 1981. Our-industry today—psychophysical aspects of sensory analysis of dairy products: A critique. Journal of Dairy Science, 62, 1954-1962.

Ough, C. S. and Baker, G. A. 1961. Small panel sensory evaluations of wines by scoring. Hilgardia, 30, 587-619.

Pangborn, R. M. and Dunkley, W. L. 1964. Laboratory procedures for evaluating the sensory properties of milk. Dairy Science Abstracts, 26, 55-62.

Pecore, S., Stoer, N., Hooge, S., Holschuh, N., Hulting, F. and Case, F. 2006. Degree of difference testing: A new approach incorporating control lot variability. Food Quality and Preference, 17, 552-555.

Peryam, D. R. 1964. Consumer preference evaluation of

the storage stability of foods. Food Technology, 18, 214.

Reece, R. N. 1979. A quality assurance perspective on sensory evaluation. Food Technology, 33(9), 37.

Robertson, G. L. 2006. Food Packaging, Principles and Practice, Second Edition. CRC/Taylor and Francis, Boca Raton, FL.

Rutenbeck, S. K. 1985. Initiating an in-plant quality control/sensory evaluation program. Food Technology, 39 (11), 124-126.

Regenstein, J. M. 1983. What is fish quality? Infofish, June, 23-28.

Sidel, J. L., Stone, H. and Bloomquist, J. 1981. Use and misuse of sensory evaluation in research and quality control. Journal of Dairy Science, 64, 2292-2302.

Solomon, G. E. A. 1990. The psychology of novice and expert wine talk. American Journal of Psychology, 103, 495-517.

Stevenson, S. G., Vaisey-Genser, M. and Eskin, N. A. M. 1984. Quality control in the use of deep frying oils. Journal of the American Oil Chemist's Society, 61, 1102-1108.

Stouffer, J. C. 1985. Coordinating sensory evaluation in a multi-plant operation. Food Technology, 39 (11), 134-135.

Thompson, R. H. and Pearson, A. M. 1977. Quantitative determination of 5 Androst-16-en-3-one by gas chromatography-mass spectrometry and its relationship to sex odor intensity of pork. Journal of Agricultural and Food Chemistry, 25, 1241-1245.

Trant, A. S., Pangborn, R. M. and Little, A. C. 1981. Potential fallacy of correlating hedonic responses with physical and chemical measurements. Journal of Food Science, 46, 583-588.

Wolfe, K. A. 1979. Use of reference standards for sensory evaluation of product quality. Food Technology, 33 (9), 43-44.

York, R. K. 1995. Quality assessment in a regulatory environ-ment. Food Quality and Preference, 6, 137-141.

Young, T. A., Pecore, S., Stoer, N., Hulting, F., Holschuh, N. and Case, F. 2008. Incorporating test and control product variability in degree of difference tests. Food Quality and Preference, 19, 734-736.

18 数据关系和多元统计分析的应用

多元统计学可以应用于定量感官科学的所有领域。本章中，我们将简要介绍该领域的两大主要分析方法：主成分分析（PCA）和规范变量分析（CVA）。PCA 可以应用在平均数上，而 CVA 应用于原始数据分析即包含重复观察测试的数据。我们还讨论了广义普鲁克氏分析（GPA），该分析法应用于自由选择剖面法产生的数据，也可应用于比较同一产品的多个数据测量与数据空间的相关性。最后，我们讨论（为第 19 章进一步深入讨论做准备）内部和外部偏好映射法。我们最后强调，进行多变量分析必须结合单变量分析。

研究人员会发现，使用多变量程序会带来一定的代价。例如，研究设计的灵活性的益处有时会被结果解释的模糊性所抵消。

——Tabachnik 和 Fidell（1983）

18.1 引言

描述性感官测试通常用于确定原材料、加工和包装对产品感官质量的影响。同时，经常也需要将喜好结果和感官和/或仪器测量的结果联系在一起来。在所有这些情况下，一组样品的多个属性被评价和分析，因此，必须使用一组称为多变量统计的分析工具。在过去的 30 年中，计算机的广泛使用和多种统计软件提高了多元统计分析的使用效率。这种“傻瓜型的操作”通常会促使新手使用这些技术，但这有时会出现令人惊讶的（并且往往是可疑的）结果。在使用这些统计技术之前，用户必须了解此统计软件的正确方法及适用范围。一些多变量技术除了简单的单变量测试之外还需要额外的统计假设。使用多变量方法会导致额外的不利因素和潜在隐患。即使正确使用，当这些结果与其他信息汇合时，从多变量结果得出的结论也是最安全的。偶尔可以使用这些技术进行假设生成，但很少有多变量统计技术是独立“证明”某一观点的方法。

一般来说，多元统计分析旨在从产品属性矩阵中提取信息并以可理解的形式呈现出来。它们的最大优势在于使感官专家具有在检测产品之间和感官属性之间建立起广泛的相互关系模式的能力，而不是单个单因素分析给出的。多元分析技术，在分析之前，感官专家必须确定哪种技术在特定情况下最合适。在本章中，我们将简述一些常用于感官分析的多变量技术——这些技术属于科学计量学领域。本章简要介绍了主成分分析、多元方差分析、辨别式/规范式变量分析、普氏分析和偏好映射分析。没有涉及一些非常有用的多变量技术（统计学，多因素分析，偏最小二乘分析，聚类分析），鼓励读者参考大量可用的教材。此外，多维标度（MDS）有时也被归类为多变量技术，虽然它不使用多个相关度量作为输入，但仅在第 19 章讨论了总体相似度的一些度量。下面的文章是对多元统计方法的很好介绍：和 erson（2003），Hair 等（2005），Johnson 和 Wichern（2007），Krzanowski（1988），Stevens（1986），Tabachnik 和 Fidell（2006）。Dijksterhuis（1997），Gower 和 Dijksterhuis（2004），Martens 和 Martens（2001）和 Meullenet 等（2007）提供了有用的科学计量学教科书。

18.2 多元统计技术综述

18.2.1 主成分分析

主成分分析（PCA）是一种多元技术，它简化和描述了多个因变量之间（在感官数据中，这些通常是描述符）以及对象之间的相互关系（在感官数据中，这些通常是产品）（和 erson，2003；Tabachnik 和 Fidell，2006）。应该对专家小组成员之间和重复平行之间的平均值进行 PCA 分析均后完成。Husson 等（2004，2006）在 SensomineR（Lê 和 Husson，2008）中介绍，如果想用原始数据进行 PCA 分析，应该使用带有置信椭圆的 PCA。PCA 将原始因变量转换为新的不相关维度，这样做之后，会使数据易于理解，同时这也简化了数据结构（Johnson 和 Wichern，2007）。PCA 将在本章和第 19 章中讨论。

PCA 的结果通常是变量和对象之间相互关系的图形表示。当多个因变量共线（相互关联）时，PCA 非常有用，这种情况通常发生在感官描述性数据中。从方差分析中，我们可能会发现许多描述特性在样本间有区别；然而，一些不同字符可能会描述产品的相同特征。例如，在描述性研究中，小组成员经常评价产品的香气和风味属性，但香气和风味属性很可能是多余的，并且测量的是本质上相同的属性（Heymann 和 Noble，1989）。PCA 通过将原始数据转化为一组称为主成分的新变量来显示这些多余的属性；但多余或高度正相关的属性将在新空间中彼此靠近。结果将在这些新变量上具有数值（PCs），就像他们在原始属性上一样。这些有时被称为因子分数。他们允许在新的主成分空间内编排产品。

主成分是通过因变量的线性组合得到的，这些变量使样本集内的方差最大化。第一个主成分（PC）占了样本间可能最大的变量。随后的 PCs 在数据集中占总方差的数量依次变小，并与以前的 PC 无关（正交或成 90°）。如果样本数量多于变量（理想情况），那么可以从数据集中提取的 PC 总数等于因变量的数量。PC 的线性组合取决于数据相关矩阵（数据是标准化的）或数据协方差矩阵（数据不是标准化的）。当变量在广泛不同的标度上测量时，应该使用相关矩阵，因为在这种情况下，标度范围会影响结果。感官科学家通常使用协方差矩阵，因为感官描述数据通常以相同的比例（如 15cm 的非结构化直线标度）进行测量。

如果保留所有 PC，那么 PCA 在数据转换时不会丢失信息。这与将温度从华氏温度转换为摄氏温度相似。然而，通常进行 PCA 的目的是简化和描述相互关系。在这种情况下，前几个 PC 体现了数据集合的大部分差异，并且通常只有这些组成部分才会被保留以供进一步解释。因此，一旦 PCA 完成，分析人员必须决定应保留多少 PC。一般来说，建议在确定要保留的 PC 数时，应结合下面列出的条件组合（Hatcher 和 Stepanski，1994；Stevens，1986）。通常的标准是：

（1）Kaiser 标准规定，应该保留和解释本征值（egienvalues）大于 1 的 PC。这个标准是基于这样一个假设，即所保留的 PC 应该解释比单个因变量更多的方差，而具有等于 1 的本征值的 PC 解释了与单个因变量相同的变量（Kaiser，1960）。Kaiser 标准可能太宽松，并保留太多的 PC。当原始数据集合超过 20 个具有较高共性的因变量时，这通常是相当准确的（Stevens，1986）。每个变量的共性是与被保留的 PC 所考虑的那个变量相关联的变量。如果所有 PC 都被保留，则所有因变量的共性将为 100%；如果保留了部分 PC，那么每个变量的共性取决于保留的 PC 是如何描述原始数据空间的。

（2）碎石（Scree）检测是一种图形方法　其中与每个 PC 相关的本征值绘制在散点图上（图 18.1）。基于图中“拐点”或中断的标记来保留 PC。出现在“拐点”之前的 PC 被保留下来，而拐点之后的 PC 不被保留（Cattell，1966）。该检测的名称来源于垂直悬崖底部的碎石或距骨。碎石检测倾向于保留少量的 PC，但对于超过 250 个观测值并且意味着共同点超过 0.60 的数据集，该检测相当准确。

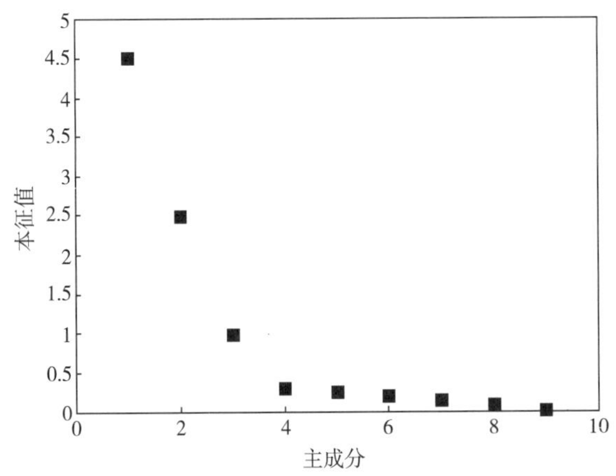

图 18.1　具有 9 个描述符的 PCA 的本征值的碎石图

接近平缓部分出现在图中的拐点之后。在这种情况下，碎石检测表明应该保留三个主成分（Cattell 和 Vogelmann，1977；Stevens，1986）。

（3）通常分析人员将保留占数据集中预先指定比例差异的 PC 数量。变量通常为 70%，80%或 85%。

（4）最后使用的标准是常识和可解释性　换句话说，根据调查对象的现有知识保留有意义的 PC。可解释性基于几个标准（Hatcher 和 Stepanski，1994），即给定维度上的变量负载应该具有一些共同的含义；负载在不同维度上的变量应该测量不同的含义；因子模式应显示一个简单的结构。

PCA 的结果是未旋转的因子模式矩阵。如果难以解释未旋转的模式，则可以旋转因子模式。旋转的目的是推导出结构简单的 PCA。在结构简单的 PCA 中，变量在一个 PC 上具有高度信息量。在二维 PCA 中，与具有较高维度的 PCA 不同，可以进行人工旋转轴向。例如，图 18.2（1）是假设数据的 PCA 图。很清楚，沿箭头方向旋转两个 PC 将导致图 18.2（2），其具有更简单的结构。当选择保留两个以上的 PC 时，必须进行精确的旋转。在进行精确旋转时，PC 负荷转换或者保留正交性（通常使用）或不保留（很少使用）。正交旋转如最大方差法和四等分极限轴转法保留了 PC 的正交性（不相关的方面），而非正交旋转，如 promax 和 orthoblique 则不保留正交性（Stevens，1986）。

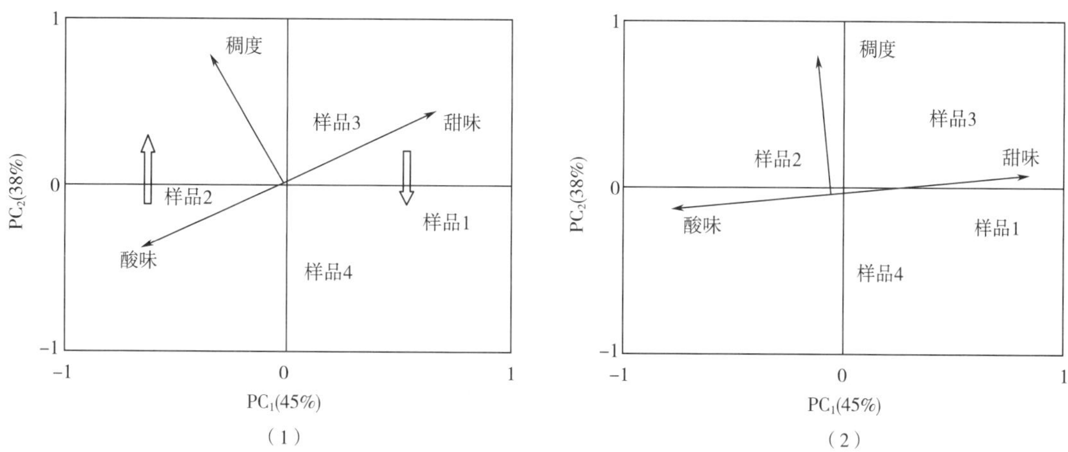

图 18.2 （1）未旋转的假想数据的二维 PCA 解决方案；（2）人工旋转假设数据的 PCA 解决方案

空心箭头表示旋转方向。这个 PCA 图解释如下：PC_1 解释数据集中 45%的变量，这个 PCA 是甜味和酸味之间的对比，PC_2 解释另外 38%的变量，它主要是稠度的函数。样品 1 比样品 3 甜且不稠；样品 4 在酸味和甜味之间保持平衡，没有其他样品稠；样品 2 比样品 1 和 4 稠，但没有样品 3 稠。它比其他样品更酸，甜度也更低。样品 3 在样品 4 的酸味和甜味上稍微相似，但较稠。

一旦获得简单的结构，就必须解释 PC。这是通过描述因变量（描述符）彼此之间以及保留的 PC 之间的关系来完成的。在特定 PC 上重负载（正面或负面）的描述符用于解释该维度。重负载属性的是指什么？Hatcher 和 Stepanski（1994）表示这些属性的负载（loadings）大于绝对值 0.40。然而，Stevens（1986）比较保守，认为重要的负载量是特定样本量的显著相关系数的两倍。我们建议分析人员决定他/她感觉舒适的负载值（在我们的情况下，这通常为 0.75 左右），然后他/她只使用这些负载（属性）来描述每个 PC。另一种观点是，所有负载都是有意义的，应该加以解释。小负载（接近于零）意味着该 PC 与这些变量无关，但可以是有用的信息。

最后，将样品（物体或产品）绘制到保留的 PC 所描述的 PCA 空间中。计算每个样本的得分以确定其在保留的 PC 上的位置。在 PC 示意图上进一步分开的样本与分在一组的样本，在感知上彼此不同。Husson 等（2004）和 Monteleone 等（2005）已经开发了具体引导型方法来确定 PCA 空间中产品周围的 95%置信区间（图 18.3）。

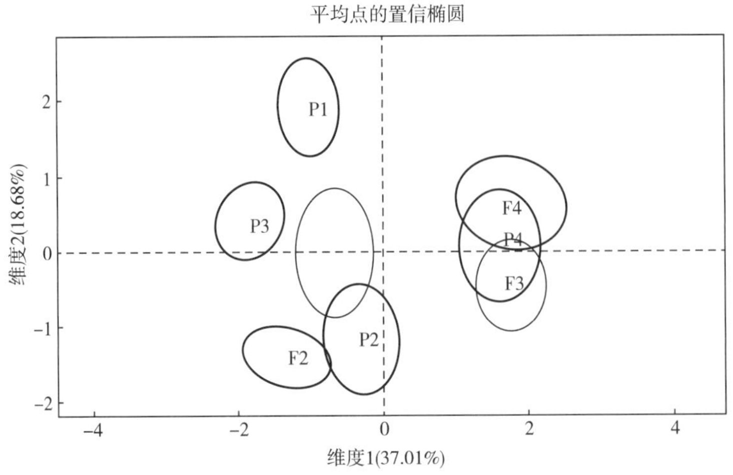

图 18.3 引导型方法作 95%置信椭圆的 PCA 图的例子

重叠的圈子在 95%的水平上没有显著差异［由 Lêet 等（2008）授权转载］。

PCA 广泛用于感官描述性数据。Bredie 等（1997），Guinard 等（1998），Wortel 和 Wiechers（2000），Lotong 等（2002），van Oirschot 等（2003）和 Pickering（2009），列举了一些例子。

18.2.2 多元方差分析

多元方差分析（MANOVA）是一个程序，它允许人们确定在所有感兴趣的因变量之间是否存在显著性差异。像单变量方差分析（ANOVA）一样，MANOVA 检验两种或多种处理之间的差异，但是与一次计算一个因变量的方差分析相反，在 MANOVA 中，所有因变量同时进行检测。

在感官描述分析中，使用多个描述词来描述和检测产品组。例如，在对冰淇淋的描述性分析中，小组成员可以评价六个冰淇淋的冰爽度、光滑度、硬度和融化速率。通常每个属性（因变量）通过方差分析进行分析，要求对数据进行四次 ANOVA（每个属性一次）。理论分析显示，在同一数据集上执行大量方差分析可能会导致整体的 I 类型错误变大（Stevens，1986）。例如，假设一个小组通过使用八个描述词进行描述性分析来评价两个酸乳。然后使用 t 检验分析数据，对每个描述词进行一次 t 检验。请记住，双样本 ANOVA 的 F 值等于 t 检验值的平方。α（类型 I 误差）为 0.05。如果我们假设所有八个测试都是独立的（这并不完全是真实的，因为每个酸乳都由同一个小组成员评价，并且一些变量可能共线，即彼此相关），那么不是类型 I 误差的总体概率为 $(0.95)\times(0.95)\times(0.95)\times(0.95)\times(0.95)\times(0.95)\times(0.95)\times(0.95)\approx 0.66$。因此，至少有一次错误拒绝的概率（假设所有的原假设均为真）等于 $1-0.66=0.34$。从这个简单的例子中可以很容易地看出，当执行多个测试时，总体的类型 I 误差很快变很高。准确估计 I 类型误差的增加也是不可能的。理想情况下，数据应该在 ANOVA 分析之前进行

MANOVA 分析，因为在个体 ANOVA 之前进行 MANOVA 以防止这种情况发生（Hatcher 和 Stepanski，1994；Johnson 和 Wichern，2007；Stevens，1986）。有少数统计学家认为多元方差分析未必导致更好地控制Ⅰ型误差的产生（Huberty 和 Morris，1989，Ståhle 和 Wold，1990）。MANOVA 提供基于 Wilks' Lambda（λ）的单一 F-统计，其同时评价所有描述指标的影响。一个显著的 MANOVA F-统计（由于一个小的 Wilks 函数）表明样本在因变量之间有差异。此时，应对每个因变量进行方差分析可确定哪些因变量在样本间有显著性差异。另一方面，非显著性的 MANOVA F-统计（基于更大的 Wilks 函数）表明样本在因变量之间没有差异，并且单个 ANOVA 没有保证可靠。

MANOVA 可以使感官评价专家避免与多个方差分析相关的另一问题的影响。个体方差分析不能解释一个非常重要的信息，即描述性变量之间的共线性（相关性）。MANOVA 将共线性（通过协方差矩阵）纳入检测统计量中。分析中要考虑因变量之间相关性的影响。此外，存在这样的可能性，即样本在任何一个变量上都没有差异，但是某些变量组合后影响样本。MANOVA 允许感官专家探索这种可能性，而执行单个方差分析则不能。确定一个变量的组合在单个变量不存在的情况下对样本Ⅱ类型误差具有隐藏性，也就是说，不要错过真正的差异。感官专家应该使用这个工具，特别是声称产品是等价的而实际上它们是不同并且可能对市场产生潜在影响的情况下。感官文献中 MANOVA 的例子包括 Lee 等、Cano-López 等、Adhikari 等和 Montouto-Graña 等。

18.2.3 辨别分析（又称经典变量分析）

判别分析有两个功能：分类和分离（Huberty，1984）。我们倾向于使用分类函数表示辨别分析（DA）和分离函数的规范变量分析（CVA）。DA 很少用于纯感官科学研究；但常用于基于化学和仪器分析的样品分类（Luan 等，2008；Martín 等，1999；Pillonel 等，2005；Serrano 等，2004）。另一方面，CVA 经常与感官数据一起使用（Delarue 和 Sieffermann，2004；Etaio 等，2008；Martin 等，2000），与 PCA 类似，提供了产品内部和产品之间关系的二维或三维图形显示（图 18.4）。当需要使用原始数据获取产品间差异的一些信息时，CVA 特别有用。

了解感官专家如何使用规范变量分析（CVA）的最简单方法是参考单变量方差分析（ANOVA）。ANOVA 表明主要或交互效应中的哪一个是显著的。但是，如果样本平均值效应显著，则 ANVOVA 不能说明哪些样本之间存在差异。为了确定这一点，其中一种平均值分离技术必须应用于数据，比如 Fisher 的最小显著性差异法（LSD）、真实显著性差异法（HSD）、Dunnett 检验和 Duncan 检验。均值分离检测允许感官专家确定哪些样本彼此不同。Fisher 的 LSD 检验要求，在通过计算 LSD 来检查差异对之间的差异之前，针对特定主效应或相互作用的 ANOVA 必须是显著的。类似地，CVA 是 MANOVA 的多维平均值分离技术（Ståhle 和 Wold，1990）。

如果 MANOVA 中具体的主效应或相互作用显著，那么可以使用 CVA 来获得样本平均值间隔的图解（图 18.4）。该技术已广泛用于感官文献中（Adhikari 等，2003；Etaio 等，2009；Lund 等，2009；Martin 等，2000；Wienberg 和 Martens，2000）。Heymann 和 Noble

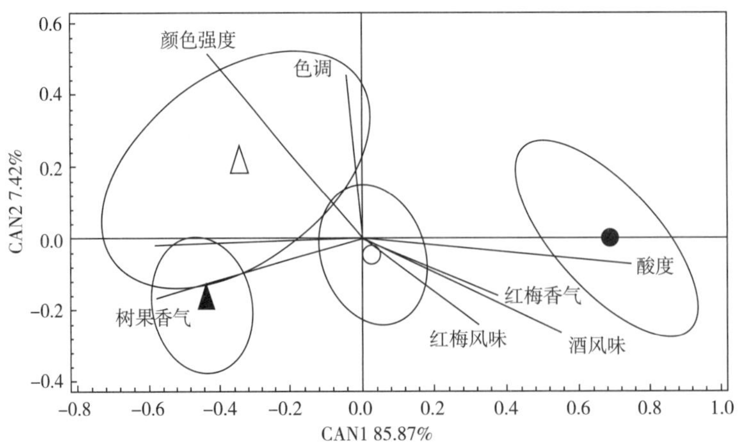

图 18.4 重要参数的感官数据的规范变量分析图

用 Tempranillo（○）或 Tempranillo 和 Viura（●）制作的碳浸渍葡萄酒的属性负载（线条）和因子得分（圆圈）以及用 Tempranillo（△）或 Tempranillo 和 Viura（▲）制作由葡萄梗（三角形）做成的葡萄酒。置信椭圆为 90%。CAN，规范变量。重叠的椭圆在 90%水平上没有显著区别［由 Etaio 等（2008）授权转载］。

（1989）比较 CVA 方法和 PCA 方法，发现原始感官描述数据矩阵的 CVA 结果优于 PCA。Brockhoff（2000）表明在感官描述性数据分析上，CVA 比 PCA 优越，因为 CVA 解释了原始数据中的不确定性和误差相关性。

18.2.4 广义普鲁克氏分析

广义普鲁克氏分析（GPA）是一种从两个或更多数据集中派生出共识配置的统计技术（Dijksterhuis，1997；Gower，1975；Gower 和 Dijksterhuis，2004）。要求所有这些数据集合都必须包含相同的产品。该技术以 Procrustes 命名，他是希腊神话中的一名店主和高速公路上的强盗，他的旅店只有一种床。在任何条件下，他强迫所有顾客通过伸展他们的身体或者通过收缩他们的四肢来适应床（Kravitz，1975）。感官上的 GPA 将个体数据集合到一个单一的共识空间中。

在 GPA 中，多维空间中的两个或多个点的配置通过平移（使起点相等，即居中）、缩放变化（拉伸或收缩）以及旋转或反射相匹配。分析是通过一个迭代过程来进行的，这个过程使 Procrustes 统计量的 s^{**} 值最小化（Langron，1983）。Procrustes 统计量是在 GPA 完成时各个配置与共识配置之间的剩余距离，即它是衡量配合不良的指标。

当 GPA 与感官数据一起使用时，个人数据集可以来自个别小组成员或不同方法收集的数据。例如，当 GPA 与自由选择分析数据一起使用时，单个数据集是来自每个独立小组成员的数据（Dijksterhuis，1997；Heymann，1994a；Meudic 和 Cox，2001）。同样，可以通过 GPA 分析描述性数据，使用每个小组成员的数据用于推导出共识配置的个体数据集（Dijksterhuis 和 Punter，1990，Heymann，1994b）。但是，也可以使用 GPA 来整合通过不同方法导出的数据。例如，可以使用 GPA 来比较特征和描述性感官数据（Popper 等，

1997），或者比较通过不同的小组和方法得出的描述性数据（Alves 和 Oliveira，2005；Aparicio 等，2007；Delarue 和 Sieffermann，2004；Heymann，1994b；Martin 等，2000），也可以比较仪器采集的数据与感官手段收集的数据（Berna 等，2005；Chung 等，2003；Dijksterhuis，1997）。

当对个别小组成员的数据进行 GPA 时，平移阶段可通过以每个小组成员的原点为中心标准化每个小组成员的分数。这类似于从 ANOVA 模型中的小组成员的主效应中去除主成分。在标度变化阶段，可以通过 GPA 调整小组成员使用标度的差异。在旋转/反射阶段，GPA 最大程度地降低了小组成员在使用属性时的不一致性。这个阶段是 GPA 可能会被要求分析自由选择剖面数据的原因，因为分析考虑了小组成员可能使用不同的术语来描述相同的感觉的可能性。GPA 在分析描述性数据时也很有用，因为感官专家不确定所有参与者使用的该术语是否与他们的感觉相一致。在这种情况下，假设是小组成员的分数表示不同的固有配置。以确定上述哪些转换是形成共识配置中最重要的（Dijksterhuis 和 Punter，1990）。

与 PCA 一样，GPA 基于变量之间的相关模式来提供简化的配置。GPA 在二维或三维空间中提供数据的一致映射性。可能有三维以上的 GPA 解决方案，但这些解决方案通常很难解释。共识配置的解释与 PCA 图类似（图 18.5）。此外，可以绘制个别小组成员的数据空间并将不同小组成员彼此进行比较（图 18.6）。由维度解释的小组成员方差图（图 18.7），允许感官专家确定哪些维度对小组成员更重要。也可以将个别小组成员使用的描述符绘制在共识空间中（图 18.8）。这些描述符的解释方式与 PCA 图上的描述符相同。

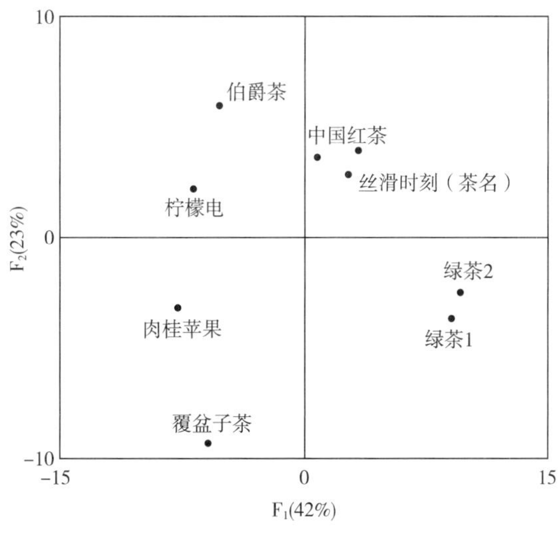

图 18.5 广义普氏共识图

该图解释如下：维度$_1$（F_1）解释了 42%的变量，维度$_2$（F_2）解释了 23%的变量。F_1 右侧为绿茶，而左侧为香味浓郁的茶。F_2 上部为红茶，下部为覆盆子茶。两种绿茶的感官特征相似。中国红茶与其他红茶也非常相似，与“丝滑时刻（茶名）”也类似。

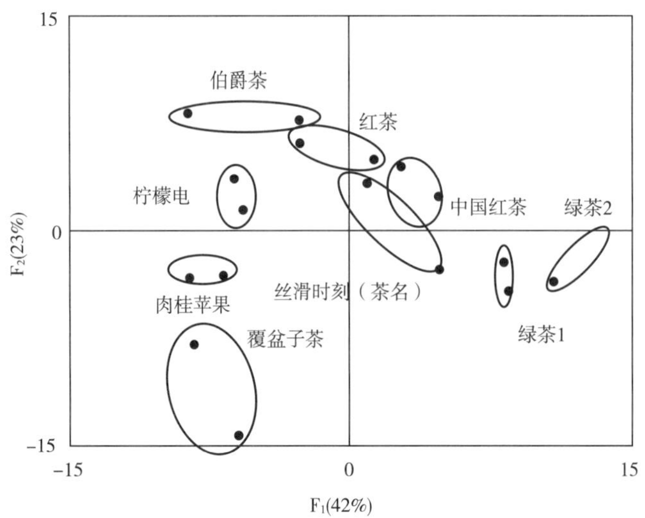

图 18.6　为个别小组成员评价的样品的广义普氏图

为了清楚起见，只绘制了两名小组成员（#1 和#4）。置信椭圆表示这些小组成员样本在共识空间中的位置。较大置信椭圆中的样品“适合性”不好。

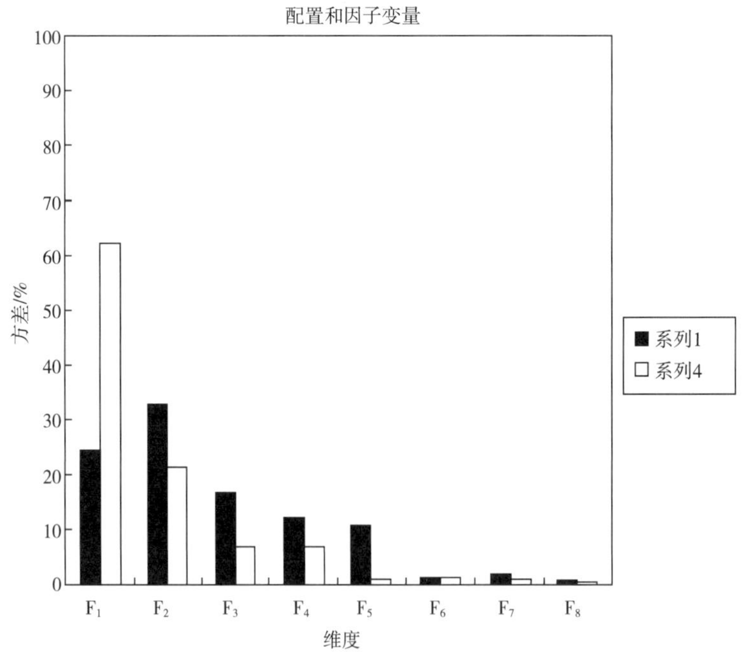

图 18.7　由专门小组成员（配置）和维度（因子）绘制的广义普氏方差图

为清楚起见，只绘制了与两名小组成员（#1 和#4）相关的差异。在维度 1 中，小组成员 4 比小组成员 1 有更多的变化；但在 $F_2 \sim F_5$ 中，小组成员 1 具有比小组成员 4 更多的变异。

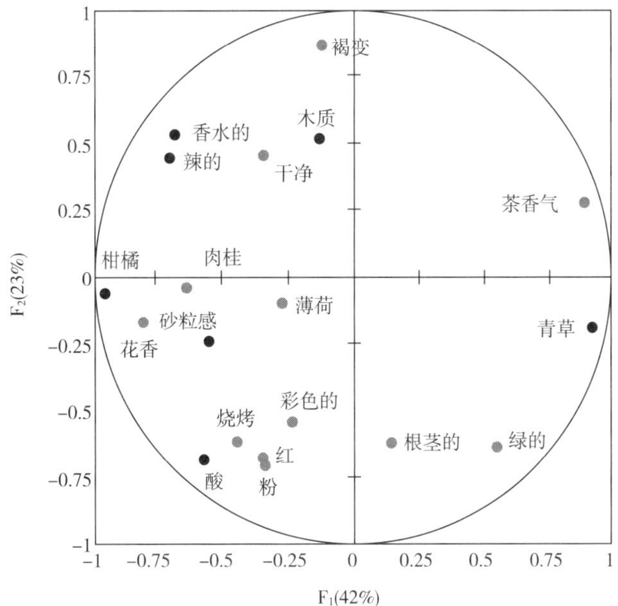

图 18.8　描述词在共识空间中的位置

小组成员 4 使用的描述词用斜体表示。这两位小组成员在使用属性方面似乎并达成了共识。

18.3　利用偏好映射联系消费者数据和描述性数据

多维偏好映射是一种感知映射方法，可通过特征数据的图形来显示（MacFie 和 Thomson，1988）。偏好映射也在第 19 章中讨论过。在一个绘图中，参与研究的每个消费者的特征信息同时呈现在多维空间中，并包含评价的产品（Kuhfield，1993）。由此产生的感知图体现了产品之间的关系，同时将消费者喜欢这些产品的个体差异性也清晰呈现出来。在本章中，我们将讨论偏好映射的具体细节，并在第 19 章中进一步描述偏好映射的使用。

通过这种方法，消费者评价六种或更多产品，并对每种产品的特征性进行评分。数据分析是以个人而非汇总（组）级别为基础的。偏好映射可以通过内部或外部分析来执行。在最简单的内部偏好映射形式中，有时称为 MDPREF，用于导出偏好映射的唯一数据是消费者的数据。因此，整个感知图仅基于来自消费者的接受度数据。在最简单的外部偏好映射（有时称为 PREFMAP）中，使用来自外部源的数据来导出偏好映射（称为产品空间），然后通过多项式回归将消费者的特征数据投影到该空间中。根据 van Kleef 等，偏好映射的两个主要分支“强调对相同数据的不同观点”及内部偏好映射提供了“营销可行性和新产品创造力的明显优势”，外部偏好映射“对食品技术任务更具有可操作性”（表 18.1）。请注意，如果用最大的维度分析［即内部消费者数量和外部偏好分析中产品数量（如果产品数量少于变量）］，这两种方法将显示相同的结果，但在空间上具有不同的区域。然而，在实践中，这些数据从来不会以最大维度进行分析，因为其目的是在较低空间维度中发现可视化的最重要的信息（van Kleef 等，2006）。

表 18.1　　内部和外部偏好映射之间的基本区别

	内部偏好映射	外部偏好映射
强调	偏好	感官感知
产品在图中的位置	代表喜好或偏好数据的变化	代表感官数据的变化（通常是描述性分析数据）
第一个维度	解释产品间在偏好方向的最大变量	解释产品间在感官方向的最大变量
偏好数据	决定产品在空间中的位置	作为补充：插入感官产品的空间
感官数据	作为补充：插入偏好产品的空间	决定产品在空间中的位置

注：由 van Kleef 等（2006）受权转载。

18.3.1　内部偏好映射

这种分析通常是以产品为样本（行）和消费者特征分数作为变量（列）的 PCA。内部偏好映射的目的是找到可以解释消费者快感反应数据中大部分变量的少数主要影响成分（通常是两个或三个）。人们认为，这些主成分可以解释影响消费者快感反应的潜在的感官属性因素。在这种格式中，内部偏好映射是一个矢量模型，每个消费者由零点交叉处的箭头表示，指向该消费者的偏好增加方向。实质上，箭头是表示对于特定消费者而言，箭头方向上“越多越好”。

很可能最终消费者会发现更多并不代表更喜欢，产品可能会变得更甜等。因此，如展开模型与多维缩放模型相似（Busing 等，2009；DeSarbo 等，2009 年；MacKay，2001 年，2006 年），这表明理想点将更有用。这些在感官研究中很少被使用，但在市场调查研究中更受欢迎。大多数已发表的关于感官特征内部偏好映射的研究使用的模型为矢量模型（Alves 等，2008；Ares 等，2009；Costell 等，2000；Resano 等，2009；Rødbotten 等，2009；Yackinous 等，1999）。

图 18.9 就是内部偏好映射的感官映射的一个很好例子。如前所述，为了获得合理的感知图，感官专家应该让消费者评价至少六种跨越感知空间的产品（Lavine 等，1988）。产品应该彼此不同，否则消费者的喜爱分数可能没有差异。有空间具有较少产品的例子（Gou 等，1998），但这些空间的解释应该非常谨慎，因为过度拟合是一个严重的问题。对于内部偏好映射，所有消费者都应评价所有产品。如果消费者数据中存在少数缺失值（Hedderley 和 Wakeling，1995），则可以进行增补，通常为替代。Monteleone 等（1998）描述了一个引导过程，根据消费者特征分数确定产品周围的 95% 置信度椭圆。这些作者可使用排列测试来确定特定的消费者是否显著适合内部偏好映射。

18.3.1.1　扩展的内部偏好映射

基本的内部偏好映射仅基于消费者特征数据。PC 可以根据感官专家的产品知识来解释，如图 18.9 所示。但是，分析专家可以根据相同产品的描述性数据，绘制扩展的内部

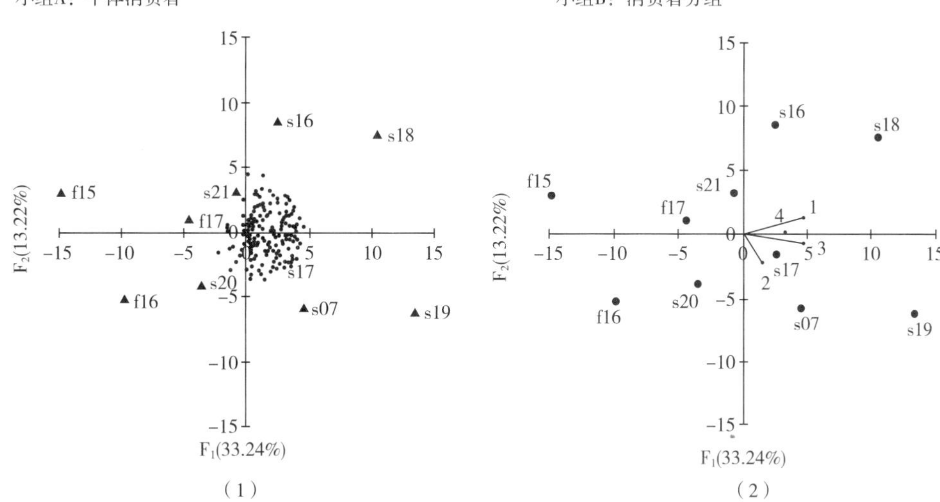

（1）（2）

图 18.9 基于 10 个火腿样本的内部偏好映射

PC_1 和 PC_2 分别占变量的 33.24%和 13.22%。每个消费者在地图上显示为一个黑点，它对应的拟合向量终点。通过在端点和原点之间画一条线，可以获得每个消费者的矢量线。向量行的长度表明，个体的偏好被绘制的维度所解释的程度。图（1）显示了个体消费者的位置，而图（2）中消费者群体的位置。A 组表示大多数消费者在图右侧的西班牙火腿，仅有约 7%的消费者位于图左侧的法国火腿（f15，f16，f17）和另外两个西班牙火腿（S20，S21）。图（2）显示了四个消费者群（基于 k 均值聚集）。这些聚集几乎叠加在一起，且很难以解释产生这种现象的原因。

偏好映射，其中产品的外部信息可通过回归投影到内部偏好映射中（Jaeger 等，1998；DaillantSpinnler 等 1996；Martínez 等，2002；Santa Cruz 等，2003；van Kleef 等，2006）。这允许“命名”潜在的感知维度（图 18.10）。

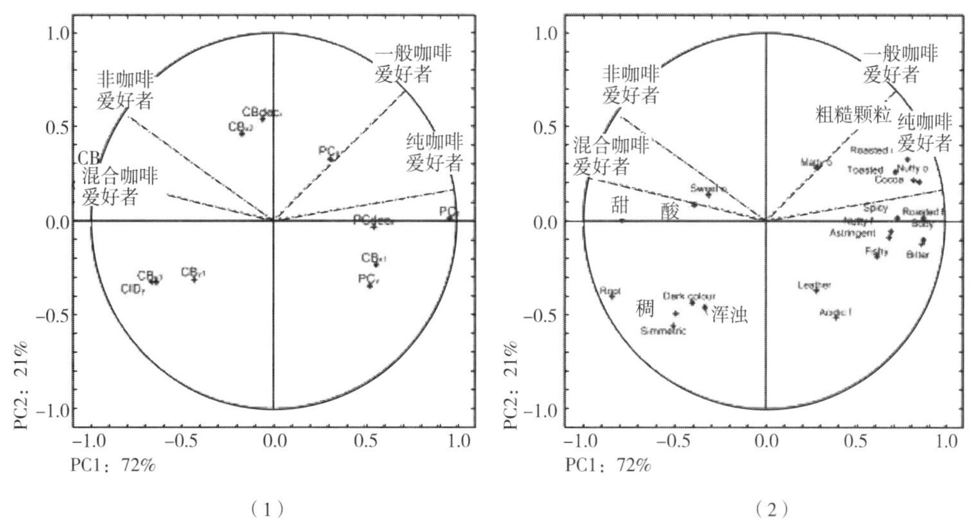

（1）（2）

图 18.10 四个消费者集合的扩展内部偏好映射和 11 个咖啡样本的描述性感官特性

咖啡样本（1）和感官描述量（2）向量代表消费者群体喜欢的方向：PC，纯咖啡；CB，咖啡混合物，CID，菊苣速溶饮料；dec，无咖啡因；XYZ 指三种咖啡制造商；f，风味；o，气味/香气。

18.3.2 外部偏好映射

在这种情况下，产品空间通常是从感官分析数据获知的，但用于创建产品空间的数据可以通过描述性分析方法、自由选择分析、多维扩展技术和仪器测量等获得。这些方法的基本原理不同，但它们都可以在进行分析后形成表或图。对于描述性数据，产品空间由 PCA 或 CVA 得到（Ares 等，2009；Lovely 和 Meullenet，2009；Schmidt 等，2010；Young 等，2004）。对于自由选择分析，GPA 将产生一个产品空间（Gou 等，1998），并且可以将多维的相似性数据放在一个产品空间中（Faye 等，2006）。产品空间也可以从仪器测量获得，例如，Gámbaro 等（2007）使用颜色测量来创建一个产品空间，在这个空间里，他们预测了消费者对于蜂蜜颜色的嗜好分数。重要的是要体现出“为了外部（偏好）分析的成功，外部刺激（产品）空间包含与偏好相关的维度是至关重要的”（Jaeger 等，2000）。

通过将每个消费者的反应回归到产品的空间维度中（图 18.11），个人消费者的特征量被投射到产品空间中。每个消费者的特征分数可以被解释为一系列多项式偏好模型：具有旋转的椭圆理想点、圆形理想点和矢量模型（Coxon，1982；McEwan，1996；Schlich，1995）。McEwan 警告说，椭圆和二次模型倾向于导致马鞍型理想点，因为很难解释，所以很少使用这些模型。然而，Johansen 等找到了这个集合的一个鞍点，并且相对容易解释（图 18.12）。确定每个模型解释的方差，并为每个消费者确定最合适的模型（Callier 和 Schlich，1997）。如果某一特定消费者的所有模型解释的变量很小，那么该消费者的行为可被理解为没有充分地被产品空间所解释（Callier 和 Schlich，1997）。

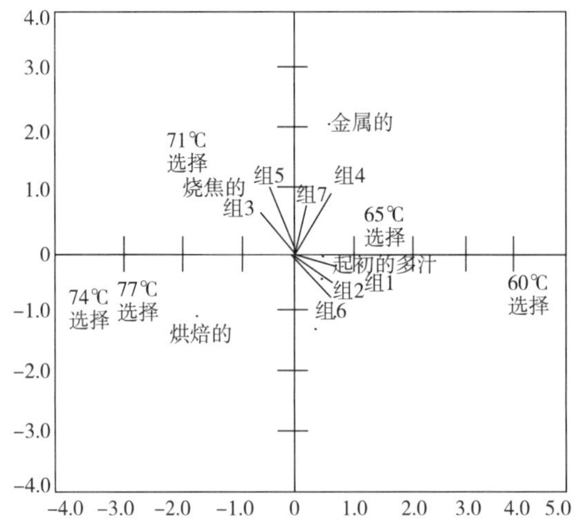

图 18.11 结合消费者数据和描述性分析数据的外部偏好映射

美国人选择的最长的牛排（里脊），它们被烹饪到不同的终点温度。线束 1、2 和 6 表示消费者喜欢由多汁，嫩度和带血属性所定义的稀有牛排。此外，线束 2 和线束 6 表示消费者首选中等稀有牛排，以牛排烹调增加终点温度。线束 4 表示消费者更喜欢生的、中等生的和中等熟的牛排而不是其他处理方法。看起来，这些消费者喜欢所有的属性，但不喜欢烤和棕色/烧焦的味道，喜欢尽可能多汁和/或嫩的牛排。线束 3 表示消费者不喜欢生的牛排，主要是因为带血和金属属性（Schmidt 等，2010）。

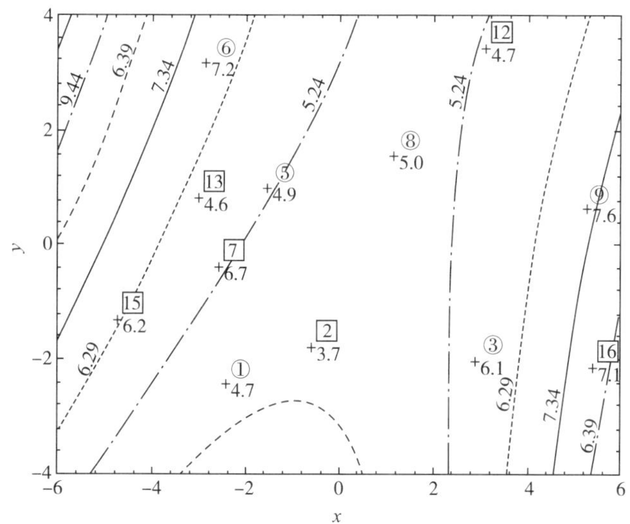

图 18.12 第二个消费群体的鞍点等值线图

提供给消费者组 1 的干酪标有正方形，提供给消费者组 2 的干酪标有圆圈。显示了来自 30 位消费者的平均分数［由 Johansen 等（2009）授权转载］。

为什么会发生这种情况？有几个原因：一些消费者可能根本就能区分这些产品，因此数据不适合进行分析。此外，一些消费者可能会将他们的特征反应建立在未包含在产品空间中的分析感官数据中。这些消费者使用的信息可能在建立产品空间时丢失，或者消费者可能使用了未包含在产品描述性分析中的其他感官或非感官线信息。此外，一些消费者产生了不一致的、不可靠的信息，可能是因为他们在检测期间改变了判定标准。

消费者适合度从最低 36%（Helgesen 等，1997）到小于 50%（Tunaley 等）、接近 69%（Monteleone 等，1998）。Guinard 等（2001）发现，啤酒消费者中有 75%的人群符合 24 种啤酒的感官知觉图。他们认为这是由于研究中使用大量的、差异较大的啤酒样品的缘故。另一方面，Elmore 等（1999）发现，超过 90%的消费者适合描述性的感官空间，能感知到奶油特性。这些研究之间的主要区别在于：Elmore 等仔细设计了供小组成员和消费者使用的样品，这些样品彼此完全不同。当样本实际上在感官上有差异时，消费者有更好的机会确定真实喜欢和不喜欢的以调整其中的一个扩展空间以覆盖所有可能的对产品的响应。为了提高消费者对外部偏好映射的适应度，Faber 等（2003）制定了启发式或常识性原则，以保证 PC 数量的合适性。在他们的情况下，适应度从两个 PC 的 51%提高到五个 PC 的 80%。但是，提醒评价专家谨慎使用。

外部偏好映射的缺点之一是所有消费者都必须评价所有产品；但是，Slama 等（1998），Callier 和 Schlich（1997）已经表明，消费者可以评价产品的子集，并且仍然可以分别基于二次模型和矢量模型获得合理的外部偏好映射。最近，Johansen 等（2009）从描述性数据的 PCA 结果中选择了消费者特征评价的子集。然后他们使用模糊聚类分析数据，发现该方法对于乳酪样品很适用。

其他外部偏好映射技术使用了偏最小二乘法（PLS），其他外部偏好映射技术通过使用偏最小二乘法（PLS），其中可以通过迭代过程（Martens 和 Martens，2001；Meullenet 等，2002）和逻辑回归方法（Malundo 等，2001），同时建立与产品空间相关的产品空间和消费者空间的相关性。

18.4 结论

在本章和下一章中，讨论了一些多变量分析技术。在许多情况下，其中一个方法的输出是负载（属性的位置）和分数（产品的位置）的二维或三维图。如果负载和分数都绘制在同一张图上，那么这种图通常称为双坐标图。将多变量统计与感官科学数据结合使用非常有用，但如果查阅诸如 *Food Quality and Preference* 等期刊，我们可以得知这种双坐标图有一定的风险性。此期刊和其他期刊有大量关于感官方法论的文章及相关的统计分支，现在将其称为传感测量学。这些文章中的共同一个主题是，几乎不管什么感官测试，数据以双坐标图呈现（在多变量统计处理之后）。这种双坐标图已经变得非常普遍了，似乎是强制性的。然而，仅因有一个生成了双标图的多变量分析就认为我们已经完成了很好的感官评价是不恰当的。

例如，很有可能从描述性分析中获得的一些与其他变量无关的属性，但对消费者的接受度或拒绝率有很强的影响。如果它们不相关，它们将不会出现在前两个或三个主成分中，并且根本不会在双曲线中表示。也有可能两个属性在二维空间中高度相关，但是它们在三维或更高维度中，不相关。感官科学家应该始终注意，双标图可以用一维空间以上的二维或三维来表示。因此，感官科学家必须始终注意检查所有传统的单变量统计分析（一次一个属性），并且分辨一些热门统计技术的适用范围，即假的导致二维或三维感知映射。感知地图只是数据汇总技术中的一个（可以说是次要的）工具。我们要经常告诉学生双标线是“虚拟”的现实，单变量数据分析才是现实的。

表 18.2 简要概述了本章描述的多变量技术，并且应该帮助感官科学家决定每一种技术的适用范围。

表 18.2　本章描述的多变量技术总结

分析技术	输　入	输　出	其他信息
主成分分析	扩展数据的平均值	产品/属性空间	可解释的变量
规范变量分析	扩展数据的原始值（多次重复）	产品/属性空间	样品间及样品内可解释的变量
广义普氏分析	单一扩展数据的矩阵	产品的一致性/属性空间	适合个体
内部偏好映射	特征性数据	产品与载体（消费者）	
内部偏好映射	扩展的数据与特征性数据的结构分析		具有产品与消费者为载体的产品/属性空间

参考文献

Adhikari, K., Heymann, H. and Huff, H. E. 2003. Textural characteristics of lowfat, fullfat and smoked cheeses: Sensory and instrumental approaches. Food Quality and Preference, 14, 211-218.

Alves, L. R., Battochio, J. R., Cardosa, J. M. P., De Melo, L. L. M. M., Da Silva, V. S., Siqueira, A. C. P. and Bolini, H. M. A. 2008. Time-intensity profile and internal preference mapping of strawberry jam. Journal of Sensory Studies, 23, 125-135.

Alves, M. R. and Oliveira, M. B. 2005. Monitorization of consumer and naïf panels in the sensory evaluation of two types of potato chips by predictive biplots applied top generalized Procrustes and three-way Tucker-1 analysis. Journal of Chemometrics, 19, 564-574.

Anderson, T. W. 2003. An Introduction to Multivariate Statistical Analysis, Third Edition. Wiley - Interscience, Chichester, UK.

Aparicio, J. P., Medina, M. A. T. and Rosales, V. L. 2007.

Descriptive sensory analysis in different classes of orange juice by robust free-choice profile method. Analytica Chimica Acta, 595, 238-247.

Ares, G., Giménez, C. and Gámbaro, A. 2009. Use of an open-ended question to identify drivers of liking of milk desserts. Comparison with preference mapping techniques. Food Quality and Preference, doi: 10-1016/j.foodqual. 2009.05.006.

Berna, A. Z., Buysens, S., Di Natale, C., Grün, I. U., Lammertyn, J. and Nicolai, B. M. 2005. Relating sensory analysis with electronic nose and headspace fingerprint MS for tomato aroma profiling. Postharvest Biology and Technology, 36, 143-155.

Bredie, W. L. P., Hassell, G. M., Guy, R. C. E. and Mottram, D. S. 1997. Aroma characteristics of extruded wheat flour and wheat starch containing added cysteine and reducing sugars. Journal of Cereal Science, 25, 57-63.

Brockhoff, P. B. 2000. Multivariate analysis of sensory data: Is CVA better than PCA? Levnedsmiddelkongres 2000, Copenhagen, Denmark.

Busing, F. M. T. A., Heiser, W. J. and Cleaver, G. 2009. Restricted unfolding: Preference analysis with optimal transformations of preferences and attributes. Food Quality and Preference, doi:10-1016/j.foodqual. 2009.08.006.

Callier, P. and Schlich, P. 1997. La cartographie des préférences incomplétes-Validation par simulation. Sciences Des Aliments, 17, 155-172.

Cano-López, M., Bautista-Ortín, A. B., Pardo-Mínguez, F., López-Roca, J. M., Gómez-Plaza, E. 2008. Sensory descriptive analysis of red wine aged with oak chips in stainless steel tanks or used barrels: Effect of the contact time and size of the oak chips. Journal of Food Quality, 31, 645-660.

Cattell, R. B. 1966. The scree test for the number of factors. Multivariate Behavioral Research, 1, 245-276.

Cattell, R. B. and Vogelmann, S. 1977. A comprehensive trial of the scree and KG criteria for determining the number of factors. Multivariate Behavioral Research, 12, 289-325.

Chatfield, C. and Collins, A. J. 1980. Introduction to Multivariate Analysis. Chapman and Hall, London.

Chung, S.-J., Heymann, H. and Grün, I. U. 2003. Application of GPA and PLSR in correlating sensory and chemical data sets. Food Quality and Preference, 14, 485-495.

Costell, E., Pastor, E. V., Izquierdo, L. 2000. Relationships between acceptability and sensory attributes of peach nectars using internal preference mapping. European Food Research and Technology, 211, 199-204.

Coxon, A. P. M. 1982. Three-way and further extensions of the basic model. The Users Guide to Multidimensional Scaling. Heinemann Educational Books, London.

Daillant-Spinnler, B., MacFie, H. J. H., Beyts, P. K. and Hedderley, D. 1996. Relationships between perceived sensory properties and major preference directions of 12 varieties of apples from the southern hemisphere. Food Quality and Preference, 7, 113-126.

Delarue, J. and Sieffermann, J.-M. 2004. Sensory mapping using flash profile. Comparison with a conventional descriptive method for the evaluation of the flavor of fruit dairy products. Food Quality and Preference, 15, 383-392.

DeSarbo, W. S., Atalay, A. S. and Blanchard, S. J. 2009. A three-way clusterwise multidimensional unfolding procedure for the spatial representation of context dependent preferences. Computational Statistics and Data Analysis, 53, 3217-3230.

Dijksterhuis, G. B. 1997. Multivariate data analysis in sensory and consumer sciences. Food and Nutrition Press, Trumbull, Connecticut, USA.

Dijksterhuis, G. B. and Punter, P. 1990. Interpreting generalized Procrustes analysis "analysis of variance" tables. Food Quality and Preference, 2, 255-265.

Elmore, J. R., Heymann, H., Johnson, J. and Hewett, J. E. 1999. Preference mapping: Relating acceptance of 'creaminess' to a descriptive sensory map of a semi-solid. Food Quality and Preference, 10, 465-475.

Etaio, I., Elortondo, F. J. P., Albisu, M., Gaston, E., Ojeda, M. and Schlich, P. 2009. Sensory attribute evolution in bottled young red wines from Rioja Alavesa. European Food Research and Technology, 228, 695-705.

Etaio, I., Elortondo, F. J. P., Albisu, M., Gaston, E., Ojeda, M. and Schlich, P. 2008. Effect of winemaking process and addition of white grapes on the sensory and physicochemical characteristics of young red wines. Australian Journal of Grape and Wine Research, 14, 211-222.

Faber, N. M., Mojet, J. and Poelman, A. A. M. 2003. Simple improvement of consumer fit in external preference mapping. Food Quality and Preference, 14, 455-461.

Faye, P., Brémaud, D., Teillet, E., Courcoux, P., Giboreau, A. and Nicod, H. 2006. An alternative to external preference mapping based on consumer perceptive mapping. Food Quality and Preference, 17, 604-614.

Gámbaro, A., Ares, G., Giménez, A. and Pahor, S. 2007. Preference mapping of color of Uruguayan honeys. Journal of Sensory Studies, 22, 507-519.

Geel, L., Kinnear, M. and de Kock, H. L. 2005. Relating con-sumer preferences to sensory attributes in instant coffee. Food Quality and Preference, 16, 237-244.

Gou, P., Guerrero, L. and Romero, A. 1998. The effect of panel selection and training on external preference mapping using a low number of samples. Food Science and Technology International, 4, 85-90.

Gower, J. C. 1975. Generalized Procrustes analysis. Psychometrika, 40, 33-51.

Gower, J. C. and Dijksterhuis, G. B. 2004. Procrustes Problems. Oxford Statistical Science. Oxford University Press, Oxford, UK.

Guinard, J.-X., Souchard, A., Picot, M., Rogeaux, M. and Sieffermann, J-M. 1998. Sensory determinants of the thirst-quenching character of beer. Appetite, 31, 101-115.

Guinard, J.-X., Uotani, B. and Schlich, P. 2001. Internal and external mapping of preferences for commercial lager beers: Comparison of hedonic ratings by consumers blind versus with knowledge of brand and price. Food Quality and Preference, 12, 243-255.

Hair, J. F., Black, B., Babin, B. and Anderson, R. E. 2005. Multivariate Data Analysis, Sixth Edition. Prentice Hall, New York.

Hatcher, L. and Stepanski, P. J. 1994. A Step-By-Step Approach to Using the SAS System for Univariate and Multivariate Statistics. SAS Institute, Cary, NC.

Hedderley, D. and Wakeling, I. 1995. A comparison of imputation techniques for internal preference mapping, using Monte Carlo simulation. Food Quality and Preference, 6, 281-297.

Helgesen, H., Solheim, R. and Næs, T. 1997. Consumer preference mapping of dry fermented lamb sausages. Food Quality and Preference, 8, 97-109.

Heymann, H. 1994a. A comparison of free choice profiling and multidimensional scaling of vanilla samples. Journal of Sensory Studies, 9, 445-453.

Heymann, H. 1994b. A comparison of descriptive analysis of vanilla by two independently trained panels. Journal of Sensory Studies, 9, 21-32.

Heymann, H. and Noble, A. C. 1989. Comparison of canonical variate and principal component analyses. Journal of Food Science, 54, 1355-1358.

Huberty, A. J. 1984. Issues in the use and interpretation of discriminant analysis. Psychological Bulletin, 95, 156-171.

Huberty, C. J. and Morris, J. D. 1989. Multivariate analysis versus multiple univariate analyses. Psychological Bulletin, 105, 302-308.

Husson, F., Bocquet, V. and Pagès, J. 2004. Use of confidence ellipses in a PCA applied to sensory analysis application to the comparison of monovarietal ciders. Journal of Sensory Studies, 19, 510-518.

Husson, F., Lê, S. and Pagès, J. 2005. Confidence ellipse for the sensory profiles obtained by principal component analysis. Food Quality and Preference, 16, 245-250.

Husson, F., Lê, S. and Pagès, J. 2006. Variability of the representation of the variables resulting from PCA in the case of a conventional sensory profile. Food Quality and Preference, 18, 933-937.

Jaeger, S. R., Andani, Z., Wakeling, I. N. and MacFie, H. J. H. 1998. Consumer preferences for fresh and aged apples: A crosscultural comparison. Food Quality and Preference, 9, 355-366.

Jaeger, S. R., Wakeling, I. N., MacFie, H. J. H. 2000. Behavioural extensions to preference mapping: The role of synthesis. Food Quality and Preference, 11, 349-359.

Johansen, S. B., Hersleth, M. and Næs, T. 2009. A new approach to product set selection and segmentation in preference mapping. Food Quality and Preference, doi: 10.1016/j.foodqual.2009.05.007.

Johnson, R. A. and Wichern, D. W. 2007. Applied Multivariate Statistical Analysis, Sixth Edition. Prentice-Hall, New York.

Kaiser, H. F. 1960. The application of electronic computers in factor analysis. Education and Psychological Measurement, 20, 141-151.

Kravitz, D. 1975. Who's who in Greek and Roman mythology? Clarkson N. Potter, New York.

krzanowski, W. J. 1988. Priciples of Multivariate Analysis: A User's Perspective. Claredon Press, Oxford, pp. 53-85.

Kuhfield, W. F. 1993. Graphical methods for marketing research. In: Marketing Research Methods in the SAS System: A Collection of Papers and Handouts. SAS Institute, Cary NC.

Langron, S. P. 1983. The application of Procrustes statistics to sensory profiling. In: A. A. Willliams and R. K. Atkin (eds.), Sensory Quality in Food and Beverages: Definition, Measurement and Control. Horwood, Chichester, UK, pp. 89-95.

Lavine, B. K., Jurs, P. C. and Henry, D. R. 1988. Chance classifications by nonlinear discriminat functions. Journal of Chemometrics, 2, 1-10.

Lê, S. and Husson, F. 2008. SensoMineR: A package for sensory data analysis. Journal of Sensory Studies, 23, 14-25.

Lê, S., Pagès, J. and Husson, F. 2008. Methodology for the comparison of sensory profiles provided by several panels: Application to a cross-cultural study. Food Quality and Preference, 19, 179-184.

Lee, S. M., Chung, S.-J., Lee, O.-H., Lee, H.-S., Kim, Y.-K. and Kim, K.-O. 2008. Development of sample preparation, presentation procedure and sensory descriptive analysis of green tea. Journal of Sensory Studies, 23, 45-467.

Lotong, V., Chambers, D. H., Dus, C., Chambers, E. and Civille, G. V. 2002. Matching results of two independent highly trained sensory panels using different descriptive analysis methods. Journal of Sensory Studies, 17, 429-444.

Lovely, C. and Meullenet, J.-F. 2009. Comparison of preference mapping techniques for the optimization of strawberry yogurt. Journal of Sensory Studies, 24, 457-478.

Luan, F., Liu, H. T., Wen, Y. Y. and Zhang, X. Y. 2008. Classification of the fragrance properties of chemical compounds based on support vector machine and linear discriminant analysis. Flavour and Fragrance Journal, 23, 232-238.

Lund, C. M., Thompson, M. K., Benkwitz, F., Wohler, M. W., Triggs, C. M., Gardner, R., Heymann, H. and Nicolau, L. 2009. New Zealand Sauvignon blanc distinct flavor characteristics: Sensory, chemical and consumer aspects. American Journal of Enology and Viticulture, 60, 1-12.

MacFie, H. J. H. and Thomson, D. M. H. 1988. Preference mapping and multidimensional scaling. In: J. R. Piggott (ed.), Sensory Analysis of Foods. Elsevier Applied Science, New York, pp. 381-409.

MacKay, D. 2006. Chemometrics, econometrics, psychometrics-How best to handle hedonics. Food Quality and Preference, 17, 529-535.

MacKay, D. 2001. Probalistic unfolding models for sensory data. Food Quality and Preference, 12, 427-436.

Malundo, T. M. M., Shewfelt, R. L., Ware, G. O. and Baldwin, E. A. 2001. An alternative method for relating consumer and descriptive data used to identify critical flavor properties of mango (*Mangifera*, *indica* L.). Journal of Sensory Studies, 16, 199-214.

Martens, H. and Martens, M. 2001. Multivariate Analysis of Quality: An Introduction. Wiley, Chichester, UK.

Martínez, C., Santa Cruz, M. J., Hough, G. and Vega, M. J. 2002. Preference mapping of cracker type biscuits. Food Quality and Preference, 13, 535-544.

Meullenet, J.-F., Xiong, R. and Findlay, C. 2007. Multivariate and probalistic analyses of sensory science problems. Wiley-Blackwell, New York.

Martin, N., Molimard, P., Spinnler, E. and Schlich, P. 2000. Comparison of odour profiles performed by two independent trained panels following the same disruptive analysis procedures. Food Quality and Preference, 11, 487-495.

Martín, Y. G., Pavón, J. L. P., Cordero, B. M. and Pinto, C. G. 1999. Classification of vegetable oils by linear discriminant analysis of electronic nose data. Analytica Chimica Acta, 384, 83-94.

McEwan, J. A. 1996. Preference mapping for product optimization. In: T. Naes and E. Risvik (eds.), Multivariate Analysis of Sensory Data. Elsevier, London, pp. 71-102.

Meudic, B. and Cox, D. N. 2001. Understanding Malaysian consumers' perception of breakfast cereals using free choice profiling. Food Australia, 53, 303-307.

Meullenet, J.-F., Xiong, R., Monsoor, M. A., Bellman-Homer, T., Dias, P., Zivanovic, S., Fromm, H. and Liu, Z. 2002. Preference mapping of commercial toasted white corn tortillas. Journal of Food Science, 67, 1950-1957.

Monteleone, E., Frewer, L., Wakeling, I. and Mela, D. J. 1998. Individual differences in starchy food consumption: The application of preference mapping. Food Quality and Preference, 9, 211-219.

Montouto-Graña, M., Fernández-Fernández, E., Vázquez-Odériz, M., Romero-Rodríguez, M. 2002. Development of a sensory profile for the specific denomination "Galician potato". Food Quality and Preference, 13, 99-106.

Pickering, G. J. 2009. Optimizing the sensory characteristics and acceptance of canned cat foodL use of a human taste panel. Journal of Animal Physiology and Animal Nutrition, 93, 52-60.

Pillonel, L., Bütikofer, U., Schlichtherle-Cerny, H., Tabacchi, R. and Bosset, J. O. 2005. Geographic origin of European Emmental. Use of discriminant analysis and artificial neural network for classification purposes. International Dairy Journal, 15, 557-562.

Popper, R., Heymann, H. and Rossi, F. 1997. Three

multivariate approaches to relating consumer to descriptive data. In: A. M. Muñoz (ed.), Relating Consumer, Descriptive and Laboratory Data to Better Understand Consumer Responses. ASTM Publication Code Number 28-030097-36. ASTM, West Conshohocken, PA, pp. 39-61.

Resano, H., Sanjuán, A. I. and Albisu, L. M. 2009. Consumers' acceptability and actual choice: An exploratory research on cured ham in Spain. Food Quality and Preference, 20, 391-398.

Rødbotten, M., Martinsen, B. K., Borge, G. I., Mortvedt, H. S., Knutsen, S. H., Lea, P. and Næs, T. 2009. A cross-cultural study of preference for apple juice with different sugar and acid contents. Food Quality and Preference, 20, 277-284.

Santa Cruz, M. J., Garitta, L. V. and Hough, G. 2003. Note: Relationships of consumer acceptability and sensory attributes of Yerba mate (Ilex paraguariensis St. Hilaire) using preference mapping. Food Science and Technology International, 9, 346-347.

Schlich, P. 1995. Preference mapping: Relating consumer preferences to sensory or instrumental measurements. In: P. Etievant and P. Schreier (eds.), Bioflavour: Analysis/Precursor Studies/ Biotechnology. INRA Editions, Versailles, France.

Schmidt, T. B., Schilling, M. W., Behrends, J. M., Battula, V., Jackson, V., Sekhon, R. K. and Lawrence, T. E. 2010. Use of cluster analysis and preference mapping to evaluate consumer acceptability of choice and select bovine *M. Longissimus Lumborum* steaks cooked to various end-point temperatures. Meat Science, 84, 46-53.

Slama, M., Heyd, B., Danzart, M. and Ducauze, C. J. 1998. Plans D-optimaux: une stratégie de reduction du nombre de produits en cartographie des préférences. Sciences des Aliments, 18, 471-483.

Serrano, S., Villarejo, M., Espejo, R. and Jodral, M. 2004. Chemical and physical parameters of Andalusian honey: Classification of citrus and eucalyptus honeys by discriminant analysis. Food Chemistry, 87, 619-625.

Snedecor, G. W. and Cochran, W. G. 1989. Statistical Methods, Eighth Edition. Iowa State University, Ames, IA.

Ståhle, L. and Wold, S. 1990. Multivariate analysis of variance (MANOVA). Chemometrics and Intelligent Laboratory Systems, 9, 127-141.

Stevens, J. 1986. Applied Multivariate Statistics for the Social Sciences. Erlbaum Press, New York, NY.

Tabachnik, L. and Fidell, B. 2006. Using Multivariate Statistics, Fifth Edition, Allyn and Bacon.

Tunaley, A. Thomson. D. M. H. and McEwan, J. A. 1988. An investigation of the relationship between preference and sensory characteristics of nine sweeteners. In: D. M. H. Thomson (ed.), Food Acceptability. Elsevier Applied Science, New York.

van Kleef, E., van Trijp, H. C. M. and Luning, P. 2006. Internal versus external preference analysis: An exploratory study on end-user evaluation. Food Quality and Preference, 17, 387-399.

Van Oirschot, Q. E. A., Rees, D. and Aked, J. 2003. Sensory characteristics of five sweet potato cultivars and their changes during storage under tropical conditions. Food Quality and Preference, 14, 673-680.

Wienberg, L. and Martens, M. 2000. Sensory quality criteria for cold versus warm green peas studies by multivariate data analysis. Journal of Food Quality, 23, 565-581.

Wortel, V. A. L. and Wiechers, J. W. 2000. Skin sensory performance of individual personal care ingredients and marketed personal care products. Food Quality and Preference, 11, 121-127.

Yackinous, C., Wee, C. and Guinard, J-X. 1999. Internal preference mapping of hedonic ratings for Ranch salad dressings varying in fat and garlic flavor. Food Quality and Preference, 10, 401-409.

Young, N. D., Drake, M., Lopetcharat, K. and McDaniel, M. R. 2004. Preference mapping of cheddar cheese with varying maturity levels. Journal of Dairy Science, 87, 11-19.

19 战略研究

感官分析人员经常帮助他们的公司进行战略研究。一个常见的例子是产品分类评价（category appraisal），即将竞争产品和自己相关的产品进行对比和评价。通常信息会被收集整理，并采用多元统计分析法绘制成感官评价映射图（perceptual mapping）。对产品的具体属性进行优化，是产品开发的一个重要部分。战略研究的第三个方面是，根据消费者的喜好和群体特征，设计不同类型产品以吸引消费者。

故，上兵伐谋……故曰：知彼知己，百战不殆。

——孙子，《孙子兵法》（谋攻篇）

19.1 引言

19.1.1 战略研究的途径

一个全方位的感官评价项目不仅是满足一个部门的测试请求。当然，这些技术服务在提供有关产品开发和感官属性优化等相关信息方面也至关重要。常规测试还可以为质量维护问题提供支持——在感官质量控制、保质期和其他常规服务方面。当广告宣传的真实性需要感官数据时，一个重要的服务出现了，如第 13 章所述。该服务及其统计基础在 ASTM 的声明证实标准中讨论过（ASTM，2008），也被 Gacula（1993）讨论过。许多感官评价部门，尤其是那些更大、更有远见的公司里的感官评价部门，也在为他们的产品开发和营销客户提供战略研究和长期研究指导。

战略和战术研究之间的区别在行军打仗的军事方面非常明显。战术研究关注的是所有与新产品的发布和定位，或重新定位现有品牌等相关的重要活动。为了实现这一目标，公司在产品开发和感官研究方面会有大量的支出。在新产品发布前后，大量资金用于定位和定价，以及广告的研究，以获得一两个市场份额（Laitin 和 Klaperman，1994）。然而，如果此类产品进一步的发展前景和长期的消费需求和趋势没有被考虑到的话，这些钱就可能白花了。比如，你正在努力研究如何生产一个更好的苹果时，消费者却想要一个更好的橙子。在战术阶段，如果一个公司在研究苹果，那就竭尽全力的去研究（Laitin 和 Klaperman，1994）。为了避免这类问题，一些公司采用了一些创新的研究方法，如感知评价映射图法。战略研究还可以确定消费趋势和人口结构变化，以及发现新产品，甚至是全新的商业机会（Miller 和 Wise，1991；Von Arx，1986）。

在战略研究领域，最常见的问题是："我们的产品与竞争对手相比如何?"解决这个问题的方法，不同于针对这个问题的营销策略，比如采取基于市场份额、盈利能力或其他与销售相关的措施。相反，感官评价部门需要提供关于产品的感官评价的信息，这通常是通过盲评获取的。通过盲评，可以对公司产品在感官特性方面的相对优势及弱点进行评价，同时排除复杂产品概念、定位、品牌形象、标签要求、价格和促销等各方面的影响。对自己和竞争对手的产品进行对比评价，是公司产品的此类系统开发计划中不可或缺的一部分，比如"产品质量提升计划"（QFD）和"质量之家"方法（Benner 等，2003）。这些方法的目标是将已知的消费者对新产品的"需求"与这些新产品的快速开发联系起来。

战略研究的第二个途径来源于定性研究方法的不断发展，比如感官评价手段。许多感官专业人士现在接受了主持小组访谈的培训。他们的服务可能会受到产品研究客户的高度重视，因为他们希望获得丰富的、具有探索性的信息，以及常常可根据这些信息产生一些有创造性想法（Goldman 和 McDonald，1987 年）。在研究的早期阶段，需要与消费者进行有效的沟通。诸如小组面试这样的定性方法可以满足这种需求（Von Arx，1986）。消费者访谈不仅是回答产品广告和定位问题的工具，而且还可以用来解决更具体的问题，比如人们想要的感官特性，以及关于便利和包装等问题。这些方法在第 16 章中详细讨论过。小组深度访谈是揭示下面几个方面内容的重要工具，比如品牌喜好、感官缺陷，或相对于竞争对手的产品，自己产品中存在的缺陷和应该强调或加强的优点，以及如何改进产品和产品的创新点。

在战术和战略研究的交叉点是对新产品或替代产品的评价（Laitin 和 Klaperman，1994）。一旦建立了产品不同属性的相对重要程度，消费者的需求和喜好就会得到更好的定义。包装应该重新密封吗?消费者想要更多的口味变化吗?他们是否添加其他食品，使得该产品的有不寻常的配方组合而导致产品具有差异化（例如，将格兰诺拉麦片加到酸乳中）?有没有想要低钠的、低脂的，或者其他的营养调控的产品?该产品是否可用微波加热，如果不能，能否进行改善呢?在概念阶段和原始产品上（Mantei 和 Teorey，1989），对各种配方组合和搭配方案都可以进行评价，同时，可能有必要重新调整概念或进一步细化概念（Von Arx，1986）。在这一点上，感官评价部门可以参与到产品的开发研究中，以确定消费者对初始产品的感受，在感官特性和性能方面是否符合概念开发人员和产品研究团队的目标。总体目标是促进更加成功的产品开发，减少工作、时间和金钱的浪费（Benner 等，2003；Von Arx，1986）。

在营销和感官评价方面，战略研究的一个相关领域是确定产品的概况，这些产品代表了未经开发的具有潜在消费者吸引力的特性组合。例如，曾经人们有收音机和闹钟，但没有具备闹钟功能的收音机。这个新产品填补了家电应用市场上一的一个空白。在食物中，有很多食物是可以使用烤箱烹饪的，有些（但不是所有的）可以微波加热的固定搭配，或者它们本身是可微波加热的。这对一些还没有在准备过程中提供方便的产品来说是一个机会。对所有实现类似目的的产品进行分析，可以帮助识别这些未填补的市场空白，并将新产品推向市场。这个过程有时被称为市场差距分析（Laitin 和 Klaperman，

1994）。通常，待开发产品性能可以通过一套感官或性能特征来进行描述，并且作为定义概念的一部分，而感官评价小组则可以帮助评价其与产品市场期望的契合度。在产品开发研究中，其感官和性能特征必须进行揭示、定义和评价，并且必须在感官测试中测量产品原型与预期目标的一致性。全面服务的感官评价部门可以协助该产品开发过程的各个阶段。

战略研究的另一个重要领域是进行消费者分类。分类研究试图找出以类似方式作出反应的消费者群体，他们在感知、需求或对产品属性的反应上与其他群体有着明显的不同。各种多元统计分析技术，例如聚类分析，可以用来对个体进行分组，建立在其在问卷或调查中对产品不同属性相关反应的基础上（Plaehn 和 Lundahl，2006；Qannari 等，1997；Wajrock 等，2008）。消费者分类也可以根据其使用习惯或感官偏好来定义（Miller 和 Wise，1991；Moskowitz 和 Krieger，1998）。

19.1.2 消费者联络

一个全方位服务的感官评价部门可以通过多种方式直接与消费者进行互动。事实上，感官评价部门有得天独厚的条件来监控消费者对公司产品的反应。当与诸如分类评价这样的战略活动相结合时，感官评价部门可以成为消费者反馈的主要渠道，从而可以影响公司的决策。机会也可以通过与其他部门的互动产生。例如，许多公司设立消费者热线或免费电话号码以供意见反馈和投诉。这些内容会被定期总结在报告中，负责某些产品线的感官评价员应该仔细监控这些总结。投诉通常代表一个更大问题的“冰山一角”，并可能有助于确定在未来优化或产品改进中需要解决的重要问题。

与消费者接触的一个重要途径来自家庭安置测试（home placement tests）。如果可能的话，感官专业人员不应将100%的面试工作全部分配给外勤工作人员，而应保留一小部分，亲自进行现场访问。一个营销研究小组通常会把所有的采访和统计分析的任务委托给外包机构。这样统计摘要只反映了大多数人的意见，可能遗漏重要的部分和少数人的意见。例如，如果绝大多数消费者喜欢这个产品，但是两个人在打开包装的同时切掉了手指，那么在包装设计中有一个重要的问题需要解决。这些不常见的问题和这些人强烈的负面意见可能会在群体平均和“顶盒”得分中丢失。面对面接触可以很好地发现那些在正式定量问卷中漏掉的问题。

正如上文所述，第三个与消费者直接接触的机会是在焦点访谈中。在一些家庭安置测试中，作为结构化问卷调查的补充，进行小组访谈可能是低成本高效益的。问卷数据中可能发现需要进一步调查的问题，召集参与者进行小组访谈，可能会使这些问题得到探讨。

19.2 竞争监测

19.2.1 分类概述

类别审查或类别评价是对大多数或所有的具备相似功能的并被消费者视为同一类别

的产品进行调查。这种分类通常是指一组产品，它们出现在食品商店的同一区域、同一走道或货架空间的同一区域。例如，冷的谷类早餐食品是一种类别，与热的谷类早餐食品是截然不同的类别。类别评价是识别和描述公司产品特性及其竞争对手的一项重要战略研究。这些信息可以包括销售和营销数据、物理特性、客观的感官说明（如描述性数据）、消费者看法和意见。在接下来的内容中，我们将从感官评价和消费者的角度来审视类别评价研究。一个全方位服务的感官部门将能够根据市场的变化和新产品或创新产品的出现，定期进行如此广泛的类别审查。在许多方面，类别审查类似于消费者联盟在其杂志《消费者报告》中进行的产品评价。如上所述，对有竞争力的产品进行评价是系统的新产品开发方法中的重要一步（Benner 等，2003）。

对某一产品的类别评价可能会局限于关键品牌，但也可能是相当全面的范围。在某些产品类别中生产者的数量相当大，或者一小部分大公司就可以在这一产品类别中广泛提供不同的产品，如在谷类早餐食品行业中就是如此。对消费者心中的所有可相互替换的产品进行抽样检测是非常有利的。研究样品的范围可以根据市场份额的数据来选择，如仓库情况变动信息。在一个大而多样化的类别中，包括排名前 80%或 90%的品牌是非常明智的。在一个相对较新的，或数据有限的类别中，商店检索研究可以先于正式的感官和消费者工作，看看外面有什么。在美国，商店检索研究的一个指导方针是在十个城市中，每一个城市大约有十家商店，以获取来自该国不同地区的地理代表。商店应该代表那些产品不同类型的销售点（例如，杂货店、便利、食品俱乐部/仓库）。可以聘请代理机构购买这些产品（通常是每种各一个），然后将它们送到感官部门。然后，感官部门可以对实际发现的东西进行分类，以及不同品牌出现的频率。如果涉及季节性变化，可能需要重复检索或随着时间的推移扩大采购量。根据检索的频率作为市场占有率的估计值，商店检索的结果可以用来帮助在主要研究中选择包含的竞争性产品。它们也是一个丰富的定性信息来源，有助于创意的产生。

如果由感官评价部门进行类别评价，可能会涉及分析描述性测试和消费者感官评价等几个方面的内容。无论是作为并行研究还是作为一个大型研究项目的一部分，将感官数据收集与由市场关注度决定的品牌形象问题进行相关联可能是有利的。当然，感官问题将集中在感官属性和性能感知上（Munoz 等，1996），如果有可能的话，评价将会在不知情的基础上进行。在某些情况下，当竞争产品众所周知时，可能无法进行完全不知情的感官研究。有时，可以通过重新包装来掩盖产品的身份或品牌标记来进行感官研究。然而，根据常识，这样做的意义很有限。一种带有独特粉色瓶盖的气雾空气清新剂，可能是一个没价值的赠品，但改变瓶盖可能会改变产品的分散模式和由此产生的消费者感知。在这种情况下，保持瓶盖颜色的危害可能比产品性能变化的风险要小。瓶盖的颜色简直成为产品感知的一部分，并可以分析其潜在的影响。类似的问题也可能出现在具有独特包装特征的食品中。

Mullet（1988）讨论了多元技术在评价品牌形象与竞争产品的关系方面的应用。在这种情况下，相对“位置”指的是几何模型和在一组产品中的感知地位（“位置”概念背后的空间意象是明确的）。通过调查问卷上的属性标度对相对位置进行解释，并从这些属性中推导出感知模型的维度。总的目标是通过产品配方和工艺的改进，营销策略的变化，或进行广告宣传，告知管理层产品的哪些特性可能需要加强或改进。Mullet 通过对啤酒品牌认知的消费者研究来说明这一方法，并展示了四种分析方法：因子分析、通过多维度标度创建的感知图分析、辨别分析以及霍夫曼和弗兰克的对应分析（1986）。在第 18 章中讨论了多元分析，并将在后面讨论这些方法在感知图中的应用。

19.2.2 感知图

几乎所有的感知图都有两个重要的共同特征。产品在三维空间或二维平面图中被表示为一个点。首先，彼此相似的产品在图上会彼此靠近，而非常不同的产品将相距甚远。尽管有一些技术可以绘制出这种图像模型中点附近的置信区间，但是哪些位置是相似的，还是不同的，这是一个需要进行解释的问题。这些技术不适用于关于产品差异的假设检验，它们最适合用于理解一组产品之间的关系模式。大多数感知图的第二个特征是，可以通过空间投影与产品属性相对应的向量，以帮助解释不同产品的位置，以及坐标轴或其他方向在空间中的意义。这些可以通过这些分析方法本身得出，如在因子分析、PCA 或是第二步数据采集中添加一些多维标度的研究（例如，Lawless 等，1995；Popper 和 Heymann，1996）。

感知图的总体目标非常适合于战略研究。Johnson（1988）说这些目标包括：①学习在一类产品中如何感知这些产品的优势、弱点和相似点；②了解潜在购买者的需求；③学习如何生产或改变产品以增加吸引力。在理想情况下，感知图将与消费者的意见、接受度或对产品的需求有关，从而通过空间确定吸引力或“需求强度”。这是偏好映射的基本目标（详见 18.3 和 19.4）。

各种各样的多变量统计技术的分析结果可以用图形来体现，以描述一组产品之间的关系（Elmore 和 Heymann，1999；Mullet，1988）。大多数程序提供了一个只有两个或三个维度的简化图片或空间图（很少会有更多维度的）。一个复杂的多维度的产品集合由一组较小的维度、因素或派生的属性描述，这些有时称为“潜在变量”。将大数据集简化成一个直观的空间图来表示，是感知图的一个吸引人的特征。然而，简化会带来可能丢失产品差异中重要细节的风险。因此，这些程序最安全的用途是探索，可结合更传统的方法，如单因素方差分析（Popper 和 Heymann，1996）。“单变量”指的是对每个响应尺度或属性分别单独进行分析。然后，方差分析提供了产品在每个单独属性上的差异信息。这也有助于对上面的简图进行解释。

感知图还有其他的局限性。感知图仅在某一时刻代表消费者的感知。单一图形的静态特性限制了它作为未来行为预测的价值（Johnson，1988）。然而，可以进行多项研究来比较产品中不同的变化后的感知。例如，感知图可以在消费者得到有关产品的信息前后构建，他们的期望和关注点可以被暗中影响。感知图第二个限制是，它通常代表大多数意见，因此不同意见的部分可能不会在汇总摘要中体现。另外，个人的喜欢和不喜欢的程度与感知图的维度相关的程度，必然受到该图对应于他或她的感知程度的限制。如果感知图对那个人来说不是一个好的总结，任何偏好的方向都是不清楚的。

Lawless 等（1995）提出了评价感知图效用的标准，如表 19.1 所示。这里考虑了模型与数据的对应关系或拟合度，精确度和可靠度，模型的有效性，以及建模练习的整体有效性，即所学到的内容。可靠性可以通过分析分离数据集、重复对的位置、或相似副本的相似生产过程或批次的位置来进行评价。在有效性方面，感知图应该与描述性属性或消费者偏好有关。一个有用的感知图可以引出新的假设，或增加实际证据来支持先前的发现。感知图的可视化是一个有效的功能，用很少的维度就可以说明问题，并且易于被解释，比复杂的、模糊的模型更有用。最后，数据采集和计算都应该快速、简单、低成本、有效。本章将讲述映射的多变量技术，并从更常用和流行的技术中给出一些示例（详见第 18 章）。

表 19.1　　对感知图的几点要求

1	拟合度	高方差，低不良拟合措施（如压力）
2	可靠性	相同的样品点应该聚在一起
3	可靠性	类似的样品（批次）应聚在附近
4	维　度	模型只有几个维度，并且能绘制感知图
5	能否解释	绘制的感知图应该能被解释
6	有效性	感知图应该与描述性属性相关联
7	有效性	感知图应该与消费者的喜好相关联
8	收益	感知图应该可以提出新的假设
9	收益	感知图应该可以证实以前的假设
10	成本效益	数据的采集快速、简单

19.2.3　多元方法：主成分分析（PCA）

在称为因子分析的一般方法中，主成分分析法（PCA）在感官和消费者研究中有着悠久的历史。对 PCA 的输入通常由一组描述产品的属性评分所组成。通常使用平均评分作为输入，尽管在某些情况下会使用来自个人的原始数据（Kohli 和 leuthesser，1993）。考虑到许多属性已经被评价，一些属性将会相互关联。在一个属性上获得高值的产品将会得到一个正相关属性的高值。PCA 发现了这些相关的模式，并为这组相关的原始属性替换为一个新的变量，称为因子。然后继续寻找第二组和第三组属性，并根据剩余的方差得出每一组的因子。这类似于在空间中找到一组新的轴，用一组较小的轴或维数代替原始数据集的 n 维空间。原始属性与新维度（称为因子加载）相关，产品在新维度上有数值，称为因子得分。因子负荷在解释维度方面是有用的，因子得分可显示在地图或图片中的产品的相对位置（相似性和差异性）（详见 18.2）。下面给出例子。

主成分分析可以应用于任何有描述性分析的产品属性等级的数据集中。PCA 应用于描述性数据的一个例子可以在一份关于奶油色半固态甜点、香草布丁的研究中发现（Elmore 等，1999）。目标是阐明会影响产品的口感那些产品特征，这是一种复杂的感官特性。通过改变淀粉的种类和含量，以及乳脂和钠盐的含量，来诱导质地的变化。布丁有 16 种不同的感官属性。这些被归结为三个因素，在相当大程度上进行了简化，而且方差贡献率达到 81%。对三组相关性状的检验表明，它们可以被解释为与稠度、平滑度和乳制品风味有关。这一结果在直觉上是有吸引力的，因为半固态食物的整体乳脂似乎是由这些元素的感官属性组合而成的。

案例分析：空气清新剂。PCA 如何简化一个复杂的数据集，产生见解，并生成假设的另一个例子，可以从战略类别评价中找到描述性数据。图 19.1 根据 1986 年美国市场上气雾空气清新剂的描述性分析得出了一幅感知图。这是一个由香味分析确定的感官空间。当时，市场主流有大量不同的香水，几家相互竞争的公司也被列为一个品类进行评价。根据市场份额，包括 58 个气雾空气清新剂，并提交给一个训练有素的描述性专家小组。向 PCA 提交香味描述标度的平均值。空间的维度，根据因子加载的解释大致如下：左上角的产品有高的香味，代表高强度的“气味杀手”类型的产品。最右边的东西代表柑橘（通常是柠檬），所以坐标轴从右到左的与柑橘类的香味形成对比。在地图的前部和左前的四分之一（主要分组）分别是绿花和甜花类型。最后，垂直维度高的物品往往有一些木质的特征（如雪松）。

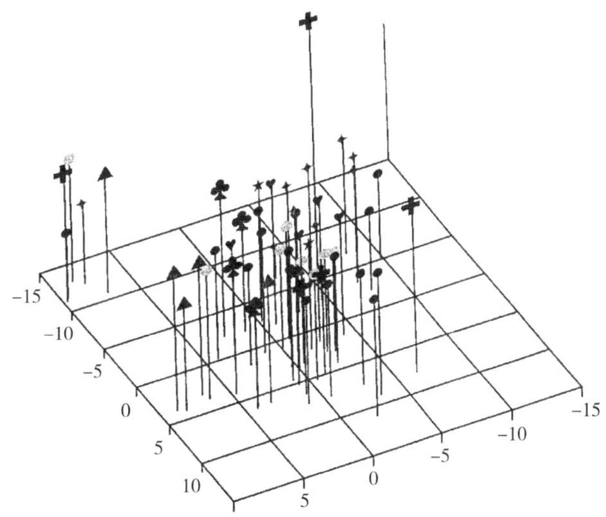

图 19.1　1986 年左右气雾空气清新剂的香味评价（专业描述性图像）的主成分分析

符号代表不同的品牌（公司）；从 9 个原始的评价标度中提取了 3 个因素，分别代表了辣味与柑橘、花香和木本的维度；结果在文中进一步进行了说明。

这张图可以从感官的角度来描述不同的公司战略。首先注意到圈内的市场领导者有大量的产品，并且在花卉区有很高的香味浓度。如果新产品在固定测试标准的基础上定期推出新产品，则可能会出现较早的类似气味产品没有“退休”的情况。如果通过简单的快感检验和消费者接受度检验，从一系列候选中选出新产品，他们可能会在气味的类型上有点类似。例如，通常花卉类型都很好。以三角形为标志的公司集中在地图的甜蜜花朵区。这种策略可能会导致一种“同类相残”的竞争，同类产品会争夺市场份额。避免重复和重叠以及达到消费者的最大数量是一个重要的营销策略，这是所谓的 TURF 分析（Miaoulis 等，1990）。圆圈中所展示的公司也遇到了太多同类产品的问题。有太多类似的产品也会导致相互争夺商店货架空间的问题，这是销售人员在与零售商打交道时会遇到的难题。

一些企业展示出了一个交叉运行的不同的战略——可表现在数量较少的产品中，并且他们分布在整个空间中，以不同的香味类型，吸引不同的消费者群体。由三叶草标志所展示的品牌，一个新的空气清新剂的企业，却有着不同的战略。他们的四款香水都在同一区域，并围绕着当时市场领导者最畅销的产品。他们的竞争策略似乎是试图通过模仿最流行和最成功的香味类型来窃取市场份额。最后，要注意的是，有一段介于花香、果味和辛辣的类型之间的部分，可以作为新的和不同的产品。这种差距表明了新产品的机会，可以将产品与现有的市场类型区分开来。这个示例图展示了如何使用感官数据描述或发现企业战略（在本例中来自一个经过训练的描述性小组）。感知地图可以帮助我们看到自己产品相对于竞争者的相对位置和感官质量。

其他各种技术也能产生感知图，如广义的普鲁克（procrustes）分析或 GPA，辨别分析，和偏最小二乘法（PLS）（Dijksterhuis，1997；Fox，1988）。辨别分析将通过检验不同产品的均值的差异来生成地图，这种差异与评价产品的人之间的错误或不一致的数量相关（Johnson，1988；Kohli 和 Leuthesser，1993）。辨别分析将发现所有能产生最高 F 比值属性的加权组合。然后，它开始寻找与第一个组合不相关的新维度的最优加权组合等（Johnson，1988）。辨别判别分析可能会产生与 PCA 略有不同的结果，因为它看起来是通过人与人之间的感知错误或分歧来区分产品的，而 PCA 只是寻找相关的模式（Kohli 和 Leuthesser，1993）。在第 18 章中，讨论了许多这样的多变量技术。

19.2.4 多维标度

使用属性评分和 PCA 的另一种方法是多维标度法（MDS）（Kohli 和 Leuthesser，1993）。其简介参见 Schiffman 等（1981）以及 Popper 和 Heymann（1996）的综述。MDS 程序使用产品的某些相似度测量参数作为输入值。根据这些相似性评价，通过软件，实验者可以根据需要构建出多维度的感知图。相似性可以从产品对相似程度的直接评价或从导出的相似性度量中找到。派生的度量包括：项目在排序任务中被排次序的频率、跨属性层面之间的相关系数以及一组识别测试中的错误数（所谓的混淆性度量）。因此，这类方法非常灵活，可以应用于各种具有最小统计约束的情况中（Popper 和 Heymann，1996）。相似度评分的偏差比评价特定属性的偏差更小，因为参与者不要求使用任何特定的词汇或维度来评价相似度，一切完全取决于消费者。PCA 依赖于所选择的用于描述和分析的属性，但不能保证这些属性对消费者来说是重要的。MDS 方法，如分类法（如下所述），允许消费者使用他们认为适合测试样品的任何标准。

模型中的维数是输出的可解释性、其通信值以及模型与数据的拟合程度的函数。对于一组 N 个产品的数据集，N-1 维的模型可以很好地拟合数据（两点定义一行，三个定义一个平面等）。将模型减少到越来越少的维度或增加实验中产品的数量都将会增加模型与数据匹配的难度。这种匹配差异性可用 MDS 程序来衡量，称为“应力”。应力反映了模型中距离和输入数据相似性（或差异性）的平方偏差之和。当程序开始寻找其最佳解时，通过迭代过程可将应力降到最小，通过在空间中移动的点来实现对数据的最佳拟合。MDS 程序可以尝试基于实际测量的距离或基于与秩次相关的顺序来最小化这些偏差，称为非度量程序（Kruskal，1964）。

传统上，对 MDS 的输入是通过对所有可能的产品对的相似等级来获得的，通常是通过标记直线标度来评价的。该标度类似于一个整体程度的差异标度，并锚定了适当的术语，如“非常相似的”在一端和“非常不同的”在另一端。一直以来，将 MDS 应用于食品和消费产品的主要问题是需要对大量成对的产品进行相似性评分（Katahira 评分要求，1990）。在一组 n 个产品的数据集中，可能有 $n(n-1)/2$ 对产品。因此，由五个产品组成的数据集，可能有 10 对产品需要进行相似性评分。品尝 10 对或 20 种产品是可行的，但只使用 5 种产品并不是很有趣的研究。对于 10 组或 20 组产品，配对数分别为 45 或 190。品尝 90 或 380 种食物是完全不可能的，除非参与者返回进行多次评价。这个困难导致了在一般性多元统计，尤其是 MDS 研究中，都强调不完全统计设计（Bijmolt，1996；Kohli 和 Leuthesser，1993；Malhotra 等，1988）。另一种方法是使用一种派生的相似性度量，例如排序。

19.2.5 高效的数据收集方法：归类法

一种快速而容易获得的相似性度量来自于简单的任务，即让消费者对产品集进行归类或排序，将产品集合成类似的产品组。这种方法出现在早期的 MDS 文献中，研究的是人的感知和对词义的研究，如人类学中的亲属术语（Rosenberg 和 Kim，1975；Rosenberg 等，1968）。相似性可以从两个项目被归类为同一组的次数中推断出来，这是通过一个参与者小组的总和得出来的。彼此相似的物品应该经常放在同一组中，而彼此不相同的物品应该很少或根本不放在一起。另一种处理数据的方法是将每个个体相似矩阵转换为交叉乘积或协方差矩阵（Abdi 和 Valentin，2007）。单独的数据矩阵当然是由一系列的 0 和 1 组成，对距离或相似性的信息不是很丰富。但是协方差矩阵可通过对每个产品的整个行和列的模式进行分析，并将其与其他产品的模式进行比较。这是一个间接的（“我的敌人的朋友也是我的敌人”），但是在每个人的数据矩阵中提供了分级或比例更大的值，而不是简单的二进制条目。一个被开发出用于分析有关个人分类判断数据的程序，称为 DISTATIS（Abdi 等，2007）。通过 MDS 进行分类被应用到很多消费品中，如香水（Lawless，1989）、干酪（Lawless 等，1995）、氧化气味（MacRae 等，1992）、香草样品（Heymann，1994）、口感（Bertino 和 Lawless，1993）、冰淇淋小礼品（Wright，1995）、快餐店（King 等，1998）和葡萄果冻（Tang 和 Heymann，2002）。以上只列出了几个例子。

排序技术是简单的、快速的、并易于小组成员处理的含有 10~20 个产品的排序任务。在检查阶段，当参与者开始对产品进行分类时，允许他们在品尝产品时做笔记，以加深他们对产品的印象，这对于产品的分类很有用。最合理的应用是在有一定差异的产品组中，即一系列的有差异产品，有时可以分为一组，有时不可分为一组。大约有 20 人参与，

MDS 配置（MDC configurations）结果似乎就可以稳定下来。在数据收集方面，不需要大量的消费者群体，这增加了数据收集的总体效率。另一个好处是，消费者可以自己决定哪些特征是区分群体的最重要因素。实验者没有强加任何属性。

案例分析：干酪。对干酪进行探索性研究的结果如图 19.2 所示（Lawless 等，1995）。在该模型研究中，相似的产品会被放置在一起，如同为蓝色的干酪被放在一起，同为白色发霉的干酪被放在一起，而“瑞士”型干酪，Jarlsberg 和 Emmenthaler 被放在一起。这三种不同的产品对可在地图的不同角落找到。特殊的干酪，羊干酪（由羊乳制成）不同于其他任何干酪，因此被放置在地图的中心位置，这是程序的一个折中方案。换句话说，羊乳酪在产品数据集中是一个异常值，但在模型中变成了一个“局外点”。需要对输入数据进行检查来确定处于中心位置的数据点是否实际上是一个离群值。数据集群之间的中间位置有时可以表示中间或混合的感官特征。这种处理产品分类的模式是在早期对柑橘和木香香气进行分类时被发现的。一组混合的或模棱两可的气味，同时具有柑橘和木本两种香韵的产品，在数据模型中的位置介于具有柑橘香和松木香两类产品之间。

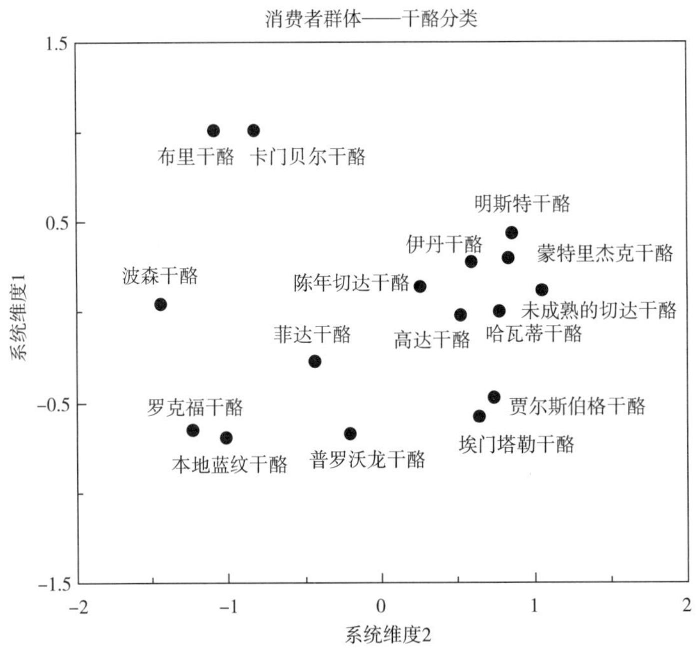

图 19.2　由 16 个干酪消费者提供的干酪归类数据的多维分析结果

Lawless 等（1995），由 Elsevier Science Ltd 授权转载。

一般来说，MDS 的研究有一些局限性，特别是对分类方法来说更是如此。大多数 MDS 程序不会在空间中的点周围产生任何置信区间，尽管也有一些例外（Bijmolt，1996；Ramsay，1977；Schiffman 等，1981）。地图中的位置解释通常存在一定的主观性。人们对地图的可靠性可能还不清楚，但有一些方法似乎具有增加模型稳定性的作用。一种方法是测试两倍于需要的参与者，并将数据集随机分成。如果得到的地图相似，结果可能被认为是可靠的。另一种方法是在地图上进一步进行分析，如聚类分析可帮助解释分组、群组或类别。这种方法被应用在萜烯类香气（Lawless，1989）和口感特征的（Bertino and Lawless，1993）研究中。另一个“技巧”是增加一个产品的盲评复制样本，以查看这两个重复的样品是否在地图上被归类在一起。在分类排序中，一对重复的样本在同一个数据集中应该经常被分在一起，除非批与批或样本和样本之间有很多的变化或不同。

通过比较不同训练程度的人采用 MDS 程序对萜烯香气进行分类的结果，我们发现不同训练程度的人对萜烯香气的分类有较好的一致性（Lawless 和 Glatter，1990）。也就是说，经过培训或经验丰富的小组成员和未经培训的消费者都倾向于做出类似的反应，我们在前面显示的干酪数据中也观察到了这种效果。这可能是 MDS 程序方法的一个优点，因为这个过程揭示了基本的知觉维度相对不受更高“认知”考虑因素或产品集概念化的影响。另一方面，它也可能反映出排序方法对人与人之间的差异不敏感的结论。这种排序任务可能会过度简化产品间的相互关系。也许这一发现并不奇怪，因为排序是一种由组派生的关联度量。Kohli 和 Leuthesser（1993）建议在产品不太复杂的情况下使用 MDS 数据分析，并且大多数参与者将在判断总体相似性时提取共同的基本维度。

19.2.6 向量投影

为了解释 MDS 的地图或模型，通常的做法是查看地图的边缘和相对角，以了解人们在评分或排序过程中所做的产品对比情况。然而，数据收集的第二步可以为解释过程增加更多的客观性（Popper 和 Heymann，1996）。在 MDS 阶段结束时，人们可以被问及他们的相似性依据或排序标准。然后，可以在选票上使用这个最经常提到的属性，以便在以后的会议上进行分析，如可以后续对这些产品举行一次简单的复评，每一种产品每人只需要品尝一次，再使用该属性进行产品评分或排序。然后可以针对空间中产品点的坐标对平均值进行回归，以通过空间找到表示该属性的方向。回归权重与属性和模型维数的关联度有关，而整体 R^2则表示属性等级与产品位置之间是否存在关系。关于这个程序的讨论可以在 Schiffman 等（1981）和 Kruskal 和 Wish（1978）的文献中找到。图 19.3 是图 19.2 中所示干酪样品的 MDS 分析矢量图。我们可以看到一组与味道相关的向量和一组与纹理相关的向量，它们之间的角度大致是直角。

这种矢量投影方法相当于数学上的某些外部偏好映射（external PREFMAP）程序（详见 18.3 和 19.4）。基本目标是通过空间找到一个方向，这样沿着新向量的坐标（把它看作一个新的轴或标尺）将最大限度地与每个产品在该属性上的原始分数相关联，如图 19.5 所示。很明显，如果样品的某一属性得分与感知图 x 轴上的值高度相关而与 y 轴不相关，该矢量就会正好落在 x 轴上。如果它与 X 和 Y 呈正相关，且相关性相同，那么它会以 45°角指向右上象限。如果它和两个轴都是相等的负相关的，它将指向左下角。标准化回归系数（beta 权重）给出了一个统一空间中向量的方向（-1～+1）。

19.2.7 高效的数据收集方法：投影映射

另一种经济有效的快速评价产品相似性和生成地图的方法是投影映射。这种技术指

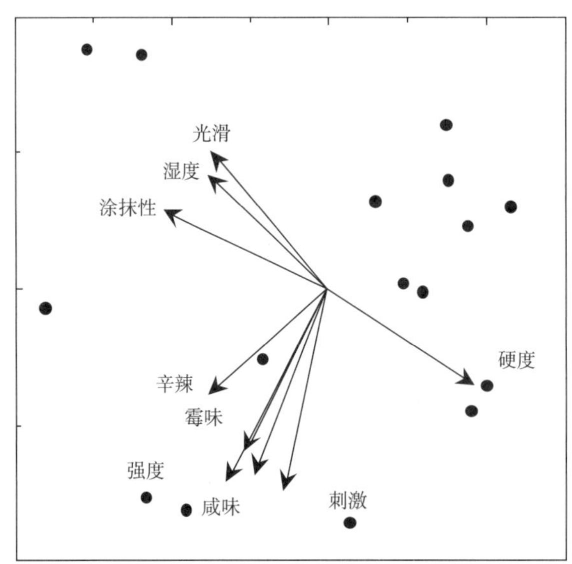

图 19.3　在图 19.2 中所示的干酪的属性评分被回归到模型中的位置，以绘制向量来帮助解释感知图

在方差分析和回归 p 值小于 0.01 的情况下，只包含具有显著差异的属性。Lawless 等（1995），由 Elsevier Science Ltd 授权转载。

导消费者将每个产品放置在一个表面上，如在一张大的空白纸上。产品被放置的位置和相互之间的距离代表了它们之间的相似性和不同之处。就像排序和直接相的似性标度一样，每个消费者使用的标准都是由他/她自己决定的，并且实验者没有强加任何结构、观点或属性。因此，我们可以自然地发现对那个人来说什么是真正重要的。与 PCA 相比，这是一个潜在的优势，因为至少在开始时，PCA 分析时认为所有属性的权重相等（重要的是相关性的模式）。在投影映射平面上，每个数据点包含有对应产品的 X 和 Y 坐标，这些数据点可以将其转化为距离矩阵。显然，这样的数据集含有的信息比排序更加丰富，因为个体相似性数据不是由 0 和 1 组成的，而是实际的标度距离的度量。

这种方法是 Risvik 等在 20 世纪 90 年代提出的，但直到最近才受到广泛的关注（Risvik 等，1994，1997）。Pages 等把它重新定义为“napping”程序，基于法语中桌布的意思（Pages，2005；Perrin 等，2008）。他们对此方法的一个重要的补充是多因素分析（MFA），它现在作为 R 语言中一个免费附加库的一部分（R Development Core Team，2009）。这个有用的程序可以揭示数据中两个以上的维度，这取决于单个消费者如何关注不同的属性。例如，如果一半的消费群体根据口味和纹理映射产品，而另一半则使用颜色和纹理，则 MFA 将形成一个具有三维的空间配置，其中 50%的方差将分配给纹理（公共属性），剩下各 25%分别分配给颜色和味道（Nestrud 和 Lawless，2010a）。因此，当使用 MFA 分析时，该方法不局限于两个基本属性，就像使用者从每个消费者生成的平面数据集中所期望的那样。

投影映射或桌布映射（napping）已应用于各种产品中，如干酪（Barcenas 等，2004）、葡萄酒（Pages，2005；Perrin 等，2008）、柑橘汁（Nestrud 和 Lawless，2008）、巧克力

（Kennedy 和 Heymann，2009）和苹果（Nestrud 和 Lawless，2010b）。在某些情况下，它可以产生信息量更大或更丰富的信息集合，正如通过组配置使得属性等级和向量投影之间有更好的相关性所显示的一样（Nestrud 和 Lawless，2010b）。与分类一样，该方法对于消费者来说是快速、简便，在探究性工作和品类评价中应得到广泛的应用。

19.3 属性识别和分类

19.3.1 喜好的驱动力

近年来流行的概念是，在确定特定产品的消费者偏好时，某些属性可能比其他属性更重要。这样的关键属性可以称为“喜好的驱动力”（van Trijp 等，2007）。有很多方法可以确定这些关键属性，有些是定性的，有些是定量的。定性方面，可以通过焦点小组等访谈来了解产品哪些方面对消费者很重要（详见第 16 章）。这假设人们可以清楚地表达什么对他们是重要的并且他们正在如实地进行访谈。这两个假设都不是很可靠的。一个相关的方法是直接询问消费者来对“重要性”进行评分。这也依赖于人们准确表述他们意见的能力。定量方面，可以尝试将产品的感官变化与喜好或偏好的变化联系起来。有很多方法可以解决这个问题，但这些方法都假设可以对产品在一系列成分或加工过程中进行可察觉的改变，并且这些改变对消费者而言非常重要。

假设首先逐个查看变量。感官评分与喜好评分之间的简单相关性应该让我们对这种关系的强度有所了解。另一种方法是使用“恰好（just-about-right）”标度（详见第 14 章）和所谓的损失分析，即总体喜好度不是“正好”的成本花费。第三种方法是使用强度标度，但是对理想产品进行评分，并对实际产品进行评分以了解与理想的偏差（van Trijp 等，2007）。在这些概念中包含的是，享乐因子与感官强度关系曲线的斜率是该属性重要性的指标。如果它是一条陡峭的斜线，那么感官属性的小变化会导致喜好的巨大变化。因此它可能是一个“驱动力”。这种方法的一个缺点是你是否对感官强度做了有意义的改变。如果感官变化的范围太小，由于限制范围，可能无法找到其中的相关性（van Trijp 等，2007）。如果差异太大，可能会编造出一些永远不会在市场上看到的产品，即某些如此古怪的产品，以至于在默认情况下会得到较低的评分。所以在这种方法中很难知道应该在多大程度上改变一个给定的属性，这通常靠常识。但是，请注意，不同属性相关曲线间的斜率或相关性可能是如何有效地生成实际产品变量的函数。

作为另一种方法，可以尝试建立一个多元回归模型，一个多元线性模型，这样一个产品的总体喜好度就可以通过改变变量的一些线性组合来确定（例如，Hedderly 和 Meiselman，1995）。回归权重（线性系数）可以让我们了解预测变量与产品总体喜好之间关系的强度。例如，对水果饮料的喜好度可能是甜味和酸味间的一个函数，而甜味和酸味又是由含糖量和甜味以及含酸量和酸味之间的心理生理关系驱动的。然而，生活并不那么简单。感觉上，酸和糖间的相互作用是通过混合物抑制部分掩盖对方的（详见第 2 章）。所以这种方法在某种程度上会受到许多产品的预测变量之间的共变的限制。为了解决相关性问题，可以使用 PCA 或其他数据缩减程序，然后对喜好度和新的因子（PC 或潜在变量）进行回归，但这使其变得更加难以解释。

另一种有更多离散属性（而不是心理生理或连续属性）的方法是联合分析（Moskowitz 等，2006）。在这种方法中，属性或产品特征的组合是多种多样的，并且总体喜好可被评价。例如，你想吃一种甜度很高、果实固形物含量低且没有种子的或中等甜度、高果实固形物含量且有种子的果冻或水果酱？所有组合都可以提供，然后针对实验结果，可以通过专门的软件包计算甜度、固形物和含/不含种子等变量的贡献。这种方法历来与耐用品（洗衣机，汽车等）一起使用。

典型的联合测量设计类似于我们将用于方差分析的因子设计：所有可能的组合都呈现相同的次数。其他混合设计已被用于产品优化中了（Gacula 等，2009），其中连续变量在不同水平上组合可找到最佳组合。

19.3.2 卡诺（Kano）模型

Kano 模型提出并不是所有的属性都是平等的，它们以不同的方式对整体接受度有贡献（Riviere 等，2006）。以其通常英文翻译的模型将满意度视为消费者的主要反应，但人们可以将此视为对产品的普遍正面对普遍负面的反应（例如，高兴与厌恶）。当然，满意度不同于包含满足期望的喜好度。第二个维度是从未得到满足到得到满足/交付的那个属性。该产品的这一方面执行得如何？这两个轴和三个属性如图 19.4 所示。

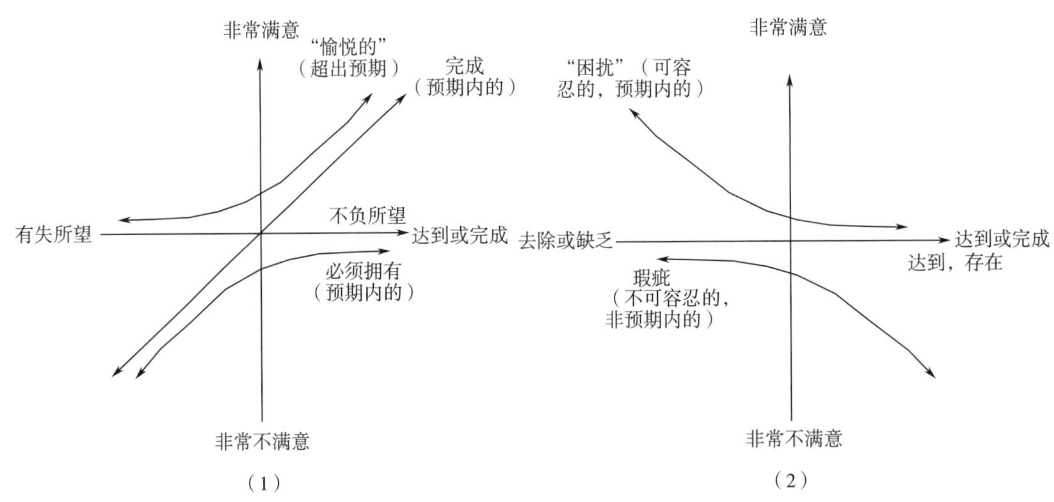

图 19.4　Kano 模型

Kano 模型中有三类属性（Matzler 和 Hinterhuber，1998）。第一个属性是性能属性，性能属性是可预期的，如果没有达到将使消费者不满意。当它被完全达到或达到高数量或强度时，消费者会很高兴。所以，这个属性越来越好。在一些食物中，当没有最佳点或满足点时，甜味就像这样。这种性能类型属性类似于在偏好映射下讨论的产品优化矢量模型（详见 19.4）。第二种属性是预期的属性，如果不交付，将会使消费者不满。交付时，满意度只是中度的，因为该属性是预期的。我希望我的车门在打开时不要刮擦路边。

我期望我的干燥的谷物早餐是脆的。如果我的车门刮到了路边，或者我的燕麦片从盒子里拿出来的时候是松软的或湿透的，我会很不高兴。这些“必须拥有的”是基本的要求。消费者甚至可能无法在焦点小组或调查中表达它们，因为它们被认为是显而易见的。我的旅馆房间必须有卫生纸，但如果有三卷，我不会吹嘘它。第三种属性是意想不到的，并且不是必需的，所以如果它没有被满足也没有问题。如果满足，它会让顾客感到高兴，产生兴奋或其他情绪。这些意想不到的好处可以推动产品创新。

其他方面可以添加到模型中。常见的是时间维度。随着时间的推移，令人愉快的属性可能会被预期，然后它们变成性能属性。随着时间的推移，它们可能变得被预期和需要，所以它们变成必备品。油箱旁直接付费加油站和酒店房间的网络服务已经经历了这一转变。许多冷冻食品被预期是可微波加热的，即使是一些烘焙食品和比萨。在产品开发方面，诀窍在于根据消费者需求确定这些属性的优先级，并确定潜在收益与不良绩效的损失。当然，意想不到的愉悦属性可能是创新和差异化的竞争点。对于食品研究，我们会再增加两个，而不是原来的 Kano 模型的一部分。首先，产品缺陷可被视为“负面的必备品”。如果他们存在的话，会让客户感到不满，但如果他们不存在的话，他们不会被期待，因此没有额外的好处。第二个是讨厌属性，这是预期甚至容忍的一种，尽管它的去除会提高客户的满意度。有一次，口香糖会黏在你的假牙上，这是人们可期望的。橡皮糖会黏在牙齿之间的空隙里，但我仍然会吃它。对我们中的一些人来说没有黏在假牙架上的口香糖是一个附加物。橄榄有核，葡萄有籽，龙虾有难以打开的壳。这些属性通常是可以容忍的，但是去核的橄榄，无籽的葡萄品种或没有壳的龙虾仁都会对消费者具有吸引力。

19.4 偏好映射的重新审视

19.4.1 偏好映射图的类型

偏好映射图是一类特殊的感知图，其中阐述了产品和消费者偏好（Elmore 等，1999）。在前一章中，描述了内部和外部两种偏好映射。内部偏好映射基本上来自消费者接受度数据的 PCA 分析。因此，他们在了解产品差异和偏好理由方面上的应用有限。更有用的工具是外部偏好地图。在这种方法中，可以从描述性数据的 PCA 分析等中得到分开的产品空间。产品的位置代表了它们的相似性和差异性，并且可以通过该图将属性投影为矢量。然后，消费者接受度数据也可以被展现。从这个图中可以发现最优产品（整个组或个人偏好最优者）或最优产品空间。这两种方法分别可以称为矢量模型和理想点模型。两者都提供了寻找可能偏好一部分产品空间（即一种产品类型）的子消费者的机会。

19.4.2 偏好模型：向量与理想点

使用矢量模型，就像在 Kano 性能属性中一样，越多越好。通过这个空间有一个理论方向，与消费者的喜好和不喜好相匹配。随着你沿着这条路线朝着积极的方向前进，产品的接受度会提高。最适合消费者的方向（假设存在这样一个方向）是在接受度评分与从该产品的垂直线上标出的位置之间提供最大相关性的方向。将矢量看作是尺子或轴，每个产品（空间中的点）在这个尺子上都有一个值。这些值与人们的接受度评分存在最大程度的相关性。这与上面第 19.2.6 节讨论的向量拟合的概念是相同的。在强度属性存在的情况下，空间外部的产品通常比对面或中心部位的产品具有更多的属性。因此，这种描述性属性模型具有一定的意义，尤其是当空间是从 PCA 分析中得到的时，PCA 毕竟是基于一组强度尺度之间的线性相关性进行分析的。

这种外部偏好映射的一个很好的例子是 Greenhof 和 MacFie（1994）的经典论文，其中显示了一些消费者对某些肉类产品的个体向量方向。值得注意的是，几乎所有的空间方向都代表了偏好。如果试图拟合一组平均向量，结果可能是没有意义的，或者显示不出相关性的。有一些明显的偏好向量集群密度很高，这显示出了喜欢同类产品的消费者群体。

矢量方法的替代模型是一种产品空间中的特定位置具有最高的喜好度或接受度的模型。对于许多属性而言，“越多越好”（或者缺陷或不良质量“越少越好”）不太合适。也就是说，有一个最佳值或“满足点”，正如在正好标度部分所讨论的。许多食物中的甜味就是一个很好的例子。我们喜欢果汁和一些葡萄酒有一定的甜度，但超出这个甜度就太甜了。将这个想法延伸到产品空间或感知图中，通常会收集到一些属性和强度值的集合，这似乎是最好的组合。如果你来自纽约或佛蒙特州，你可能更喜欢浓郁、坚实、脆以及良好酸味和的切达干酪，但如果你来自美国西海岸，你可能会喜欢温和、湿软和苍白的干酪。这两个干酪消费者在不同部分的感官空间会有理想点。矢量模型和理想点模型的对比图如图 19.5。

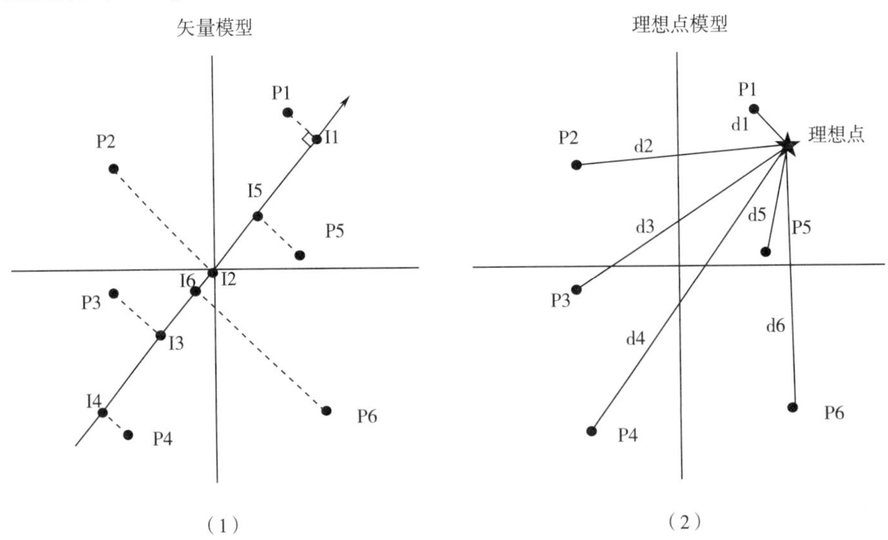

图 19.5　六个假想产品 P1～P6 的矢量与理想点模型

对于矢量模型，穿过空间的方向是这样的，即垂直段 I1～I6 的交叉点最大程度上与原始喜好评分相关。对于理想点模型，理想点的位置是这样的，即与产品的距离 d1～d6 与原始喜好评分最大程度地负相关。

只要每个消费者对所有产品都有享乐（接受度）评分，为消费者找到数学上的最佳点是简单的。关键在于找到接受度评分与每个产品之间的距离具有最大负相关性的点。这是有道理的，因为你喜欢的产品应该比你不喜欢的产品更接近你的理想点。这在图19.5中有所显示，其中理想产品点的射线长度必须与人的喜好评分具有最大的负相关性。相关性越高，产品空间/型号对该消费者最喜欢的产品的匹配性越好。当然可能会有不匹配的时。该消费者可能没有强烈的偏好，或者该消费者偏好的组合是不太可能出现时，该情况不能反映PCA分析得出相关性的通常模式。理想点模型的另一个理想特征是对人的理想点周围的梯度或密度的一些判断。对于一些人来说，与理想点的微小偏差会在接受度上产生很大的差异。其他人可能更能忍受感官变化，且理想点位置有一点模糊。所以围绕每个点的一种轮廓图是一种有用的信息。Meullenet等（2007年）广泛地讨论了各种类型的偏好映射和模型。

19.5 消费者细分

消费者细分的传统方法是寻找一些喜好和不喜好的产品模式，然后尝试确定喜好细分市场的特征。然后可以将年龄、性别以及任何数量的人口或生活方式模式相关联，以试图表征喜欢不同类型产品的人群特征。营销和广告学具有很多这样的方法。另一种方法是感官科学家可以做出贡献的方法，即通过感官特性进行细分，即感官优化。即使对属性进行Kano类型分类，在不同的消费者群体中寻找不同的模式也是非常重要的（例如，Riviere等，2006）。有强大的统计工具可用于检查响应模式和/或人口的统计数据，也许最常见的是某种形式的聚类分析，它可以根据人们反应模式中的相似性对人们进行分组。人们有多种聚类算法可以使用（Plaehn和Lundahl，2006；Qannari等，1997；Wajrock等，2008）。

感官细分是获得最高评分的新产品或延伸现有产品线的潜在强大工具。考虑到一个公司希望以最大可能的总体喜好分数推出单一产品的情境，产品开发人员和感官科学家组成团队，他们根据许多改变和优化的属性制作出了单一的最佳产品。该组合看起来很不错，并且该产品已被推出。但他们可能错过了一个重要模式。如果他们意识到这个产品类别的消费者群体有三个截然不同的感官/偏好细分市场，他们可能会制造出三种不同风格的产品，以取悦这些细分市场。错过的机会是，每种不同风格的分数（来自它们适当细分市场的分数）可能远远高于复合产品的单一分数。如果没有意识到这一点，他们可能会创造出可以为广大受众所接受的“航空食品”，并且不会冒犯任何人，但并不真正让任何人满意。

感觉强度和喜好度之间的关系通常是倒U型曲线（Moskowitz，1981）或倒V型（Conner和Booth，1992）。然而，Pangborn（1970）指出可以根据人们对产品中的盐味或甜味的偏好对消费者进行分组。有些人喜欢更强的咸味，而另一些人则根本不喜欢，而第三组则以最佳点或满足点显示经典的倒U型。当你对这三组进行平均时，你会得到一个稍微平坦的倒U型，但这掩盖了具有单调关系的两组（图19.6）。有关这个情况的一个典型的例子是Moskowitz和Krieger（1998）1995对欧洲感官网成员共享的一组咖啡偏好数据进行再分析时发现的。图 19.7 所示为关键的发现。按国家划分时，五个国家显示出或多或少相似的模式，那就是一些中等水平的苦味似乎最佳。然而，当考虑到个体数据时，有三个明确的群体，一个完全不喜欢苦味（更多更坏），一个青睐高浓度的苦味（更多更好），第三个群体则的喜欢具有最佳浓度苦味。重要的结果是所有三个感官群体都包含在所有五个国家中。因此，对于一家咖啡公司来说，通过感官偏好来进行细分将是一种更好的策略，而不是试图量身定制一种通用的咖啡，并且为每个国家制作稍微不同风格的咖啡可能是浪费时间的。请注意，图 19.7（2）中两个基于感官的小组的最佳评分高于地理位置组的最佳评分［图 19.7（1）］。感官细分的另一个例子请见 Moskowitz 等，1985。

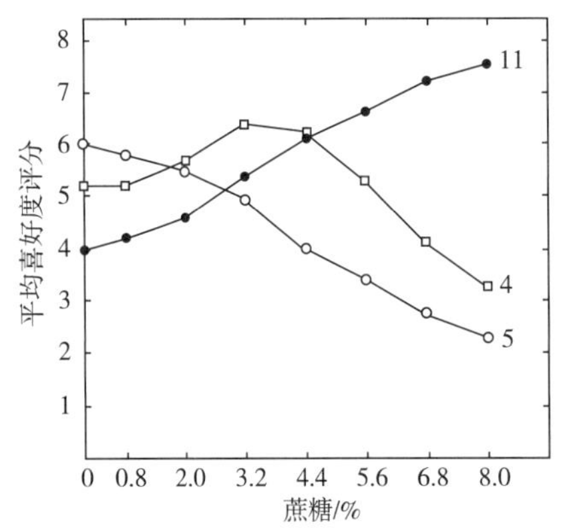

图 19.6　来自 Pangtborn（1970）的数据显示不同的消费者群体喜欢产品中不同程度的甜味。发现了三个不同的群体

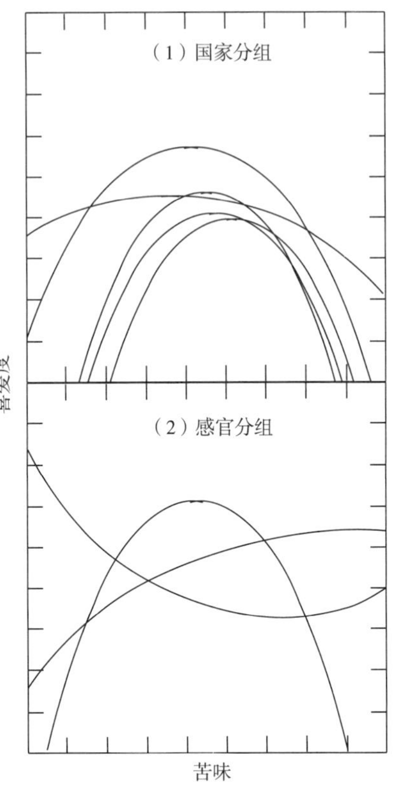

图 19.7　从 Moskowitz 和 Krieger（1998）中重新绘制的数据

为了优化咖啡苦味，所有 5 个欧洲国家都显示出类似的倒 U 型函数。然而，在每个国家内都有独特的基于感官的细分市场（曲线是符合数据的二次函数）。

19.6　声明证实的重新审核

声明证实是感官评价可能参与消费者盲评的另一个策略。监管机构和网络对这些测试（NBC，2009）有一定的要求和期望，结果往往受到竞争对手的挑战（ASTM，2008）。焦灼的官司可能会接踵而至，对方会试图证明由于某种方法上的缺陷，该测试无效。感官分析部门可能被要求捍卫测试方法和结果。以下是从 ASTM 和 NBC 文档中摘取的偏好测试的一些指南，这些文档非常相似。

对于优越性和等价性的声称，通常需要具有相应的消费者集中地点测试（CLT）。家庭使用测试，在受过训练的评判小组和专家面前不受青睐。测试应该是双盲的，这意味着生产者和消费者都不知道产品的信息。与大多数 CLT 研究人员相比，这需要额外的人员进行研究，因为准备样本的人员不得是生产者，产品必须在该国的几个不同地区进行测试，产品必须具有代表性，就是说消费者在这些地区的货架上能够找到这些产品，通常要求商店能回收具有相同或相似有效期的产品。

NBC 要求存在“无偏好”选项，但在 ASTM 指南中有不同意见的讨论。为了满足当局的需要，应该提供一个无偏好的回应。为了获得优势，胜出的产品必须与总样本有显著差异，这意味着无偏好选票会增加失败的比例。

二项偏好测试的简单公式如式（19.1）所示。

$$z = \frac{P - 0.5}{0.5/\sqrt{N}} \tag{19.1}$$

式中 P——获胜者的比例；

N——总样本量；

z——必须超过 1.645。

请注意，这个测试是单边的，不像大多数喜好测试是双边的！这是合理的，因为只是想获得成功，而不是为了你产品的失败。NBC 明确指出，不得在两种产品中分配无偏好选票，因为“反应是根本不同的”。优胜劣汰要求的样本规模为每对产品需要 200~300 名消费者。如果有人希望声称他们的产品是“美国最好的”，意味着优于所有竞争者，那么对全国抽样就有要求。此外，产品应至少占市场的 85%（除非有大量小型区域品牌）。

统计检验也可以仅在偏好选票之间进行，并且在分析中省去无偏好票。在这种情况下，可以提出一个合理的声明证实，例如，“对那些有偏好的人来说，我们的热狗胜过主要竞争对手的热狗”。这种质量在广告术语中被称为“超级”。如果有 20%或更多的无偏好投票，超级是必需的。显然，如果无偏好选票比例很高（例如 50%），那么任何声明都难以证实。

一致性结果的处理方式与第 5 章的平等性讨论略有不同。NBC 等权威机构建议将结果在 90%置信区间做双边检验分析。然后，只要您的产品不会在该级别失利，一个非显著的结果可以作为产品相同的证据。其他公司将 α 水平设置得更低（例如保险不会错过差异，Ⅱ型错误），例如在 67%水平。虽然这降低了 β 风险，但使用双边测试实际上会提高一点。为了证实相同结果，现在需要至少 500 个样本量。

19.7 结论

19.7.1 盲测，新可乐和维也纳爱乐乐团

基于感官的优化只是产品开发的一个方面，这有助于保证产品在市场上能取得成功。显然，概念开发、广告、定位、促销和其他营销策略同样重要。但是，大多数营销人员会承认，无法让一件不好的产品取得成功。产品必须将良好的产品理念与感官和性能属性的传达结合起来。但是这提出了一个问题，因为产品概念非常重要，开展消费者盲测有意义吗？有些学者（例如 Gladwell，2005）认为它们实际上是不相关的，甚至可能是有害的，因为人们不是盲目购买或消费产品的。过度依赖盲测的经典失败案例是新可乐的

故事。在20世纪80年代，可口可乐已经失去一些市场份额给他们的主要竞争对手百事可乐了，并不得不面对着一个好奇而令人讨厌的现实，即在成对偏好盲测中，百事可乐赢了。这导致了可口可乐旗舰产品配方必须重新配制，使其更甜，更具柑橘风味，即更像百事可乐。忠诚的可乐消费者拒绝了这种味道。他们不再忠实地购买可口可乐了。“经典可乐”被带回市场，新可乐平静地消亡。

然而，与这个故事相反，Gladwell后来被认为可能是盲测最好的成功故事。这是在幕后进行的专业音乐试演的故事，评委们不会知道表演者的身份（或性别）。他讲述了为都灵皇家歌剧院演奏长号（一种“男人”的乐器）的音乐人Abbie Conant的故事，当时Conant“先生”有个受邀参加维也纳爱乐乐团试演的机会。由于其中一位申请人是慕尼黑管弦乐团知名音乐家的儿子，他们决定在幕后进行试演。Conant用长号表演了费迪南·戴维的《长号协奏曲》，这是德国演奏常用的曲目。虽然她吹错了一个音符，但仍给评委们留下了深刻的印象，并最终录取了她。令他们惊讶的是，Conant“先生”竟然是Conant“夫人”。Gladwell继续讲述了如何使用屏幕使越来越多的女性被交响乐团聘用的故事（这是100年前的罕见情况），这是盲测在音乐世界中创造实质性社会变革的经典案例。

那么，感官盲测在战略研究和竞争性监测中是什么地位？有人可能会问是否可以避免新可乐式的失败，我们认为答案是肯定的。许多感官分析从业者知道的一点是，在成对比较测试中，两种产品中更甜的一种会胜出。这并不意味着整个产品被消费完后或产品使用一段时间后，该产品仍是首选的。因此，集中地点测试（CLT）的预测值与人们可以在家庭使用测试（HUT）中获得的更多扩展测试相比，也存在众所周知的限制。最后，人们可能会问，在产品受其形象和品牌忠诚用户的广泛历史驱动的情况下，是否应该给予CLT盲测的结果如此之大的分量？成对偏好测试只是其他信息海洋中的一小部分数据。市场份额的丧失将公司的注意力转移到了技术的改进上，但忽略了其他因素，例如百事可乐在其广告中高频率地使用流行歌星Michael Jackson。

19.7.2 感官评价的贡献

创造一个成功的创新产品取决于在一开始就有一个好创意。其中很大一部分可以通过前端研究来实现，例如使用第16章中概述的定性方法等技术。有关“得到正确观点”的广泛讨论，首先请参见Moskowitz等（2006）。本章考察了产品优化、消费者细分、竞争分析和感知建模。感官专业人员不局限于简单的产品测试，而是可以参与所有这些领域的工作。在这些领域中，感官专家可以在公司制造成功产品的策略制定上发挥非常重要的影响和作用。最重要的是，感官专家带来了特殊的专业知识和观点，可以弥补产品团队思维和观念上的不足。

参考文献

Abdi, H. and Valentin, D. 2007. DISTATIS. How to analyze multiple distance matrices. In: N. Salkind (ed.), Encyclopedia of Measurement and Statistics. Sage, Thousand Oaks, CA, pp. 1-15.

Abdi, H., Valentin, D., Chollet, S. and Chrea, C. 2007. Analyzing assessors and products in sorting tasks: DISTATIS, theory and applications. Food Quality and Preference, 18, 627-640.

ASTM International. 2008. Standard Guide for Sensory Claim Substantiation. Designation E 1958-07. Vol. 15. 08 Annual Book of ASTM Standards. ASTM International, Conshohocken, PA, pp. 186-212.

Barcenas, P., Elortondo, F. J. P. and Albisu, M. 2004. Projective mapping in sensory analysis of ewes milk cheeses: A study on consumers and trained panel performance. Food Research International, 37, 723-729.

Benner, M., Linneman, A. R., Jongen, W. M. F. and Folstar, P. 2003. Quality function deployment (QFD)-Can it be used to develop food products? Food Quality and Preference, 14, 327-339.

Bertino, M. and Lawless, H. T. 1993. Understanding mouthfeel attributes: A multidimensional scaling approach. Journal of Sensory Studies, 8, 101-114.

Bijmolt, T. H. A. 1996. Multidimensional Scaling in Marketing: Toward Integrating Data Collection and Analysis. Thesis, Economische Wetenschappen, Rijksuniversiteit Groningen.

Conner, M. T. and Booth, D. A. 1992. Combined measurement of food taste and consumer preference in the individual: Reliability, precision and stability data. Journal of Food Quality, 15, 1-17.

Dijksterhuis, G. 1997. Multivariate Data Analysis in Sensory and Consumer Science. Food and Nutrition, Trumbull, CT.

Elmore, J. R. and Heymann, H. 1999. Perceptual maps of photographs of carbonated beverages created by traditional and free-choice profiling. Food Quality and Preference, 10, 219-227.

Elmore, J. R., Heymann, H., Johnson, J., and Hewett, J. E. 1999. Preference mapping: Relating acceptance of "creaminess" to a descriptive sensory map of a semi-solid. Food Quality and Preference, 10, 465-475.

Fox, R. J. 1988. Perceptual mapping using the basic structure matrix decomposition. Journal of the American Marketing Association, 16, 47-59.

Gacula, M. C., Jr. 1993. Design and Analysis of Sensory Optimization. Food and Nutrition, Trumbull, CT.

Gacula, M., Singh, J., Bi, J. and Altan, S. 2009. Statistical Methods in Food and Consumer Research. Elsevier/Academic, Amsterdam.

Gladwell, M. 2005. Blink. Little, Brown and Co, New York, NY.

Goldman, A. E. and McDonald, S. S. 1987. The Group Depth Interview, Principles and Practice. Prentice-Hall, New York, NY.

Greenhof, K. and MacFie, H. J. H. 1994. Preference mapping in practice. In: H. J. H. MacFie and D. M. H. Thomson (eds.), Measurement of Food Preferences. Chapman & Hall, London, UK.

Hedderly, D. I. and Meiselman, H. L. 1995. Modeling meal acceptability in a free choice environment. Food Quality and Preference, 6, 15-26.

Heymann, H. 1994. A comparison of free choice profiling and multidimensional scaling of vanilla samples. Journal of Sensory Studies, 9, 445-453.

Hoffman, D. L. and Franke, G. R. 1986. Correspondence analysis: Graphical representation of categorical data in marketing research. Journal of Marketing Research, 23, 213-227.

Johnson, R. 1988. Adaptive perceptual mapping. Applied Marketing Research, 28, 8-11.

Katahira, H. 1990. Perceptual mapping using ordered logit analysis. Marketing Science, 9, 1-17.

Kennedy, J. and Heymann, H. 2009. Projective mapping and descriptive analysis of milk and dark chocolates. Journal of Sensory Studies, 24, 220-233.

King, M. J., Cliff, M. A., and Hall, J. W. 1998. Comparison of projective mapping and sorting data collection and multivariate methodologies for identification of similarity-of-use of snack bars. Journal of Sensory Studies, 13, 347-358.

Kohli, C. S. and Leuthesser, L. 1993. Product positioning: A comparison of perceptual mapping techniques. Journal of Product and Brand Management, 2, 10-19.

Kruskal, J. B. 1964. Nonmetric multidimensional scaling: A numerical method. Psychometrika, 29, 1-27.

Kruskal, J. B. and Wish, M. 1978. Multidimensional Scaling. Sage, Beverly Hills, CA, pp. 87-89.

Lawless, H. T. 1989. Exploration of fragrance categories and ambiguous odors using multidimensional scaling and cluster analysis. Chemical Senses, 14, 349-360.

Lawless, H. T. and Glatter, S. 1990. Consistency of multidimensional scaling models derived from odor sorting. Journal of Sensory Studies, 5, 217-230.

Lawless, H. T., Sheng, N. and Knoops, S. S. C. P. 1995. Multidimensional scaling of sorting data applied to cheese perception. Food Quality and Preference, 6, 91-98.

Laitin, J. A. and Klaperman, B. A. 1994. The brave new world of marketing research. Medical Marketing and Media, July, 44-51.

MacRae, A. W., Rawcliffe, T. Howgate, P. and Geelhoed, E. 1992. Patterns of odour similarity among carbonyls and their mixtures. Chemical Senses, 17, 119-125.

Malhotra, N., Jain, A. and Pinson, C. 1988. Robustness of multidimensional scaling in the case of incomplete data. Journal of Marketing Research, 24, 169-173.

Mantei, M. M. and Teorey, T. J. 1989. Incorporating behavioral techniques into the systems development life cycle. MIS Quarterly, 13, 257-274.

Matzler, K. and Hinterhuber, H. H. 1998. How to make product development projects more successful by integrating Kano' s model of customer satisfaction into quality function deployment. Technovation, 18, 25-38.

Meullenet, J.-F., Xiong, R. and Findlay, C. 2007. Multivariate and Probabilistic Analyses of Sensory Science Problems. Blackwell, Ames, IA.

Miaoulis, G., Free, V. and Parsons, H. 1990. Turf: A new approach for product line extensions. Marketing Research, March 1990, 28-40.

Moskowitz, H. R. 1981. Relative importance of perceptual factors to consumer acceptance: Linear vs. quadratic analysis. Journal of Food Science, 46, 244-248.

Moskowitz, H. and Krieger, B. 1998. International product optimization: A case history. Food Quality and Preference, 9, 443-454.

Moskowitz, H. R., Beckley, J. H. and Resurreccion, A. V. A. 2006. Sensory and Consumer Research in Food Product Design and Development. Blackwell/IFT, Ames, IA.

Moskowitz, H. R., Jacobs, B. E. and Lazar, N. 1985. Product response segmentation and the analysis of individual differences in liking. Journal of Food Quality, 8, 169-181.

Miller, J. and Wise, T. 1991. Strategic and tactical research. Agricultural Marketing, 29, 38-41.

Mullet, G. M. 1988. Applications of multivariate methods in strategic approaches to product marketing and promotion. Food Technology, 51(11), 145, 152, 153, 155, 156.

Muñoz, A. M., Chambers, E. C. and Hummer, S., 1996. A multifaceted category research study: How to understand a product category and its consumer response. Journal of Sensory Studies, 11, 261-294.

NBC Universal. 2009. Advertising Guidelines. Department of Advertising Standards, NBC Universal, Inc.

Nestrud, M. A. and Lawless, H. T. 2008. Perceptual mapping of citrus juices using projective mapping and profiling data from culinary professionals and consumers. Food Quality and Preference, 19, 431-438.

Nestrud, M. A. and Lawless, H. T. 2010a. Recovery of subsampled dimensions and configurations derived from Napping data by MFA and MDS. Manuscript available from the authors.

Nestrud, M. A. and Lawless, H. T. 2010b. Perceptual mapping of applies and cheeses using projective mapping and sorting. Journal of Sensory Studies, 25, 390-405.

Pages, J. 2005. Collection and analysis of perceived product interdistances using multiple factor analysis: Application to the study of 10 white wines from the Loire Valley. Food Quality and Preference, 16, 642-649.

Pangborn, R. M. 1970. Individual variation in affective responses to taste stimuli. Psychonomic Science, 21, 125-126.

Perrin, L., Symoneaux, R., Maitre, I., Asselin, C., Jourjon, F. and Pages, J. 2008. Comparison of three sensory methods for use with the Napping® procedure: Case of ten wines from Loire valley. Food Quality and Preference, 19, 1-11.

Plaehn, D. and Lundahl, D. S. 2006. An L-PLS preference cluster analysis on French consumer hedonics to fresh tomatoes. Food Quality and Preference, 17, 243-256.

Popper, R. and Heymann, H. 1996. Analyzing differences among products and panelists by multidimensional scaling. In: T. Naes and E. Risvik (eds.), Multivariate Analysis of Data in Sensory Science, Elsevier Science, Amsterdam, pp. 159-184.

Qannari, E. M., Vigneau, E., Luscan, P., Lefebvre, A. C. andVey, F. 1997. Clustering of variables, application in consumer and sensory studies. Food Quality and Preference, 8, 423-428.

R Development Core Team. 2009. R: A language and environment for statistical computing. R Foundation for Statistical Computing, Vienna, Austria. http://www.R-project.org.

Ramsay, J. O. 1977. Maximum likelihood estimation in multidi-mensional scaling. Psychometrika, 42, 241-266.

Riviere, P., Monrozier, R., Rogeaux, M., Pages, J. and Saporta, G. 2006. Adaptive preference target: Contribution of Kano' s model of satisfaction for an optimized preference analysis using a sequential consumer test. Food Quality and Preference, 17, 572-581.

Risvik, E., McEwan, J. A., Colwoll, J. S., Rogers, R. and Lyon, D.H. 1994. Projective mapping: A tool for sensory analysis and consumer research. Food Quality and Preference 5, 263-269.

Risvik, E., McEwan, J. A. and Rodbotten, M. 1997. Evaluation of sensory profiling and projective mapping data. Food Quality and Preference, 8, 63-71.

Rosenberg, S. and Kim, M.P. 1975. The method of sorting as a data-gathering procedure in multivariate research. Multivariate Behavioral Research, 10, 489-502.

Rosenberg, S., Nelson, C. and Vivekananthan, P. S. 1968. A multidimensional approach to the structure of personality impressions. Journal of Personality and Social Psychology, 9, 283-294.

Schiffman, S. S., Reynolds, M. L. and Young, F. W. 1981. Introduction to Multidimensional Scaling. Academic, New York, NY.

Sun Tzu (Sun Wu) circa 350 B.C.E. The Art of War. S. B. Griffith, trans. Oxford University, 1963.

Tang, C. and Heymann, H. (2002). Multidimensional sorting, similarity scaling and free choice profiling of grape jellies. Journal of Sensory Studies, 17, 493-509.

Van Trijp, H. C. M., Punter, P. H., Mickartz, F. and Kruithof, L. 2007. The quest for the ideal product: Comparing different methods and approaches. Food Quality and Preference, 18, 729-740.

Von Arx, D. W. 1986. The many faces of market research: A company study. The Journal of Consumer Marketing, 3(2), 87-90.

Wajrock, S., Antille, N., Rytz, A., Pineau, N. and Hager, C. 2008. Partitioning methods outperform hierarchical methods for clustering consumers in preference mapping. Food Quality and Preference, 19, 662-669.

Wright, K. 1995. Attribute Discovery and Perceptual Mapping: A Comparison of Techniques. Master's Thesis, Cornell University.

附录A　感官评价的基本统计概念

在设计实验或采集样品时，不论多强大的统计方法，也抵不过从这些实验和样品中获得的良好数据……没有任何精细的统计方法能将糟糕数据变为好数据。有许多利用复杂的统计方法来掩盖具有缺陷的实验设计以蒙蔽读者。

—O' Mahony（1986）

本章主要对感官数据统计分析包括中心趋势和分布、统计假设检验逻辑性做简单介绍。利用实例介绍均值的简单检验（t 检验）。介绍 p 值的意义。

A.1　引言

本书关注的主体是利用正确的感官测试方法，从严谨的研究中生成的高质量数据。总结统计学在感官数据分析中的应用。虽然统计数据是感官研究的必要部分，但感官的科学家应当记住 O' Mahony 的告诫：统计分析不管多么聪明，都不能用来挽救一个糟糕的实验。统计分析有几个重要的目的，主要是有效地总结数据，并协助感官科学家从实验中获得科学、合理的结论。最重要一点是帮助排除随机变量对于结果的影响。“包括科学家在内的大多数人容易被那些无法用随机假说解释的现象所信服”（Carver，1978）。

统计在感官数据的分析和解释中有三个重要功能作用。首先是统计的描述功能，对结果进行简单描述。数据的总结必须遵照用最可能估计值来代表原始数据。例如，我们可以用平均值和标准偏差（衡量数据分散度）来描述数据。第二是统计学的推理功能，为涉及产品和变量的实验结论提供一种确信或支持，证明是实验处理（如配方或加工条件）引起产品感官特性差异，而非随机误差引起。第三是评价实验因素（独立变量）与待测产品特性（因变量）之间的关联程度。这些统计学功能，对感官评价是一个非常有用的补充，但有时被忽略。统计量，如相关系数和卡方检验可以用来估计变量之间的关联度，实验效果的大小，以及从数据中产生的方程或模型。

本书提供的统计学附件为感官评价数据分析提供一般性指导，使其成感官科学家的有力武器。由于大多数评价程序是按照科学调查的方式进行的，对其所存在的误差，需要将由偶然性变化引起随机误差与由实验变量（配方，加工过程，包装，保质期）引起的真实差异进行有效区分。感官科学家使用人作为测量工具，与其他物理或化学的精密仪器测量相比，感官测试误差增加，对其数据的有效性提出了挑战，这使得统计方法的使用成为必要。本章节分为不同的统计学主题，以便使得熟悉某些统计分析的读者可跳至感兴趣的部分。希望得到进一步解释或其他实例的学生建议参考 O' Mahony（1986）的《食品的感官评价》和《统计方法和程序》，Gacula 等（2009）的《食品和消费者研究中的统计方法》和 Piggott（1986）的《食品研究中的统计程序》，这些书中包含有关更复杂设计和高级主题的统计学信息。本附录为感官评价专家提供参考，不是统计学课程的补充。

感官科学家保持向统计顾问或统计专家咨询是非常稳妥的，以期他们可为感官研究提供良好的建议和支持。这些建议与支持应该在实验实施过程、数据分析和结果解释的过程中尽早获得。据报道，费舍尔说："在实验完成之后打电话给统计学家，可能不过是要求他进行一次尸体检查：他或许能告诉你这个实验是怎么死的。"为了充分发挥作用，感官专家应该在实验设计阶段早期启用统计顾问，而不是作为魔术师来拯救出错的实验。请记住，对一个科学问题的"最佳"实验设计，在实际运行中可能行不通。用人来测试必然包括其疲劳程度，适应程度和注意力的丧失及难以保持，以及在某些时候参与动力的缺失。感官科学家和统计学家之间的商讨可以产生最好的实际效果。

A. 2　基本统计概念

为什么统计学在感官分析中如此重要？主要原因是感官测试存在差异或变化。在感官评价中，感官测试中的不同参与者只给出不同的数据，需要我们找到并非由于随机变量引起的规律性东西（一致模式）。在这种不受控制的误差背景下，我们还想要获得实验变量对评价员产生的真实影响。不幸的是，测量误差在我们决策中引入了风险。统计学绝对不是万无一失或无懈可击的。即使在最好的实验条件下做出决定，也总会有错误判断的风险。然而，统计方法帮助我们降低、控制和评价风险。

当我们从一个样本（一个实验或测试）推广到总体时，统计方法提供了预估风险和决策风险最小化的规则。基于三个因素考虑：实际测量值，该值附近的误差或变化，和所做的观察次数（有时称为"样本量"，不要与食物样本混淆）。这三个因素的相互作用构成了感官数据统计检验的基础，主要的统计检验包括平均值的 t 检验，方差分析，F 比率以及比例或频率计数的比较。以均值的 t 检验为例，其要素要考虑①平均值之间的差异，②测量值固有的标准偏差或误差，③观测次数。

我们如何描述数据的变化？误差使得数据存在围绕测试点的分布特性，这些分布可用直方图表示。直方图可表示出每个测量点下的统计频次。常用柱状图来描绘这些数据。直方图分布的例子包括人群中的感官阈值，感官小组的不同排序（图 A. 1），或者在消费者以 9 分制对产品给出的判断。实验样本或多或少代表了整个人群或那些潜在人群，与其总体具有相同之处，可以代替总体，但实验存在可变性和测量误差，两者有所不同。

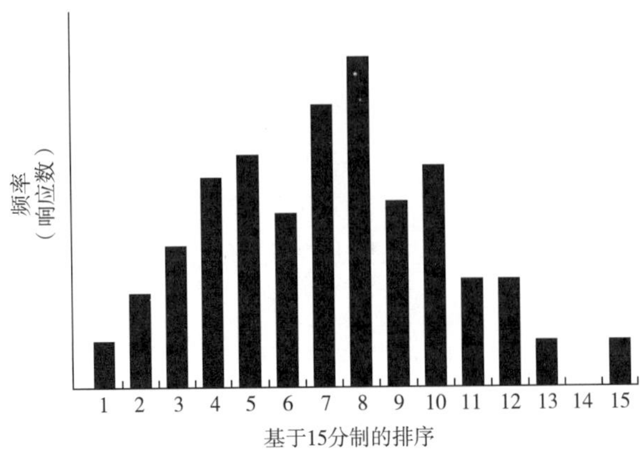

图 A.1　显示样本数据分布的一个直方图

基于 15 分制的排序，一个评价小组给出感知强度的统计频率。

A.2.1　数据描述

我们如何描述我们的测量？利用一个样本分布，如图 A.1 所示。这些测量可以通过几个参数进行表征和总结。总结有两个重要方面要考虑，一是测量的最佳估计值是什么？二是这个估计值的误差有多大？

描述最好或最可能估计值涉及集中趋势的测量。常用的有三种：平均值，是所有数据值之和除以观测次数。对对称分布的数据的中心值来说，这是一个很好描述，适宜于没有过高或过低值的均匀分散数据。另一个常见的衡量标准是中位数或第 50 的百分位数，即数据排序时的中间值。中位数能很好地表示不对称分布数据中的中心值。例如，当高端有一些极端值时，平均值会受到较高值的不当影响（它们将平均值拉高），而中位数是测量值从最低到最高排序后的中间值，或者是偶数个数据点时的两个中间值的平均值。对于某些分类数据，最常见用频率来描述。将数据以其名称进行分类是合适的。例如，利用分类统计产品何时被消费（早餐、午餐、晚餐或加吃）。因此，一些分类数据可以用没有排序的频率表示。

描述数据的第二种方法是观察值中的变异性或分散度。通常是通过标准偏差来实现，以明确测量值相对中心价值的分散程度。来自实验样本数据 S 标准偏差由式（A.1）：

$$S = \sqrt{\frac{\sum_{i=1}^{N} (X_i - M)^2}{N - 1}} \tag{A.1}$$

M 为 X 的得分均值，即 $M = X/N$ 。

标准偏差常被计算为

$$S = \sqrt{\frac{\sum_{i=1}^{N} - X_i^2 - [(\sum X)^2/N]}{N - 1}} \tag{A.2}$$

由于实验或样本只是一个大总体中的小代表，所以存在着低估真实误差的倾向。为抵消这种潜在的倾向，在分母中使用 $N-1$，形成了标准偏差的“无偏估计”。在一些统计程序中，我们不使用标准偏差，而是使用其平方值，其被称为样本方差或 S^2 。

度量数据变化的另一个有用参数是变异系数。变异系数与均值标准偏差具有同等重要作用，比较不同方法、测量标度、实验设计及其他情况下产生的差异时，变异系数是一个很好的选择。实质上，变异系数是将变异的无量纲化或百分比化。变异系数（ CV ）公式如下：

$$CV(\%) = 100\frac{S}{M} \tag{A.3}$$

其中 S 是样本标准差，M 是平均值。对于一些标度估算方法，如强度估算，随均值增加变异性增加，所以标准偏差本身不能说明测量中的误差量。误差随均值水平而变化。变异系数是测量标度上所赋值的相对误差量。对下例得分值（表 A.1）的平均值，中位数，模数（频率），标准差和变异系数的计算。

表 A.1　　第一个数据集，排序

2	5	7	9
3	5	7	9
3	6	7	9
4	6	8	9
4	6	8	10
4	6	8	10
4	6	8	10
5	6	8	11
5	6	8	11
5	7	9	12
			13

样本量：$N = 41$

平均值：$M = X/N = (2 + 3 + 3 + 4 + \cdots 11 + 12 + 13)/41 = 7.049$

中位数，得分的中间值，为 7

模数，最频得分值，为 6

样本标准偏差：$S = \sqrt{\dfrac{\sum_{i=1}^{N}(X_i - M)^2}{N-1}} = \sqrt{\dfrac{2303 - (83521)/41}{40}} = 2.578$

变异系数：　$CV(\%) = 100(S/M) = 100(2.578/7.049) = 36.6\%$

A.2.2　总体统计

依据数据在做决定时，我们喜欢从实验中推断出总体上可能发生的事情。也就是说，我们希望实验样本的结果在投射到其总体或其他产品时同样适用。按总体来说，不一定是全国或全世界范围。用“总体”这个术语来表示一组人（有时是产品），从中提取实验小组（或样本），以及实验结论的应用小组。统计学法则告诉我们，实验（或感官测试）结果能够很好地被推广到总体的其余部分。总体平均值和标准差通常以希腊字母表示，而不是以样本统计的标准字母。

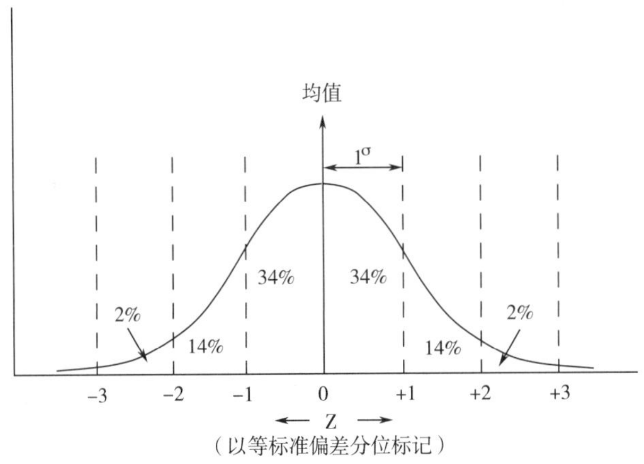

图 A.2　均值和标准差描述的正态分布曲线

曲线下的面积标记独立的已知观测百分比。

正态分布曲线的重要性质：①面积（曲线下）对应于总体的比例；②每个标准差包含一个已知的比例；③观察值发生的可能性大小。极端值远离平均值是罕见的或不可能发生的。

关于一个总体的相关测量被认为是在正态分布。这意味着这些值形成一个钟形的曲线，这个曲线通常是由高斯方程来描述。钟形曲线以均值为中心对称，即数值多数接近于平均值而非远离均值。曲线由其均值和标准偏差描述，如图 A.2 所示。

总体标准偏差 σ 与样本标准差的公式类似，其中 X 为每个得分值（每个人的产品的评价值）。μ 为总体平均值；N 为样本数量。

$$\sigma = \sqrt{\frac{\sum_{i=1}^{N}(X_i - \mu)^2}{N}} \tag{A.4}$$

标准差是如何与正态分布相关的？这是一个重要的关系，它是统计学风险评价和推论的基础。因为知道正态分布的确切形状（由其方程给出），标准偏差可描述偏离均值的观测比例。换句话说，曲线下的面积对应观测数的比例。此外，任何 X 值都可以用 Z 值来描述，其意义是以标准偏差为分单位，X 值偏离均值有多远。因此，Z 值表示 X 值与平均值之间的差异，与正态分布曲线下的面积有关。以 1 个标准偏差为分位单位，Z 值为曲线下该单位值占有的面积，为总面积的百分之比（图 A.2）。基于此，判断某个观测值发生的可能性和对总体做出一定假设时，Z 值有用之处突显。从均值到给定 Z 值的距离可判断观测值的百分比。因为频率分布实际上表示期望的差异值出现次数，所以可将 Z 值转换成一个概率值（有时称为 p 值），代表曲线下 Z 值左边或右边的区域。统计检验中，寻找稀缺性事件时，通常检查分布的“尾部”，或代表比 Z 值极端可能性的较小区域，其概率值代表给定 Z 值以外的曲线下的面积，Z 值越小，预期概率越大。在所有统计书籍中都

可以找到将 Z 值转换为 p 值的表（表 F. A）。

$$Z = \frac{X - \mu}{\sigma} \tag{A.5}$$

A. 3　假设检验和统计推断

A. 3. 1　置信区间

统计推断，是利用实验样本的结论推断总体。这是用来确定实验变量是否有实际效果的逻辑，或者实验结果是否是由偶然或不明原因的随机变化引起的。在讨论统计决策概念之前，举一个简单的关于总体推论的例子，即置信区间。统计学推论的一个例子是利用样本来估计总体，或者说对样本估计值落入测量范围内的确定性进行评价。例如，给定样本均值和标准差，在什么区间内可能会出现真实值或总体值？对于小样本，使用 t 检验来实现评价（Student，1908）。t 检验就像 Z 值一样，但它比管理大标度总体的 Z 统计量更好地描述了小实验的分布情况。由于大多数实验样本量都比总体少得多，有时甚至是一个非常小的样本，因此 t 检验对许多感官评价工作非常有用。

在给定的样本或实验中，经常使用 95%的置信区间来描述预计的真实均值以 95%概率落入测量范围内。M 为 N 个观察值的平均值，95%置信区间由下式给出：

$$M \pm t(s/\sqrt{N}) \tag{A.6}$$

其中 t 是 $N-1$ 个自由度（下面解释）对应的 t 值，包括在该值之外上线的 2. 5%的预期误差和下线的 2. 5%预期误差（双边值，也在下面解释）。假设在 9 分制的标度上得到 5. 0 的平均值，样本标准差为 1. 0，有 15 个观测值。本实验的 t 值在自由度为 14 下为 2. 145（表 F. B）。所以真实平均值推测是在 $5 \pm 2.145(1/\sqrt{15})$ 或者 4. 45~5. 55。例如，如果我们拟定产品在这个标度上的平均得分不低于 4. 0。该实验均值 5. 0 > 4. 0，由此我们相当确信我们的产品。

对于连续和正态分布的数据，同样可以估计中位数的 95%置信区间（Smith，1988），见式（A. 7）

$$\text{Med} \pm 1.253t(s/\sqrt{N}) \tag{A.7}$$

对于较大的样本，假设 $N > 50$，可以用 Z 值近似代替 t 值，在 95%的置信区间中，在这些公式中使用 $Z = 1.96$。随着观测数增加，t 分布更接近正态分布。

A. 3. 2　假设检验

怎么知道实验的有效性？首先，需要计算均值和标准差。对这些值做进一步的统计学检验，这些统计量，如上面提到的 Z 值，其分布已知，因此，当仅有随机误差时，可以评价观测值出现的可能性或者不可能性。如果随机误差存在的可能性很小（通常是在 20 或更少次数中的一次偶然），那么拒绝这个假设，并得出结论：观察结果必然获得于实验处理。这是统计假设检验的逻辑，很简单。

通常需用一个检验来比较均值。一个针对小实验的有用统计，被称为学生 t 统计

(Student's t-statistic)。“学生”为一个统计者笔名，真名为戈斯特，在柏林的健力士啤酒厂做统计工作，其老板并不希望其他啤酒厂知道其酒厂采用统计方法（O'Mahony，1986），而使其用“学生”笔名公布 t 检验。小实验中的小，意指每个变量的观察数约为 50 或更小。从概念上讲，t 检验是指均值的误差或围绕均值的不确定性的估计值，称为均值的标准误差。

利用多次实验的每次平均值，可绘制成均值直方图，表示均值分布情况。均值的标准误差类似这些“均值”样品的标准差。若实验时间和财力充足，实验可以无数次重复，可从样本平均值分布来估计总体值。但是，通常不会做这么多的重复实验，由此，需要一种方法来估计这个误差。幸运的是，在单一实验中的误差给了我们一个启示，获得的均值反映总体均值的可能性有多大？也就是说，在平均值附近的置信界限可被预估。统计法则告诉我们，平均值的标准误差可以简化为样本标准差除以观察数（“N”）的平方根。这是有道理的，得到的观察数越多，样本均值实际上就越接近真实的总体均值。

为了检验实验得到平均值是否与其他值不同，要考虑三个参数：平均值，样本标准偏差和观察次数。下面给出 t 检验的例子，但需要清楚统计检验的逻辑。统计推断的逻辑过程与 t 检验和所有其他统计检验相似。唯一的区别是 t 检验用于测试两种均值之间的差异，而其他统计检验用于测试其他值之间，如比例、标准偏差或方差等之间的差异。在 t 检验中，先假设总体均值之间没有差别，也可认为各实验均值均从同一总体中提取。此假设称为零假设。然后在零假设下，计算 t 值及推测其可能性。知道 t 分布形状，就像 Z 值一样，即可知道所计算的 t 值落在尾部的位置，从尾部曲线下方的区域面积，可以看出预期值的百分比。如果所计算的 t 值极高，为正值或者极低，为负数，依据假设，这是不大可能，是一个稀缺事件。如果这个稀缺值通过了一个任意的截点，通常认为是 20（5%）或更少样本容量中的一个偶然事件，则表示最初的假设可能不成立。由此得出总体均值与实际均值不同，或者样本均值是从不同总体中提取的。实际上，处理（成分，加工，包装，保质期）与对照或其他一些比较项相比，其对应产品具有差异的感官效果，这些差异不全是偶然变化而引起的。这是零假设检验的逻辑。这样做的目的避免将偶然性误差认定为实验产生的效果差异，从而得出错误的结论。在实践中，它将我们犯决策性错误的可能性限制在上线，即 20 样本容量中出现偶然出现一次。

A.3.3 实例

这是一个简单的 t 检验例子。用下面标度做一个实验，依据对照，将新的配方产品的甜度进行赋分：

我们把上述方框等级转换成 1（对应最左边的方框）~7（对应最右边的方框）。表 A.2 所示为 10 位小组成员赋分值

表 A. 2　　*t* 检验数据表

评价员	赋分（排序）	评价员	赋分（排序）
1	5	6	7
2	5	7	5
3	6	8	5
4	4	9	6
5	3	10	4

首先建立零假设和备择假设。常见符号 H_0 代表零假设，H_a 为备择假设。有出现几种不同的备择假设的可能性，选取哪一个，需要仔细考虑，这将在下面进一步讨论。此例中，零假设是基于总体而非样本：

$H_0 : \mu = 4.0$ 这是零假设。

$H_a : \mu \neq 4.0$ 这是备择假设。

请注意，这里用希腊字母“μ”，因为这是关于总体均值的陈述，而不是样本均值。还要注意，备择假设为非定向，因为总体平均值可能高于或低于 4.0 的预期值。所以实际 t 值可能是正值或负值。这就是所谓的双边检测。如果对“大于”或“小于”预测的备择假设（H_a）感兴趣，则检验将是单边检测（超出临界 t 值将会改变），在检查结果概率和显著性时，我们只考察 t 一端分布。

针对平均值或固定值的检验，t 检验具有以下形式：

$$t = \frac{M - \mu}{S/\sqrt{N}} \tag{A.8}$$

其中 M 是样本均值，S 是标准偏差，N 是观察次数（评价员或小组成员），μ 是固定值或总体平均值。

以下是上述数据集的计算结果：

$$\text{平均值} = \sum X/N = 5.0;\ \sum X = 50,\ \sum X^2 = 262,\ (\sum X)^2 = 2500$$

$$S = \frac{\sqrt{262 - 2500/10}}{9} = 1.155$$

$$t = \frac{5.0 - 4.0}{1.155/\sqrt{10}} = \frac{1}{0.365} = 2.740$$

这个实验的 t 值计算为 2.740。接下来，查看这个值是否大于随机误差概率≤0.05 的临界值。查看 t 分布的统计表，对于 10 人的样本量（自由度为 9），水平 0.05 下 t 值为 ±2.262。因为检验是非定向的，即 t 值高或低，检验为高和低双边，并将它们加在一起，所以+2.262 的临界值切断正半 t 总面积的 2.5%，−2.262 切断负半 t 总面积的 2.5%。任何高于 2.262 的值或低于−2.262 的值都会增加显著水平。2.738> 2.262 使得预期实验结果概率小于 0.05。即获得的 t 值甚至比临界值 2.262 更为极端。

到目前为止，所有这些都是一些简单的数学运算，然后将得到的 t 值与零假设下的表格中 t 预测值进行交叉引用。下一步是统计决策的重要阶段。由于得到的 t 值大于临界 t

值，H_0 被拒绝，并接受备择假设。即总体平均值 $\mu \neq 4.0$ 是可能存在的。实际上并不知道这有多可能，但是我们知道这个实验结果，即若零假设为真，其概率为 5%。所以我们推断可能有错，回看数据，这似乎合理，因为 10 名专家中的 7 名得分高于零假设值 4.0。当我们拒绝零假设时，则获得一个统计上有意义的结果。使用“显著性”一词是不恰当的，因为在简单的日常英语中，它意味着“重要”。从统计角度而言，其意义仅意味着做出了一个决定，并没有告诉我们结果是否重要。图 A.3 所示为这个推论链中的步骤，以及在这个过程中提前做出的有关 α 测试水平和测试级别的一些决定。

统计分析流程：

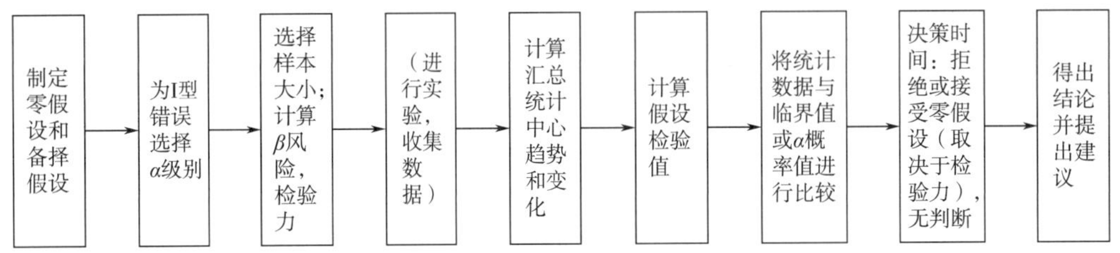

图 A.3 实验涉及的统计决策步骤

收集数据之前做些实验设计和统计相关工作。然后对数据进行分析，推理过程开始，首先是数据描述，检验统计量的计算，统计量与预定 α 水平下和实验大小（自由度）的临界值进行比较。如果计算的检验统计量大于临界值，拒绝零假设，选择备择假设。如果计算的检验统计值小于临界值，可以做两个选择。如果样本量较小，可以保留判断，如果检验能力确信和敏感性高，可以接受零假设。良好的检验力取决于可持续的观测数，灵敏度取决于有良好的实验程序和控制（附录 E）。

A.3.4 几个重要的概念

在进行下面章节讨论之前，统计检验中的一些重要的概念需要进一步解释。第一个是自由度。当查看统计临界值时，不是根据样本观察数，而是自由度。自由度与观测数的所估计参数的多少有关。从本质上来说，这个概念受到其他统计学参数估计的限制，是指结论性数据自由移动或改变多少。例如，当估计一个均值时，均值随着观察数的收集是自由移动或改变的，直到收集到最后一个数据。也可认为：知道一个数据集中某个数据点之外的所有数据及均值，那么这个数据点知不知道都无关紧要。这是由所有其他数据点和均值本身决定的，所以它没有可改变的自由，直接计算就可以。一般来说，参数估计时，自由度等于样本量减 1。大多数统计都是以含有自由度的表来表示。比较两组具有 N_1 和 N_2 观测数的平均值，需先计算每组的平均值。总自由度是 $N_1 - 1 + N_2 - 1$ 或 $N_1 + N_2 - 2$。

第二个重要的考虑是统计检验是一个单边还是双边。若检验平均值是否与某个值不同，或者是大于还是小于某个值，如果只是“不同于”，则需要检验统计量落入其分布或低尾部或高尾部的概率。如上面简单 t 检验的例子中，如果是定向检验，例如“大于”某个值，那么我们只检验一个高尾部。大多数统计表都有单边和双边检验。重要的是认真思考我们潜在的理论问题。备择假设的选择与拟定的研究假设有关。

在一些感官测试中，如偏好性试验，没有办法预测偏好的方向时，用双边进行统计检验。这相反于一些鉴别测试，如三点检验，在测试中，我们不期望检测结果出现的概率低于偶然误差的概率，除非实验本身有问题。因此，备择假设是真实的正确事件的概率大于偶然性事件概率。备择假设是朝一个方向，因此是单边的。

第三个重要的统计概念是分布类型。前面讨论了三种不同的分布。首先是总体分布，它告诉我们，如果我们测量了所有可能的值，世界将会是什么样子。这通常是不可能的，我们只能从实验中推断它。其次，从实测数据衍生的样本分布。我们的样本是什么样的？其相关数据的分布可以绘制成图，例如直方图等。第三为统计检验的分布。如果零假设为真，那么经过多次实验的检验统计量如何分布？样本容量如何影响检验统计量？期望值是什么？单靠偶然因素会产生什么样的变化？基于这些期望值，对数据进行统计学检验，并得出它发生的概率。

A.3.5　决策错误

认识到统计决策不独立于事件概率，很明显，这将涉及一些不确定性。在无差异的真实零假设下，检验统计量也有可能落入5%小概率事件范围内，拒绝真实零假设，统计决策可能会犯错误。反之，当存在真实差异时，但我们接受零假设，统计决策同样会犯错误。这两种错误称为Ⅰ型错误和Ⅱ型错误。就均值的 t 检验，Ⅰ型错误意味着两个总体均值是不同的，但实际上它们来自于同一个总体，是相同的。进一步解释：实验处理本是不具有差异效果，但我们的结论是有差异效果。统计检验过程是十分有用的，通过概率，限制我们做出错误决策，继而影响后续研究。犯Ⅰ型错误的上线概率为 α 风险。

如表 A.3 所示，当我们错过一个真实的差异时，会发生另一种决策错误。这被称为类型Ⅱ错误，是备择假设为真时，接受零假设的错误。例如，没能发现 t 检中的差异，或通常更难以观察到实验性处理效果差异，而这些差异可能会对商业产生重大或甚至毁灭性的影响；没能指出新的制造过程的改进作用，使其不能作为一个新的标准程序，而失去潜在的好处；丢弃消费者认为对产品有了改善作用的新配方；而接受没能发现对产品负影响的不良配方。有必要做敏感测试，以防止这些错误的发生。犯这种错误的上线概率被称为 β 风险，$1-\beta$被定义为统计检验力。防范的Ⅱ型错误统计学方法和实验策略在附录 E 中讨论。

表 A.3　　统计决策错误

		感官评价结果	
		发现差异	未发现差异
真实情况	产品不同	正确决策	Ⅱ型错误（β 风险）
	产品没有不同	Ⅰ型错误（α 风险）	正确决策

A.4　不同类型的 t 检验

有三种常用的 t 检验。一种是实验均值相对于固定值的检验，如总体平均值或测量标度上的特定点，如上面的例子中的中间点。第二个 t 检验为成对检验，例如，当每个小组成员评价两个产品时，所给分值具有相互影响性，因为他们来自一个人。这被称为成对 t 检验或不独立 t 检验。第三种 t 检验是独立组 t 检验，如当不同组的评价员评价两种产品。每种检验的公式相似，采用均值除以标准误差的通用形式。实际计算有点不同。下面给出了三种 t 检验均值的例子。

第一类型的 t 检验，实验均值相对固定值的检验，见上面例子和式（A. 8）。

第二种成对检验，是一个有用而强大的检验，每个小组成员都评价两种产品，从而使我们能够消除一些个体间差异。计算 t 值时，先将两对观察值排列在两列中，并将这对数据相减，形成差值。这些差值用于进一步计算。零假设是差值的平均值为零。计算这些差值均值，标准偏差，标准误差（标准偏差除以 N 的平方根），其 t 检验公式见式（A. 9），其中差值平均值 M_{diff} 表示，差值标准差 S_{diff} 。表 A. 4 为成对检验的例子，25 分制的评价标度，计算成对评价值的差值（D）。

$$t = \frac{M_{diff}}{S_{diff}/\sqrt{N}} \tag{A.9}$$

表 A. 4　　成对检验数据

评价员	产品 A	产品 B	差值 D	$(D)^2$
1	20	22	2	4
2	18	19	1	1
3	19	17	-2	4
4	22	18	-4	16
5	17	21	4	16
6	20	23	3	9
7	19	19	0	0
8	16	20	4	16
9	21	22	1	1
10	19	20	1	1

计算：$\sum D = 10$，$M_{diff} = 1.0$，$\sum D^2 = 68$，

$$S_{diff} = \sqrt{\frac{\sum_{i=1}^{N} D_i^2 - [(\sum D)^2/N]}{N-1}} = \sqrt{\frac{68-(100/10)}{9}} = 2.539$$

$$t = \frac{M_{diff}}{S_{diff}/N} = \frac{1.0}{2.539/\sqrt{10}} = 1.25$$

这个统计值不超过表中在 0. 05 水平下，自由度为 9 df 的双边检测值。结论：没有足够的证据表明产品 A 与产品 B 具有差异，即接受零假设，产品之间差异远不及专家小组成员的误差，这两个产品相当接近。

第三类的 t 检验是对不同总体进行检验，通常称为独立组 t 检验。有时候由于实验的限制性，可能决定了两个品尝小组只尝一个产品，其结果用一个不同的 t 检验公式进行检验。现在，数据不再以任何方式成对或相关，并且需要计算差值来估计标准误差，因为涉及两组，必须以某种方式组合来对其共同的标准偏差进行估计，见式（A. 10）。

$$t = \frac{M_1 - M_2}{SE_{集}} \tag{A.10}$$

M_1 和 M_2 是两组的平均值，$SE_{集}$ 是总标准误差

对于独立组 t 检验，总标准误差的计算需要一些工作，结合两组误差水平给出总误差估计，两组 X，Y 的总标准误差由下式给出：

$$SE_{集} = \sqrt{[1/N_1 + 1/N_2]\frac{[\sum x^2 - [(\sum x)^2/N_1] + \sum y^2 - [(\sum y)^2/N_2]\}}{N_1 + N_2 - 2}} \tag{A.11}$$

所涉及的自由度为两组样本量减 2 的总和，即 $(N_1 + N_2 - 2)$

这是一个独立小组的 t 检验的例子（表 A. 5）。有两个评价小组，一个来自生产基地，另一个来自实验室，两个小组评价用于高强度辛辣产品的胡椒。产品经理担心，工厂 QC 小组人员由于他们日常食用或其他因素，对胡椒麻辣感可能不敏感，且配料中胡椒的使用越来越不符合研发人员所给的水平。因此，样本由两组人员进行评价，并进行独立组的 t 检验。实验的零假设是两总体平均值无差异，备择假设是 QC 工厂的平均评价值偏低（单边检测）。对胡椒麻辣性采用 15 分制的评价体系，如表 A. 5 所示。

表 A. 5　　独立 t 检验数据

QC 工厂（x）	实验室（y）	QC 工厂（x）	实验室（y）
9	9	6	9
12	10	7	8
6	8	4	12
5	7	5	9
8	7	3	

$$N_1 = 10, \sum x = 63, \text{Mean} = 6.30, \sum x^2 = 453, (\sum x)^2 = 3969$$

$$N_2 = 9, \sum y = 79, \text{Mean} = 8.78, \sum y^2 = 713, (\sum y)^2 = 6291$$

$$SE_{集} = \sqrt{(1/10 + 1/9)\frac{\left[453 - \frac{3969}{10} + 713 - \frac{6241}{9}\right]}{(10 + 9 - 2)}} = 0.97$$

$$t = [(6.30 - 8.87)]/0.97 = -2.556$$

查表，自由度 17，单边检测的临界 t 值为 1. 740，$< |-2.556|$，说明两个小组具有明显差异。且 QC 工厂小组的麻辣感的强度似乎比实验室组小。

注意 QC 工厂小组方差也略高一些。我们的检验公式中假定方差基本相等。对于高度不平等的差异性（一个标准差是另一个的三倍以上），必须进行调整。当两组人员的规模

差别很大时，两组方差不等的问题就变得更为严重。t 分布不能再对真实零假设进行可靠估计，所以 α 水平不再得到充分的保护。一种方法是调整自由度，其对应公式在高级统计书籍中给出（例如 Snedecor 和 Cochran，1989）。t 值的非集估计值由一些统计软件包提供，如果评价小组大小不一，数据变异很大，使用调整后的 t 检验需谨慎。

A.4.1 感官数据的不独立性 t 检验的灵敏度

在感官测试中，通行做法是每个专家尝试所有产品。对于两种产品的简单成对测试，可以使用不独立性 t 检验。有时要考察一个改进的过程或新配方成分是否提升了产品的感官属性。不独立性 t 检验特别适合小组评价方法，如不同的人对每种产品给出评价。从计算中不难看出此优势。根据差值进行不独立性 t 检验，意味着消除小组成员的感官敏感性差异，或因怪异评价制度而产生的差异。通常观察到一些专家小组成员在评价标度中具有“最喜欢”的部分，这可能限制他们对一些其他能回应的部分做出评价。使用不独立性 t 检验，只要小组成员按相同的方式对产品进行排序，就会有一个统计上显著结果。这有效地将由产品不同而导致的差异与由其他误差来源引起的差异分开。一般来说，差异的分割增加了统计检验效力，如重复测量（或完全测试）ANOVA（附录 C）。当然，让人们对两种产品评价时也存在一些潜在的问题，如顺序实验，可能产生疲劳和过度评价效应。然而，检验敏感性所带来的好处通常远远超过了重复测试的可靠度。

A.5 小结：统计假设检验

统计检验的目的是防止误把由于随机或实验误差引起的差异当成实验处理效果。基于已知 Z 和 t 的统计分布，判断我们的结果是否是极端，即，这些值是否分布在偶然事件发生的尾部，从而做出正确的统计决策。统计检验的步骤如图 A.3 所示。标准误差作随 N 的平方根而降低，故此样本量或观察数是重要参数。但另一方面，这个平方根函数意味着随着 N 变大，增加样本量的优势变小，存在着一个收益递减的规律。有时，降低大规模测试所消耗的成本，比起增加样本量来降低实验不确定性和风险更为重要，故此 N 的大小应兼顾实验成本与实验效力。资深的感官专业人员会认为，在高信息检验力与不确定性和风险（包括参试人数引起的）平衡下的检验敏感性是最好的。这将在 β 风险和统计检验力部分做进一步讨论。

请注意，就科学研究来说，统计假设检验本身存在不足。他不是自然界存在的定理，规律或关于大自然如何运作的一般数学关系，而是简单地做出一个二元的“是/否”的决定，实验效果要么有效，要么没有。统计检验可以被认为是一个起点或一种必要的障碍，是实验的一部分，以帮助排除随机误差的影响。但是，这不是故事的结局，只是开始。另，显著性总是描述这些效应。学生很容易忘记这一点，并报告显著性，但没有描述其背后的原因。

A.6　后记：p 值怎么表示，为什么这样

在统计学中，没有一个统计参数比 p 值更容易误解，且经常被滥用。经常被忽略的是 p 值是基于假设检验例如 t 检验，零假设为真时的概率，以使我做出拒绝或接受的判断。如果能够正确认识 p 值，对 p 值就能做出正确的应用。p 值的意义是什么？让我们重申一下，当零假设为真时，检验统计量值（t，Z，γ，卡方或 F 检验）（拒绝零假设的水平）是否大于或等于实验分析中所获得值。换句话说，该值多大时才能够拒绝零假设？当该值过小，如小于 0.05 水平，我们拒绝零假设而接受备择假设，并得出统计意义上的结论。由此，保障了分析结果能真实反映实验处理和感官变量之间的真实关系。要注意以下 p 值的常见误解：

（1）p 值（或更具体地说，$1-p$）是针对差异的概率　这是绝对是错误的（Carver，1978），也就本末倒置了。真实零假设下，t 检验 统计量下的差异与样本观察下拟定的零假设（或备择）为真时的差异不同。$p < 0.05$ 并不意味着零假设为真可能性只有 5%。在数学逻辑中，条件 B 的 A 概率不一定等于条件 A 的 B 概率。如果我前院草坪上发现一个死人，他因头部被枪击而死亡的概率至少在我的认识范围内很小（不到 5%），但是如果我看一个男人头部被枪击，则他死亡可能性很大（95%以上）。

（2）误解为 p 值代表了Ⅰ型错误发生的概率　尽管普遍认为这是正确的（Pollard 和 Richardson，1987），但这也不完全正确。事实上受到 α 水平的限制。具有可靠的限制性 α 值不独立于测试中的真实差异发生的概率和真实无差异发生的概率。只有当真正差异的概率大为 50%时，α 值对拒绝零假设才具可靠性。往往这个概率不清楚，只能被估计。在某些情况下，如质量控制或保质期测试，往往有很多“无差异”的情况，若一旦拒绝零假设，α 值则降低了正确判断的概率。A.6 表显示这种情况如何发生。在此例中，有 10% 的真实差异，α 值为 0.05，β 风险（错过差异的概率）是 10%。为了便于计算，进行了 1000 次测试，结果如表 A.6 所示。

表 A.6　事件发生表

真实状态	事件数	发现的有差异事件数	发现的无差异事件数
差异真实存在	100	90	10（β=10%）
无差异	900	45（α=5%）	855

正确概率（差异真实存在）是 90／（90 + 45）或 2/3。即使数据测试无误，数据统计无误，检测方法无误，但仍然有 1/3（45/135）拒绝零假设的概率，而不是 5%。问题由低概率事件出现导致检验失误。另一个统计学的分支（称为贝叶斯统计学）涵盖了估计给定某个结果是对还是错的概率。其计算方法如表 A.6 所示（Berger 和 Berry，1988 年）。

当我们使用“确信”这个词来描述我们的显著水平（$1-p$ 或 $1-\alpha$）时，就会犯一个相关的错误。例如，一个众所周知的介绍统计书籍给出了以下不正确的信息：“错误地

拒绝 H_0 假设（承认Ⅰ类错误）的概率是已知的，它等于 α ……因此，你可能95%确信拒绝 H_0 的决策是正确的”（Welkowitz 等，1982）。如上例所示，这是绝对不对的。由于真实差异的真实发生率低，一旦拒接 H_0，错判可能性非常高。

（3）p 值的另一个误用是对数据可靠性判断　在备择假设中似乎更具有可靠性，通常也作为研究假设支持度的一个指标。所有这些都是错误的（Carver，1978）。可靠性（重复测试后得到相同的结果）当然是重要的，但不能简单地利用 $1-p$ 来估计。平行实验的科学价值远远高于低 p 值，尤其是来自不同实验室和不同测试小组的重复实验。

把 p 值作为备择假设（即有差异）的证据进行解释与把它们作为零假设（即无差异）证据进行解释是一样错误。再一次，这取决于发生率或先验概率。学生，甚至一些成熟的研究人员在获得较低的 p 值时，似乎有一种错位的兴奋感，仿佛这表明了他们的实验假设有多好。在实验报告中，令人惊讶的是，期刊编辑继续允许添加额外的星号或其他符号来表示超出预设的 α 水平的低 p 值（＊＊表示<0.01，＊＊＊表示<0.001 等）。这些额外的星号所提供的信息是微不足道的。他们只会告诉你结果在一个真正的零假设下有多可能，但无论如何你决定的结果是错误的。

过分热心的老师和粗心的评论员给世界的印象是，我们的标准统计措施是不可避免的，必要的，最优的和具有数学可靠性。事实上，统计学是修辞学的一个分支，涉及任何特定统计学的使用，只不过将数据中看到的意义展示给你的同行（拉斯金，1988 年）。

A.7　统计术语表

α -风险：实验者在研究前设定的Ⅰ类型误差（拒绝一个正确的零假设）的可接受上限水平，通常为5%或更少。

β -风险：Ⅱ类型误差（接受一个错误的零假设）的可接受上限水平。见附录 F。

自由度：从样本集中计算一次观察值后，剩余的无约束或自由变化的观测值的数量。在大多数情况下，自由度由样本数量减 1 表示。

因变量：在研究中可以变化的变量，被测量而形成数据集的变量（如评分，正确判断的数量，偏好选择）。

分布：描述数据集，总体或检验统计量的集合。分布标记出测试变量值（通常在横轴上）与其出现频率或概率（在纵轴上）的关系。

独立变量：被实验人员操控的实验变量或处理方法。一系列类别，条件和组别是研究的对象。

均值：中心趋势的度量。算术平均值或平均值是所有观察值总和除以观测数。几何平均值是 N 个观察结果的 N 次方根。

零假设：关于总体的估计。在简单差异检验中（例如，使用 t 检验），零假设是两总体平均值相等。在对比例进行简单的差异检验（例如，在三点检验中的正确判断的频数），零假设是总体正确比例等于误差概率。这往往被误解为“没有差别”（实验的结论，而不是零假设）。

单边和双边检测：用已知的 p 值下，所考虑的统计分布为单边或双边。在单边检验中，备择假设是定向的（例如，测试样本平均值大于对照值），而在双边测试中，备择假设没有说明方向（例如，测试样本平均值不等于对照值）。

参数：描述数据的特征，例如分布中均值。

p 值：当零假设为真时，检验统计量值（拒绝零假设的水平）是否大于或等于实验分析中所获得值。与预设的 α 水平相比，用作拒绝零假设的基础。通常被错误地认为是零假设被拒绝时发生错误的概率。

样本量：观察数目，通常以字母" N "表示。

标准偏差：样本或总体中的误差度量。

统计：根据某些假设，从已知分布的数据中计算出一个值。

处理：经常用来描述两个不同水平的实验变量。换句话说，产品发生了什么变化，是检验对象。见独立变量。

Ⅰ类型错误：拒绝真的零假设。在简单的差别检验中，实验处理条件被认为是不同的，而事实上他们是相同的。

Ⅱ类型错误：接受假的零假设。在简单的差别检验中，实验处理条件被认为是相同的，而事实上他们是不同的。

参考文献

Berger, J. O. and Berry, D. A. 1988. Statistical analysis and the illusion of objectivity. American Scientist, 76, 159-165.

Carver, R. P. 1978. The case against statistical significance testing. Harvard Educational Review, 48, 378-399.

Gacula, M., Singh, J., Bi, J. and Altan, S. 2009. Statistical Methods in Food and Consumer Research, Second Edition. Elsevier/Academic, Amsterdam.

O'Mahony, M. 1986. Sensory Evaluation of Food. Statistical Methods and Procedures. Marcel Dekker, New York.

Piggott, J. R. 1986. Statistical Procedures in Food Research. Elsevier Applied Science, London.

Pollard, P. and Richardson, J. T. E. 1987. On the probability of making Type I errors. Psychological Bulletin, 102, 159-163.

Raskin, J. 1988. Letter to the editor. American Scientist, 76, 432.

Smith, G. L. 1988. Statistical analysis of sensory data. In: J. R. Piggott (ed.), Sensory Analysis of Foods. Elsevier, London.

Snedecor, G. W. and Cochran, W. G. 1989. Statistical Methods, Eighth Edition. Iowa State University, Ames, IA.

Student. 1908. The probable error of a mean. Biometrika, 6, 1-25.

Welkowitz, J., Ewen, R. B. and Cohen, J. 1982. Introductory Statistics for the Behavioral Sciences. Academic, New York.

附录B 基于非参数和二项式的统计方法

虽然统计检验为基本的心理生理学研究提供了合适的工具，但它们应用于一些感官分析中并不理想。

——M. O' Mahony（1986）

通常，感官评价数据不包括连续变量，而是频率计数或比例。处理比例和排序数据的统计分支称为非参数统计。本附录是关于比例和排序的统计，并举例说明。

B.1 非参数检验简介

t 检验和其他“参数”统计适用于连续数据，如某些测量标度。而有时，将答案归为正确与错误两大类，或者统计选择两个产品的人数。这类测试的常见例子包括三点检验和成对偏好测试。在这些情况下，要使用一种基于离散、分类数据的分布来进行统计检验。例如，二项分布，并在本节中进行描述。二项分布适合比例数据的检验，例如选择两种产品的人数。二项分布只有两个结果（例如，在三点检验中的正确和错误）。将两种以上的选择进行归类的数据，则适用多项分布，可用比较频率的常用方法——卡方进行统计检验。例如，含有某类食品的餐（如早餐、午餐、晚餐、加餐），在青少年和成人之间是否被不同的消费。询问消费者他们最常食用此类食品在哪餐，数据将包括这类食品在成人和青少年之间的消费频率，其分布可利用卡方来统计。同时能够揭示餐型与年龄之间是否存关联，或这两个变量是否独立。

有时，评价响应不仅仅用于归类，同时也用于排序。例如，对一个新产品的三个或更多个风味进行排序。消费者依据其最喜欢到最不喜欢进行排序，判断消费者的排序结果是否有一致性趋势，或是否对所有风味特征具有等同偏好性。对于排序数据，非参数工具箱中有许多统计技术。

有人认为很多感官测量，甚至排序尺，都没有等间距水平特性（详见第 7 章），如果研究人员对排序标尺中这种固有测量水平有任何疑问，应用非参数检验，特别是基于排序的非参数检验是可行的。非参数检验也可用来检验传统检验的结论。由于非参数检验比连续参数涉及的假设更少，因此当假设被否定时，它们更“可靠”，并且不太可能导致错误的结论，或假设被丢弃时 α 风险值很少被错估。而且，它们通常计算快，所以重新检查数据不需要额外的工作。当数据偏离正态分布时，例如，具有高或低异常值的模式，明显的不对称或偏斜，非参数检验也是适用的。

当数据被排序或具有序数属性时，中央趋势的一个好的度量是中位数。对于纯粹分类（名义水平）的数据，集中报告倾向于最频值。各种分散度量可替代标准差。当数据不成正态分布时，N 值中位数的 95%置信区间可近似于

$$\frac{N+1}{2} \pm 0.98\sqrt{N} \tag{B.1}$$

当数据成正态分布时，中位数的置信区间由下式给出

$$\text{Med} \pm 1.253t(s/\sqrt{N}) \tag{B.2}$$

其中 t 是 $N-1$ 自由度的双边 t 值（Smith，1988）。另一个简单的选择是半四分位数范围或第 75 和第 25 百分位数值之差的一半。

有几个非参数的相关系数。一个常用的是 Spearman 秩相关性。在 Siegel（1956），Hollander 和 Wolfe（1973），Conover（1980）中给出了具有实例的非参数统计检验，Rayner 等人 2005 年为感官评价撰写了一本书。建议感官专业人员对常用的非参数检验有一定的了解，以便在参数检验假设有疑问时使用。许多统计软件包提供了非参数模块和这些检验的各种选择。下面部分举例说明了一些常见的二项式，卡方和秩统计，以及感官应用中的一些实例。

B.2　基于二项式的比例检验

二项分布描述了具有离散或分类事件的频率。在偏好性试验中，是偏好一个产品的比例，在三点检验中，是正确答案的比例。该分布基于二项式 $(p+q)^n$ 展开，其中 p 是一个事件的概率，q 是另一个事件的概率（$q=1-p$），n 是样本或事件数目。在零假设下，大多数判别测试中，p 的值取决于可选择的数量，因此在三点检验中等于 1/3，在二-三点检验或成对比较中等于 1/2。基于二项式典型和熟悉的例子是投掷硬币。假设一个正常硬币，每个结果（正面或反面）的预期概率为一半。许多次抛出（类似于感官测试中的许多观察）后，预测可能的正面和反面的数量以及这些可能事件发生的频率。为了预测每种可能性的数量，我们扩展 $(p+q)^n$ 的组合，让 p 代表硬币正面数，q 代表背面数，如下所示：

对于一次投掷，$(p+q)^1$ 或 $p+q=1$。事件为一个正面和一个背面，以概率 $p=q=1/2$ 发生。每项系数（乘数）除以事件数得每个组合的概率。对于两次投掷，值是 $(p+q)^2$，展开是 $p^2+2pq+q^2=1$（注意概率总计为 1）。p^2 表示两个正面发生的概率，为（1/2）（1/2）= 1/4。$2pq$ 表示一个正面和一个背面（两种发生方式），其发生有四种可能组合，包括 2 种一个正面和一个背面，所以这个概率是 2/4 或 1/2。同样，q^2 表示两个背面，概率是 1/4。三次投掷将产生以下结果：$(p+q)^3=p^3+3p^2q+3pq^2+q^3=1$。三正面或背面有 1/8 的概率，但是有三种方法可以得到两正面一背面（ZZB，ZBZ，ZBB），同样有三种方法得到一正面两背面，所以这两个结果的概率是每个 3/8。请注意，抛掷三次有八种可

能的结果，抛掷 n 次有 2^n 次结果（图 B. 1）。

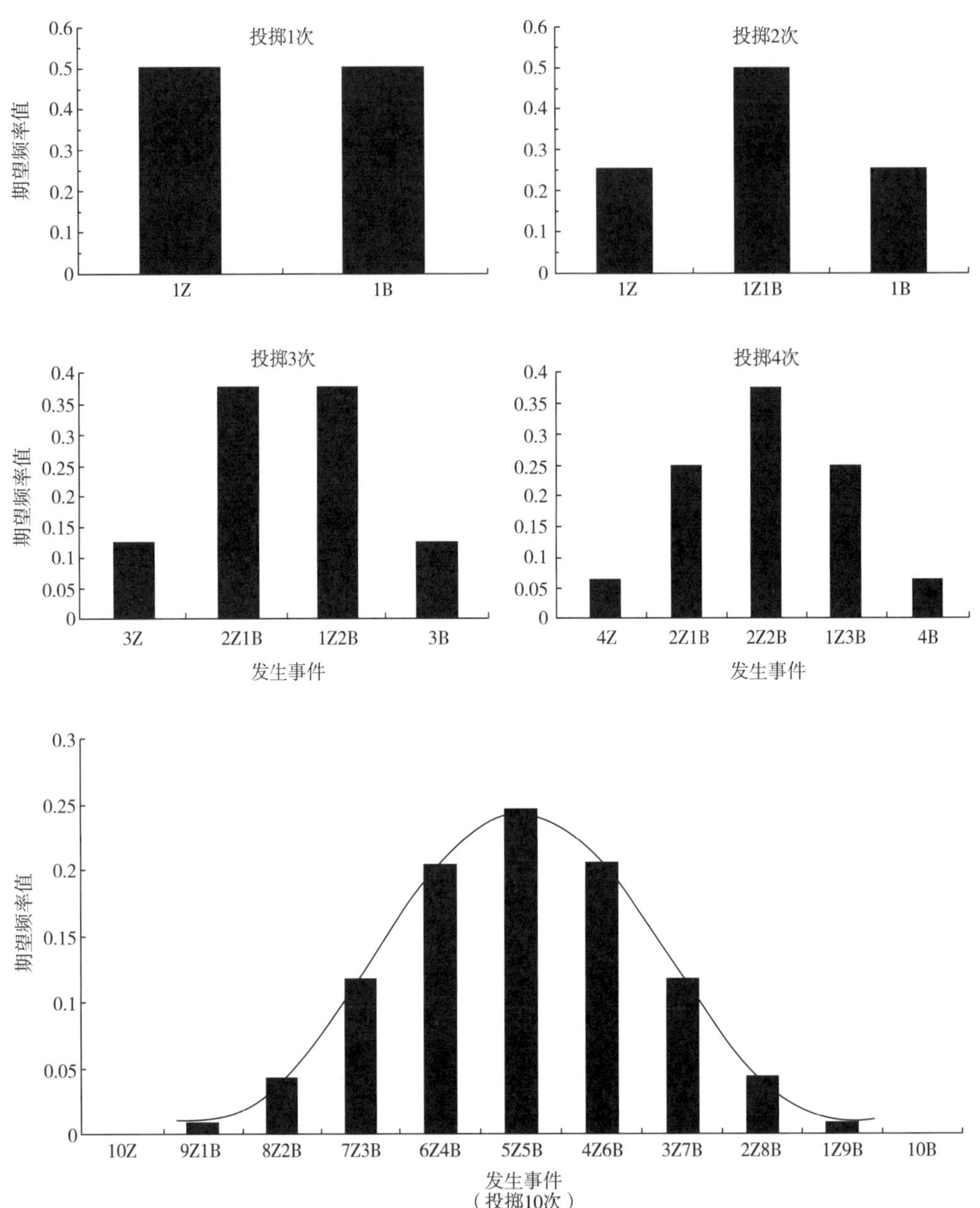

图 B. 1　投掷硬币二项式展开图

随着投掷次数增加，图形成钟形分布（例如，投掷 10 次）。

随着这种展开继续，发生更多的事件，事件形成钟形分布（当 $p = q = 1/2$ 时），非常类似于正态分布的钟形曲线。扩展中每一项的系数由组合公式给出：

$$系数 = \frac{N!}{(N - A)!\ A!}$$

这个系数是给定事件发生的次数。当系数乘以 $p^A q^{N-A}$ 时，即得这个事件的发生概率。因此，可根据展开项可找到任何样本的确切概率。这对于小样本是可控的，但随着观测数量变大，二项分布开始类似于正态分布，可近似使用 Z 值来简化计算。对于小样本，可以完成这些计算，但如果直接参考表格可以节省时间。

下面是一个小实验的例子（O' Mahony，1986）。10 个人对备选配方的中试食品进行偏好测试。8 个人喜欢新产品，2 个人喜欢旧产品。如果真实概率是 1/2（即总体中的 50/50），得到 8/10 偏好或更多的概率有多大？10 个观察值的二项式展开式如下，$p = q = 1/2$

$$(p+q)^{10} = p^{10} + 10p^9q + 45p^8q^2 + 120p^7q^3 + 210p^6q^4 + 252p^5q^5 + 210p^4q^6 + 120p^3q^7 + 45p^2q^8 + 10p^1q^9 + q^{10}$$

8 比 2 的分裂更大，包括分布“尾部”值，其中包括 9 对 1 和 10 对 0 偏好分割事件。所以前三项的和 $(1/2)^{10} + 10(1/2)^9(1/2) + 45(1/2)^8(1/2)^2$，计算约为 0.055 或 5.5%。因此，如果总体的偏好分裂是 50/50，那么出现极端（或更极端）事件的可能性只有大约 5%。请注意，这是拒绝零假设的地方。但是这个计值只计算了一个尾部概率。偏好检验中，通常不能预测到一个产品比另一个产更受欢迎。这需要一个双边检验，即这个值的总概率为 11%。这是出现 8-2 分裂或更极端分裂事件的确切概率（即 9-1 或 10-0）。

对于小样本实验，有时可以直接找到二项分布的表格，根据扩展方程找出所需事件的确切概率。对于较大样本量实验（$N > 25$ 左右），可以近似地使用正态分布。一个比例极端性可以用一个 Z 值来表示，而不是将用所有的概率和扩展项显示。期望值可以表示为与该 Z 值相关的概率值。基于二项式的 Z 值的公式见式（B.3），P_{obs} 是发生事件概率，p 是机会概率，$q = 1 - p$，N 是观测数，X 是发生的事件数（$P_{obs} = X/N$）。

$$z = \frac{(P_{obs} - p) - (1/2N)}{\sqrt{pq/N}} = \frac{(x - Np) - 0.5}{\sqrt{Npq}} \tag{B.3}$$

二项式结果的分布并不是一个连续变量，连续性校正后，观察值不能含有分数值。换句话说，由于计算的是离散事件（不能说 1/2 个人喜欢产品 A），所以总体事件的数量是有限的。连续性修正是通过近似值来调整，近似值是计数过程中偏离连续变量的最大值或一个观察值的一半。

比例的标准误差利用 p 乘以 q 的平方根除以观测数（N）来估计。注意的是，因 N 取平方根的倒数，t 值、标准误差或不确定性将会降低。随着 N 的增大，总体中接近真实比例的所测事件发生的比例增大。

最小数纠正表格，通常用于三点检验，成对偏好实验等，求解 X 的方程作为 N 和 Z 的函数（Roessler 等，1978）。这些表格显示了必须获得测试的最少人数，来纠正因拒绝零假设而得出存在差异的结论。对于 α 风险为 0.05 的单边判别检测，Z 值为 1.645。将方程 B.3 中的“=”改为“>”（Z 必须超过 1.645），并且四舍五入到最接近的整数，因为人不能为分数。在这种情况下，最小值可以从不等式中求解。

给定 Z 值为 1.645（$p = 0.05$），三点检验中 p 值为 1/3，q 值为 2/3，X 和 N 的不等式如下：

$$X \geqslant \frac{2N+3}{6} + 0.775\sqrt{N} \tag{B.4}$$

对于其中 p 是 1/2 的检验，相应的不等式是

$$X \geqslant \frac{N+1}{2} + 0.8225\sqrt{N} \qquad (B.5)$$

这些关系可用于确定比例的置信区间。发生事件的比例，$P_{obs} = X/N$（其中 N，X 是选择测试中的纠正值），在 95%置信区间等于

$$P_{obs} \pm Z\sqrt{pq/N} \qquad (B.6)$$

对于正态分布，Z 采用 1.96 的双边 95%区间。这个等式对估计发生事件的真实比例的区间是有用的。双边检测适用于成对的偏好测试，如下例所示。假设 100 个消费者，60%的人偏好产品 A。对于产品 A，60%偏好水平附近的置信区间是多少？这个区间是否与 50%的零假设值重叠？使用式（B.6）

$$P_{obs} \pm Z\sqrt{pq/N} = 0.60 \pm 1.96\sqrt{0.5/(0.5/100)} = 0.60 \pm 0.098$$

在这种情况下，下限在 50%以上，足以证明总体中真实比例不会下降到 50%，且这个结果具有 95%的可信性。

B.3 卡方

B.3.1 两个变量相关性度量

卡方统计量用于分类事件的频率比较。如果每个观测值可以被两个或多个变量分类，则其频率被计入矩阵或分类表中，其中行和列代表每个变量水平。例如，考察新型低脂产品在性别与消费之间是否有关联，每个人可分为产品的高频和低频消费者，也分为男性或女性。创建一个两向（消费者，性别）表格，形成四个单元格代表属于四组中的各自人数。举例说明，假设男女两性的抽样比例为 50/50，高频低频组也是同比例抽样，即假设消费频率在性别之间没有差异，理论上每个单元格中，有总人数的 25%落入。如果表格中的一个或多个单元格成不等比例地被填充或缺失观察值，就会发现性别和产品消费频率是否关联。表 B.1 所示为两个例子，一个是变量之间没有关联，另一个有明确的关联（数字代表了 200 个参与者）。

表 B.1　　关联水平表

	无关联		关联		
	消费者		消费者		总计
	低频率	高频率	低频率	高频率	
男	50	50	75	25	100
女	50	50	20	80	100
总计	100	100	95	105	200

在表 B.1 左边的例子中，单元格内人数的正好是基于总数（100）的期望值，每个变量的每个水平下各有一半人数，所形成的四个单元中每个单元格各占总人数的四分之一（即每个单元 25%比例，这在现实生活中很稀有）。在表 B.1 右边的例子中，得到女性更

倾向于进入高频率消费低脂肪的群体中，男性则相反。因此，用性别可预测产品消费的情况，相反，知道产品消费情况可预测性别。所得出结论，这两个变量之间有一个关系。

B.3.2　计算

卡方统计通常用于对于比较两个或更多变量的数据分布。统计的一般形式是①预期频率减去观测频率；②将该值平方；③除以预期频率；④将所有单元的值相加［式(B.7)］。从随机变量或根据以前或目前的观察的相关信息来预测预期频率。

$$\chi^2 = \sum \frac{(\text{观测值} - \text{预期值})^2}{\text{预期值}} \tag{B.7}$$

统计的自由度等于行数减1，列数减1。对于一个2×2表格，此公式在数学上等价于二项式概率［式（B.3)］（即 $x^2 = z^2$ ，参见本附录后记）。对于小样本，$N < 50$，可使用连续性校正，像 Z 公式一样减去1/2，所以耶茨（Yates）连续性校正公式如下：

$$\chi^2(\text{耶茨}) = \sum \frac{(|\text{观测值} - \text{预期值}| - 0.5)^2}{\text{预期值}} \tag{B.8}$$

请注意，绝对值必须在连续性校正，即减去1/2之前进行，而减去1/2是在平方之前(在某些书中不是这样表示的)。

图B.2给出了一个简单的2×2的测试矩阵和计算公式。

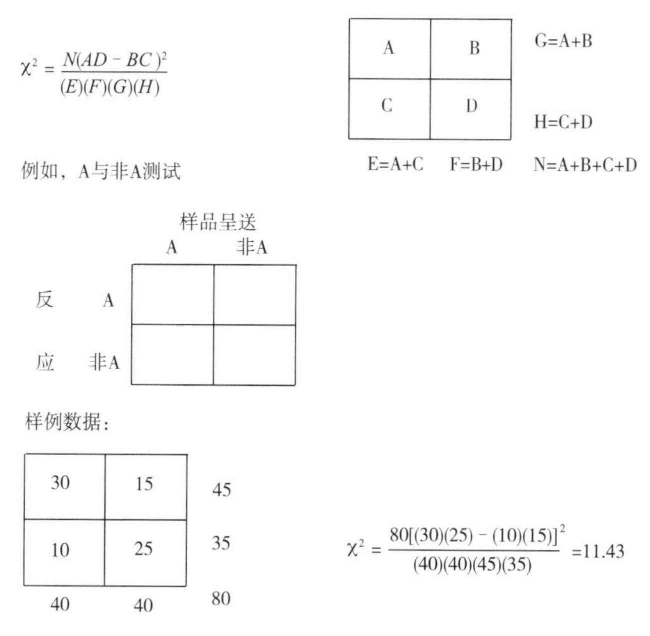

图B.2　用于2×2列联表的卡方检验

该示例显示了用于A/非A测试情况的简单公式，也适用于相同/不同测试。这只适用于每个单元中有不同个体，即每个测试者只能判断一个产品。如果测试者判断两个产品，那么要用Mc Nemar检验，而不是简单的卡方检验。

卡方检验很容易实现，因此广泛适用于交叉分类和变量间关联性的问题分析。但使用时需要小心，使用卡方检验通常假定每个观察是独立的，例如，每个计数来自不同的人。卡方检验不适用于同一人重复观察的关联数据。如果任何单元格中的频率计数太小，卡方检验不稳健，依据经验通常将其定义为 5 次观测（预期）的最小计数。许多统计检验都是基于卡方分布，我们将在排序统计章节中讨论。

B. 3. 3 相关样本：Mc Nemar 测试

卡方统计常用于分类变量的独立观测值。但是，许多其他的统计检验也都遵循卡方分布。简单的二元变量可检验一个总体的重复观察是否有差异，如 Mc Nemar 检验，可检验差异显著性。这一简单检验非常适合检验实验前后的响应效果有无差异，例如信息接受前后的态度变化。此检验可用于测试小组成员评价两种产品，他们的反应分为两类。例如，考察消费者在告知营养成分信息前后，对此产品的偏好有无变化。Stone 和 Sidel（1993）给出了一个使用 Mc Nemar 检验变化的例子，以评价恰好（JAR）标度在两种产品之间是否存在差异。

检验的一般形式是一个 2×2 的矩阵，行和列具有相同的响应类别。由于该检验旨在检验变化或差异，因此在行和列上忽略具有相同变量的两个单元格，而用表格中另外两个单元格具有变化。表 B. 2 给出了例子，用字母 a～d 表示频率计数。

表 B. 2　　McNemar 计算实例

		信息接受前	
		喜欢	不喜欢或中立
信息	喜欢	a	b
接受后	不喜欢或中立	c	d

按以下公式计算 McNemar 检验：

$$\chi^2 = \frac{(|b - c| - 1)^2}{b + c} \tag{B.9}$$

请注意，差异的绝对值取决于发生变化的两个单元格（b，c），而其他两个单元格（a，d）将被忽略。得到的值必须超过 df=1 的卡方临界值，双边检测为 3. 84，具有方向的备择假设的单边检测为 2. 71，且期望的单元格频数大于 5。预期频率由两个具有变化单元格之和除以 2。实例表 B. 3 为 60 个消费者品尝产品前后的偏好变化。

表 B. 3　　McNemar 检验实例

		品尝前	
		喜欢 A 产品	喜欢 B 产品
品尝后	喜欢 A 产品	12	33
	喜欢 B 产品	8	7

$$\chi^2 = \frac{(|33 - 8| - 1)^2}{33 + 8} = 576/41 = 14.05$$

计算值大于 3.84 的临界值，所以拒绝零假设（偏好没有变化），得出产品 A 的偏好在品尝后变化，与表中频率计数的结果一样。尽管品尝之前 B 有 2 比 1 的偏好比例（产品 A 和产品 B 边际数（列相加）分别为 20 和 40），品尝后这 40 人中有 33 人转变为偏好产品 A，而品尝前喜欢产品 A 的人（20）中有一小半（8）转变为喜欢 B。这种变化凸显了 Mc Nemar 检验的重要性。该检验适用于 A 与非 A 等多种情况测试，及每个小组成员对两种处理的相同与不同判断的测试，形成相关联的测试结果。广义的 Mc Nemar 检验关联性观察值，Stuart 检验两种产品的多行和多列，Cochran-Mantel-Haenzel 检验两种以上产品。

B.3.4　Stuart-Maxwell 检验

Stuart-Maxwell 检验对 3×3 矩阵也很有用，如第 14 章讨论的从恰好（JAR）标度形成的数据矩阵。利用 JAR 标度给两种产品赋分，考察两种产品的等级差异。这些数据被分为强，恰好（中等），弱三类别。然后使用非对角线单元格中的频率来计算 χ^2 方差变量。具有相同分类（对角线）的单元格丢弃不用。临界值与 2df 的卡方值相比，即 5.99。计算结果如图 B.3 和图 B.4 中给出的例子。

Stuart-Maxwell 计算：

①汇总行和列

②计算非对角均值 P1-P3

③行列总数之差 D1=C1-R1，D2=C2-R2，D3=C3-R3

④卡方计算。注意单元格的均值 P1-P3

$$\chi^2 = \frac{[(P1)(D3)^2 + (P2)(D2)^2 + (P3)(D1)^2]}{2[(P1)(P2) + (P2)(P3) + (P1)(P3)]}$$

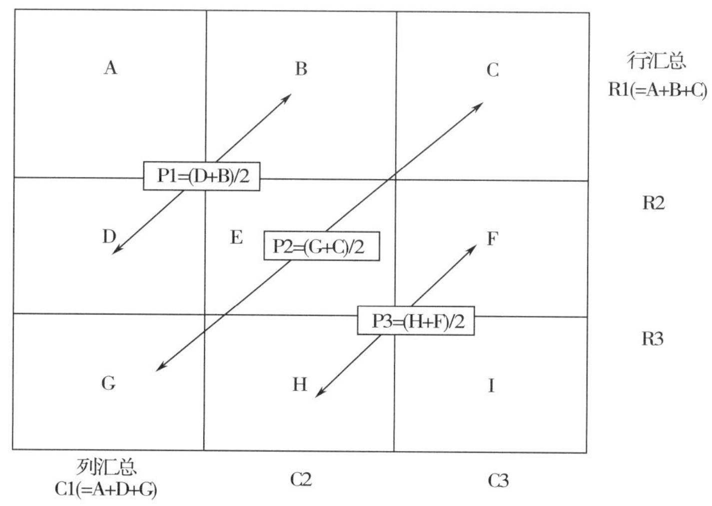

图 B.3　Stuart-Maxwell 检验 JAR 标度数据矩阵

$$(D1)^2 = (60-25)^2 = 35^2 = 1225$$

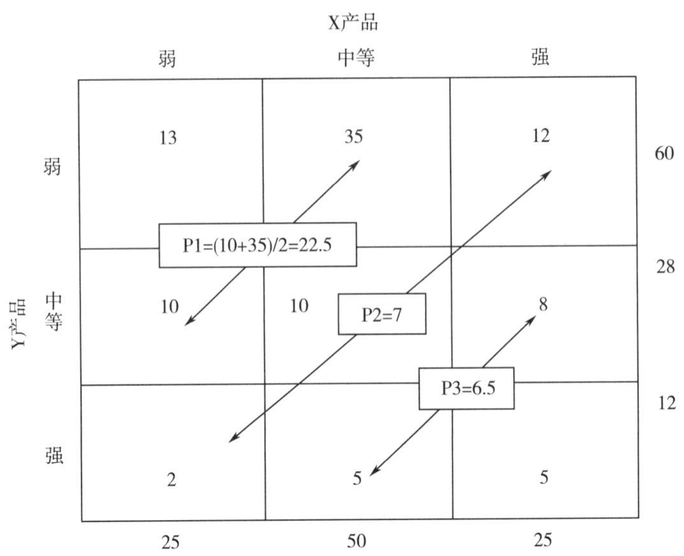

图 B.4 Stuart-Maxwell 检验实例

$$(D2)^2=(28-50)^2=(-22)^2=484$$

$$(D3)^2=(12-25)^2=(-13)^2=169$$

$$\chi^2=\frac{22.5\ (169)\ +7\ (484)\ +6.5\ (1225)}{2\,[22.5\ (7)\ +22.5\ (6.5)\ +6.5\ (7)]}=21.7>5.99_{(df=2)}$$

结论：产品 Y 相对于产品 X 来说特性要弱。

B.3.5 *β* 二项式，误差校正 *β* 二项式和 Dirichlet 多项式分析

β 二项式、误差校正 β 二项式和 Dirichlet 多项式，这三种模型可用于具有选择任务的重复数据检验。β 二项式适用于两个结果（例如，正确和错误）或两个选择的重复数据检验，如偏好实验。Dirichlet 多项式适用于具有两个以上的选择任务的实验数据检验，如具有无偏好选项的偏好测试（偏好强度选择）。下面的公式描述了如何进行过度分散检验，当小组成员或消费者显示一致的反应模式，与随机事件（如硬币投掷）不同。在这里没有显示相关实例，但可参考 Gacula 等（2009 年）和 Bi（2006 年）。学生在尝试这些测试之前，要求阅读那些有用的实例。在这些书籍中还使用 *S*-plus 程序给出了最大似然解。

在下面所有例子中，字母 n、r 和 m 分别用来表示小组成员数、重复数和选择数。我们认为这些比较容易记住，但是它们不同于 Bi 和 Gacula 使用 n 表示重复数和 k 表示小组成员数（被预先警告）。带小写字母 x 表示对于给定的小组成员和/或重复数的单个观察或选项数。

B.3.5.1 *β* 二项式

β 二项式假定小组成员的选择呈 β 分布（Bi，2006）。这个分布有两个参数 μ 和 S，用 γ 统计量表示。γ 统计量从 0~1 变化，用来度量重复的对称性与随机误差。首先分别

计算平均和方差参数 μ 和 S：

$$\mu = \frac{\sum_{i=1}^{n} x_i / r}{n} \tag{B. 10}$$

其中每个 x_i 是小组成员正确重复答案的总数。所以 μ 是正确重复次数的平均值。S 被定义为：

$$S = \sum_{i=1}^{n} (x_i - \mu)^2 \tag{B. 11}$$

再计算 γ 值：

$$\gamma = \frac{1}{r-1}\left[\frac{rS}{\mu(1-\mu)n} - 1\right] \tag{B. 12}$$

其中 r 是重复次数，S 是离差，μ 是正确判断平均值（查看每个人判断，如下所示），n 是小组人数。

为了测试 β 二项式或二项式是否更好，我们使用下面的 Z 检验，有时也称为 Tarone 的 Z 检验（Bi，2006）：

$$Z = \frac{E - nr}{\sqrt{2nr(\gamma - 1)}} \tag{B. 13}$$

其中 E 是分散的另一个度量，

$$E = \sum_{i=1}^{n} \frac{(x_i - rm)^2}{m(1-m)} \tag{B. 14}$$

m 是正确选择的平均比例

$$m = \sum_{i=1}^{n} x_i / nr \tag{B. 15}$$

如果 Z 无显著性，合并重复值并查看正确判断值来进行修正。

若依据零假设下的 μ_0 值检验 μ 值，可以利用另一个简单的 Z 来检验：

$$Z = \frac{|\mu - \mu_0|}{\sqrt{\mathrm{Var}(\mu)}} \tag{B. 16}$$

$$\mathrm{Var}(\mu) = \frac{\mu(1-\mu)}{nr}[(r-1)\gamma + 1] \tag{B. 17}$$

使用这个通用方程，可进行大多数双选实验的显著性检验，如强制选择或偏好实验。上面公式吸引人之处在于等式考虑了数据中的过度分散，即专家小组成员评判的一致性，重复设置的随机性。

B. 3. 5. 2　随机误差修正的 β 二项式

有些人认为，β 二项式检验不真实，因为对随机误差影响较大的总体均值，限制性偏小（Bi，2006）。尽管有用真实数据对两个模型进行比较，且两者差异不大，但这是直观上有吸引力的。

$$\hat{u} = \frac{p - C}{1 - C} \tag{B. 18}$$

设 p 是正确选择的平均比例，现在我们可以定义一个随机误差校正的平均比例，其中

C 是正确的随机比例，例如，对于三点检验来说 1/3 或 2 个产品的偏好检验（1/2），带有预期误差。方差参数 S：

$$S=\sum_{i=1}^{n}(p_i-\mu)^2 \tag{B.19}$$

p_i 是专家小组成员 i 的正确比例。新 γ 估计公式：

$$\gamma=\frac{1}{(r-1)(p-C)}\left[\frac{rS}{n(1-p)}-p\right] \tag{B.20}$$

同样，Z 检验仍然适用于无效比例 μ_0 的检验，但方差需要修正，实际上有两个：

$$Var(\hat{u})=\frac{Var(p)}{(1-C)^2} \tag{B.21}$$

和

$$Var(p)=(1-C)^2(1-\hat{u})\left[(r-1)\hat{u}\gamma+\frac{C}{1-C}+\hat{u}\right]/nr \tag{B.22}$$

B.3.5.3 Dirichlet 多项式

这个模型将 β 二项式推扩到两种以上的选择（Gacula 等，2009）。可用最简单的 Dirichlet 多项式来检验某些固定的比例，如在偏好测试中相等的 1/3 或 35%、30%、35% 的比例（如果从 30%观察中得不到偏好的频率）（详见第 13 章）。

假设我们有三个选择："更喜欢 A 产品"，"无偏好" 和 "更喜欢 B 产品"。令 $X1$ 为选 A 产品总人数，$X2$ 为无偏好的总人数，$X3$ 选 B 产品的总人数。假设有 n 个小组成员，r 重复数和 m 个选择（此例中是 3）。产生 $N=n\times r$ 观察值。首选在 Tarone 的 Z 检验中查看是否有类似于非零 γ 的反应模式。这又是一个 Z 统计量，由以下公式给出：

$$Z=\frac{N\sum_{j=1}^{m}1/X_j\sum_{j=1}^{n}x_{ij}(x_{ij}-1)-[nr(r-1)]}{\sqrt{2(m-1)[nr(r-1)]}} \tag{B.23}$$

其中 x_{ij} 是选择 j，对于小组成员 i，乘以（$xij-1$），然后在所有小组成员之间求和，然后用 $1/X_j$ 加权。重复每个选择，j。

根据 2df 的加权卡方对预期比例进行简单检验。但是首先需要修正参数 C，它与 β 二项式模型中的 $1-\gamma$ 类似。令 $p_j=X_j/N$，每个选择的总和转换为相应的比例：

$$C=\frac{r}{(n-1)(m-1)}\sum_{j=1}^{m}1/p_j\sum_{j=1}^{n}\left(\frac{x_{ij}}{m}-p_j\right)^2 \tag{B.24}$$

利用修正因子 C，对于小组成员选择"模式"或过度分散，用简单的 γ^2 检验，如下所示：

$$\gamma^2=\frac{nr}{C}\sum_{j=1}^{m}\frac{(p_j-p_{\exp})^2}{p_{\exp}} \tag{B.25}$$

其中 p_j 观察到的每个选择的比例，p_{exp} 是预期比例，具有 $m-1$ 自由度的 γ^2 分布检验。显著的 γ^2 值表明偏离预期比例。如果对恰好 JAR 分类分布有一定预测，这个检验也可以应用于恰好 JAR 数据。

B.4　排序检验

B.4.1　符号检验

对成对数据差异进行的简单非参数检验，就是符号检验。排序最简单的情况就是成对比较，即比较哪个更强或哪个更好。比较两个样本的符号检验是属于二项式统计。符号检验可用于任何数据，如具有序数属性的标度响应。显然，在没有差别的情况下，一个方向上的秩数（例如，产品A比产品B好）等于相反方向上的秩数（产品B比产品A好），因此可以使用1/2的零假设概率。

两个样本的实例中，每个小组成员对两个产品进行评分，分值成对。概率可用二项表检验，判别检验的临界值表（单边）$p=1/2$或成对偏好表（双边）（Roessler等，1978）。符号检验是不独立性的非参数平行或成对t检验。不像t检验，不需要满足正态分布假设。在数据偏斜的情况下，t检验可能会产生误导，因为高偏离值会对平均值产生不适当的影响。符号检验只是在比较方向上寻找一致性，所以偏斜或异常值影响力不大。还有几个非参数对应的独立组的t检验。其中之一是曼-惠特尼U检验，如下所示。

表B.4　符号检验数据表

评价员	产品A赋分值	产品B赋分值	符号，B>A
1	3	5	+
2	7	9	+
3	4	6	+
4	5	3	-
5	6	6	O
6	8	7	-
7	4	6	+
8	3	7	+
9	7	9	+
10	6	9	+

表B.4为符号检验一个例子，在零假设下的50/50分裂，可简单地计算成对分值方向。每个小组成员品尝两种产品，并分别赋分，因此数据是成对的。依据A>B，B>A，还是A=B，给出了对应的“符号”。成对关系被省略，失去了一些统计检验力，所以在没有太多数据（关系）的情况下，符号检验可用于差异检测。

计算“+”的数量为7，并省略关系。在双边二项概率表中7/9的概率（至少），即0.09。虽然这还不足以拒绝零假设值，需要进一步的检验，但提供了一个判断的趋势。

B.4.2 曼-惠特尼U检验

对独立群体 t 检验的并行检验是曼-惠特尼 U 检验（Mann-Whitney U-Test），与符号检验一样容易。因此，当正态分布和等方差的假设可疑时，曼-惠特尼 U 检验是独立群体 t 检验的一个很好的选择。任何两组序数数据均可用该方法检验。

例如，对来自两个生产基地或生产线的汤样品进行感官评价。每个样品的咸度平均值构成两个比较组，如果这两个采样点之间没有差别，但两组数据混合后的排序就会发现其两组数据互相穿插。另一方面，如果一个采样点的汤比另一个更咸，那么该采样点的得分向更高的排序靠拢，而另一个则朝着较低的排序靠拢。U 检验对于这种重叠模式的混合排序检验比较敏感。

第一步是对两组数据混合且排序，然后对每组秩求和，找出最小秩和组。对于一个小的实验，较大组的观测数不得少于 20，应该使用下面的公式：

$$U = n_1 n_2 + [n_1(n_1 + 1)/2] + R_1 \tag{B.26}$$

其中 n_1 是两组中较小组样本量，n_2 为较大组的样本量，R_1 为较小秩和组。计算两组的 U，U 可能偏高或偏低（取决于两组的趋势），选取较小一组。如果 U 大于 $n_1 n_2/2$，称为 U'，通过公式转化成 U，$U = n_1 n_2 - U'$。

U 的临界值由表 F.E 表示。将较小秩和组的 U 值与临界值比较，当等于或小于临界值时拒绝零假设，这与其他检验表不同，计算值需大于表中临界值才能拒绝零假设。如果样本量 n_2 大于 20，那么 U 统计量通过下面的公式转换成 Z 值，类似于平均值除以标准偏差：

$$Z = \frac{[U - (n_1 n_2)/2]}{\sqrt{[n_1 n_2(n_1 + n_2 + 1)/2]}} \tag{B.27}$$

如果数据中有关联，则上式中的标准偏差（分母）需要调整如下：

$$SD = \sqrt{\{n_1 n_2/[N(N-1)]\}\{[(N^3 - N)/12] - \sum T\}} \tag{B.28}$$

其中 $N = n_1 + n_2$ 和 $T = (t^3 - t)/12$，t 是给定排序评分的观测值的数量。在做 Z 计算前，需完成 T 的计算，这是一个额外任务，但必须完成。

下面显示了一个小样本示例。表 B.5 所示为汤的咸味分值的平均值。采样点 A 有 6 个样本（$=n_2$），采样点 D 有 5 个样本（$=n_1$）。及混合后的 11 个评分的排序如下（表 B.6）。

表 B.5　曼-惠特尼 U 检验数据表

采样点 A	采样点 D	采样点 A	采样点 D
4.7	8.2	5.2	5.5
3.5	6.6	4.2	4.4
4.3	4.1	2.7	

表 B.6 曼-惠特尼 U 检验数据排序表

得分	排序	采样点	得分	排序	采样点
8.2	1	D	4.3	7	A
6.6	2	D	4.2	8	A
5.5	3	D	4.1	9	D
5.2	4	A	3.5	10	A
4.7	5	A	2.7	11	A
4.4	6	D			

R_1 是采样点秩和为 D（$=1+2+3+6+9=21$）。带入式（B.26），得 $U=30+15-21=24$。

确保 U 而不是 U'（两者中较小的一个）。由于 24 大于 $n_1 n_2/2=15$，获得是 U'，从 30 中减去 U' 得到 $U=6$。其与表 F.E 中的最大临界值进行比较。对于这样大小的样本，U 值必须等于或小于 3，才能在双边概率为 0.05 条件下拒绝零假设。由此，本例中，接受零假设，即两采样点的汤在咸度上没有差异。混合排序检查显示在两个采样点相互穿插，采样点 D 得分普遍较高。利用独立组 t 检验也给出了高于 0.05 的 p 值，所以在两种检验结果一致。Siegel 指出曼-惠特尼 U 检验力是 t 检验的 95%（Siegel，1956）。对于独立样本，还有许多其他的非参数检验，但是曼-惠特尼 U 检验常被使用且计算简单。

B.4.3 多样本的非参数检验（Friedman 和 Kramer 检验）

Friedman 和 Kramer 检验通常应用于具有三个或更多变量的产品的感官排序检验。Friedman 检验对排序数据的“方差分析”是一个相对强的检测工具，可以应用于所有小组成员评价所有产品的任何数据集，即，每个评价员都有一个完整的排序。因此，Friedman 检验的数据集形式，与单向方差分析的一致，即以产品作为列和组员作为行，但其使用排序而不是原始数。它也适用于将行数据转换成排序等级的数据集。Friedman 检验对于排序一致的数据非常敏感。依据产品数量和小组成员人数，Friedman 统计值与卡方值可进行比较，感官评价常见的第二个检验是 Kramer 秩和检验。显著的临界值由 Basker（1988）和 Newell 和 Mac Farlane（1987）重新计算和公布（见表 J）。Friedman 检验的一个变种是 Page（1963）的等级检验，其检验力略强于 Friedman 检验，但是只是针对一个特定的预测排名中排序检验。下面举例说明每种方法。

Friedman 检验实例：要求 20 个消费者对巧克力/麦芽乳饮料的三种风味适度性进行排序。我们想通过排序知道产品之间是否存在显著差异。Friedman 检验构建了基于每个 J 列中列总数 T_j 的 χ^2 统计量，对 K 行和 J 列的矩阵，比较自由度 $J-1$ 的 χ^2 值。通用公式：

$$\chi^2=\left\{\frac{12}{[K(J)(J+1)]}\left[\sum_{j=1}^{J}T_j^2\right]\right\}-3K(J+1) \tag{B.29}$$

表 B. 7　　**Friedman 检验的排序表**

评价员	排序		
	产品 A	产品 B	产品 C
1	1	3	2
2	2	3	1
3	1	3	2
4	1	2	3
5	3	1	2
6	2	3	1
7	3	2	1
8	1	3	2
9	3	1	2
10	3	1	2
11	2	3	1
12	2	3	1
13	3	2	1
14	2	3	1
15	2. 5	2. 5	1
16	3	2	1
17	3	2	1
18	2	3	1
19	3	2	1
20	1	2	3
求和（T_j）	43. 5	46. 5	30

表 B. 7 所示为数据和列总和（T_j）。计算如下：

$$\chi^2 = \left\{\frac{12}{[20(3)(3+1)]}[43.5^2 + 46.5^2 + 30^2]\right\} - 320(3+1) = 7.725$$

在自由度为 $J-1$ 的 χ^2 表中，df = 2，临界值 5. 99<7. 7，拒绝零假设，产品具有差异性。这也可以从产品排序中得到印证，产品 C 具有第一排序的优势。请注意，为了比较单个样本，我们需要另一个检验。符号检验是适当的，但比较的样本较多，需要降低 α 水平来补偿增加的实验性风险。对排序数据检验的另一种方法是最小显著性差异（LSD）法，如下所示：

$$LSD = 1.96\sqrt{\frac{K(J)(J+1)}{6}} \quad (B.30)$$

对于由 K 个人员对 J 个项目的样品进行排序，排序总和大于 LDS 值，则 J 个项目相之间具有显著差异。

Kramer 秩和检验实例：对表 B. 7 数据集进行秩和检验，只需计算要排序总和（列总数）的差值：A 与 B = 3. 0；B 对 C = 16. 5；A 与 C = 13. 5

与 $p < 0.05$ 的最小临界值相比（= 14. 8，参见 J），B 和 C 之间有显著差异，其余两对产品之间没有显著差异。A 和 C 的秩和差值接近临界值，他们之间是否有显著差异？A 和 C 之间用简单符号检验，产生一个 15-5 的分割，这在统计上是显著的（双边 $p = 0.042$），即两者之间差异显著。在当秩和检验接近临界值时，用另外的方法来检验是明智的。

B. 4. 4　排序相关

常见的相关系数 r 也被称为皮尔森积矩相关系数。它是估计两个变量之间线性关联程度的有用工具。它对数据中的异常值非常敏感，如果数据没有达到测量范围，或者具有高度的偏差或异常值，则应考虑斯皮尔曼（Spearman）公式给出的非参数选择。斯皮尔曼排序相关性是较早被发展检验工具之一（Siegel，1956），通常由希腊字母 ρ 表示，此统计量解答是否两个变量排序具有相似性。由显著性表格表明排序之间是否存在关联。

数据必须首先被转换为秩，计算每对排序的差值，方法类似于在成对 t 检验中差值计算。然后将求这些值的平方和。ρ 的公式如下：

$$\rho = \frac{6\sum d^2}{(N^3 - N)} \tag{B.31}$$

因此，ρ 值很容易计算，除非有很高比例的关系。在关联数据少的数据集中，这个公式是非常稳健的，ρ 的变化通常只在小数点后三位。如果超过四分之一的数据具有关联性，应进行调整。如果有许多关联数据，则必须根据 $(t^3 - t)/12$ 计算每个关联数据，进行校正，其中 t 是在给定秩下的关联数。然后对每个变量 x 和 y 的所有关系求和，得到 T_x 和 T_y。然后计算 ρ 如下：

$$\rho = \frac{\sum x^2 + \sum y^2 + \sum d^2}{2\sqrt{\sum x^2 \sum y^2}} \tag{B.32}$$

$$\sum x^2 = [(N^3 - N)/12] - \sum T_x$$

$$\sum y^2 = [(N^3 - N)/12] - \sum T_y \tag{B.33}$$

例如，与变量 X 有关联的变量有 2 个，其中一个与 X 有 2 对关联数据，另外一个有 3 对关联数据，则 T_x 总和：

$$\sum T_x = (2^3 - 2)/12 + (2^3 - 2)/12 + (3^3 - 3)/12 = 3$$

怀疑一个加工过程的变化会引起产品在初咬和咀嚼中的有关问题。由此，检验一组由制构评价小组给出产品的咀嚼平均值与硬度平均值之间是否存在关联。10 个产品的平均评分如表 B. 8 所示，计算如下：

表 B.8　排序关联性检验数据及其计算

产品	咀嚼分值	排序	硬度分值	排序	差值
A	4.3	7	5.0	6	1
B	5.6	8	6.1	8	0
C	5.8	9	6.4	9	0
D	3.2	4	4.4	4	0
E	1.1	1	2.2	1	0
F	8.2	10	9.5	10	0
G	3.4	5	4.7	5	0
H	2.2	3	3.4	2	1
I	2.1	2	5.5	7	5
J	3.7	6	4.3	3	3

D^2 的总和是 36，所以 ρ 计算如下：

$$\rho = 1 - 6(36)/(1000 - 10) = 1 - 0.218 = 0.782$$

在 0.01 的水平下，高度关联。从排序的一致性来看，除了产品 I 和 J 之外，其他也容易被验证。注意产品 F 在这两个标度上都是异常高的。这使得皮尔森相关系数为上调到 0.839，因为它对这一点所起的杠杆作用非常敏感，而这一点远离数据集的其余部分。

B.5　结论

表 B.9 列出了一些常见非参数统计方法。更多的例子参考相关统计书籍，如 Siegel (1956)。种种原因使得非参数统计检验对感官科学家十分有用。它应是完整感官训练的一部分，以使评价员熟悉最常用的检验。二项分布形成了辨别测试中常用选择实验的基础，因此了解这种分布是如何衍生的以及何时逼近正态分布是很重要的。卡方统计对涉及类别变量及非参数关联度的广泛问题都有用。它们也形成了其他统计检验的基础，例如 Friedman 和 Mc Nemar 检验。对于区间水平假设有疑问的标度数据或对于数据正态性的假设有疑问的任何数据集，非参数检验都有可能有用。在偏离参数检验假设的情况下，使用非参数检验对结果的可靠性分析性提供更多的证据（表 B.9）。

表 B.9　参数和非参数检验对比

目的	参数检验	非参数检验
两个产品的比较（匹配数据）	均值的成对性 t 检验（不独立性检验）	符号检验
两个产品的比较（来自于独立组别）	独立性 t 检验	曼-惠特尼 U 检验
多个产品的比较（完全区组设计）	重复测量的单向方差分析	Friedman 秩和检验
两个变量的相关性	皮尔森积差相关系数	斯皮尔曼排序关联性检验

注：非参数检验针对排序数据而不是原始数据。

其他非参数检验可用于各种目的，列出的是常见的。

B.6　后记　比例差值的 Z 检验和χ^2检验的等价二项式近似估计的论证

$$\chi^2 = \sum \frac{(\text{观测值} - \text{期望值})^2}{\text{期望值}} \tag{B.34}$$

$$z = \frac{x/N - p}{\sqrt{pq/N}} \tag{B.35}$$

式中　x——修正系数；

N——评价员数；

p——偶然事件比例；

q——$1-p$。

请注意，为简单起见，连续性修正已被省略。

Z 公式［式（B.35）乘以 N/N］转变为

$$z = \frac{x - Np}{\sqrt{pqN}} \tag{B.36}$$

尽管χ^2分布随着 df 的变化而变化，但是χ^2分布与 Z 分布的一般关系是 1 df 处的χ^2是 Z 的平方。注意，在 1 df 时$\chi^2 = 3.48 = 1.96^2 = Z_{0.95}{}^2$（临界值）：

$$Z^2 = \frac{(x - Np)^2}{pqN} \tag{B.37}$$

$$Z^2 = \frac{x^2 - 2xNp + N^2p^2}{pqN} \tag{B.38}$$

式（B.38）与χ^2相等进行如下求证。查看任何强迫选择测试，χ^2需要这些频率统计：

	正确判断	非正确判断
观察值	X	$N-X$
期望值	Np	Nq

$$\chi^2 = \frac{(x - Np)^2}{Np} + \frac{[(N - x) - Nq]^2}{Nq} \tag{B.39}$$

$(N-X) - Nq$ 简化为 $N(1-q) - X$

因
$$p = 1 - q$$

则
$$(N - X) - Nq = Np - X$$

带入式（B.39），得：

$$\chi^2 = \frac{(x - Np)^2}{Np} + \frac{(Np - X)^2}{Nq} \tag{B.40}$$

展开平方项
$$\chi^2 = \frac{x^2 - 2xNp + N^2P^2}{Np} + \frac{x^2 - 2xNp + N^2P^2}{Nq} \tag{B.41}$$

整理得到

$$\chi^2 = \frac{qx^2 - 2xNpq + qN^2P^2}{Npq} + \frac{px^2 - 2xNpp + pN^2P^2}{Npq} \tag{B.42}$$

$$\chi^2 = \frac{(q+p)x^2 - (q+p)2xNp + (q+p)N^2P^2}{Npq} \tag{B.43}$$

$$p + q = 1$$

$$\chi^2 = \frac{(1)x^2 - (1)2xNp + (1)N^2P^2}{Npq} \tag{B.44}$$

得：

$$\chi^2 = Z^2$$

为了简化计算，省略了连续性校正。当且仅当连续性校正从两个方程中被省略或被包括在两个方程中时，等价性成立。如果从一个方程中省略，而不从另一个方程中省略，那么被省略的方程中显著性提高。

参考文献

Basker, D. 1988. Critical values of differences among rank sums for multiple comparisons. Food Technology, 42 (2), 79, 80-84.

Bi, J. 2006. Sensory Discrimination Tests and Measurements. Blackwell, Ames, IA.

Conover, W. J. 1980. Practical Nonparametric Statistics, Second Edition. Wiley, New York.

Gacula, M., Singh, J., Bi, J. and Altan, S. 2009. Statistical Methods in Food and Consumer Research, Second Edition. Elsevier/Academic, Amsterdam.

Hollander, M. and Wolfe, D. A. 1973. Nonparametric Statistical Methods. Wiley, New York.

Newell, G. J. and MacFarlane, J. D. 1987. Expanded tables for multiple comparison procedures in the analysis of ranked data. Journal of Food Science, 52, 1721-1725.

O'Mahony, M. 1986. Sensory Evaluation of Food. Statistical Methods and Procedures. Marcel Dekker, New York.

Page, E. B. 1963. Ordered hypotheses for multiple treatments: A significance test for linear ranks. Journal of the American Statistical Association, 58, 216-230.

Rayner, J. C. W., Best, D. J., Brockhoff, P. B. and Rayner, G. D. 2005. Nonparametric s for Sensory Science: A more Informative Approach. Blackwell, Ames IA.

Roessler, E. B., Pangborn, R. M., Sidel, J. L. and Stone, H. 1978. Expanded statistical tables estimating significance in paired-preference, paired-difference, duotrio and triangle tests. Journal of Food Science, 43, 940-943.

Siegel, S. 1956. Nonparametric Statistics for the Behavioral Sciences. McGraw Hill, New York.

Smith, G. L. 1988. Statistical analysis of sensory data. In: J. R. Piggott (ed.), Sensory Analysis of Foods. Elsevier Applied Science, London.

Stone, H. and Sidel, J. L. 1993. Sensory Evaluation Practices, Second Edition. Academic, San Diego.

附录C 方差分析

对含有 2 个以上产品和含有属性标度值的数据的检验，方差分析和随后的均值比较是最普遍的统计检验方法。本章将结合实例阐明方差分析及相关检验。

C.1 介绍

C.1.1 概述

在描述性分析和其他很多比较 2 个以上产品的标度反映的感官评价中，方差分析是最普遍的统计检验。它为发现处理变量如配料、工艺或包装改变等对产品的感官性质的影响提供一种非常灵敏的技术。它是发现可能由于特定因素引起偏差的方法，排除其他未知或不可控因素存在偏差的情况。这些其他无法解释的因素会导致数据的实验误差或噪声干扰。

本附录对方差分析的基本思路进行了阐述并提供了一些实例。该部分内容对学生与专业人员是有意义的，而有些理论和模型的改进被省略了，但是读者如果希望得到对重要模型的更深的解释，可以参考 Winer（1971），Hays（1973），O'Mahony（1986）和 gacula 等人（2009）等撰写的相关书籍。一本特别有用的书是关于感官数据的方差分析，由 Lea 等人（1998）和 Lundahl 和 McDaniel（1988 年）撰写。我们将采用与 O'Mahony（1986）一致的相同术语，因为它已被许多感官评价工作者和 Winer（1971）的有关实际数据方差分析的经典论文所广泛使用。

C.1.2 方差分析基础

方差分析是针对多个处理对象或水平的方法，即同时比较几个平均值。有些实验的配料或工艺变量有许多水平。在方差分析术语中，因素是指独立变量，换句话说，即操作变量或实验中直接控制下的变量。方差分析估计每个因素引起的方差（平方偏差），可以认为在数据系列中，每个因素或变量改变总平均数据的程度。它还可估计误差造成的方差或平方偏差，误差可认为是在其他变化对因素没有影响时由操作引起的。

在方差分析中，我们构建一个因素间方差与误差方差的比率，该比率随 F 统计分布而改变。给定因素的显著性 F 比率意味着，在平均值中至少有一个单个数据的比较对该因素具有显著性。F 代表数据系列总平均值中我们所关注因素的平均值的联合偏差除以误差平方的均值。换句话说，即一个模型中其数据具有一个总的趋势，并围绕某值变动。

由每个处理水平得到的平均值与由总平均值得到差异值，是测量那些处理影响的一种方法。但是，我们必须考虑我们实验中的随机偏差对那些差值的影响。所以，如 t 或 Z 统计一样，F 比率是一种信噪比。在一个简单的单变量两水平实验中，F 值只是 t 值的平方，所以，在 F 统计和 t 统计之间有明显的联系。

F 统计分布可指出，在实验中得到的比率是否希望仅在偶然性作用下的结果因而在决定接受或拒绝无差异假设时，可以应用通常的统计理由。对方差分析的无差异假设通常是，处理水平的平均值在母本样本群体中是均等的。该检验考虑的另一种方法是对不同对象模型的检验，并希望观察从那些对象中挑选出的因素是否具有超过简单样本误差引起的实际影响。因而方差分析是以模型、线性模型为基础的，这意味着任何观察现象是由一些影响组成的：总的平均值、加上（或减去）由各处理因素产生的偏差、加上处理因素的交互影响、加上误差。

C.1.3 基本原理

下面的实例将对上述问题进行更仔细地检查，在此之前先来看一些基本原理及其引论，理论说明步骤如下：

（1）我们希望知道与实验测量误差相关的多个平均值之间是否存在显著性差异。

（2）以上可通过检查方差或标准偏差来实现。

（3）检查所有数据的总平均值的样本平均值。这通常称为“处理”的方差，处理就是独立变量的特定水平。

（4）检验“处理”的内部方差，此方差既不归因于“处理”本身的、原因不详的误差或变量。

重申一下，方差分析检查的是与处理内的变化相关的处理之间的变化。处理内的变化或误差方差，也可认为是各个处理采用的多种测量方法中的差别引起的方差，可以是多个评价小组成员、重复样、仪器测量或其他。检验由计算比率来实现，该比率分布与 F 检验相似。F 分布看上去像 t 分布的平方，但取决于与处理有关的自由度（比率的分子）和与误差有关的自由度（比率的分母）。

下面是一个数学推导：内容相同但更详细的解释请参见 O'Mahony（1986）的书。方差（标准偏差的平方）表示为 S^2，x 表示各个评分值，而 M 为 x 评分值的平均值或 $(\Sigma x)/N$。方差是由平均值得到的各评分值的平均差别，由下式给出：

$$S^2 = \frac{\sum_{i=1}^{N}(X_i - M)^2}{N-1} \tag{C.1}$$

计算得出

$$S^2 = \frac{\sum_{i=1}^{N} X_i^2 - \frac{\left(\sum X\right)^2}{N}}{N-1} \tag{C.2}$$

该表达式可认为是“均方偏差”。对实验处理而言，可以称作处理的平方均值，而对误差来说，可称为“均方误差”。这两个值的比率为 F 比率，我们把其比做 F 统计的分布

（在真实有效的情况下）。注意，S^2的第二步计算公式，是对观察值的平方求和。这是 F 比率构成中的重要步骤。

计算平方和，对考察总方差的分配有帮助。

总方差分为处理间方差和处理内方差（误差），也可以用平方之和 SS 来表示

$$SS_{总和} = SS_{处理间} + SS_{处理内} \tag{C.3}$$

上式较为有用，而 $SS_{处理内}$（“误差”）计算较困难一，它类似于许多处理的联合标准偏差，但是，$SS_{总和}$计算很方便！它只是总方差的分子或

$$SS_{总和} = \sum_{i=1}^{N} X_i^2 - \frac{(\Sigma X)^2}{N} \text{对所有} \times \text{数据点} \tag{C.4a}$$

所以，我们通常用 $SS_{总和}$减 $SS_{处理间}$来估算 $SS_{处理内}$。SS 像上述分配的数学证明见 O’Mahony 的书（1986）。

C.1.4　计算

基于上述观点，下面是对简单的单向方差分析的计算。“单向”仅意味着关注的只有一个处理变量或因素。记住，每个因素可有多个水平，通常比较产品各个类型。在下面例子中，我们会谈到产品和感官评价者或评价小组成员。

设 T=总数（可用于计算总和）

a=产品（或处理对象）的数目

b=每个处理对象的评价员数

$$SS_{总和} = \sum_{i=1}^{N} X_i^2 - \frac{T^2}{N} \tag{C.4b}$$

无下标的 T 是所有数据的总和或是总和在所有数据点上的 ΣX

O′Mahony 称 T^2/N 为“校正因子”或“C”，这是一个有用的常数

$$SS_{处理间} = (1/b)\sum T_a^2 - T^2/N \tag{C.5}$$

式中下标 a 代表不同的产品，现在我们需要计算误差和的平方，可以简单地算出

$$SS_{处理内} = SS_{总和} - SS_{处理间} \tag{C.6}$$

我们把 SS 除以其相关的自由度以得到均方值，可以得到与产品相关的均方值以及与误差相关的均方值。这两个值对方差的估计将被用于构成 F 比率。

C.1.5　实例

问题：我们对产品的处理是否会产生一些差别？换句话说，这些平均值是否可以代表实际差别或仅是偶然变化的影响？方差分析将帮助回答这些问题，数据见表 C.1。

表 C.1

评价员	产品 A	产品 B	产品 C	评价员	产品 A	产品 B	产品 C
1	6	8	9	3	7	10	12
2	6	7	8	4	5	5	5

续表

评价员	产品 A	产品 B	产品 C	评价员	产品 A	产品 B	产品 C
5	6	5	7	9	7	6	5
6	5	6	9	10	8	8	8
7	7	7	8	总分	61	68	79
8	4	6	8	平均值	6.1	6.8	7.9

首先，计算每栏的总数和全部总和，以及“校正因子”（“C”）和数据点平方的总和

总和：$T_a=61$　　$T_b=68$　　$T_c=79$

（产品 A）（产品 B）（产品 C）

总 T（总和之和）= 208

$T^2/N=(208)^2/30=1442.13$

$\Sigma(X^2)=1530$（所有单独评分值平方之和）

在上述给定条件下，平方和可进行以下计算：

$$SS_{总和}=1530-1442.13=87.87$$

$SS_{处理内}$（“处理间”）>（$T_a{}^2+T_b{}^2+T_c{}^2$）$/b-T^2/N$ 记住 b 是评价员数

$=(61^2+68^2+79^2)/10-1442.13=16.47$

其次，我们需要找出自由度，简单单向方差分析的总自由度为观察数减 1。处理因素的自由度为水平数减 1。误差的自由度为总自由度减处理（“处理间”）的 df（自由度）。

$$df_{总和}=N-1=29$$

$$df_{处理}=3-1=2$$

$$df_{误差}=df_{总和}-df_{处理间}=29-2=27$$

最后，可建 1 个表示每个因素的均方值的计算，以及随后得出的 F 比率。均方值为 SS 除以相应的自由度。我们的数据看上去如表 C.2 所示：

表 C.2　　第一个方差分析的源表

偏差原	SS	df	方差	F
总体	88.867	(29)		
处理间	16.467	2	8.233	3.113
处理内（误差）	71.4	27	2.644	

在自由度为 2 和 27 时的 F 为 3.119，在 $p=0.06$ 处缺乏显著性。大多数统计软件程序都可以对此 F 比率和自由度给出准确的 p 值。如果方差分析是“手算”得到的，那么，F 比率应当与类似表 D 的临界值相比较，从该表中可以发现对 2 和 27 自由度，其临界值为 3.35。

C.2　完全组块设计的方差分析

C.2.1　概念和评价小组成员方差的误差

当所有的小组成员评价所有产品或处理变量的所有水平时，可以进行感官数据方差的完全组块分析。当感官对象参与所有不同条件时，这种类型的设计也被称为行为科学中的“重复测量”方差分析。不要混淆统计术语“重复测量”与复制。此设计与非独立或成对观察 t 检验类似，但考察的是变量的多重水平，而不仅是2个。与非独立 t 检验类似，它的灵敏度较高，因为评价员的偏差导致的误差可从分析中被分离出来，对完全组块方差分析而言，就是将误差项分离出来。当减去误差项后，由于所关注的处理或变量得到的 F 比率会变大，更“容易”发现统计显著性。当评价小组成员，甚至训练有素的评价员使用标度不同部分或对评价对象的属性具有不同敏感度时，上述方差分析在这类感官评价中特别有用。当所有评价员对产品的排序相同，完全组块方差分析通常会产生产品间的显著性差异，尽管评价员使用标度的范围不同。

下面的例子是完全组块分析的情形，与非独立 t 检验相似，会有助于发现显著性差异。在该例中，由2个受试者作出的2个评分列于图C.1所示。产品之间的差别，也称为“受试者内差别”。其方向相同且具有相同数量。在重复测量术语中的“受试者内”效应对应简单方差分析术语中的处理间效应（这可能会让人混淆）。

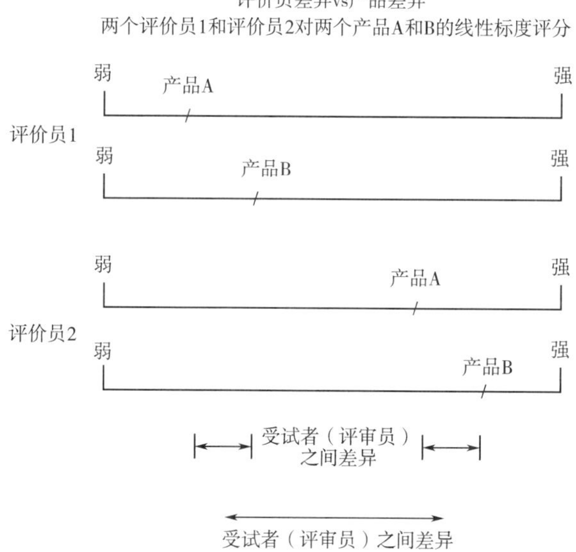

图C.1　两个假设的评价员对两种产品的评价

他们在产品排序上一致并具有接近的感官差异，但使用标度的不同部分，差别可分为产品间（评价员内的）差别和评价小组成员之间在其使用的标度全部范围上的差别。非独立 t 检验通过把分析中各行评分值转化为差值（产品间的）来分离上述两种来源的差别。这可以提供比从误差角度的个体内差别更敏感的比较。

在这个例子中，评价员之间对标度的偏爱部分具有相当大的差异。在任何传统分析中，人员之间的这一方差会通过产生一个大的误差项来消除对产品的影响。但是，评价小组成员的差别在完全组块设计中可以剔除误差项，即当每个评价小组成员评价实验中所有的产品时。

为了考察该分析的优点，我们来看没有评价小组成员方差组块的例子。下面是一个实例，第一个是没有组块的评价小组成员影响或假定 3 个独立小组评价每个产品。这是一个简单的单向方差分析，它们的不同在于原料的 3 个水平。样本数据系列见表 C. 3，与简单方差分析的第一个例子相比有一点小变化。

表 C. 3　　完全组块设计数据

评价员	产品 A	产品 B	产品 C
1	6	8	9
2	6	7	8
3	7	10	12
4	5	5	5
5	6	5	7
6	5	6	9
7	7	7	8
8	4	6	8
9	7	6	5
10	1	2	3
总分	54	62	74
平均值	5. 4	6. 2	7. 4

注意评价员 10#打出的分值为 1，2，3 而不是 8，8，8。这是一位不再是非辨别者但却不敏感的评价员。

下面是单向方差分析如何求出的过程：

总合：$T_a = 54$　$T_b = 62$　$T_c = 74$　总 $T = 190$　总 T（总合之和）= 190

总 T（所有数据点的总和）= 190

$T^2/N = (190)^2/30 = 1203.3$（O'Mahony 的 C″因子）

$\sum(x^2) = 1352$

$SS_{总} = 1352 - 1203.3 = 148.7$

SS 归于产品 = $(T_a^2 + T_b^2 + T_c^2)/b - T^2/N$

（这里的 b 指的是评价员人数）= $(54^2 + 62^2 + 74^2)/10 - 1203.3 = 20.3$

$SS_{误差} = SS_{总} - SS_{产品} = 148.7 - 20.3 = 128.4$

表 C. 4 显示原表。

表 C. 4　　完全组块方差分析的源表

偏差来源	SS	df	均方	F
总体	148. 67	(29)		
之间	20. 26	2	10. 13	2. 13
之内（误差）	128. 4	27	4. 76	

对于自由度 2 和 27，其 $p=0.14$（$p>0.05$，不显著）。自由度 2 和 27 的临界 F 值比约为 3. 35（临界值见插表 D）。

现在就得到了完全组块方差分析的差异，一项额外的计算为求各行之和与平行变量平方的和，各行为评价小组成员的影响如表 C. 3 所示。在单向分析中，数据系列分析好像是 30 个不同人员进行的评价，实际上是 10 个评价员在对所有产品进行评价。这符合完全组块设计要求。我们可以进一步分割误差项为评价员的影响（“受试者间”影响）与残留误差。进行这项工作，我们需要估计评价小组成员内差异造成的影响。对各行的值求和（得到评价员的评分之和），然后先求平方再相加就得到一张新的表如表 C. 5 所示。评价员评分平方之和类似于产品的平方和，但此时是对行进行处理而不是列：

$$SS_{评价员} = \sum(\sum_{评价员})^2/3 - C = 3928/3 - 1203.3 = 106$$

表 C. 5　　完全组块设计数据，显示评价员的计算

评价员	产品 A	产品 B	产品 C	Σ小组	(Σ小组)²
1	6	8	9	23	529
2	6	7	8	21	441
3	7	10	12	19	841
4	5	5	5	15	225
5	6	5	7	18	324
6	5	6	9	20	400
7	7	7	8	22	484
8	4	6	8	18	324
9	7	6	5	18	324
10	8	8	8	6	36
总和	61	68	79		3928

“C”，再说一次，是“校正因子”或总的平方和，除以观察数。进行该计算，使用自由度总数中的 9 个，所以这些不再使用于下面误差 df 的估计。

一个新的对残留误差的平方和可以计算为：

$$SS_{误差} = SS_{总体} - SS_{产品} - SS_{评价员} = 148.7 - 20.3 - 106 = 22.36$$

$$误差(MS_{误差})的平方均值为 SS_{误差}/18 = 22.36/18 = 1.24$$

因为我们用另外的 9 个自由度估算评价小组成员的方差，所以现在只留 18 个自由度给误差。但是平均值平方的误差从 4. 76 减小到 1. 24。最后，一个从误差项中去除了受试者间影响的新的产品影响（“受试者内”）的 F 比率展现在原表中，如表 C. 6 所示。

表 C. 6　双因素方差分析表

变量来源	*SS*	df	方差	F
总和	148. 7	(29)		
产品	20. 3	2	10. 13	8. 14
评价员	106	9		
误差	22. 4	18	1. 24	

$$所以新的\ F = MS_{产品} / MS_{误差} = 10.15/1.24 = 8.17$$

在自由度 2 和 18 时，在 $p = 0.003$ 为显著，比自由度为 2 和 18 时的 F 临界值要大。

为什么在评价小组成员方差被分组时得到该显著性，而在通常的单向方差分析中却得不到？答案在于由评价员标度的使用会造成系统偏差，而双因素差分析能够从误差项中去除该影响。使误差变小是每个感官研究的总体目标，这里我们看到了数学上达到该目的的一个有效办法。

C. 2. 2　评价员作为自身对照的值

完全组块与单向方差分析例子中的数据系列是十分相似，改变的仅是评价员 10#在第一个例子中评价所有产品为 8 分。第二个例子中，非辨别者被去除，其数据被一个不敏感但排列正确的评价员所代替。该评价员对产品的评分分别为 1，2，3，与其余评价小组成员总趋势相同，但是标度的总体水平较低。

注意以一个具有异常值但能正确区分产品排序的评价员代替原评价员的影响。因为其评价值很低，它对总方差的影响比对产品差异的影响更大，所以，单向方差分析从接近显著性（$p = 0.06$）到变成对无差异假设几乎无法否定（$p = 0.14$）。换言之，不能区分产品但评价值处于数据系列中间的评价小组成员对单向方差分析没有很大的损害，而评价值很低的评价员，即使能够区分产品，也被认为是错误的。由于完全组块设计允许我们分离总的评价小组成员差别，并仅关注产品的差异，在实际中虽然评价员的值偏低也对该分析没有损害。事实上，此时产品 F 比率有很高的显著性（$p = 0.003$）。总的来说，去除评价员 4、5 和 9（虚线）后，评价小组成员单调性增加（图 C. 2）。评价值低的评价员随大多数人的趋势变化，并对该情形有帮助。

相同的统计显著性结果可在 Friedman 的排列“方差分析”（详见附录 I）中得到，下面是对其的潜在透析：完全设计允许重复测量方差分析的实施，这使我们可以“丢弃”评价小组成员在标度使用、感官敏感性和嗅觉缺失等方面的差别，而关注产品的趋势。由于人非常难以统一标准，所以，这在感官工作中有很重要的价值。

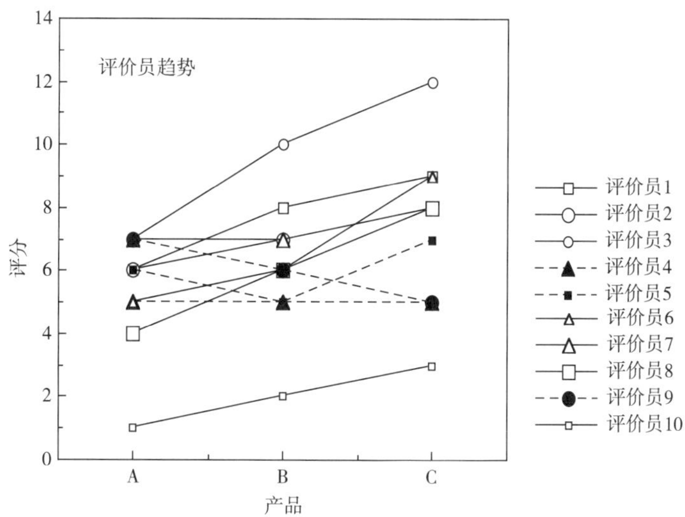

图 C.2　在重复测量例子中评价小组成员的趋势

注意 10 号评价员的产品排序与评价小组平均值相同，但属于偏低的离群值，该评价员的评价值对单向方差分析会产生影响，但在重复测量模型中当评价员影响被分离后其作用就会减小。

C.3　方差分析后对平均值的计划比较

找出方差分析中显著性 F 比率只是 2 个以上产品的实验统计分析中的一步，还需要寻求处理并比较它们在大多数实验中哪一对有差别。许多技术可用于该项工作，大多数建立在 t 检验偏差的基础上，其基本原理是避免类型Ⅰ误差风险的增大，该类错误与重复 t 检验的比较有密切关系。例如，Ducan 检验试图维持"实验清醒度" α 在 0.05，换句话说，即贯穿产品平均值成对比较所有数据系列，我们想维持 α-风险的最大值为 5%。由于风险是检验数的函数，t 检验的临界值需被校正以维持风险在可接受的水平。

不同的方法在否定无差异假设的假定以及数据量的自由度上存在差异，一般包括以下几种：Scheffe 法、Tukey 法、HSD（诚实-显著性-差异）法以及 Newman-Keuls 法 Duncans 法和 LSD（最小显著差数）法。Scheffe 法检验是最保守的，LSD 法是最不保守的。当方差分析中 F 值显示为显著时，Duncan 法可以较好地降低一系列成对比较中的类型Ⅰ误差，这是一个较好的处理感官数据的折中方法。Winer 的一个例子（1971）显示了一些区别检验在所要求的临界差别上的不同程度。最普通的方法是求在总体上最大差别的 Scheffe 法检验。建立在所比较的平均值基础上的 LSD 检验没有变化，所以 LSD 检验是最不保守的方法，可能得到存在类型Ⅰ误差（忽视有差别风险）的数据。LSD 检验与 Duncan 检验在下面加以说明。

最小显著差数法或 LSD 检验应用十分普遍，因为只要根据方差分析的误差项，简单地计算所要求显著性因素的平均值之间的差别。其好处在于误差项被较好地结合以估计所有同时处理的误差。但是，LSD 检验在避免大多数比较方面不能起什么作用，因为其临界值不随比较的平均值数目增加而增加，其他一些统计法的情形与之相似如 Duncan 和 Tukey（HSD）检验：

$$\mathrm{LSD} = t\sqrt{\frac{2\mathrm{MS}_{误差}}{N}} \tag{C.7}$$

式中　N——在单向方差分析或单因素重复测量中评价小组人员数；

t——对误差项自由度双边检验的 t；均值之间的差异是该值需大于 LSD 值。

Duncan 多重差距检验的计算要用到“学生化范围统计（studentized range statistic）”，通常缩写为 q，比较一对单独平均值的通式为求出该不等式的量，并将之与 q 进行比较：

$$q_p \leqslant \frac{平均值_1 - 平均值_2}{\sqrt{\frac{2MS_{误差}}{N}}} \tag{C.8}$$

计算的值必须超过 q_p 的预定值，根据在比较中我们所希望分开的两个对象的平均值数查得表中 q_p。MS 是与产生平均值的方差分析中的因素有关的误差项，n 为分布于平均值的各个观察数，q 为由 Duncan 表（详见附录表 G）查得附录量方差分析的学生化范围统计值。下标 p 指所比较的按序排列的两者之间（包括其本身）的平均值数，自由度为 $n-1$。注意，其通式与 t 检验十分相似。

下面看以下基本步骤：

①进行方差分析，找出 MS 误差项。

②将平均值按序排列。

③找出每个 p 值（平均值之间的个数加 2）和 $n-1$ 自由度对应的 q 值。

④将 q 与式（C.8）相比，或⑤。

⑤由下式求出必须大于的临界差别值

$$差别值 \geqslant q_p\sqrt{\frac{2MS_{误差}}{N}}$$

请注意，这就像 LSD 测试，但使用 q 而不是 t。这些临界差别值在比较许多平均值时十分有用。

下面是取样问题，从 4 个观察值的简单单向方差分析中，其平均值如下：A=9，B=8，C=5.75。如果比较处理 A 和 C，则大于 q 的量值为：

$$\frac{(9-5.75)}{\sqrt{2\ (0.375)\ /4}} = 3.25/0.433 = 7.5$$

$p=3$，$a=0.05$ 时的 q 临界值为 4.516，所以，可以否定无差异假设。A 和 C 有显著差异。

一种替代的计算方法是通过 q 乘以分母（误差项）求出必须要超越的显著均值差异，即得出临界差别。这常常在用手算比较许多均值时，比较容易列表。在上面的例子中，采用上述步骤求出临界差别，将 q（0.433）乘以联合标准误差的分母项（3.25），得到临界差别值为 1.955，由于 9−5.75（=3.25）大于临界差别 1.955，所以，可以得出这些样本存在差别的结论。

C.4　多因素方差分析

C.4.1　实例

大多数食品要求多种属性分析，这些属性作为配料与工艺变量的函数随之而变化。在许多场合，我们关注的是一个以上的实验变量，如 2 个或更多的配料或者改变 2 个或更多的工艺条件。对 2 个或 2 个以上独立变量（称为因素）的标度数据的分析，最有效与有力的统计工具是多因素方差分析。

这里有一个简单样品问题，其假设数据系列见表 C.7。有 2 种甜味剂，蔗糖和高果糖玉米糖浆（HFCS），被混入食物中（如早餐麦片），我们想了解各产品的影响。改变各甜味剂加入产品的量（各为 2%、4% 和 6%），并采用 4 人组成的评价小组来评价其甜度。四名小组成员对于大多数实验来说可能太少了，但是为了清楚起见，这个例子被简化了。我们在一个因素设计中使用三个水平的每种甜味剂。因素设计意味着每个因素的水平与其他因素的每个水平相结合。

表 C.7　　双因素方差分析数据集（例如 1，1，2，4 代表四个数据点）

	因子 1：蔗糖水平		
	水平 1	水平 2	水平 3
HFCS 水平	2%	4%	6%
水平 A（2%）	1，1，2，4	3，5，5，5	6，4，6，7
水平 B（4%）	2，3，4，5	4，6，7，5	6，8，8，9
水平 C（6%）	5，6，7，8	7，8，8，6	8，8，9，7

我们想知道蔗糖各个水平有什么影响，HFCS 的各个水平有什么影响，两种甜味剂结合在一起会不会产生各自甜度平均反应估计不出的影响。最后一项我们称之为交互作用（下面将详细介绍）。

首先，让我们看一下表 C.8 所示的单元格平均值和各栏的平均值：

表 C.8　　双因素实验的均值

因子 2	因子（变量）1			行平均数
	水平 1	水平 2	水平 3	
水平 A	2.0	4.5	5.75	4.08
水平 B	3.5	5.5	7.75	5.58
水平 C	6.5	7.25	8.0	7.25
列平均数	4.0	5.75	7.17	5.63（总平均数）

接下来让我们看看这些平均值的一些图表，看看发生了什么。图 C.3 所示为数据的趋势。

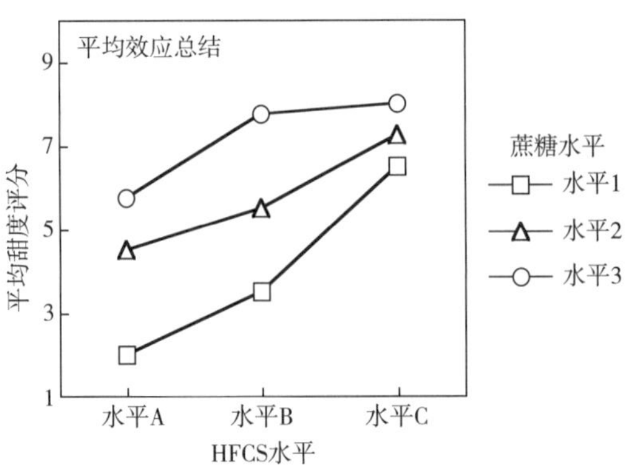

图 C.3　双因素甜味剂实验的平均值

C.4.2　概念：线性模型

以下是对以前的数据集进行分析时发生的情况：方差分析将从一般的线性模型中检验假设。该模型指出，数据集中的任何分数都由多个因素决定：

分数=总均值+因素 1 影响 +因素 2 影响+交互影响+误差。

用一般英语来说，对这些产品的由总平均值估计的甜度而言有一种总体趋势；对于每个数据点而言，某些干扰来自第一个因素的平均值，某些来自第二个因素，某些来自两个因素相互作用或组合的特殊情形，而另一些来自随机误差。由因素的无效假设产生的影响取决于平均值，无效假设下的平均值是我们可以从每个处理和所有其他存在因素的平均交互预计得出的群体平均值。这些可以被认为是“每栏的平均值”，因为它们是由行和列总数估计得到（我们经常在计算过程中，在数据矩阵的边缘看到它们）。

对于两种甜味剂的影响，我们正在测试边际均值是否可能相等（在潜在的人群中），还是在它们之间是否存在系统差异，以及这种差异是否相对于误差较大，实际上是在很大程度上，我们很少会在无效假设下期待这种变化。

方差分析使用 F 比率来比较效应方差和样本误差方差。这个方差分析的确切计算在这里没有给出，但是它们的执行方式与后面说明的双因素完整设计方差分析（有时称为“重复测量”（Winer，1971））相同。

方差分析的结果将在表 C.9 中列出。

表 C.9　具有交互作用的双因素方差分析的源表

效应	平方和	df	*MS*	*F*
因子 1	60.22	2	30.11	25.46
误差	7.11	6	1.19	
因子 2	60.39	2	30.20	16.55
误差	10.94	6	1.82	
交互	9.44	4	2.36	5.24
误差	5.22	12	0.43	

然后，我们通过查找分子和分母自由度的 F 比率临界值来确定显著性。如果获得的 F 大于表中的 F，则否定无差异假设并认为因素有影响。对甜度因素（df 为 2 和 6，两因素

都显著）判断的临界值 F 为 5.14，对交互影响为 3.26（4 和 12 df）。

图 C.3 中，由于甜味剂 2 的高水平使交互影响增加，显示比低水平的斜率更平坦的斜率，因此产生相互作用。所以有一些饱和度或平缓化，这是在高感官强度下的普遍现象。

C.4.3　关于交互影响的说明

什么是“交互影响”？不幸的是，这个词具有两种意义：一种是普通的，一种是统计学的。普通的意义是两件事情相互作用或相互影响。统计学的意义与此相似，但它不是意味着发生了两种食品化学物质之间的物理相互作用。相反，术语“相互作用”是指一个变量的效果根据另一个变量的水平而改变。这里有两个交互的例子。为了简单起见，只给出了在两个点上代表两个变量的平均值。

在第一个例子中，两个评价小组评价了两种食品质地的硬度。一个评价小组看到两个产品差别很大，而第二个评价小组发现只有一个小的差异。这是可见的，因为连接产品装置的线的斜率是不同的。这种斜率差异在两个斜率符号相同时称为数量交互作用，这在感官研究中相当普遍。例如，评价小组成员都对一系列相同排序的产品进行评价，但是在重复评价中他们或多或少会产生疲劳。对于一些评价小组成员来说，评价值的减少会比其他评价小组成员多，这是由于重复交互影响而造成的。

交互影响的第二个例子有点不太常见。在这种情况下，两种产品的相对评价值从一个评价小组改变到另一个评价小组。一个评价小组认为产品 1 比产品 2 的评价值更高，而另一个评价小组认为产品 2 更优越。这种交互影响可能会出现在具有市场零星样本的消费者可接受性评价中，或者评价小组对标度方向误解或选票打印错误（例如，用相反的基准词语）情况下的描述性分析，这通常被称为交互作用。图 C.4 所示为这些交互作用。当交互效应是误差项的一部分时，交叉相互作用更加严重，并且可能是一个大问题，如在一些方差分析中（详见 C.5 和 C.6.1）。

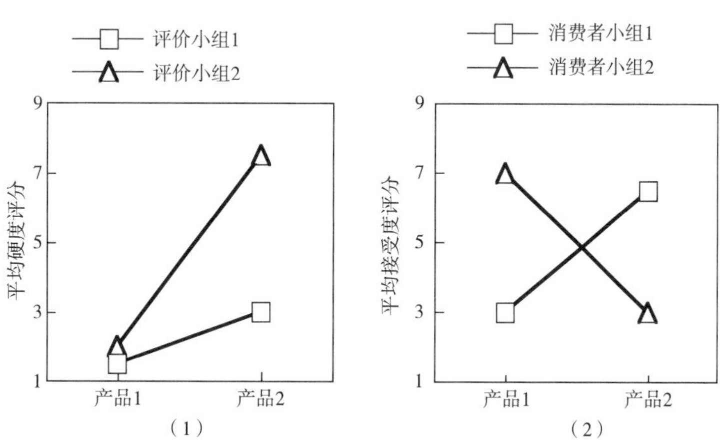

图 C.4　交互影响

（1）评价小组：量值交互影响。（2）评价小组：交叉相互影响。

C.5 按重复设计的产品专题讨论小组成员

感官分析中常见的设计是双因素方差分析，所有评价员对所有产品进行评分（完全组块设计）和重复评分。这个设计对于描述性小组是有用的，例如小组成员通常评价所有的产品。两个因素的例子是有一组待检测产品并进行重复评价。每个评分是小组成员效应、处理效应，复制效应、交互作用和误差的函数。

处理和重复样的误差项是小组成员的交互影响，构成 F 比率的分母。这是因为小组成员的影响是随机影响（详见 C. 6. 1），而评价小组成员与处理的交互影响则进入处理的平方和中。未达到该例的目的，处理和重复样被认定为是固定影响（这是一种混合模型或以 SAS 语言称为第Ⅲ型）。样本数据系列见表 C. 10。其评价员数也是一个小数目，以便计算会更简单一些。但是，在大多数真实的感官研究中，评价小组的人数往往要大得多，例如描述性数据为 10~12 个，消费者研究为 50~100 个。

表 C. 10　有评价员偏差的双因素方差分析数据系列

产品	重复 1			重复 2		
	A	B	C	A	B	C
评价员 1	6	8	9	4	5	10
评价员 2	6	7	8	5	8	8
评价员 3	7	10	12	6	7	9

基础模型表示总方差是产品影响、重复样影响、评价小组成员影响、3 个两两交互影响、三者间交互影响和随机误差的函数。除了三者间交互影响之外，我们没有估计最小的单元内误差项。另一种考虑这种情况的方法是各评分值偏离总平均值作为特定产品平均值，特定评价小组成员平均值、特定重复样平均值加上（或减去）交互影响干扰效应函数。

我们将每个因素的作用称为“主要影响”，而不是相互作用影响和误差。

第一步，我们计算主要影响以及平方和。

如同反复测量的单因素方差分析，我们需要计算的特定值为：

$$总和 = 135$$

$$(总和)^2/N = T^2/N = 18,\ 225/18 = 1012.5$$

（“校正因子”，C）

$$数据平方和 = 1083$$

需要计算 3 个“行列合计”以估算主要影响。

产品行列合计（全部评价小组成员和重复样小组成员和代表）：

$$\Sigma A = 36 \quad (\Sigma A)^2 = 1156$$

$$\Sigma B = 45 \quad (\Sigma B)^2 = 2025$$

$$\Sigma C = 56 \quad (\Sigma C)^2 = 3136$$

则产品的平方和就变成了

$$SS_{产品} = [(1156+2025+3136)/6] 校正因子 C$$
$$= 1052.83-1012.5=40.33$$

（后面将会用到 1052.83 这一值，我们称之为“部分平方和 1”PSS1）

同样，我们计算重复样和评价小组成员平方和。

重复的样列合计（全部评价小组成员和产品中）为：

$$\Sigma 重复1 = 73 \quad (\Sigma 重复1)^2 = 5329$$
$$\Sigma 重复2 = 62 \quad (\Sigma 重复2)^2 = 3844$$

那么重复样的平方和就变成了

$$SS_{重复} = [(5329 + 3844)/9] -校正因子$$
$$= 1019.2-1012.5 = 6.72$$

注：除数 9 不是代表重复样（2）的观察数，而是评价小组成员数乘以产品数（3×3 = 9）。把该数字看作于各行列合计的观察次数。（后面将会用到 1019.2 这一值，我们称之为“部分平方和 2”PSS2）。

与在其他重复测定设计中一样，需要计算评价小组成员之和（全部产品和重复样）：

$$\Sigma 评价员1 = 42 \ (\Sigma 评价员1)^2 = 1764$$
$$\Sigma 评价员2 = 42 \ (\Sigma 评价员2)^2 = 1764$$
$$\Sigma 评价员3 = 51 \ (\Sigma 评价员3)^2 = 2601$$

那么评价小组成员的平方和为：

$$SS_{评价员} = [(1764 + 1764 + 2601)/6] -校正因子 C$$
$$=1021.5-1012.5 = 9.00$$

（后面将会用到 1021.5 这一值，我们称之为 PSS3，代表“部分平方和 3”）

第二步。接下来，我们需要构建交互影响和的汇总表。

这是重复样-产品交互影响的计算。我们获得每个产品组合的每个重复样的总和，然后将其平方。表 C.11 列出了三个交互表。

表 C.11　　交互计算

产品	重复 1	重复 2	平方值	
A	19	15	361	225
B	25	20	625	400
C	29	27	841	729
产品	**评价员 1**	**评价员 2**	**评价员 3**	**平方值**
A	10	11	13	100　121　169
B	13	15	17	169　225　289
C	19	16	21	361　256　441
评价员	**重复 1**	**重复 2**	**平方值**	
1	23	19	529	361
2	21	21	441	441
3	29	22	841	484

首先通过复制表获得产品，我们获得以下信息：

平方值之和=3181；3181/3=1060.3 （=PSS4，后面会需要用到）

计算平方和，需要减去每个主要影响的 PSS 值，然后加上校正项（这是由基本方差组成模型决定的）：

$$SS_{重复\times产品}=(3181/3)-PSS1-PSS2+C$$
$$=1060.3-1052.83-1019.2+1012.5$$
$$=0.77$$

接下来我们通过产品交互信息来看看小组成员。小组成员的产品交互计算基于表 C.11 的中心。再一次，我们累积每个组合的总和，然后将它们的平方值给出：

平方值之和=2131；2131/2=1065.5（=PSS5，后面会需要用到）

$$SS_{评价员\times产品}=(2131/2)-PSS1-PSS2+C$$
$$=1065.5-1052.83-1021.5+1012.5$$
$$=3.67$$

这里是重复样-评价小组成员交互影响的计算，基于表 C.11 的下半部分：

平方值之和=3097；3097/3=1032.3（=PSS6，后面会需要用到）

$$SS_{R\times评价员}=(3097/3)-PSS2-PSS3+C$$
$$=1032.3-1021.5-1019.2+1012.5$$
$$=4.13$$

最终的估计是三者间交互影响的平方和。由于是在自由度条件下进行计算的，这就是我们在该设计中的全部结果，由（数据）值的平方和减去从交互影响中得到的各 PSS，再加上从主要影响得到的各 PSS，减去校正因子得到。不要太担心这是从哪里来的，你需要剖析方差分量模型来完全理解它：

$$SS(3\ \text{way})=\sum x^2-PSS4-PSS5-PSS6+PSS1+PSS2+PSS3-C$$
$$=1083-1060.3-1065.5-1032.3+1052.83+1019.2+1021.5-1012.5=5.93$$

第三步。使用上面的值，我们可以计算出最终结果，如表 C.12 所示。

表 C.12　按重复方差分析的专门小组成员的来源表

效应	平方和	df	均方	*F*
产品	40.33	2	20.17	21.97
产品×评价员	3.67	4	0.92	
重复	6.72	1	6.72	3.27
重复×评价员	4.13	2	2.06	
产品×重复	0.77	2	0.39	0.26
产品×重复×评价员	5.93	4	1.47	

请注意，每个影响的误差项是与评价小组成员的交互作用。这是由评价小组成员是一个随机影响，这是一个“混合模型”的分析。

所以只有产品效应是显著的。临界 F 比率对产品影响（2、4 df）为6.94，对重复样影响（1、2 df）为19.00，交互影响（2、4 df）为6.94。

自由度计算如下：

对于主要影响，df = 水平数-1，例如3个产品给出2df。

对于交互影响，df =单独因素 df 的产品（例如，产品×评价小组 df = （3-1）×（3-1）= 4）。

C.6 问题和关注

C.6.1 感官专家：固定或随机影响？

在固定效应模型中，对处理变量选择了特定的水平，其水平可以在其他实验中重复。固定效应变量的常见例子可能是成分浓度，加工温度或货架寿命研究中的评价时间。在随机效应模型中，变量的值是从所有可能水平的群体样本中随机选择的。未来实验的复制可能会或可能不会选择完全相同的水平、人员或对象。这意味着未来的类似实验也会寻求另一种随机样本，而不是针对某个变量的确定的目标水平或确定的变量范围。在这个方差分析模型中，特定水平的选择被认为对实验中的其他变量的评价值产生了系统的影响。换句话说，假设是具有交互影响的。

在实验设计中的随机效应的例子在行为科学中是很常见的。记忆研究中选择的词语或从所有可能的气味样品中采集的气味用于识别筛选测试的气味是随机的，而不是固定的刺激效应。这样的词或气味表示从这类可能的词或气味中的随机选择，并不代表我们选择用于研究的变量的特定水平。此外，我们希望概括所有这些可能的刺激，并得出关于以母体样本为整体的，而不仅仅是我们挑选的词语或气味的结论。感官小组成员是不是固定效应是一个持续的问题。固定效应模型比较简单，是大多数人在统计学课程开始时就学到的，但行为科学把人类受试者或评价小组成员作为一种随机效应，在感官工作中也是如此。

虽然不可能实现真正地随机抽样，评价小组成员能够满足一个更多人数样本的潜在评价小组成员的标准，并且不可用于顺序重复测量（例如，在另一个实验室）。每个小组都有与其组成相关的方差，也就是一个更多人数的样本。另外，每个产品效应不仅包括产品之间的差异和随机误差，还包括每个评价小组成员对产品变量的交互影响。例如，评价小组成员可能具有相应于构成产品变量的组分增加的更大或更小的斜率。一个交互影响项作为误差的分母对分析机器敏感性有重要影响，使用错误的误差项（即来自简单的固定影响 ANOVA）可能会导致无差异假设的错误否定。

固定影响是实验者感兴趣的变量的特定水平，而随机影响则是较大群体的样本，希望从中归纳出实验的其他结果。Sokal 和 Rohlf（1981）做了以下有用的区分：固定与随机效应模型取决于“关于该因子的不同水平是否可以被认为是更多这样的水平的随机样本，或者是研究者希望与之形成对比的固定处理方法”。

在感官评价领域，这种观点并没有普遍适用于评价员的分类。这里是对其地位的一些常见的反驳。

评价小组成员接受培训后，他们是否不再是随机样本，而是固定效应？随机样本观点是一种不相关的东西。我们希望将这些结果归纳到从高素质的个人群体中挑选，并经过同样的筛选和训练的不同评价成员的任何感官评价小组。海斯（Hays，1973）认为，即使样本具有某些特征，也不会使其失去作为大群体中一个样本的资格：“假定将作出推断的主体具有确定的年龄、性别、对说明书的理解能力等，然而实验者会喜欢把他的推论推广到所有可能的该类主体上。”

第二个问题是关于交互影响在混合模型方差分析中的使用。我们可以假设模型中没有交互影响，甚至可以检验是否存在显著的交互影响。答案是，你可以，但为什么选择一个风险更高的模型，使你犯 I 型错误的机会增大呢？如果你测试没有显著性的交互影响，那么你依赖于不能否定无差异假设，这是一个模棱两可的结果，因为它可能发生于一个高误差方差的草率实验，也可能这是一个真正没有影响的情形。因此，使用混合模式是更安全的，在这个模型里小组成员被认为是随机的。大多数统计软件包将交互影响作为误差项，当您将评价小组成员指定为随机影响时，有些甚至会将其假定为默认值。

关于这个问题的进一步讨论可以在 Lea 等（1998），Lundahl 和 McDaniel（1988）和 Lawless（1998）的书中以及同一期刊上的文章中找到。

C. 6. 2 关于分组块的说明

在具有两个或更多变量的因子设计中，感官专家经常需要做出关于如何对将在一次感官测定中观察的产品进行分组的决定。感官测定的单元或日期成为一个实验设计的组块。先前所举出的例子是相当普遍的，即在简单的因子设计中的两个变量往往是产品和重复样。当然，评判者是第三个因素，但又是一个特殊的因素。让我们暂时搁置评判者，看看完全组块设计，即每个评判者参与评价所有产品和所有复制样。这是使用受过训练的感官小组进行描述性分析的常用设计。

考虑以下情况：两名感官技术员（暑期实习中的食品公司的学生）进行感官测试设计。该测试将涉及四种不同的加工工艺的软质干酪涂抹物的比较，并且经过训练的描述性评价小组对诸如干酪风味强度、光滑度和糊口性的关键属性进行评价。由于这种产品有对口腔的覆盖和其他类似的残留影响的倾向，在一个阶段只提供四种产品。该小组可在不同的日期测定四个独立单元。然后实验两个因素被分配到单元的组块中，即产品和重复样。

技术员“A”决定在每天提供一种该干酪涂品，在一个单元中重复进行 4 次。另一方面，技术员“B”在每天提供全部四个产品，因此单元（天）被称为重复样的块。两位技术员都使用多提供的对称顺序、随机编码和其他良好的感官测试良好操作。分组块图如图 C. 5 所示。

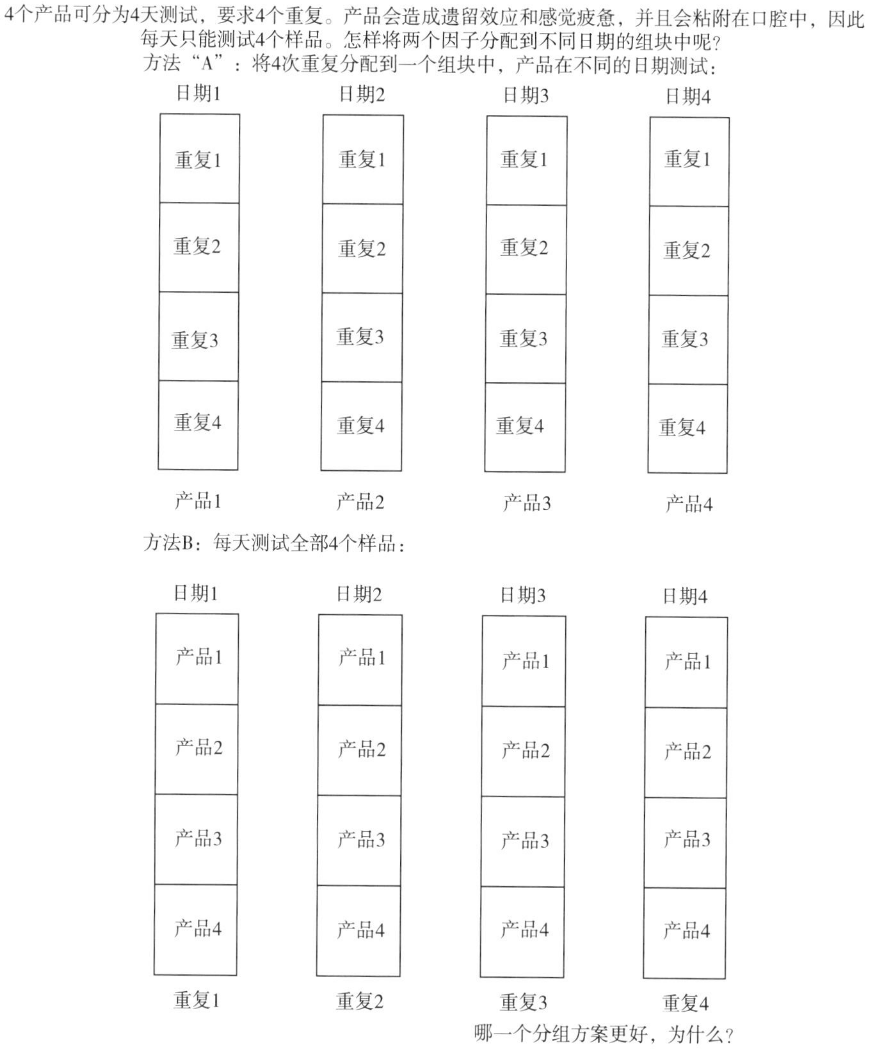

4个产品可分为4天测试，要求4个重复。产品会造成遗留效应和感觉疲惫，并且会粘附在口腔中，因此每天只能测试4个样品。怎样将两个因子分配到不同日期的组块中呢？

方法“A”：将4次重复分配到一个组块中，产品在不同的日期测试：

日期1	日期2	日期3	日期4
重复1	重复1	重复1	重复1
重复2	重复2	重复2	重复2
重复3	重复3	重复3	重复3
重复4	重复4	重复4	重复4
产品1	产品2	产品3	产品4

方法B：每天测试全部4个样品：

日期1	日期2	日期3	日期4
产品1	产品1	产品1	产品1
产品2	产品2	产品2	产品2
产品3	产品3	产品3	产品3
产品4	产品4	产品4	产品4
重复1	重复2	重复3	重复4

哪一个分组方案更好，为什么？

图C.5　加工涂抹干酪的分组块策略的假设例子

哪个设计看起来更好？我们所询问的感官专家中几乎一致的观点是，在把全部四种产品分配在同一单元中要比将重复样分配到同一单元更好。观察者在一个单元中将会比在一系列单元中得到更稳定的参比，这将提高产品比较的灵敏度。可能会有每天之间不受控制的因素偏差，这些因素可能会混淆不同日期的产品比较（条件的变化，产品老化期间的变化或小组成员本身的变化），并增加随机误差。在同一单元中存在四种产品，对比较有一定的直接性，没有任何记忆负担。在单元中标度使用产生偏差的可能性比隔天的检验要小得多。

为什么在一个块内分配产品并把平行样贯穿所有单元呢？简而言之，对产品进行比较往往是两者比较中最常用的，也是比较关键的方法。产品差异可能是研究中的关键问题。在实验模块是测试单元的感官研究中，将变量分配给模块的一般原则是：将最关心的变量分配到一个块中以使得所有该因素的水平可以一起评价。相反，如果可提供的产品数量有限制，则把次要的变量贯穿到各个块中。

C.6.3 裂分图或组间（嵌套）设计

让所有的小组成员或消费者评分所有产品并不总是可能的。一个常见的设计使用不同的人群来评价不同层次的变量。在某些情况下，我们还可能在提供相同水平的条件下，比较两个小组。例如，我们可能会在两个地点对一组产品进行评价，以了解专家组在两个制造工厂或 QC（质量控制）评价组小组与 R&D 小组之间意见是否达成一致。在这种情况下，因为所有的小组成员都看到所有的产品，所以会对一个变量（产品）重复测量。但是我们希望比较的组间变量。我们称之为“裂分图”设计，以保持 Stone 和 Sidel（1993）的命名法。它来源于农田试验，其中地块被分组以适应不同的处理。请记住，我们有一个组变量和一个重复的度量变量。在行为研究中，有时称为“受试者间”和“受试者内”影响。这些设计的例子可以在 Stone 和 Sidel（1993）和 Gacula（2009）等的文章中找到。

C.6.4 统计假设和重复测量方差分析

一些关于完全组块设计重复测量方差分析的警告为：完全组块设计的方差重复测量分析的模型比简单单向方差分析有更多的假设。这当中大多数要点是假定所有处理变量水平两两之间的协方差（或相关度）是相同的。不幸的是，这很少出现在对人类判断的观察情形中。

考虑以下实验：在感官评价员检查一批冰淇淋在连续几天热冲击试验下的保藏寿命。我们很幸运能够让所有评价小组评价每个实验部分，所以，我们可以使用完整组块或重复测量分析。但是，他们的参比样变化很小，所以，看上去有一种随时间影响数据的趋势。因此，他们接着几天的数据比检验第一天和最后一天的具有更高的相关性。这种随时间变化影响对“协方差同性”的假设构成损害。

但是，还没有完全失败。一些统计学家提出了一些解决方案，如果上述损害还不是太糟糕的话（Greenhouse 和 Geisser，1959；Huynh 和 Feldt，1976）。这两种技术都用一种保守的方式对自由度进行校正，以试图求出对这些假设的损害，并仍然防止避免犯糟糕的第Ⅰ类错误。校正是通过“epsilon”值来进行的，常常可以在方差分析手册中会看到的，调整的 p 值通常缩写为 G-G 或 H-F。另一个解决方案是使用方差的多重分析或多变量方差分析，该方法不使用于重复测量的协方差假定假设。由于现在大多数手册都有多变量方差分析统计数据，翻阅一下并无大碍，看看所得的显著性结论是否会有所不同。

C.6.5 其他技术

方差分析仍然为绝大多数的和多产品比较的感官实验保留了日常的统计技术。然而，它并非没有缺点。一个值得关注的观点就是，我们单独结束了对各标度的检查，即使在描述性分析时也包括许多标度（如风味、质地和外观）。此外，这些标度中的许多标度是相互关联的。他们可能提供了丰富的信息，或者可能由于相同的重要的潜在原因而被提出来。更全面的方法将包括多元技术，如主成分分析，以评价这些相关模式。方差分析也可以使用因子分数而不是原始数据进行主成分分析。这具有简化分析和报告结果的优点，尽管个体标度中细节的损失是不被希望得到的。有关多变量技术及其应用的描述详见第 18 章。

第二个观点是常被违反的方差分析的限制性假设。正态分布、相等方差以及重复测量的情况下、协方差的同一性并不总是人们做出判断的条件。所以，对假定的违反导致风险水平上的位置变化，风险可能如分析的统计概率一样被低估。因为我们的分析的统计概率是基于分布和假设，并不总是描述我们的实验数据。出于这样的原因，最近使用多变量方差分析变得流行起来。许多现有的统计分析软件包提供了这两种类型的分析，有些甚至自动或默认给他们。然后感官科学家可以比较两种分析的结果。如果他们一样，结论是直接的。如果它们不同，那么在得出关于统计显著性的结论时需要谨慎。

本附录中显示的分析比较简单。很明显，更复杂的实验设计可能会成为感官测试组的一种方式。特别是，在不完整的设计人们只评价一些常见的产品。产品开发人员往往在几个不同的层面上有许多变量。我们在这里强调了完整的模块设计，因为专家小组变动的高效和强大的划分，那是可能的。讨论不完整的设计可以在各种统计文本中找到。

我们认识到，在计算史上，很多感官专业人员或统计分析服务机构都不会花太多时间用手算做方差分析。如果实验设计比较复杂，或者收集了很多相关的措施，则可能会使用软件包。在这些情况下，程序的作者已经承担了计算和分配方差的重任。然而，感官科学家仍然可以在理论层面做出决定。例如，我们在上面的分析中包含了所有的交互影响的结论，但是如果有理论或实际中可以忽略这些交互项，方差分析所基于的线性模型就不需要包含这些项。许多现行的统计分析包允许线性模型的规范，为科学家提供可自由决定的建模能力。在某些情况下，可以汇总影响或者忽略来自模型的交互影响（如果它们的方差贡献很小），可能是有利的。这将增加剩余因素的自由度，并增加发现重大影响的机会。

参考文献

Gacula, M. C., Jr. and Singh, J. 1984. Statistical Methods in Food and Consumer Research. Academic, Orlando, FL.

Gacula, M., Singh, J., Bi, J. and Altan, S. 2009. Statistical Methods in Food and Consumer Research. Elsevier/Academic, Amsterdam.

Greenhouse, S. W. and Geisser, S. 1959. On methods in the analysis of profile data. Psychometrika, 24, 95-112.

Hays, W. L. 1973. Statistics for the Social Sciences, Second Edition. Holt, Rinehart and Winston, New York.

Huynh, H. and Feldt, L. S. 1976. Estimation of the Box correction for degrees of freedom in the randomized block and split plot designs. Journal of Educational Statistics, 1, 69-82.

Lawless, H. 1998. Commentary on random vs. fixed effects for panelists. Food Quality and Preference, 9, 163-164.

Lea, P., Naes, T. and Rodbotten, M. 1998. Analysis of Variance for Sensory Data. Wiley, Chichester, UK.

Lundahl, D. S. and McDaniel, M. R. 1988. The panelist effect— fixed or random? Journal of Sensory Studies.

3, 113-121.
O' Mahony, M. 1986. Sensory Evaluation of Food. Statistical Methods and Procedures. Marcel Dekker, New York.
Sokal, R. R. and Rohlf, F. J. 1981. Biometry, Second Edition. W. H. Freeman, New York.
Stone, H. and Sidel, J. L. 1993. Sensory Evaluation Practices, Second Edition. Academic, San Diego.
Winer, B. J. 1971. Statistical Principles in Experimental Design, Second Edition. McGraw-Hill, New York.

附录D　相关性，回归和相关度量

相关系数经常被滥用。首先，相关性往往被不恰当地解释为因果关系。第二，相关性通常被不恰当地用于替代一致性。

——Diamond（1989）

本附录简要介绍相关性和回归，首先讨论皮尔森（Pearson）相关系数和定距数据系数的计算，然后是关于线性回归的部分，并举例说明如何计算线性回归。关于多元线性回归的一个非常简短的讨论之后是关于其他相关方法的讨论。这些是衡量定序变量之间的斯皮曼（Spearman）相关系数和衡量定类数据的卡氏（Cramér）相关系数。

D.1　介绍

感官科学家经常面临一种情况，他们想知道两组数据之间是否存在显著的联系。例如，感官专家可能想要知道一系列可可粉-糖粉混合物的棕色强度（因变量）是否随着混合物中可可（自变量）的量增加而增加。另一个例子是，感官科学家可能想要知道，通过高压液相色谱的测定，葡萄汁的甜度（因变量）是否与果汁中果糖和葡萄糖的总浓度（自变量）有关。

在这些例子中，我们需要确定是否有证据表明自变量和因变量之间存在关联。在其他某些情况下，我们也可能能够推断变量和因变量之间的因果关系。两组数据之间的相关程度被称为相关系数，如果计算的相关系数的大小导致我们拒绝无关联的原假设，那么我们知道自变量的变化（我们的处理、成分或过程）与因变量（我们测量的变量）的变化有关，如基于感觉的反应或消费者的接受度。但是，从一个角度来看，这种假设检验方法在科学上无法得到充分证明。这不是一个非常有价值的科学研究方法，因为统计假设是一个二元或是/否的关系。我们得出这样的结论：要么有证据表明我们的处理与我们的观察之间存在关联，要么没有。拒绝原假设后，我们仍然不知道我们的变量之间的关联程度或关联紧密程度。更糟糕的是，我们还没有指定任何类型的数学模型或方程来描述相关性。

相关度量也被称为相关系数，可以解决这两个问题中的第一个问题。换句话说，相关系数将使我们能够决定两个数据系列之间是否存在关联。我们试图拟合一个数学函数来描述这种关联，建模解决第二个问题。关联度最普遍的衡量标准是简单相关系数［斯皮曼（Spearman）相关系数]。模拟拟合最常见的方法是简单的线性回归。这两种方法具有相似的基础计算并相互关联。本章的第一部分将描述如何计算相关性和回归，并给出一些简单的例子。后面的章节将涉及相关的话题：如何在多个变量之间建立一些更复杂的模型，对于来源于其他的统计方法如何建立联系度量，如方差分析，最后当变量不是定距变量时如何计算关联系数（Spearman 相关系数和 Cramér 相关系数）。

相关性在感官科学中是非常重要的，因为它是其他统计方法的基石。因此，像主成分分析这样的方法在变量之间的相关性度量中发挥一定作用。在探究数据集之间的建模关系时，回归和多元回归是标准工具。一个常见的应用是基于其他变量的消费者对产品可接受性的预测性模型。这些变量可能是由受过训练的（非消费者）小组所表征的描述性属性，或者它们可能是成分或处理变量，甚至是仪器测定方法。多重回归的程序允许人们基于许多这样的其他变量来建立消费者喜爱度的预测模型。回归和相关性的一个常见应用是感官-测定数据关系。最后，相关性是衡量我们测量结果的可靠性的重要工具——通过比较专家多次观察的评分并评价专家小组成员和评价组之间数据的一致性。

当感官科学家在探究数据序列之间的可能关系时，第一步是将数据绘制在散点图中，横轴上为 X 系列和纵轴上为 Y 系列。相关性和回归分析的盲目应用可能获得关于两个变量之间关系的错误结论，因为我们将会看到最常见的相关性和回归方法通过数据（回归线）和点与线的接近度（简单相关系数）来估计“最佳”直线的参数。但是，这种关系不一定要用直线来描述，换句话说就是关系可能不一定是线性的。散点图中的数据向专家提出了将线性模型拟合到非线性相关数据中的问题（Anscombe，1973）。例如，如表 D. 1 中列出的四个数据集和绘制的图 D. 1 所示，并不是所有的数据通过线性模型都能准确描述。在所有的四种情况下，11 个对偶变量的 x 平均值等于 9. 0，y 平均值等于 7. 5，相关系数等于 0. 82，以及回归线方程 $y = 3+0.5x$。

表 D. 1　　Anscombe 四方数据集与线性相关的描述性原则

a		b		c		d	
x	y	x	y	x	y	x	y
4	4. 26	4	3. 10	4	5. 39	8	6. 58
5	5. 68	5	4. 74	5	5. 73	8	5. 76
6	7. 24	6	6. 13	6	6. 08	8	7. 71
7	4. 82	7	7. 26	7	6. 42	8	8. 84
8	6. 95	8	8. 14	8	6. 77	8	8. 47
9	8. 81	9	8. 77	9	7. 11	8	7. 04
10	8. 04	10	9. 14	10	7. 46	8	5. 25
11	8. 33	11	9. 26	11	7. 81	8	5. 56
12	10. 84	12	9. 13	12	8. 15	8	7. 91
13	7. 58	13	8. 74	13	12. 74	8	6. 89
14	9. 96	14	8. 10	14	8. 84	19	12. 50

注：Anscombe（1973）。

然而，如图 D.1 清楚地表明数据集非常不同。这些数据集被称为 Anscombe quartet，提出者是为了强调盲目计算线性回归模型和 Pearson 相关系数，而不通过散点图首先确定是否简单的线性模型，这样的做法是很冒险的（Anscombe，1973）。

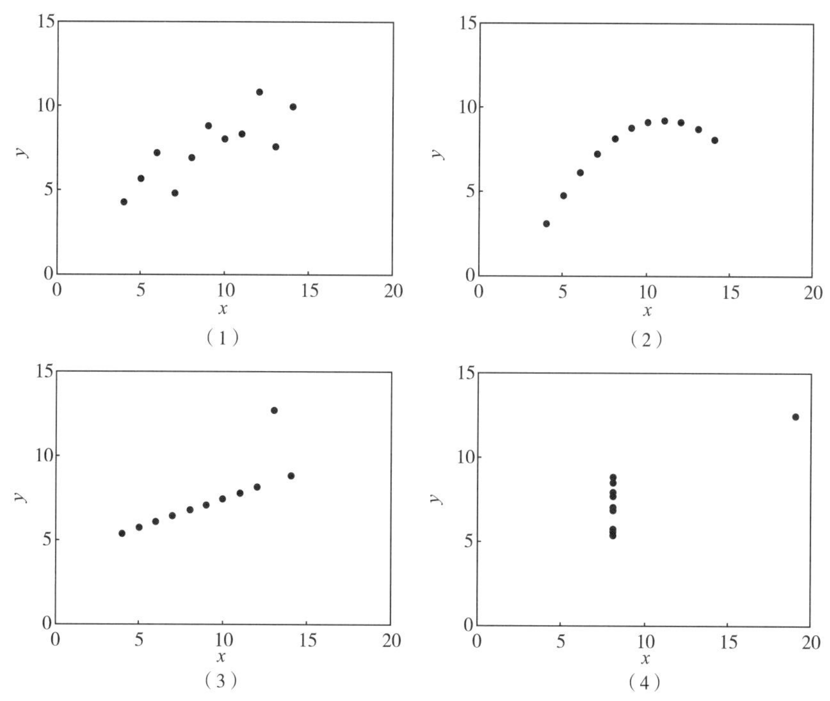

图 D.1　Anscombe 四方数据的散点图（从 Anscombe 数据重新绘制）

D.2　相关性

当两个变量相关时，一个变量的变化通常伴随另一个变量的变化，但第二个变量的变化与第一个变量变化间的关系可能不是线性的。在这些情况下，相关系数并不是一个很好的衡量变量之间的关联的方法（图 D.2）。

变量之间的伴随变化可能发生，因为这两个变量存在因果联系。换句话说，一个变量的变化引起了其他变量的变化。在可可-糖粉例子中，混合物中可可粉浓度的增加导致感觉到的棕色增强。然而，这两个变量可能不一定是因果关系，因为第三个因素可能会推动这两个变量的变化，或者在两个变量因果链上可能有几个中间变量（Freund 和 Simon，1992）。统计学课本中经常使用的一个轶事例子如下：第二次世界大战后的几年，统计学家发现鹳的数量和英国出生的婴儿数量之间存在相关性。这并不意味着鹳“造成”婴儿。这两个变量都与战后重建英国（增加家庭成员和增加鹳作为筑巢地点的屋顶）有关。关联统计中一个直接的警示是，因果推断不是很清楚。对做统计的学生通常的警告是“相关并不意味着因果关系”。

一个变量随另一个变量上的变化率或依赖度可以通过这两个变量的相关线性的斜率

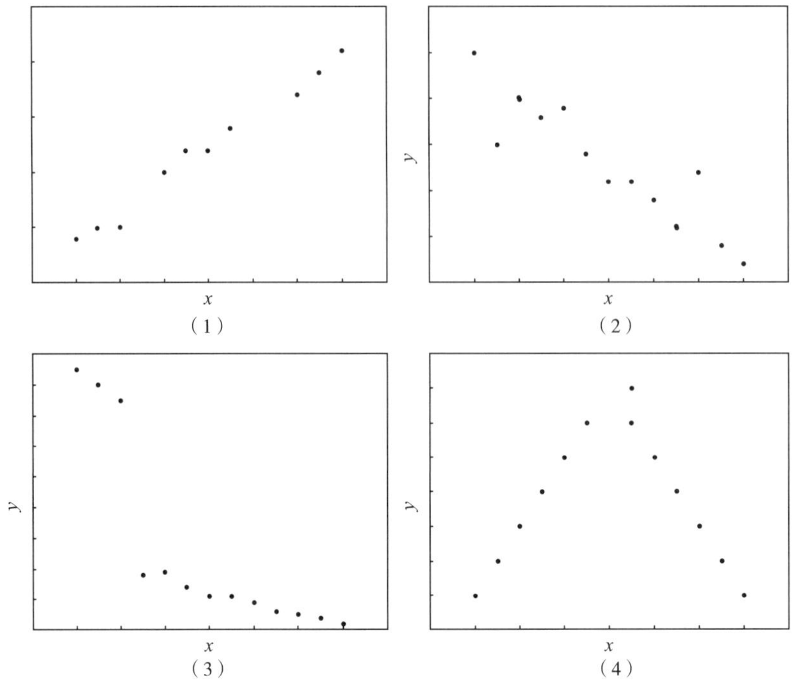

图 D.2　相关系数可以用作图（1）和图（2）的综合测量，但不适用图（3）和图（4）（类似于 Meilgaard 等，1991）

来测量。但是，这个斜率数值上取决于测量单位。例如，如果以重量百分比表示浓度，或者如果单位改变为毫摩尔而不是摩尔浓度，则感知的甜味与糖的摩尔浓度之间的关系将具有不同的斜率。为了有一个与所选特定单位无关的关联度量，我们必须对两个变量进行标准化，使它们具有一个共同的度量体系。对这个问题解决的统计方法是用标准分数或标准差单位的平均值来代替每个分数。一旦完成，我们可以通过称为 Pearson 相关系数的测量来衡量相关性（Blalock，1979）。当我们没有标准化变量时，我们仍然可以测量这个关联，但是现在它被简单地称为协方差而不是相关性（这两个测量一致变化）。相关性的测量在其应用中非常有用且非常普遍。

简单相关系数或 Pearson 相关系数用下面的计算公式计算（Snedecor 和 Cochran，1980）：其中 x 系列数据点=自变量，y 系列数据点=因变量

$$r = \frac{\sum xy - \frac{\sum x \sum y}{n}}{\sqrt{\left[\sum x^2 - \frac{\left(\sum x\right)^2}{n}\right]\left[\sum y^2 - \frac{\left(\sum y\right)^2}{n}\right]}} \tag{D.1}$$

每个数据集有 n 个数据点，与简单相关系数相关的自由度为 $n-2$。如果计算出的 r 值大于相关表（附录 F 表 F2）中列出的近似的 α 值的 r 值，那么这些变量之间的相关性是显著的。

Pearson 相关系数的值总是在-1 和+1 之间。r 越接近于绝对值 1，则表示两个变量之

间的线性相关的程度越高。当 r 等于零时，则这两个变量不存在线性关系。$r>0$，两变量之间为正相关（一个变量增加，另一个变量也表现为增加的趋势），$r<0$ 两变量之间为负相关（一个变量增加，另一个变量表现为减少的趋势）。

D. 2. 1 Pearson 相关系数示例

在这项研究中，基于九点分类标度，一组 14 个可可-糖粉混合物的褐色强度由 20 名小组成员进行评价。添加到糖粉混合物中的可可粉的百分比与感知到的棕色强度之间是否存在显著相关性？

在 5%的 α 水平上，自由度为 12 时的相关系数的值为 0. 4575（附录 F 表 F2）。计算值= 0. 9806 超过表值，我们可以得出如下结论，可可-糖粉混合物的感知棕色强度与加入到混合物中的可可粉百分比之间存在显著相关性。这是由于混合物中的仅有的成分变化量是棕色，我们也可以得出结论：可可粉的增加导致感知到的褐色的增强。

添加的可可粉%	平均棕色强度	X^2	Y^2	XY
30	1. 73	900	2. 98①	51. 82
35	2. 09	1225	4. 37	73. 18
40	3. 18	1600	10. 12	127. 27
45	3. 23	2025	10. 42	145. 23
50	4. 36	2500	19. 04	218. 18
55	4. 09	3025	16. 74	225. 00
60	4. 68	3600	21. 92	280. 91
65	5. 77	4225	33. 32	375. 23
70	6. 91	4900	47. 74	483. 64
75	6. 73	5625	45. 26	504. 54
80	7. 05	6400	49. 64	563. 64
85	7. 77	7225	60. 42	660. 68
90	7. 18	8100	51. 58	646. 36
95	8. 54	9025	73. 02	811. 82
$\sum X = 875$	$\sum Y = 73.32$	$\sum X^2 = 60375$	$\sum Y^2 = 446.56$	$\sum XY = 5167.50^a$

①在计算平方和数据结果后，计算值被舍入到 2 位小数。

$$r = \frac{5167.50 - \dfrac{875 \times 72.32}{14}}{\sqrt{\left[60.375 - \dfrac{(875)^2}{14}\right]\left[446.56 - \dfrac{(73.32)^2}{14}\right]}} = 0.9806$$

D.2.2 决定系数

决定系数是 Pearson 相关系数（r^2）的平方，数据集 Y 的方差的估计比例可以归因于其与 X 的线性相关性，而 $1-r^2$（非确定系数）是不受 X 影响的 Y 的方差的比例（Freund 和 Simon，1992）。决定系数的范围可以在 0 和 1 之间，并且 r^2 值越接近 1，直线拟合越好。

D.3 线性回归

回归是拟合函数（通常是线性函数）的通用术语，用来描述变量之间的关系。有多种方法可用于拟合数据，有些基于数学方法，还有一些基于迭代或逐步试验来最小化一些残余误差或拟合度不佳的测量。在所有这些方法中，都必须对模型或等式对数据的拟合程度进行一些测量。最小二乘准则是拟合线性关系的最常用量度（Snedecor 和 Cochran，1980，Afifi 和 Clark，1984）。在这种方法中，最佳拟合直线是通过最小化每个 y 方向线的数据的平方偏差来找到（图 D.3）。

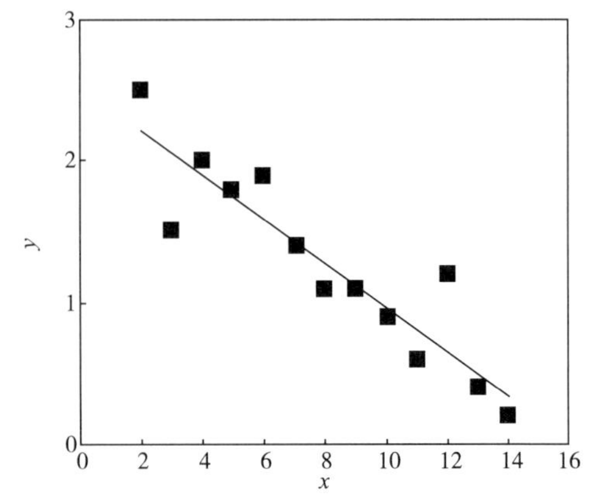

图 D.3 最小二乘回归线

最小二乘平方准则是最小化每个点的平方残差。箭头表示样本点的残差。虚线表示平均值 X 和 Y 值。线的方程是 $Y=bx+a$。

简单的线性回归方程是

$$y = a + bx \tag{D.2}$$

其中 a 是估计的截距值；b 估计的斜率值

估计最小二乘回归使用以下等式计算：

$$b = \frac{\sum xy - \frac{(\sum x)(\sum y)}{n}}{\sum x^2 - \frac{(\sum x)^2}{n}} \tag{D.3}$$

$$a = \sum y/n - b = \sum x/n \tag{D.4}$$

用不同的方式评价方程的拟合度是可能的，常用的方法是测定决定系数和方差分析（Piggott，1986）。

D.3.1 方差分析

在线性回归中，可以将总变量划分为由回归分析解释的变量和残余变量或无法解释的变量（Neter 和 Wasserman，1974）。F 检验是通过回归均方与残余变量均方的比例来计算的，其自由度为 1 和（$n-2$）。它检验拟合回归线是否具有非零斜率。用于计算平方总和与回归相关的平方总和的公式如下：

$$SS_{总} = \sum (Y_i - \bar{Y})^2 \tag{D.5}$$

$$SS_{回归} = \sum (\hat{Y} - \bar{Y})^2 \tag{D.6}$$

$$SS_{残余} = \sum (Y_i - \hat{Y})^2 = SS_{总} - SS_{回归} \tag{D.7}$$

其中 Y_i 是特定观测值，$\bar{Y}$ 是所有观测值的均值，$\hat{Y}$ 是特定观测值的预测值。

D. 3. 2　线性回归的方差分析

变量来源	自由度	平方和	均方和	F 值
回归	1	$SS_{回归}$	$SS_{回归}/1$	$MS_{回归}/MS_{残余}$
残差	$n-2$	$SS_{残余}$	$SS_{残余}/(n-2)$	
总和	$n-1$	$SS_{总}$		

D. 3. 3　回归线的预测

可以计算拟合回归线斜率的置信区间（Neter 和 Wasserman，1974）。这些置信区间位于回归线两侧的平滑曲线（双曲线的分支）上（图 D. 4）。

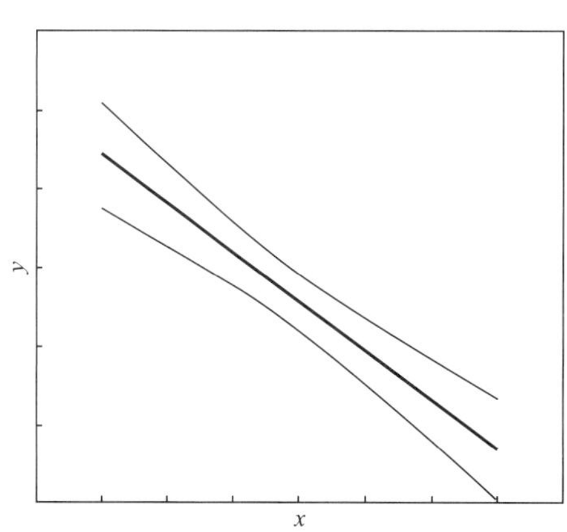

图 D. 4　回归线的置信区域是线性回归线两侧的两条曲线

这些曲线在 X 和 Y 的平均值处最接近回归线。

置信区间在 X 系列的平均值处最小，并且随着远离 X 系列的平均值，置信区间逐渐变大。所有使用回归线的预测值都应该落在用于计算拟合回归线的范围内。这个范围之外不应有任何预测值。计算置信区间的公式如下：

$$\hat{Y}_0 \pm t\left\{1 + \frac{1}{n} + \frac{(x_0 - \bar{x})^2}{\sum (x_i - \bar{x})^2}\right\}^{\frac{1}{2}} S \tag{D.8}$$

其中 x_0 是估计的点；x_i 是测量点；$\bar{x}$ 是 x 系列的平均值；n 是观察次数；S 是回归的残余变量均方（见下文）。t 值由自由度（$n-1$）决定，因为这是一个 $\alpha/2$ 级的双边检验（Rawlings 等，1998）。

D. 3. 4　线性回归示例

我们将回到 Pearson 相关系数部分为例的可可粉-糖粉混合物的例子。使用上面给出的方程式对数据进行线性回归线拟合：

$$b = \frac{5167.50 - \frac{875 \times 72.32}{14}}{60375 - \frac{(875)^2}{14}} = 0.102857$$

$$a = 5.237 - (0.102857)(62.5) = -1.19156$$

拟合的线性回归方程为 $y = 0.1028X - 1.1916$，自由度为 12 时的决定系数为 0.9616。但是，我们应该将这个方程舍入到 $y = 0.10X - 1.19$，我们的确定性水平不能达到小数点后四位。

D.4 多重线性回归

多重线性回归（MLR）是计算与因变量（单个 Y）最大相关的自变量（多于一个 X）的线性组合。通过最小化残差的平方和，以最小二乘法的方式进行回归（Afifi 和 Clark，1984；Stevens，1986）。必须通过将方程应用于来源于相同群体的独立样本来对回归方程进行交互验证-如果预测力急剧下降，那么方程式只有有限的效用。一般来说，每个自变量需要大约 15 个测试（或观测值）才有交互验证成功的希望，尽管一些科学家在只有五倍于自变量的观测值时也会做多元线性回归。当自变量是相互关联或多重共线性的时候，它为 MLR 的应用潜力造成了真正的麻烦。多重共线性限制了多重相关系数（R）可能的幅度，并且由于高相关性使得独立变量的影响被混淆，使得确定给定自变量在回归方程中的重要性变得困难。而且，当变量是多重共线性的时候，考虑到每个变量所占 Y 的变化量，自变量进入回归方程的顺序有所不同。只有在完全不相关的独立变量下，顺序才不起作用。如第十八章主成分分析所述，主成分分析（PCA）创建正交（不相关）主成分（PCs）。当以高度多重共线性数据（如在感官描述性数据中经常发现的）开始时，使用这些新变量做 MLR 为可行。在主成分上做 MLR 的最大问题是解释最终的结果可能非常困难。可以使用任何信誉度高的统计分析软件包（Piggott，1986）进行多元线性回归分析。

D.5 其他相关性测量

D.5.1 Spearman 等级相关

当数据不是来源于一个定距变量而是来源于一个定序变量时，简单的相关系数是不合适的。然而，Spearman 秩相关系数却是合适的，Spearman 秩相关系数是衡量自变量秩和因变量秩之间关系的一个指标。这个方法也适用于不是正态分布的数据（Blalock，1979）。

Spearman 相关系数通常由符号 ρ 表示；但是，有时 r_s 也被使用。与简单相关系数相似，Spearman 相关系数介于-1 和 1 之间。接近于绝对值 1 的 r_s 值表明两个变量之间存在强关联。当 ρ 等于零时，这两个变量秩之间无关联关系。ρ 为正值表示变量秩一起增加的趋势。ρ 为负值表示一个大变量秩与其他小的变量秩变化趋势相关。数据之间缺少联系的

Spearman 相关系数用式（D.9）计算；用于关系紧密的数据的等式见附录 B：

$$\rho = 1 - \frac{6\sum d^2}{n(n^2 - 1)} \tag{D.9}$$

其中 n 是对子数，d 是每对变量值的秩之差。

ρ 的临界值可以在 Spearman 秩关联表中找到（表 F1）。当 n 的值大于 60 时，可以使用 Pearson 表格值来确定 Spearman 相关系数的表格值。

D.5.2　Spearman 相关系数示例

我们回到用于 Pearson 相关系数的可可粉的例子。在这种情况下，两名小组成员被要求对 14 种可可粉-糖粉混合物的棕色强度进行排序。两位小组成员对可可混合物的等级评价是否有显著的相关性？

$$r_S = 1 - \frac{6 \times 42}{14(156 - 1)} = 0.8839$$

Spearman 相关系数在等级 14 时，α 值为 5%时的表格值等于 0.464（表 F1）。我们可以得出这样的结论：两个小组成员对可可粉-糖粉混合物的棕色强度的排列顺序是非常相似的。然而，小组成员 A 和小组成员 B 的排序之间没有直接的因果关系。

混合物中的可可粉含量/%	专门小组成员 A（X）	专门小组成员 B（Y）	d	d^2
30	1	1	0	0
35	2	2	0	0
40	4	3	1	1
45	6	4	2	4
50	7	7	0	0
55	5	8	−3	9
60	9	6	3	9
65	3	5	−2	4
70	10	9	1	1
75	8	10	−2	4
80	11	12	1	1
85	14	13	1	1
90	13	11	2	4
95	12	14	−2	4
				$\sum d^2 = 42$

D. 5. 3 Cramér’s V 度量

当数据不是来源于定距标度或定序标度，而是从一个定类标度得出的时候，那么恰当的关联衡量就是 Cramér 测量，即 $\hat{\phi}'^2$（Herzberg，1989）。这个关联系数是一个平方的度量，范围是从 0 ~ 1。Cramer’s V 的值越接近 1，两个类别变量之间的关联就越大，Cramer’s V 的值越接近 0，两个类别变量之间的关联就越小。在实践中，你可能会发现提示两个变量之间存在实质关系的最小阈值为 0. 10 的 Cramer’s V 值。Cramér 关联系数使用以下公式计算：

$$V = \sqrt{\frac{x^2}{n(q-1)}} \quad (D.10)$$

其中 n 等于样本大小；q 是由行（r）和列（c）表示的类别变量中较小的一个；χ^2 是数据的卡方检验值（表 C）。

D. 5. 4 Cramér 系数示例

以下数据集是假设的。一百九十名口香糖消费者指出他们通常使用哪种口味的口香糖。感官科学家来确定性别和口香糖口味之间是否有关联。

观察值

	水果口味口香糖	薄荷口味口香糖	泡泡糖	
男性	35	15	50	100
女性	12	60	18	90
	47	75	68	190

使用水果口味口香糖的女性的预期值是 47×（90/190） = 22. 263，使用泡泡糖的男性的预期值是 68×（100/190） = 35. 789

预期值

	水果口味口香糖	薄荷口味口香糖	泡泡糖	
男性	24. 737	39. 474	35. 789	100. 000
女性	22. 263	35. 526	32. 210	89. 999
	47. 000	75. 000	67. 999	189. 998

$$\chi^2 = \sum \frac{(O_{ij} - E_{ij})^2}{E_{ij}}$$

$$\chi^2 = \frac{(35-24.737)^2}{24.737} + \frac{(15-39.474)^2}{39.474} + \frac{(50-35.789)^2}{35.789} + \frac{(12-22.263)^2}{22.263} + \frac{(60-35.526)}{35.526} + \frac{(18-32.210)^2}{32.210} = 52.935$$

因此计算的χ^2= 52.935 和自由度等于（r−1）×（c−1）。

对于这种两行三列情况，df =（2−1）×（3−1）= 2。$\chi^2_{0.05}$，df = 2 的表格值为 5.991（表 C）。χ^2值是显著的。然而，要确定性别与口香糖口味之间是否有联系，我们使用以下公式：

$$V = \sqrt{\frac{\chi^2}{n(q-1)}} = \sqrt{\frac{52.935}{190(2-1)}} = 0.572830714$$

Cramér 值是 0.5278。性别和使用口香糖口味之间有一定的关联。

参考文献

Afifi, A. A. and Clark, V. 1984. Computer-aided multivariate analysis. Lifetime Learning, Belmont, CA, pp. 80-119.

Anscombe, F. J. 1973. Graphs in statistical analysis. American Statistician, 27, 17-21.

Blalock, H. M. 1979. Social Statistics, Second Edition. McGraw-Hill Book, New York.

Diamond, G. A. 1989. Correlation, causation and agreement. The American Journal of Cardiology, 63, 392.

Freund, J. E. and Simon, G. A. 1992. Modern Elementary Statistics, Eighth Edition. Prentice Hall, Englewood Cliffs, NJ, p. 474.

Herzberg, P. A. 1989. Principles of Statistics. Robert E. Krieger, Malabar, FL, pp. 378-380.

Neter, J. and Wasserman, W. 1974. Applied Linear Models. Richard D. Irwin, Homewood, IL, pp. 53-96.

Piggott, J. R. 1986. Statistical Procedures in Food Research. Elsevier Applied Science, New York, NY, pp. 61-100.

Rawlings, J. O., Pantula, S. G. and Dickey, D. A. 1998. Applied Regression Analysis: A Research Tool. Springer, New York.

Snedecor, G. W. and Cochran, W. G. 1980. Statistical Methods, Seventh Edition. Iowa State University, Ames, IA, pp. 175-193.

Stevens, J. 1986. Applied Multivariate Statistics for the Social Sciences. Lawrence Erlbaum Associates, Hillsdale, NJ.

附录E　统计的检验力和检验的敏感性

文献中的研究报告常常由于在结论声称或暗示原假设成立而有所欠缺。例如，发现两个样本平均值间的差异不具备统计显著性，不是拒绝零假设（其数据不能为群体样本平均值有差别提供证据）得出结论，而是以最不含蓄的方式得出结论，认为不存在差别。后一个结论严格地说通常是无效的，而且除非检验力很高，否则从函数意义上讲也是无效的。

——J. Cohen（1988）

关于统计检验力的概率是指如果存在真正的差异或效应，那么这些差异或效应就能被检测到。检验力在感官评价中特别重要，如在两种配方或产品的感官等价性方面其无差别的结果有重要的影响。由此可以推断，除非检验力足够，则两个产品感觉相似或相同，否则表明这个结果没有意义。影响检验效力的因素包括样本大小，α 水平，变量大小和选择的必须检测到的差异的大小。文章对这些因素进行了讨论和并给出了工作实例。

E.1　前言

感官评价要求实验设计与数据统计分析要有足够灵敏性以发现样本差异，首先是需要知道所关注的处理方法何时产生影响。在食品开发中，这些处理方法通常包括改变食品的配料、工艺方法或包装类型。采购部门可能更换一个配料的供应商，质量控制部门可能检验产品在保质期内的稳定性。在这些情况下，目的就是知道产品何时在感官上变得与一些参比样或对照处理方法有所不同，并因而实施感官评价。

多数感官评价实施目的是为保证真实的无差异假设不被无缘无故地否定，我们中多数人首先学会的统计方法是有关否定配料、工艺或包装变化没有影响的假设检验。当搜集到足够的证据表明在该假设下数据出现概率很小时，可以否定该假设并下结论认为确实有差别存在。这一方法可以防止出现附录Ⅰ中讨论的Ⅰ类型误差，实际上，它一直是注重实际影响的研究方法，而且确保有关变动的商业决策具有一定的可信度。

然而，在统计判断中另一类错误也很重要，这是与确实存在差别时接受无差异假设有关的错误。漏掉一个实际存在的差别与发现一个假的差别一样危险，特别是在产品研究中。为了给予检验良好的敏感性，感官评价专家要利用完备的设计原则与充分的评价者和重复样本来进行检验。有利于实践应用的原则在第三章有所讨论，这些实践大多是为了减少不必要的误差。感官评价小组的筛选、评价指南和训练是可以使不必要的差异波动最小化的工具。另一个例子是使用参比标准，对描述判断的感官术语和强度水平都适用。

结合 t 检验的整体通式，可发现统计公式中 3 个变量中的 2 个在一定程度上处于感官科学家的控制之下，t 检验采用以下形式：

$$t = \text{平均值间差值/标准差}$$

标准差为样本标准偏差除以样本量（N）的平方根。分母可以由感官科学家控制或调整，当然，确切的数学计算取决于 3 种 t 检验中实施哪一个，但它们都采用该方式。标准差或方差可通过良好实验设计、评价小组培训等方法使其最小化。减小误差的另一工具是分组块，例如在去除评价员影响、在完全组块方差分析设计中或在成对 t 检验中采用。一个更直接的产品差别检验可能不包括误差项中的系统判断偏差或统计公式的分母，当检验统计（如 F 比值或 t 值）的分母变得越小，检验统计的值就变得越大，而且更易于否定无差异假设，则得到结果（在无差异假设真实的假定条件下）的可能性变小。感官专业人员控制的第二个因素是样本大小，通常指作出判断或观察的评价员数目，在一些方差分析模型中，重复测定也能获得额外的自由度。

在实际应用中，还需要将一些商业决策也作为接受无差异假设的基础，有时常常得出结论认为两个产品感官上相似，或它们符合的足够好以至于产品的规范使用者很难得出一致的有差别的结论。在这种情况下，一个灵敏有效的检验实施对不漏失真实差别具有极其重要的作用，否则“没有差别”的结论可能是错误的，这样的判断通常出现在统计学质量控制、成分配方、供应商变化、保质期及包装研究以及其他一些相关研究中。该检验的目的在于找出一个与现有产品的匹配者，或为不改变或损害产品感官质量提供新工艺及较低的成本，在某些场合，该目标与竞争对手的成功产品是一致的。正如在第五章讨论的一样，在广告声明中，对等结论也可能很重要。

在这些实施过程中，对检验力的估计是必要的。检验力就是指真实差别被检出的可能性。在统计术语中，描述恰好相反，首先确定 β，把它作为犯Ⅱ类型错误的可能性和忽略真实差别的长期可能行，然后将 $1-\beta$ 定义为检验力。检验力取决于几个交互影响的因素，即误差变动的量、样本数和检验中需要确保检出的差值大小，其中最后一项必须由感官专家或管理人员的专业判断来确定和设置，在现有食品的许多应用研究中，有一个知识库可以辅助决定一个变化的重要性及意义。

本章将讨论影响检验力的因素，并结合感官评价中起重要作用的检验力的实例加以说明。统计检验力与实例的讨论也可参见 Amerine（1965）、Gacula 和 Sigh（1984）、Gacula（1991，1993）等的文献。Gacula 的著作包括对产品感官等价的实质说明中的检验力的观点，具体差别检验的例子可见 Schlich（1993）与 Ennis（1993）的文献，统计检验力的一般参考书有 Cohen 的经典书籍（1988）、针对行为科学家撰写的综述文章（Cohen，1992），以及 Welkowitz 等的统计学导论（1982）。Wellek（2003），Bi（2006）和 ASTM（2008）也详细讨论了等效性检验。值得注意的是许多研究机构已经拒绝了使用检验力作为可接受或者无差别的判断标准，并且认同判断方法是任何差异在指定的或可接受的区间内。该想法最适用于证明测量变量的等价性（如药物输送到血流中的生物等效性）。然而，这种等效区间方法也被用于简单的传染性鉴别检测（Ennis，2008；Ennis 和 Ennis，2009）。

E. 2　影响统计检验力的因素

E. 2. 1　Y 样品数和 α 水平

数学上，统计检验力由 3 个交互影响的变量决定，它们各自需要选择部分实验来完成。它们看上去是任意的，但 Cohen 认为："所有转化都是任意的，人们只能要求他们不是不合理的"（1988）。在实验设计的常规方法中有两种选择，即样本数和 α 水平，样本数通常指的是感官评价中评价员的数目，一般在统计方程中由字母 N 表示，在如方差分析的更复杂的设计中，N 可以反映评价员与重复样两个数量，或对所比较处理方法误差项有影响的总自由度数，该数值受公司制度或有关评价小组的实验室"习俗"影响很大，它还可能受成本、补充、筛选或培训、检验大量参加者所需时间的影响。但是，该变量是检验力确定中最常用的一个，因为它在实验设计阶段修改较容易。

许多实验者在用到所需检验力的观点时，会选择评价小组成员数，Gacula（1993）举例中，对 1 个中等偏大的消费者检验，我们可能想知道产品是否在 9 点标度上其均值有 1/2 点的差别，假定我们对该产品有先期了解，标准偏差约为 1 个标度点（$\sigma = 1$），便可以找到所要求的对 5%α 和 10%β（或 90%检验力）的实验人数。这由下列关系给出：

$$N = \frac{(Z_\alpha + Z_\beta)^2\sigma^2}{(M_1 - M_2)^2} = \frac{(1.96 + 1.645)^2 \times 1^2}{0.5^2} = 52 \qquad (E.1)$$

式中　$M_1 - M_2$——必须保证检验到的最小差别；

　　Z_α 和 Z_β——与所要求的 Ⅰ 型误差和 Ⅱ 型误差限度有关的 Z。

即在得到非显著性结果时，为了确保平均值中 1/2 点的差别在 90%检验力中能够被检出，需要 52 名观察者。需注意对于任何小数 N，必须把它集合起来加到下一个评价者数据中。

影响检验力的第二个变量是 α 水平，或否定真实无差异假设的可能性上限的选择（犯 Ⅰ 型错误）。换言之，它是实验中 Ⅰ 类型误差的上限，通常设定该值在传统的 0.05 水平，但对该数值 α 而言并无一成不变的规则，在研究检验或工业实践的许多领域，对 Ⅱ 型误差（忽略真实差别）重点关注，即报告统计显著性的 α 水平夸大到 0.10 甚至更高。该策略直观地显示了 α 水平大小与检验力之间存在直接联系，或换句话说，在 α 风险与 β 风险之间存在反比关系。当我们考虑接受无差异假设的过程和把该判断作为得出产品间无差别结论的基础时，这种直观现象会被加强，考虑下述结果：当允许 α 增大到 0.10 或 0.20（甚至更大）时，但仍然不能得到统计检验的显著性 p 值。当得到假设差别夸大的高风险，但否定无差异假设的能力却得到了加强。如果仍然不能否定无差异假设，甚至在这种低要求水平下，则产品间可能不存在真实差别。这就说明一个好的实验、良好实验室条件和充足的样本数等，即符合合理方法的所有常规观点。α 和 β 间的反比关系将以下面的简单例子加以说明。

由于检验力随着 α 的增加而上升，因此一些研究者会试图提出增加 α 作为防止Ⅱ误差的一般方法。然而，这就存在着具有发现误判或伪随机差异的可能风险。在任何重复测试的程序中，都不应该只以增加 α 作为简易方法来提高检验力。食品配料供应商被要求调查其原料提交质量控制失败的原因是客户公司在宽泛的 α 水平进行了差别检验，这导致许可接受的批次被拒收。

E. 2. 2 效应大小

确定检验力的第三个因素是否定备择假设检验的效应大小，这通常对科学家造成研究困难，这些科学家不知道他们在设定检验中已经做了两个重要的判断——样本数和 α 水平。然而，对于大多数人来说，第三个决定对多数人似乎更加具有主观性，可以认为这是空白对照产品的平均值和测试产品的平均值在另一个假设下的距离，并以标准差单位表示。例如，假定对照产品在某个标度上的平均值为6.0，且样本标准偏差为2.0标度单位，则能够检验比较产品的值是否<4.0或>8.0，或在双边检验中平均值两侧1个标准偏差单位。简言之，就是在实验中想确保检出的差别的大小。

如果处理的均值是两个标准偏差，多数科学家会称其为相对强的影响，一个好的实验在统计检验实施后不会被错过的。如果平均值相距一个标准偏差，这是许多实验中普遍存在的效应大小。如果平均值相距小于半个标准偏差，则可能有较小的效应，但仍然可能有重要的商业意义。许多学者总结了行为研究中看到的效应大小，并以实验过程中所看到的现象为基础，对小、中等、大的效应提出了参考意见（Cohen，1988；Welkowitz等，1982）。

存在几个问题，首先，这种对效应大小的观点看上去比较武断，而且实验者在判断时没有任何知识帮助，感官专业人员也可能不知道消费者对特定数据可能产生的差别效应有多大，通过设定一个传统的 α 水平与得出两个感官相同产品的平均值无显著性差别的结论，这就“让统计作出判断”十分容易。如上所述，其逻辑性与实验检验很差。有经验的感官科学家在此可能有一定优势，因为他们积累的额外知识使他们作出判断时可降低一些武断的成分，他们可能知道，在一个时间阶段的检验基础上，什么样的效应大小会产生实际影响。经过训练的评价小组参加检验时，他们可能具备了有关什么样的差别大小对消费者有影响的知识。经训练的评价小组的标准偏差在标度范围的10%左右（Lawless，1988），大约在9点喜好标度的1点左右或15点标度的1/2点左右，该值对感官难度较大的属性（如芳香或气味强度）略高，对感官“较易”的属性（如视觉或一些质地属性）略低。而消费者则有在标度区间的25%范围内变动的强度属性，并常对嗜好（可接受性）有较高的值。另一个问题是客户或者管理人员不知情，不明白为什么一些明显的武断决策必须进入科学实验。

检验对差异的“敏感性”涉及检验的检验力和总体质量。敏感性要求较低的误差、较高的检验力、充分的样本数、良好的检验条件、良好的设计等。术语“检验力”指的是描述接受真实备择假设（如发现真实差别）的正式统计学概念。Cohen（1988）以平行的方式从效应大小与“操作效应大小”得出了一个重要的区别，并显示了良好设计如何能增加实验的有效敏感性，并将成对 t 检验的说明与独立组 t 检验相对应，在成对设计中，基于对两个产品的评价受试者的功能是自己控制的。俩人间的偏差通过对各人的差值与所关注的两个产品间的差值的计算，并被“分割”出去，这有效地将标度使用中的判断差异排除在外。

在数学术语中，效应大小可被定义为 t 检验偏离平均值的标准偏差数，通常用字母 d 表示。在选择数据的场合，普遍估计的是来自单个信号检测理论的 d'，常用希腊字母△表示为一个群体估计（Ennis，1993）。基于相关性的分析，简单皮尔斯相关系数 r 是一个普遍而直接的相关性度量，在方差分析中使用了效应大小的各种措施（如方差作为一个因素）。Cohen（1988）和 Welkowitz（1982 年）等进一步讨论效应大小以及如何测量效应值。

E. 2. 3 α 水平，β，效应大小和 N 的交互影响

下面的图例将说明效应大小、α 和 β 交互影响是怎样的。例如，以一个标度（如仅有右边部分的标度）进行检验，想要检验产品评价的平均值是否高于标度的中点值，这是相对一个固定值的简单 t 检验，且假设为单边的。对简单单边 t 检验，α 代表在限制 p 值（通常为 5%）确定的切割线右边的 t 分布以下面积，它也代表图 E. 1 中所示平均值的样本分布的上端。β 如图 E. 1 中阴影部分（即切割线左边的备择假设曲线以下的面积）所示。已知在无差异假设下平均值的样本分布与左边的钟形曲线相同，图中虚线代表该分布的上端 5%的切割点值，这是对统计显著性普遍设定的值，以使得在给定的样本数（N）

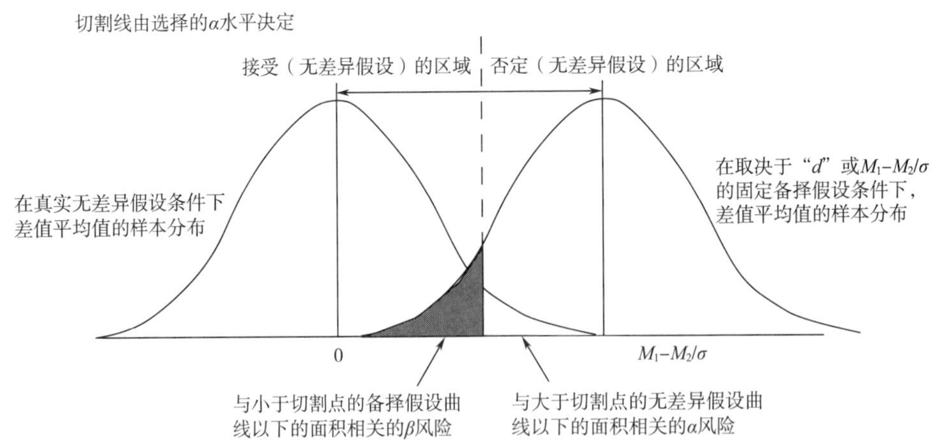

图 E. 1　图中表示备择假设一侧的检验力与无差异假设分布确定的去除部分相关

该图最容易被解释为单边 t 检验，否定均值固定值的检验用于否定群体值或 1 个选定的标度点如仅有右边部分的标度的中点，备择假设的平均值可能取决于研究方式，已有知识，效应大小，d，无差异假设和备择假设下平均值间的差异（以标准偏差单位表示），β 用备择假设样本分布曲线下的阴影部分给出，切割线以下部分由 α 决定，检验力为 $1-\beta$。

时，在切割点的 t 可以避免犯I型误差的机会不超过5%（当无差异假设成立时）。右边的曲线代表在备择假设下平均值的样本分布，由此可看出假设存在的意义，但其计算十分简捷。由此可知从效应大小的选择得到的平均值，而且可以将方差建立在从样本标准误差得到的估计的基础上。当选择检验产品的平均值时，d 将由对照样得到的平均值差值确定，并除以标准偏差。相关例子可见 Gacula（1991，1993）的讨论以及 Sokalpohlf（1981）的假设检验部分。

在该图中，可以看到3个交互效应变量如何作用以确定 β 风险阴影面积的大小。正如切割线随 α 水平变化而变化，阴影部分面积将变大或变小（图E.2）。当 α 风险增加时，β 风险减小，所有其他因素保持不变。这可以通过将显著性 t 检验的临界值向左移动来显示，增加 α 的“面积”，而与 β 相关的面积减少。

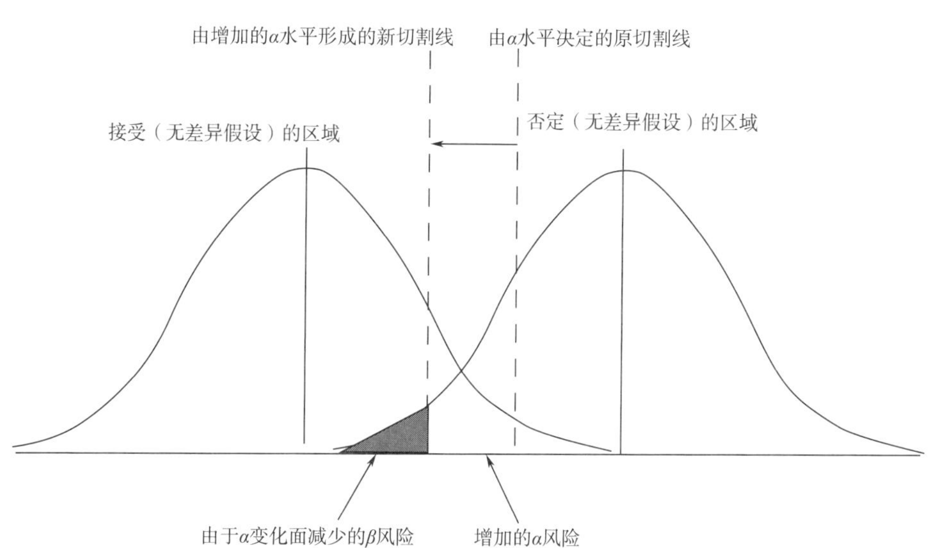

图E.2 α 水平增加使与 β 风险相关的面积减少，检验力增大

第二个影响来自效应大小的变化或备择假设。如果检验一个较大的 d，其分布将会分离，而重叠的面积将减小。当取备择假设的较大效应大小时，β 风险下降（图E.3）。反之，在备择假设对小差别的检验会把两个分布拉得更近，且当 α 保持5%时，与阴影区域相关的 β 风险必将变得更大。在这些例子中，来自牲畜群体的肉品预期在嫩度标度上有确定值。备择假设为设定在嫩度标度上的预期值与检验样本均值之间有特定的差别，当备择假设认为差别非常小时，则错漏真实差别的概率很大。如果备择假设差别较大，则检验力更大。这直接可以看出是正确的，在实验中其他条件都相同时检出一个较大差别比较小差别要容易。如果备择假设差别非常小，那么错失发生差异的真正的原因是可能的。在实验中所有其他的条件是相同的，发现一个较大的差异也是相对容易的。

第三种影响来自样本数或观察数目的变化。N 值增加的影响是在平均值标准误差下降时，并且样本分布的有效标准偏差减小。这使得分布变得高而瘦，因而重叠部分减小且

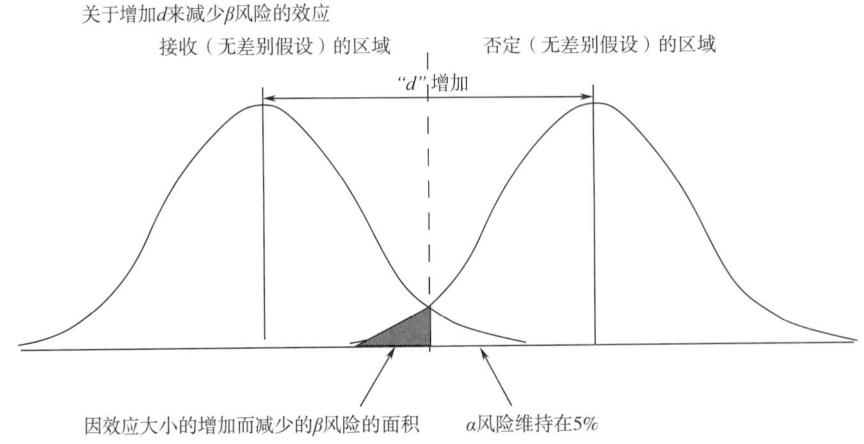

图 E.3　增加效应大小必将会导致检验力增加，β 降低，更大的影响（d 的大小，备择假设与无差异假设间的不同）更容易被察觉

与 β 相关的面积变小，切割线的 t 以绝对值量向左移动。

整体来看，有 4 个交互影响的变量，只要知道其中任何 3 个，就能确定第 4 个，它们是 α、β、N 和效应大小。如果希望对所进行的检验力具体化，就必须作出其他两个判断，然后，就可以确定第 4 个变量。例如，如果想得到 80%的检验力（β = 0.020），而 α = 0.05，而且只能检验 50 个对象，则在该检验力水平下可以检验的效应大小是固定的；如果预期检验力为 80%，想检出 0.5 标准偏差的差别，并设定 α 在 0.05，则可以计算出检验所必需的评价小组成员数（即 N，由其余 3 个变量的具体化而确定）。在许多场合，实验仅考虑 α 与样本数，在此情况下，其他两个变量间是一种单调的关系，这种关系可以通过实验（告诉我们不同效应大小下所期望的检验力）观察得到。这些关系通过下面的 GPOWER 程序来说明，这是一个在研究中能够显示上述关系并且常见的简单检验设计的免费软件（Erdfelder 等，1996）。统计检验力表也可参见 Cohen（1988）。R 语言软件中数据库中的“pwr”程序包专门涉及了 Cohen（1988）概述的检验力的分析。

E.3　实例

E.3.1　*t* 检验

为了进行具体说明，通过考查独立组间 t 检验，以考察 α、β、效应大小和 N 之间的关系。在该情形下，拟比较两个来自独立组的平均值以及备择假设作出的平均值不相等的预测（即预测不到趋势）。图 E.4 为双边独立组 t 检验的检验力作为不同样本数（N）和不同备择假设效应大小（d）的函数，如果设定可接受检验力的下限为 50%，则可以从这些曲线看到，使用 200 名评价员将检出小到约 0.3 标准偏差的差别。如果用 100 名观察者，该差别大约为 0.4 标准偏差，而对 50 或 20 评价员（25 或 10 人一组）的小型感官评价，则只能检出约 0.6 或 0.95 标准偏差的差别（漏过真实差别的概率为 50/50），这显示小规模感官评价用以证明产品“相同”判断的可靠性。

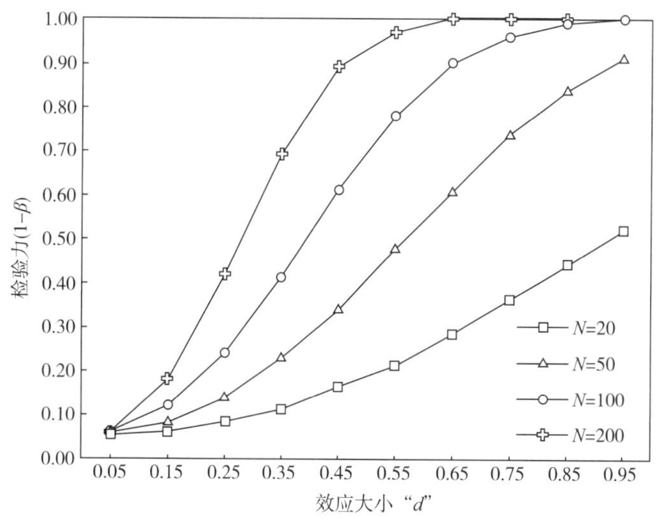

图 E.4　作为不同样本大小（N）和不同备择假设效应大小（d）函数的双边对立组 t 检验的检验力

根据 Erdfelder 等的 GPOWER 程序计算得到（1996），判断在双边 $\alpha=0.05$；效应大小 d 代表以偏差表示的平均值间的差值。

通常，感官科学家想知道检验所需的样本数以便能够在研究中补充合适的消费者或评价小组成员。图 E.5 为组间 t 检验和双边判断的不同实验所需的样本数。该设计的一个例子是有关产品可接受性的消费者检验使用标度数据，而且各产品安排到不同的消费者组中（所谓的“单元设计”）。注意其标度为对数转化的，因为当我们观察小的效应时，组的规模将会变得很大。对一个只有 0.2 标准偏差的较小影响，需要 388 个消费者才能得

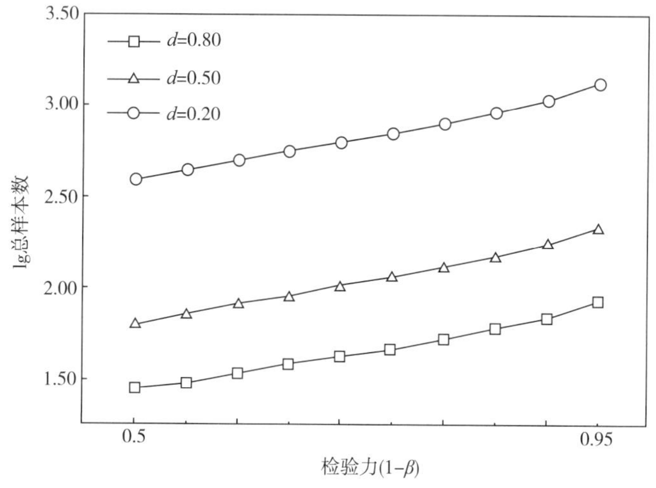

图 E.5　独立组 t 检验在不同检验力水平所要求的评判数

根据 Erdfelder 等的 GPOWER 程序计算得到（1996），判断的两边 $\alpha=0.05$；注意样本数以对数标度表示。

到0.5水平的检验力，如果想将检验力提高到90%，则人数要超过1000。另一方面，对一个0.8标准偏差的大的差别（大约9点喜好标度上1个刻度），只需28名消费者就能得到50%的检验力，而68名消费者就能达到90%的检验力，这说明了一些以研究和产品开发为目的的感官评价，比相应的市场调查检验要小，其目标是市场研究检验可以在成熟或优化的生产体系中寻找小的优点为目标，而这要求检验有高的检验力，以保持α和β风险较低。

E.3.2 标度数据等价计算

Gacula（1991，1993）利用几个有关证实产品相等要求的场景，提供了用于检验力的计算例子。这些实例大多数以较大规模的消费者检验为基础，此处样本数调整的是正态分布（Z）而不是小型样本的t检验。在这样的一个实验中，一旦与备择假设相关的平均值差别被确定，其检验力的计算是直接的。检验力按下式进行计算：

$$\text{检验力} = 1 - \beta = 1 - \Phi[(X_C - \mu_D)/SE] \tag{E.2}$$

式中X_C表示对显著较高值的切割点值，由α水平决定。对单边检验，其切割点等于平均值加1.645乘以标准偏差。对双边选择性检验，Z的变化从1.645~1.96。希腊字母Φ代表累积正态分布值；即把Z转化为一个比例值或概率值，因为许多累积正态分布表以较大比例中给出而不是在末端（如在Gacula表中），所以，常需要将1减去表中值以得到另一侧值。参数μ_D代表由备择假设确定平均值差别。该方程简单地由备择假设Z分布下大于切割点值X_c的面积得到。如下图所示。

这是一种与Gacula（1991）研究相似的情况。一个92名消费者的评价小组评价两个产品，并在9点喜好标度上平均值为5.9和6.1，这并非显著性差别，而是感官专业人士试图得出产品等价的结论。该结论是否可被证明呢？

本研究绘定标准误差0.11时，其标准偏差为1.1。95%置信区间的切割点值则为1.96标准误差，或平均值加或减0.22，可以发现两个平均值落在95%的置信区间内，由此可几乎证实不存在差别的统计结论，一个双边检验被用于考察新产品是否大于标准产品的值5.9，双边检验要求切割点值为1.96标准误差，或高于平均值0.22个单位，这设定X_C的切割点值的上限在5.9 + 0.22或6.12，一旦该边界被确定，就能被用于以备择假设为基础将分布分成两部分，如图E.6所示。此处较大的一部分代表差别的检出或检验力（否定无差异假设），而较小部分代表错过差别的概率或β（接受无差异假设）。

在本例中，Gacula开始以实际均值差值0.20作为备择假设，并将备择假设的平均值设定在5.9 +0.2或6.1，为估算β，需要知道备择假设分布在切割线左侧的面积。一旦知道切割点与备择假设平均值6.12的距离，就能得到其面积。在本例中，存在一个小的差值离切割点为6.1~6.12，或原标尺的0.02单位，或0.02除以标准误差给出0.2个Z单位（从备择假设平均值到切割点）存在较小差异。事实上，该均值离切割点非常近，通过把备择假设样本分布约分成两半，与β相关的末端部分面积较大，约为0.57，其检验力约为43%（1-β）。因此，可以看出该检验低于β的适用下限，并且其结论不能得到在真实平均值离5.9如此近的假定下的检验力的充分支持，但是，检验到一个非常小的差

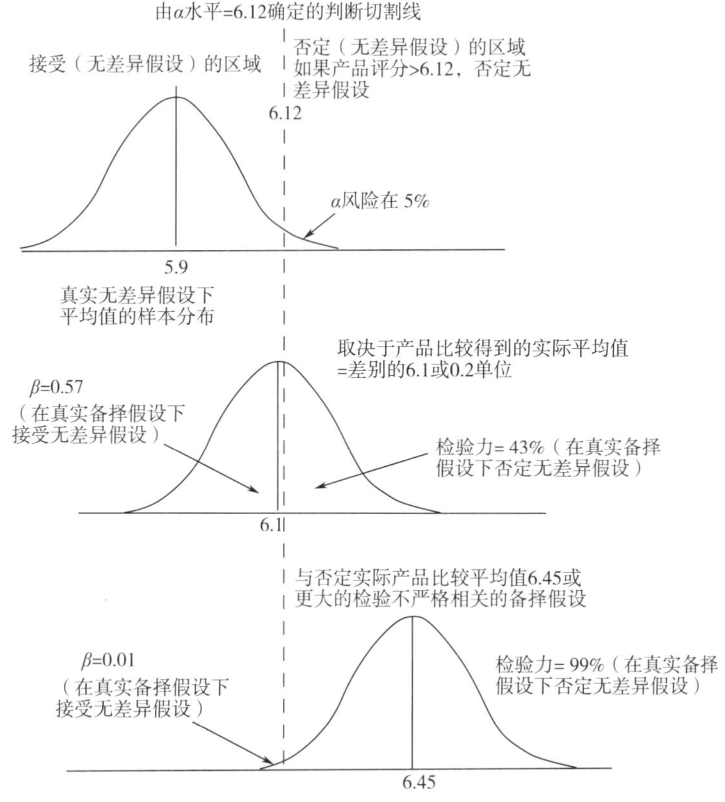

图 E.6　检验力首先取决于样本均值、标准误差和 α 水平的切割线的设定

例中所示，该值为 6.12，则切割值可用于确定在备择假设下，各预期均值分布的检验力和 β 风险。在 Gacula 的第一个例子中，用到实际第二个产品的平均值 6.1，给出的检验力的计算值只有 43%，没有对产品相等的结论提供足够的可信度。较下面的例子为否定备择假设（认为实际平均值为 6.45 或更大）的检验力。我们的样本与实验将以更大的检验力检验这一较大的差别。

别，可作为备择假设的基础。

假定放宽备择假设，并在实验前确定标度上一半标准偏差的一个差别考虑为具有任何实际重要性差别的下限，则我们可以设定备择假设的平均值为 5.9 加标准偏差的一半（1.1/2 即 0.55）。现在，选择性均值为 5.9+0.55 或 6.45，则与切割线距离为 6.12-6.45 单位（0.33），或 0.33 除以标准误差 0.11 以转化成 Z 单位，得到其值为 3。这有效地将预期分布移向右边，而判断切割线还是 6.12。与 β 相关的末端面积<1%，并且检验力约为 99%，一个备择假设的选定可能对判断的置信度有很大影响。如果商业决策作为实际切割线矫正该选定的一半标度单位（以标准偏差的一半为基准），则我们能够看到在平均值之间仅为 0.2 单位的误差是十分“安全的”。检验力的计算可明确检验可靠度。实际上，如果真实平均值在 0.55 单位以上，得到这种结果只有 1%的概率，得到的结果很大程度上不可能由备择假设得出，所以，否定该假设而接受无差异假设。

E. 3. 3 计算差别检验的样本数

Amerine 等（1965）给出了一个有用的通用公式，用于根据 β 风险，α 风险和必须检测到的临界差来计算辨别测试中必要的评判员人数。最后这个项目被认为是随机概率 P_o 和一个备择假设 P_a 的概率之间的差异。第五章讨论了不同的模型，具体可参考 Schlich（1993）和 Ennis（1993）。为了举例，将随机调整的概率作为 50%的正确率，这是随机概率和 100%检测之间的中间值（即三角测试的 66. 7%）。

$$N = \left[\frac{Z_{\alpha}\sqrt{p_o(1-p_o)} + Z_{\beta}\sqrt{p_a(1-p_a)}}{|p_o - p_a|}\right] \tag{E. 3}$$

对于单边检验（$\alpha = 0.05$），$Z_{\alpha} = 1.645$，如果 β 保持在 10%（90%检验力），则 $Z_{\beta} = 1.28$。这个关键的差异，$p_o - p_a$，对方程有很大的影响。在三角测试（阈值分类）设定为 33. 3%的情况下，则需要 18 个受访者，如下面的计算所示：

$$N = \left[\frac{1.645\sqrt{0.333(0.667)} + 1.28\sqrt{0.667(0.333)}}{|0.333 - 0.667|}\right]^2 = 17.03$$

所以需要一个 18 个人或更多人的评价小组以避免忽略这种大小的差别，并将风险限制在 10%，注意这是一个相当简单宽泛的检验，由于试图检出的差别可能是比较大的。如果一半的消费者群体观察到一个差别，则产品可能陷入麻烦。

现在，假定确实不希望这是宽泛的，故宁可选择以下的检验：确保在 95%检验力而不是 90%时，检出上述一半大小的差别。通过一次改变一个变量以便查看哪一个有较大的影响，首先 β 风险从 90%变为 95%，且当保持单边检验，Z_{β} 等于 1. 645，因此样本数变为：

$$N = \left[\frac{1.645\sqrt{0.333(0.667)} + 1.645\sqrt{0.667(0.333)}}{|0.333 - 0.667|}\right]^2 = 21.55$$

所以，仅增加检验力，我们需要在评价小组中增加 4 人个，但是，如果减少需检出的效应大小一半，则样本数变为：

$$N = \left[\frac{1.645\sqrt{0.333(0.667)} + 1.28\sqrt{0.667(0.333)}}{|0.167|}\right]^2 = 68.14$$

现在，需要的评价小组规模变成了 4 倍，β 和较小效应检验都改变的协同影响为：

$$N = \left[\frac{1.645\sqrt{0.333(0.667)} + 1.645\sqrt{0.667(0.333)}}{|0.167|}\right]^2 = 86.20$$

注意在该例中，效应大小（临界差别）减半的影响比 β 风险减半的影响更大。选择一个合理的备择假设是值得关注的一个判断。如果目标是确保几乎没有人或只有比例很小的消费者（或只在比例很小的时间里）发现差别，一个大的检验对确信“无差别”的结论可能是必要的。87 名检验者的评价小组比大多数人的在三点检验中认为的规模要大，但这种超大规模的评价小组，在有关一致性或等价判断的研究和得出重要结论时是不合理的。同样，“大的”样本数可在 Meilgaard 等（1991）提出的相似检验中找到。

E.4 简单的差别检验与偏爱检验中的检验力

检验差别或偏爱存在的情形常包括在没有发现显著性效应时的重要结论，这些检验情形在接受误差异假设并因此建立十分重要的检验力时出现。可能由于上述原因，此种情况的检验力和β风险可由几种理论解释，在下面将讨论 Schlich 和 Ennis 的差别检验方法，而一个统计检验力的普通方法见 Welkowitz 等（1982）的入门书籍。

Schlich（1993）发表的差别检验风险表，提供了一个根据准确的二项式概率计算β风险的SAS规则，还包括对小型差别检验和最小检验者数目的α和β风险的表，以及与α和β不同水平有关的正确反应。其中的分列表用于三点检验与二-三点检验计算，二-三点表也用于定向成对检验，如一半的随机概率时的两个单边检验。基于二项式的表比近似正态分布的其他表更加精确，此处省略了显示三点检验中最小检验者数目以及不同α、β水平时的正确反映的简单表，可参见三点检验（表E.1）和二-三点检验（表E.2）。

上面两个实例中，效应大小参数设定为随机调整的正确百分数，这以 Abbott 公式为基础，此处随机调整比例为（ρ_d），以备择假设正确百分数（ρ_a），与随机正确百分数（ρ_o）之间的差别为基础，公式如下：

$$\rho_d = \frac{\rho_a - \rho_o}{1 - \rho_o} \tag{E.4}$$

将高于随机20%~50%的ρ_d列表，在 Schlich 表中，效应大小的其他水平给定，而将ρ_d作为单个辨别的比例来讨论，这是第五章中讨论的所谓的辨别者或猜测模型，该方法的逻辑是仅通过猜测，对那些可能得到正确回答面对得出的正确比例进行调整。Schlich 对效应大小提出以下建议规则，即随机以上50%为大效应（50%辨别者），随机以上37.5%为中等效应，随机以上25%为小效应。

Schilch 还给了一些关于由竞争商业利润驱动的α与效应大小的内部作用的有用例子。如生产中可能希望通过改变配料降低成本，但如果得到是虚假差别，就不会推荐改变的配料，这样就不能省钱，因此，生产判断是保持α在低水平。另一方面，一个市场经营者可能会想确保在消费者发现差别时α很低，因此，希望检验一个小的效应，或确保甚至一个小的辨别者数也能检出，保持在上述两个条件下较高的检验力（低的β）将使得要求的样本数（N）达到非常高的水平，可能是上百个检验受试者，如下面的例子所示。以100个以上检验者进行差别检验常常是不实际的，所以，在冲突的各部分的协商中必须采取某种折中的方法，感官管理者会不得不将实际检验限制下的风险联系起来。

Schlich 表为给定一个充分的检验者数量和特定效应大小下，α和β的情况提供了一个交叉点，如果回答正确的人数比表中数（x）小，则类型Ⅰ误差概率将增加对差别存在的判断，但类型Ⅱ误差的概率会降低差别不存在的判断。相反，如果正确判断的数目超过表中值，则发现一致差别的概率将降低否定无差异假设的可能。所以，在判断规则中使用这些最小值是可行的，特别当数目$< x$时，接受无差异假设，而且β风险将低于表中栏目的值。如果正确数目$> x$，否定无差异假设，而且α风险将低于表中值。通过内插法发现其他值也是可能的，当然，一个比内插法更好的方法是按 SAS 规则进行实际计算。

另一组关于差别检验力的表由 Ennis（1993）给出，他以塞斯通（Thurstonian）模型为基础计算感官差别或效应大小的量，而不是将备择假设建立在辨别者比例的基础上。这些模型用于对差别检验可能具有相同概率水平的事实，但一些辨别方法比其他方法难得多。“难得多”的概念表现在信号检测模型中知觉比较变动性较大。更困难的检验要求较大的感官差别下有相同数目的正确判断者，三点检验比三点必选检验（3-AFC）更困难，在 3-AFC 中，评价小组成员的注意力通常指向特定的属性而不是选择相异的样本。然而对三点检验和 3-AFC 检验的随机正确百分数都是 1/3。基于随机水平对估计的纠正，不算在三点检验法的难度内。“困难”的产生是由于其在判断差别时，与简单判断给定属性多强或多弱相反的固有的变动性。在三点检验中，必须比较 3 个选项（实际上是 3 个成对比较）以发现异常者，而在 3-AFC 检验中只要找出最强的或最弱的。

Thurstonia 模型（一个信号检测变化模型）是“辨别者比例”模型的改进，因为它们都用于固定变量的区别。Ennis 的表使用 Thurstonia 感官差别，以小写希腊字母 δ 表示，这与前面讨论的 t 检验中的 d 或信号检测中 d' 很相像，但它是一个群体（模型）统计而不是一个简单统计。δ 代表标准偏差中的感官差别，标准偏差是估计由不同产品产生的感官印象的理论可变性。δ 的优点在于它们是方法间的比较，而不像正确百分数或随机调整正确百分数。因而对从事各种不同检验方法的感官科学家而言，有利于他们开始考虑 Thurstonian 感官差别而不是基于正确百分数的效应大小。表 E. 1 为二-三点检验、三点检验、2-AFC（成对检验）和 3-AFC 检验中不同检验力水平（80%，90%）和不同 δ 下，所要求的判断数。由于 2-AFC 和 3-AFC 检验对差别要求较高的敏感性，他们对判断数的要求较低，即在 Thurstonian 模型下有较低的固有变异性。

表 E. 1　对三点检验、3-AFC 检验、二-三点检验和 2-AFC 检验在 α=0. 05 时所要求的判断数

δ	2-AFC	二-三点检验	3-AFC	三点检验
80%检验力				
0. 50	78	3092	64	2742
0. 75	35	652	27	576
1. 00	20	225	15	197
1. 25	13	192	9	88
1. 50	9	55	6	47
1. 75	7	34	5	28
2. 00	6	23	3	19
90%检验力				
0. 50	108	4283	89	3810
0. 75	48	902	39	802

续表

δ	2-AFC	二-三点检验	3-AFC	三点检验
1.00	27	310	21	276
1.25	18	141	13	124
1.50	12	76	9	66
1.75	9	46	6	40
2.00	7	31	5	26

对 δ 而言，我们通常可以看到以 25 或 50 个评价小组成员进行的差别检验，在使用三点检验或二-三点检验法时，将只能检出大致的差别（$\delta\delta > 1.5$）。该事实提出一些警告，对整体差别的“非特定”检验（三点、二-三点）实际上只是粗略的工具，他们更适合于差别被检出时给出置信度。当差别不被检出时，常有忽略小差别的可能。从另一方面看，在无差别判断十分重要时，AFC 检验，如差别特定属性的成对检验（如“挑出最甜的”）更安全。

虽然这是一个贯穿检验的、比简单猜测正确度更有效的方法，但常难以了解一个基于 δ 或假设感官差别大或小的差别是什么。此外，如果在实际情形中改变判断策略时，模型不是总能够把握（Antinone 等，1994；Macmillan 和 Greelman，1991）。感官专业人员可以在基本理论的舒适度基础上考虑各方法以及管理中的相应值。但是，他们必须记住，如果“辨别者的比例”被用于设定效应大小，则该效应大小在任务改变时不是恒定不变的。作为三点检验中的一个“辨别者”，与在 3-AFC 检验中有所不同。两种方法的逻辑与特点在第五章中有深入讨论。

Welkowitz（1982）等给出了各种简单检验中适用的表，其中效应大小和样本数被认为结合在一起产生一个作为 α 函数的检验力表，这产生了一个用大写希腊字母 Δ 表示的值（Δ 已与 Ennis 表中的小写字母 δ 相区别），而行中的效应大小由字母 d 给出。Δ 可以被当做经样本数校正的 d，Δ 与 d 采用简单统计检验的表 E.2 中的形式。计算 Δ，将引人样本数的计算，允许参考检验力的问题列出一个简单的表（表 E.3）。所有简单检验通过该表都可以进行检验力的计算。

表 E.2　　考虑样本数时效应大小与 Δ 之间的转换

检验	d	Δ
单一样本 t 检验	$d = (\mu_1 - \mu_2)/\sigma$	$\Delta = d\sqrt{N}$
非独立 t 检验	$d = (\mu_1 - \mu_2)/\sigma$	$\Delta = d\sqrt{N}$
独立组 t 检验	$d = (\mu_1 - \mu_2)/\sigma$	$\Delta = d\sqrt{\dfrac{2N_1N_2}{N_1 + N_2}}$
相关性	r	$\Delta = d\sqrt{N-1}$
比例	$\dfrac{p_o - p_a}{\sqrt{p_o(1-p_o)}}$	$\Delta = d\sqrt{N}$

表 E.3　　根据样本大小矫正的效应大小（作为 α 的函数）

双边 α	0.05	0.025	0.01	0.005
单边 α	0.10	0.05	0.02	0.02
Δ	检验力			
0.2	0.11	0.05	0.02	0.01
0.4	0.13	0.07	0.03	0.01
0.6	0.16	0.09	0.03	0.01
0.8	0.21	0.13	0.06	0.04
1.0	0.26	0.17	0.09	0.06
1.2	0.33	0.22	0.13	0.08
1.4	0.40	0.29	0.18	0.12
1.6	0.48	0.36	0.23	0.16
1.8	0.56	0.44	0.30	0.22
2.0	0.64	0.52	0.37	0.28
2.2	0.71	0.59	0.45	0.36
2.4	0.77	0.67	0.53	0.43
2.6	0.83	0.74	0.61	0.51
2.8	0.88	0.80	0.68	0.59
3.0	0.91	0.85	0.75	0.66
3.2	0.94	0.89	0.78	0.70
3.4	0.96	0.93	0.86	0.80
3.6	0.97	0.95	0.90	0.85
3.8	0.98	0.97	0.94	0.91
4.0	0.99	0.98	0.95	0.92

下面为一实例，一个比例的双边检验（Welkowitz 等，1982）。假定一名市场研究者认为一个产品的改进会产生约 8%的喜好度差别（与标准产品相比），换言之，他或她希望在偏爱检验中，消费对该产品的两种态度将呈现为类似 46%喜欢标准产品而 54%喜欢新产品。研究以 400 人进行偏爱检验，“直觉”认为是一个很大的样本数，却没有发现差别。那么，该检验的检验力是多少？研究者忽略这一大小差别的概率如何？

d 值变成 0.08 同时 Δ 是 1.60。根据表 E.3，我们可以发现传统的 α 为 5%的水平，检验力为 48%，所以，即使在这样“庞大”的样本下，犯类型 Ⅰ 误差（忽略差别）的可能依然有 52%。

接下来我们可以全面观察这一情况，并提出问题：在检验中给定期望的略微胜势，则应当使用多少消费者？以及“无偏好”结论的重要性是什么？可以以下式表示比例：

$$N = 2\left(\frac{\Delta}{d}\right)^2 \tag{E.5}$$

对要求的80%的检验力和保持 α 在传统的5%水平，我们发现要求 Δ 值为2.80，代入我们的例子中，得到：

$$N = 2\left(\frac{2.80}{0.08}\right)^2 = 2450$$

这看上去不像一个感官科学家对普通消费者的检验（这些科学家更加关心 α 风险），而像是市场研究或竞争激烈的政治投票，这些大样本常常被修改，就像我们所举的例子一样。

E.5　概要与结论

标度数据和差别检验所需的样本量分别根据式（E.1）和式（E.3）计算得到。标度数据的检验力根据式（E.2）计算得到。差别检验产生的选择性数据的检验力所对应的计算公式为（E.6）。

表 E.4 是以上公式的总结。

“无差别”的发现在支持产品研究的感官评价应用中常具有重要意义。许多食品和消费品的商业决策的基础是：改变生产中的工艺变量，或简单改变配料或供应商以降低成本，但产品变化较小。消费者是否注意到该变化是由感官研究推理得到，在许多场合，在控制条件下设计一个敏感的检验以提供一些保证。这是通过“安全网”以达到感官评价的原理，它可以用以下语句表示：“如果在控制条件下，使用经过训练的（或挑选的、筛选的、定向培养的等）评价小组人员而没有发现差别存在，则消费者不可能注意到这种更谨慎的、自然观察变量条件下的变化。”当然，这一逻辑取决一个假定：实验室检验事实上比消费者检验对检出感官差别更敏感。通常这是成立的，但也不是总是这样，因为消费者有广泛而多样的机会在各种条件下接触产品，而基于实验室的感官分析常常受到时间、范围以及评价条件的限制。

$$\text{检验力} = 1 - \beta = 1 - \Phi\left[\frac{Z_\alpha\sqrt{p_o(1-p_o)/N} - (p_o - p_a)}{\sqrt{p_o(1-p_a)/N}}\right] \tag{E.6}$$

这些情形中，日常统计以否定无差异假设为目标帮助不大，大多数统计是设计用于为差别提供证据，以反对初始假定的无差异假设。许多研究者甚至捡起一句老话“科学不能证明一个否定”，因而推断认为当无差异假设被否定时只有理论在前进。这只是非逻辑的过度僵化发展，可能对应用感官技术、产品研究和商业决策产生危害。在传统实验统计中，无差异假设的否定为感官随不同处理方法变化或更广义地说，独立与非独立变量的关系提供依据。但是，目的是为两个在感官上没有差别的处理方法提供依据时，我们假设检验必须补充其他的信息。如前所述，一个“无差别”的结论仅建立在否定无差异假设失败的基础上在逻辑上是不严密的。如果不能否定无差异假设，至少有三种可能性存在：首先，实验中可能有太多的误差或随机变量，所以失去了统计显著性或者被很大的标准偏差所摆布，这仅是由于实验操作太糟糕的缘故；其次，可能没有检验足够多的评价小组人员数，如果样本数太小，可能忽略统计显著性，因为围绕观察值的置信区间太宽，难以突出潜在而重要的感官差别；第三，我们的产品间可能的确没有差别（或没有实际差别）。所以，否定无差异假设失败是含糊不清的，但简单地根据否定无差异假设失败就下结论认为两个产品感官上等效是不合适的，还需要提供更多的信息。

表 E.4　　样本大小和检验力公式

数据形式	样本大小	检验力
比例或频率	$N=\left[\dfrac{Z_\alpha\sqrt{p_o(1-p_o)}+Z_\beta\sqrt{p_a(1-p_a)}}{\lvert p_o-p_a\rvert}\right]^2$	$1-\Phi\left[\dfrac{Z_\alpha\sqrt{p_o(1-p_o)/N}-(p_o-p_a)}{\sqrt{p_o(1-p_a)/N}}\right]$
缩放或连续	$N=\dfrac{(Z_\alpha+Z_\beta)^2S^2}{(M_1-M_2)^2}$	$1-\Phi\left[\dfrac{X_c-\mu_D}{SE}\right]=1-\Phi\left[\dfrac{Z_\alpha(\mathrm{SE})-\mu_D}{\mathrm{SE}}\right]$

针对这一情况的一种方法是实验，如果感官评价对于在一些其他条件或比较下显示一项差异足够灵敏，则很难说只是由于检验不够灵敏而不能发现在相似研究中的任何差别。对检验方法检出差别的跟踪记录或演示过程的考虑是有用的。另一种方法是把检验比较已知的差别水平“支撑”起来，换言之，检验中包括预期有差别的额外产品。基准和正、负对照样比较可以被检验，且当评价小组发现那些基准产品间有显著差别时，我们就得到该方法有效的证据。当然，常识对外加比较的影响越多，实验就越可信。如果实验比较不显著，则差别小于达到显著性的基准的感官差别。一个相关的方法是进行显著性检验，就像第6章中讨论的检验显著相似一样。在该法中，差别检验的实施必须大于或等于随机性，但显著低于产品相同结论的一些选择的切割点值。

依据上述建议，解决该问题的另一方法取决于对感官方法与评价小组的跟踪记录，如在特定实验室和已知评价小组中的应用，可以得出结论认为过去常显示差别的工具其操作性较好且具有充分的辨别能力。给出已知条件下感官方法的过程，应当可以使用该常规方法使得做出判断的风险最小化。在一个正在进行的差别感官评价程序中，使用了适当大小的评价小组（即50名经筛选的检验者），进行重复检验，而且知道评价小组在过去是否显示出可靠的差别。在这种情况下，这样的评价小组没有发现差别时，将为感官等价提供依据。但是，这并不稳固，因为即使合适的评价小组也可能遇到特殊情况，或某人在准备阶段编码上犯错误等。确实不想得到等价的结果必须取决于在 $\alpha=0.05$ 时得到的 p 为0.051，这再次直接解决了否定无差异假设失败带来的模棱两可的问题。

第三种方法是进行检验力的正式分析，当有充分检验力的证据表明拒绝无差异假设失败时，可以得到合理的科学结论，而且商业决策可以在降低的风险下作出。感官科学家将在实施许多实验前（无差异假设会产生重要作用），很好地估计检验力。我们的直观估计常常高于统计计算所显示的值，很容易高估检验的统计的灵敏度。另一方面，设计一个过度敏感的检验（发现没有实际输入的小的显著性差别）是可能的。像其他统计领域一样，检验力和敏感性的观点也必须建立在实际经验和消费者和/或感官方法的市场有效性的大框架基础上。

最后，记住这一点很重要：得到一个有力的检验可在差别很小和没有实际意义时是否定无差异假设，它很容易用于检验力的计算和开始设计与实施实验，用越来越大的样本数以能够接受真实的无差异假设，并使“无差别”的结论可信。但是，大样本数的下降使得否定无差异假设变得太容易：检出的小差别实际意义极小，这使得管理部门几乎没有改进的运作过程。一个实验结果的意义必须在效应大小（它对消费者的产品知觉有实际作用）下加以考虑，这要求具有专业经验、产品知识及常识。

事实上任何研究都可能显示显著性结果，如果使用足够多的观察主体，不管其非感官的含量有多少。完全独立于其他事物而存在的东西世界上肯定是没有的（W. L. Hays，1973）。

参考文献

Amerine, M. A., Pangborn, R. M. and Roessler, E. B. 1965. Principles of Sensory Evaluation of Food. New York: Academic Press.

ASTM. 2008. Standard guide for sensory claim substantiation. Designation E-1958-07. Annual Book of Standards, Vol. 15.08. ASTM International, West Conshohocken, PA, pp. 186-212.

Bi, J. 2006. Sensory Discrimination Tests and Measurements. Blackwell, Ames, IA.

Chambers, E. C. IV and Wolf, M. B. 1996. Sensory Testing Methods, Second Edition. ASTM Manual Series MNL 26. ASTM International, West Conshohocken, PA.

Cohen, J. 1988. Statistical Power Analysis for the Behavioral Sciences, Second Edition. Lawrence Erlbaum Associates, Hillsdale, NJ.

Cohen, J. 1992. A power primer. Psychological Bulletin, 112, 155-159.

Ennis, D. M. 1993. The power of sensory discrimination meth-ods. Journal of Sensory Studies, 8, 353-370.

Ennis, D. M. 2008. Tables for parity testing. Journal of Sensory Studies, 32, 80-91.

Ennis, D. M. and Ennis, J. M. 2010. Equivalence hypothesis testing. Food Quality and Preference, 21, 253-256.

Erdfelder, E., Faul, F. and Buchner, A. 1996. Gpower: A general power analysis program. Behavior Research Methods, Instrumentation and Computers, 28, 1-11.

Gacula, M. C., Jr. 1991. Claim substantiation for sensory equivalence and superiority. In: H. T. Lawless and B. P. Klein (eds.), Sensory Science Theory and Applications in Foods. Marcel Dekker, New York, pp. 413-436.

Gacula, M. C. Jr. 1993. Design and Analysis of Sensory Optimization. Food and Nutrition, Trumbull, CT.

Gacula, M. C, Jr. and Singh, J. 1984. Statistical Methods in Food and Consumer Research. Academic, Orlando, FL.

Lawless, H. T. 1988. Odour description and odour classification revisited. In: D. M. H. Thomson (ed.), Food Acceptability. Elsevier Applied Science, London, pp. 27-40.

Meilgaard, M., Civille, G. V. and Carr, B. T. 1991. Sensory Evaluation Techniques, Second Edition. CRC, Boca Raton.

Rosenthal, R. 1987. Judgment Studies: Design, Analysis and Meta-Analysis. University Press, Cambridge.

Schlich, P. 1993. Risk tables for discrimination tests. Food Quality and Preference, 4, 141-151.

Sokal, R. R. and Rohlf, F. J. 1981. Biometry. Second Edition. W. H. Freeman, New York.

U. S. F. D. A. 2001. Guidance for Industry. Statistical Approaches to Bioequivalence. U. S. Dept. of Health and Human Services, Food and Drug Administration, Center for Drug Evaluation and Research (CDER). http://www.fda.gov/cder/guidance/index.htm.

Welkowitz, J., Ewen, R. B. and Cohen, J. 1982. Introductory Statistics for the Behavioral Sciences. Academic, New York.

Wellek, S. 2003. Testing Statistical Hypothesis of Equivalence. Chapman and Hall, CRC, Boca Raton, FL.

附录F 统计表

表 F.A 在标准正态曲线 $-\infty \sim z$（$1-\alpha$）内标准正态分布的累积概率

z	0	0.01	0.02	0.03	0.04	0.05	0.06	0.07	0.08	0.09
0	0.5000	0.5040	0.5080	0.5120	0.5160	0.5199	0.5239	0.5279	0.5319	0.5359
0.1	0.5398	0.5438	0.5478	0.5517	0.5557	0.5596	0.5636	0.5675	0.5714	0.5753
0.2	0.5793	0.5832	0.5871	0.5910	0.5948	0.5987	0.6026	0.6064	0.6103	0.6141
0.3	0.6179	0.6217	0.6255	0.6293	0.6331	0.6368	0.6406	0.6443	0.6480	0.6517
0.4	0.6554	0.6591	0.6628	0.6664	0.6700	0.6736	0.6772	0.6808	0.6844	0.6879
0.5	0.6915	0.6950	0.6985	0.7019	0.7054	0.7088	0.7123	0.7157	0.7190	0.7224
0.6	0.7257	0.7291	0.7324	0.7357	0.7389	0.7422	0.7454	0.7486	0.7517	0.7549
0.7	0.7580	0.7611	0.7642	0.7673	0.7704	0.7734	0.7764	0.7794	0.7823	0.7852
0.8	0.7881	0.7910	0.7939	0.7967	0.7995	0.8023	0.8051	0.8078	0.8106	0.8133
0.9	0.8159	0.8186	0.8212	0.8238	0.8264	0.8289	0.8315	0.8340	0.8365	0.8389
1	0.8413	0.8438	0.8461	0.8485	0.8508	0.8531	0.8554	0.8577	0.8599	0.8621
1.1	0.8643	0.8665	0.8686	0.8708	0.8729	0.8749	0.8770	0.8790	0.8810	0.8830
1.2	0.8849	0.8869	0.8888	0.8907	0.8925	0.8944	0.8962	0.8980	0.8997	0.9015
1.3	0.9032	0.9049	0.9066	0.9082	0.9099	0.9115	0.9131	0.9147	0.9162	0.9177
1.4	0.9192	0.9207	0.9222	0.9236	0.9251	0.9265	0.9279	0.9292	0.9306	0.9319
1.5	0.9332	0.9345	0.9357	0.9370	0.9382	0.9394	0.9406	0.9418	0.9429	0.9441
1.6	0.9452	0.9463	0.9474	0.9484	0.9495	0.9505	0.9515	0.9525	0.9535	0.9545
1.7	0.9554	0.9564	0.9573	0.9582	0.9591	0.9599	0.9608	0.9616	0.9625	0.9633
1.8	0.9641	0.9649	0.9656	0.9664	0.9671	0.9678	0.9686	0.9693	0.9699	0.9706
1.9	0.9713	0.9719	0.9726	0.9732	0.9738	0.9744	0.9750	0.9756	0.9761	0.9767
2	0.9772	0.9778	0.9783	0.9788	0.9793	0.9798	0.9803	0.9808	0.9812	0.9817
2.1	0.9821	0.9826	0.9830	0.9834	0.9838	0.9842	0.9846	0.9850	0.9854	0.9857
2.2	0.9861	0.9864	0.9868	0.9871	0.9875	0.9878	0.9881	0.9884	0.9887	0.9890
2.3	0.9893	0.9896	0.9898	0.9901	0.9904	0.9906	0.9909	0.9911	0.9913	0.9916
2.4	0.9918	0.9920	0.9922	0.9925	0.9927	0.9929	0.9931	0.9932	0.9934	0.9936
2.5	0.9938	0.9940	0.9941	0.9943	0.9945	0.9946	0.9948	0.9949	0.9951	0.9952
2.6	0.9953	0.9955	0.9956	0.9957	0.9959	0.9960	0.9961	0.9962	0.9963	0.9964
2.7	0.9965	0.9966	0.9967	0.9968	0.9969	0.9970	0.9971	0.9972	0.9973	0.9974
2.8	0.9974	0.9975	0.9976	0.9977	0.9977	0.9978	0.9979	0.9979	0.9980	0.9981
2.9	0.9981	0.9982	0.9982	0.9983	0.9984	0.9984	0.9985	0.9985	0.9986	0.9986
3	0.9987	0.9987	0.9987	0.9988	0.9988	0.9989	0.9989	0.9989	0.9990	0.9990

表 F.B　　t 临界值表

df	单边检验的显著性水平						
	0.01	0.05	0.025	0.01	0.005	0.001	0.0005
	双边检验的显著性水平						
	0.02	0.1	0.05	0.02	0.01	0.002	0.001
1	3.078	6.314	12.706	31.821	63.656	318.289	636.578
2	1.886	2.92	4.303	6.965	9.925	22.328	31.600
3	1.638	2.353	3.182	4.541	5.841	10.214	12.924
4	1.533	2.132	2.776	3.747	4.604	7.173	8.610
5	1.476	2.015	2.571	3.365	4.032	5.894	6.869
6	1.440	1.943	2.447	3.143	3.707	5.208	5.959
7	1.415	1.895	2.365	2.998	3.499	4.785	5.408
8	1.397	1.860	2.306	2.896	3.355	4.501	5.041
9	1.383	1.833	2.262	2.821	3.250	4.297	4.781
10	1.372	1.812	2.228	2.764	3.169	4.144	4.587
11	1.363	1.796	2.201	2.718	3.106	4.025	4.437
12	1.356	1.782	2.179	2.681	3.055	3.930	4.318
13	1.350	1.771	2.160	2.650	3.012	3.852	4.221
14	1.345	1.761	2.145	2.624	2.977	3.787	4.140
15	1.341	1.753	2.131	2.602	2.947	3.733	4.073
16	1.337	1.746	2.120	2.583	2.921	3.686	4.015
17	1.333	1.740	2.110	2.567	2.898	3.646	3.965
18	1.330	1.734	2.101	2.552	2.878	3.610	3.922
19	1.328	1.729	2.093	2.539	2.861	3.579	3.883
20	1.325	1.725	2.086	2.528	2.845	3.552	3.850
21	1.323	1.721	2.080	2.518	2.831	3.527	3.819
22	1.321	1.717	2.074	2.508	2.819	3.505	3.792
23	1.319	1.714	2.069	2.500	2.807	3.485	3.768
24	1.318	1.711	2.064	2.492	2.797	3.467	3.745
25	1.316	1.708	2.060	2.485	2.787	3.450	3.725
26	1.315	1.706	2.056	2.479	2.779	3.435	3.707
27	1.314	1.703	2.052	2.473	2.771	3.421	3.689
28	1.313	1.701	2.048	2.467	2.763	3.408	3.674
29	1.311	1.699	2.045	2.462	2.756	3.396	3.660
30	1.310	1.697	2.042	2.457	2.750	3.385	3.646
60	1.296	1.671	2.000	2.390	2.660	3.232	3.460
120	1.289	1.658	1.980	2.358	2.617	3.160	3.373
∞	1.282	1.645	1.960	2.326	2.576	3.091	3.291

表 F. C　　$\chi 2$ 分布的临界值表

α	0.1	0.05	0.025	0.01	0.005
df					
1	2.71	3.84	5.02	6.64	7.88
2	4.61	5.99	7.38	9.21	10.60
3	6.25	7.82	9.35	11.35	12.84
4	7.78	9.49	11.14	13.28	14.86
5	9.24	11.07	12.83	15.09	16.75
6	10.65	12.59	14.45	16.81	18.55
7	12.02	14.07	16.01	18.48	20.28
8	13.36	15.51	17.54	20.09	21.96
9	14.68	16.92	19.02	21.67	23.59
10	15.99	18.31	20.48	23.21	25.19
11	17.28	19.68	21.92	24.73	26.76
12	18.55	21.03	23.34	26.22	28.30
13	19.81	22.36	24.74	27.69	29.82
14	21.06	23.69	26.12	29.14	31.32
15	22.31	25.00	27.49	30.58	32.80
16	23.54	26.30	28.85	32.00	34.27
17	24.77	27.59	30.19	33.41	35.72
18	25.99	28.87	31.53	34.81	37.16
19	27.20	30.14	32.85	36.19	38.58
20	28.41	31.41	34.17	37.57	40.00
21	29.62	32.67	35.48	38.93	41.40
22	30.81	33.92	36.78	40.29	42.80
23	32.01	35.17	38.08	41.64	44.18
24	33.20	36.42	39.36	42.98	45.56
25	34.38	37.65	40.65	44.31	46.93
26	35.56	38.89	41.92	45.64	48.29
27	36.74	40.11	43.20	46.96	49.65
28	37.92	41.34	44.46	48.28	50.99
29	39.09	42.56	45.72	49.59	52.34
30	40.26	43.77	46.98	50.89	53.67
40	51.81	55.76	59.34	63.69	66.77
50	63.17	67.51	71.42	76.15	79.49
60	74.40	79.08	83.30	88.38	91.95
70	85.53	90.53	95.02	100.43	104.22
80	96.58	101.88	106.63	112.33	116.32
90	107.57	113.15	118.14	124.12	128.30
100	118.50	124.34	129.56	135.81	140.17

表 F. D1　　**α= 0.05 时 F 分布的临界值**

df1	1	2	3	4	5	10	20	30	40	50	60	70	80	100	∞
df2															
5	6.61	5.79	5.41	5.19	5.05	4.74	4.56	4.50	4.46	4.44	4.43	4.42	4.42	4.41	4.37
6	5.99	5.14	4.76	4.53	4.39	4.06	3.87	3.81	3.77	3.75	3.74	3.73	3.72	3.71	3.68
7	5.59	4.74	4.35	4.12	3.97	3.64	3.44	3.38	3.34	3.32	3.30	3.29	3.29	3.27	3.24
8	5.32	4.46	4.07	3.84	3.69	3.35	3.15	3.08	3.04	3.02	3.01	2.99	2.99	2.97	2.94
9	5.12	4.26	3.86	3.63	3.48	3.14	2.94	2.86	2.83	2.80	2.79	2.78	2.77	2.76	2.72
10	4.96	4.10	3.71	3.48	3.33	2.98	2.77	2.70	2.66	2.64	2.62	2.61	2.60	2.59	2.55
11	4.84	3.98	3.59	3.36	3.20	2.85	2.65	2.57	2.53	2.51	2.49	2.48	2.47	2.46	2.42
12	4.75	3.89	3.49	3.26	3.11	2.75	2.54	2.47	2.43	2.40	2.38	2.37	2.36	2.35	2.31
13	4.67	3.81	3.41	3.18	3.03	2.67	2.46	2.38	2.34	2.31	2.30	2.28	2.27	2.26	2.22
14	4.60	3.74	3.34	3.11	2.96	2.60	2.39	2.31	2.27	2.24	2.22	2.21	2.20	2.19	2.14
15	4.54	3.68	3.29	3.06	2.90	2.54	2.33	2.25	2.20	2.18	2.16	2.15	2.14	2.12	2.08
16	4.49	3.63	3.24	3.01	2.85	2.49	2.28	2.19	2.15	2.12	2.11	2.09	2.08	2.07	2.02
17	4.45	3.59	3.20	2.96	2.81	2.45	2.23	2.15	2.10	2.08	2.06	2.05	2.03	2.02	1.97
18	4.41	3.55	3.16	2.93	2.77	2.41	2.19	2.11	2.06	2.04	2.02	2.00	1.99	1.98	1.93
19	4.38	3.52	3.13	2.90	2.74	2.38	2.16	2.07	2.03	2.00	1.98	1.97	1.96	1.94	1.89
20	4.35	3.49	3.10	2.87	2.71	2.35	2.12	2.04	1.99	1.97	1.95	1.93	1.92	1.91	1.86
22	4.30	3.44	3.05	2.82	2.66	2.30	2.07	1.98	1.94	1.91	1.89	1.88	1.86	1.85	1.80
23	4.26	3.40	3.01	2.78	2.62	2.25	2.03	1.94	1.89	1.86	1.84	1.83	1.82	1.80	1.75
26	4.23	3.37	2.98	2.74	2.59	2.22	1.99	1.90	1.85	1.82	1.80	1.79	1.78	1.76	1.71
28	4.20	3.34	2.95	2.71	2.56	2.19	1.96	1.87	1.82	1.79	1.77	1.75	1.74	1.73	1.67
30	4.17	3.32	2.92	2.69	2.53	2.16	1.93	1.84	1.79	1.76	1.74	1.72	1.71	1.70	1.64
35	4.12	3.27	2.87	2.64	2.49	2.11	1.88	1.79	1.74	1.70	1.68	1.66	1.65	1.63	1.57
40	4.08	3.23	2.84	2.61	2.45	2.08	1.84	1.74	1.69	1.66	1.64	1.62	1.61	1.59	1.53
45	4.06	3.20	2.81	2.58	2.42	2.05	1.81	1.71	1.66	1.63	1.60	1.59	1.57	1.55	1.49
50	4.03	3.18	2.79	2.56	2.40	2.03	1.78	1.69	1.63	1.60	1.58	1.56	1.54	1.52	1.46
60	4.00	3.15	2.76	2.53	2.37	1.99	1.75	1.65	1.59	1.56	1.53	1.52	1.50	1.48	1.41
70	3.98	3.13	2.74	2.50	2.35	1.97	1.72	1.62	1.57	1.53	1.50	1.49	1.47	1.45	1.37
80	3.96	3.11	2.72	2.49	2.33	1.95	1.70	1.60	1.54	1.51	1.48	1.46	1.45	1.43	1.35
100	3.94	3.09	2.70	2.46	2.31	1.93	1.68	1.57	1.52	1.48	1.45	1.43	1.41	1.39	1.31
∞	3.86	3.01	2.62	2.39	2.23	1.85	1.59	1.48	1.42	1.38	1.35	1.32	1.30	1.28	1.16

表 F. D2　　α= 0.01 时 F 分布的临界值

df1	1	2	3	4	5	10	20	30	40	80	100	∞
df2												
3	34.12	30.82	29.46	28.71	28.24	27.23	26.69	26.50	26.41	26.27	26.24	26.15
4	21.20	18.00	16.69	15.98	15.52	14.55	14.02	13.84	13.75	13.61	13.58	13.49
5	16.26	13.27	12.06	11.39	10.97	10.05	9.55	9.38	9.29	9.16	9.13	9.04
6	13.75	10.92	9.78	9.15	8.75	7.87	7.40	7.23	7.14	7.01	6.99	6.90
7	12.25	9.55	8.45	7.85	7.46	6.62	6.16	5.99	5.91	5.78	5.75	5.67
8	11.26	8.65	7.59	7.01	6.63	5.81	5.36	5.20	5.12	4.99	4.96	4.88
9	10.56	8.02	6.99	6.42	6.06	5.26	4.81	4.65	4.57	4.44	4.42	4.33
10	10.04	7.56	6.55	5.99	5.64	4.85	4.41	4.25	4.17	4.04	4.01	3.93
11	9.65	7.21	6.22	5.67	5.32	4.54	4.10	3.94	3.86	3.73	3.71	3.62
12	9.33	6.93	5.95	5.41	5.06	4.30	3.86	3.70	3.62	3.49	3.47	3.38
13	9.07	6.70	5.74	5.21	4.86	4.10	3.66	3.51	3.43	3.30	3.27	3.19
14	8.86	6.51	5.56	5.04	4.70	3.94	3.51	3.35	3.27	3.14	3.11	3.03
15	8.68	6.36	5.42	4.89	4.56	3.80	3.37	3.21	3.13	3.00	2.98	2.89
16	8.53	6.23	5.29	4.77	4.44	3.69	3.26	3.10	3.02	2.89	2.86	2.78
17	8.40	6.11	5.19	4.67	4.34	3.59	3.16	3.00	2.92	2.79	2.76	2.68
18	8.29	6.01	5.09	4.58	4.25	3.51	3.08	2.92	2.84	2.71	2.68	2.59
19	8.19	5.93	5.01	4.50	4.17	3.43	3.00	2.84	2.76	2.63	2.60	2.51
20	8.10	5.85	4.94	4.43	4.10	3.37	2.94	2.78	2.69	2.56	2.54	2.44
30	7.56	5.39	4.51	4.02	3.70	2.98	2.55	2.39	2.30	2.16	2.13	2.03
40	7.31	5.18	4.31	3.83	3.51	2.80	2.37	2.20	2.11	1.97	1.94	1.83
50	7.17	5.06	4.20	3.72	3.41	2.70	2.27	2.10	2.01	1.86	1.82	1.71
60	7.08	4.98	4.13	3.65	3.34	2.63	2.20	2.03	1.94	1.78	1.75	1.63
70	7.01	4.92	4.07	3.60	3.29	2.59	2.15	1.98	1.89	1.73	1.70	1.57
80	6.96	4.88	4.04	3.56	3.26	2.55	2.12	1.94	1.85	1.69	1.65	1.53
100	6.90	4.82	3.98	3.51	3.21	2.50	2.07	1.89	1.80	1.63	1.60	1.47
∞	6.69	4.65	3.82	3.36	3.05	2.36	1.92	1.74	1.63	1.45	1.41	1.23

表 F. E　　α=0.025 时单边检验或 α=0.05 时双边检验 U 的临界值表

n_1	5	6	7	8	9	10	11	12	13	14	15	16	17	20
n_2														
5	2	3	5	6	7	8	9	11	12	13	14	15	17	20
6	3	5	6	8	10	11	13	14	16	17	19	21	22	27
7	5	6	8	10	12	14	16	18	20	22	24	26	28	34
8	6	8	10	13	15	17	19	22	24	26	29	31	34	41
9	7	10	12	15	17	21	23	26	28	31	34	37	39	48
10	8	11	14	17	20	23	26	29	33	36	39	42	45	55
11	9	13	16	19	23	26	30	33	37	40	44	47	51	62
12	11	14	18	22	26	29	33	37	41	45	49	53	57	69
13	12	16	20	24	28	33	37	41	45	50	54	59	63	76
14	13	17	22	26	31	36	40	45	50	55	59	64	67	83
15	14	19	24	29	34	39	44	49	54	59	64	70	75	90
16	15	21	26	31	37	42	47	53	59	64	70	75	81	98
17	17	22	28	34	39	45	51	57	63	67	75	81	87	105
18	18	24	30	36	42	48	55	61	67	74	80	86	93	112
19	19	25	32	38	45	52	58	65	72	78	85	92	99	119
20	20	27	34	41	48	55	62	69	76	83	90	98	105	127

表 F. F1　　ρ 临界值表（斯皮尔曼排序相关系数）

单边 α 值	0.05	0.025	0.01	0.005
双边 α 值	0.10	0.05	0.02	0.01
n				
4	1.000			
5	0.900	1.000	1.000	
6	0.829	0.886	0.943	1.000
7	0.714	0.786	0.893	0.929
8	0.643	0.738	0.833	0.881
9	0.600	0.700	0.783	0.833
10	0.564	0.648	0.745	0.794
11	0.536	0.618	0.709	0.755
12	0.503	0.587	0.678	0.727
13	0.484	0.560	0.648	0.703
14	0.464	0.538	0.626	0.679
15	0.446	0.521	0.604	0.654
16	0.429	0.503	0.582	0.635
17	0.414	0.488	0.566	0.618
18	0.401	0.472	0.550	0.600
19	0.391	0.460	0.535	0.584
20	0.380	0.447	0.522	0.570
21	0.370	0.436	0.509	0.556
22	0.361	0.425	0.497	0.544
23	0.353	0.416	0.486	0.532
24	0.344	0.407	0.476	0.521
25	0.337	0.398	0.466	0.511
26	0.331	0.390	0.457	0.501
27	0.324	0.383	0.449	0.492
28	0.318	0.375	0.441	0.483
29	0.312	0.368	0.433	0.475
30	0.306	0.362	0.425	0.467
35	0.283	0.335	0.394	0.433
40	0.264	0.313	0.368	0.405
45	0.248	0.294	0.347	0.382
50	0.235	0.279	0.329	0.363

表 F. F2　　γ临界值表（皮尔森相关系数）

	单边α值			
	0.05	0.025	0.01	0.005
	双边α值			
	0.1	0.05	0.02	0.01
df（n-2）				
1	0.988	0.997	0.999	0.999
2	0.900	0.950	0.980	0.990
3	0.805	0.878	0.934	0.959
4	0.729	0.811	0.882	0.917
5	0.669	0.754	0.833	0.875
6	0.622	0.707	0.789	0.834
7	0.582	0.666	0.750	0.798
8	0.549	0.632	0.716	0.765
9	0.521	0.602	0.685	0.735
10	0.497	0.576	0.658	0.708
11	0.476	0.553	0.634	0.684
12	0.458	0.532	0.612	0.661
13	0.441	0.514	0.592	0.641
14	0.426	0.497	0.574	0.623
15	0.412	0.482	0.558	0.606
16	0.400	0.468	0.542	0.590
17	0.389	0.456	0.528	0.575
18	0.378	0.444	0.516	0.561
19	0.369	0.433	0.503	0.549
20	0.360	0.423	0.492	0.537
21	0.352	0.413	0.482	0.526
22	0.344	0.404	0.472	0.515
23	0.337	0.396	0.462	0.505
24	0.330	0.388	0.453	0.496
25	0.323	0.381	0.445	0.487
26	0.317	0.374	0.437	0.479
27	0.311	0.367	0.430	0.471
28	0.306	0.361	0.423	0.463
29	0.301	0.355	0.416	0.456
30	0.296	0.349	0.409	0.449
35	0.275	0.325	0.381	0.418
40	0.257	0.304	0.358	0.393
45	0.243	0.288	0.338	0.372
50	0.231	0.273	0.322	0.354

表 F. G　　Duncan 新型多重范围检验的临界值（p，df，α = 0.05）

df	包括比较的均值数（p）[a] 2	3	4	5	10	15	20
1	17.969	17.969	17.969	17.969	17.969	17.969	17.969
2	6.085	6.085	6.085	6.085	6.085	6.085	6.085
3	4.501	4.516	4.516	4.516	4.516	4.516	4.516
4	3.926	4.013	4.033	4.033	4.033	4.033	4.033
5	3.635	3.749	3.796	3.814	3.814	3.814	3.814
6	3.461	3.586	3.649	3.680	3.697	3.697	3.697
7	3.344	3.477	3.548	3.588	3.625	3.625	3.625
8	3.261	3.398	3.475	3.521	3.579	3.579	3.579
9	3.199	3.339	3.420	3.470	3.547	3.547	3.547
10	3.151	3.293	3.376	3.430	3.522	3.525	3.525
11	3.113	3.256	3.341	3.397	3.501	3.510	3.510
12	3.081	3.225	3.312	3.370	3.484	3.498	3.498
13	3.055	3.200	3.288	3.348	3.470	3.490	3.490
14	3.033	3.178	3.268	3.328	3.457	3.484	3.484
15	3.014	3.160	3.250	3.312	3.446	3.478	3.480
16	2.998	3.144	3.235	3.297	3.437	3.473	3.477
17	2.984	3.130	3.222	3.285	3.429	3.469	3.475
18	2.971	3.117	3.210	3.274	3.421	3.465	3.474
19	2.960	3.106	3.199	3.264	3.415	3.462	3.474
20	2.950	3.097	3.190	3.255	3.409	3.459	3.473
22	2.933	3.080	3.173	3.239	3.398	3.453	3.472
24	2.919	3.066	3.160	3.226	3.390	3.449	3.472
26	2.907	3.054	3.149	3.216	3.382	3.445	3.471
28	2.897	3.044	3.139	3.206	3.376	3.442	3.470
30	2.888	3.035	3.131	3.199	3.371	3.439	3.470
35	2.871	3.018	3.114	3.183	3.360	3.433	3.469
40	2.858	3.005	3.102	3.171	3.352	3.429	3.469
60	2.829	2.976	3.073	3.143	3.333	3.419	3.468
80	2.814	2.961	3.059	3.130	3.323	3.414	3.467
120	2.800	2.947	3.045	3.116	3.313	3.409	3.466
∞	2.772	2.918	3.017	3.089	3.294	3.399	3.466

表 F. H1　相似性三点检验作为 N、β 和差别比例的函数的临界值①（最大数校正）

	β	差别比例		
		10%	20%	30%
N				
30	0.05			11
	0.1		10	11
36	0.05		11	13
	0.1	10	12	14
42	0.05	11	13	16
	0.1	12	14	17
48	0.05	13	16	19
	0.1	14	17	20
54	0.05	15	18	22
	0.1	16	20	23
60	0.05	17	21	25
	0.1	18	22	26
66	0.05	19	23	28
	0.1	20	25	29
72	0.05	21	26	30
	0.1	22	27	32
78	0.05	23	28	33
	0.1	25	30	34
84	0.05	25	31	35
	0.1	27	32	38
90	0.05	27	33	38
	0.1	29	35	38
96	0.05	30	36	42

①如果正确选择的数目不超过表中允许的辨别者比例数值，则在 100（$1-\beta$）的置信区间接受无差别假设。

表 F. H2　相似性二–三点检验和成对比较检验作为 N、β 和差别比例的函数的临界值①（最大数校正）

	β	差别比例		
		10%	20%	30%
N				
32	0. 05	12	14	15
	0. 1	13	15	16
36	0. 05	14	16	18
	0. 1	15	17	19
40	0. 05	16	18	20
	0. 1	17	19	21
44	0. 05	18	20	22
	0. 1	19	21	24
48	0. 05	20	22	25
	0. 1	21	23	26
52	0. 05	22	24	27
	0. 1	23	26	28
56	0. 05	24	27	29
	0. 1	25	28	31
60	0. 05	26	29	32
	0. 1	27	30	33
64	0. 05	28	31	34
	0. 1	29	32	36
68	0. 05	30	33	37
	0. 1	31	35	38
72	0. 05	32	35	39
	0. 1	33	37	41
76	0. 05	34	38	41
	0. 1	35	39	43
80	0. 05	36	40	44
	0. 1	37	41	46
84	0. 05	38	42	46
	0. 1	39	44	48

①如果正确选择的数目不超过表中允许的辨别者比例数值，则在 100（1–β）的置信区间接受无差别假设。

表 F.I　与二项式检验中观察的 x 同样小的值相关的概率表（$p=0.50$）①②

x	0	1	2	3	4	5	6	7	8	9	10	11	12	13	14	15
N																
5	0.031	0.188	0.500	0.813	0.969											
6	0.016	0.109	0.344	0.656	0.891	0.984										
7	0.008	0.063	0.227	0.500	0.773	0.938	0.992									
8	0.004	0.035	0.145	0.363	0.637	0.855	0.965	0.996								
9	0.002	0.020	0.090	0.254	0.500	0.746	0.910	0.980	0.998							
10	0.001	0.011	0.055	0.172	0.377	0.623	0.828	0.945	0.989	0.999						
11	0.000	0.006	0.033	0.113	0.274	0.500	0.726	0.887	0.967	0.994						
12	0.000	0.003	0.019	0.073	0.194	0.387	0.613	0.806	0.927	0.981	0.997					
13	0.000	0.002	0.011	0.046	0.133	0.291	0.500	0.709	0.867	0.954	0.989	0.998				
14		0.001	0.006	0.029	0.090	0.212	0.395	0.605	0.788	0.910	0.971	0.994	0.999			
15		0.000	0.004	0.018	0.059	0.151	0.304	0.500	0.696	0.849	0.941	0.982	0.996			
16		0.000	0.002	0.011	0.038	0.105	0.227	0.402	0.598	0.773	0.895	0.962	0.989	0.998		
17		0.000	0.001	0.006	0.025	0.072	0.166	0.315	0.500	0.685	0.834	0.928	0.975	0.994	0.999	
18			0.001	0.004	0.015	0.048	0.119	0.240	0.407	0.593	0.760	0.881	0.952	0.985	0.996	0.999
19			0.000	0.002	0.010	0.032	0.084	0.180	0.324	0.500	0.676	0.820	0.916	0.968	0.990	0.998
20			0.000	0.001	0.006	0.021	0.058	0.132	0.252	0.412	0.588	0.748	0.868	0.942	0.979	0.994
21			0.000	0.001	0.004	0.013	0.039	0.095	0.192	0.332	0.500	0.668	0.808	0.905	0.961	0.987
22				0.000	0.002	0.008	0.026	0.067	0.143	0.262	0.416	0.584	0.738	0.857	0.933	0.974
23				0.000	0.001	0.005	0.017	0.047	0.105	0.202	0.339	0.500	0.661	0.798	0.895	0.953
24				0.000	0.001	0.003	0.011	0.032	0.076	0.154	0.271	0.419	0.581	0.729	0.846	0.924
25					0.000	0.002	0.007	0.022	0.054	0.115	0.212	0.345	0.500	0.655	0.788	0.885
26					0.000	0.001	0.005	0.014	0.038	0.084	0.163	0.279	0.423	0.577	0.721	0.837
27					0.000	0.001	0.003	0.010	0.026	0.061	0.124	0.221	0.351	0.500	0.649	0.779
28						0.000	0.002	0.006	0.018	0.044	0.092	0.172	0.286	0.425	0.575	0.714
29						0.000	0.001	0.004	0.012	0.031	0.068	0.132	0.229	0.356	0.500	0.644
30						0.000	0.001	0.003	0.008	0.021	0.049	0.100	0.181	0.292	0.428	0.572
35								0.000	0.001	0.003	0.008	0.020	0.045	0.088	0.155	0.250
40										0.000	0.001	0.003	0.008	0.019	0.040	0.077

①这些值是单边检验的结果。双边检验值是表中值的 2 倍。

②α 水平等于（1-概率）。

表 F. J　　**秩和的临界值（$\alpha = 0.05$）**

	样品数									
	3	4	5	6	7	8	9	10	11	12
小组成员数										
3	6	8	11	13	15	18	20	23	25	28
4	7	10	13	15	18	21	24	27	30	33
5	8	11	14	17	21	24	27	30	34	37
6	9	12	15	19	22	26	30	34	37	42
7	10	13	17	20	24	28	32	36	40	44
8	10	14	18	22	26	30	34	39	43	47
9	10	15	19	23	27	32	36	41	46	50
10	1	15	20	24	29	34	38	43	48	53
11	11	16	21	26	30	35	40	45	51	56
12	12	17	22	27	32	37	42	48	53	58
13	12	18	23	28	33	39	44	50	55	61
14	13	18	24	29	34	40	46	52	57	63
15	13	19	24	30	36	42	47	53	59	66
16	14	19	25	31	37	42	49	55	61	67
17	14	20	26	32	38	44	50	56	63	69
18	15	20	26	32	39	45	51	58	65	71
19	15	21	27	33	40	46	53	60	66	73
20	15	21	28	34	41	47	54	61	68	75
21	16	22	28	35	42	49	56	63	70	77
22	16	22	29	36	43	50	57	64	71	79
23	16	23	30	37	44	51	58	65	73	80
24	17	23	30	37	45	52	59	67	74	82
25	17	24	31	38	46	53	61	68	76	84
26	17	24	32	39	46	54	62	70	77	85
27	18	25	32	40	47	55	63	71	79	87
28	18	25	33	40	48	56	64	72	80	89
29	18	26	33	41	49	57	65	73	82	90
30	19	26	34	42	50	58	66	75	83	92
35	20	28	37	45	54	63	72	81	90	99
40	21	30	39	48	57	67	76	86	96	106
45	23	32	41	51	61	71	81	91	102	112
50	24	34	44	54	64	75	85	96	107	118
55	25	34	46	56	67	78	90	101	112	124
60	26	37	48	59	70	82	94	105	117	130
65	27	38	50	61	73	85	97	110	122	135
70	28	40	52	64	76	88	101	114	127	140
75	29	41	53	66	79	91	105	118	131	145
80	30	42	55	68	81	94	108	122	136	150
85	31	44	57	70	84	97	111	125	140	154
90	32	45	58	72	86	100	114	129	144	159
95	33	46	60	74	88	103	118	133	148	163
100	34	47	61	76	91	105	121	136	151	167

表 F. K　　β 二项分布的临界值[①]

	γ							
	0	0. 1	0. 2	0. 3	0. 4	0. 5	0. 6	0. 8
$p=1/3$，单边[②]								
N								
20	19	19	19	19	19	19	19	20
25	22	23	23	23	23	24	24	24
30	26	27	27	27	27	28	28	28
35	30	30	31	31	31	32	32	32
40	34	34	34	34	35	35	36	36
45	38	38	38	39	39	39	39	40
50	41	42	42	42	43	43	43	44
55	45	45	46	46	46	47	47	48
60	49	49	49	50	50	50	51	51
70	56	56	57	57	58	58	58	59
80	63	64	64	64	65	65	66	66
90	70	71	71	72	72	72	73	74
100	77	78	79	79	79	80	80	81
125	95	96	96	97	97	98	98	99
150	113	114	114	115	115	116	116	117
200	148	149	149	150	151	151	152	153
$p=1/2$，单边[②]								
20	26	26	26	26	27	27	27	27
25	31	32	32	32	32	33	33	33
30	37	37	37	38	38	38	39	39
35	42	43	43	43	44	44	44	45
40	48	48	49	49	49	50	50	50
45	53	54	54	54	55	55	55	56
50	59	59	60	60	60	61	61	61
55	64	65	65	65	66	66	66	67
60	70	70	70	71	71	72	72	73
70	80	81	81	82	82	82	83	84
80	91	91	92	92	93	93	94	94
90	101	102	103	103	104	104	104	105
100	112	113	113	114	114	115	115	116
125	138	139	140	140	141	141	142	143
150	165	165	166	167	167	168	169	170
200	217	218	218	219	220	221	221	223

续表

	γ							
	0	0.1	0.2	0.3	0.4	0.5	0.6	0.8
p= 1/2，双边③								
20	27	27	27	28	28	28	28	29
25	32	33	33	33	34	34	34	35
30	38	38	39	39	39	40	40	41
35	44	44	44	45	45	46	46	46
40	49	50	50	50	51	51	52	52
45	55	55	56	56	56	57	57	58
50	60	61	61	62	62	62	63	64
55	66	66	67	67	68	68	68	69
60	71	72	72	73	73	74	74	75
70	82	83	83	84	84	85	85	86
80	93	93	94	95	95	96	96	97
90	104	104	105	105	106	107	107	108
100	114	115	116	116	117	118	118	119
125	141	142	142	143	144	144	145	146
150	167	168	169	170	171	171	172	173
200	220	221	222	223	224	224	225	227

①数值四舍五入到1，除了实际值小于0.05高于整数。

②当用于差别检验时，总的正确选择数必须等于或大于表中数值。

③当用于偏好测试时，较大比例的（更被偏好的）物品的总偏好选择数必须等于或大于表中数值。

表F.L　在5%和1%的概率水平上具有显著性的成对偏好检验、二-三点检验（单边，$p=1/2$）和三点检验（单边 $p=1/3$）正确判断的最小数值

成对偏好检验与二-三点检验			三点检验		
	概率水平			概率水平	
实验次数（n）	0.05	0.01	实验次数（n）	0.05	0.01
7	7	7	5	4	5
8	7	8	6	5	6
9	8	9	7	5	6
10	9	10	8	6	7
11	9	10	9	6	7
12	10	11	10	7	8
13	10	12	11	7	8
14	11	12	12	8	9
15	12	13	13	8	9
16	12	14	14	9	10
17	13	14	15	9	10
18	13	15	16	9	11

续表

成对偏好检验与二-三点检验			三点检验		
	概率水平			概率水平	
实验次数（n）	0.05	0.01	实验次数（n）	0.05	0.01
19	14	15	17	10	11
20	15	16	18	10	12
21	15	17	19	11	12
22	16	17	20	11	13
23	16	18	21	12	13
24	17	19	22	12	14
25	18	19	23	12	14
26	18	20	24	13	15
27	19	20	25	13	15
28	19	21	26	14	15
29	20	22	27	14	16
30	20	22	28	15	16
31	21	23	29	15	17
32	22	24	30	15	17
33	22	24	31	16	18
34	23	25	32	16	18
35	23	25	33	17	18
36	24	26	34	17	19
37	24	26	35	17	19
38	25	27	36	18	20
39	26	28	37	18	20
40	26	28	38	19	21
41	27	29	39	19	21
42	27	29	40	19	21
43	28	30	41	20	22
44	28	31	42	20	22
45	29	31	43	20	23
46	30	32	44	21	23
47	30	32	45	21	24
48	31	33	46	22	24
49	31	34	47	22	24
50	32	34	48	22	25
60	37	40	49	23	25
70	43	46	50	23	26
80	48	51	60	27	30
90	54	57	70	31	34
100	59	63	80	35	38
			90	38	42
			100	42	45

表 F. M　　在 5%和 1%的概率水平上具有显著性的成对偏好检验（双边，$p=1/2$）正确判断的最小数值

实验（n）	0.05	0.01	实验（n）	0.05	0.01
7	7	7	45	30	32
8	8	8	46	31	33
9	8	9	47	31	33
10	9	10	48	32	34
11	10	11	49	32	34
12	10	11	50	33	35
13	11	12	60	39	41
14	12	13	70	44	47
15	12	13	80	50	52
16	13	14	90	55	58
17	13	15	100	61	64
18	14	15	110	66	69
19	15	16	120	72	75
20	15	17	130	77	81
21	16	17	140	83	86
22	17	18	150	88	92
23	17	19	160	93	97
24	18	19	170	99	103
25	18	20	180	104	108
26	19	20	190	109	114
27	20	21	200	115	119
28	22	22	250	141	146
29	21	22	300	168	173
30	21	23	350	194	200
31	22	24	400	221	227
32	23	24	450	247	253
33	23	25	500	273	280
34	24	25	550	299	306
35	24	26	600	325	332
36	25	27	650	351	359
37	25	27	700	377	385
38	26	28	750	403	411
39	27	28	800	429	437
40	27	29	850	455	463
41	28	30	900	480	490
42	28	30	950	506	516
43	29	31	1000	532	542

表 F. N1　在三点检验中获得类型Ⅰ误差和类型Ⅱ误差风险水平的反映（*n*）和正确反映（*x*）的最小数目（*n*），（P_d 为随机性-矫正的正确辨别者百分数或比例）

类型Ⅰ误差	类型Ⅱ误差					
	0.20		0.10		0.05	
	N	X	N	X	N	X
P_d = 0.50						
0.10	12	7	15	8	20	10
0.05	16	9	20	11	23	12
0.01	25	15	30	17	35	19
P_d = 0.40						
0.10	17	9	25	12	39	14
0.05	23	12	30	15	40	19
0.01	35	19	47	24	56	28
P_d = 0.30						
0.10	30	14	43	19	54	23
0.05	40	19	53	24	66	29
0.01	62	30	82	38	97	44
P_d = 0.20						
0.10	62	26	89	36	119	47
0.05	87	37	117	48	147	59
0.01	136	59	176	74	211	87

表 F. N2　在二-三点检验中获得类型Ⅰ误差和类型Ⅱ误差风险水平的反映（*n*）和正确反映（*x*）的最小数目（*n*），（P_c 为随机性-矫正的正确辨别者百分数或比例）

类型Ⅰ误差	类型Ⅱ误差					
	0.20		0.10		0.05	
	N	X	N	X	N	X
P_c = 0.50						
0.10	19	13	26	17	33	21
0.05	23	16	33	22	42	27
0.01	40	28	50	34	59	39
P_c = 0.40						
0.10	28	18	39	24	53	32
0.05	37	24	53	33	67	41
0.01	64	42	80	51	96	60
P_c = 0.30						
0.10	53	32	72	42	96	55
0.05	69	42	93	55	119	69
0.01	112	69	143	86	174	103
P_c = 0.20						
0.10	115	65	168	93	214	117
0.05	158	90	213	119	268	148
0.01	252	145	325	184	391	219

表 F. O1　　二-三点检验和 2-AFC（成对比较）检验的 d' 和 B（方差因子）值

P_C	二-三点检验		2-AFC	
	d'	B	d'	B
0. 51	0. 312	70. 53	0. 036	3. 14
0. 52	0. 472	36. 57	0. 071	3. 15
0. 53	0. 582	25. 28	0. 107	3. 15
0. 54	0. 677	19. 66	0. 142	3. 15
0. 55	0. 761	16. 32	0. 178	3. 16
0. 56	0. 840	14. 11	0. 214	3. 17
0. 57	0. 913	12. 55	0. 250	3. 17
0. 58	0. 983	11. 40	0. 286	3. 18
0. 59	1. 050	10. 52	0. 322	3. 20
0. 60	1. 115	9. 83	0. 358	3. 22
0. 61	1. 178	9. 29	0. 395	3. 23
0. 62	1. 240	8. 85	0. 432	3. 25
0. 63	1. 301	8. 49	0. 469	3. 27
0. 64	1. 361	8. 21	0. 507	3. 29
0. 65	1. 421	7. 97	0. 545	3. 32
0. 66	1. 480	7. 79	0. 583	3. 34
0. 67	1. 569	7. 64	0. 622	3. 37
0. 68	1. 597	7. 53	0. 661	3. 40
0. 69	1. 565	7. 45	0. 701	3. 43
0. 70	1. 715	7. 39	0. 742	3. 47
0. 71	1. 775	7. 36	0. 783	3. 51
0. 72	1. 835	7. 36	0. 824	3. 56
0. 73	1. 896	7. 38	0. 867	3. 61
0. 74	1. 957	7. 42	0. 910	3. 66
0. 75	2. 020	7. 49	0. 954	3. 71
0. 76	2. 084	7. 58	0. 999	3. 77
0. 77	2. 149	7. 70	1. 045	3. 84
0. 78	2. 216	7. 84	1. 092	3. 91
0. 79	2. 284	8. 01	1. 141	3. 99
0. 80	2. 355	8. 21	1. 190	4. 08
0. 81	2. 428	8. 45	1. 242	4. 18
0. 82	2. 503	8. 73	1. 295	4. 29
0. 83	2. 582	9. 05	1. 349	4. 41
0. 84	2. 664	9. 42	1. 406	4. 54
0. 85	2. 749	9. 86	1. 466	4. 69
0. 86	2. 840	10. 36	1. 528	4. 86
0. 87	2. 935	10. 96	1. 593	5. 05
0. 88	3. 037	11. 65	1. 662	5. 28
0. 89	3. 146	12. 48	1. 735	5. 54
0. 90	3. 263	13. 47	1. 812	5. 84
0. 91	3. 390	14. 67	1. 896	6. 21
0. 92	3. 530	16. 16	1. 987	6. 66
0. 93	3. 689	18. 02	2. 087	7. 22
0. 94	3. 867	20. 45	2. 199	7. 95
0. 95	4. 072	23. 71	2. 326	8. 93
0. 96	4. 318	28. 34	82. 476	10. 34
0. 97	3. 625	35. 52	2. 660	12. 57
0. 98	5. 040	48. 59	2. 900	16. 72
0. 99	5. 701	82. 78	3. 290	27. 88

注：B 因子用于计算 d' 值的方差，其中 Var（d'）$=B/N$，其中 N 为样本量。

表 F. O2　　三点检验和 3-AFC（成对比较）检验的 d'和 B（方差因子）值

P_C	三点检验		3-AFC	
	d'	B	d'	B
0. 34	0. 270	93. 24	0. 024	2. 78
0. 35	0. 429	38. 88	0. 059	2. 76
0. 36	0. 545	25. 31	0. 093	2. 74
0. 37	0. 643	19. 17	0. 128	2. 72
0. 38	0. 728	15. 67	0. 162	2. 71
0. 39	0. 807	13. 42	0. 195	2. 69
0. 40	0. 879	11. 86	0. 229	2. 68
0. 41	0. 948	10. 71	0. 262	2. 67
0. 42	1. 013	9. 85	0. 295	2. 66
0. 43	1. 075	9. 17	0. 328	2. 65
0. 44	1. 135	8. 62	0. 361	2. 65
0. 45	1. 193	8. 18	0. 394	2. 64
0. 46	1. 250	7. 82	0. 427	2. 64
0. 47	1. 306	7. 52	0. 459	2. 64
0. 48	1. 360	7. 27	0. 492	2. 63
0. 49	1. 414	7. 06	0. 524	2. 63
0. 50	1. 466	6. 88	0. 557	2. 64
0. 51	1. 518	6. 73	0. 589	2. 64
0. 52	1. 570	6. 60	0. 622	2. 64
0. 53	1. 621	6. 50	0. 654	2. 65
0. 54	1. 672	6. 41	0. 687	2. 65
0. 55	1. 723	6. 34	0. 719	2. 66
0. 56	1. 774	6. 28	0. 752	2. 67
0. 57	1. 824	6. 24	0. 785	2. 68
0. 58	1. 874	6. 21	0. 818	2. 69
0. 59	1. 925	6. 19	0. 852	2. 70
0. 60	1. 976	6. 18	0. 885	2. 71
0. 61	2. 027	6. 18	0. 919	2. 73
0. 62	2. 078	6. 19	0. 953	2. 75
0. 63	2. 129	6. 21	0. 987	2. 77
0. 64	2. 181	6. 28	1. 022	2. 79
0. 65	2. 233	6. 29	1. 057	2. 81
0. 66	2. 286	6. 32	1. 092	2. 83

续表

P_C	三点检验		3-AFC	
	d'	B	d'	B
0.67	2.339	6.38	0.128	2.86
0.68	2.393	6.44	1.164	2.89
0.69	2.448	6.52	1.201	2.92
0.70	2.504	6.60	1.238	2.95
0.71	2.560	6.69	1.276	2.99
0.72	2.618	6.80	1.314	3.03
0.73	2.676	6.91	1.353	3.07
0.74	2.736	7.04	1.393	3.12
0.75	2.780	7.18	1.434	3.17
0.76	2.860	7.34	1.475	3.22
0.77	2.924	7.51	1.518	3.28
0.78	2.990	7.70	1.562	3.35
0.79	3.058	7.91	1.606	3.42
0.80	3.129	8.14	1.652	3.50
0.81	3.201	8.40	1.700	3.59
0.82	3.276	8.68	1.749	3.68
0.83	3.355	8.99	1.800	3.79
0.84	3.436	9.34	1.853	3.91
0.85	3.522	9.74	1.908	4.04
0.86	3.611	10.19	1.965	4.19
0.87	3.706	10.70	2.026	4.37
0.88	3.806	11.29	2.090	4.57
0.89	3.913	11.97	2.158	4.80
0.90	4.028	12.78	2.230	5.07
0.91	4.152	13.75	2.308	5.40
0.92	4.288	14.92	2.393	5.81
0.93	4.438	16.40	2.487	6.30
0.94	4.607	18.31	2.591	6.95
0.95	4.801	20.88	2.710	7.83
0.96	5.031	24.58	2.850	9.10
0.97	5.316	30.45	3.023	11.10
0.98	5.698	41.39	3.253	14.85
0.99	6.310	71.03	3.618	25.00

注：B 因子用于计算 d' 值的方差，其中 Var（d'）= B/N，其中 N 为样本量。

表 F.P　　9 的随机排列

6	4	9	3	8	7	2	5	1	2	1	6	7	5	8	4	3	9
4	2	1	9	3	8	7	6	5	9	8	3	7	6	4	5	2	1
3	5	4	1	6	8	7	9	2	3	6	2	4	9	7	1	8	5
5	3	4	2	1	6	8	9	7	4	9	5	7	1	3	8	6	2
8	7	1	9	2	5	6	4	3	1	7	2	6	9	3	5	4	8
3	6	9	7	2	8	5	1	4	6	7	5	9	8	3	1	4	2
3	1	7	6	5	2	4	9	8	4	8	7	3	5	6	9	1	2
3	1	2	9	4	5	6	8	7	8	3	9	6	7	1	4	5	2
1	3	5	7	2	6	8	9	4	4	3	5	9	8	2	1	7	6
6	3	8	9	7	4	2	5	1	6	8	7	9	5	2	1	4	3
1	7	5	3	6	8	4	2	9	8	5	1	7	9	3	6	4	2
6	3	9	7	5	8	1	4	2	8	2	1	4	6	9	5	3	7
7	5	1	2	8	4	9	3	6	3	5	1	4	2	7	9	8	6
1	2	4	8	9	3	6	5	7	2	6	3	9	7	5	8	4	1
4	6	3	9	5	7	2	8	1	9	6	8	5	2	4	7	1	3
7	6	1	5	4	8	2	9	3	8	3	2	5	9	6	4	1	7
3	9	7	5	4	6	8	1	2	7	3	4	2	1	9	5	8	6
1	3	5	7	6	8	2	4	9	6	5	4	3	2	1	7	9	8
2	9	4	7	1	3	5	8	6	1	5	4	2	6	7	9	3	8
5	2	8	3	4	7	1	9	6	6	5	1	4	9	7	2	3	8
2	1	8	7	3	5	9	4	6	7	8	1	2	3	4	5	9	6
5	7	2	8	6	3	4	9	1	3	9	1	4	6	5	8	2	7
4	1	6	2	5	3	7	9	8	8	6	5	7	4	3	9	2	1
1	6	7	9	4	8	2	5	3	8	9	2	5	4	3	7	1	6
9	8	5	1	6	2	3	7	4	5	4	3	6	9	8	1	7	2
5	3	1	6	7	8	2	9	4	1	9	7	2	3	8	4	5	6
1	3	2	7	8	5	4	6	9	4	1	2	6	3	5	7	8	9
3	4	9	7	5	8	1	6	2	5	2	3	7	4	6	8	9	1
5	4	6	8	2	1	7	9	3	4	6	8	9	2	3	1	7	5
1	3	7	9	4	8	6	2	5	4	2	9	3	1	7	6	8	5
6	2	5	1	9	8	4	7	3	2	5	6	9	4	7	3	1	8
5	2	9	8	3	1	4	6	7	4	9	2	6	1	5	7	3	8
8	5	1	3	6	2	9	7	4	6	3	2	4	9	1	5	8	7
1	7	4	3	2	9	5	6	8	2	3	6	4	5	8	7	1	9
9	3	4	5	6	7	1	8	2	6	1	4	5	8	7	2	3	9
1	6	4	3	5	9	7	8	2	7	8	9	4	2	5	3	6	1
4	5	9	8	1	2	3	6	7	7	3	8	1	9	2	6	5	4
9	8	5	4	2	7	3	1	6	7	2	1	9	5	4	6	3	8
9	8	2	6	4	5	7	1	3	9	6	3	8	7	2	5	4	1
9	3	1	5	6	2	4	8	7	7	1	8	2	3	9	5	4	6
4	7	6	9	3	2	1	8	5	7	3	4	9	1	5	2	6	8
7	1	8	5	6	9	4	2	3	2	3	7	9	4	8	5	6	1

注：每一行和每一列按照随机顺序排列 1~9，可从任何一行开始（但不要总是从第一行或最后一行开始）从右向左或从左向右读取。

表 F. Q　　随机数字

8	2	0	3	1	4	5	8	2	1	7	2	7	3	8	5	5	2	9	0	6	3	1	8	4
0	8	7	3	3	1	9	7	5	2	5	7	8	9	8	0	3	8	2	5	1	2	7	5	2
2	3	3	8	8	1	4	2	4	0	2	6	1	8	9	5	2	8	9	8	3	4	0	1	0
4	7	5	5	8	3	0	7	7	1	9	1	8	1	7	4	1	7	1	3	7	9	3	3	7
1	9	3	9	5	3	4	9	5	5	2	7	5	8	0	3	4	8	8	1	2	7	5	3	4
2	8	7	8	1	4	1	4	9	4	2	4	1	5	2	9	4	8	2	1	5	2	8	1	9
8	4	8	5	1	3	9	8	6	0	7	2	1	9	0	2	0	8	7	0	8	0	1	3	0
0	3	8	8	4	7	5	1	5	1	7	3	4	5	2	0	7	4	7	9	8	6	7	7	4
3	5	3	1	9	3	7	4	9	5	0	2	0	1	4	6	2	5	4	5	8	5	0	9	2
3	4	5	9	5	2	7	9	8	9	0	5	5	8	5	1	7	7	3	5	5	4	7	7	2
4	1	5	3	0	9	1	3	7	2	5	8	7	7	1	3	6	3	9	7	8	7	9	1	7
7	2	9	5	6	7	8	5	4	5	3	4	5	4	1	9	8	8	7	5	7	9	3	1	8
5	9	2	8	9	8	6	4	4	1	5	3	7	7	0	8	0	2	5	6	0	8	1	2	0
1	3	3	3	9	0	5	2	8	7	4	0	9	0	3	7	3	1	7	9	4	5	5	2	8
4	8	0	1	0	8	6	2	1	0	0	5	0	3	1	5	4	9	0	3	7	4	7	0	1
7	7	0	8	6	3	2	8	8	5	8	9	5	8	4	0	5	9	1	8	0	5	4	9	4
3	3	8	5	7	5	7	4	3	4	5	7	9	8	9	5	0	7	7	6	8	8	8	5	9
9	1	7	1	3	6	9	2	9	1	9	4	2	3	3	0	8	1	8	7	7	6	4	7	2
6	2	2	8	0	9	4	5	3	7	2	5	4	8	8	5	6	6	5	0	4	6	5	6	8
1	7	5	9	0	0	2	0	5	8	5	8	5	1	9	5	3	3	7	4	0	5	8	2	4
0	3	9	6	9	4	7	3	5	7	0	8	5	4	7	1	1	8	5	3	2	8	0	9	8
3	0	8	2	8	1	4	4	1	8	7	8	6	9	9	9	7	5	8	9	8	4	5	9	0
9	4	9	1	2	2	0	1	3	2	4	8	7	9	1	8	8	2	9	8	3	2	8	2	9
7	2	5	1	4	4	9	8	5	2	8	5	5	1	0	8	2	6	2	0	8	9	2	2	3
9	9	2	5	7	4	3	1	2	3	8	4	1	5	2	4	0	4	2	2	8	7	1	8	2
2	0	9	1	8	9	4	4	8	1	4	8	8	7	9	2	5	0	8	9	3	3	0	1	2
8	5	2	8	1	2	1	7	7	1	4	7	8	1	4	2	7	3	7	4	0	0	1	2	9
1	2	9	9	8	4	2	5	3	2	7	4	3	2	3	3	8	5	3	3	8	5	5	3	2
3	2	8	3	7	9	6	0	4	8	8	0	5	4	1	1	4	9	0	5	0	9	4	4	1
0	9	3	4	1	1	9	5	8	3	2	4	6	7	3	4	4	9	2	3	7	2	5	7	8
8	7	5	3	4	2	1	5	5	0	1	2	4	7	5	5	2	8	8	7	8	2	8	0	3
9	6	0	1	3	0	5	3	8	6	2	9	6	0	3	4	7	8	1	1	9	1	6	5	3

注：从任何一行或一列开始，从右向左或从左向右或从上到下以产生具有 3 个数字代码的随机数来标记样品。